Strategisches Management
Eine Einführung

Strategisches Management

Eine Einführung

10., aktualisierte Auflage

Gerry Johnson
Richard Whittington
Kevan Scholes
Duncan Angwin
Patrick Regnér

PEARSON

Bibliografische Information Der Deutschen Nationalbibliothek
Die Deutsche Nationalbibliothek verzeichnet diese Publikation in der Deutschen National-bibliografie; detaillierte bibliografische Daten sind im Internet über *http://dnb.d-nb.de* abrufbar.

10 9 8 7 6 5 4 3 2 1

18 17 16 15

ISBN 978-3-86894-252-1 (Buch)
ISBN 978-3-86326-714-8 (E-Book)

Programmleitung: Martin Milbradt, mmilbradt@pearson.de
Lektorat: Elisabeth Prümm, epruemm@pearson.de
Korrektorat: Petra Kienle, FFB
Coverillustration: www.shutterstock.com
Herstellung: Claudia Bäurle, cbaeurle@pearson.de
Satz: Talia Wobig, mediaService, Siegen (www.mediaservice.tv)
Druck und Verarbeitung: Drukarnia Dimograf, Bielsko-Biala

Printed in Poland

Inhaltsübersicht

Inhaltsverzeichnis

Vorwort

Als gerade erweitertes Autorenteam freuen wir uns sehr, Ihnen diese zehnte Ausgabe von *Exploring Strategy* vorstellen zu dürfen. Angesichts von mittlerweile mehr als einer Million verkaufter Exemplare der früheren Auflagen sind wir überzeugt, dass wir ein bewährtes Produkt haben. Doch das Fachgebiet der Strategie verändert sich stetig. Für diese Auflage haben wir daher jedes Kapitel umfassend mit neuen Konzepten, Fällen und neuen Beispielen im gesamten Buch überarbeitet.

Die wesentlichen Veränderungen der zehnten Auflage sind:

- **Stärkerer Fokus auf die Eigentümer:** Um die zunehmende Bedeutung von Familien-, privaten und staatseigenen Unternehmen auf der ganzen Welt widerzuspiegeln werden in dieser Auflage die Auswirkungen verschiedener Eigentumsmodelle auf die Strategie behandelt.
- **Neue Behandlung des wirtschaftlichen Erfolgs:** Angesichts des heute so vielfältigen Wirtschaftslebens enthält diese Auflage auch eine umfassende Erörterung der Frage, wie der Erfolg von Strategien zu bewerten ist.
- **Verbesserte Analyse der nicht durch den Markt geprägten Aspekte der Umwelt:** Da die Politik und die Vorschriften für Unternehmen heutzutage so wichtig sind, wird in der vorliegenden Auflage der Analyse dieser komplexen und gleichzeitig auch entscheidenden Elemente der Umgebung mehr Raum gewährt.
- **Umfassendere Erörterung unternehmerischer Strategien:** Da so viele Studenten an Hochschulen bzw. Studierende in postgradualen Studiengängen Interesse an einer unternehmerischen Karriere haben, wurde die Erörterung des Unternehmertums um einen verstärkten Fokus auf die tatsächlichen Strategien erweitert.
- **Anerkennung der Notwendigkeit von organisationaler Ambidexterität:** In einer Welt, in der sowohl Effizienz als auch Innovation eine so große Bedeutung haben, wird nunmehr die Notwendigkeit betont, einerseits vorhandene Fähigkeiten zu nutzen, während andererseits neue Fähigkeiten entwickelt werden sollten.

Gleichzeitig bleibt es auch weiterhin unser Bestreben, den Lesern einen umfassenden und realitätsbezogenen Einblick in das Thema Strategie zu gewähren. Dabei haben wir uns insbesondere zwei Aspekten verschrieben:

- **Prozess:** Wir glauben, dass eine langfristig erfolgreiche Organisation nicht nur die wirtschaftliche Logik und Funktionsweise einer bestimmten Strategie beherrschen muss, sondern auch die menschlichen Prozesse dahinter. Daher betonen wir im gesamten Buch immer wieder die Bedeutung dieser menschlichen Aspekte und gehen insbesondere in Teil III auf die Prozesse der Strategieformulierung, -umsetzung und -veränderung ein.
- **Praxis:** Wir schließen unser Buch mit einem Kapitel über die Praxis der Strategie (Kapitel 15) ab, in dem wir vor allem auf die Praxis des strategischen Managements eingehen. Doch auch im gesamten übrigen Buch stellen wir strategische Konzepte und Techniken immer anhand praktischer Beispiele und Anwendungen und ohne lange abstrakte Erklärungen vor.

Viele Menschen haben uns bei der Entwicklung dieser neuen Auflage unterstützt. Steve Pyle war federführend bei der Koordination und Auswahl der Fallstudien. Wir haben intensiv mit unserem Beratergremium zusammengearbeitet, das sich aus erfahrenen Nutzern und Lesern unseres Buches zusammensetzt. Viele andere Leser, die wir zum Großteil anlässlich unseres jährlichen Workshops für Lehrer kennenlernen durften, lieferten uns außerdem immer wieder persönliche Vorschläge und Anregungen. Dieses Feedback war und ist für uns sehr wertvoll. Auch unsere Studenten und Kunden an der Universität Lancaster, der University Oxford, Oxford Brookes, der Stockholm School of Economics, Sheffield Hallam und an vielen anderen Instituten, an denen wir unterrichten, geben uns immer wieder Anreize für neue Ideen. Auch von unseren internationalen Kontakten, besonders in Irland, den Niederlanden, Dänemark, Schweden, Frankreich, Kanada, Australien, Neuseeland, Hongkong, Singapur und den USA können wir profitieren. Viele haben direkte Beiträge in Form von Fallstudien und Beispielen geleistet und werden natürlich im Buch erwähnt.

Schließlich danken wir allen Organisationen, die sich für die Erstellung von Fallstudien zur Verfügung gestellt haben. Wir hoffen, dass die Leser und Nutzer dieses Buches den Wunsch der beschriebenen Organisationen respektieren werden, diese bezüglich weiterer Informationen nicht direkt zu kontaktieren.

Gerry Johnson (*gerry.johnson@lancaster.ac.uk*)

Richard Whittington (*richard.whittington@sbs.ox.ac.uk*)

Kevan Scholes (*KScholes@scholes.u-net.com*)

Duncan Angwin (*dangwin@brookes.ac.uk*)

Patrick Regnér (*patrick.regnerbhs.se*)

April 2013

Exploring Strategy

Die vorliegende 10. Ausgabe von *Exploring Strategy* basiert auf den bewährten Stärken unseres Lehrbuch-Bestsellers. Eine Reihe zusätzlicher Hilfestellungen und Ergänzungen wurden entwickelt, damit Lehrende und Studierende dieses Buch optimal nutzen können.

- **Herausragende pädagogische Gestaltung:** Jedes Kapitel enthält klar formulierte Lernziele und praktische Fragen, die sich auf reale Beispiele beziehen, sodass die Studenten Gelerntes leicht umsetzen und anwenden können.
- **Flexibler Einsatz:** Es kann individuell entschieden werden, ob die Fallstudien jedes Kapitels mit in die Arbeit einbezogen werden sollen oder nicht. Die Beispiele am Ende der Kapitel sowie die Kommentare und die strategischen Perspektiven gewähren einen tieferen Einblick in das komplexe und spannungsgeladene Thema Strategie.

Lehrende haben außerdem die Möglichkeit, den Lehrtext zusätzlich auf die eigenen Anforderungen abzustimmen:

- **Aktuelle Materialien:** Neben einem neuen Kapitel zu Fusionen, Übernahmen und Allianzen haben wir alle Kapitel überarbeitet, durch neue Forschungsergebnisse ergänzt und Verweise aktualisiert, sodass Sie schnell auf die neueste Forschung zugreifen können.
- **Anregung zum kritischen Denken:** Nicht nur die strategischen Perspektiven, sondern auch die Beispiele am Ende jedes Kapitels sollen die Studenten zum kritischen Denken anregen, denn hier werden Forschungsergebnisse und Theorien zu den wichtigsten Themen des Kapitels präsentiert, die die Studenten hinterfragen sollen.
- Unser **Modell der drei Kreise:** die für die sich überschneidenden Themen der strategischen Position, der strategischen Wahlmöglichkeiten und der Strategie in Aktion stehen, stellt die einfache, lineare Sichtweise des strategischen Prozesses infrage.

Unser „Drei-Kreise-Modell“ – das die sich überlappenden Aspekte der strategischen Position, der strategischen Entscheidungen und der Strategie in Aktion darstellt – stellt überdies auch eine einfache lineare, sequenzielle Sichtweise des Strategieprozesses infrage.

Fallbeispiele und Beispiele: Eine große Vielzahl von Beispielen und Fallbeispielen sind neu und beziehen sich auf die Interessen sowie die alltäglichen Erfahrungen der Studenten. Die Mehrzahl dieser ist in dieser Auflage vollkommen neu; der Rest wurde umfassend überarbeitet. Schließlich haben wir diese Beispiele aus der ganzen Welt ausgewählt und verwenden auch Beispiele aus den öffentlichen und gemeinnützigen Sektoren, neben dem privaten Sektor.

Vorwort zur Deutschen Auflage

Die positive Aufnahme der ersten deutschen Übersetzung des englischsprachigen Lehrbuches „Exploring Corporate Strategy" war der Anlass, auch die deutsche Ausgabe zu aktualisieren.

Die bisherigen Charakteristika des Lehrbuches sind geblieben:

- Die sehr gute Eignung für die Lehre aufgrund der didaktischen Struktur und Aufbereitung;
- Über die Lehre hinausgehende Relevanz für die Praxis durch differenzierte Darstellungen und Analysen, die einen wissenschaftlichen Jargon vermeiden;
- Eine gelungene Kombination aus „theoretischen" (besser: allgemeingültigen) Darstellungen in Verbindung mit illustrativen Praxisbeispielen zur besseren Verständlichkeit für die Zielgruppe;
- Die Mischung aus relevanten Konzepten des Faches und eigenen Entwicklungen der wissenschaftlich renommierten Autoren.

Die nun vorliegende zweite deutsche Ausgabe unterscheidet sich in Inhalt und Struktur nur wenig von der englischsprachigen Ausgabe, um den Charakter des Werkes nicht zu verändern. Länderspezifische Feinheiten, z.B. aufgrund unterschiedlicher rechtlicher Rahmenbedingungen, wurden angepasst, ohne dass der Lesefluss gestört wird.

Schließlich bleibt zu hoffen, dass die deutschen Leser die Neuerungen im deutschen Werk ebenso nutzbringend und mit persönlichem Gewinn aufgreifen, wie es Generationen von angelsächsischen Lesern schon seit langem tun.

Ingo Fischer (*ingo.fischer@hwr-berlin.de*)

Juni 2015

Zusatzmaterialien für Studierende und Dozenten in diesem Buch

Dieses Buch unterstützt Dozenten und Studierende mit unterschiedlichen Lernhilfen.

Für Dozenten:

- **Kapitelfolien:** Ein Satz Powerpointfolien, der Lehrende in der Vorbereitung und Arbeit mit dem Buch unterstützt.
- **Abbildungsfolien:** Alle Abbildungen aus dem Buch zum Download für den Einsatz in der Vorlesung.
- **Instructors Manual:** Lösungshinweise für Beispiele, Fälle, Aufgaben und didaktischen Hinweisen (in englischer Sprache).

Für Studenten:

- **Fallstudien und Beispiele:** Eine ganze Reihe Fallstudien und Beispiele nehmen direkten Bezug auf die Interessen und täglichen Erfahrungen der Studenten. Es sind Beispiele aus vielen verschiedenen Ländern, die sich nicht nur auf die Privatwirtschaft beschränken, sondern auch den öffentlichen Sektor sowie Non-profit-Organisationen mit einbeziehen. Einige dieser Fälle finden sich im Rahmen von Interviews und Dokumentationen auf der der Website zum Buch unter *www.pearson-studium.de*.
- **Lösungshinweise zu den Aufgaben aus dem Buch:** Das nebenstehende Extras Online Symbol verweist im Buch auf Lösungshinweise zu Fragen und Problemstellungen, die auf der Website gefunden werden können.
- **Glossar** zum Buch

Die Autoren

Gerry Johnson, BA, PhD ist emeritierter Professor für strategisches Management an der *Lancaster University School of Management* und wissenschaftlicher Mitarbeiter des *UK Advanced Institute of Management Research* (AIM). Ebenso hat er an der Strathclyde Business School, der *Cranfield School of Management*, der *Manchester Business School* und der *Aston University* unterrichtet. Er ist Autor zahlreicher Bücher und seine Forschungsergebnisse werden in den namhaftesten Fachpublikationen weltweit veröffentlicht. Ebenso stellt er sein Fachwissen als beratender Redakteur des *Academy of Management Journal*, des *Strategic Management Journal* und des *Journal of Management Studies* zur Verfügung. Er ist Partner der Unternehmensberatung Strategy Explorers (siehe *www.strategyexplorers.com*), wo er mit Top Managern an Themen der Strategieentwicklung und des strategischen Wandels arbeitet.

Richard Whittington, MA, MBA, PhD ist Professor für strategisches Management an der *Said Business School* und Millman Fellow des New College der *University of Oxford*. Er ist Autor und Co-Autor von neun Büchern und hat bisher zahlreiche Fachartikel veröffentlicht. Ebenso stellt er sein Fachwissen als beratender Redakteur von u.a. *Organizational Science, Organization Studies, Long Range Planning* und des *Strategic Management Journal* zur Verfügung. Lehrstühle oder Gastprofessuren hatte er an der Harvard Business School, dem HEC Paris, dem Imperial College London, der Universität von Toulouse und der University of Warwick. Er ist Partner bei Strategic Explorers und tätig in Ausbildung und Beratung, wobei er mit Organisationen in ganz Europa, den USA und Asien zusammenarbeitet (siehe *www.strategyexplorers.com*). Momentan konzentriert er seine Forschungsarbeit auf die Praxis der Strategie sowie internationales Management.

Kevan Scholes MA, PhD, DMS, CIMgt, FRSA ist Mitbegründer und -leiter des Unternehmens Scholes Associates, das sich auf strategisches Management spezialisiert hat. Er ist ebenso Gastprofessor für strategisches Management und ehemaliger Direktor der *Sheffield Business School* in Großbritannien. Er hat umfangreiche Erfahrungen bezüglich des Lehrens von Strategie mit Studenten in unterschiedlichen Semestern an mehreren Universitäten. Seine Arbeit zum Thema Unternehmensmanagement führte ihn zu Organisationen in den Bereichen Fertigung, Dienstleistung und öffentlicher Sektor. Auch außerhalb Großbritanniens war er regelmäßig tätig, u.a. in Irland, Australien und Neuseeland. Er arbeitet auch als Managementberater zahlreicher nationaler Körperschaften und ist Mitglied des Chartered Management Institute.

Duncan Angwin MA, MPhil, MBA, PhD, ist Professor für Strategie an der *Oxford Brookes Universität.* Er hat sechs Bücher und 38 Zeitschriftenartikel veröffentlicht und ist überdies in mehreren Redaktionskomitees tätig. Des Weiteren ist er Mitglied des Beirats des M&S Forschungszentrums, der *Cass Business School*, London und des Akademischen Beirats der ENPC Paris. Er ist international im Bereich der Ausbildung und Beratung von Führungskräften tätig. Der Fokus seiner aktuellen Forschung liegt auf Fusionen und Übernahmen, der Strategiepraxis und dem internationalen Management.

Patrick Regnér, BSc, MSc, PhD ist außerordentlicher Professor für Strategisches Management an der *Stockholm School of Economics*. Er ist in mehreren Redaktionskomitees tätig und hat eine Vielzahl von Artikeln in führenden wissenschaftlichen Zeitschriften veröffentlicht. Er verfügt über umfassende internationale Lehrerfahrungen im Bereich Strategie. Er führt bei Organisationen weltweit Schulungen und Beratungen für Führungskräfte durch. Seine Forschungsinteressen liegen in den Bereichen Strategieentwicklung und -veränderung sowie internationales Management.

Sie können die neuesten Kommentare der Autoren zu den in diesem Buch behandelten Aspekten der Strategie unter *https://twitter.com/ExplorerStrategy* verfolgen.

Strategie: Einführung

1

ÜBERBLICK

Lernziele

Nach der Lektüre dieses Kapitels sollten Sie in der Lage sein,

- die Eigenschaften strategischer Entscheidungen sowie die Bedeutung von Strategie und strategischem Management zu verstehen und diese vom operativen Management zu unterscheiden,
- zu erkennen, wie sich strategische Prioritäten je nach Managementebene unterscheiden: von der gesamtunternehmerischen Ebene über die Ebene eines Geschäftsbereichs bis zur operativen Ebene,
- die grundlegende Terminologie der Strategie und ihre Verwendung in verschiedenen Bereichen zu verstehen,
- die drei Schlüsselelemente des strategischen Managementmodells aus „Exploring Corporate Strategy“ zu verstehen,
- zu wissen, welche Menschen sich mit Strategie befassen – Manager, interne Spezialisten und Strategieberater – und wie ihre Arbeit aussieht.

1.1 Einführung

Das Thema Strategie ist entscheidend für die Zukunft einer jeden Organisation. Wie soll beispielsweise Google – ursprünglich eine Internetsuchmaschine – bei seinem Markteintritt auf dem Mobilfunkmarkt vorgehen? Sollten Universitäten ihre Ressourcen eher auf herausragende Forschung oder auf qualitativ hochwertige Lehre konzentrieren – oder vielleicht versuchen, beides zu kombinieren? Wie soll sich ein kleiner Produzent für Videospiele gegenüber dominanten Konsolenherstellern wie etwa Microsoft und Sony verhalten? Was sollte ein Kunstverein angesichts sinkender öffentlicher Zuschüsse tun?

All diese Fragen beziehen sich auf die Strategie. Natürlich betreffen sie vor allem Unternehmer und Topmanager an der Spitze der Unternehmen, doch sie richten sich ebenso an andere Unternehmensbereiche. Denn auch die Manager beispielsweise der mittleren Führungsebenen müssen die strategische Ausrichtung ihres Unternehmens verstehen, um sich einerseits die Unterstützung der oberen Führungsebenen für ihre eigenen Initiativen zu sichern und um andererseits die Unternehmensstrategie denjenigen erklären zu können, für die sie verantwortlich sind. Jeder, der eine Laufbahn im Managementbereich anstrebt, muss darauf vorbereitet sein, mit potenziellen Arbeitgebern über Strategie zu diskutieren. Natürlich muss man sich auch – möglichst bevor man eine Arbeitsstelle antritt – davon überzeugen, dass die Strategie des neuen Arbeitgebers tragfähig ist. Auch für Spezialisten gibt es im Bereich Strategie einige Karrierechancen, so etwa als Strategieberater, als interne Strategieanalysten oder -planer. Dies sind oft gute Einstiegspositionen für ehrgeizige junge Manager.

Dieses Buch wählt eine breit angelegte Herangehensweise an das Thema Strategie. Es wird sowohl die wirtschaftliche Seite als auch die menschliche Seite betrachtet, bei der es um die praktische Umsetzung von Strategie geht. Eigentlich ist dies ein „Forschungsbuch“, denn die reale Welt der Strategie hat nur selten klare Antworten parat. Geht es um Strategie, so ist es meist sinnvoll, mehrere Optionen zu untersuchen, wobei jede Option sorgfältig geprüft werden muss, bevor eine Entscheidung getroffen wird. Das Buch ist auch für Organisationen interessant, die ihre eigene Ausrichtung für die Zukunft überprüfen und festlegen müssen. Es richtet sich also gleichermaßen an große internationale Konzerne wie auch an kleine Start-up-Firmen; es ist relevant für Organisationen der öffentlichen Hand, etwa Schulen oder Krankenhäuser, und für Non-Profit-Organisationen wie Sportclubs oder gemeinnützige Vereine. Strategie geht jede Organisation etwas an – und auch fast jeden Mitarbeiter.

1.2 Was ist Strategie?

In diesem Buch wird Strategie als die langfristige Ausrichtung einer Organisation verstanden. Beispielhaft sei Amazon genannt, das sich von einem Einzelhändler von Büchern zu einem breiten Anbieter in Internetdienstleistungen entwickelt. Oder Disney, die von Comics zu diversifizierter Unterhaltung fortgeschritten sind. Welche Themenbereiche sind strategischer Natur und was unterscheidet sie von operativen Themen innerhalb einer Organisation?

Abbildung 1.1: Strategiedefinitionen

„Die Festlegung langfristiger Ziele für eine Unternehmung und die Ausführung entsprechender Handlungsschritte sowie die Zuteilung entsprechender Ressourcen, um diese Ziele zu erreichen."
Alfred D. Chandler

„Bei der Wettbewerbsstrategie geht es darum, anders zu sein. Man wählt bewusst eine neue Kombination von Aktivitäten, um einen einzigartigen Nutzenmix anbieten zu können."
Michael Porter

„Ein Muster in einem Strom von Entscheidungen"
Henry Mintzberg

„Die langfristige Ausrichtung einer Organisation"
Exploring Strategy

Quelle: A. D. Chandler, „Strategy and Structure: Chapters in the History of American Enterprise", MIT Press, *1963, S. 13; M. E. Porter, „What is Strategy?",* Harvard Business Review, *1996, November–Dezember, S. 60; H. Mintzberg, „Tracking Strategies: Towards a General Theory",* Oxford University Press, *2007, S. 3.*

1.2.1 Die Merkmale strategischer Entscheidungen

Die Begriffe „Strategie" und „strategische Entscheidungen" werden meist mit Themenbereichen wie den folgenden in Verbindung gebracht:

- Die *langfristige Ausrichtung* einer Organisation. Brad Garlinghouse von Yahoo! hatte erkannt, dass für einen strategischen Wandel bei Yahoo! eher ein „Marathon und kein kurzer Sprint" vonnöten sein würde. Bei der von Yahoo! verfolgten Strategie ging es um Entscheidungen mit langfristiger Wirkung darüber, welche Art von Unternehmen man sein wollte. Eine Umsetzung dieser Entscheidungen würde sehr viel Zeit brauchen.

- Die *Reichweite* der organisationalen Aktivitäten. Sollte sich die Organisation beispielsweise auf nur eine Aktivität konzentrieren oder auf viele verschiedene? Brad Garlinghouse glaubte, dass sich Yahoo! zu sehr in vielen verschiedenen Aktivitäten verzettelt hatte.
- Der *Wettbewerbsvorteil*, den die Organisation gegenüber Konkurrenten hat. Bei Yahoo! lag das Problem darin, dass es dabei war, seinen Wettbewerbsvorteil an schneller wachsende Firmen wie Google zu verlieren. Ein solcher Wettbewerbsvorteil lässt sich auf vielerlei Arten erzielen und kann auch ganz verschiedene Bedeutungen haben. Im öffentlichen Bereich kann ein strategischer Vorteil zum Beispiel darin bestehen, bessere Dienstleistungen zu liefern als andere Anbieter und sich somit die Unterstützung und Finanzierung der Regierung zu sichern.
- *Strategische Anpassung an das Geschäftsumfeld.* Organisationen brauchen eine angemessene *Positionierung* in ihrem Umfeld, etwa in Bezug darauf, inwieweit ihre Produkte oder Dienstleistungen klar definierte Marktbedürfnisse befriedigen. So kann zum Beispiel ein kleines Unternehmen versuchen, eine Nische auf einem Markt für sich zu finden, oder ein global agierender Konzern bemüht sich um den Aufkauf von Unternehmen, die bereits erfolgreich ihre Marktposition gefunden haben. Brad Garlinghouse glaubte, dass Yahoo! in zu vielen Geschäftsbereichen erfolgreich sein wollte.
- *Die Ressourcen und Kompetenzen einer Organisation*[1]. Gemäß der auf Ressourcen basierenden Definition von Strategie geht es darum, die strategischen Fähigkeiten einer Organisation, also ihre Ressourcen und Kompetenzen, zu nutzen, um einen Wettbewerbsvorteil zu erzielen und/oder neue Chancen zu schaffen. So könnte eine Organisation beispielsweise versuchen, Ressourcen wie etwa technische Fähigkeiten oder starke Marken zu nutzen. Yahoo! nimmt für sich in Anspruch, einen Markennamen zu haben, der „synonym für das Internet" steht, was dem Unternehmen theoretisch einen klaren Vorteil auf diesem Gebiet verschafft.
- *Die Werte und Erwartungen* mächtiger Handlungsträger innerhalb der Organisation und in ihrem unmittelbaren Umfeld. Diese Handlungsträger – Einzelpersonen, Gruppen oder auch andere Organisationen – können grundlegende Entscheidungen beeinflussen, etwa ob eine Organisation eher einen Expansionskurs verfolgt oder sich mehr mit Konsolidierung befasst, oder wo die Grenzen der organisationalen Aktivitäten gezogen werden. Bei Yahoo! könnten die oberen Führungskräfte versucht haben, Wachstum in zu vielen Bereichen zu erzielen, und sie waren in der Übernahme konkreter Verantwortung eventuell zu zurückhaltend. Doch auch die unteren Führungsebenen, ebenso wie normale Mitarbeiter, Zulieferer, Kunden und Internetnutzer, beeinflussen die Zukunft von Yahoo! und werden von ihr beeinflusst. Die Erwartungen und Wertvorstellungen dieser *Interessengruppen* werden einen größeren oder kleineren Einfluss auf die strategische Entwicklung einer Organisation haben, je nachdem, wie mächtig sie sind. Brad Garlinghouses Memo war sicherlich ein gewagter Schritt zur Rettung einer scheinbar fehlschlagenden Strategie.

Insgesamt gesehen könnte man die grundlegendste Definition von Strategie als „langfristige Ausrichtung einer Organisation" formulieren. Die oben beschriebenen Merkmale können jedoch die Grundlage für eine ausführlichere Definition liefern:

---

1 Die Frage „Was ist Strategie?" wird bei R. Whittington, What is strategy – and does it matter?, International Thomson, 1993/2000; M. E. Porter, „What is strategy?", *Harvard Business Review*, November–Dezember, 1996, S. 61–78, und F. Fréry, „The fundamental dimensions of strategy", *MIT Sloan Management Review*, Band 48, Nr. 1 (2006), S. 71–75 diskutiert.

Strategie beschreibt die *langfristige Ausrichtung und Aufgabenbereiche* einer Organisation, die in einem sich verändernden *Umfeld Wettbewerbsvorteile* durch ihren Einsatz von *Ressourcen und Kompetenzen* erlangt, mit dem Ziel, die Erwartungen der *Interessengruppen* zu erfüllen.

> **Strategie**
>
> Strategie beschreibt die langfristige Ausrichtung und Aufgabenbereiche einer Organisation, die in einem sich verändernden Umfeld Wettbewerbsvorteile durch ihren Einsatz von Ressourcen und Kompetenzen erlangt, mit dem Ziel, die Erwartungen der Interessengruppen zu erfüllen.

Was ist Strategie?
· Die Reichweite der organisierenden Aktivitäten
· Die Wettbewerbsvorteile ggü. Konkurrenten -> nicht verlieren
· Strategische Anpassung an Geschäftsumfeld
· Ressourcen & Kompetenzen einer Organisation:
· Werte & Erwartungen von Handlungsträgern
-> obere Führungskräfte, Interessengruppen z.B. Mitarbeiter, Kunden etc.
-> langfristige Ausrichtung & Aufgabenbereiche

…loses Magazin in Montreal
…eine ambitionierte Strategie

…dem erklärten Willen, das größte …. Im Herzen ist es allerdings noch …h auf Mode, Musik, Lifestyle und …nackter Haut, Satire und Gewalt …von anderen als kindisch betrach…s Buch, „The Vice Guide to Sex, …blick in seine Marktposition. Das …d kostenlos über modebewusste …

… 1990er-Jahre zunehmend in eine …nen der Bekleidungseinzelhandel, …Live-Veranstaltungen, eine Werbeagentur, Fernseh- und Filmproduktionen und sogar ein Pub in London gehören. Im Jahr 2012 arbeitete Vice Media bereits in 34 Ländern auf der ganzen Welt. Die Einnahmen beliefen sich bei einem geschätzten Firmenwert von ungefähr $ 1 Milliarde (€ 750 Millionen) auf beinahe $ 200 Millionen.

Das Magazin war ursprünglich von drei Freunden ohne Erfahrung im Verlagswesen, Suroosh Avi, Gavin McInnes und Shane Smith, als staatliche Arbeitsbeschaffungsmaßnahme gegründet worden. Zunächst hieß das Magazin *The Voice of Montreal* und war eine Zeitschrift für die lokale Gemeinde. Allerdings gab es diese Mission bald auf und die drei Gründer liehen sich jeweils 5.000 kanadische Dollar (€ 4.000), um es aufzukaufen. Es wurde behauptet, dass das Magazin seinen Namen *Vice* erhielt, weil das *Village Voice* Magazin aus New York gedroht hatte, wegen des Namens zu klagen. Unabhängig davon, ob das stimmt oder nicht, passte der Name *Vice*, Laster, aufgrund des provokanten Inhalts und Stils sehr gut.

Externe Investoren fühlten sich bald durch die starke Verbindung des Magazins mit seinem jungen Publikum angezogen. Der erste Anleger war Normal Network, das 1998 einen Anteil von einem Viertel an der Gruppe für $ 1 Million kaufte, was bedeutete, dass der Gesamtwert zu diesem Zeitpunkt $ 4 Millionen betrug. Diese Kapitalspritze ermöglichte es Vice, den Standort nach New York zu verlegen und die Diversifizierung in den Bekleidungshandel zu unterstützen. Als Normal Network 2000 insolvent war, lieferte ein anderer Investor, Barrontech, weiteres Kapital. Im Jahr 2007 unterstützte der Medienriese Viacom Vice im Videobereich. Diese Partnerschaft hat angeblich zum Ausstieg des Mitgründers Gavin McInnes geführt, der Beschränkungen der kreativen Freiheit des Unternehmens befürchtete. 2011 investierte ein Konsortium aus externen Investoren, zu denen WPP, die größte Werbeagentur der Welt, gehörte, eine Summe von angeblich zwischen $ 50 und 100 Millionen. Diese neuen Mittel ermöglichten die Einführung von Vice in China und Indien. Überdies wurden auch neue Projekte im Bereich Spiele und Sport ins Auge gefasst.

Mitbegründer Suroosh Avi erklärte der *Financial Times* die Vorteile für die Werbepartner, die sich aus der großen Vielfalt der Unternehmen und Bereiche von Vice Media ergeben: „Die Diversifizierung unserer Medien und die qualitativ hochwertigen Inhalte, die darin weltweit enthalten sind, ergaben einen riesigen Vorteil für uns. Es sorgte für eine tiefe Bindung zu unserer Zielgruppe und war auch ein spannender Aspekt für Markenpartner, die sich auf der ganzen Plattform einschreiben und international einkaufen. Das ist durchaus besser als die Veröffentlichung eines Magazins auf einem einzigen Gebiet."

Allerdings ist der Ansatz von Vice eher informell. Ein weiterer Mitbegründer, Shane Smith, erinnert sich wie folgt an die frühen Tage: „Wir hatten keinen Geschäftsplan und keinerlei Ahnung davon, was wir taten. Wir liebten einfach Zeitschriften und wir liebten es, die Zeitschrift zu produzieren. Außerdem hatten wir nichts anderes zu tun, daher haben wir damit weitergemacht." Und so ist Vice heute: „Es ist eine absolut verrückte Arbeitsumgebung. Es ist wie eine inzestuöse Familie. Es ist eine merkwürdige Kultur und wir lieben es. Diese Kultur zu erhalten, wird auf dem Weg in die Zukunft eine unserer großen Herausforderungen sein."

Quellen: National Post, 19. Juli 2000*; Financial Times,* 19. November 2009*; Forbes,* 1. Januar 2012.

Kontrollfragen

1. Wie passt die Strategie von Vice Media zu den verschiedenen Strategiedefinitionen von Alfred Chandler, Michael Porter und Henry Mintzberg (siehe *Abbildung 1.1*)?
2. Wir erklärt sich der Erfolg von Vice Media und wird er nachhaltig sein?

- Eine effektive Strategie erfordert *Integration*. Manager müssen funktionelle und operationelle Grenzen überschreiten, um strategische Probleme anzugehen und sich mit anderen Managern zu einigen, die – gezwungenermaßen – andere Interessen und vielleicht auch andere Prioritäten haben. So muss Yahoo! beispielsweise geschlossen als Unternehmen auf mächtige Werbekunden aus allen Branchen wie etwa Sony oder Vodafone zugehen.
- *Beziehungen und Netzwerke* außerhalb der Organisation sind für die Strategie wichtig, zum Beispiel zu Zulieferern, Vertriebsunternehmen und Kunden. Für Yahoo! sind besonders die Beziehungen zu Werbekunden und Internetnutzern von entscheidender Bedeutung.
- Der *Wandel* ist oft ein sehr wichtiger Bestandteil einer Strategie. Doch ist es häufig schwierig, einen solchen Wandel aufgrund der Ressourcen und der Organisationsstruktur zu vollziehen. So glaubt zumindest Brad Garlinghouse, dass die Unfähigkeit von Yahoo!, sich zu verändern, auch vom Topmanagement herrührt, wo man Angst davor hat, schwierige Entscheidungen zu treffen; die Unfähigkeit ist aber auch auf untere Führungsebenen zurückzuführen, weil dort klare Verantwortlichkeiten fehlen.

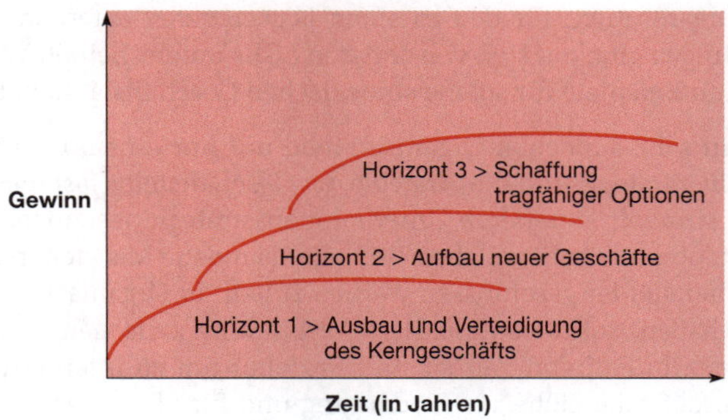

Abbildung 1.2: Drei strategische Horizonte (Drei-Horizonte-Analyse)

Anmerkung: „Gewinn" auf der vertikalen Achse kann durch andere Ziele ersetzt werden; „Geschäft" kann sich auf jede Art von Aktivität beziehen; „Zeit" kann sich auf eine variierende Anzahl von Jahren beziehen.

Quelle: M. Baghai, S. Coley und D. White, The Alchemy of Growth, *„Texere Publishers"*, 2000. Abbildung 1.1, S. 5.

1.2.2 Die Ebenen der Strategie

Strategien gibt es auf unterschiedlichen Ebenen einer Organisation. Anhand des Beispiels von Yahoo! können mindestens drei verschiedene strategische Ebenen unterschieden werden: Die oberste Ebene, die **Unternehmensgesamtstrategie**, befasst sich mit dem Produkt- und Leistungsprogramm, den Zielen einer Organisation und damit, wie der Unternehmenswert für die verschiedenen Teile (Geschäftseinheiten) der Organisation erhöht werden kann. Eine solche Strategie könnte sich mit geografischer Marktabdeckung, der Vielfalt der Produkt- oder Dienstleistungspalette oder den Geschäftseinheiten befassen und die Frage beantworten, wie vorhandene Ressourcen auf die verschiedenen Unternehmensbereiche verteilt werden sollen. Für Yahoo! lautet eine entscheidende strategische Frage auf gesamtunternehmerischer Ebene ganz klar, ob bestehende Geschäftsbereiche verkauft werden sollen. Im Allgemeinen geht es bei der

> **Unternehmensgesamtstrategie**
> Die Unternehmensgesamtstrategie befasst sich mit dem Produkt- und Leistungsprogramm und den Zielen einer Organisation sowie damit, wie der Unternehmenswert für die verschiedenen Teile (Geschäftseinheiten) der Organisation erhöht werden kann.

gesamtunternehmerischen Strategie auch meist um die Erwartungen der Eigentümer – der Aktionäre – und um den Aktienmarkt. Diese Strategie liegt oft in einer ganz ausdrücklichen Formulierung oder aber als impliziertes Leitbild der Organisation vor, welche diese Erwartungen reflektieren. Es ist besonders wichtig, eine klare Unternehmensgesamtstrategie zu haben: Die Entscheidung, welche Geschäftsfelder das Unternehmen abdecken will, ist die *Basis* für andere strategische Entscheidungen.

Geschäftsbereichsstrategie

Die Geschäftsbereichsstrategie definiert, wie ein Geschäftsbereich auf seinen Märkten im Wettbewerb erfolgreich sein kann.

Die Strategie der zweiten Ebene ist die **Geschäftsbereichsstrategie**. Hier geht es darum, wie sich die verschiedenen Geschäftsbereiche innerhalb einer Unternehmensstrategie in ihrem jeweiligen Markt dem Wettbewerb stellen sollten (aus diesem Grund wird die Strategie in den Geschäftsbereichen auch oft „Wettbewerbsstrategie" genannt). Im öffentlichen Sektor entspricht diese strategische Ebene den Entscheidungen, wie einzelne Einheiten Dienstleistungen mit dem größten Mehrwert anbieten können. Dabei geht es meist um Themen wie Preisstrategien, Innovation oder Abgrenzung, etwa durch höhere Qualität oder einen bestimmten Vertriebskanal. Während es bei der gesamtunternehmerischen Strategie also um Themen geht, die die Organisation als Ganzes betreffen, beziehen sich hier strategische Entscheidungen auf einzelne strategische Geschäftseinheiten (SGEs) innerhalb der ganzen Organisation. Eine **strategische Geschäftseinheit** ist ein Teil einer Organisation, für den es einen abgegrenzten externen Markt für Güter oder Dienstleistungen gibt, der sich von anderen SGEs unterscheidet. Yahoo! Photo oder Yahoo! Music sind Beispiele für solche strategischen Geschäftseinheiten.

Strategische Geschäftseinheit

Eine strategische Geschäftseinheit (SGE) ist ein Teil einer Organisation, für den es einen abgegrenzten externen Markt für Güter oder Dienstleistungen gibt, der sich von anderen SGEs unterscheidet.

Natürlich sind in sehr einfachen Organisationen mit nur einem Geschäftsbereich die unternehmerische Strategie und die Strategie des Geschäftsfelds fast identisch. Dennoch ist es auch hier sinnvoll, eine klare Unternehmensstrategie festzulegen, denn sie gibt den Rahmen vor, ob und unter welchen Bedingungen neue Marktchancen genutzt oder bestimmte Geschäftsfelder geschlossen werden sollen. In Organisationen, die mehrere Geschäftsfelder haben, sollte es eine klare Verbindung zwischen den Strategien beider Ebenen geben. Im Fall von Yahoo! sind Beziehungen zu Internetwerbekunden für verschiedene Geschäftsbereiche von Bedeutung und für alle ist es überlebenswichtig, die Marke Yahoo! zu nutzen, zu schützen und zu fördern. Die auf den Markennamen bezogene Unternehmensstrategie sollte die SGEs unterstützen; gleichzeitig müssen die SGEs auch dafür sorgen, dass ihre Geschäftsstrategien dem Unternehmen als Ganzes oder anderen SGEs innerhalb des Ganzen nicht schaden.

Funktionsbereichsstrategien

Funktionsbereichsstrategien beziehen sich darauf, wie die Funktionseinheiten einer Organisation ihre Ressourcen, Prozesse und Mitarbeiter einsetzen, um die Unternehmens- und Geschäftsstrategien effektiv umzusetzen.

Die dritte strategische Ebene betrifft die operative Seite einer Organisation. Hier gibt es **Funktionsbereichsstrategien**, die sich damit befassen, wie die Funktionseinheiten einer Organisation ihre Ressourcen, Prozesse und Mitarbeiter einsetzen, um die Unternehmens- und Geschäftsstrategien effektiv umzusetzen. So beschäftigt Yahoo! beispielsweise Webseitendesigner in jedem seiner Geschäftsbereiche. Für sie gibt es jeweils angepasste operative Strategien, was Design, Layout und Erneuerung der Seiten betrifft. Tatsächlich hängt der Erfolg einer Geschäftsstrategie in den meisten Organisationen zum Großteil von Entscheidungen oder Aktivitäten ab, die auf operativer Ebene getroffen werden oder erfolgen. Die Integration von operativen Entscheidungen und Strategie wurde bereits erwähnt.

Beispiel 1.2 Strategische Statements

Sowohl Sams[illegible] ons-, Computer- und Fernsehr[illegible] niederländische Universi[illegible]

Samsung E[illegible]

Samsung verf[illegible] serer Mitarbeiter und Techn[illegible] zu einer besseren globalen C[illegible]

Unsere Mitarb[illegible] n. Unsere Führungskräfte su[illegible] ihnen die Ressourcen, die s[illegible] den. Im Ergebnis dessen ver[illegible] Unternehmen bei der Speich[illegible] hin zu Mobiltelefonen, die [illegible] das Potenzial, das Leben der Menschen zu bereichern. Und genau darum geht es beim Aufbau einer besseren Weltgesellschaft.

Ebenen der Strategie:
- Unternehmensgesamtstrategie: Produkt & Leistungsprogramm → wie kann der Unternehmenserfolg erhöht werden?
- Geschäftsbereichsstrategie: Erfolg von Geschäftsbereich auf seinen Märkten. Strategische Geschäftseinheit (SGE): Teil einer Organisation mit einem abgegrenzten, externen Markt.
- Funktionsbereichsstrategie: Verwendung von Ressourcen für Strategie?

Wie bereits mit dem neuen Motto ausgedrückt, lautet die Vision von Samsung Electronics für das nächste Jahrzehnt „Die Welt inspirieren, die Zukunft gestalten".

Diese neue Vision spiegelt das Engagement von Samsung Electronics wider, durch den Einsatz der drei Hauptstärken von Samsung zu inspirieren: „Neue Technologie", „Innovative Produkte" und „Kreative Lösungen". Im Rahmen seiner Vision hat Samsung das Ziel gefasst, 400 Milliarden Dollar Umsatz zu erzielen und bis 2020 eine der fünf weltweit führenden Marken zu werden. Dafür muss Samsung drei strategische Ansätze im Management verankern: „Kreativität", „Partnerschaft" und „Talent".

Wir bauen auf unseren bisherigen Leistungen auf und möchten in neue Gebiete vorstoßen, zu denen Gesundheitswesen, Medizin und Biotechnologie gehören. Samsung hat sich zum Ziel gesetzt, ein kreatives Führungsunternehmen in neuen Märkten und ein zukunftssicheres Top-Unternehmen zu werden.

Universität Utrecht, Strategischer Plan 2012 bis 2016

Der Kernauftrag der Universität lautet: junge Menschen auszubilden, neue Generationen junger Forscher hervorzubringen, Akademiker heranzubilden, die sowohl über Expertenkenntnisse als auch über berufliche Fertigkeiten verfügen; bahnbrechende Forschung durchzuführen und soziale Themen anzusprechen sowie zu deren Lösung beizutragen.

Ausbildungsziele

- Die Universität Utrecht wird ihren dritten Platz unter den obersten sechs der (niederländischen) allgemeinen Forschungsuniversitäten verteidigen, wobei die höchste Anzahl der Bachelor-Studiengänge mit gut/ausgezeichnet bewertet wird.
- Der Prozentsatz der (festangestellten) Dozenten mit grundlegender Lehrqualifikation soll von 20 Prozent im Jahr 1990 auf 60 Prozent im Jahr 2010 sowie auf einen prognostizierten Gesamtwert von 80 Prozent im Jahr 2016 steigen.
- Bis zum Jahr 2016 beträgt die Anzahl der geplanten Kontaktstunden und anderer ausbildungsrelevanter Stunden in Vollzeitstudiengängen für den Grad eines Bachelors insgesamt 12 bis 18 Stunden pro Woche.
- Der Prozentsatz der in Kursen für angehende Unternehmer eingeschriebenen Studenten wird sich von 1 Prozent im Jahr 2006 auf 3 Prozent 2010 sowie auf einen prognostizierten Gesamtwert von 5 Prozent im Jahr 2016 erhöhen.

Stärken der Universität Utrecht

Stärken	
Universitätsweites Ausbildungsmodell und umfassend unterstützte Bildungskultur	Breites Spektrum von Instrumenten zur Professionalisierung und Bewertung der Lehrkräfte
Innovative Entwicklungen im Bereich Bildung, die von Institutionen im ganzen Land übernommen werden	Größte Sommerakademie in Europa als Zentrum der Internationalisierung

Quellen: Bearbeitete Auszüge aus *www.samsung.com* und aus dem Strategieplan der *Universität Utrecht*, 2012–2016, *www.uu.nl*.

Kontrollfragen

1. Entwickeln Sie kurze strategische Statements zu den Zielen, dem Umfang und den Vorteilen von Samsung sowie der Universität Utrecht. Welche Rolle spielen die verschiedenen Kontexte des privaten und des öffentlichen Sektors?
2. Entwickeln Sie strategische Statements für Ihre eigene Organisation (Universität, Sportclub oder Arbeitgeber). Welche Auswirkungen hätte diese Erklärung unter Umständen für Ihren speziellen Kurs oder Ihre Abteilung?

1.2.3 Die Terminologie der Strategie

Zwar enthält das *Kapitel 1.2.1* eine Definition des Begriffs „Strategie", doch in der Praxis begegnen uns viele verschiedene Definitionen unterschiedlicher Autoren. Auch gibt es eine Vielzahl von Begriffen, die im Zusammenhang mit Strategie verwendet werden. Deshalb lohnt es sich, einige dieser Begriffe hier genauer zu betrachten.

In *Tabelle 1.1* sind einige der Begriffe aufgeführt, die in diesem und anderen Büchern zum Thema Strategie sowie in der allgemeinen Wirtschaftssprache verwendet werden. Hier werden die Begriffe anhand einer persönlichen Strategie erklärt, die der eine oder andere Leser vielleicht schon einmal selbst verfolgt hat – die Verbesserung der körperlichen Fitness.

Tabelle 1.1

Die Terminologie der Strategie

Begriff	Definition	Persönliches Beispiel
Mission/Leitbild	Übergeordneter Zweck gemäß der Werte und Erwartungen der Stakeholder	Körperliche Fitness und Gesundheit
Vision oder strategische Absicht	Gewünschtes zukünftiges Ergebnis: das Bestreben des Unternehmens	Teilnahme am London Marathon
Zielsetzung	Allgemeine Festlegung des Ziels oder Zwecks	Gewichtsverlust und Muskelaufbau
Messbares Planziel	Quantifizierung (wenn möglich) oder genaue Definition des Ziels	Verlust von fünf Kilo bis zum 1. September und Teilnahme am Marathon im nächsten Jahr
Strategische Fähigkeit	Ressourcen, Aktivitäten und Prozesse; einige davon sind einzigartig und bieten einen „Wettbewerbsvorteil"	Örtliche Nähe eines Fitnesscenters, eine erfolgreiche Diät
Strategien	Langfristige Ausrichtung	Regelmäßiger Sport, Teilnahme an lokalen Marathons, Einhaltung einer geeigneten Diät
Geschäftsmodell	Wie funktioniert der Austausch von Produkten, Dienstleistungen und Informationen zwischen den beteiligten Parteien?	Anschluss an ein Netzwerk Gleichgesinnter (z.B. ein Lauftreff)
Kontrolle	Überwachung der Aktionsschritte, um die Effektivität der Strategien und Handlungen einzuschätzen und um (falls nötig) Strategien und/oder Aktionen zu verändern	Überwachung von Gewicht, Kilometern und Laufzeiten; ist der Fortschritt zufriedenstellend, ist keine weitere Aktion nötig, falls nicht, sind andere Strategien oder Aktionen zu erwägen

Nicht jeder dieser Begriffe wird in jedem Fall in Unternehmen oder Büchern zum Thema Strategie verwendet. Tatsächlich wird der Begriff „Zielsetzung" in diesem Buch nur selten erwähnt. Auch zeigen die vielen Beispiele in diesem Buch, dass die Verwendung der Terminologie in verschiedenen Unternehmen keineswegs einheitlich ist (siehe auch *Beispiel 1.2*). Manager und Studenten, die sich dem Themenbereich der Strategie widmen, müssen sich dessen bewusst sein. Außerdem müssen Begriffe wie Leitbilder, Zielsetzungen, messbare Planziele, Strategien etc. nicht zwingend genau wörtlich formuliert werden. In manchen Unternehmen geschieht dies auf ganz förmliche Art und Weise, in anderen sind Leitbild oder Strategie vielleicht nur implizit vorhanden und müssen somit aus den Handlungen des Unternehmens abgeleitet werden. Dennoch kann im Allgemeinen davon ausgegangen werden, dass die folgenden Begriffe oft verwendet werden:

- Eine *Mission oder ein Leitbild* ist die allgemeine Formulierung der allumfassenden Bestimmung der Organisation, die sich idealerweise an den Werten und Erwartungen der wichtigsten Interessengruppen orientiert und gleichzeitig auf die Größenordnung und Grenzen der Organisation ausgerichtet ist. Oft kann man sich zur Verdeutlichung die scheinbar einfache und doch anspruchsvolle Frage stellen: „Was ist unser Geschäft?"
- Eine *Vision oder strategische Absicht* ist der gewünschte zukünftige Zustand der Organisation. Sie ist eine Bestrebung des Unternehmens, auf die ein Stratege, vielleicht der Firmenchef, die Aufmerksamkeit und Energie aller Organisationsmitglieder konzentrieren wird.
- Eine *Zielsetzung* ist meist ein allgemein formuliertes Ziel, das sich am Leitbild orientiert. Oft ist es qualitativer Natur.
- Eine *messbare Zielvorgabe* ist dagegen meist quantitativ oder zumindest genauer an der allgemeinen Zielsetzung ausgerichtet. In diesem Buch werden die Begriffe „Ziel" und „Planziel" verwendet, gleichgültig, ob es eine Quantifizierung gibt oder nicht.
- Die *strategische Fähigkeit* befasst sich mit den Ressourcen und Kompetenzen, über die eine Organisation verfügen kann, um für ihre Kunden Werte zu schaffen. Einzigartige Ressourcen und Kernkompetenzen sind die Basis für den strategischen Vorteil einer Organisation, durch den sie sich von ihren Konkurrenten abhebt.
- Das Konzept der *Strategie* wurde bereits definiert. Darunter versteht man die langfristige Ausrichtung einer Organisation. Meist werden allgemeine Formulierungen verwendet, die festlegen, welche Richtung eine Organisation einschlagen sollte und welche Handlungen nötig sind, um ihre Ziele zu erreichen. So kann sich die Formulierung einer Strategie an Begriffen wie Markteintritt, neue Produkte, Dienstleistungen oder Betriebsarten orientieren.
- Ein *Geschäftsmodell* beschreibt die Produktions-, Dienstleistungs- und Informationsprozesse und die Rollen der beteiligten Gruppen. So ist beispielsweise ein traditionelles Modell für gefertigte Produkte ein linearer Produktionsprozess, angefangen mit den Herstellern der Einzelteile über die Hersteller des Produkts, den Vertrieb, den Einzelhändler bis zum Verbraucher. Information kann jedoch auch direkt zwischen dem Hersteller eines Produkts und dem Endverbraucher fließen (Werbung und Marktforschung).

- Bei der *strategischen Kontrolle* wird überwacht, inwieweit die Strategie gesetzte Ziele erreicht, und es werden korrigierende Maßnahmen vorgeschlagen (oder die Ziele werden neu überdacht).

In diesem Buch werden nach und nach viele andere Begriffe eingeführt und erklärt. Dies sind die Grundlagen, die für den Anfang wichtig sind.

Strategische Terminologie spielt in vielen verschiedenen Bereichen eine wichtige Rolle. Ein kleines, neu gegründetes Unternehmen braucht eine Aussage zu seiner Strategie, um Investoren und Geldgeber von seiner Überlebensfähigkeit zu überzeugen. Organisationen der öffentlichen Hand brauchen strategische Aussagen nicht nur, um zu wissen, wohin und woran sie sich orientieren sollen, sondern auch um Geldgebern und überwachenden Behörden zuverlässig zu zeigen, dass das, was sie tun, auch tatsächlich das ist, was sie tun sollen. Organisationen, die von freiwilliger Arbeit getragen werden, müssen spannende Strategien kommunizieren, um Spender und Freiwillige anzulocken. Um innerhalb einer größeren Organisation erfolgreich zu sein, müssen die Manager strategischer Geschäftseinheiten klare Strategien vorlegen, die sich mit den Zielen ihrer Eigentümer und den Bedürfnissen anderer Bereiche innerhalb des Gesamtunternehmens decken. Selbst Organisationen, die sich in Privateigentum befinden, brauchen überzeugende Strategien, um ihre Angestellten zu motivieren und langfristige Beziehungen zu ihren wichtigsten Kunden oder Zulieferern aufzubauen. Die Terminologie der Strategie wird also in vielen verschiedenen Bereichen zu vielen verschiedenen Zwecken eingesetzt. Die Strategie ist Teil der täglichen Arbeitssprache.

1.3 Strategisches Management

Der Begriff „strategisches Management“ unterstreicht die Bedeutung des Managers, wenn es um Strategien geht. Strategien entstehen nicht einfach von selbst. Dazu werden Menschen gebraucht, ganz besonders Manager, die über Strategien entscheiden und diese umsetzen. In diesem Buch wird der Begriff „strategisches Management“ also verwendet, um das menschliche Element im Themenbereich Strategie hervorzuheben.

Die Funktion des strategischen Managements unterscheidet sich grundlegend von anderen Aspekten des Managements. Der Leiter eines Betriebs muss sich meist mit Problemen der betrieblichen Kontrolle, wie etwa der effizienten Güterproduktion, der Betreuung des Verkaufspersonals, der Überwachung der finanziellen Effizienz oder mit dem Entwurf eines neuen Systems befassen, das das Niveau des Kundendiensts verbessern soll. Diese Aufgaben sind sehr wichtig, doch sie befassen sich im Grunde alle mit der effektiven Verwaltung von Ressourcen, die bereits im Einsatz sind (und dies oft nur in einem begrenzten Teil des Unternehmens) und für die bereits eine Strategie existiert. Den Großteil ihrer Zeit verwenden Manager auf diese betriebliche Kontrolle. Sie ist von entscheidender Bedeutung für den Erfolg einer Strategie, jedoch ist sie nicht dasselbe wie strategisches Management.

Beim strategischen Management geht es für den Manager um mehr als nur um einen Teilbereich des betrieblichen Managements. Das strategische Management befasst sich mit der Komplexität, die aufgrund von unklaren und außergewöhnlichen Situationen entsteht, deren Auswirkungen das gesamte Unternehmen und nicht nur einen einzelnen betrieblichen Ablauf betreffen. Dies ist eine große Herausforderung für Manager, die daran gewöhnt sind, lediglich die ihnen zugeteilten Ressourcen im Tagesgeschäft zu verwalten. Die Ausbildung der Führungskräfte kann hier zu einem besonderen Problem werden, denn typischerweise wird vielen Managern über Jahre hinweg beigebracht, wie sie betriebliche Aufgaben bewältigen und operative Verantwortung übernehmen können. Und so neigen viele Buchhalter dazu, auftretende Probleme aus finanzieller Sicht zu sehen, genauso wie IT-Manager, Marketing-Manager oder andere diese Probleme aus der Sicht ihres speziellen Fachgebiets betrachten. Natürlich sind all diese Einzelaspekte wichtig, doch keiner davon reicht allein für sich genommen aus. Ein Manager, der Strategien umsetzen und beeinflussen möchte, muss die Fähigkeit entwickeln, sich einen Überblick zu verschaffen, die Gesamtsituation zu erfassen, der sich das Unternehmen gegenübersieht, und nicht nur Teilaspekte davon. Dies wird oft als „Helikopterperspektive" bezeichnet.

Ein wesentliches Merkmal des strategischen Managements ist seine Komplexität. Daher müssen Entscheidungen und Beurteilungen auch auf der *Konzeptualisierung* schwieriger Sachverhalte beruhen. Und doch geht es in der frühen Ausbildung und den ersten Erfahrungen von Managern oft nur darum, zu handeln oder detailliert zu *planen* oder zu *analysieren*. Dieses Buch erklärt viele analytische Herangehensweisen an das Thema Strategie und befasst sich außerdem mit Handlungen, die mit strategischem Management zusammenhängen. Der Hauptschwerpunkt liegt allerdings auf dem Verständnis der *strategischen Konzepte*, die diesen Analysen und Handlungen zugrunde liegen.

Strategisches Management

Strategisches Management beinhaltet das Verständnis der strategischen Position einer Organisation, strategischer Wahlmöglichkeiten für die Zukunft sowie der Strategieimplementierung.

Man kann sagen, dass strategisches Management aus drei Hauptelementen besteht, die auch den Rahmen für dieses Buch bilden. **Strategisches Management** beinhaltet das Verständnis der *strategischen Position* einer Organisation, außerdem schließt es *strategische Wahlmöglichkeiten* für die Zukunft sowie die Umsetzung (*Strategie in Aktion*) mit ein. *Abbildung 1.3* zeigt diese Elemente und stellt ganz grob den Inhalt dieses Buchs dar. Der nächste Abschnitt dieses Kapitels beschreibt jedes der drei Elemente des strategischen Managements und legt die Hauptinhalte jedes Elements fest. Zunächst ist es aber wichtig zu verstehen, warum die Elemente in der Abbildung genau auf diese Weise angeordnet wurden.

Die Elemente hätten ebenso in linearer Folge dargestellt werden können – zunächst die strategische Position, dann die Wahlmöglichkeiten und schließlich die entsprechenden Handlungen. Und genauso werden diese Elemente auch in vielen Fachtexten beschrieben. In der Praxis folgen die drei Elemente des strategischen Managements jedoch nicht so linear aufeinander – sie überschneiden und beeinflussen sich vielmehr gegenseitig. Unter bestimmten Umständen ergibt sich beispielsweise ein Verständnis für die strategische Position erst aus der Erfahrung der Strategie in Aktion. Testmarketing für einen Prototypen ist ein gutes Beispiel hierfür. Hier setzt die Strategie in Aktion das Wissen um die strategische Position voraus.

Die ineinandergreifenden Kreise der *Abbildung 1.3* sollen verdeutlichen, dass Strategie eben nicht linearer Natur ist. Position, Wahlmöglichkeiten und Aktion sollten als eng verbundene Elemente gesehen werden, von denen in der Praxis keines Priorität gegenüber einem anderen hat. Nur aus Gründen der strukturellen Vereinfachung wurde dieses Thema auch in diesem Buch in verschiedene Abschnitte aufgegliedert. Die im Buch gegebene Abfolge soll nicht nahelegen, dass der Prozess des strategischen Managements genau diese Abfolge einhalten muss. Die in *Kapitel 15* dargelegten Beispiele, wie sich strategisches Management in der Praxis zeigt, lassen im Gegenteil sogar darauf schließen, dass es meist keine klare Abfolge gibt.

Abbildung 1.3: Das Modell dieses Buchs

1.3.1 Die strategische Position

Die **strategische Position** berücksichtigt den Einfluss des äußeren Umfelds auf die Strategie, der strategischen Fähigkeiten einer Organisation (Ressourcen und Kompetenzen) sowie der Erwartungen und Einflüsse der Interessengruppen. Die Fragen, die all dies aufwirft, sind wichtiger Bestandteil zukünftiger Strategien. Diese Themenbereiche werden in den ersten vier Kapiteln von Teil I dieses Buchs behandelt.

Strategische Position

Die strategische Position berücksichtigt den Einfluss des äußeren Umfelds auf die Strategie, der strategischen Fähigkeiten einer Organisation (Ressourcen und Kompetenzen) sowie der Erwartungen und Einflüsse der Interessengruppen.

- *Das Umfeld.* Die Organisation besteht innerhalb eines komplexen politischen, wirtschaftlichen, sozialen, technologischen, ökologischen und rechtlichen Umfelds. Dieses Umfeld verändert sich und ist für manche Organisationen komplexer als für andere. Zum Verständnis, wie dies die Organisation beeinflusst, muss man bestimmte historische und auf die Umwelt bezogene Auswirkungen ebenso wie erwartete oder potenzielle Veränderungen der Umfeldvariablen betrachten. Aus vielen dieser Variablen ergeben sich *Chancen*, andere bedeuten wiederum *Gefahren* für die Organisation – oder beides gleichzeitig. Ein Problem hierbei ist, dass die Bandbreite der Variablen oft so groß ist, dass es weder möglich noch realistisch ist, jede einzelne zu identifizieren und zu verstehen. Daher müssen aus dieser Komplexität die wichtigsten aus dem Umfeld stammenden Einflüsse auf die Organisation herausgefiltert werden. *Kapitel 2* erklärt, wie das ermöglich werden kann.
- *Die strategischen Fähigkeiten einer Organisation*, also ihre *Ressourcen und Kompetenzen.* Dazu kann man am besten die *Stärken und Schwächen* einer Organisation betrachten (wo gibt es beispielsweise einen Wettbewerbsvorteil oder -nachteil?). Das Ziel besteht darin, sich einen Einblick in die internen Einflüsse und Beschränkungen auf die strategischen Wahlmöglichkeiten für die Zukunft zu verschaffen. Gewöhnlich bietet eine Kombination von Ressourcen und großer Kompetenz in bestimmten Bereichen (in diesem Buch als *Kernkompetenzen* bezeichnet) Vorteile, die der Konkurrenz schwer zu schaffen machen. In *Kapitel 3* werden strategische Fähigkeiten genauer behandelt.
- *Kapitel 4* befasst sich mit den wichtigsten Einflüssen durch die *Interessengruppen* auf die *Zielsetzungen* einer Organisation. Die Zielsetzung lässt sich am deutlichsten aus der *Vision*, dem *Leitbild* und den *Werten* einer Organisation ablesen. Hier

kommt auch das Thema *Corporate Governance* ins Spiel: Wem sollte die Organisation in der Hauptsache dienen und wie sollten die Manager dafür die Verantwortung übernehmen? Daraus ergeben sich Themen wie die *soziale Verantwortung* der Organisation sowie Fragen der *Ethik*. Das Kapitel erläutert, wie beide Varianten internationaler Führungssysteme sowie die *Machtkonfigurationen* innerhalb bestimmter Organisationen seine Zielsetzungen beeinflussen können.

- *Kapitel 5* untersucht den Einfluss *kultureller und historischer Aspekte* auf die Strategie Kulturelle Einflüsse können *organisationsintern*, *branchenspezifisch* oder *national* wirken. Historische Einflüsse können einen Lock-In-Effekt bei bestimmten strategischen Abläufen auslösen. Diese Einflüsse verursachen wiederum möglicherweise eine *strategische Drift*, sodass nötige Veränderungen nicht vorgenommen werden. Das Kapitel zeigt, wie Manager diese historischen und kulturellen Einflüsse auf die Strategie analysieren und angehen können.

1.3.2 Strategische Wahlmöglichkeiten

Strategische Wahlmöglichkeiten

Strategische Wahlmöglichkeiten implizieren ein Verständnis für die Grundlagen einer zukünftigen Strategie sowohl auf geschäfts- als auch auf gesamtunternehmerischer Ebene sowie Optionen für die Entwicklung einer Strategie in Hinblick auf Inhalte und Methoden.

Strategische Wahlmöglichkeiten implizieren ein Verständnis für die Grundlagen einer zukünftigen Strategie sowohl auf geschäfts- als auch auf gesamtunternehmerischer Ebene sowie Optionen für die Entwicklung einer Strategie in Hinblick auf Inhalte und Methoden. So könnte sich ein Unternehmen zum Beispiel zwischen verschiedenen Diversifikationsmöglichkeiten entscheiden müssen, beispielsweise durch den Eintritt in neue Märkte oder die Herstellung neuer Produkte. Zur Diversifizierung stehen verschiedene Methoden zur Verfügung. So könnte das Unternehmen selbst neue Produkte entwickeln oder eine Organisation übernehmen, die auf diesem Gebiet bereits aktiv ist. Typische Optionen und Methoden sind in *Teil II* dieses Buchs aufgeführt:

- Aus der Entscheidung, wie ein Unternehmen *auf der Ebene seiner Geschäftsbereiche* seinen Wettbewerb gestalten will, ergeben sich strategische Wahlmöglichkeiten. Dabei geht es meist um Preisstrategien und Abgrenzungsstrategien sowie um Entscheidungen, wie mit Mitbewerbern konkurriert oder zusammengearbeitet werden soll. Diese Themen der Strategie auf Geschäftsbereichsebene sind in *Kapitel 6* abgedeckt.
- Auf der höchsten Ebene einer Organisation ergeben sich Themen *gesamtunternehmerischer Strategie*, die sich mit der Reichweite oder Bandbreite einer Organisation befassen. Dazu zählen Diversifizierungsfragen zur Produktpalette und der Marktverteilung. Die Gesamtunternehmensstrategie beschäftigt sich auch mit den Beziehungen zwischen den einzelnen Teilen einer Organisation und der Frage, wie die „Unternehmenszentrale" für diese Einzelteile Mehrwert schaffen kann. Diese Themen zur Rolle des Konzerns und seiner Schaffung von Mehrwert werden in *Kapitel 7* behandelt.
- Eine *internationale Strategie* ist eine Form der Diversifizierung hin zu neuen geografischen Märkten. Sie ist oft mit mindestens ebenso vielen Herausforderungen verbunden wie andere Formen der Diversifizierung. *Kapitel 8* untersucht die Wahlmöglichkeiten von Unternehmen bezüglich der Priorität für bestimmte geografische Märkte sowie des Markteintritts durch Export, Lizenzierung, direkte Investition oder Akquisition.
- *Entrepreneurship* steht am Anfang jeder Organisation. Die meisten Organisationen müssen ständig *innovativ* sein, um ihr Überleben zu sichern. *Kapitel 9* betrachtet Wahlmöglichkeiten in Bezug auf Innovation und Entrepreneurship. Wahlmöglichkeiten zur Innovation können darin bestehen, als Erster einen neuen Markt

zu erschließen, anderen Unternehmen zu folgen oder bei der Entwicklung neuer Produkte und Dienstleistungen mehr oder weniger auf Kundenwünsche zu achten. Beim Entrepreneur [illegible] etwa zum Thema Finanzierung, Aus [illegible] Bestimmung des richtigen Zeitpunk[illegible] für einen Marktaustritt.

- Organisationen mü[illegible] wählen, mit welchen Methoden sie ihre Strategien verfolgen. Viele Organis[illegible] neue Geschäftsbereiche also mit e[illegible] eigenen Ressourcen aufbauen. Andere Organisationen entwickeln sich durch Fusione[illegible] mit anderen Organisationen we[illegible] delt.

1.3.3 Strategie i[illegible]

Bei der **Strategieimple**[illegible] sicherzustellen, dass ausgewählte Stra[illegible] in die Tat umgesetzt werden. Diese Themenbereiche werden [illegible]

> **Strategieimplementierung**
> Bei der Strategieimplementierung geht es darum, sicherzustellen, dass Strategien auch tatsächlich in die Tat umgesetzt werden.

- *Strategische Leist*[illegible] entscheiden, ob aktuelle und progno[illegible] und wie sie verbessert werden kön[illegible] akzeptabel und machbar? In *Kapitel 11* werden eine Reihe von Techniken zur Bewertung der Unternehmensleistung und von strategischen Optionen vorgestellt.
- Es müssen die *strategischen Entwicklungsprozesse* einer Organisation betrachtet werden. Die Strategien, die eine Organisation verfolgt, sind meist eine Mischung aus *beabsichtigten* und *emergenten* Strategien. Beabsichtigte Strategien sind das Ergebnis formeller strategischer Planung und Entscheidung, doch die tatsächlich verfolgte Strategie ergibt sich oft zum Teil auch aus anderen Faktoren wie etwa Initiativen von unten nach oben innerhalb der Organisation, schnelle Reaktionen auf unerwartete Chancen und Gefahren oder einfach purer Zufall. *Kapitel 12* untersucht sowohl beabsichtigte als auch emergente Faktoren einer strategischen Entwicklung.
- Die *Strukturierung* einer Organisation zur Unterstützung erfolgreicher Leistung. Dies beinhaltet organisationale *Strukturen, Prozesse und Beziehungen* (sowie die Interaktionen dieser Elemente). Brad Garlinghouse glaubte, dass strukturell isolierte Einzelabteilungen, eine Matrixorganisation und übermäßige Bürokratie große Probleme für Yahoo! darstellten. Mit diesen Themenbereichen befasst sich *Kapitel 13*.
- Strategisches Management bedeutet auch oft einen *strategischen Wandel*. *Kapitel 14* betrachtet die unterschiedlichen Themenbereiche zu diesem Punkt. Dazu gehören das Verständnis dafür, wie das Umfeld einer Organisation die Herangehensweise an den Wandel beeinflusst, sowie die *Rolle* verschiedener Menschen, die diesen Wandel begleiten. Auch Managementstile bei der Durchführung von Veränderungen und bestimmte erzielte Hebelwirkungen werden betrachtet.
- Das letzte Kapitel dieses Buchs befasst sich mit der eigentlichen *Praxis der Strategie*. *Kapitel 15* steigt in die tatsächlichen Prozesse strategischer Entwicklung und Veränderung ein und beleuchtet die einzelnen Aktivitäten im Detail – die *Menschen*, die an der Strategie beteiligt sind, die *Handlungen*, die sie ausführen müssen, sowie bestimmte *Methodiken*, derer sie sich bedienen. Diese praktischen Betrachtungen stellen einen guten Abschluss für dieses Buch dar und bieten ein gutes Rüstzeug für alle, die sich selbst einmal praktisch mit Strategie befassen werden.

Das Modell dieses Buchs bietet einen umfassenden Bezugsrahmen zur Analyse der Position der Organisation, der verschiedenen strategischen Wahlmöglichkeiten sowie deren Auswahl und Implementierung. In diesem Sinne umfassen die Kapitel eine Checkliste der fundamentalen Fragen einer Strategie (siehe *Tabelle 1.2*).

Tabelle 1.2

Die strategische Checkliste

Vierzehn grundlegende Fragen der Strategie

Strategische Position	Strategische Entscheidungen	Strategie in Aktion
Welche Chancen und Bedrohungen bietet das Umfeld?	Wie sollten Geschäftsbereiche konkurrieren?	Sind die Strategien geeignet, akzeptabel und machbar?
Welche Schwächen und Stärken hat die Organisation?	Welche Geschäftsfelder sollen in das Portfolio aufgenommen werden?	Welche Art Strategiefindungsprozess ist notwendig?
Was ist der grundlegende Zweck der Organisation?	Wo sollte die Organisation international in den Wettbewerb eintreten?	Welche organisationalen Strukturen und Systeme sind notwendig?
Wie passt die Kultur zur Strategie?	Hat die Organisation ein ausreichendes Maß an Innovationen?	Wie sollten die Unternehmen mit den notwendigen Veränderungen umgehen?
	Sollte die Organisation andere Unternehmen aufkaufen, Allianzen bilden oder allein operieren?	Wer sollte im Strategieprozess was tun?

1.4 Strategie als Arbeitsaufgabe

Aus diesem Buch ging bisher ganz eindeutig hervor, dass sich Manager aller Ebenen mehr oder weniger intensiv mit dem Thema Strategie befassen müssen. Natürlich ist es vor allem für das Topmanagement wichtig, doch die Festlegung und Umsetzung von Strategie ist nicht ihnen alleine vorbehalten. Manager der mittleren und unteren Führungsebenen müssen die durch die Unternehmensstrategie festgelegten Ziele umsetzen und erreichen und mit den dadurch entstehenden Einschränkungen umgehen. Sie müssen die Strategie auch ihren Mitarbeitern kommunizieren – und je besser diese Kommunikation funktioniert, umso besser werden auch die Leistungen des Teams ausfallen. Im Zuge der immer ausgeprägteren Dezentralisierung von Verantwortung innerhalb von Unternehmen wächst zudem die Bedeutung der mittleren und unteren Führungsebenen beim Thema Strategie. Gerade die Manager der unteren Führungsebene können wichtige Ideen und Feedback für die oberen Führungsetagen liefern, denn niemand ist näher am täglichen Arbeitsgeschehen als sie. Wer also eine Beförderung erreichen will, muss bereit und vor allem auch in der Lage sein, sich an der „strategischen Konversation“ innerhalb seines Unternehmens zu beteiligen, also sich mit dem Topmanagement über die großen strategischen Probleme der Organisation auszutauschen.[2]

Strategie ist demnach für viele Manager Teil ihrer Arbeit. Es gibt aber auch auf dem privaten und öffentlichen Sektor Strategiespezialisten. Viele große Organisationen haben interne Planstellen für Strategieplaner und Analysten.[3] Der Bereich der strategischen Planung stellt für viele Leser dieses Buchs sicher einen möglichen Karriereweg dar und erfordert eine formale Ausbildung im Bereich Wirtschaft und/oder Management. Hilfreich ist dabei allerdings konkrete praktische Erfahrung im betrieblichen Bereich. Die Strategieberatung erfreute sich in den letzten Jahrzehnten stetig wachsender Beliebtheit; die traditionellen Marktführer in diesem Metier wie McKinsey & Co., die Boston Consulting Group und Bain haben inzwischen von den allgemein ausgerichteten Beratungsunternehmen wie Accenture, IBM Consulting und PwC, die nun auch Strategieberatung anbieten, Konkurrenz bekommen.[4] Auch hier sind Absolventen von wirtschaftlich geprägten Studiengängen gefragte Kandidaten für eine Laufbahn als Strategieberater.[5]

Die Interviews in *Beispiel 1.3* geben Einblicke in die verschiedenen Bereiche der Strategiearbeit von Managern und Spezialisten. Galina, Managerin einer internationalen Tochtergesellschaft, Masoud, der in einer strategischen Regierungsbehörde arbeitet, und Chantal, eine Strategieberaterin – sie alle haben unterschiedliche Erfahrungen im Bereich Strategie, doch es gibt auch Gemeinsamkeiten. Sie alle empfinden ihre Arbeit als anregend und lohnend. Die beiden Spezialisten, Chantal und Masoud, verwenden anders als Galina mehr analytische Hilfsmittel wie etwa die Szenarienanalyse, die Sensitivitätsanalyse und Hypothesentests. Galina, die in ihren ersten Arbeitsjahren in Großbritannien einen strategischen Plan umsetzen musste, hatte sich sogleich den praktischen Herausforderungen der strategischen Planung zu stellen. Sie betont, wie wichtig es ist, flexibel zu sein und Managern einen „Gesamteindruck“ der geplanten Strategie zu vermitteln, indem man sie direkt mit einbezieht. Doch auch für Chantal und Masoud geht es um weitaus mehr als um die reine Analyse. Für Chantal ist es besonders wichtig, mit ihren Kunden an einem Strang zu ziehen, denn nur Einigkeit sorgt für eine gute Umsetzung einer neuen Strategie. Für Masoud ist diese Umsetzung ebenfalls nicht selbstverständlich – er arbeitet auch nach Abgabe seiner Empfehlungen weiterhin eng mit den betreffenden Abteilungen zusammen. Er sieht eine enge Verbindung zwischen einer Strategie und deren Umsetzung, denn diejenigen Mitarbeiter, die für die Umsetzung verantwortlich sind, müssen die Strategie gut verstehen, damit sie auch Wirkung zeigt. Umgekehrt müssen auch die Strategen die Herausforderungen der Umsetzung verstehen. Für Masoud ist das Thema Strategie ein wertvoller Karriereschritt, der seine möglichen nächsten Schritte in eine operative Rolle optimal vorbereitet.

Beim Thema Strategie geht es also nicht nur um abstrakte Organisationen – es bedeutet reale Arbeit für reale Mitarbeiter. Ein wichtiges Ziel dieses Buchs besteht darin, den Leser optimal auf diese Arbeit vorzubereiten.

---

2 F. Westley, „Middle Managers and Strategy: Microdynamics of Inclusion“, *Strategic Management Journal*, Band 11, Nr. 5 (1990), S. 337–351.

3 Für Einblicke in die Aufgaben interner Strategen siehe D. Angwin, P. Paroutis und S. Mitson, „Connecting up Strategy: are strategy directors a missing link?“, *California Management Review*, Band 51, Nr. 3 (2009).

4 Die großen Unternehmensberatungen verfügen über umfangreiche Informationen zum Thema Strategie und Karrierechancen; siehe *www.mckinsey.com*, *www.bcg.com*, *www.bain.com*.

5 Berufsberater der Universitäten können diesbezüglich über Karrierechancen informieren, siehe auch *www.vault.com*.

Beispiel 1.3 Strategien

Strategien sind für Galina, Masoud und Chantal ein wichtiger Bestandteil ihrer Arbeit.

Galina

Galina begann ihre Karriere im Bereich Marketing und wurde dann im Alter von 33 Jahren zur Geschäftsführerin der britischen Tochtergesellschaft eines russischen IT-Unternehmens. Sie entwickelt zum einen die Strategien für ihr Geschäft vor Ort, steht aber auch in regelmäßigem Kontakt zum Mutterkonzern in Moskau:

> *„Moskau interessiert sich für das Gesamtbild und nicht nur für Details. Das Interesse gilt der Zukunft des Unternehmens."*

Die ursprünglichen strategischen Pläne für das Tochterunternehmen mussten stark verändert werden:

> *„Als wir hier ankamen, hatten wir einige Ideen zum Thema Strategie im Kopf, mussten aber bald feststellen, dass die Realität ganz anders aussah. Unsere Strategie war zwar nicht völlig falsch, doch in der zweiten Phase mussten wir sie stark verändern: Wir mussten technische Voraussetzungen ändern und uns dem Markt anpassen. Nun befinden wir uns in der dritten Phase, haben die Grundlagen geschaffen und müssen uns auf Trends konzentrieren, um weiterzukommen und zur richtigen Zeit am richtigen Ort zu sein."*

Galina arbeitet eng mit ihrem Managementteam an ihrer Strategie und organisiert einmal jährlich einen Strategietag (siehe *Kapitel 15*):

> *„Wenn man die Menschen zusammenbringt, fällt es ihnen leichter, das Gesamtbild zu sehen und nicht nur die Teilbereiche, für die sie verantwortlich sind. Es ist sehr sinnvoll, all die verschiedenen Realitäten zusammenzubringen."*

Galina ist begeistert von ihrer strategischen Arbeit:

> *„Ich mag strategische Arbeit sehr. Das Aufregendste daran ist, sich vorzustellen, wo wir angefangen haben und wohin wir uns vielleicht noch entwickeln werden. Wir haben vor fünf Jahren in einem Pub begonnen und irgendwie haben wir es geschafft, unsere Hoffnungen in die Tat umzusetzen. Strategie ist ein Werkzeug zum Erfolg. Sie sagt dir, wie erfolgreich du warst und bist."*

Ihr Rat lautet:

> *„Man braucht immer eine Strategie – einen roten Faden im Kopf. Es ist aber auch wichtig, Feedback von den Märkten und den Kollegen anzunehmen. Man muss auch bereit sein, seine Strategie anzupassen: Die Anpassungen sind das Allerwichtigste."*

Masoud

Masoud, 27, ist politischer Berater einer zentralen strategischen Regierungsbehörde Großbritanniens. Er erarbeitet Analysen und Beratungen für Minister verschiedener Ministerien. Meistens arbeitet er mehrere Monate lang an einem Projekt und setzt seine Arbeit mit den Verantwortlichen auch noch nach Abgabe seiner Empfehlungen fort. Im Rahmen seiner Arbeit spricht er mit Experten innerhalb und außerhalb der Regierung, er führt statistische Analysen durch, entwickelt Szenarien (siehe *Kapitel 2*), erstellt Sensibilitätsanalysen (siehe *Kapitel 11*), erstellt und prüft Hypothesen (siehe *Kapitel 15*), schreibt Berichte und hält Vorträge. Im Laufe seiner Karriere ist Masoud immer mehr zum Manager strategischer Projekte geworden und beschäftigt sich nicht mehr nur mit der reinen Analyse.

Masoud erklärt, was ihm an der strategischen Arbeit für die Regierung am besten gefällt:

> *„Ich liebe die Herausforderung. Ich arbeite an Dingen, auf die es wirklich ankommt; oft liest man darüber in den Zeitungen. Diese Themen sind wirklich kompliziert und gehen die ganze Gesellschaft etwas an."*

Er ist der Meinung, jeder sollte sich mit Strategie befassen:

> *„Ich möchte die Menschen dazu ermutigen, strategisch zu denken und zu handeln, denn so geht man den Problemen in allen Organisationen auf den Grund. Außerdem ist es sehr wertvoll, einige Erfahrungen mit strategischer Arbeit zu haben, selbst wenn das nicht der Hauptschwerpunkt der Karriere werden soll."*

Masoud denkt darüber nach, als nächsten Karriereschritt in den Dienstleistungsbereich zu wechseln, denn er sieht, wie eng verwoben strategisches und operatives Wissen sind:

> *„Teil der strategischen Arbeit ist es, zu verstehen, was ich leisten kann; und Teil der Dienstleistung ist es, die Strategie zu verstehen."*

Chantal

Chantal ist Anfang 30 und arbeitet seit ihrem Universitätsstudium der Wirtschaft für eine der drei führenden internationalen Unternehmensberatungen in Paris. Ursprünglich wollte sie in den Beraterberuf, weil sie gerne Organisationen dabei helfen wollte, sich weiterzuentwickeln. Diese spezielle Beratungsfirma hat sie sich ausgesucht, weil …

> *„… ich bei den Vorstellungsgesprächen viel Spaß hatte und mich die Menschen inspirierten. Ich konnte mir gut vorstellen, mit diesen Themen und in diesem Team zu arbeiten."*

Ihr gefällt ihre Tätigkeit als strategische Beraterin:

> *„Ich löse gerne Probleme. Es ist ein bisschen wie die Arbeit an einem Kriminalfall: Man hat ein Problem und muss eine Lösung für das Unternehmen finden, damit es wachsen und sich verbessern kann."*

Die Arbeit ist intellektuell anspruchsvoll:

„Die Zeithorizonte sind kurz. Man muss seinen Fall in zwei bis drei Monaten gelöst haben und steht sehr unter Druck. Doch der beflügelt dich und hilft dir, auch selbst etwas Neues zu lernen. Ein Team besteht nur aus drei bis vier Mitarbeitern, also kommt es wirklich auf deinen Beitrag an, selbst wenn du noch Anfänger bist. Man arbeitet sehr eigenständig und leistet von Beginn an seinen Beitrag auf ziemlich hohem Niveau."

In ihrer Arbeit geht es oft um finanzielle Modelle und Marktmodelle (siehe *Kapitel 2* und *10*), um Gespräche mit dem Kunden und um die enge Zusammenarbeit mit den Verantwortlichen im Kundenunternehmen selbst. Chantal erklärt:

„Als Berater verwendet man viel Zeit darauf, solide, auf Fakten basierende Argumente zu entwickeln, die dem Kunden helfen sollen, seine Geschäftsentscheidungen zu treffen. Man muss aber nicht nur Fakten sammeln, sondern auch mit den Menschen in Kontakt kommen. Sie müssen zustimmen. Man muss also eine Einigkeit schaffen, damit die erarbeiteten Empfehlungen auch unterstützt und durchgeführt werden."

Chantal fasst den Reiz strategischer Beratung zusammen:

„Ich mag es, schnell zu arbeiten und viel Neues zu lernen. So hat man die Chance, seine Fähigkeiten zu verbessern. Ein Jahr Arbeit in der Unternehmensberatung ist wie zwei Jahre Arbeit in einem normalen Betrieb."

Quelle: Interviews (anonymisiert)

Kontrollfragen

1. Welche dieser drei strategischen Rollen sagt Ihnen am meisten zu – Manager einer Geschäftseinheit einer internationalen Firma, interner strategischer Spezialist oder Strategieberater? Warum?
2. Was müssten Sie tun, um selbst eine solche Rolle übernehmen zu können?

1.5 Strategie als Untersuchungsgegenstand und Forschungsfeld

Dieses Buch behandelt das Thema Strategie auf sehr umfassende Art und Weise und nimmt es sehr ernst. Um das ganze Ausmaß aller strategischen Themen zu verstehen, muss man offen sein für die Perspektiven und Einsichten vieler akademischer Disziplinen, wobei insbesondere Wirtschaftswissenschaften, Soziologie und Psychologie erwähnt werden sollten. Das Thema Strategie ernst zu nehmen, bedeutet auch, sich wo immer möglich der Forschungsergebnisse dieser Disziplinen zu bedienen. Dieses Buch möchte sich dem Thema Strategie auf beweisführender Basis annähern – daher auch die Verweise auf relevante Artikel und Bücher in den Fußnoten.[6]

Das Buch befasst sich zu gleichen Teilen mit den drei Bereichen von Strategie als akademische Disziplin: *Strategiekontext*, *Strategieinhalt* und *Strategieprozess*. Jeder dieser Bereiche spielt eine wichtige Rolle und wird von Forschungsgrundlagen untermauert, deren charakteristische analytische Ansätze auch auf Strategien in der Praxis angewendet werden können. *Abbildung 1.4* zeigt die drei Bereiche der Strategie sowie die drei dazugehörigen Forschungsgrundlagen. Diese sind in ungefährer historischer Reihenfolge aufgeführt. Die Pfeile sollen verdeutlichen, dass deren Entwicklung noch nicht beendet ist. Im Detail können die drei Bereiche und die charakteristischen analytischen Ansätze ihrer Forschungsgrundlagen wie folgt beschrieben werden:

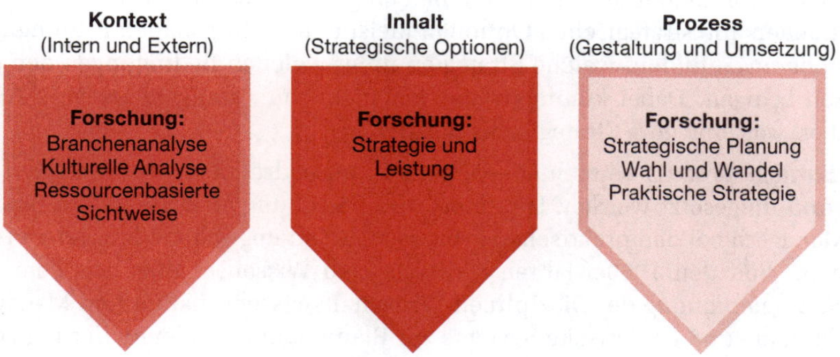

Abbildung 1.4: Die drei Zweige der Strategie

- *Strategiekontext* bezieht sich sowohl auf den internen wie auch auf den externen Kontext einer Organisation. Alle Organisationen müssen die Chancen und Gefahren ihres externen Umfelds berücksichtigen. Die *Branchenanalyse* kam als Forschungsgrundlage erstmals Anfang der 1980er-Jahre auf, als Michael Porter darlegte, wie die Instrumente aus dem Bereich der Wirtschaftswissenschaften auf die Bewertung der Attraktivität einzelner Branchen angewendet werden können[7]. Ebenso nutzen *Kulturanalysten* seit den 1980er-Jahren soziologische Einblicke in menschliches

6 Für Einblicke in den gegenwärtigen Stand der Strategie als akademische Disziplin siehe H. Volberda, „Crisis in strategy: fragmentation, integration or synthesis“, *European Management Review*, Band 1, Nr. 1 (2004), S. 35–42, und J. Mahoney und A. McGahan, „The field of strategic management within the evolving science of strategic organization“, *Strategic Organization*, Band 5, Nr. 1 (2007), S. 79–99.

7 Siehe M.E. Porter, „The Five Competitive Forces that shape strategy“, Harvard Business Review, Januar 2008, S. 57–91.

Verhalten, um darauf hinzuweisen, wie wichtig ein gemeinsames kulturelles Verständnis geeigneter Handlungsweisen ist. Im internen Kontext zeigen Kulturanalysten auf, dass Strategien häufig von den organisationseigenen Kulturen beeinflusst werden. Im externen Kontext wird dargelegt, dass Strategien auf die Gegebenheiten der Branche oder auch auf nationale Kulturen abgestimmt werden müssen. Wissenschaftler, die sich mit der *ressourcenbasierten Sichtweise* befassen, konzentrieren sich auf den internen Kontext und suchen nach den einzigartigen Eigenschaften jeder Organisation.[8] Gemäß der ressourcenbasierten Sicht sollen die wirtschaftliche Analyse der Marktprobleme, die psychologische Analyse emotionaler Voreingenommenheiten und die soziologische Analyse von Organisationskulturen gemeinsam die individuellen Eigenschaften aufzeigen, die für eine Organisation einen Wettbewerbsvorteil oder -nachteil bedeuten.

- *Strategieinhalt* bezieht sich auf den Inhalt (oder die Art und Weise) verschiedener Strategien und ihre Erfolgschancen. Hier geht es also vor allem um den Nutzen verschiedener strategischer Optionen. Wissenschaftler, die sich mit *Strategie und Erfolg* befassen, nutzen ursprünglich die wirtschaftliche Analyse, um den Erfolg unterschiedlicher Diversifikationsstrategien zu erklären. Dieses Forschungsgebiet ist auch heute noch der zentrale Punkt der Disziplin Strategie und befasst sich mit immer mehr Themen. So untersuchen Wissenschaftler dieses Fachgebiets heute verschiedene neue Innovationsstrategien, unterschiedliche Formen der Internationalisierung sowie all die komplexen Formen von Allianzen und Netzwerkstrategien, die von modernen Organisationen eingesetzt werden. Diese Wissenschaftler unterziehen alle strategischen Optionen meist einer sehr genauen Prüfung. Ihr Ziel ist es, herauszufinden, welche Strategien unter welchen Bedingungen den größten Nutzen bringen. Dabei kümmern sie sich nicht um verallgemeinernde Aussagen darüber, was eine gute Strategie ausmacht.
- Der *Strategieprozess* betrachtet – allgemein ausgedrückt – wie Strategien formuliert und umgesetzt werden. Hier bietet die Forschung eine Reihe von Einblicken, die Managern bei den praktischen Prozessen des strategischen Managements helfen können.[9] Seit den 1960er-Jahren bedienen sich Wissenschaftler aus dem Bereich der *Strategieplanung* der Disziplinen Wirtschaftswissenschaften und Management, um rationale und analytische Systeme zur Planung und Implementierung von Strategien zu entwerfen. Doch beim Thema Strategie geht es auch um Menschen: Seit den 1980er-Jahren weisen Wissenschaftler aus der Tradition von *Wahlmöglichkeiten und Wandel* darauf hin, wie die Psychologie der menschlichen Wahrnehmung und der Gefühle sowie die Soziologie politischer Gruppen und Interessen rationale Analysen unterwandern und beeinflussen. Daher geben diese Wissenschaftler den Rat, die irrationale, ungeordnete Realität der Organisationen einfach zu akzeptieren und damit zu arbeiten, ohne zu versuchen, ihnen eine Rationalität aufzuzwingen. Wissenschaftler aus dem Bereich *Strategie als Praxis* schließlich wenden seit kurzem mikrosoziologische Ansätze an, um die menschlichen Realitäten formaler und

8 Die klassische Aussage der ressourcenbasierten Ansicht liefert J. Barney „firm resources and sustained competitive advantage“, Journal of Management, Band 17, Nr. 1 (1991), S. 91–120.

9 Zwei neuere Sammlungen zu diesem Thema sind G. Szulanski, J. Porac und Y. Doz, „Strategy Process: Advances in Strategic Management“, JAI Press, 2005, und S. Floyd, J. Roos, C. Jacobs und F. Kellermans, „Innovating Strategy Process“, Blackwell, 2005.

informaler strategischer Prozes[illegible] genau zu untersuchen.[10] [illegible] konzentriert man sich darauf, wie Menschen strat[illegible] gen Hilfsmittel und Kenntnisse. [illegible]

Aus den oben beschriebenen Punk[illegible] Strategie Perspektiven und Einsich[illegible] Disziplinen mit einbezieht. Alle [illegible] aus betrachtet werden. Eine Stra[illegible] ausgewählt wurde, kann von psyc[illegible] Fall gebracht werden. Wird eine S[illegible] und emotionalem Enthusiasmus g[illegible] Akzeptanz ausgesucht, so ist diese [illegible] schaftlich tragfähig ist. Die weiter[illegible] weisen ebenso darauf hin, dass e[illegible] Strategie zu wählen. Dazu muss [illegible] psychologischen und soziologisch[illegible]

1.6 Ein anderer Ansatz zur Strategie

Bisher haben wir betont, dass die strategischen Fragen normalerweise komplex sind und am besten von einer Reihe von Standpunkten aus betrachtet werden sollten. Allerdings gibt es keine einfache, universell gültige Regel für gute Strategien. In diesem Unterkapitel werden zwei Möglichkeiten für eine andere Erkundung der Strategie eingeführt: Dabei hängt eine vom Kontext und die andere von der Perspektive ab.

1.6.1 Erkundung der Strategie in verschiedenen Kontexten

Obwohl die grundlegenden Elemente des Modells zur Strategieuntersuchung unter den meisten Umständen relevant sind, unterscheidet sich deren Zusammenspiel je nach dem organisationalen Kontext. Um zum *Beispiel 1.2* zurückzukehren, teilen sowohl Samsung als auch die Universität Utrecht einige grundlegende Aspekte im Hinblick darauf, wie sie im Wettbewerb bestehen wollen und welche Tätigkeiten sie in ihrem Portfolio haben sollten. Allerdings unterscheiden sich bei einem koreanischen Elektronikunternehmen und einer niederländischen Universität die Rolle des Staates, die Wahlfreiheit und die Fähigkeit zur Veränderung umfassend. Daher ist es bei der Anwendung des Modells hilfreich zu betrachten, welche Arten von Themen in dem betrachteten spezifischen Kontext wahrscheinlich besonders wichtig sind. Um diesen allgemeinen Punkt zu illustrieren, verdeutlicht dieser Abschnitt, wie Fragen, die sich aus dem Modell zur Strategieuntersuchung ergeben, sich in drei verschiedenen organisationalen Kontexten unterscheiden können:

- *Kleinunternehmen*. Im Hinblick auf ihre Positionierung müssen Kleinunternehmen besonders auf ihre Umgebung achten, da sie gegenüber Veränderungen sehr anfällig sind. Bei Klein- und Familienunternehmen ist allerdings die wichtigste Positionierungsfrage häufig die des strategischen Ziels: Dabei geht es nicht zwangsläufig nur

10 Für neue Beispiele siehe die von P. Jarzabkowski, J. Balogun und D. Seidl herausgegebene Sonderausgabe „Strategizing: the challenge of a practice perspective“, *Human Relations*, Band 60, Nr. 1 (2007), sowie R. Whittington und L. Cailluet, „The crafts of strategy“, *Long Range Planning*, Band 41, Nr. 3 (2008).

um Gewinn, sondern [illegible] hängigkeit, Kontrolle durch di[illegible] und eventuell sogar einen an[illegible] gischer Entscheidungen ist all[illegible] Unternehmen nur selten eine Üb[illegible] chaus entscheiden müssen, ob [illegible] en zustimmen. Auch einige As[illegible] ch. So beinhalten beispielswe[illegible] hen Herausforderungen wie bei[illegible]

- *Mu*[illegible] e Positionierung auf einem kon[illegible] ann jeder wichtige geografisch[illegible] wirtschaftlichen Rahmenbed[illegible] die Tätigkeit in vielen versch[illegible] Unterschiede der nationalen Kul[illegible] uf dem Markt sowie intern unt[illegible] ungen werden wahrscheinlich [illegible] rauf dominiert, welche geograf[illegible] nd die geografische Reichweit[illegible] wichtige Fragen im Hinblick auf die Umsetzung der Strategie, insbesondere solche zur organisationalen Struktur und zum strategischen Wandel, nahe.

> Strategie in versch. Kontexten:
> · Kleinunternehmen: Umgebung wichtig
> da anfällig für Veränderungen
> Ziele wie Unabhängigkeit, Kontrolle,
> Übergabe & angenehmer Lebensstil
> Multinationale Unternehmen:
> · kulturelle Positionierungsfragen
> Umfang & strategische Reichweite
> als Basis für Umsetzung Strategie
> Öffentlicher Sektor
> · Ziele kann unklar & umstritten sein.

- *Öffentlicher Sektor und gemeinnützige Unternehmen.* In diesen Kontexten sind ebenfalls Positionierungsfragen für einen Wettbewerbsvorteil wichtig, allerdings haben sie noch einen anderen Aspekt: Wohltätige, gemeinnützige Organisationen konkurrieren normalerweise um Spendengelder, während Organisationen des öffentlichen Sektors, wie Schulen und Krankenhäuser, oft in Bereichen wie Qualität oder Leistungen konkurrieren. Der Positionierungsaspekt des Zwecks ist wahrscheinlich auch sehr wichtig. In Ermangelung eines klaren, fokussierten Ziels, wie dem Gewinn, kann der Zweck im öffentlichen Sektor und bei gemeinnützigen Organisationen unklar und strittig sein. Aspekte der strategischen Wahl sind unter Umständen enger als im privaten Sektor: So können beispielsweise Beschränkungen für die Diversifizierung bestehen. Aspekte der Umsetzung der Strategie müssen besonders beachtet werden, wobei Führung und Wandel normalerweise in großen Organisationen des öffentlichen Sektors eine besondere Herausforderung darstellen.

Kurz gesagt verändert sich der Fokus der Strategieanalyse wahrscheinlich in unterschiedlichen Kontexten, auch wenn sie auf den gleichen Grundprinzipien beruht. Wie im nächsten Abschnitt dargestellt wird, ist es daher oft hilfreich, Strategieprobleme aus verschiedenen Perspektiven zu betrachten.

1.6.2 Erkundung der Strategie aus verschiedenen Strategieperspektiven

Erkunden heißt nach neuen und andersartigen Dingen suchen. Die Untersuchung der Strategie umfasst die Suche nach neuen Aspekten zu strategischen Problemen. Eine umfassende Bewertung der Strategie einer Organisation benötigt mehr als eine Perspektive. Wir führen die „Strategieperspektiven" als eindeutige, theoretisch informierte Möglichkeiten des Nachdenkens über die Strategie ein. *Die* **strategischen Perspektiven** *sind Möglichkeiten, strategische Aspekte anders zu betrachten, um zusätzliche Einblicke zu gewinnen.* Aus verschiedenen Blickwinkeln heraus ergeben sich neue Aspekte und neue Lösungen. Obwohl sich diese Perspektiven also aus akademischer Forschungsarbeit zum Thema Strategie ableiten, sollen sie gleichzeitig einen ganz praktischen Nutzen für die tägliche Arbeit mit Strategie haben. Die vier Perspektiven werden am Ende des *Teils I* umfassend beschrieben, nachdem der Leser die Möglichkeiten hatte, einige wesentliche strategische Konzepte zur Analyse der strategischen Position zu analysieren. Überdies kehren wir auch am Ende der *Teile II* und *III* in kurzen Anmerkungen noch einmal dazu zurück. Daher bildet dieser Abschnitt wie folgt eine kurze Einführung in die Perspektiven:

Strategische Perspektiven

Die strategischen Perspektiven bieten vier verschiedene Sichtweisen auf Themen der Strategieentwicklung in Organisationen.

- *Strategie als Gestaltung (Gestaltungsperspektive).* Dieser Ansatz geht davon aus, dass eine strategische Entwicklung ein logischer Prozess sein kann, in welchem die auf ein Unternehmen wirkenden Kräfte und Beschränkungen sorgfältig durch analytische und bewertende Techniken abgewogen werden, um dann eine klare strategische Richtung zu definieren. Daraus ergeben sich Bedingungen, die für eine sorgfältig geplante Strategieumsetzung sorgen. Die Gestaltungsperspektive gesteht meist dem Topmanagement die Führungsrolle bei der Strategie zu, wobei die mittleren und unteren Führungsebenen lediglich bei der Umsetzung Hilfestellung geben. Diese Sichtweise bezüglich der Entwicklung einer Strategie und deren Management ist wohl allgemein am weitesten verbreitet. Sie entspricht den klassischen Lehrmethoden.
- *Strategie als Erfahrung (Erfahrungsperspektive).* Hier wird davon ausgegangen, dass zukünftige Strategien von Organisationen stark durch die Erfahrung ihrer Manager und Mitarbeiter und deren zuvor erlebten Strategien geprägt werden. Strategien ergeben sich somit nicht primär aus einer klaren Analyse, sondern vielmehr aus Annahmen, die vorausgesetzt werden, und aus Handlungsweisen, die in der Unternehmenskultur von Organisationen verankert sind. Sofern es verschiedene Ansichten und Erwartungen innerhalb einer Organisation gibt, werden diese auch nicht nur durch rationale Prozesse verarbeitet (wie durch die Gestaltungsperspektive betrachtet), sondern durch individuelle Verhandlungsprozesse. Diese Sichtweise geht also davon aus, dass sich Strategien häufig in die gleiche Richtung weiterentwickeln, aus der sie ursprünglich stammten.
- *Strategie als Vielfalt (Vielfaltperspektive).* Keine der bisher erwähnten Perspektiven ist besonders hilfreich für die Erklärung von Innovation. Gestaltungsansätze sind oft zu starr und funktionieren nur von oben nach unten, und Erfahrungen sind zu sehr in der Vergangenheit verhaftet. Wie entstehen aber nun neue Ideen? Die Ideenperspektive unterstreicht, wie wichtig es ist, in der und rund um die Organisation herum Verschiedenheit zu fördern, denn aus ihr können sich völlig neue Ideen entwickeln. Hier wird Strategie als etwas angesehen, das weniger von den oberen Unternehmensebenen geplant wurde, sondern vielmehr in der und rund um die Organisation entstanden

ist. Denn die Menschen reagieren auf ein unsicheres und sich veränderndes Umfeld mit einer ganzen Reihe von Initiativen. Neue Ideen können zwar schnell entstehen, doch müssen sie sich gegen andere Ideen und auch gegen das Streben nach Einhaltung bestehender Strategien durchsetzen (die Erfahrungsperspektive erklärt dies).

- *Strategie als Diskurs (Diskursperspektive).* Diese Perspektive sieht die Sprache als Hauptbestandteil der Strategie. Manager verbringen einen Großteil ihrer Zeit mit Kommunikation. Daher ist auch die Beherrschung der Sprache der Strategie eine wichtige Ressource für Manager, die es ihnen ermöglicht, „objektive" strategische Analysen ihrer persönlichen Sichtweise anzupassen und Einfluss, Macht und Legitimierung zu erlangen. Wenn Manager eine Strategie durch die Diskursperspektive betrachten, achten sie ganz besonders auf die Sprache, in der sie strategische Probleme formulieren, strategische Vorschläge machen, Sachverhalte diskutieren und schließlich strategische Entscheidungen kommunizieren. Die Sprache der Strategie und die Konzepte, die dieser Sprache zugrunde liegen, können die strategische Agenda dahingehend beeinflussen, was diskutiert wird und wie dies geschieht. Auf die strategische Formulierung kommt es an.

ZUSAMMENFASSUNG

- Strategie ist die *langfristige Ausrichtung und Reichweite* einer Organisation, die in einem sich verändernden *Umfeld* durch ihren Einsatz von *Ressourcen* und *Kompetenzen* einen *Wettbewerbsvorteil* erlangt mit dem Ziel, die Erwartungen der *Interessengruppen* zu erfüllen.
- Strategische Entscheidungen werden auf vielen Ebenen eines Unternehmens getroffen. Die *Gesamtunternehmensstrategie* befasst sich mit der allgemeinen Ausrichtung und Reichweite einer Organisation; *Strategie auf Geschäftsbereichsebene (oder Wettbewerbsstrategie)* befasst sich mit dem erfolgreichen Wettbewerb auf einem Markt. Auf der Ebene der *Betriebsstrategie* geht es darum, wie Ressourcen, Prozesse und Menschen die Strategien der höheren Ebenen erfolgreich umsetzen können. Strategisches Management unterscheidet sich vom täglichen betrieblichen Management durch komplexe Einwirkungen auf Entscheidungen und durch Auswirkungen, die das gesamte Unternehmen betreffen, und ihre langfristigen Konsequenzen.
- Strategisches Management besteht aus drei Hauptelementen: Verständnis der *strategischen Position, strategische Wahlmöglichkeiten* für die Zukunft und die Umsetzung der *Strategie in Aktionen*. Die strategische Position einer Organisation wird durch das externe Umfeld, interne strategische Fähigkeiten sowie durch die Erwartungen und Einwirkungen von Interessengruppen bestimmt. Die strategischen Wahlmöglichkeiten schließen die zugrunde liegende strategische Basis auf Unternehmens- und Geschäftsbereichsebene mit ein sowie die Ausrichtungen und Methoden der Entwicklung. Beim strategischen Management geht es auch darum, zu verstehen, welche Wahlmöglichkeiten zu Erfolg oder Misserfolg führen könnten. Die Strategie in Aktion befasst sich mit Themen der Strukturierung, der Ressourcenbeschaffung für zukünftige Strategien und der Begleitung des Wandels
- Die Strategie als Studienfach hat sich von ihren Ursprüngen als Unternehmenspolitik und den Traditionen strategischer Planung weiterentwickelt, sodass zwei Hauptströmungen entstanden sind: Strategische *Inhalte* befassen sich mit verschiedenen strategischen Optionen, der Strategieprozess befasst sich mit *Prozessen* wie etwa strategische Entscheidungsfindung und strategischer Wandel. Weitere Ansätze sind dabei, sich zu entwickeln, beispielsweise die Komplexitätstheorie, der strategische Diskurs und Strategie als Praxis.
- Strategie kann auch ein Beruf sein. *Strategieplaner und -berater* befassen sich in Vollzeit damit. Strategie ist aber auch ein wichtiger Teil des Berufsbilds vieler Manager. Dabei geht es nicht nur um Manager auf höchster Ebene und Manager, die für strategische Geschäftseinheiten zuständig sind, sondern um alle Manager, die die strategische Ausrichtung ihrer Organisation mit bestimmen.
- Die strategischen Themenbereiche, mit denen sich eine Organisation auseinandersetzen muss, beschreibt man am besten aus verschiedenen Blickwinkeln, wie sie durch die *vier strategischen Perspektiven* vorgegeben werden. Die *Gestaltungsperspektive* betrachtet den logisch-analytischen Ansatz der Strategie. Die *Erfahrungsperspektive* sieht Strategie als Produkt individueller Erfahrungen und Unternehmenskulturen. Durch die *Ideenperspektive* betrachtet, entwickelt sich Strategie aus neuen Ideen in der und rund um die Organisation. Die *Diskursperspektive* betont die Bedeutung strategischer Sprache zur Schaffung von Verständnis innerhalb der Organisation und weist darauf hin, wie wichtig es ist, diese Sprache gut zu beherrschen.

ZUSAMMENFASSUNG

Aufgaben

*Kennzeichnet schwierigere Aufgaben.

1.1. Nennen und erklären Sie Beispiele für die Terminologie der Strategie, die im Jahresbericht oder auf der Internetseite einer Organisation Ihrer Wahl verwendet werden (z.B. Ihre Universität). Beziehen Sie sich dabei auf *Tabelle 1.2* und *Beispiel 1.2*.

1.2. Beziehen Sie sich auf das Exploring-Corporate-Strategy-Modell in *Abbildung 1.3* und stellen Sie die wichtigsten Themenbereiche in Bezug auf die strategische Position, strategische Wahlmöglichkeiten und Strategie in Aktion für eine Organisation dar, mit der Sie vertraut sind (z.B. Ihre Universität).

1.3. Gehen Sie auf die Webseite eines der großen Strategieberatungsunternehmen, wie Bain, die Boston Consulting Group oder McKinsey & Co. (siehe auch *Fußnote 4*). Was sagt die Webseite über die Art der Strategieberatungsarbeit aus? Würde Ihnen diese Arbeit Spaß machen?

***1.4.** Beziehen Sie sich auf *Abbildung 1.3* und zeigen Sie, wie sich die Elemente des strategischen Managements in folgenden Unternehmen unterscheiden:

a. ein kleines Unternehmen,
b. ein großer internationaler Konzern (z.B. Elektrolux),
c. eine gemeinnützige Organisation.

Fallstudie
Glastonbury, vom Hippie-Wochenende zu einem internationalen Festival

Steve Henderson, Leeds Metropolitan University

Schlagzeuger und Gitarrist

Quelle: © Klaus Eppele-Fotolia #32116984.

Woodstock im Jahr 1969 inspirierte viele Musikfreunde dazu, ihr eigenes Musikfestival zu gründen. Zwischenzeitlich sind zwar viele dieser Veranstaltungen wieder verschwunden, aber die Langlebigkeit und die Standorte des Fuji Rock Festivals in Japan, Roskilde in Dänemark, Coachella in den USA und Rock al Parque in Kolumbien verdeutlichen den etablierten internationalen Charakter dieses Markts (siehe *Tabelle 1* zu diesem Beispiel). Eine der am längsten bestehenden Veranstaltungen dieser Art ist das Glastonbury Festival, auf dem sich die Rolling Stones 2013 in die lange Liste der Künstler (von Paul McCartney bis Oasis) einreihten, die dort aufgetreten sind. Alles begann im Jahr 1970, als 1.500 feierfreudige Hippies £ 1 (€ 1,20) für ihre Karte bezahlten und sich auf einem Bauernhof in der Nähe von Glastonbury Tor versammelten, dort mit Milch versorgt wurden und die auf einer provisorischen Bühne dargebotene Unterhaltung genossen. Heute ist Glastonbury ein großes internationales Festival, das mehr als 150.000 Teilnehmer anzieht. Ohne jegliche Informationen über die auftretenden Künstler waren die Karten für das Festival 2013 – zu Preisen von £ 200 – innerhalb von wenigen Stunden ausverkauft.

In den frühen Jahren wurde die Vision durch den lokalen Bauern, Michael Eavis, entwickelt, dessen Leidenschaft für die Musik und soziale Prinzipien zu einem Wochenende voll Musik geführt hat, bei dem Geld für gute Zwecke gesammelt wird. Es war eine soziale Mission, die in der Hippie-Gegenkultur der 1960er-Jahre und Ereignissen, wie dem Woodstock Festival, verankert war. Heute stellt allerdings der Besucher des Glastonbury Festivals fest, dass der Hippie-Idealismus dieser frühen Tage in weiter Ferne liegt. Der Umfang der Organisation erfordert ein starkes Management, um das Erreichen der sozialen Ziele des Festivals sicherzustellen.

Tabelle 1

Internationale Musikfestivals

Festival	Land	Erste Veranstaltung	Geschätzte Kapazität[1]	Preis 2013
Woodstock	USA	1969	400.000	kostenlos
Glastonbury	UK	1970	130.000	£ 205 (Wochenende)
Reading/Leeds Festival	UK	1971[2]/1999	162.000	£ 197,50 (Wochenende)
Roskilde	Dänemark	1971	103.000	£ 195 (drei Tage)
Rock am Ring/Rock im Park	Deutschland	1985/1993	150.000	£ 150 (Wochenende)
Rock al Parque	Kolumbien	1995	88.000	kostenlos
Benicassim	Spanien	1995	55.000	£ 150 (vier Tage)
V Festival – Weston Park/Hylands Park	UK	1996	160.000	£ 185 (Wochenende)
Fuji Rock	Japan	1997	Mehr als 100.000	£ 305 (drei Tage)
Coachella	USA	1999	75.000	£ 220 (drei Tage)
Peace & Love	Schweden	1999	22.000	£ 170 (fünf Tage)

[1]*Basierend auf der Tageskapazität*
[2]*Bestand ab 1961 als Jazzfestival*

Zunächst waren die gesetzlichen Anforderungen für eine auf einem Privatgrundstück durchgeführte Veranstaltung minimal. Joviale Polizisten schauten über die Hecken, während Freizeitdrogen an Tischen in der Nähe des Festivaleingangs verkauft wurden, so als ob es sich um ein etwas ungewöhnliches Dorffest handelte. Natürlich begann das Festival die Aufmerksamkeit einer Reihe verschiedener Gruppen auf sich zu ziehen, insbesondere da die Gesetzgebung über die Durchführung von Veranstaltungen verschärft wurde. Eavis musste Konflikte mit den Anwohnern, die die Störung ihrer Privatsphäre beklagten, mit Hippie-Aktivistengruppen, deren Beitrag zum Festival ihnen ein gewisses Anspruchsdenken vermittelte, mit den Drogendealern, die ihren Aktivitäten am Rande des Festivals nachgingen, und Fans austragen, die über die Zäune kletterten, um kostenlos teilzunehmen.

Die kontinuierliche Expansion führte zu einem Festival mit mehr als zehn Bühnen für Jazz, Tanz, Klassik, Weltmusik und andere Genres. Darüber hinaus gibt es Comedy, Poesie, Zirkus, Theater und Unterhaltung für Kinder, neben esoterischeren Straßentheaterdarbietungen. Ein Großteil davon findet in abgegrenzten Wiesenbereichen statt, so nutzt beispielsweise das DanceVillage eine Reihe von Zelten für verschiedene Arten von Tanzmusik. Tatsächlich ist die Bandbreite an Unterhaltungsangeboten so groß, dass einige Besucher das ganze Wochenende auf dem Festival verbringen, ohne eine einzige Livemusikdarbietung zu sehen. Obwohl die Familie Eavis noch immer am Hauptprogramm beteiligt ist, wird ein Großteil der anderen Unterhaltungsangebote mittlerweile von anderen organisiert. Diese Verschiebung zu eher diverser Unterhaltung spiegelt sich auch in der Änderung des Namens des Festivals von Glastonbury Fayre (der das antike kulturelle Erbe des Gebiets widerspiegelt) zum Glastonbury Festival for Contemporary Performing Arts wider.

In einigen Jahren (wie 2012) musste das Festival ein Jahr aussetzen, damit sich das Ackerland von den Tausenden trampelnden Füßen erholen konnte. Dies ist nicht nur aus landwirtschaftlichen Gründen angeraten, sondern ermöglicht den Anwohnern auch eine Atempause von der jährlichen Invasion der Festivalbesucher. Trotzdem entstanden um das Festival eine Reihe von Kontroversen, als beispielsweise eine große Anzahl von Eindringlingen im Jahr 2000 den Spaß verdarb. In der Folge war dem Festival eine Geldstrafe auferlegt worden, da die genehmigte Teilnehmerzahl sowie der Lärmpegel überschritten worden waren. Des Weiteren erlegen die Gesetze zu Gesundheit und Sicherheit mittlerweile der Veranstaltungsleitung eine „Sorgfaltspflicht" gegenüber allen Personen am Festivalstandort auf. Um diesen Sorgen im Hinblick auf Gesundheit und Sicherheit zu begegnen, wurde die Unterstützung von Melvin Benn eingeholt, der auch Festivals für den Veranstalter Mean Fiddler organsierte. Durch die Errichtung eines Metallzauns um die Grundstücksgrenze trug Melvin Benn zur erneuten Durchführung des Festivals im Jahr 2002 nach einjähriger Pause bei.

Im Jahr 2006 wurde Mean Fiddler durch die großen Konzertveranstalter Live Nation und MCD Productions übernommen und in Festival Republic umbenannt. In einem besorgniserregenden Schritt gab Live Nation bekannt, dass es eine Reihe großer Künstler dazu bringen wollte, an dem Wochenende, an dem normalerweise das Glastonbury Festival stattfindet, auf einem neuen Festival mit dem Namen Wireless aufzutreten. Das neue Festival in London schien in der Stadt eine Alternative zu Glastonbury zu bieten. Später, im Jahr 2010, übernahm Live Nation in einem kontroversen Schritt, der die Kontrolle des Unternehmens über die Ticketverkäufe zu seinen eigenen und anderen Veranstaltungen ausbaute, Ticketmaster.

Diese Verschiebung unter den großen Konzertveranstaltern zeigte nicht nur deren Interesse am Besitz von wichtigen Veranstaltungen, sondern auch deren Wunsch, Einnahmenströme und die Schnittstellen zum Kunden zu kontrollieren.

Natürlich wurde der Erfolg von Glastonbury auch an anderer Stelle in der Welt des Live-Entertainments bemerkt und der Markt für Musikfestivals verzeichnete erhebliche Zuwächse. Einige der anderen Festivals versuchten, Eigenschaften zu vermarkten, die Glastonbury nicht anbieten konnte. So war Glastonbury beispielsweise für sein feuchtes Wetter berühmt, daher gibt es eine Vielzahl von Fotos von durchnässten Feiernden und zusammengebrochenen Zelten. Das Wireless Festival, das Live Nation in London organisiert, bietet dagegen die Möglichkeit, bequem zu Hause oder in einem Hotel zu übernachten, ohne im Freien widrigen Witterungsbedingungen ausgesetzt zu sein. Alternativ dazu bot Benicassim in Südspanien ein Festival mit einer hohen Wahrscheinlichkeit für Sonnenschein und erstklassigen Künstlern zum Preis eines Tickets einer Billigfluglinie. Überdies erkannten andere Festivals, dass die Besucher des Festivals Glastonbury das breitere Unterhaltungsangebot der Veranstaltung schätzten. Dabei stellten sie fest, dass viele Festivalbesucher das gesamte soziale Erlebnis mochten. Also wurden ohne berühmte Künstler und die damit verbundenen hohen Gagen kleinere Festivals für nur einige tausend Besucher ins Leben gerufen. Diese boten Unterhaltung in verschiedenen Formaten, oft mit einer familienfreundlichen Atmosphäre. Freddie Fellowes, der Organisator der Secret Garden Party, beschreibt dieses Boutique-Festival als Möglichkeit, „verspielt zu sein, Barrieren zwischen Menschen einzureißen und eine Umgebung der vollkommenen Freiheit und geistigen sowie visuellen Nahrung zu schaffen". Festival Republic, das mittlerweile umbenannte Unternehmen Mean Fiddler, hat mit dem Latitude Festival ein größeres Boutique-Festival geschaffen. Desgleichen hat Rob da Bank, ein DJ der BBC, das Bestival auf Isle of Wight ins Leben gerufen, bei dem die Teilnehmer zum Mitmachen in Kostümen aufgerufen werden. Daran zeigt sich deutlich, dass dem Publikum heute eine große Bandbreite an Festivals zur Verfügung steht, die für die Freizeitgestaltung in Erwägung gezogen werden können.

Viele dieser Festivals sind auch für Sponsoren attraktiv, von denen einige sogar die Namensrechte erworben haben und dadurch noch mehr herausstechen, wie beispielsweise im Fall des Sponsorings des V-Festivals durch die Marke Virgin. Andere Festivals haben weniger herausstechende Vereinbarungen, die sogenannte Contra-Deals im Gegensatz zu Sponsorenzahlungen beinhalten. So hat beispielsweise das Glastonbury-Festival offizielle Apfelweinlieferanten, die normalerweise ihre Marke stärken, indem sie dem Festival Vorzugspreise für ihre Produkte im Gegenzug für öffentliche Aufmerksamkeit gewähren. Während diese kommerziellen Beziehungen mitunter von den kleineren Festivals abgelehnt werden, die die Markenpositionierung als Eindringen in ihr soziales Umfeld empfinden, sind die größeren Festivals oft auf solche Beziehungen angewiesen, um überleben zu können. Um für Sponsoren attraktiv zu sein, wenden sich große Festivals auch an Radio- und Fernsehsender, um ein größeres Publikum zu erreichen und den Sponsoren eine größere Präsentationsfläche zu bieten. Und tatsächlich schickte die BBC 2011 für die Übertragung, mit der das Interesse der Fernsehzuschauer/Radiohörer abgedeckt werden sollte, ungefähr 250 Mitarbeiter nach Glastonbury.

Angesichts einer so großen Nachfrage nach ihren Fähigkeiten kann der Sommer für Künstler, die zwischen Festivals pendeln, sehr lukrativ werden. Desgleichen nehmen auch die Zuschauer lange Reisen zu ihren Lieblingsfestivals in Kauf. Bei einigen Beobachtern entstanden Bedenken im Hinblick auf Umweltaspekte, wobei die ländliche Lage von Glastonbury, schlechte Verkehrsanbindungen und das große Publikum als spezifische Probleme angeführt werden. Andererseits haben die Künstler mittlerweile festgestellt, dass nicht nur die Festivals eine gute Einkommensquelle bieten, sondern dass sich auch private Feierlichkeiten und Firmenveranstaltungen zu alternativen – häufig sogar lukrativeren – Einkommensquellen entwickelt haben. So behauptete eine Zeitung, dass George Michael für seinen Auftritt zur Feier des 55. Geburtstags des britischen Milliardärs Sir Philip Green auf den Malediven mehr als £ 1,5 Millionen erhalten hätte. So suchen sich mittlerweile die großen Künstler ihre Lieblingsfestivals oder die lukrativsten Auftritte im Sommer aus.

Im Lauf der Zeit ergaben sich durch die Entwicklung von der kleinen, schlichten Veranstaltung hin zum konzerngesteuerten Festival Probleme für Michael Eavis – von Schwierigkeiten mit Politikern des Establishments, die der Ansicht waren, dass die Veranstaltung außer Kontrolle geraten wäre, bis hin zu Forderungen von Gruppen der Gegenkultur, wie reisenden Hippies. Allerdings hat das Festival in seiner Entwicklung sein Ziel der Unterstützung wohltätiger Organisationen, wie der CND (Kampagne für nukleare Abrüstung) sowie später Greenpeace, Oxfam und einer Reihe lokaler Organisationen, nicht aus den Augen verloren. In den Augen des Publikums trägt dies zur Positionierung des Festivals als aufregende Veranstaltung mit sozialem Gewissen bei.

„In den letzten Jahren waren die Karten für das Glastonbury Festival immer ausverkauft, wobei sie verglichen mit vielen Wettbewerbern relativ teuer waren. Tatsächlich hat Glastonbury seit 1979 seine Preise deutlich stärker als die Inflation sowie das vergleichbare dänische Roskilde Festival erhöht (siehe Abbildung 1 unten). Allerdings spendet das Festival gleichzeitig weiter für die unterstützten Organisationen und bestätigt so die finanzielle Rentabilität des aktuellen Geschäftsmodells. Dabei hat der legendäre Ruf des Festivals tatsächlich dazu beigetragen, dass es für viele junge Musikfans zu einem Übergangsritus in das Erwachsenenleben geworden ist. Und doch hat Michael Eavis 2008 seine Sorgen über das älter werdende Publikum von Glastonbury zum Ausdruck gebracht und angekündigt, dass der amerikanische Rapper Jay-Z als Haupt-Act auftreten sollte, um jüngere Leute auf das Festival zu locken. Im Rückblick auf das Festival 2008 äußerte Michael Eavis seine Sorgen über die Zukunft wie folgt: „Im letzten Jahr habe ich gedacht, dass wir das Ende erreicht hätten, dass wir in den sauren Apfel beißen müssen und dass wir einpacken können, denn viele Bands waren der Meinung, dass Glastonbury zu groß, schlammig und schrecklich geworden wäre.“

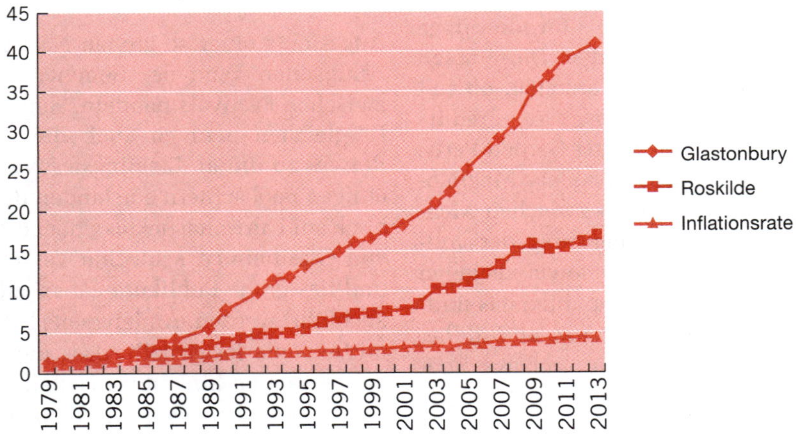

Abbildung 1: Glastonbury-Preistrend für Eintrittskarten 1979–2013 (im Vergleich zu Roskilde Festival und Inflationsrate; normiert auf 1979)

Wie erfolgreiche Festivalveranstalter genau wissen, sind das Publikum und die Künstler die beiden wichtigen Faktoren, auf denen der finanzielle Erfolg bei solchen Veranstaltungen beruht. Trotz der Tatsache, dass Michael Eavis' Tochter, Emily Eavis, und ihr Ehemann einen größeren Teil des Arbeitspensums übernommen haben und Michael Eavis mehr zum Imageträger für die Veranstaltung geworden ist, unterstreichen diese Bemerkungen des Gründers des Festivals die Sorgen in wesentlichen strategischen Bereichen, die für das Management problematisch sein könnten. Andererseits ist auf die starken Beziehungen hingewiesen worden, die Live Nation mit Künstlern über 360-Grad-Verträge aufgebaut hat, nach denen beide Parteien nicht nur von den Live-Auftritten, sondern auch aus einer Kombination aus Merchandising, Veröffentlichungen und Aufnahmen profitieren. Sowohl Jay-Z 2008 als auch U2, die 2011 der Haupt-Act waren, hatten derartige Vertragsbeziehungen. Aufgrund dieser Tatsache beschuldigten einige Beobachter das Festival, Unternehmenselemente einzuführen, die vom sozialen Kernimage wegführten.

Im Jahr 2012, dem Jahr der Olympischen Spiele in London, in dem Glastonbury pausierte, trennten sich Melvin Benn und Festival Republic friedlich vom Festival. Die Trennung wurde unter Verweis auf die zunehmenden Anforderungen der Verantwortung für ein internationales Festival für Melvin Benn erklärt und zielte auf die Wiederherstellung der Unabhängigkeit und die Umkehrung einiger neu eingeführter unternehmerischer Aspekte des Festivals ab. Die Familie Eavis dankte Melvin Benn für seine Bemühungen, hat nunmehr wieder die Kontrolle übernommen und plant für dieses legendäre Festival auf einem Markt, der mit schwierigen Zeiten der Rezession konfrontiert wird, den Weg in die Zukunft.

Quellen: Die Geschichte des Glastonbury Festivals ist auf der Webseite, *www.glastonburyfestivals.co.uk/history* dargestellt, Informationen zur Eigentümerstruktur und zu den Finanzen sind über das Companies House, das britische Handelsregister, verfügbar. Der Großteil der Hintergrundinformationen zum Festival und zum damit verbundenen Markt stammen aus Online-Nachrichtenquellen wie *BBC, Times Online, The Independent* und *The Guardian* sowie Branchenzeitschriften wie *Music Week*. Siehe auch: *Watchmojo: The History of the Glastonbury Festival: https://www.youtube.com/watch?v=b2bXzuB7sZw.*

Kontrollfragen

1. Welche in 35 Worten kurz gefasste Strategieerklärung würden Sie für das Glastonbury Festival vorschlagen?
2. Führen Sie eine „Drei-Horizonte-Analyse" (*Kapitel 1.2.1*) für das Glastonbury Festival im Hinblick auf bestehende sowie mögliche zukünftige Aktivitäten durch. Welche Auswirkungen könnte diese Analyse auf die zukünftige strategische Ausrichtung haben?
3. Verwenden Sie die in *Kapitel 1.3.1* dargestellten Überschriften Umfeld, strategische Fähigkeiten, strategisches Ziel und Kultur zur Bestimmung wesentlicher Positionierungsfragen für das Glastonbury Festival und erörtern Sie deren relative Bedeutung?
4. Welche alternativen Strategien sehen Sie im Nachgang zu den vorherigen Fragen sowie unter Verwendung des *Kapitels 1.3.2* für das Glastonbury Festival?
5. Die Umsetzung guter strategischer Überlegungen in Handlungen kann eine Herausforderung bilden: Untersuchen Sie, wie das Glastonbury Festival dies durch die Betrachtung der in *Kapitel 1.3.3* dargestellten Elemente erreicht hat.

TEIL I

Die strategische Position

Das Umfeld

2

ÜBERBLICK

Lernziele

Nach der Lektüre dieses Kapitels sollten Sie in der Lage sein,

- das große Makroumfeld einer Organisation in Bezug auf politische, wirtschaftliche, soziale, technologische, ökologische und rechtliche Faktoren (engl. Akronym PESTEL) zu analysieren,
- die wichtigsten Antriebskräfte dieses Makroumfelds zu erkennen und sie zum Entwurf verschiedener Szenarien einzusetzen, die eine Veränderung des Umfelds widerspiegeln,
- die Five-Forces-Analyse zu nutzen, um die Attraktivität von Branchen und Sektoren in Bezug auf Investitionen zu bestimmen und deren Wandlungspotenzial zu erkennen,
- strategische Gruppen, Marktsegmente und kritische Erfolgsfaktoren zu definieren,
- diese Konzepte zu nutzen, um strategische Lücken und Chancen auf dem Markt zu erkennen.

2.1 Einführung

Das Umfeld einer Organisation verleiht dieser die Mittel, um zu überleben. Das schafft Chancen und birgt Gefahren. So hat beispielsweise der Erfolg der Plattform Facebook umfassende Marktchancen für die Anbieter von Online-Spielen wie Zynga geschaffen. Andererseits zwang der Aufstieg von Online-Lexika wie Wikipedia den traditionellen Marktführer Encyclopedia Britannica, nach fast 250 Produktionsjahren die gedruckte Version einzustellen. Obwohl die Zukunft niemals genau vorhergesagt werden kann, ist es überlebenswichtig, dass Unternehmer und Manager ihr Umfeld sorgfältig analysieren, um Veränderungen zu erahnen und – wenn möglich – zu beeinflussen.

Dieses Kapitel bietet deshalb einen Bezugsrahmen zur Analyse eines sich wandelnden, komplexen Umfelds an. Dieser Bezugsrahmen besteht aus einer Reihe von „Schichten“, die hier kurz vorgestellt und in *Abbildung 2.1* gezeigt werden:

- Das *Makroumfeld* ist die äußerste Schicht. Sie besteht aus den grundlegenden Umfeldfaktoren, die fast alle Organisationen mehr oder weniger stark beeinflussen. Hier kann die PESTEL-Analyse herangezogen werden, um aufzuzeigen, wie *politische, wirtschaftliche, soziale, technologische, ökologische und rechtliche Faktoren* eine Organisation beeinflussen. Diese Analyse liefert die wichtigsten „Daten“, um die *Hauptantriebskräfte des Wandels* zu identifizieren. Mittels dieser Hauptantriebskräfte können mögliche zukünftige *Szenarien* konstruiert werden. Diese befassen sich damit, wie Strategien möglicherweise verändert werden müssen, je nachdem, wie sich das Unternehmensumfeld verändern *könnte*.

Abbildung 2.1: Schichten des Unternehmensumfelds

- *Die Branche oder der Sektor* bildet die nächste Schicht des allgemeinen, weit gefassten Umfelds. Diese besteht aus Organisationen, die die gleichen Arten von Produkten oder Dienstleistungen produzieren. Hier bietet sich besonders die Analyse der *Five Forces* an, um die Attraktivität bestimmter Branchen sowie potenzielle Gefahren außerhalb der bereits existierenden Konkurrenz zu erkennen. Die wichtigste Frage dieses Kapitels befasst sich mit der Bedeutung von Erfolgsfaktoren, die die gesamte Branche und nicht nur einen bestimmten Geschäftsbereich betreffen.
- *Konkurrenten und Märkte* sind die Schichten, die die Organisation direkt umschließen. Innerhalb der meisten Branchen und Sektoren gibt es viele verschiedene Organisationen mit unterschiedlichen Merkmalen, die alle auf verschiedenen Ebenen miteinander konkurrieren – manche sind sich näher, manche sind weiter entfernt. Der Begriff der *strategischen Gruppen* kann helfen, nahe und entfernte Konkurrenten voneinander zu unterscheiden. Ebenso sind die Kundenerwartungen auf einem Markt nicht alle genau gleich. Dies wird über das Konzept der *Marktsegmente* verdeutlicht. Schließlich ermöglicht die Leinwandstrategie, mit der auch *kritische Erfolgsfaktoren* auf dem Markt bestimmt werden können, die Analyse der relativen Positionen der Konkurrenten.

Dieses Kapitel befasst sich mit jeder dieser drei Schichten beginnend mit dem Makroumfeld.

2.2 Das Makroumfeld

In diesem Abschnitt werden zwei wichtige Konzepte eingeführt – PESTEL und Szenarien – zur Analyse des weit gefassten Makroumfelds einer Organisation. PESTEL bietet einen breit gefächerten Überblick und die Szenarien bauen darauf auf, um die verschiedenen zukünftigen Entwicklungsmöglichkeiten des Makroumfelds darstellen zu können.

2.2.1 Die PESTEL-Analyse

PESTEL-Analyse

Die PESTEL-Analyse differenziert sechs Gruppen von Einflussfaktoren des Makroumfelds: politische, wirtschaftliche, soziale, technologische, die ökologische Umwelt betreffende und rechtliche Faktoren.

Die **PESTEL-Analyse** ist eine von verschiedenen Analysen (einschließlich der gleichartigen „PEST"- und „STEEPLE"-Analysen), die Einflussfaktoren in bestimmte Schlüsseltypen einteilen.[1] Dabei unterstreicht PESTEL insbesondere sechs Einflussfaktoren: politische, wirtschaftliche, soziale, technologische, die Umwelt betreffende und rechtliche Faktoren. Diese Bandbreite an Faktoren verdeutlicht, dass das Umfeld nicht nur wirtschaftliche Kräfte umfasst: Es gibt auch ein wichtiges, nicht vom Markt geprägtes Umfeld. Daher müssen Organisationen sowohl Marktaspekte als auch nicht vom Markt geprägte Aspekte der Strategie berücksichtigen (*Beispiel 2.1*).[2] In der Praxis sind politische, wirtschaftliche, soziale, technologische, ökologische und rechtliche Faktoren oft miteinander verknüpft. Trotzdem unterstützt die Analyse jedes der sechs PESTEL-Faktoren wie im Folgenden dargestellt die Identifizierung einer Vielzahl potenziell relevanter Themen:

Der politische Faktor betont die Rolle des Staates und anderer politischer Kräfte. Der Staat ist oft als direkter ökonomischer Akteur wichtig, beispielsweise als potenzieller Kunde, Lieferant oder Eigentümer von Unternehmen. Es gibt allerdings auch Einflüsse aus verschiedenen politischen Bewegungen, Interessengruppen oder von betroffenen Medien.

Abbildung 2.2: Das politische Umfeld

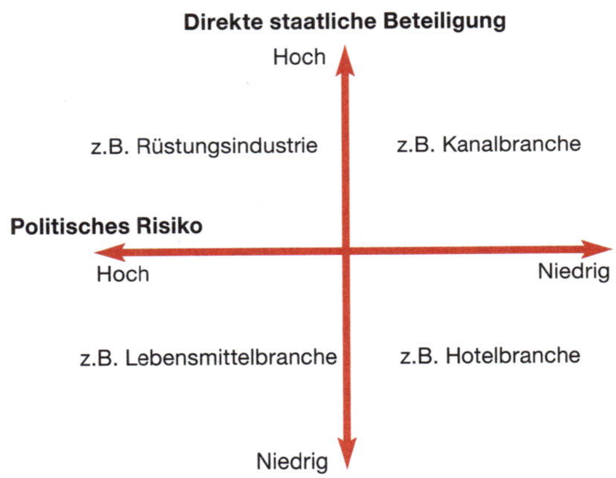

Abbildung 2.2 zeigt eine Matrix, mit der sowohl die relative Bedeutung des Staates als direkter wirtschaftlicher Akteur als auch das Bestehen anderer politischer Einflussfaktoren identifiziert werden können. So wird beispielsweise die Verteidigungsindustrie mit hochgradig involvierten Staaten konfrontiert, die sowohl Kunden als auch in vielen Fällen Eigentümer von wesentlichen Unternehmen sind, während diese Branche bei-

1 PESTEL ist die Ausweitung der PEST-Analyse (politisch, wirtschaftlich, sozial und technologisch) und befasst sich außerdem stärker mit Umweltfaktoren und rechtlichen Aspekten. Die PEST-Analyse wird mitunter auch als STEP-Analyse bezeichnet, während die PESTEL-Analyse manchmal als PESTLE-Analyse bezeichnet sowie mitunter zur Berücksichtigung ethischer Fragen auch auf STEEPLE erweitert wird. Für eine Anwendung der PEST-Analyse auf die Welt der Wirtschaftsuniversitäten, die auch für PESTEL relevant ist, siehe H. Thomas, „An analysis of the environment and competitive dynamics of management education", *Journal of Management Development*, Band 26, Nr. 1 (2007), S. 9–21.

2 D. Bach und D. Allen, „What every CEO needs to know about nonmarket strategies", *Sloan Management Review*, Band 51, Nr. 3 (2010), S. 41–48 sowie J. Doh, T. Lawton und T. Rajwani, „Advancing nonmarket strategy research: institutional perspectives in a changing world", *Academy of Management Perspectives*, August (2012), S. 23–38.

spielsweise auch mit politischen Gruppen umgehen muss, die sich gegen Waffenhandel engagieren. Unternehmen der Nahrungsmittelbranche sind oft Privatunternehmen und operieren auf privatwirtschaftlichen Märkten, sind aber gleichzeitig auch einem hohen politischen Druck durch Gruppierungen ausgesetzt, die sich für fairen Handel, Arbeitnehmerrechte und Gesundheit einsetzen. Wasserstraßen befinden sich oft im Eigentum des Staates, sind aber heute üblicherweise nicht politisch sensibel. Branchen können ihre Positionen allerdings auch schnell verändern: So wuchs beispielsweise nach der Finanzkrise im Jahr 2008 bei Banken der Anteil an Staatseigentümern und sie waren stärkerer politischer Kritik ausgesetzt.

Beispiel 2.1 Das Problem der Ölindustrie

Im Jahr 2013 agierte der umstrittene Ölriese BP in einem komplexen Umfeld.

BP ist eines der größten Öl- und Gasunternehmen der Welt. Das Unternehmen operiert im gesamten Bereich der Exploration, Produktion, Raffinierung und Vermarktung. Weltweit hat das Unternehmen 21.000 Tankstellen, von denen die Hälfte sich in den USA und weitere 40 Prozent in Europa befinden. Der größte Anteil der Ölproduktion des Unternehmens liegt in Russland (circa 45 Prozent) und den USA (25 Prozent). Darüber hinaus machen die USA ein Viertel sowie Russland ungefähr 10 Prozent der Erdgasproduktion aus. Seit 2005 hat BP auch ein kleines Unternehmen im Bereich der alternativen Energien, das im Bereich Biokraftstoffe und Windkraft arbeitet. Im Jahr 2010 explodierte allerdings die BP-Bohrinsel Deepwater Horizon. Dies hatte den Tod von elf Menschen sowie einen Ölteppich von 180.000 km^2 im Golf von Mexiko zur Folge. In diesem Zusammenhang belegte der US-amerikanische Staat BP 2012 aufgrund des Unglücks mit einer Geldstrafe in Höhe von mehr als $ 4 Milliarden (circa € 3 Milliarden). Viele weitere Gerichtsverfahren sind noch anhängig.

Im Folgenden werden einige der wichtigsten Eigenschaften des Umfelds von BP beschrieben:

Politisch: Mehr als 80 Prozent der weltweiten Ölvorräte befinden sich im Besitz staatlich kontrollierter Unternehmen, von denen die größten Saudi Aram und die National Iranian Oil Company sind. Im Jahr 2011 wurde das Ölgeschäft von BP mit Russland von einem umstrittenen Bündnis mit einer Gruppe führender russischer Geschäftsmänner in eine Partnerschaft mit Rosnet, der staatlich kontrollierten russischen Ölgesellschaft, überführt, an der BP 18 Prozent halten sollte.

Wirtschaftlich: Das Forbes Magazine meldete für den Zeitraum von 2012 bis 2020 Prognosen des Wirtschaftswachstums in Höhe von 7 Prozent pro Jahr für China, circa 2 Prozent für die USA und 1 Prozent für Europa. Die Ölpreise erreichten 2008 bei ungefähr $ 120 pro Barrel ihren Höchstwert, bevor sie im Zuge der Rezession 2009 auf circa $ 30 abstürzten und sich dann 2012 bis auf $ 100 wieder erholten. Überdies hatten neue Fördermethoden für Erdgas in den USA zwischen 2011 und 2013 einen Rückgang der Preise um 30 Prozent zur Folge.

Sozial: Die Nutzung von Autos sinkt in vielen europäischen Volkswirtschaften. Nach einer Verdopplung in den vorangegangenen dreißig Jahren sanken im Vereinigten Königreich die gefahrenen Autokilometer zwischen 2008 und 2012 um ein Prozent, während die mit dem Zug zurückgelegten Kilometer im Jahr 2012 einen Rekordwert erreichten, nachdem sie seit Mitte der 1990er-Jahre um 50 Prozent gestiegen waren. Von 2008 bis 2012 ist die Anzahl der Fahrprüfungen im Vereinigten Königreich um ungefähr 17 Prozent gesunken.

Technologisch: Die neuen Technologien umfassen die Nutzung von „brennbarem Eis“ (unterseeische Gashydrate) und den Einsatz von „Fracking“, den Erdgasabbau durch die Erzeugung von Rissen in unterirdischen Gesteinen zur Produktion von Schiefergas. Brennbares Eis könnte irgendwann dem 4.000-Fachen des gesamten Erdgasverbrauchs in den USA im Jahr 2010 entsprechen. Somit bietet Fracking die Aussicht auf die Möglichkeit, das verfügbare Erdgasangebot der Erde bis zum Jahr 2020 zu verdoppeln.

Ökologisch: Fracking kann die lokalen Wasservorräte verunreinigen und sogar kleine Erdbeben auslösen. Laut der Cornell University werden ungefähr 8 Prozent des durch Fracking abgebauten Erdgases direkt in die Atmosphäre freigesetzt und können so einen erheblichen Beitrag zur Erderwärmung leisten. In den USA kostet die Produktion von Erdgas ungefähr $ 50 pro Megawattstunde, während Wellenkraft $ 500, Gezeitenkraft $ 450, Biomasse $ 130 und Onshore-Windkraft $ 80 kostet.

Rechtlich: Die Deepwater-Horizon-Katastrophe führte zu neuen Sicherheitsbestimmungen für Tiefwasserbohrungen. Die Europäische Union, in der 90 Prozent des Öls aus dem Meer gefördert wird, setzte strengere Verfahren zur Genehmigung von Explorationsprojekten sowie Risikobewertung und finanzielle Garantien im Hinblick auf die Kosten von Unfällen um. Es wird geschätzt, dass durch neue Bestimmungen in den USA die Kosten um $ 1,5 Millionen pro Ölquelle steigen werden. 2012 untersagten die USA BP die Abgabe von Angeboten für sämtliche staatlichen Verträge.

Quelle: BP-Geschäftsbericht 2012, *Business Week,* 7. März 2013; *Forbes,* 26. März 2012.

Kontrollfragen

1. Welche der oben stehenden PESTEL-Faktoren bieten BP die größten Chancen und welche beinhalten die wichtigsten Risiken?
2. Welche der oben stehenden Faktoren überschreiten die Grenzen einer PESTEL-Kategorie und erstrecken sich in eine andere Kategorie? Spielt dies eine Rolle?

- Der *wirtschaftliche* Faktor bezieht sich auf makroökonomische Faktoren wie Wechselkurse, Konjunkturzyklen und unterschiedliche Wirtschaftswachstumsraten auf der Welt. Es ist für Unternehmen wichtig zu verstehen, wie die Märkte durch den Wohlstand der Volkswirtschaft insgesamt beeinflusst werden. Manager sollten dabei ein übersteigertes Selbstvertrauen in Zeiten einer starken Konjunktur sowie übermäßige Vorsicht in Zeiten einer schwachen Konjunktur vermeiden. Sie sollten über ein Verständnis dafür verfügen, wie sich verändernde Wechselkurse die Rentabilität von Exportmärkten und die Anfälligkeit gegenüber Importen beeinflussen.
- Die *sozialen* Einflüsse umfassen sich verändernde Kulturen und demografische Faktoren. So birgt beispielsweise die alternde Bevölkerung in vielen westlichen Gesellschaften sowohl für den privaten als auch für den öffentlichen Sektor sowohl Chancen als auch Risiken. Überdies können Veränderungen in kulturellen Haltungen auch zu strategischen Herausforderungen führen: So stellen beispielsweise neue ethische Haltungen in der Vergangenheit für selbstverständlich gehaltene Strategien in der Finanzdienstleistungsbranche in Frage.
- *Technologische* Einflüsse beziehen sich auf Faktoren wie das Internet, die Nanotechnologie oder die Zunahme neuer Verbundwerkstoffe. Im Fall des Internets eröffnen neue Technologien beispielsweise neue Chancen für einige (z.B. Amazon), während sich für andere (traditionelle Geschäfte) Herausforderungen ergeben.
- *Ökologische* Aspekte stehen speziell für „grüne" Umweltfragen, wie Verschmutzung, Abfall und Klimawandel. Außerdem können Umweltbestimmungen zu zusätzlichen Kosten, beispielsweise für den Umweltschutz, führen. Sie können aber auch eine Quelle neuer Chancen sein. So entwickelten sich beispielsweise neue Unternehmen im Bereich des Recyclings von Mobiltelefonen.
- *Juristische* Aspekte umfassen legislative und regulatorische Beschränkungen oder Änderungen. So können beispielsweise rechtliche Veränderungen Beschränkungen von Unternehmensfusionen und -käufen oder eine geänderte steuerliche Behandlung von im Ausland erzielten Gewinnen beinhalten. Andererseits können juristische Änderungen auch neue Chancen, beispielsweise mit der Liberalisierung von Auslandsinvestitionen in Indien, bieten.

Es ist nachvollziehbar, dass die Analyse dieser Faktoren und deren Wechselbeziehungen zu langen und komplexen Listen führen kann. Um also nicht von der Fülle an vorhandenen Details überwältigt zu werden, ist es wichtig, beizeiten etwas Abstand zu nehmen und die *wichtigsten Antriebskräfte des Wandels* zu identifizieren. Diese Kräfte sind die Faktoren mit dem größten Einfluss, die den Erfolg oder Misserfolg einer Strategie wesentlich mitbestimmen. Solche typischen Antriebskräfte variieren je nach Branche oder Sektor. So muss sich ein lokaler Einzelhändler hauptsächlich mit sozialen Veränderungen, die den Geschmack und das Kaufverhalten der Kunden beeinflussen und mit wirtschaftlichen Veränderungen, wie beispielsweise Wirtschaftswachstumsraten und Arbeitslosenquoten, auseinandersetzen. Für Manager im öffentlichen Sektor geht es in der Hauptsache um soziale Veränderungen (z.B. steigende Jugendarbeitslosigkeit), politische Veränderungen (sich verändernde Prioritäten des Staates) und rechtliche Neuerungen (z.B. neue Ausbildungsanforderungen). Eine Identifizierung der wichtigsten Antriebskräfte des Wandels ermöglicht es einem Manager, sich auf die PESTEL-Faktoren zu konzentrieren, die am wichtigsten sind und somit die höchste Priorität haben. Ohne ein klares Gespür für die wichtigsten Antriebskräfte des Wandels ist ein Manager nicht in der Lage, Entscheidungen zu treffen, die effektives Handeln nach sich ziehen.

Für die Konzentration auf Veränderungen unter Vermeidung eines zu hohen Detailgrads sind drei Konzepte hilfreich:

- *Megatrends* sind umfassende soziale, wirtschaftliche, politische, ökologische oder technologische Veränderungen, die sich typischerweise langsam entwickeln, die aber viele andere Tätigkeiten und Sichtweisen – mitunter sogar über Jahrzehnte – beeinflussen.[3] Ein Megatrend prägt typischerweise andere Trends. So beeinflusst beispielsweise der Megatrend der alternden Bevölkerung in den westlichen Gesellschaften auch andere Trends im Bereich der sozialen Betreuung, der Ausgaben für den privaten Konsum und des Wohnens. Der Megatrend zu schnellem Wirtschaftswachstum in Asien treibt die Beschäftigung sowie die Rohstoffpreise weltweit an. Dies verdeutlicht, dass die Identifikation von großen Megatrends wichtig ist, da diese so viele andere Aspekte beeinflussen.
- *Wendepunkte* sind Momente, in denen Trends ihre Richtung wechseln, indem sie beispielsweise scharf nach oben oder unten abknicken.[4] So kann beispielsweise Schwarzafrika nach Jahrzehnten der Stagnation oder sogar Verschlechterung unter Umständen zu Beginn des einundzwanzigsten Jahrhunderts einen Wendepunkt im Hinblick auf sein Wirtschaftswachstum mit der Hoffnung auf erhebliche Zuwächse im Laufe etwa der nächsten zehn Jahre erreicht haben. Auch der Einzelhandel in den Innenstädten hat eventuell einen Wendepunkt erreicht, wobei die Zunahme des Online-Geschäfts und der Einkaufszentren außerhalb der Städte zu einem erheblichen Rückgang der Geschäfte in den Innenstädten in den hochentwickelten Volkswirtschaften geführt hat. Daher ist es augenscheinlich wichtig, den Wendepunkt in dem Moment zu erkennen, in dem der Trend zu wechseln beginnt, um neue Chancen frühzeitig zu nutzen oder sobald wie möglich Maßnahmen gegen einen eskalierenden Rückgang zu ergreifen.
- *Schwache Signale* sind fortgeschrittene Zeichen zukünftiger Tendenzen, die bei der Identifikation von Wendepunkten besonders hilfreich sind.[5] Normalerweise handelt es sich bei diesen schwachen Signalen um unstrukturierte und fragmentierte Informationen, die von Beobachtern als „seltsam" wahrgenommen werden. Ein schwaches Signal für die im Jahr 2008 beginnende weltweite Finanzkrise war die ansteigende Anzahl ausfallender Hypotheken in Kalifornien im Jahr zuvor. Ein frühes schwaches Signal für den aktuellen Erfolg asiatischer Wirtschaftshochschulen war die erste Aufnahme der Hong Kong University of Science and Technology in die Financial-Times-Rangliste der 50 besten internationalen Wirtschaftshochschulen in den ersten Jahren nach der Jahrtausendwende. Dabei ist es wichtig, „aufmerksam" gegenüber schwachen Signalen zu sein. Allerdings besteht hier auch die Gefahr des Rauschens, von dem beständigen Strom isolierter und zufälliger Informationen ohne strategische Bedeutung überflutet zu werden. Einige Anzeichen für tatsächlich bedeutungsvolle schwache Signale (im Gegensatz zum Rauschen) sind: die Wiederholung des Signals und das Entstehen einer Art Muster, vehemente Meinungsverschiedenheiten unter Experten über die Bedeutung des Signals sowie ein unerwarteter Ausfall bei etwas, das in der Vergangenheit sehr zuverlässig funktioniert hat.

---

3 R. A. Slaughter, „Looking for the real megatrends", *Futures*, Oktober (1993), S. 823–849.

4 A. Grove, „Only the Paranoid Survive", *Profile Books*, 1998.

5 S. Mendonca, G. Caroso und J. Caraca, „The strategic strength of weak signals", *Futures*, 44 (2012), S. 218–228, und P. Schoemaker und G. Day, „How to make sense of weak signals", *Sloan Management Review*, Band 50, Nr. 3 (2009), S. 81–89.

2.2.2 Der Entwurf von Szenarien

Wenn in einem Geschäftsumfeld große Unsicherheit aufgrund seiner Komplexität oder aufgrund raschen Wandels (oder aufgrund beider Faktoren) herrscht, ist es unmöglich, nur eine einzige Sichtweise dazu zu entwickeln, wie Einflüsse aus dem Umfeld die Strategien einer Organisation beeinflussen könnten. Es wäre auch in der Tat gefährlich, eine solche einseitige Sichtweise zu wählen. Szenarienanalysen werden durchgeführt, um verschiedene Möglichkei[illegible]bewahren, sich vor Alternativen zu verschließen. Diese [illegible]ative Ansichten darüber, wie sich das Unternehmensumfeld einer Organisation [illegible]kunft verändern könnte.[6] Sie stütze[illegible]gsten Antriebskräfte des Wandels, [illegible] über zukünftige Veränderungen de[illegible] kann zum Aufbau von Strategien b[illegible] sind.

Szenarien

Szenarien sind detaillierte und plausible Modelle darüber, wie sich das Unternehmensumfeld einer Organisation in Zukunft verändern könnte; sie thematisieren die Hauptantriebskräfte für Veränderungen, über welche große Unsicherheit herrscht. Szenarien sind detaillierte und plausible Modelle darüber, wie sich das Unternehmensumfeld einer Organisation in Zukunft verändern könnte; sie thematisieren die Hauptantriebskräfte für Veränderungen, über welche große Unsicherheit herrscht.

Megatrends: langsame Entwicklung, beeinflusst andere Bereiche
Wendepunkte: müssen beim Wechsel erkannt werden → Maßnahmen ergreifen
Schwache Signale: [illegible] zeigen zukünftige Tendenzen
Entwurf von Szenarien (Modelle über zukünftige Veränderungen)
Hauptantriebskräfte, die große pot. Auswirkungen, unsicher & unabhängig sind.
① Szenarienumfang: Zeitspanne
→ abhängig von der Laufzeit der Investitionen

Beispiel 2.2 zeigt eine Szena[illegible] Jahr 2025. Die Autoren berücksich[illegible]aktoren, sondern konzentrieren si[illegible]zielle Auswirkungen haben, (ii) uns[illegible]ingig sind. Diese beiden Antriebsk[illegible] Welt fortschreitet, und die Geschw[illegible]Mode verändern. Beide Antriebskrä[illegible]keln, sodass sich vier in sich stim[illegible]werfen lassen. Die Autoren sage[illegible]wahrscheinlich gegen die anderen [illegible]ative Wahrscheinlichkeiten. Solche [illegible] und Lernprozesse im Keim ersticken, während Wahrscheinlichkeiten eine unberechtigte Genauigkeit vortäuschen würden.

Wenngleich viele Möglichkeiten für die Durchführung von Szenarienanalysen bestehen, werden häufig fünf grundlegende Schritte befolgt:[7]

- Die *Bestimmung des Szenarienumfangs* bildet einen wichtigen ersten Schritt. Der Umfang bezieht sich auf den Gegenstand der Szenarienanalyse und die Zeitspanne. So können Szenarienanalysen beispielsweise für eine ganze Branche weltweit bzw. für bestimmte geografische Regionen oder Märkte durchgeführt werden. Während Unternehmen normalerweise Szenarien für Branchen oder Märkte erstellen, führen Staaten häufig Szenarienanalysen für Länder, Regionen oder Sektoren (wie beispielsweise die Zukunft des Gesundheitswesens oder des höheren Bildungswesens) durch. Dabei kann die Zeitspanne von Szenarien von circa einem Jahrzehnt (wie in *Beispiel 2.2*) bis zu nur drei oder fünf Jahre in die Zukunft reichen. Die angemessene Zeitspanne wird dabei zum Teil durch die erwartete Laufzeit der Investitionen bestimmt.

6 Für eine Abhandlung über die Szenarienplanung in der Praxis siehe R. Ramirez, R. Ostermann und D. Gronquist, „Scenarios and early warnings as dynamic capabilities to frame managerial attention", *Technological Forecasting and Strategic Change*, Band 80 (2013), S. 825–838. Dazu, wie sich Szenarienplanung mit anderen Formen der Umfeldanalyse, z.B. PESTEL, kombinieren lässt, siehe G. Burt, G. Wright, R. Bradfield und K. van der Heijden,„The role of scenario planning in exploring the environment in view of the limitations of PEST and its derivatives", *International Studies of Management and Organization*, Band 36, Nr. 3 (2006), S. 50–76.

7 Auf der Grundlage von P. Schoemaker, „Scenario planning: a tool for strategic thinking", *Sloan Management Review*, Band 36 (1995), S. 25–34.

In der Energiewirtschaft, wo beispielsweise Ölfelder eine Laufzeit von mehreren Jahrzehnten haben, erstrecken sich Szenarien häufig über 20 oder mehr Jahre.

- Als Nächstes folgt die *Bestimmung der wesentlichen Antriebskräfte*. Hier kann die PESTEL-Analyse eingesetzt werden, um Aspekte aufzudecken, die wahrscheinlich wesentliche Auswirkungen auf die Zukunft der Branche, der Region oder des Markts haben. In der Modebranche reichen diese Antriebskräfte von der Demografie bis hin zur Technologie. Allerdings legt der Szenariowürfel nahe, dass auch zwei weitere Kriterien relevant sind. So ist beispielsweise in der Ölbranche politische Stabilität in den ölproduzierenden Ländern ein großer Unsicherheitsfaktor, während die Fähigkeit, mit Hilfe neuer Abbaumethoden große neue Ölfelder zu entwickeln, einen weiteren Unsicherheitsfaktor darstellt. Diese könnten als wesentliche Antriebskräfte für die Szenarienanalyse ausgewählt werden, da beide unsicher sind und die regionale Stabilität nicht eng mit dem technologischen Fortschritt korreliert.
- *Entwicklung von „Szenariogeschichten"*: Wie beim Film sind Szenarien im Wesentlichen Geschichten. Nach der Auswahl gegensätzlicher Antriebskräfte für Veränderungen ist es notwendig, plausible Geschichten, die sowohl wesentliche Antriebskräfte als auch andere Faktoren beinhalten, zu einem kohärenten Ganzen zu verweben. Daher bringt in *Beispiel 2.2* das „Techno-Chic"-Szenario eine globalere und stärker integrierte Kultur durchgängig mit einer hohen Geschwindigkeit sozialen, technischen und wirtschaftlichen Wandels zusammen. Allerdings würde der Abschluss der Geschichte des „Techno-Chics" auch die Aufnahme anderer einheitlicher Faktoren beinhalten. Dazu gehören beispielsweise die schnelle Entwicklung in China und Indien, wo geringere Kosten durch technische Entwicklung als Quelle von Vorteilen verdrängt werden, freie Märkte, die schnelles Wachstum und internationalen Handel ermöglichen, sowie die Entstehung einer Unterschicht, deren billige Arbeitskraft und veraltete technische Fähigkeiten nicht mehr benötigt werden.
- Die *Bestimmung der Auswirkungen* alternativer Szenarien auf Organisationen bildet die nächste wichtige Phase der Szenarioentwicklung. So könnte der „Techno-Chic" für viele traditionelle Modemarken und Einzelhändler, die nicht mit der Hi-Tech-Bekleidung und dem Vertrieb Schritt halten können, sehr negative Auswirkungen haben. Andererseits könnte die „Community-Couture" eine Stärkung lokaler handwerklicher Produzenten zur Folge haben. Dabei ist es für ein Unternehmen wichtig, für jedes plausible Szenario eine Prüfung der Robustheit durchzuführen sowie *Notfallpläne* für deren Eintreten zu entwickeln.
- *Einrichtung von Frühwarnsystemen:* Nach dem Entwurf der verschiedenen Szenarien sollten die Organisationen Indikatoren bestimmen, die unter Umständen als Frühwarnindikatoren für die endgültige Richtung der Umfeldveränderungen genutzt werden können. Gleichzeitig sollten Systeme zu deren Überwachung umgesetzt werden. Eine effektive Überwachung gut gewählter Indikatoren sollte umgehende und angemessene Reaktionen ermöglichen. In *Beispiel 2.2* könnten die Indikatoren für einen Trend zur „Entschleunigung" einen geringen Anstieg der Löhne sowie Zunahmen der religiösen Betätigung umfassen.

Da Diskussion und Lernprozess beim Entwerfen verschiedener Szenarien so wichtig und wertvoll sind und da sich die einzelnen Szenarien mit so großen Unsicherheiten befassen, raten manche Experten den Managern davon ab, genau drei verschiedene Szenarien zu entwerfen. Denn dadurch gerät man leicht in die Unterscheidung „optimistisch", „mittel", „pessimistisch". Ein Manager konzentriert sich dann automatisch auf das mittlere Szenario und vernachlässigt die anderen beiden, sodass auch der Lernprozess und die Alternativplanungen reduziert werden. Es ist also immer besser, entweder zwei oder vier Szenarien zu haben, damit sich keine eindeutige Mitte ergibt. Es kommt nicht darauf an, dass alle Szenarien sich erfüllen: Der Wert besteht einfach darin, verschiedene Möglichkeiten in Erwägung zu ziehen, durchzudenken und entsprechend zu planen.

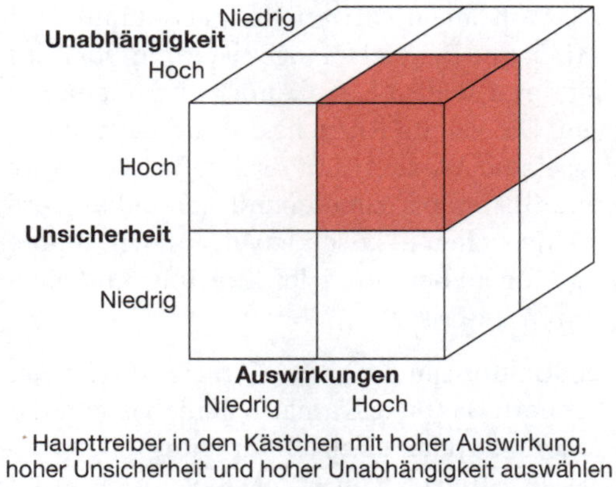

Abbildung 2.3: Der Szenariowürfel

Beispiel 2.2

Szenarien für die globale Modebranche im Jahr 2025

Levis untersucht mit Hilfe von Studenten Alternativen für die Zukunft.

Von 2009 bis 2010 arbeitete das weltweit für seine Jeans berühmte Bekleidungsunternehmen Levi Strauss & Co. mit Studenten des Masterstudiengangs am London College of Fashion zusammen. Dabei wurden vier Szenarien für die weltweite Modebranche in den nächsten fünfzehn Jahren entwickelt. Das Unternehmen wusste, dass die Modebranche mit massiven Veränderungen in der Gewebetechnologie, bezüglich Produktionsstandorten, Einzelhandel sowie vielen anderen Bereichen konfrontiert wurde. Deshalb wollte es verstehen, welche Alternativen für die Zukunft möglich wären.

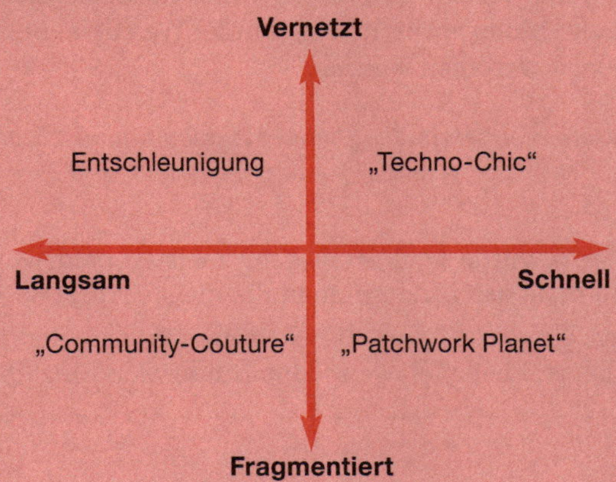

Die Studenten haben dabei viele wichtige Antriebskräfte identifiziert, die einfach als gegeben angenommen werden können, wie beispielsweise die alternde Bevölkerung und zunehmende Beschränkungen natürlicher Ressourcen. Sie stellten allerdings auch zwei Antriebsfaktoren heraus, die eine hohe Unsicherheit beinhalteten und im Wesentlichen voneinander unabhängig waren, so dass sie zu divergenten Szenarien führen konnten: Interkonnektivität und Geschwindigkeit des Wandels. Die erste Antriebskraft umfasst zwei extreme Punkte: einerseits eine hochgradig vernetzte Welt mit niedrigen Handelsschranken, international integrierter Kommunikation und einer Homogenisierung von Kulturen sowie andererseits eine fragmentierte Welt mit sinkendem Fernhandel und einer Stärkung regionaler Identitäten. Die zweite Antriebskraft umfasst die Bandbreite zwischen schnellem und langsamem Wandel: Eine schnelle Welt wäre eine Welt, in der Medien und Kommunikationen zunehmend schneller werden, Kapital leicht bewegt wird und die Menschen hektisch leben. Auf der anderen Seite würde eine langsame Welt eine geringere Betonung des Konsums und einen stärkeren Konservativismus der Kulturen umfassen.

Über die divergenten Richtungen der beiden Antriebskräfte werden vier Szenarien für das Jahr 2025 definiert. Das erste Szenario heißt basierend auf einer langsamen Welt mit hoher Interkonnektivität „Entschleunigung". Bei diesem Szenario wären Langlebigkeit und Nachhaltigkeit von hoher Bedeutung, während allerdings die Interkonnektivität es den Menschen ermöglichen würde, alte Kleidung leicht zu tauschen oder aufzuarbeiten: „vBay" (wie eBay) würde als äußerst beliebte Webseite für Vintage-Mode auftauchen. Das zweite Szenario, die „Community-Couture", wäre aufgrund zunehmend beschränkter Ressourcen, des Klimawandels und der Armut ebenfalls entschleunigt, während politische Grenzen die Interkonnektivität in Form des internationalen Handels reduzieren würden: Neue, modische Kleidung gäbe es nur für die Privilegierten. Andererseits wäre der „Techno-Chic" das Produkt einer schnelllebigen vernetzten Welt: Kleidung wäre „smart" und würde Medienanschlüsse enthalten, die Farbe würde sich verändern und selbst die Gesundheit des Trägers würde überwacht werden. Pharmaunternehmen könnten auch im Bekleidungsgeschäft operieren. Das Szenario des „Patchwork-Planeten" schließlich würde auf der Annahme einer geringen Interkonnektivität und eines schnellen Wandels beruhen. Auf dem Patchwork-Planeten wären schnell wachsende Schwellenwirtschaften kulturell selbstbewusst, so dass nationale anstelle globaler Mode vorherrschen würde: Westliche Bekleidung könnte in einigen Ländern sogar verboten werden.

Quelle: http://www.forumforthefuture.org/project/fashion-futures-2025/overview.

Kontrollfragen

1. Welches Szenario würde Levi Strauss am meisten befürworten und vor welchem Szenario hätte das Unternehmen die meiste Angst?
2. Welche Auswirkungen hätten diese Szenarien aus der Modebranche auf andere Branche, wie beispielsweise Hotels oder den Einzelhandel?

2.3 Branchen und Sektoren

Im vorangegangenen Abschnitt ging es um den Einfluss der Kräfte des Makroumfelds auf Erfolg oder Misserfolg von Unternehmensstrategien. Doch die Auswirkungen dieser allgemeinen Faktoren zeigen sich meist im unmittelbaren Unternehmensumfeld, indem sich die Wettbewerbskräfte, die um eine Organisation herum herrschen, verschieben. Hier kommt es für die meisten Organisationen vor allem auf den Wettbewerb innerhalb ihrer Branche oder ihres Sektors an. Die Wirtschaftstheorie definiert eine **Branche** als „eine Gruppe von Unternehmen, die dasselbe Kernprodukt oder dieselbe Kerndienstleistung anbieten“[8], oder weiter gefasst als „Gruppe von Unternehmen, die Produkte herstellen, die leicht gegeneinander ausgetauscht werden können“.[9] Dieses Verständnis der Branche kann auch auf öffentliche Dienste ausgeweitet werden; hier spricht man aber eher von einem *Sektor*. Auch in den Bereichen Sozialdienste, Gesundheitswesen und Bildung gibt es viele Lieferanten der gleichen Dienstleistungen, die um Ressourcen konkurrieren. Aus strategischer Sicht ist es daher für die Manager einer jeden Organisation wichtig, die Wettbewerbskräfte der eigenen Branche zu verstehen, denn sie bestimmen die Attraktivität dieser Branche und den möglichen Erfolg oder Misserfolg einzelner Organisationen darin.

Branche

Eine Branche wird durch eine Gruppe von Unternehmen gebildet, die dasselbe Kernprodukt oder dieselbe Kerndienstleistung anbieten.

Dieser Abschnitt befasst sich zunächst mit dem *Five-Forces-Modell* von Michael Porter zur Branchenanalyse und stellt dann Techniken zur Analyse der *Dynamik* von Branchen oder Sektoren vor.

2.3.1 Wettbewerbskräfte – das Five-Forces-Modell

Branchen unterscheiden sich stark im Hinblick auf ihre Attraktivität, die daran gemessen wird, wie leicht es den teilnehmenden Unternehmen fällt, hohe Gewinne zu erzielen. Dabei bildet der Umfang des (tatsächlichen oder potenziellen) Wettbewerbs eine wesentliche Determinante der Profitabilität. Ist der Wettbewerb gering und besteht nur ein geringes Risiko neuer Wettbewerber, sollten die Unternehmen normalerweise gute Gewinne erwarten.

Porters **Five-Forces-Modell**[10] trägt zur Bestimmung der Attraktivität einer Branche im Hinblick auf fünf Wettbewerbskräfte bei: (i) die Markteintrittsgefahr, (ii) die Gefahr von Substituten, (iii) die Macht der Käufer, (iv) die Macht der Zulieferer und (v) das Ausmaß der Rivalität zwischen Wettbewerbern. Die *Five Forces* bestimmen die Struktur einer Branche (siehe *Abbildung 2.4*), die normalerweise relativ stabil ist. Für Porter ist eine attraktive Branchenstruktur eine Struktur, die ein gutes Gewinnpotenzial bietet. Die grundlegende Botschaft ist, dass Branchen bei stark ausgeprägten Five Forces für den Wettbewerb nicht attraktiv sind. Durch die Kombination aus übermäßiger Rivalität zwischen Wettbewerbern, mächtigen Käufern und Lieferanten sowie der Gefahr von Substituten oder neu in den Markt eintretenden Wettbewerbern gerät die Rentabilität unter Druck.

Five-Forces-Modell

Das Five-Forces-Modell evaluiert die Attraktivität einer Branche oder eines Industriesektors auf Basis von Wettbewerbskräften.

8 D. Rutherford, „Routledge Dictionary of Economics“, 2. Auflage, *Routledge*, 1995.

9 Siehe M.E. Porter, Competitive Strategy: Techniques for analysing industries and competitors, *Free Press*, 1980, S.5.

10 Porter, Fußnote 5, Kapitel 1. C. Christensen, „The past and future of competitive advantage“, *Sloan Management Review*, Band 42, Nr. 2 (2001), 105–109 liefert eine interessante Kritik und Neuerungen zu einigen der Faktoren, die dem Porter-Modell zugrunde liegen. Ein kritischer Überblick über Porters Ansatz ist auch in R. Huggins and H. Izushi (Hrsg.), „Competition, Competitive Advantage, and Clusters: The Ideas of Michael Porter“, *Oxford University Press* (2011) enthalten.

Abbildung 2.4:
Das Five-Forces-Modell

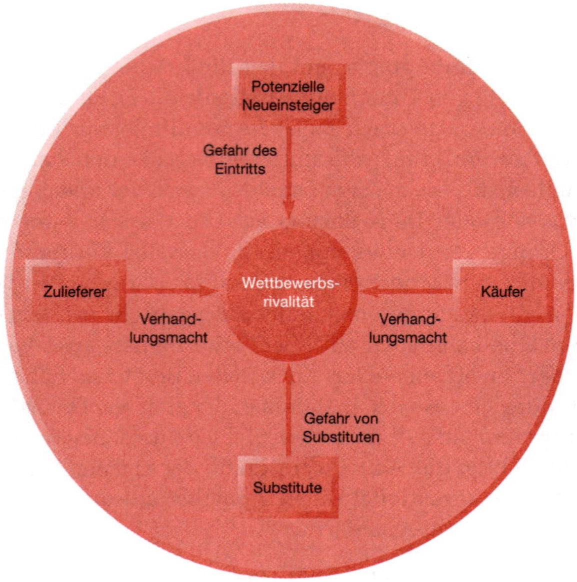

Quelle: Angepasst aus „Competitive Strategy: Techniques for Analyzing Industries and Competitors", *The Free Press*, Michael E. Porter, Urheberrecht © 1980, 1998 The Free Press. Alle Rechte vorbehalten.

Bei der ursprünglichen Entwicklung des Modells dachte man zwar an Unternehmen, doch die Analyse einer Branchenstruktur mittels des Modells der Five Forces ist für die meisten Organisationen ebenso sinnvoll. Sie kann ein sinnvoller Ausgangspunkt für eine strategische Analyse auch dort sein, wo Gewinnkriterien nicht zutreffen. Im öffentlichen Sektor ist es wichtig zu verstehen, wie mächtige Lieferanten die Kosten in die Höhe treiben können. Bei Wohlfahrtsorganisationen ist es wichtig, eine übermäßige Rivalität innerhalb des gleichen Markts zu vermeiden. Überdies können die Five Forces, nachdem das Maß der Attraktivität der Branche bestimmt worden ist, einen Maßnahmenplan für die verschiedenen kritischen Aspekte festlegen, beispielsweise im Hinblick auf die Frage, was Wettbewerber tun können, um eine übermäßige Rivalität in einer bestimmten Branche zu kontrollieren.

Im weiteren Verlauf dieses Abschnitts werden alle Five Forces genauer erläutert. *Beispiel 2.3* zur sich entwickelnden Stahlindustrie enthält Details dazu.

Wettbewerbsrivalität

Im Zentrum der Five-Forces-Analyse steht die Rivalität zwischen den bestehenden Akteuren – den bestehenden Organisationen in einer Branche. Je mehr Wettbewerbsrivalität besteht, umso schwerer haben es etablierte Unternehmen in einer Branche. **Wettbewerber** sind Organisationen mit ähnlichen Produkten oder Dienstleistungen, die die gleichen Kundengruppen ansprechen (also keine Substitute anbieten). In der europäischen Luftfahrtbranche sind Air France und British Airways Rivalen, Hochgeschwindigkeitszüge dagegen sind Substitute. Das Ausmaß der Wettbewerbsrivalität innerhalb einer Branche oder eines Sektors wird tendenziell durch fünf Faktoren definiert:

Wettbewerber

Die Wettbewerbsstrategie befasst sich mit der Art und Weise, in der eine Geschäftseinheit Wettbewerbsvorteile in ihrem Markt realisieren kann.

- *Gleichgewicht der Konkurrenten.* Wenn alle Konkurrenten in etwa gleich groß sind, besteht die Gefahr eines sehr intensiven Wettbewerbs, denn ein Konkurrent möchte die anderen, beispielsweise durch aggressive Preissenkungen, dominieren. Umgekehrt gibt es häufig in weniger hart umkämpften Branchen eine oder zwei dominante Organisationen, die von den kleineren Vertretern der Branche meist nicht direkt herausgefordert werden. (Diese konzentrieren sich beispielsweise auf Marktnischen, um nicht die Aufmerksamkeit der großen Konkurrenten auf sich zu ziehen.)
- *Wachstumsrate der Branche.* Wächst eine Branche sehr stark, so kann auch eine Organisation mit dem Markt wachsen. Stagniert das Wachstum aber oder ist es gar rückläufig, geht das Wachstum eines Wettbewerbers immer auf Kosten eines anderen Wettbewerbers und trifft auf harte Gegenwehr. Oft herrschen daher auf Märkten mit geringen Wachstumsraten ein harter Preiskampf und geringe Rentabilität. Der *Lebenszyklus einer Branche* beeinflusst ihre Wachstumsraten und somit auch die dort herrschenden Wettbewerbsbedingungen; siehe *Kapitel 2.3.2*.
- *Hohe Fixkosten.* Große Rivalität herrscht meist auch in Branchen mit hohen Fixkosten, die sich etwa durch hohen Investitions- oder Kapitalbedarf oder großen Forschungsaufwand ergeben. Die Unternehmen bemühen sich, ihre Produktionskosten pro Stück zu senken, indem sie in größeren Mengen produzieren: Dazu senken sie häufig ihre Preise und bringen so die Konkurrenz dazu, es ihnen nachzumachen, sodass es letztendlich zu einem Preiskrieg kommt, unter dem alle Beteiligten leiden. Ähnliches gilt, wenn eine Produktionssteigerung nur in großen Stückzahlen erfolgen kann (wie etwa bei der Herstellung von Chemikalien oder Glas), denn in einem solchen Fall entsteht durch das betroffene Unternehmen kurzfristig eine Überkapazität in der gesamten Branche, was wiederum zu verstärktem Wettbewerb durch die Nutzung der Kapazität führt.
- *Hohe Austrittsbarrieren.* Gibt es in einer Branche hohe Austrittsbarrieren – etwa durch Schließungen oder Investitionsabbau – so steigt dadurch meist die Rivalität. Dies gilt besonders in rückläufigen Branchen. Überschüssige Kapazitäten sind die Folge, also kämpfen die etablierten Unternehmen darum, ihren Marktanteil zu halten. Für solche hohen Austrittsbarrieren kann es viele Gründe geben, etwa hohe Redundanzkosten oder teure Investitionen in spezielle Vermögenswerte wie Fabriken und Maschinen, die andere Unternehmen nicht kaufen würden.
- *Geringe Differenzierung.* Auf einem Rohstoffmarkt, wo Güter und Dienstleistungen sich kaum gegeneinander abgrenzen lassen, steigt die Rivalität, denn die Kunden können sehr leicht von einem Konkurrenten zum anderen wechseln, sodass der einzig mögliche Wettbewerb über den Preis betrieben werden kann.

Beispiel 2.3 Konsolidierung der Stahlindustrie

Die Five-Forces-Analyse macht es leichter zu verstehen, warum sich die Attraktivität einer Branche verändert.

Lange galt die Stahlindustrie als statisch und unrentabel. Die Unternehmen konzentrierten sich auf das eigene Land, waren häufig verstaatlicht und die Gewinne blieben aus – in den ersten Jahren nach 2000 gingen allein in den USA über 50 unabhängige Stahlproduzenten in Konkurs. Doch die jüngste Vergangenheit brachte die Revolution. So zahlte etwa 2006 das Unternehmen Mittal Steel $ 35 Mrd. (€ 28 Mrd.) für die Übernahme des europäischen Stahlgiganten Arcelor. Dadurch entstand der weltweit größte Stahlproduzent. Im folgenden Jahr kaufte das indische Konglomerat Tata das englisch-holländische Stahlunternehmen Corus für $ 13 Mrd. auf. Allerdings erfolgten diese Aufkäufe kurz vor dem Beginn der Weltwirtschaftskrise im Jahr 2008 und weiterem Chaos in der weltweiten Stahlindustrie.

Neueinsteiger

In den letzten beiden Jahren hat China in der weltweiten Stahlindustrie an Gewicht gewonnen. Zwischen dem Beginn der 1990er-Jahre und 2011 erhöhten die chinesischen Produzenten ihre Kapazität um das Siebenfache. Obwohl der chinesische Anteil an der globalen Produktion zum Jahr 2011 auf über 45 Prozent stieg, war der Großteil davon für den Binnenmarkt bestimmt. Trotzdem war China im Jahr 2011 der größte Stahlexporteur der Welt und es bestand die Sorge, dass eine Verlangsamung der Binnennachfrage zur Überschwemmung der internationalen Märkte führen würde. Die chinesischen Unternehmen Herbei und Baosteel halten weltweit die Positionen 1 und 2.

Substitute

Die Stahlproduktion bedient sich einer Technologie aus dem 19. Jahrhundert und wird zunehmend von anderen Materialien abgelöst, etwa von Aluminium in der Autoindustrie, bei Verpackungen und in der Plastikherstellung oder von Keramik und Verbundwerkstoffen in vielen High-Tech-Bereichen. Die technischen Fortschritte bei der Stahlproduktion selbst sorgen manchmal sogar für einen Bedarfsrückgang. So wurden Dosen aus Stahl im Laufe der letzten Jahrzehnte allmählich um etwa ein Drittel dünner.

Käufermacht

Die wichtigsten Stahlkäufer sind internationale Autofirmen. Autohersteller sind anspruchsvoll und oft führend bei der technischen Entwicklung ihrer Materialien. Zumindest in den USA hat der Niedergang der einst dominierenden „Großen Drei" – General Motors, Ford und Chrysler – dazu geführt, dass viele neue Kunden auf den heimischen Markt drängen, denn Autobauer wie BMW, Toyota, Nissan und Honda gründen hier neue Produktionswerke. Aus der Branche der Metallverpackungen kommen weitere wichtige Kunden. Führende Dosenhersteller wie

Crown Holdings, die ein Drittel aller Lebensmitteldosen in Nordamerika und Europa produziert, kaufen Stahl in großen Mengen und koordinieren ihre Einkäufe rund um die Welt.

Zulieferermacht

Eisenerz ist der wichtigste Rohstoff für die Stahlproduktion. Die drei großen Lieferanten – Vale, Rio Tinto und BHP Billiton – kontrollieren ungefähr 70 Prozent des internationalen Markts. Zwischen 2005 und 2008 vervierfachte sich der Marktpreis und selbst im Jahr 2012 lag er trotz Rezession immer noch doppelt so hoch wie 2005.

Wettbewerbsrivalität

Die Weltstahlproduktion stieg zwischen 2000 und 2008 um circa 50 Prozent, sank 2009 um ungefähr 10 Prozent, erholte sich dann aber wieder und erreichte 2012 einen Rekordwert. Trotz Aufkäufen durch Unternehmen wie Mittal und Tata ist die Branche fragmentiert. Im Jahr 2012 waren die fünf größten Stahlproduzenten weltweit für nur 17 Prozent der gesamten Produktion verantwortlich. Dies entspricht einem Anstieg von nur drei Prozent seit dem Jahr 2000. Das größte Stahlunternehmen der Welt, ArcelorMittal, war gerade für 7 Prozent der weltweiten Stahlproduktion verantwortlich. Im Jahr 2012 wurde die Überkapazität in der europäischen Stahlbranche auf 25 Prozent geschätzt. Als allerdings ArcelorMittal versuchte, das Werk Florange zu schließen, drohte der französische Staat damit, es zu verstaatlichen. Nach einem Konjunkturhöhepunkt im Jahr 2008 sank der globale Stahlpreis bis 2012 um 40 Prozent und entsprach dann im Wesentlichen dem Wert des Jahres 2005.

Kontrollfragen

1. Wie attraktiv ist die globale Stahlindustrie? Worauf ist dies zurückzuführen?
2. Was könnte sich in Zukunft verändern und so die Stahlindustrie noch attraktiver oder aber weniger attraktiv machen?

Die Markteintrittsgefahr

Wie leicht ein branchenfremdes Unternehmen in eine Branche einsteigen kann, beeinflusst natürlich den Wettbewerb in dieser Branche. Die Markteintrittsgefahr hängt vom Ausmaß und von der Höhe der **Eintrittsbarrieren** ab. Dies sind Faktoren, die von Unternehmen, die neu auf einen Markt eintreten, überwunden werden müssen, damit sie dort wettbewerbsfähig sein können. Hohe Eintrittsbarrieren sind ein Vorteil für bereits bestehende Konkurrenten, denn sie schützen sie vor Neuankömmlingen. Fünf typische Barrieren für den Markteintritt sind:

> **Eintrittsbarrieren**
>
> Eintrittsbarrieren sind Faktoren, die von Unternehmen, die neu auf einen Markt eintreten, überwunden werden müssen, damit sie dort wettbewerbsfähig sein können.

- *Größe und Erfahrung.* In manchen Branchen sind *Größenvorteile* von extremer Bedeutung, so etwa bei der Herstellung von Autos oder in der Werbung für schnelllebige Konsumgüter. Hat ein etabliertes Unternehmen einmal hohe Produktionszahlen erreicht, wird es für Neueinsteiger sehr teuer, nachzuziehen; zudem bleiben so lange, bis ein ähnliches Produktionsvolumen erreicht ist, die Stückkosten hoch. Dieser Größenvorteil verstärkt sich noch, wenn der Markteintritt hohe *Investitionen erfordert* wie etwa

Forschungskosten in der pharmazeutischen Industrie oder eine gute Kapitaldecke in der Automobilbranche. Eintrittsbarrieren ergeben sich auch durch die Auswirkungen der *Erfahrungskurve*, die etablierten Unternehmen einen Kostenvorteil verschafft, da sie bereits gelernt haben, effektiver zu handeln als ein unerfahrener Neueinsteiger (siehe *Kapitel 6.3.1*). Bis ein neues Unternehmen mit der Zeit ähnliche Erfahrungen gesammelt hat, werden seine Produktionskosten wahrscheinlich höher sein.

- *Zugang zu Zulieferern und Vertriebskanälen.* In manchen Branchen besitzen die Hersteller die Kontrolle über ihre Zulieferer und/oder Vertriebskanäle. Manchmal geschieht dies durch direktes Eigentum (vertikale Integration), manchmal einfach durch die Loyalität von Kunden oder Zulieferern. In einigen Branchen haben Neueinsteiger diese Hürde überwunden, indem sie bestimmte Vertriebskanäle umgingen und ihre Produkte über das Internet direkt an den Kunden verkauften (z.B. Dell Computer und Amazon).
- *Zu erwartende Vergeltungsmaßnahmen.* Wenn ein Unternehmen, das über einen Markteintritt nachdenkt, davon ausgeht, dass die Vergeltungsmaßnahmen eines bestehenden Unternehmens den Eintritt verhindern oder ihn zu kostspielig machen würden, dann stellt dies ebenfalls eine Eintrittsbarriere dar. Solche Vergeltungsmaßnahmen könnten ein Preiskrieg oder eine aggressive Marketingaktion sein. Allein das Wissen, dass etablierte Unternehmen bereit sind, zurückzuschlagen, reicht häufig schon als Eintrittsbarriere aus.
- *Gesetzgebung oder Handlungen des Staates.* Rechtliche Beschränkungen des Markteintritts reichen vom Patentschutz (etwa bei pharmazeutischen Produkten), über Marktregulierungen (etwa durch Rentenverkäufe) bis hin zum direkten Eingreifen des Staates (etwa durch Zölle). Fallen solche staatlichen Schutzmaßnahmen weg, sind bestehende Unternehmen natürlich durch Neueinsteiger angreifbar, so wie dies bei der Deregulierung der Flugindustrie der Fall war.
- *Differenzierung.* Differenzierung bedeutet, ein Produkt oder eine Dienstleistung anzubieten, dessen/deren Wert höher eingeschätzt wird, als dies bei der Konkurrenz der Fall ist. Die Bedeutung dieses Punkts wird genauer in *Kapitel 6.3.2* behandelt. Autos grenzen sich beispielsweise durch Qualität und Markennamen ab. Stahl ist dagegen im Großen und Ganzen ein Rohstoff, der nicht abgegrenzt werden kann und daher pro Tonne verkauft wird. Hier wählen die Käufer einfach den billigsten Anbieter. Durch Abgrenzung sinkt die Gefahr eines Markteintritts, denn sie steigert die Kundenloyalität.

Die Gefahr von Substituten

Substitute

Substitute können die Nachfrage nach einer bestimmten Produktart senken, wenn Konsumenten zu den Alternativprodukten wechseln.

Substitute sind Produkte oder Dienstleistungen, die ähnliche Vorteile liefern wie die Produkte und Dienstleistungen der eigenen Branche, aber durch einen anderen Prozess entstehen. So ist Aluminium ein Substitut für Stahl bei Automobilien; Tablets sind Substitute für Laptops und Wohlfahrtsorganisationen können Substitute für öffentliche Dienste sein. Manager konzentrieren sich oft auf die Konkurrenz aus der eigenen Branche und vernachlässigen die Gefahr von Substituten. Substitute können die Nachfrage nach einer bestimmten „Produktklasse“ reduzieren, wenn die Verbraucher auf Alternativen umsteigen. Das kann sogar so weit gehen, dass bestimmte Produktklassen obsolet werden. Damit aber der Substitutionseffekt wirkt, ist ein tatsächliches Umsteigen auf andere Produkte eigentlich gar nicht nötig. Schon das Risiko der Substitution sorgt für eine Deckelung der Preise innerhalb einer Branche. Obwohl also der Eurostar keine direkte Konkurrenz durch andere Zugverbindungen zwischen London und Paris hat, werden die Kosten, die für eine Fahrt verlangt werden können, dennoch letztendlich durch die Preise von Verbindungsflügen zwischen beiden Städten gedeckelt. Zwei wichtige Punkte gilt es in Bezug auf Substitute zu bedenken:

- *Das Preis-Leistungs-Verhältnis* ist ein wichtiger Faktor bei der Gefahr von Substitution. Ein Substitut ist immer noch eine wirkungsvolle Bedrohung, selbst wenn es teurer ist, solange es einen Leistungsvorteil bietet, den die Verbraucher wertschätzen. So ist Aluminium zwar teurer als Stahl, sein Vorteil für die Herstellung mancher Autoteile besteht jedoch darin, relativ leicht und korrosionsbeständig zu sein. Es kommt eben nicht nur auf den Preis allein, sondern auch auf das Preis-Leistungs-Verhältnis an.
- *Branchenexterne Effekte* sind der Kern des Substitutionskonzepts. Substitute kommen von außerhalb der Branchen etablierten Unternehmen und dürfen nicht mit der Bedrohung von Konkurrenten innerhalb einer Branche verwechselt werden. Der Wert des Substitutionskonzepts besteht darin, dass Manager dazu gezwungen werden, über ihre eigene Branche hinauszuschauen und auch weiter entfernte Gefahren und Beschränkungen zu bedenken. Je mehr Substitutionsgefahr besteht, desto unattraktiver ist meist die betroffene Branche.

Die Macht der Käufer

Käufer sind die unmittelbaren Kunden der Organisation, nicht notwendigerweise deren ultimative Kunden. Wenn die Käufer Macht haben, können sie niedrigere Preise verlangen oder Verbesserungen des Produkts oder der Dienstleistung mit der Folge geringerer Gewinne.

Die *Macht der Käufer* ist meist unter den folgenden drei Bedingungen am größten:

- *Konzentrierte Käufer.* Wenn nur einige wenige Großkunden für den Großteil des Umsatzes verantwortlich sind, so steigt die Käufermacht. Dies gilt in vielen europäischen Ländern für Grundnahrungsmittel wie Milch, denn hier bestimmen meist nur einige wenige Einzelhändler den Markt. Wenn ein einziges Produkt oder eine Dienstleistung einen hohen Prozentsatz der gesamten Einkäufe der Käufer ausmacht, so wächst ihre Macht ebenfalls. Denn dann ist es wahrscheinlicher, dass sie viele Produkte vergleichen, um den besten Preis zu bekommen, und dass sie die Preise der Hersteller eher drücken, als sie dies bei weniger wichtigen Produkten tun würden.
- *Geringe Umstellungskosten.* Wenn Käufer leicht von einem Zulieferer zu einem anderen wechseln können, haben sie eine starke Verhandlungsposition und können die Preise der Zulieferer drücken, die sie als Kunden dringend brauchen. Meist sind die Umstellungskosten bei kaum differenzierten Produkten wie Stahl eher gering.
- *Die Gefahr der Käuferkonkurrenz.* Verfügt der Käufer selbst über bestimmte Ausstattungen oder Betriebsanlagen oder hat er die Möglichkeit, eine solche Ausrüstung zu erwerben, so besitzt er meist mehr Verhandlungsmacht gegenüber dem Zulieferer. Denn dann kann er androhen, die Arbeit des Zulieferers selbst durchzuführen. Dies wird *rückwärtige vertikale Integration* (siehe *Kapitel 7.5*) genannt, denn damit bewegt man sich zurück zum Ursprung der gelieferten Produkte. Dazu kommt es, wenn etwa keine zufriedenstellende Einigung über Preise und Qualität zwischen Käufer und Zulieferer erzielt werden kann. So haben zum Beispiel einige Glashersteller gegenüber ihren Kunden an Macht verloren, als einige große Fensterhersteller beschlossen, eigenes Glas zu produzieren.

Hier ist es sehr wichtig, den Begriff der Käufer vom Begriff des Endverbrauchers abzugrenzen. So sind für Unternehmen wie Procter & Gamble oder Unilever Käufer in der Regel Einzelhändler wie etwa Carrefour oder Tesco und nicht die normalen Endverbraucher. Carrefour und Tesco besitzen viel mehr Verhandlungsmacht als jeder normale Verbraucher. Die hohe Kaufkraft solcher Supermärkte ist zu einem strategischen Aspekt für die entsprechenden Zulieferer geworden. Es ist häufig hilfreich, strategische Kunden, mächtige Käufer (wie zum Beispiel die Einzelhändler), zu definieren, auf die sich die Strategie hauptsächlich orientieren sollte. Im öffentlichen Sektor ist der strategische Kunde normalerweise der Geldgeber und nicht der Nutzer von Dienstleistungen, während bei einem Pharmaunternehmen der strategische Kunde nicht der Patient, sondern das Krankenhaus ist.

Die Macht der Zulieferer

Zulieferer

Zulieferer versorgen die Organisation mit dem, was sie zur Herstellung ihrer Produkte oder Dienstleistungen benötigt, unter anderem Arbeitskräfte oder finanzielle Ressourcen.

Zulieferer versorgen die Organisation mit dem, was sie zur Herstellung ihrer Produkte oder Dienstleistungen benötigt. Dies kann sowohl Treibstoff, Rohstoffe und Ausrüstung als auch Arbeitskraft und Finanzmittel beinhalten. Die Faktoren, die die Macht der Zulieferer stärken, entsprechen denen für die Käufermacht. Also ist die *Macht der Zulieferer* unter folgenden Bedingungen meist sehr groß:

- *Konzentrierte Zulieferer.* Wenn nur einige wenige Produzenten die Zulieferung dominieren, haben diese Zulieferer mehr Macht über die Käufer. Die Eisenerzindustrie ist jetzt konzentriert und befindet sich in den Händen von drei Produzenten, sodass die Stahlfirmen, die stark fragmentiert sind, in einer sehr schlechten Verhandlungsposition für diesen wichtigen Rohstoff sind.
- *Hohe Umstellungskosten.* Wenn es sehr teuer oder umständlich ist, den Zulieferer zu wechseln, steigt die Abhängigkeit des Käufers und es schwächt somit seine Position. Microsoft ist ein mächtiger Anbieter, denn hier sind die Umstellungskosten auf ein anderes Betriebssystem enorm hoch. Die Käufer sind bereit, einen Aufpreis zu zahlen, um Probleme zu vermeiden, und Microsoft weiß das.
- *Die Gefahr der Zuliefererkonkurrenz.* Zulieferer verfügen über mehr Macht, wenn sie Kunden ausschließen können, die als Zwischenhändler agieren. So konnten zum Beispiel Fluglinien harte Verträge mit Reisebüros aushandeln, denn die Zunahme von Online-Buchungen eröffnete ihnen einen direkten Zugang zum Kunden. Dies wird *vorwärts gerichtete vertikale Integration* genannt, denn damit bewegt man sich weiter auf den Endverbraucher zu.

Die meisten Organisationen haben viele Zulieferer, daher muss man sich in der Analyse auf die wichtigsten Zulieferer oder Zuliefererarten konzentrieren. Verfügen sie über große Macht, können Zulieferer die gesamten potenziellen Gewinne ihrer Käufer für sich beanspruchen, einfach nur dadurch, indem sie ihre Preise erhöhen. So ist es vielen Fußballstars gelungen, ihre Honorare in astronomische Höhen zu treiben, während die führenden Fußballvereine – ihre „Käufer" – um Gelder kämpfen müssen.

Auswirkungen der Five-Forces-Analyse

Das Five-Forces-Modell bietet nützliche Einblicke in Bezug auf die Kräfte, die im Branchen- oder Sektorenumfeld einer Organisation wirken. *Beispiel 2.3* beschreibt diese Five Forces innerhalb der sich verändernden Stahlindustrie. Es ist jedoch wichtig, das Modell nicht nur zur einfachen Auflistung der Five Forces zu nutzen. Im Grunde kommt es vielmehr auf eine Bewertung der Attraktivität einer Branche an. Jede Analyse sollte also mit einer Beurteilung abschließen, ob in einer Branche gute Wettbewerbsbedingungen herrschen oder nicht. An dieser Stelle ist wichtig anzumerken, dass bereits eine erheblich nachteilige Kraft ausreichen kann, um die Attraktivität der Branche insgesamt zu beeinträchtigen. Beispielsweise können mächtige Käufer sämtliche potenziellen Gewinne einer ansonsten attraktiven Branchenstruktur abschöpfen, indem sie die Preise nach unten drücken.

Als Nächstes sollte die Analyse dazu anregen, die Auswirkungen dieser Kräfte zu untersuchen. Diese sind zum Beispiel:

- *In welche Branchen sollte man einsteigen (oder aus welchen aussteigen)?* Der grundlegende Zweck des Five-Forces-Modells besteht darin, die relative Attraktivität verschiedener Branchen zu ermitteln. Wirken die Kräfte nur schwach, handelt es sich um eine attraktive Branche. Manager sollten in Branchen investieren, in denen die Five Forces zu ihren Gunsten wirken, und sich aus Branchen zurückziehen oder diejenigen ganz vermeiden, wo sich die Kräfte negativ auf ihre Organisation auswirken. Mitunter wählen Unternehmen Märkte, weil die Markteintrittsschranken niedrig sind: Aber sofern diese Schranken wahrscheinlich nicht schnell angehoben werden, ist es der falsche Grund für einen Markteintritt.
- *Welchen Einfluss kann man ausüben?* Branchenstrukturen sind nicht immer fest verankert, sondern können oft durch gezieltes strategisches Management beeinflusst werden. So können Organisationen beispielsweise Eintrittsbarrieren errichten, indem sie ihre Werbebudgets erhöhen und so die Loyalität der Kunden steigern. Sie können Konkurrenten aufkaufen und dadurch den Wettbewerb entschärfen und ihre Macht über Käufer oder Zulieferer ausbauen. Branchenstrukturen lassen sich also auf vielerlei Weise beeinflussen. Dies alles gehört zum Thema *Wettbewerbsstrategien* und wird in *Kapitel 6* näher betrachtet.
- *Wie unterscheiden sich die Auswirkungen auf die einzelnen Konkurrenten?* Veränderungen der Branchenstruktur haben nicht auf alle Konkurrenten die gleiche Wirkung, gleichgültig ob sie spontan oder geplant geschehen. Wenn Eintrittsbarrieren aufgrund höherer Ausgaben für Forschung und Entwicklung oder für Werbung geschaffen werden, kann dies es kleineren Konkurrenten in der Branche unmöglich machen, mit den Großen mitzuhalten, sodass sie schließlich ausgeschlossen werden. Ebenso schadet wachsende Zulieferermacht besonders den kleinen Wettbewerbern. Hier hilft eine Analyse der strategischen Gruppen (siehe *Kapitel 2.4.1*).

Obwohl die Five-Forces-Analyse ursprünglich aus dem privaten Sektor kommt, lässt sie sich auch sehr wohl auf Organisationen der öffentlichen Hand anwenden. So können die Five Forces etwa genutzt werden, um das Angebot an Dienstleistungen zu steuern oder den Fokus auf wichtige Bereiche zu lenken. Es kann sich lohnen, die Managementinitiative von einem Bereich mit vielen einzelnen und sich überschneidenden Dienstleistungen (wie etwa Sozialarbeit, Bewährungshilfe oder Bildung) auf ein Gebiet zu verlagern, in dem weniger Wettbewerb herrscht und wo sich die Organisationen stärker gegeneinander abheben. Ebenso könnten Strategien entwickelt werden, um die Abhängigkeit von besonders mächtigen und teuren Zulieferern wie etwa Energielieferanten oder von Kompetenzen, an denen ein besonderer Mangel besteht, zu mindern.

Wichtige Kernpunkte für den Einsatz des Five-Forces-Modells

Das Five-Forces-Modell muss behutsam verwendet werden und ist, selbst auf Branchenebene, nicht unbedingt vollständig. Beim Einsatz des Modells sollte man folgende drei Kernpunkte beachten:

- *Festlegung der „richtigen" Branche.* Die meisten Branchen können auf verschiedenen Ebenen analysiert werden. So besteht die Luftfahrtindustrie aus mehreren Segmenten wie etwa Inlandsflüge oder Langstrecken und hat unterschiedliche Kundengruppen wie Urlauber, Geschäftsleute und Frachttransporte (siehe *Kapitel 2.4.2* unten). Höchstwahrscheinlich wirken die Wettbewerbskräfte in jedem dieser verschiedenen Segmente anders und können auch separat analysiert werden. Oft bietet es sich an, eine Branchenanalyse aufzuteilen und jedes Segment einzeln zu betrachten. Das Gesamtbild der Branche lässt sich dann aus den Einzelanalysen zusammensetzen, während spezielle Markt- oder Segmentchancen herausgestellt werden können.
- *Konvergierende Branchen.* Oft ist es schwierig, Branchen gegeneinander abzugrenzen, da sich die Grenzen ständig verändern. So unterliegen viele Branchen, besonders im High-Tech-Bereich, einer **Konvergenz**, d.h., vormals voneinander getrennte Branchen beginnen sich allmählich zu überlappen in Bezug auf ihre Aktivitäten, Technologien, Produkte und Kunden.[11] Der technologische Fortschritt brachte beispielsweise eine Konvergenz zwischen der Telefon- und der Fotobranche hervor, denn immer mehr Handys verfügen über Kameras und Videofunktionen. So wurde der Kamerahersteller Kodak durch Mobiltelefonhersteller wie Apple oder Samsung in die Insolvenz getrieben.
- *Komplementäre Organisationen.* Einige Analysten sprechen von einer „sechsten Kraft", Organisationen nämlich, die komplementäre Produkte oder Dienstleistungen liefern. Solche **Komplementoren** sind Unternehmen, von denen Kunden komplementäre Produkte erwerben, die zusammen mehr wert sind als einzeln. So sind McAfee Virenschutz und Microsoft insofern Komplementoren, als die Windows-Software für den Kunden attraktiver ist, wenn sie geschützt ist. Selbst konkurrierende Fluggesellschaften können zueinander komplementär sein, weil es für einen Zulieferer wie Boeing attraktiver ist, bestimmte Investitionen für zwei anstatt einen Kunden auszuführen. Daraus ergibt sich eine erhebliche Verschiebung der Perspektive. Während Porters Five-Forces-Modell alle Organisationen als Konkurrenten um ihren Anteil vom „Branchenkuchen" darstellt, könnten Komplementoren zusammenarbeiten und so sogar den Wert des gesamten Kuchens steigern.[12] Wenn Microsoft und McAfee sich gegenseitig über ihre technologischen Entwicklungen informieren, erhöhen sie den Wert beider Produkte. Möglichkeiten für eine Kooperation können durch ein *Wertnetz* (eine Darstellung von Organisationen in einem Geschäftsumfeld, das Chancen für eine wertschöpfende Kooperation sowie den Wettbewerb beschreibt) verdeutlicht werden. In *Abbildung 2.5* ist Sony ein Komplementor, Zulieferer und Wettbewerber für den iPod von Apple. Sony und Apple haben sowohl ein Interesse an der Kooperation als auch am Wettbewerb.

Konvergenz

Konvergenz bedeutet, dass vormals voneinander getrennte Branchen beginnen, sich allmählich zu überlappen in Bezug auf ihre Aktivitäten, Technologien, Produkte und Kunden.

Komplementoren

(i) Dieser liegt vor, wenn die Kunden einem Produkt einen höheren Wert beimessen, wenn sie auch über das Produkt einer anderen Organisation verfügen, als wenn sie nur das Produkt der ersten Organisation haben, (ii) für Lieferanten ist die Belieferung eines Unternehmens attraktiver, wenn sie auch eine andere Organisation und nicht nur das eine Unternehmen beliefern.

11 Siehe beispielsweise A. Malhotra und A. Gupta, „An investigation of firms' responses to industry convergence", *Academy of Management Proceedings*, 2001, G1–6.

12 Für Abhandlungen über den Bedarf eines kollaborativen Wettbewerbsansatzes sowie eines Ansatzes nach Porter für die Branchenanalyse siehe J. Burton, „Composite strategy: the combination of collaboration and competition", *Journal of General Management*, Band 21, Nr. 1 (1995), S. 3–28, und R. ul-Haq, „Alliances and Co-evolution: Insights from the Banking Sector", *Palgrave Macmillan*, 2005.

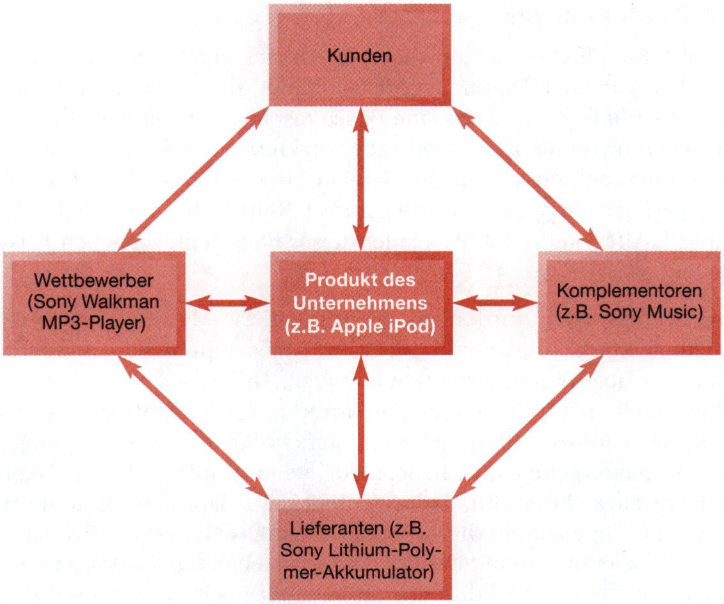

Abbildung 2.5: Das Wertnetz

* Eine Organisation ist ein Komplementor, wenn:

(i) Kunden dem Produkt einen höheren Wert beimessen, wenn sie auch über das Produkt der anderen Organisation verfügen, verglichen mit einer Situation, in der sie das Produkt allein haben (z.B. Würstchen und Senf).

(ii) es für die Lieferanten gegenüber einer Situation, in dem sie nur ihr Unternehmen beliefern, attraktiver ist, sie mit Ressourcen zu versorgen, wenn es auch die andere Organisation versorgt (Fluggesellschaften und Boeing).

Hinweis: Organisationen können mehr als eine Rolle spielen. So ist Sony Music (das Label von AC/DC und Sade usw.) auch ein Komplementor für den Apple iPod, Sony liefert auch die Akkus für den iPod und ist mit seinen eigenen MP3-Playern auch ein Wettbewerber.

Quelle: Nachdruck mit Erlaubnis des Harvard Business Review. *Aus ‚The Right Game' von A. Brandenburger und B. Nalebuff, Juli–August 1996, S. 57–64. Urheberrecht © 1996, Harvard Business School Publishing Corporation. Alle Rechte vorbehalten.*

2.3.2 Die Dynamik einer Branchenstruktur

Die Analyse einer Branchenstruktur kann leicht zu statisch geraten, schließlich bedeutet Struktur meist gleichzeitig Stabilität.[13] Aus den vorhergehenden Abschnitten ergibt sich jedoch die Frage, wie sich Wettbewerbskräfte *im Laufe der Zeit* verändern. Es ist sehr wahrscheinlich, dass die Hauptantriebskräfte des Wandels eine Branchenstruktur verändern, und eine Analyse verschiedener Szenarien kann helfen, die sich daraus ergebenden Auswirkungen zu verstehen. Dieser Abschnitt befasst sich mit zwei weiteren Herangehensweisen an das Verständnis veränderbarer Branchenstruktur: das Konzept des *Branchenlebenszyklus* und die *komparative Five-Forces-Analyse.*

13 Es gibt eine gute Diskussion über die statische Natur des Porter-Modells und anderer Einschränkungen bei M. Grundy, „Rethinking and reinventing Michael Porter's five forces model", *Strategic Change*, Band 15 (2006), S. 213–229.

Der Branchenlebenszyklus

Der Einfluss der Five Forces variiert meist in Abhängigkeit von der jeweiligen Phase des Branchenlebenszyklus. Dieser Begriff beinhaltet, dass eine Branche in ihrer Entwicklung meist klein beginnt, dann eine Phase raschen Wachstums erlebt (das Gegenstück zur Adoleszenz im menschlichen Lebenszyklus), die schließlich in einer Periode der „Marktbereinigung" gipfelt. In den letzten beiden Phasen des Zyklus zeigt sich zunächst ein geringes oder gar Nullwachstum („Reife"), bevor schließlich die Phase des Rückgangs („Alter") einsetzt. Aus jeder dieser Phasen ergeben sich Auswirkungen auf die Five Forces.[14]

In der *Entwicklungsphase* wird noch experimentiert. Meist gibt es einige wenige Akteure auf dem Markt, die nur in geringem Maße miteinander konkurrieren und stark voneinander abgegrenzte Produkte anbieten. Die Five Forces wirken meist nur schwach, doch auch die Gewinne fallen aufgrund hoher Investitionsanforderungen oft mager aus. In der nächsten Phase herrscht starkes Wachstum und geringe Rivalität, denn der Markt bietet genügend Chancen für jeden. Käufer möchten sich vielleicht schnell große Vorräte sichern, sind dadurch nicht sehr anspruchsvoll und verringern so ihre eigene Macht. Ein Nachteil dieser Wachstumsphase besteht darin, dass meist nur geringe Eintrittsbarrieren vorhanden sind, da die bestehenden Konkurrenten noch klein sind und bisher weder viele Erfahrungen gesammelt noch die Loyalität ihrer Kunden erworben haben. Ein weiterer potenzieller Nachteil liegt in der Macht der Zulieferer, wenn Komponenten oder Material knapp werden, die die schnell wachsenden Unternehmen für ihre Expansion brauchen. Die Phase der *Marktbereinigung* beginnt, sobald sich das Wachstum verlangsamt, sodass der zunehmende Wettbewerb die Schwächsten der Neueinsteiger vom Markt vertreibt. In der *Reifephase* werden die Eintrittsbarrieren meist höher, da die Vertriebskanäle alle kontrolliert werden und Größenvorteile sowie die Vorteile der Erfahrungskurve ins Spiel kommen. Produkte oder Dienstleistungen werden oft standardisiert. Käufer werden mächtiger, denn der Reiz des Neuen ist verschwunden und es fällt ihnen leichter, zwischen den Anbietern zu wechseln. Für große Unternehmen kommt es typischerweise hauptsächlich auf den Marktanteil an, denn ist dieser groß, schützt er sie vor der Macht der Käufer und bietet einen Wettbewerbsvorteil bei den Kosten. In der Phase des *Rückgangs* kann es schließlich zu extremer Rivalität kommen, besonders dort, wo es hohe Austrittsbarrieren gibt, denn sinkende Umsatzzahlen zwingen die verbleibenden Konkurrenten zu einem harten Kampf gegeneinander. Allerdings können die verbleibenden Unternehmen in der Phase des Rückgangs trotzdem noch rentabel sein, wenn sie durch den Austritt von Wettbewerbern eine monopolistische Position erreichen. *Abbildung 2.6* fasst einige der Bedingungen der verschiedenen Phasen des Lebenszyklus nochmals zusammen.

Dennoch darf man nicht zu sehr an die Unvermeidbarkeit der verschiedenen Lebensphasen glauben. So folgen die Phasen nicht unbedingt immer in gleicher Reihenfolge aufeinander. Die Länge der Wachstumsphasen variiert erheblich je nach Branche und oft verursacht eine Innovation eine Beschleunigung der Reifephase. So durchlief die Telefonbranche, die sich ein Jahrhundert lang auf Festnetztelefone stützte, durch die Einführung von Handys und Internettelefonie ihre Reifephase in Rekordzeit. Anita

14 Eine klassische akademische Übersicht des Branchenlebenszyklus liefert S. Klepper, „Industry life cycles", *Industrial and Corporate Change*, Band 6, Nr. 1 (1996), S. 119–143, siehe auch A. McGahan, „How industries evolve", *Business Strategy Review*, Band 11, Nr. 3 (2000), S. 1–16.

McGahan warnt vor der „Reifementalität“, die viele Manager selbstzufrieden werden lässt, sodass sie auf neue Konkurrenz zu spät reagieren.[15] Denn auch in einer reifen Branche geht es nicht immer nur um das Warten auf den Abstieg. Obwohl ein stetiges Fortschreiten durch die einzelnen Lebensphasen nicht unvermeidlich ist, erinnert das Konzept des Lebenszyklus den Manager dennoch daran, dass sich Bedingungen im Laufe der Zeit ändern. Besonders in sich schnell verändernden Branchen muss die Five-Forces-Analyse regelmäßig überarbeitet werden.

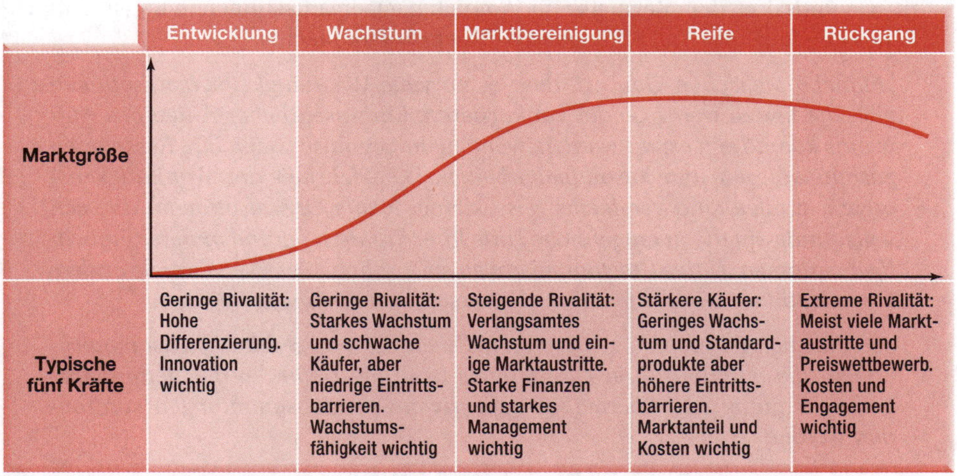

Abbildung 2.6: Der Branchenlebenszyklus

Beispiel 2.4

Spendensammlungen und die Struktur des Wohlfahrtssektors

Die Branchenstruktur trägt zu Ineffizienzen und Aggressionen im britischen Wohlfahrtssektor bei.

Der Wohlfahrtssektor ist im Vereinigten Königreich mittlerweile umstritten. Insbesondere Mitarbeiter wohltätiger Organisationen, die Besucher von Einkaufszentren auf Provisionsbasis ansprechen und um Spenden bitten, verkörpern diese aggressive Form der Spendensammlung. Diese Spendensammler werden als so aggressiv wahrgenommen, dass sie im Englischen in Anlehnung an „Mugger“, gewalttätige Straßenräuber, als „Chugger“ bezeichnet werden.

Im Jahr 2008 waren in England und Wales 189.000 Wohlfahrtsorganisationen registriert, von denen 95 Prozent Jahreseinnahmen von weniger als £ 500.000 erzielten. Allerdings werden 80 Prozent der gesamten Einnahmen im Wohlfahrtsbereich von den 20 größten Organisationen erzielt, unter denen Cancer Research UK die größte ist (2008: Einnahmen von £ 355 Millionen (ca. € 390 Millionen, $ 532 Millionen)).

15 A. McGahan, „How industries evolve“, *Business Strategy Review*, Band 11, Nr. 3 (2000), S. 1–16.

Laut dem Charity Market Monitor erzielten 2008 die größten 300 Organisationen einen Anstieg des Einkommens von durchschnittlich 0,9 Prozent, während die größten zehn Organisationen eine Zunahme des Einkommens um 2,3 Prozent erreicht haben (ohne Berücksichtigung der Auswirkungen von Fusionen).

Die Regierung des Vereinigten Königreichs hat den Charities Act aus dem Jahr 2006 mit der spezifischen Absicht eingeführt, Fusionen zwischen unabhängigen Wohltätigkeitsorganisationen zu unterstützen. Dies folgte einem Bericht der Charity Commission, dem Regulator für Wohltätigkeitsorganisationen in England und Wales, die folgende Anmerkungen zu diesem Sektor machte:

„Manche Menschen glauben, dass es zu viele Wohltätigkeitsorganisationen gibt, die um zu wenig Gelder konkurrieren. Ein wesentlicher Anteil des Aufwands könnte eingespart werden, wenn mehr Organisationen ihre Ressourcen zusammenlegen und zusammenarbeiten. Die Mehrheit der Wohltätigkeitsorganisationen sind vergleichsweise kleine, lokale Organisationen, die sich vollständig auf die unentgeltliche Hilfe ihrer Treuhänder und anderer Freiwilliger verlassen. Unter Umständen haben sie ähnliche Zwecke wie viele andere Organisationen, sie dienen aber alle verschiedenen Zielgruppen.

Es sind die viel größeren, professionell betriebenen Wohltätigkeitsorganisationen, die aufgrund ihrer Größe tendenziell mit Gefahren der Redundanz, Verschwendung und übermäßig aggressiven Spendensammlungen konfrontiert werden.

Auch wenn eine gesunde Vielzahl von Wohltätigkeitsorganisationen, die ständig durch neue Organisationen mit neuen Aktivitäten ergänzt werden, klare Vorteile hat, bieten sinnvolle Zusammenschlüsse große Vorteile im Hinblick auf das Vertrauen der Öffentlichkeit und der Unterstützung."

Insbesondere die lokalen Behörden waren aufgrund von Redundanzen und Verschwendung frustriert, da sie zunehmend lokale Wohltätigkeitsorganisationen mit der Erbringung von Dienstleistungen beauftragen. Die Etats der lokalen Behörden für kleine Wohltätigkeitsorganisationen sind relativ groß. Die Geschäftsführerin eines Wohltätigkeitsbereichs, Caroline Shaw, erklärte der *Charity Times*, im Hinblick auf das Ziel einer stärkeren Kooperation zwischen lokalen Wohltätigkeitsorganisationen:

„Zweifelsohne steigt der Wettbewerb im Hinblick auf Aufträge [der lokalen Behörde] ... Unsere Antriebskraft ist tatsächlich der Versuch, eine effektivere Erbringung von Leistungen für die Organisationen an vorderster Front sicherzustellen, mehr Projekte, diversere und effektivere Dienstleistungen anzubieten. Es gibt eine große Vielzahl [wohltätiger Organisationen], die alle um Gelder kämpfen. Ich bin überzeugt davon, dass die Option einer engeren Zusammenarbeit in Betracht gezogen werden sollte."

Im Jahr 2008 wurden mehr als 230 Fusionen von Wohltätigkeitsorganisationen bei der Charity Commission registriert. Nachdem die Rezession auch Wohltätigkeitsorganisationen im gesamten Sektor unter Druck gesetzt hatte, kam es Anfang des Jahres 2009 zur Fusion zweier etablierter Hilfsorganisationen für Senioren, Help the Aged und Age Concern. Die daraus resultierende neue Organisation, Age UK, verfügt über ein gemeinsames Einkommen von ungefähr £ 160 Millionen, einschließlich £ 47 Millionen, die jährlich durch Spendensammlungen und über mehr als 520 Läden der Organisation eingenommen werden.

Quellen: „RS 4a – Collaborative working and mergers: Summary", *http://www.charity-commission.gov.uk/publications/rs4a.asp; Charity Times,* „Strength in Numbers", August 2007, *Charity Market Monitor*, 2009.

Kontrollfragen

1. Welche der Five Forces nach Porter führt zu Problemen im Wohlfahrtssektor des Vereinigten Königreichs?
2. In Richtung welcher Art Branchenstruktur könnte sich die Wohlfahrtsbranche bewegen? Was könnten die Vor- und Nachteile dieser Struktur sein?

Komparative Branchenstrukturanalysen

Der Begriff „Branchenlebenszyklus" weist verstärkt darauf hin, dass es sehr sinnvoll ist, eine Branchenstrukturanalyse dynamisch zu gestalten. Ein effektives Mittel hierfür ist ein Vergleich der Five Forces im Laufe der Zeit mittels eines einfachen „Radarschemas".

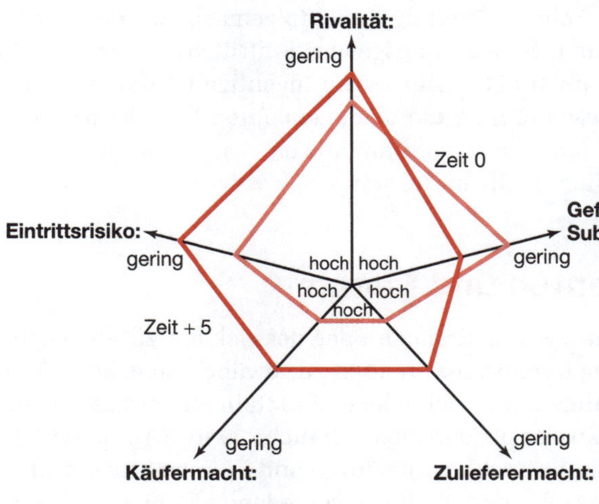

Abbildung 2.7: Komparative Branchenstrukturanalyse

Abbildung 2.7 bietet einen Bezugsrahmen zur Zusammenfassung der Wirkung jeder der Five Forces, die auf fünf Achsen dargestellt sind. Je weiter man sich auf den Achsen nach außen bewegt, umso mehr nimmt die jeweilige Kraft ab. Ist die Wirkung der Kräfte gering, so ist die von den Linien zwischen den Achsen umschlossene Fläche groß; ist die Wirkung der Kräfte groß, ist diese Fläche entsprechend klein. Je größer die Fläche, umso größer ist demnach auch das Gewinnpotenzial. In *Abbildung 2.7* herrscht in der abgebildeten Branche zum Zeitpunkt 0 (verdeutlicht durch die hellroten Linien) relativ geringe Rivalität (nur wenige Konkurrenten) und die Gefahr der Substitution ist gering. Das Risiko, Neueinsteiger anzuziehen, ist mäßig hoch, doch sind sowohl die Macht der Käufer als auch die Macht der Zulieferer relativ hoch. Insgesamt kann die Attraktivität der Branche für eine Neuinvestition als mäßig eingeschätzt werden.

Angesichts der Tatsache, dass sich Branchen dynamisch entwickeln, muss ein Manager aber auch, eventuell mit Hilfe der Szenarienanalyse, in die Zukunft blicken: In diesem Fall geht der Blick fünf Jahre in die Zukunft, was durch die roten Linien in *Abbildung 2.7* verdeutlicht wird; hier sehen die Manager einen gewissen Anstieg des Substitutionsrisikos voraus. (Vielleicht entwickeln sich neue Technologien.) Andererseits sagen sie auch voraus, dass die Gefahr des Markteintritts neuer Unternehmen zurückgeht, wobei die Macht von Käufern und Verkäufern ebenfalls rückläufig sein wird. Auch die Rivalität sinkt weiter. Dieses sieht wie der klassische Fall einer Branche aus, in der einige wenige Unternehmen mit der Zeit den Markt dominieren. Die von den dunkelblauen Linien umschlossene Fläche ist groß, was auf eine relativ attraktive Branche hindeutet. Für ein Unternehmen, das zuversichtlich ist, solch eine dominante Position einzunehmen, kann sich eine Investition durchaus lohnen.

Vergleicht man die Five Forces über einen bestimmten Zeitraum hinweg mithilfe eines solchen Radarschemas, so kann man dadurch den dynamischen Aspekt der Branchenanalyse erfassen. Ähnliche Schemata können zur Analyse von Diversifikationsentscheidungen (*Kapitel 7*) herangezogen werden. Hier lassen sich unterschiedliche Branchen, wo ein Markteintritt möglich ist, bezüglich ihrer Attraktivität vergleichen. Die Linien stellen natürlich nur ungefähre Werte dar, denn sie fassen die vielen einzelnen Elemente, die jede der Kräfte ausmachen, zu einem Gesamtwert zusammen. Ist die Wirkung einer der Kräfte besonders negativ, so fällt auf, dass die positive Einschätzung auf den anderen vier Achsen dadurch zunichte gemacht werden kann: So kann eine Branche, in der Rivalität, Substitutionsgefahr, Eintrittsbarrieren und Zulieferermacht gering sind, dennoch unattraktiv sein, wenn mächtige Käufer stark reduzierte Preise erzwingen können. Beachtet man die oben genannten Einschränkungen, so kann ein solches Radarschema dennoch sowohl für eine erste als auch für eine finale, detailliertere Analyse ein nützliches Hilfsmittel sein.

2.4 Konkurrenten und Märkte

Vielleicht ist eine Analyse der Branche oder des Sektors zu allgemein angelegt, um genaue Einblicke in die Konkurrenzsituation zu gewährleisten. Die Five Forces können sich auch unterschiedlich auf verschiedene Marktteilnehmer auswirken. So sind Ford und Porsche beispielsweise in derselben Branche aktiv (Automobile), dabei jedoch unterschiedlich positioniert; schon die Käufer- und Zulieferermacht sind für beide sehr verschieden. Also ist es oft sinnvoll, die verschiedenen Elemente voneinander zu trennen. In vielen Branchen gibt es eine Reihe von Unternehmen, die jeweils über ganz verschiedene Fähigkeiten verfügen und auf unterschiedlichen Ebenen konkurrieren. Diese

Unterschiede der Konkurrenten können mit dem Begriff der *strategischen Gruppen* erfasst werden. Auch zwischen Kunden kann es erhebliche Unterschiede geben. Diese können über die Unterscheidung zwischen [illegible] und Endkunden und über die Unterscheidung verschiedener *Marktsegmente* erfasst werden. Sowohl tatsächliche als auch potentielle [illegible] Wettbewerbern können mit Hilfe der Strategie[illegible] und [illegible], dem letzten Thema dieses Kapitels, analysiert werden.

2.4.1 Strategi[illegible]

Strategische Gruppe[illegible] Organisationen innerhalb einer [illegible] oder eines Sektors, die ähnliche Eigenschaften aufweisen, ähnliche Strategien verfolgen oder in ähnlicher Weise miteinander konkurrieren. Diese Eigen[illegible] [illegible]eiden sich von den Eigenschaften [illegible] Gruppen derselben [illegible]. So bilden im Lebensmitteleinzel[illegible] [illegible]e-Emma-Läden jeweils eigene strat[illegible] Gruppen. [illegible]haften, anhand derer sich strategisc[illegible] Gruppen unterscheiden lassen, [illegible] in zwei Gruppen eingeteilt werd[illegible] die *Reichweite* der Aktivitäten eine[illegible] [illegible]rktabdeckung, Reichweite der Vert[illegible]h den Einsatz der Ressourcen (z.B. [illegible] Marketingausgaben und das Ausmaß der vertikalen Integration). Zum Verständnis, welche dieser Eigenschaften für bestimmte Branchen eine besonders große Rolle spielen, muss man die Geschichte und Entwicklung sowie die im Umfeld wirkenden Kräfte dieser Branche verstehen.

Strategische Gruppen

Strategische Gruppen sind Organisationen innerhalb einer Branche oder eines Sektors, die ähnliche Eigenschaften aufweisen, ähnliche Strategien verfolgen oder in ähnlicher Weise miteinander konkurrieren.

Strategische Gruppen können anhand zweidimensionaler Graphen dargestellt werden. So kann eine Achse die Reichweite der Produktpalette abbilden, während die andere die Marketingausgaben darstellt. Eine Methode zur Festlegung der entscheidenden Dimensionen für die Darstellung strategischer Gruppen ist die Identifizierung der erfolgreichsten Unternehmen (gemessen an deren Größe oder Rentabilität) innerhalb einer Branche. Diese können dann mit wenig erfolgreichen Unternehmen verglichen werden. Eigenschaften, die alle erfolgreichen Unternehmen, nicht aber die erfolglosen Unternehmen gemeinsam haben, sind für die Abbildung der strategischen Gruppen meist sehr wichtig. So können die rentabelsten Unternehmen einer Branche etwa eine kleine Produktpalette und gleichzeitig hohe Marketingausgaben haben, während die weniger erfolgreichen Firmen umgekehrt eine große Palette und geringere Ausgaben aufweisen. In diesem Fall sind die beiden relevanten Dimensionen für die Darstellung Produktpalette und Marketingausgaben. Eine mögliche Empfehlung für eine weniger rentable Firma könnte also lauten, die Produktpalette zu reduzieren und gleichzeitig mehr für Marketing auszugeben.

---

16 Für eine Übersicht über die Forschungsarbeiten zu strategischen Gruppen siehe G. Leask und D. Parker, „Strategic Groups, competitive groups and performance in the UK pharmaceutical industry", *Strategic Management Journal,* Band 28, Nr. 7 (2007), S. 723–45 und W. Desarbo, R. Grewal sowie R. Wang, „Dynamic strategic groups: deriving spatial evolutionary paths", *Strategic Management Journal,* Band 30, Nr. 8 (2009), S. 1420–39.

17 Diese Eigenschaften basieren auf Porter, Fußnote 4.

Abbildung 2.8: Einige Charakteristika zur Bestimmung strategischer Gruppen

Es ist sinnvoll zu betrachten, inwieweit Organisationen sich in Bezug auf folgende **Merkmale** voneinander *unterscheiden*:

Reichweite der Aktivitäten

- Ausmaß der Produkt- oder Dienstleistungsvielfalt
- Ausmaß der geografischen Abdeckung
- Anzahl der bedienten Marktsegmente
- Genutzte Vertriebskanäle

Einsatz der Ressourcen

- Ausmaß (Anzahl) der **Marken**
- **Marketingbemühungen** (z.B. Werbeaktionen, Größe des Verkäuferteams)
- Ausmaß der **vertikalen Integration**
- Produkt- oder Service**qualität**
- **Position im Bereich Technologie** (Führungsposition oder Nachfolger)
- **Größe** der Organisation

In *Abbildung 2.9* werden strategische Gruppen unter den indischen Pharmaunternehmen dargestellt, wobei die Intensität von Forschung und Entwicklung (F&E als Prozentsatz des Umsatzes) und der internationale Fokus (Exporte und im Ausland eingetragene Patente) die Achsen der Karte definieren. Diese beiden Achsen erklären einen hohen Anteil der Schwankung der Rentabilität zwischen den Gruppen. Die rentabelste Gruppe umfasst die entstehenden globalen Unternehmen (11,3 Prozent durchschnittliche Umsatzrentabilität) mit hoher F&E-Intensität und einem starken internationalen Fokus. Andererseits gibt die Gruppe der Exploiter nur wenig für Forschung und Entwicklung aus, konzentriert sich auf Binnenmärkte und erzielt nur eine durchschnittliche Umsatzrendite von 2,0 Prozent.

Dieses strategische Gruppenkonzept ist in mindestens drei Aspekten hilfreich:

- *Zum Verständnis des Wettbewerbs.* Manager können sich auf ihre direkten Konkurrenten innerhalb ihrer jeweiligen strategischen Gruppe konzentrieren und müssen nicht die gesamte Branche mit einbeziehen. Außerdem können sie die Dimensionen bestimmen, die sie am ehesten von den anderen Gruppen unterscheiden und die so die Basis für ihren relativen Erfolg oder Misserfolg darstellen. Diese Dimensionen können sie dann ins Zentrum ihrer Handlungen stellen.
- *Zur Analyse strategischer Möglichkeiten.* Grafische Darstellungen strategischer Gruppen können die attraktivsten „strategischen Freiräume" innerhalb einer Branche aufzeigen. Einige dieser Freiräume sind vielleicht „weiße Flecken", die wenig besetzt sind. Solche weißen Flecken könnten ungenutzte Chancen darstellen. Andererseits könnten sie sich auch zu „schwarzen Löchern" entwickeln, die unmöglich zu nutzen sind und jedem Neueinsteiger Schaden zufügen. Die Darstellung einer strategischen Gruppe ist lediglich die erste Stufe einer Analyse. Weiße Flecken müssen sorgfältig geprüft werden, denn nicht alle sind wirkliche strategische Freiräume.

- *Zur Analyse von Mobilitätsbarrieren.* Natürlich ist es mit Kosten verbunden, sich außerhalb seiner strategischen Gruppe zu bewegen, um bestehende Chancen auszunutzen. Oft sind dazu schwierige Entscheidungen und knappe Ressourcen notwendig. Ein Merkmal strategischer Gruppen sind folglich „Mobilitätsbarrieren", die die Bewegung von einer strategischen Gruppe zur anderen behindern. Sie haben Ähnlichkeit mit den Eintrittsbarrieren des Five-Forces-Modells.

Obwohl der Wechsel von der Exploiter-Gruppe auf dem indischen Pharmaziemarkt zur Gruppe der sich entwickelnden globalen Unternehmen im Hinblick auf die Gewinne sehr attraktiv scheinen mag, erfordert er wahrscheinlich sehr erhebliche finanzielle Investitionen und ausgeprägte unternehmerische Fähigkeiten. Der Wechsel in die Gruppe der sich entwickelnden globalen Unternehmen wird nicht einfach. Wie auch bei den Markteintrittsschranken ist es gut, in einer erfolgreichen, durch starke Mobilitätsschranken geschützten strategischen Gruppe zu sein, um eine Nachahmung zu verhindern.

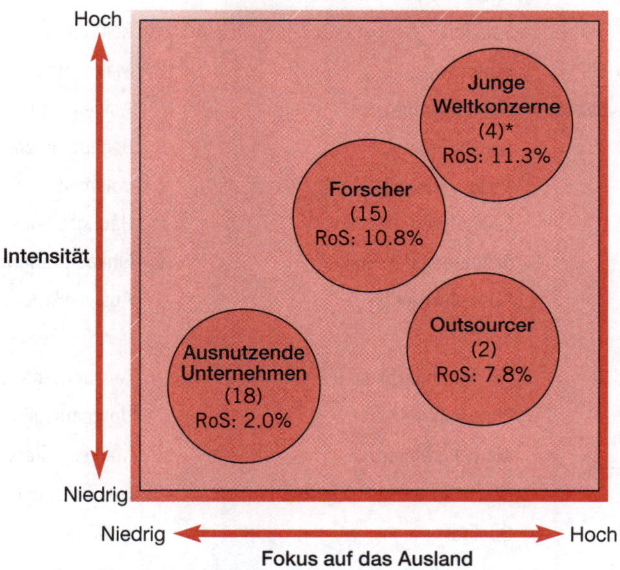

Abbildung 2.9: Strategische Gruppen in der indischen Pharmaziebranche

2.4.2 Marktsegmente

Das oben eingeführte Konzept der strategischen Gruppen hilft uns, Ähnlichkeiten und Unterschiede der „Produzenten" zu verstehen – jenen Organisationen also, die tatsächliche oder potenzielle Konkurrenten darstellen. Das Konzept der Marktsegmente dagegen konzentriert sich auf die unterschiedlichen Bedürfnisse der Kunden. Ein **Marktsegment**[18] wird durch eine Kundengruppe mit ähnlichen Bedürfnissen gebildet, die sich von den Bedürfnissen der Kunden in anderen Teilen des Markts unterscheiden. Sofern diese Kundengruppen relativ klein sind, werden solche Marktsegmente häufig

Marktsegment

Ein Marktsegment wird durch eine Kundengruppe mit ähnlichen Bedürfnissen gebildet, die sich von den Bedürfnissen der Kunden in anderen Teilen des Markts unterscheiden.

18 Eine nützliche Abhandlung zur Segmentierung in Bezug auf Wettbewerbsstrategien ist zu finden bei M. E. Porter, „Competitive Advantage", *Free Press*, 1985, Kapitel 7. Siehe auch die Abhandlung über Marktsegmentierung in P. Kotler, G. Armstrong, J. Saunders und V. Wong, „Principles of Marketing", 3rd European edition, *FT/Prentice Hall*, 2002, Kapitel 9.

als „Nischen“ bezeichnet. Die Vorherrschaft in einem Marktsegment oder einer Nische kann aus den gleichen Gründen sehr wertvoll sein, aus denen die Vorherrschaft in einer Branche nach der Argumentation der Five Forces wertvoll sein kann.

Tabelle 2.1

Einige Grundlagen der Marktsegmentierung

Faktortyp	Verbrauchermärkte	Industrie-/ Organisationsmärkte
Eigenschaften von Personen/Organisationen	Alter, Geschlecht, ethnische Zugehörigkeit Einkommen Familiengröße Phase des Lebenszyklus Standort Lebensstil	Branche Standort Größe Technologie Rentabilität Management
Kauf-/Nutzungssituation	Einkaufsgröße Markentreue Nutzungszweck Einkaufsverhalten Bedeutung des Einkaufs Auswahlkriterien	Anwendung Bedeutung des Einkaufs Volumen Häufigkeit des Einkaufs Einkaufsverfahren Auswahlkriterien Vertriebskanal
Bedürfnisse und Präferenzen der Nutzer im Hinblick auf Produkteigenschaften	Produktähnlichkeit Preispräferenz Markenpräferenz Gewünschte Eigenschaften Qualität	Leistungsanforderungen Unterstützung von Zulieferern Markenpräferenzen Gewünschte Eigenschaften Qualität Serviceanforderungen

Für langfristigen Erfolg müssen auf Marktsegmenten beruhende Strategien die Kundenbedürfnisse stets im Blick behalten. Zwei Aspekte sind bei der Marktsegmentanalyse besonders wichtig, daher gilt:

- *Unterschiedliche Bedürfnisse der Kunden:* Die Konzentration auf die Kundenbedürfnisse, die sich deutlich von den typischen Kundenbedürfnissen auf dem Markt unterscheiden, ist eine Möglichkeit, eine langfristige Segmentstrategie aufzubauen. Die Bedürfnisse der Kunden unterscheiden sich aus einer ganzen Reihe von Gründen, von denen einige in *Tabelle 2.1* aufgeführt werden. Theoretisch könnte jeder dieser Faktoren zur Identifizierung eines Marktsegments herangezogen werden. In der Praxis ist es aber wichtig, zu überlegen, welche Grundlagen für die Festlegung von Segmenten auf einem bestimmten Markt am wichtigsten sind. Auf Zulieferermärkten wird eine Segmentierung beispielsweise oft anhand einer Klassifizierung nach Käuferbranchen vorgenommen: Stahlproduzenten können die Unterteilung beispielsweise nach Automobilbranche, Verpackungsbranche und Baubranche vornehmen. Andererseits könnte eine Segmentierung nach Käuferverhalten (etwa Direktkauf im Gegensatz zu Kauf über Dritte, z.B. Zwischenhändler) oder nach Kaufwert (etwa Großeinkäufer im Vergleich zu Käufern, die häufig geringe Mengen kaufen) für einige Märkte geeigneter sein. Die Fähigkeit, ein hochgradig charakteristisches Segment zu bedienen, das andere Unternehmen nur schwer bedienen können, bildet oft die Grundlage für eine sichere langfristige Strategie.

- Überdies kann auch *die Spezialisierung* in einem Marktsegment eine wichtige Grundlage für eine erfolgreiche Segmentierungsstrategie bilden. Die Organisationen, die die meisten Erfahrungen bei der Betreuung eines bestimmten Marktsegments erworben haben, sollten nicht nur geringere Kosten ausweisen, sondern auch Beziehungen aufgebaut haben, die für andere schwer anzugreifen sind. Erfahrungen und Beziehungen schützen wahrscheinlich eine dominante Position in einem bestimmten Segment. Allerdings fällt es spezialisierten Produzenten unter Umständen gerade deshalb sehr schwer, auf einer breiteren Grundlage zu konkurrieren, weil die Kunden in verschiedenen Segmenten verschiedene Dinge wertschätzen. So ist es beispielsweise unwahrscheinlich, dass es einer kleinen lokalen Brauerei, die mit den großen Marken auf der Grundlage der Tatsache konkurriert, dass sie den lokalen Geschmack erfüllt, leicht fallen wird, andere Segmente zu bedienen, in denen andere Geschmackspräferenzen bestehen, die Skalenanforderungen größer und die Vertriebskanäle komplexer sind.

2.4.3 Blue-Ocean-Strategie

Jede Umfeldanalyse sollte auch ein Verständnis der Wettbewerber umfassen. Wie die Five-Forces-Analyse nach Porter unterstreicht, umfasst eine Reduzierung der Rivalität in einer Branche das Finden differenzierter Positionen durch die Wettbewerber auf dem Markt. W. Chan Kim und Renée Mauborgne bei INSEAD stellen zwei Konzepte vor, die zum Verständnis der relativen Positionierung von Wettbewerbern im Umfeld beitragen: die Strategie-Leinwand und „Blue Oceans“.

Strategieleinwand

Strategieleinwand vergleicht Wettbewerber nach ihrer Leistung zu Schlüsselfaktoren für den Erfolg zur Entwicklung von Strategien auf der Grundlage der Schaffung neuer Markträume..

Eine **Strategieleinwand** vergleicht die Leistung verschiedener Konkurrenten anhand wichtiger Erfolgsfaktoren, um so das Ausmaß der Differenzierung zu bestimmen. *Abbildung 2.10* zeigt eine Strategie-Leinwand, die drei Hersteller von technischen Teilen darstellt. Dabei werden die folgenden drei Merkmale hervorgehoben:

Kritische Erfolgsfaktoren

Kritische Erfolgsfaktoren (KEF) sind Produkteigenschaften, die von einer Kundengruppe als besonders wichtig eingeschätzt werden, weshalb eine Organisation diesbezüglich besonders gute Leistungen erbringen muss, um die Konkurrenz zu übertreffen.

- **Kritische Erfolgsfaktoren** (KEF) sind Produkteigenschaften, die von einer Kundengruppe entweder als besonders wichtig eingeschätzt werden oder einen erheblichen Kostenvorteil bieten. Daher sind diese Faktoren meist Ursache eines Wettbewerbsvorteils oder auch -nachteils. *Abbildung 2.10* zeigt fünf bestehende kritische Erfolgsfaktoren auf dem Markt für technische Teile (Kosten, Kundendienst, zuverlässige Lieferung, technische Qualität und Testeinrichtungen). Erwähnenswert ist, dass es zusätzlich einen sechsten kritischen Erfolgsfaktor gibt, nämlich das Angebot einer Designberatung. Dieser wird im Rahmen der dritten Unterüberschrift, der Nutzeninnovation, genauer behandelt.
- *Nutzenkurven* stellen grafisch dar, wie die Kunden die relativen Leistungen der Konkurrenten bezüglich der kritischen Erfolgsfaktoren wahrnehmen. In *Abbildung*

2.10 erbringen Unternehmen A und B gute Leistungen in Bezug auf Kosten, Kundendienst, Zuverlässigkeit und Qualität, während die Leistungen bei den Testeinrichtungen weniger gut sind. Designberatung wird überhaupt nicht angeboten. Sie sind wenig differenziert und nehmen einen Raum im Markt ein, in dem Gewinne eventuell aufgrund einer übermäßigen Rivalität zwischen den beiden schwer zu erzielen sind. Die Nutzenkurve von Unternehmen C ist völlig anders und zeigt einen „Nutzeninnovator".

- *Nutzeninnovation* ist die Schaffung neuer Markträume durch herausragende Leistungen bei bestehenden Erfolgsfaktoren, bei denen die Konkurrenz schlecht abschneidet, und/oder durch die Schaffung neuer kritischer Erfolgsfaktoren, die bisher unerkannte Kundenwünsche erfüllen. In *Abbildung 2.10* ist Unternehmen C also ein „Wertinnovator" im doppelten Sinn. Zum einen erbringt es herausragende Leistungen bezüglich bestehender Kundenbedürfnisse, indem es Testeinrichtungen für Kunden anbietet. Zum anderen wird ein neuer, hoch geschätzter Designservice angeboten, der Kunden dahingehend berät, wie sie ihre Einzelteile integrieren können, um bessere Produkte herzustellen.

Abbildung 2.10: Strategie-Leinwand für Hersteller technischer Komponenten

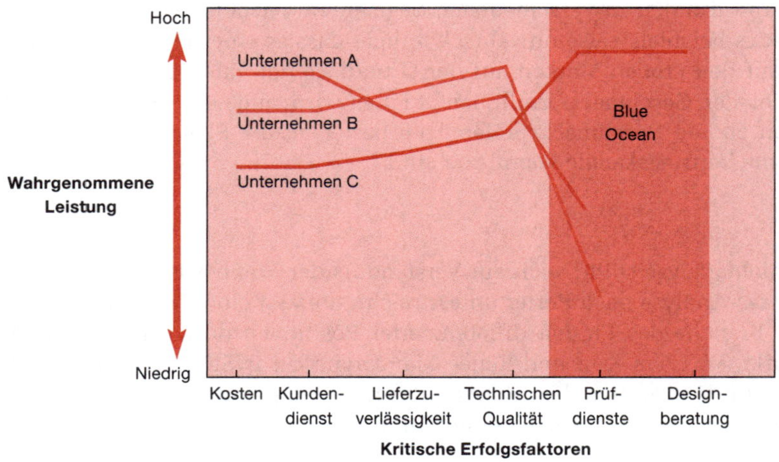

Anmerkung: Anstelle des Preises werden zur Sicherung der Konsistenz der Wertkurven die Kosten verwendet.

Quelle: Entwickelt aus W. C. Kim and R. Mauborgne, „Blue Ocean Strategy", Harvard Business School Press*, 2005.*

Blue Oceans

Blue Oceans sind neue Markträume, in denen Konkurrenz minimiert wird.

Ein Nutzeninnovator ist ein Unternehmen, das in „Blue Oceans" konkurriert. **Blue Oceans** sind neue Markträume, in denen der Wettbewerb minimiert ist.[19] Blue Oceans stehen im Gegensatz zu „Red Oceans", wo alle Branchen bereits vollständig definiert sind und reger Wettbewerb herrscht. Blue Oceans erinnern an die Weite des Meeres. Red Oceans stehen dagegen für blutigen Konkurrenzkampf und „rote Zahlen", also finanzielle Verluste. Somit ist das Konzept der Blue Oceans hilfreich für die Bestimmung potenzieller Räume im Umfeld mit wenig Wettbewerb. Diese Blue Oceans sind *strategische Lücken* im Markt.

19 W. C. Kim and R. Mauborgne, „How Strategy shapes structure", *Harvard Business Review*, September 2009, S. 79–80.

Die von Unternehmen C angewendete Strategie in *Abbildung 2.10* verdeutlicht zwei wichtige Prinzipien der Blue-Ocean-Denkweise: *Konzentration* und *Divergenz*. Unternehmen C konzentriert zum einen seine Bemühungen auf lediglich zwei Faktoren (Tests und Designdienstleistung), während bezüglich der anderen kritischen Erfolgsfaktoren nur ausreichende Leistungen erzielt werden, wo die Konkurrenz bereits Höchstleistungen bringt. Zum anderen hat das Unternehmen eine Wertkurve für sich geschaffen, die signifikant von den Wertkurven seiner Konkurrenten abweicht, sodass in den Bereichen Tests und Designservice eine erhebliche strategische Lücke, oder ein Blue Ocean, entsteht. Dies ist sehr gewitzt, denn Unternehmen C würde erhebliche Summen investieren müssen, um die Konkurrenten A und B dort zu schlagen, wo diese bereits Höchstleistungen erbringen. Zudem würden sich daraus wahrscheinlich nur geringe Vorteile ergeben, da die meisten Kunden bereits sehr zufrieden sind. Unternehmen A und B in den Bereichen Kosten, Lieferung, Kundendienst oder Qualität herauszufordern, entspräche einer Red-Ocean-Strategie. Weitaus sinnvoller ist es dagegen, sich auf Bereiche zu konzentrieren, wo große Lücken geschaffen werden können. Unternehmen C hat sehr wenig Konkurrenz, wenn es um die Kunden geht, denen gute Testausrüstung und Designberatung wichtig sind. Folglich kann es hier auch hohe Preise verlangen. Die Aufgabe für Unternehmen A und B besteht nun darin, für sich selbst strategische Lücken zu finden.

2.5 Chancen und Risiken

Die oben beschriebenen Konzepte und Rahmenwerke sollen das Verständnis der Faktoren im Makro-, Branchen- und Konkurrenz-/Marktumfeld einer Organisation erleichtern („Im Fokus" greift eine wichtige Frage auf: Wie sehr beeinflussen Branchen- und Marktfaktoren erfolgreiche Strategieergebnisse?). Es kommt aber vor allem darauf an, welche *Schlussfolgerungen* aus diesem Verständnis gezogen werden, die dann die strategischen Entscheidungen lenken. Daher besteht der nächste Schritt darin, aus der Umfeldanalyse spezifische strategische Chancen und Gefahren für die Organisation abzuleiten. Eine Identifikation dieser Chancen und Gefahren ist sehr wertvoll in Bezug auf die strategischen Wahlmöglichkeiten für die Zukunft (das Thema von *Kapitel 6* bis *10*). Chancen und Gefahren sind eine Hälfte der SWOT-Analyse (engl. Akronym für *Strengths* (Stärken), *Weaknesses* (Schwächen), *Opportunities* (Chancen) und *Threats* (Gefahren), die die strategischen Formulierungen vieler Unternehmen prägt; siehe *Kapitel 3*).[20] Eine strategisch richtige Reaktion auf das Umfeld soll erkannte Gefahren mindern und die besten Chancen ausnutzen.

20 Die Betrachtung von SWOT als vernünftige Checkliste wird seit vielen Jahren genutzt, zum Beispiel bei S. Tilles, „Making strategy explicit", in I. Ansoff (Hrsg.), „Business Strategy", *Penguin*, 1968. Siehe auch T. Jacobs, J. Shepherd und G. Johnson's Kapitel über die SWOT-Analyse in V. Ambrosini mit G. Johnson und K. Scholes (siehe Fußnote 21), und E. Valentin, „SWOT analysis from a resource-based view", *Journal of Marketing Theory and Practice*, Band 9, Nr. 2 (2001), S. 54–69. SWOT wird detaillierter in *Kapitel 3.5.4* und *Beispiel 3.6* behandelt.

Die Techniken und Konzepte in diesem Kapitel sollen einen Beitrag zur Identifizierung von Umfeldrisiken und -chancen leisten:

Im Fokus: Wie sehr kommt es auf die Branche an?

Eine gute Strategie beginnt immer mit der Auswahl einer rentablen Branche, in der man in den Wettbewerb einsteigen möchte. Ist es aber tatsächlich wichtiger, einfach in der richtigen Branche tätig zu sein, als die richtigen Fähigkeiten und Ressourcen zu besitzen?

Dieses Kapitel befasst sich hauptsächlich mit der Rolle, die das Umfeld bei der Festlegung einer Strategie spielt, wobei besonders auf die Branche Wert gelegt wurde. In den letzten Jahren wurde jedoch zunehmend infrage gestellt, ob die Bedeutung der Branche für die Leistung eines Unternehmens wirklich so groß ist. Dies führte zu einer Debatte darüber, ob die Festlegung der Strategie sich mehr nach außen – d.h. zuallererst am Umfeld – orientieren sollte oder mehr nach innen gerichtet sein und bei den eigenen Fähigkeiten und Ressourcen der Organisation ansetzen sollte (das Hauptthema von *Kapitel 3*).[1]

Manager, die sich eher nach außen hin orientieren, konzentrieren sich auf das Umfeld ihrer Organisation und versuchen etwa, den eigenen Marktanteil innerhalb ihrer Branche durch Fusionen und Übernahmen oder durch aggressives Marketing zu erhöhen. Manager, die den internen Ansatz bevorzugen, wenden ihre Aufmerksamkeit nach innen und fördern die Fähigkeiten ihrer Mitarbeiter oder technologische Fortschritte. Da die Zeit von Managern begrenzt ist, muss zwischen dem internen und dem externen Ansatz gut abgewogen werden.

Der bedeutendste Verfechter des externen Ansatzes ist Michael Porter, Professor an der Harvard Business School und Gründer der Monitor Consulting Group. Ein einflussreicher Skeptiker dieser Herangehensweise ist dagegen Richard Rumelt, der an der Harvard Business School studierte, jetzt jedoch an der University of California in Los Angeles tätig ist. Porter, Rumelt und andere haben eine Reihe empirischer Studien durchgeführt, die die relative Bedeutung einer Branche für den Erfolg einer Organisation untersuchen.

Diese Studien erfassen meist eine ganze Reihe von Firmen und vergleichen, wie sehr die Varianz der Rentabilität auf das Unternehmen selbst oder auf die Branche zurückzuführen ist (wobei andere Effekte wie etwa die Größe mit einbezogen werden). Wenn Unternehmen innerhalb der gleichen Branche ganz ähnliche Rentabilitäten aufweisen, ist die Branche für den größten Teil dieser Rentabilität verantwortlich. Hier spricht alles für einen externen Strategieansatz. Variieren dagegen die Rentabilitäten der Firmen innerhalb einer Branche erheblich, spielen die speziellen Fähigkeiten und Ressourcen der Unternehmen die größte Rolle. Hier ist ein interner Ansatz angemessen.

Die beiden wichtigsten Studien haben ergeben, dass ein Großteil der Varianz der Rentabilität auf die Unternehmen selbst und nicht auf die Branche zurückzuführen ist – in Rumelts Studie über Produktionsunternehmen sind die Firmen selbst für 47 Prozent der Varianz verantwortlich.[2] Als Porter und McGahan jedoch nicht nur Produktions-, sondern auch Dienstleistungsunternehmen in ihrer Studie berücksichtigten, stellten sie durchaus einen großen Einfluss der Branche fest (19 Prozent).[3]

Diese Studien haben gezeigt, dass firmenspezifische Faktoren die Rentabilität meist stärker beeinflussen als Branchenfaktoren. Unternehmen müssen sich sehr sorgfältig um ihre internen Fähigkeiten und Ressourcen kümmern. Die Tatsache jedoch, dass Porter und McGahan in ihrer Studie von Produktions- und Dienstleistungsunternehmen einen größeren Brancheneinfluss feststellen konnten, legt nahe, dass die Bedeutung der Branche stark davon abhängt, um welche Branche es geht. Externe Faktoren können in manchen Branchen stärker wirken als in anderen.

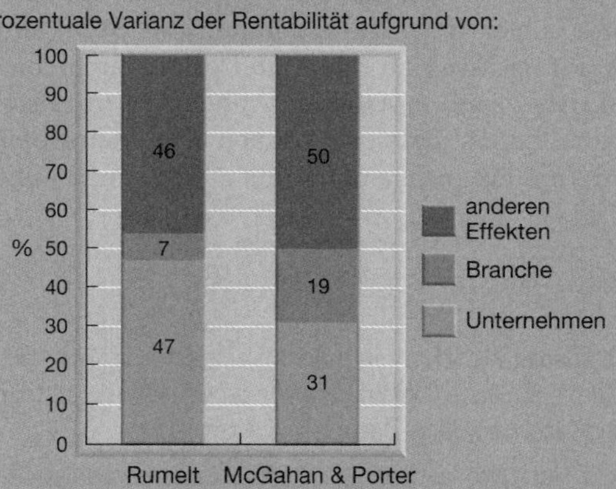

Quellen: R. P. Rumelt „How much does industry matter?“, *Strategic Management Journal,* Band 12 Nr. 2 (1991), S. 167–185; M. E. Porter und A. M. McGahan „How much does industry matter really?“, *Strategic Management Journal,* Band 18 Summer Special Issue (1997), S. 15–30; M. E. Porter und A. M. McGahan, „The Emergence and sustainability of abnormal profits“, *Strategic Organization,* Band 1, Nr. 1 (2003), S. 79–108.

Kontrollfragen

1. Warum können einige Branchen größeren Einfluss auf die Rentabilität ihrer Teilnehmer haben als andere?
2. Welche anderen Faktoren können die Rentabilität einer Geschäftseinheit erklären?

- Die *PESTEL*-Analyse des Makroumfelds kann Risiken und Chancen aufzeigen, die durch technologische Änderungen oder Verschiebungen der Demographie auf dem Markt oder ähnliche Faktoren entstehen.
- Die Identifikation von *wichtigen Antriebskräften* kann zur Erstellung verschiedener Szenarien, von denen einiger stärker bedrohlich und andere günstiger sind, für Entscheidungen der Manager beitragen.
- Die Five-Forces-Analyse nach Porter kann beispielsweise einen Anstieg oder Rückgang der Markteintrittsschranken oder Chancen für die Reduzierung der Rivalität in der Branche, zum Beispiel durch die Übernahme von Wettbewerbern, aufzeigen.
- Der Ansatz der *Blue Oceans* zeigt auf, wo Unternehmen neue Markträume schaffen können; alternativ dazu kann er dazu beitragen, Erfolgsfaktoren zu identifizieren, die neu eintretende Unternehmen angreifen könnten, um „Blue Oceans" in „Red Oceans" zu verwandeln.
- Auch wenn all diese Methoden und Konzepte wichtige Instrumente für das Verstehen von Umfeldern sind, ist es wichtig zu erkennen, dass jede Analyse wahrscheinlich in gewissem Maße subjektiv ist. Unternehmen und Manager tragen oft Scheuklappen im Hinblick auf das, was sie sehen und priorisieren. Techniken und Konzepte können hilfreich dabei sein, bestehende Annahmen in Frage zu stellen und einen breiteren Kontext zu unterstützen, sie können aber wahrscheinlich die menschliche Subjektivität und Voreingenommenheit nicht vollkommen überwinden.

ZUSAMMENFASSUNG

- Umwelteinflüsse können als Schichten rund um eine Organisation verstanden werden, wobei das *Makroumfeld* die äußerste Schicht, *Branche oder Sektor* die mittlere Schicht und *strategische Gruppen* und *Marktsegmente* die innere Schicht bilden.
- Das Makroumfeld lässt sich anhand der *PESTEL-Faktoren* analysieren, die die *wichtigsten Antriebskräfte des Wandels* festlegen. Alternative *Szenarien* über die Zukunft können konstruiert werden, um zu vergleichen, wie sich diese wichtigen Antriebskräfte entwickeln.
- Branchen und Sektoren können mittels der *Five Forces nach Porter* analysiert werden – Eintrittsbarrieren, Substitute, Käufermacht, Zulieferermacht und Rivalität. Zusammen entscheiden sie über die Attraktivität einer Branche oder eines Sektors.
- Branchen und Sektoren sind dynamisch und ihre Veränderungen können anhand von *Branchenlebenszyklus* und *vergleichenden Radarschemata der Five Forces* analysiert werden. In der inneren Schicht des Umfelds können die Analyse strategischer Gruppen, die Marktsegmentanalyse und die Strategie-Leinwand einen Beitrag zur Identifizierung strategischer Lücken oder Chancen leisten.
- Strategien der *Blue Oceans* bieten eine Möglichkeit, *Red Oceans* zu vermeiden, wo größere Rivalität und eine geringe Rentabilität herrscht.

ZUSAMMENFASSUNG

EXTRAS ONLINE Aufgaben

*Kennzeichnet schwierigere Aufgaben.**2.1** Führen Sie bei einer Organisation Ihrer Wahl unter Zuhilfenahme von *Beispiel 2.1* die PESTEL-Analyse durch und identifizieren Sie die wichtigsten Antriebskräfte des Wandels.

***2.2** Entwerfen Sie für dieselbe Organisation wie in 2.1 unter Zuhilfenahme von *Beispiel 2.2* vier Szenarien zur Entwicklung Ihres Umfelds. Welche Auswirkungen ergeben sich für die Strategie der Organisation?

2.3 Beziehen Sie sich auf *Kapitel 2.3* und führen Sie die Five-Forces-Analyse für eine Branche Ihrer Wahl durch. Welche Schlüsse ziehen Sie bezüglich der Attraktivität der Branche?

***2.4** Beziehen Sie sich auf *Kapitel 2.3* und beachten Sie dabei insbesondere das Radarschema in *Abbildung 2.10*. Wählen Sie zwei Branchen oder Sektoren und vergleichen Sie deren Attraktivität in Bezug auf die Five Forces (a) heute, (b) in etwa drei bis fünf Jahren. Erklären Sie Ihre Einschätzung der Stärke jeder der Five Forces. In welche Branche oder in welchen Sektor würden Sie investieren?

2.5 Beziehen Sie sich auf *Kapitel 2.4.1* und *Abbildung 2.8* und wählen Sie eine Branche (z.B. Automobilhersteller oder Textileinzelhandel). Vergleichen Sie einzelne Konkurrenten und zeichnen Sie die wichtigsten strategischen Gruppen anhand entscheidender strategischer Dimensionen ein. Probieren Sie bei der Darstellung der Branche mehr als nur eine Paarung strategischer Dimensionen aus. Zeigen die entstandenen Graphen irgendwelche ungenutzten Chancen in der Branche auf?

***2.6** Beziehen Sie sich auf *Kapitel 2.4.3* und insbesondere auf *Abbildung 2.10* und identifizieren Sie kritische Erfolgsfaktoren für eine Branche, mit der Sie und Ihre Mitstudenten vertraut sind (etwa Textileinzelhandel oder Hersteller von Mobiltelefonen). Konstruieren Sie nach Ihren eigenen Einschätzungen (oder den Einschätzungen Ihrer Mitstudenten) eine strategische Leinwand und vergleichen Sie die wichtigsten Konkurrenten, wie in *Abbildung 2.10* gezeigt. Welche Auswirkungen hat Ihre strategische Leinwand auf die Strategien dieser Konkurrenten?

Integrative Aufgabe

2.7 Führen Sie eine vollständige Analyse einer Branche oder eines Sektors Ihrer Wahl durch (z.B. PESTEL, Szenarien, Five Forces und strategische Gruppen). Gehen Sie dabei besonders darauf ein, wie sich die Globalisierung (siehe *Kapitel 8*, besonders *Abbildung 8.2* über Antriebskräfte) und Innovation (siehe *Kapitel 9*, besonders *Abbildung 9.2* über Produkt- und Prozessinnovation) auf die Branche oder den Sektor auswirken.

Literaturempfehlungen

- Der Klassiker zur Branchenanalyse ist M. E. Porter, Competitive Strategy, Free Press, 1980. Eine aktuelle Ansicht wird gegeben in M. E. Porter, „Strategy and the Internet", *Harvard Business Review*, March (2001), S. 2–19. Eine einflussreiche Adaption der Grundideen Porters ist W. C. Kim und R. Mauborgne, „Blue Ocean Strategy: How to Create Uncontested Market Space and Make Competition Irrelevant", *Harvard Business School Press*, 2005.
- Für Ansätze zur Veränderung des Umfelds siehe K. van der Heijden, „Scenarios the art of strategic conversation", 2. Auflage, *Wiley*, 2005, und die Arbeit von Michael Porters Kollegen A. McGahan, „How Industries Evolve", *Harvard Business School Press*, 2004.
- Eine Sammlung akademischer Artikel zu den neuesten Meinungen über PEST, Szenarien und ähnliche Aspekte ist die Sonderausgabe der *International Studies of Management and Organization*, Band 36, Nr. 3 (2006), herausgegeben von Peter McKiernan.

Fallstudie
Globale Kräfte und die Werbebranche

Peter Cardwell

Dieser Fall befasst sich mit der globalen Werbebranche, die mit erheblichen strategischen Dilemmata konfrontiert wird. Diese sind auf den Anstieg der Verbraucherausgaben in Entwicklungsländern zurückzuführen. Ebenso auf technische Konvergenz und den Druck der großen Werbetreibenden für ergebnisorientierte Vergütung.

Im zweiten Jahrzehnt des neuen Jahrtausends wurden die Werbeagenturen mit einer Reihe unerwarteter Herausforderungen konfrontiert. Traditionelle Märkte und Methoden in der Branche, die sich im Wesentlichen nach dem Anstieg der Kaufkraft der Verbraucher im zwanzigsten Jahrhundert in Nordamerika und Westeuropa entwickelten, wurden dramatisch neu bewertet.

Mit dem Eintritt neuer Suchmaschinen wie Google und Yahoo! als Rivalen um Werbeetats wurde die Branche bahnbrechenden neuen Kräften der sogenannten „digitalen Revolution" ausgesetzt. Sich verändernde Muster auf den globalen Verbrauchermärkten hatten Auswirkungen auf sowohl die Branchendynamik als auch die Struktur. Für traditionelle Werbeagenturen ausgegebene Etats wurden im Zuge der Intensivierung der Branchenrivalität reduziert.

Überblick über die Werbebranche

Traditionell besteht das Geschäftsziel von Werbeagenturen darin, ein spezifisches Publikum im Namen der Auftraggeber mit einer Botschaft anzusprechen, die die Kunden ermutigen, ein Produkt oder eine Dienstleistung auszuprobieren und schließlich auch zu kaufen. Dies erfolgt im Wesentlichen durch die Kommunikation des Markenkonzepts über Medienkanäle. Marken ermöglichen es den Kunden, zwischen Produkten und Dienstleistungen zu differenzieren. Dabei besteht die Aufgabe der Werbeagentur darin, die Marke so zu positionieren, dass sie mit Funktionen und Eigenschaften verbunden ist, denen die Zielkunden einen hohen Wert beimessen. Diese Marken können Verbrauchermarken (CocaCola, Nike und Mercedes Benz) oder Business-to-Business (B2B)-Marken (z.B. IBM, Airbus Industrie und KPMG) sein. Einige Marken sprechen sowohl Verbraucher als auch Unternehmen an (z.B. Microsoft und Apple).

Neben privatwirtschaftlichen Markenunternehmen setzen auch Staaten hohe Summe für die Bewertung der Dienstleistungen des öffentlichen Sektors, wie Gesundheitsversorgung und Ausbildung, oder für die Beeinflussung des Verhaltens von Einzelpersonen (wie z.B. „Kein Alkohol am Steuer") ein. So hatte beispielswiese die britische Regierung 2012 einen Werbeetat von £ 285 Millionen (€ 325). Wohlfahrtsorganisationen, politische Gruppen, religiöse Gruppen und andere gemeinnützige Organisationen nutzen ebenfalls die Werbebranche, um Gelder für ihre Organisationen einzuwerben oder das Bewusstsein für bestimmte Fragen zu erhöhen. Zusammen machen diese ungefähr 3 Prozent der Werbeausgaben aus.

Werbung wird normalerweise durch eine im Auftragen des Kundenunternehmens handelnde Werbeagentur in ausgewählten Medien (Fernsehen, Presse, Radio, Internet usw.) platziert: Daher werden diese Unternehmen als „Agenten" bezeichnet. Das Kundenunternehmen beauftragt die Werbeagentur, ihre Kenntnisse, Fertigkeiten, Kreativität und Erfahrung für die Entwicklung von Werbung und Vermarktung einzusetzen, mit denen der Verbrauch der Kundenmarken gestärkt wird. Dabei wurde den Kunden traditionell die Zeit für die Erstellung der Werbung plus einer Provision je nach den Medien und den im Auftrag der Kunden eingekauften Dienstleistungen in Rechnung gestellt. Allerdings haben in den letzten Jahren große Werbekunden, wie CocaCola und Procter & Gamble, dieses Vergütungsmodell gegen ein auf dem „Wert" oder den Ergebnissen beruhendes Modell eingetauscht, das auf einer Anzahl von Maßgrößen, einschließlich des Anstiegs von Umsatz und Marktanteil, beruht.

Wachstum in der Werbebranche

Die für die Werbung ausgegebenen Summen haben sich über die letzten zwei Jahrzehnte erhöht und wurden 2012 in den USA auf mehr als $ 165 Milliarden (€ 127 Milliarden) sowie auf $ 483 Milliarden weltweit geschätzt. Obwohl es während der Jahre der Rezession zu einem Rückgang gekommen ist, wird prognostiziert, dass die Werbeausgaben im Jahr 2015 mehr als $ 560 Milliarden betragen werden. Im Zeitraum 2011 bis 2012 stieg der Dow-Jones-Aktienpreisindex für den Sektor der amerikanischen Medienagenturen (dessen größte Mitglieder die führenden Werbeagenturen sind) um 15 Prozent mehr als der Durchschnitt der New Yorker Börse (Quellen: bigcharts.com und dowjones.com).

Die Branche verschiebt ihren Fokus, da durch die Schwellenländer Erlöse in geografischen Regionen erzielt werden, die vor fünf oder zehn Jahren unbedeutend waren, wie beispielsweise die BRICS-Staaten sowie der Nahe Osten und Nordafrika. Diese Verschiebung hat zur Entstehung von Agenturen geführt, die sich auf islamisches Marketing spezialisieren, das durch eine starke ethische Verantwortung gegenüber den Kunden gekennzeichnet ist. Trends für die Zukunft deuten auf die starke Entwicklung von Verbrauchermarken in Regionen der Welt hin, in denen anspruchsvolle Kunden mit Markenbewusstsein in der Minderheit sind (siehe *Tabelle 1*).

Im Hinblick auf die Branchen sind sieben der 20 weltweit größten Werbekunden Automobilhersteller. Allerdings halten die beiden großen Produzenten von fmcg (fast-moving consumer goods, schnelllebige Konsumgüter), Procter & Gamble und Nestlé, die ersten beiden Ränge bei den weltweiten Werbeausgaben. Überdies gehören zu den 20 weltweit größten Werbekunden auch das Gesundheitswesen und die Kosmetikbranche, Telekommunikationsunternehmen, Lebensmittel- und Getränkehersteller, Einzelhändler und die Unterhaltungsbranche. Die 100 größten Werbekunden machen beinahe 50 Prozent der gemessenen globalen Werbewirtschaft aus.

Wettbewerb in der Werbebranche

Agenturen existieren in allen Größen und reichen von Kleinstunternehmen mit ein oder zwei Mitarbeitern (die sich zur Ausführung der meisten Funktionen größtenteils auf freie Mitarbeiter stützen), über kleine bis mittlere Unternehmen, große unabhängige Firmen bis hin zu internationalen Konglomeraten mit mehreren Agenturen und mehr als 150.000 Mitarbeitern. Die Branche hat eine Phase der Konzentration durch Übernahmen durchlaufen, in der Konglomerate mit mehreren Agenturen, wie die in *Tabelle 2* aufgeführten, entstanden sind. Diese Konglomerate haben ihren Hauptsitz im Wesentlichen in London, New York und Paris, sind aber weltweit tätig.

Große Konglomerate mit mehreren Agenturen konkurrieren auf der Grundlage der Qualität ihrer Kreativteams (wie durch Branchenpreise gekennzeichnet), der Fähigkeiten zum kostengünstigeren Einkauf von Medien, der Marktkenntnisse, der globalen Präsenz sowie der Breite und des Umfangs ihrer Dienstleistungen. Einige Agenturgruppen sind vertikal integriert und bieten daher Marketingleistungen mit höherer Marge an. Omnicom hat über seine Diversified Agency Services Druckdienste und Telemarketing-/Kundenpflegeunternehmen erworben. Andere Agenturgruppen sind weniger oder stärker vertikal integriert.

Tabelle 1

Werbeausgaben nach Region. Wichtige Medien (Zeitungen, Zeitschriften, Fernsehen, Radio, Kino, Außenwerbung, Internet) (in Millionen $, Währungsumrechnung zu Durchschnittskursen aus 2009)

	2009	2010	2011	2012	2013
Nordamerika	156.556	160.386	164.516	169.277	175.024
Westeuropa	100.143	104.225	107.520	111.300	114.712
Asien-Pazifik	99.746	106.021	113.345	122.000	130.711
Mittel- und Osteuropa	25.402	27.095	29.243	32.284	35.514
Lateinamerika	24.711	29.315	31.673	34.082	36.836
Afrika/Naher Osten/Rest der Welt	21.220	22.654	24.150	25.941	28.044
Welt	**428.778**	**449.696**	**470.447**	**494.884**	**520.841**

Quelle: ZenithOptimedia, September 2012.

Tabelle 2

Die größten fünf Agenturkonglomerate: 2011, nach Umsatz, Gewinn vor Zinsen und Steuern, Mitarbeiterzahl und Agenturmarken

Name der Gruppe	Umsatz	Gewinn vor Zinsen und Steuern	Mitarbeiter	Marken der Werbeagentur
WPP (UK)	£ 10,2 Milliarden	£ 1,429 Milliarden	158.000	JWT, Grey, Ogilvy, Y&R
Omnicom (US)	$ 13,9 Milliarden	$ 952 Millionen	70.600	BBDO, DDB, TBWA
Publicis Group (Frankreich)	€ 5,8 Milliarden	€ 600 Millionen	53.807	Leo Burnett, Saatchi & Saatchi, Publicis, BBH
IPG (USA)	$ 7,0 Milliarden	$ 520 Millionen	43.500	McCann Erickson, FCB, Lowe & Partners
Havas Worldwide (Frankreich)	€ 1,65 Milliarden	€ 220 Millionen	15.186	Havas Conseil

Quelle: Ad Age, Omnicom, WPP, Publicis Group, IPG, Havas.

Mittelgroße und kleinere Einzelagenturen konkurrieren über die Erbringung von Mehrwertdiensten durch detaillierte Kenntnisse spezifischer Marktsektoren, spezialisierter, beispielsweise digitaler, Dienste und durch den Aufbau eines Rufs für innovative und bahnbrechende, kreative Werbe-/Marketingkampagnen. Allerdings stützen sich diese Agenturen unter Umständen stärker auf kreative Lieferanten, wie beispielsweise die Agentur Adem + Eve, die aus Young & Rubicam ausgegründet wurde. Kleinere Spezialagenturen werden wiederum häufig von den großen Agenturkonglomeraten übernommen, die damit spezifische Ressourcen einkaufen wollen, um neue Sektoren oder Märkte zu öffnen oder bestehenden Kunden zusätzliche Dienste anzubieten. Dies trifft beispielsweise auf die Übernahme eines Mehrheitsanteils an der kleineren Konzept- und Innovationsagentur AKQA durch WPP für $ 540 Millionen als „Vorbereitung auf eine digitale Zukunft" zu.

In den letzten Jahren hat sich in dieser Branche ein neuer Wettbewerb entwickelt, bei dem Suchmaschinen wie Google, Yahoo! und Microsoft Bing beginnen, ihre Fähigkeit zur Interaktion mit Millionen potenziellen Kunden von Markenprodukten sowie zur Sammlung von Informationen über diese auszunutzen.

Sir Martin Sorrell, der CEO von WPP, dem größten Werbe- und Marketingdienstleistungskonzern der Welt, wies darauf hin, dass Google über die Beziehungen seines Unternehmens mit den größten traditionellen Medienkonzernen, wie Fernsehen, Zeitungen und Zeitschriften, in Konkurrenz steht und unter Umständen sogar zum Konkurrenten für die Beziehungen mit den WPP-Kunden wird. Die WPP-Gruppe hat 2012 mehr als $ 2 Milliarden für Google (mehr als doppelt so viel wie die $ 850 Millionen, die die Gruppe vier Jahre zuvor für das Internetunternehmen ausgegeben hat) sowie $ 400 Millionen für Facebook ausgegeben. Sorrell bezeichnet Google als „Freind" – eine Kombination aus „Freund" und „Feind". Google ist insofern ein Freund, als das Unternehmen WPP die Platzierung von gezielter Werbung auf der Grundlage der Google-Analytik gestattet, und ein Feind, insoweit es diese Analytik nicht mit der Agentur teilt und im Hinblick auf Erkenntnisse des Kunden sowie die traditionell von WPP erstellte Werbung zum Wettbewerber wird.

Mit der Entwicklung des Internets und der Suchmaschinenwerbung entstand eine neue Art interaktiver digitaler Medienagenturen. So etablierte sich beispielsweise AKQA im digitalen Raum, bevor die traditionellen Werbeagenturen sich dem Internet vollständig geöffnet haben. Diese Agenturen unterscheiden sich durch das Angebot einer Mischung aus Webdesign/-entwicklung, Suchmaschinenmarketing, Internetwerbung/-marketing und E-Business-/E-Commerce-Beratung. Sie werden als „Agenturen" bezeichnet, weil sie digitale Medienkampagnen erstellen und Medienkäufe für Werbung im Auftrag von Kunden auf Social Networking und Community Sites, wie beispielsweise MySpace, Facebook, YouTube und anderen digitalen Medien umsetzen.

Die Online-Werbeetats steigen schneller als andere traditionelle Werbemedien, da Suchmaschinen wie Google Einnahmen aus bezahlten Suchergebnissen generieren, während Werbekunden feststellen, dass gezielte Online-Werbungen äußerst effektiv sind (siehe *Tabelle 3*). Mitte des Jahres 2011 hatte Google einen Marktanteil von 40 Prozent an den $ 31 Milliarden, die für Online-Werbung in den USA ausgegeben werden, wobei auch Facebook seinen Anteil steigern konnte.

Die disruptive Veränderung in der Werbebranche zu Beginn des einundzwanzigsten Jahrhunderts begann mit dem Internet. Viele Branchenexperten glauben, dass die Konvergenz von Internet, Fernsehen, Smartphones, Tablets und Laptopcomputern unvermeidlich ist, was wiederum weitere große Auswirkungen auf die Werbebranche hat. Die Werbung auf mobilen Geräten, wie Smartphones und Tablets, steckt noch in den Kinderschuhen, machte aber im letzten Quartal 2011 8 Prozent der gesamten Suchmaschinenwerbung aus und wird Prognosen zufolge im Jahr 2016 15 Prozent erreichen. Aus diesem Grund hat Google in diesem Sektor Unternehmensübernahmen umgesetzt.

Faktoren, die bis heute Wettbewerbsvorteile darstellten, werden zukünftig unter Umständen nicht mehr für einen Wettbewerbsvorteil relevant. Traditionell hat diese Branche das Konzept der Kreativität als wesentlichem Unterscheidungsfaktor zwischen den Besten und den Mittelmäßigen gesehen. Und häufig standen im Zentrum dieser Kreativität Einzelpersonen. Mit dem Aufkommen von Google, Yahoo!, Facebook und Bing, die die Medien beeinflussen und verändern, über die Werbebotschaften vermittelt werden, ergab sich die Schlüsselfrage danach, ob die Kreativität zukünftig im Hinblick auf die Bandbreite der Leistungen und die globale Reichweite mehr oder weniger wichtig sein wird.

Tabelle 3

Werbeausgaben nach Medien (in Millionen $, Währungsumstellung zur Durchschnittskursen des Jahres 2009)

	2009	2010	2011	2012	2013
Zeitungen	97.237	94.199	93.019	92.300	91.908
Zeitschriften	48.844	43.184	42.644	42.372	42.300
Fernsehen	165.260	180.280	191.198	202.380	213.878
Radio	31.855	31.979	32.580	33.815	35.054
Kino	2.104	2.258	2.393	2.538	2.681
Außenwerbung	28.120	29.319	30.945	32.821	34.554
Internet	54.209	61.884	70.518	80.672	91.516
Gesamt	422.629	443.103	463.297	486.898	511.891

Anmerkung: Die Gesamtausgaben in *Tabelle 3* sind niedriger als in *Tabelle 1*, da diese Tabelle Werbeausgaben für einige wenige Länder umfasst, in denen diese Ausgaben nicht nach Medien aufgeschlüsselt werden; Quelle: ZenithOptimedia, September 2012.

Quellen und Referenzen: ZenithOptimedia, September 2012; Advertising Age; Omdicom Group, *http://www.omnicomgroup.com*; WPP Group *http://www.wpp.com*; Publicis, *http://www.publicisgroup.com*; Interpublic Group of Companies, *http://www.interpublic.com*; Havas Conseils, *http://www.havas.com/havs-dyn/en/*; *http://www.financialcontent.com*.

Kontrollfragen

1. Führen Sie eine PESTEL-Analyse der Werbebranche 2012 unter besonderer Beachtung von Megatrends, Knickpunkten und schwachen Signalen durch.
2. Führen Sie eine Five-Forces-Analyse der Werbebranche im Jahr 2012 durch. Welche Kräfte werden für die großen Werbeagenturen stärker negativ oder positiv?

Strategische Fähigkeiten

3

ÜBERBLICK

Lernziele

Nach der Lektüre dieses Kapitels sollten Sie in der Lage sein,

- die Elemente der strategischen Fähigkeit in Organisationen, Ressourcen und Kompetenzen zu unterscheiden, und deren Verbindungen mit den Strategien von Organisationen kennen.
- zu analysieren, wie strategische Fähigkeiten einen nachhaltigen Wettbewerbsvorteil basierend auf ihrem Wert, ihrer Seltenheit, ihrer Unnachahmlichkeit und organisationaler Unterstützung (VRIO) bieten können.
- strategische Fähigkeiten mittels VRIO-Analyse, Benchmarking, Wertkettenanalyse, Aktivitätsübersicht und SWOT-Analyse zu identifizieren.
- zu beurteilen, wie ein Manager die strategischen Fähigkeiten seiner Organisation entwickeln kann.

3.1 Einführung

Strategische Fähigkeiten

Als strategische Fähigkeiten werden diejenigen Ressourcen und Kompetenzen einer Organisation bezeichnet, die sie benötigt, um zu überleben und erfolgreich zu sein.

Kapitel 2 hat die Bedeutung des externen Umfelds einer Organisation betont, aber auch gezeigt, wie dieses sowohl strategische Chancen als auch Gefahren verursachen kann. Allerdings spielt für die *Strategie* nicht nur das externe Umfeld eine Rolle. So stehen beispielsweise die Hersteller von Limousinen in der gleichen Branche und innerhalb des gleichen technologischen Umfelds, aber mit deutlich unterschiedlichem Erfolg im Wettbewerb. Hier ist BMW vergleichsweise erfolgreich, während es für Ford und Chrysler schwieriger gewesen ist, ihre jeweilige Wettbewerbsposition zu behaupten. Wieder andere Hersteller, wie Rover im Vereinigten Königreich oder SAAB in Schweden, haben das Geschäft aufgegeben (wobei die Marken als solche von anderen übernommen worden sind). Hier sind es nicht so sehr die Charakteristika des Umfelds, welche die Ergebnisunterschiede erklären, sondern die Differenzen in den unternehmensspezifischen **strategischen Fähigkeiten** im Sinne der ihnen zur Verfügung stehenden Ressourcen und Kompetenzen. Dieses Kapitel befasst sich mit der Bedeutung dieser strategischen Fähigkeiten.

Die wesentlichen in diesem Kapitel behandelten Aspekte werden in Abbildung 3.1 zusammengefasst. Es gibt zwei wichtige Konzepte zu diesem Thema. Zunächst einmal sind Organisationen nicht identisch, sondern haben verschiedene Fähigkeiten; sie sind also diesbezüglich „heterogen". Zum zweiten kann es für eine Organisation schwierig sein, die Fähigkeiten einer anderen zu erlangen oder zu kopieren. Für die Manager heißt dies, dass sie verstehen müssen, inwieweit sich ihre Organisation von anderen so unterscheidet, dass es ihnen Wettbewerbsvorteile und überlegene Leistung ermöglicht. Diese Konzepte basieren auf einem von Jay Barney an der Ohio State University entwickelten, sogenannten ressourcenorientierten Ansatz der Strategie. Er erklärt die Wettbewerbsvorteile und die überlegene Leistung einer Organisation durch deren besondere Fähigkeiten. Das Kapitel besteht aus vier weiteren Abschnitten:

- *Kapitel 3.2* befasst sich mit den *Grundlagen strategischer Fähigkeit* und behandelt die Unterscheidung zwischen *Ressourcen* und *Kompetenzen*.

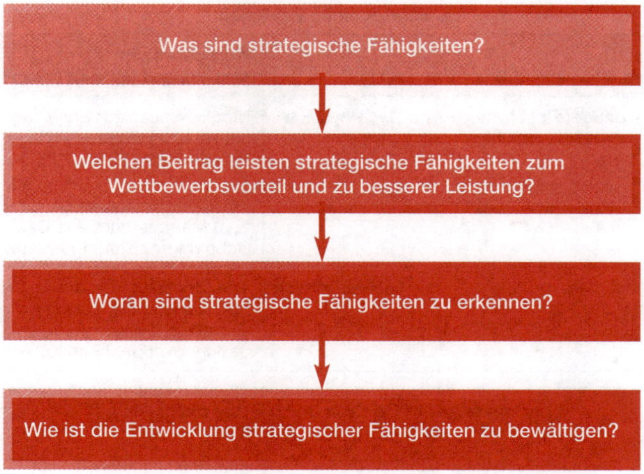

Abbildung 3.1: Strategische Fähigkeiten: Die wesentlichen Fragen

- In *Kapitel 3.3* geht es um die lebenswichtige Basis der strategischen Fähigkeiten j[illegible] *[illegible]teneffizienz* zu erlangen und [illegible]
- [illegible]ner Organisation ermöglichen, i[illegible]n (auf dem öffentlichen Sektor k[illegible]ationen dauerhaft relativ gese- [illegible]
- [illegible]ialen Wissens mit der strategi- [illegible] zum Wettbewerbsvorteil einer [illegible]
- [illegible]dene Arten von strategischen [illegible] die *Wertkettenanalyse* und die [illegible]*chmarking*. Der Kapitel endet [illegible] als Grundlage zur Zusammen- [illegible]s (in *Kapitel 2* erklärt) und der [illegible]
- [illegible]ie Manager durch interne und [illegible]it Mitarbeitern und durch den [illegible]*eit entwickeln* können.

3.2 Grundlagen strategischer Fähigkeiten

Verschiedene Autoren, Manager und Berater verwenden unterschiedliche Begriffe und Konzepte für die Erklärung, welche Bedeutung strategische Fähigkeit hat. Angesichts dieser Unterschiede ist es wichtig, zu verstehen, wie diese Konzepte hier verwendet werden. Insgesamt gesehen können *strategische Fähigkeiten* als *die Ressourcen und Kompetenzen einer Organisation* definiert werden, die sie braucht, *um zu überleben und erfolgreich zu sein.* Allerdings müssen wir, um die strategische Fähigkeit zu verstehen und zu managen, deren Komponenten sowie die Eigenschaften dieser Komponenten kennen.

Tabelle 3.1: Ressourcen und Kompetenzen einer Organisation

Strategische Fähigkeit

Ressourcen: was wir haben (Nomen), z.B.		**Kompetenzen: was wir gut können (Verben), z.B.**
Maschinen, Gebäude, Rohstoffe, Produkte, Patente, Datenbanken, Computersysteme	Physisch	Möglichkeiten zur Erzielung von Kapazitätsauslastung der Anlage, Effizienz, Produktivität, Flexibilität, Marketing
Bilanzen, Cashflow, Finanzgeber	Finanziell	Fähigkeit zur Kapitalbeschaffung und zum Management von Cashflows, Schuldnern, Gläubigern usw.
Manager, Angestellte, Partner, Lieferanten, Kunden	Menschlich	Wie Menschen Erfahrungen, Fähigkeiten, Kenntnisse entwickeln und einsetzen, Beziehungen aufbauen, andere motivieren und Innovationen umsetzen

Langfristiges Überleben und Wettbewerbsvorteil

3.2.1 Ressourcen und Kompetenzen

Materielle Ressourcen

Materielle/tangible Ressourcen sind die physisch fassbaren Ressourcen einer Organisation wie etwa Fabriken, Personal und Finanzen.

Immaterielle Ressourcen

Immaterielle/intangible Ressourcen bezeichnen physisch nichtfassbare Ressourcen wie Information, Reputation und Wissen.

Kompetenzen

Kompetenzen sind die Fertigkeiten und Fähigkeiten, mittels derer Ressourcen durch die Aktivitäten und Prozesse einer Organisation effektiv eingesetzt werden.

Der grundlegendste Begriff in diesem Zusammenhang lautet wahrscheinlich „Ressourcen". **Materielle Ressourcen** sind die physisch fassbaren Ressourcen einer Organisation wie etwa Fabriken, Personal und Finanzen. **Immaterielle Ressourcen** sind nicht fassbare Vermögenswerte wie Informationen, Reputation und Wissen. Typischerweise gibt es folgende vier Kategorien für die Ressourcen einer Organisation:

- *Sachwerte* – wie etwa Maschinen, Gebäude oder die Produktionskapazität einer Organisation. Der Zustand dieser Ressourcen, also ihr Alter, ihre Kapazität und ihr Standort, entscheiden über die Nutzbarkeit der jeweiligen Ressource.
- *Finanzielle Ressourcen* – wie Kapital, Bargeld, Debitoren und Kreditoren und Geldgeber (Aktionäre, Banken etc.)
- *Humanressourcen* – hier sind die Zusammensetzung (etwa das demografische Profil), die Fähigkeiten und das Wissen der Mitarbeiter und anderer Menschen innerhalb der Netzwerke einer Organisation gemeint.
- *Geistiges Kapital* – als immaterielle Ressource – schließt Patente, Marken, Geschäftssysteme und Kundendatenbanken mit ein. Der Wert dieser Ressourcen lässt sich erkennen, wenn Unternehmen verkauft werden, denn ein Teil des Unternehmenswerts ist immer „Goodwill"; in einer Wirtschaft, die auf Wissen aufgebaut ist, ist dieses geistige Kapital meist ein wichtiger Vermögenswert für jede Organisation.

Natürlich sind solche Ressourcen wichtig. Doch was ein Unternehmen tut – wie es diese Ressourcen einsetzt und anwendet – ist von mindestens ebenso großer Bedeutung wie die Ressourcen selbst. Modernste Maschinen, wertvolles Wissen oder Markenimage wären sinnlos, würden sie nicht effektiv eingesetzt. Die Effizienz und Effektivität physischer und finanzieller Ressourcen oder der Mitarbeiter in einer Organisation hängen nicht nur von deren bloßer Existenz ab, sondern davon, wie damit umgegangen wird, wie die Mitarbeiter kooperieren, wie gut sie sich anpassen können, ob sie innovativ sind, ob gute Beziehungen zu Kunden und Zulieferern herrschen und ob Erfahrungen und Lerneffekte genutzt werden. Der Begriff **„Kompetenzen"** beschreibt die Fertigkeiten und Fähigkeiten, mittels derer Ressourcen durch die Aktivitäten und Prozesse einer Organisation effektiv eingesetzt werden.

Innerhalb dieser breit gefassten Definitionen werden meist auch noch andere Begriffe verwendet. Ein Blick auf die *Tabelle 3.2* ist für die weiteren Erklärungen in diesem Kapitel sicherlich sinnvoll.

Tabelle 3.2

Strategische Fähigkeiten – die Terminologie

Begriff	Definition	Beispiel (Sport)
Strategische Fähigkeit	Die Fähigkeit, so zu agieren, dass man überlebt und erfolgreich ist. Sie wird gestützt durch die Ressourcen und Fähigkeiten einer Organisation.	Ausrüstung und sportliche Fähigkeiten passend zu einem ausgewählten Sportereignis
Schwellen-ressourcen	Die nötigen Ressourcen, um die Mindest-anforderungen der Kunden zu befriedigen und so zu überleben	Ein gesunder Körper (für Einzelsportler); medizinische Einrichtungen und Fach-personal; Trainingsstätten und ausrüs-tung; Versorgung mit Nahrungsmitteln
Schwellen-kompetenzen	Die nötigen Aktivitäten und Prozesse, um die Mindestanforderungen der Kunden zu befriedigen und so zu überleben	Individuelle Trainingspläne; Physio-therapie/richtiger Umgang mit Verletzungen; Ernährungsplan
Einzigartige Ressourcen	Ressourcen, die den Wettbewerbsvorteil untermauern und für Konkurrenten schwer zu erlangen oder zu imitieren sind	Außergewöhnlich leistungsfähiges Herz und Lungen; Größe oder Gewicht; Welt-klassetrainer
Kern-kompetenzen	Aktivitäten, die den Wettbewerbsvorteil untermauern und für Konkurrenten schwer zu erlangen oder zu imitieren sind	Eine Kombination aus Engagement, Durchhaltevermögen, genügend Zeit zum Trainieren, anspruchsvollen Wett-bewerben und dem Willen zu siegen

3.2.2 Dynamische Fähigkeiten

Wenn strategische Fähigkeiten die Grundlage für langfristigen Erfolg legen sollen, dürfen sie nicht statisch sein – sie müssen sich verändern können. David Teece, Wirtschaftswissenschaftler an der Universität Berkeley, hat das Konzept der **dynamischen Fähigkeiten** eingeführt, mit denen er das Können *einer Organisation bezeichnet, ihre strategischen Fähigkeiten so zu erneuern und zu verändern, dass die Anforderungen eines sich verändernden Umfelds erfüllt werden.* Er argumentiert dabei, dass die für einen effizienten Betrieb notwendigen Fähigkeiten, wie der Besitz bestimmter Sachwerte, Kostenkontrolle, Aufrechterhaltung der Qualität, Bestandsoptimierung usw., wahrscheinlich nicht ausreichen, um eine hohe Leistung aufrechtzuerhalten. Durch diese „gewöhnlichen Fähigkeiten" sind Unternehmen heute erfolgreich und erzielen durch die Produktion und den Verkauf eines ähnlichen Produkts oder einer ähnlichen Dienstleistung an ähnliche Kunden Einnahmen im Lauf der Zeit. Sie stellen aber wahrscheinlich nicht das langfristige Überleben sicher bzw. ermöglichen langfristig keinen Wettbewerbsvorteil.

Dynamische Fähigkeiten

SDynamische Fähigkeiten bezeichnen die Fähigkeiten einer Organisation, ihre strategischen Fähigkeiten so zu erneuern und neu zu definieren, dass sie den Anforderungen eines sich verändernden Umfelds gerecht werden.

Mit anderen Worten bestätigt Teece die Gefahr, dass Fähigkeiten, die die Grundlage für den Erfolg gebildet haben, im Laufe der Zeit durch Wettbewerber imitiert, in der Branche zum Standard oder bei einer Änderung des Umfelds überflüssig werden können. Daraus ergibt sich die wichtige Schlussfolgerung, dass sich Fähigkeiten, um im Laufe der Zeit effektiv zu bleiben, verändern müssen: Sie dürfen nicht statisch sein. Dynamische Fähigkeiten sind auf diesen strategischen Wandel ausgerichtet. Sie sind insoweit dynamisch, als sie die bestehenden betrieblichen Fähigkeiten einer Organisation formen oder diese erweitern oder modifizieren können. Teece postuliert die folgenden drei generischen Typen dynamischer Fähigkeiten:

- *Erkennung neuer Chancen:* Das Erkennen neuer Chancen impliziert, dass Organisationen Möglichkeiten im Hinblick auf verschiedene Märkte und Technologien beobachten, absuchen und untersuchen. Typische Aktivitäten in diesem Bereich umfassen die Forschung und Entwicklung sowie die Untersuchung der Kundenbedürfnisse. So haben beispielsweise Unternehmen im Bereich der PC-Betriebssysteme, wie Microsoft, eindeutig die aus Tablets und Smartphones erwachsenden Chancen und Risiken erkannt.
- *Nutzung von Chancen:* Nachdem eine Chance erkannt worden ist, muss sie ergriffen und mit neuen Produkten oder Dienstleistungen, Verfahren, Aktivitäten usw. genutzt werden. So hat beispielsweise Microsoft begonnen, die Chancen durch die Entwicklung eines eigenen Tablet-Computers und entsprechender Software sowie die Übernahme des Mobiltelefonunternehmens Nokia zu nutzen.
- *Rekonfigurieren:* Die Nutzung einer Chance kann unter Umständen die Erneuerung und Rekonfiguration organisationaler Fähigkeiten und Investitionen in Technologien, Fertigung, Märkte usw. erfordern. So erforderte beispielsweise der Vorstoß von Microsoft in das Segment der Tablets und Smartphones erhebliche Änderungen der aktuellen strategischen Fähigkeiten. Das Unternehmen muss einige seiner alten Fähigkeiten aufgeben sowie neue Fähigkeiten erwerben bzw. aufbauen und neu miteinander kombinieren.

Diese oben dargestellte Sichtweise dynamischer Fähigkeiten bezieht sich direkt auf die Struktur dieses Buchs: strategische Position, strategische Entscheidungen und Strategie im Einsatz (siehe *Abbildung 1.3*). Fähigkeiten zum Erkennen von Chancen haben mit einem Verständnis der strategischen Position einer Organisation zu tun, während sich das Ergreifen von Chancen auf das Fällen strategischer Entscheidungen bezieht und sich die Rekonfiguration mit der Umsetzung von Strategien beschäftigt. *Beispiel 3.1* vermittelt einen Überblick über die dynamischen Fähigkeiten im Kontext von Mobiltelefonen.

Beispiel 3.1

Dynamische Fähigkeiten (und Rigiditäten) bei Mobiltelefongesellschaften

Dynamische Fähigkeiten können Unternehmen dabei helfen, Chancen zu erkennen und zu ergreifen sowie betriebliche Fähigkeiten in sich verändernden Umgebungen zu rekonfigurieren.

Unternehmen in der Mobiltelefonbranche haben ihre dynamischen Fähigkeiten zur Anpassung an Umweltveränderungen und zur Marktbeherrschung genutzt. Sie haben neue Chancen erkannt und bewertet (Wahrnehmung), diese Chancen mit neuen Produkten genutzt (Chancen ergreifen) und ihre Fähigkeiten erneuert sowie entsprechend eingesetzt (Rekonfigurieren). Dies wird in der Tabelle verdeutlicht.

Den Pionieren der Mobiltelefonbranche, Ericsson und Motorola, ist es gelungen, einen vollkommen neuen Mobiltelefonmarkt zu erkennen und zu erkunden. Sie haben den Markt durch die Kombination und den erneuten Einsatz von Telekommunikations- und Funkressourcen den Markt zu befriedigen und Wert abzuschöpfen. Allerdings blieben sie diesen frühen Mobiltelefonressourcen verhaftet und wurden von Nokia überholt. Nokia identifizierte neue Chancen, nachdem das Unternehmen erkannt hatte, dass das sperrige Design und die Funktionalität der Mobiltelefone nicht mehr zum Markt passten, der sich zu einem Massen- und Modemarkt entwickelt hatte. Das Unternehmen ergriff und nutzte diese neuen Chancen, indem es auf der Grundlage von Design- und Verbraucherverhaltensressourcen besseres Design und bessere Funktionalitäten bot. Und schließlich gelang es Apple, mit seinen langjährigen Erfahrungen im Bereich Verbraucherprodukte, noch weitere Chancen zu entwickeln. Das Unternehmen erkannte, dass die meisten Telefone, sogar die neuen Smart-Phones immer noch über eine komplexe und nicht intuitive Benutzeroberfläche mit begrenzten Multimediafunktionalitäten verfügten. Apple adressierte dies durch die Einführung eines Smart Phones mit einer verbesserten Multimediaplattform sowie mit einer intuitiven und einfachen Benutzeroberfläche kombiniert mit ergänzenden Diensten, wie dem App Store und dem iTunes Music Store. Dazu nutzte Apple eine Neukombination des früheren Designs, der früheren Oberfläche sowie der Verbraucherverhaltensressourcen sowie der (für sie) neuen Mobiltelefonressourcen.

Auch wenn die dynamischen Ressourcen der Mobiltelefongesellschaften ihnen die Anpassung erleichtert haben, sind sie keine Garantie dafür, dass der Vorteil dauerhaft aufrechterhalten werden kann, wenn die von ihnen entwickelten betrieblichen Ressourcen im Zuge der weiteren Veränderung von Märkten und Technologien zu Rigiditäten werden. Wenn dynamische Ressourcen Rigiditäten nicht erkennen und reduzieren können, entwickeln sich unter Umständen sich im Laufe der Zeit Wettbewerber mit angemesseneren dynamischen Ressourcen für die sich beständig verändernde Umwelt.

Unternehmen	Ungefährer Zeitraum	Produkt	Erkennen	Ergreifen	Rekonfigurieren
Ericsson (vorwiegend in Europa) Motorola (vorwiegend in den USA)	Mitte der 1980er bis später 1990er	Mobiltelefone	Bedarf an Mobiltelefonen: Stationäre Telefone bieten keine Mobilität	Entwicklung der ersten Mobiltelefonsysteme und -geräte	Schaffung eines neuen Mobiltelefonmarktes Erwerb und Aufbau von Mobiltelefonressourcen
Nokia	Späte 1990er bis Anfang 2000er	Mobiltelefone mit verbessertem Design und Funktionalität	Bedarf an gut gestalteten und modernen Mobiltelefonen: Bestehende Mobiltelefone ähnelten den ursprünglichen Autotelefonen und behielten ihr sperriges Design und Funktionalität bei	Aufrüstung der Mobiltelefone zur Verbesserung von Design, Mode und Funktionalität	Eintritt in den Mobiltelefonmarkt Erwerb und Aufbau von Mobiltelefonressourcen Aufbau von Design- und Marketingressourcen
Apple	Späte 1990er bis Anfang 2000er	Mobiltelefone mit perfektioniertem Design, Funktionalität und Schnittstelle	Bedarf an Smart-Phones mit Multimediafunktionalität: Vorhandene	Upgrade des Mobiltelefons auf eine intuitive Oberfläche und Multimediafunktionalitäten, mit dem App Store und iTunes	Eintritt in den Mobiltelefonmarkt Erwerb von Mobiltelefonressourcen und deren Neukombination mit den bestehenden Design- und Oberflächenressourcen Zusammenarbeit mit der Musik- und Telefon-App-Branche

Kontrollfragen

1. Welche Art dynamischer Ressourcen können Unternehmen dabei helfen, nicht in alten Ressourcen verhaftet zu bleiben?
2. Schätzen Sie die relativen Kosten und/oder Vermögenswerte im Zusammenhang mit diesen Aktivitäten.
   a. Welche möglichen zukünftigen Chancen bestehen für Mobiltelefone?
   b. Wie können diese Chancen erkannt und ergriffen werden?
   c. Mit welcher Art gewöhnlicher Ressourcen können diese unter Umständen adressiert werden?

Die Entwicklung neuer Produkte bildet ein typisches Beispiel einer dynamischen Fähigkeit und die strategische Planung ein weiteres. Beide umfassen Aktivitäten, mit denen Chancen erkannt und ergriffen werden können und mit denen Fähigkeiten rekonfiguriert werden sollen. Die schnelle Steigerung der Anzahl an Filialen von Einzelhandelsketten, wie Starbucks, bildet ein weiteres Beispiel einer dynamischen Fähigkeit, da sie die operativen Fähigkeiten erweitert. Dynamische Fähigkeiten können auch die Form relativ formeller organisationaler Systeme haben, wie Systeme zur Personalrekrutierung und Managemententwicklung oder die Kooperation mit anderen Unternehmen über Allianzen und Übernahmen, über die neue Fähigkeiten gelernt und entwickelt werden.

Wie Teece allerdings bestätigt, haben dynamische Fähigkeiten wahrscheinlich „Mikrogrundlagen" im Verhalten von Menschen in Organisationen, wie beispielsweise der Art und Weise, wie Entscheidungen getroffen werden, in persönlichen Beziehungen sowie unternehmerischen und intuitiven Fähigkeiten. Damit liegt der Fokus auf dem Verhalten und der Bedeutung von Ansichten, sozialen Beziehungen und Erfahrungen im Management von Fähigkeiten, das im letzten Abschnitt dieses Kapitels zum Umgang mit Fähigkeiten (siehe *Kapitel 3.6*) erörtert wird.

Kurz gesagt umfassen strategische Fähigkeiten sowohl operative Fähigkeiten als auch dynamische Fähigkeiten, die bei Änderungen des Umfelds operative Fähigkeiten verändern können. Da sich allerdings die dynamischen Fähigkeiten darauf konzentrieren, Lösungen zu finden, die über die aktuellen operativen Fähigkeiten hinausgehen, besteht zwischen den beiden ein Trade-off sowie ein Spannungsfeld, das die Erzielung eines optimalen Gleichgewichts zwischen ihnen in einer einzelnen Organisation oder Einheit erschweren kann. Dies wird mitunter als Trade-off zwischen Erkundung neuer und Nutzung vorhandener Fähigkeiten beschrieben, der in *Kapitel 14* detaillierter erörtert wird.

3.2.3 Schwellenfähigkeiten

Schwellenfähigkeiten

Schwellenfähigkeiten bezeichnen diejenigen Fähigkeiten, die eine Organisation mindestens besitzen muss, um die notwendigen Voraussetzungen für die Aufnahme des Wettbewerbs in einem Markt zu erfüllen.

Man muss unterscheiden zwischen Fähigkeiten (Ressourcen und Kompetenzen), die eine Organisation lediglich am Leben halten, und solchen, die ihr einen Wettbewerbsvorteil und wirklich überlegene Leistungen verschaffen. **Schwellenfähigkeiten** bezeichnen diejenigen Fähigkeiten, die eine Organisation mindestens besitzen muss, um die notwendigen Voraussetzungen für die Aufnahme des Wettbewerbs in einem Markt zu erfüllen. Dies können *Schwellenressourcen* sein, um die Mindestanforderungen der Kunden zu erfüllen. So bedeutet die steigende Nachfrage der modernen vielseitigen Einzelhändler an ihre Zulieferer, dass diese Zulieferer über eine recht komplexe Infrastruktur verfügen müssen, um einfach nur die Chance zu haben, den Anforderungen der Einzelhändler gerecht zu werden. Dies können aber auch *Schwellenkompetenzen* sein, die erforderlich sind, um Ressourcen so einzusetzen, dass die Anforderungen der Kunden befriedigt und besondere Strategien unterstützt werden. Die Einzelhändler erwarten nicht einfach nur, dass ihre Zulieferer die nötige IT-Infrastruktur vorweisen können, sie müssen sie auch effektiv nutzen, um das erwartete Serviceniveau anbieten zu können.

Aus der Identifikation und dem Management der Schwellenkompetenzen ergeben sich mindestens zwei wesentliche Herausforderungen:

- Das *Schwellenniveau für Fähigkeiten* ändert sich mit der Veränderung bedeutender Erfolgsfaktoren (siehe *Kapitel 2.4.3*) durch die Aktivitäten von Konkurrenten und neuen Marktteilnehmern. Um bei dem oben begonnenen Beispiel zu bleiben: Die Zulieferer wichtiger Einzelhändler haben vor zehn Jahren noch nicht dieselbe IT- und Logistikausstattung verlangt, wie dies heute der Fall ist. Doch das Bedürfnis der Einzelhändler, Kosten zu sparen, effizienter zu arbeiten und die Verfügbarkeit ihrer Waren jederzeit garantieren zu können, bedeutet, dass auch ihre Erwartungen an ihre Zulieferer im Laufe dieses Zeitraums erheblich gestiegen sind und immer noch steigen. Daher müssen auch die Zulieferer ihre Ressourcen und Kompetenzen bezüglich ihrer Logistik beständig überprüfen und verbessern, um im Geschäft zu bleiben.
- Vielleicht müssen in anderen Bereichen *ausgleichende Zugeständnisse* gemacht werden, um die Schwellenfähigkeiten zu erlangen, die für verschiedene Kunden erforderlich sind. So fällt es beispielsweise manchen Unternehmen schwer, sowohl in Marktsegmenten aktiv zu sein, die große Mengen an Standardprodukten erfordern, als auch in Marktsegmenten, auf denen hochwertige Spezialprodukte nachgefragt werden. Im ersten Fall sind meist Fabriken mit hoher Kapazität und schnellen Produktionsraten sowie standardisierte hocheffiziente Systeme und günstige Arbeitskräfte erforderlich, während für den zweiten Fall gut ausgebildete Arbeitskräfte, flexibel arbeitende Fabriken und innovative Fähigkeiten benötigt werden. Die Gefahr besteht darin, dass eine Organisation für keines der beiden Marktsegmente die erforderlichen Schwellenfähigkeiten erlangen könnte.

3.2.4 Einzigartige Ressourcen und Kernkompetenzen

Schwellenfähigkeiten sind zwar durchaus wichtig, sorgen allein für sich genommen aber noch nicht für einen Wettbewerbsvorteil und sind auch keine Basis für überdurchschnittliche Leistungen. Dazu benötigt eine Organisation unverwechselbare und einzigartige Fähigkeiten, die für Konkurrenten schwer zu imitieren sind. Dafür könnten **einzigartige Ressourcen** verantwortlich sein, die die entscheidende Basis für den Wettbewerbsvorteil darstellen und die von anderen weder erlangt noch imitiert werden können – ein gut etablierter Markenname ist hier ein gutes Beispiel. Wahrscheinlicher noch ist es aber, dass eine Organisation einen Wettbewerbsvorteil erlangt, weil sie über unverwechselbare, sogenannte Kernkompetenzen verfügt. Der Begriff der Kernkompetenz wurde vor allem von Gary Hamel und C. K. Prahalad entwickelt. Es existieren zwar mehrere Definitionen, hier verstehen wir aber unter **Kernkompetenzen** die Fähigkeiten, mittels derer Ressourcen durch die Aktivitäten und Prozesse einer Organisation eingesetzt werden, sodass ein Wettbewerbsvorteil entsteht, den andere nicht imitieren oder erlangen können. Einem Zulieferer, der zum Beispiel auf dem Einzelhandelsmarkt einen Wettbewerbsvorteil erlangt, könnte dies auf der Basis einer einzigartigen Ressource wie etwa einer starken Marke gelungen sein. Oder es könnte ihm gelungen sein, seine Dienstleistungen so anzubieten oder so stabile Kundenbeziehungen aufzubauen, dass Konkurrenten dies nicht nachahmen können – eine Kernkompetenz. *Kapitel 3.4* dieses Kapitels befasst sich ausführlicher damit, wie einzigartige Ressourcen und Kernkompetenzen zu einem langfristigen Wettbewerbsvorteil beitragen können.

Einzigartige Ressourcen

Einzigartige Ressourcen sind diejenigen Ressourcen, welche die entscheidende Basis für einen Wettbewerbsvorteil bilden und von anderen Unternehmen weder einfach erlangt noch imitiert werden können.

Kernkompetenzen

Kernkompetenzen sind die Fertigkeiten und Fähigkeiten, mittels derer Ressourcen durch die Aktivitäten und Prozesse einer Organisation eingesetzt werden, sodass ein Wettbewerbsvorteil entsteht, den andere nicht imitieren oder erlangen können.

Nimmt man all die genannten Aspekte zusammen, kann man folgende Schlussfolgerung ziehen: Um zu überleben und erfolgreich zu sein, muss eine Organisation sich den Herausforderungen ihres Umfelds stellen, wie in *Kapitel 2* erklärt. Die kritischen Erfolgsfaktoren, die sich aus den Wünschen und Bedürfnissen ihrer Kunden ergeben, sind besonders wichtig für ihre Leistungsfähigkeit. Darauf wurde in *Kapitel 2.4.3* eingegangen. Die strategische Fähigkeit, dies zu erreichen, ist abhängig von den in der Organisation verfügbaren Ressourcen und Kompetenzen. Diese müssen eine bestimmte Schwelle erreichen, damit die Organisation überleben kann. Die weitere Herausforderung besteht dann darin, einen Wettbewerbsvorteil zu erlangen. Dazu muss die Organisation über strategische Fähigkeiten verfügen, die Konkurrenten nur schwer nachahmen oder erlangen können. [illegible] einzigartige Ressourcen, aber wahrscheinlicher noch Kernkompetenzen sein. *Beispiel* [illegible] wie Führungskräfte verschiedener Unternehmen die strategischen Fähigkeiten ihrer Organisationen beschreiben.

Schwellenkompetenzen:
die Fähigkeiten, die eine Organisation mindestens besitzen muss, um die notwendigen Voraussetzungen für die Aufnahme des Wettbewerbs in einem Markt zu erfüllen.
Einzigartige Ressourcen/Kompetenzen sind diejenigen Ressourcen, die eine entscheidende Basis für einen Wettbewerbsvorteil bilden & weder imitiert noch erlangt werden können.
Wertvolle Ressourcen & Kompetenzen: sind für Kunden von Nutzen & ermöglichen dem Unternehmen auf Chancen & Gefahren aus dem Umfeld zu reagieren.

Beispiel 3.2 Strategische Fähigkeiten

Führungskräfte verschiedener Organisationen legen Wert auf unterschiedliche strategische Fähigkeiten.

Das Goddard-Raumfahrtzentrum

Das Goddard-Raumfahrtzentrum der NASA kümmert sich um viele Aspekte der Aufgaben der Raumfahrtbehörde und verfügt über einige einzigartige Ressourcen. So kann beispielsweise der 12,8 m hohe Akustikprüfraum Lärm von bis zu 150 Dezibel erzeugen und ermöglicht den Technikern somit die Prüfung von Nutzlasten bei Lärmpegeln, wie sie beim Start entstehen. Der Hochregalreinraum, der bis zu zwei Space-Shuttle-Nutzlastbuchten aufnehmen kann, wälzt pro Minute durch seine Filter 25.500 Kubikmeter um und verhindert so die Beschädigung von Raumschiffbauteilen durch Schadstoffe. Dies ist für Raumfahrtmissionen von besonderer Bedeutung, da die Entfernung solcher Schadstoffe im Weltraum äußerst problematisch ist. Überdies kann die Hochleistungszentrifuge mit einem Durchmesser von 36,6 m über zwei Motoren mit je 1250 PS eine 2,5 t Nutzlast auf bis zu 30 G beschleunigen.(1)

Das Royal Opera House in London

Tony Hall, Leiter des *Royal Opera House* in London:

> *„‚Weltklasse' ist weder ein nichtssagender noch ein zu prahlerischer Anspruch. Im Zusammenhang mit unserem Haus bezieht sich der Begriff auf die Qualität unserer Mitarbeiter, auf das Niveau unserer Produktionen und auf die Vielfältigkeit unserer Arbeit und unserer Initiativen. Einzigartig? Ein ‚Ja' ganz ohne Zurückhaltung. Wir lassen uns nicht gerne Etiketten wie ‚Elite' anheften, denn das hat den offensichtlich negativen Beigeschmack der Exklusivität. Dennoch möchte ich, dass die Menschen hier zuallererst den Eindruck gewinnen, dass wir tatsächlich elitär sind, nämlich aufgrund der Tatsache, dass wir die besten Sänger, Tänzer, Regisseure, Designer, das beste Orchester, den besten Chor und auch das beste Team hinter der Bühne und in der Verwaltung haben. Außerdem gelingt es uns auch, ein größtmögliches und völlig verschiedenartiges Publikum zu erreichen."*(2)

Infosys

Das indische Unternehmen Infosys gehört zu den weltweiten Marktführern in den Bereichen Informationstechnologie, Outsourcing und Beratung. Es wird als eines der global bekanntesten Unternehmen mit beinahe 150.000 Mitarbeitern auf der ganzen Welt geführt. Dabei hat sich das Unternehmen von der Erbringung von Outsourcing-Dienstleistungen, wie Call-Centren und dem Back-Office-IT-Betrieb, zum Angebot von IT-Infrastrukturmanagement, Systemintegrationsdienstleistungen und IT-Beratung entwickelt. Heute unternimmt das Unternehmen mit seiner „Infosys 3.0 Strategie“ einen weiteren Schritt in Richtung des Angebots von noch weiter entwickelten Produkten und Dienstleistungen.

Dabei betont die neue Strategie Innovation und legt den Fokus auf höherwertige Software. Dazu ist die Innovationsfähigkeit wie auf der Webseite angegeben von zentraler Bedeutung: „Die Grundlage unsere Innovationsfähigkeit liegt in unserem integralen Labornetz – Infosys Labs – und der neuen Denkweise, die unsere mehr als 600 Forscher beisteuern.“ Daher erfordert die neue Strategie Personal- und Ausbildungsfähigkeiten, einschließlich der Fähigkeit, neue, hochqualifizierte Ingenieure einzustellen, zu beschäftigen, weiterzubilden und zu halten. Srikantan Moorthy, Senior Vice President und Geschäftsführer, erklärt dies so: „Wir stellen momentan neue Experten in den Bereichen Cloud, Mobilität, Nachhaltigkeit und Produktentwicklung ein und entwickeln diese Talente weiter. Überdies liegt ein wichtiger Fokus auf den beratenden Fähigkeiten. All dies entspricht unserer Infosys Strategie 3.0. Wir legen großen Wert auf kontinuierliches Lernen und das Teilen von Wissen.

Der CEO von Infosys, S. D. Shibulal, erklärt den Potenzialaufbau bei Infosys wie folgt: „Wir investieren weiterhin konzentriert in unser Unternehmenspotenzial. Durch unsere Infosys Strategie 3.0 müssen wir uns auf unsere Übernahmestrategie konzentrieren, um unser Potenzial zu erweitern …“ Dementsprechend hat Infosys im September 2012 die schweizerische Unternehmens- und IT-Beratung Lodestone übernommen. „Ein wesentlicher Plan unserer Infosys Strategie 3.0 besteht darin, unser Beratungs- und Systemintegrationsgeschäftsfeld auszubauen. Daher passt diese Übernahme perfekt zu unserer Strategie.“[3]

Quellen: (1) Webseite des Goddard-Raumfahrtzentrums, (2) *Jahresbericht* 2005/2006, S. 11, (3) *Financial Times*, 13. August 2012; *Financial Times*, 11. September 2012; *http://www.infosys.com©Infosys*; *http://www.skillingindia.com.*

Kontrollfragen

1. Teilen Sie die Vielfalt der Fähigkeiten, die die Führungskräfte erwähnten, gemäß den in *Kapitel 3.2* und *Tabelle 3.1* genannten Kategorien ein.
2. Inwieweit und warum könnten diese Fähigkeiten die Grundlage eines langfristigen Wettbewerbsvorteils sein?
3. Beantworten Sie für eine Organisation Ihrer Wahl erneut die Fragen 1 und 2.

3.3 Kosteneffizienz

Für viele Manager zählt das Kostenmanagement zu den wichtigsten strategischen Fähigkeiten. Das trifft auch zu. Außerdem werden durch diesen Ansatz der Kosteneffizienz als strategischer Fähigkeit einige der in Abbildung *3.2* erwähnten Aspekte erneut erklärt.

Den Kunden kommt Kosteneffizienz in Form von niedrigeren Preisen oder vielseitigeren Produkten zum gleichen Preis zugute. Das Management der Kostenbasis einer Organisation könnte auch die Basis für einen Wettbewerbsvorteil sein. Aus zwei Gründen wird aber das Kostenmanagement für viele Organisationen zu einer strategischen Schwellenfähigkeit:

- *Kunden schätzen Produkteigenschaften nicht zu jedem Preis.* Steigt der Preis zu sehr, verzichten sie auf Qualität und wählen eher den niedrigeren Preis. Die Herausforderung besteht also darin, ein angemessenes Qualitätsniveau zu einem akzeptablen Preis anzubieten. Das bedeutet, dass die Kosten immer so gering wie möglich gehalten werden, dem angebotenen Wert aber entsprechen müssen. Ist das nicht der Fall, werden viele Kunden zu anderen Produkten greifen oder Konkurrenten drängen auf den Markt.
- Aufgrund der *Wettbewerbsrivalität* müssen die Kosten beständig sinken, denn auch die Konkurrenz wird versuchen, ihre Kosten zu reduzieren, um ihre Rivalen bei ähnlichem Produktwert im Preis zu unterbieten.

  Sollen die Kosten effektiv unter Kontrolle gehalten werden, müssen besonders die *wichtigsten Kostentreiber* wie folgt beachtet werden:

- *Größenvorteile* können für einen Fertigungsbetrieb von besonderer Bedeutung sein, denn der hohe Kapitaleinsatz der Fabrik muss durch großes Produktionsvolumen ausgeglichen werden. Besonders wichtig war dies immer schon in der Automobil-, Chemie- und Metallindustrie. In anderen Branchen wie etwa bei Getränken, Tabak und Lebensmitteln spielen Größenvorteile bei Vertrieb und Marketing eine große Rolle.

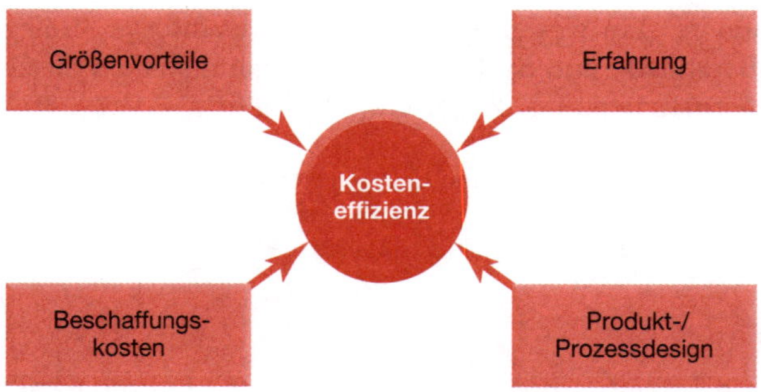

Abbildung 3.2: Quellen der Kosteneffizienz

- *Beschaffungskosten* können wichtig sein. Hier kann der Standort eine große Rolle spielen, weshalb sich Stahl- und Glashersteller traditionell in der Nähe von Rohstoffvorkommen oder Energiequellen angesiedelt haben. In einigen Fällen stellte der Besitz von Rohstoffen eine einzigartige Ressource dar, die zu einem Kostenvorteil verhalf. Beschaffungskosten spielen besonders bei Unternehmen eine Rolle, die als Zwischenhändler auftreten. Denn hier ist der Wert, den sie selbst hinzufügen, eher gering, und Identifikation und Management von Input-Kosten sind ein besonders wichtiger Erfolgsfaktor. So legen Einzelhändler großen Wert darauf, geringere Beschaffungskosten tragen zu müssen als ihre Konkurrenten.

- Auch das *Produkt-/Prozessdesign* beeinflusst die Kosten. Die Effizienz von Produktionsprozessen konnten viele Organisationen bisher steigern, indem sie ihre *Kapazitätsauslastung* erhöhten, ihre *Arbeitsproduktivität* steigerten, den (Material-) *Ertrag* erhöhten und die Nutzung des *Betriebskapitals* verbesserten. Begreift man die relative Bedeutung jedes dieser einzelnen Punkte, so kann man seine Wettbewerbsposition halten. Ein Beispiel in Bezug auf die Kapazitätsauslastung: Ein unbesetzter Platz im Flugzeug, in der Bahn oder im Theater kann nicht für einen späteren Verkauf „eingelagert" werden. Also ist die Vermarktung von Sonderangeboten (bei gleichzeitigem Schutz des Kerngeschäfts) mit den richtigen IT-Systemen, die Einkünfte analysieren und optimieren, eine wichtige Fähigkeit. Auch das Produktdesign beeinflusst die Kosten in anderen Teilen des Wertesystems, etwa beim Vertrieb oder beim Kundendienst. Auf dem Markt für Kopiergeräte glich beispielsweise Canon den Wettbewerbsvorteil von Xerox vollständig aus (dieser stützte sich auf Kundendienstnetzwerke), indem es einen Kopierer entwickelte, der wesentlich weniger Wartung erforderte.
- *Erfahrung* kann eine wichtige Grundlage für Kosteneffizienz sein; es gibt Beweise dafür, dass sich ein Wettbewerbsvorteil aus der Beziehung zwischen der kumulativen Erfahrung, die in einer Organisation angehäuft wird, und ihren Stückkosten ergibt. Dies wird als *Erfahrungskurve* bezeichnet, siehe *Abbildung 3.3.* Die Erfahrungskurve besagt, dass eine Organisation, die in jedem beliebigen Bereich tätig ist, im Laufe der Zeit Kompetenzen in diesem Bereich entwickelt und daher effektiver arbeitet. Da Unternehmen mit größerem Marktanteil auch mehr „kumulative Erfahrung" haben – einfach nur, weil sie ein größeres Volumen an Produkten oder Dienstleistungen anbieten – folgt daraus, dass es wichtig ist, seinen Marktanteil zu halten und möglichst zu vergrößern, wie in *Kapitel 2* beschrieben. Wichtig ist aber auch, dass es der *relative Marktanteil* in einem definierbaren Markt ist, der zählt. Dieser Ansatz der Erfahrungskurve beinhaltet bedeutsame Auswirkungen, die die Wettbewerbsposition einer Organisation entscheidend beeinflussen können.

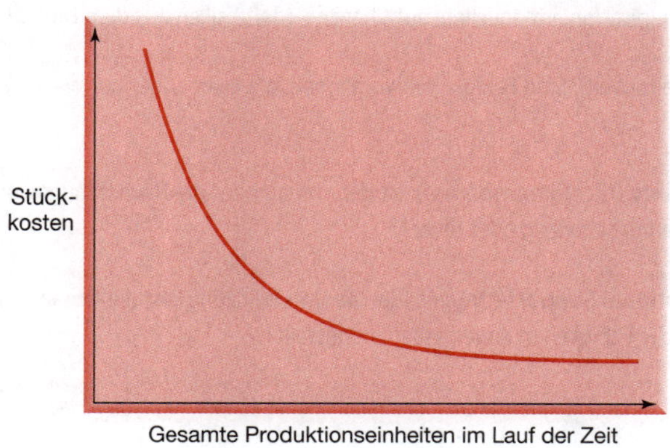

Abbildung 3.3: Die Erfahrungskurve

- *Wachstum ist* auf vielen Märkten *nicht optional.* Wenn sich eine Organisation entschließt, langsamer zu wachsen als ihre Konkurrenten, sollte sie davon ausgehen, dass diese langfristig – aufgrund ihrer größeren Erfahrung – Kostenvorteile erlangen werden.

- *Die Stückkosten sollten von Jahr zu Jahr sinken.* Dies sollte aufgrund der kumulativen Erfahrung geschehen. In schnell wachsenden Branchen geschieht dies schnell, doch selbst in reifen Branchen sollte es zu diesem Kostenrückgang kommen. Organisationen, die ihn nicht erreichen können, fallen höchstwahrscheinlich ihren Konkurrenten zum Opfer, denen dies gelingt. Das bedeutet, dass die *beständige Kostenreduktion* für eine Organisation auf einem Wettbewerbsmarkt eine *Notwendigkeit* ist. Auch wenn sich daraus allein kein Wettbewerbsvorteil ergibt, so ist dies doch eine Schwellenkompetenz, die das Überleben sichert.
- *Der Pioniervorteil* kann wichtig sein. Die Organisation, die sich entlang der Erfahrungskurve nach unten bewegt, indem sie einen Markt als Erste erschließt, kann ihre Kostenbasis verringern, denn sie hat ihren Rivalen immer erste akkumulierte Erfahrungen voraus.

3.4 VRIO: Strategische Fähigkeiten als Basis eines Wettbewerbsvorteils

Wie weiter oben erklärt, bilden bestimmte Fähigkeiten einer Organisation die Grundlage eines nachhaltigen Wettbewerbsvorteils und herausragender wirtschaftlicher Leistung. In diesem Abschnitt werden vier wichtige Kriterien vorgestellt, die zur Bewertung von Fähigkeiten herangezogen werden können. Dabei geht es in der Hauptsache darum, ob sie Grundlage eines Wettbewerbsvorteils sind: **V**alue (Wert), **R**arity (Seltenheit), **I**nimitability (unvollständige Imitierbarkeit) und **O**rganisational Support (organisationale Unterstützung) – oder **VRIO**. Diese vier grundlegenden Kriterien sowie die Fragen, die sie abdecken, werden in *Tabelle 3.3* illustriert.

Tabelle 3.3

VRIO

V	**Value** (Wert): Sind Fähigkeiten vorhanden, denen die Kunden einen Wert beimessen und die es der Organisation ermöglichen, auf Chancen oder Risiken aus dem Umfeld zu reagieren?
R	**Rarity** (Seltenheit): Sind Fähigkeiten vorhanden, die keine (oder nur wenige) Wettbewerber besitzen?
I	**Inimitability** (Nicht-Imitierbarkeit): Ist der Aufbau oder die Nachahmung von Fähigkeiten für Wettbewerber schwierig oder teuer?
O	**Organisational Support** (Organisationale Unterstützung): Ist die Organisation für die Nutzung der Fähigkeiten angemessen aufgestellt?

3.4.1 V-Value: Der Wert strategischer Fähigkeiten

Strategische Fähigkeiten sind wertvoll, wenn sie zu Produkten oder Dienstleistungen führen, die für Kunden von Nutzen sind, sowie wenn, und nur wenn, sie zu höheren Erlösen oder niedrigeren Kosten oder zu beidem führen. Dabei sind drei Bestandteile zu nennen:

- *Chancen nutzen und Gefahren neutralisieren.* Der grundlegende Punkt dabei ist, dass die Fähigkeiten, um wertvoll zu sein, das Potenzial bieten müssen, sich den Herausforderungen und Chancen zu stellen, die das Umfeld der Organisation bereithält. Dies legt eine wichtige Komplementarität zum externen Umfeld einer Organisation nahe (*Kapitel 2*). Fähigkeiten sind wertvoll, wenn sie sich mit Herausforderungen und/oder Chancen beschäftigen und verglichen mit einer Situation, in der die Organisation nicht über diese Fähigkeiten verfügt, höhere Erlöse oder niedrigere Kosten oder beides erzielen. So senken beispielsweise die kostenbewusste Unternehmenskultur, Größe und die komplexe Konfiguration von miteinander verknüpften Tätigkeiten bei IKEA verglichen mit Wettbewerbern die Kosten und das Unternehmen greift die Chancen preisgünstiger Möbel auf, die Wettbewerber nicht berücksichtigen.
- *Nutzen für den Kunden.* Dieser Punkt erscheint vielleicht zu offensichtlich, doch in der Praxis wird er allzu oft ignoriert oder kaum beachtet. So kann es sein, dass sich ein Manager auf Fähigkeiten konzentrieren möchte, die *er* für wertvoll erachtet, die aber die kritischen Erfolgsfaktoren der Kunden (siehe *Kapitel 2.4.3*) keineswegs erfüllen. Vielleicht sehen Manager aber auch eine bestimmte Fähigkeit einfach nur deshalb als wertvoll an, weil nur ihr Unternehmen diese besitzt, selbst wenn die Kunden diese Fähigkeit nicht für wertvoll erachten. Doch es ist keineswegs allein für sich genommen ein Wettbewerbsvorteil, wenn man über einzigartige Fähigkeiten verfügt.
- *Kosten.* Die Kosten, die das Produkt oder die Dienstleistung verursachen, müssen es dem Unternehmen ermöglichen, trotzdem den daraus erwarteten Gewinn zu erzielen. Es besteht immer die Gefahr, dass die Kosten für die Entwicklung oder den Erwerb der Fähigkeiten, die benötigt werden, um das zu liefern, was Kunden wirklich wertschätzen, so hoch sind, dass das resultierende Produkt oder die Dienstleistung nicht rentabel sind.

Manager müssen sich also genau überlegen, welche Aktivitäten ihrer Organisation für die Erbringung dieses Nutzens besonders wichtig und welche weniger wichtig sind. Die Wertkettenanalyse und die grafische Darstellung aller Aktivitäten, die in den *Kapitel 3.5.2* und *3.5.3* erklärt werden, können hier hilfreich sein.

3.4.2 R-Rarity: Seltenheit

Fähigkeiten, die wertvoll, aber unter Wettbewerbern verbreitet sind, bilden wahrscheinlich keine Quelle eines Wettbewerbsvorteils. Verfügen konkurrierende Organisationen über ähnliche Fähigkeiten, so können sie auf strategische Initiativen des Rivalen schnell reagieren. Dies geschieht immer wieder im Rahmen des Wettbewerbs zwischen Autoherstellern, die in ihre Fahrzeuge mehr Extras einbauen. Sobald sich zeigt, dass diese Sonderausstattungen von Kunden geschätzt werden, werden sie von einem Großteil aller Hersteller angeboten, die alle meist die gleichen Technologien nutzen. *Seltene Fähigkeiten* dagegen sind Fähigkeiten, *über die nur eine oder sehr wenige Organisationen verfügen*. In diesem Fall kann ein gegebener Wettbewerbsvorteil länger vorhalten. So kann ein

Unternehmen beispielsweise über patentierte Produkte verfügen, die einen Wettbewerbsvorteil gewähren. Dienstleistungsunternehmen können seltene Ressourcen in Form von intellektuellem Kapital besitzen, also etwa besonders begabte Mitarbeiter haben. Einige Bibliotheken nennen einzigartige Büchersammlungen ihr Eigen, die es sonst nirgendwo gibt. Ein Unternehmen kann eine sehr starke Marke haben. Auch die gute Lage eines Einzelhandelsgeschäfts kann ausschlaggebend sein. In Bezug auf Kompetenzen kann eine Organisation über einzigartige Fähigkeiten verfügen, die sich im Laufe der Zeit entwickelt haben, oder sie kann besondere Beziehungen zu Kunden oder Zulieferern aufgebaut haben, die der Konkurrenz fehlen. Allerdings kann die Annahme, dass seltene Ressourcen und Fähigkeiten auch selten bleiben, gefährlich sein. Daher ist es unter Umständen notwendig, auch andere Grundlagen der Nachhaltigkeit zu betrachten.

3.4.3 I-Inimitability: Nicht-Imitierbarkeit

Es sollte mittlerweile klar geworden sein, dass die Suche nach strategischen Fähigkeiten, die einen nachhaltigen Wettbewerbsvorteil gewähren, nicht leicht ist. Es ist wichtig, dass die betreffenden Fähigkeiten für die Kunden wertvoll und auch relativ selten sind, doch das reicht vielleicht nicht aus. Ein nachhaltiger Wettbewerbsvorteil basiert auch auf *nichtimitierbaren Fähigkeiten*, d.h. auf Fähigkeiten, die Konkurrenten nur schwer oder zu hohen Kosten nachahmen, erlangen oder substituieren können. Wenn eine Organisation aufgrund ihrer speziellen Marketing- und Verkaufsfähigkeiten einen Wettbewerbsvorteil hat, kann sie diesen nur aufrechterhalten, wenn Wettbewerber diesen nicht für sich selbst imitieren, erlangen oder diesen substituieren können oder wenn die dazu nötigen Kosten jegliche erzielten Gewinne übersteigen würden. Oft sind dabei die Barrieren für die Nachahmung tief in der Organisation, in Verbindungen zwischen Tätigkeiten, Fähigkeiten und Menschen, verankert.

Dies soll zwar keine Verallgemeinerung sein, doch ist es zumindest ungewöhnlich, dass sich der Wettbewerbsvorteil einer Organisation auf besondere materielle Vermögenswerte zurückführen lässt, denn diese können mit der Zeit meist imitiert oder gekauft werden (wobei allerdings wichtige geografische Lagen, bestimmte Rohstoffressourcen, Marken usw. Ausnahmen bilden können). Ein solcher Vorteil ergibt sich dagegen oft daraus, wie die vorhandenen Ressourcen bezüglich der Aktivitäten einer Organisation eingesetzt werden; er basiert also anders ausgedrückt auf Kompetenzen.[1] So wird wie oben angedeutet ein Computersystem allein die Wettbewerbsposition eines Unternehmens nicht verbessern, denn die Konkurrenz kann wahrscheinlich auf dem freien Markt ein ganz ähnliches System kaufen. Die Fähigkeiten dagegen, die nötig sind, um ein solches System zu entwickeln, zu verwalten und optimal zu nutzen, können viel schwerer und teurer zu imitieren sein. Verglichen mit Sachwerten und Patenten umfassen Kompetenzen tendenziell mehr immaterielle Schranken der Nachahmung. Dabei umfassen sie häufig *Verknüpfungen*, die Tätigkeiten, Fähigkeiten, Kenntnisse und Personen sowohl innerhalb als auch außerhalb der Organisation auf ganz eigene und doch wechselseitig kompatible Art und Weise miteinander verbinden. Durch diese Verbindungen kann die Nachahmung von Fähigkeiten für Wettbewerber besonders schwer werden. Dafür gibt es drei Hauptgründe. Diese werden *Tabelle 3.4* zusammengefasst und im Folgenden noch einmal kurz dargestellt.

1 Siehe dazu auch die Metastudie von S. L. Newbert, „Empirical research on the resource based view of the firm: an assessment and suggestions for future research". *Strategic Management Journal*, 28, S. 121–146, 2007.

Tabelle 3.4

Kriterien für die Nicht-Nachahmbarkeit strategischer Fähigkeiten

Komplexität Interne Verknüpfungen Externe Verknüpfungen	Kausale Ambiguität Charakteristische Ambiguität Mehrdeutigkeit bei den Verknüpfungen
Nicht-Nachahmbarkeit strategischer Fähigkeiten	Kultur und Geschichte Als selbstverständlich betrachtete Tätigkeiten Pfadabhängigkeit

Komplexität

Die Kernkompetenzen einer Organisation können aufgrund ihrer Komplexität und des Bestehens von Verknüpfungen schwer imitierbar sein. Dafür kann es zwei Hauptgründe geben:

- *Interne Verknüpfungen.* Besonderer Wert für den Kunden könnte daraus entstehen, dass sich Aktivitäten und Prozesse miteinander verknüpfen lassen. *Kapitel 3.5.3* und *Abbildung 3.6* zeigen, wie solche miteinander verknüpften Aktivitäten bildlich dargestellt werden können, sodass sie leichter verständlich sind. Doch auch wenn ein Konkurrent über eine solche bildliche Abbildung verfügt, ist es aufgrund der zahlreichen Interaktionen zwischen eng verknüpften Tätigkeiten und Entscheidungen unwahrscheinlich, dass er sie in ihrer ganzen Komplexität reproduzieren kann.[2] Dies liegt nicht nur an der Komplexität an sich, sondern auch daran, dass diese sich über einen langen Zeitraum hinweg aufgrund von Gewohnheiten und Praktiken entwickelt hat und für die betreffende Organisation spezifisch ist. So haben Unternehmen wie IKEA und Ryanair trotz der Verfügbarkeit zahlloser Fallstudien, Artikel und Berichte über ihren Erfolg immer noch Wettbewerbsvorteile.
- *Externe Verknüpfung.* Organisationen können es anderen erschweren, ihre Grundlagen für einen Wettbewerbsvorteil nachzuahmen oder zu erwerben, indem sie mit den Kunden oder Partnern zusammen Aktivitäten entwickeln, die zu einer Abhängigkeit von der Organisation führen. Dies wird manchmal als *Co-Spezialisierung* bezeichnet. So gab etwa ein Hersteller von industriellem Schmierstoff sein Konzept auf, seine Produkte einfach nur zu verkaufen. Stattdessen einigte man sich mit dem Kunden darauf, die Schmierstoffe auch an Ort und Stelle beim Kunden anzuwenden und aufzubringen. Dazu wurden feste Ziele für Kosteneinsparungen vereinbart. Je effizienter der Schmierstoff eingesetzt wurde, desto mehr profitierten beide Seiten.

2 Für eine Erklärung des Beitrags komplexer Fähigkeiten und Strategien zur Nicht-Nachahmbarkeit siehe J. W. Rivkin, „Imitation of complex strategies“, *Management Science*, Band 46, Nr. 6 (2000), S. 824–844.

Kausale Mehrdeutigkeit[3]

Ein weiterer Grund für die schwierige und teure Nachahmbarkeit von Kompetenzen besteht darin, dass es Konkurrenten schwerfällt, die Ursachen und Wirkungen, die den Vorteil einer Organisation ausmachen, genau zu erkennen. Dies nennt man *kausale Mehrdeutigkeit*, die in zwei Formen auftreten kann[4]:

- *Charakteristische Mehrdeutigkeit* – hier ist die Bedeutung der Eigenschaft selbst schwer zu erkennen und zu verstehen, vielleicht weil sie auf stillschweigendem Wissen basiert oder in der Organisationskultur verwurzelt ist. So zeigt sich beispielsweise das Fachwissen der Einkäufer eines erfolgreichen Modehauses wahrscheinlich an den hohen Umsätzen, die mit den jedes Jahr neu gekauften Waren erzielt werden. Dennoch ist es sehr schwierig zu verstehen, was genau diese Fachkenntnisse ausmacht. Und so wird es für die Konkurrenz schwer, diese zu imitieren.
- *Mehrdeutigkeit bei den Verknüpfungen* – hier können Konkurrenten nicht erkennen, welche Aktivitäten und Prozesse voneinander abhängen, um Verknüpfungen zu schaffen, die charakteristische Kompetenzen entstehen lassen. Die Fachkenntnisse der Modeeinkäufer beschränken sich höchstwahrscheinlich nicht auf eine Person oder auch auf nur eine Funktion. Im Gegenteil gibt es sicherlich ein ganzes Netzwerk aus Zulieferern und Intelligenzverknüpfungen für das Marktverständnis und auch Verbindungen zu Modeschöpfern. In manchen Organisationen geben die Manager sogar zu, dass nicht einmal sie selbst alle Verknüpfungen ganz durchschauen, die für ihre Kunden wertvoll sind. Ist dies der Fall, so ist es natürlich für die Konkurrenz erst recht schwierig, diese zu verstehen.

Kultur und Geschichte

Kompetenzen, die komplexe soziale Interaktionen und Beziehungen zwischen Personen innerhalb einer Organisation umfassen, können für Wettbewerber in der systematischen Nachahmung und Steuerung schwierig und teuer sein. So können Kompetenzen beispielsweise fester Bestandteil einer Unternehmenskultur werden. Die Koordination verschiedener Aktivitäten geschieht „natürlich", weil die Mitwirkenden ihre Rolle im Gesamtbild kennen oder einige Dinge einfach ganz selbstverständlich auf eine bestimmte Art und Weise durchgeführt werden. Dies können wir bei sehr erfolgreichen Sportmannschaften beobachten oder auch in Teams, in denen viele unterschiedliche Fachleute zusammenarbeiten wie etwa in einem Theater. Ein anderes Beispiel ist ein Unternehmen, das verschiedenste Aktivitäten integriert, um seine Kunden optimal zu bedienen. Die Tatsache, dass solche Kompetenzen oft förmlich in einer Unternehmenskultur eingebettet sind, ergibt sich häufig aus der Wahrscheinlichkeit, dass sie sich

---

3 Die wegweisende Abhandlung über kausale Doppeldeutigkeit stammt von S. Lippman und R. Rumelt, „Uncertain imitability: an analysis of interfirm differences in efficiency under competition", *Bell Journal of Economics*, Band 13 (1982), S. 418–438. Für eine Zusammenfassung und Prüfung der Forschung zur kausalen Doppeldeutigkeit siehe A. W. King, „Disentangling interfirm and intrafirm causal ambiguity: a conceptual model of causal ambiguity and sustainable competitive advantage", *Academy of Management Review*, Band 32, Nr. 1 (2007), S. 156–178.

4 Die Unterscheidung zwischen charakteristischer Mehrdeutigkeit und Verknüpfungsmehrdeutigkeit wird genau erklärt bei A. W. King und C. P. Zeithaml, „Competencies and firm performance: examining the causal ambiguity paradox", *Strategic Management Journal*, Band 22, Nr. 1 (2001), S. 75–99.

über lange Zeit hinweg und in eine ganz bestimmte Richtung entwickeln konnten. Die Ursprünge und die Geschichte der Entwicklung solcher Kompetenzen wird als *Pfadabhängigkeit*[5] bezeichnet. Sie treffen speziell auf ein Unternehmen zu und können nicht imitiert werden (siehe auch *Kapitel 5.2.1*). Wie in *Kapitel 5* erklärt, besteht aber auch hier die Gefahr, dass die kulturelle Einbettung dieser über Jahre hinweg entwickelten Kompetenzen so vollständig geschieht, dass diese sich nicht mehr ändern lassen und zu Rigiditäten werden.

3.4.4 O-Organisationale Unterstützung

Aus der Wertschöpfung von Kunden und dem Besitz von Fähigkeiten, die selten und schwer nachzuahmen sind, erwächst das Potenzial für einen Wettbewerbsvorteil. Allerdings muss die Organisation auch passend, einschließlich angemessener organisatorischer Prozesse und Systeme, aufgestellt sein, um diese Fähigkeiten zu unterstützen. Dies impliziert, dass zur vollständigen Ausnutzung der Fähigkeiten die Struktur einer Organisation sowie die formellen und informellen Unternehmenssteuerungssysteme deren Nutzung unterstützen und ermöglichen müssen (siehe *Kapitel 13.1* und *13.2* für eine weitere Erörterung der organisatorischen Struktur und Systeme). Die Frage der organisatorischen Unterstützung wirkt als Anpassungsfaktor. Denn einige der potenziellen Wettbewerbsvorteile können verloren gehen, wenn die Organisation nicht so aufgestellt ist, dass sie wertvolle und/oder seltene und/oder nichtnachahmbare Fähigkeiten vollständig nutzen kann. Die unterstützenden Fähigkeiten werden auch als *komplementäre Fähigkeiten* bezeichnet, da sie allein häufig für einen Wettbewerbsvorteil nicht ausreichen, aber für die Nutzung anderer Fähigkeiten, die einen Wettbewerbsvorteil bilden, nützlich und effektiv sein können.[6] Kurz gesagt kann, selbst wenn eine Organisation über wertvolle, seltene und nichtnachahmbare Fähigkeiten verfügt, ein Teil des potenziellen Wettbewerbsvorteils unter Umständen nicht realisiert werden, wenn die Organisation nicht über die zu deren vollständiger Ausnutzung notwendigen organisatorischen Vorkehrungen verfügt.

Zusammengefasst und vor dem Hintergrund des ressourcenorientierten Ansatzes müssen Manager überlegen, ob ihre Organisation über strategische Fähigkeiten verfügt, die ihnen einen nachhaltigen Wettbewerbsvorteil verschaffen. Dazu muss bedacht werden, wie und in welchem Ausmaß Fähigkeiten vorliegen, die (i) für Käufer wertvoll, (ii) selten und (iii) nicht imitierbar sind sowie (iv) nicht durch die Organisation unterstützt werden. In *Tabelle 3.5* wird der VRIO-Fähigkeitsrahmen zusammengefasst und aufgezeigt, dass ein additiver Effekt besteht. Je mehr der vier Kriterien eine strategische Fähigkeit erfüllt, umso nachhaltiger ist der Wettbewerbsvorteil, den sie ermöglicht.

Gibt es keine Fähigkeiten für einen Wettbewerbsvorteil, müssen Manager überlegen, ob sie entwickelt werden können. Wie dies geschehen kann, wird in *Kapitel 3.6* behandelt.

5 Für eine umfassendere Diskussion der Pfadabhängigkeit im Zusammenhang mit strategischer Fähigkeit siehe D. Holbrook, W. Cohen, D. Hounshell und S. Klepper, „The nature, sources and consequences of firm differences in the early history of the semiconductor industry“, *Strategic Management Journal*, Band 21, Nr. 10–11 (2000), S. 1017–1042.

6 Für eine umfassende Erörterung von komplementären Vermögenswerten und Fähigkeiten, siehe D. Teece, „Profiting from technological innovation“, *Research Policy*, Band 15, Nr. 6 (1986), S. 285–305.

Tabelle 3.5

Der VRIO-Rahmen

Ist die Fähigkeit … wertvoll?	selten?	nichtnachahmbar?	von der Organisation unterstützt?	Auswirkungen auf den Wettbewerb
Nein	–	–	Nein	Wettbewerbsnachteil
Ja	Nein	–		Wettbewerbliche Parität
Ja	Ja	Nein		Zeitweiliger Wettbewerbsvorteil
Ja	Ja	Ja	Ja	Dauerhafter Wettbewerbsvorteil

Quelle: Mit der Genehmigung von J. B. Barney und W. S. Hesterly angepasst, „Strategic Management and Competitive Advantage", *Pearson*, 2012.

Beispiel 3.3

Groupon und die ehrlichste Form der Schmeichelei

Wenn ein Unternehmen eine neue Marktnische entdeckt, muss es sicherstellen, dass seine strategischen Fähigkeiten zum Gelingen beitragen und von der Organisation unterstützt wird.

Das in Chicago ansässige Unternehmen Groupon wurde 2008 von Andrew Mason mit dem Konzept gegründet, Abonnenten täglich Angebote von Gutscheinen mit hohen Rabatten für lokale Restaurants, Theater und Kurbäder usw. per E-Mail zu schicken. Groupon verkauft einen Gutschein für ein Produkt und behält bis zur Hälfte der Erlöse, wobei ein erheblicher Rabatt auf den üblichen Preis des Produkts gewährt wird. Im Gegenzug erhöht Groupon die Nachfrage der Kunden, die die E-Mails des Unternehmens erhalten. Dies sorgt für mehr Kontakt mit lokalen Unternehmern sowie mehr Geschäft für diese. Das Unternehmen wurde bald zum am schnellsten wachsenden Internetunternehmen aller Zeiten und zum Riesen in der Daily-Deal-Branche. Im Jahr 2010 lehnte Groupon ein Übernahmeangebot von 6 Milliarden Dollar (3,5 Milliarden Euro) ab und ging stattdessen mit einem Erlös von 10 Milliarden Dollar im November 2011 an die Börse.

Während die Kunden den täglichen Angeboten von Groupon einen hohen Wert beimaßen – das Unternehmen expandierte schnell in mehr als 40 Länder – gab es ebenso schnell Hunderte und später sogar Tausende Nachahmerunternehmen weltweit. Die Investoren begannen, das Geschäftsmodell von Groupon in Frage zu stellen und waren verunsichert im Hinblick darauf, inwieweit das Unternehmen über seltene und nichtnachahmbare strategische Fähigkeiten verfügte. Im Jahr 2012 bestritt der CEO Andrew Mason im *Wall Street Journal* (WSJ), dass das Modell einfach zu replizieren sei:

„Es gibt Beweise. Es gibt mehr als 2000 direkte Nachahmer des Groupon-Geschäftsmodells. Allerdings gibt es genauso viele Beweise dafür, dass die Barrieren für den Erfolg enorm hoch sind, denn von all diesen Wettbewerbern ist nur eine Handvoll auch im entferntesten Sinne relevant."

Dies konnte die Investoren trotzdem nicht beruhigen und die Aktien des Online-Gutscheinverkäufers fielen prompt um 80 % auf ein Rekordtief. Daher bleibt die Frage bestehen – inwieweit waren die Fähigkeiten von Groupon selten und nichtnachahmbar? Ein wichtiger, seltener und wahrscheinlich schwer nachzuahmender Vermögenswert von Groupon bestand in dem beeindruckenden Kundenstamm von mehr als 50 Millionen Kunden. Je mehr Kunden, desto besser die Angebote. Daher würden die Kunden eher zur Groupon als zu den Wettbewerbern gehen und für die Wettbewerber würden die Kosten der Kundengewinnung steigen. Kritiker argumentierten allerdings, dass andere Unternehmen, wie Facebook, Google und Amazon, sogar einen noch breiteren Kundenstamm haben und unter Umständen sogar Wettbewerber werden könnten. In seiner Verteidigung der Wettbewerbsfähigkeit von Groupon betonte der CEO im *WSJ*, dass es nicht bloß der Versand täglicher E-Mails ist, sondern dass auch eine ganze Reihe von Aspekten zusammenwirken müssen und die Wettbewerber von Groupon zur Nachahmung die gesamte „operative Komplexität" replizieren müssten:

„Man übersieht die operative Komplexität. Wir haben 10.000 Mitarbeiter in 46 Ländern. Wir haben Tausende von Verkäufern, die jeden Tag mit Zehntausenden Händlern sprechen. Das kann man nicht einfach so aufbauen."

Eine weitere, von Andrew Mason betonte Ressource war die fortschrittliche Technologieplattform von Groupon, die dem Unternehmen die „gezieltere Ansprache von Kunden ermöglicht und ihnen für sie relevantere Angebote zur Verfügung stellt". Allerdings wurde ein Teil dieser Plattform durch Übernahmen erworben – eine Möglichkeit, für die sich auch Wettbewerber entscheiden könnten.

Wenn Nachahmung die höchste Form der Schmeichelei ist, dann hat Groupon viel Schmeichelei erfahren. Allerdings sind viele der Nachahmer wieder aus dem Geschäft ausgetreten und Groupon hat auch viele ernsthaftere Konkurrenten zurückgedrängt. Aber das Unternehmen steht weiterhin unter erheblichem Druck. Im Februar 2013 wurde der Unternehmensgründer und CEO Andrew Mason zum Rücktritt gezwungen. Dieser Schritt war ein Vorzeichen dafür, dass bei Groupon noch viele Änderungen ins Haus standen.

Quellen: All Things Digital, 2. November 2012, *Wall Street Journal: http://allthingsd.com/20121102/groupon-shares-dive-to-new-low-a-year-after-the-ipo/Financial Times,* 14. Mai 2012*; Financial Times, 2. März 2013; Wall Street Journal,* 31. Januar 2012.

Kontrollfragen

1. Andrew Mason gibt zu, dass es Tausende Nachahmer von Groupon gibt. Trotzdem ist seiner Einschätzung nach die Nachahmung von Groupon schwierig. Stimmen Sie dem zu?
2. Bewerten Sie die Grundlagen der strategischen Fähigkeiten von Groupon unter Verwendung der VRIO-Kriterien *Tabelle 3.2*).
3. Was ist die wichtigste strategische Fähigkeit, aus der Groupon ein dauerhafter Wettbewerbsvorteil erwächst oder erwachsen könnte

3.4.5 Organisationales Wissen

Organisationales Wissen

Organisationales Wissen ist die kollektive Erfahrung, die durch Systeme, Routinen und den Austausch innerhalb der Organisation angesammelt wird.

Ein gutes Beispiel dafür, wie sich Ressourcen und Kompetenzen zu einem Wettbewerbsvorteil für eine Organisation verbinden können, ist das **organisationale Wissen**. Dabei handelt es sich um die kollektive Erfahrung, die durch Systeme, Routinen und den Austausch innerhalb der Organisation angesammelt wird. Dieser Begriff ist eng verwandt mit dem der Kompetenzen, die bisher in diesem Buch behandelt wurden.

Es gibt verschiedene Gründe, warum organisationales Wissen heute als so wichtig gilt. Da Organisationen immer komplexer und größer werden, wird der Austausch des Wissens der Mitarbeiter immer mehr zur Herausforderung. Zum zweiten gibt es heute Informationssysteme, die einen solchen Wissensaustausch immer besser ermöglichen. Und zum dritten ist es, wie bereits in diesem Kapitel erwähnt, weniger wahrscheinlich, dass Organisationen durch ihre materiellen Ressourcen einen Wettbewerbsvorteil erzielen werden. Viel häufiger entsteht dieser aus der Art und Weise, wie Dinge getan werden, und aus der akkumulierten Erfahrung. Das Wissen darüber, wie Dinge basierend auf dieser Erfahrung getan werden, ist also von entscheidender Bedeutung.

Zwei Punkte sollten in diesem Zusammenhang erwähnt werden:

- *Explizites und implizites organisationales Wissen.* Organisationales Wissen kann in vielerlei Formen vorliegen. Nonaka und Takeuchi unterscheiden zwischen zwei Arten des Wissens. *Explizites Wissen* ist kodifiziert und „objektives“ Wissen wird auf formelle, systematische Art und Weise vermittelt. Es könnte sogar in Form einer kodifizierten Informationsressource wie einem Systemhandbuch vorliegen. *Implizites Wissen* dagegen ist persönlich, kontextspezifisch und dadurch schwer zu formalisieren und zu kommunizieren. Für den Einzelnen erfordert organisationale Kompetenz meist beide Wissensarten. Ein Fahranfänger wendet zum Beispiel ausdrückliches Wissen an, das er wahrscheinlich von einem Fahrlehrer gelernt hat, und entwickelt dadurch allmählich eigene Kenntnisse über das Autofahren. Das stillschweigende Wissen, das man zum Autofahren benötigt, kommt jedoch erst allmählich durch die Fahrpraxis. Je formeller und systematischer ein Wissenssystem ist, desto größer ist allerdings auch die *Gefahr der Imitation*, weshalb dieses Wissen auch in Bezug auf die Wettbewerbsstrategie umso wertloser ist. Kann das Wissen kodifiziert werden, ist die Gefahr der Imitation größer. Ein nicht imitierbarer Wettbewerbsvorteil liegt viel eher dort vor, wo Einzelpersonen oder Personengruppen über das relevante Wissen verfügen.
- *Praxisgemeinschaften (Communities of practice).* Die gegenseitige Beteiligung an Wissen und Erfahrung innerhalb von Organisationen ist ein sozialer und kultureller Prozess, der auf *Praxisgemeinschaften* beruht, die Informationen entwickeln und miteinander teilen, weil alle Beteiligten davon profitieren. Dies kann auf formelle Weise, z.B. über das Internet, geschehen, doch auch soziale Kontakte und Vertrauen sind hier sehr wichtige Aspekte. Tatsächlich kommt es in *Kulturen, die von Vertrauen geprägt sind* und keine starren hierarchischen oder funktionalen Grenzen aufweisen, weitaus häufiger zu einem Wissensaustausch. So haben Organisationen etwa versucht, den Wissensaustausch zu verbessern, indem sie zu diesem Zweck Computersysteme einrichten ließen. Es wird jedoch immer klarer, dass zwar ein Teil des Wissens kodifiziert und im Computer erfasst werden kann, dass es jedoch sehr schwer ist, Wissen dann zu kodifizieren, wenn sein Wert eben erst durch den Austausch und das Teilen entsteht.

Diese Beobachtungen weisen ganz deutlich auf die Verbindungen zwischen organisationalem Wissen und anderen in diesem Buch behandelten Themen hin. Organisationales Wissen kann zwar von Nutzen sein, muss sich aber mit einem sich verändernden Umfeld ebenfalls entwickeln. So gesehen sind organisationales Wissen und Lernprozesse eng miteinander verwandt. Beide Konzepte müssen nun in Bezug auf dynamische Fähigkeiten betrachtet werden, die sich immer neuen Bedingungen anpassen müssen. Die Verbindungen zwischen Wissen, Erfahrung und sozialer Interaktion müssen auch zu den kulturellen Aspekten der Strategie in Bezug gesetzt werden, auf die in *Kapitel 5* näher eingegangen wird.

3.5 Die Diagnose strategischer Fähigkeiten

Bisher befasste sich dieses Kapitel mit Erklärungen zum Thema strategische Fähigkeiten und verwandten Begriffen. Dieser Abschnitt geht nun darauf ein, wie strategische Fähigkeiten erkannt werden können.

3.5.1 Benchmarking

Dieser Abschnitt befasst sich mit den Vorteilen des Benchmarking, das zum Verständnis beitragen kann, wie sich die strategischen Fähigkeiten einer Organisation in Bezug auf ihre internen Prozesse mit denen anderer Organisationen vergleichen lassen.

Beim Thema Benchmarking gibt es verschiedene Ansätze:

- *Historisches Benchmarking.* Organisationen können ihre Leistung mit der in früheren Jahren vergleichen, um irgendwelche bedeutenden Veränderungen festzustellen. Die Gefahr besteht darin, dass dies zu übergroßer Selbstzufriedenheit führen kann, denn was wirklich zählt, sind die Verbesserungen im Vergleich zur Konkurrenz.
- *Branchen-/Sektorenbenchmarking.* Auch ein Vergleich mit der Leistung anderer Organisationen der gleichen Branchen oder ein Vergleich verschiedener öffentlicher Organisationen, die die gleiche Dienstleistung gewähren, kann Einblicke über eigene Leistungsstandards gewähren, wenn man verschiedene Leistungsindikatoren anwendet. Einige Organisationen der öffentlichen Hand haben tatsächlich auf die Tatsache reagiert, dass es in ihrem Bereich strategische Gruppen gibt, indem sie nur Vergleiche mit ähnlichen Organisationen und nicht mit allen angestellt haben. So trennen beispielsweise kommunale Behörden und Polizeidienststellen zwischen „ländlich" und „städtisch" und stimmen ihr Benchmarking und ihre Referenzgrößen darauf ab. Eine allgemeingültige Gefahr beim Vergleich von Branchennormen (ob nun im privaten oder im öffentlichen Sektor) besteht aber darin, dass ja auch die gesamte Branche schlechte Leistungen abliefern und im Wettbewerb mit anderen Branchen negativ abschneiden kann, die die Kundenbedürfnisse anders und besser befriedigen können. Eine weitere Gefahr des brancheninternen Benchmarking liegt darin, dass Branchengrenzen durch Wettbewerbsaktivitäten und Branchenkonvergenz verschwimmen können. So steigen zum Beispiel Supermärkte (nach und nach) ins Bankgeschäft für Privatkunden ein und auch ein Benchmarking muss dies widerspiegeln (wie eben das Benchmarking traditioneller Banken).
- *Klassenbesten-Benchmarking.* Diese Form des Benchmarking vergleicht die Leistung einer Organisation mit der Leistung des „Klassenbesten" – wo dies möglich ist.

So sollen die Beschränkungen anderer Ansätze überwunden werden. Dadurch kann auch die Einstellung eines Managers infrage gestellt werden, dass akzeptable Verbesserungen der Leistung durch eine schrittweise Veränderung von Ressourcen oder Kompetenzen erreicht werden können. So kann sich eine grundlegendere Überlegung über die Verbesserung organisationaler Kompetenzen ergeben. Beispielsweise konnte British Airways die Wartung der Flugzeuge, das Auftanken und die Bodenzeiten verbessern, indem das Unternehmen die Abläufe rund um die Boxenstopps bei Formel-Eins-Rennen studierte. Eine Polizeieinheit, die ihre Reaktion auf telefonische Notrufe verbessern wollte, untersuchte die Abläufe in Call Centern der Bank- und IT-Branche.

Die Bedeutung des Benchmarking liegt also nicht so sehr in der detailgenauen „Mechanik" der Vergleiche, sondern darin, wie sich diese Vergleiche auf organisationales Verhalten auswirken können. Man kann diese Technik als Prozess verstehen, der einem Unternehmen neuen Schwung für Verbesserungen und Veränderungen verleiht. Doch auch hier gibt es Gefahren:

- *Verzerrte Messungen.* Beim Benchmarking kann es dazu kommen, dass „man das bekommt, was man misst", was aber gleichzeitig nicht das ist, was man strategisch beabsichtigt. Dadurch kann sich das Verhalten in einer Organisation auf unbeabsichtigte oder dysfunktionale Weise verändern. So wurden britische Universitäten in Ranglisten bezüglich ihrer Forschungsergebnisse, der Qualität ihrer Lehre und dem beruflichen Erfolg ihrer Absolventen anhand ihres Einstiegsgehalts geführt. Dadurch wurden Akademiker „gezwungen", sich mit ihren wissenschaftlichen Veröffentlichungen an bestimmten akademischen Fachpublikationen zu orientieren, was mit der Qualität der Ausbildung an Universitäten sehr wenig zu tun hat.
- *Oberflächliche Vergleiche.* Benchmarking vergleicht Input (Ressourcen), Output oder Ergebnisse. Bei dieser Vorgehensweise werden keine Gründe für gutes oder schlechtes Abschneiden von Organisationen ermittelt, denn es werden auch keine Kompetenzen direkt miteinander verglichen. So kann sich zwar zeigen, dass eine Organisation beim Kundendienst schlechter abschneidet als eine andere, doch die Gründe werden nicht aufgedeckt. Ein gut strukturiertes Benchmarking kann jedoch Manager dazu bringen, diese Gründe zu ermitteln und so zu verstehen, wie ihre Kompetenzen verbessert werden können.

Wertkette

Eine Wertkette beschreibt die Kategorien von Aktivitäten innerhalb und um eine Organisation herum, die zusammen Produkte oder Dienstleistungen erschaffen.

3.5.2 Die Wertkette und das Wertnetzwerk

Sollen Organisationen einen Wettbewerbsvorteil erzielen, indem sie ihren Kunden einen Wert liefern, so müssen Manager verstehen, welche ihrer Aktivitäten besonders zur Schaffung dieser Werte beitragen und welche nicht. Die Begriffe „Wertkette" und „Wertnetzwerk" können hierbei sehr hilfreich sein.

Wertkette

Primäraktivitäten

Primäraktivitäten sind direkt mit der Erzeugung oder Lieferung eines Produkts oder einer Dienstleistung befasst.

Die **Wertkette** beschreibt die Kategorien von Aktivitäten in und rund um eine Organisation herum, die zusammen ein Produkt oder eine Dienstleistung erschaffen. Der Begriff wurde in Zusammenhang mit Wettbewerbsstrategie von Michael Porter geprägt. *Abbildung 3.4* stellt die Wertkette vor. **Primäraktivitäten** sind direkt mit der Erzeugung oder Lieferung eines Produkts oder einer Dienstleistung befasst. Für den Hersteller eines Produkts sind dies zum Beispiel:

- *Interne Logistik* befasst sich mit dem Erhalt, der Lagerung und der Verteilung von Ressourcen für die Herstellung eines Produkts oder einer Dienstleistung, z.B. Materialverwaltung, Lagerbestandskontrolle, Transport etc.
- *Operationen* wandeln diese Ressourcen in das endgültige Produkt oder die endgültige Dienstleistung um: Handhabung der Maschinen, Verpackung, Montage, Tests etc.
- *Externe Logistik* nimmt das fertige Produkt oder die Dienstleistung auf, lagert sie und liefert sie an den Kunden aus. Darunter fallen Lagerverwaltung, Materialverwaltung, Vertrieb etc.
- *Marketing und Verkauf* stellen die Mittel zur Verfügung, durch welche Kunden/Nutzer auf das Produkt oder die Dienstleistung aufmerksam gemacht werden und wodurch sie diese kaufen können. Dazu zählen Verkaufsverwaltung, Werbung und Verkauf.
- *Dienstleistungen* umfassen alle Aktivitäten, die den Wert von Produkt oder Dienstleistung steigern oder stabil halten, wie etwa Installation, Reparatur, Ausbildung und Ersatzteile.

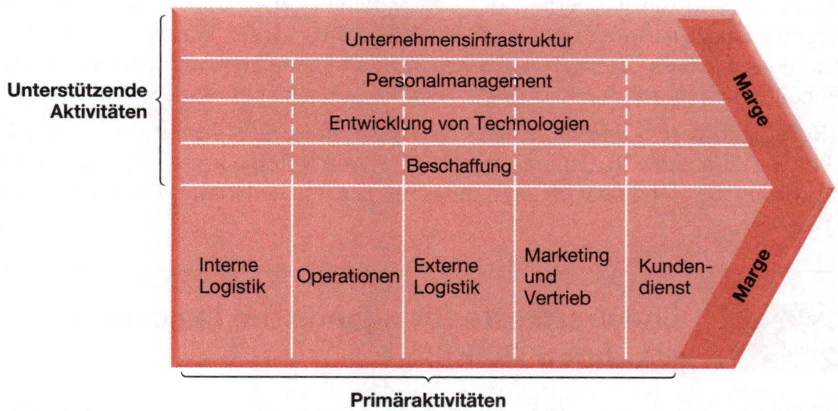

Abbildung 3.4: Aktivitäten in einer Wertkette

Quelle: Anpassung mit Genehmigung von The Free Press, *a Division of Simon & Schuster, Inc., aus „Competitive Advantage: Creating and Sustaining Superior Performance" von Michael E. Porter. Urheberrecht 1985, 1998 Michael E. Porter. Alle Rechte vorbehalten.*

Jede dieser Gruppen von Primäraktivitäten ist mit **unterstützenden Aktivitäten** verbunden. Diese tragen zur Verbesserung der Effektivität oder Effizienz der Primäraktivitäten bei:

Unterstützende Aktivitäten

Unterstützende Aktivitäten tragen zur Verbesserung der Effektivität oder Effizienz von Primäraktivitäten bei.

- *Beschaffung.* Die *Prozesse*, die in vielen Teilen der Organisation ablaufen, um die verschiedenen Ressourcen für die Primäraktivitäten zu erlangen.
- *Entwicklung von Technologien.* Jede Wert schaffende Aktivität basiert auf einer Technologie, auch wenn diese nur aus Know-how besteht. Manche Technologien stehen in direkter Verbindung zu einem Produkt (z.B. F&E, Produktdesign) oder zu den damit verbundenen Prozessen (z.B. Prozessentwicklung) oder zu einer bestimmten Ressource (z.B. Verbesserung der Rohstoffe).
- *Personalmanagement.* Dieser Bereich durchzieht alle Primäraktivitäten. Er befasst sich mit Aktivitäten wie Neueinstellungen, Betreuung, Ausbildung, Weiterentwicklung und Vergütung der Mitarbeiter einer Organisation.

- *Infrastruktur.* Das formale System für Planung, Finanzwesen, Qualitätskontrolle, Informationsmanagement und die Strukturen und Normabläufe, die alle Teil der Organisationskultur sind (siehe *Kapitel 5.3*).

Die Wertkette kann bei der Analyse der strategischen Position einer Organisation in zweierlei Hinsicht von Nutzen sein:

- *Für allgemeine Beschreibungen von Aktivitäten*, die Manager erkennen lassen können, ob an einer bestimmten Stelle der Wertkette eine Ballung von Aktivitäten vorliegt, die für den Kunden Vorteile bringen. Ein Unternehmen könnte beispielsweise im Bereich externe Logistik in Verbindung mit den Aktivitäten für Marketing und Verkauf und unterstützt von neu entwickelten Technologien besonders gute Leistung bringen. Operationen und die interne Logistik dagegen könnten weniger erfolgreich ablaufen. Die Wertkette lässt Manager auch darüber nachdenken, welche Rolle die einzelnen Aktivitäten spielen. In einem kleinen Familienbetrieb, der frische Sandwiches und Snacks verkauft, kann die Zubereitung der Sandwiches zum einen als „Arbeitsprozess", aber auch als „Marketing" bezeichnet werden, denn die Reputation und die Beliebtheit des Geschäfts entstehen durch die sozialen Beziehungen und das Gespräch zwischen Kunde und Verkäufer. Was ist nun richtig? Man könnte sagen, dass dieser Teil als „Operation" bezeichnet wird, wenn er schlecht gemacht wird, und als „Marketing", wenn er gut gemacht wird.
- In Bezug auf *Kosten und Wert der Aktivitäten. Beispiel 3.4* zeigt dies an der Fischzucht. Fischzüchter in Uganda nutzten die Wertkettenanalyse, um herauszuarbeiten, worauf sie sich konzentrieren mussten, um ein rentableres Geschäftsmodell zu entwickeln.

Beispiel 3.4

Eine Wertkette für ugandische Exporte von gekühlten Fischfilets

Selbst kleine Unternehmen können Teil einer internationalen Wertkette sein. Eine Analyse kann auch hier strategische Vorteile bringen.

Eine Fischfabrik in Uganda erwirtschaftete kaum Gewinne. Arme Fischer aus den Dörfern in der Nähe fingen die Fische von ihren eigenen kleinen Motorbooten aus. Kurz vor dem Auslaufen holten sie sich Eis und Plastikbehälter für den Fisch von den Vertretern der Fabrik, die ihnen ihren Fang nach ihrer Rückkehr abkauften. Die Behälter wurden zusammen mit der Fischereiausrüstung und einigen Bootsteilen importiert. Alles musste von den Vertretern im Voraus bar bezahlt werden. Manchmal waren aber Eis und Ausrüstung nicht rechtzeitig verfügbar. Fisch, der mit zu wenig Eis gekühlt wurde, erzielte nur die Hälfte des Preises von ordnungsgemäß gekühltem Fisch oder konnte manchmal gar nicht verkauft werden. Die Fischfabrik verarbeitete die Filets immer in der gleichen Weise: Die Abfälle wurden einfach zurück in den See geworfen. Einmal die Woche kamen ausländische Händler und kauften die besseren Filets; sie sagten nicht, an wen sie diese weiterverkauften und kauften manchmal auch nur sehr wenig.

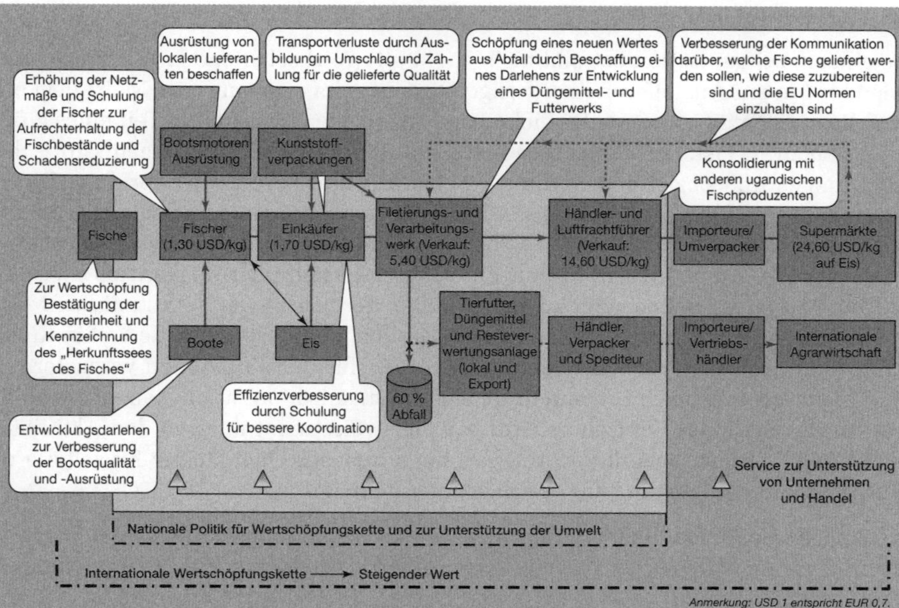

Quelle: Ian Sayers, Leitender Berater Private Sector, Division of Trade Support Services, International Trade Centre, Genf, E-Mail: *sayers@intracen.org.*

Durch die Abbildung der Wertkette wurde klar, dass es entlang der Kette überall Möglichkeiten gab, Mehrwert zu erzeugen und Verluste zu reduzieren. Zusammen mit externen Spezialisten entwickelten die Fischer und die Fischfabrik eine Strategie zur Verbesserung ihrer Fähigkeiten. Sie gründeten ein erfolgreich international agierendes Unternehmen, die Lake Victoria Fish Company, die regelmäßig Fisch weltweit per Luftfracht exportiert. Unter *www.ufpea.co.ug/* finden sich mehr Informationen über ihre aktuellen Aktivitäten. Genaueres über den von ihnen genutzten analytischen Prozess findet sich unter www.justreturn.ch.

(Die angegebenen ungefähren Preise und Kosten geben die Situation vor Einführung der Verbesserungen wieder.)

Kontrollfragen

1. Erstellen Sie eine Wertkette für ein anderes Unternehmen und stellen Sie dabei die Aktivitäten aller Teilbereiche dar.
2. Schätzen Sie die relativen Kosten und/oder Vermögenswerte im Zusammenhang mit diesen Aktivitäten.
3. Welche strategischen Auswirkungen ergeben sich aus Ihrer Analyse?

Das Wertnetzwerk

Wertnetzwerk

Ein Wertnetzwerk bezeichnet die interorganisatorischen Verbindungen und Beziehungen, die zur Erstellung von Produkten oder Dienstleistungen nötig sind.

Eine einzelne Organisation betreibt meist nicht alle Wert schaffenden Aktivitäten vom Design bis hin zur Auslieferung des fertigen Produkts im eigenen Haus. Meist liegt eine Spezialisierung auf bestimmte Bereiche vor, sodass jede Organisation Teil eines größeren *Wertnetzwerks* ist. Das **Wertnetzwerk** ist die Kombination aus interorganisatorischen Verbindungen und Beziehungen, die zur Schaffung eines Produkts oder einer Dienstleistung nötig sind (siehe *Abbildung 3.5*). Eine Organisation muss sich also darüber im Klaren sein, welche Aktivitäten sie selbst durchführen oder unter Umständen fremdvergeben sollte. Da allerdings in den Bereichen Beschaffung und Vertrieb meist die höchsten Kosten entstehen, aber auch der größte Wert geschaffen wird, müssen Manager diesen gesamten Prozess verstehen und begreifen, wie sie bestehende Verbindungen und Beziehungen verwalten können, um den Wert für den Kunden zu verbessern. Es reicht nicht aus, nur nach innen auf die eigene Organisation zu blicken. Die Qualität eines Herds oder eines Fernsehers wird beispielsweise nicht nur von den Aktivitäten des Herstellers selbst beeinflusst, sondern auch von der Qualität der Einzelteile des Zulieferers und der Leistung des Vertriebsunternehmens.

Ein Manager muss also die Grundlagen der strategischen Fähigkeiten seiner Organisation im Zusammenhang des großen Wertnetzwerks verstehen. Vier Kernpunkte sind hier zu beachten:

- *Welche Aktivitäten sind für die strategischen Fähigkeiten einer Organisation von entscheidender Bedeutung*, welche sind weniger wichtig? Ein Unternehmen, das auf einem Markt mit intensivem Wettbewerb aktiv ist, muss vielleicht in wichtigen Bereichen seine Kosten senken und kann dies nur durch die Fremdvergabe an kostengünstigere Produzenten. Ein anderes Unternehmen hält es vielleicht für immens wichtig, die direkte Kontrolle über entscheidende Fähigkeiten zu behalten, besonders wenn diese sich auf Aktivitäten und Prozesse beziehen, die seiner Meinung nach für die Erlangung eines Wettbewerbsvorteils von zentraler Bedeutung sind. So mussten Diamantenschleifer traditionell Rohdiamanten vom Großunternehmen De Beers beziehen. In einem revolutionären Schritt entschloss sich jedoch der Lev-Leviev-Konzern, in eigene Diamantenminen zu investieren, denn hier war man der Ansicht, dass „nichts stabil“ sei, „außer man besitzt seine eigene Mine.“
- *Wo sind die Gewinnreservoire?* **Gewinnreservoire** bezeichnen die unterschiedlichen Gewinnpotenziale, die an verschiedenen Stellen der Wertschöpfungskette erzielbar sind. Einige Teile eines Wertnetzwerks können aufgrund des unterschiedlich intensiven Wettbewerbs schon von Natur aus gewinnbringender sein als andere. In der Computerindustrie war zum Beispiel der Markt für Mikroprozessoren und Software immer schon rentabler als der Markt für Hardware. Die strategische Frage lautet nun, ob es möglich ist, sich auf das Gebiet mit dem größten Gewinnpotenzial zu konzentrieren. Hier muss sehr vorsichtig vorgegangen werden. Es ist eine Sache, ein solches Potenzial zu erkennen; auf diesem Gebiet mit den Fähigkeiten der Organisation erfolgreich zu sein, ist hingegen eine ganz andere Sache. So erkannten in den 1990er-Jahren etwa viele Autohersteller, dass auf dem Gebiet der Dienstleistungen, z.B. bei der Autovermietung und -finanzierung, viel größere Gewinne zu erzielen waren als bei der Herstellung. Doch ihnen fehlten die relevanten Kompetenzen, um in diesen Bereichen erfolgreich zu sein.

Gewinnreservoire

Gewinnreservoire bezeichnen die unterschiedlichen Gewinnpotenziale, die an verschiedenen Stellen der Wertschöpfungskette erzielbar sind.

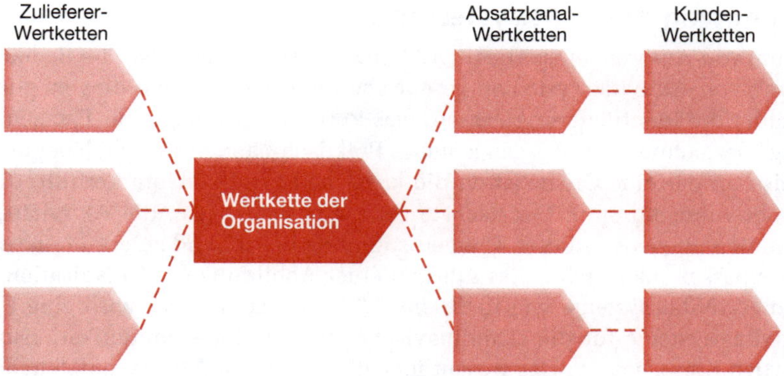

Abbildung 3.5: Das Wertnetzwerk

- Die Entscheidung, bestimmte Aktivitäten oder Teile *selbst zu machen oder zu kaufen,* ist daher von großer Bedeutung. Hier geht es darum, bestimmte Aktivitäten nach *außen zu vergeben.* Heute gibt es Unternehmen, die die Vorteile des sogenannten Outsourcings anbieten (siehe Diskussion in *Kapitel 12*). Je mehr Aktivitäten eine Organisation fremdvergibt, desto wichtiger wird ihre Fähigkeit, die Leistungen anderer Organisationen innerhalb des Wertnetzwerks zu beeinflussen. Diese Fähigkeit kann ihr sogar zu einem Wettbewerbsvorteil verhelfen.
- *Kooperationen.* Wer könnte im Wertnetzwerk der beste Partner sein? Und welche *Beziehungen* sollte man zu jedem Partner entwickeln? Sollten sie zum Beispiel als Zulieferer oder eher als Allianzpartner angesehen werden (siehe *Kapitel 10*)? Manche Unternehmen konnten von engeren Beziehungen zu Zulieferern profitieren, denn sie kooperierten auch in Bereichen wie Marktintelligenz, Produktdesign und F&E.

3.5.3 Aktivitätssysteme

Es fällt einem Manager oft schwer, die strategische Fähigkeit seiner Organisation klar zu definieren. Zu oft wird zu viel Wert auf Fähigkeiten gelegt, die der Kunde gar nicht wertschätzt, die aber innerhalb der Organisation für wichtig gehalten werden, weil sie vielleicht in der Vergangenheit schon geschätzt wurden. Oder man legt auf Faktoren Wert, die eigentlich „entscheidende Erfolgsfaktoren“ sind (Produkteigenschaften, die vom Kunden besonders wertgeschätzt werden.) wie „guter Service“ oder „zuverlässige Lieferung“, während es bei der strategischen Fähigkeit um die Ressourcen, Prozesse und Aktivitäten geht, die die Fähigkeit untermauern, solche kritischen Erfolgsfaktoren zu erreichen. Manchmal werden auch Fähigkeiten auf zu allgemeiner Ebene identifiziert. Dies ist nicht überraschend, denn die strategische Fähigkeit ist ja meist tief in einer komplexen, kausal mehrdeutigen Kombination aus miteinander verbundenen Fähigkeiten verwurzelt (siehe *Kapitel 3.5.3*). Soll aber aktiv mit diesen Fähigkeiten umgegangen werden, ist es wichtig, sie genau zu identifizieren, zu verstehen und die Verbindungen zu entdecken, die für die relevanten Kompetenzen verantwortlich sind.

Abbildung von Aktivitätssystemen

Eine Reihe von Autoren, einschließlich Michael Porter, haben über die Bedeutung der Abbildung von Aktivitätssystemen geschrieben und gezeigt, wie dies möglich wäre. Dabei bildet die Identifizierung dessen, was Porter als „strategische Themen höherer Ordnung" bezeichnet, den Ausgangspunkt. Praktisch handelt es sich dabei um die Art und Weise, in der eine Organisation die kritischen Erfolgsfaktoren erfüllt, die in der Branche bestimmend sind. Der nächste Schritt besteht darin, die Aktivitätsgruppen zu bestimmen, die jedem dieser Themen zugrunde liegen, und zu ermitteln, wie diese zusammenpassen oder nicht. Dies führt zu einer Abbildung der Organisation im Hinblick auf Aktivitätssysteme wie in *Beispiel 3.5* dargestellt. Hier wird eine Übersicht der Aktivitätssysteme für die skandinavische strategische Kommunikationsberatung, Geelmuyden.Kiese, gezeigt. Das wesentliche übergeordnete Thema, auf dem der Erfolg des Unternehmens beruht, sind seine im Laufe der Jahre aufgebauten Kenntnisse darüber, wie eine effektive Kommunikation das „Machtgefüge im Entscheidungsfindungsprozess" beeinflussen kann. Wie allerdings *Abbildung 3.6* zeigt, ist dieses zentrale Thema mit anderen, übergeordneten strategischen Themen verbunden, denen jeweils eine Gruppe flankierender Maßnahmen zugrunde liegt. Dabei sind an dieser Stelle drei Punkte zu betonen:

- *Beziehung zur Wertschöpfungskette.* Die verschiedenen, in einer Aktivitätsübersicht abgebildeten Tätigkeiten können auch als Bestandteile der Wertschöpfungskette gesehen werden. Die interne Methodik ist tatsächlich Bestandteil der Tätigkeit von Geelmuyden.Kiese: Die Einstellungspraxis ist Bestandteil des Personalmanagements des Unternehmens, seine Haltung zu Integrität und Offenheit anstelle der Zurückhaltung von Informationen des Serviceangebots und so weiter. Dabei unterstützt die Abbildung von Aktivitätssystemen ein besseres Verständnis der Komplexität strategischer Fähigkeiten, was für die Bestimmung und Nutzung der Grundlagen für Wettbewerbsvorteile wichtig ist.
- *Bedeutung von Verbindungen und Passung.* Eine Aktivitätssystemübersicht zeigt auf, wie wichtig es ist, dass verschiedene, für die Kunden wertschöpfende Tätigkeiten in die gleiche Richtung gehen und sich unterstützen und nicht im Widerspruch zueinander stehen. Daher müssen wir verstehen, (i) wie die verschiedenen Aktivitäten zueinander passen und sich gegenseitig unterstützen sowie (ii) wie sie extern den Bedürfnissen der Kunden entsprechen. Dies hat zwei Implikationen:
  - die *Gefahr bruchstückhafter Veränderungen* oder Manipulationen solcher Systeme, die unter Umständen die Vorteile bestehender Verbindungen beeinträchtigen können,
  - die daraus resultierende *Herausforderung der Bewältigung von Veränderungen.* Wenn Veränderungen notwendig sind, lautet die Folgerung, dass eine Veränderung eines Teils des Systems beinahe unweigerlich Auswirkungen auf andere Teile haben wird – oder anders formuliert, dass Veränderungen wahrscheinlich für das ganze System gemanagt werden müssen.

- *Verhältnis zu VRIO.* Die Verbindungen und Passung können die Grundlagen eines dauerhaften Wettbewerbsvorteils bilden. Kombiniert können sie für die Kunden *wertvoll*, wirklich charakteristisch und damit *selten* sein. Überdies können einzelne Komponenten, selbst wenn sie vergleichsweise leicht zu imitieren sind, kombiniert die Komplexität sowie die in der Geschichte und der Kultur verwurzelte kausale Ambiguität bilden, die sie *unnachahmlich* macht. Schließlich kann es Aktivitäten im System geben, die selbst keinen Wettbewerbsvorteil bilden, aber *organisationale Unterstützung* für andere Tätigkeiten bieten, die einen solchen Vorteil liefern.

Allerdings sind Aktivitätsübersichten nicht nur auf dieser konzeptuellen Ebene wichtig; sie können auch für das Strategiemanagement direkt hilfreich sein:

- *Disaggregation.* Auch wenn eine Aktivitätsübersicht hilfreich ist, besteht die Gefahr darin, dass Manager bei dem Versuch, Fähigkeiten zu erklären, die ihre Strategie unterstützen, diese Fähigkeiten unter Umständen auf einer zu abstrakten Ebene identifizieren. Für das Verständnis der strategischen Vorteile von Aktivitätssystemen ist wahrscheinlich ein größeres Maß an Disaggregation notwendig. So sprechen beispielsweise Manager von „Innovation" oder „Kundenfreundlichkeit" als Grundlage für „guten Service". Diese Begriffe sind allerdings zu generisch. Sie sind Sammelbegriffe für Tätigkeiten, die auch auf einer stärker operational geprägten Ebene existieren. Wenn eine Aktivitätsübersicht für das Management von Aktivitäten nützlich sein soll, müssen spezifische, überschaubare Aktivitäten auf operationaler Ebene identifiziert werden. So geht beispielsweise aus *Beispiel 3.5* hervor, dass ein Mentorenprogramm von Führungskräften für Nachwuchskräfte wichtig ist, allerdings zeigt die Übersicht an sich nicht speziell, wie dies umgesetzt wird. Die Manager müssen tiefergehende Erklärungen finden, wie bestimmte Aktivitäten andere Aktivitäten unterstützen und so schließlich „Vorteile für die Kunden" bieten.
- *Überflüssige Aktivitäten.* Genau wie bei der Wertschöpfungskettenanalyse kann hier, allerdings in diesem Fall mit einem höheren Detailgrad, die Frage gestellt werden: Gibt es Aktivitäten, die zur Verfolgung einer bestimmten Strategie nicht notwendig sind? Oder welchen Beitrag leisten die Aktivitäten zur Wertschöpfung? Wenn die Aktivitäten keinen solchen Betrag leisten, warum werden sie dann von der Organisation verfolgt? Unabhängig davon, ob Ryanair Aktivitätsübersichten verwendet oder nicht, hat diese Fluggesellschaft systematisch viele Aktivitäten identifiziert und abgeschafft, die andere Fluggesellschaften gewöhnlich bieten. Darüber hinaus sucht das Unternehmen kontinuierlich nach weiteren Aktivitäten, die zur Kostensenkung eliminiert oder ausgelagert werden können.

Abbildung 3.6:
Eine Aktivitätsübersicht

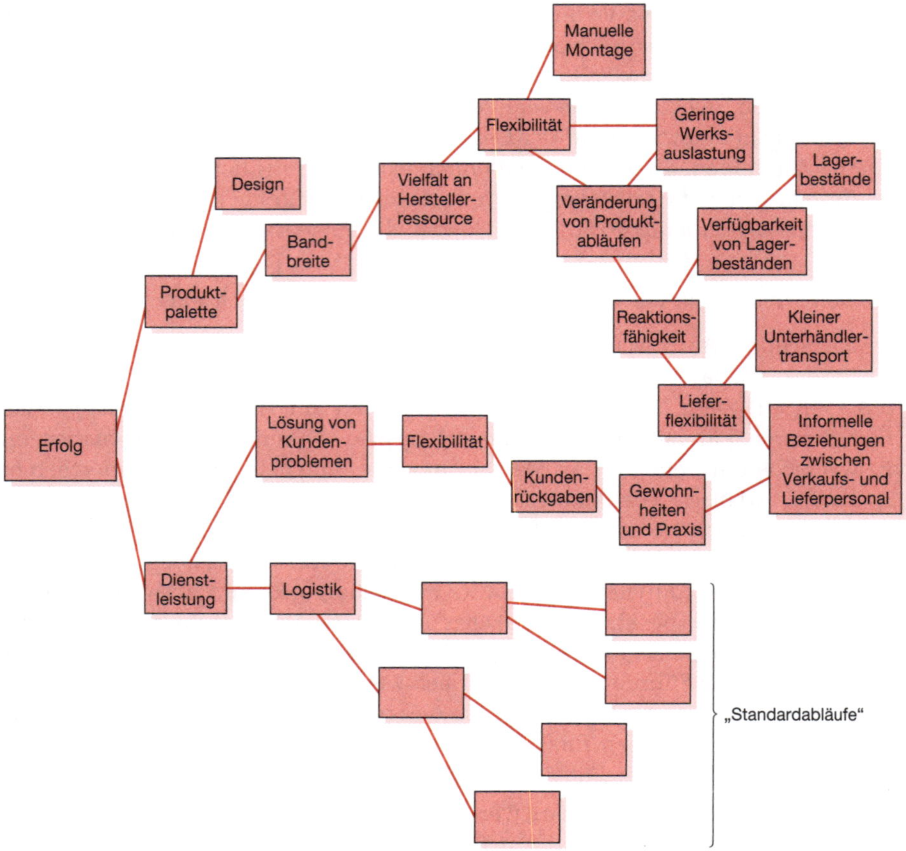

Beispiel 3.5 Aktivitätsübersichten bei Geelmuyden.Kiese

Die strategischen Fähigkeiten einer Organisation können durch verknüpfte Aktivitäten (ein Aktivitätssystem) verstanden und analysiert werden.

Geelmuyden.Kiese ist die größte skandinavische strategische Kommunikationsberatung – eine Erweiterung dessen, was traditionell als Public-Relations-Dienstleistungen (PR) bezeichnet wird. Die Kunden des Unternehmens umfassen Organisationen in der Finanz-, Öl-, Energie- und Pharmaziebranche sowie im Gesundheitswesen. Diese Kunden treten normalerweise dann an Geelmuyden. Kiese heran, wenn sie ein Problem haben, dessen Lösung entscheidend von effektiver externer oder interner Kommunikation abhängt. In diesem Kontext umfassen Leistungen des Beratungsunternehmens die Unterstützung beim Kontakt mit öffentlichen Behörden, Beamten und dem Staat, bei der Investor-Relations-Arbeit, im Kontakt mit den Medien, Kommunikationskampagnen für die Einführung neuer Produkte, Krisenmanagement sowie die firmeninterne Kommunikation zu wesentlichen strategischen Fragen.

Den Kern des Erfolgs des Unternehmens bilden das Know-how, das es seit seiner Gründung 1989 im Hinblick auf die Dynamik von Entscheidungsfindungsprozessen, häufig innerhalb von einflussreichen Institutionen wie dem Staat, gesammelt hat, sowie damit verbunden die Kenntnisse im Hinblick darauf, „wie durch effektive Kommunikation Macht innerhalb dieser Entscheidungsfindungsprozesse verschoben werden kann“. Diese Kenntnisse werden durch einige wesentliche Aspekte der Geschäftstätigkeit des Unternehmens verdeutlicht.

- Das Unternehmen versucht, auf strategischer Ebene mit den Kunden zu arbeiten, und weist den Klienten eine höhere Priorität zu, bei denen diese Arbeit einen besonders hohen Stellenwert hat. Hier setzt das Unternehmen seine eigene interne, auf der Grundlage jahrelanger Erfahrung entwickelte Methodik ein und überprüft die übernommenen Aufträge systematisch sowohl intern als auch auf der Grundlage von Kundenumfragen.
- Das Unternehmen vertritt eine klare Haltung zur *Integrität der Kommunikation*. Es empfiehlt in jedem Fall offene Kommunikation anstatt der Zurückhaltung von Informationen und arbeitet nur mit Klienten zusammen, die diese Prinzipien akzeptieren. Häufig vertritt das Unternehmen diese Haltung bei kontroversen und öffentlich diskutierten Fragen.
- Die Mitarbeiter erhalten ein hohes Maß an *Freiheit*, allerdings verbunden mit einigen absoluten Kriterien der *Verantwortung*. So gelten strenge Regeln für den Umgang mit vertraulichen Informationen der Klienten und im Fall des Bruchs dieser Regeln gibt es strenge Strafen.

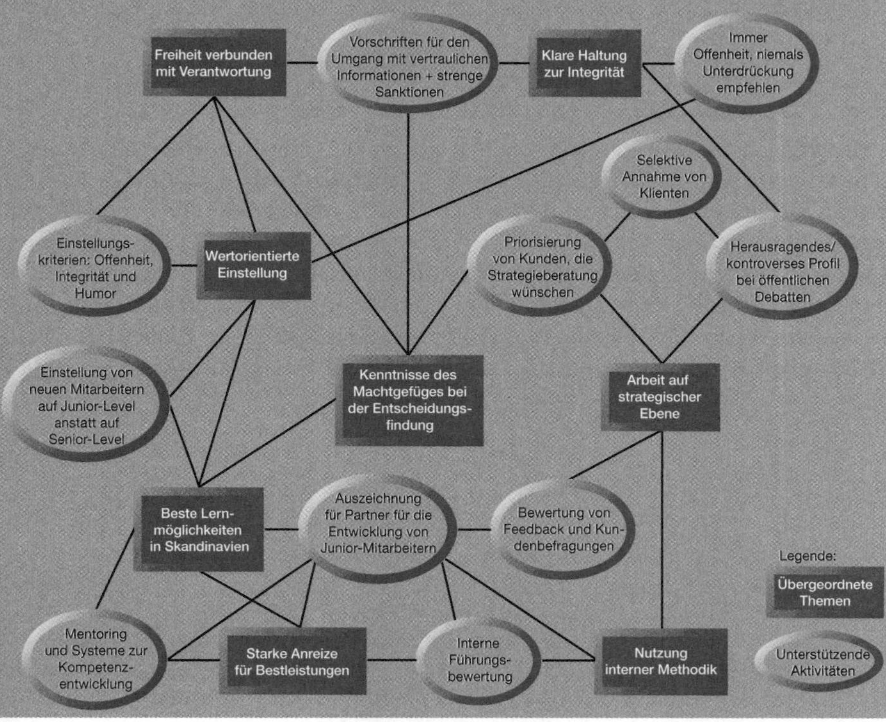

- Die *Einstellung* neuer Mitarbeiter beruht auf der Prämisse der Sicherung dieser Verantwortung. Dies erfolgt weitgehend auf der Grundlage von Werten wie Offenheit und Integrität, aber auch Humor. Dabei liegt das Augenmerk tendenziell auf der Einstellung junger Mitarbeiter und deren Weiterentwicklung. Geelmuyden.Kiese hat gelernt, dass es seine Dienstleistungen so besser erbringen kann als durch die Einstellung bereits etablierter, bekannter Berater. In Verbindung mit dem Mentorensystem für die Kompetenzentwicklung junger Mitarbeiter ist das Unternehmen deshalb überzeugt, dass es jungen Kommunikationsberatern in Skandinavien die besten Lernangebote bietet.
- Darüber hinaus bietet Geelmuyden.Kiese auch starke *finanzielle Anreize* für herausragende Leistungen innerhalb des Unternehmens. Dies umfasst die Anerkennung für die Entwicklung von jungem Personal, aber das System beruht auch auf der internen Bewertung von Führungsqualitäten und Leistung.

Kontrollfragen

1. Es sei angenommen, dass die Manager von Geelmuyden.Kiese dahingehend Recht haben, dass sie einen Wettbewerbsvorteil bieten:
   a. Was wäre für Wettbewerber schwer nachzuahmen und warum?
   b. Gibt es jegliche Tätigkeiten, die, ohne den Wettbewerbsvorteil zu gefährden, abgeschafft werden könnten?
2. Zeigen Sie auf, welche noch spezifischeren Aktivitäten, die die in der Aktivitätsübersicht aufgeführten Tätigkeiten unterstützen, wichtig sein könnten, wenn die Disaggregation (siehe *Kapitel 3.5.3*) von Bedeutung ist.

3.5.4 Stärken-Schwächen- und Chancen-Risiken-Analyse

SWOT-Analyse

Eine SWOT-Analyse (Stärken-/Schwächen- und Chancen/Risiken-Analyse) fasst die wichtigsten Aspekte aus dem Unternehmensumfeld und der strategischen Fähigkeit einer Organisation zusammen, die den wahrscheinlich größten Einfluss auf die Strategieentwicklung haben.

Die wichtigsten strategischen Botschaften aus dem Unternehmensumfeld (*Kapitel 2*) und aus diesem Kapitel können in Form einer Analyse der Stärken, Schwächen, Chancen und Risiken einer Organisation (englisches Akronym: SWOT) zusammengefasst werden. Eine **SWOT-Analyse** (Stärken-Schwächen- und Chance-Risiken-Analyse) fasst die wichtigsten Aspekte aus dem Unternehmensumfeld und der strategischen Fähigkeiten einer Organisation zusammen, die den wahrscheinlich größten Einfluss auf die Strategieentwicklung haben. Diese Analyse kann auch als Basis dienen, um strategische Optionen zu erkennen und zukünftige Handlungsweisen zu bewerten.

Hier besteht das Ziel darin, zu erkennen, inwieweit Stärken und Schwächen für die Veränderungen innerhalb des Unternehmensumfelds relevant sind oder inwieweit sie darauf eingehen können. Soll aber die strategische Fähigkeit einer Organisation erkannt werden – um auf dieses Kapitel Bezug zu nehmen – muss man bedenken, dass diese Analyse niemals absolut, sondern relativ zu verstehen ist. Sie ist also nur sinnvoll, wenn sie komparativ durchgeführt wird – wenn Stärken, Schwächen, Chancen und Risiken im Vergleich zu Konkurrenten analysiert werden. *Beispiel 3.6* zeigt die SWOT-Analyse eines Pharmaunternehmens (Pharmacare).[7] Hier wird davon ausgegangen, dass die wichtigsten Einflüsse aus dem Umfeld in Analysen ermittelt wurden, die in *Kapitel 2* erklärt wurden, und dass wichtige Stärken und Schwächen mittels der in diesem Kapitel erklärten Analysetechniken identifiziert wurden. Um es Managern zu ermöglichen, die Beziehungen zwischen Einflüssen aus dem Umfeld und den Stärken und Schwächen ihrer Organisation einzuschätzen, wird eine Bewertungsskala (von plus 5 bis minus 5) benutzt. Positive Werte (+) bedeuten, dass die Stärken einer Organisation dazu beitragen können, dass sie aus einer umfeldbedingten Veränderung Vorteile ziehen oder ein daraus entstehendes Problem bewältigen kann oder dass eine Schwäche durch eine solche Veränderung ausgeglichen wird. Ein negativer Wert (–) zeigt, dass eine Stärke vermindert wird oder eine Schwäche die Organisation davon abhält, Probleme, die sich aus diesen umfeldbedingten Veränderungen ergeben, zu bewältigen.

Der Aktienkurs von Pharmacare war immer weiter gefallen, denn die Investoren zeigten sich besorgt, dass die starke Marktposition des Unternehmens in Gefahr sei. Eine Fusion, die sich als problematisch erwies, verschlimmerte die Situation zusätzlich. Der pharmazeutische Markt veränderte sich, neue Geschäftspraktiken entstanden, denn es gab neue Technologien. Man wollte Medikamente zu niedrigeren Preisen anbieten und die Politik suchte nach Mitteln und Wegen, um mit den explodierenden Kosten für das Gesundheitswesen und dem immer mündigeren Patienten umzugehen. Konnte Pharmacare mithalten? Eine strategische Analyse der Firmenposition (*Tabelle 1*) bestätigte die Stärken flexibler Verkäufer, eines bekannten Markennamens und einer neuen Gesundheitsabteilung. Es gab jedoch auch große Schwächen, nämlich ein relatives Versagen im Bereich billiger Medikamente, im Bereich Informations- und Kommunikationstechnologie (ICT) und die Unfähigkeit, mit den immer besser informierten Anwendern umzugehen. Als man den Einfluss von Umfeldfaktoren auf die Konkurrenz untersuchte (*Tabelle 2*), zeigte sich, dass Pharmacare immer noch besser aufgestellt war als sein traditioneller Konkurrent (Unternehmen W), doch war es auch potenziell angreifbar durch sich verändernde Dynamiken in der allgemeinen Branchenstruktur durch Nischenunternehmen (X und Y).

7 Für Hintergrundlektüre zur Pharmaindustrie siehe zum Beispiel „From vision to decision Pharma 2020", PWC, *www.pwc.com/pharma*, 2012; „The pharmaceutical industry", Scherer, F. M., *Handbook of health economics*, Band 1 (2000), Teil B, S. 1297–1336; „A wake-up call for Big Pharma", *McKinsey Quarterly*, Dezember 2011 und Gary Pisano, *Science Business*, Harvard Business School Press, 2006.

Eine SWOT-Analyse kann helfen, sich auf die Wahlmöglichkeiten der Zukunft zu konzentrieren und darauf, inwieweit eine Organisation diese strategischen Entscheidungen umsetzen kann. Es bestehen jedoch zwei große Risiken:

- Eine SWOT-Analyse kann *lange Listen* von augenscheinlichen Stärken, Schwächen, Chancen und Risiken ergeben, wobei aber verloren geht, welche Punkte wirklich wichtig und welche von weniger großer Bedeutung sind.
- Es besteht die Gefahr einer *zu starken Verallgemeinerung*. Die Identifikation einer sehr allgemeinen Erklärung strategischer Fähigkeiten liefert noch keine Aufklärung über die zugrunde liegenden Gründe für diese Fähigkeiten. Die SWOT-Analyse kann kein Ersatz sein für eine drastischere Analyse, die mehr Einblick bringt wie etwa die in *Kapitel 2* und *3* beschriebenen Techniken.

Beispiel 3.6 SWOT-Analyse von Pharmacare

Eine SWOT-Analyse untersucht die Beziehung zwischen Einflüssen aus dem Umfeld und den strategischen Fähigkeiten einer Organisation im Vergleich zu deren Konkurrenten.

Tabelle 1

SWOT-Analyse von Pharmacare

	Umfeldveränderung (Chancen und Gefahren)					
	Einschränkungen im Gesundheitswesen	Komplexe und sich verändernde Kaufstrukturen	Gesteigerte Integration des Gesundheitswesens	Informierte Patienten	+	–
Stärken						
Flexible Verkäufer	+3	+5	+2	+2	+12	0
Größenvorteile	0	0	+3	+3	+6	0
Starker Markenname	+2	+1	0	–1	+3	–1
Abteilung zur Ausbildung im Bereich Gesundheitswesen	+4	+3	+4	+5	+16	0

Schwächen						
Eingeschränkte Kompetenzen in Biotechnologie und Genetik	0	0	–4	–3	0	–7
Immer geringere F&E-Produktivität	–3	–2	–1	–2	0	–8
Schwache ICT Kompetenz	–2	–2	–5	–5	0	–14
Übermäßiges Vertrauen in erfolgreiche Produkte	–1	–1	–3	–1	0	–6
Ergebnisse der Umfeldeinflüsse	+9 –6	+9 –5	+9 –14	+10 –12		

Tabelle 2

SWOT-Analysen der Konkurrenten

	Umfeldveränderung (Chancen und Risiken)				
	Einschränkungen im Gesundheitswesen	Komplexe und sich verändernde Kaufstrukturen	Gesteigerte Integration des Gesundheitswesens	Informierte Patienten	Einfluss insgesamt
Pharmacare Großes internationales Unternehmen mit sinkendem Aktienkurs, geringer Forschungsproduktivität und viel Bürokratie nach Megafusion	–3 Unternehmen hat zu kämpfen, um neuen Regulatoren der Einschränkungen im Gesundheitswesen die Kosteneffizienz neuer Medikamente zu beweisen	+6 Bekannte Marke, flexibles Verkaufspersonal gepaart mit einer neuen Abteilung zur Ausbildung im Gesundheitswesen schafft positive Synergien	–3 Schwache ICT und fehlende Integration nach der Fusion. Dadurch sind Vertrieb, Forschung und Verwaltung allesamt geschwächt	–2 Unternehmen muss sich noch an den durch das Internet gestärkten und besser informierten Patienten gewöhnen	–2 Sinkende Leistung verstärkt durch die Fusion

Unternehmen W Großes Pharmaunternehmen mit unausgewogener Reaktion auf den Wandel, verliert Einfluss in neuen Wettbewerbsbereichen	–4 Konzentration auf althergebrachten Verkaufsstil durch Werbeaktionen anstelle den Ärzten zu helfen, die Kosten durch Medikamente zu drosseln	–4 Traditionell eingestelltes Verkaufspersonal ohne Hilfe vom Marketing, das auf nationale Unterschiede nicht eingehen kann	+0 Allianzen mit Ausstattungsherstellern ohne jedoch zu sehr daran zu arbeiten den gegenseitigen Nutzen von Medikamenten und neuen Operationstechniken zu zeigen	+4 Neueinstellungen in der ITC Abteilung arbeiten an einer ganz neuen Integration des Patienten über alle Funktionen hinweg	–4 Das gesamte Unternehmen muss modernisiert werden
Unternehmen X Partnerschaft zwischen einer gemeinnützigen Einrichtung, die von Menschen mit Erfahrung im Bereich Risikokapital geführt wird und führenden Krankenhaus-Genetikern	+3 Potenziell in der Lage, schnelle Fortschritte im Bereich Erbkrankheiten zu liefern	+2 Möglicherweise in der Lage diese durch innovative, kosteneffektive Medikamente zu umgehen	+2 Innovative Medikamente können dazu beitragen, das Gesundheitswesen zu integrieren, weil Patienten zuhause bleiben können	+3 Patienten kämpfen dort um Behandlungsfortschritte, wo in jüngster Zeit keine Verbesserungen erzielt wurden	+10 Könnte Grundlage eines neuen Geschäftsmodells zur Entdeckung neuer Medikamente sein – muss sich aber erst bewähren
Unternehmen Y Entwickelt nur Medikamente für seltene Krankheiten	+3 Partnerschaft mit großem Pharmakonzern ermöglicht die Entwicklung von Medikamenten, die vom Konzern entdeckt wurden, die dieser aber nicht wirtschaftlich weiterverfolgen kann	0 Konzentration auf kleine Marktsegmente; dadurch nicht so anfällig für die allgemeine Marktstruktur. Doch der innovative Ansatz kann auch riskant sein	+2 Innovative Nutzung des Internets, um zu zeigen, warum die Weiterentwicklung von Produkten, die nur bei sehr seltenen Erkrankungen von Nutzen sind, trotzdem lohnend ist	+1 Kostenfreie Call Center für Patienten mit seltenen Erkrankungen: Unternehmen und Patienten verfolgen gesetzte Leitlinien mit großer Leidenschaft	+6 Neuer Ansatz; kann sowohl als riskant als auch als der Gewinner angesehen werden – oder als beides!

Kontrollfragen

1. Was sagt die SWOT-Analyse über die Wettbewerbsposition von Pharmacare innerhalb der gesamten Branche aus?
2. Wie bereitwillig identifizieren die Führungskräfte bei Pharmacare die Stärken und Schwächen der Konkurrenz?
3. Identifizieren Sie die Vor- und Nachteile einer SWOT-Analyse (über die im Text genannten Punkte hinausgehend), wie sie in diesem Beispiel dargestellt ist.

Zusammengestellt von Jill Sheperd, Segal Graduate School of Business, Simon Fraser University, Vancouver, Canada

3.6 Das Management strategischer Fähigkeiten

Im letzten Abschnitt ging es um die Identifizierung strategischer Fähigkeit. In diesem Abschnitt wird nun betrachtet, was ein Manager über diese Identifizierung hinaus tun kann, um die strategische Fähigkeit seiner Organisation zu managen und zu verbessern.

Eine Lektion, die sich aus dem Verständnis strategischer Fähigkeiten ergibt, lautet, dass es unter Umständen schwierig sein kann zu erkennen, wo die Grundlage eines Wettbewerbsvorteils liegt. Daher sind die hier erklärten Analysearten, insbesondere VRIO, die Wertkettenanalyse und Aktivitätsübersichten von zentraler Bedeutung, wenn Manager die Ressourcen und Fähigkeiten ihrer Unternehmen verwalten wollen. Wenn die Fähigkeiten auf diesen Ebenen nicht verstanden werden, besteht die Gefahr, dass Manager sich für die falsche Vorgehensweise entscheiden. So haben beispielsweise die Manager einer Großreinigung eine Aktivitätsübersicht erstellt. Dabei stellte sich heraus, dass die Art und Weise, wie die Lasterfahrer die Abholung der oft schmutzigen Kleidungsstücke von den Industriestandorten durchführten, von den Kunden als besonders wertvoll bewertet wurde. Dies hat sich durch Gewohnheit und Praxis entwickelt, die Wettbewerber handhabten dies nicht so und selbst den Managern war dies bis zur Aufstellung der Übersicht nicht klar. Die Ironie lag in diesem Fall aber darin, dass die Manager gerade dabei waren, den Lieferwagenbereich auszulagern. Damit hätten sie, um Kosten einzusparen, die Kontrolle über eine der potenziellen Grundlagen eines Wettbewerbsvorteils aufgegeben. Dies zeigt die Bedeutung der Diagnose strategischer Fähigkeiten. Allerdings kann auch die Entwicklung strategischer Fähigkeiten, die einen Wettbewerbsvorteil bilden, extrem schwierig sein, wie durch die strengen zu erfüllenden, in *Kapitel 3.4* weiter vorne aufgeführten Kriterien verdeutlicht wird. Daher liegt die Frage darin, was die Manager nach der Diagnose zu den strategischen Fähigkeiten eines Unternehmens tun können, um solche zu entwickeln, auszubauen oder zu verbessern.[8]

Manager können strategische Fähigkeiten auf unterschiedliche Art und Weise fördern:

- *Interne Entwicklung von Fähigkeiten.* Können Fähigkeiten hinzugefügt oder aufgewertet werden, sodass sie noch stärker Ergebnisse liefern, die die kritischen Erfolgsfaktoren bedienen? Dies kann beispielsweise durch Folgendes erreicht werden:

---

8 Dieser Abschnitt nimmt Bezug auf die Arbeit von Veronique Ambrosini; siehe Fußnote 28.

- *Aufbau und Neukombination von Fähigkeiten.* Die Schaffung vollkommen neuer Fähigkeiten, die einen Wettbewerbsvorteil schaffen, erfordert unternehmerische und interne Fähigkeiten. Die Manager können ein Führungssystem und eine Kultur aufbauen, die die Innovation von Fähigkeiten fördert oder neue Projektbereiche außerhalb der Regeln der üblichen F&E und Produktentwicklung bildet.[9]
- *Fähigkeiten übertragen.* Manager könnten strategische Fähigkeiten in einem Unternehmensbereich identifizieren, etwa beim Kundendienst eines geografischen Standorts eines internationalen Unternehmens, die es an anderen Standorten nicht gibt. Dann könnten sie versuchen, diese an allen Standorten auszubauen. Dies scheint zwar ein ganz einfaches Vorhaben zu sein, Studien[10] haben jedoch ergeben, dass dem nicht so ist. Es kann schwierig sein, die Fähigkeiten eines Organisationsbereichs auf einen anderen zu übertragen, denn daraus ergibt sich das Problem, Veränderungen zu managen (siehe *Kapitel 14*).
- *Fähigkeiten ausdehnen.* Manager könnten die Möglichkeit sehen, mittels bestehender Fähigkeiten neue Produkte oder Dienstleistungen zu entwickeln. So ist tatsächlich der Aufbau neuer Unternehmen auf diese Art und Weise die Grundlage der verwandten Diversifikation, die in *Kapitel 7* erklärt wird.

- *Externe Entwicklung von Fähigkeiten.* Auch der Blick nach außen kann Entwicklungsmöglichkeiten für neue Fähigkeiten bieten. So könnten Manager durch Übernahmen, Allianzen oder Joint Ventures danach streben, neue Fähigkeiten zu entwickeln oder zu erlernen (siehe *Kapitel 10*).
- *Aktivitäten auslaufen lassen.* Könnten aktuelle Aktivitäten, die dem Kunden nicht wirklich wichtige Werte einbringen, beendet, fremdvergeben oder in kostenreduzierter Form weitergeführt werden? Wenn Manager die für die Grundlagen von Wettbewerbsvorteilen entscheidenden Fähigkeiten kennen, können sie diese beibehalten und sich auf Kostenbereiche konzentrieren, die weniger bedeutend sind.
- *Outputs und Vorteile überwachen, wenn ein vollständiges Verständnis von Fähigkeiten nicht möglich ist.* In manchen Organisationen wissen die Manager unter Umständen, dass es Tätigkeiten mit einer positiven Wirkung auf den Wettbewerbsvorteil, verstehen aber deren genaue Entstehung eventuell nicht vollständig. So kann beispielsweise der Kundennutzenvorteil von hochspezialisierten Fähigkeiten wie in einem führenden High-Tech-Unternehmen oder von komplexen Verknüpfungen weiter innerhalb der Organisation abhängen. Hier müssen die Manager vorsichtig sein, damit sie die Grundlagen solcher Fähigkeiten nicht stören, während sie gleichzeitig sicherstellen, dass sie die für die Kunden geschaffenen Ergebnisse und Nutzen überwachen.[11]
- *Bewusstseinsentwicklung.* Eines der Ergebnisse dieses Kapitels besagte, dass strategische Fähigkeiten oft in den alltäglichen Aktivitäten der Mitarbeiter in Unternehmen verborgen sind. Es ist also wichtig, diese Mitarbeiter zu befähigen, die Relevanz ihrer Handlungen in Bezug auf die strategischen Fähigkeiten einer Organisation zu

---

9 Für eine Erörterung der Frage, wie die Peripherie in Organisationen radikal neue Fähigkeiten aufbauen kann, siehe P. Regnér, „Strategy creation in the periphery: inductive versus deductive strategy making", *Journal of Management Studies*, Band 40, Nr. 1 (2003), S. 57–82.

10 Siehe C. A. Maritan und T. H. Brush, „Heterogeneity and transferring practices: implementing flow practices in multiple plants", *Strategic Management Journal*, Band 24, Nr. 10 (2003), S. 945–960.

11 Diese Beobachtung wurde von Veronique Ambrosini in ihrem Buch gemacht (siehe Fußnote 23 oben).

erkennen. Dies legt nahe, dass eine Einstellungspolitik, Schulung und Entwicklung (einschließlich der Entwicklung des Bewusstseins der Mitarbeiter dafür, welchen Beitrag sie zum Wettbewerbsvorteil leisten) alle von entscheidender Bedeutung für den Einsatz und die Entwicklung von Fähigkeiten sind. Zusammen mit dem organisationalen Lernen werden diese Fragen in späteren Kapiteln zu organisationalen Faktoren für den Erfolg und strategischem Wandel (*Kapitel 13* und *14*) erörtert.

Ein Großteil der Erörterungen in diesem Kapitel baut auf der Forschung und den Arbeiten von Forschern auf, die einen ressourcenorientierten Ansatz zur Strategie verfolgen. Sie betonen daher die zentrale Bedeutung des Managements von Ressourcen und Fähigkeiten für Wettbewerbsvorteile. Im abschließenden Beispiel werden noch einmal die Argumente für und gegen den praktischen Wert einer solchen Genehmigung zusammengefasst.

Im Fokus: Der ressourcenorientierte Ansatz des Wettbewerbsvorteils: Ist er für Manager sinnvoll?

Obwohl der ressourcenorientierte Ansatz (RBV) zur Strategie während der letzten Jahrzehnte sehr einflussreich gewesen ist, wurde er von einigen Experten in Frage gestellt.

Dabei gab es drei stets wiederkehrende Kritikpunkte:

1. *Das Risiko der Tautologie.* Der ressourcenorientierte Ansatz der Strategie erklärt sich im Grunde daraus, dass die Eigenschaften der Ressourcen oder Fähigkeiten, die einen Wettbewerbsvorteil bringen, wertvoll und selten sind. Da Wettbewerbsvorteil im Sinne von Wert und Seltenheit definiert ist, lautet das Argument von Richard Priem und John Butler, dass dies an eine Tautologie grenzt. Wenn man argumentiert, dass ein Unternehmen bessere Leistungen bringt als sein Konkurrent, weil es über bessere Ressourcen verfügt oder in manchen Dingen einfach besser ist als die Konkurrenz, ist das wenig hilfreich, es sei denn, man kann genau definieren, welche Fähigkeiten warum wichtig sind und wie sie gefördert werden können.
2. *Fehlende Genauigkeit.* Ein zweiter, mit dem ersten verbundener Kritikpunkt bezieht sich auf die axiomatischen Definitionen des RBV sowie die Tatsache, dass Ressourcen nicht spezifiziert werden. Die Definitionen sind zu allgemein und können beinahe jeden Vermögenswert eines Unternehmens umfassen. Wenn allerdings alles eine Ressource sein kann, dann kann nichts strategisch Nützliches mit dem Unternehmen verbunden sein, ohne eine Ressource zu bilden. Laut Priem und Butler gilt dies besonders in Bezug auf die angebliche Bedeutung stillschweigenden Wissens für die Erlangung eines Wettbewerbsvorteils. „Von der Beschreibung her mag dies wohl korrekt sein, einem Praktiker fällt es jedoch ziemlich schwer, etwas zu manipulieren, das von Natur aus nicht mit dem Verstand erfassbar ist." Auch andere Forscher sind zu der Ansicht gelangt, dass der RBV dies bewältigt, da „die praktische Beurteilung und Bewertung von Ressourcen subjektive Einschätzungen, Wissensaufbau und unternehmerisches Urteilsvermögen beinhaltet" (Kraaijenbrink et al.), dabei handelt es sich um Punkte, die der RBV weitgehend ignoriert.

3. *Mangelnde Dynamik.* Kritiker argumentieren, dass der ressourcenorientierte Ansatz nur unter weitgehend stabilen Bedingungen gilt, unter denen die „Spielregeln“ einer Branche relativ fix sind. In weniger vorhersehbaren Situationen kann der Wert von Ressourcen leicht und schnell abnehmen. Darüber hinaus müssen sich Ressourcen verändern, wenn sie mit einem dynamischen Umfeld Schritt halten sollen, allerdings erklärt der ressourcenorientierte Ansatz die Quellen von Ressourcen nicht, die zu einem Wettbewerbsvorteil führen.

Jay Barney[2], einer der Hauptbefürworter des ressourcenorientierten Ansatzes, widerlegt den Großteil der oben aufgeführten Kritikpunkte, räumt aber ein, dass man mehr darüber wissen müsse, wie Ressourcen zu einem langfristigen Wettbewerbsvorteil führen:

1. Barney verteidigt den praktischen Wert dieses Ansatzes, da er betont, dass Manager kritische Ressourcen identifizieren, bewerten und entwickeln müssen, selbst wenn der RBV-Ansatz nicht genau erklärt, wie dies zu tun sei. Seiner Ansicht nach enthalten viele Theorien zur Strategie Tautologien, wenn sie so umformuliert werden, wie die RBV-Kritiker dies tun, und viele dieser Strategien sind in ihren Frühphasen deskriptiv und nicht präskriptiv. Auch wenn er dem Kritikpunkt der Tautologie nicht zustimmt, ist auch er der Ansicht, dass der Wert der Ressourcen auf einem Markt exogen bestimmt werden muss.
2. Barney gibt zu, dass Ressourcen allumfassend definiert werden, allerdings lehnt er die Ansicht ab, dass diese die geschäftliche Relevanz des ressourcenorientierten Ansatzes senken. Im Gegenteil, so argumentiert er, verbessert dies sogar die Anwendbarkeit des Ansatzes. Seiner Ansicht nach ist es nicht möglich, eine umfassende Liste aller Ressourcen aufzustellen, die zu langanhaltenden Wettbewerbsvorteilen führen. Was der ressourcenorientierte Ansatz tatsächlich bietet, ist eine eindeutige Definition der spezifischen, erforderlichen Attribute. Danach können die Manager diese Logik dann bei der Bewertung und Entwicklung von Ressourcen anwenden.
3. Die Befürworter des ressourcenorientierten Ansatzes argumentieren, dass der Ansatz, im Gegensatz zur Kritik der mangelnden Dynamik, explizit bestätigt, dass Änderungen der Bedingungen des Umfelds den Wettbewerbsvorteil einer bestimmten Ressource unterminieren könnten. Allerdings räumt Barney auch ein, dass dynamische Fragen der Veränderung und Schaffung von Ressourcen nicht von RBV abgedeckt sind und dass dieser Aspekt in den Ansatz der dynamischen Fähigkeiten integriert werden muss.

Quelle: R. Priem und J. E. Butler, „Is the resource based view a useful perspective for strategic management research?“, *Academy of Management Review*, Band 26, Nr. 1 (2001), S. 22–40, J. Kraaijenbrink, J.-C. Spender und A. J. Groen, „The resource-based view: a review and assessment of its critiques“, *Journal of Management*, Band 36, Nr. 1 (2010), S. 349–372, J. B. Barney, „Is the resource based view a useful perspective for strategic management research? Yes“, *Academy of Management Review*, Band 26, Nr. 1 (2001), S. 41–56.

Kontrollfragen

1. Wie einfach wäre es Ihrer Meinung nach, die strategischen Fähigkeiten nachzuahmen, die einen echten Wettbewerbsvorteil ermöglichen?
2. Welche Rollen spielen Ihrer Meinung nach Phantasie und Kreativität bei der Identifizierung neuer und wertvoller strategischer Fähigkeiten und Kombinationen?
3. Ist die Ressourcenansicht sinnvoll?

ZUSAMMENFASSUNG

- *Strategische Fähigkeiten* befassen sich mit der Eignung und Angemessenheit von Ressourcen und Kompetenzen, die eine Organisation zum Überleben und zum erfolgreichen Agieren benötigt. Strategische Fähigkeiten umfassen Ressourcen und Kompetenzen, mittels derer diese Ressourcen genutzt und eingesetzt werden.
- Will eine Organisation einen *Wettbewerbsvorteil* erlangen, braucht sie Ressourcen und Kompetenzen, die sowohl für den Kunden wertvoll als auch für Konkurrenten schwer zu imitieren sind (diese Kompetenzen werden als *Kernkompetenzen* bezeichnet).
- Die Nachhaltigkeit eines Wettbewerbsvorteils hängt höchstwahrscheinlich davon ab, ob die vorhandenen strategischen Fähigkeiten mindestens den *Grenzwert* auf einem Markt erfüllen, aber auch *für den Kunden wertvoll, selten und nicht zu imitieren* sind sowie *von der Organisation unterstützt* werden und damit die VRIO-Kriterien erfüllen.
- Es ist unwahrscheinlich, dass solche strategischen Fähigkeiten unter dynamischen Bedingungen stabil bleiben. Unter diesen Umständen sind *dynamische Fähigkeiten* wichtig, die Fähigkeit also, strategische Fähigkeiten immer wieder zu verändern und anzupassen.
- Es gibt verschiedene Möglichkeiten, *organisationale Fähigkeiten zu identifizieren:*
  - die VRIO-Analyse der strategischen Fähigkeiten als Instrument, um zu bewerten, ob diese einen Beitrag zum Wettbewerbsvorteil leisten,
  - *Benchmarking*, um die relative Leistung einer Organisation zu verstehen,
  - die Analyse von *Wertkette* und *Wertnetzwerk* einer Organisation, um zu verstehen, wie für den Kunden Werte entstehen und wie diese entwickelt werden können,
  - die *grafische Aktivitätsübersicht* als Mittel, detailliertere Aktivitäten zu erkennen, die die vorhandenen strategischen Fähigkeiten untermauern, die *SWOT-Analyse* als Möglichkeit, die Stärken, Schwächen, Chancen und Gefahren, der sich eine Organisation gegenüber sieht, zusammenzufassen.
- Manager müssen bedenken, wie und inwieweit sie die *Entwicklung strategischer Fähigkeiten* in ihrer Organisation fördern können, indem sie diese ausdehnen oder Fähigkeiten hinzufügen und indem sie ihre Mitarbeiter richtig betreuen.

ZUSAMMENFASSUNG

Aufgaben

*Kennzeichnet schwierigere Aufgaben.

3.1 Identifizieren Sie anhand der *Tabelle 3.2* die Ressourcen und Kompetenzen einer Organisation, mit der Sie vertraut sind, wie beispielsweise Ihre Universität oder Hochschule.

***3.2** Führen Sie bei einem Unternehmen, mit dem Sie vertraut sind, eine Analyse der strategischen Fähigkeiten durch, um herauszufinden, ob es Fähigkeiten gibt, und wenn ja, welche davon die Kriterien (a) wertvoll, (b) selten, (c) Nicht-Nachahmbarkeit und (d) organisationale Unterstützung erfüllen (siehe *Kapitel 3.4, Tabelle 3.3*).

***3.3** Wählen Sie eine Branche oder einen Sektor und überlegen Sie, wie sich die strategischen Fähigkeiten, die einem bestehenden Wettbewerbsvorteil (oder im öffentlichen Bereich der besten Dienstleistung) zugrunde liegen, mit der Zeit verändert haben. Warum kam es zu diesen Veränderungen? Wie haben sich die relativen Stärken verschiedener Unternehmen oder Dienstleister im Laufe dieser Zeit verändert? Warum?

3.4 Stellen Sie eine Wertkette/Netzwerkanalyse für eine Organisation Ihrer Wahl dar (Bezugnahme auf *Beispiel 3.4* könnte hilfreich sein). Sie können in Ihrer Antwort gern auf eine Fallstudie im Buch, wie Ryanair oder die Fallstudie am Ende des Kapitels, Rocket Internet, Bezug nehmen.

***3.5** Führen Sie bei einer Ihnen zugänglichen Benchmarking-Analyse eine kritische Bewertung von Nutzen und Risiken dieses Ansatzes durch.

Integrative Aufgabe

3.6 Erstellen Sie eine SWOT-Analyse einer Organisation Ihrer Wahl und setzen Sie diese in Bezug zu Konkurrenten (siehe *Beispiel 3.6*). Erklären Sie, warum Sie jeden Faktor gewählt haben, den Sie in Ihrer Analyse mit einbezogen haben, und erklären Sie genau, welche Beziehung diese zu anderen Analysen, die Sie in *Kapitel 2* und *3* durchführten, haben. Welche Schlussfolgerungen können Sie aus Ihrer Analyse ziehen und wie würden diese eine Strategiebewertung informieren (*Kapitel 11*)?

Literaturempfehlungen

- Für ein Verständnis des ressourcenorientierten Ansatzes eines Unternehmens gibt es eine frühe, vielzitierte Abhandlung von Jay Barney, „Firm ressources and sustained competitive advantage“, *Journal of Management*, Band 17 (1991), S. 99–120. Einen Überblick über die Forschung zum ressourcenorientierten Ansatz bieten Jay B. Barney, David J. Ketchen Jr. und Mike Wright, „The future of resource-based theory: revitalization oder decline?“, *Journal of Management*, Band 37, Nr. 5 (2011), S. 1299–1315.
- C. Helfat, S. Finkelstein, W. Mitchell, M. Peteraf, H. Singh, D. Teece und S. Winter haben ein umfassendes Werk zu dynamischen Fähigkeiten geschrieben, „Dynamic Capabilities: Understanding Strategic Chance in Organisations“, *Blackwell Publishing*, 2007. Das Konzept dynamischer Fähigkeiten wird von Barreto, L. in „Dynamic capabilities: a review of past research and an agenda for the future“, *Journal of Management*, Band 36, Nr. 1 (2010), S. 256–280 untersucht.
- Für eine Erörterung der Mikrogrundlagen und dynamischen Fähigkeiten siehe „Explicating dynamic capabilities: the nature and microfoundations of (sustainable) enterprise performance“, *Strategic Management Journal*, Band 28, S. 1319–1350 (2007) und sein Buch „Dynamic capabilities and strategic management – organizing for innovation and growth“, *Oxford University Press*, 2009.

- Michael Porter erklärt, wie die Darstellung von „Aktivitätssystemen“ für die Einschätzung von Wettbewerbsstrategien wichtig sein können: „What is strategy?“, *Harvard Business Review*, November–Dezember (1996), S. 61–78.
- Für eine kritische Diskussion zu Nutzen und Missbrauch der SWOT-Analyse siehe T. Hill und R. Westbrook, „SWOT analysis: it's time for a product recall“, *Long Range Planning*, Band 30, Nr. 1 (1997), S. 46–52.

Fallstudie
Rocket Internet – wird die Kopie nachgeahmt?

Einführung

Oliver Samwer, Peter Kimpel und Alexander Kudlich – das Management von Rocket Internet
Quelle: https://www.rocket-internet.com/media

Rocket Internet ist ein sehr erfolgreicher Startup-Inkubator und eine Kapitalbeteiligungsgesellschaft mit Sitz in Berlin. Das Unternehmen gründet, entwickelt und finanziert E-Commerce und anderen Online-Einzelhandel. Weltweit hat das Unternehmen 25 Niederlassungen mit mehr als 700 Mitarbeitern und weiteren 15.000 Mitarbeitern in den Portfoliounternehmen. Rocket Internet hat zur Gründung und Markteinführung von mehr als 100 Startup-Unternehmen beigetragen und ist momentan in mehr als 50 Portfoliounternehmen in über 40 Ländern aktiv.

Das Unternehmen wurde von den Samwer-Brüdern Alexander, Oliver und Marc gegründet. Nachdem sie Ende der 1990er-Jahre ins Silicon-Valley gegangen waren, ließen sie sich von der kalifornischen Unternehmerkultur und insbesondere eBay inspirieren. Die Brüder boten eBay die Gründung einer deutschen Version des Online-Auktionshauses an, erhielten aber keine Antwort von eBay. Stattdessen gründeten sie ihr eigenes eBay-Nachahmerunternehmen Alando und passten es den deutschen Bedingungen an. Einen Monat später wurde es von eBay für $ 50 Millionen übernommen. Dies war ihr erster großer Online-Erfolg, sollte aber bei weitem nicht der letzte bleiben.

Als Nächstes gründeten die Brüder Jamba, eine Plattform für Klingeltöne und Mobiltelefonanwendungen. Diese Plattform wurde 2004 für $ 273 Millionen an VeriSign, ein Netzwerkinfrastrukturunternehmen, verkauft. Seitdem sind die Brüder Samwer Experten darin, vielversprechende Geschäftsmodelle, insbesondere in den USA, zu identifizieren sowie nachzuahmen und international schneller zu skalieren, als dies den ursprünglichen Unternehmen möglich ist. Dieses Modell bildet auch die Grundlage von Rocket Internet, das 2007 gegründet wurde. Verschiedene ihrer Projekte sind zwischenzeitlich von dem Unternehmen, das ursprünglich die Idee hatte (siehe Tabelle 1), übernommen worden. Zwei ihrer bekanntesten Unternehmen nach Alando waren CityDeal, das an das amerikanische Unternehmen Groupon verkauft wurde, und eDarling, das an das amerikanische eHarmony verkauft wurde.

Das Unternehmen ist dafür kritisiert worden, dass es einfach ohne originelle Ideen Nachahmer produziert, mitunter wurde sogar behauptet, dass es einfach eine Betrugsmasche darstellt, mit der die ursprünglichen Unternehmen abgezockt werden. Allerdings bleibt die Frage bestehen: Warum ist es noch niemandem gelungen, erfolgreich Rocket Internet zu kopieren, wenn das Unternehmen so unglaublich erfolgreich ist und dieser Erfolg einfach auf Nachahmungen beruht? Die Brüder haben durch Oliver Samwer ihr Geschäftsmodell wie folgt in *Wired* verteidigt:

> *„Schauen Sie sich doch die Realität an. Wie viele Automobilhersteller gibt es denn? Wie viele Waschmaschinenhersteller gibt es? Wie viele Best Buys gibt es? Hat jemand behauptet, das Dixons Best Buy kopiert hat, oder hat irgendjemand jemals geschrieben, das Best Buy Dixons kopiert hat oder das Media Markt Dixons kopiert hat? Nein, man spricht von Media Markt. Man spricht von Dixons. Man spricht von Best Buy. Aber wo liegt der Unterschied? Ist es nicht alles das Gleiche?*

Quelle: http://www.economist.com/node/21525394#

Tabelle 1

Einschließlich eines Anteils an Groupon

Unternehmen	Gründungsjahr	Geschäft	Käufer	Gründungsjahr	Preis (Mio. $)	Jahre der Transaktion
Alando	1999	Online-Marktplatz	eBay	1995	50	1999
cember.net	2005	Online-Business-Netzwerk	Xing	2003	6,4	2008
eDarling	2009	Internet-Dating	eHarmony	1998	30 % Anteil*	2010
GratisPay	2009	Virtuelle Währung für Online-Spiele	SonsorPay	2009	n.a.	2010
CityDeal	2009	Rabattangebote für Verbraucher	Groupon	2008	126[1]	2010
viversum	2003	Online-Astrologie	Questico	2000	n.a.	2010

**Mit Option auf weiteren Kauf*

Quelle: Gründerszene.de

[1] *Einschließlich einer Beteiligung an Groupon*

Finanzen und Expertenteams

Rocket Internet verfügt über starke finanzielle Unterstützung durch seinen globalen Hauptinvestor, Kinnevik, ein schwedisches Investmentunternehmen. Durch seine langjährige Erfahrung im Bereich der Investition in neue Unternehmen und sein globales Kontaktnetzwerk leistet Kinnevik auch einen Beitrag. Viele andere Investoren investieren direkt in die Startups und in den späteren Entwicklungsstufen. Zu diesen gehören die amerikanische Investmentbank J.P. Morgan. Für die Zusammenarbeit mit den Investoren und die Strukturierung der Finanzlösungen hat Rocket Internet ein Team aus ungefähr 35 Experten im Finanzwesen, die in der Firmenzentrale in Berlin arbeiten.

Während Rocket Internet über die finanziellen Fähigkeiten verfügt, die ein Startup-Inkubator und eine Kapitalbeteiligungsgesellschaft benötigen, entwickelt es auch die Konzepte für neue Unternehmen, liefert die notwendigen Technologieplattformen und kombiniert verschiedene Fähigkeiten, die für die Gründung neuer Unternehmen notwendig sind. Insgesamt arbeiten ungefähr 250 Experten in der Unternehmenszentrale in Berlin. Diese Experten gehören zu verschiedenen Expertenteams. Insgesamt ist die technische Planung, einschließlich der IT-Software, Programmierung und Webdesignfähigkeiten natürlich von grundlegender Bedeutung für die Produktentwicklung. Daher arbeiten in der Firmenzentrale ungefähr 200 Ingenieure, die Zugang zu hochmodernen Technologien und Tools haben.

Außerdem gibt es noch mehrere andere Expertenteams, insbesondere im Bereich Marketing, mit Kundenmanagement, Kundenbeziehungsmanagement und Online-Marketing. Andere Bereiche umfassen Operations, Business Intelligence und Personalmanagement. Abgesehen von diesem Expertenwissen hat Rocket Internet auch ein Global-Venture-Development-Programm, das eine weltweit agierende, mobile Task Force mit unternehmerischen Talenten umfasst, die auf allen internationalen Märkten weiteres Know-how erbringen können. Diese Task Force umfasst Projektentwickler mit funktionalen Fähigkeiten in den Bereichen der Produktentwicklung, Lieferantenmanagement, Betrieb und Online-Marketing. Dabei wechseln die Mitglieder der Task Force alle vier bis sechs Monate in ein neues Projekt in einem anderen Teil der Welt.

Personalmanagement und Kultur

Die Personalabteilung sorgt nicht nur regelmäßig für personelle Unterstützung für Rocket Internet, sondern stellt auch Spezialisten für die Expertenteams und das Global-Development-Programm und, nicht zuletzt, die Gründer der Unternehmen ein. Auf der Grundlage des vom Silicon Valley inspirierten Unternehmergeists wird dabei persönliche Motivation stärker betont als gute Noten. Die Leiterin der Personalabteilung, Vera Termühlen, erklärte dies wie folgt gegenüber VentureVillage.com:

> *„Im Großen und Ganzen spielt es keine Rolle, ob ein Bewerber von einer Eliteuniversität kommt. Im Bereich der globalen Projektentwicklung suchen wir Bewerber, die aktiv sind, erstklassige Leistungen erzielen und über analytische Fähigkeiten verfügen, sich als Entrepreneurs beschreiben, eine Leidenschaft für die Online-Startup-Branche haben und bereit sind, international, oft an exotischen Orten wie den Philippinen oder in Nigeria zu arbeiten."*

Die Mitbegründer und Geschäftsführer der einzelnen Unternehmen etablieren den gesamten Betrieb, bauen das Team für das betreffende Unternehmen auf und entwickeln das Geschäft. Sie agieren dabei als Unternehmer und halten auch einen Anteil an dem Unternehmen. Ihre Einstellung ist für das Unternehmen von zentraler Bedeutung und Rocket Internet stellt normalerweise außergewöhnliche, ehrgeizige Absolventen auf der MBA-Stufe mit hohen analytischen Fähigkeiten aus den Regionen ein, in denen das betreffende Unternehmen gegründet wird. Alexander Kudlich, Vorstandsmitglied von Rocket Internet, erklärt dies wie folgt:

„Wir suchen die Kandidaten, die das Gute an dem Geschäftsmodell erkennen, das logische Grundprinzip verstehen und sehen, was eine große Möglichkeit ist. Manchmal sagen wir, dass wir nach analytischen Entrepreneurs und nicht nach Zufallsmilliardären suchen."

Das Unternehmen legt nicht nur großen Wert auf Sachkompetenz, sondern auch auf eine „enge, kulturelle Verbindung mit Rocket Internet". Rocket Internet hat eine intensive unternehmerische Arbeitskultur, die stark leistungsgetrieben ist und hohen Druck, lange Arbeitszeiten (häufig von 9:00 bis 23:00 Uhr) und geringe Arbeitsplatzsicherheit umfasst. Auch wenn dies für einige attraktiv scheint, wird diese Kultur auch als zu schwierig und aggressiv kritisiert. Alexander Kudlich, Vorstandsmitglied von Rocket Internet, äußert sich wie folgt zur Unternehmenskultur:

„Ich würde unsere Kultur als sehr fokussiert beschreiben, wir haben sehr junge Teams – das Durchschnittsalter liegt unter 30. Es gibt keinen Ort, an dem Sie mehr Freiheit finden und so viel Verantwortung übernehmen können, wie Sie wollen. Das einzige, was wir im Gegenzug fordern, ist Verantwortung."

Bestimmung von Geschäftsmodellen und Ausführung

Während einige der Fähigkeiten von Rocket Internet auch unter den anderen Startup-Inkubatoren in Berlin und sogar unter Startup-Inkubatoren in ganz Europa weit verbreitet sind, ist das Unternehmen verglichen mit den meisten dieser eher ein internationaler Venture Builder. Kompetenzen werden innerhalb des gesamten Portfolios von Unternehmen global geteilt und die beste Praxis wird über die verschiedenen Geschäftsmodelle (von Online-Mode bis hin zu Zahlungen, Geschäften und sozialen Netzwerken) hinweg angewandt. Verglichen mit vielen anderen Inkubatoren hat die Unternehmenszentrale eine zentrale Funktion. Auch wenn Unternehmer eingestellt werden, um die einzelnen Unternehmen zu leiten, wird die Gesamtstrategie für Rocket Internet im Wesentlichen in der Firmenzentrale entwickelt. Dies trifft insbesondere auf die Identifizierung neuer Ideen, Konzepte und Geschäftsmodelle zu. Die vier Geschäftsführer in der Zentrale leiten die Suche nach und die Identifikation von innovativen und erprobten Online- und mobilen, transaktionsbasierten Geschäftsmodellen, die international skalierbar sind. Florian Heinemann, ehemaliger Geschäftsführer, erklärt in *Wired*: „Wir betrachten bestehende Geschäftsmodelle sehr analytisch und versuchen im Wesentlichen zu bestimmen, ob ein Modell zu unserer Kompetenz passt und ausreichend groß ist, dass es sich für uns lohnt, es auszuprobieren."

Ein anderer wesentlicher Aspekt des zentralisierten Modells von Rocket Internet liegt in der Geschwindigkeit, mit der das Unternehmen neuartige Geschäftsmodelle international an den Start bringen kann. Darin unterscheidet sich das Unternehmen von vielen ähnlichen US-amerikanischen, aber auch europäischen Unternehmen. Rocket Internet verfügt über eine internationale Infrastruktur und ein internationales Vertriebsnetz, das Unternehmen international in nur einigen wenigen Monaten aufbauen kann. Dabei hat das Unternehmen seine Fähigkeit, Geschäftsmodelle zu multiplizieren, wiederholt mit verschiedenen Arten von Online-Geschäftsmodellen unter Beweis gestellt. Geschäftsführer Alexander Kudlich erklärte das gegenüber dem *Wall Street Journal* so:

„Nachdem wir ein Geschäftsmodell identifiziert haben, können wir innerhalb einiger Wochen mit unseren zentralen Teams eine Plattform aufbauen. Zwischenzeitlich wird für die lokalen Rocket-Niederlassungen das Personal eingestellt oder abgeordnet, das die Ausführung vor Ort übernimmt … Das ermöglicht uns die hohe Geschwindigkeit – die Kombination aus dem Zugriff auf die besten Talente in jedem Land kombiniert mit dem hochgradig standardisierten oder modularen Ansatz für die Plattform und die Systeme, die durch unsere Zentrale ausgerollt werden."

Kurz dargestellt spezialisiert sich Rocket Internet eher auf die Ausführung als auf Innovation. So verteidigt die Geschäftsführung auch das Geschäftsmodell, wenn das Unternehmen beschuldigt wird, einfach nur Klone zu produzieren. Oliver Samwer sagte dazu, dass sie eher „ausführende" als „bahnbrechende Unternehmer" seien. Und Geschäftsführer Alexander Kudlich erklärte gegenüber dem *Inc. Magazine*: „Was ist schwerer: Die Idee für den Online-Verkauf von Schuhen zu entwickeln oder der Aufbau einer Lieferkette und eines Lagers in Indonesien? Ideen sind wichtig. Aber andere Dinge sind noch wichtiger."

Paradoxerweise behält Rocket Internet, das Unternehmen, das selbst so oft auf den Ideen anderer aufbaut, seine eigenen Ideen lieber für sich, wie Marc Samwer gegenüber der *New York Times* darlegte: „Wir sprechen wirklich nicht gern über unsere Investitionen, da unsere Erfolgsbilanz andere ermutigt, konkurrierende Webseiten einzurichten ... Ideen verbreiten sich heute extrem schnell."

Die Zukunft

Der Erfolg von Rocket Internet geht weiter. Zalando, das Unternehmen, das zunächst das Online-Schuhgeschäft von Zappos (mittlerweile Teil von Amazon) in den USA nachahmte, hat zwischenzeitlich in den Bereich Bekleidung und Schmuck expandiert. Der Umsatz steigt schnell: Im Jahr 2011 belief sich der Jahresertrag auf $ 650 Millionen und das Unternehmen meldet Umsätze in Höhe von $ 130 Millionen pro Monat. Vor kurzem hat das Unternehmen mit Lazada auch in Südostasien einen Amazon-Klon und ein durch American Square inspiriertes Unternehmen für mobile Zahlungssysteme gegründet.

Allerdings zieht Rocket Internet mittlerweile selbst Nachahmer an. Eines der Unternehmen ist Wimdu, ein Nachahmer des American Airbnb, das es Besitzern privater Häuser und Wohnungen ermöglicht, ihre Immobilien als Ferienunterkünfte anzubieten. Allerdings ist Airbnb schnell eine Partnerschaft mit einem anderen Berliner Inkubator, Springstar, eingegangen. Danach wurde Airbnb weltweit ausgerollt. In ähnlicher Art und Weise reagierte das ursprüngliche Unternehmen schnell, als Rocket Internet mit Bamarang Fab.com, eine Webseite für Designerangebote, nachgeahmt hat. Fab übernahm Casacanda, eine parallele europäische Webseite und führte einen internationalen Relaunch als Fab durch. Infolgedessen musste Rocket Internet Bamarang einstellen. Überdies wird Rocket Internet sogar mit Nachahmern aus dem eigenen inneren Kreis konfrontiert: Zwei der Geschäftsführer haben gemeinsam mit anderen früheren Mitarbeitern das Unternehmen verlassen und den Berliner Inkubator „Project A Ventures" gegründet. Daher gibt es Anzeichen dafür, dass Rocket Internet unter Umständen letztendlich selbst nachgeahmt werden könnte.

Kontrollfragen

1. Analysieren Sie mit Hilfe der in diesem Kapitel eingeführten analytischen Hilfsmittel die strategischen Fähigkeiten von Rocket Internet auf der Grundlage der Daten aus der Fallstudie (sowie jeglicher anderer verfügbarer Quellen):
   a. Über welche Ressourcen und Kompetenzen verfügt das Unternehmen?
   b. Wie gestalten sich die Schwellen-, einzigartigen und dynamischen Fähigkeiten?
2. Führen Sie auf der Grundlage Ihrer anfänglichen Analyse sowie Ihrer Antworten zu Aufgabe 1 eine VRIO-Analyse für Rocket Internet durch. Zu welcher Schlussfolgerung gelangen Sie? Inwieweit verfügt Rocket Internet über strategische Fähigkeiten mit einem langfristigen Wettbewerbsvorteil?
3. Welche Bedeutung haben die Samwer-Brüder? Was würde passieren, wenn sie das Unternehmen verlassen oder verkaufen?

Literaturhinweise

1. Joel Kaczmarek, „An inside look at Rocket Internet“, *VentureVillage.com*, 18. November 2012.
2. Max Chafkin, „Lessons from the world's most ruthless competitor“, *Inc. Magazine*, 29. Mai 2012.
3. Ben Rooney, „Rocket Internet leads the clone war“, *The Wall Street Journal*, 14. Mai 2012.
4. Gerrit Wiesmann, „Zalando to set foot in seven new countries“, *Financial Times*, 26. März 2012.
5. Tim Bradshaw, „Facebook backers to take stake in Zalando“, *Financial Times*, 2. Februar 2012.
6. Matt Cowan, „Inside the clone factory“, *Wired UK*, 2. März 2012.
7. Robert Levine, „The kopy kat kids“, *Cnnmoney.com* 2. Oktober 2007.
8. *New York Times*, 3. Dezember 2006.
9. *The Economist*, „Attack of the clones“, 6. August 2011.

Strategische Zielsetzung

4

ÜBERBLICK

Lernziele

Nach der Lektüre dieses Kapitels sollten Sie in der Lage sein,

- die Komponenten der Stufen der Corporate Governance einer Organisation zu identifizieren,
- Unterschiede zwischen den Governance-Strukturen weltweit sowie deren Vor- und Nachteile zu verstehen,
- Unterschiede bei den Positionen zur sozialen Verantwortung zu erkennen, die die Organisationen vertreten, und zu verstehen, wie ethische Sachverhalte den strategischen Zweck beeinflussen,
- eine Interessengruppenanalyse durchzuführen, um so den Einfluss unterschiedlicher Interessengruppen in Bezug auf ihre Macht und ihre Interessen identifizieren zu können sowie
- geeignete Mittel und Wege zu finden, um den strategischen Zweck einer Organisation in Form von Aussagen über deren Werte, Vision, Mission oder Ziele ausdrücken zu können.

4.1 Einführung

Interessengruppen

Interessengruppen sind diejenigen Einzelpersonen oder Gruppen, die von der Organisation abhängig sind, um ihre eigenen Ziele zu erreichen, und von denen wiederum auch die Organisation abhängig ist.

In den letzten beiden Kapiteln wurde jeweils der Einfluss des Umfelds und der Fähigkeiten auf die strategische Position einer Organisation genauer beleuchtet. Eine grundlegende Entscheidung, die getroffen werden muss, betrifft jedoch die *Zielsetzung* der Strategie, die es zu verfolgen gilt. Das ist das Thema dieses Kapitels, in dem auch der Einfluss der Erwartungen von *Interessengruppen* einer Organisation auf diese Zielsetzung betrachtet wird. **Interessengruppen** sind diejenigen Einzelpersonen oder Gruppen, die von der Organisation abhängig sind, um eigene Ziele zu erreichen, und von denen wiederum auch die Organisation abhängig ist. Ein grundlegender Aspekt, der in diesem Kapitel zur Sprache kommt, bezieht sich darauf, ob der strategische Zweck der Organisation als Reaktion auf eine bestimmte Interessengruppe, zum Beispiel die Aktionäre einer Aktiengesellschaft, definiert werden sollte oder allgemeinere Interessen aller Interessengruppen berücksichtigen soll – wobei im Extremfall auch die Gesellschaft und das Gemeinwohl dazu zu zählen wären. Dieser Aspekt wird zu einer Reihe wichtiger Themen in Bezug gesetzt:

- In *Kapitel 4.2* geht es um *Corporate Governance* und das *Regelwerk,* in dem eine Organisation funktioniert. Hier wird darauf eingegangen, wie formell gebildete Gremien wie Investorengruppen oder Aufsichtsräte den strategischen Zweck durch formalisierte Prozesse zur Überwachung der Entscheidungen und Handlungen der Führungskräfte beeinflussen. Daraus ergibt sich wiederum der Aspekt der *Rechenschaft.* Wem sind Strategen Rechenschaft schuldig? International gesehen gibt es erhebliche Unterschiede in der Herangehensweise an das Thema der Corporate Governance, wobei sich diese allgemein ausgedrückt entweder an den Aktionären oder an weiter gefassten Interessengruppen orientiert. Diese verschiedenen Ansätze kommen hier ebenfalls zur Sprache.

- *Kapitel 4.3* befasst sich mit Themen der *sozialen Verantwortung und Ethik*. Hier lautet die Frage, welche Zwecke eine Organisation erfüllen sollte. Wie sollten Manager auf die Erwartungen reagieren, die die Gesellschaft an sie stellt, wobei damit sowohl die *soziale Verantwortung der Organisation* als Ganzes als auch das *Verhalten einzelner* – auch der Manager selbst – innerhalb der Organisation gemeint ist.
- Angesichts all dieser Aspekte ist und bleibt es wichtig, die *verschiedenen Erwartungen der Interessengruppen* und ihren relativen Einfluss auf den strategischen Zweck zu verstehen. Dazu muss man sowohl die *Macht* als auch die *Interessen* unterschiedlicher Interessengruppen berücksichtigen. Auf dieses Thema wird in der *Interessengruppenanalyse* eingegangen.
- Das Kapitel schließt mit der Betrachtung der verschiedenen Arten und Weisen, wie eine Organisation ihre strategischen Zielsetzungen ausdrücken kann. Dazu zählen Aussagen über *Werte, Vision, Leitbild oder Ziele*.

Abbildung 4.1 fasst diese verschiedenen Einflüsse auf den strategischen Zweck, die in diesem Kapitel zur Sprache kommen, zusammen.

Abbildung 4.1: Einflüsse auf die strategische Zielsetzung

4.2 Corporate Governance[1]

Corporate Governance befasst sich mit den Kontrollstrukturen und -systemen, mittels derer Manager an diejenigen berichten müssen, die einen legitimen Einfluss auf die Organisation haben.[2] Aus drei wesentlichen Gründen wird dieses Thema für Organisationen heute immer wichtiger:

Corporate Governance

Corporate Governance befasst sich mit den Kontrollstrukturen und -systemen, mittels derer Manager an diejenigen berichten müssen, die einen legitimen Einfluss auf die Organisation haben.

1 Wertvolle allgemeine Literatur über Corporate Governance: R. Monks und N. Minow (Hrsg.), *Corporate Governance*, 3. Auflage, Blackwell, 2003, und J. Solomon, „Corporate Governance and Accountability", 2. Auflage, *Wiley*, 2007. Wer an jährlicher Information über neue Forschungsergebnisse interessiert ist, kann diese in „Corporate governance digest", *Business Horizons* finden (meist in der Mai-Ausgabe).

2 Diese Definition basiert – in adaptierter Form – auf S. Jacoby, „Corporate governance and society", *Challenge*, Band 48, Nr. 4 (2005), S. 69–87.

- Die *Trennung von Eigentum und Managementkontrolle von Organisationen* (die heute mit Ausnahme sehr kleiner Unternehmen der Norm entspricht) bedeutet, dass die meisten Organisationen innerhalb einer unternehmerischen Hierarchie oder Kette operieren. Diese Kette stellt die Gruppen dar, die eine Organisation durch ihre Beteiligung an Eigentum oder Management der Organisation beeinflussen.
- Seit dem Ende der 1990er-Jahre wird aufgrund von *Firmenskandalen* die Debatte darüber immer lauter, wie verschiedene Stufen der Corporate Governance interagieren und sich gegenseitig beeinflussen sollten. Am interessantesten ist hier das Verhältnis zwischen den Aktionären und dem Vorstand eines Unternehmens, doch auch die Beziehung zwischen Regierung oder anderen öffentlichen Behörden, die Finanzmittel zur Verfügung stellen, und den Organisationen des öffentlichen Sektors darf hier nicht vernachlässigt werden.
- Auch die *gewachsene Verantwortung gegenüber weiter gefassten Interessen* der Interessengruppen wird immer häufiger ins Feld geführt. Besonders betont wird das Argument, dass Unternehmen nicht nur den „Eigentümern" und „Managern" innerhalb der Ebenen der Corporate Governance mehr sichtbare Verantwortung und Reaktion zeigen müssen, sondern auch allgemeinere gesellschaftliche Interessen im Auge behalten müssen.

4.2.1 Die Stufen der Corporate Governance

Die Stufen der Corporate Governance beleuchten die Rollen und Beziehungen verschiedener Gruppen, die alle an der Führung einer Organisation beteiligt sind. In einem kleinen Familienbetrieb sind diese Stufen recht einfach: Es gibt Aktionäre, die gleichzeitig Familienmitglieder sind, es gibt einen Vorstand, dem einige Familienmitglieder angehören, und es gibt Manager, unter denen einige sicher auch zur Familie gehören. Hier existieren also nur drei Stufen. *Abbildung 4.2* aber zeigt die typischen Stufen einer großen, an der Börse notierten Organisation. Hier sorgt die Größe der Organisation dafür, dass es weitere Ebenen des internen Managements gibt. Aufgrund der Börsennotierung kommen außerdem mehrere Ebenen für Aktionäre hinzu. Einzelinvestoren (die endgültigen Nutznießer) investieren oft in Form von kollektiven Fonds, etwa Investmentgesellschaften oder Pensionsfonds, in Aktiengesellschaften. Diese Fonds wiederum investieren dann im Namen der Investoren in eine Reihe von Unternehmen. Solche Fonds gewinnen immer mehr an Bedeutung. Im Jahr 2006 befanden sich 50 Prozent des Firmenkapitals amerikanischer Aktiengesellschaften in der Hand von Fonds (1970 waren es lediglich 19 Prozent). In Großbritannien lag dieser Anteil sogar bei 70 Prozent (25 Prozent im Jahr 1963). Auch in anderen europäischen Ländern sind ähnliche Trends zu beobachten. Meist werden Fonds von Fondsverwaltern betrieben und kontrolliert, wobei die täglichen Investitionen von Investmentmanagern durchgeführt werden. Es ist also gut möglich, dass die endgültigen Nutznießer gar nicht wissen, an welchen Unternehmen sie beteiligt sind, sodass sie auch keine Möglichkeit haben, auf den Vorstand dieser Unternehmen direkt Einfluss zu nehmen.

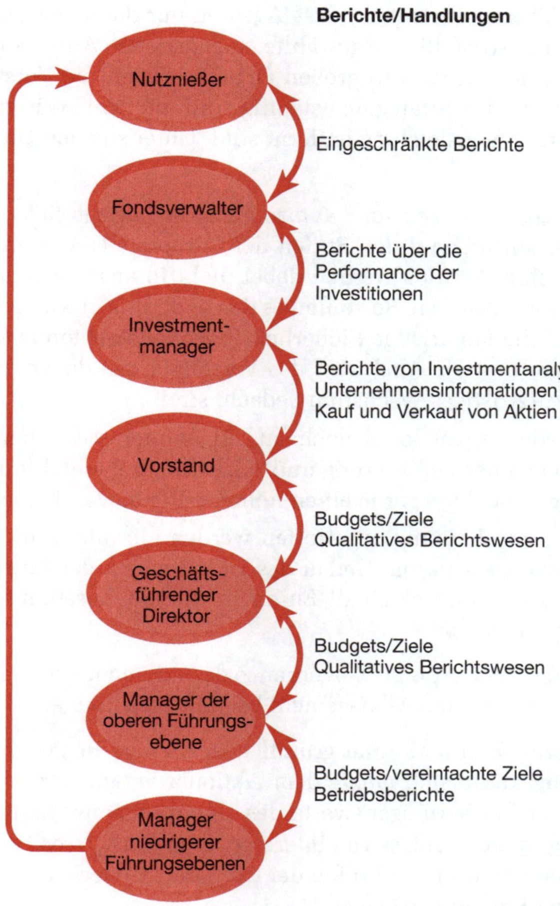

Abbildung 4.2: Die Stufen der Corporate Governance eines Unternehmens: typische Berichtsstrukturen

Quelle: Anpassung aus David Pitt-Watson, Hermes Fund Management.

Die Beziehungen innerhalb solcher Stufen der Corporate Governance können mithilfe des *Principal-Agent-Modell* verstanden werden.[3] In diesem Fall werden die Agenten von den Prinzipalen bezahlt, damit diese in ihrem Auftrag handeln, ebenso wie Hausbesitzer einen Makler mit dem Verkauf ihres Hauses beauftragen. In *Abbildung 4.2* sind die Nutznießer die endgültigen Prinzipale und die Fondsverwalter sind ihre Agenten, die eine gute Rendite für deren Investitionen erzielen müssen. Auf den unteren Stufen sind auch die Vorstände von Unternehmen Prinzipale und die Manager der oberen Führungsebenen sind hier die Agenten. Zwischen den letzten Prinzipalen und den Managern am Ende gibt es viele Agentenschichten, wobei der Berichtsmechanismus zwischen den Schichten jeweils zur Unvollkommenheit neigt.

3 Das Principal-Agent-Modell ist Teil der Agency-Theorie, welche sich innerhalb der Disziplin der Mikroökonomie entwickelt hat, heute aber, wie hier beschrieben, auch im Bereich Management häufig herangezogen wird. Zwei wichtige Literaturhinweise sind K. Eisenhardt, „Agency theory: an assessment and review", *Academy of Management Review*, Band 14, Nr. 1 (1989), S. 57–74; J.-J. Laffont und D. Martimort, „The Theory of Incentives: The Principal-Agent Model", *Princeton University Press*, 2002.

Die Principal-Agent-Theorie nimmt an, dass Agenten nur dann gewissenhaft für Prinzipale arbeiten, wenn es sorgfältig ausgewählte, angemessene Anreize gibt. Aus *Abbildung 4.2* geht jedoch hervor, dass in großen Organisationen die Vorstandsmitglieder und andere Manager, die für Strategie zuständig sind, oft sehr weit vom endgültigen Nutznießer der Unternehmensleistung entfernt sind. Unter solchen Umständen gibt es zweierlei Risiken:

- *Fehlausrichtung von Anreizen und Kontrolle.* Zwar bewegt sich der Einfluss der einzelnen Glieder abwärts auf den Stufen der Corporate Governance weiter, doch die Erwartungen einer Gruppe werden dabei nicht in angemessener Weise an die nächste Gruppe weitergegeben. So kommt es den endgültigen Nutznießern vielleicht hauptsächlich auf die langfristige Sicherheit ihres Pensionsfonds an, während die Investmentmanager und die Analysten des Vorstands, mit denen sie zusammenarbeiten, eher auf kurzfristiges Wachstum bedacht sind.
- *Eigeninteresse.* Jeder Agent kann auch aus Eigeninteresse heraus handeln. Ein Manager kann nach einer Beförderung und/oder nach höheren Einnahmen streben, Investmentmanager möchten gerne einen höheren Bonus verdienen und so weiter.

In der Folge können Entscheidungen getroffen werden, die nicht im besten Interesse des endgültigen Nutznießers liegen. Genau das ist bei vielen der Firmenskandale der letzten Jahre geschehen, wobei der Fall Enron in diesem Zusammenhang wohl am meisten Bekanntheit erlangt hat.

Hier können die Stufen der Corporate Governance dazu dienen, wichtige Aspekte deutlich zu machen, die strategisches Management beeinflussen können:

- *Wem ist man verantwortlich?* Eine grundlegende Frage in großen Unternehmen lautet, ob Führungskräfte sich *einzig* dem Aktionär verantwortlich fühlen sollten oder als „Verwalter der Vermögenswerte des Unternehmens" handeln sollten, die im Namen eines größeren Kreises von Interessengruppen agieren[4] (siehe *Kasten „Im Fokus"*). Auch bei den formalen Stufen der Corporate Governance variiert dies von Land zu Land, wie *Kapitel 4.2.3* zeigt.
- *Wer sind die Aktionäre?* Was bedeutet es für Corporate Governance, wenn Manager ihre Hauptverantwortung nicht gegenüber den Aktionären sehen? Wie oben erklärt, sind die endgültigen Nutznießer von den Managern weit entfernt, weshalb viele Manager die Verantwortung ihnen gegenüber als rein theoretisch ansehen. In der Praxis interagieren die Verantwortlichen eines Unternehmens wahrscheinlich am häufigsten mit institutionellen Vertretern dieser Aktionäre – einem Investmentmanager oder Analysten eines Pensionsfonds oder einer Versicherung vielleicht. Auch hier ergibt sich das Principal-Agent-Problem. Die endgültigen Nutznießer sind auch von Investmentmanagern und Analysten weit entfernt, die außerdem wiederum ihre eigenen Interessen verfolgen könnten. Strategen innerhalb eines Unternehmens haben demnach eine schwierige Wahl zu treffen, selbst wenn sie für die Hauptverantwortlichkeit dem Aktionär gegenüber eintreten. Sollen sie Strategien entwickeln, von denen sie glauben, sie seien im besten Interesse einer sehr zerstückelten Gruppe unbekannter Aktionäre? Oder sollen sie Strategien entwickeln, die die Bedürfnisse und Bestrebungen der Investmentmanager erfüllen? Vor einem ähnlichen Problem

4 Das Thema der Verantwortlichkeit der Manager wird diskutiert bei J. Kay, „The stakeholder corporation", in G. Kelly, D. Kelly und A. Gamble, „Stakeholder Capitalism", *Macmillan*, 1997.

stehen auch Manager des öffentlichen Sektors. Vielleicht möchten sie Strategien entwickeln, die im Interesse der Öffentlichkeit liegen, sehen sich aber gleichzeitig der direkten Überwachung einer öffentlichen Behörde ausgesetzt, die im Auftrag der Regierung handelt. Soll die Strategie nun dem Gemeinwohl dienen oder der Überwachung der Behörde genügen? So haben sich beispielsweise Manager und Ärzte im britischen Gesundheitswesen dem Wohlergehen ihrer Patienten verschrieben. Doch immer mehr wird die Art und Weise, wie sie ihre Dienstleistungen anbieten können, von Zielen bestimmt, die ihnen von einer Regierungsbehörde auferlegt werden, welche mutmaßlich selbst glaubt, im besten Interesse der Öffentlichkeit zu handeln.

- *Die Rolle institutioneller Anleger.* Die Rolle institutioneller Anleger in Bezug auf die Strategie einer Firma unterscheidet sich je nach Organisationsstruktur in verschiedenen Ländern der Welt (siehe *Kapitel 4.2.3*). Überall geht es jedoch darum, wie sehr sie aktiv Strategien beeinflussen sollten oder dies tun. Historisch gesehen haben Investoren in Wirtschaftssystemen wie Großbritannien oder den USA ihren Einfluss auf Unternehmen einfach dadurch ausgeübt, dass sie Aktien gekauft und verkauft haben; mit den strategischen Belangen einer Firma setzte man sich hingegen im Detail nicht auseinander. Der Aktienmarkt wird durch die Bewegungen des Aktienkurses zum Richter über das unternehmerische Handeln. Es zeichnet sich jedoch allmählich ab, dass Investoren sich mehr und mehr aktiv mit den Strategien der Firmen beschäftigen, in die sie investieren.[5] Dieses aktive Interesse fällt zwar sehr unterschiedlich aus[6], wächst aber generell; und es gibt Nachweise, dass institutionelle Anleger, die aktiv mit den Vorständen an der Strategieentwicklung arbeiten, als Nutznießer besser gestellt sind als diejenigen, die dies nicht tun.[7]
- *Überwachung und Kontrolle.* Angesichts der Bedenken zum Thema Corporate Governance, die im letzten Jahrzehnt erheblich gewachsen sind, werden heute immer wieder Anläufe unternommen, um Instrumente zur Überwachung und Kontrolle der Aktivitäten der Agenten der verschiedenen Stufen einzubauen und damit die Interessen der endgültigen Nutznießer zu sichern. *Abbildung 4.2* zeigt die Informationen, die in der Regel jedem Glied in der Kette zur Verfügung stehen, um die Leistung der anderen Kettenglieder beurteilen zu können. Es gibt immer mehr gesetzlich vorgeschriebene Regelungen sowie freiwillige Richtlinien, die den Vorständen vorschreiben, Informationen offen zu legen, und ihre Aktivitäten regulieren. Dennoch bleibt den Unternehmen noch viel Freiraum in ihrer Entscheidung, welche Informationen an wen weitergegeben werden sollen, und auch, welche Informationen sie von denjenigen einfordern, die an sie berichten. Welche Informationen sollen beispielsweise Investmentanalysten zur Verfügung gestellt werden, die Einfluss auf den Aktienkurs des Unternehmens haben? Wie detailliert sollte ein Vorstandsvorsitzender seine Strategie den Aktionären in Veröffentlichungen wie etwa dem Geschäftsbericht erklären? Auch Probleme des internen Reportings

5 Große Verfechter dieser Position sind S. Davies, J. Lukomnik und D. Pitt-Watson, „The New Capitalists“, *Harvard Business School Press*, 2006.

6 Für eine Typologie und Beispiele, wie Investoren sich mit Unternehmen aktiv beschäftigen, siehe N. Amos und W. Oulton, „Approaching and engaging with CR“, *Corporate Responsibility Management*, Band 2, Nr. 3 (2006), S. 34–37.

7 Siehe M. Becht, J. Franks, C. Mayer and S. Rossi, „Returns to Shareholder Activism: Evidence from a clinical study of the Hermes UK Focus Fund“, *European Corporate Governance Institute: http://www.ecgi.org/activism/index.php.*

müssen hier angegangen werden. Welche geeigneten Ziele und Maßnahmen gibt es, um dem Management eines Unternehmens entsprechende Anreize zu bieten und es gleichzeitig zu überwachen? Sollte es dabei hauptsächlich um die Verbesserung des *Shareholder Value* gehen? Oder eignet sich ein Ansatz über die *Balanced Scorecard* besser, um die Bedürfnisse verschiedener Interessengruppen zu erfüllen (siehe *Kapitel 13.3.4*)? Sind die typischen Methoden der Buchhaltung (wie etwa die Rendite des eingesetzten Kapitals) die besten Messgrößen oder sollten die verwendeten Messgrößen genau auf die Bedürfnisse bestimmter Strategien oder die Erwartungen bestimmter Interessengruppen/Aktionäre abgestimmt werden? Auf diese Fragen gibt es keine eindeutigen Antworten. Wie die Antwort der Manager lautet, basiert darauf, wie sie den strategischen Zweck ihrer Organisation definieren, was wiederum von ihrer Einschätzung abhängt, wem sie sich verantwortlich fühlen.

Es gibt also mindestens fünf Gründe dafür, dass die Stufen der Corporate Governance nicht fehlerfrei funktionieren: (i) fehlende Klarheit darüber, wer die endgültigen Nutznießer sind, (ii) ungleiche Aufteilung der Macht zwischen den Stufen, (iii) diese Ebenen haben in unterschiedlicher Form Zugang zu Informationen, (iv) Agenten auf verschiedenen Ebenen könnten ihre eigenen Interessen verfolgen und (v) sie könnten Messwerte und Ziele verwenden, die ihre eigenen Interessen und nicht die Interessen der endgültigen Nutznießer widerspiegeln. Unter solchen Umständen überrascht es nicht, dass es immer wieder Anläufe gibt, die angemessene Unternehmensorganisation zu reformieren, und dass sich Governance-Strukturen überall auf der Welt verändern.

4.2.2 Reformen der Corporate Governance

Viele Regierungen haben die Reform der Corporate Governance sehr aktiv vorangetrieben. Am einschneidendsten ist hier wohl das neue US-Gesetz Sarbanes-Oxley Act zu nennen, das nach dem Enron-Skandal verabschiedet wurde. Es forderte strengere buchhalterische Richtlinien und steigerte die Unabhängigkeit der Wirtschaftsprüfer vom Management.[8] Andere Regierungen setzten Gremien ein, die bei spezifischen Themenbereichen der Corporate Governance beratend tätig sein sollen.[9] Ursprünglich konzentrierten sich diese Gremien auf Fragen der internen finanziellen Kontrolle und der externen Offenlegung von Informationen.[10] Später richteten sie ihr Augenmerk auf die Ausweitung interner Kontrollen über die einfache Überwachung der Finanzen hinaus und nahmen die Rolle und Effektivität der Führungskräfte der mittleren Führungsebenen ins Visier.[11] Im öffentlichen Sektor gab es ein ähnliches Vorgehen. In Großbritannien widmete man dem *Risikomanagement* bei Strategien von Organisationen der öffentlichen Hand besonderes Interesse – traditionell gesehen ein Schwachpunkt in diesem Land.[12] Diese Reformen haben sich sehr deutlich ausgewirkt. So sind nun Unternehmensberatungen gezwungen, ihre Tätigkeit als Wirtschaftsprüfer strikt von ihrer Beratertätigkeit zu trennen. Viele verkauften sogar aufgrund des Sarbanes-Oxley

8 *Sarbanes-Oxley Act of 2002*, PL 107–204, 116 Stat 745 (30. Juli 2002).

9 Der Beitrag jedes dieser Berichte ist bei G. Vinten, „Corporate governance: the need to know", *Industrial and Commercial Training*, Band 32, Nr. 5 (2000), 173–178 genau zusammengefasst.

10 Der *Treadway-Bericht* (1987) und der *COSO-Bericht* (1992) in den USA und die *Cadbury-Berichte* (1992 und 1996) in Großbritannien.

11 Zum Beispiel in Großbritannien die *Hampel-* (1998), Turnbull- (1999) und *Higgs-* (2003) *Berichte.*

12 Die Bedeutung von Risikomanagement auf dem öffentlichen Sektor wird angesprochen in „Supporting innovation: managing risk in government departments", Report by the Controller and Auditor General, *The Stationery Office*, Juli 2000.

Act ihr Unternehmensberatungsgeschäft – die Strategie der Beratungsfirmen wurde also ganz direkt beeinflusst genauso wie die Grundlagen für die Beratungsdienstleistungen dieser Unternehmen.

Ebenso ergaben Umfragen, dass Finanzleiter ihre Aufmerksamkeit eher auf die Rolle eines Verwalters verlegen und weniger die Rolle eines aktiven Strategen einnehmen.[13] Gleichzeitig wuchs die Bedeutung unabhängiger Führungskräfte der mittleren Ebene, die das Verhalten ihrer Unternehmen überwachen. Einige Führungskräfte äußerten jedoch Bedenken, so etwa der Firmenchef der Bank of Queensland in Australien: „Überregulierung kann und wird den Unternehmergeist im Keim ersticken; sie wird Innovationen stoppen, denn immer mehr Ressourcen werden auf die Einhaltung der Regeln verwendet und nicht mehr darauf, besser als die Konkurrenz abzuschneiden."[14] Außerdem werden Bedenken laut, dass die Struktur von Unternehmensvorständen zwar reformbedürftig sein mag, dass aber das eigentliche Problem im Verhalten der Vorstandsmitglieder liegt. Die Verantwortlichen in der Politik (in der Regierung) müssen daher Mittel und Wege finden, um die Stufen der Corporate Governance so zu verändern, dass Direktoren und Manager (als Agenten) ganz klar ermutigt oder angehalten werden, solche Strategien zu verfolgen, oder sich so zu verhalten, dass die Interessen ihrer Prinzipale wie oben beschrieben bewahrt werden. Die Förderung derartiger Veränderungen ist eine große Herausforderung angesichts der bereits geäußerten Bedenken, Top-Manager seien hauptsächlich darauf aus, große Unternehmensimperien aufzubauen, sich durch die Hierarchie nach oben zu arbeiten und ihre persönliche finanzielle Vergütung zu steigern, ohne in angemessener Art und Weise auf die Folgen für den endgültigen Nutznießer zu achten.

4.2.3 Verschiedene Governance-Strukturen

Oft wird ein Unternehmen von einem Vorstand oder einer Geschäftsführung geleitet. Die gesetzlich festgelegte Hauptverantwortung dieses Vorstands liegt darin, sicherzustellen, dass eine Organisation die Wünsche und Anforderungen der wichtigsten Interessengruppen erfüllt. Wer diese wichtigsten Interessengruppen sind, das ist jedoch ganz unterschiedlich. In einigen Teilen der Welt sind dies auf dem privaten Sektor ganz klar die Aktionäre, anderswo gibt es aber eine breitere und differenziertere Interessengruppenbasis. Im öffentlichen Sektor ist die Leitung einer Organisation dem politischen Arm der Regierung verantwortlich – meist durch eine zwischengelagerte „Agentur" wie etwa eine staatliche Finanzbehörde. Diese Unterschiede führen auch zu Unterschieden in der Art und Weise, wie Unternehmen operieren, wie die Zielsetzungen einer Organisation gelagert sind und wie Strategien entwickelt werden. Auch Rolle und Zusammensetzung der Vorstände variieren stark.[15]

13 Die Rolle der Finanzleiter bei J. Weber, M. Arndt, E. Thornton, A. Barrett und D. Frost, „CFOs in the hot seat", *Business Week*, 17. März (2003), S. 65–68.

14 S. Wiesenthal, „CFOs caught up in red tape", *Australian Financial Review*, 2003, S. 16.

15 Diese Landesunterschiede werden in allgemeinen Büchern (Fußnote 1) und auch bei T. Clarke und S. Clegg, „Changing Paradigms: The transformation of management knowledge in the 21th century", *Harper-Collins*, 2000, Kapitel 5, diskutiert.

Auf allgemeinster Ebene gibt es zwei Governance-Strukturen" : das Aktionärsmodell (oder Shareholder-Modell) und das Stakeholder-Modell.[16] In verschiedenen Teilen der Welt sind diese beiden Modelle mehr oder weniger weit verbreitet.

Das Shareholder-Modell der Unternehmensführung

Hier stehen die Aktionäre ganz legitim an erster Stelle, was das Vermögen angeht, das von Unternehmen erzeugt wird. Befürworter argumentieren allerdings, dass eine Maximierung des Shareholder Value auch anderen Interessengruppen von Nutzen ist. Der Aktienbesitz ist diversifiziert, jedoch wird ein großer Anteil der Aktien von Finanzinstituten gehalten. Der Aktienhandel stellt – zumindest im Prinzip – einen regulierenden Mechanismus der Maximierung des Shareholder Value dar, denn unzufriedene Aktionäre können ihre Aktien ja jederzeit verkaufen, sodass der Aktienkurs sinken und die Gefahr von Übernahmen erfolgloser Unternehmen steigen würde.

Gute Beispiele für das Shareholder-Modell sind die Volkswirtschaften der USA und Großbritanniens. Unternehmen in den USA haben meist eine einschichtige Board-Struktur, wobei die Mehrheit der Mitglieder nicht am Management beteiligt ist. Dieser Schwerpunkt auf externen Mitgliedern soll die Unabhängigkeit des Vorstands stärken und ihm seine wichtigste Aufgabe, im Namen der Aktionäre die Handlungen des Unternehmens zu beaufsichtigen, erleichtern. Doch natürlich birgt dies auch Probleme. Denn der Vorstandschef spielt häufig eine zentrale Rolle bei der Auswahl der externen Vorstandsmitglieder, was die gewünschte Unabhängigkeit sehr infrage stellt. Außerdem kann es sein, dass externe Mitglieder nicht ausreichend Zeit haben oder die Probleme des Unternehmens nicht wirklich kennen.[17]

Auch in Großbritannien ist die Board-Struktur einschichtig, wobei die Ämter des Vorstandschefs und des Firmenchefs meist getrennt sind. Der Vorsitzende des Vorstands ist dabei meist ein firmenexternes Mitglied. Der Anteil der am Management beteiligten Mitglieder des Vorstands liegt bei großen Unternehmen üblicherweise zwischen einem Drittel und der Hälfte der Mitglieder insgesamt. Der Vorstand spielt eine zentrale Rolle und muss das Unternehmen zum einen voranbringen, zum anderen aber auch im Namen der Aktionäre beaufsichtigen.

---

16 Innerhalb dieser weit gefassten Klassifizierung gibt es weitere Modelle. Das marktorientierte System, das langfristige Investorensystem (A. Murphy und K. Topyan, „Corporate governance: a critical survey of key concepts, issues, and recent reforms in the US", *Employee Responsibility and Rights Journal*, Band 17, Nr. 2 (2005), S. 75–89) ist dem Aktionärsmodell ähnlich, da es Ansichten wie den diversifizierten Aktienbesitz und Übernahmen als Mechanismus der Unternehmenskontrolle unterstützt. Das System langfristiger Investoren und das Rhein-Modell (M. Albert, „Capitalism against Capitalism", *Whurr Publishers*, 1992) ähneln dem Interessengruppenmodell mit einer Philosophie der einvernehmlichen Arbeit am Erfolg der Gruppe mit Merkmalen wie der direkten Mitsprache der Interessengruppen im Vorstand und Gewerkschaften, die sich die Macht mit dem Management teilen.

17 Aus einer Umfrage von Korn/Ferry International Survey zitiert von K. Keasey, S. Thompson und M. Wright, „Corporate Governance: Accountability, Enterprise and International Comparisons", *Wiley*, 2005.

Es gibt Argumente für und gegen das Shareholder-Modell. Die *positiven Argumente* lauten:

- *Vorteile für Investoren.* Im Vergleich zum Stakeholder-Modell erzielen die Investoren hier höhere Renditen. Auch können sie durch eine Diversifizierung ihres Aktienbesitzes auf dem Aktienmarkt, wo Aktien schnell ge- und verkauft werden können, ihr Risiko senken.
- *Vorteile für die Wirtschaft.* Da das System es den Aktionären erleichtert, höhere Risiken einzugehen, ist es wahrscheinlicher, dass dadurch Wirtschaftswachstum und Entrepreneurship gefördert werden. Ein weiteres Argument lautet, dass der Grund, warum ein ungewöhnlich großer Teil der Investitionen aus der EU nach Großbritannien fließt, darin liegt, dass dort die Eigentumsverhältnisse offener und für neue Investoren durchschaubarer sind als anderswo.
- *Vorteile für das Management.* Die Trennung von Eigentum und Management sorgt wohl dafür, dass strategische Entscheidungen sich objektiver auf die potenziell unterschiedlichen Anforderungen und Beschränkungen von Finanz-, Arbeits- und Verbrauchermärkten einstellen können. Diversifizierter Aktienbesitz bedeutet auch, dass kein einzelner Aktionär Unternehmensentscheidungen kontrollieren kann, vorausgesetzt, das Unternehmen ist erfolgreich.

Einige der *Gegenargumente* sind:

- *Nachteile für Investoren.* Diversifizierter Aktienbesitz verhindert eine genaue Überwachung des Managements. Das könnte zur Folge haben, dass Manager einen Teil des Shareholder Value zugunsten ihrer eigenen Interessen opfern. So könnten Firmenchefs danach streben, durch Fusionen, die keinen Mehrwert bringen, ihr eigenes Ego und Image zu stärken.
- *Nachteile für die Wirtschaft – das Risiko der kurzfristigen Ausrichtung.* Fehlende Kontrolle des Managements kann dazu führen, dass Manager Entscheidungen treffen, um ihre eigene Karriere voranzutreiben (etwa durch eine Beförderung). Dies und die Gefahr von Übernahmen kann Manager dazu bringen, sich auf Kosten langfristiger Projekte nur auf kurzfristige Gewinne zu konzentrieren.[18]
- *Die Reputation des Unternehmens und die Gier der Top-Manager.* Fehlende Kontrolle der Manager macht es Top-Managern möglich, sich hohe Leistungsvergütungen in Form von Gehältern, Boni und Aktienoptionen auszubezahlen. Manager in den USA verfügen über ein 531-mal höheres Einkommen als ihre Angestellten. In Japan dagegen sind Managementgehälter nur etwa zehnmal so hoch wie normale Gehälter.[19]

---

18 Siehe Keasey *et al.* (reference 17) und ebenso J. A. McCahery, P. Moerland, T. Raijmakers und L. Renneboog, „Corporate Governance Regimes: Convergence and diversity“, *Oxford University Press*, 2002.

19 Siehe S. Jacoby (2005) (siehe Fußnote 2).

Beispiel 4.1 Eine Familienangelegenheit? Die Governance-Krise der News Corporation

Die Governance-Kette der News Corporation scheint auf mehreren Ebenen gescheitert zu sein und hat die Kontrolle des Unternehmens durch die Familie gefährdet.

Im Jahr 2012 war Rupert Murdoch 81 Jahre alt und immer noch als Vorstandsvorsitzender und CEO der News Corporation, einem von ihm in den 1950er-Jahren in Australien gegründeten, internationalen Medienkonglomerat, tätig. Zu den Unternehmen der News Corporation gehören Fox News, das Wall Street Journal und das Filmstudio 20th Century Fox. Überdies gehörten dem Unternehmen auch mehrere britische Zeitungen, einschließlich The Sun, The Times und The Sunday Times sowie ein Anteil von 39 Prozent am dominierenden britischen Pay-TV-Sender BSkyB. Der Familie Murdoch gehörten 39 Prozent des stimmberechtigten Kapitals des Unternehmens und ein Freund der Familie, Prinz Al-Walid Ibn Talal, hielt weitere 7 Prozent. Zu weiteren wichtigen Aktionären gehörten die Bank of New York, das Investmentmanagementunternehmen Invesco sowie Calpers, der Rentenfonds der kalifornischen Lehrer.

Die News Corporation wurde als eine Art Familienlehen betrieben. Robert Murdochs Sohn Lachlan war bis 2005 stellvertretender Chief Operating Officer. Dann trat er plötzlich aus nicht veröffentlichten Gründen zurück. Murdochs Tochter Elisabeth war Geschäftsführerin von BSkyB, bevor sie mit Unterstützung von BSkyB ihre eigene Fernsehproduktionsgesellschaft Shine gründete. Im Jahr 2011 wurde Shine durch die News Corporation für £ 290 Millionen (€ 350 Millionen) aufgekauft: Elisabeth persönlich erhielt mehr als die Hälfte dieser Summe, während sie gleichzeitig ihre Rolle als Vorstandsvorsitzende und CEO des Unternehmens beibehielt und auch in den Hauptvorstand der News Corporation aufrückte. Einige der Aktionäre der News Corporation beschuldigten das Unternehmen, zu viel für Shine gezahlt zu haben. Ein weiterer Sohn von Rupert Murdoch, James, war der stellvertretende Chief Operating Officer der News Corporation. Anfang 2012 war James auch Vorstandsvorsitzender von BSkyB sowie Vorstandsvorsitzender und Chief Executive der News Corporation Europa und Asien, der eine Reihe internationaler Unternehmen der Gruppe, einschließlich deren britischer Zeitungen, leitete.

Durch diese letztgenannte Position stand James Murdoch im Zentrum des Telefonabhörskandals, in den die britischen Zeitungen der News Corporation 2011 und 2012 verstrickt waren. Auf dem hart umkämpften Markt hatten die Herausgeber der Boulevardzeitungen der News Corporation Journalisten dazu ermutigt, Geschichten mit möglichst hohem Sensationsgehalt zu veröffentlichen. Dies führte häufig dazu, dass Mobiltelefone und E-Mail-Konten gehackt wurden. Dabei war unklar, wann James Murdoch von diesen Vorgehensweisen Kenntnis erlangte: Bei einer Untersuchung des britischen Parlaments behauptete er, dass er erst viel später davon erfahren habe. Wenn James Murdoch allerdings tatsächlich keine Kenntnis davon hatte, dann schien er keine sehr gute Kontrolle über seine eigenen Zeitungen zu haben bzw. bei der Untersuchung von Vorwürfen über gesetzwidriges Verhalten auf Seiten von Mitarbeitern sehr lax vorzugehen.

Anfang 2012 trat James Murdoch von allen seinen britischen Ämtern zurück. Aber er war weiterhin weltweit als stellvertretender Chief Operating Officer der News Corporation tätig und übte auch weiterhin seine Aufgaben im Hinblick auf die Beteiligungen des Unternehmens in Kontinentaleuropa aus. Die Aktionäre waren, trotz der starken Leistung der News Corporation im Vergleich mit Wettbewerbern seit 2009, zutiefst unzufrieden mit dem Management der Familie Murdoch. Im Oktober 2011 stimmte mehr als die Hälfte der unabhängigen Aktionäre entweder gegen die Wiederwahl von Rupert Murdoch als Vorstandsvorsitzendem oder enthielt sich der Stimme, während ein ähnlich hoher Prozentsatz auch gegen die Wiederwahl von James in den Vorstand stimmte. Natürlich kontrollierte die Familie eine ausreichend hohe Anzahl an Stimmen, um insgesamt die Mehrheit zu erzielen. Allerdings äußerte Anne Simpson, Leiterin Corporate Governance bei Calpers, über die Gegenstimmen: „Dies signalisiert dem Vorstand der News Corp deutlich, dass die Investoren echte Unabhängigkeit suchen. Es war eine Abstimmung zu Gunsten einer Verjüngung des Vorstands."

Hauptquellen: Financial Times, 25. Oktober 2011 und 3. April 2012.

Kontrollfragen

1. Beantworten Sie unter Bezugnahme auf *Abbildung 4.2*: die Frage danach, auf welchen Ebenen die Corporate-Governance-Kette bei der News Corporation wahrscheinlich versagt hat?
2. Warum sollten die Aktionäre gegen das Management der News Corporation durch die Familie Murdoch stimmen, obwohl der Aktienkurs der Gruppe den der Wettbewerber übertroffen hat? Was hätten sie sonst noch tun können?

Das Stakeholder-Modell der Unternehmensführung

Ein alternatives Modell der Unternehmensführung, das in unterschiedlicher Form vorliegt, ist das Stakeholder-Modell. Es basiert auf dem Prinzip, dass Vermögen von einer Vielzahl an Interessengruppen erzeugt, bewahrt und verteilt wird. Dazu gehören natürlich die Aktionäre, aber auch andere Investoren, wie etwa Banken sowie Mitarbeiter oder deren Gewerkschaftsvertreter. So gesehen muss sich das Management auf viele Interessengruppen einstellen, die selbst auch in offiziellen Gremien vertreten sein können.

Solche Stakeholder-Modelle werden manchmal auch als *Bremsklotzsystem der Unternehmensführung* bezeichnet.[20] Denn häufig sind eine oder zwei große Investorengruppen die Haupteigentümer eines Unternehmens. So haben in Deutschland fast drei Viertel aller börsennotierten Unternehmen einen Mehrheitseigner. Außerdem spielen in Ländern wie Schweden oder Deutschland auch Banken eine wichtige Rolle und in Japan besitzen Banken oft Unternehmensanteile und stellen nicht nur einfach Kredite zur Verfügung. Zudem gibt es häufig ein komplexes Netz an gegenseitigen Aktienbeteiligungen zwischen Unternehmen.

20 J. Zwiebel, „Block investment and partial corporate control", *Review of Economic Studies*, Band 62, Nr. 211 (1995), S. 161.

Deutschland und Japan werden oft als Beispiele für das Stakeholder-Modell genannt. In Deutschland ist die Organstruktur bei Aktiengesellschaften und GmbHs zweischichtig und besteht aus einem Aufsichtsrat, der für Unternehmen mit mehr als 500 Mitarbeitern gesetzlich vorgeschrieben ist, und einem Vorstand. Im Aufsichtsrat werden die Interessen verschiedener Gruppen vertreten, darunter Aktionäre, Mitarbeiter, aber häufig auch Banken, Rechtsanwälte und Börsenexperten. Strategische Planung und betriebliche Kontrolle obliegen zwar dem Vorstand, wichtige Entscheidungen wie etwa Fusionen und Übernahmen müssen aber vom Aufsichtsrat abgesegnet werden. Auch in anderen europäischen Ländern wie etwa Frankreich oder den Niederlanden gibt es solche zweischichtigen Systeme.

In Japan wird Gewinnmaximierung oder Shareholder Value nicht als das vorrangige Ziel eines Unternehmens betrachtet; wichtiger sind hier langfristiges Wachstum und Sicherheit der Firma. Die Eigentumsverhältnisse sind sehr konzentriert; nur eine kleine Gruppe von Investoren besitzt große Teile eines Unternehmens. Außerdem gibt es auch hier gegenseitige Firmenbeteiligungen, wobei große Unternehmen Aktien anderer Unternehmen besitzen und Banken dieselbe Untergruppe finanzieren. In Japan existiert ein einschichtiges Vorstandssystem. Hier werden Manager aus der obersten Führungsebene eines Unternehmens zu Vorstandsmitgliedern ernannt, sodass der Vorstand fast ausschließlich aus unternehmensinternen Mitgliedern besteht.[21] Als gutes Vorstandsmitglied gilt seit jeher ein Manager, der die Interessen der Mitarbeiter gut vertritt.

Die *Vorteile* des Stakeholder-Modells sind:

- *Vorteile für Interessengruppen.* Einerseits wird argumentiert, dass die vielfältigen Interessen der Interessengruppen hier berücksichtigt werden. Außerdem verhindere der große Einfluss der Mitarbeiter ganz besonders risikoreiche Entscheidungen und Investitionen.
- *Vorteile für Investoren.* Ein vielleicht ironisch anmutendes Argument lautet, dass es gerade Blockinvestitionen sind, die vielerlei wirtschaftliche Vorteile haben. So kann das Management unter Umständen genauer überwacht werden und die großen Investoren haben besseren Zugang zu firmeninternen Informationen. Verfügen nur wenige Blockinvestoren über Macht und Einfluss, so kann im Falle von Fehlentscheidungen des Managements auch schneller eingegriffen werden.
- *Langfristige Ausrichtung.* Ein weiteres Argument lautet, dass große Investoren – Banken oder andere Firmen beispielsweise – ihre Investitionen als etwas Langfristiges ansehen, sodass der Druck kurzfristiger Erfolge sinkt[22] und eine langfristig gute Leistung mehr in den Vordergrund tritt.

21 Siehe C. A. Mallin, „Corporate Governance", *Oxford University Press*, 2004, und S. F. Copp, „The institutional architecture of UK corporate governance reform: an evaluation", *Journal of Banking Regulation*, Band 7, nos 1/2 (2006), S. 41–63.

22 Die zu kurzfristige Ausrichtung ist ein Problem mit anglo-amerikanischer Tradition und steht dem Rhein-Modell gegenüber, das in Deutschland, der Schweiz, den Beneluxländern und anderen nordeuropäischen Ländern weiter verbreitet ist. Siehe M. Albert, „The Rhine model of capitalism: an investigation", in W. Nicoll, D. Norburn und R. Schoenberg (Hrsg.), „Perspectives on European Business", *Whurr Publishers*, 1995.

Doch es gibt auch *Argumente, die gegen das Stakeholder-Modell sprechen*:

- *Nachteile für das Management.* Eine zu genaue Überwachung kann zu übermäßiger Einmischung führen, sodass sich Entscheidungsprozesse verlangsamen und das Management bei wichtigen Entscheidungen seine Objektivität verliert.
- *Nachteile für Investoren.* Wenn Aktionäre weniger Druck ausüben können, werden langfristige Investitionen in Projekte vorgenommen, deren Renditen unter den Markterwartungen liegen.
- *Nachteile für die Wirtschaft.* Es gibt weniger Alternativen zur Finanzmittelbeschaffung, sodass die Wachstumsmöglichkeiten und die Möglichkeiten unternehmerischer Tätigkeit begrenzt sind.

Diese Vor- und Nachteile werden in *Abbildung 4.3* nochmals zusammengefasst.

	Shareholder-Modell	**Stakeholder-Modell**
Vorteile	Für Investoren: • Höhere Renditen • Reduziertes Risiko Für die Wirtschaft: • Förderung von Entrepreneurship • Förderung interner Investitionen Für das Management: • Unabhängigkeit	Für Investoren: • Genauere Überwachung des Managements • Langfristigere Entscheidungshorizonte Für Interessengruppen: • Abschreckung risikoreicher Entscheidungen
Nachteile	Für Investoren: • Schwierige Überwachung des Managements Für die Wirtschaft: • Gefahr der kurzfristigen Ausrichtung Und die Gier des Top Management	Für das Management: • Potenzielle Einmischung • Langsamerer Entscheidungsprozess • Weniger Unabhängigkeit Für die Wirtschaft: • Weniger Finanzierungsmöglichkeiten für Wachstum

Abbildung 4.3: Vor- und Nachteile von Governance-Systemen

Es soll auch darauf hingewiesen werden, dass sich die verschiedenen Modelle ebenfalls auf die Finanzierung von Unternehmen auswirken. Im Shareholder-Modell ist das Aktienkapital die wichtigste Form der langfristigen Finanzierung; Handelsbanken stellen zudem Kreditkapital zur Verfügung, sodass hier die Beziehungen zu den Banken durch Verträge definiert sind. Dies hat wesentliche Auswirkungen: Manager müssen die finanzielle Ausstattung ihres Unternehmens auf ein vernünftiges Maß beschränken, sodass große strategische Entwicklungen gleichzeitig mehr Aktienkapital erfordern. Das Unternehmen selbst verfügt außerdem über mehr Einfluss, was eigene strategische Entscheidungen angeht, denn die Banken streben nicht nach strategischem Mitspracherecht. Schlagen Strategien jedoch fehl, so kann die Abhängigkeit des Unternehmens von der Bank als Hauptaktionär immer größer werden. Dies geschieht oft in kleinen Familienbetrieben. Im Extremfall können die Banken ihren Einfluss geltend machen und ihre Finanzmittel abziehen, selbst wenn dies zum Konkurs des Unternehmens führt. Im Gegensatz dazu verfügen in einigen Stakeholder-Modellen (besonders in Japan und in geringerem Maß auch in Deutschland) Banken oft über erhebliche Aktienbeteiligungen oder gehören sogar derselben Dachgesellschaft an. Sie halten sich nicht so sehr zurück, sondern möchten sich aktiv an strategischen Entscheidungen beteiligen.

Governance-Strukturen im Wandel

Immer mehr Stimmen fordern eine Veränderung dieser traditionellen Führungsmodelle. Einige der gewünschten Veränderungen wurden bereits in *Kapitel 4.2.1* im Zusammenhang mit den Stufen der Corporate Governance erwähnt.

Dennoch gibt es Andeutungen, dass sich Führungssysteme überall auf der Welt immer mehr dem Shareholder-Modell annähern. Dies liegt an einigen der oben erwähnten Vorteile, besonders der Ansicht, dass sowohl Aktionäre als auch andere Interessengruppen von diesem Ansatz profitieren. Weitere Gründe sind die immer wichtiger werdenden institutionellen Anleger, die im Namen einer immer größeren Masse an Aktionären handeln, sowie die wachsende Globalisierung und internationale Fusionen und Übernahmen.[23]

So gewinnen zum Beispiel in Japan institutionelle und ausländische Investoren immer mehr Einfluss und durch Deregulierung und Liberalisierung wächst der Druck, Governance-Strukturen zu verändern. Auch in Deutschland drängt man auf Veränderungen. So argumentierte Jürgen Thumann vom deutschen Arbeitgeberverband BDI Mitte 2006, dass deutsche Unternehmen, wollten sie international wettbewerbsfähig bleiben, die Arbeitnehmervertretung in ihren Vorständen gründlich überdenken müssten. Dies würde nicht zuletzt die Kosten reduzieren und Entscheidungen beschleunigen.

Auch in anderen Ländern beginnen sich die Governance-Strukturen zu verändern. In Schweden befanden sich die meisten Firmen traditionell in Privatbesitz oder in der Hand von Stiftungen, Holdings oder Investmentunternehmen, die ebenfalls in Privateigentum waren. Schon im Jahr 2005 jedoch befanden sich nur noch knapp 15 Prozent der Marktkapitalisierung im Besitz einzelner Eigentümer – auch hier wächst der Einfluss institutioneller Anleger.[24] Durch den Eintritt Schwedens in die EU verringerten sich die Beschränkungen auf den Kapitalfluss in das Land, sodass mehr und mehr Unternehmen in den Besitz ausländischer Investoren übergehen. Trotzdem gibt es in den meisten Firmen immer noch einen Mehrheitseigner, der über sehr viel Einfluss und Entscheidungsmacht verfügt, sodass dies dem Shareholder-Modell sehr nahe kommt.

In Indien gab es bis in die 1980er-Jahre hinein ein hohes Maß an Protektionismus durch den Staat – strategisch wichtige Branchen wie die Flugzeugindustrie oder die Banken waren verstaatlicht und ausländische Investitionen im Land unterlagen starken Reglementierungen. Seit 1991 jedoch kommt es auch hier zu radikalen Veränderungen. Importlizenzen wurden abgeschafft und Einfuhrzölle reduziert. Die Reglementierungen bezüglich des ausländischen Kapitals wurden in einigen Branchen verringert, von einigen Unternehmen der öffentlichen Hand wurden Investitionen abgezogen; gleichzeitig erhielten diese die Erlaubnis, sich an den internationalen Börsen listen zu lassen.[25]

---

23 Für eine weitere Abhandlung zu dieser Konvergenz siehe H. Hansmann und R. Kraakman, „Toward a single model of corporate law?“, in J. A. McCahery, P. Moerland, T. Raijmakers und L. Renneboog (Hrsg.), „Corporate Governance Regimes: Convergence and diversity“, *Oxford University Press*, 2002.

24 Siehe R. Skog, „A remarkable decade: the awakening of Swedish institutional investors“, *European Business Law Review*, Band 16, Nr. 5 (2005), S. 1017–1031.

25 Siehe V. Gupta und K. Gollakota, „History, ownership forms and corporate governance in India“, *Journal of Management History*, Band 12, Nr. 2 (2006), S. 185–197.

Zwar gibt es in Indien immer noch sehr viele Familienbetriebe, doch auch hier werden zunehmend Eigentum und Management voneinander getrennt. Die hier propagierten neuen Governance-Strukturen zeigen einen Trend in Richtung Shareholder-Modell mit einem Vorstandsgremium mit 30 bis 50 Prozent firmenexternen Mitgliedern.

In China bilden der Staat oder sehr regierungsnahe Institutionen die wichtigste Interessengruppe. Hier gibt es ein zweischichtiges Vorstandssystem. Der Aufsichtsrat setzt sich zu mindestens einem Drittel aus Mitarbeitern des jeweiligen Unternehmens zusammen, die aber auf die Aktivitäten des Unternehmens wenig Einfluss haben, denn dafür ist der Unternehmensvorstand zuständig. In diesem Vorstand müssen auch externe Mitglieder sein, die nicht am Management beteiligt sind und seit kurzem auch ausdrücklich unabhängig sein müssen. Die Ernennung von Führungskräften wurde seit jeher streng von der Regierung überwacht, doch auch hier sinkt der staatliche Einfluss allmählich. Trotzdem begannen die meisten hochrangigen Wirtschaftsvertreter ihre Karrieren in Regierungspositionen.[26]

Auf dem öffentlichen Sektor gibt es sehr viele verschiedene Führungsgremien und -organisationen, doch auch hier lassen sich Gemeinsamkeiten ausmachen. Diese Führungsgremien repräsentieren häufig wichtige Interessengruppen. Oft ist dies sogar gesetzlich vorgeschrieben oder wird einfach in der Praxis so gehandhabt. Ganz besonders gilt dies für die Vertretung von Mitarbeitern und Gewerkschaften in Führungsgremien. In vielen Ländern ist ein Trend in Richtung eines höheren Anteils an (sogenannten) unabhängigen Führungskräften zu beobachten. Diese unabhängigen Vertreter lassen sich am ehesten mit den externen Vorstandmitgliedern des privaten Sektors vergleichen, die nicht am Management beteiligt sind.

4.2.4 Wie Führungs- und Kontrollgremien Strategie beeinflussen

Immer häufiger wird nun darüber diskutiert, welche Rolle Organmitglieder in Unternehmen spielen. Denn beim Board bzw. Vorstand und Aufsichtsrat liegt letztendlich die Verantwortung für Erfolg und Misserfolg einer Organisation sowie für die Gewinne der Aktionäre oder weiter gefasster Interessengruppen; daher muss er sich mit Strategie auseinandersetzen. Es gibt zwei grundlegende Auswahlmöglichkeiten, wie dies geschehen kann:

- Das strategische Management kann voll und ganz *an das Management delegiert* werden – wobei der Vorstand lediglich über Vorhaben und Entscheidungen informiert wird und diese genehmigt. Hier erfordert die „Verwalterrolle" des Vorstands Prozesse zur Sicherstellung, dass die Zielsetzungen der Organisation und ihre Strategien nicht auf Kosten anderer Interessengruppen – insbesondere der Eigentümer – vom Management „vereinnahmt" werden. Der Enron-Fall ist hier ein extremes Beispiel.

26 Für weitere Erklärungen zur Entwicklung in China siehe G. S. Liu und P. Sun, „The class of shareholdings and its impacts on corporate performance: a case of state shareholdings in Chinese public corporations", *Corporate Governance*, Band 13, Nr. 1 (2005), S. 46–59, und G. Chen, M. Firth, D. Gao und O.M. Rui, „Ownership structure, corporate governance, and fraud: evidence from China", *Journal of Corporate Finance*, Band 12, Nr. 3 (2006), S. 424–448.

- Der Vorstand kann sich *mit dem Management zusammen in den strategischen Managementprozess einbringen*. Dies birgt jedoch zahlreiche praktische Probleme wie etwa die verfügbare Zeit und das verfügbare Wissen (besonders) der externen Vorstandsmitglieder, um diese Aufgabe optimal erfüllen zu können. Solche Probleme lassen sich besonders in wohltätigen oder gemeinnützigen öffentlichen Organisationen beobachten, deren Führungsgremien und Verwaltungen sich ganz der guten Sache verschrieben haben und gerne aktiv werden möchten, aber nur wenig konkretes Wissen mitbringen.

In den Richtlinien, die immer häufiger von Regierungen[27] festgelegt oder auch von Beobachtern befürwortet werden, um sicherzustellen, dass Vorstände im Interesse ihrer Aktionäre und Nutznießer handeln, tauchen immer wieder ähnliche Themen auf:

- Vorstände müssen möglichst *„unabhängig" vom Management* eines Unternehmens arbeiten. Die Rolle der externen Vorstandsmitglieder, die nicht direkt am Management beteiligt sind, wird also immer wichtiger.
- Vorstände müssen *in der Lage sein, die Aktivitäten der Manager genau zu überwachen*. Die kollektive Erfahrung des Vorstands, seine Ausbildung und die ihm zur Verfügung stehenden Informationen sind also von zentraler Bedeutung.
- Vorstandsmitglieder müssen ausreichend *Zeit* haben, ihre Aufgaben angemessen zu erfüllen. Also gilt es auch zu bedenken, ob die Anzahl der Vorstandspositionen, die eine Einzelperson innehaben kann, begrenzt werden soll.
- Am meisten kommt es jedoch auf das *Verhalten des Vorstands* und seiner Mitglieder an[28], gleichgültig, welche strukturellen Vereinbarungen getroffen wurden. Wichtig sind etwa Respekt, Vertrauen, „konstruktive Reibung" zwischen den Vorstandsmitgliedern, ein fließendes Rollenverständnis, die Verantwortung des Einzelnen und der Gruppe sowie die Bewertung der Leistungen der einzelnen Mitglieder und des gesamten Vorstands.

27 In den USA: der Sarbanes-Oxley Act (2002). In Großbritannien: D. Higgs, „Review of the role and effectiveness of nonexecutive directors", *Ministerium für Handel und Industrie*, 2003.

28 Siehe D. Norburn, B. Boyd, M. Fox und M. Muth, „International corporate governance reform", *European Business Journal*, Band 12, Nr. 3 (2000), S. 116–133, und J. Sonnenfeld, „What makes great boards great", *Harvard Business Review*, Band 80, Nr. 9 (2002), S. 106–113.

Beispiel 4.2 Die Vorstandsetage von ENRC – City oder Sowjetunion?

Nach spektakulären Entlassungen versucht dieser multinationale kasachische Konzern, Zweifel im Hinblick auf die Tätigkeit seines Vorstands zu zerstreuen.

Die Eurasion Natural Resources Company (ENRC) wurde in 1990er-Jahren gegründet, wobei der Großteil der Vermögenswerte im Zuge der Privatisierung der kasachischen Schwerindustrie von 1994 bis 1996 von drei Unternehmern gekauft wurde – Patokh Chodiev, Alidschan Ibragimow und Alexander Maschkewitsch. Heute sind alle drei Milliardäre und ihnen gehören gemeinsam 35 Prozent des mittlerweile multinationalen Unternehmens mit Sitz in der City of London, wo es auch gelistet ist. Mit 70.000 Mitarbeitern ist ENRC einer der größten Produzenten von Ferrochrom, einer der weltgrößten Exporteure von Eisenerz sowie der neuntgrößte Produzent von gehandeltem Aluminiumoxid. Das Unternehmen hält außerdem erhebliche Beteiligungen in Brasilien und Afrika sowie in seinem Heimatland Kasachstan. Der kasachische Staat hält 12 Prozent der Anteile des Unternehmens, während ein anderer kasachischer Unternehmer weitere 26 Prozent über sein Unternehmen – Kazakhmys – kontrolliert.

Allerdings befand sich seit 2008, als das Unternehmen an der Londoner Börse zugelassen wurde, auch ein erheblicher Anteil des Unternehmens im Besitz normaler externer Investoren. Durch den Börsengang waren £ 1,4 Milliarden (€ 1,7 Milliarden) zusätzliches Kapital beschafft worden, mit dem die internationale Expansion finanziert werden sollte: Die kasachische Regierung wollte einen „nationalen Champion" aufbauen. Überdies bot die Börsenzulassung eine Möglichkeit, die Corporate-Governance-Regelungen des Unternehmens zu bereinigen, um sowohl die Anforderungen der Börse zu erfüllen als auch seine Akzeptanz als internationaler Erwerber von Unternehmen zu verbessern. Des Weiteren bot es Chodiew, Ibragimow und Maschkewitsch eine bequeme Möglichkeit, den Wert ihrer Anteile zu realisieren, die nunmehr einfach auf dem Markt gehandelt werden konnten, wenn sie dies wünschten.

Allerdings durften die drei Unternehmer aufgrund einer laufenden Strafverfolgung durch die belgischen Behörden im Hinblick auf angebliche Geldwäsche nicht im Hauptvorstand von ENRC sitzen. Daher rekrutierte das Unternehmen einige hochangesehene nicht geschäftsführende Board-Mitglieder (Aufsichtsratsmitglieder) einschließlich Ken Olisa und Sir Richard Sykes. Olisa konnte eine ausgezeichnete Karriere bei IBM und Wang Laboratories vorweisen, bevor er in der City of London in den Bereich Investmentbanking wechselte. Sykes ist ein früherer Vorstandsvorsitzender des Pharmariesen GlaxoSmithKline sowie ehemaliger Rektor des Imperial College in London.

Vorstandsvorsitzender war Dr. Johannes Sittard, ein deutscher Manager, der zuvor für das internationale Lenkungsgremium von Mittal gearbeitet hatte.

Allerdings lief für die Aufsichtsratsmitglieder nicht alles glatt. Nach vielen Gerüchten über Konflikte im Hinblick auf die Corporate Governance und die internationale Strategie wurden Sir Richard Sykes und Ken Olisa im Jahr 2011 durch die drei Gründer und die mit ihnen verbundenen Aktionäre aus dem Amt gewählt. Unmittelbar danach schrieb Ken Olisa an die *Times*: „Obwohl die Gründer des Unternehmens Vertretungsvereinbarungen unterzeichnet hatten, in denen sie sich zur Unterstützung eines unabhängigen Boards (Vorstand und Aufsichtsrat) verpflichteten, zeigte sich bald deutlich, dass die informellen historischen Verbindungen der ursprünglichen Eigentümer mit den Geschäftsführern und dem leitenden Management dazu führten, dass ihr Einfluss omnipräsent war ... Der Vorsitzende spielte dabei häufig eher die Rolle des – nicht immer ganz akkuraten – Boten der Gründer als eines Vorsitzenden eines unabhängigen Boards." Weiterhin beschrieb Olisa seine Entlassung als im Stil „eher für die Sowjetunion als für die City typisch".

ENRC reagierte darauf, indem es sein Corporate-Governance-System überprüfte. Im Februar 2012 wurde ein neuer Vorstandsvorsitzender ernannt: Mehmet Dalman, der zuvor bei der Commerzbank tätig gewesen war. Bei seiner ersten offiziellen Besprechung mit den Anlegern erklärte Dalman im ENRC-Vorstand: „Wir haben die Struktur des Boards unter der Prämisse der zunehmenden Erneuerung des Boards mit dem Ziel der Sicherung talentierter und engagierter Mitglieder, die unter anderen Qualifikationen über Branchen-Know-how, umfassende Erfahrungen der besten Corporate-Governance-Praxis in der Branche sowie in den Bereichen Unternehmensfinanzierung und -strategie verfügen, weiter überprüft."

Quellen: Financial Times, 8. Juni 2011, 3. Februar 2012, *Daily Telegraph,* 21. März 2012.

Kontrollfragen

1. In welchen Arten von Unternehmen und in welchen Funktionen könnten Dalmans neue nichtexekutive Board-Mitglieder idealweise zuvor gearbeitet haben?
2. Was könnten (i) unabhängige Investoren und (ii) die Londoner Börse tun, wenn sich die Governance von ENRC nicht verbessert?

4.2.5 Die Wahl der Unternehmensrechtsform

Innerhalb der existierenden grundlegenden Governance-Strukturen wirken sich auch unterschiedliche Unternehmensrechtsformen auf die Zielsetzungen einer Organisation und die verfolgten Strategien aus. Auch hier ergeben sich Fragen dazu, ob eine gewählte Unternehmensrechtsform für die strategischen Zwecke einer Organisation die richtige ist.

- *Ist das Firmenkapital in privater oder öffentlicher Hand?* Diese Frage stellt sich für viele Wirtschaftsunternehmen. Im Laufe ihrer Entwicklung und ihres Wachstums gehen viele Organisationen – so etwa Familienbetriebe – vom Privateigentum in öffentliches Eigentum als börsennotiertes Unternehmen über. Zu einer solchen Entscheidung kann es kommen, weil die Eigentümer beschließen, dass zur Finanzierung des Firmenwachstums mehr Kapital benötigt wird. Die Familienmitglieder, denen das Unternehmen gehört, müssen erkennen, dass sich dadurch ihre Rolle verändert. Sie müssen sich nun gegenüber einer viel größeren Gemeinschaft an Aktionären und Institutionen, die in deren Namen handeln, verantworten.

- *Ein Verkauf des gesamten Unternehmens oder von Teilen des Unternehmens.* Vor dieser Wahlmöglichkeit kann ein Vorstand stehen, dessen Unternehmen die Verantwortung hat, seinen Aktionären einen angemessenen Kapitalertrag zu liefern. So könnte dieser Vorstand zu der Ansicht gelangen, dass eine andere Dachorganisation diesen wichtigen Zweck vielleicht besser erfüllen könnte. Vielleicht wird eine Organisation aber auch zu einem *Übernahmekandidaten* und der Vorstand entscheidet, dass das Übernahmeangebot für die Aktionäre attraktiver ist als die Erträge, die man selbst für die Zukunft versprechen kann.
- Auch die *Übernahme eines anderen Unternehmens* kommt in Betracht. Daraus können sich vielfältige Fragen und Probleme bezüglich der Zielsetzung der neuen Kapitalgesellschaft ergeben, wie *Kapitel 7* erläutert. Es wird jedoch immer wieder in Frage gestellt, ob Übernahmen im besten Interesse der Aktionäre liegen. Oft bleiben die versprochenen Vorteile und Gewinne für den Aktionär aus und zumindest kurz- oder mittelfristig kommt es häufig zu einem Verlust an Shareholder Value. Am meisten Sorge bereiten hier das Principal-Agent-Problem und der potenzielle *Interessenkonflikt* zwischen dem Vorstand und den Aktionären. Vielleicht sind Vorstandsmitglieder lediglich auf weitere Übernahmen aus, um ihr Imperium zu erweitern, ihre finanzielle Vergütung zu erhöhen oder weil sie der Meinung sind, dass Investmentanalysten das daraus entstehende Wachstum erwarten. Fusionen und Übernahmen werden detaillierter in *Kapitel 10* behandelt.
- *Gemeinschaftseigentum und Partnerschaften* sind in vielen Branchen traditionell weit verbreitet. So gehören Versicherungsgesellschaften und Baugenossenschaften oft den Kunden und Mitgliedern und nicht den Aktionären. Theoretisch lassen sich durch ein solches Arrangement die wichtigsten Nutznießer, also die Aktionäre und die Kunden, miteinander vereinbaren, sodass sich Strategien leichter im Sinne beider Gruppen entwickeln lassen. Durch eine solche Struktur können die Besitzverhältnisse jedoch stark zerstückelt sein, was ebenfalls zu dem oben erwähnten Principal-Agent-Problem führt. So wurden etwa viele Baugenossenschaften in Großbritannien in Banken umgewandelt, sodass sich auch die Eigentumsverhältnisse änderten. Das Gemeinschaftseigentum wurde aufgelöst, wodurch sich auch die Governance-Strukturen änderten und mehr einem normalen Unternehmen annäherten. Es zeichnet sich auch ab, dass sogar Anwaltskanzleien und Wirtschaftsprüfungsgesellschaften, die traditionell immer in Form von Partnerschaften bestehen, sich mehr und mehr unternehmerischen Eigentumsmodellen zuwenden.
- In vielen Ländern kam und kommt es immer wieder zu *Privatisierungen* staatlicher Unternehmen. Historisch gesehen wurden die meisten Bereiche des öffentlichen Lebens streng von überregionalen oder regionalen Regierungsbehörden überwacht. Viele Regierungen entschlossen sich zu Privatisierungen, um Organisationen zu zwingen, sich den Kräften des freien Marktes zu stellen, sich besser auf die Bedürfnisse der Kunden und den bestehenden Wettbewerbsdruck einzustellen – und um

Zugriff auf das Kapital des privaten Sektors zu erlangen. Die Manager andererseits erhielten mehr Handlungsspielraum in Bezug auf die Wahl ihrer Strategie – welche Produkte oder Dienstleistungen sie anbieten konnten; die Fähigkeit zur Diversifikation, zur Kapitalbeschaffung etc.

4.3 Unternehmensethik und soziale Verantwortung[29]

Der Diskussion über Corporate Governance liegt das Thema zugrunde, das schon in der Einführung behandelt wurde. Besteht die Zielsetzung einer Organisation und ihrer Strategie darin, einer wichtigen Interessengruppe wie etwa den Aktionären zu nützen, oder soll sie einem größeren Kreis an Interessengruppen dienen? Daraus ergibt sich wiederum die Frage, welche Erwartungen die Gesellschaft an eine Organisation hat und wie diese sich auf deren Zwecke auswirken. Immer mehr Staaten und Regierungen vertreten die Meinung, dass diese Erwartungen nicht allein durch die Festlegung von Regeln erfüllt werden können. Hier kommt außerdem das Thema der Wirtschaftsethik ins Spiel, die auf zwei verschiedenen Ebenen existiert:

- Auf *makroökonomischer Ebene* gibt es Themen, die sich auf die Rolle von Unternehmen und anderen Organisationen innerhalb der Gesellschaft beziehen. Die Erwartungen hierzu reichen von einer freien Unternehmenskultur im Laissez-faire-Stil auf der einen Seite bis hin zu genauen, engmaschigen Vorgaben aus der Gesellschaft auf der anderen Seite. Bei der grundlegenden ethischen Einstellung einer Organisation geht es um ihre *soziale Verantwortung.*
- Auf der *Ebene des Einzelnen* bezieht sich Unternehmensethik auf das Verhalten und die Handlungen von Einzelpersonen innerhalb einer Organisation. Dieses Thema ist für das Management von Organisationen allgemein von großer Bedeutung, hier wird darauf aber in Bezug auf die Rolle der Manager innerhalb des strategischen Managementprozesses eingegangen.

4.3.1 Corporate Social Responsibility – die soziale Verantwortung eines Unternehmens

Das Regelwerk des Umfelds und die Governance-Struktur einer Organisation legen ihre Mindestverpflichtungen gegenüber ihren Interessengruppen fest.

Soziale Verantwortung eines Unternehmens

Die soziale Verantwortung eines Unternehmens (corporate social responsibility) bezieht sich auf die Art und Weise, in welcher eine Organisation über ihre rechtlich festgelegten Mindestverpflichtungen gegenüber ihren Interessengruppen hinausgeht.

Die **soziale Verantwortung eines Unternehmens** *(Corporate social responsibility)* bezieht sich auf die Art und Weise, in welcher eine Organisation über ihre rechtlich festgelegten Mindestverpflichtungen gegenüber ihren Interessengruppen hinausgeht. Die rechtlichen Regelwerke, innerhalb derer Organisationen agieren, achten die Rechte verschiedener Interessengruppen in sehr unterschiedlichem Maß. *Vertraglich gebundene Interessengruppen* wie Kunden, Zulieferer oder Mitarbeiter haben beispielsweise

29 Immer wieder gibt es neue Literatur zum Thema Unternehmensethik. Nützliche Einblicke hierzu gewähren P. Werhane und R. E. Freeman, „Business ethics: the state of the art“, *International Journal of Management Research*, Band 1, Nr. 1 (1999), S. 1–16. Dies ist eine gute Zusammenfassung der jüngsten Veröffentlichungen zur Wirtschaftsethik. Aktive Manager können sich auch B. Kelley, „Ethics at Work“, *Gower*, 1999, zuwenden. Hier sind viele in diesem Abschnitt behandelte Themen abgedeckt und auch die Richtlinien des Institute of Management über ethisches Management werden behandelt. Siehe auch M. T. Brown, „Corporate Integrity: Rethinking organizational ethics and leadership“, *Cambridge University Press*, 2005.

eine Rechtsbeziehung zu einer Organisation, wohingegen *allgemeine Interessengruppen* – lokale Gemeinden, Konsumenten (im Allgemeinen) oder andere Interessengruppen – nicht unter dem Schutz des Gesetzes stehen.[30] Die soziale Verantwortung der Unternehmen ist für diese allgemeinen Interessengruppen von besonderer Bedeutung.

Verschiedene Organisationen nehmen bezüglich ihrer sozialen Verantwortung sehr unterschiedliche Haltungen ein. Diese verschiedenen Haltungen werden auch dadurch reflektiert, wie sie das Management einer solchen Verantwortung handhaben. *Abbildung 4.4* zeigt vier Stereotypen, um diese Unterschiede zu verdeutlichen. Die Liste der berücksichtigten Interessen der Interessengruppen wird hier von Position zu Position immer umfassender, und auch die Bandbreite der Kriterien, die zur Bewertung von Leistung und Strategien herangezogen wird, wird immer größer. Die darauf folgende Diskussion erklärt, wie sich diese Haltungen in den Aktivitäten von Unternehmen widerspiegeln.[31]

	Laissez-faire	Aufgeklärtes Selbstinteresse	Forum für Interaktionen der Interessengruppen	Gestalter der Gesellschaft
Grundprinzip	Gesetzeskonformität: Gewinn machen, Steuern zahlen und Arbeitsplätze anbieten	Vernünftiger Geschäftssinn	Nachhaltigkeit oder dreifacher Endgewinn	Veränderung von Markt und Gesellschaft
Führungsstil	Dezentral	Unterstützend	Sich einsetzend	Visionär
Management	Verantwortung beim mittleren Management	Systeme sorgen für optimale Umsetzung	Verantwortung beim Vorstand: Überwachung innerhalb der gesamten Organisation	Verantwortung liegt bei jedem Einzelnen innerhalb der gesamten Organisation
Verhalten	Defensiv gegenüber Druck von außen	Reaktiv gegenüber Druck von außen	Proaktiv	Definierend
Beziehung zu Interessengruppen	Einseitig	Interaktiv	Partnerschaft	Allianzen zwischen mehreren Organisationen

Abbildung 4.4: Positionen bezüglich der sozialen Verantwortung von Unternehmen

Die *Laissez-faire-Position* stellt eine extreme Haltung dar, denn hier vertreten die Organisationen die Ansicht, dass die einzige Verantwortung eines Unternehmens darin besteht, die kurzfristigen Interessen der Aktionäre zu berücksichtigen und „Gewinn zu

30 J. Charkham, „Corporate governance lessons from abroad", *European Business Journal*, Band 4, Nr. 2 (1992), S. 8–16.

31 Basierend auf einer Forschungsarbeit des Center for Corporate Citizenship at the Boston College, dargestellt in P. Mirvis und B. Googins, „Stages of corporate citizenship", *California Management Review*, Band 48, Nr. 2 (2006), S. 104–126.

machen, Steuern zu bezahlen und Arbeitsplätze zur Verfügung zu stellen".[32] Es obliegt der Regierung, durch Gesetzgebung und Regulierung Beschränkungen festzulegen, die die Gesellschaft den Unternehmen in ihrem Streben nach wirtschaftlicher Effizienz nach eigenem Ermessen auferlegt. Die Organisationen halten sich an dieses Mindestmaß an Verpflichtungen – mehr aber auch nicht. Erwartet man von den Unternehmen, soziale Pflichten zu übernehmen, die über dieses Mindestmaß hinausgehen, so kann das im Extremfall die Autorität des Staates untergraben.

Diese Position kann von Führungskräften bezogen werden, die ideologisch von ihr überzeugt sind, oder von kleineren Unternehmen, die keine ausreichenden Ressourcen besitzen, um mehr als die Mindestanforderungen zu erfüllen. Aktivitäten für das Allgemeinwohl der Gesellschaft werden im Hinblick auf die Verbesserung der Rentabilität gerechtfertigt.[33] Eine solche Situation liegt vor, wenn einem Unternehmen beispielsweise soziale Verpflichtungen als Voraussetzung für die Erlangung neuer Verträge (wenn etwa von Zulieferern an Organisationen der öffentlichen Hand eine Personalpolitik der Chancengleichheit verlangt wird) oder zur Verteidigung seines guten Rufs auferlegt wurden. Die Verantwortung für solche Entscheidungen liegt typischerweise bei den Managern der mittleren Führungsebene oder Abteilungsleitern und nicht bei den obersten Führungskräften, denn diese sehen diese Rolle nicht als Teil ihrer Aufgabe. Die Beziehungen zu den Interessengruppen sind hier höchstwahrscheinlich eher einseitig und nicht interaktiv. Natürlich besteht bei dieser Einstellung die Gefahr, dass die Gesellschaft von den Unternehmen etwas ganz anderes erwartet. Tatsächlich steigen die Erwartungen der Gesellschaft an große Organisationen und es zeigt sich, dass sich die Firmenchefs dessen durchaus bewusst sind und auch die Ansicht teilen, dass Organisationen in sozialen Belangen aktiver sein sollten.[34]

Das *aufgeklärte Selbstinteresse* ist geprägt vom Erkennen des *langfristigen finanziellen Nutzens für den Aktionär* durch gut betreute Beziehungen zu anderen Interessengruppen. Die Rechtfertigung für soziales Handeln liegt darin, dass es auch wirtschaftlich gesehen sinnvoll ist. Die *Reputation*[35] einer Organisation ist entscheidend für ihren langfristigen finanziellen Erfolg und es muss ein Geschäftsplan für eine aktivere Haltung in Bezug auf soziale Belange entwickelt werden, um zum Beispiel neue Mitarbeiter gewinnen und halten zu können. Hier können philanthropische Aktionen[36] einer Organisation oder ihr Handeln für das Gemeinwohl durchaus als vernünftige Investition gesehen werden, die mit anderen Investitions- oder Werbeausgaben vergleichbar ist. Die finanzielle Förderung wichtiger Sport- oder Kunstveranstaltungen ist hier als Beispiel zu nennen. Außerdem ist es wichtig, fragwürdige Marketingaktionen zu meiden, damit es auf diesem Gebiet keine zusätzlichen gesetzlichen Regelungen geben muss. Manager vertreten die Ansicht, dass eine Organisation nicht nur ihren Aktionären ver-

---

32 Als Zusammenfassung der Argumentation Milton Friedmans wird oft zitiert: M. Friedman, „The social responsibility of business is to increase its profits", *New York Times Magazine*, 13. September (1970).

33 Siehe A. McWilliams und D. Seigel, „Corporate social responsibility: a theory of the firm perspective", *Academy of Management Review*, Band 26 (2001), S. 117–127.

34 Siehe „The State of Corporate Citizenship in the US: A view from inside", *2003–2004*, Center for Corporate Citizenship, *Boston College*; auch dargelegt in Mirvis und Googins, Fußnote 31.

35 Siehe S. Macleod, „Why worry about CSR?", *Strategic Communication Management*, Aug./ Sept. (2001), S. 8–9.

36 Siehe M. Porter und M. Kramer, „The competitive advantage of corporate philanthropy", *Harvard Business Review*, Band 80, Nr. 12 (2002), S. 56–68.

antwortlich ist, sondern auch für die *Beziehungen zu* anderen Interessengruppen Verantwortung trägt (zu unterscheiden von der direkten *Verantwortung für* andere Interessengruppen). Die Kommunikation mit verschiedenen Interessengruppen ist in dieser Position sicherlich intensiver als bei Organisationen, die sich dem Laissez-faire-Stil verschrieben haben. Hier ist es durchaus möglich, dass Organisationen auch Systeme und Richtlinien einführen, um die Einhaltung bewährter Methoden zu gewährleisten (z.B. die Umweltnorm ISO 14.000, den Schutz der Menschenrechte im internationalen Geschäft) und ihre Leistungen in Bezug auf soziale Verantwortung überwachen. Auch das Top-Management könnte in diesem Themenbereich eine größere Rolle spielen, zumindest indem es sein Unternehmen aktiv in seiner sozialen Rolle unterstützt.

Ein Forum für die Interaktion mit Interessengruppen[37] berücksichtigt ausdrücklich die Interessen und Erwartungen vieler verschiedener Interessengruppen – nicht nur diejenigen der Aktionäre – als Einflussfaktoren auf Organisationszweck und -strategie. Hier lautet das Argument, dass die Leistung einer Organisation auf vielseitigere Weise gemessen werden sollte als nur durch ihre Zahlen. Unternehmen, die diese Haltung einnehmen, könnten wirtschaftlich unrentable Geschäftsbereiche halten, um Arbeitsplätze zu sichern. Sie könnten von Herstellung und Verkauf „anti-sozialer" Produkte Abstand nehmen und für das Gemeinwohl finanzielle Einbußen in Kauf nehmen. Einige Finanzdienstleister bieten ihren Investoren auch sozial verantwortliche Investmentprodukte an. Diese enthalten nur Beteiligungen an Organisationen, deren Aktivitäten hohe Standards sozialer Verantwortung erfüllen.

Hier gibt es allerdings Probleme bezüglich des Gleichgewichts der Interessen verschiedener Interessengruppen. Viele Organisationen des öffentlichen Sektors positionieren sich zu Recht in diesem Bereich, da sie eine große Vielzahl an Erwartungen erfüllen müssen. Diese große Vielfalt kann außerdem oft nur unzureichend in Form von eindeutigen Leistungsmesszahlen berücksichtigt werden. Außerdem vertreten viele kleine Familienbetriebe aufgrund ihrer Arbeitsweise diese Haltung. Sie bringen ihre eigenen Interessen mit den Interessen ihrer Mitarbeiter und den Interessen der lokalen Gemeinschaft in Einklang, selbst wenn dies zu einer Einschränkung ihrer strategischen Wahlmöglichkeiten führt (z.B. Produktionsverlagerung ins Ausland oder heimische Produktion). Solche Organisationen brauchen zwangsläufig länger, um neue Strategien zu entwickeln, denn sie müssen diese in umfassender Weise mit vielen Interessengruppen abstimmen und schwierige Kompromisse zwischen widersprüchlichen Interessen der Interessengruppen erzielen.

Im Rahmen einer Balanced Scorecard können Unternehmen Ziele entwerfen, die soziale Verantwortung innerhalb des operativen Geschäfts berücksichtigen, und sie aktiv und in koordinierter Weise verfolgen. Es wird erwartet, dass sich eine solche Unternehmensposition auch im Verhalten der einzelnen Mitarbeiter innerhalb des Unternehmens widerspiegelt.

Für *Gestalter der Gesellschaft* sind finanzielle Belange nur zweitrangig oder werden sogar als einschränkend empfunden. Bei ihnen handelt es sich um Aktivisten, die die Gesellschaft und ihre Werte verändern möchten. Ein solches Unternehmen könnte genau zu diesem Zweck gegründet worden sein, wie dies etwa bei The Body Shop der Fall ist. Die soziale Verantwortung ist hier die eigentliche *Daseinsberechtigung*

37 H. Hummels, „Organizing ethics: a stakeholder debate", *Journal of Business Ethics*, Band 17, Nr. 13 (1998), S. 1403–1419.

des Unternehmens. Es kann seinen strategischen Zweck darin sehen, „die Spielregeln zu verändern“, was ihm durchaus von Nutzen sein kann, was es aber hauptsächlich zum Wohl der Gesellschaft tut. Organisationen mit dieser Haltung operieren nur selten allein; meist bilden sie Partnerschaften mit anderen – kommerziellen und nicht kommerziellen – Organisationen, um gemeinsam ihre Ziele zu erreichen.

Inwieweit dies eine tragfähige ethische Haltung ist, hängt von Themen wie Regulierung, Corporate Governance und Verantwortlichkeit ab. Diese Haltung ist für Unternehmen in privater Hand leichter umsetzbar, denn hier gibt es keine externen Aktionäre, denen man verantwortlich ist. Viele sind der Meinung, dass die großen historischen Erfolge öffentlicher Dienstleister, die die Lebensqualität von Millionen von Menschen entscheidend verbessern konnten, zum Großteil darauf zurückzuführen sind, dass diese Organisationen „eine Mission zu erfüllen hatten“ und außerdem von einem entsprechenden politischen Rahmenwerk unterstützt wurden. In vielen Ländern ergeben sich jedoch große Herausforderungen bezüglich der Legitimität solcher von einer Mission geprägten Haltungen öffentlicher Dienstleister und es werden Forderungen laut, dass Bürger (als Steuerzahler) von ihnen die beste Leistung erwarten sollten. Auch gemeinnützige Organisationen sehen sich ähnlichen Problemen gegenüber. Für ihre Existenz ist es von grundlegender Bedeutung, die Verbesserung der Interessen bestimmter gesellschaftlicher Gruppen mit großem Eifer voranzutreiben, doch sie müssen sich auch um ihr finanzielles Überleben kümmern, was dazu führen kann, dass sie als zu kommerziell angesehen werden und man glaubt, sie würden zu viel Geld für Verwaltung und Werbung ausgeben.

Grundsätzlich ausgedrückt stehen die Gestalter der Gesellschaft am einen Ende des Spektrums, dessen anderes Ende die Laissez-faire-Unternehmen bilden. Man muss aber ebenso berücksichtigen, dass einige große Unternehmen, die einen Laissez-faire-Ansatz verfolgen, wie etwa NewsCorp oder Haliburton, sich auch aktiv für die Gestaltung der Gesellschaft einsetzen, obwohl das natürlich im Rahmen ihrer eigenen Vorstellung von der Rolle des Unternehmens in der Gesellschaft geprägt ist.

Immer mehr Manager vertreten die Ansicht, dass der Laissez-faire Stil nicht mehr akzeptabel ist[38], dass Unternehmen im Gegenteil eine sozial verantwortliche Position vertreten sollten. Dies hat nicht nur rein ethische Gründe. Viele Manager glauben, dass eine solche Haltung auch wirtschaftliche Vorteile bringt und dass Risiken entstehen, wenn sie sie vernachlässigen. Soziale Verantwortung zu übernehmen, senkt das Risiko negativer Reaktionen von Interessengruppen (darunter nicht zuletzt Kunden) und kann dafür sorgen, dass Mitarbeiter Loyalität entwickeln und motiviert sind. Soziale Verantwortung lässt sich also in dreifacher Weise rechtfertigen: Es entstehen soziale Vorteile, Vorteile für die Umwelt und höhere Gewinne. Viele sind sogar der Meinung, sozial verantwortliche Strategien würden die Grundlage für die Erlangung eines Wettbewerbsvorteils schaffen. Es kommt darauf an, eine Win-win-Situation zu erzeugen, um den wirtschaftlichen Ertrag aus Investitionen in die Umwelt zu optimieren:[39] „Die Grundfrage ... lautet nicht, ob sich eine Sache lohnt, sondern ob sie die Chance birgt, gemeinsame

38 D. Vogel, „Is there a market for virtue? The business case for corporate social responsibility“, *California Management Review*, Band 47, Nr. 4 (2005), S. 19–45.

39 S. A. Waddock und C. Bodwell, „Managing responsibility: what can be learned from the quality movement“, *California Management Review*, Band 47, Nr. 1 (2004), S. 25–37, und R. Orsato, „Competitive environmental strategies: when does it pay to be green?“, *California Management Review*, Band 48, Nr. 2 (2006), S. 127–143.

Werte zu schaffen – das heißt einen bedeutenden Nutzen für die Gesellschaft bringt, der auch für das Unternehmen wertvoll ist."[40] Die Bekämpfung der AIDS-Pandemie in Afrika ist für ein Pharmaunternehmen oder für ein afrikanisches Bergbauunternehmen nicht nur ein „gutes Werk", es ist auch für ihre eigenen Interessen von zentraler Bedeutung. Ähnlich verhält es sich mit der Verringerung des Kohlenmonoxyd-Ausstoßes, der für einen Autohersteller eine große unternehmerische Chance darstellt.[41] Die schwedische Lobby für umweltfreundlichere Verpackungen ließ Ecolean Verpackungen produzieren, die nicht nur umweltverträglicher sind, sondern auch 25 Prozent billiger als die Produkte der Konkurrenz.[42]

Es ist jedoch nicht ganz klar, ob eine solche Haltung immer auch wirtschaftliche Vorteile bringt. Nimmt man die Ansicht über den Wettbewerbsvorteil allerdings ernst, sollte dieser auch in Form höherer Gewinne messbar sein. Doch die Beweise sind hier nicht ganz eindeutig. Es gibt Hinweise auf eine Verbindung zwischen dem Ansatz des aufgeklärten Selbstinteresses und guten finanziellen Ergebnissen.[43] So haben Wissenschaftler beispielsweise versucht, herauszufinden, ob ethisch handelnde Investmentfonds bessere Ergebnisse erzielen als andere Fonds, weil sie in Unternehmen investieren, die soziale Verantwortung übernehmen. Einige halten die Ergebnisse beider Fondsarten für vergleichbar und argumentieren, dass höhere Gewinne keine Basis für soziale Verantwortung sein können.[44] Andere argumentieren, dass es sehr wohl Hinweise auf bessere finanzielle Ergebnisse gibt, wenn die Fähigkeiten solcher Investoren berücksichtigt werden, die besten Investitionsmöglichkeiten auszuwählen.[45] Kurz gesagt, bei diesem Thema herrscht große Uneinigkeit.

Abbildung 4.5 wirft einige Fragen in Bezug auf die Bewertung des sozial verantwortlichen Handelns einer Organisation auf. Mittels eines *sozialen Berichtswesens*[46] kann sichergestellt werden, dass Aspekte des sozial verantwortlichen Handelns systematisch überprüft werden. Einige progressive Organisationen haben dieses Mittel mittlerweile perfektioniert. Eine solche Revision lässt sich in vielerlei Formen durchführen, angefangen von sozialen Betriebsprüfungen, die von unabhängigen externen Organisationen durchgeführt werden, über soziale Aspekte, die jedes Unternehmen heute in seinem Jahresbericht offen legen muss (so etwa bestimmte auf die Umwelt bezogene Aspekte), bis hin zur freiwilligen Bewertung eigener sozialer Leistungen durch die Unternehmen.

---

40 Dieses Zitat stammt von Porter und Kramer, Fußnote 36, S. 80.

41 Diese Beispiele stammen von Porter und Kramer, Fußnote 36.

42 Von Orsato, Fußnote 39.

43 K. Schnietz und M. Epstein, „Does a reputation for corporate social responsibility pay off?", *Social Issues in Management Conference Papers*, Academy of Management Proceedings, 2002. Diese Abhandlung zeigt, dass die Fortune-500-Unternehmen, die auch im Domini-Social-Index waren, bessere Leistungen in Bezug auf ihre Aktienerträge erzielten als andere.

44 Siehe D. Vogel, Fußnote 38.

45 M. L. Barnett und R. M. Salomon („Beyond dichotomy: the curvilinear relationship between social responsibility and financial performance", *Strategic Management Journal*, Band 27, Nr. 11 (2006), S. 1101–1122) sind der Meinung, dass Forschungsarbeiten, wie sie von Vogel durchgeführt wurden, die Auswahlprogramme der Investoren nicht genügend beachten. Je intensiver diese Auswahlprogramme sind – abhängig davon, wie sie durchgeführt werden – desto mehr kann auch die finanzielle Leistung steigen.

46 Für eine Diskussion über die Bandbreite der Leistungsmesswerte, die in Bezug auf sozial verantwortliches Handeln genutzt werden, sowie über ihre Effektivität siehe A. Chatterji und D. Levine, „Breaking down the wall of codes: evaluating non-financial performance measures", *California Management Review*, Band 48, Nr. 2 (2006), S. 29–51.

Abbildung 4.5: Einige Fragen zur sozialen Verantwortung von Unternehmen

Sollten Organisationen verantwortlich sein für ...
INTERNE ASPEKTE
Das Wohlergehen der Mitarbeiter ... Krankenversicherung, Hilfe bei der Eigenheimfinanzierung, langes Fehlen wegen Krankheit, Hilfe für Angehörigen, etc.?
Arbeitsbedingungen ... sichere Arbeitsplätze, bessere Arbeitsverhältnisse, soziale und Sporteinrichtungen, Lohnniveau über Mindestlohn, Weiterbildung und Entwicklung?
Strukturierung der Arbeitsaufgaben ... Gestaltung der Aufgaben, sodass die Mitarbeiter zufrieden sind und nicht nur wirtschaftliche Effizienz beachtet wird? (Dazu gehören auch Aspekte des Gleichgewichts zwischen Arbeit und Freizeit.)
Geistiges Eigentum ... Anerkennung des privaten Wissens einzelner Mitarbeiter, ohne auf Unternehmenseigentum zu pochen?
EXTERNE ASPEKTE
Umweltaspekte ... Reduzierung der Umweltverschmutzung auf Werte unterhalb gesetzlich vorgeschriebener Grenzen, wenn Konkurrenten dies nicht tun? ... Energiesparen?
Produkte ... Gefahren aufgrund des sorglosen Umgangs mit Produkten durch den Verbraucher?
Märkte und Marketing ... sich gegen den Verkauf in bestimmten Märkten entscheiden? ... Marketingstandards?
Zulieferer ... „faire“ Handelsbedingungen? ... Zulieferer auf die schwarze Liste setzen?
Beschäftigung ... positive Diskriminierung zugunsten von Minderheiten? ... Arbeitsplatzerhaltung?
Aktivitäten für die Gemeinschaft ... Unterstützung lokaler Ereignisse und lokaler Sozialprojekte
Menschenrechte ... Beachtung der Menschenrechte in Bezug auf Kinder, Arbeit, die Rechte von Mitarbeitern, Gewerkschaften und unterdrückender politischer Regime? Sowohl direkt als auch in der Auswahl der Märkte, Zulieferer und Partner?

Beispiel 4.3 Die Nachhaltigkeitsstrategie von H&M

Die schwedische Bekleidungseinzelhandelskette H&M verfolgt eigenen Angaben zufolge eine Strategie, die Gewinne, Umweltverbesserungen und Vorteile für die Arbeitnehmer bietet.

H&M ist, knapp hinter Inditex (dem Eigentümer der Kette Zara), die zweitgrößte Bekleidungseinzelhandelskette der Welt. Das in 44 Ländern operierende Unternehmen hat weltweit 2.500 Geschäfte und verkauft circa 550 Millionen Bekleidungsstücke pro Jahr. Damit ist das Unternehmen traditionell einer der Marktführer im Bereich der sogenannten „Fast-Fashion", dem Einzelhandel billiger Modeartikel, die nur einige wenige Male getragen werden sollen, bevor sie entsorgt werden.

Die Modebranche ist unersättlich. Mittlerweile gibt es 30 bis 50 trendgetriebene Modesaisons pro Jahr. 80 Milliarden Kleidungsstücke werden weltweit pro Jahr aus neuen Rohstoffen hergestellt. Weltweit arbeiten 40 Millionen Menschen in der Herstellung von Bekleidung – hauptsächlich im Bereich der Fast-Fashion. Ein Textilarbeiter in Bangladesch, einem Hauptlieferanten, verdient monatlich $ 40. Die Herstellung einer Unterhose in einem Ausbeutungsbetrieb in der dritten Welt kostet ungefähr einen Eurocent. Daher ist die Fast-Fashion ins Visier internationaler Kampagnen, wie der „Clean Clothes Campaign", gerückt.

2012 organisierte die Clean-Clothes-Campaign-Massenkampagnen in Form von „Faint-ins" in bekannten Geschäften wie Gap, Zara und H&M in ganz Europa, bei denen die Demonstranten so taten, als würden sie in Ohnmacht fallen, um die Aufmerksamkeit darauf zu lenken, dass die unterernährten Arbeiterinnen häufig bei der Arbeit in den Bekleidungsfabriken der dritten Welt zusammenbrechen. Ein Sprecher der Organisation Clean Clothes erklärte dazu: „Die menschlichen Kosten, die daraus entstehen, dass Unternehmen wie H&M und Zara nur Hungerlöhne zahlen, zeigen sich darin, dass Hunderte Arbeiter bzw. Arbeiterinnen aufgrund von Erschöpfung und Unterernährung ohnmächtig werden ... Seit Jahrzehnten finden die globalen Modemarken Ausreden dafür, warum sie keine existenzsichernden Löhne zahlen. Aber das ist keine Wahl, die man hat, sondern eine dringende Notwendigkeit ... Sich hinter ... den Verhaltenskodizes der Unternehmen zu verstecken, ist einfach nicht mehr akzeptabel."

Im Jahr 2012 brachte H&M seine neue Modelinie „Conscious" heraus, bei der ein hoher Anteil recycelter Materialien sowie umweltfreundlichere Rohmaterialien wie Hanf zum Einsatz kommen. Auf der Webseite des Unternehmens wurde die Motivation dafür wie folgt erklärt: „Unsere Vision besteht darin, dass alle Geschäftsbereiche so betrieben werden sollen, dass sie im Hinblick auf soziale und Umweltaspekte nachhaltig sind." Diese Maßnahme wurde vom Nachhaltigkeitsbericht mit beeindruckenden Statistiken begleitet: So wurden beispielsweise im Jahr 2011 2,5 Millionen Paar Schuhe unter Nutzung von wasserbasierten Lösungsmitteln mit geringeren Auswirkungen auf die Umwelt hergestellt und H&M war überdies der größte Nutzer von biologisch angebauter Baumwolle weltweit.

Lucy Singh, Journalistin beim *Guardian*, fragte die Leiterin der Abteilung Nachhaltigkeit H&M, Helena Helmersson, ob sie Garantien für die Nachhaltigkeit der Produkte des Unternehmens über seine Produktpaletten hinweg geben könnte. Und Helmersson beantwortete dies wie folgt:

> *„Ich glaube nicht, dass „Garantie“ das richtige Wort ist. Viele Leute wollen Garantien: „Können Sie die Arbeitsbedingungen garantieren? Können Sie garantieren, dass keine Chemikalien zum Einsatz kommen?“ Natürlich können wir das nicht, da wir ein so großes Unternehmen sind, das unter sehr schwierigen Bedingungen arbeitet. Was ich allerdings sagen kann ist, dass wir unter Einsatz vieler Ressourcen und mit einer klaren Vorgabe zu dem, was wir tun sollen, das Bestmögliche tun. Wir arbeiten wirklich hart … Dabei ist zu bedenken, dass H&M selbst keinerlei Fabriken besitzt. Wir sind da in gewissem Maße abhängig von den Lieferanten – dadurch ist eine vollständige Kontrolle unmöglich.“*

Zwischen 2006 und 2012 ist der Aktienkurs von H&M um mehr als ein Drittel – und damit deutlich mehr als der Stockholmer Aktienindex – gestiegen. Auch der Umsatz ist um ein Drittel gestiegen und der gesamte Betriebsgewinn nach Steuern belief sich während dieses Zeitraums auf beinahe SEK 98 Milliarden (€ 11 Milliarden). Die Rendite auf das eingesetzte Kapital betrug zum Jahresende 2011 47,1 Prozent.

Hauptquellen: Guardian, 7. April 2012; *Ecouterre*, 21. September 2012, *www.hm.com; H&M Conscious Actions and Sustainability Report*, 2011.

Kontrollfragen

1. Wie würden Sie H&M im Hinblick auf eine soziale Verantwortung charakterisieren?
2. Welche Arten von Maßnahmen nach der Dreifachbilanz wären für eine nachhaltige Strategie im Bekleidungseinzelhandel angemessen (siehe dazu auch *Kapitel 11.2*)?

4.3.2 Die Rolle von Einzelpersonen und Managern

Ethische Aspekte ergeben sich auf individueller wie auch auf gesamtunternehmerischer Ebene und können Einzelpersonen und Manager vor schwierige Probleme stellen. Hier ergeben sich Fragen bezüglich der Verantwortung eines Einzelnen, der glaubt, die Strategien seiner Organisation seien unethisch (z.B. die Handelspraktiken) oder würden die legitimen Interessen einer oder mehrerer Interessengruppen nicht in angemessener Weise vertreten. Sollte diese Person die Firma verlassen, da deren Werte nicht mit den eigenen Werten übereinstimmen? Oder ist es angemessen, *die sozialen Missstände aufzudecken*[47] und relevante Informationen an externe Organe wie Aufsichtsbehörden oder die Presse weiterzugeben?

Angesichts der Tatsache, dass Strategieentwicklung ein hochgradig politischer Prozess sein kann, der sich stark auf die Karrieren der beteiligten Personen auswirken kann, fällt es manchen Managern mitunter schwer, Integrität zu erlangen und zu bewahren. Außerdem können sich Konflikte ergeben, denn Strategien, die im besten Interesse der Manager liegen, müssen nicht unbedingt im besten langfristigen Interesse ihrer Organisationen und der Aktionäre liegen. Einige Organisationen wie etwa Texas Instruments, legen ausdrücklich formulierte Richtlinien fest, die ihre Mitarbeiter befolgen müssen (siehe *Abbildung 4.6*). So besteht vielleicht die größte Herausforderung für einen Manager darin, ein ausgeprägtes Bewusstsein für sein eigenes Verhalten bezüglich der oben angesprochenen Aspekte zu entwickeln.[48] Dies kann sehr schwierig werden, denn dazu muss er zu oft tief verwurzelten und kaum hinterfragten Annahmen auf Abstand gehen, die Teil der Unternehmenskultur sind – ein Kernpunkt des nächsten Kapitels.

Fragen	Angemessene Antworten
Ist die Aktion legal?	Falls nein, sofort abbrechen.
Entspricht sie unseren Werten?	Falls nein, abbrechen.
Wirst du dich schlecht fühlen, wenn du so handelst?	Frage dein eigenes Gewissen, ob du damit leben kannst.
Wie würde das in den Zeitungen aussehen?	Frage dich, ob du so handeln würdest, wenn es morgen öffentlich würde.
Wenn du weißt, dass es falsch ist ...	Tu es nicht.
Wenn du dir nicht sicher bist ...	Frage nach.
	Und frage so lange, bis du eine Antwort bekommst.

Abbildung 4.6: Ethische Richtlinien (basierend auf dem Ansatz von Texas Instruments zur Wirtschaftsethik)

47 Siehe: T. D. Miethe, Tough Choices in Exposing Fraud, Waste and Abuse on the Job, Westview Press, 1999; G. Vinten, „Whistleblowing: Subversion or corporate citizenship?“, Paul Chapman, 1994; R. Larmer, „Whistleblowing and employee loyalty“, *Journal of Business Ethics*, Band 11, Nr. 2 (1992), S. 125–128.

48 M.R. Banaji, M. H. Bazerman und D. Chugh, „How (UN)ethical are you?“, *Harvard Business Review*, Band 81, Nr. 12 (2003), S. 56–64.

4.4 Die Erwartungen von Interessengruppen[49]

Aus den vorangegangenen Abschnitten sollte klar hervorgegangen sein, dass die Entscheidungen, die ein Manager bezüglich Zweck und Strategie seiner Organisation treffen muss, von den Erwartungen der Interessengruppen beeinflusst werden. Dies birgt eine Herausforderung, denn meist gibt es viele verschiedene Interessengruppen, besonders bei großen Organisationen (siehe *Abbildung 4.7*) mit unterschiedlichen, vielleicht sogar widersprüchlichen Erwartungen. Demzufolge müssen Manager darauf achten, (i) welche Interessengruppen den größten Einfluss ausüben und folglich (ii) welche Erwartungen sie bevorzugt berücksichtigen müssen und (iii) inwieweit Erwartungen und Einfluss verschiedener Interessengruppen voneinander abweichen.

Abbildung 4.7: Interessengruppen einer großen Organisation

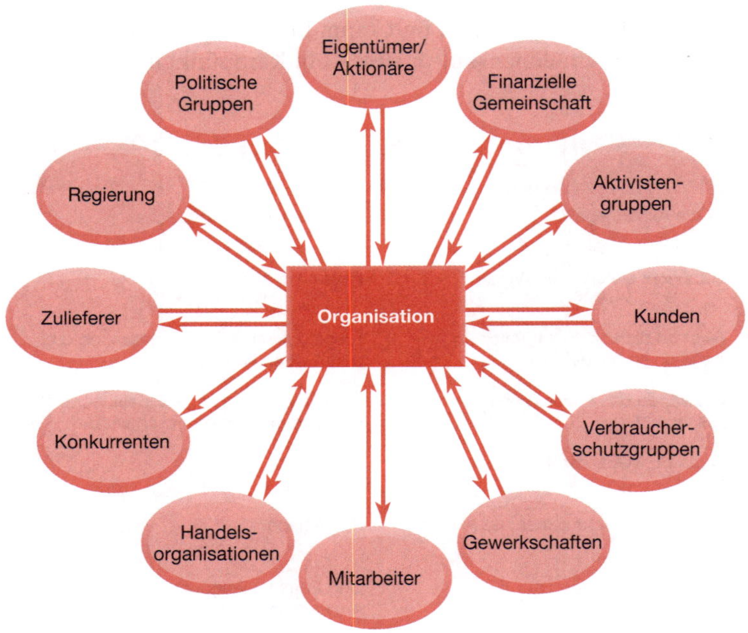

Quelle: Angepasst aus A. Mendelow, „Proceedings of the Second International Conference on Information Systems“, *Cambridge*, MA, 1986.

49 Die frühen Veröffentlichungen zum Thema Interessengruppen sind immer noch zu beachten. Zum Beispiel die Seminararbeit von R. M. Cyert und J. G. March, „A Behavioural Theory of the Firm“, *Prentice Hall*, 1964; I. I. Mitroff, *Stakeholder of the Organisational Mind*, Jossey Bass, 1983; R. E. Freeman, „Strategic Management: A Stakeholder approach“, Pitman, 1984. Siehe auch J. Bryson, „What to do when stakeholders matter: Stakeholder identification and analysis techniques“, *Public Management Review*, Band 6, Nr. 1 (2004), S. 21–53.

Es ist sinnvoll, externe Interessengruppen in drei Gruppen einzuteilen, je nachdem, welche Beziehung sie zu einer Organisation haben und wie sie demnach Erfolg oder Misserfolg einer Strategie beeinflussen können:[50]

- *Wirtschaftliche Interessengruppen*, darunter Zulieferer, Konkurrenten, Vertrieb (deren Einfluss sich mithilfe des Five-Forces-Modells aus *Kapitel 2, Abbildung 2.4*, bestimmen lässt) und Aktionäre (deren Einfluss mithilfe der Stufen der Corporate Governance aus *Kapitel 4.2.1* ermittelt werden kann).
- *Soziale/politische Interessengruppen* wie politisch Verantwortliche und Regierungsbehörden, die die „soziale Legitimität" einer Strategie beeinflussen.
- *Technologische Interessengruppen* wie wichtige Nutzer, Aufsichtsbehörden und Eigner konkurrierender Technologien, die die Verbreitung neuer Technologien und die Übernahme industrieller Standards beeinflussen können.
- *Community Stakeholder*, die von dem beeinflusst werden, was eine Organisation tut; beispielsweise Menschen, die in der Nähe einer Fabrik leben, oder sogar die Gesellschaft an sich. Diese Stakeholder haben normalerweise keine formelle Beziehung zu der Organisation, können aber natürlich auch Maßnahmen zur Beeinflussung der Organisation ergreifen (z.B. über Lobbying oder Aktivismus).

Der Einfluss dieser unterschiedlichen Interessengruppengruppen variiert oft in verschiedenen Situationen. Die „technologische" Gruppe hat beispielsweise einen ganz entscheidenden Einfluss auf Strategien zur Einführung neuer Produkte, während die „soziale/ politische" Gruppe meist im öffentlichen Bereich sehr viel Mitspracherecht hat.

Es gibt auch organisationsinterne Interessengruppen, zum Beispiel Abteilungen, geografische Standorte oder verschiedene Hierarchieebenen. Einzelne Personen können mehr als nur einer Interessengruppe angehören und solche Gruppen können sich in Abhängigkeit vom jeweils anstehenden Thema oder der jeweiligen Strategie unterschiedlich positionieren. Natürlich können externe Interessengruppen versuchen, die Strategie einer Organisation durch ihre Verbindungen zu internen Interessengruppen zu beeinflussen. So können Kunden beispielsweise Druck auf Verkaufsmanager ausüben, damit diese ihre Interessen innerhalb der Organisation vertreten.

Da die Erwartungen der verschiedenen Interessengruppen voneinander abweichen, sind auch Konflikte bezüglich der Wichtigkeit und Attraktivität vieler strategischer Aspekte vorprogrammiert. In den meisten Situationen müssen Kompromisse gefunden werden. *Abbildung 4.8* zeigt einige der typischen Erwartungshaltungen von Interessengruppen und auch ihr Konfliktpotenzial. Internationale Organisationen sehen sich oft noch schwierigeren Situationen gegenüber, denn sie sind in vielen Ländern aktiv. So ist eine Niederlassung im Ausland zum einen Teil des Mutterkonzerns mit allem, was dies für die Erwartungen über Verhalten und Leistung bedeutet; sie ist aber auch Teil der einheimischen Gemeinschaft, die völlig andere Erwartungen an sie hat. Diese beiden „Welten" lassen sich oft nicht so leicht miteinander vereinbaren.[51]

50 Details darüber, wie diese drei Gruppen mit Organisationen interagieren, sind bei J. Cummings und J. Doh, „Identifying who matters: mapping key players in multiple environments", *California Management Review*, Band 42, Nr. 2 (2000), S. 83–104 zu finden.

51 T. Kostova und S. Zaheer, „Organisational legitimacy under conditions of complexity: the case of the multinational enterprise", *Academy of Management Review*, Band 24, Nr. 1 (1999), S. 64–81.

Aus diesen Gründen ist das Interessengruppenkonzept sehr wertvoll für das Verständnis des politischen Zusammenhangs, innerhalb dessen Strategien entwickelt werden. Ein wichtiger Aspekt bei der Strategieauswahl ist die Beachtung der Erwartungen und Einflüsse der Interessengruppen, wie in *Kapitel 10* näher erläutert wird.

Abbildung 4.8: Einige häufige Interessenskonflikte

- Um wachsen zu können, müssen unter Umständen kurzfristige Rentabilität, Cashflow und Lohnniveau eingeschränkt werden.
- Eine kurzfristige Ausrichtung kann den Karriereplänen der Manager dienlich sein, aber Investitionen in langfristige Projekte verhindern.
- Wenn Familienunternehmen wachsen, können die Besitzer die Kontrolle verlieren, sofern sie professionelle Manager von außen benennen müssen.
- Neue Entwicklungen könnten zusätzliche finanzielle Mittel durch die Ausgabe neuer Aktien oder durch Kreditaufnahme erfordern. In beiden Fällen wird die finanzielle Unabhängigkeit eingeschränkt.
- Die Gründung einer Aktiengesellschaft erfordert mehr Offenheit und Verantwortlichkeit von den Managern.
- Kosteneffizienz durch Kapitalinvestitionen kann den Verlust von Arbeitsplätzen bedeuten.
- Der Eintritt in Massenmärkte kann Qualitätseinbußen zur Folge haben.
- Im öffentlichen Bereich besteht ein häufiger Konflikt zwischen der Massenvorsorge und spezialisierten Dienstleistungen (z.B. Kontrolluntersuchungen beim Zahnarzt versus Herztransplantationen).
- In großen internationalen Organisationen kann es zu Konflikten kommen, weil eine Niederlassung sowohl ihrem Mutterkonzern als auch ihrem Gastgeberland gegenüber Verpflichtungen hat.

4.4.1 Die Bewertung von Interessengruppen[52]

Stakeholder-Mapping

Stakeholder-Mapping identifiziert die Erwartungen sowie die Macht der Stakeholder und trägt zu einem Verständnis der politischen Prioritäten bei.

Es gibt verschiedene Arten und Weisen, wie die Bewertung von Interessengruppen angewendet werden kann, um ihren Einfluss besser zu verstehen.[53] **Stakeholder-Mapping** (die Bewertung von Interessengruppen) identifiziert die Interessen und die Macht der Interessengruppen und hilft, politische Prioritäten zu setzen. Die Bedeutung zweier Aspekte wird besonders betont:

- Wie stark ist jede Interessengruppe daran *interessiert*, die eigenen Interessen auf die Ziele und ausgewählten Strategien einer Organisation zu übertragen?
- Haben die Interessengruppen tatsächlich die *Macht*, dies zu tun (siehe *Kapitel 4.2.3*)?

52 Dieser Ansatz der Interessengruppendarstellung wurde in adaptierter Form übernommen von A. Mendelow, „Proceedings of the 2nd International Conference on Information Systems", *Cambridge*, MA, 1991. Siehe auch K. Scholes Kapitel, „Stakeholder analysis", in V. Ambrosini mit G. Johnson und K. Scholes (Hrsg.), „Exploring Techniques of Analysis and Evaluation in Strategic Management", *Prentice Hall*, 1998. Für eine Erklärung zum öffentlichen Sektor siehe K. Scholes, „Stakeholder mapping: a practical tool for public sector managers", in G. Johnson und K. Scholes (Hrsg.), „Exploring Public Sector Strategy", *Financial Times/Prentice Hall*, 2001, Kapitel 9, und J. Bryson, G. Cunningham und K. Lokkesmoe, „What to do when stakeholders matter: the case of problem formulation for the African American men project of Hennepin County, Minnesota", *Public Administration Review*, Band 62, Nr. 5 (2002), S. 568–584.

53 Siehe zum Beispiel J. Bryson *et al.* Fußnote 52. Siehe auch Kalle Pajunen, „Stakeholder influences in organizational survival", *Journal of Management Studies*, Band 43, Nr. 6 (2006), S. 1261–1288.

Macht/Interesse-Matrix

Die Macht/Interesse-Matrix ist in *Abbildung 4.9* dargestellt. Sie beschreibt den Kontext, innerhalb dessen eine Strategie verfolgt werden kann, indem die Interessengruppen bezüglich ihrer Macht und bezüglich ihres Interesses an der Unterstützung oder Ablehnung einer bestimmten Strategie klassifiziert werden. Die Matrix erleichtert das Durchdenken der Einflüsse der Interessengruppen auf die Entwicklung einer Strategie. Es muss allerdings darauf hingewiesen werden, dass die Art und Weise, wie Manager mit Interessengruppenbeziehungen umgehen, von den Governance-Strukturen ihrer Organisation (siehe *Kapitel 4.2*) und ihrer Haltung zu sozialer Verantwortung (siehe *Kapitel 4.3.1*) abhängt. In einigen Ländern haben Gewerkschaften beispielsweise nur sehr wenig Einfluss, während sie in anderen Ländern sogar im Aufsichtsrat vertreten sind; in manchen Fällen nehmen Banken nur wenig konkreten Einfluss auf Strategieentwicklung, an anderen Orten sind sie Teil der Governance-Struktur von Organisationen. Ein Unternehmen, das im Laissez-faire-Stil operiert, achtet nur auf die Interessen der wirtschaftlich mächtigsten Interessengruppen (also etwa der Investoren), während Gestalter der Gesellschaft alles dafür tun, auch die Interessengruppen zu berücksichtigen und mit einzubeziehen, die ihren eigenen Einfluss selbst als eher gering einschätzen.

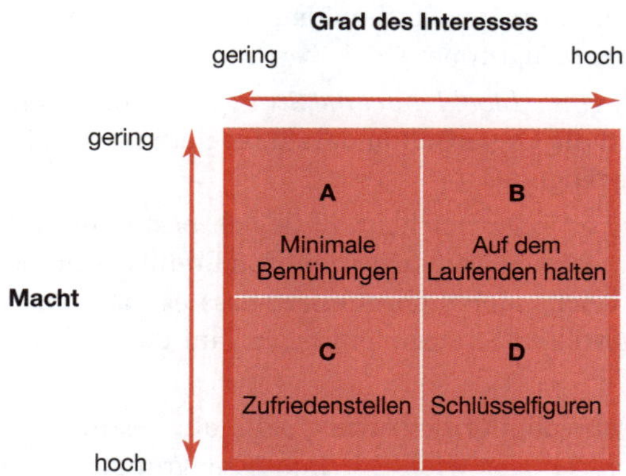

Abbildung 4.9: Die Darstellung der Stakeholder: die Macht/Interesse-Matrix

Quelle: Angepasst aus A. Mendelow, „Proceedings of the Second International Conference on Information Systems", Cambridge, MA, 1986.

Um die Funktionsweise der Matrix aufzuzeigen, versetzen wir uns in die Lage eines Unternehmens, dessen Manager ihre Strategien so formulieren möchten, dass die Interessengruppen mit ihrer eigenen Auslegung strategischer Notwendigkeiten übereinstimmen. Unter diesen Voraussetzungen zeigt die Matrix in ihren vier Quadranten, welches Verhältnis diese Organisation typischerweise zu verschiedenen Interessengruppen aufbaut. Bei der Gruppe der *Schlüsselfiguren* (Quadrant D) ist die Akzeptanz einer Strategie natürlich besonders wichtig. Dies könnten zum Beispiel die Investoren sein, doch es könnte sich dabei auch um bestimmte Einzelpersonen oder Körperschaften handeln, die viel Macht besitzen – etwa ein Hauptaktionär in einem Familienunternehmen oder eine Regierungsbehörde, die Geldgeber einer öffentlichen Organisation ist. Die schwierigsten Probleme ergeben sich oft im Zusammenhang mit Interessengruppen in Quadrant C. Obwohl sich diese im Allgemeinen eher passiv verhalten, kann sich eine katastrophale Situation ergeben, wenn ihr Interesse unterschätzt wird und sie sich plötzlich *neu positionieren*, zu Quadrant D wechseln und dort die Übernahme neuer Strategien vereiteln. Zu dieser Kategorie können institutionelle Anleger wie etwa Pensionsfonds oder Versicherungsunternehmen gehören. Sie zeigen zunächst wenig Interesse, bis die Aktienkurse allmählich fallen, verschaffen sich dann jedoch in den Führungsetagen sehr lautstark Gehör.

Ähnlich verhält es sich mit der Berücksichtigung der Interessengruppenerwartungen aus Quadrant B, wie etwa öffentliche Interessengruppen, durch die Weitergabe von Informationen. Es kann sehr wichtig sein, solche Interessengruppen auf seiner Seite zu wissen, denn sie können zu bedeutenden Verbündeten werden, wenn es um die Beeinflussung der Meinung wichtigerer Interessengruppen geht, zum Beispiel durch die *Bildung von Lobbys*.

Die Darstellung der Interessengruppen kann auch dabei helfen, einige der folgenden Fragen besser beantworten zu können:

- Die Erwartungen welcher Interessengruppen müssen bei der *Bestimmung von Zielsetzung und Strategie* besonders beachtet werden?
- Spiegelt das *tatsächliche Interessens- und Machtniveau* der Interessengruppen den Rahmen der angemessenen Unternehmensorganisation, innerhalb dessen die Organisation operiert, in korrekter Form wider, wie in den Beispielen oben (institutionelle Anleger, Interessengruppen)?
- Welche *Schlüsselfiguren blockieren eine Strategie eher oder erleichtern ihre Einführung* und wie kann die Organisation darauf reagieren – zum Beispiel durch Weiterbildung oder Überzeugung?
- Ist es wünschenswert oder machbar, dass sich bestimmte Interessengruppen *neu positionieren*? Dies könnte dazu beitragen, den Einfluss einer Schlüsselfigur zu mindern, oder unter Umständen sicherstellen, dass es mehrere Schlüsselfiguren gibt, die sich für die gewählte Strategie einsetzen (auf dem öffentlichen Sektor ist dies oft sehr wichtig).
- Es kann von entscheidender Bedeutung sein, ein bestimmtes Niveau des Interesses oder der Macht einiger wichtiger Interessengruppen zu halten. So kommt es zum Beispiel für den Erfolg einer Strategie sehr auf die „öffentliche Unterstützung" durch mächtige Zulieferer oder Kunden an. Außerdem kann es notwendig werden, einige Interessengruppen davon abzubringen, sich neu zu positionieren. Dies ist mit dem Begriff *„zufriedenstellen"* gemeint, der sich auf die Interessengruppen in Quadrant C bezieht und in geringerem Maß auch auf den Begriff *„auf dem Laufenden halten"* für die Interessengruppen aus Quadrant B zutrifft. Um dies zu erreichen, können *Ausgleichszahlungen* an Interessengruppen geleistet werden, um sicherzustellen, dass sie eine neue Strategie akzeptieren. So könnten zwei Abteilungen eine Art „Geschäft" abschließen, wonach die eine Seite die andere bei einer ihrer Strategien unterstützt, wenn diese wiederum zustimmt, die Strategie der anderen Seite nicht zu blockieren.

Diese Fragen können für Manager schwierige ethische Probleme aufwerfen, denn sie müssen entscheiden, welche Rolle sie innerhalb der politischen Aktivitäten rund um das Management der Interessengruppen einnehmen sollen. Diese Überlegung führt zurück zum Thema Corporate Governance und Ethik, das bereits in diesem Kapitel angesprochen wurde. Sind Manager ehrliche Vermittler, die alle gegensätzlichen Erwartungen der Interessengruppen gegeneinander abwägen? Oder sollten sie nur einer

Interessengruppe – etwa den Aktionären – gegenüber verantwortlich sein und besteht ihre Aufgabe demnach darin, die Akzeptanz für ihre Strategie durch andere Interessengruppen sicherzustellen? Oder liegt die Macht in Wahrheit ganz bei den Managern, die Strategien so entwickeln können, dass sie ihren eigenen Zwecken dienen, und mit den Erwartungen der Interessengruppen so umgehen können, dass deren Akzeptanz der gewählten Strategie garantiert ist?

Beispiel 4.4 zeigt einige Situationen aus der Praxis, in denen die Bewertung der Interessengruppen eingesetzt wird, um den politischen Kontext rund um eine neue Strategie zu verstehen und politische Prioritäten zu setzen.

Beispiel 4.4

Konflikte bei der European Aeronautic Defence and Space Company EADS

Es zeigen sich Spannungen zwischen den Stakeholdern dieses komplexen Konsortiums – mit politischen Folgen.

Die European Aeronautic Defence and Space Company (EADS) wurde im Jahr 2000 gegründet, um einige der wichtigsten europäischen Luftfahrtprojekte und damit verbundene Aktivitäten zusammenzulegen. So brachte EADS insbesondere Aérospatiale-Matra aus Frankreich, die DaimlerChrysler Aerospace AG (DASA) aus Deutschland und Construcciones Aeronáuticas SA (CASA) aus Spanien zusammen. Im Jahr 2013 umfasste EADS auch Airbus, den weltweit führenden Hersteller von Verkehrsflugzeugen, Airbus Military, das Tank-, Einsatz- und Transportflugzeuge abdeckt, Eurocopter, den größten Helikopterlieferanten, Astrium, den europäischen Marktführer bei Raumfahrtprogrammen, wie Ariane und Galileo, und Cassidian, einen wichtigen Anbieter von Verteidigungs- und Sicherheitssystemen für Fernlenkgeschosse und Kampfflugzeuge. Mit Erlösen von € 50 Milliarden und 120.000 Mitarbeitern war EADS einer der größten Hersteller, Exporteure und Investoren in F&E in Europa und vergab hauptsächlich in Europa überdies jedes Jahr auch Verträge über € 31 Milliarden an Lieferanten.

Die Eigentümerstruktur von EADS ist komplex. So gehören 50,66 Prozent einer internationalen Dreierpartnerschaft mit den Partnern SOGEADE (22,36 Prozent), das zu zwei Dritteln dem französischen Staat und zu einem Drittel dem französischen Medienunternehmen Lagardère gehört, dem deutschen Automobilhersteller Daimler AG (22,36 Prozent), der auch den deutschen Staat und einige deutsche Großbanken vertritt, und SEPI (5,44 Prozent), einer spanischen staatseigenen Holding. Der Rest der Aktien wird öffentlich gehandelt, wobei der französische Staat weitere 0,06 Prozent dieser Aktien hält. EADS machte 2009 erhebliche Verluste, ist allerdings in den folgenden beiden Jahren wieder in die Gewinnzone zurückgekehrt.

In den Jahren 2011 und 2012 befürwortete der französische CEO Louis Gallois eine Strategie der stärkeren Internationalisierung. Diese Internationalisierung, so argumentierte er, erforderte eine Reduzierung des vom französischen und deutschen Staat gehaltenen Anteils. Durch den Staatsbesitz war die Fähigkeit von EADS, große Übernahmen in den USA und auf den Schwellenmärkten durchzuführen, eingeschränkt. Übernahmen im Ausland können den Zugang zu wertvollen Technologien und Fertigungsbasen ermöglichen und dabei helfen, Aufträge auf Märkten zu gewinnen, auf denen eine lokale Präsenz als entscheidend angesehen wird. Gallois war überzeugt davon, dass die Eigentümerstruktur den „kontrollierenden Eigentümern das Gefühl gab, gefangen zu sein und stets das Risiko von Ungleichheiten zwischen verschiedenen Kategorien von Aktionären beinhaltete".

Zu Beginn des Jahres 2012 kam es zu wütenden Auseinandersetzungen zwischen den deutschen und französischen Partnern. Die unmittelbare Ursache dafür lag in der Entscheidung, den Firmensitz von EADS von München nach Toulouse, an den Firmensitz des Tochterunternehmens Airbus, zu verlegen, an dem bereits 16.000 Mitarbeiter tätig waren. Obwohl die Verlegung des Firmensitzes nur 300 Arbeitsplätze am EADS-Firmensitz betraf, schrieb der stellvertretende deutsche Wirtschaftsminister einen Brief an EADS, in dem er eine „inakzeptable" Bevorzugung des französischen Managements und der Produktion in Frankreich unterstellte. Dabei beschwerte er sich insbesondere darüber, dass die € 500 Millionen finanzielle Unterstützung, die der deutsche Staat für die Entwicklung des A350 zur Verfügung gestellt hatte, nicht zur versprochenen Stärkung der norddeutschen Airbus-Standorte in Hamburg (mit 13.000 Mitarbeitern) und Bremen (mit mehr als 3.000 Mitarbeitern) geführt hatte. Er verlangte, dass das Unternehmen mehr Deutsche in Führungspositionen bei Airbus einsetzt. Ansonsten bestünde die Gefahr, deutsche Entwicklungshilfe und Exportbürgschaften zu verlieren. Die deutschen Sorgen wurden durch die Tatsache verstärkt, dass zwei Drittel der Erlöse von EADS von Airbus erzielt wurden, während Deutschland der Sitz des militärischen Zweigs Cassidian war, dessen Erlöse aufgrund von Kürzungen der staatlichen Ausgaben zurückgingen. Der CEO Gallois reagierte auf das deutsche Schreiben mit der Äußerung, dass dies „nicht im Einklang mit der Governance eines börsennotierten Unternehmens stand. Wir entscheiden uns für die beste Organisation für die Branche unter Berücksichtigung der Interessen des Unternehmens – ohne Einmischung von außen."

Hauptquelle: Financial Times, 19. Juni 2011, 2. März 2012, 8. März 2012.

Kontrollfragen

1. Wie würde sich im Hinblick auf die Macht/Interesse-Matrix (*Abbildung 4.9*) das Ausmaß des Interesses mächtiger Aktionäre bezüglich des Standorts der EADS-Firmenzentrale und der Internationalisierung verändern?
2. War es unter Berücksichtigung der Eigentümerstruktur richtig, dass der CEO Gallois den Vorrang der Unternehmensinteressen betonte und die Einmischung durch den stellvertretenden deutschen Minister zurückwies?

Ein anderes Beispiel bezieht sich auf eine deutsche Bank mit Hauptsitz in Frankfurt und einer Niederlassung in Toulouse (Frankreich), wo Firmenkunden betreut werden. Man erwägt die Schließung der französischen Niederlassung und die Verlegung des gesamten Firmenkundengeschäfts nach Frankfurt.

- Die verschiedenen Interessengruppen sind *meist nicht „homogen“*, sondern bestehen aus einer Reihe von Untergruppen mit unterschiedlichen Erwartungen und Machtpositionen. Im Beispiel gibt es *Kunden*, die die neue Strategie weitgehend unterstützen (Kunde X), Kunden, die ihr aktiv abwehrend gegenüberstehen (Kunde Y), und andere, die eher gleichgültig sind (Kunde Z). Definiert man also die Profile der Interessengruppen, muss abgewogen werden zwischen einer eher verallgemeinernden Darstellung der Interessengruppen – so könnten wichtige Aspekte der Diversität verloren gehen – und einer zu genauen Unterteilung in Untergruppen, denn dadurch wird die Situation verwirrend und schwer zu interpretieren.
- *Die Position und die Einzelperson*, die diese Position vertritt, müssen klar unterschieden werden. Es ist sinnvoll zu wissen, ob eine neue Person in dieser Position ihre Haltung ändern würde. Eine Missachtung dieses Aspekts kann zu erheblichen Fehleinschätzungen führen. In diesem Beispiel kam die Bank zu dem Ergebnis, dass der deutsche Minister (Quadrant C) der neuen Entwicklung eher gleichgültig gegenübersteht – sie hat für ihn keine Priorität. Ein Ministerwechsel könnte diese Situation jedoch ändern. Natürlich kann die Bank solche Unsicherheiten nicht völlig ausschalten, doch sie wirken sich auf die politischen Prioritäten aus. So müssen beispielsweise die Mitarbeiter des Ministeriums, die den Minister beraten, zufriedengestellt werden, denn meistens bleiben sie länger in ihrer Position als der Minister selbst und gewährleisten so eine Kontinuität, die Unsicherheiten vermindern kann. Natürlich kann auch Lobbyismus von Seiten des französischen Ministers das Interesse seines deutschen Kollegen wecken. Das könnte sich darauf auswirken, wie das Unternehmen mit der Situation in Frankreich umgeht.

4.4.2 Macht

Der vorherige Abschnitt befasste sich mit dem Verständnis der Interessen der Interessengruppen und betonte die Bedeutung von Macht. Es wurde klar, dass in den meisten Organisationen die Macht ungleich auf verschiedene Interessengruppen verteilt ist. In diesem Zusammenhang bedeutet **Macht** die Fähigkeit eines Einzelnen oder einer Gruppe, andere zu überzeugen, zu überreden oder zu zwingen, bestimmten Handlungsweisen zu folgen. Durch diesen Mechanismus beeinflussen die Erwartungen einer Gruppe die strategische Entwicklung oder suchen einen Kompromiss mit anderen Gruppen.

> **Macht**
>
> Macht ist die Fähigkeit eines Einzelnen oder einer Gruppe, andere zu überzeugen, zu veranlassen oder zu zwingen, bestimmten Handlungsweisen zu folgen.

Es gibt viele verschiedene Quellen der Macht. Einerseits leiten Einzelne oder Gruppen Macht aus ihrer Position innerhalb der Organisation ab durch die Kontrolle, die sie über bestimmte Ressourcen und Know-how haben oder durch formale Governance-Strukturen. Doch Interessengruppen können ihre Macht auch aus anderen Quellen beziehen, wie *Abbildung 4.10* zeigt. Diese Abbildung hilft zu verstehen, mit welch großer Macht Interessengruppen ausgestattet sind, um bestimmte Strategien zu beeinflussen (als Teil der Profile der Interessengruppen).

Abbildung 4.10: Machtquellen und Machtindikatoren

Machtquellen	
Innerhalb von Organisationen	**Für externe Interessengruppen**
• Hierarchie (formale Macht), z.B. autokratische Entscheidungsfindung • Einfluss (informelle Macht), z.B. charismatische Führungsqualitäten • Kontrolle über strategische Ressourcen z.B. strategische Produkte • Verfügung über Wissen und Fähigkeiten z.B. Computerspezialisten • Kontrolle des menschlichen Umfelds z.B. Verhandlungsgeschick • Beteiligung an der Umsetzung von Strategien z.B. durch Entscheidungsfreiheit	• Kontrolle über strategische Ressourcen z.B. Material, Arbeitskräfte, Geld • Beteiligung an der Umsetzung von Strategien z.B. Vertriebsstellen, Vertreter • Verfügung über Wissen und Fähigkeiten z.B. Subunternehmer, Partner • Interne Verbindungen z.B. informeller Einfluss

Machtindikatoren	
Innerhalb von Organisationen	**Für externe Interessengruppen**
• Status • Anspruch auf Ressourcen • Repräsentanz • Symbole	• Status • Abhängigkeit von Ressourcen • Aushandeln von Vereinbarungen • Symbole

Die relative Bedeutung dieser Machtquellen variiert im Laufe der Zeit. So können große Veränderungen im Unternehmensumfeld die Machtverhältnisse zwischen Organisationen und ihren Interessengruppen erheblich verschieben. Auf diese Weise hat sich die Macht der Kunden generell verstärkt, denn sie sind durch das Internet besser über die Angebote verschiedener Unternehmen informiert und können leichter vergleichen, sodass ihre traditionelle Loyalität zu einem bestimmten Anbieter nachlässt. Durch Deregulierung und „mündige Bürger" müssen sich Organisationen des öffentlichen Sektors nun zwangsläufig mehr auf ihre Kunden konzentrieren.

Da es sehr vielfältige Machtquellen gibt, ist es sinnvoll, nach *Machtindikatoren* zu suchen, die sichtbar machen, dass Interessengruppen in der Lage sind, hier ihre Macht auszunutzen. Solche Machtindikatoren sind: der *Status* der Einzelperson oder Gruppe (etwa Rang oder Reputation), der *Anspruch auf Ressourcen* (etwa durch die Größe des Budgets), die *Repräsentanz* in mächtigen Positionen und *Symbole* der Macht (etwa die Größe des Büros, Namen, Titel). Man sollte jedoch bedenken, dass die *Machtverteilung je nach jeweils anstehender Strategie stark variiert.* Interessengruppen aus dem Bereich Unternehmensfinanzierung sind beispielsweise mächtiger, wenn es um eine Strategie geht, die neues Kapital oder die Einbringung von Einnahmen erfordert. Ihr Einfluss sinkt dagegen, wenn es um neue Entwicklungen geht, die sich größtenteils selbst finanzieren oder in der finanziellen Verantwortung separater Abteilungen oder Tochtergesellschaften liegen.

Ein ähnliches Verständnis für die Macht externer Interessengruppen kann ebenso nützlich sein. Hier sind die Machtindikatoren etwas anders gelagert:

- Der *Status* einer externen Interessengruppe kann oft aus der Geschwindigkeit abgeleitet werden, in der das Unternehmen reagiert.
- Die *Abhängigkeit von Ressourcen* in Bezug auf den relativen Umfang von Unternehmensanteilen oder Krediten oder der Anteil der geschäftlichen Aktivitäten des Unternehmens, der an einen bestimmten Kunden oder an einen bestimmten Zulieferer gebunden ist. Ein wichtiger Indikator könnte darin bestehen, wie leicht ein Zulieferer, Geldgeber oder Kunde kurzfristig wechseln oder ausgetauscht werden könnte.
- *Symbole* geben auch wertvolle Hinweise auf Macht. Welche Kunden oder Zulieferer werden etwa vom Management besonders umworben oder welchen Rang haben die Mitarbeiter, die mit einem bestimmten Zulieferer Kontakt aufnehmen?

Auch hier reicht ein einzelner Indikator nicht aus, um die Machtposition einer externen Interessengruppe voll und ganz zu verstehen.

4.5 Organisationale Zielsetzungen: Werte, Mission, Vision und Ziele

Die vorherigen Abschnitte behandelten Faktoren, die den Gesamtzweck einer Organisation bestimmen. Es sind jedoch die Manager, die sich diesen Zweck aneignen und Mittel und Wege finden müssen, ihn auszudrücken. Vielleicht ist es in manchen Unternehmen sogar Vorschrift, eine ausdrückliche Formulierung dieses Zwecks vorzulegen, oder dies wird von einer oder mehreren Interessengruppen erwartet. Oder vielleicht entscheiden die Manager selbst, dass eine solche Aussage sinnvoll ist. Dieser Abschnitt befasst sich mit den verschiedenen Arten und Weisen, wie ein Unternehmenszweck in Form von Aussagen über Unternehmenswerte, Vision, Mission oder Ziele ausdrücklich formuliert werden kann.

Beispiel 4.5 Die Mission von Mozilla: mehr als Firefox

Können die Mission und die Prinzipien der Mozilla Foundation zu einer neuen Generation von Produkten über den Firefox Browser hinaus führen und Orientierung bieten?

Die Mozilla Foundation ist eine gemeinnützige Organisation, die in den 1990er-Jahren aus dem alten Webbrowser-Unternehmen Netscape entstand. Das bekannteste Produkt von Mozilla ist der Open-Source-Webbrowser Firefox, der im Wesentlichen kostenlos von einer Gruppe freiwilliger Softwareentwickler erstellt worden ist. Im Jahr 2012 hatte Firefox einen Anteil von 25 Prozent am weltweiten Browser-Markt und wurde kurz zuvor von Google Chrome überholt. Ungefähr 85 % der Erlöse von Mozilla stammen aus einem Vertrag mit Google, der 2011 um drei Jahre verlängert wurde und nach dem die Stiftung für die Nutzung von Google als Standardsuchmaschine von Firefox bezahlt wird.

Mozilla äußert sich so über sich selbst:

> *„Die Mission von Mozilla besteht darin, Offenheit, Innovation und Chancen im Web zu fördern.*
>
> **Was wir tun**
>
> *Wir tun dies durch die Schaffung großartiger Software, wie dem Firefox Browser, und die Entwicklung von Bewegungen wie Drumbeat (Community von Softwareentwicklern), die den Menschen Instrumente geben, um die Kontrolle über ihr Online-Leben zu übernehmen.*
>
> **Was wir anstreben**
>
> *Als gemeinnützige Organisation definieren wir Erfolg eher als den Aufbau von Gemeinschaften und die Bereicherung des Lebens der Menschen als Vorteile für die Aktionäre. Wir glauben an die Macht und das Potential des Internets und möchten, dass es für jeden Menschen überall Erfolg bringt.“*

Mozilla veröffentlicht auch ein sogenanntes „Manifest“, das eine Reihe von Prinzipien enthält, aufgrund derer „die Mitwirkenden von Mozilla stolz sein können auf das, was sie tun, und die uns motivieren, weiterzumachen“. Zu den Prinzipien des Manifests gehören:

- Das Internet ist eine globale und öffentliche Ressource, die offen und zugänglich bleiben muss.
- Das Internet muss das Leben jedes einzelnen Menschen bereichern.
- Die Sicherheit einer Person im Internet ist von großer Bedeutung und darf nicht als optional betrachtet werden.
- Die Menschen müssen das Internet und ihr eigenes Erlebnis darin gestalten können.
- Freie und Open-Source-Software fördert die Entwicklung des Internets als öffentliche Ressource.

Im Jahr 2012 entwickelte Mozilla eine Reihe neuer Initiativen. Die bemerkenswerteste darunter ist „Pancake", ein Cloud-basierter Rahmen, der es den Nutzern ermöglicht, ihre persönlichen Daten überall mitzunehmen und zu verwalten. Ein Ziel von Pancake besteht darin, die Fragmentierung des Internets durch mobile Apps zu bekämpfen. Die Vorsitzende von Mozilla, Mitchell Baker, erklärte dazu gegenüber der BBC: „Das Internet sollte für Verbindung sorgen – und keine Silos schaffen. Wir wollen die Entwickler dazu ermutigen, über Geräte hinweg zu entwickeln – mit der gleichen Macht und der gleichen explosiven Innovation sowie den gleichen Freiheiten, wie sie uns das Internet über die letzten 15 Jahre gegeben hat."

Für Mitchell Baker liegt „der Grund für [diese] Initiativen nicht in Erlösen. Sie werden vorangetrieben, weil wir die Mission von Mozilla nur erfüllen können, wenn wir auch eine Präsenz in diesen anderen Räumen haben." Sie erklärte weiter unter besonderer Bezugnahme auf die Nutzer und Entwickler von Mozilla: „Unsere Stakeholder – wir haben keine Aktionäre – wollen keine Rendite auf eine Investition erzielen. Der von ihnen angestrebte Ertrag ihrer Zeit, ihrer Energie und ihres guten Willens ist das Produkt, das ihnen gefällt, und ein Internet, in dem es eine Ebene der Benutzersouveränität gibt."

Quellen: Mozilla-Webseite, 2012 und *www.bb.co.uk, „Life after Firefox"*, 10. April 2012.

Kontrollfragen

1. Mozilla gibt kein formelles Leitbild heraus. Wie würde Ihrer Meinung nach auf der Grundlage der vorliegenden Materialien die Vision von Mozilla aussehen?
2. Wie beeinflussen die Mission und die Prinzipien von Mozilla den Ansatz gegenüber neuen Initiativen? Besteht eine Gefahr durch die scheinbaren Prioritäten?

4.5.1 Unternehmenswerte

Immer mehr Unternehmen achten sehr darauf, eigene Unternehmenswerte zu entwickeln und zu kommunizieren, die definieren, wie diese Organisation funktioniert.[54] Besonders wichtig sind hier die **Basiswerte** der Organisation – die zugrunde liegenden Prinzipien, die die Strategie einer Organisation leiten. So haben sich Notfalldienste wie Krankenwagen oder Feuerwehren vor allem der Rettung von Leben verschrieben. Dieses Engagement geht so weit, dass die hier Beschäftigten Streiks brechen oder sogar ihr eigenes Leben riskieren würden, um Notfallopfern zu helfen, deren Leben in Gefahr ist. Jim Collins und Jerry Porras argumentieren, dass der langfristige Erfolg vieler amerikanischer Unternehmen – wie etwa Disney, General Electric oder 3M – (zumindest teilweise) auf deren starke Basiswerte zurückzuführen ist.[55] Doch auch solche öffentlichen Erklärungen zu Unternehmenswerten können Nachteile haben, wenn es einer Organisation ganz offensichtlich nicht gelingt, sie in die Praxis umzusetzen (siehe *Bei-*

Basiswerte

Basiswerte sind die zugrunde liegenden Prinzipien, die die Strategie einer Organisation leiten.

54 P. Lencioni, „Make your values mean something", *Harvard Business Review*, Band 80, Nr. 7 (2002), S. 113–117.

55 Siehe J. Collins und J. Porras, „Built to Last: Successful habits of visionary companies", *Harper Business*, 2002.

spiel 4.2). Auch ist es wichtig, zwischen den *Basiswerten* zu unterscheiden, die etwas darüber aussagen, wie die Organisation wirklich *ist*, und denen, die aussagen, was die Organisation *anstrebt*. Ist diese Unterscheidung nicht klar, so kann es zu erheblichen Missverständnissen und auch zu Zynismus über solche Aussagen über Basiswerte kommen. In jedem Fall befassen sich solche Aussagen mit Aspekten der sozialen Verantwortung des Unternehmens, wie in *Kapitel 4.3* geschildert.

4.5.2 Aussagen zu Mission und Vision

Mission

Eine Mission zielt darauf ab, Mitarbeitern und Interessengruppen Klarheit darüber zu vermitteln, was die Zwecksetzung der Organisation ist und worin ihre Daseinsberechtigung besteht.

Vision

Die Vision drückt aus, was eine Organisation zu sein anstrebt.

Während Unternehmenswerte lediglich Rahmenwerk und Hintergrund darstellen, vor denen Strategien entwickelt werden, so befassen sich *Missionen* und *Visionen* meist genauer mit der Zielsetzung einer Organisation und ihrer strategischen Ausrichtung. In der Praxis kann die Abgrenzung zwischen Mission und Vision fließend verlaufen, doch man kann sie folgendermaßen unterscheiden:

- Eine **Mission** zielt darauf ab, Mitarbeitern und Interessengruppen Klarheit darüber zu verschaffen, was die Zielsetzung der Organisation ist und worin ihre *Daseinsberechtigung* besteht. Es geht also darum, Verständnis aufzubauen und Vertrauen zu schaffen bezüglich der Beziehung einer Unternehmensstrategie zum Zweck des Unternehmens.
- Eine **Vision** drückt aus, was eine Organisation zu sein anstrebt. Damit soll ein Ausblick in die Zukunft gewährt werden, um die Mitarbeiter zu begeistern, deren Engagement zu gewinnen und ihre Leistung zu verbessern.

Obwohl viele Unternehmen in den ersten Jahren des neuen Jahrtausends sowohl Mission als auch Vision bereits übernommen hatten, verurteilen viele Kritiker sie als zu schwammig und nichtssagend.[56] Gibt es aber eine grundlegende Meinungsverschiedenheit innerhalb einer Organisation oder mit Interessengruppen bezüglich der Mission (oder der Vision), so können sich daraus durchaus schwerwiegende Probleme ergeben, die die strategische Ausrichtung der Organisation infrage stellen können. Da strategisches Management eine hochpolitische Angelegenheit ist, können diese Aussagen ein sehr nützlicher Beitrag zu einer zielgerichteten Auseinandersetzung über die Grundlagen der Organisation sein. *Beispiel 4.5* zeigt Beispiele für Missionen, Visionen und Aussagen zu Unternehmenswerten.

56 Siehe zum Beispiel B. Bartkus, M. Glassman und B. McAfee, „Mission statements: are they smoke and mirrors?“ *Business Horizons*, Band 43, Nr. 6 (2000), S. 23–28, und B. Bartkus, M. Glassman und B. McAfee, „Mission statement quality and financial performance“, *European Management Journal*, Band 24, Nr. 1 (2006), S. 86–94.

4.5.3 Ziele

Ziele sind Aussagen über bestimmte Ergebnisse, die erreicht werden sollen. Oft werden solche Ziele – sowohl auf gesamtunternehmerischer Ebene als auch auf Ebene der Geschäftsbereiche – in Form von finanziellen Zahlen ausgedrückt. Beispiele sind erhoffte Verkaufszahlen, Gewinne, Wachstumsraten, Dividenden oder Aktienkurse[57]. Organisationen können aber auch marktbasierte Ziele haben, die in vielen Fällen ebenfalls quantifiziert werden – wie etwa Marktanteil, Kundendienst, Stammkunden etc.

Ziele

Ziele sind Aussagen über bestimmte Ergebnisse, die erreicht werden sollen.

Hierzu gibt es drei Themenbereiche, die ein Manager beim Setzen von Zielen beachten muss:

- *Ziele und Maßeinheiten.* Ziele sind meist quantifiziert. Oft wird sogar argumentiert[58], dass Ziele nur dann sinnvoll sind, wenn sie messbar sind. Daraus ergibt sich jedoch die Frage, wie viele solche Zielsetzungen noch sinnvoll sind. Natürlich gibt es Zeiten und Gelegenheiten, die ganz bestimmte quantifizierte Ziele erfordern, so etwa, wenn dringend gehandelt werden und sich das Management auf eine begrenzte Anzahl vorrangiger Anforderungen konzentrieren muss – wie etwa im Fall eines *strategischen Wendepunkts.* Wenn man die Wahl hat, entweder Konkurs anmelden zu müssen oder zu überleben, haben vage formulierte Anforderungen keinen Platz. Unter anderen Umständen jedoch – etwa wenn die Mitarbeiter einer Organisation motiviert und inspiriert werden sollen – muss mehr Wert auf qualitative Aussagen über den Organisationszweck gelegt werden, wie dies bei Missionen und Visionen der Fall ist.
- *Ziele und Kontrolle.* Ein immer wieder auftretendes Problem in Bezug auf Ziele ist, dass Manager und Mitarbeiter „weiter unten" in der Hierarchie keine klare Vorstellung davon haben, wie ihre tägliche Arbeit zum Erreichen der auf höherer Ebene festgelegten Ziele beiträgt. Dieses Problem könnte man im Prinzip durch das Anlegen einer „Zielkaskade" lösen, die für jede Ebene genau formulierte Ziele festlegt. In vielen Organisationen wird dies auch bis zu einem gewissen Grad versucht. Hier muss man jedoch über einen Kompromiss nachdenken: Einerseits soll Klarheit in Bezug auf Ziele und Strategie geschaffen werden, ohne jedoch andererseits den Handlungsspielraum der Beteiligten zu sehr einzuschränken. Es gibt Hinweise darauf, dass Innovationen durch zu eng gesteckte Ziele und Messungen im Keim erstickt werden.[59]

57 Eine effektive Kommunikation mit Investoren ist entscheidend, wie in A. Hutton, „Four rules", *Harvard Business Review*, Band 79, Nr. 5 (2001), S. 125–132 besprochen.

58 Zum Beispiel argumentierte I. Ansoff, „Corporate Strategy", *Penguin*, 1968, S. 44, dass Ziele genau und messbar sein sollten.

59 Siehe A. Neely, „Measuring performance in innovative firms", in R. Delbridge, L. Grattan und G. Johnson (Hrsg.), „The Exceptional Manager", *Oxford University Press*, 2006, Kapitel 6.

Abbildung 4.11: Einfache Regeln

Turbulente Märkte erfordern strategische Flexibilität, um Chancen zu nutzen – doch Flexibilität kann auch reguliert werden. Verschiedene Arten von einfachen Regeln helfen dabei.

Art	Zweck	Beispiel
Wie-Regeln	Definieren wichtige Merkmale der Ausführung eines Prozesses: „Was macht unseren Prozess einzigartig?“	Dell konzentriert sich auf eng begrenzte Kundensegmente. So muss ein Geschäftsbereich bei Dell geteilt werden, sobald der Umsatz $1 Milliarde erreicht.
Grenzregeln	Bringen Manager dazu, zu entscheiden, welche Chancen genutzt werden sollten und welche nicht	Im Filmauswahlprozess von Miramax muss jeder Film erstens von einer wichtigen menschlichen Empfindung handeln (z.B. von Liebe), zweitens einen sympathischen Hauptdarsteller besitzen, der aber auch große Schwächen hat, und drittens eine klare Handlung haben.
Prioritätenregeln	Erleichtern es den Managern, angenommene Chancen je nach Wichtigkeit einzustufen	Die Zuteilung von Fertigungskapazitäten erfolgt bei Intel aufgrund der Bruttomarge der Produkte.
Zeitregeln	Synchronisieren Manager mit der Geschwindigkeit neu entstehender Chancen und mit anderen Teilen der Organisation	Bei Nortel muss die Produktentwicklungszeit weniger als 18 Monate betragen. Dadurch muss die Firma schnell neue Chancen nutzen.
Rückzugsregeln	Erleichtern Managern die Entscheidung, wann man sich von den Chancen von gestern zurückziehen sollte	Wenn ein wichtiges Teammitglied – gleichgültig ob Manager oder nicht – bei Oticon, einem dänischen Hörgerätehersteller, ein Projekt zugunsten eines anderen verlässt, hat dieses Projekt dort keine Zukunft.

- *Einfache Regeln.* Besonders in Organisationen, in denen es auf Innovation und Flexibilität ankommt, müssen Manager nachweislich die wenigen übergreifenden Ziele, die es zu erreichen gilt und die manchmal als „einfache Regeln“ bezeichnet werden, klar formulieren. Andererseits müssen sie für das Erreichen dieser Ziele ausreichend Handlungsfreiraum und Flexibilität zulassen. Durch die Forschungsarbeit von Kathy Eisenhardt und ihren Kollegen können diese einfachen Regeln allmählich genauer definiert werden.[60] *Abbildung 4.11* fasst die Regelarten zusammen, die laut ihrer Arbeit für Organisationen wichtig sind, die in einem sich schnell wandelnden Umfeld agieren. Außerdem werden Beispiele genannt zu Form und Wirkung dieser Regeln. Man kann zu dem Schluss kommen, dass es nicht vieler Regeln bedarf, um gleichmäßige Verhaltensmuster zu erreichen. In dieser Hinsicht baut diese Sichtweise auf den Argumenten der Komplexitätstheoretiker auf, die im Kommentar zu den strategischen Perspektiven erklärt werden.

Immer wieder taucht in diesem Kapitel der Hinweis auf, dass sich Strategen mit dem strategischen Gesamtzweck ihrer Organisation befassen müssen. Daraus ergibt sich aber die zentrale Frage, auf welche Erwartungen der Interessengruppen sie damit reagieren sollen. „Im Fokus“ liefert anhand großer börsennotierter Unternehmen drei Ansichten hierzu.

60 Diese Diskussion basiert auf Forschungsarbeiten von K. M. Eisenhardt und D. N. Sull, veröffentlicht in „Strategy as simple rules“, *Harvard Business Review*, Band 79, Nr. 1 (2001), S. 107–116.

Im Fokus: Drei Ansichten über die Zielsetzung eines Unternehmens

Da es keine eindeutige Ansicht zu dem übergeordneten Zweck eines Unternehmens gibt, müssen die Interessengruppen, und somit auch die Manager, über diesen entscheiden.

Milton Friedman und Gewinnmaximierung

Milton Friedman, der berühmte Wirtschaftswissenschaftler, schrieb:

> *In einem freien Unternehmen in Privateigentum ist eine Führungskraft ein Angestellter der Unternehmenseigner. Er ist seinem Arbeitgeber direkt verantwortlich. Im Rahmen dieser Verantwortung muss er die Geschäftstätigkeit im Einklang mit deren Wünschen lenken, die meist lauten, so viel Geld wie möglich zu verdienen und dabei die grundlegenden gesellschaftlichen Regeln zu beachten … Was bedeutet es, wenn man sagt, die Führungskraft habe eine „soziale Verantwortung"? … Ist diese Aussage nicht nur rein rhetorisch gemeint, so muss sie bedeuten, dass der Manager in einer Art und Weise handeln muss, die nicht im Interesse seiner Arbeitgeber liegt. Falls sein sozial verantwortliches Handeln die Rendite der Aktionäre schmälert, so gibt er ihr Geld aus. Wenn sein Handeln zu einer Erhöhung der Endpreise führt, so gibt er das Geld der Kunden aus. Wenn sein Handeln die Löhne und Gehälter der Mitarbeiter senkt, so gibt er deren Geld aus.*

Milton Friedmans Maxime lautete, dass „es bei Geschäften nur ums Geschäft" gehe und dass „die einzige soziale Verantwortung eines Unternehmens darin bestehe, ihre Gewinne zu steigern". In diesem Fall reichen die automatischen Marktmechanismen völlig aus. Sind die Kunden nicht zufrieden, wechseln sie zur Konkurrenz, sind die Mitarbeiter unzufrieden, wechseln sie die Firma. Die Aufgabe des Staats besteht darin, einen freien Markt zu schaffen, damit diese Bedingungen wirken können.

Charles Handys Ansicht über Interessengruppen

Bezug nehmend auf die Wirtschaftsskandale des letzten Jahrzehnts argumentiert Charles Handy, dass das Streben nach Shareholder Value gepaart mit Aktienoptionen für die Führungsebene besonders in den USA ein System hervorgebracht hat, das „Mehrwert schafft, wo gar keiner vorhanden ist". Er akzeptiert,

> *dass man zu allererst die Erwartungen der theoretischen Eigentümer, also der Aktionäre, eines Unternehmens erfüllen muss. Allerdings wäre es angemessener, sie Investoren zu nennen oder vielleicht sogar Spieler. Ihnen fehlt der Stolz und das Verantwortungsgefühl echter Eigentümer … ihnen geht es nur ums Geld … Sieht man also die Bedürfnisse der Aktionäre als Zweck des Unternehmens, so unterliegt man einer logischen Verwirrung, denn man hält eine notwendige Voraussetzung für einen ausreichenden Zweck. Wir müssen essen, um zu überleben; Nahrung ist eine wichtige Voraussetzung für unser*

Leben. Würden wir aber nur leben, um zu essen, und Nahrungsaufnahme zum einzigen Zweck unseres Lebens machen, so würden wir schnell fett werden. Der Zweck eines Unternehmens besteht also nicht darin, Gewinn zu machen. Er besteht darin, Gewinn zu machen, damit das Unternehmen etwas besser oder verstärkt tun kann. Und dieses etwas ist die wahre Rechtfertigung des Unternehmens.

Das Argument der „neuen Kapitalisten"

In ihrem Buch „Die neuen Kapitalisten" erkennen die Autoren auch, dass „ein Unternehmen das Eigentum seiner Aktionäre ist und ihren Interessen dienen sollte". Jedoch sind es die „Millionen Eigentümer von Pensionsfonds und andere Sparer, denen … die großen Unternehmen der Welt gehören". Diese neuen Kapitalisten sind meist hochgradig diversifiziert in ihren Investitionen und halten Anteile an verschiedenen Fonds in Hunderten, vielleicht sogar Tausenden Unternehmen rund um die Welt. Sie argumentieren weiter:

Stellen wir uns vor, all unsere Ersparnisse wären in einem Unternehmen investiert. Der Erfolg dieses Unternehmens wäre also auch für uns von immenser Bedeutung. Wir würden wollen, dass es überlebt und sehr erfolgreich ist, selbst wenn dies dem wirtschaftlichen System als Ganzem schaden würde. Unsere Perspektive würde sich allerdings verändern, wenn wir in verschiedenen Unternehmen investiert hätten. Dann ist es zu unserem Nachteil, wenn irgendeines der Unternehmen danach strebt, sich anderen Unternehmen, Kunden, Mitarbeitern oder der Gesellschaft gegenüber nicht sozial verantwortlich zu verhalten. Denn dadurch schadet es den Interessen anderer Unternehmen, an denen wir jedoch beteiligt sind. Der neue Kapitalist möchte, dass sich alle Unternehmen, an denen er beteiligt ist, sozial verantwortlich verhalten: „Manager sollten Regeln schaffen, die das Wirtschaftssystem insgesamt zum Erfolg führen, selbst wenn diese Regeln unter bestimmten Umständen die Handlungsfreiheit eines Einzelnen einengen" … Innerhalb dieser Regeln sollten sich die Manager dann sehr zu Recht „ausschließlich auf den Erfolg ihrer eigenen Organisation konzentrieren … obwohl sie den Interessen ihrer Aktionäre nicht dienen, wenn sie zu ihren eigenen Gunsten handeln und dabei das Wirtschaftssystem als Ganzes schädigen".

Quellen: M. Friedman, „The social responsibility of business is to increase its profits", *New York Times Magazine*, 13. September (1970), C. Handy, „What's a business for?", *Harvard Business Review*, Dezember (2002), S. 49–55, S. Davies, J. Lukommik und D. Pitt-Watson, „The New Capitalists", *Harvard Business School Press* 2006.

Kontrollfragen

1. Welche Ansicht vertreten Sie:
   a. als Manager?
   b. als Aktionär?
   c. als Rentner?
2. Welche Auswirkungen haben diese verschiedenen Ansichten auf die Entwicklung von Organisationsstrategien durch die Manager?

Z U S A M M E N F A S S U N G

- Eine wichtige Aufgabe des Managements besteht darin, zu entscheiden, wie die Organisation ihren strategischen Zweck durch Aussagen über *Werte, Vision, Mission* oder *Ziele* ausdrücken soll.
- Der Zweck einer Organisation wird durch die Erwartungen ihrer *Interessengruppen* beeinflusst.
- Der Einfluss einiger wichtiger Interessengruppen wird formell innerhalb der *Governance-Struktur* einer Organisation dargestellt. Dies kann in Form *einzelner Stufen von Corporate Governance* geschehen, die die Verbindungen zwischen den endgültigen Nutznießern und den Managern der Organisation aufzeigen.
- Es gibt zwei allgemeine Governance-Struktursysteme: das *Shareholder-Modell* und das *Stakeholder-Modell*. Zwar variieren diese Modelle im internationalen Vergleich, doch es zeigt sich ein Trend in Richtung des Shareholder-Modells.
- Verschiedene Interessengruppen beeinflussen Zielsetzung und Strategie einer Organisation in unterschiedlicher Weise, je nachdem, wie viel Interesse und Macht sie jeweils haben. Manager können den Einfluss verschiedener Interessengruppen mithilfe einer *Interessengruppenanalyse* einschätzen.
- Je nachdem, wie Organisationen ihre Rolle in der Gesellschaft wahrnehmen, können sie unterschiedliche Haltungen zur *sozialen Unternehmensverantwortung* einnehmen. Doch auch einzelne Manager können sich ethischen Dilemmata gegenübersehen, die sich auf den Zweck ihrer Organisation oder die von ihr gewählten Aktivitäten beziehen.

Z U S A M M E N F A S S U N G

Aufgaben

*Kennzeichnet schwierigere Aufgaben.
**Kennzeichnet Fälle in diesem Buch.

4.1 Schreiben Sie eine Mission und eine Aussage zur Vision für den Fußballclub Bayern München**, Uber**, Zalando** oder eine Organisation Ihrer Wahl und schlagen Sie strategische Ziele vor, die die Manager setzen könnten. Erklären Sie, warum Sie diese für angemessen halten.

4.2 Zeichnen Sie für die Partner aus der Getränkeindustrie (aus dem Fallbeispiel am Ende dieses Kapitels) oder Adnams** die Stufen von Corporate Governance, die die Schlüsselfiguren der Organisation bis hin zu den endgültigen Nutznießern der guten (oder schlechten) Leistung der Organisation zeigen. Inwieweit trifft Folgendes Ihrer Ansicht nach auf die Manager zu:

a. Sie sind über die Erwartungen der Nutznießer informiert.

b. Sie verfolgen aktiv deren Interessen.

c. Sie halten sie auf dem Laufenden.

4.3 Was sind Ihre eigenen Ansichten zu den Stärken und Schwächen des Stakeholder- und des Shareholder-Modells der Unternehmensführung?

***4.4** Identifizieren Sie Organisationen, die den in *Abbildung 4.3* beschriebenen allgemeinen Haltungen zur sozialen Verantwortung von Unternehmen entsprechen.

4.5 Identifizieren Sie die wichtigsten Aspekte im Bereich soziale Verantwortung eines Unternehmens, die in der Brauereibranche bzw. in einer Branche oder einem Sektor Ihrer Wahl von besonderer Bedeutung sind (beziehen Sie sich dabei auf *Abbildung 4.4*). Vergleichen Sie die Herangehensweise zweier oder mehrerer Organisationen in dieser Branche und erklären Sie, wie sich dies auf ihre Wettbewerbsposition überträgt.

4.6 Identifizieren und erklären Sie mit Hilfe der Macht/Interesse-Matrix für Stakeholder die Interessengruppen für Greenpeace**, Borussia Dortmund**, Commerzbank AG** oder eine Organisation Ihrer Wahl im Hinblick auf:

a. aktuelle Strategien,

b. andere zukünftige Strategien Ihrer Wahl.

Welche Auswirkungen hat Ihre Analyse auf die Strategie der Organisation?

Integrative Aufgabe

4.7 Erklären Sie anhand spezifischer Beispiele, warum Organisationen aufgrund von Veränderungen der Unternehmensführung und der Erwartungen zur sozialen Verantwortung einen neuen Umgang mit verschiedenen Chancen und Risiken aus der Umgebung (*Kapitel 2*) oder neue Kompetenzen (*Kapitel 3*) entwickeln müssen.

Literaturempfehlungen

- J. Collins und J. Porras setzen sich besonders für Klarheit von Unternehmenswerten und Visionen ein: „Built to Last: Successful habits of visionary companies“, *Harper Business*, 2002 (siehe besonders *Kapitel 11*).
- Einen guten Überblick über wichtige Konzepte sowohl im Bereich der Corporate Governance als auch im Bereich der sozialen Unternehmensverantwortung bieten S. Benn und D. Bolton in „Key Concepts in Corporate Responsibility“, Sage, 2011. Speziell für die Corporate Governance bietet B. Tricker, „Corporate Governance Principles, Policies and Practices“, 2. Auflage, *Oxford University Press*, 2012 einen führenden Leitfaden. Für eine umfassende Darstellung der sozialen Unternehmensverantwortung siehe A. Crane, A. McWilliams, D. Matten und D. Siegel, „The Oxford Handbook of Corporate Social Responsibility“, *Oxford University Press*, 2009.

Fallstudie
Partner in der Getränkeindustrie: die indische United Breweries Holdings Ltd.

Im Jahr 2012 war die United Breweries Holdings Ltd. (UBHL) eines der mächtigsten und dynamischsten Konglomerate in Indien. Unter der Führung des schillernden Vorstandsvorsitzenden Vijay Mallya kontrollierte das Unternehmen die größte indische Brauerei, das größte indische Spirituosenunternehmen, eine führende nationale und internationale Fluggesellschaft, ein Formel-1-Rennteam sowie erhebliche Anteile an Unternehmen der chemischen und Düngemittelindustrie. Aber das UBHL-Konglomerat geriet unter hohen Schulden ins Wanken und wegen ungedeckter Schecks wurde ein Haftbefehl gegen Vijay Mallya ausgestellt. Eine Partnerschaft mit dem in London ansässigen Getränkeunternehmen Diageo bot die Chance zur Rettung. Aber inwieweit konnte man sich auf einen Partner mit Mallyas Vorgeschichte verlassen?

Der König der guten Zeiten

Vijay Mallya hatte im Alter von 28 Jahren durch eine Erbschaft nach dem Tod seines Vaters 1983 die Kontrolle über UBHL erlangt. Sein Vater selbst hatte das ursprüngliche Kerngeschäft, die United Breweries, zum Zeitpunkt der indischen Unabhängigkeit 1947 vom britischen Management übernommen und daraus ein vielfältiges sowie komplexes Konglomerat aus Tochterunternehmen aufgebaut. Vijay Mallya verbrachte die ersten Jahre seiner Leitung von UBHL damit, nicht zum Kerngeschäft gehörende Unternehmen zu veräußern und das Gewirr von Tochterunternehmen in eine klarere, auf kohärenten Geschäftsbereichen beruhende Abteilungsstruktur zu überführen. UBHL wuchs schnell und im Jahr 2007 stand Vijay Mallya mit einem geschätzten Vermögen von $ 1,5 Milliarden (ca. € 1,2 Milliarden) an 664. Stelle der *Forbes*-Liste der reichsten Menschen der Welt.

Zu Beginn des zweiten Jahrzehnts des neuen Jahrhunderts verkaufte UBHL circa 60 Prozent der Spirituosen und 50 Prozent des Biers in Indien. Der Konzern war in vier Hauptgeschäftsbereiche unterteilt, die jeweils signifikante externe Aktionäre hatten: So war beispielsweise die niederländische Brauerei Heineken ein wichtiger Aktionär im Geschäftsbereich Brauerei. Dabei war allerdings die effektive Kontrolle jedes Geschäftsbereichs durch Mallya dadurch gewährleistet, dass UBHL die Position des größten Aktionärs – wenngleich nicht zwangsläufig die des Mehrheitsaktionärs – innehatte (siehe *Abbildung 1*). Durch diese Regelung wurde die Kontrolle maximiert, während die Kapitalverpflichtungen reduziert wurden. Mallyas Gesamtkontrolle über die Muttergesellschaft UBHL wurde durch die Dominanz der stimmberechtigten Anteile der Klasse A gesichert, während indische sowie internationale institutionelle Aktionäre die überwältigende Mehrheit der nichtstimmberechtigten Anteile der Klasse B hielten.

Obwohl er offensichtlich ein kluger Geschäftsmann ist, hat Mallya auch eine extravagante Seite. Als Anspielung auf den Namen seiner berühmtesten Biermarke, Kingfisher, beschreibt er sich oft als „King of the Good Times“ – den „König der guten Zeiten“. Er umgibt sich gern mit schönen Fotomodellen und Schauspielerinnen und der alljährliche Kingfisher-Kalender ist in Indien für Fotos knapp bekleideter Frauen berühmt. Mallya besitzt mehrere teure Jachten und eine Flotte von Luxusoldtimern. Im Jahr 2008 kauften Mallya und ein Geschäftspartner ein Formel-1-Rennteam und tauften es auf den Namen „Force India“ um. Ein ähnliches patriotisches Motiv lag auch dem Kauf des Schwertes des großen indischen Anführers Tipu Sultan, das im 18. Jahrhundert in die Hände der Briten gefallen war, sowie seiner großzügigen Unterstützung der Rückführung einiger der wenigen erhaltenen Gegenstände aus dem Besitz von Mahatma Gandhi, dem Anführer der indischen Freiheitsbewegung, zugrunde. Mallyas persönliche Popularität zeigte sich auch in seiner Wahl in das Oberhaus des indischen Parlaments.

Allerdings war es Mallyas Extravaganz im Geschäftsleben, die UBHL 2012 an den Rand des Untergangs bringen sollte.

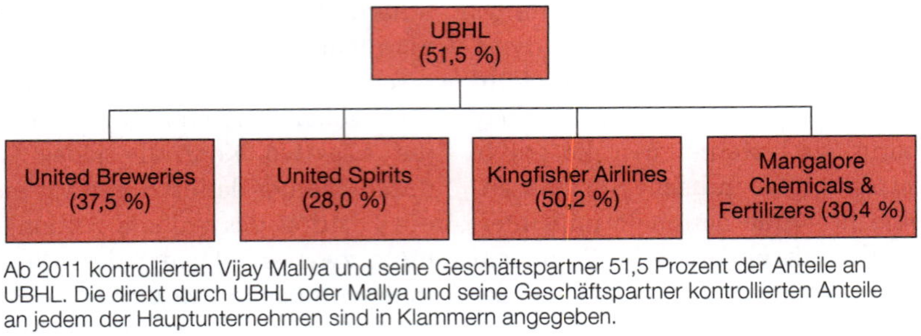

Abbildung 1: United Breweries Holdings Ltd., Hauptunternehmen, 2011

Internationalisierung und Diversifizierung

Die erste von zwei fatalen extravaganten Maßnahmen war die von Mallya durchgeführte Diversifizierung in den Bereich der Fluggesellschaften. Um den 18. Geburtstag seines Sohnes zu feiern, brachte Mallya 2005 Kingfisher Airlines an den Start, an der er 50,2 Prozent der Anteile hielt. Dies schien eine gute Gelegenheit zu sein: Die indische Flugbranche wuchs und wurde dereguliert. Mallya brachte die neue Fluggesellschaft mit einem glanzvollen Start auf den Markt. Er bewarb das bessere Essen und das hübsche weibliche Personal, indem er erklärte, dass es bei der Kingfisher Airline weder Business noch Economy Class, sondern eine eigene K-Class geben würde – ein eher teurer Kompromiss. Im Jahr 2008 zahlte Kingfisher mehr als erwartet für den Kauf der ersten indischen Billigfluggesellschaft, Deccan Airlines. Die fusionierte Fluggesellschaft verfügte über mehr als 100 Flugzeuge, 300 Flüge pro Tag sowie 7.000 Mitarbeiter und hatte einen Binnenmarktanteil von ungefähr 30 Prozent. Aufgrund der Geschichte von Deccan konnte Kingfisher auch internationale Flugverbindungen aufnehmen und platzierte dazu einen Auftrag für das neue A380-Großraumflugzeug. Mallya, mit langem Haar und Bart, trat Versuchen, ihn mit einem anderen schillernden Chef einer Fluggesellschaft, Richard Branson von Virgin, zu vergleichen, nicht entgegen.

Leider brachte die Binnenderegulierung auch ein Übermaß an Wettbewerb auf dem Markt der indischen Fluggesellschaften mit sich. Gleichzeitig stiegen die Treibstoffpreise und die überfüllten Flughäfen verlangten höhere Landegebühren. Im Jahr 2011 machte daher nur eine indische Fluggesellschaft keine Verluste. Kingfisher hatte andererseits während seiner gesamten Geschichte niemals Gewinn gemacht. Im Jahr 2012 war Kingfisher gezwungen, bis auf 15 alle seine Flugzeuge am Boden zu lassen. Flughäfen und Treibstofflieferanten waren nicht bezahlt worden und die meisten Mitarbeiter, einschließlich der Piloten, erhielten sieben Monate lang kein Gehalt. Die Gesamtschulden und -verluste von Kingfisher beliefen sich auf ungefähr $ 4,5 Milliarden. Obwohl Kingfisher zu diesem Zeitpunkt bereits offiziell aus der Gruppe ausgegliedert worden war und UBHL gezwungen war, seinen Anteil auf ungefähr 30 Prozent zu reduzieren, bürgte die Holdinggesellschaft noch immer für $ 2,2 Milliarden der Schulden der Fluggesellschaft. Die kanadische Marktforschungsfirma Veritas warnte davor, dass Kingfisher UBHL nach unten ziehen würde. Die Holdinggesellschaft „blickte in ein schwarzes Loch. Wir glauben, dass der schlecht durchdachte Vorstoß in die Flugbranche die UBHL-Aktionäre schon teuer zu stehen gekommen ist und dass ihr Besitz der führenden indischen Spirituosen- und Biermarken auf dem Altar egoistischer Ambitionen geopfert wurde.“

Die Übernahme des führenden schottischen Whiskyunternehmens Whyte & Mackay bildete den zweiten extravaganten Schritt auf die internationalen Märkte. Das UBHL-Unternehmen United Spirits brauchte Zugang zu echten schottischen Whiskymarken, da zunehmend anspruchsvolle indische Kunden qualitativ hochwertigere Spirituosen als die traditionell in Indien hergestellten wollen. Konkurrenten wie Diageo, mit einem Marktanteil von ungefähr einem Drittel des weltweiten Whiskymarkts und Besitzer der weltweit führenden Markte Johnnie Walker, standen im Verdacht, ihre Lieferungen an United Spirits absichtlich zu reduzieren, um ihre eigenen Positionen in Indien aufzubauen. Durch die Übernahme von Whyte & Mackay erhielt United Spirits die Kontrolle über mehr als 140 altehrwürdige, allesamt schottische Whiskymarken und United Spirits wurde damit zum drittgrößten Spirituosenhersteller der Welt nach Diageo und Pernod Ricard.

Allerdings hatte Mallya mehr für Whyte & Mackay bezahlt, als er sich eigentlich leisten konnte: Für United Spirits blieben Schulden von $ 1,1 Milliarden. Im Jahr 2009 war Whyte & Mackay gezwungen, ungefähr 15 Prozent der Arbeitsplätze abzubauen. In diesem Jahr nahm UBHL Verhandlungen mit Diageo über den Verkauf eines Anteils an United Spirits auf, um eine Finanzspritze für das Unternehmen zu sichern. Die Verhandlungen schlugen allerdings aufgrund von Differenzen über den Preis, die Managementkontrolle und ein mögliches Eingreifen durch die Wettbewerbsbehörden fehl. Da der Aktienkurs der Holdinggesellschaft bis auf ungefähr 10 Prozent des früheren Höchstwerts abstürzte (*Abbildung 2*), taumelte UBHL bis zur Krise 2012 weiter.

Rettung aus dem Ausland

Das Jahr 2012 begann nicht gut für UBHL. Neben den andauernden Verlusten mit Kingfisher, sanken die Nettogewinne von United Spirits und United Breweries in den ersten drei Monaten um mehr als 80 Prozent. Mallya brauchte verzweifelt Partner, um UBHL über Wasser zu halten. Diageo, der größte Spirituosenhersteller der Welt, war auch hier wieder der wichtigste Kandidat.

Bei den Verhandlungen mit Diageo im Jahr 2009 bildete der Preis ein Thema, aber Mallya befand sich jetzt in einer viel schwächeren Verhandlungsposition. Es blieben aufgrund der kombinierten Macht von Diageo und UBHL auf dem Whiskymarkt Sorgen im Hinblick auf eine Monopolstellung, dies könnten allerdings durch einige selektive Veräußerungen gelöst werden. Darüber hinaus war Diageo noch immer interessiert, da der Wettbewerber Pernod Ricard nun schnell Fortschritte in Indien, einem der größten Spirituosenmärkte der Welt, machte. UBHL wies Gerüchte nicht zurück, dass es eventuell noch drei andere Kandidaten für einen Anteil an United Spirits gab. Für Diageo könnte allerdings das Geschäft am Thema der Managementkontrolle scheitern.

Die wesentliche Sorge von Diageo als großem multinationalem Unternehmen lag in dem Kontakt mit dem etwas idiosynkratischen Vijya Mallya. Im Jahr 2011 war aufgrund der Bestechung von Regierungsbeamten in Indien, Thailand und Südkorea durch die amerikanische Wertpapier- und Börsenaufsichtsbehörde eine Geldstrafe von USD 15 Millionen gegen Diageo verhängt worden. Das Unternehmen hatte die Zusage abgegeben, derartige korrupte Praktiken zu unterlassen und riskierte im Widerholungsfall noch weitaus höhere Strafen. Selbst als Minderheitspartner würde Diageo für jegliche Korruption bei United Spirits haften. Mallya allerdings wolle die Kontrolle behalten. Er erklärte dazu gegenüber der Zeitung *Indian Business Standard*: „Man muss verstehen, dass die Führung eines Unternehmens für alkoholische Getränke in 28 Städten in Indien keine einfache Aufgabe für einen relativ neuen Akteur (wie Diageo) ist. Sie werden mich brauchen, um ihr Geschäft effektiv zu betreiben und die Kontrolle des Geschäfts ist dabei ein Aspekt."

Im November 2012 erzielten Diageo und UBHL eine Vereinbarung. Die Bedingungen waren komplex. Diageo würde 19,3 Prozent der bestehenden Anteile an United Spirits aus dem persönlichen und verbundenen Anteilsbesitz von Mallya übernehmen, während United Spirits neues Kapital in Höhe von 10 Prozent der erweiterten Kapitalbasis an Diageo ausgeben würde. Zusammen mit diesen

Schritten würde Diageo einen Anfangsanteil von 27 Prozent der stimmberechtigten Anteile an United Spirits erhalten. Überdies würde Diageo ein offenes Angebot an die externen Aktionäre von United Spirits ausgeben, über das der gehaltene Gesamtanteil auf bis zu 53,4 Prozent der Aktien steigen würde. Dieses Geschäft würde Diageo bis zu $ 1,9 Milliarden kosten. Der Preis bewertete United Spirits mit dem Zwanzigfachen der Jahresgewinne (vor Zinsen, Steuern und Abschreibungen) und damit ungefähr ein Drittel höher als bei Übernahmen im internationalen Getränkegeschäft üblich.

Mallya beschrieb das Geschäft als „Win-Win-Lösung". Diageo würde die einzigartigen Vertriebskanäle von United Spirits für seine äußerst bekannten Marken nutzen können und UBHL könnte seine diversen Schulden abbauen. Mallya selbst hätte auch weiterhin noch die Kontrolle über 13,5 Prozent des aufgestockten Aktienkapitals und behielt weiter die Position des Vorstandsvorsitzenden von United Spirits inne. Mallya beharrte gegenüber den Medien: „Ich habe nicht das Familiensilber oder die Kronjuwelen verkauft. Ich habe sie nur verschönert ... Wenn Sie den Eindruck haben, dass ich die Kontrolle abgegeben habe und den Platz geräumt habe, dann ist das nicht richtig."

Hauptquellen: The Times, 26. September 2012; *Business Standard*, 27. September 2012; *India Business Journal*, 6. November 2012; *Financial Times*, 9. November 2012, *Times of India*, 11. November 2012.

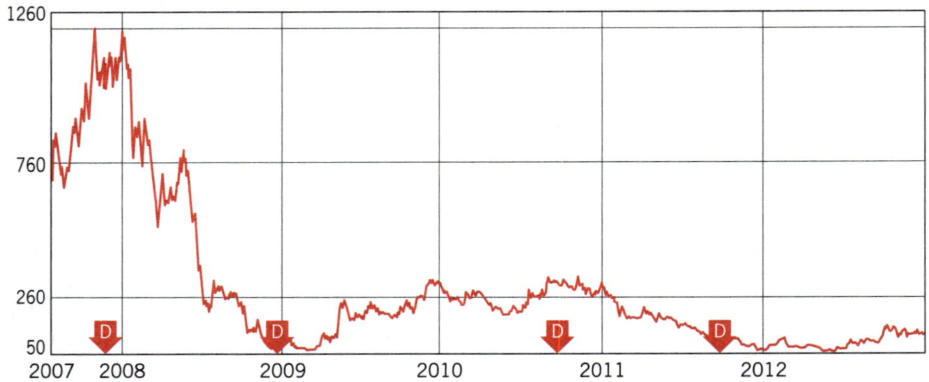

Abbildung 2: Entwicklung des UBHL-Aktienkurses von 2007 bis 2012 (in Rupien)
Quelle: www.moneycontrol.com, 28. Dezember 2012 („D" bezeichnet Dividendenzahlungen).

Kontrollfragen

1. Betrachten Sie die Governance-Kette, die von den verschiedenen Aktionären von UBHL zu den Managern der Hauptunternehmen führt, unter besonderer Bezugnahme auf United Spirits. Warum könnte es in dieser Kette zu Störungen der Verantwortlichkeit und der Kontrolle kommen?
2. Klassifizieren Sie die verschiedenen in diesem Fall diskutierten wesentlichen Stakeholder (wirtschaftlich, sozial/politisch, technisch und regional). Mit welchen Risiken werden die wesentlichen Interessengruppen (einschließlich Diageo) konfrontiert

Unternehmenskultur und Strategie

5

ÜBERBLICK

Lernziele

Nach der Lektüre dieses Kapitels sollten Sie in der Lage sein,

- Organisationen zu identifizieren, die Erfahrungen mit der strategischen Drift gemacht haben, und die Symptome der strategischen Drift zu erkennen.
- zu analysieren, wie die historische Entwicklung die strategische Position einer Organisation beeinflusst.
- mithilfe des kulturellen Netzes die Einflüsse einer Organisationskultur auf deren Strategie zu analysieren.
- zu erkennen, wie wichtig es ist, dass Strategen die als selbstverständlich hingenommenen Aspekte einer Kultur hinterfragen.

5.1 Einführung

In den *Kapiteln 2*, *3* und *4* wurden die wichtigen Einflüsse des Umfelds, der organisatorischen Fähigkeiten und der Erwartungen der Interessengruppen auf die Entwicklung der Strategie betrachtet. Diese Faktoren sind zwar ohne Zweifel von entscheidender Bedeutung, doch es besteht auch die Gefahr, dass Manager nur die Entwicklungen aus jüngster Zeit in Betracht ziehen, ohne zu verstehen, wie diese entstanden sind oder wie die Vergangenheit die Strategien von heute und morgen beeinflusst. Viele Organisationen blicken auf eine lange Geschichte zurück. Der große japanische Mitsui-Konzern wurde bereits im 17. Jahrhundert gegründet. Daimler-Chrysler entstand im 19. Jahrhundert und seine Werte und Designprinzipien sind nachweislich sehr konstant geblieben. Manager des britischen Einzelhandelsunternehmens Sailsbury's beziehen sich immer noch auf die Gründungsprinzipien der Familie Sailsbury aus dem 19. Jahrhundert. Viele Organisationen der öffentlichen Hand – etwa Regierungsministerien, Polizei, Universitäten – werden von ihrem historischen Vermächtnis, das inzwischen in ihrer Kultur eingebettet ist, immer noch stark beeinflusst.

Historische und kulturelle Perspektiven können es erleichtern, sowohl die Chancen als auch die Einschränkungen zu verstehen, denen sich Organisationen gegenübersehen. Viele dieser Aspekte werden auch an anderer Stelle in diesem Buch besprochen. Das Unternehmensumfeld (*Kapitel 2*) kann nur richtig verstanden werden, wenn man auch bedenkt, wie es sich im Laufe der Zeit entwickelt hat. Die Fähigkeiten einer Organisation (*Kapitel 3*), besonders diejenigen, die ihr einen Wettbewerbsvorteil verschaffen, können historisch verwurzelt sein und sich im Laufe der Zeit in einer Art und Weise entwickelt haben, die ausschließlich in dieser Organisation zu finden ist. Dadurch können solche Fähigkeiten zu einem Teil der Organisationskultur werden – zu der selbstverständlichen Art und Weise, wie Dinge getan werden – die für andere Unternehmen schwer nachzuahmen sind. Gleichzeitig kann es aber auch schwierig werden, diese Fähigkeiten zu verändern. Ein Verständnis der historischen und kulturellen Grundlagen dieser Fähigkeiten hilft also auch bei den Herausforderungen des strategischen Wandels (*Kapitel 14*). Auch Macht und Einfluss verschiedener Interessengruppen können sehr wohl einen historischen Ursprung haben, und es ist wichtig, diesen zu verstehen. Das Thema dieses Kapitels ist es nun, klarzustellen, dass die strategische Position einer Organisation historische und kulturelle Wurzeln hat und dass ein Verständnis dieser Wurzeln Managern helfen kann, zukünftige Strategien für ihre Organisation zu entwickeln.

Zu Beginn des Kapitels wird das Phänomen der strategischen Drift erklärt, das die Bedeutung von Geschichte und Kultur in Bezug auf Strategieentwicklung hervorhebt. Dadurch können auch wichtige Herausforderungen identifiziert werden, denen sich Manager bei der Entwicklung von Strategien gegenübersehen. Dann werden die beiden wichtigen und miteinander verbundenen Perspektiven von Geschichte und Kultur betrachtet. *Kapitel 5.3* untersucht den Einfluss der Geschichte einer Organisation auf ihre gegenwärtigen und zukünftigen Strategien und betrachtet weiter, wie diese Geschichte analysiert werden kann. *Kapitel 5.4* erklärt dann, was mit dem Begriff „Unternehmenskultur" gemeint ist und wie kulturelle Einflüsse auf nationaler, institutioneller und organisatorischer Ebene die Strategien von heute und morgen beeinflussen. Danach werden Vorschläge angeboten, wie eine Unternehmenskultur analysiert werden kann und wie ihre Einflüsse auf die Strategie verstanden werden können. *Abbildung 5.1* fasst die Struktur dieses Kapitels nochmals zusammen.

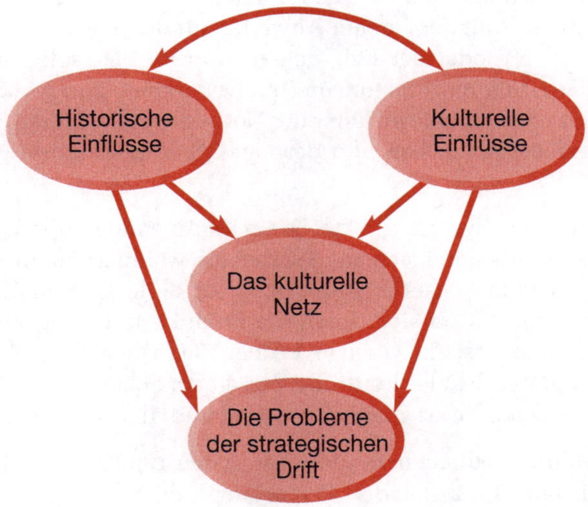

Abbildung 5.1: Kapitelstruktur

Beispiel 5.1 Geschichte und Strategie bei Unilever[1]

Das historische Erbe einer Organisation kann auch die Ursache erheblicher strategischer Probleme sein.

Im Jahr 1927 fusionierten die niederländischen Unternehmen Jurgens und Van den Bergh und gründeten damit Margarine Unie. Danach fusionierte 1929 das britische Unternehmen Lever Brothers mit Margarine Unie – Unilever war entstanden. Dabei hatte das Unternehmen von der niederländischen Seite die Tradition mitbekommen, im Unternehmen konsensbasiert zu arbeiten. Das Erbe von Lever war das Streben nach der Marktführerschaft durch Produktentwicklung und geografische Expansion.[2]

Die Struktur der Unternehmensführung spiegelte die Fusion wider. Im Jahr 1930 delegierten die Vorstände der Unilever NV, der holländischen Gesellschaft, und der Unilever Ltd., der britischen Gesellschaft, die Gesellschaftsvollmachten an einen „Sonderausschuss", der von den Vorstandsvorsitzenden der NV und Ltd. sowie einem dritten Mitglied, einem Anwärter auf den Posten des Vorstandsvorsitzenden bei der NV oder der Ltd., geleitet wurde. Dies sollte langanhaltende Folgen haben. Ein früherer Direktor von Unilever erklärte dies so: „Seit der Fusion im Jahr 1929 hat unsere Strategie unter der Notwendigkeit gelitten, den Ausgleich zwischen der niederländischen und der englischen Seite unseres Geschäfts zu schaffen."

Allerdings gab es auch Synergieeffekte. Die in Kontinentaleuropa stark vertretenen Niederländer spezialisierten sich auf Speisefette, während die in den damaligen Commonwealth-Ländern starken Briten sich auf Seife spezialisierten. Unilever wollte darauf aufbauen, um sich durch die Produkt- und geografische Führung, verbunden mit dem Respekt vor den lokalen Bedürfnissen und den Vorteilen lokaler Initiativen und lokaler Kontrolle, vor einem Scheitern des Unternehmens dadurch zu schützen, dass es ausreichend groß und diversifiziert ist.

Im Hinblick auf die Produkte hatte Unilever in den 1900er-Jahren in die Bereiche Fischerei, Transport, Einzelhandel, Verpackung und Kunststoffe, Fertiggerichte, Eiskrem, Tee, persönliche Pflegeprodukte, Spezialchemikalien, Tiernahrung sowie die ursprünglichen Öle, Fette und Waschmittel diversifiziert.

Die Dezentralisierung von Unilever führte zur langfristigen Überlegenheit auf vielen Wachstumsmärkten, in denen die Anpassung an die lokalen Bedürfnisse unterstützt wurde.

Dies stand im Widerspruch zum standardisierten Ansatz von Procter & Gamble, welcher ohne das aus mehreren Unternehmen herrührende Erbe bereits 1931 eher einen Ansatz des Massenmarketings verfolgte.

Die Autonomie führte auch zur Macht lokaler „Fürsten", die in den 1960er- und 1970er-Jahren den Versuchen von Unilever standhielten, stärker global koordiniert vorzugehen. So wurden beispielsweise die 1959 eingeführten „Koordinatoren", mit denen eine stärkere Einheitlichkeit bei den internationalen Märkten geschaffen werden sollte, als Bedrohung für die dezentralisierte Macht des Unternehmens wahrgenommen. Die US-amerikanische Division von Unilever ging sogar soweit, kartellrechtliche Ansprüche geltend zu machen, um Widerstand gegen die stärkere zentrale Kontrolle zu leisten.

Erst in den 1990er-Jahren begannen die Versuche zur Schaffung einer globalen Strategie Form anzunehmen. Als Reaktion auf die Sorgen der Anleger entschied das Unternehmen, sich auf sieben Geschäftsbereiche zu konzentrieren und zukünftig auf den Sonderausschuss zu verzichten. Zu Beginn des neuen Jahrhunderts kritisierten die Anleger immer noch das Portfolio, da sie der Meinung waren, dass es ihm an Kohärenz mangelte, sowie das Management, das sich damit nicht beschäftigen wollte. Ein Anzeichen dafür bildete der Niedergang des Tiefkühlproduktunternehmens Birds Eye, das einst der „Star" des Portfolios gewesen war. Hier zeigte der fehlende Wille zur Anpassung an sich verändernde Marktbedingungen, wie der von Unilever verfolgte Ansatz des „einfach Weitermachens", dazu geführt hat, dass es ein Fehler ist, auf sich bereits seit langem manifestierende Probleme nicht zu reagieren.

Im Jahr 2008 ernannte Unilever den ersten CEO, Paul Polman, der von außen in das Unternehmen kam und der im Laufe seiner Karriere bereits bei den Wettbewerbern Procter & Gamble und Nestlé tätig gewesen war. Seine Ernennung wurde von den Finanzmärkten begrüßt. Er gab schnell bekannt, dass er sich auf die Schwellenmärkte und auf Nachhaltigkeit konzentrieren wollte. Im Jahr 2011 restrukturierte er das Unternehmen. Dabei sollte der Betrieb zentralisiert werden, während gleichzeitig Produktkategorien von global verantwortlichen Leitern geführt werden sollten, die an ihn berichten.

Quellen:

[1] Dieses Beispiel beruht auf der Darstellung der Unilever-Geschichte in „Strategic Transformation: Changing while Winning", von M. Hensmans, G. Johnson und G. Yip, *Palgrave*, 2013.

[2] Wilson, C., The History of Unilever: A Study in Economic Growth and Social Change, Band 2, S. 38, *Cassell*, 1954.

Kontrollfragen

1. Welche Symptome der Pfadabhängigkeit zeigen sich in der Geschichte von Unilever?
2. Ergänzen Sie die auf Seite 145 gegebenen Beispiele von Organisationen, die ihre Geschichte bewusst einsetzen, um ihre Strategien zu legitimieren.

5.2 Warum ist die historische Entwicklung wichtig?

Strategen müssen, wollen sie Tendenzen in Richtung einer strategischen Drift durchschauen, die Geschichte einer Organisation sehr ernst nehmen. Es gibt auch andere Gründe, warum ein Verständnis der historischen Entwicklung dabei helfen kann, die strategische Position einer Organisation zu verstehen und richtiges strategisches Management zu betreiben:

- *Die organisatorische Erfahrung der Manager.* Viele Manager arbeiten jahrelang in derselben Organisation oder Branche. Die Erfahrung, auf der ihre Entscheidungen aufbauen, kann durch diese Geschichte stark beeinflusst sein (siehe die Diskussion der „Erfahrungsperspektive" im Kommentar). Es ist sehr hilfreich, wenn Manager etwas Abstand zu dieser Geschichte nehmen können, um deren Einfluss auf sie selbst und ihre Kollegen zu erkennen.
- *Vermeidung der Überbewertung neuer Entwicklungen.* Es kann sein, dass Manager Ereignissen aus jüngster Vergangenheit oder kürzlich erzielten Leistungen zu viel Bedeutung beimessen und darüber Muster aus der Vergangenheit vergessen. Dadurch entsteht entweder unangemessener Optimismus oder unangemessener Pessimismus. Es kann sehr nützlich sein, die gegenwärtige Situation vor dem Hintergrund der Vergangenheit zu betrachten. Gab es in der Vergangenheit zum Beispiel Trends, die sich wiederholen könnten? Wie haben Strategen in der Vergangenheit auf strategische Schritte reagiert? Eine historische Perspektive kann Managern auch dabei helfen, zu verstehen, warum Dinge geschehen sind, die in der Vergangenheit als überraschend wahrgenommen wurden, und daraus zu lernen, wie ihre Organisation damit umgegangen ist.
- *Falsche Zuordnung von Erfolgen?* Ist es vollkommen klar, wo die Grundlagen für aktuelle Erfolge liegen, wie sie sich entwickelt haben und wie sie sich auf die Entwicklung künftiger Strategien auswirken werden? Es besteht die Gefahr, dass die Ursachen für Erfolge falsch zugeordnet werden, denn sie können ganz woanders liegen als allgemein angenommen oder sogar reines Glück sein. Solche Fehlzuordnungen könnten dazu führen, dass falsche Verhaltensweisen neu bestärkt werden. So wurde in der zukünftigen Strategie eines Ingenieurunternehmens immer wieder betont, wie wichtig es sei, Innovationen in Form von neuen Produkten und Dienstleistungen aktiv zu fördern. Dazu kam es, weil Manager beobachtet hatten, dass das aktuelle Wachstum ihrer Firma eben von einer solchen Innovation kam, während der Rest ihres Angebots keinerlei Wachstum brachte. Eine Untersuchung über die Ursprünge der innovativen Produkte in der Firma zeigte, dass ihre begrenzte Anzahl nur auf reinen Zufall zurückzuführen war oder aber darauf beruhte, dass genau die Technologien, die man nach einer Akquisition übernommen hatte, zufällig für die Kernaktivitäten des Unternehmens relevant waren. Historisch gesehen gab es keinerlei Hinweise darauf, dass Innovationen intern geplant oder aktiv gefördert worden waren. Diese historische Perspektive warf wichtige Fragen darüber auf, wo das Unternehmen seine Fähigkeiten für das Management zukünftiger Innovationen sah.
- *„Was wäre wenn"-Fragen.* Die Geschichte kann einen Manager auch dazu anregen, die „Was wäre wenn"-Frage zu stellen. Diese kann sie dazu bringen, sich vorzustellen, was geschehen wäre, wenn es im Umfeld andere Einflüsse gegeben hätte, wenn Kunden oder Konkurrenten anders reagiert hätten oder wenn ihre Organisation

unter anderer Führung gestanden und es andere Initiativen gegeben hätte. Durch solche Überlegungen wird die Gegenwart wieder offensichtlicher ein Ergebnis der Umstände und erscheint daher weniger starr festgelegt. Also können sich dadurch auch Möglichkeiten für einen künftigen Wandel ergeben.

- *Eine strategische Drift entdecken und vermeiden.* Wenn Manager sich für die Einflüsse der Geschichte auf ihre Organisation sensibilisieren, haben sie eher die Chance, ihre aktuelle Strategie als Teil dessen zu sehen, was Henry Mintzberg als Strategie beschreibt mit den Worten „ein Muster in einem Strom aus Entscheidungen".[1] So sind Manager viel eher in der Lage, zu hinterfragen, inwieweit sich die Strategie, die sie verfolgen möchten, sinnvoll in die Vergangenheit einfügt, ohne von ihr getrieben oder gefangen genommen zu werden. Die Abhandlungen über den Einfluss der Organisationskultur in 5.4 sind hier besonders relevant.

5.2.1 Pfadabhängigkeit

Hilfreich bei der Betrachtung von Bedeutung und Einfluss der Geschichte sind auch das Konzept der **Pfadabhängigkeit** und der damit verbundene Begriff des historischen Lock-in-Effekts. *Pfadabhängigkeit* bedeutet, dass durch frühe Ereignisse und Entscheidungen Maßnahmenpfade geprägt wurden, welche einen bleibenden Einfluss auf nachfolgende Ereignisse und Entscheidungen besitzen.[2] Dieser Begriff wurde in *Kapitel 3* im Zusammenhang mit den potenziellen Grundlagen für Wettbewerbsvorteile und den pfadabhängigen Fähigkeiten bereits erwähnt (siehe 5.3.4). Daher ist es sehr wichtig, zu verstehen, woher dieses Phänomen kommt und welche Auswirkungen es haben kann.

Pfadabhängigkeit

Pfadabhängigkeit bedeutet, dass durch frühe Ereignisse und Entscheidungen bestimmte Entwicklungspfade geprägt werden, welche einen bleibenden Einfluss auf nachfolgende Ereignisse und Entscheidungen besitzen.

Beispiele hierzu beziehen sich oft auf den Bereich Technologie. In vielen Fällen lässt sich die Technologie, die wir verwenden, viel eher durch Pfadabhängigkeit erklären als durch ihre Optimierung. Ein berühmtes Beispiel bezieht sich auf die Anordnung der Tasten auf einer Schreibmaschine, wie sie in vielen Ländern üblich ist: QWERTY. Diese Anordnung stammt ursprünglich aus dem 19. Jahrhundert und dafür gab es zwei wesentliche Gründe. Zum einen kamen sich dadurch beim schnellen Tippen auf einer mechanischen Schreibmaschine die Tasten nicht so leicht in die Quere. Zum anderen machte man es dadurch den Vertretern damals leichter, die Maschinen sehr schnell präsentieren zu können, denn alle Buchstaben des Worts „typewriter" (engl. für Schreibmaschine) waren in der obersten Zeile zu finden. Zwar gibt es durchaus bessere Anordnungen, doch auf vielen Tastaturen steht nach über 150 Jahren immer noch QWERTY – und das, obwohl die mechanische Schreibmaschine längst durch den PC abgelöst wurde.[3] Es gibt noch unzählige weitere Beispiele, von Technologien in Kernkraftwerken bis hin zu Videorekordern. Frühe Entscheidungen und Festlegungen „rasten" im Laufe der Jahre durch weit verbreitete wiederholte Anwendung durch Zulieferer und Nutzer „ein", die wiederum um diese Technologien herum ihre eigenen Systeme konstruieren.

1 Der Satz „Strategie ist ein Muster in einem Strom von Entscheidungen" stammt aus H. Mitzberg, „Patterns in strategy formation", *Management Science*, Mai (1978), S. 934–948.

2 W. B. Arthur, „Competing technologies, increasing returns and lock in by historical events", Economic Journal, Band 99 (1989), S. 116–131.

3 P. A. David, „Clio and the economics of QWERTY", Economic History, Band 75, Nr. 2 (1985). S. 332–337.

Bei der Pfadabhängigkeit geht es nicht nur um Technologie. Sie bezieht sich auch auf jede Verhaltensweise, die ihren Ursprung in der Vergangenheit hat und zu einem festgefahrenen Verhaltensmuster wird. Geht es um Organisationen und deren Strategien, so zeigt sich dieses Phänomen meist in der Entwicklung von Routineabläufen, die durch Hardware und Technologie in Form von System für Verkauf, Marketing, Neueinstellungen, Buchhaltung etc. unterstützt werden.[4] Solche Routineabläufe werden auch oft in viel umfangreicherem Maß „institutionalisiert" als die Organisation selbst. Ein gutes Beispiel hierfür sind Buchhaltungssysteme. Hier kam es auf verschiedenen Ebenen zum Lock-in-Effekt, wobei ganze Netzwerke mit einbezogen wurden, die festlegten, was Mitarbeiter taten, mit wem sie innerhalb und außerhalb ihrer Organisation interagierten, nach welchen Standards und an welchen Systemen sie ausgebildet wurden und welche Objekte und Technologien sie nutzten. All dies entwickelte sich über einen langen Zeitraum hinweg und die verschiedenen Bereiche verstärkten sich gegenseitig, wie *Abbildung 5.2* zeigt. Wie bei QWERTY wird die „Richtigkeit" oder zumindest die Unvermeidbarkeit solcher Systeme gern als selbstverständlich hingenommen. Sie beeinflussen auch Entscheidungsfindungen in nicht unerheblichem Maß und so nicht zuletzt strategische Entwicklungen und Wahlmöglichkeiten. Historische Buchhaltungssysteme bleiben bestehen, obwohl immer mehr Experten, darunter Buchhalter und andere[5], auf schwerwiegende Mängel in diesen Systemen hinweisen, wie z.B. das Unvermögen solcher Buchhaltungssysteme, geeignete Messwerte für die Faktoren zu liefern, die den Marktwert eines Unternehmens ausmachen.

Abbildung 5.2: Pfadabhängigkeit und Lock-in

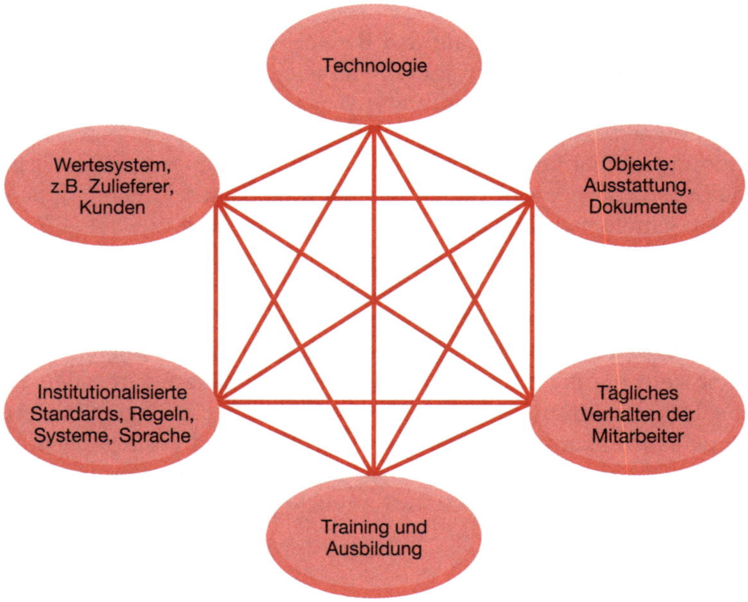

4 Siehe I. Greener, „Theorizing path dependency: how does history come to matter in organizations?", *Management Decision*, Band 40, Nr. 6 (2002), S. 614–619.

5 Die größten Buchhaltungsunternehmen der Welt fordern seit langem eine radikale Reform: „Big four in call for real time accounts", *Financial Times*, 8 November (2006), S. 1.

Die Pfadabhängigkeit ermöglicht es also, zu bedenken, wie historische Ereignisse und Entscheidungen innerhalb einer Organisation und um eine Organisation herum sich auf diese positiv oder negativ auswirken. Solche Auswirkungen sind unter anderem:

- *Die Festlegung von Strategien rund um pfadabhängige Fähigkeiten*, die sich innerhalb einer Organisation entwickelt haben können. Dies liegt vielen Argumenten für den Aufbau eines Wettbewerbsvorteils zugrunde, wie sie in *Kapitel 3* behandelt wurden und in *Kapitel 6* weiter ausgeführt werden. Und es gibt auch Beweise, dass dies zutrifft. Es hat sich gezeigt, dass die Pfadabhängigkeit zur Erklärung von Organisationsstrategien herangezogen wurde.[6] Unternehmen neigen dazu, auf Märkten aktiv zu werden, sich auf Marktsegmente zu konzentrieren und eine Diversifikation zu betreiben, die mit den von ihnen entwickelten pfadabhängigen Fähigkeiten im Einklang sind. Auf diese Weise neigen sie auch eher dazu sich auf Kunden zu konzentrieren, die sie schon bisher bedient haben, oder auf Fähigkeiten, auf denen vergangene Erfolge basieren. Dies kann zwar eine Grundlage für Erfolg sein, doch es birgt auch Gefahren, wie der Fall Motorola zeigt.
- Doch auch das Konzept der *Pfadkreation* ist hier von Bedeutung. Manche Manager streben aktiv danach, zum Nutzen ihrer Organisation Pfadabhängigkeiten zu verändern, zu erweitern oder von ihnen abzuweichen. Vielleicht ist ihnen die Geschichte auch gut genug bewusst, sodass sie wissen, was sie verändern können und was nicht. Es könnte zwar riskant sein, zu weit zu gehen, doch durch die Ingangsetzung von Veränderungen, die von anderen innerhalb des Netzwerks als angemessen und vorteilhaft eingeschätzt werden, könnte auch ein Vorteil erzielt werden. Und das ist es wohl auch, was neue Akteure auf dem Versicherungsmarkt wie etwa Tesco getan haben. Sie haben keineswegs versucht, alte Prinzipien des Versicherungsmarkts zu verändern; sie haben lediglich die Art und Weise, wie Versicherungen verkauft und vertrieben werden, radikal gewandelt.
- *Innovation basierend auf historischen Fähigkeiten.* Im BMW-Museum in München findet sich ein Zitat: „Wer für die Zukunft entwerfen will, muss die Vergangenheit durchblättern."[7] Zwar zeigt das Museum natürlich die Geschichte von BMW, es wird aber auch verdeutlicht, wie aus den Lektionen der Vergangenheit neue Ideen und Innovationen entstehen können. Die Abteilung Innovation und Technologie des Unternehmens befindet sich sogar direkt neben dem Museum und den Archiven von BMW. Innovation kann auf mindestens zweierlei Arten auf historischen Fähigkeiten aufbauen. Zunächst sind in einem Umfeld sich verändernder Technologie Unternehmen, die über jahrelange Erfahrung und lange entwickelte Fähigkeiten verfügen, die diesen Veränderungen am meisten entsprechen, viel eher in der Lage, Innovationen hervorzubringen als solche Unternehmen, die dies nicht besitzen.[8] Es könnte auch sein, dass es neue Wissenskombinationen gibt, wenn sich Fähigkeiten in verwandten Technologiebereichen entwickeln und in innovativer Weise als neue technologische Chancen übernommen werden. So wurden über die Art der

6 Aus D. Holbrook, W. Cohen, D. Hounshell und S. Klepper, „The nature, sources and consequences of firm differences in the early history of the semiconductor industry", *Strategic Management Journal*, Band 21, nos 10–11 (2000), S. 1017–1042.

7 Dieses Zitat von André Malraux sowie die Geschichte des BMW-Museums wurden von Mary Rose zur Verfügung gestellt.

8 Siehe Holbrook *et al.*, Fußnote 12.

Weiterleitung von Gasen neue Lichtsysteme entwickelt.[9] Ebenso waren erfolgreiche Unternehmen, die die Fernsehindustrie begründeten, ehemals Radiohersteller, und sie waren es, die im Vergleich zu allen anderen beteiligten Bereichen die stärksten innovativen Fähigkeiten an den Tag legten, als sich die Branche veränderte.[10]

Wenn es um Pfadkreation und Innovation geht, müssen Manager immer die Vergangenheit mit in ihre Zukunftspläne einbeziehen. So stellen sie auch das eine mithilfe des anderen infrage. Sie müssen sich fragen, welche Aspekte aus der Vergangenheit auch in der Zukunft hilfreich sein könnten und was umgekehrt die Zukunft von der Vergangenheit verlangt. Auch müssen sie hinterfragen, inwieweit sich das Umfeld in einer Art und Weise verändert, die ihren pfadabhängigen Fähigkeiten immer noch Bedeutung verleiht. Sollen sich Strategien auf der Grundlage solcher Fähigkeiten entwickeln, so kann dies nur geschehen, wenn sich gleichzeitig die Veränderungen von Märkten, Technologien und anderen Aspekten des Umfelds, wie in *Kapitel 2* besprochen, möglichst in die gleiche Richtung bewegen wie die Fähigkeiten selbst. Manager müssen also nicht nur für relevante historische Fähigkeiten ein Feingefühl entwickeln, sie müssen diese auch in Bezug setzen können zu einem sich verändernden Umfeld.

- Auch der *Managementstil* kann seine Wurzeln in der Vergangenheit haben. Dies bezieht sich nicht nur auf die Wertvorstellungen des Unternehmensgründers, die wirklich starken Einfluss ausüben können, sondern auch auf das Zusammenspiel von Handlungsweisen aus der Vergangenheit und den Lektionen, die das Unternehmen aus einem sich verändernden Umfeld gelernt hat.[11] Tesco sei hier noch einmal als Beispiel genannt – heute eines der erfolgreichsten internationalen Einzelhandelsunternehmen. In der Anfangszeit war es ein Familienunternehmen, betrieben von Jack Cohen, der für seinen direkten und autoritären Führungsstil bekannt war. Dadurch kam es zu internen Konflikten innerhalb der Firma und auch mit Zulieferern. Heute liegen die Dinge anders, der historische Konflikt hat sich zu einer produktiven Herausforderung und Rivalität zwischen den Managern und verschiedenen Unternehmensteilen entwickelt, was wohl ganz entscheidend zu den Innovationen und Erfolgen der Firma beigetragen hat.[12]

Doch auch hier gibt es eine Kehrseite dieser potenziellen Vorteile. Es kann sein, dass die Entwicklung des Managementstils nicht mit den Bedürfnissen eines sich verändernden Umfelds im Einklang ist, sondern im Gegenteil zu sehr von Vermächtnissen der Vergangenheit beeinflusst und behindert wird. Ebenso können pfadabhängige Fähigkeiten, die tief in der Vergangenheit verwurzelt sind, immer starrer innerhalb einer Organisation werden. Pfadabhängigkeit wird manchmal als „Furchen in einer Straße" beschrieben. Mit jedem Wagen, der darüber rollt, werden sie tiefer und tiefer. Ist dies einmal geschehen, müssen alle Wagen zwangsläufig durch dieselben Furchen fahren. Werden

---

9 Private Korrespondenz mit Mary Rose, der Unternehmenshistorikerin, die nahe legt, dass „dies eine Verbindung zu Schumpeter darstellt, der von einer Grenzüberschreitung sprach, die sich auf Sektoren, auf Technologien oder darauf beziehen kann, dass sich mit neuen Kenntnissen alte Anwendungsweisen von Technologien weiterentwickeln können".

10 S. Klepper und K. L. Simons, „Dominance by birthright: entry of prior radio producers and competitive ramifications in the US television receiver industry", *Strategic Management Journal*, Band 21, nos 10–11 (2000), S. 987–1016.

11 Siehe J. R. Kimberley und H. Bouchikhi, „The dynamics of organizational development and change: how the past shapes the present and constrains the future", *Organization Science*, Band 6, Nr. 1 (1995), S. 9–18.

12 Dieses Beispiel stammt ebenfalls aus dem SST-Forschungsprojekt – siehe Fußnote 6.

also die Fähigkeiten, die vormals Grundlagen für Wettbewerbsvorteil und Erfolg waren, allmählich zu Kernstarrheiten, so entwickelt sich daraus eine strategische Drift, wie in *Kapitel 5.4* erklärt.

5.2.2 Analyse der historischen Entwicklung

Wie können nun Manager also eine historische strategische Analyse ihrer Organisation durchführen? Dies kann auf vielerlei Weisen geschehen:[13]

- *Chronologische Analyse.* Zuallererst bedeutet dies, eine Chronologie der wichtigsten Ereignisse zu erstellen, die Veränderungen im Unternehmensumfeld aufzuzeigen – besonders auf den Märkten – und zu verdeutlichen, wie sich die Strategie des Unternehmens entsprechend verändert hat und welche Konsequenzen dies hatte – nicht nur finanzieller Natur. Einige Unternehmen haben dies sehr viel intensiver betrieben und ausführliche Unternehmensbiografien erstellen lassen. Dies sind vielleicht nur PR-Aktionen, doch die besseren dieser Zusammenstellungen sind tatsächlich ernsthafte Dokumentationen der Geschichte.[14] Zumindest kann ein solch historischer Blickwinkel heutige Manager für die oben erwähnten Fragen sensibler machen.
- *Zyklische Einflüsse.* Gibt es Hinweise auf zyklische Einflüsse? Natürlich zeigen sich diese in Form von Wirtschaftszyklen, jedoch auch in Form von Zyklen der Branchenaktivität. So gibt es beispielsweise Perioden hoher Übernahmeaktivitäten und andere, in denen eher ausgegliedert wird. Wer versteht, wann diese Zyklen auftreten und wie sich die Kräfte von Branche und Markt währenddessen verändern können, kann auch fundierte Entscheidungen darüber treffen, ob sich gewählte Strategien mit diesen Zyklen oder ihnen entgegengesetzt entwickeln sollten.
- *Eckpfeiler.* Viele sehen Geschichte als ständigen Fluss von Ereignissen an, doch manche dieser Ereignisse können zu ganz bestimmten Zeiten für eine Organisation von entscheidender Bedeutung sein – also sogenannte Eckpfeiler darstellen. Dies könnten besonders bedeutende Ereignisse sein, die vielleicht einen historischen Wandel oder eine wichtige strategische Entscheidung einer Organisation betreffen. Oder es könnten Maßnahmen sein, die der Unternehmensgründer oder andere mächtige Führungskräfte festgelegt haben; große Erfolge oder Misserfolge zählen genauso dazu wie wichtige Zeitabschnitte, die bestimmte Erkenntnisse gebracht haben oder den Managern als besonders relevant erscheinen. Solche Eckpfeiler können schon viele Jahre zurückliegen und sich dennoch stark auf gegenwärtige Strategien und strategisches Denken auswirken oder zukünftige Strategien stark einschränken. Dies kann natürlich auch von Vorteil sein, denn dadurch entsteht eine klare strategische Richtung, die zu der im vorangegangenen Kapitel erläuterten Vision des Unternehmens beitragen kann. Andererseits können solche Eckpfeiler aber auch Barrieren sein, die verhindern, dass bestehende Strategien kritisch hinterfragt werden. Ein berühmtes Beispiel ist Henry Fords Maxime: „Sie können jede Farbe haben, vorausgesetzt sie ist schwarz." Dieser Satz war Jahrzehnte lang Sinn-

---

13 Siehe auch D. J. Jeremy, „Business history and strategy", in A. Pettigrew, H. Thomas und R. Whittington (Hrsg.), „Handbook of Strategy and Management", *Sage*, 2002. S. 436–460.

14 Gute Beispiele solcher Unternehmensbiografien siehe bei G. Jones, „Renewing Unilever: Transformation and Tradition", *Oxford University Press*, 2005; R. Fitzgerald, „Rowntrees and the Marketing Revolution", *1862–1969, Cambridge University Press*, 1995; T. R. Gourvish, „British Railways 1948–73", *Cambridge University Press*, 1986.

bild für Massenproduktion und geringe Vielfalt in der Autoindustrie. Gegenwärtig wird die Gesundheitspolitik der Regierung (und der Opposition) in Großbritannien durch das historische Mantra behindert, dass Gesundheitsvorsorge „bei Lieferung kostenfrei" sein soll, obwohl das ganz klar unmöglich ist. Eine Werbekampagne von Apple aus dem Jahr 1984 sprach eine deutliche Sprache gegen IBM: In dem Werbespot, der zur besten Sendezeit lief, schleuderte eine junge Athletin einen wuchtigen Vorschlaghammer auf ein düsteres Fernsehbild von *Big Brother*. Damit bezog man sich eindeutig auf das damals dominante Unternehmen IBM.

- *Historische Erzählungen*. Wie sprechen die Mitarbeiter einer Organisation über deren Geschichte und erklären sie? Um die Grundlagen für die Strategie einer Organisation zu verstehen, wird ein neuer Vorstandschef oder auch ein externer Berater meist zunächst eine gewisse Zeit damit verbringen, mit den Mitarbeitern zu sprechen, denn dadurch gewinnt er Einblicke in deren persönliche Wahrnehmung der Geschichte.[15] Wie sprechen sie über ihre Organisation, wie sehen sie sie heute und früher, beziehen sie sich auf Eckpfeiler oder Grundlagen des Erfolgs? Und was sind wiederum die Auswirkungen auf zukünftige Strategieentwicklungen? Lassen die Äußerungen der Mitarbeiter darauf schließen, dass die historischen Fähigkeiten der Organisation auch heute noch für bestimmte Märkte und Kunden relevant sind, dass die Organisation zu Innovation und Wandel fähig ist oder so tief in der Vergangenheit verwurzelt ist, dass eine strategische Drift droht?

Geschichte ist also wichtig, weil sie aktuelle Strategien positiv oder negativ beeinflusst. Wie hier bereits erwähnt, gibt es Mittel und Wege, die historischen Entwicklungen zu analysieren. Nicht immer ist es jedoch leicht, Verbindungen zur Organisation herzustellen, wie sie heute besteht. Und nun wird es wichtig, die Kultur einer Organisation zu verstehen. Die aktuelle Kultur einer Organisation ist, zu einem Großteil, ein Vermächtnis ihrer Geschichte. Die Geschichte wird in der Unternehmenskultur „eingekapselt".[16] Versteht man also die Kultur einer Organisation, so ist dies ein Mittel, um auch die historischen Einflüsse zu begreifen, die, wie wir bereits gesehen haben, sehr stark sein können. Im nächsten Abschnitt wird erklärt, was Kultur ist und wie sie analysiert werden kann.

5.3 Was ist Kultur und warum ist sie wichtig?

Organisationskultur

Organisationskultur bezeichnet die grundlegenden Annahmen und Werte, die alle Mitarbeiter einer Organisation teilen. Sie wirken im Unterbewusstsein und definieren ganz grundlegend und unhinterfragt, wie eine Organisation sich selbst und ihr Umfeld sieht.

Es gibt viele Definitionen für den Begriff „Kultur". Zu Beginn des Buchs wurde sie als „sozial etablierte Struktur der Bedeutung" beschrieben.[17] Edgar Schein definiert **Organisationskultur** genauer als die „grundlegenden *Annahmen und Werte*, die alle Mitarbeiter einer Organisation teilen; sie wirken im Unterbewusstsein und definieren ganz grundlegend und unhinterfragt, wie eine Organisation sich selbst und ihr Umfeld sieht".[18] In

15 Walsh und Ungson weisen darauf hin, dass das „Gedächtnis einer Organisation" vielerlei Formen hat, darunter gemeinsame Interpretationen und individuelle Erinnerungen. Siehe J. P. Walsh und G. R. Ungson, „Organizational memory", *Academy of Management Review*, Band 16, Nr. 1 (1991), S. 57–91.

16 Dieses Zitat stammt von S. Finkelstein, „Why smart executives fail: four case histories of how people learn the wrong lessons from history", *Business History*, Band 48, Nr. 2 (2006), S. 153–170.

17 Siehe C. Geertz, „The Interpretation of Culture", *Basic Books*, 1973, S. 12; und M. Alvesson, „Understanding Organizational Culture", *Sage*, 2002, S. 3.

18 Diese Definition stammt von E. Schein, „Organisational Culture and Leadership", 2. Auflage, *Jossey-Bass*, 1997, S. 6.

Bezug hierzu stehen Handlungsweisen, die nicht hinterfragt werden, Routineabläufe, die sich im Laufe der Zeit etablieren. Mit anderen Worten geht es bei der Kultur um Dinge, die als selbstverständlich hingenommen werden, die aber dennoch dazu beitragen, wie Gruppen auf aktuelle Probleme reagieren, denen sie sich stellen müssen. Demnach beeinflusst die Kultur Entwicklung und Wandel organisatorischer Strategien in erheblichem Maß.

Wie *Abbildung 5.3* zeigt, existieren kulturelle Einflüsse auf verschiedensten Ebenen. Die nun folgenden Abschnitte werden die wichtigen Faktoren und Themen in Bezug auf verschiedene kulturelle Rahmenwerke herausarbeiten und aufzeigen, wie sich die Kultur einer Organisation analysieren und charakterisieren lässt, um die Einflüsse dieser Kultur sowohl auf aktuelle als auch auf zukünftige organisatorische Zwecke und Strategien zu verstehen.

Abbildung 5.3:
Kulturelle Rahmenwerke

5.3.1 Nationale und regionale Kulturen

Viele Autoren, der bekannteste von ihnen ist wohl Geert Hofstede[19], haben gezeigt, wie sich Meinungen und Einstellungen über Arbeit, Autorität, Gleichheit und andere wichtige Faktoren von Land zu Land unterscheiden. Solche Unterschiede entstanden durch mächtige kulturelle Kräfte, die seit Jahrhunderten in Bereichen wie Geschichte, Religion und sogar Klima wirken. Organisationen, die international agieren, müssen solche

19 Siehe G. Hofstede, „Culture's Consequences", 2. Auflage, *Sage*, 2001. Für eine Kritik von Hofstedes Arbeit siehe B. McSweeney, „Hofstede's model of national cultural differences and their consequences: a triumph of faith – a failure of analysis", *Human Relations*, Band 55, Nr. 1 (2002), S. 89–118.

Unterschiede verstehen und mit ihnen umgehen können, da sie in Form verschiedener Standards, Werte und Erwartungen in verschiedenen Ländern Gestalt annehmen können.[20] So wurde etwa der Versuch von Euro Disney, seinen Erfolg der Disney-Vergnügungsparks in den USA in Europa zu kopieren, in den französischen Medien als „kultureller Imperialismus" betitelt und gestaltet sich eher schwierig. Zwischen 1999 und 2005 sanken die Besucherzahlen jährlich um 0,3 Prozent. *Beispiel 5.2* zeigt auch, wie kulturelle Unterschiede Managern Schwierigkeiten bereiten können, die Märkte in China entwickeln möchten.

Auch *subnationale* (meist regionale) Kulturen können von großer Bedeutung sein, auch wenn sie in *Abbildung 5.3* (aus Gründen der Vereinfachung) nicht separat aufgeführt sind. So können selbst in einem kleinen und geschlossenen Land wie Großbritannien etwa Meinungen über einige Aspekte des Beschäftigungsverhältnisses und der Zuliefererbeziehungen auf regionaler Ebene voneinander abweichen. In anderen europäischen Ländern sind die Unterschiede noch viel größer (etwa zwischen Nord- und Süditalien). Auch kann es zwischen städtischen und ländlichen Gebieten zu Abweichungen kommen.

Beispiel 5.2 Projektmanagement: die chinesische und die britische Perspektive

Eine Studie der Haltung zu Projektmanagement in China und im Vereinigten Königreich hat erheblich unterschiedliche Perspektiven zum Management aufgezeigt.

Das Projektmanagement kann für die Umsetzung der Strategie wichtig sein und ist seit den 1980er-Jahren in China zunehmend als wichtiges Managementtool anerkannt worden. Allerdings haben die Forscher bei Managern in China und im Vereinigten Königreich unterschiedliche Vorstellungen von Projektmanagement vorgefunden. Diese Erkenntnisse wiederum ermöglichen ein Verständnis der zugrunde liegenden Unterschiede in der umfassenderen Vorstellung von Management insgesamt.

Die Beziehung zum Unternehmen

Die chinesischen Manager sehen die Entwicklung ihrer persönlichen Karriere als stark mit der Unternehmensentwicklung verbunden: So hatte keiner der Teilnehmer seit dem Beginn seiner Karriere in der Baubranche das Unternehmen gewechselt. Die britischen Manager waren, auf der anderen Seite, individueller orientiert und die meisten hatten mehrfach das Unternehmen gewechselt.

20 Siehe zum kulturübergreifenden Management auch R. Lewis, „When Cultures Collide: Managing successfully across cultures", 2. Auflage, *Brealey*, 2000, eine praktische Anleitung für Manager. Das Buch liefert Einblicke in nationale Kulturen, Geschäftsdialoge und Führungsstile. Siehe auch S. Schneider und J.-L. Barsoux, „Managing Across Cultures", 2. Auflage, *Financial Times/Prentice Hall*, 2003. T. Jackson, „Management ethics and corporate policy: a cross-cultural comparison", *Journal of Management Studies*, Band 37, Nr. 3 (2000), S. 349–370, betrachtet, wie nationale Kulturen Managementethik beeinflussen und liefert so ein nützliches Bindeglied zu *Kapitel 4.3* dieses Buchs.

Teamarbeit

Sowohl die chinesischen als auch die britischen Manager legten großen Wert auf Teamarbeit, die Beziehungen zu Kunden und Nachauftragnehmern, interpretierten diese allerdings unterschiedlich. Die chinesischen Manager sahen dabei das Team als eine Art Familie, bei der der Teamleiter so etwas wie der Familienvater war und die Teammitglieder sich gegenseitig unterstützen sollten. Daher bevorzugten es die chinesischen Manager, ihre etablierten Teams beizubehalten, und wählten neue Teammitglieder aus, die ihnen wiederum durch andere Mitglieder ihres Teams empfohlen worden waren. Die britischen Manager betonten Respekt und Vertrauen – allerdings eher im Kontext der Arbeit und unter erheblich geringerer Beachtung der Frage, wie lange die Mitarbeiter bereits im Team gearbeitet hatten.

Beziehungen zu Kunden

Die chinesischen Manager sahen die Kunden als „so etwas wie die Eltern: Man muss tun, was sie sagen … Man muss alles tun, um sie glücklich zu machen.“ Überdies war es ihnen auch wichtig, starke persönliche Beziehungen zum Kunden aufzubauen. Die britischen Manager sahen den Kunden als Geldgeber für ein Projekt, betonten aber die vertraglichen Beziehungen stärker: „Wir liefern auf der Grundlage des Vertrags, was die Kunden wollen.“

Beziehungen zu Zulieferern und Subunternehmern

Für die chinesischen Manager waren Zulieferer wie Geschwister in der Familie des Projektteams. Ihnen war bewusst, dass es Wettbewerb unter den Zulieferern geben würde, sie sahen allerdings den Aufbau langfristiger Beziehungen als Lösung dazu an. Die britischen Manager wiederum sahen die Zulieferer auch als Mitglieder des Projektteams, betonten dabei aber ihre spezialisierten Methoden und Fertigkeiten. Auch hier bevorzugten sie wieder eine eher unpersönlichere, vertragsbasierte Distanz.

Konfliktlösung

Beide Gruppen von Managern waren sich bewusst darüber, dass Konflikte mit Kunden oder Zulieferern möglich sind. Für die chinesischen Manager bildeten Verhandlungen die Grundlage der Konfliktlösung. Eine Nichtlösung von Problemen, die zu einem Anspruch gegen einen Zulieferer führen könnte, wurde als Imageverlust und als Rufschädigung betrachtet. Konflikte mussten daher gütlich beigelegt werden. Obwohl auch die britischen Manager eine gütliche Lösung bevorzugten, betonten sie hier erneut die vertraglichen Bedingungen. Ansprüche gegenüber Kunden oder Vertragsstrafen wurden als normale Praxis des Projektmanagements angesehen.

Haltungen gegenüber der Unsicherheit

Sowohl die chinesischen als auch die britischen Manager akzeptierten die Unsicherheit als inhärentes Element des Projektmanagements. Allerdings empfanden dies die chinesischen Manager als belastender und problematischer als die britischen Manager, denen die auftauchenden Herausforderungen sogar Spaß machten: „Ich habe das Glück, dass ich bei meiner Arbeit jeden Tag mit vielen verschiedenen Herausforderungen konfrontiert werde und es ständigen Wandel gibt."

Quelle: Ping Chen und David Partington, „An interpretive comparison of Chinese and Western conceptions of relationships in construction project management work", *International Journal of Project Management*, Band 22, Nr. 5 (2004), S. 397–406.

Kontrollfragen

1. In welchen anderen Aspekten des Umgangs mit Strategie könnten die hier festgestellten Unterschiede ebenfalls wichtig sein?
2. Angenommen, Sie wollen in einem Land mit einer ganz anderen Kultur operieren. Wie würden Sie versuchen, die Kultur und deren zugrunde liegenden Annahmen zu verstehen?

5.3.2 Das organisationale Wirkungsfeld[21]

Organisationale Wirkungsfeld

Ein organisationales Wirkungsfeld wird durch eine Gemeinschaft von Organisationen gebildet, die häufiger miteinander als mit anderen Unternehmen außerhalb des Felds interagieren und die ein gemeinsames Sinnsystem entwickelt haben.

Die Kultur einer Organisation wird auch durch Gruppierungen rund um die Arbeitswelt geprägt wie etwa Branchen (oder Sektoren), eine Berufsgruppe oder das **organisationale Wirkungsfeld**, eine Gemeinschaft von Organisationen, die häufiger miteinander als mit anderen Unternehmen außerhalb des Felds interagieren und die ein gemeinsames Wertesystem entwickelt haben.[22] Solche Organisationen können die gleiche Technologie nutzen, sie können nach den gleichen Regeln operieren oder gleiche Ausbildungs- und Trainingsprogramme haben. Dies bedeutet wiederum, dass sie ein gemeinsames **Rezept**[23] haben, also eine Reihe von auf Organisationszwecke bezogenen Annahmen, Normen und Routinen, die alle Organisationen innerhalb eines organisationalen Felds teilen, sowie gemeinsamen Überzeugungen, wie Organisationen geführt werden sollten. So gibt es beispielsweise im „organisationalen Wirkungsfeld Justiz" viele Organisationen wie Rechtsanwaltskanzleien, Polizei, Gerichte, Gefängnisse und Bewährungseinrichtungen. Sie alle haben unterschiedliche Aufgaben, und ihre detaillierten Vorgaben, wie Gerechtigkeit erzielt werden soll, weichen voneinander ab. Dennoch

---

21 Eine wertvolle Übersicht der Forschungsarbeiten zu diesem Thema liefern T. Dacin, J. Goodstein und R. Scott, „Institutional theory and institutional change: introduction to the special research forum", *Academy of Management Journal*, Band 45, Nr. 1 (2002), S. 45–57. Für eine allgemeinere Übersicht siehe G. Johnson und R. Greenwood, „Institutional theory and strategy", in Mark Jenkins and V. Ambrosini (Hrsg.), „Strategic Management: A Multiple-Perspective Approach", *Palgrave*, 2007.

22 Diese Definition stammt von W. Scott, Institutions and Organizations, *Sage*, 1995.

23 Der Begriff „Rezept" bezog sich ursprünglich auf Branchen und wurde von J. Spender, „Industry Recipes: The nature and sources of management judgement", *Blackwell*, 1989 eingeführt. Wir haben ihn erweitert und auch auf Organisationsfelder angewendet. Die grundlegende Definition, dass Verhaltensweisen von gemeinsamen Normen und Werten beeinflusst werden, bleibt aber unverändert.

haben sie sich alle dem Prinzip verschrieben, dass Gerechtigkeit eine gute Sache ist, die sich zu erlangen lohnt. Dadurch arbeiten sie häufig zusammen, haben ein gemeinsames Verständnis und eine gemeinsame Sprache für auftretende Probleme entwickelt und nutzen gemeinsame Routineabläufe oder übernehmen rasch Routinehandlungen anderer Berufsgruppen ihres Felds. Auch in anderen Organisationsfeldern ist ein solches gemeinsames Rezept üblich, etwa im Bereich Wirtschaftsprüfung (siehe *Beispiel 5.3*) und in vielen anderen Branchen.

Rezept

Ein Rezept besteht aus einer Gruppe von auf Organisationszwecke bezogenen Annahmen, Normen und Routinen, die alle Organisationen innerhalb eines organisationalen Felds teilen, sowie aus gemeinsamen Überzeugungen, wie Organisationen geführt werden sollten.

Hier ergibt sich wieder ein Bezug zum Thema der oben beschriebenen Pfadabhängigkeit. Die verschiedenen Mitglieder eines Organisationsfelds bilden ein sich selbst verstärkendes Netzwerk aus Annahmen und Verhaltensweisen, die höchstwahrscheinlich zu einem Lock-in-Effekt führen. So versuchen einzelne Berufsgruppen oder Handelsverbände oft ein Organisationsfeld, in dem die Mitgliedschaft exklusiv und das Verhalten der Mitglieder reguliert ist, zu formalisieren. Solche kulturellen Einflüsse können durchaus von Vorteil sein – etwa für die Kunden – denn dadurch werden bestimmte Standards und Beständigkeiten der einzelnen Anbieter aufrechterhalten. Manager können aber auch andererseits „institutionalisiert" werden, sodass sie nicht mehr wahrnehmen, welche Chancen oder auch Gefahren außerhalb ihres Organisationsfelds vorliegen. Auch einmal etablierte Rezepte lassen sich nur noch schwer ändern.

Vorherige Kapitel betonten die Bedeutung von Umfeldeinflüssen (*Kapitel 2*), strategischen Fähigkeiten (*Kapitel 3*) und Interessengruppenerwartungen (*Kapitel 4*). Von ebenso großer Bedeutung für das Organisationsfeld ist auch der Einfluss der **Legitimität**. Sie bezieht sich darauf, inwieweit die innerhalb eines organisationalen Wirkungsfelds bestehenden Erwartungen in Bezug auf Grundannahmen, Verhaltensweisen und Strategien erfüllt werden. Strategien können durch das Bedürfnis nach Legitimität auf vielerlei Weisen geprägt werden. Beispiele hierfür sind *Regulierung* (etwa durch spezifische Verhaltenscodices oder Standards, die vielleicht von einem Berufsverband festgelegt werden), *normative Erwartungen* (was erwartet die Gesellschaft) oder einfach als gegeben hingenommene Annahmen, die als angemessen gelten (z.B. das *Rezept*). Im Laufe der Zeit entwickelt sich innerhalb eines Organisationsfelds häufig ein Konsens darüber, welche Strategien erfolgreich sein werden und daher akzeptabel sind – dadurch werden also die Strategien selbst legitimiert. Wenn sich Organisationen an solche Normen halten, sichern sie sich dadurch Zustimmung und öffentliche Unterstützung, was wiederum ihre Legitimität steigert. Weichen sie dagegen von diesen Strategien ab, könnte das riskant sein, denn in den Augen wichtiger Interessengruppen (wie etwa Kunden oder Banken) könnte ein solcher Schritt nicht legitim sein. Daher neigen viele Organisationen dazu, ihre Strategien gegenseitig zu imitieren. Natürlich gibt es strategische Unterschiede, diese bewegen sich aber immer innerhalb der Grenzen der Legitimität.[24] Dies zeigt sich in den Abhandlungen über Strategie in *Beispiel 5.3*. Natürlich stehen einige Unternehmen am Rand solcher Organisationsfelder vielleicht schon jetzt für erfolgreich angewandte zukünftige Strategien (beispielsweise Internetanbieter für Musik zum Downloaden), doch *zu Anfang* wird dies sicher nicht so wahrgenommen. Kunden bleiben wahrscheinlich ihren angestammten Investoren treu, Banken stellen nur sehr zögerlich Finanzmittel für solche neuen Unternehmungen zur Verfügung und etablierte Unternehmen auf dem Markt tun solche Aktivitäten wahrscheinlich als unternehmerischen Fehltritt ab.

Legitimität

Legitimität bezieht sich darauf, inwieweit die innerhalb eines organisationalen Wirkungsfelds bestehenden Erwartungen in Bezug auf Grundannahmen, Verhaltensweisen und Strategien erfüllt werden.

24 D. Deephouse, „To be different or to be the same? It's a question (and theory) of strategic balance", *Strategic Management Journal*, Band 20, Nr. 2 (1999), S. 147–166.

Beispiel 5.3 Die Strategiedebatte in einer Wirtschaftsprüfungsgesellschaft

Die empfundene Legitimität einer Strategie kann verschiedene Wurzeln haben.

Edward Gray, geschäftsführender Partner von QDG, eine der größeren Wirtschaftsprüfungsfirmen weltweit, diskutiert die globale Strategie seines Unternehmens mit zwei Seniorpartnern. Beim Zusammentreffen des internationalen Ausschusses in den USA war das Hauptthema die globale Entwicklung gewesen. Wie die meisten Rechnungsprüfungsgesellschaften ist auch QDG national organisiert. Das Unternehmen kam ursprünglich aus dem Bereich Betriebsprüfung, bietet aber inzwischen auch Finanz- und Steuerberatung an ebenso wie Dienstleistung zur Unternehmenssanierung und zu Informationssystemen. Die internationale Kooperation basiert auf Kontakten zu Partnern rund um die Welt. Allerdings verlangen große Kunden allmählich nach einem „nahtlosen internationalen Service". Zu dem Treffen kommen Alan Clark, mit 20 Jahren Erfahrung als Partner und einer guten Reputation in seinem Berufsfeld, und Michael Jones, neu bei QDG und anders als die anderen kein Wirtschaftsprüfer. Er leitet die IT-Abteilung von QDG und kommt ursprünglich von einer Beratungsfirma.

Gray:

> *„Wenn unsere Aktivitäten nicht globaler werden, könnte QDG seine Position als eines der führenden Wirtschaftsprüfungsunternehmen weltweit verlieren. Unsere Konkurrenten bewegen sich in diese Richtung, also müssen wir das auch tun. Nun stellt sich die Frage nach dem Wie."*

Clark stimmte zwar zu, mahnte aber zur Vorsicht. Er wies darauf hin, dass Kunden in wachsende Volkswirtschaften wie etwa China eintreten:

> *„Die Regierungen dieser Länder werden auf der Einhaltung internationaler Standards bestehen, doch das bereitet Schwierigkeiten. In China gibt es beispielsweise keinen richtigen Begriff für Gewinn, geschweige denn eine Möglichkeit, diesen genau zu messen. Soll es eine Marktwirtschaft geben, so ist der Bedarf für unsere Dienstleistungen sehr hoch. Allerdings gibt es schwerwiegende Probleme, die nicht zuletzt mit der Unmenge an benötigten Mitarbeitern zusammenhängen. Wir können über Nacht keine erfahrenen Wirtschaftsprüfer aus dem Hut zaubern, ohne dass dadurch unser professionelles Niveau leiden würde. Wir können uns nicht auf Kosten unseres Niveaus von den Chancen neuer Märkte verlocken lassen. Und es kommt ein weiteres Problem dazu. Unser Geschäft stützt sich auf persönliche Beziehungen und Vertrauen. Auch dies dürfen wir für die „globale Integration" nicht aufs Spiel setzen."*

Jones war der Meinung, es gäbe noch größere Herausforderungen:

„All unsere Konkurrenten werden international aktiv. Sie alle kämpfen um dieselben Kunden, bieten die gleichen Dienstleistungen auf gleichem Niveau an. Wo liegen also die Unterschiede? Um einen Wettbewerbsvorteil zu erzielen, müssen wir anders sein und weiter denken als alle anderen. Warum bieten wir nicht zweischichtige Partnerschaften an, wobei kleinere Länder Partner ohne Eigenkapital sein könnten? Dadurch könnten wir Entscheidungen schneller treffen, unsere Standards durchsetzen und Seniorpartnern formal die Autorität verleihen, sich um unsere internationalen Hauptkunden zu kümmern.“

Clark hatte dies erwartet:

„Dies ist keine gute Gelegenheit, um Geld zu verdienen. Es geht um die Entwicklung angemessener Systeme für die Volkswirtschaften von Ländern, die früher unter Verschluss gehalten wurden. Wir müssen mit anderen Unternehmen kooperieren, um sicherzustellen, dass alle Standards kompatibel sind. Dazu nützt es uns nichts, eine Partnerschaftsstruktur zu verändern, die seit 100 Jahren wunderbar funktioniert.“

Gray:

„Das Treffen letzte Woche ergab eindeutig, dass wir eine internationalere Firma mit einem effektiveren System zur Kundenbetreuung werden müssen. Außerdem dürfen wir uns weniger auf persönliche Kontakte und Beziehungen verlassen und müssen das Beste aus unseren Mitarbeitern herausholen.“

Clark:

„Ich könnte dagegenhalten, dass wir über ein einzigartiges internationales Netzwerk an persönlichen Beziehungen verfügen, das wir seit Jahrzehnten pflegen und ausbauen. Wir müssen dieses Netzwerk vielmehr mit moderner Technologie und modernen Kommunikationsmitteln zusätzlich verstärken.“

Darauf folgte eine weitere längere Diskussion.

Quelle: Adaptierte Fallstudie in G. Johnson und R. Greenwood, „Institutional Theory and Strategic Management“, in Mark Jenkins und V. Ambrosini (Hrsg.), „Strategic Management: A Multiple-Perspective Approach“, *Palgrave*, 2007.

Kontrollfragen

1. Welche Annahmen liegen der Argumentation der drei Partner zugrunde?
2. Wo könnten die Ursprünge dieser Annahmen liegen?
3. Wie lassen sich die verschiedenen Ansichten zu den Diskussionen über strategische Fähigkeiten (*Kapitel* 3) und Wettbewerbsstrategie (*Kapitel* 6) in Beziehung setzen?

Da die Rezepte der einzelnen Organisationsfelder voneinander abweichen, kann sich der Übertritt eines Managers von einer Branche in eine andere auch schwierig gestalten. So werden etwa Manager aus dem privaten Sektor immer wieder dazu ermutigt, in Organisationen der öffentlichen Hand einzutreten, um so frischen Wind in diese Organisationen zu bringen. Viele gaben an, sich nur schwer die Akzeptanz der neuen Mitarbeiter für die neue Arbeitsweise erwerben zu können. Außerdem hatten viele Schwierigkeiten damit, ihren Führungsstil den Traditionen und Erwartungen der neuen Organisation anzupassen, wenn es beispielsweise um Konsensbildung zur Entscheidungsfindung ging. Ein anderer Fall ist in *Beispiel 5.3* genannt, denn dadurch, dass Michael Jones einen ganz anderen beruflichen Hintergrund hat als seine Kollegen, sind auch seine Ansichten über Strategie anders.

5.3.3 Organisationskultur

Oft wird die Kultur einer Organisation als ein aus vier Schichten bestehendes System verstanden[25] (siehe Abbildung 5.4):

- *Werte* sind in einer Organisation oft leicht zu identifizieren und liegen auch oft als schriftliche Aussage über Leitbild, Ziele und Strategien der Organisation vor (siehe *Kapitel 4.5*). Allerdings können sie eher vage formuliert sein, etwa „Dienst an der Gesellschaft" oder „Gewährleistung der Gleichberechtigung am Arbeitsplatz".
- *Überzeugungen* sind zwar spezifischer, können aber auch meist aus der Art und Weise abgeleitet werden, wie die Mitarbeiter über die Probleme ihrer Organisation sprechen. Ein Beispiel ist die Überzeugung, dass die Firma mit bestimmten Ländern keine Geschäftsbeziehungen haben sollte oder dass professionelle Mitarbeiter ihre Aktivitäten nicht von Managern bewerten lassen sollten.

Abbildung 5.4:
Kultur in vier Schichten

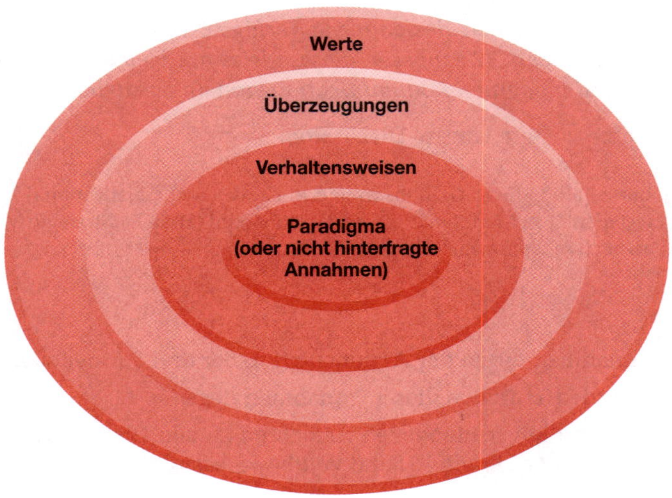

25 E. Schein, „Organisation Culture and Leadership", 2. Auflage, *Jossey-Bass*, 1997, und A. Brown, „Organisational Culture", *FT/Prentice Hall*, 1998, sind von Nutzen für das Verständnis der Beziehung zwischen Organisationskultur und Strategie. Für eine sinnvolle Kritik des Konzepts der Organisationskultur siehe M. Alvesson, „Understanding Organizational Culture", *Sage*, 2002.

Beim Thema Werte und Überzeugungen muss man auch immer bedenken, dass es in Bezug auf die Kultur immer um die Werte und Überzeugungen der Gemeinschaft und nicht eines Einzelnen geht. Es kann sogar sein, dass die Werte und Überzeugungen einzelner Mitarbeiter zeitweise sehr gegenläufig zu denjenigen der Organisation sind, woraus sich wiederum ethische Spannungen und Probleme ergeben können, die in *Kapitel 5.3.2* erwähnt wurden.

- *Verhaltensweisen* beziehen sich auf tägliche Geschäftsprozesse und können von Menschen innerhalb und außerhalb der Organisation wahrgenommen werden. Dazu zählen Routineabläufe, Organisations- und Kontrollstrukturen, aber auch „weichere“ Themen, etwa symbolische Handlungen.
- *Als gegeben hingenommene Annahmen* sind der Kern einer Organisationskultur. Dies sind die Aspekte des Organisationslebens, die für die Mitarbeiter schwer zu benennen und zu erklären sind. Hier werden sie als Paradigma der Organisation beschrieben. Ein **Paradigma** beschreibt eine Gruppe von Annahmen, welche von den meisten Mitgliedern einer Organisation geteilt werden und die sie unhinterfragt als gegeben hinnehmen. Damit eine Organisation effektiv operieren kann, muss es allgemein akzeptierte Annahmen geben. Wie oben erwähnt, entstehen diese aus *kollektiven Erfahrungen*, ohne die die Menschen in verschiedenen Situationen „ihre Welt neu erfinden“ müssten. Das Paradigma kann erfolgreiche Strategien untermauern, indem es eine Grundlage für das gemeinsame Verständnis liefert. Es kann aber auch zum Problem werden, wenn zum Beispiel ein radikaler strategischer Wandel nötig ist (siehe *Kapitel 14*) oder wenn Unternehmen fusionieren wollen und herausfinden, dass sie nicht kompatibel sind. Die Bedeutung des Paradigmas wird in *Kapitel 5.3.6* noch näher erläutert.

Paradigma

Ein Paradigma beschreibt eine Gruppe von Annahmen, welche von den meisten Mitgliedern einer Organisation geteilt werden und die sie unhinterfragt als gegeben hinnehmen.

5.3.4 Subkulturen in Organisationen

Will man die Beziehung zwischen Kultur und Strategien einer Organisation verstehen, so kann man eventuell einige kulturelle Aspekte erkennen, die die gesamte Organisation durchdringen. Es kann innerhalb einer Organisation aber auch wichtige *Subkulturen* geben. Diese können sich direkt auf die Organisationsstruktur beziehen, etwa auf die Unterschiede zwischen geografischen Abteilungen innerhalb einer internationalen Firma oder zwischen Funktionen wie etwa Finanzwesen, Marketing und Betrieb. Unterschiede zwischen verschiedenen Abteilungen werden in Organisationen besonders deutlich, die durch Übernahmen anderer Firmen gewachsen sind. Außerdem könnten verschiedene Abteilungen unterschiedliche Strategien verfolgen und die sich daraus ergebenden unterschiedlichen Marktpositionierungen könnten unterschiedliche Kulturen erfordern oder fördern. So ist es auch ein wichtiges Merkmal einer erfolgreichen Organisation, wenn sie die strategische Positionierung und die Organisationskultur in Einklang bringen kann. Funktionsunterschiede können sich auch auf die verschiedenen Arbeitsweisen unterschiedlicher Funktionen beziehen. In Unternehmen wie Shell oder BP beispielsweise liegen solche Unterschiede wahrscheinlich zwischen denjenigen Funktionen vor, die mit den Anfangsprozessen der Exploration zu tun haben, denn hier wird in Zeithorizonten von Jahrzehnten gerechnet, und solchen Funktionen, die die Vermarktung und den Vertrieb betreffen, denn hier geht es eher um kürzere, vom Markt bestimmte Zeithorizonte. Dies ist wohl auch einer der Gründe, warum sowohl Shell als auch BP so sehr darauf bedacht sind, eine Unternehmenskultur zu schaffen, die solche funktionalen Grenzen überwindet.

5.3.5 Der Einfluss der Kultur auf die Strategie

Die Tatsache, dass die Unternehmenskultur meist als gegeben hingenommen wird, macht sie so wichtig für die Strategie und die Entwicklung von Strategien. Dafür gibt es zwei Hauptgründe:

- *Kultureller „Kleber“*. Es gibt Vorteile in der für selbstverständlich gehaltenen Art der Kultur. Josephine Rydberg-Dumont, Vorstandsvorsitzende von IKEA, argumentierte, dass die Notwendigkeit für beständige Überwachung sinkt, wenn alle Mitarbeiter die Grundprinzipien und Werte des Unternehmens unterstützen. Überdies „befeuert“ ein solcher Wert die Innovation, da er sich im Zuge des kontinuierlichen Infragestellens des Status quo ergibt.
- *Kulturmanagement*. Da man alles, was als gegeben hingenommen wird, nur schwer beobachten, identifizieren und kontrollieren kann, ist es auch schwer, solche Dinge zu managen (siehe „Im Fokus“ am Ende des Kapitels). Deshalb ist es auch so wichtig, einen Weg zu finden, um Kultur analysieren zu können, sodass sie offensichtlicher wird. Um dieses Thema geht es im nächsten Abschnitt.
- *Kultur als Antriebskraft der Strategie*. Organisationen können zu Gefangenen ihrer eigenen Kultur werden, sodass es sehr schwer fällt, Strategien so zu verändern, dass sie die von der Kultur gesetzten Grenzen überwinden. Manager in einem sich verändernden Unternehmensumfeld werden wahrscheinlich mit einer solchen Situation umgehen, indem sie nach Aspekten suchen, die sie im Rahmen der bestehenden Unternehmenskultur verstehen und bewältigen können. Daraus ergeben sich häufig nur kleine, schrittweise strategische Veränderungen und es besteht das Risiko einer strategischen Drift, wie in *Kapitel 5.4* beschrieben. Kultur ist also eine nichtbeabsichtigte Antriebskraft der Strategie.

Abbildung 5.5: Der Einfluss von Kultur auf die Strategieentwicklung

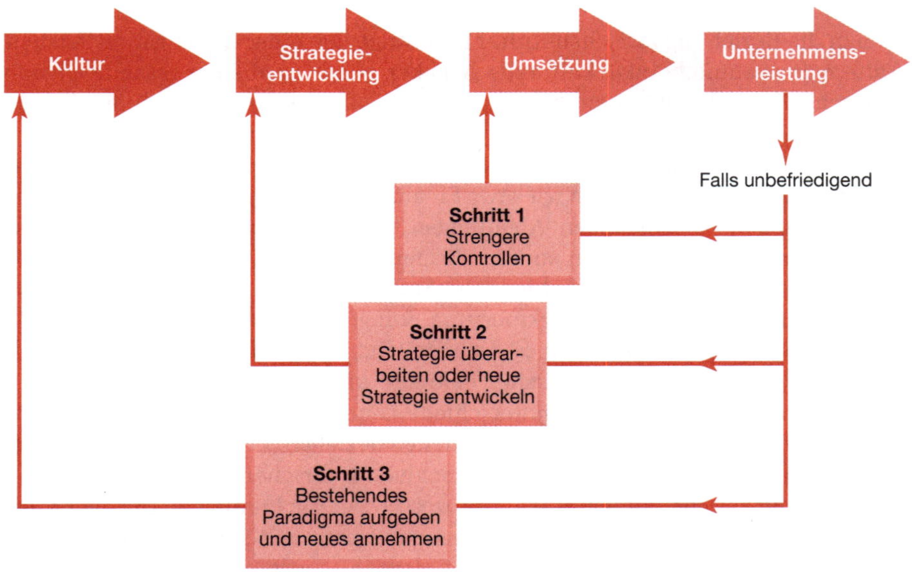

Quelle: Anpassung aus P. Gringer and J.-C. Spender, „Turnaround: Managerial Recipes for Strategic Success“, *Associated Business Press*, 1979, S. 203.

Die Auswirkungen der Kultur auf die Strategie sind in *Abbildung 5.5* dargestellt.[26] Manager, die sich veranlasst sehen zu handeln, z.B. aufgrund nachlassender Unternehmensleistung, werden zunächst versuchen, die Umsetzung der bestehenden Strategie zu verbessern. Dazu könnten sie versuchen, die Kosten zu senken, die Effizienz zu steigern, strengere Kontrollen einzuführen oder Routineabläufe zu verbessern. Zeigen all diese Schritte keine Wirkung, so kann es zu einem Strategiewechsel kommen, der sich aber noch im Rahmen der bestehenden Unternehmenskultur bewegt. Manager könnten beispielsweise versuchen, den Markt für ihre Produkte oder Dienstleistungen auszuweiten, wobei potenzielle neue Kunden ihren bestehenden Kunden sehr ähnlich sein werden. Daher werden sie neue Projekte, die in diese Richtung gehen, in ähnlicher Weise angehen, wie sie es bereits gewohnt sind. Anders ausgedrückt, selbst wenn Manager vom Verstand her wissen, dass sie sich verändern müssen, und sogar wissen, wie dies technologisch möglich wäre, fühlen sie sich doch durch pfadabhängige organisatorische Routineabläufe und Annahmen oder politische Prozesse erheblich eingeschränkt, wie dies in *Beispiel 5.5* wahrscheinlich der Fall ist. Dies geschieht oft, wenn versucht wird, hochbürokratische Organisationen zu verändern, damit diese sich mehr am Kunden orientieren. Selbst wenn die Mitarbeiter vom Verstand her akzeptieren, dass sich die Organisation ändern und weniger Wert legen muss auf die Einhaltung seit langem geltender Regeln, Routineabläufe und Berichtbeziehungen, tun sie nichts dergleichen. Es stimmt also nicht, dass vernünftige Argumente in jedem Fall fest verankerte Annahmen verändern können, die in über lange Jahre gesammelter kollektiver Erfahrung verwurzelt sind. Der Leser denke nur an seine eigenen Erfahrungen damit, andere überzeugen zu wollen, die eigene religiöse Glaubensausrichtung oder die Anhängerschaft an bestimmte Sportvereine kritisch zu überdenken. Immer wieder kommt es zur Anwendung dessen, was bekannt ist, um Unsicherheit und Zweideutigkeit zu vermeiden oder zu reduzieren. Diese Entwicklung setzt sich meist so lange fort, bis sich dramatische Hinweise auf die Redundanz der Kultur zeigen und die Organisation sich bereits in Phase 3 oder 4 der strategischen Drift befindet (siehe *Abbildung 5.8*).

5.3.6 Eine Analyse der Kultur: das kulturelle Netz

Um sowohl die Kultur selbst als auch ihre Auswirkungen zu verstehen, muss man in der Lage sein, diese Kultur zu analysieren. Mithilfe des **kulturellen Netzes**[27] wird dies möglich. Es bezeichnet die physischen, symbolischen und Verhaltensmanifestationen einer Kultur, die durch unhinterfragt und als gegeben angenommene Annahmen oder Denkmuster geprägt werden und diese prägen (siehe *Abbildung 5.6*). Hier handelt es sich eigentlich nur um die inneren beiden Ovale in *Abbildung 5.4*. Das kulturelle Netz kann dabei helfen, Kultur in jedem der oben erwähnten Rahmenwerke zu verste-

Kulturelles Netz

Das kulturelle Netz einer Organisation bezeichnet die physischen, symbolischen und Verhaltensmanifestationen einer Kultur, die durch unhinterfragt als gegeben angenommene Annahmen oder Denkmuster geprägt werden und diese prägen.

26 *Abbildung 5.4* ist adaptiert vom Original in P. Grinyer und J.C. Spender, „Turnaround: Managerial Recipes for Strategic Success", *Associated British Press*, (1979) S. 203.

27 Eine umfassendere Erklärung des kulturellen Netzes ist zu finden bei G. Johnson, „Strategic Change and the Management Process", *Blackwell*, 1987, und „Managing strategic change: strategy, culture and action", *Long Range Planning*, Band 25, Nr. 1 (1992), S. 28–36. Außerdem entsteht zurzeit G. Johnson und A. McCann, „Changing Strategy: Changing Culture", *FT Publications*.

hen, wird aber am häufigsten auf gesamtorganisatorischer oder auf funktionaler Ebene (*Abbildung 5.3*) eingesetzt.[28] Das kulturelle Netz besteht aus folgenden Elementen:

Abbildung 5.6: Das kulturelle Netz einer Organisation

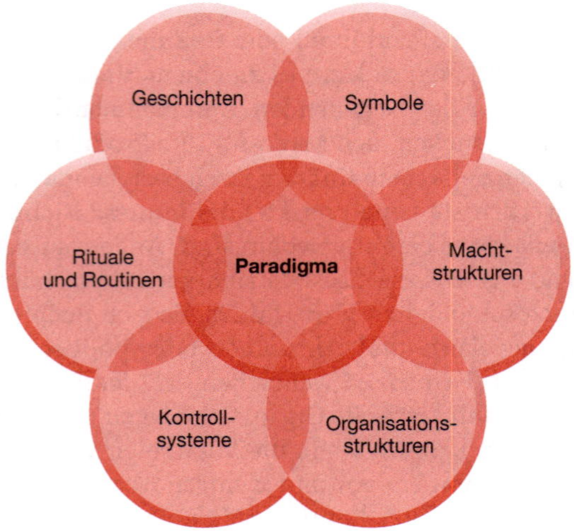

- Im Innersten befindet sich ein *Paradigma*, wie in *Abbildung 5.6* zu sehen. Die als gegeben hingenommenen Annahmen und Überzeugungen dieses Paradigmas sind eigentlich die *kollektive Erfahrung*, die auf eine Situation angewendet wird, um diese zu begreifen und eine geeignete Handlungsweise festzulegen. Die Annahmen des Paradigmas können sehr grundlegender Natur sein. So scheint es etwa ganz selbstverständlich, dass sich die Kernannahmen eines Zeitungsverlags die zentrale Bedeutung von Nachrichten und Berichterstattung betreffen. Aus strategischer Sicht gesehen sind Zeitungen für ihre Einkünfte immer stärker auf Werbeeinnahmen angewiesen und so könnte ihre Strategie auch direkt darauf ausgerichtet sein. Im Paradigma einer gemeinnützigen Organisation geht es vielleicht um gute Werke für die Bedürftigen; dies kann aber nur erreicht werden, wenn die Organisation es schafft, auf effektive Weise viel Geld zu sammeln. Es ist also wichtig zu verstehen, wie ein Paradigma aussieht und wie es die Debatte über Strategien beeinflusst. Das Problem besteht allerdings darin, dass es schwierig sein kann, solche Paradigmen zu identifizieren, besonders wenn man selbst Teil der Organisation ist, da meist über solche Themen nicht gesprochen wird. Für außenstehende Beobachter kann es dagegen relativ leicht sein, solche Paradigma zu isolieren, indem sie einfach zuhören und zuschauen, wie die Mitarbeiter handeln und was ihnen wichtig ist. Insider dagegen könnten damit ihre Probleme haben, denn sie sind ja selbst Teil der Unternehmenskultur. Eine Möglichkeit für interne Mitarbeiter, eigene als gegeben hingenommene Annahmen zu erkennen, besteht darin, sich anfangs auf andere Aspekte des kulturellen Netzes zu konzentrieren, die sich mit sichtbaren Manifestationen der Unternehmenskultur befassen. Und diese anderen Aspekte wiederum verstärken meist die Annahmen des Paradigmas.

28 Eine praktische Erklärung zur Darstellung des kulturellen Netzes ist zu finden bei G. Johnson, „Mapping and re-mapping organisational culture", in V. Ambrosini mit G. Johnson und K. Scholes (Hrsg.), „Exploring Techniques of Analysis and Evaluation in Strategic Management", *Prentice Hall*, 1998.

- **Routinen** bezeichnen die eingespielten täglichen Arbeitsabläufe. Diese können eine lange Geschichte haben und sogar mehreren Organisationen gemeinsam sein. Im besten Fall sorgen sie dafür, dass eine Organisation reibungslos funktioniert, und verleihen ihr eine ganz eigene organisatorische Kompetenz. Sie können aber auch für eine Selbstverständlichkeit der Abläufe stehen, die wiederum schwer zu verändern ist.

Routinen

Routinen bezeichnen die eingespielten, alltäglichen Arbeitsabläufe.

- Die **Rituale** einer Organisation sind Aktivitäten oder Ereignisse, die das betonen, hervorheben oder verstärken, was in einer Kultur besonders wichtig ist. Beispiele hierfür sind Trainingsprogramme, Einstellungsgremien, Beförderungs- und Bewertungsprozesse, Verkaufskonferenzen etc. Ein Extrembeispiel sind hier natürlich auch die ritualisierten Trainingsmethoden neuer Militärrekruten, die sie auf die in Konfliktsituationen nötige Disziplin vorbereiten sollen. Rituale können aber auch informelle Aktivitäten sein, etwa das gemeinsame Glas Bier in der Kneipe nach der Arbeit oder der Tratsch am Kopierer.

Rituale

Rituale sind Aktivitäten oder Ereignisse, die das betonen, hervorheben oder verstärken, was in einer Kultur besonders wichtig ist.

- Die *Geschichten*[29], die Mitglieder einer Organisation einander, Außenstehenden oder neuen Kollegen etc. erzählen, können dazu beitragen, die Gegenwart Teil der Unternehmenskultur werden zu lassen, und weisen auch auf wichtige Ereignisse und Personen innerhalb der Organisation hin. Oft drehen sich solche Geschichten um Erfolge, Katastrophen, Helden, Schurken und Außenseiter (die von der Norm abweichen). Durch sie erfährt man, was in einer Organisation wichtig ist.
- **Symbole**[30] sind Objekte, Ereignisse, Handlungen oder Menschen, die über ihren funktionalen Zweck hinaus eine besondere Bedeutung vermitteln, pflegen oder erzeugen. So haben etwa Büros, die Gestaltung von Büros, Autos und Titel einerseits einen funktionalen Zweck, sind aber auch typische Signale für Status und Hierarchie. Bestimmte Menschen stehen vielleicht für wichtige Aspekte innerhalb einer Organisation oder für historische Wendepunkte. Auch die Sprache, die in einer Organisation verwendet wird, kann vieles aufdecken, besonders in Bezug auf die Kunden. So beschrieb der Leiter einer Verbraucherschutzorganisation in Australien seine Kunden einmal als „Nörgler". In einem großen britischen Lehrkrankenhaus wurden die Patienten von Beratern als „klinisches Material" bezeichnet. Solche Beispiele klingen zwar amüsant, zeigen aber doch tiefliegende Annahmen über Kunden (oder Patienten), die einen wesentlichen Einfluss auf die gewählten Strategien einer Organisation haben können. Auch wenn Symbole im kulturellen Netz separat aufgeführt werden, sollte man immer bedenken, dass viele Elemente dieses Netzes symbolisch sind. So haben Routineabläufe, Kontroll- und Belohnungssysteme nicht nur eine funktionale, sondern auch eine symbolische Bedeutung.

Symbole

Symbole sind Objekte, Ereignisse, Handlungen oder Menschen, die über ihren funktionalen Zweck hinaus eine besondere Bedeutung vermitteln, pflegen oder erzeugen.

- *Machtstrukturen.* Die mächtigsten Gruppierungen innerhalb einer Organisation sind meist eng mit den Kernannahmen und -überzeugungen verbunden. In Unternehmen, die eine strategische Drift miterleben, gibt es oft mächtige Führungskräfte, die eine enge Verbindung mit seit langem bestehenden Abläufen haben. Für eine Machtanalyse sind die in *Kapitel 4* gegebenen Anleitungen sehr nützlich.

---

29 Siehe A. L. Wilkins, „Organisational stories as symbols which control the organisation", in L. R. Pondy, P. J. Frost, G. Morgan und T. C. Dandridge (Hrsg.), „Organisational Symbolism", *JAI Press*, 1983.

30 Die Bedeutung von Symbolen für Organisationen wird erklärt bei G. Johnson, „Managing strategic change: the role of symbolic action", *British Journal of Management*, Band 1, Nr. 4 (1990), S. 183–200.

- *Die Organisationsstruktur* spiegelt die Machtverhältnisse in einer Organisation wider und zeigt wichtige Rollen und Beziehungen auf. Formal hierarchische, mechanisierte Strukturen können darauf hinweisen, dass strategische Entscheidungen allein der obersten Führungsebene vorbehalten sind und dass alle anderen einfach „Anweisungen befolgen". Sehr lockere Strukturen können dagegen bedeuten, dass Zusammenarbeit weniger wichtig ist als Konkurrenz und so weiter.
- *Kontrollsysteme*, Messwerte und Belohnungssysteme betonen alle Aspekte, die es in einer Organisation unbedingt zu überwachen gilt. So wird Organisationen der öffentlichen Hand oft vorgeworfen, sie kümmerten sich mehr um die Verwaltung ihrer Finanzmittel als um die Qualität ihrer Dienstleistungen. Dies spiegelt sich in ihren Arbeitsabläufen wider, bei denen es mehr darum geht, Ausgaben richtig zu verbuchen als die Qualität der Dienstleistungen zu verbessern. Individuelle Bonussysteme für jeden einzelnen Mitarbeiter, die sich etwa auf das Verkaufsvolumen beziehen, stehen für eine Kultur der Individualität und des internen Wettbewerbs und zeigen deutlich die Bedeutung des Verkaufsvolumens im Gegensatz zu Teamwork und der Betonung von Qualität.

Im Zuge der Bankenkrise ab 2009 machten viele Kenner der Bankenbranche die „Bankenkultur" für die Probleme verantwortlich und verlangten deren Veränderung. Was dabei interessanterweise fehlte, waren spezielle Angaben darüber, was genau diese Kultur ausmachte. Daher war es schwierig, genau zu wissen, was geändert werden musste. In *Beispiel 5.4* werden zwei kulturelle Netze dargestellt, die auf Interviews mit langjährigen Mitarbeitern des Privatkundenbereichs der Barclays Bank beruhten. Darin zeigen sich einige der Unterschiede zwischen der Kultur bei Barclays vor den 1990er-Jahren und zum Zeitpunkt der Krise. In der Vergangenheit war die Kultur paternalistisch geprägt – sowohl im Hinblick auf die Annahmen über die Kunden als auch auf die Behandlung der Mitarbeiter, wobei die Risikovermeidung im Fokus stand. Der Zweigstellenleiter, der oftmals eine „Stütze der Gemeinschaft war", hatte erheblichen Einfluss auf die erbrachten Dienstleistungen sowie als Symbol dessen, wofür Barclays stand. In den Filialen an sich „kümmerten" sich die Mitarbeiter um die Kunden, bearbeiteten ihre Barmittel und Schecks, während der Leiter Besprechungen mit wichtigen Kunden führte und Entscheidungen beispielsweise über Darlehen und Kreditlimits traf. Die Korrektheit in finanziellen Angelegenheiten wurde durch regelmäßige unangekündigte Prüfungen durch ansonsten weit entferntes Personal aus der Unternehmenszentrale sichergestellt. Diese Kultur veränderte sich mit der Zentralisierung der Bankdienstleistungen und deren Bearbeitung sowie der zunehmenden Bedeutung des Investmentbankings für die Gewinne von Barclays (zusammen mit anderen Banken). Das Privatkundengeschäft hatte damit nur noch eine untergeordnete Bedeutung gegenüber dem Investmentbanking: Die Filialen waren zum Mittel für den Verkauf von Finanzdienstleistungen geworden; für das Personal wurden Anreize geschaffen, dies zu tun; den Filialleiter vor Ort gab es nicht mehr und auch der Ermessensspielraum vor Ort verschwand. Bargeld wurde zunehmend per Automat ausgegeben, Schecks wurden zentral verarbeitet und das Personal arbeitete nach standardisierten Verfahren. Die räumliche Gestaltung der Filiale selbst maß der finanziellen Sicherheit oder der Rolle des Filialleiters eine geringere Bedeutung bei; sie verwandelte sich eher in ein Großraumbüro, das den Kontakt zwischen Mitarbeitern und Kunden unterstützte.

Es war schließlich diese auch in anderen Banken verbreitete Verkaufskultur, die zu den extrem hohen wegen des missbräuchlichen Verkaufs von Restschuldversicherungspolicen durch Barclays sowie andere Banken verhängten Geldstrafen führte.

Beispiel 5.4 Die kulturellen Netze von Barclays Retail

Das kulturelle Netz kann genutzt werden, um die Verhaltensweisen und als gegeben hingenommenen Annahmen einer Organisation zu identifizieren.

Das kulturelle Netz von Barclays Retail vor den 1990er-Jahren:

Das kulturelle Netz von Barclays Retail nach dem Jahr 2000:

Kontrollfragen

1. Wie könnten die Netze denjenigen helfen, die die Probleme der Bankenkultur angehen wollen?
2. In welchen Wechselbeziehungen stehen die verschiedenen Elemente des Netzes?
3. Zeichnen Sie ein kulturelles Netz für eine Organisation Ihrer Wahl.

5.3.7 Die Durchführung einer Kulturanalyse

Soll eine Kulturanalyse einer Organisation durchgeführt werden, so gibt es einige wichtige Punkte zu beachten:

- *Welche Fragen müssen gestellt werden? Abbildung 5.7* zeigt einige Fragen, die dazu beitragen können, die Organisationskultur mithilfe des kulturellen Netzes zu verstehen.
- *Aussagen über kulturelle Werte.* Immer mehr Organisationen veröffentlichen oft sehr sorgfältig formulierte Aussagen über ihre Werte, Überzeugungen und Zwecke – zum Beispiel in ihren Jahresberichten, Leitbildern oder Unternehmensplänen. Daraus erwächst das Risiko, dass solche Aussagen als sinnvolle und präzise Beschreibungen der Organisationskultur wahrgenommen werden. Doch dies trifft in den meisten Fällen bestenfalls nur teilweise zu und ist schlimmstenfalls sehr irreführend. Das soll nicht heißen, dass hier eine bewusste Täuschung vorliegt, aber die Aussagen über die Werte und Überzeugungen geben häufig nur die Bestrebungen einzelner Interessengruppen (z.B. des CEO) wieder und sind keine genauen Beschreibungen der eigentlichen Kultur. So könnte ein Außenstehender aus den öffentlichen Aussagen der Polizei über ihre Zwecke und Prioritäten schließen, dass deren Herangehensweise an die verschiedenen Aspekte der Polizeiarbeit – Verfolgung von Straftätern, Verbrechensverhütung und Einsatz für das Gemeinwohl – sehr ausgewogen ist. Eine genauere Analyse kann jedoch sehr schnell ergeben, dass es (kulturell gesehen) nur eine wahre Aufgabe der Polizei gibt, die Verfolgung von Straftätern nämlich. Alle anderen Aufgaben (Verbrechensverhütung, Förderung des Gemeinwohls) spielen dagegen nur eine untergeordnete Rolle.
- *Die Zusammenfassung.* Die detaillierte „Landkarte“, die durch die Darstellung des kulturellen Netzes entstanden ist, ist eine reichhaltige Informationsquelle bezüglich der Organisationskultur, doch sie eignet sich vor allem zur Beschreibung der Kultur, wie sie die gesammelten Informationen vermitteln. Manchmal können dazu sehr plakative Bezeichnungen herangezogen werden. So fassten etwa die Manager, die eine Kulturanalyse des britischen staatlichen Gesundheitsdienstes (NHS) durchführten, ihre Behörde als „staatlichen Krankheitsdienst“ zusammen. Natürlich ist diese Herangehensweise sehr simpel und unwissenschaftlich, doch sie kann sehr viel dazu beitragen, dass die Mitglieder einer Organisation diese sehen, wie sie wirklich ist. Denn ein solches Gesamtbild ist oft aus der Fülle der Details des kulturellen Netzes nicht sofort ersichtlich. Dieser Ansatz hilft den Mitarbeitern auch zu verstehen, dass die Kultur die gewählten Strategien beeinflusst. So würde ein „staatlicher Krankheitsdienst“ ganz klar Strategien bevorzugen, die darauf abzielen, spektakuläre Heilungsverfahren für kranke Menschen zu entwickeln, während Strategien zur Vorsorge und Vorbeugung von Krankheiten auf der Strecke bleiben würden. Diejenigen, die Strategien zur Vorsorge und Vorbeugung vorziehen würden, müssen also verstehen, dass sie, um diese durchzusetzen, erst eine Kultur verändern müssen. Außerdem müssen sie sich im Klaren darüber sein, dass eine solche Veränderung unter Umständen mehr erfordert als reine rationale Prozesse wie Neuplanung und Neuzuteilung von Ressourcen.

Abbildung 5.7: Das kulturelle Netz und einige relevante Fragestellungen

Geschichten
- Welche Kernüberzeugungen spiegeln Geschichten wider?
- Welche Geschichten werden häufig, z.B. Neueinsteigern, erzählt?
- Wie spiegeln diese Geschichten Grundannahmen und -überzeugungen wider?
- Von welchen Normen weichen Querdenker ab?

Symbole
- Mit welchen Objekten, Ereignissen oder Menschen identifizieren sich Mitglieder einer Organisation besonders?
- Worauf beziehen sich diese in der Geschichte der Organisation?
- Welche Aspekte der Strategie werden in der Öffentlichkeit betont?

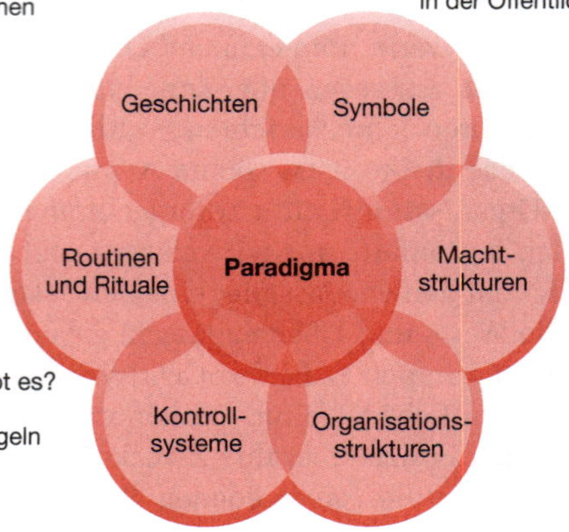

Routinen und Rituale
- Welche Routinen werden betont?
- Welche sind in der Geschichte verankert?
- Welche Verhaltensweise unterstützen Routinen?
- Welche Schlüsselrituale gibt es?
- Welche Annahmen und Grundüberzeugungen spiegeln sie wider?
- Was betonen Schulungsprogramme?
- Wie leicht können Rituale/Routinen verändert werden?

Machtstrukturen
- Wo liegt die Macht? Zu den Indikatoren gehören:
  a. Status
  b. Beanspruchung von Ressourcen
  c. Machtsymbole
- Wer sorgt dafür, dass Maßnahmen umgesetzt werden?
- Wer verhindert, dass Maßnahmen umgesetzt werden?

Kontrollsysteme
- Was wird am engmaschigsten überwacht/kontrolliert?
- Werden Belohnungen oder Bestrafungen betont?
- Sind die Kontrollen in der Geschichte oder aktuellen Strategien verankert?

Organisationsstrukturen
- Welche formellen *und* informellen Strukturen gibt es?
- Wie starr sind die Strukturen?
- Unterstützen die Strukturen Zusammenarbeit oder Wettbewerb?

Übergreifende Fragen
- Welche (wenigen) grundlegenden Annahmen bilden den Antworten auf diese Fragen zufolge das Paradigma?
- Wie würden Sie die dominante Kultur beschreiben?
- Wie leicht kann dies geändert werden?
- Wie und inwieweit sind die Aspekte des Netzes miteinander verflochten und verstärken sich gegenseitig?

Die in diesem Kapitel vorgestellte kulturelle Analyse ist auch für Themenbereiche des strategischen Managements sinnvoll, die in anderen Teilen dieses Buchs angesprochen werden:

- *Strategische Fähigkeiten.* In *Kapitel 3* wird klar, dass historisch verankerte Fähigkeiten in den meisten Fällen Teil der Organisationskultur sind. Eine Kulturanalyse stellt daher eine ergänzende Basis für die Analyse der strategischen Fähigkeiten dar (siehe *Kapitel 3*). Eine solche Fähigkeitenanalyse sollte sich im Grunde ausführlich mit der Kultur einer Organisation befassen und dabei besonderen Wert auf Routinen, Kontrollsysteme und tägliche Arbeitsabläufe legen, die höchstwahrscheinlich auf der Grundlage als gegeben hingenommener Annahmen ablaufen.
- *Strategieentwicklung.* Versteht ein Manager die Kultur seiner Organisation, so sensibilisiert ihn dies für den positiven oder negativen Einfluss historischer und kultureller Aspekte auf zukünftige Strategien. Dies bezieht sich auf die Diskussion zur Strategieentwicklung in *Kapitel 11*.

- *Das Management des strategischen Wandels.* Eine Analyse der Kultur stellt auch eine Grundlage für das Management des strategischen Wandels dar, denn sie veranschaulicht die bestehende Kultur, die einer gewünschten Strategie gegenübergestellt werden kann. So können Einblicke gewonnen werden, was die Umsetzung dieser Strategie behindern könnte und welche Veränderungen nötig sind. Dieses Thema wird in *Kapitel 14* ausführlicher behandelt.
- *Kultur und Erfahrung.* Wiederholt wurde in diesem Abschnitt auf die Rolle der Kultur als Sinn gebendes Element einer Organisation eingegangen. Dies wurde im Kommentar zur Erfahrungsperspektive genauer betrachtet und stellt eine sinnvolle Möglichkeit zur Betrachtung vieler Aspekte der Strategie dar (siehe die Kommentare im gesamten Buch).

5.4 Strategische Drift

Der Einfluss der Geschichte und Kultur einer Organisation auf deren strategische Ausrichtung zeigt sich in dem in *Abbildung 5.8* dargestellten Muster der Strategieentwicklung. Die **strategische Drift**[31] beschreibt die Tendenz einer Strategie, sich inkrementell auf der Basis historischer und kultureller Einflüsse fortzuentwickeln, ohne jedoch mit dem sich verändernden Umfeld Schritt halten zu können. *Beispiel 5.5* erklärt die strategische Drift an Hand des Unternehmens Kodak. Es ist sehr wichtig, die Gründe und Konsequenzen der strategischen Drift zu verstehen, nicht nur, weil sie häufig vorkommt, sondern auch weil sie eine Erklärung dafür liefert, warum die Strategieentwicklung und Leistung viele Organisationen irgendwann zu stagnieren scheint. Außerdem werden durch sie einige wichtige Herausforderungen für Manager aufgezeigt, aus denen sich wiederum viel lernen lässt.

Strategische Drift

Strategische Drift beschreibt die Tendenz einer Strategie, sich inkrementell auf der Basis historischer und kultureller Einflüsse fortzuentwickeln, ohne jedoch mit dem sich verändernden Umfeld Schritt halten zu können.

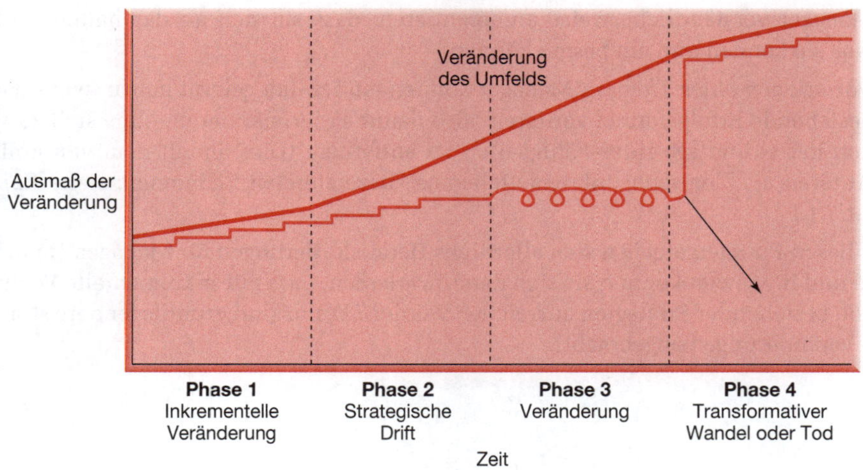

Abbildung 5.8: Strategische Drift

31 Für eine Erklärung der strategischen Drift siehe G. Johnson, „Rethinking incrementalism", *Strategic Management Journal*, Band 9 (1988), S. 75–91, und „Managing strategic change – strategy, culture and action", *Long Range Planning*, Band 25, Nr. 1 (1992), S. 28–36. Siehe auch E. Romanelli und M. L. Tushman, „Organizational transformation as punctuated equilibrium: an empirical test", *Academy of Management Journal*, Band 7, Nr. 5 (1994), S. 1141–1166. Sie erklären die Tendenz einer Strategie, sich Schritt für Schritt mit periodischen transformativen Veränderungen zu entwickeln.

5.4.1 Strategien verändern sich inkrementell

Strategien von Organisationen verändern sich meist nur ganz allmählich. Strategieentwicklung basiert häufig darauf, was eine Organisation in der Vergangenheit getan hat – besonders dann, wenn ihre Aktivitäten erfolgreich waren.[32] Auf dieses Thema wird in *Kapitel 12* noch ausführlicher eingegangen. Dies war beispielsweise bei Kodak der Fall, das den Markt für Kamerafilme über einen Großteil des 20. Jahrhunderts dominierte. Um ein weiteres Beispiel anzuführen: Die britische Einzelhandelskette HMV hatte durch die Anpassung an sich verändernde Technologien und der Geschmäcker auf dem Unterhaltungsmarkt ihr Geschäft über Jahre hinweg erfolgreich entwickelt. Das Unternehmen erzielte riesige Gewinne, als Musikliebhaber ihre Vinylplatten durch CDs ersetzten. Es brachte DVDs und Computerspiele auf den Markt und erhöhte bei steigender Nachfrage deren Verkaufsfläche. Dies wird in *Abbildung 5.8* in Phase 1 dargestellt. Für die meisten erfolgreichen Unternehmen gibt es gewöhnlich lange Phasen relativ großer *Beständigkeit*. Während dieser Phasen bleiben angestammte Strategien größtenteils unverändert oder werden nur *inkrementell* angepasst. Dafür gibt es drei wesentliche Gründe:

- *Anpassung an Veränderungen des Umfelds.* Es kann durchaus sein, dass sich das Umfeld, besonders der Markt, inkrementell verändert, sodass sich die Organisation durch eigene kleine Veränderungen dieser Entwicklung anpasst. Es wäre sinnlos, eine Strategie drastisch zu verändern, wenn der Markt dies nicht auch tut.
- *Der Erfolg der Vergangenheit.* Manager können eine natürliche Abneigung dagegen haben, eine Strategie wesentlich zu verändern, wenn diese in der Vergangenheit erfolgreich war, besonders wenn sie auf Fähigkeiten aufbaut, die sich als Grundlage eines Wettbewerbsvorteils herausgestellt haben (siehe *Kapitel 3* und *6*) oder Grundlange für Innovationen sind (siehe *Kapitel 5.3.1* und *Kapitel 7*). Dabei werden die Manager verständlicherweise argumentieren, dass sie sich an das halten sollten, was sie kennen und am besten können.
- *Variationen eines Themas.* Manager können tatsächlich gelernt haben, wie sie eine bestehende Erfolgsformel variieren, also damit experimentieren, ohne sich zu weit von der Grundlage ihrer Fähigkeiten zu entfernen. (Dies ähnelt dem von einigen Autoren als „logischer Inkrementalismus" bezeichneten Phänomen; siehe *Kapitel 12.3.1*.)

Aus diesen Punkten ergeben sich allerdings Herausforderungen für Manager. Denn wie lange und inwieweit können sie sich darauf verlassen, dass nur inkrementelle Veränderungen bestehender Strategien ausreichen werden? Wann sind grundlegendere strategische Veränderungen angebracht?

32 Siehe D. Miller und P. Friesen, „Momentum and revolution in organisational adaptation", *Academy of Management Journal*, Band 23, Nr. 4 (1980), S. 591–614.

Beispiel 5.5

Kodak: Niedergang und Sturz eines Marktführers

Kenntnisse des technologischen und Marktwandels können unter Umständen zur Vermeidung strategischer Drift nicht ausreichen.

Im zwanzigsten Jahrhundert war Kodak, Hersteller von Fotofilmen und Kameras, eine der wertvollsten Marken der Welt. Das in Rochester im Staat New York ansässige Unternehmen hatte im Jahr 1976 einen Anteil von 90 Prozent der Filmverkäufe sowie einen Anteil von 85 Prozent bei den Kameraverkäufen in den USA. Im Jahr 1996 belief sich der Umsatz in den USA auf $ 16 Milliarden, während die Gewinne im Jahr 1999 $ 2,5 Milliarden betrugen. Das für seine innovative Technologie und sein Marketing bekannte Unternehmen hatte bis zum Jahr 1975 bereits die Digitalkameratechnologie entwickelt, brachte die Digitalkameras aber erst Ende der 1990er-Jahre auf den Markt – als es bereits zu spät war.

Bis zum Jahr 2011 war das traditionelle Fotografiegeschäft zunächst durch Digitalkameras und danach durch Smartphones beinahe vollständig erodiert worden. Der Umsatz betrug nur noch $ 6 Milliarden, das Unternehmen machte Verluste, der Aktienkurs war abgestürzt und im Jahr 2012 meldete es Konkurs an. Wie konnte Kodak eine solche grundlegende Verschiebung auf dem Markt verpassen?

Laut Steve Sasson, dem Ingenieur, der die erste Digitalkamera erfunden hatte, war die Reaktion auf seine Erfindung bei Kodak ablehnend, da es sich um filmlose Fotografie handelte. Es gab ähnliche Reaktionen auf frühe interne Analyseberichte zur digitalen Technik: „Larry Matteson, früher Führungskraft bei Kodak, … erinnert sich daran, dass er 1979 einen Bericht geschrieben hat, in dem er relativ genau darlegte, wie verschiedene Teile des Marktes von Film auf die digitale Technik wechseln würden, beginnend mit den Aufklärungsaktivitäten des Staates, dann weiter mit der professionellen Fotografie und schließlich bis hin zum Massenmarkt – alles bis zum Jahr 2010.“[1] Ein weiterer interner Bericht aus den frühen 1980er-Jahren kam zu der Schlussfolgerung, dass die digitale Technologie die Kamerabranche in ungefähr zehn Jahren übernehmen würde – zehn Jahre, in denen Kodak an seiner Lösung arbeiten könnte.

Die Reaktion von Kodak bestand darin, das Filmgeschäft zu verbessern. So brachte Kodak beispielsweise 1996 ein Filmsystem unter Verwendung der digitalen Technologie auf den Markt, das den Benutzern eine Vorschau der gemachten Bilder ermöglichte und die Anzahl der benötigten Abzüge angab. Das System floppte.

Es waren die Führungskräfte aus der Filmabteilung, die den stärksten Einfluss hatten, und sie waren zu optimistisch im Hinblick auf die Markenstärke von Kodak. Außerdem verkannten sie die Geschwindigkeit der Veränderung der Kaufpräferenzen der Verbraucher. So glaubten sie beispielsweise, dass die Menschen auf sich schnell entwickelnden Märkten, wie China, viel Filme kaufen würden, aber viele ohne Kamera wechselten gleich auf eine Digitalkamera. Überdies war die Gewinnmarge bei Digitalkameras verglichen mit Film winzig und es bestand echte Angst vor einer Kannibalisierung der Produkte. Rosabeth Moss Kanter von der Harvard Business School verwies auch auf die Kultur von Kodak: „Die Arbeit in einer Stadt, in der es nur ein Unternehmen gab, hat dabei auch nicht geholfen ... Die Chefs von Kodak in Rochester haben nur selten viel Kritik gehört ...“ Darüber hinaus „hatten die Führungskräfte die falsche Vorstellung perfekter Produkte, anstelle den Hi-Tech-Ansatz zu verfolgen, der da lautet: Bau’ es, bring’ es auf den Markt, reparier’ es.“[1] Und sie bewegten sich auch langsam: „Selbst als Kodak beschlossen hatte zu diversifizieren, dauerte es Jahre, bis die erste Übernahme erfolgt war.“[1] Auch die Versuche von Kodak, durch die Entwicklung der Tausenden von den Forschern des Unternehmens zur Verwendung im Film entwickelten Chemikalien für den Medikamentenmarkt zu diversifizieren, schlugen fehl.

Im Jahr 1989 musste der Vorstand von Kodak einen neuen CEO wählen. Dabei musste die Entscheidung zwischen Kay R. Whitmore, einem langjährigen leitenden Angestellten im traditionellen Filmgeschäft, und Phil Samper, der eher im Bereich der digitalen Technologie tätig war, getroffen werden. Der Vorstand wählte Whitmore, der darauf beharrte, dass Kodak näher an seinen Kerngeschäftsbereichen in Film- und Fotochemikalien bleiben würde.[2]

Noch 2007 erklärte ein Kodak-Marketingvideo, dass „Kodak zurück sei“ und „nicht mehr mit Digital herumspielen würde“.[3]

Quellen: The Economist, „The last Kodak moment?“, 14. Januar 2012, *New York Times*, 9. Dezember 1989, Chunka Mui, „How Kodak failed“, *Forbes*, 18. Januar 2012

Kontrollfragen

1. Welche Gründe für eine strategische Drift zeigen sich deutlich in der Geschichte von Kodak?
2. Wie hätten unter Nutzung der Lehren aus Teil I des Buchs die Probleme von Kodak vermieden werden können?

5.4.2 Die Tendenz zur strategischen Drift

Über viele Jahre hinweg bestand bei HMV die Überzeugung, dass es einen Markt für den Verkauf von Musik und DVDs über Fachhändler gab. Im Zuge der Suche nach einer nachhaltigen Wettbewerbsposition hat HMV kontinuierlich seine Einzelhandelsformate angepasst und die Produktpaletten erweitert. Das leitende Management konnte sich allerdings nur schwer mit dem Gedanken anfreunden, dass eine grundlegendere Veränderung ihres Geschäftsmodells notwendig war, da sich im ersten Jahrzehnt dieses Jahrhunderts die Art und Weise veränderte, wie Verbraucher über das Internet auf

Musik, Filme und Spiele zugreifen. Ein ähnliches Festhalten an der etablierten Strategie zeigte sich auch bei Kodak.

Während die Strategie einer Organisation sich weiterhin inkrementell verändert, kann das Umfeld sich gleichzeitig in ganz anderer Weise entwickeln. Das soll nicht heißen, dass hier unbedingt dramatische Veränderungen geschehen müssen. Phase 2 der *Abbildung 5.8* zeigt, dass sich die Veränderungen des Umfelds zwar beschleunigen, keineswegs aber plötzlich geschehen. Im Fall von HMV war es nicht so, als ob es über Nacht zu Veränderungen im Käuferverhalten oder zur Zunahme des Supermarktabsatzes von CDs und DVDs gekommen wäre. Diese Veränderungen entwickelten sich jedoch im Laufe vieler Jahre. Das Problem, das eine strategische Drift entstehen lässt, besteht darin, dass die Strategie von HMV, ebenso wie die Strategien vieler anderer Organisationen, nicht mit diesen Veränderungen Schritt hielt. Dafür gibt es mindestens fünf Gründe:

- *Das Problem der späten Einsicht.* In *Kapitel 2* wurden Mittel und Wege zur Analyse des Umfelds aufgezeigt, die gewisse Einsichten bringen können. Wie können sich Manager aber nun sicher sein, in welche Richtung solche Veränderungen gehen werden und welche Bedeutung sie haben? Vielleicht werden Veränderungen auch nur als vorübergehendes Phänomen angesehen. Manager sind daher meist verständlicherweise zurückhaltend, wenn es darum geht, vielleicht nur aufgrund einer neuen Modeerscheinung oder eines kurzfristigen Einbruchs der Nachfrage eine in ihren Augen erfolgreiche Strategie zu verändern. Rückblickend sind große Veränderungen immer leicht auszumachen; während sie sich jedoch vollziehen, ist ihre Bedeutung nicht so leicht zu erkennen. Rebecca Henderson vom MIT erklärte, wie eine Kodak-Führungskraft auf Berichte über die Bedrohung durch die digitale Technologie hätte reagieren können (siehe *Beispiel 5.5*): „... aber Sie sagen, dass wir Millionen Dollar in einen Markt investieren sollen, der eventuell existiert oder auch nicht, der aber sicherlich kleiner ist als unser bestehender Markt, um ein Produkt zu entwickeln, das die Kunden haben wollen oder auch nicht, und das auch noch mit einem Geschäftsmodell, bei dem wir bestimmt geringere Margen erzielen als bei unseren bestehenden Produktlinien ... Erklären Sie mir doch noch einmal, warum wir diese Investition durchführen sollen?“[33]
- *Auf Vertrautem aufbauen.* Vielleicht beobachten Manager Veränderungen in ihrem Umfeld, die sie unsicher machen oder die sie nicht voll und ganz verstehen. In solchen Fällen, reduzieren sie oft das Ausmaß, in dem sie mit solchen Unsicherheiten konfrontiert werden, auf ein Mindestmaß und suchen nach Antworten, die ihnen vertraut sind, die sie verstehen und die ihnen schon in der Vergangenheit gute Dienste geleistet haben. Dies führt zu einer Voreingenommenheit gegenüber inkrementellem strategischem Wandel.
- *Kernrigiditäten.* Solche Fähigkeiten, die zu Grundlagen eines Wettbewerbsvorteils geworden sind, lassen sich allerdings auch meist schwer wieder verändern und werden so zu *Kernrigiditäten.*[34] Dies geschieht, weil die Art und Weise, wie Aktivitäten ausgeführt werden, sich im Laufe der Zeit entwickeln und immer stärker in organisationale Routinen eingebettet werden, die sich gegenseitig verstärken, sich auf einander stützen und nur schwer aufzulösen sind. Derartige Routinen können

33 John Naughton, „The lessons we can learn from the rise and fall of Kodak“, *Observer Discover*, 22. Januar 2012.

34 Siehe D. Leonard–Barton, „Core capabilities and core rigidities: a paradox in managing new product development“, *Strategic Management Journal*, Band 13 (1992), S. 111–125.

auch selbstverständlich werden. Wie in *Kapitel 5.3.3* dargestellt, kann dies unter Umständen ein Vorteil sein, weil es für die Wettbewerber schwierig ist, auf miteinander verknüpften und für selbstverständlich gehaltenen Routinen basierende strategische Fähigkeiten nachzuahmen. Für selbstverständlich gehaltene Fähigkeiten werden allerdings nur selten in Frage gestellt und bleiben daher häufig bestehen, auch wenn sie längst nicht mehr nützlich und sinnvoll sind.

- *Beziehungen werden zu Fesseln.*[35] Oft gründet Erfolg auch auf hervorragenden Beziehungen zu Kunden, Zulieferern und Mitarbeitern. Eine Wahrung dieser Beziehungen wird höchstwahrscheinlich als grundlegende Bedingung für das langfristige Bestehen der Organisation gesehen. Und dennoch können es solche Beziehungen erschweren, Strategien grundlegend zu ändern, denn dadurch können sich auch Vertriebswege oder Kundengruppen ändern. Neu entwickelte Produkte könnten andere Zulieferer erfordern oder neue Fähigkeiten innerhalb der Organisation nötig werden lassen, sodass die Gefahr besteht, die guten Beziehungen zu den Mitarbeitern zu stören.
- *Auswirkungen verzögerter Leistung.* Die Auswirkungen einer solchen Drift lassen sich oft an der Leistung einer Organisation nicht so leicht ablesen. In den Anfangsphasen kann die finanzielle Leistung noch unverändert gut sein. Kunden können weiterhin loyal sein und die Organisation als Ganzes kann auch versuchen, durch mehr Effizienz, Kostenreduzierung oder einfach durch härtere Arbeit, ihr Niveau noch zu halten. Deshalb kann es sein, dass keine internen Signale eines nötigen Wandels sichtbar werden, dass auch vom Management kein Druck in diese Richtung kommt. Auch externen Beobachtern kann so entgehen, dass grundlegende Veränderungen durchgeführt werden müssen.

Aus all diesen Gründen verweisen die Berater von McKinsey auf die Tendenz, dass „die meisten Unternehmen Jahr für Jahr dem gleichen Geschäft die gleichen Ressourcen zuweisen“[36].

Setzt sich die strategische Drift jedoch fort, so zeigen sich früher oder später ganz klare Symptome: Die finanzielle Leistung bricht ein; Marktanteile gehen verloren; der Aktienkurs sinkt. Ein solcher Niedergang kann sich sehr rasch vollziehen, haben erst einmal externe Beobachter und nicht zuletzt Konkurrenten und Finanzanalysten das Vorliegen einer solchen Drift bemerkt. Selbst bei den erfolgreichsten Unternehmen kann es zu dieser strategischen Drift kommen. Tatsächlich neigen viele Unternehmen dazu, zu Opfern ihres eigenen vergangenen Erfolgs zu werden – Danny Miller bezeichnete diese Entwicklung als das Ikarus-Paradoxon.[37] Diese Organisationen werden zu Gefangenen vergangener Erfolgsformeln.

---

35 Dieser Begriff wird von Donald S. Sull verwendet, der dadurch den Abstieg erfolgreicher Unternehmen begründet (siehe „Why good companies go bad“, *Harvard Business Review*, Juli/August (1999), S. 42–52).

36 S. Hall, D. Lovallo und R. Musters, „How to put your money where your strategy is“, *McKinsey Quarterly* (März 2012).

37 Dieses Paradoxon (D. Miller, Harper Collins, 1990), so argumentiert Miller überzeugend, führt dazu, dass der Erfolg von Organisationen eine Reihe potenziell pathologischer Tendenzen nach sich zieht, darunter die Tendenz, die Dauerhaftigkeit von Erfolgsgrundlagen zu überschätzen und darauf relativ unkritisch zukünftige Strategien aufzubauen.

5.4.3 Eine Phase der Veränderung

Die nächste Phase (Phase 3) kann eine Phase der Veränderung sein, die durch allmählich sinkende Leistungen ausgelöst wird. Strategien können sich ändern, aber noch nicht in eine klare neue Richtung weisen. Vielleicht werden auch Veränderungen beim Management einer Organisation vorgenommen, die meist auf der höchsten Führungsebene ansetzen, denn die Interessengruppen, vor allem die Aktionäre eines börsennotierten Unternehmens, üben Druck auf die Organisation aus, Veränderungen vorzunehmen. Es kann zu internen Rivalitäten darüber kommen, welche Strategie verfolgt werden soll, die häufig von Meinungsverschiedenheiten herrühren, ob zukünftige Strategien sich auf historische Fähigkeiten stützen sollten oder ob diese Fähigkeiten allmählich redundant werden. Tatsächlich kam und kommt es in solchen Fällen immer wieder zu wortreichen Auseinandersetzungen in Vorstandszimmern, die in der Presse viel Beachtung finden. All dies kann dazu führen, dass das Vertrauen in die Organisation weiter schwindet, dass Leistung und Aktienkurs weiter fallen, dass sich nur schwer gute neue Führungskräfte finden lassen oder dass die Loyalität der Kunden weiter nachlässt. So hatte HMV bis zum Jahr 2012 viele seiner Geschäfte geschlossen und die Käufer empfanden das Produktangebot aber auch in dem Versuch der Umsatzsteigerung als zu Gunsten von Videospielen und DVDs, aber auch Handelsware wie T-Shirts und Posters verzerrt.

5.4.4 Transformativer Wandel oder Tod

Wenn sich die Lage verschlimmert, kann es zu drei möglichen Ergebnissen (Phase 4) kommen: (i) Die Organisation könnte sterben (im Fall eines Wirtschaftsunternehmens kann dies den Konkurs bedeuten, wie dies bei Kodak 2012 und bei HMV 2013 der Fall war). Bei einigen privatwirtschaftlichen Unternehmen kann sich das Sterben allerdings hinziehen, da die Manager an einer Fortführung der Strategie aus der Vergangenheit festhalten. (ii) Sie könnte von einer anderen Organisation übernommen werden. Oder (iii) es kommt zu einer Periode des *transformativen Wandels*. Ein solcher Wandel könnte in Form mehrerer Veränderungen geschehen, die sich auf die Strategie der Organisation beziehen, so können sich z.B. das gesamte Geschäftsmodell (siehe *Kapitel 9.2.4*) oder das Topmanagement der Organisation und vielleicht auch ihre Struktur verändern.

Ein solcher transformativer Wandel vollzieht sich nur selten in einer Organisation und ist meist die Folge eines drastischen Leistungseinbruchs. Oft werden diese transformativen Wandlungsprozesse als Erfolgsgeschichten der obersten Führungsriege verkündet. Hier wirken sie sich auch meist am deutlichsten aus. Das Problem ist, dass es in Bezug auf Marktposition, Shareholder-Vermögen und Arbeitsplätze oft schon zu spät ist. Organisationen haben vielleicht bereits ihre Wettbewerbsposition verloren, ein großer Teil des Shareholder Value wurde wahrscheinlich zerstört und viele Arbeitsplätze sind verloren gegangen. Die Periode, in der man „wirklich etwas bewegen kann", ist die Phase 1 oder 2 in *Abbildung 5.8*, bevor es zum Leistungsabfall der Organisation kommt. Eine Studie mit 215 großen britischen Unternehmen über den Zeitraum der zwanzig Jahre von 1983 bis 2003 hat jedoch gezeigt, dass lediglich vier von ihnen einen grundlegenden transformativen Wandel eingeleitet hatten, ohne dass die Leistung gesunken war.[38]

38 Siehe G. Yip, T. Devinney and G. Johnson, „Measuring long-term superior performance: the UK's long term superior performers 1984-2003", *Long Range Plannning*, Band 43, Nr. 3 (2009), S. 390–413.

Das Problem besteht sehr wahrscheinlich darin, dass eine strategische Drift schwer wahrzunehmen ist, ehe die Leistung darunter leidet. Um also die strategische Position eines Unternehmens verstehen zu können, damit die schädigenden Auswirkungen einer strategischen Drift vermieden werden können, muss man die Tatsache sehr ernst nehmen, dass historische Tendenzen bei der Strategieentwicklung meist in der Kultur einer Organisation verhaftet bleiben. Überdies gibt es auch erste Beweise, dass Unternehmen, denen es gelingt, regelmäßig Veränderungen umzusetzen, bevor sie dazu gezwungen werden, davon auch im Hinblick auf die finanzielle Leistung profitieren.[39]

Im Fokus: Verständnis der organisationalen Kultur

Wenn die organisationale Kultur einen so wichtigen Einfluss auf die Strategie ausübt, dann ist ein Verständnis dafür, was sie ausmacht und welche Einflüsse sie hat, von grundlegender Bedeutung. Aber ist das überhaupt möglich?

Es existieren viele Instrumente und Methoden zur Analyse organisationaler Kulturen. Denison Consulting[1] mit Sitz in Ann Arbour, Michigan, verwendet das Denison-Modell, um Klienten bei der Diagnose ihrer Kulturen zu unterstützen.

Denison argumentiert, dass es vier kulturelle Schlüsseleigenschaften gibt, die die Leistungsmaßstäbe beeinflussen, wie beispielsweise Rentabilität, Umsatzsteigerung, Qualität und Marktwert. Der Gründer Dan Denison erklärt dies so:[2]

> *„Allgemein gesprochen können die Wahrnehmung der Mission und die Anpassungsfähigkeit einer Organisation deren Wachstumsrate recht gut prognostizieren. Ein Wachstumsunternehmen konzentriert sich bei seiner Mission auf externe Märkte und ist sensibel gegenüber den Marktveränderungen. Seine Aktivitäten beruhen auf Informationen durch den Markt und es versteht die Bedeutung seines Bestehens auf dem Markt gut. Weist ein Unternehmen starke Beteiligung und Konsistenz auf und ist seine Kultur sehr „intern“, so wächst das Unternehmen unter Umständen nicht schnell, aber die Leistungsparameter, wie Qualität und Effizienz, sind normalerweise recht gut. Innovative Unternehmen erzielen im Hinblick auf die Anpassungsfähigkeit und Beteiligung immer hohe Werte. Ein Unternehmen mit einer starken Mission und Konsistenz erzielt über einen langen Zeitraum eine kontinuierlichen Leistung.“*

Diese Eigenschaften werden weiter in 60 Punkte heruntergebrochen, die in einem Fragebogen, den die Manager ausfüllen können, über eine Likert-Skala mit fünf Punkten gemessen werden. Die Ergebnisse liefern ein Bild der Kultur. Denison argumentiert, dass die Unternehmen mit der höchsten Leistung auch die Unternehmen mit den höchsten Punktwerten in allen vier Schlüsseleigenschaften sind. Dies legt auch nahe, dass die Befragungsergebnisse dazu verwendet werden können, die Schwächen der Kultur eines Unternehmens zu identifizieren, Veränderungen der Kultur nachzuverfolgen und Vergleiche mit anderen Unternehmen durchzuführen.

39 P. Klarner und S. Raisch, „Move to the beat – rhythms of change and firm performance“, *Academy of Management Journal*, Band 56, Nr. 1 (2013), S. 160–84.

Demgegenüber vertritt Mats Alvesson[3] die Ansicht, dass eine Tendenz zur Vereinfachung und Trivialisierung der Bedeutung der organisationalen Kultur besteht. Die Manager sind häufig anfällig für „Sünden“ wie:

Verdinglichung der Kultur: Die Kultur wird als etwas „Dingliches“ gesehen, das beispielsweise mit der Leistung verknüpft ist und leicht zu verwalten ist. Was allerdings wirklich wichtig ist, ist die von der Gemeinschaft geteilte Bedeutung und das ist ein komplexeres Konzept.

Essenzialisierung der Kultur: Beschreibung der Kultur im Hinblick auf einige essenzielle Eigenschaften. Die Gefahr ist eine „zu stark geordnete und oberflächliche Sichtweise der Kultur“. Dabei sind eine sorgfältigere Interpretation sowie eine Anerkennung der Variationen innerhalb einer Kultur notwendig.

Konsensualisierung der Kultur: „Geteilte Bedeutung impliziert nicht zwangsläufig Konsens und Harmonie … eine Organisation kann von geteilten Konzepten und Überzeugungen im Hinblick auf die Bedeutung des Eigeninteresses, harten internen Wettbewerb und eine Sichtweise des Unternehmenslebens als recht hart und gefährlich charakterisiert sein.“

Totalisierung der Kultur: Dies bezieht sich auf die Annahme, dass eine Kultur „ein für alle Mal“ erfasst werden kann, da „es sich um die geteilten Bedeutungen zu einem bestimmten Thema von Interesse handelt, das zu berücksichtigen ist“, wie die Kernkompetenzen oder die Zukunft einer Branche.

Vereinheitlichung der Kultur: „Dies meint die Gleichsetzung kultureller Grenzen mit formellen oder rechtlichen Grenzen, wie durch Begriffe wie Unternehmenskultur oder Nationalkultur impliziert wird.“

Dabei räumt Alvesson allerdings ein, dass es „manchmal pragmatische Gründe …. für Vereinfachungen und die Formulierung eines zugänglichen Begriffs gibt – die oft zu einigen der oben stehenden Sünden führen… Meiner Ansicht nach sollte allerdings mit den Fallstricken und Versuchungen sehr sorgfältig umgegangen werden und es sollte darauf geachtet werden, dass diese keine „Sonderrechte“ erhalten.“

Quellen:
[1]*www.denisonconsulting.com*
[2]Xuejun Yi, „The yin and yang of corporate culture“, *Harvard Business Review*, China, Januar 2008, S. 770–782.
[3]M. Alvesson, „Understanding Corporate Culture“, *Sage*, 2002, S. 186–189.

Kontrollfragen

1. Welche der von Alvesson genannten „Sünden“ gelten für das Denison-Modell?
2. Inwieweit gelten Alvessons Sünden auch für das kulturelle Netz?
3. Wenn, wie Alvesson postuliert, einige der Sünden in der Praxis schwer zu vermeiden sind, wie können es Manager dann vermeiden, ihnen „Privilegien zu geben“?
4. Führen Sie eine Kulturanalyse einer Organisation durch. Stellen Sie dabei fest, inwieweit Sie selbst solche „Sünden“ begehen.

Z U S A M M E N F A S S U N G

- *Geschichte* und *Kultur* einer Organisation können zu ihren strategischen Fähigkeiten beitragen, aber auch zu einer *strategischen Drift* führen, wenn sich Strategien nur langsam weiterentwickeln und nicht mit einem sich verändernden Umfeld Schritt halten können.
- Historische, *pfadabhängige* Prozesse spielen für Erfolg oder Misserfolg einer Organisation eine wichtige Rolle und müssen vom Management verstanden werden. Es gibt historische Analysen, die zur Aufdeckung solcher Einflüsse eingesetzt werden können.
- *Kulturelle und institutionelle Einflüsse* beeinflussen und behindern die Strategieentwicklung einer Organisation.
- Organisationskultur besteht aus den grundlegenden Annahmen und Überzeugungen, die die Mitglieder der Organisation gemeinsam haben.
- Ein Verständnis für die Kultur einer Organisation und ihrer Beziehung zu den Organisationsstrategien kann mithilfe des *kulturellen Netzes* erlangt werden.
- Historische und kulturelle Einflüsse können zu *strategischer Drift* führen, wenn sich die Strategie inkrementell auf der Grundlage solcher Einflüsse entwickelt und nicht mit einer sich verändernden Umwelt Schritt halten kann.

Z U S A M M E N F A S S U N G

EXTRAS ONLINE Aufgaben

*Kennzeichnet schwierigere Aufgaben.

***5.1** Führen Sie vor dem Hintergrund der Information aus *Kapitel 5.2* eine historische Analyse der Strategieentwicklung einer Organisation durch und bedenken Sie dabei die Frage: „Spielt die Geschichte beim strategischen Management eine Rolle?“

5.2 Stellen Sie ein Organisationsfeld dar (siehe *Kapitel 5.4.2*), innerhalb dessen eine Organisation Ihrer Wahl operiert. (Als Beispiel könnten Sie den Bereich der Unternehmensberatungen oder eine Organisation der öffentlichen Hand wählen.)

5.3 Identifizieren Sie (a) eine Organisation, deren öffentlich präsentierte Werte mit Ihrer Erfahrung mit dieser Organisation übereinstimmen, und (b) eine Organisation, bei der dies nicht der Fall ist. Erklären Sie Ihre Wahl.

5.4 Verwenden Sie die Fragen in *Abbildung 5.8* zur Darstellung eines kulturellen Netzes für Marks & Spencer oder eine Organisation Ihrer Wahl.

5.5 Identifizieren Sie vier Organisationen, die sich Ihrer Meinung nach in den verschiedenen Phasen der strategischen Drift befinden (siehe dazu die Erklärung der Phasen in *Kapitel 5.4*). Begründen Sie Ihre Auswahl.

***5.6** Bewerten Sie unter Verwendung einiger der oben genannten Beispiele die Behauptung, dass „Kultur nur durch die Symptome, die sich durch das Handeln einer Organisation zeigen, sinnvoll analysiert werden kann“. (Sie können sich dabei auf Scheins Buch aus den Literaturempfehlungen beziehen.)

Integrative Aufgabe

***5.7** Wählen Sie ein Beispiel eines umfassenden Strategiewandels einer Organisation. Erklären Sie, inwieweit und wie sich ihre strategischen Fähigkeiten sowie die Organisationskultur verändert haben. (Beziehen Sie sich auf *Kapitel 3, 5, 6* und *14*.)

Literaturempfehlungen

- Für eine historische Perspektive der Strategie siehe Manuel Hensmans, Gerry Johnson und George Yip, „Strategic Transformation: Changing while Winning“, *Palgrave Macmillan* 2013 (zusammengefasst in G. Johnson, G. Yip und M. Hensmans, „Achieving successful strategic transformation“, *MIT Sloan Managament Review*, Band 53, Nr. 3 (2012), S. 25–32) und John T. Seaman Jr. sowie George David Smith, „Your company's history as a leadership tool“, *Harvard Business Review* (Dezember 2012), S. 1–10.
- Für eine Zusammenfassung und eine anschauliche Erklärung der institutionellen Theorie siehe Gerry Johnson und Royston Greenwood, „Institutional theory and strategy“, in Mark Jenkins und V. Ambrosini (Hrsg.), „Strategic Management: A Multiple-Perspective Approach“, *Palgrave*, 2007.
- Für eine umfassende und kritische Erklärung der Organisationskultur siehe Mats Alvesson, „Understanding Organizational Culture“, *Sage*, 2002.
- Für eine ausführlichere Erklärung über das Phänomen der strategischen Drift siehe Gerry Johnson, „Rethinking Incrementalism“, *Strategic Management Journal*, Band 9 (1988), S. 75–91; und „Managing strategic change – strategy, culture and action“, Long Range Planning, Band 25, Nr. 1 (1992), S. 28–36. (Diese Ausführungen erklären auch das kulturelle Netz.) Siehe auch Donald S. Sull, „Why good companies go bad“, *Harvard Business Review*, Juli/August (1999), S. 42–52.

Fallstudie
Boni und Zockerei bei der Barclays Bank

Quelle: © L. E. MORMILE – Shutterstock.com # 85434403

Im Jahr 2012 trat Bob Diamond, CEO der Barclays Bank, zurück, Grund war die Kritik von Seiten der Regierung, der Aktionäre und der Medien bezüglich der Manipulation des Interbanken-Zinssatzes Libor durch die Bank. Diese Kritik war häufig verbunden mit einer Verurteilung der Kultur bei Barclays und insbesondere im Investmentzweig der Bank, die die britische Finanzdienstleistungsaufsichtsbehörde als „Glücksspielkultur“ und die BBC in ihrer Sendung „Panorama“ als „Bonuskultur“ bezeichnete.

Wurzeln in der Kultur der Quäker

Was so umfassend als „gewissenloses Handeln“ bei Barclays verurteilt worden war, schien einer Bank mit ihrem Hintergrund fremd zu sein. Die Gründerfamilien kamen aus der religiösen Bewegung der Quäker, die Schlichtheit, Pazifismus und hohe moralische Standards betonte. Und ihre Nachfahren hielten noch Mitte des 20. Jahrhunderts wichtige Führungspositionen im Unternehmen. Die *Financial Times* bemerkte dazu:

> *„Die Bank ähnelte in vielerlei Hinsicht einem Club und, wie so oft bei den britischen Clubs, funktionierte die ganze Sache trotz ihrer Fehler überraschend gut… Tatsächlich war das Unternehmen während der Nachkriegsära die innovativste der britischen Clearingbanken. Im Jahr 1967 installierte die Bank den ersten Bankautomaten der Welt… Überdies entwickelte Barclays auch die erste Plastikbankkarte, die Barclaycard, die noch immer außerordentlich erfolgreich ist.“*

Der Erfolg hielt allerdings nicht an: Das Jahr 1986 brachte den „Urknall“, die Deregulierung der Finanzmärkte im Vereinigten Königreich. Eine Folge davon war der Eintritt US-amerikanischer Investmentbanken in den britischen Markt, durch den sich der Wettbewerb verstärkte und die „klüngelhafte“ Kultur der Vergangenheit überwunden wurde. Barclays reagierte darauf mit dem Versuch einer schnellen Wachstumsstrategie – mit katastrophalen Folgen: Anfang der 1990er-Jahre musste die Bank durch zwei Bezugsrechtsemissionen zusätzliches Kapital beschaffen.

Die Entwicklung des Investmentbanking

Barclays wurde 1809 gegründet und baute sich als Overend, Gurney & Co. den Ruf auf, Wechsel anderer Banken für die Reinvestition in Unternehmen zu akzeptieren – eine frühe Form des Investmentbanking. Allerdings führten schlechte Investitionen in den 1890er-Jahren zur Insolvenz, die die Fusion mehrerer Quäker-Banken zur Folge hatte, bei der 1896 Barclays entstand. Somit waren Investmentbanking, Risikoaversion und ein konservativer Ansatz zum Wachstum bis in die späten 1980er-Jahre Teil des Erbes von Barclays.

Das Interesse am Investmentbanking erhielt nach dem Urknall erhebliche Impulse. Barclays führte Übernahmen, einschließlich der eines Börsenmaklers, durch. Dies führte zur Errichtung einer Investmentbank – Barclays de Zoete Wedd (BZW). Wie andere Investmentbanken, die sich allerdings am Aktienhandel beteiligten, hatte Barclays große Schwierigkeiten bei der Verbindung des konventionellen und des Investmentbankgeschäfts in ein kohärentes Modell. Die *Financial Times* formulierte dies so:

> *„Das Hauptproblem war die Kultur. Wie Michael Lewis, Autor von Liar's Poker, einem Kommentar zur Wall Street der 1980er Jahre, es einmal einprägsam formulierte, war ein Geschäftsbanker jemand, der eine Frau, einen Kombi, 2,2 Kinder und einen Hund hatte, der ihm bei der Rückkehr von der Arbeit um 18:00 Uhr seine Hausschuhe brachte. Ein Investmentbanker war im Gegensatz dazu ein ganz anderer Typ, ein Mitglied einer überlegenen Rasse von Experten für den Abschluss von Geschäften. Er verfügte über riesiges, beinahe unvorstellbares Talent und entsprechenden Ehrgeiz. Wenn er einen Hund hatte, dann einen der knurrte. Außerdem hätte er zwei kleine rote Sportwagen – eigentlich wollte er aber vier haben. Und um die zu bekommen, zeigte er für einen Anzugträger eine überraschend hohe Bereitschaft, Ärger zu machen.“*

Der Bereich des Investmentbanking war berüchtigt für harte Arbeit und exzessives Feiern. So arbeiteten Investmentbanker oft die ganze Nacht durch oder erweckten zumindest den Anschein – es gibt Geschichten darüber, dass die Banker Anzüge mit zwei Jacketts hatten, damit sie einen über der Bürostuhllehne hängen lassen konnten, um den Eindruck zu erwecken, dass sie noch bei der Arbeit im Büro waren. Außerdem herrschte eine „Wir schaffen das“-Mentalität vor, die beispielsweise eine eintägige Reise nach Australien für eine einstündige Besprechung rechtfertigte. Für Flüge, Unterhaltung oder Unterkunft wurden keine Kosten gescheut, sofern ein großes Geschäft abgeschlossen wurde. Überdies gab es auch viele sichtbare Ausschweifungen, wenn beispielsweise Händler Tausende Pfund pro Nacht in Champagner-Bars ausgaben.

1994 wurde Martin Taylor, ein früherer Journalist der *Financial Times*, der bereits Vorstandsvorsitzender von Courtaulds Textiles gewesen war, zum CEO von Barclays ernannt. Seine anfängliche Einschätzung war, dass BZW auf einem äußerst umkämpften und überfüllten Markt unterdurchschnittlich abschnitt. Er entschied, neues Personal an Bord zu holen. Dazu gehörte Bob Diamond, der sich einen Ruf als Händler im Investmentbanking-Bereich bei CS First Boston in New York erworben hatte.

Allerdings setzten sich Martin Taylors Sorgen fort. 1997 legte er dem Vorstand ein Dokument vor, in dem argumentiert wurde, dass den verschiedenen Aktivitäten von BZW auf einem zunehmend globalen Markt Skaleneffekte fehlten und dass Barclays aus dem Investmentmarkt austreten sollte. Der Vorstand akzeptierte jedoch diese Argumentation nicht, da er überzeugt war, dass Barclays sein Investmentgeschäft weiterentwickeln müsste. Allerdings beugten sie sich dem Druck der Investoren im Hinblick auf die vergleichsweise niedrigen, von BZW erwirtschafteten Renditen und entschieden sich, die Unternehmensfinanzierungssparte zu veräußern und somit den Fokus auf den Handel, das Fachgebiet von Bob Diamond, zu verschieben. Martin Taylor trat 1998 zurück.

Während des ersten Jahrzehnts des neuen Jahrhunderts wuchs der Einfluss von Bob Diamond. Ein früherer Angestellter des Investmentzweigs von Barclays beschrieb in der BBC-Sendung *Panorama* in einem Interview, dass Bob Diamond bei Barclays „die Werte der Wall Street eingeführt hatte: Jeder kämpfte für sich … Es ging nur darum, immer bessere Geschäfte zu machen und bereit zu sein, „extreme Risiken“ einzugehen, um „riesige Gewinne“ zu machen und für die betreffenden Händler gigantische Boni zu erzielen.“ Überdies entwickelte Diamond auch das vielfach kritisierte „Steuerplanungsgeschäft“ der strukturierten Kapitalmärkte, das viele als den „Steuervermeidungsbereich“ von Barclays sahen. Der Bereich, der 2010 nur einige Hundert Mitarbeiter beschäftigte, erzielte pro Jahr Gewinne von £ 1 (€ 1,2) Milliarden. Und dort wurden auch die höchsten Boni gezahlt.

Es gelang Bob Diamond, den Handelszweig der Bank, der 2011 58 Prozent der Gesamtgewinne vor Steuern von Barclays ausmachte, zu einem wesentlichen Eckpfeiler für die Gewinne des Unternehmens auszubauen. Überdies gelang es ihm mit einem Schachzug, den die Financial Times „als opportunistischen Griff nach dem amerikanischen Geschäft der Lehman Brothers nach deren Zusammenbruch 2008“ bezeichnete, an der Wall Street eine leistungsstarke Position für Barclays aufzubauen. Im Gegenzug dafür wurde er zu Beginn des Jahres 2011 Chief Executive der gesamten Bank. Trotzdem gab es bereits erste Anzeichen für zukünftige Probleme. Es kam zu Untersuchungen im Hinblick auf den missbräuchlichen Verkauf von Restschuldversicherungen durch die Privatkundenbanken sowie im Hinblick auf die Manipulation des Interbankenzinssatzes Libor zur Erzielung ungerechtfertigter Gewinne, in beiden Fällen unter starker Beteiligung von Barclays. Es wurden Untersuchungen gegen Händler bei der Barclays Bank aufgrund angeblicher Manipulationen des kalifornischen Strompreises geführt. Überdies wurde starke Kritik an den Steuervermeidungsaktivitäten der Bank sowie dem extrem hohen Vergütungspaket von Bob Diamond geübt, das dem BBC-Programm *Panorama* zufolge zwischen 2007 und 2012 auf £ 120 Millionen geschätzt wurde. Auch wenn in der Öffentlichkeitsarbeit von Barclays noch immer auf dessen Quäker-Erbe verwiesen wurde, lag der Ruf des Unternehmens in Scherben. Bob Diamond trat 2012 zurück.

Boni und Stammesverbindungen

Die Probleme von Barclays wurden vielfach der „Bonuskultur“ zugeschrieben, die sich in der Investmentbank so deutlich zeigte. Die Financial Times zitierte dazu Philip Augar, der zwischen 1992 und 1995 das Aktiengeschäft von NatWest führte:

„Der Kampf zwischen konventionellen Bankern und Investmentbankern betraf normalerweise Bezahlung und Ressourcen … Die Bonusrunde ist bei einer Investmentbank die wichtigste Zeit des Jahres. Wenn man das falsch macht, fällt das Geschäft auseinander; wenn man zu viel zahlt, geht die Rentabilität den Bach hinunter. Bei einer Universalbank haben die Privat- und Geschäftskundenbanker oft, vielleicht sogar immer das Gefühl, dass ein zu großer Teil der Investmentgewinne an das Personal ausgezahlt wird, und sie nehmen es zwangsläufig übel, dass die Boni der Investmentbanker höher sind als ihre eigenen. Während die Investmentbanker wiederum immer befürchten, dass das Management die Investmentsparte billig aufbauen will.“

Barclays wurde dafür kritisiert, dass es seinen Mitarbeitern selbst nach der Finanzkrise 2008/2009 weiter hohe Boni zahlte. Die BBC-Sendung *Panorama* berechnete, dass die Zahlungen an Aktionäre 2010/2011 £ 1,4 Milliarden betragen hatten, während an die Mitarbeiter Boni in Höhe von £ 6 Milliarden ausgezahlt worden waren. Martin Taylor, der für *Panorama* interviewt wurde, argumentierte, dass die Aktionäre tatsächlich die Zahlung von Boni subventionierten und dass die Höhe der Boni ungerechtfertigt war.

Allerdings schrieb die Zeitung *The Guardian*, dass die Wurzel des Problems nicht nur eine Frage der Vergütung war. Sie fragte auch, warum Mitarbeiter von Barclays, die wussten, was mit dem Libor passierte, nichts taten, und argumentierte, dass dies auf eine Kultur „starker Stammesverbindungen“ zurückzuführen war:

„Es ist klar, dass zumindest einige Menschen im Finanzsektor nicht hauptsächlich durch Geld motiviert werden. Aber sie haben Angst, sind machtlos oder sogar beides. Tatsächlich könnte man den Finanzsektor als Muster verwenden, wenn man eine Arbeitsumgebung gestalten will, die den kurzfristigen Konformismus fördert und Mitarbeiter von Enthüllungen abhält.

Oder betrachten wir die Arbeitsplatzsicherheit als Beispiel. Bei den meisten großen Banken kann man gekündigt werden und wird fünf Minuten später vom Sicherheitsdienst nach draußen begleitet. Bei einigen Banken gibt es jährliche Entlassungen, aber selbst die, die das vermeiden konnten, mussten aufgrund des schwierigen Wirtschaftsklimas Kündigungsrunden durchlaufen. Wenn dies ein Klima der Angst schafft, muss man sich nur den durchschnittlichen Karriereverlauf anschauen. Die meisten Mitarbeiter versuchen, nach einigen Jahren die Bank oder die Stelle zu wechseln. Stellen Sie sich vor, dass es ein riesiges Problem bei der eigenen Bank gibt – dann wissen Sie, dass es an der Zeit ist, zur nächsten Stelle zu wechseln.

Darüber hinaus sind die Mitarbeiter im Finanzsektor im Allgemeinen überbezahlt, sodass sie bei einem Wechsel in eine andere Branche eine Kürzung akzeptieren müssen – was wiederum die Fähigkeit, Privatschulgebühren und Hypotheken zu bezahlen, beeinträchtigt. Und das alles unter der Annahme, dass man einen Arbeitsplatz finden kann – da (im Jahr 2012) die Wirtschaft nicht gerade floriert und Fähigkeiten, denen in der Finanzbranche ein hoher Wert beigemessen wird, in anderen Bereichen beinahe wertlos sind.

Schließlich gibt es noch die psychologische Dynamik – die wahrscheinlich der stärkste Aspekt ist. Die meisten Überflieger im Bereich der Investmentbanken beschreiben ihre Tätigkeit nicht als Arbeit, sondern als ihr Leben … Banker arbeiten in Teams und die Moral dort lautet: Du arbeitest entweder mit uns oder du bist gegen uns. Mitarbeiter, die ihre Meinung sagen, machen sich angreifbar. Hat man etwas zu verbergen, wird dies sicherlich entdeckt und ans Licht gebracht … Wenn ein Mitarbeiter etwas über die Bank, bei der er arbeitet, an die Öffentlichkeit bringt, dann schließt man sich auf einen Schlag selbst aus dieser Welt heraus. Und es geht dabei nicht nur um einen Arbeitsplatz, sondern um die eigene Identität.“

Die Zukunft

Im Jahr 2012 sowie nach ähnlich fragwürdigem Verhalten britischer Banken, wie RBS und Lloyds, sowie anderer europäischer Banken, wie UBS, und US-amerikanischer Banken, wie J.P. Morgan, wurde das gesamte Geschäftsmodell britischer Banken in Frage gestellt. Die von der britischen Regierung zur Überprüfung der Zukunft des Bankwesens einberufene Vickers-Kommission zog eine Trennung des Privatkundengeschäfts vom Investmentbanking in Erwägung. Anfang des Jahres 2013 wurde eine EU-Richtlinie erlassen, nach der ohne die Zustimmung der Aktionäre die Boni von Bankern nicht mehr als ein Jahresgehalt betragen dürfen. Auch der neue Barclays-CEO Antony Jenkins führte eine strategische Überprüfung des Unternehmens durch und untersuchte in diesem Zusammenhang die Leistung und den Ruf von 75 Unternehmensbereichen. Im Februar 2013 kam er dabei zu der Schlussfolgerung, dass 39 Unternehmensbereiche sich in einem guten Zustand befanden, 15 eine gewisse Aufmerksamkeit brauchten, 17 zur Vermeidung einer Schließung oder eines Verkaufs erhebliche Aufmerksamkeit benötigten und 4 definitiv geschlossen oder verkauft werden würden. Eine dieser Einheiten war der Geschäftsbereich Strukturierte Kapitalmärkte. Der Bereich Investmentbanking würde mit nur geringfügigen vorgeschlagenen Änderungen erhalten bleiben.

In einem internen Memo von Jenkins an alle Barclays-Mitarbeiter stand dazu:

> *„Über einen Zeitraum von beinahe 20 Jahren ist das Bankwesen zu aggressiv geworden, der Fokus liegt zu sehr auf der kurzen Frist, die Verbindung zu den Bedürfnissen der Kunden und Mandanten – sowie der Gesellschaft insgesamt - ist verloren gegangen. Bei Barclays sind wir gegenüber solchen Fehlern nicht immun … Die Leistungsbewertung wird nicht nur darauf abzielen, was wir tun, sondern auch wie wir es tun. Wir dürfen niemals wieder in eine Lage geraten, in der wir Mitarbeiter dafür belohnen, dass sie für die Bank Geld auf unethische oder nicht mit unseren Werten zu vereinbarende Art und Weise verdienen.“*

Danach sollte das Barclays-Personal im Hinblick auf die Bedeutung der fünf Kernwerte geschult werden: Respekt, Integrität, Dienstleistung, Spitzenleistungen und Verantwortung.

Quellen: John Plender, „How traders trumped Quakers“, *Financial Times*, 6. Juli 2012.
Panorama: Inside Barclays: Banking on Bonuses, 11. Februar 2013, *http://www.youtube.com/watch?v=FejXTeLAQOY*.
Joris Luyendijk, „Barclays emails reveal a climate of fear and fierce tribal bonding among traders“, *Guardian*, 28. Juni 2012.
F. Jenkins, D. Schäfer und J. Thompson, „Evangelism belies change at Barclays“, *Financial Times*, 12. Februar 2013.

Kontrollfragen

1. Führen Sie eine kulturelle Netzanalyse des Investmentzweigs der Barclays Bank durch.
2. Wie könnten Ihr kulturelles Netz aus 1. oben und die kulturellen Netze für den Privatkundenbereich von Barclays (*Beispiel 5.4*) Antony Jenkins unterstützen?
3. Wenn Sie Antony Jenkins wären, wie würden Sie die Geschichte von Barclays nutzen, um die Strategie und Kultur des Unternehmens neu zu definieren?

Kommentar zu Teil I: Die strategische Position

In den letzten fünf Kapiteln wurde eine große Vielzahl von Strategiekonzepten und Rahmen vorgestellt. Einige davon verfolgen einen ökonomischen Fokus, wie beispielsweise die „Five-Forces-Analyse“ in *Kapitel 2*. Andere sind stärker soziologisch geprägt, wie beispielsweise die Betonung der Legitimität in den *Kapitel 4* und *5*. In einigen Konzepten und Rahmen werden die Innovationschancen betont, wie beispielsweise bei der Strategieleinwand in *Kapitel 2*. Wieder andere betonen den Konservativismus in Organisationen, zum Beispiel die strategische Drift und die organisationale Kultur in *Kapitel 5*. Im Allgemeinen wird in den Kapiteln eine Objektivität in der Analyse angenommen, aber Aspekte wie das Principal-Agent-Problem in *Kapitel 4* warnen vor dem Umfang divergierender politischer Interessen in Organisationen, während auch die organisationale Kultur eine Quelle von Verzerrungen sein kann. Was daher aus diesen Kapiteln klar sein sollte ist, dass es viele verschiedene Sichtweisen der Strategie gibt. Die Strategieperspektiven bieten vier grundlegende Ansätze zur Untersuchung strategischer Themen, die jeweils die speziellen Konzepte und Bezugsrahmen betonen sowie jeweils charakteristische Auswirkungen auf die Praxis haben.

Die vier Strategieperspektiven lauten wie folgt:

- **Die Gestaltungsperspektive sieht die Strategieentwicklung als logischen Prozess der Analyse und Bewertung**. Dies ist die häufigste Sichtweise zur Entwicklung sowie zum Umgang mit Strategie. Sie unterstützt eine objektive Analyse durch die Verwendung formaler Konzepte und Bezugsrahmen.
- **Die Erfahrungsperspektive sieht die Strategieentwicklung als Ergebnis der für selbstverständlich gehaltenen Annahmen sowie Handlungsweisen von Menschen**. Da Strategien von Menschen ausgewählt und umgesetzt werden, spielen auch ihre Erfahrungen eine Rolle. Die Strategie aus der Erfahrungsperspektive stellt die Menschen, die Kultur und die Geschichte in den Mittelpunkt der Strategieentwicklung.
- **Bei der Vielfaltsperspektive[40] wird die Strategie als Heraussprudeln von Ideen aus der Vielzahl von Personen in und um Organisationen gesehen.** Auch Topmanager können nicht alles über ihre Organisationen und Märkte wissen. Nach der Vielfaltsperspektive kann sich die Strategie nicht nur an der Unternehmensspitze, sondern auch an der Peripherie sowie der Basis der Organisation entwickeln.
- **Die Diskursperspektive beschreibt die Sprache als wichtig sowohl für das Verständnis und die Veränderung der Strategie als auch die Macht und Identität der Manager.** Die Manager verwenden Sprache immer zur Verfolgung ihrer Ziele. Bei dieser Perspektive können durch die Analyse des Diskurses von Managern versteckte Bedeutungen und politische Interessen aufgedeckt werden.

Die Untersuchung der Strategie mit Hilfe dieser vier Perspektiven ist hilfreich, da sie alle verschiedene Fragen aufwerfen und verschiedene Einsichten ermöglichen. Dazu können wir beispielsweise an alltägliche Diskussionen denken. Es ist nicht ungewöhnlich, dass Äußerungen wie die folgende dabei fallen: „Aber was ist, wenn wir die Sache einmal so betrachten?“ Wenn wir nur eine Sichtweise verfolgen, kann dies zu einem teilweisen und eventuell verzerrten Verständnis führen. Durch die Betrachtung einer Frage von einer anderen Perspektive aus können wir uns ein umfassenderes Bild machen und erzielen damit neue und andere Einsichten. So beispielsweise, ob eine vorgeschlagene

40 In früheren Auflagen wurde die Vielfaltsperspektive als Ideenperspektive bezeichnet.

Strategie das Ergebnis einer objektiven Analyse ist oder ob sie eher die persönliche Erfahrung des Vorschlagenden oder politisches Eigeninteresse widerspiegelt. Überdies können die Perspektiven auch verschiedene Optionen oder Lösungen für strategische Probleme bieten. So beispielsweise für die Frage, ob sich Organisationen bei der Schaffung neuer Strategien nur auf Spitzenmanager stützen sollen oder ob davon auszugehen ist, dass sich die zukünftige Strategie aus Initiativen und Experimenten an der Basis der Organisation entwickelt. Somit kann ein auf mehreren Perspektiven beruhender Ansatz zur Strategie den Managern und Studenten dabei helfen, eine große Vielzahl an Themen und Reaktionen zu berücksichtigen.

Im verbleibenden Teil des vorliegenden Kommentars werden die vier Perspektiven detailliert erklärt. Dabei wird insbesondere verglichen, in welchem Zusammenhang jede dieser mit den folgenden drei Schlüsseldimensionen des strategischen Managements steht:

- *Rationalität*: die Frage, inwieweit die Entwicklung der Strategie rational geführt wird. Die Gestaltungsperspektive beruht auf der Annahme einer hohen Rationalität, während dies in den anderen Perspektiven in Frage gestellt wird.
- *Innovation*: die Frage, inwieweit die Strategie wahrscheinlich innovative, veränderungsorientierte Organisationen hervorbringt oder alternativ dazu Erfahrungen der Vergangenheit und bestehende Machtstrukturen konsolidiert.
- *Legitimität*: die Frage, inwieweit die Strategieanalyse und der Diskurs den Erwartungen der wesentlichen Stakeholder entsprechen und damit die Macht der Manager sowie die Identitäten in Organisationen verstärkt.

Der vorliegende Kommentar schließt mit einem kurzen Fallbeispiel von Nokia, das verdeutlicht, wie die vier Perspektiven eingesetzt werden können, um die Strategie eines realen Unternehmens zu untersuchen. An späterer Stelle dieses Buchs wird es noch kürzere Kommentare geben, die die Leser dabei unterstützen, die in den Teilen *II* und *III* betonten Konzepte und Bezugsrahmen zu reflektieren. Allerdings bezieht sich dieser Kommentar im Wesentlichen auf das in den ersten fünf Kapiteln dieses Buchs enthaltene Material.

Gestaltungsperspektive

Die Gestaltungsperspektive beschwört das Bild des Strategen als distanziertem Konstrukteur herauf, der genaue Entwürfe zeichnet, die von den unschönen Realitäten der Maßnahme weit entfernt sind. Im Hinblick auf die drei wesentlichen Dimensionen betont die Gestaltungsperspektive daher die rationale Analyse und Entscheidungsfindung (siehe *Abbildung K.1*).[41] Aufgrund des offenen Bekenntnisses zur Optimierung der Leistung von Organisationen ist die Gestaltungsperspektive tendenziell in höchstem Maße legitim – insbesondere für Eigentümer und Regulatoren. Dabei zählt die rationale Analyse, nicht Leidenschaft oder Intuitionen. Allerdings läuft dieses Engagement für trockene Analysen mitunter der Innovation zuwider.

41 Eine nützliche Darstellung der Prinzipien rationaler Entscheidungsfindung findet sich in J. G. March, „A Primer on Decision Making: How Decisions Happen", *Simon & Schuster*, 1994, Kapitel 1, Limited liability, S. 1–35.

Abbildung K.1:
Gestaltungsperspektive

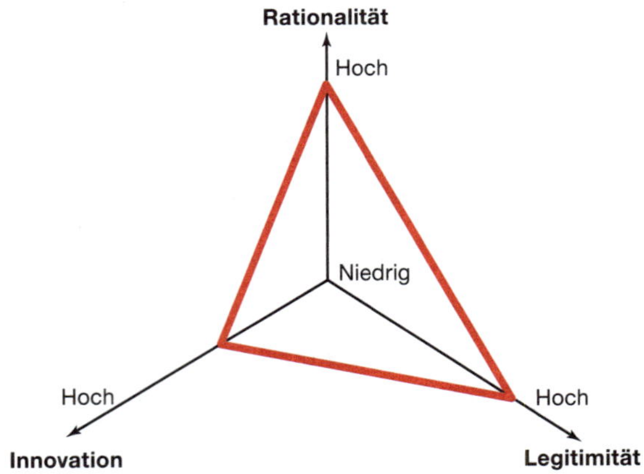

Die Gestaltungsperspektive wird weitgehend mit Strategietheoretikern wie dem früheren Strategieplaner der Lockheed Corporation Igor Ansoff oder dem in Wirtschaftswissenschaften ausgebildeten Professor der Harvard Business School Michael Porter assoziiert[42]. Diese Perspektive hat ihren Ursprung in den Erwartungen traditioneller Wirtschaftswissenschaftler im Hinblick auf vollkommene Informationen und den rationalen Agenten und wird weiter durch Methoden der Managementlehre zur Ressourcenoptimierung beeinflusst. Die Gestaltungsperspektive wird häufig auch in Lehrbüchern, von Lehrern, ja sogar von Managern verwendet, um Strategie zu erklären. Die Gestaltungsperspektive beschreibt die folgenden drei Annahmen darüber, wie strategische Entscheidungen getroffen werden:

- *Die systematische Analyse ist von entscheidender Bedeutung.* Obwohl es viele Faktoren gibt, die die Leistung einer Organisation beeinflussen, kann eine sorgfältige Analyse dazu beitragen, die wichtigsten Aspekte zu identifizieren. Bei dieser Perspektive bilden die Berechnung der Attraktivität einer Branche mit Hilfe der „Five Forces" von Porter (siehe *Kapitel 2*) und die Identifizierung strategischer Fähigkeiten unter Verwendung der Kriterien Wert, Seltenheit, Unnachahmlichkeit und Nicht-Substituierbarkeit (*Kapitel 3*) Standardverfahren für die Schätzung der zukünftigen Leistung.
- *Vor einer Aktivität kommt die Analyse.* Bei der Gestaltungsperspektive wird die Strategie im Allgemeinen als linearer Prozess gesehen. Entscheidungen über die Strategie sind von der Umsetzung getrennt und gehen dieser voraus. Von diesem Standpunkt aus betrachtet bildet die Umweltanalyse – beispielsweise die Prognose von Branchenlebenszyklen oder die Planung von Szenarien (*Kapitel 2*) – den entscheidenden ersten Schritt der Strategiefindung.
- *Die Ziele sollten klar sein.* Eine rationale Analyse und Entscheidungsfindung brauchen eindeutige Kriterien, mit denen die Optionen bewertet werden. Die Missionen und Visionen (*Kapitel 4*) sollten im Voraus so genau wie möglich mit wenig Spielraum für Anpassungen im Fall der Identifizierung neuer Chancen oder Beschränkungen während des Prozesses festgelegt werden.

42 Eine Einführung in Ansoffs Denkweise bietet Moussetis, „Ansoff revisted"; *Journal of Management History*, Band 17, Nr. 1 (2011), S. 102-125. R. Porter erörtert seinen Ansatz in N. Argyres und A. McGahan, „An interview with Michael Porter", *Academy of Management Executive*, Band 16, Nr. 2 (2002), S. 43–52.

Diese Annahmen der Gestaltungsperspektive im Hinblick darauf, wie Entscheidungen gefällt werden sollten, sind wiederum mit zwei wesentlichen Sichtweisen der Art von Organisationen verbunden:

- *Organisationen sind Hierarchien.* Es liegt in der Verantwortung der Unternehmensführung, das Schicksal der Organisation zu planen. Die Verantwortung des Rests der Organisation liegt einfach darin, die an der Unternehmensspitze beschlossene Strategie umzusetzen.
- *Organisationen funktionieren mechanisch.* Dieser hierarchische Ansatz impliziert eine Sichtweise von Organisationen als konstruierten Systemen oder sogar als Maschinen. Durch das Bedienen der richtigen organisationalen Stellhebel sollten vorhersehbare Ergebnisse erzielt werden. Principal-Agent-Probleme können durch die angemessene Gestaltung von Anreizen (*Kapitel 4*) gesteuert werden. Selbst organisationale Kulturen (*Kapitel 5*) lassen sich von oben gestalten.

Auswirkungen

Die Gestaltungsperspektive hat sowohl für Manager als auch für Studenten praktische Auswirkungen. Von der Gestaltungsperspektive aus betrachtet, lohnt es sich, umfangreiche Zeit für eine formelle Analyse – insbesondere wirtschaftswissenschaftliche Formen der Analyse – zu investieren. Die formelle strategische Planung und finanzielle Berechnungen sind wesentliche Bestandteile des Ansatzes der Entwicklungsperspektive. Aber selbst wenn strategische Pläne nicht immer zu den erwarteten Ergebnissen führen, gibt es zwei weitere Gründe für die Wahl der Entwicklungsperspektive:

- *Umgang mit Komplexität und Unsicherheit:* Die Gestaltungsperspektive bietet eine Möglichkeit der rationalen, logischen und strukturierten Erörterung komplexer und unsicherer Aspekte. Selbst wenn es bei der rationalen Analyse mitunter zur Übervereinfachung oder zur Vermittlung einer unangemessenen Präzision kommt, ist dies normalerweise besser, als zu der Schlussfolgerung zu gelangen, dass alles einfach zu kompliziert für jede Art Plan oder Berechnung ist. Strategie ist mehr als nur Rätselraten.
- *Erfüllung der Stakeholder-Erwartungen.* Neben dem reinen analytischen Wert eines Gestaltungsansatzes erwarten wichtige Stakeholder (siehe *Kapitel 4*), wie Banken, Finanzanalysten, Investoren und Mitarbeiter, typischerweise die Einführung rationaler Verfahren. Für diese Beobachter ist die Analyse in höchstem Maße legitim. Daher ist die Wahl des Ansatzes der Entwicklungsperspektive ein wichtiges Mittel, die Unterstützung und das Vertrauen wichtiger interner und externe Akteure zu erwerben.

Der Einsatz von Techniken der rationalen Strategieanalyse kann überdies auch Auswirkungen in Bezug auf die Macht von Managern und die persönliche Identität haben. Diese Nebenwirkungen werden weiter im Zusammenhang mit der Diskursperspektive erörtert.

Zusammenfassend lässt sich formulieren, dass die Gestaltungsperspektive dazu beiträgt, den potenziellen Wert der systemischen Analyse, von schrittweisen Abläufen und der sorgfältigen Planung von organisationalen Zielen und Systemen zu unterstreichen. Allerdings hat die Gestaltungsperspektive ihre Grenze. So unterschätzt eine enggefasste Gestaltungsperspektive tendenziell die positive Rolle von Intuition und Erfahrung, den Raum für ungeplante Initiativen bzw. Initiativen von unten nach oben sowie die Machtwirkungen der Strategieanalyse. Verschiedene Perspektiven können hilfreiche Einblicke in diese anderen Elemente der Strategieentwicklung gewähren.

Strategie als Erfahrung

Bei der Erfahrungsperspektive wird die Strategie weniger als Ergebnis einer objektiven Analyse auf einem weißen Blatt Papier, sondern mehr als Resultat der Vorerfahrungen der Manager der Organisation gesehen. Geschichte und Kultur spielen dabei eine Rolle. Die Strategie wird durch die individuellen und kollektiven, für selbstverständlich erachteten Annahmen und Vorgehensweisen der betreffenden Personen beeinflusst. Wie in *Abbildung K.2* dargestellt, betont die Erfahrungsperspektive deshalb die Rationalität weniger als die Gestaltungsperspektive. Überdies weist sie auch niedrige Erwartungen im Hinblick auf Innovation und Wandel auf. Legitimität ist wichtig, aber sie wird im Hinblick auf persönliche Erfahrungen oder organisationale Routinen und die entsprechende Kultur anstelle einer einfachen Betonung der Analyse und „der Tatsachen" definiert.

Abbildung K.2:
Die Erfahrungsperspektive

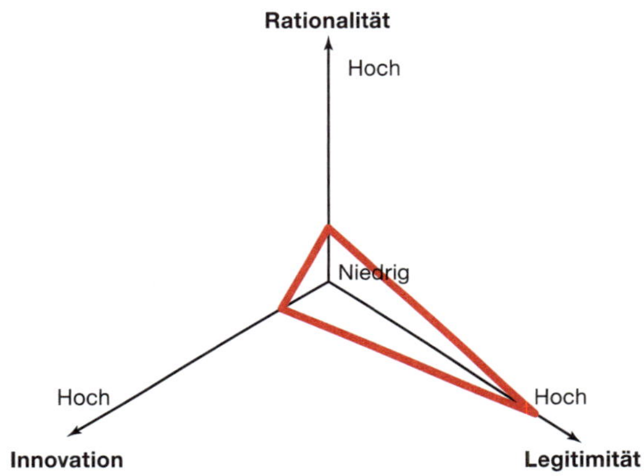

Die Erfahrungsperspektive beruht auf einem erheblichen Maß an Forschung darüber, wie Strategien sich tatsächlich in der realen Welt entwickeln. Bereits in den 1950er-Jahren entwickelt der Nobelpreisgewinner Herbert Simon die Verhaltenstheorie des Unternehmens auf der Grundlage des tatsächlichen Verhaltens von Managern.[43] Die Verhaltenstheorie des Unternehmens unterstreicht für die rationale Analyse in der Praxis zwei Arten von Problemen:

- *Externe Beschränkungen:* Die Verhaltenstheorie verweist auf reale Beschränkungen der Rationalität: So ist es beispielsweise beinahe unmöglich, alle für eine umfassende Analyse notwendigen Informationen zu erhalten; eine genaue Prognose bei einer unsicheren Zukunft ist schwer und es bestehen zeitliche und Kostengrenzen für die Durchführung einer vollständigen Analyse. Unter diesen Umständen geben sich die Manager bei der Analyse strategischer Optionen häufig zufrieden: Anders formuliert akzeptieren sie angemessene Lösungen anstelle des rationalen Optimums.

43 Eine aktualisierte Darstellung der Verhaltenstheorie des Unternehmens findet sich in G. Gavetti, D. Levinthal und W. Ocasio, „The Behavioral Theory of the Firm: assessment and prospects", *Academy of Management Annals,* Band 6, Nr. 1 (2012), S. 1–40. Einen Kontrast zur traditionellen Volkswirtschaftslehre finden wir in M. Augier, „The early evolution of the foundations for behavioral organization theory and strategy", *European Management Journal,* Band 28, (2012), S. 84–102.

- *Interne psychologische Beschränkungen:* Die Verhaltenstheorie unterstreicht, dass Manager eine „begrenzte Rationalität" – menschliche Grenzen der intellektuellen Fähigkeiten zur Informationsverarbeitung und Durchführung von Analysen – aufweisen. Überdies sind sie auch anfällig für eine „kognitive Voreingenommenheit": Mit anderen Worten, die Manager sind im Hinblick auf die Aufmerksamkeit, die sie bestimmten Themen widmen, selektiv und bevorzugen häufig automatisch bestimmte Lösungen gegenüber anderen.

Die kognitive Voreingenommenheit beruht häufig auf den – sowohl individuellen als auch kollektiven – Erfahrungen der Manager:

- Die *individuelle Erfahrung* kann insbesondere die für selbstverständlich gehaltenen Annahmen von Managern im Hinblick darauf, was wichtig und welche Arten von Maßnahmen am besten funktionieren, beeinflussen. Dabei bilden Bildung und Ausbildung einflussreiche Quellen der Erfahrung. So sehen beispielsweise Buchhalter die Dinge tendenziell anders als Ingenieure und Manager mit einem MBA-Abschluss werden häufig bezichtigt, übermäßig analytische Ansätze zur Problemlösung zu bevorzugen. Eine andere Art der maßgeblichen individuellen Erfahrung ist die persönliche Laufbahn. So würde es beispielsweise einem Manager, der seine Karriere in der traditionellen Fernsehbranche (z.B. bei der britischen BBC oder der ARD in Deutschland) gemacht hat, es unter Umständen schwierig finden, neue Internetmedienkanäle (wie YouTube) als wahrhafte Konkurrenten zu sehen. Unterschiede der individuellen Erfahrungen innerhalb einer Organisation können zu Debatten und Verhandlungen zwischen Managern mit divergierenden Ansichten darüber führen, was wichtig ist und was getan werden sollte. Das Stakeholder Mapping (*Kapitel 4*) der Kompetenzen und Interessen verschiedener Manager kann für die Lösung divergierender Ansichten hilfreich sein.
- Die *kollektive Erfahrung* bildet tendenziell Gewohnheitsmuster des Denkens und Handelns aus, die sich in Standardlösungen für strategische Themen niederschlagen können. Eine Art der kollektiven Erfahrung ist in der organisationalen Kultur verkörpert. Eine andere Art der kollektiven Erfahrung spiegelt sich in der nationalen Kultur wider: So sehen unter Umständen chinesische und amerikanische Manager die Welt ganz unterschiedlich. Eine dritte Art der kollektiven Erfahrung ist in „Branchenlösungen" verkörpert, die auf Jahren der regelmäßigen Interaktion zwischen bestehenden Wettbewerbern beruhen: So entwickeln beispielsweise Manager in der Bekleidungsindustrie im Laufe der Zeit die Überzeugung, dass Stil für den Erfolg wichtig ist, obwohl neue Ideen von außerhalb der Branche implizieren, dass zukünftig Technologien die Quelle eines Wettbewerbsvorteils sein können. Im Gegensatz zu individuellen Erfahrung stellt die kollektive Erfahrung tendenziell die Debatte in Managementteams, und es wird schwer, den Konsens in Frage zu stellen. Eine Folge dessen kann die „strategische Drift" sein (*Kapitel 5.4*), wobei selbst bei einem Wandel in der Umwelt jeder einverstanden ist, einfach wie gehabt weiterzumachen.

Auswirkungen

Die Erfahrungsperspektive hat erhebliche Auswirkungen auf die Strategie. Zunächst ergeben sich zwei wichtige Warnungen:

- *Die Analyse ist typischerweise in gewissem Maße voreingenommen:* Alle Manager – und sogar Studenten – bringen ihre eigenen spezifischen Erfahrungen in jegliche Art von strategischen Fragen ein. Dabei ist es sehr schwer, eine Situation so zu analysieren, als würde sie sich auf einem unbeschriebenen Blatt entwickeln. Deshalb sollte Behauptungen der vollständigen Objektivität misstraut werden und man sollte immer fragen, woher die betreffenden Personen kommen.

- *Achten Sie auf unangemessenen Konservativismus:* Erfahrungen führen wahrscheinlich zu routinierten Antworten – selbst auf neue Probleme. Erprobte Lösungen werden zu häufig eingesetzt; Manager gewinnen aufgrund ihrer Erfolge in der Vergangenheit Macht. Dabei sind „Pfadabhängigkeit" und „Lock-In" dauerhafte Risiken. Daher können Organisationen letztlich wie alte Generäle erscheinen, die immer noch im letzten Krieg kämpfen.

Andererseits bietet die Erfahrungsperspektive auch einige praktische Ratschläge:

- *Die Analyse kann mehr kosten, als sie wert ist:* Da gute Informationen nur schwer und teuer ermittelt werden können und da die Analyse zu viel Zeit in Anspruch nehmen kann, ist es mitunter vernünftig, einfach die Informationssuche und -analyse abzukürzen. Je nach der Verfügbarkeit von Informationen und der Fähigkeit, diese zu analysieren, ist es ab einem gewissen Punkt unter Umständen vernünftig, einfach die Analyse zu beenden.
- *Die Erfahrung kann ausreichend Orientierung bieten:* Wenn die Analyse keine vollkommenen Antworten liefert, kann die Nutzung von Faustregeln oder des Instinkts sich als mindestens genauso effektiv erweisen. Manchmal ist eine schnelle Antwort, die halbwegs richtig ist, besser als eine analytische Antwort, die nur geringfügig besser, aber viel langsamer ist.
- *Stellen Sie den Konsens in Frage:* Auch wenn die etablierten Faustregeln effektiv sein können, ist es manchmal notwendig, den Konsens in einer Organisation in Frage zu stellen. Wie in *Kapitel 12* dargestellt, bildet „Gruppendenken" ein Risiko. Es ist hilfreich, eine Diversität der Sichtweisen innerhalb einer Organisation beispielsweise über die nicht geschäftsführenden Mitglieder der Geschäftsleitung (*Kapitel 4*) oder durch das Hinzuziehen neuer Führungskräfte von außerhalb der Organisation (*Kapitel 11*) oder die Förderung der Beteiligung aller Mitarbeiter, wie beispielsweise durch „Jamming" (*Kapitel 15*), zu unterstützen.

Strategie als Vielfalt

Das Maß, zu dem die Gestaltungs- und Erfahrungsperspektiven zur Erklärung der Innovation beitragen, ist eher begrenzt. Die Vielfaltsperspektive betont dagegen Innovation und Wandel. Wie allerdings in *Abbildung K.3* dargestellt, misst die Vielfaltsperspektive der rationalen Analyse einen geringen Wert bei und verleiht tendenziell den scheinbar legitimen Aspekten in einer Organisation nur geringen Wert. Von der Perspektive der Vielfalt aus gesehen werden Strategien als etwas gesehen, das sich aus den verschiedenen Ideen ergibt, die aus der Vielfalt innerhalb und außerhalb von Organisationen hervorsprudeln.

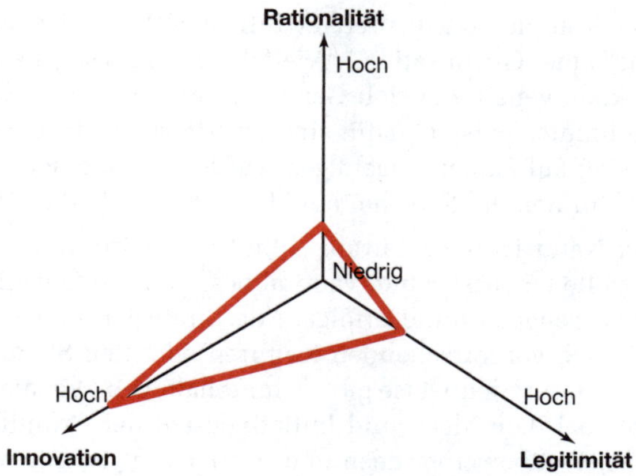

Abbildung K.3:
Die Vielfaltsperspektive

Die Vielfaltsperspektive beruht auf zwei theoretischen Perspektiven aus den Naturwissenschaften, die beide die Spontanität betonen. Als Erstes ist dabei die *Evolutionstheorie* zu erwähnen, nach der sich Naturphänomene durch einen darwinschen Prozess der Vielfalt, Auswahl und Bewahrung entwickeln.[44] Verschiedene genetische Mutationen tauchen als mehr oder weniger zufällige Experimente auf: Einige Variationen werden durch ihre Umwelt als erfolgreich ausgewählt und diese erfolgreichen Variationen können aufgrund ihrer guten Anpassung an ihre Umgebung langfristig erhalten werden. Der zweite Aspekt ist die *Komplexitätstheorie*, bei der die Phänomene von komplexen, dynamischen Interaktionen gekennzeichnet sind, aus denen sich überraschend stabile Ordnungsmuster ergeben können.[45] Ein Beispiel dafür ist, wie Hunderte Vögel sich als kohäsiver Schwarm bewegen können, augenscheinlich ohne dass ein Vogel die Kontrolle hat. Sowohl bei der Evolutions- als auch bei der Komplexitätstheorie führt die Vielfalt in Form vieler Experimente oder Interaktionen zu kohärenten oder effektiven Ergebnissen. Diese Ergebnisse werden spontan mit nur wenig Anweisung von oben nach unten generiert.

Wenn wir nun von der Natur zur Strategie wechseln, zeigt sich, dass bei der Vielfaltsperspektive die bewusste Entscheidungsfindung der Gestaltungsperspektive weniger Gewicht erhält. Desgleichen steht die Betonung der Spontanität im Gegensatz zum Konservativismus der Erfahrungsperspektive. Bei menschlichen Organisationen funktionieren die drei Elemente der Evolutionstheorie wie folgt:

- *Vielfalt:* Organisationen und deren Umgebungen bieten potenziell eine reiche „Ökologie" für die Entstehung verschiedener Ideen und Initiativen. Es gibt viele verschiedene Arten von Menschen und viele verschiedene Arten von Umständen. Vertriebsmitarbeiter, die eng mit den Kunden zusammenarbeiten, können unter Umständen neue Chancen genauso gut identifizieren wie die Spitzenmanager in der Firmenzentrale. Da die Menschen in der gesamten Organisation mit ihrer Umgebung interagieren, kommen neue Ideen oft auch von der Basis der Hierarchie und nicht nur

44 W. P. Barnett und R. Burgelman, „Evolutionary perspectives on strategy", *Strategic Management Journal*, Band 17, S1 (2007), S. 233–236.

45 P. Anderson, A. Meyer, K. M. Eisenhardt, K. Carley und A. Pettigrew, „Introduction to the special issue: applications of complexity theory to organization science", *Organization Science*, Band, Nr. 3 (1999), S. 233–236.

von oben.[46] Der Komplexitätstheoretiker Bill McKelvey bezeichnet dies als „verteilte Intelligenz" einer Organisation.[47] Vielfalt kann sich sogar aus offensichtlichen Fehlern entwickeln, genau wie sich Genmutationen aus unvollkommenen Genen ergeben. Ein berühmtes Beispiel dafür sind Post-It Notes, die entstanden, als „mangelhafter" Klebstoff auf Papier aufgetragen wurde, der zu einem semi-permanenten Klebstoff führte, für den der Forscher ein Marktpotenzial erkannte.

- *Auswahl:* In der Natur ist die Auswahl „blind", sie wird durch die Anpassung an die Umwelt anstelle bewusster Intervention bestimmt. In Organisationen kann die Auswahl beinahe genauso blind erfolgen, da Strategien danach ausgewählt werden, wie gut sie den vorherrschenden Kulturen oder den Standardanlagekriterien entsprechen. Bei dieser Sichtweise gibt es innerhalb von Organisationen ein „internes Ökosystem", bei dem Ideen und Initiativen auf der Grundlage ihrer internen Anpassung gegen Wettbewerberideen und -initiativen gewinnen.[48] Ein gutes Konzept kann unabhängig von seinen Gesamtvorteilen scheitern, weil es die bestehenden Auswahlkriterien nicht erfüllt: So kann ein Unternehmen beispielsweise unter Umständen Standardkriterien zum Kapitalertrag anwenden, die nach den aktuellen realen Kapitalkosten veraltet sind (siehe *Kapitel 11* zur Strategiebewertung). Andererseits können, wie bei der Komplexitätstheorie, die Ideen neuen Schwung erhalten, wenn sie positives Feedback bekommen: Die Unterstützung einer wichtigen Gruppe von Akteuren kann in einem eskalierenden Prozess die Unterstützung weiterer Akteure nach sich ziehen und so weiter. Somit können Selektionsmechanismen selbstverstärkend sein und den Durchfluss sowohl guter als auch schlechter Ideen beschleunigen.
- *Retention:* Neben Auswahlprozessen gibt es auch Prozesse der Retention. Retention bezeichnet die Aufbewahrung und Reproduktion ausgewählter Variationen im Laufe der Zeit.[49] Es kann zu Retention kommen, wenn bestimmte Richtlinien oder Präfenzen in der Organisation verankert werden. Die Retention kann dabei durch die Einführung formeller Verfahren erzielt werden: beispielsweise Arbeitsplatzbeschreibungen, Buchhaltungs- und Kontrollsysteme, Managementinformationssysteme, Schulungs- und Organisationsstrukturen. Häufig erfolgt dies durch informellere Prozesse der Routinisierung, bei denen die einfache Wiederholung bestimmter routinemäßiger Verhaltensweisen schließlich zur Prägung solcher Routinen in der Kultur und den Fähigkeiten von Organisationen führen.

---

46 Siehe G. Johnson und A. S. Huff, „Everyday innovation/everyday strategy", in G. Hamel, G. K. Prahalad, H. Thomas und D. O'Neal (Hrsg.), *Strategic Flexibility – Managing in a Turbulent Environment*, Wiley, 1998. S. 13–27. Patrick Regnér zeigt auch auf, wie sich neue strategische Richtungen aus der Peripherie von Organisationen angesichts von Widerstand aus der Mitte entwickeln können, siehe „Strategy creation in the periphery: inductive versus deductive strategy making", *Journal of Management Studies*, Band 40, Nr. 1 (2003), S. 57–82.

47 Bill McKelvey, Komplexitätstheoretiker, argumentiert, dass die Vielfalt innerhalb dieser verteilten Intelligenz wächst, weil einzelne Manager danach streben, sich besser über ihre Umgebung zu informieren; siehe B. McKelvey, „Simple rules for improving corporate IQ: basic lessons from complexity science", in P. Andriani und G. Passiante (Hrsg.), „Complexity, Theory and the Management of Networks", *Imperial College Press*, 2004.

48 R. Burgelman und A. Grove, „Let chaos reign, then reign in chaos – repeatedly: managing strategic dynamics for corporate longevity", *Strategic Management Journal*, Band 28, Nr. 10 (2007), S. 965–969.

49 B. McKelvey und S. Brown, „Competing on the edge: strategy as structured chaos", *Long Range Planning*, Band 31, Nr. 5 (1998), S. 786–789.

Auswirkungen

Eine wesentliche Erkenntnis aus der Vielfaltsperspektive ist, dass Manager sich vor der Annahme hüten müssen, dass sie die Entwicklung und Einführung neuer Ideen vollständig kontrollieren können. Allerdings gibt es eine Reihe von Dingen, die Manager tun können, um Initiativen zu unterstützen und eine unangemessene Unterdrückung neuer Ideen zu vermeiden. Gleichzeitig zeigt die Vielfaltsperspektive sowohl den Managern als auch den Studenten charakteristische Quellen der Innovation in Organisationen auf. An dieser Stelle seien drei wichtige Auswirkungen herausgestellt:

- *Entwicklungen berücksichtigen:* Anstelle einer bewussten Gestaltung entstehen Strategien häufig von der Basis und der Peripherie von Organisationen aus und entwickeln im Laufe der Zeit Kohärenz. Wie in *Kapitel 1* dargestellt, ist die von Henry Mintzberg formulierte Definition der Strategie als sich entwickelndes „Muster" anstelle einer ausdrücklichen Erklärung hochgradig relevant. Manager und Studenten sollten daher formulierten Visionen und Missionen (*Kapitel 4*) nicht zwangsläufig vertrauen, sondern sich vielmehr ansehen, was tatsächlich passiert – insbesondere vor Ort. Die Zukunft einer Organisation kann sich durchaus an einem Punkt weit außerhalb der formellen Initiativen der Firmenzentrale entwickeln.
- *Unterstützung von Interaktion, Experimenten und Wandel:* Vom Standpunkt der Vielfaltsperspektive aus betrachtet, können Organisationen durchaus zu stabil und geordnet sein. Um Vielfalt zu generieren, sollten Manager potenziell störende Interaktionen über die internen und externen Grenzen der Organisation hinaus unterstützen: Abteilungsüberschreitende Initiativen sind intern wichtig, während die Kommunikation mit Kunden, Lieferanten, Partnern und Innovatoren extern umfangreich sein sollte. So unterstützt Google Experimente, indem das Unternehmen den Mitarbeitern 20 Prozent ihrer Zeit zur Verfolgung ihrer eigenen Projekte gewährt. Komplexitätstheoretiker verordnen regelmäßigen Wandel, um am dynamischen „Rand des Chaos", dem empfindlichen Gleichgewichtspunkt zu bleiben, in dem Organisationen sich weder in übermäßiger Stabilität einrichten noch in zerstörerisches Chaos umkippen.[50]
- *Einhaltung der Regeln:* Wenn Strategien tendenziell nach deren Anpassung an etablierte organisationale Kulturen oder Investitionskriterien eingeführt werden, dann müssen Manager der Schaffung des Kontextes für eine Strategie mindestens genauso viel Aufmerksamkeit widmen wie den individuellen strategischen Entscheidungen. Wie oben erwähnt, sollten die Manager dazu einen die Interaktion, Experimente und Wandel unterstützenden Kontext schaffen. Aber sie sollten besonders auf die Auswahl- und Retentionsregeln achten, durch die sich Strategien entwickeln können. Unter Bezugnahme auf die Komplexitätstheorie unterstützt Kathy Eisenhardt die Gestaltung „einfacher Regeln", klarer Richtlinien für die Strategieauswahl und -retention.[51] So wählt beispielsweise das Filmstudio Miramax nur Filme aus, die sich um ein zentrales menschliches Thema (z.B. Liebe) drehen, mit einer attraktiven Hauptfigur, die nicht frei von Fehlern ist, und die eine klare Handlung haben. Die dänische Hörgerätefirma Oticon führt keine Projekte weiter, bei denen ein wichtiges Teammitglied sich für den Wechsel von dem betreffenden Projekt in ein anderes entscheidet.

---

50 K. M. Eisenhardt und S. Brown, „Competing on the edge: strategy as structured chaos", *Long Range Planning*, Band 31, Nr. 5 (1998), S. 786–789.

51 C. B. Bingham und K. M. Eisenhardt, „Rational heuristics: the „simple rules" that strategists learn from process experience", *Strategic Management Journal*, Band 32, Nr. 13 (2011), S. 1437–1464.

Strategie als Diskurs

Beim Management geht es in vielerlei Hinsicht um Diskurs. Manager verbringen 75 Prozent ihrer Zeit mit der Kommunikation: So sammeln sie beispielsweise Informationen, überzeugen andere oder verfolgen Entscheidungen nach.[52] Die Strategie insbesondere hat hohe diskursive Komponenten, die sowohl aus Gesprächen als auch aus Text bestehen. Die Strategie wird in Besprechungen erörtert, in förmlichen Plänen niedergeschrieben, in Geschäftsberichten und Erklärungen gegenüber den Medien erläutert, in PowerPoint-Präsentationen dargestellt und den Mitarbeitern kommuniziert.[53] Die Diskursperspektive erkennt diese diskursive Komponente als für die Strategie von zentraler Bedeutung an. Hierbei ist, wie in *Abbildung K.4* dargestellt, die Legitimität des Diskurses besonders wichtig. Allerdings kann die Bedeutung der Legitimität sowohl der objektiven Rationalität als auch der organisationalen Innovation entgegenwirken.

Abbildung K.4:
Die Diskursperspektive

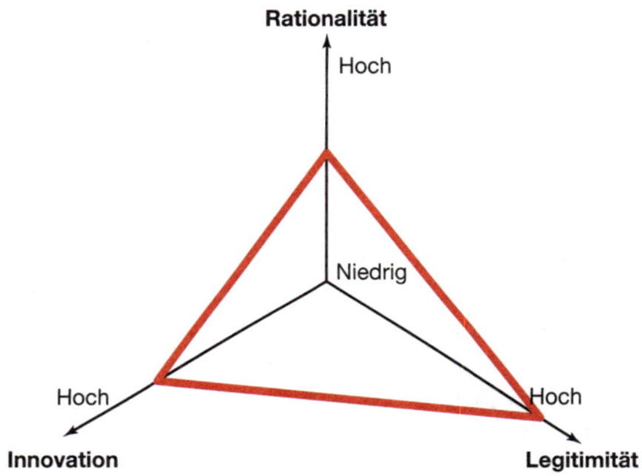

Die Arbeit des französischen Philosophen Michel Foucault bildet einen wichtigen Einfluss für die Diskursperspektive. Foucault betont die subtilen Effekte, die die Sprache auf das Verständnis, die Macht und persönliche Identitäten haben kann. So zeigt er beispielsweise auf, wie die sich verändernden wissenschaftlichen Diskurse im siebzehnten und achtzehnten Jahrhundert den Wahnsinn zu einer Krankheit anstelle einer natürlichen Dummheit umgedeutet haben.[54] Der Wahnsinnige hatte damit eine neue Identität – als medizinisch Kranker – und unterlag damit einer neuen Macht, den Ärzten, denen die Aufgabe oblag, ihn zu heilen. Die Vertreter der Diskursperspektive sind ähnlich sensibel im Hinblick darauf, wie der Strategiediskurs das Verständnis beeinflussen, persönliche Identitäten verändern und Macht verbreiten kann.

52 H. Mintzberg, „The Nature of Managerial Work", *Harper & Row*, 1973.

53 Siehe A. Spee und P. Jrzabkowski, „Strategic planning as communicative process", *Organization Studies*, Band 32, Nr. 9 (2011), S. 1217–1245. Siehe auch W. Küpers, S. Mantere und M. Statler, „Strategy as storytelling: a phenomenological collaboration", *Journal of Management Inquiry*, Band 22, Nr. 1 (2013), S. 83–100.

54 M. Foucault, „Discipline and Punish", *Vintage*, 1995.

Diese drei Effekte des Strategiediskurses werden wie folgt erforscht:

- *Beeinflussung des Verständnisses:* Die Sprache der Strategie weist Eigenschaften auf, die sie für andere überzeugend macht.[55] Ihre Konzepte und Fachbegriffe haben in vielen Organisationen eine hohe Legitimität. Hier zeigt die Diskursperspektive die Gestaltungsperspektive in anderem Licht. Die Legitimität des Strategiediskurses verleiht dem analytischen Apparat der Gestaltungsperspektive eine Überzeugungskraft, die häufig die technische Effektivität der Analyse selbst übersteigt. Durch die Verwendung etablierter Techniken, wie der „Five-Forces-Analyse" von Porter (*Kapitel 2.3.1*) oder moderner Konzepte wie der „Blue-Ocean"-Strategie (*Kapitel 2.4.3*), kann die Autorität strategischer Empfehlungen gesteigert werden. Die Fähigkeit, inspirierende Visionen und Leitbilder (*Kapitel 4*) zu schreiben, kann zur Motivierung einer ganzen Organisation beitragen. Die Rechtfertigung des strategischen Wandels durch die radikale Rhetorik des Hyperwettbewerbs (*Kapitel 2*) oder störender Innovation (*Kapitel 8*) kann radikalen Handlungen Legitimität verleihen, die andernfalls als unverhältnismäßig abgelehnt werden würden. Mit anderen Worten ausgedrückt, setzen Manager die Rhetorik der Strategie und die scheinbare „Richtigkeit" der Strategiekonzepte ein, um andere davon zu überzeugen, dass sie ihnen folgen sollen.
- *Definieren von Identitäten:* Die Frage, wie Manager über die Strategie sprechen, positioniert sie auch in ihrer Beziehung zu anderen, entweder durch ihre eigene bewusste Wahl oder als Ergebnis dessen, wie sie wahrgenommen werden.[56] Der Diskurs beeinflusst damit die Identität und Legitimität von Managern als „Strategen". Die Fähigkeit zur Nutzung der rationalen, analytischen Sprache der Gestaltungsperspektive unterstützt die Definition von Managern als legitimen Teilnehmern im Strategieprozess. Mitunter können natürlich verschiedene Arten der diskursiven Identität angemessen sein. So kann in einigen Kontexten die Sprache des heroischen Anführers (*Kapitel 14*) oder des innovativen Unternehmens (*Kapitel 9*) unter Umständen mehr Unterstützung für die Identität des Entscheiders bieten als die des rationalen Analysten. Unabhängig von der genauen Identität beeinflussen die in den Strategiediskurs eingebauten Annahmen wahrscheinlich das Verhalten. Beispielsweise priorisieren untergeordnete Manager und Angestellte, die den Strategiediskurs der Wettbewerbsfähigkeit und Leistung als Teil ihrer Identitäten verinnerlicht haben, diese Werte in ihrer alltäglichen Arbeit, ordnen sie in gewissem Maße den administrativen und professionellen Werten (wie dem Aktienkapital oder der Sorgfalt) unter, die andernfalls in ihren Rollen wichtig sein können.
- *Machtinstrument:* Hier wird Strategie mit Macht und Kontrolle verbunden.[57] Durch das Verständnis bzw. das scheinbare Verständnis der Konzepte der Strategie positionieren Spitzenmanager oder Strategieexperten sich so, dass sie über die Kenntnisse zum Umgang mit den wirklich schwierigen Problemen verfügen, mit denen das Unternehmen konfrontiert wird. Der Besitz solcher Kenntnisse gibt ihnen Macht über andere, die solches Wissen nicht haben. Der Diskurs der Gestaltungsperspektive mit dem Bekenntnis zu anspruchsvollen Formen der technischen Analyse kann

55 D. Barry und M. Elmes, „Strategy retold: toward a narrative view of strategic discourse", *Academy of Management Review*, Band 22, Nr. 2 (1997).

56 S. Mantere und E. Vaara, „On the problem of participation in strategy: a critical discursive perspective", *Organization Science*, Band 19, Nr. 2 (2008), S. 341–358.

57 C. Hardy und R. Thomas, „Strategy, discourse and practice: the intensification of power", *Journal of Management Studies*, (2013).

besonders elitär und exklusiv sein. Somit bietet die Beherrschung der diskursiven Sprache der Gestaltungsperspektive einen politischen sowie einen analytischen Vorteil. Gleichzeitig erhöht die Verinnerlichung des Strategiediskurses durch die Mitarbeiter deren Bereitschaft, die Strategie einzuhalten: Sie sehen die Verfolgung der Strategie als natürlichen Bestandteil ihrer Rolle an. In diesem Sinne ist der Diskurs mit Macht verbunden, wenn er Anhänger anzieht sowie selbstreproduzierend und selbstverstärkend ist. Insoweit als der Strategiediskurs den Interessen der Mächtigen dient, kann er unter Umständen Innovation und Wandel und die objektive rationale Analyse aus dem Gesichtspunkt der Organisation insgesamt unterstützen.

Auswirkungen

Die Diskursperspektive legt die Bedeutung des Anscheins sowie der Realität rationaler Argumente nahe. Bei der Diskursperspektive müssen Strategien gerechtfertigt, nicht einfach nur korrekt sein. Darüber hinaus trägt der Strategiediskurs zur Definition der Frage bei, wer die Identität des berechtigten Teilnehmers bei der strategischen Entscheidungsfindung innehat und den letztendlich getroffenen Entscheidungen Macht verleiht. Die grundlegende Lehre, die Manager und Studenten daraus ziehen können, lautet, dass die Sprache der Strategie wichtig ist.

Die Auswirkungen der Diskursperspektive haben sowohl instrumentelle als auch kritische Aspekte:

- *Der Strategiediskurs sollte geschickt eingesetzt werden:* Der richtige Diskurs kann bestimmten Strategien oder einzelnen Mitarbeitern in einer Organisation Legitimität verleihen. Dieser Diskurs muss besonderen Kontexten und Umständen entsprechen. Die Rechtfertigung einer Strategie gegenüber einem potenziellen Investor kann eine logische, hochgradig quantitative, finanzielle Falldarstellung erfordern, während die Erklärung der gleichen Strategie gegenüber den Mitarbeitern die Betonung der Auswirkungen auf Arbeitsplatzsicherheit und Karriereentwicklung beinhalten kann. Bei einigen Organisationen bildet der analytische Diskurs der Gestaltungsperspektive einen berechtigten Erklärungsmodus, während in anderen Organisationen der Verweis auf technische oder professionelle Werte unter Umständen effektiver ist. Darin liegt der instrumentelle Wert der Diskursperspektive: Die Verwendung der richtigen Sprache spielt sowohl für die Erklärung als auch für die Durchsetzung der Strategie und für die Beteiligung an Strategiediskussionen überhaupt eine Rolle.
- *Der Strategiediskurs sollte mit Vorsicht behandelt werden:* Genauso wie der Strategiediskurs instrumentell eingesetzt werden kann, sollten Manager und Studenten bereit sein, eine kritische Perspektive gegenüber einem solchen Diskurs einzunehmen. Werden die Konzepte und Rahmen als Deckmantel dafür eingesetzt, dass bestimmte Personen oder Gruppen in einer Organisation ihre eigene Macht und ihre eigenen Interessen vorantreiben? Werden die Stärken und Schwächen, Chancen und Risiken (*Kapitel 3.6.4*) geheimnisumwittert dargestellt oder übertrieben? Sind die grandiosen Ambitionen aus den Visionen und Leitbildern nur leere Worte (*4.5*)? Die Sicht der Strategie als Diskurs kann dazu führen, dass Konzepte, Ideen und Rhetorik, die ansonsten für selbstverständlich erachtet werden, angemessen in Frage gestellt werden. Die Diskursperspektive ermutigt Manager und Studenten dazu, die oberflächliche Sprache der Strategie zu durchschauen, um die tieferen, darunterliegenden Interessen und Motive aufzudecken. Die Vertreter der Diskursperspektive sind von Natur aus skeptisch.

Schlussfolgerung

Die Kernannahmen und die Schlüsselauswirkungen der vier Perspektiven der Gestaltung, Erfahrung, Vielfalt und des Diskurses werden in *Tabelle K.1* zusammengefasst. Dies bildet keine umfassende Liste, sondern kristallisiert die charakteristischen Perspektiven jedes dieser Ansätze heraus. Tatsächlich stellt der vorliegende Kommentar insgesamt nur eine Einführung dar und der interessierte Leser kann jede dieser Perspektiven selbst weiterverfolgen. Überdies umfasst jede der hier vorgestellten Perspektiven selbst noch mehrere weitere Perspektiven. So baut beispielsweise die Vielfaltsperspektive sowohl auf der Evolutionstheorie als auch auf der Komplexitätstheorie auf, die jeweils charakteristische eigene Aspekte aufweisen. Daher gibt es innerhalb dieser Perspektiven noch feiner strukturierte Einblicke zu entdecken. Die Fußnoten zu diesem Kommentar sollen eine tiefer gehende Untersuchung der verschiedenen Perspektiven ermöglichen. Darüber hinaus sind ganze Bücher verfügbar, die mehrere Perspektiven der Strategien darstellen – von den vier verschiedenen, von Richard Whittington vertretenen Perspektiven bis zu den zehn Perspektiven von Henry Mintzberg und seinen Ko-Autoren sowie sogar bis hin zu den dreizehn „Abbildern" in der Sammlung von Steven Cummings und David Wilson.[58]

Tabelle K.1

Zusammenfassung der Strategieperspektiven

Strategie als	Gestaltung	Erfahrung	Vielfalt	Diskurs
Strategie entwickelt sich durch …	einen logischen Prozess der Analyse und Bewertung	die Erfahrungen, Annahmen und für selbstverständlich erachtete Handlungsweisen von Individuen	die aus der Vielzahl der Individuen in und um Organisation hervorgehenden Ideen	Manager, die über die von ihnen verwendete Sprache Einfluss, Macht und Legitimität gewinnen wollen
Annahmen über Organisationen	mechanistische, hierarchische, rationale Systeme	auf Erfahrungen, Legitimität und vergangenen Erfolgen beruhende Kulturen	komplexe, diverse und spontane Systeme	durch Diskurs beeinflusste Bereiche der Macht und des Einflusses
Rolle der Führungsspitze	strategische Entscheider	Umsetzung ihrer Erfahrungen	Kontext schaffen	sprachliche Manipulatoren
Wesentliche Auswirkungen	Durchführung einer sorgfältigen und tiefgreifenden Analyse strategischer Fragen	Erkenntnis, dass die Erfahrungen der Menschen von zentraler Bedeutung sind, aber auch in Frage gestellt werden müssen	Suche nach Ideen von der Basis und der Peripherie der Organisation	Durchschauen der Strategiesprache zur Aufdeckung verborgener Annahmen und Interessen

58 R. Whittington, *What is Strategy – and Does it Matter?*, Thompson, 2000; H. Mintzberg, B. AHlstrand und J. Lampel, „Strategy Safari", *Prentice Hall*, 1998; S. Cummings und D. Wilson, „Images of Strategy", *Sage*, 2003.

Allerdings lautet die zusammenfassende Botschaft aller vier Perspektiven wie folgt: Bei der Betrachtung eines Themas wie der Strategie ist es oft hilfreich, mehr als eine Perspektive zu verfolgen. Die rationale Analyse der Gestaltungsperspektive ist unter Umständen nicht ausreichend. Die Erfahrungsperspektive kann eingesetzt werden, um die Quellen einer unbewussten Voreingenommenheit zu betrachten, während die Vielfaltsperspektive gewählt werden kann, um sensibel gegenüber spontanen Initiativen von der Basis oder der Peripherie aus zu sein. Überdies ermöglicht es die Interpretation der Strategiesprache durch die Diskursperspektive, skeptisch zu bleiben. Weil diese Perspektiven so wichtig sind, werden wir in den Kommentaren am Ende der *Teile II* und *III* dieses Buchs wieder auf sie zurückkommen. Überdies sollten Studenten im Laufe ihres Studiums die Themen der Strategie mit offenen Augen für unterschiedliche Standpunkte betrachten. Als Übung dazu kann das folgende, kurze Fallbeispiel zu Nokia von den vier verschiedenen Strategieperspektiven aus betrachtet werden.

Nokia aus den verschiedenen Perspektiven betrachtet

Quelle: © matthi –Shutterstock # 96503699

Im Jahr 2012 steckte Nokia in einer Krise. Es hatte die Führung auf dem weltweiten Mobiltelefonmarkt an Samsung abgeben müssen und der Aktienpreis betrug nur noch 10 Prozent des Spitzenwerts, der nur fünf Jahre zuvor erzielt worden war. Allerdings erinnerte der CEO des Unternehmens Stephen Elop die Mitarbeiter und Investoren an die Geschichte des Unternehmens. Nokia hatte schon in der Vergangenheit Krisen und Übergänge durchlaufen. Und Elop beharrte darauf, dass ihm dies erneut gelingen würde.

Nokia war 1865 als finnische Papier- und Zellstoffmühle gegründet worden. Das Unternehmen begann erst 1966, seine moderne Form zu entwickeln, nachdem es mit Finnish Rubber Works und Finnish Cable Works fusioniert und ein Konglomerat mit Geschäftsbereichen von Gummistiefeln bis hin zu Aluminiumteilen gebildet hatte. Finnish Cable Works hatte 1960 in einer Ecke des Hauptwerks eine kleine Elektronikabteilung gegründet. Aus dieser Elektronikabteilung gingen wiederum verschiedene Unternehmen hervor, einschließlich eines 1979 durch ein Joint Venture mit einem anderen finnischen Unternehmen, Salora, gegründeten Mobilfunkgeschäftsbereichs.

Während der 1980er-Jahre verpflichtete sich Nokia einer aktiven – insbesondere internationalen – Diversifizierungsstrategie. Es wurden Unternehmen in der Fernseh- und Computerbranche übernommen und Salora selbst wurde 1984 übernommen. Im Jahr 1987 identifizierte ein internationales Strategieplanungsdokument einer Portfoliomatrix der Boston Consulting Group (siehe *Kapitel 7*) mehr als 30 strategische Geschäftsbereiche, wobei die Mobiltelefonie als eines von mehreren investitionsreifen „Star-Unternehmen" identifiziert wurde.

Allerdings geriet Nokia in der Folge in große Schwierigkeiten. Der Vorstandsvorsitzende und CEO beging 1988 Selbstmord und viele seiner Industriemärkte wurden durch den Zusammenbruch der Sowjetunion stark beeinträchtigt. Es gab eine Phase der Verluste und des Chaos in der Unternehmensspitze, aus der schließlich ein neuer CEO, Jorma Ollila, hervorging. Ollila war erst 1985, nach den Anfängen seiner Karriere bei der amerikanischen Investmentbank Citibank, zu Nokia gekommen. Seit 1990 war er Leiter des Mobiltelefonbereichs, der damals nur 10 Prozent des Gesamtumsatzes von Nokia ausmachte.

Bei seiner Ernennung zum CEO hatte Ollila Kontinuität versprochen. Tatsächlich konzentrierte sich das Unternehmen schnell auf Mobiltelefone. Im Jahr 1996 machten Mobiltelefone 60 Prozent des Umsatzes von Nokia aus, zwei Jahre später war Nokia bereits das größte Mobiltelefonunternehmen der Welt. Andere Unternehmen wurden veräußert, so dass bald die Telekommunikationsnetzwerke und das (2007 mit Siemens fusionierte) Infrastrukturgeschäft von Nokia den einzigen anderen signifikanten Geschäftsbereich bildeten.

Das Telefongeschäft von Nokia florierte mehr als zehn Jahre lang – bis zu zwei einschneidenden Ereignissen – erstens der Einführung des Apple iPhones im Jahr 2007 sowie zweitens der Einführung des Google-Android-Betriebssystems im Jahr 2009, das von Firmen wie HTC und Samsung unterstützt wurde. Im gleichen Zeitraum begannen chinesische Hersteller, die Position von Nokia im Bereich der Billigtelefone, insbesondere auf den Entwicklungsmärkten, anzugreifen. Im Jahr 2010 reagierte Nokia auf den zunehmenden Druck mit der Ernennung des ersten nicht finnischen CEO, des Kanadiers Stephen Elop.

Elop kam von Microsoft, einem anderen Unternehmen, das auf dem Telefonmarkt zu kämpfen hatte. Allerdings ist er persönlich für die Microsoft-Office-Produktgeschäfte verantwortlich gewesen. Der neue CEO begann eine umfassende strategische Prüfung: „An meinem ersten Arbeitstag schickte ich an alle Mitarbeiter eine E-Mail und fragte sie:[1] Was muss sich Ihrer Meinung nach ändern? Was sollte ich Ihrer Meinung nach ändern bzw. was sollte ich nicht ändern? Von welchen Aspekten befürchten Sie, da sie mir entgehen könnten?“ Ein Schlüsselthema, mit dem er und sein Managementteam während des ersten Jahres zu kämpfen hatten, war die Frage, ob Nokia mit seinem eigenen Betriebssystem weitermachen sollte. Betriebssysteme sind in der Entwicklung und Aufrechterhaltung äußerst teuer und müssen auch für externe Softwareentwickler attraktiv sein, um ein wettbewerbsfähiges Portfolio von Apps sicherzustellen. Innerhalb einiger weniger Monate hatten Elop und sein Team beschlossen, das eigene Nokia-Betriebssystem aufzugeben. Es standen zwei alternative Betriebssysteme zur Verfügung: das Produkt von Google und das Produkt von Microsoft. Elop tendierte zu Microsoft. Seine Argumentation ging dahin, dass das Microsoft-Produkt das schwächere der beiden war und daher Nokia mehr brauchte als Google. Überdies hatte Nokia auch Bedenken, einfach nur ein weiterer Android-Telefonhersteller zu sein, der auf der gleichen Basis wie HTC oder Samsung im Wettbewerb steht.

Im Februar 2011 verschickte Elop das später als „brennende Plattform“ berühmt gewordene Memo an alle Mitarbeiter. Darin verglich er Nokia mit einem Arbeiter auf einer brennenden Bohrinsel, der nur durch den Sprung ins Meer überleben konnte. Nokia war zu langsam gewesen und musste nun einen dramatischen Schritt tun. Elop erklärte seinen Mitarbeitern: „Wir haben Benzin auf unsere eigene brennende Plattform geschüttet. Ich glaube, es fehlte uns an Verantwortung und Führungsstärke, um die Firma auszurichten und durch diese schwierigen Zeiten zu führen. Wir hatten eine Reihe von Fehlschlägen. Es ist uns nicht gelungen, Innovationen schnell genug auf den Markt zu bringen. Wir kooperieren intern nicht. Nokia – unsere Plattform – brennt.“ Mehrere Tage später erklärte er gegenüber der Welt, dass er Nokias eigenes Betriebssystem zugunsten des Microsoft-Betriebssystems aufgeben würde, und besiegelte diese Entscheidung mit einem öffentlichen Handschlag mit seinem alten Chef, Steve Ballmer, dem CEO von Microsoft. Ein leitender Manager von Google kommentierte die Allianz zwischen Nokia und Microsoft wie folgt: „Zwei Truthähne ergeben noch keinen Adler.“

Die ersten Telefone von Nokia mit dem neuen Betriebssystem waren nicht sofort erfolgreich und die Verluste von Nokia wuchsen. Im Frühling 2012 beschrieb Stephen Elop Nokia unter Verweis auf den berühmten finnischen Langstreckenläufer Lasse Virén, der 1972 in einem Rennen gestürzt war, aber trotzdem gewann, die Situation wie folgt:

„Wie Virén sind wir wieder aufgestanden, sind zurück auf der Strecke und laufen wieder." Aber der Aktienkurs von Nokia betrug immer noch nur ein Fünftel des ursprünglichen Preises zum Zeitpunkt der Bekanntgabe der Allianz. Es wurde vielfach spekuliert, dass Nokia als unabhängiges Unternehmen überhaupt nicht überleben würde. Tatsächlich gab Nokia im Sommer 2013 bekannt, dass das Mobiltelefongeschäft an Microsoft verkauft werden und auch Stephen Elop zu seinem früheren Arbeitgeber zurückkehren würde. Er war mittlerweile zum führenden Kandidaten für die Nachfolge von Steve Ballmer als CEO von Microsoft insgesamt geworden.

Hauptquellen: J. Aspara, J. A. Lamberg, A. Laukia und H. Tikkanen, „Strategic management of business model transformation: lessons from Nokia", *Management Decision*, Band 49, Nr. 4 (2011), S. 622–647; *Financial Times*, 9. Februar 2011, 11. April 2011 und 3. Mai 2012.

Kontrollfragen

1. Wie könnten Sie die Gestaltungsperspektive, die Erfahrungsperspektive und die Vielfaltsperspektive zur Erklärung der Entwicklung des Mobiltelefongeschäfts bei Nokia verwenden?
2. Wie könnten Sie die Gestaltungsperspektive und die Erfahrungsperspektive verwenden, um die Einführung des Microsoft-Betriebssystems durch Stephen Elop zu erklären?
3. Erklären Sie die sprachliche Veränderung von Stephen Elop von der Diskursperspektive aus.

TEIL II

Strategische Wahlmöglichkeiten

Strategie auf Geschäftsbereichsebene

6

ÜBERBLICK

Lernziele

Nach der Lektüre dieses Kapitels sollten Sie in der Lage sein,

- strategische Geschäftsbereiche (SGB) in Organisationen zu identifizieren.
- zu erklären, wie Wettbewerbsvorteile anhand der „Varianten“ der strategischen Uhr erreicht werden können.
- einzuschätzen, inwieweit diese einen nachhaltigen Wettbewerbsvorteil erzeugen können.
- Strategien zu identifizieren, die für die Bedingungen eines Hyperwettbewerbs geeignet sind.
- die Beziehung zwischen Wettbewerb und Zusammenarbeit zu erklären.
- die Prinzipien der Spieltheorie in Bezug auf die Wettbewerbsstrategie zu erklären.

6.1 Einführung

In diesem Kapitel geht es um grundlegende strategische Wahlmöglichkeiten: mit welcher Wettbewerbsstrategie kann auf Geschäftsbereichsebene ein Wettbewerbsvorteil erzielt werden? Sollte beispielsweise British Airways, die mit zunehmender Konkurrenz von Niedrigpreis-Fluggesellschaften konfrontiert wird, versuchen, über den Preis zu konkurrieren, oder ihre Differenzierungsstrategie beibehalten und weiter ausbauen? *Abbildung 6.1* zeigt die Hauptthemen auf, die die Struktur dieses Kapitels vorgeben:

- Zunächst geht es um *strategische Geschäftsbereiche (SGB)*. Die meisten Organisationen verfügen über mehrere SGB, da sie in verschiedenen Märkten oder Marktsegmenten konkurrieren. Unabhängig davon, ob diese SGB organisatorisch voneinander getrennt sind, kann es notwendig sein, zu prüfen, ob unterschiedliche Wettbewerbsstrategien erforderlich sind. Daher ist es hilfreich, die SGB einer Organisation zu identifizieren.
- Im Folgenden werden die *Grundlagen der Wettbewerbsstrategien* der SGB behandelt. Zu diesen gehören preisbasierte Strategien, Differenzierungsstrategien, Hybridstrategien und fokussierte Strategien.
- In den folgenden Abschnitten geht es darum, *wie Wettbewerbsvorteile erreicht werden können. Kapitel 6.3* betrachtet die Grundlagen der *Nachhaltigkeit von Wettbewerbsstrategien*.
- In einer sich schnell verändernden und unsicheren Welt ist die Nachhaltigkeit von Wettbewerbsvorteilen jedoch fraglich und deshalb werden auch andere Möglichkeiten für einen erfolgreichen Wettbewerb angesprochen. Die Idee des *Hyperwettbewerbs* wird in *Kapitel 6.4* wieder aufgenommen, um Lektionen für strategische Wahlmöglichkeiten zu berücksichtigen.
- *Kapitel 6.5* befasst sich mit den potenziellen Vorteilen *kooperativer* Strategien mit Konkurrenten.

- In *Kapitel 6.6* wird die *Spieltheorie* als Möglichkeit eingeführt, um einen Vorteil durch das Verständnis wechselseitiger Abhängigkeiten von Handlungen des Konkurrenten zu erreichen.

Abbildung 6.1: Strategien auf Geschäftsbereichsebene

6.2 Die Identifizierung strategischer Geschäftsbereiche

Ein **strategischer Geschäftsbereich (SGB)** ist ein Teil einer Organisation, für den es einen abgegrenzten externen Markt für Güter oder Dienstleistungen gibt, der sich von anderen SGB unterscheidet. Die Identifizierung der SGB einer Organisation ist für die Entwicklung von Strategien auf Geschäftsbereichsebene hilfreich, da diese zwischen den SGB variieren können. Die Konzepte in den nachfolgenden Abschnitten dieses Kapitels beziehen sich daher auf identifizierte SGB. Die Identifizierung der SGB greift drei andere Punkte auf, die hier, aber auch an anderer Stelle des Buchs, berücksichtigt werden:

Strategischer Geschäftsbereich

Strategischer Geschäftsbereich liefert Waren oder Dienstleistungen für einen bestimmten Tätigkeitsbereich.

- Eine *Verwirrung der SGB.* Da sich die Grundlagen der Wettbewerbsstrategie durch Märkte (oder Marktsegmente) unterscheiden können, sollten die SGB dies reflektieren. Manager könnten Märkte auf Grundlage unterschiedlicher Kriterien in viele Segmente untergliedern. Das Ergebnis wäre für die Identifizierung kompatibler Wettbewerbsstrategien unüberschaubar. Daher müssen sinnvolle Entscheidungen darüber getroffen werden, welche SGB sich eignen.
- *Unternehmenskomplexität.* Auch zu viele SGB können übermäßige Komplexität bei der Entwicklung von Strategien auf Gesamtunternehmensebene erzeugen (siehe *Kapitel 7*).
- *Organisationsstruktur.* Ein SGB ist ein organisatorischer Bereich für Strategiezwecke. Eine Organisation ist allerdings meist nicht auf der Grundlage von SGB strukturiert und daher muss die Beziehung zwischen den SGB und der organisatorischen Struktur berücksichtigt werden (siehe *Kapitel 13*).[1] Im öffentlichen Sektor zeigt die regelmäßige „Umstrukturierung“ von Ministerien der Zentralregierung, wie schwierig diese Beurteilungen sein können. In Großbritannien war das Kultusministerium in den letzten Jahrzehnten zuerst Partner des „Wissenschaftsministeriums“, dann des „Arbeitsministeriums“ und später des „Ministeriums für Weiterbildung“.

---

1 Für eine detaillierte Erklärung, wie organisatorische Strukturen die verschiedenen SGB einer Organisation adressieren sollten, siehe M. Goold und A. Campbell, „Designing Effective Organisations: How to create structured networks“, *Jossey Bass*, 2002. Ebenso K. Eisenhardt und S. Brown, „Patching“, *Harvard Business Review*, Band 77, Nr. 3 (1999), S72.

Externe und interne Kriterien können bei der Identifikation zweckmäßiger SGB hilfreich sein:

- *Marktbasierte Kriterien.* Verschiedene Teile einer Organisation, die den gleichen *Kundentyp* durch die gleichen *Vertriebskanäle* ansprechen und gleichen *Konkurrenten* gegenüberstehen, können als gleiche SGB angesehen werden. So unterscheidet sich beispielsweise ein SGB, der individuelle Produkte oder Dienstleistungen für spezifische lokale Bedürfnisse anbietet, von einem SGB, der einheitliche Produkte oder Dienstleistungen weltweit anbietet. Dies gilt auch für SGB, die einer Kundengruppe die gleichen Produkte über unterschiedliche Vertriebskanäle anbieten (z.B. Einzelhandel gegenüber Direktverkauf über das Internet).
- *Fähigkeitsbasierte Kriterien.* Teile einer Organisation sollten nur als gleiche SGB angesehen werden, wenn sie ähnliche strategische Fähigkeiten aufweisen. Ein Lebensmittelproduzent sollte Markenwaren und Eigenmarken als unterschiedliche SGB ansehen, selbst wenn sie durch die gleichen Kanäle an die gleichen Endverbraucher verkauft werden.

6.3 Generische Wettbewerbsstrategien

Wettbewerbsstrategien

Die Wettbewerbsstrategie befasst sich mit der Art und Weise, in der eine Geschäftseinheit Wettbewerbsvorteile in ihrem Markt realisieren kann.

Wettbewerbsvorteil

Wie ein strategischer Geschäftsbereich für seine Nutzer einen Wert schöpft, der höher als die Lieferkosten sowie die Kosten konkurrierender strategischer Geschäftsbereiche sind.

Thema dieses Abschnitts sind **Wettbewerbsstrategien**, wobei die Kooperation insbesondere in *Kapitel 6.5* behandelt werden soll. Eine Wettbewerbsstrategie befasst sich mit der Art und Weise, in der eine Geschäftseinheit Wettbewerbsvorteile in ihrem Markt realisieren kann. Daher umfasst die Wettbewerbsstrategie Themen wie Kosten, Produkteigenschaften und Markenbildung. Beim **Wettbewerbsvorteil** wiederum geht es darum, wie eine strategische Geschäftseinheit für ihre Kunden Nutzen schafft, der einerseits größer als die Kosten der Herstellung ist und andererseits auch den Nutzen von Wettbewerbern übersteigt. Wettbewerbsvorteile sollten Wettbewerbsstrategien zugrunde liegen. Dabei haben Wettbewerbsvorteile zwei wichtige Eigenschaften: Um überhaupt *wettbewerbsfähig* zu sein, muss die Geschäftseinheit sicherstellen, dass die Kunden einen ausreichenden Nutzen bzw. Wert wahrnehmen, damit sie bereit sind, mehr als die Kosten der Bereitstellung zu bezahlen. Um einen *Vorteil* zu haben, muss die Geschäftseinheit in der Lage sein, einen größeren Nutzen anzubieten als die Wettbewerber. Fehlt ein Wettbewerbsvorteil, ist die Wettbewerbsstrategie der Geschäftseinheit immer anfällig gegenüber Wettbewerbern mit besseren Produkten oder niedrigeren Preisen.

Michael Porter[2] argumentiert, dass es zwei grundlegende Wege gibt, um einen Wettbewerbsvorteil zu erzielen. Ein Geschäftsbereich kann strukturell niedrigere Kosten als seine Wettbewerber haben. Oder er kann über Produkte oder Dienstleistungen verfügen, die sich von den Produkten der Wettbewerber so unterscheiden, dass die Kunden ihnen einen solchen Nutzen bzw. Wert beimessen, dass der Geschäftsbereich höhere Preise verlangen kann. Im Rahmen der Festlegung von Wettbewerbsstrategien fügt Porter eine weitere Dimension hinzu, die sich auf die Kundengruppe bezieht, die das Unternehmen ansprechen möchte. Unternehmen können entscheiden, sich auf enge Kundensegmente, wie beispielsweise eine bestimmte demografische Gruppe wie den Jugendmarkt, zu konzentrieren. Alternativ dazu können sie sich für eine breite Kundengruppe entscheiden und Kunden über eine ganze Reihe von Eigenschaften wie Alter, Vermögen oder geografische Lage ansprechen.

2 M. Porter, „Competitive Advantage", *Free Press*, 1985.

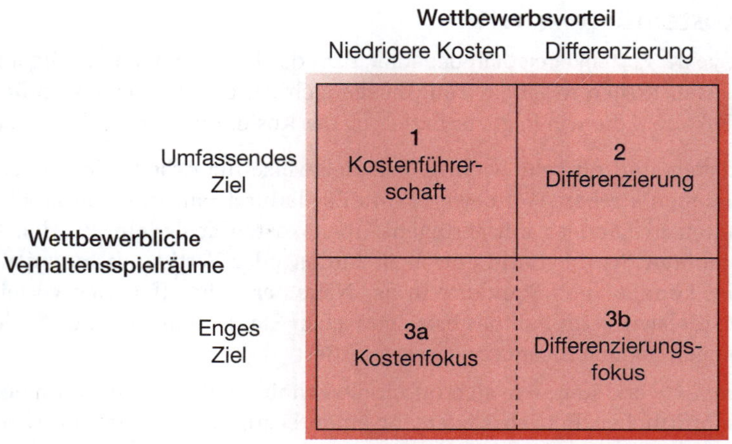

Abbildung 6.2: Drei generische Strategien

Quelle: Anpassung mit Genehmigung von *The Free Press*, a Division of Simon & Schuster, Inc., aus „Competitive Advantage: Creating and Sustaining Superior Performance" von Michael E. Porter. © Urheberrecht 1985, 1998 Michael E. Porter. Alle Rechte vorbehalten.

Durch Porters Unterscheidungen zwischen Kosten, Differenzierung und Umfang des Kundensegments werden eine Reihe „generischer" Strategien (mit anderen Worten grundlegende Strategietypen, die in vielen Arten von Geschäftssituationen gelten) definiert. Diese drei generischen Strategien werden in *Abbildung 6.2* illustriert. In der oberen linken Ecke wird eine Strategie der Kostenführerschaft, z.B. durch Einzelhändler wie Primark auf dem britischen Markt für Damenbekleidung, dargestellt. Primark will große Skaleneffekte und eine hohe Kostendisziplin nutzen, um eine große Bandbreite an Kundinnen mit hinreichend modischer Bekleidung zu einem guten Preis anzusprechen. Die Läden von Monsoon verfolgen eine Strategie der *Differenzierung*, bei der Frauen aus einer Vielzahl von Altersgruppen zu erheblich höheren Preisen Kleidung mit einem künstlerischen Stil („Boho-Schick") angeboten wird. Die dritte generische Strategie ist die *Konzentration*, die einen engen Wettbewerbsbereich umfasst. Porter unterscheidet zwischen der Kostenkonzentration und der Differenzierungskonzentration. Aber für ihn ist der begrenzte Umfang ein so charakteristisches Grundprinzip, dass diese beiden einfach Variationen zum gleichen Grundthema der Begrenztheit sind. So spricht beispielsweise Evans nur Frauen an, die größere Kleidungsgrößen tragen, und erzielt durch eine Strategie der Konzentration auf die Differenzierung einen höheren Preis für seine Produkte (die von Beth Ditto bekannt gemacht wurden). Andererseits sprechen die Bekleidungslinien der großen Supermärkte Einkäufer an, die einfach preiswerte Standardbekleidung für ihre Familien kaufen wollen. Sie verfolgen damit eine Strategie der *Kostenkonzentration*. Im verbleibenden Teil dieses Abschnitts werden diese drei generischen Strategien detaillierter erörtert.

6.3.1 Kostenführerschaft

Kostenführerstrategie

Kostenführerstrategie bezeichnet eine Strategie, bei der das Unternehmen die Organisation mit den niedrigsten Kosten in einem Tätigkeitsbereich ist.

Eine **Strategie der Kostenführerschaft** bedeutet, dass das Unternehmen die Organisation mit den niedrigsten Kosten in einem Tätigkeitsbereich ist. Es gibt vier wesentliche *kostentreibende* Faktoren, die wie folgt zur Erzielung der Kostenführerschaft beitragen können:

- *Inputkosten* sind oft sehr wichtig, beispielsweise für Arbeit oder Rohstoffe. Viele Unternehmen streben Wettbewerbsvorteile dadurch an, dass sie arbeitsintensive Tätigkeiten in Ländern mit geringen Arbeitskosten ansiedeln. Zu den Beispielen dafür gehören Service-Call-Centren in Indien oder Fertigungsstandorte in China. Überdies können auch Standorte in der Nähe der Rohstoffquellen vorteilhaft sein, wie beispielsweise im Fall des brasilianischen Stahlproduzenten CSN, der von seinen eigenen lokalen Eisenerzwerken profitiert.
- *Skaleneffekte* erklären, wie sich durch die Erhöhung der Menge normalerweise die durchschnittlichen Betriebskosten für einen bestimmten Zeitraum, wie beispielsweise einen Monat oder ein Jahr, verringern. Skaleneffekte sind wichtig, wenn hohe Fixkosten bestehen. Dabei sind Fixkosten die Kosten, die für ein Outputniveau notwendig sind: Beispielsweise muss ein Pharmaunternehmen normalerweise umfassende Forschung und Entwicklung durchführen, bevor auch nur eine einzige Tablette produziert wird. Aus der Verteilung dieser Fixkosten über hohe Outputniveaus ergeben sich Skalenvorteile: Die durchschnittlichen Kosten für ein teures F&E-Projekt halbieren sich, wenn der Output sich von einer auf zwei Millionen Einheiten erhöht. Überdies werden die Inputkosten auch durch Skaleneffekte im Einkauf reduziert. So sind beispielsweise die großen Fluggesellschaften in der Lage, erhebliche Rabatte bei den Flugzeugherstellern auszuhandeln. Für den Kostenführer ist es wichtig, das der *minimalen effizienten Größenordnung* entsprechende Outputniveau zu erreichen. Hierbei ist zu beachten, dass auch *negative Skaleneffekte* möglich sind. Hohe Outputvolumen, die Überstundenzuschläge für die Arbeiter erfordern oder eine Vernachlässigung der Ausrüstungswartung involvieren, können schnell sehr teuer werden. Daher verläuft die Kurve der Skaleneffekte wie in *Abbildung 6.3* dargestellt typischerweise etwas u-förmig, wobei die Durchschnittskosten pro Einheit tatsächlich über einen bestimmten Punkt steigen.
- *Erfahrung*[3] kann eine wesentliche Quelle der Kosteneffizienz sein. Die *Erfahrungskurve* impliziert, dass die mit jeder Outputeinheit von einer Organisation gewonnene kumulierte Erfahrung zu Reduzierungen der Stückkosten führt (siehe *Abbildung 6.3*). So können beispielsweise bei vielen elektronischen Bauteilen bei jeder Verdopplung der kumulierten Volumina die Stückkosten um bis 95 zu Prozent sinken. Überdies besteht keine zeitliche Grenze: Es gilt einfach, dass eine Organisation umso effizienter in einer Tätigkeit wird, je mehr Erfahrung sie bei dieser sammelt. Diese Effizienzen lassen sich im Wesentlichen in zwei Gruppen einteilen: Erstens ergeben sich Steigerungen der Arbeitsproduktivität, wenn das Personal einfach lernt, im Laufe der Zeit mit weniger Kosten zu arbeiten (dies bildet den spezifischen *Lernkurveneffekt*). Zweitens werden Kosten durch effizientere Abläufe oder Geräte eingespart, wenn die Erfahrung zeigt, was am besten funktioniert. Die Erfahrungskurve hat drei wichtige Auswirkungen auf die Geschäftsstrategie. Erstens ist die

3 P. Conley, „Experience Curves as a Planning Tool", als Broschüre von der Boston Consulting Group erhältlich. Siehe auch A. C. Hax und N. S. Majluf, in R. G. Dyson (Hrsg.), „Strategic Planning Models: Models and Analytical Techniques", *Wiley*, 1990.

Zeitplanung des Eintritts in einen Markt wichtig: Unternehmen, die frühzeitig in einen Markt eintreten, verfügen über Erfahrungen, die später eintretende Unternehmen noch nicht haben, und erzielen damit einen Vorteil. Zweitens ist es wichtig, einen Marktanteil zu gewinnen und zu halten, da Unternehmen mit einem höheren Marktanteil einfach aufgrund ihrer größeren Volumina über größere „kumulierte Erfahrungen" verfügen. Letztlich gilt, obwohl die Erfahrungsgewinne typischerweise am Anfang wie in der steilen Anfangskurve in *Abbildung 6.3* dargestellt am höchsten sind, dass sich die Verbesserungen normalerweise im Lauf der Zeit fortsetzen. Theoretisch sind die Möglichkeiten zur Kostenreduzierung unbegrenzt. In *Abbildung 6.3* werden die Erfahrungskurve und die Skaleneffekte verglichen, um den diesbezüglichen Unterschied zu unterstreichen. Anders als im Fall der Kurve der Skaleneffekte, bei der über einen bestimmten Punkt hinaus negative Skaleneffekte entstehen, impliziert die Erfahrungskurve im schlimmsten Fall ein Abflachen der Rate der Kostensenkung. Kosteneinsparungen aufgrund der akkumulierten Erfahrungen sind kontinuierlich möglich.

- Auch die *Produkt-/Prozessgestaltung* beeinflusst die Kosten. Effizienz kann von Anfang an eingebaut werden. Beispielsweise können sich die Ingenieure entscheiden, ein Produkt aus billigen Standardbauteilen anstelle teurer Spezialbauteile herzustellen. Oder Organisationen können sich entscheiden, mit Kunden ausschließlich über billige, webbasierte Methoden und nicht per Telefon oder in Geschäften zu kommunizieren. Überdies können Organisationen ihre Angebote auch so gestalten, dass sie die wichtigsten Kundenbedürfnisse erfüllen und Kosten einsparen, indem sie andere ignorieren. Dies ist wahrscheinlich die Strategie des „easyCouncils" in Barnet (*Beispiel 6.1*). Bei der Gestaltung eines Produkts oder einer Dienstleistung ist es wichtig, die Kosten des gesamten *Produktzyklus* (mit anderen Worten der Kosten für den Kunden nicht nur für den Kauf, sondern auch die nachfolgende Nutzung und Wartung) zu erkennen. Auf dem Markt für Fotokopierer hat Canon beispielsweise durch die Entwicklung eines Kopierers, der erheblich weniger Wartung benötigte, den Vorteil von Xerox, der auf Service und einem Support-Netzwerk beruhte, ausgeglichen.

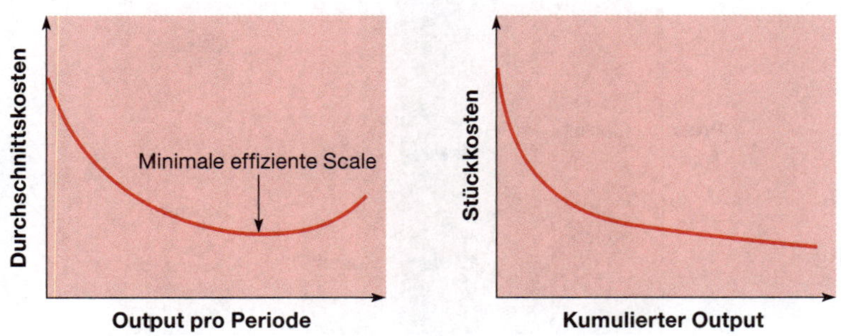

Abbildung 6.3: Skaleneffekte und die Erfahrungskurve

Porter unterstreicht zwei hohe Anforderungen an kostenbasierte Strategien. Als Erstes besagt das Prinzip des Wettbewerbsvorteils, dass die Kostenstruktur eines Unternehmens auf den *niedrigsten Kosten* beruhen muss (d.h. niedriger als die Kosten aller Wettbewerber). Bereits die zweitniedrigste Kostenstruktur impliziert einen Wettbewerbsnachteil gegenüber jemandem. Für Wettbewerber mit höheren Kosten als der Kostenführer besteht immer sowie insbesondere bei einem Marktabschwung das Risiko, im Preis unterboten zu werden. Für Unternehmen, die auf der Basis von Kosten konkurrieren, ist es immer sicherer, im Hinblick auf die Kosten nicht der zweite oder dritte zu sein.

Porters zweite Anforderung besteht darin, dass niedrigere Kosten nicht unter vollständiger Vernachlässigung der Qualität verfolgt werden sollten. Um seine Produkte oder Dienstleistungen zu verkaufen, muss der Kostenführer in der Lage sein, die Marktstandards zu erfüllen. So müssen beispielsweise chinesische Produzenten von Billigautos, die auf westliche Märkte exportieren wollen, nicht nur billige Fahrzeuge anbieten, sondern auch Fahrzeuge, die die ausreichenden Normen im Hinblick auf Stil, Wartungsnetz, Zuverlässigkeit, Wiederverkaufswert und andere wichtige Eigenschaften erfüllen. Für Kostenführer bestehen hier zwei Optionen:

- *Parität* (mit anderen Worten: Äquivalenz) mit Wettbewerbern im Hinblick auf Produkt- oder Dienstleistungseigenschaften, denen die Kunden einen hohen Wert beimessen. Parität ermöglicht es dem Kostenführer, die gleichen Preise wie der durchschnittliche Wettbewerber auf dem Markt zu verlangen und den Kostenvorteil vollständig in zusätzliche Gewinne umzuwandeln (wie in der zweiten Spalte in *Abbildung 6.4*). So kann der brasilianische Stahlproduzent CSN mit seinen billigen Eisenerzquellen den durchschnittlichen Preis für seinen Stahl verlangen und die Kostendifferenz als höheren Gewinn verbuchen.
- *Nähe* zu den Wettbewerbern im Hinblick auf Eigenschaften. Wenn ein Wettbewerber im Hinblick auf Produkt- oder Dienstleistungseigenschaften den Wettbewerbern hinreichend nah ist, sind für die Kunden unter Umständen nur geringe Preisreduzierungen notwendig, um sie für die geringfügig niedrigere Qualität zu entschädigen. Wie in der dritten Spalte in *Abbildung 6.4* dargestellt erzielt der annähernde Kostenführer immer noch bessere Gewinne als der durchschnittliche Wettbewerber, weil der niedrigere Preis nur einen Teil des Kostenvorteils aufbraucht. Diese Strategie der annähernden Kostenführerschaft kann die Option bilden, die beispielsweise von chinesischen Autoherstellern auf Exportmärkten gewählt wird.

Abbildung 6.4: Kosten, Preise und Gewinne bei generischen Strategien

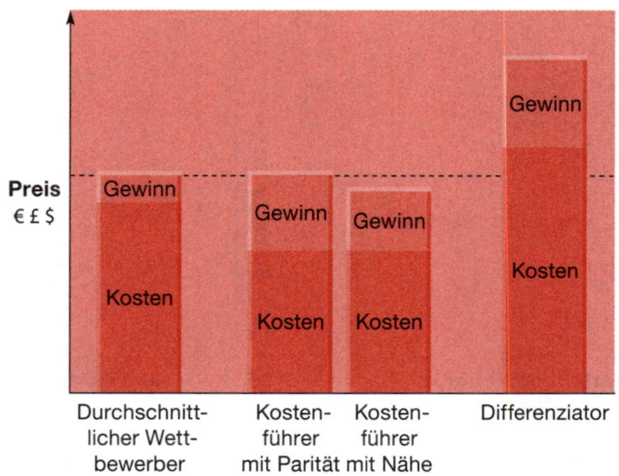

Beispiel 6.1

easyCouncils: Eine nicht ganz so einfache Low-Cost-Strategie

Der Stadtbezirk Barnet in London hat das Modell einer Billigfluglinie, ähnlich zu easyJet, für seine Dienste gewählt.

Aufgrund des zunehmenden Drucks auf die öffentlichen Haushalte wollten in den Jahren 2008/2009 die von der konservativen Partei kontrollierten Stadträte im Vereinigten Königreich mit Hilfe eines kostengünstigen Modells vergleichbar mit jenem von Fluglinien wie Ryanair und easyJet Kosten einsparen. Barnet, ein Bezirk im Norden Londons mit mehr als 300.000 Einwohnern, gehörte dazu.

Der konservative Stadtrat wurde zu diesem Zeitpunkt von einem ehemaligen Managementberater von PwC, Mike Freer, geführt. Im Zusammenhang mit sinkenden Subventionen der Zentralregierung und dem Wunsch, lokal Steuern einzusparen, wollte der Stadtrat die Kosten um £ 15 Millionen (ungefähr € 16,5 Millionen) pro Jahr senken. Im Jahr 2008 startete der Stadtrat dazu ein Konsultationsverfahren für eine radikale Reform unter dem Titel „Future Shape“. Im Jahr 2009 erklärte der Stadtrat dann seine Absicht, das Modell einer Billigfluglinie einzuführen, das den Namen „easyCouncil“ erhalten hatte.

Mike Freer stellt dazu einige Beispiele dar: Genau wie Billigfluglinien den Passagieren die Möglichkeit gewähren, für früheres Boarding zu bezahlen, sollte es den Bürgern zukünftig ermöglicht werden, durch die Zahlung zusätzlicher Gebühren eine schnellere Antwort auf Bauanträge für neue Gebäude oder Anbauten an bestehenden Gebäuden zu erhalten. Und genau wie die Passagiere solcher Fluglinien entscheiden können, ob sie an Bord eine Mahlzeit wünschen oder nicht (und diese dann entsprechend bezahlen), wird es den Nutzern von sozialen Diensten für Erwachsene ermöglicht, für sich Optionen auszuwählen. Freer erklärte dies gegenüber dem *Guardian* so:

> *„In der Vergangenheit haben wir einfach Dienste für unsere Bürger erbracht, anstatt sie entscheiden zu lassen. Wir haben ihnen gesagt, dass sie eine Stunde Hilfe beim Einkauf oder eine Stunde Hilfe für Hausarbeit, Essen auf Rädern usw. brauchen, und dann haben sie diese Hilfe bekommen – ob sie wollten oder nicht. Stattdessen stellen wir nun fest, welchen Umfang an persönlicher Fürsorge sie benötigen, bewerten diesen und teilen ihnen einen Etat zu. Wenn die Betroffenen dann sagen: „Ehrlich gesagt hätte ich lieber ein Wochenende in Eastbourne [einem Ferienort], dann können sie das bekommen.“*

Allerdings warnte die Oppositionsführerin Alison Moore im Guardian vor diesem Modell:

> *„Es besteht eine echte Gefahr von Problemen in den Gemeinden vor Ort, insbesondere darin, dass schutzbedürftige Personen bei diesem System verlieren. Denn Menschen, die von Pflegeleistungen abhängig sind, stellen dann vielleicht fest, dass sie diese nicht mehr in der gleichen Qualität wie in der Vergangenheit erhalten.“*

Trotzdem wurde die neue, kostengünstige Strategie 2009 eingeführt. Leider waren dabei allerdings die Kosten für die Fortbildung von Personal, den Aufbau eines internen Projektteams, die Beauftragung von Experten sowie die Schließung von Einrichtungen höher als ursprünglich vorgesehen. Der Stadtrat schätzte die Ausgaben für das erste Jahr des Reformprogramms auf £ 1,5 Millionen. Andererseits entwickelten sich die Einsparungen langsamer als vorgesehen aufgrund einer Reihe von Streiks von Mitarbeitern der Stadtverwaltung, die gegen den Stellenabbau protestierten, und den Wechsel vieler Mitarbeiter zu privaten Subunternehmen. Somit beliefen sich die Einsparungen im ersten Jahr auf nur £ 1,4 Millionen und damit auf weniger als die Hälfte des vorgesehenen Betrags. Die Oppositionsführerin Alison Moore kommentierte dies so: „Der Stadtrat von Barnet behauptet, dass es bei easyCouncil nur um das unablässige Streben nach Effizienz geht. Daher ist es absurd, dass im ersten Jahr mehr ausgegeben als eingespart wurde." Zu diesem Zeitpunkt war Mike Freer allerdings bereits Parlamentsabgeordneter geworden. Seine Amtsnachfolgerin Lynne Hillan vertrat aber die Ansicht, dass es für eine Bewertung noch zu früh sei. Große Einsparungen würden bald folgen: „Die Umsetzung des Programms hat länger gedauert als geplant, da wir uns entschieden haben, intern ein Team von Mitarbeitern zu entwickeln. Ich haben keinen Zweifel daran, dass wir damit den effizientesten Prozess und die größten langfristigen Einsparungen erzielen werden."

Quellen: Guardian, 27. August 2009; *Guardian*, 26. Oktober 2010; *The Economist*, 22. September 2012.

Kontrollfragen

1. Welche Vor- und Nachteile hat dieser Ansatz der „billigen" Dienste für Bürger?
2. In welchem Sinn „konkurrieren" die Stadtverwaltungen?

6.3.2 Differenzierungsstrategien

Differenzierung

Differenzierung umfasst in einigen Bereichen einen einzigartigen Charakter, dem die Kunden einen so hohen Wert beimessen, dass dies einen Preisaufschlag gestattet.

Für Porter bildet die Differenzierung die Hauptalternative zur Kostenführerschaft.[4] **Differenzierung** beinhaltet die Einzigartigkeit im Hinblick auf eine Dimension, der die Kunden einen Wert beimessen, der einen Preisaufschlag rechtfertigt. Die relevanten Differenzierungspunkte unterscheiden sich von Markt zu Markt. Auch innerhalb jedes einzelnen Markts können die Unternehmen im Hinblick auf verschiedene Dimensionen differenzieren. So können beispielsweise die Wettbewerber im Bekleidungshandel im Hinblick auf Größe des Geschäfts, Standorte oder Mode differenzieren. Bei Autos können die Wettbewerber wiederum nach Sicherheit, Stil oder Treibstoffeffizienz differenzieren. Sofern es viele unterschiedliche Aspekte gibt, denen die Kunden einen Nutzen beimessen, können auf einem Markt viele verschiedene Arten von Differenzierungsstrategien umgesetzt werden. So differenzieren beispielsweise im oberen Segment des Fahrzeugmarkts BMW und Mercedes auf unterschiedliche Art und Weise: BMW

4 B. Sharp und J. Dawes, „What is differentiation and how does it work?", Journal of Marketing Management, Band 17, Nr. 7/8 (2001), S. 739–759, untersucht die Beziehung zwischen Differenzierung und Rentabilität.

hat typischerweise ein sportlicheres Image, während Mercedes eher mit konservativen Werten assoziiert wird.

Die Strategieleinwand bietet eine Möglichkeit, diese verschiedenen Arten der Differenzierung abzubilden (siehe *Kapitel 2.4.3*).

Manager können das Differenzierungspotenzial durch die Verwendung der Wahrnehmungszuordnung ihrer Produkte oder Dienstleistungen im Vergleich mit denen der Wettbewerber bestimmen. So werden beispielsweise in *Abbildung 6.5* die Wahrnehmungen der Kunden amerikanischer Fluggesellschaften im ersten Jahrzehnt des neuen Jahrtausends im Hinblick auf zwei Attributbündel abgebildet: Eigenschaften der Flugleistung, wie Verspätungen, und Serviceattribute, wie Gepäckprobleme und Beschwerden zum Boarding. Dabei liegen die meisten der größeren Fluggesellschaften recht nahe beieinander. So unterscheiden sich beispielsweise US Air und Delta im Hinblick auf Flüge ohne Verspätung nicht erheblich voneinander und sie werden auch im Hinblick auf Serviceaspekte wie Boarding, Ticketverkauf und Reservierungen ähnlich wahrgenommen. Eine Airline, die allerdings als differenzierendes Unternehmen herausragt, ist Southwest. Diese Fluggesellschaft erzielt gute Ergebnisse sowohl im Hinblick auf Flugverspätungen als auch im Hinblick auf den Service. Im untersuchten Zeitraum war Southwest auch die rentabelste dieser Airlines. Es scheint so, als wäre es ihr gelungen, im Hinblick auf Eigenschaften zu differenzieren, denen ihre Kunden einen hohen Wert beimessen.

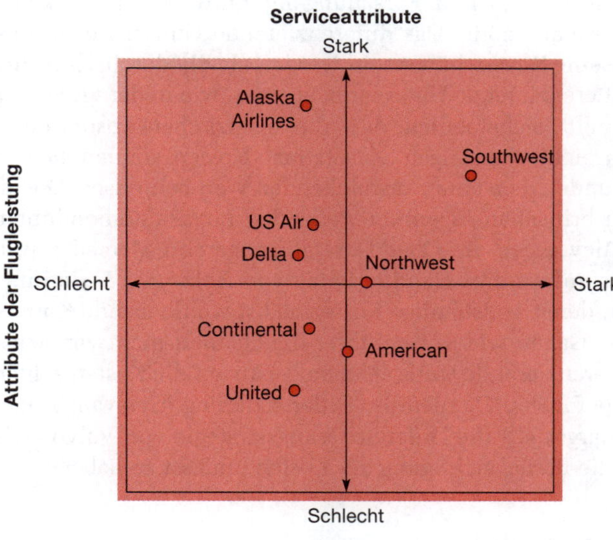

Abbildung 6.5: Abbildung der Differenzierung in der amerikanischen Luftfahrtindustrie

Quelle: Vereinfachung der Abbildung 1 in D. Gursoy, M. Chen und H. Kim (2005), „The US airlines relative positioning“, *Tourism Management*, 26, 5, 57–67: S. 62.

Allerdings müssen die Attribute, nach denen differenziert werden soll, sorgfältig ausgewählt werden. Differenzierungsstrategien benötigen Klarheit im Hinblick auf zwei Faktoren:

- Der *strategische Kunde:* Es ist von entscheidender Bedeutung, den strategischen Kunden, auf dessen Bedürfnissen die Differenzierung beruht, klar zu identifizieren. Wie in *Kapitel 2.4.2* erörtert, ist dies nicht immer einfach möglich. So könnten beispielsweise für ein Zeitungsunternehmen die strategischen Kunden Leser (die den Kaufpreis zahlen), Werbekunden (die für Werbung bezahlten) oder beide sein. Somit kann ein charakteristisches Mittel zur Priorisierung der Kunden eine wertvolle Quelle der Differenzierung sein.
- *Schlüsselwettbewerber:* Einem differenzierenden Unternehmen kann es leicht passieren, die Grenzen für den Vergleich zu eng zu setzen und sich auf eine bestimmte Nische zu konzentrieren. So hatte beispielsweise das spezialisierte italienische Bekleidungsunternehmen Benetton ursprünglich eine starke Position mit seinen spezialisierten Strickwarengeschäften. Allerdings verlor das Unternehmen an Boden, da es nicht frühzeitig genug erkannte, dass allgemeine Einzelhändler, wie Marks & Spencer, auch im gleichen Produktsegment farbenfroher Pullover und ähnlicher Produkte wettbewerbsfähig waren.

Für eine erfolgreiche Differenzierungsstrategie gibt es eine wichtige Bedingung. Die Differenzierung gestattet höhere Preise – allerdings hat auch das normalerweise einen Preis. Um einen Punkt der wertvollen Differenzierung zu erreichen, sind normalerweise zusätzliche Investitionen, z.B. in Forschung und Entwicklung, Markenbildung oder die Qualität des Personals, nötig. Das differenzierende Unternehmen muss daher davon ausgehen, dass seine Kosten höher sein werden als die durchschnittlicher Wettbewerber. Aber das differenzierende Unternehmen muss, wie in der vierten Spalte der *Abbildung 6.4* dargestellt, sicherstellen, dass die zusätzlichen Kosten der Differenzierung das Umsatzplus nicht übersteigen. Zusätzliche Kosten können sich leicht anhäufen, ohne dass die Kunden dem einen ausreichenden Wert beimessen. Die historischen Niederlagen der im britischen Eigentum stehenden Luxusautomobilunternehmen Rolls-Royce und Bentley gegen die Oberklassefahrzeuge von Mercedes waren mindestens teilweise auf die aufwendige Handfertigung von Holz- und Lederinnenausstattungen zurückzuführen, deren vollständige Kosten selbst wohlhabende Kunden nicht zu zahlen bereit waren. Genau wie Kostenführer die Qualität nicht vernachlässigen sollten, sollten auch differenzierende Unternehmen genau auf die Kosten achten, insbesondere in Bereichen, die für ihre Quellen der Differenzierung irrelevant sind. So scheint wie in *Beispiel 6.2* dargestellt die Differenzierungsstrategie von Volvo auf dem indischen Busmarkt auch die Berücksichtigung der Kosten umfasst zu haben.

Fokusstrategie

Fokussierungsstrategie zielt auf ein enges Segment des Tätigkeitsbereichs ab und passt die Produkte oder Dienstleistungen individuell an die Bedürfnisse dieses speziellen Segments an, während andere Aspekte ausgeschlossen werden.

6.3.3 Fokusstrategien

Porter bestimmt den Fokus als dritte generische Strategie, die auf der Reichweite des Wettbewerbs beruht. Eine **Fokusstrategie** zielt auf ein enges Segment oder einen engen Bereich von Aktivitäten ab und stimmt ihre Produkte oder Dienstleistungen auf die Bedürfnisse des speziellen Segments ab, schließt dabei andere aber aus. Fokusstrategien gibt es in zwei Varianten, je nach den zugrunde liegenden Quellen des Wettbewerbsvorteils – Kosten oder Differenzierung. In der Luftfahrtbranche verfolgt Ryanair eine *Kostenfokusstrategie*, bei der preisbewusste Urlauber angesprochen werden, die keine Anschlussflüge benötigen. Auf dem lokalen Markt für Waschmittel verfolgt das belgische Unternehmen Ecover eine *Diffenzierungsfokusstrategie*, mit der es aufgrund seiner ökologischen Reinigungsprodukte gegenüber seinen Wettbewerbern einen Preisaufschlag erzielt.

Das die Fokusstrategie wählende Unternehmen erzielt einen Wettbewerbsvorteil, indem es sich genauer seinen Zielsegmenten widmet, bei denen es besser ist als andere Unternehmen, die versuchen, eine größere Bandbreit von Segmenten abzudecken. Die Bedienung einer großen Bandbreite von Segmenten kann Nachteile im Hinblick auf Koordinierung, Kompromisse oder mangelnde Flexibilität mit sich bringen. Fokusstrategien können Schwachpunkte umfassender Kostenführer und differenzierender Unternehmen aufzeigen:

- Unternehmen mit einem *Kostenfokus* identifizieren Bereiche, in denen umfassendere kostenbasierte Strategien aufgrund der aus dem Versuch der Erfüllung einer großen Vielfalt an Bedürfnissen entstehenden zusätzlichen Kosten fehlschlagen. So hat beispielsweise im britischen Lebensmitteleinzelhandel Iceland Foods eine kostenbasierte Strategie, die sich auf tiefgekühlte und gekühlte Lebensmittel konzentriert, wodurch Kosten gegenüber allgemeinen Lebensmitteldiscountmärkten, wie Aldi, gesenkt werden, die die gesamte Komplexität aus frischen Lebens- und Nahrungsmitteln sowie ihren jeweils eigenen tiefgekühlten und gekühlten Lebensmittelprodukten aufweisen.
- Unternehmen mit einem *Differenzierungsfokus* suchen nach spezifischen Bedürfnissen, die breiter aufgestellte Differentiatoren nicht so gut bedienen. Die Konzentration auf ein spezielles Bedürfnis trägt zum Aufbau spezialisierter Kenntnisse und Technologien bei, erhöht das Engagement für den Service und kann den Wiedererkennungswert der Marke sowie die Kundenbindung verbessern. So dominiert beispielsweise ARM Holdings den Weltmarkt für Mobiltelefonchips, obwohl das Unternehmen nur einen Bruchteil der Größe der führenden Hersteller von Mikroprozessoren, AMD und Intel, aufweist, die überdies Chips für eine große Bandbreite von Computern herstellen.

Erfolgreiche Fokusstrategien hängen von mindestens drei Schlüsselfaktoren ab:

- *Charakteristische Segmentbedürfnisse.* Fokusstrategien hängen davon ab, dass charakteristische Segmentbedürfnisse bestehen. Wenn der eigene Charakter des Segments unterlaufen wird, wird es schwerer, das Segment gegen breiter aufgestellte Wettbewerber zu verteidigen. Als beispielsweise die Grenzen zwischen von allgemeinen Verbrauchern verwendeten Smartphones und Smartphones für Geschäftsleute begannen zu verschwimmen, wurde es für Apple einfacher, die einst von den BlackBerry-Geschäftstelefonen dominierte, charakteristische Nische anzugreifen.
- *Charakteristische Segmentwertschöpfungsketten.* Die Fokusstrategien werden gestärkt, wenn sie über charakteristische Wertschöpfungsketten verfügen, die für Wettbewerber schwer oder teuer nachzuvollziehen sind. Wenn sich die Produktionsprozesse und Vertriebskanäle stark ähneln, ist es für ein breit aufgestelltes differenzierendes Unternehmen leicht, ein spezialisiertes Produkt zu geringeren Kosten als ein Wettbewerber, der Fokusstrategien verfolgt, durch seine eigene standardisierte Wertschöpfungskette zu bringen. Im Waschmittelbereich kann Procter & Gamble nicht leicht auf Ecover reagieren, da die Erzielung der gleichen Umweltfreundlichkeit die Umstellung der Einkaufs- und Produktionsprozesse umfassen würde.

- *Lebensfähige Segmentökonomie.* Segmente können leicht zu klein werden, um wirtschaftlich zu arbeiten, wenn sich die Bedingungen von Angebot und Nachfrage verändern. So sind beispielsweise durch sich verändernde Skaleneffekte und einen größeren Wettbewerb die traditionellen Kaufhäuser mit ihren größeren Produktpaletten aus verschiedenen Waren von Haushaltswaren bis hin zu Bekleidung aus den Stadtzentren vieler kleinerer Städte verschwunden.

6.3.4 Zwischen den Stühlen?

Porter postuliert, dass Manager zu einer klaren Entscheidung zwischen den generischen Strategien der Kostenführerschaft, Differenzierung und der Konzentration kommen sollten. Ihm zufolge wäre es nicht klug, diese Entscheidung zu umgehen. Wie bereits erklärt, kann der Wettbewerber mit den niedrigsten Kosten immer den Wettbewerber mit den zweitniedrigsten Kosten unterbieten. Für ein Unternehmen, das durch niedrige Kosten einen Vorteil erreichen will, macht es daher keinen Sinn, durch halbherzige Differenzierungsversuche zusätzliche Kosten anzuhäufen. Für ein Unternehmen, das die Differenzierung verfolgt, ist es unsinnig, Einsparungen vorzunehmen, die die Grundlage der Differenzierung gefährden. Für ein Unternehmen, das eine Fokusstrategie verfolgt, ist es gefährlich, sich außerhalb des ursprünglichen spezialisierten Elements zu bewegen, weil an eine Gruppe von Kunden angepasste Produkte oder Dienstleistungen wahrscheinlich unangemessene Kosten oder Eigenschaften für die neuen Zielkunden hätten. Dies war beispielsweise das Problem für Blackberry, als das Unternehmen versuchte, seine sicheren Mobiltelefone für Geschäftsleute auf den größeren Verbrauchermarkt zu bringen, auf dem die Verfügbarkeit von Apps wichtiger war als die geschäftliche Notwendigkeit der Verschlüsselung von E-Mails. Porters Argument war, dass Manager am besten auswählen sollten, welche generische Strategie sie verfolgen, und sich dann streng daran halten. Ansonsten, besteht die Gefahr, *zwischen allen Stühlen* zu sitzen und keine Strategie gut umzusetzen.

Porters Warnung im Hinblick auf die Gefahr, zwischen allen Stühlen zu sitzen, bietet für Manager nützliche Disziplin. Es fällt ihnen sehr leicht, inkrementelle Entscheidungen zu treffen, durch die die grundlegende generische Strategie gefährdet wird. Wenn Gewinne auflaufen, ist der erfolgreiche Kostenführer unter Umständen versucht, mit dem Knausern und Sparen aufzuhören. Andererseits kann ein Differentiator in schwierigen Zeiten unter Umständen die Ausgaben für Forschung und Entwicklung bzw. Werbung, die für den langfristigen Differenzierungsvorteil von grundlegender Bedeutung sind, reduzieren. Die Übereinstimmung mit einer generischen Strategie bildet eine wichtige Prüfung für die Entscheidungsfindung von Managern.

Allerdings ist Porters Argument für rein generische Strategien umstritten.[5] So ist beispielsweise die Meinung vertreten worden, dass die Kritik gegen die Kombination generischer Strategien eine in der westlichen Kultur vorherrschende Präferenz für duale Gegensätze widerspiegelt, im Gegensatz zur östlichen Bereitschaft, Ausgleich

5 Siehe beispielsweise D. Miller, „The generic strategy trap“, *Journal of Business Strategy*, Band 13, Nr. 1 (1992) S. 37–42 und S. Thornhill und R. White, „Strategy purity; a multi-industry evaluation of pure vs. hybrid business strategies“; *Strategic Management Journal*, Band, 28, Nr. 5 (2007), S. 553–561; Heracleous L. und Wirtz K., „Singapore Airlines' balancing act“, *Harvard Business Review*, Juli-August (2010), S. 141–151.

und Synthese anzustreben,. So war es Singapore Airlines möglich, Strategien der Service-Differenzierung und niedriger Kosten auf eine Art und Weise zu kombinieren, die westlichen Fluggesellschaften schwer fällt. Und auch Porter selbst bestätigt, dass es Umstände gibt, unter denen die Strategien kombiniert werden können:[6]

- *Organisationale Trennung:* Ein Unternehmen kann separate strategische Geschäftsbereiche gründen, die jeweils verschiedene generische Strategien verfolgen und verschiedene Kostenstrukturen aufweisen. Die Herausforderung besteht allerdings darin, negative Effekte eines Geschäftsbereichs auf einen anderen zu vermeiden. So hat ein Unternehmen, das hauptsächlich differenzierte Strategien verfolgt, wahrscheinlich hohe Kosten für den Firmensitz, die auch Geschäftsbereiche mit niedrigen Kosten tragen müssen. Andererseits kann ein billiger Kostenführer den Markenwert eines anderen Geschäftsbereichs, der die Differenzierung anstrebt, schädigen. Aufgrund dieser Art von Trade-Off kann es sehr schwierig sein, innerhalb einer Gruppe verbundener Unternehmen verschiedene generische Strategien zu verfolgen. So hatte trotz des Erfolgs von Singapore Airlines, Lufthansa, die führende Fluggesellschaft in Europa, Schwierigkeiten, ihre preiswerten Tochterunternehmen Germanwings und (die mittlerweile verkaufte) BMI mit ihrem traditionellen, stärker serviceorientierten Kerngeschäft zu verbinden.
- *Technologische oder Managementinnovationen:* Mitunter ermöglichen technische Innovationen radikale Verbesserungen sowohl im Hinblick auf Kosten als auch auf Qualität. Durch den Online-Einzelhandel sinken die Kosten des Verkaufs von Büchern, während gleichzeitig auch die Differenzierung durch eine größere Produktpalette und eine bessere Beratung durch Online-Buchkritiken gesteigert wird. Überdies können auch Managementinnovationen zu simultanen Verbesserungen führen. Die Einführung des Total Quality Managements durch die japanischen Automobilhersteller hat zur Reduzierung von Fehlern an der Produktionslinie geführt, durch die einerseits die Produktionskosten reduziert und andererseits die Fahrzeugzuverlässigkeit, ein Punkt der erfolgreichen Differenzierung, verbessert wurden.
- *Wettbewerbsfehler:* Sofern auch Wettbewerber zwischen den Stühlen sitzen, besteht weniger Wettbewerbsdruck, den Wettbewerbsnachteil zu überwinden. Desgleichen gilt, wenn ein Unternehmen einen bestimmten Markt dominiert, dass der Wettbewerbsdruck hin zur Konsistenz mit einer einzigen Wettbewerbsstrategie niedriger ist.

6.3.5 Die strategische Uhr

Die strategische Uhr bietet einen anderen Ansatz zu den generischen Strategien (siehe *Abbildung 6.6*), der mehr Raum für hybride Strategien lässt.[7]Die strategische Uhr verfügt über zwei charakteristische Eigenschaften. Als Erstes konzentriert sie sich auf die Preise für die Kunden anstatt auf Kosten für die Organisation: Da Preise stärker sichtbar sind als Kosten, kann die strategische Uhr im Vergleich mit Wettbewerbern leichter verwendet werden. Zweitens gestattet das runde Design der Uhr kontinuierlichere Entscheidungen als der von Michael Porter beschriebene starke Kontrast zwischen Kostenführerschaft und Differenzierung: Es gibt eine vollständige Palette von inkrementellen Anpassungen, die zwischen der 7:00-Uhr Position am unteren Ende der Niedrigpreis-

6 C. Markides und C. Charitou, „Competing with dual business models: a contingency approach“, *Academy of Management Executive*, Band 18, Nr. 3 (2004), S. 22–36.

7 Siehe D. Faulkner und C. Bowman, „The Essence of Competitive Strategy“, Prentice Hall, 1995.

strategie und der 2:00-Uhr-Position am unteren Ende der Differenzierungsstrategie möglich sind. Im Laufe der Zeit erreichen Organisationen häufig die gesamte Uhr, wenn sie ihre Preisbildung und Vorteile anpassen.

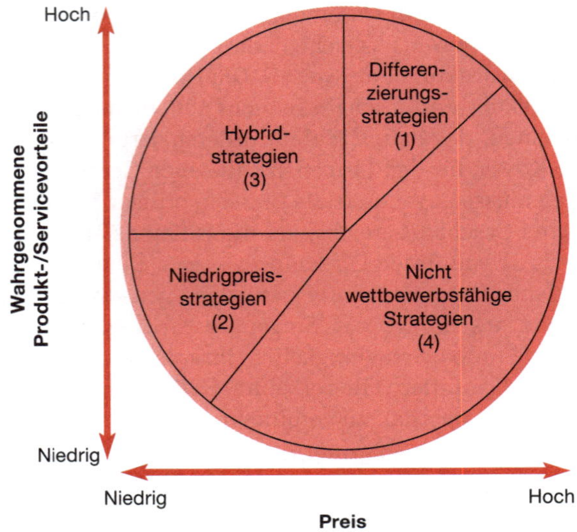

Abbildung 6.6: Die strategische Uhr

Quelle: Beruht auf D. Faulkner und C. Bowman, „The Essence of Competitive Strategy", *Prentice Hall*, 1995.

Die strategische Uhr identifiziert drei Bereiche machbarer Strategien sowie einen Bereich, der wahrscheinlich zum Misserfolg führt:

- *Differenzierung* (Bereich 1): Diese Zone umfasst eine Reihe machbarer Strategien, die auf hohen Wahrnehmungen von Produkt- oder Servicevorteilen unter den Kunden aufbauen. Nahe bei der 12-Uhr-Position liegt eine Strategie der *Differenzierung ohne Preisaufschlag*. Die Differenzierung ohne Preisaufschlag kombiniert hohe wahrgenommene Vorteile und moderate Preise, die typischerweise eingesetzt werden, um einen Marktanteil zu gewinnen. Wenn hohe Vorteile auch relativ hohe Kosten umfassen, wäre diese moderate Preisstrategie nur kurzfristig aufrechtzuerhalten. Nachdem ein größerer Marktanteil erreicht worden ist, wäre es logisch, zu einer Differenzierung mit Preisaufschlag zu wechseln, die näher bei 1 Uhr oder 2 Uhr liegt. Der Wechsel auf die 2-Uhr-Position beinhaltet wahrscheinlich eine Fokusstrategie nach Porter. Eine solche fokussierte Differenzierungsstrategie zielt auf eine Nische ab, bei der die höheren Preise und reduzierten Vorteile, beispielsweise aufgrund fehlenden Wettbewerbs in einem bestimmten geografischen Bereich, aufrechterhalten werden können.
- *Niedriger Preis* (Bereich 2). Dieser Bereich gestattet verschiedene Kombinationen niedrigerer Preise und einen niedrigen wahrgenommenen Nutzen. Nahe der 9-Uhr-Position würde mit einer standardmäßigen *Niedrigpreisstrategie*, bei der niedrige Preise mit angemessenem Nutzen (auf gleicher Ebene mit den Wettbewerbern) kombiniert werden, ein Marktanteil gewonnen werden. Um nachhaltig zu sein, muss diese Strategie durch einen Kostenvorteil, wie durch einen gesteigerten Marktanteil

erzielte Skalenvorteile, unterstützt werden. Ohne einen solchen Kostenvorteil werden letztendlich Leistungskürzungen oder Preissteigerungen notwendig. Eine Variante der standardmäßigen Niedrigpreisstrategie ist die „No frills"-Strategie, nahe der 7-Uhr-Position. Diese Strategien, die auf jeglichen Schnickschnack verzichten, umfassen sowohl niedrigen Nutzen als auch niedrige Preise, wie im Fall von Billigfluggesellschaften wie Ryanair (die sogar vorgeschlagen hat, für die Benutzung der Flugzeugtoiletten eine Gebühr zu verlangen).

- *Hybridstrategie* (Bereich 3): Eine charakteristische Eigenschaft der strategischen Uhr ist der Raum, den sie zwischen Niedrigpreis- und Differenzierungsstrategien gewährt.[8] Hybridstrategien umfassen sowohl niedrigere Preise als Differenzierungsstrategien als auch höhere Nutzen als Niedrigpreisstrategien. Hybridstrategien werden häufig eingesetzt, um aggressiv um einen höheren Marktanteil zu kämpfen. Sie können sich auch als hilfreich erweisen, um beispielsweise im Ausland in einen neuen Markt einzutreten. Selbst bei Innovationen mit hohen Vorteilen kann es sinnvoll sein, den Preis anfänglich niedrig zu halten, um Effizienzen auf der Erfahrungskurve oder Netzwerkeffekte aufzubauen (siehe *Kapitel 6.3.6*). Einige Unternehmen halten Hybridstrategien über lange Zeiträume aufrecht: so beispielsweise IKEA, das Skalenvorteile einsetzt, um relativ niedrige Preise mit differenziertem schwedischen Design zu kombinieren (siehe Fallbeispiel am Ende des Kapitels).
- *Nicht wettbewerbsfähige Strategien* (Bereich 4): Die letzte Gruppe von Strategien umfasst einen Bereich unwirtschaftlicher Strategien mit geringen Nutzen und hohen Preisen. Sofern Unternehmen nicht über einen außergewöhnlichen strategischen Lock-In verfügen, werden die Kunden diese Kombinationen schnell ablehnen. Typischerweise führen derartige Strategien zum Scheitern.

Die Konzentration der strategischen Uhr auf den Preis und die Bandbreite der inkrementellen Änderungen der Strategie bieten eine dynamischere Sichtweise der Strategie als Porters generische Strategien. Hier sind die Organisationen nicht auf eine Kosten- oder Differenzierungsstrategie relativ festgelegt, sondern sie können sich um die Uhr bewegen. So kann eine Organisation beispielsweise mit einer *Niedrigpreisstrategie* beginnen, um einen Marktanteil zu gewinnen, dann aber auf eine höherpreisige *Strategie der Differenzierung mit einem Preisaufschlag* wechseln, um Gewinne zu erzielen, und dann wieder auf eine *Hybridstrategie* zurückwechseln, um sich gegen neu in den Markt eintretende Unternehmen zu verteidigen. Allerdings erinnern die generischen Strategien von Porter die Manager daran, dass die Kosten von entscheidender Bedeutung sind. Sofern eine Organisation nicht über einen sicheren Kostenvorteil (wie beispielsweise Skaleneffekte) verfügt, kann eine Hybridstrategie aus hohen wahrgenommenen Nutzen und niedrigen Preisen wahrscheinlich nicht lange aufrechterhalten werden.

---

8 Zur empirischen Bestätigung der Vorteile einer hybriden Strategie siehe E. Pertusa-Ortega, J. Molina-Azorín und E. Claver-Cortés, „Competitive strategies and form performance: a comparative analysis of pure, hybrid and „stuck-in-the-middle" strategies in Spanish firms"; *British Journal of Management*, Band 20, Nr. 4 (2008), S. 508–523.

6.3.6 Lock-in und nachhaltige Geschäftsstrategien

Geschäftsstrategien sollten idealerweise über die Zeit hinweg nachhaltig sein. Dies kann auf Wettbewerbsvorteilen beruhen, über die die Wettbewerber nicht verfügen. Daher gilt wie in *Kapitel 3.4* erörtert, dass Strategien wahrscheinlicher dann aufrechterhalten werden, wenn ihnen Fähigkeiten zugrunde liegen, die alle VRIO-Eigenschaften (Wert, Seltenheit, Nicht-Imitierbarkeit und Nichtsubstituierbarkeit) verbinden. Der „Lock-in" bildet einen weiteren Ansatz zur Nachhaltigkeit von Geschäftsstrategien.

Strategischer Lock-in

Beim strategischen „Lock-in" erlangt eine Organisation eine Sonderposition innerhalb ihrer Branche; ihre Produkte oder Dienstleistungen werden zum Branchenstandard.

Bei einem **strategischen Lock-in** sind die Kunden von einem Lieferanten abhängig und können nicht ohne erhebliche Umstellungskosten zu einem anderen Anbieter wechseln.[9] Der strategische Lock-in ist mit dem Konzept der Pfadabhängigkeit (siehe *Kapitel 5.2.1*) verbunden und ergänzt im Wesentlichen die Prinzipien der Nicht-Imitierbarkeit und der Nichtsubstituierbarkeit. Unter den Bedingungen eines Lock-ins gelingt es Imitatoren und Substituten nicht, Kunden zu gewinnen. Dies ist besonders für Unternehmen mit Differenzierung wertvoll. Wenn die Kunden erst einmal gesichert sind, können die Preise deutlich über den Kosten gehalten werden.

Der Lock-in kann im Wesentlichen auf zwei Arten und Weisen erreicht werden:

- *Kontrolle komplementärer Produkte oder Dienstleistungen:* Möglichkeiten für den Lock-in eines bestimmten Produkts oder einer bestimmten Dienstleistung ergeben sich, wenn andere Produkte oder Dienstleistungen für die sie benutzenden Kunden notwendig sind. Dies wird oft als Strategie von „Rasierapparat und Klingen" bezeichnet: Wenn der Kunde einen bestimmten Rasierapparat gekauft hat, ist er gezwungen, auch damit kompatible Klingen zu kaufen. Auch Apple verfolgte ursprünglich eine ähnliche Strategie, als es das Digital Rights Management einsetzte, um sicherzustellen, dass im iTunes Store gekaufte Musik nur auf dem iPod des Unternehmens abgespielt werden konnte. Der Wechsel auf ein Sony-Gerät hätte bedeutet, den Zugang zu der gesamten bereits gekauften iTunes-Musik zu verlieren.
- *Schaffung eines geschützten Branchenstandards:* Manchmal sind die Unternehmen so erfolgreich, dass sie einen unter ihrer eigenen Kontrolle stehenden Branchenstandard schaffen. Ähnlich wie im Fall der Wirkung von Rasierern und Klingen wird es für Kunden, die in Schulungen und Systeme mit diesen Standards investieren, teurer, auf ein anderes Produkt oder eine andere Dienstleistung zu wechseln. Allerdings bestehen bei Branchenstandards auch *Netzwerkeffekte*: Wenn andere Mitglieder des Netzwerks ebenfalls den gleichen Standard einführen, wird es noch wichtiger, dabei zu bleiben. Microsoft hat mit seinem Betriebssystem Windows, das mehr als 90 Prozent des Markts beherrscht, eine solche Art geschützten Standard geschaffen. Wenn ein Unternehmen auf ein anderes Betriebssystem wechseln will, müssten das Personal neu geschult und die Dateien in das neue System überführt werden, wobei unter Umständen Kommunikationsprobleme bei den Netzwerkteilnehmern (wie Kunden oder Lieferanten) entstehen könnten, die weiterhin Windows verwenden.

9 W. B. Arthur, „Increasing returns and the new world of business", *Harvard Business Review*, Juli-August (1996), S. 100-109. Siehe auch das Konzept des „System Lock-in" bei A. Hax and D. Wilde, „The Delta Model – discovering new sources of profitability in a networked economy", *European Management Journal*, Band 19, Nr. 4 (2001), S. 379–391.

Beispiel 6.2 Volvos neue Busse für Indien

Volvos Strategie ist es, Busse für nahezu das Vierfache des gängigen Marktpreises zu verkaufen.

Der Markt für Busse in Indien wurde lange Zeit von zwei einheimischen Unternehmen dominiert, beides Tochtergesellschaften großer indischer Mischkonzerne: Tata Motors und Ashok Leyland. Beide Firmen stellten seit Jahrzehnten die gleichen einfachen Fahrzeuge her. Grundlage war ein LKW-Fahrgestell mit einem einfachen Bus-Oberbau. Die verwendeten Motoren leisteten magere 110–120 PS und röhrten laut, wenn sie ihre schwere Fracht die steilen indischen Berge hinauf hievten. Der Motor saß vorne unter der Haube und die Hitze, die er während der Fahrt entwickelte, strömte ungehindert durch den ganzen Bus. Offene Fenster ersetzten die Klimaanlage, sodass auch Staub und Straßenlärm zu den Fahrgästen drangen. Die Stoßdämpfer waren bestenfalls altmodisch und sorgten für eine unruhige Fahrt auf den löchrigen Straßen des Landes. Gepäck wurde meist einfach auf das Dach des Busses geschnallt, wo es schnell dreckig wurde und leicht gestohlen werden konnte. Aber immerhin waren diese Busse billig – sie kosteten die lokalen Transportgesellschaften gerade einmal Rs 1,2 Mio. (€ 15.000).

1997 entschloss sich der schwedische Autohersteller Volvo, mit eigenen Bussen mit einem Verkaufspreis von Rs 4 Mio. – fast viermal so teuer wie die einheimische Konkurrenz – auf den indischen Markt zu gehen. Akash Passey, Volvos erster indischer Angestellter, beauftragte eine Unternehmensberatung damit, die Erfolgsaussichten für diese Geschäftsidee zu prüfen. Die Beratungsfirma riet Volvo, die Finger von diesem Markt zu lassen. Passey zur Financial Times: „Meine Antwort war einfach – ich nahm ihren Bericht und warf ihn in den am nächsten stehenden Papierkorb." Passey brachte die teuren Luxus-Busse 2001 auf den indischen Markt.

Passey nutzte die Jahre vorher zur Entwicklung einer ganz besonderen Strategie. Sein Grundprodukt war erstklassig ausgerüstet. Volvos Standardmotoren hatten 240–250 PS und befanden sich im hinteren Teil des Busses, um so eine schnellere und ruhigere Fahrt zu gewährleisten. Auch eine Klimaanlage gehörte selbstverständlich zur Grundausstattung. Durch die Position des Motors und das verwendete, speziell für Busse gebaute Fahrgestell wurde der Innenraum des Busses geräumiger und man konnte Gepäck ebenfalls im Bus verstauen. Passey war sich aber schnell im Klaren darüber, dass all dies nicht ausreichen würde. Der Financial Times gegenüber sagte er: „Man musste sehr viel tun, um mit dem gewöhnlichen Geschäftsmodell zu brechen."

Volvo bot Wartungs- und Kundendienste nach dem Kauf der Busse an, sodass sich die Lebensdauer der Busse von drei auf zehn Jahre erhöhte. Außerdem waren die Transportgesellschaften so nicht mehr auf die eigenen teuren Werkstätten angewiesen. Die Fahrer erhielten kostenloses Fahrtraining, fuhren dadurch sicherer und achteten auch mehr auf ihre Busse. Volvo warb für die Vorteile seiner Busse direkt beim Kunden, indem es Kinowerbung schaltete, und konzentrierte sich nicht nur auf die Transportgesellschaften. Um den Markt anzukurbeln, stellte Volvo ausgewählten Transportfirmen ca. 20 Fahrzeuge zu einem extrem niedrigen Preis zur Verfügung. Volvo-Mitarbeiter waren in der Anfangszeit bei jeder Fahrt dabei, sodass sie ihre Firma beim kleinsten Problem sofort informieren konnten. Volvo schickte dann umgehend seine Ingenieure. Da die Busse nun schneller und zuverlässiger fuhren und die Fahrt bequemer wurde, konnten die Transportgesellschaften auch höhere Preise verlangen. Eine Fahrt in einem Volvo-Bus kostete bald 35 Prozent mehr.

Geschäftsleute und Angehörige der Mittelklasse waren begeistert von den Volvo-Bussen. Nach einer schnelleren und bequemeren Fahrt kamen sie ausgeruht an ihrem Zielort an und sparten unter Umständen sogar die Kosten für eine Übernachtung. Mittlerweile stellten auch Tata und Ashok Leyland eigene Luxusbusse her, und auch Mercedes und Isuzu folgten Volvo auf den indischen Markt. Und dennoch ist der Satz „Nimm einen Volvo“ in Indien mittlerweile zum Synonym für eine Reise im Luxusbus geworden, so wie man hierzulande das Wort „Tempo“ für jede Marke Papiertaschentücher verwendet.

2008 eröffnete Volvo ein neues, hochmodernes Produktionswerk für Busse in Bangalore. Dies ist Volvos produktivstes Werk weltweit – für die Fertigstellung eines Busses werden nur 20 bis 25 Tage benötigt. Die jährliche Produktionskapazität liegt bei 1000 Bussen.

Quelle: J. Leahy, „Volvo takes a lead in India“, *Financial Times* 31. August 2009.

Kontrollfragen

1. Erstellen Sie eine Rangfolge aller Elemente von Passeys Strategie für Volvo, beginnend mit dem wichtigsten. Hätte man auf irgendeines dieser Elemente verzichten können?
2. Wie nachhaltig ist Volvos Luxusbusstrategie?

6.4 Die Bewahrung eines Wettbewerbsvorteils

Organisationen, die versuchen, einen Wettbewerbsvorteil zu erreichen, wollen diesen auch aufrechterhalten. Viele Veröffentlichungen zum Thema Wettbewerbsstrategie beschreiben die Notwendigkeit der Nachhaltigkeit als zentrale Erwartung. Dieser Abschnitt baut auf den in *Kapitel 3* (*Kapitel 3.2*) beschriebenen strategischen Fähigkeiten auf und stellt Überlegungen an, wie Nachhaltigkeit möglich sein könnte. Immer wieder stellt sich die Frage, inwieweit eine Nachhaltigkeit des Wettbewerbsvorteils möglich ist.

6.4.1 Die Bewahrung eines preisbasierten Vorteils

Eine Organisation, die einen Wettbewerbsvorteil durch niedrige Preise verfolgt, kann diesen auf verschiedene Weise aufrechterhalten (siehe *Abbildung 6.7*):

- *Geringe Gewinnspannen* sind für ein Unternehmen möglich, wenn das Umsatzvolumen größer als das der Konkurrenten ist oder wenn ein Geschäftsbereich durch eine andere Stelle des Portfolios subventioniert werden kann.
- *Eine einzigartige Kostenstruktur*. Einige Unternehmen haben Zugang zu kostengünstigen Vertriebsstrukturen, beziehen Rohmaterialien zu günstigeren Preisen als Wettbewerber oder sind in einer Gegend ansässig, in der Lohnkosten niedrig sind.
- *Unternehmensspezifische Fähigkeiten* könnten für ein Unternehmen in der Art existieren, dass die Kosten in der gesamten Wertkette heruntergefahren werden können. Michael Porter definiert Kostenführerschaft als „den kostengünstigsten Produzenten seiner Branche … der alle Quellen des Kostenvorteils finden und ausschöpfen muss“[10] (siehe *Kapitel 6.3* und *Abbildung 6.3*).

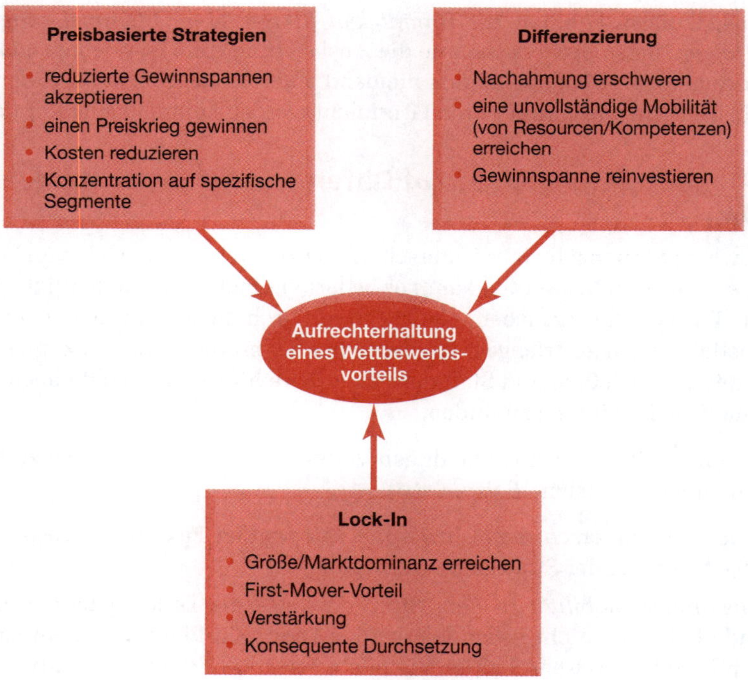

Abbildung 6.7: Aufrechterhaltung von Wettbewerbsvorteilen

Sollte eine der beiden letzten Vorgehensweisen verfolgt werden, ist es von Bedeutung, dass die kostengünstigen Betriebsbereiche echte Kostenvorteile liefern, um reale Preisvorteile über den Wettbewerb zu unterstützen. Wie bereits in *Kapitel 3* angesprochen, sollte es für Wettbewerber schwierig sein, diese Vorteile zu imitieren. Dies erfordert eine Mentalität, bei der Innovation in Bezug auf Kostenreduzierung als überlebenswichtig angesehen wird. Ein Beispiel ist im „No frills“-Segment die Billigfluglinie

10 Die Quoten betreffend die Wettbewerbsstrategien von Porter sind seinem Buch „Competitive Advantage“, *Free Press*, 1985, S. 12–15 entnommen.

Ryanair, die 2006 erklärte, ihr Ziel sei es, ihren Passagieren irgendwann kostenlose Flüge anzubieten.

- *Konzentration auf Marktsegmente,* in denen Kunden vor allem einen geringen Preis schätzen, aber keinen Wert auf andere Eigenschaften legen. Ein Beispiel ist der Erfolg von Handelseigenmarken in Supermärkten. Die Produzenten können die Preise niedrig halten, da sie die hohen Gemeinkosten und Marketingkosten bedeutender Markenhersteller umgehen. Dies funktioniert jedoch nur, solange sie sich auf diese Produkte und Marktsegmente konzentrieren.

Mit der Niedrigpreisstrategie sind jedoch auch Gefahren verbunden:

- *Wettbewerber könnten in der Lage sein, das Gleiche zu tun.* Es macht keinen Sinn, einen Vorteil durch niedrige Kosten auf der Basis von Kostensenkungen zu erreichen, wenn Wettbewerber dies auch können.
- Kunden beginnen, einen *niedrigen Preis mit einem geringen Nutzen des Produkts/der Dienstleistung gleichzusetzen*, und eine geplante Strategie nach Position 2 verschiebt sich zu Position 1.
- Kostensenkungen könnten zur *Unfähigkeit führen, eine Differenzierungsstrategie zu verfolgen.* Beispielsweise könnte die Auslagerung von IT-Systemen aus Gründen der Kosteneffizienz bedeuten, dass niemand einen strategischen Blick darauf wirft, wie ein Wettbewerbsvorteil durch IT erreicht werden könnte (siehe *Kapitel 12.3*).

6.4.2 Die Bewahrung eines auf Differenzierung basierenden Vorteils

Es macht wenig Sinn, nach einer Unterscheidung zu streben, wenn sie von Wettbewerbern schnell nachgeahmt werden kann; es bedarf vielmehr der Nachhaltigkeit des Vorteils. Viele Firmen, die versuchen, einen Vorteil durch die Einführung neuer Produkte oder Dienstleistungen zu erlangen, werden schnell von Konkurrenten kopiert. *Beispiel 6.3* beschreibt, wie McCafé und Starbucks über Jahre hinweg versucht haben, Grundlagen für eine Differenzierung zu finden.

Zu den Möglichkeiten, einen nachhaltigen Vorteil durch Differenzierung zu erreichen, gehören die folgenden (siehe *Beispiel 6.3*):

- *Die Nachahmung erschweren.* In *Kapitel 3.3* werden Faktoren angesprochen, die eine Nachahmung der Strategien erschweren.
- *Unvollständige Mobilität* in dem Sinn, dass das die Differenzierung aufrechterhaltende Potenzial nicht *gehandelt* werden kann. Ein Pharmakonzern kann durch seine führenden Wissenschaftler Vorteile erreichen oder ein Fußballverein durch seine Starspieler, aber sie können von Konkurrenten abgeworben werden; sie sind handelbar. Andere Vorteile können dagegen nur schwer gehandelt werden:
  - *Immaterielle Werte* wie eine Marke, das Image oder die Reputation oder die in der Kultur einer Organisation verwurzelte Kompetenz sind schwer zu imitieren oder zu erreichen. Und selbst wenn ein Konkurrent die Firma erwirbt, übertragen sich diese nicht automatisch mit dem neuen Inhaberverhältnis.

Beispiel 6.3 McCafé gegen Starbucks

Die Café-Kette Starbucks hat als Reaktion auf eine Herausforderung von McDonald's ihre Strategie geändert.

Die Fastfood-Kette McDonald's hat mit ihrem neuen Konzept McCafé den Kaffeeriesen Starbucks weltweit herausgefordert. Das McCafé-Konzept wurde in den 1990er-Jahren in Australien entwickelt. Die McCafés befinden sich normalerweise an oder in den normalen McDonald's-Filialen. In diesen Cafés kommen qualitativ hochwertige Kaffeemaschinen zum Einsatz und es werden verschiedene, auf den Geschmack auf dem lokalen Markt abgestimmte Kaffeemischungen verkauft. Im Jahr 2012 gab es in den USA 1.500 McCafés sowie 600 in Deutschland. Überdies verbreiten sie sich schnell in ganz Europa von Spanien bis in die Ukraine (wobei die McCafé-Produkte im Vereinigten Königreich immer noch unter der normalen Marke „McDonald's" verkauft werden).

Starbucks ist die weltweite größte Café-Kette mit knapp 20.000 Filialen in 60 Ländern von Kanada bis China. Das im Jahr 1971 gegründete Unternehmen Starbucks wurde als kleine Café-Kette in Seattle 1988 von Howard Schultz gekauft. Das Originalkonzept von Starbucks beruhte dabei auf gutem Kaffee, der in persönlicher Atmosphäre von geschulten „Baristas" gebraut wurde. Schultz expandierte dann sehr schnell und eröffnete 1996 in Tokio die erste Filiale außerhalb Nordamerikas. Im Jahr 2001 trat Schultz als CEO zurück und unter den nächsten beiden CEOs setzte das Unternehmen seine Expansion fort. Im Jahr 2007 begann die Leistung allerdings abzuflauen. Daraufhin schrieb Schultz das berühmte „Memo zum Valentinstag" an den damaligen CEO, in dem er sich darüber beschwerte, dass das Wachstum zu einer Kommerzialisierung des „Starbucks"-Konzepts geführt hätte. Durch die Einführung automatischer Espressomaschinen, mit denen die Bedienung der Kunden beschleunigt werden sollte, war der typische Kaffeeduft aus den Filialen verschwunden und die Baristas mussten weit weniger qualifiziert sein. Im nächsten Jahr kehrte Schultz als CEO an die Unternehmensspitze zurück.

Als er an seinen alten Arbeitsplatz zurückkehrte, erklärte Howard Schultz:

> *„Wir sind absolut darauf fokussiert, den qualitativ besten Kaffee zu liefern und für den Kunden jedes Mal das bestmögliche Erlebnis sicherzustellen. Wir haben … uns in unsere Kunden hineinversetzt und liefern eine direkte Antwort auf ihre Bedürfnisse. Unsere Kunden sagen uns, dass sie Wert und Qualität wollen, und wir werden genau das so liefern, wie es für sie wichtig und für Starbucks authentisch ist."*

Schultz tat den berühmten Schritt, alle Filialen weltweit einen Nachmittag zu schließen, um die Baristas noch einmal in der Herstellung guten Kaffees zu schulen. Überdies verbesserte das Unternehmen auch sein Speisenangebot: 2012 kaufte das Unternehmen die Bäckereikette La Boulange für $ 100 Millionen. Um Zugang zu innovativen, qualitativ hochwertigen Lebensmittelprodukten zu erhalten und diese in die Starbucks-Filialen zu bringen, wurde das internationale Standardformat für Starbucks-Filialen gelockert und so je nach dem lokalen Standort eine größere Vielfalt ermöglicht. Es wurden lokale Kunstgegenstände, mutigere

Farben, größere „Schwarze Bretter“ und sogar Second-Hand-Möbel eingeführt, um individuellere Filialen zu schaffen. Außerdem boten die Starbucks-Filialen ihren Besuchern kostenfreies Wi-Fi.

McDonald's möchte sich nun den Änderungen bei Starbucks anpassen. Daher wurde auch hier kostenloses Wi-Fi eingeführt. Die Qualität und der Preis der Kaffeeprodukte von McDonald's sind äußerst konkurrenzfähig. So kostete 2012 ein mittlerer Frappé bei McCafé $ 3,99 (verglichen mit $ 4,20 für einen Big Mac), während ein vergleichbarer Frappuccino bei Starbucks $ 5,45 kostete. Die kanadische *Globe and Mail* verglich 2011 die Produkte der beiden Unternehmen. Der Kommentar zu McCafé lautete wie folgt: „Er schmeckt wie eine Mischung aus feuchtem Holz und ungereinigter Kaffeemaschine.“ Zu Starbucks war Folgendes zu hören: „Er schmeckt bitter wie verbrannter Toast. Er schmeckt so schlecht, dass er das genaue Gegenteil von Kaffee ist.“ Insgesamt bewertet die *Globe and Mail* McCafé als geringfügig besser.

Kontrollfragen

1. Stellen Sie die Verschiebungen von McDonald`s und Starbucks in einem Diagramm mit den Achsen „Preis“ und „wahrgenommene Qualität“ (analog zu *Abbildung 6.6*) dar.
2. Wie sollte sich ein Unternehmen mit einer ähnlichen Ausgangsposition wie Starbucks verhalten, das auf einem Markt operiert, auf dem McCafé noch nicht angekommen ist (z.B. Costa Coffee im Vereinigten Königreich)?

  - *Umstellungskosten*. Die tatsächlichen oder wahrgenommenen Kosten, um die Bezugsquelle eines Produkts oder einer Dienstleistung zu ändern, können hoch sein. Vielleicht ist der Käufer auch auf einen Lieferanten aufgrund bestimmter Bestandteile, Leistungen oder Fähigkeiten angewiesen. Oder aber die Vorteile der Umstellung rechtfertigen nicht die Kosten oder Risiken.
  - Ko-Spezialisier*ung*. Die Betriebsmittel oder Bestandteile einer Organisation sind eng mit dem Betrieb des Käufers verknüpft. Zum Beispiel werden Elemente der Wertschöpfungskette einer Organisation wie Vertrieb oder Herstellung von einer anderen abgewickelt.

- Eine *kostengünstigere Position* ermöglicht einer Organisation höhere Gewinnspannen, die reinvestiert werden können, um eine Differenzierung zu erreichen und zu erhalten. Kellogs oder Mars gehören zu den kostengünstigsten Produzenten in ihren Märkten, aber sie reinvestieren ihre Gewinne in die Markenpolitik und Produkt- und Servicedifferenzierung und nicht in niedrigere Preise.

6.4.3 Reaktionen auf eine Wettbewerbsgefahr[11]

Die Wahrung eines Wettbewerbsvorteils angesichts von Konkurrenten, die auf Grundlage einer unterschiedlichen Wettbewerbsstrategie Kunden anvisieren, kann eine ernsthafte Bedrohung darstellen. Meist handelt es sich um Niedrigpreiskonkurrenten, die

11 Dieser Abschnitt basiert auf Untersuchungen durch N. Kumar, „Strategies to fight low cost rivals“, *Harvard Business Review*, Band 84, Nr. 12 (2006), S. 104–113.

in Märkte eindringen, die von Unternehmen dominiert werden, die sich durch Differenzierung eine starke Position geschaffen haben. So haben sich zum Beispiel Niedrigpreis-Fluggesellschaften einen erheblichen Marktanteil von den weltweit führenden Fluggesellschaften gesichert. Eine entsprechende Situation entsteht im öffentlichen Sektor durch das Beharren der Geldgeber auf Effizienzgewinnen im Jahresvergleich. Dies bietet neuen Teilnehmern die Möglichkeit, die existierenden Dienstleister zu unterbieten, oder Dienstleister sehen sich gezwungen, selbst zu unterbieten.

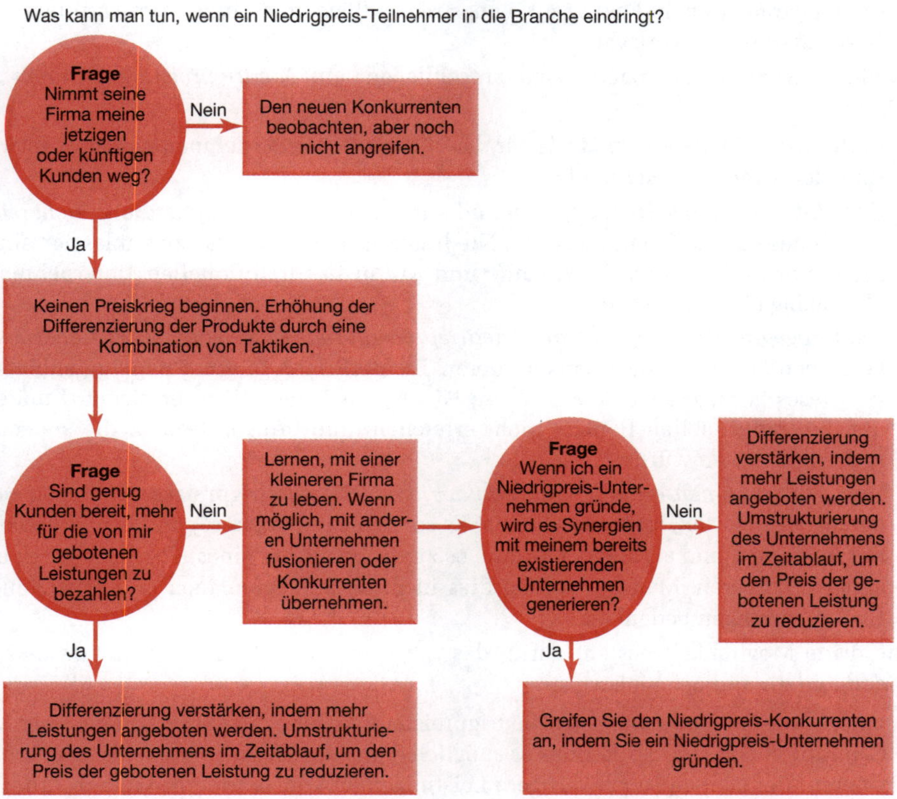

Abbildung 6.8: Reaktion auf Konkurrenten mit niedrigen Kosten

Quellen: Financial Times, 25. Mai 2009; *smartmoney.com*, 23. Juli 2012; *Globe and Mail*, 8. November 2011.

In *Abbildung 6.8* geht es um die Fragen, die sich stellen, wenn ein Niedrigpreiskonkurrent in den Markt eindringt, und es werden auch die entsprechenden Antworten geliefert. Zudem enthält sie einige allgemeine Richtlinien. Zunächst geht es darum, ob eine *Differenzierungsstrategie* als Grundlage der Gegenmaßnahme *beibehalten* wird (oder ob im öffentlichen Sektor der Status eines Kompetenzzentrums beibehalten wird):

- *Mehrere Differenzierungsgrundlagen schaffen.* Die relativen Vorteile eines Produkts werden eher hervorgehoben, wenn mehrere davon vorhanden sind. So ist zum Beispiel das Design der Hi-Fi-Systeme von Bang und Olufson neben Produktinnovationen auch mit Beziehungen zu Einzelhändlern verbunden, um sicherzustellen, dass die Produkte deutlich in den Geschäften platziert werden.

- *Sicherstellung einer sinnvollen Differenzierungsgrundlage.* Kunden müssen einen sinnvollen Nutzen erkennen können. Für Gillette war es schwierig, Kunden von den Vorteilen langlebiger Duracell-Batterien zu überzeugen, und das nicht nur, weil Niedrigpreiskonkurrenten Mehrstückpackungen billiger Batterien anboten, sondern auch weil die Nachfrage nach Batterien zurückging.
- *Preisunterschiede* für bessere Produkte oder Leistungen *minimieren.* Dies ist ein Grund, warum eine Hybridstrategie so erfolgreich sein kann.
- *Konzentration auf weniger preissensible Marktsegmente.* So hat British Airways seinen strategischen Fokus auf Langstreckenflüge mit einem Schwerpunkt auf Geschäftsreisende verlagert.

Zweitens, wenn Differenzierer sich entschließen, ein *Niedrigpreisunternehmen zu gründen*:

- *Einführung* einer *eigenen Marke* für das Niedrigpreisunternehmen, um eine Verwirrung der Kunden zu vermeiden.
- *Das Unternehmen getrennt führen* und eine *ausreichende Finanzierung sicherstellen.* Es besteht die Gefahr, dass die Niedrigpreisalternative als „zweitklassig" angesehen wird oder durch die Abläufe und Kultur des traditionellen Unternehmens übermäßig eingeengt wird.
- *Dem abgegrenzten Angebot der Niedrigpreisalternative Leistungen zusichern.* So verlangen beispielsweise Banken, deren Tochterfirmen Internet-Banking anbieten, für dieses geringere Gebühren. Diese Niedrigpreisalternativen erreichen Kunden, die die traditionellen Banken nicht erreichen, und bringen Gelder, die sie sonst nicht einnehmen würden.
- *Dem Unternehmen erlauben, zu konkurrieren.* Ein Niedrigpreisunternehmen rein defensiv zu starten, ist kaum effektiv. Es sollte als rentabler, separater SGB konkurrieren können und als solches könnte es zur Substitution eines Angebots durch ein anderes kommen. Manager sollten dies in ihren Strategieplänen und finanziellen Hochrechnungen bedenken.

Eine dritte Möglichkeit besteht darin, dass abgegrenzte Unternehmen ihr *Geschäftsmodell ändern* und beispielsweise

- *zu Lösungsanbietern werden.* Niedrigpreisteilnehmer konzentrieren sich eher auf Grundprodukte und so könnte es möglich sein, das Geschäftsmodell zu rekonstruieren, um sich auf hochwertigere Leistungen zu konzentrieren. Viele technische Betriebe haben beispielsweise die hochwertigeren Potenziale von Design- und Beratungsdiensten im Gegensatz zu arbeitsteiligen technischen Arbeitsprozessen erkannt, die im Preis leicht unterboten werden können.
- *zu Niedrigpreisanbietern werden.* Die radikalste Antwort wäre, die Abhängigkeit von der Differenzierung aufzugeben und zu lernen, frontal mit dem Niedrigpreisanbieter zu konkurrieren[12]. Es wird nicht überraschen, dass es kaum Nachweise für den Erfolg einer solchen Reaktion gibt, was nicht zuletzt daran liegt, dass es bedeuten würde, auf der Grundlage von Kompetenzen zu konkurrieren, die vom etablierten Betreiber besser verstanden werden sollten.

12 Für eine Erörterung, wie man unter solchen Umständen konkurrieren kann, siehe A. Rao, M. Bergen und S. Davis, „How to fight a price war", *Harvard Business Review*, Band 78, Nr. 2 (2000), S. 107–115.

6.5 Wettbewerbsstrategie im Hyperwettbewerb

Die Inhalte der *Kapitel 6.3* und *6.4* basieren auf der Annahme, dass Wettbewerbsstrategien durch die Suche nach nachhaltigen Wettbewerbsvorteilen vorangetrieben werden. Es gibt jedoch Beweise, die nahe legen, dass dies nicht zwangsläufig möglich ist und dass andere Grundlagen der Wettbewerbsstrategie existieren. Diese werden in den *Kapitel 6.5* und *6.6* angesprochen.

Wie bereits in *Kapitel 2.3* dargelegt, sehen sich viele Organisationen turbulenten und sich schnell ändernden, unsicheren wirtschaftlichen Rahmenbedingungen und zunehmenden Ebenen des Wettbewerbs oder *Hyperwettbewerbs*[13] gegenüber. Das bedeutet, dass Nachahmung, Innovation oder Änderungen der Kundenpräferenzen bestenfalls einen kurzfristigen Vorteil bringen. Ein Wettbewerbsvorteil hängt daher von der Fähigkeit der Organisationen ab, sich schnell zu ändern, flexibel und innovativ zu sein. Dieser Abschnitt befasst sich mit Wettbewerbsstrategien unter solchen Bedingungen (siehe *Abbildung 6.9*).

Abbildung 6.9: Wettbewerbsstrategien in Hyperwettbewerbsbedingungen

6.5.1 Die Überwindung des strategischen Wettbewerbsvorteils eines Konkurrenten

Zu den Möglichkeiten, die Wettbewerbsstrategien eines Konkurrenten zu kontern oder sich gegen das Eindringen von Konkurrenten zu verteidigen, gehören:

- *Nachahmung.* Ein Konkurrent kann versuchen, durch die Entwicklung neuer Produkte oder durch das Eindringen in neue Märkte einen Vorteil zu erreichen. Solche Schritte können relativ leicht imitiert werden.
- *Strategische (Neu-)Positionierung.* Wie in *Kapitel 6.4* angedeutet, kann ein Unternehmen ein anderes mit einer anderen Wettbewerbsstrategie angreifen wie beispielsweise einer Niedrigpreisstrategie gegen einen abgegrenzten Konkurrenten. Ein Konkurrent, der eine Niedrigpreisstrategie verfolgt, kann versuchen, einen anderen abzuwehren, indem eine Differenzierungsstrategie ohne Preissteigerung eingesetzt

13 Das Ausmaß, in dem Hyperwettbewerbsbedingungen existieren, wird diskutiert. Argumente dafür: siehe R. W. Wiggins und T. W. Ruefli, „Schumpeter's ghost: is hypercompetition making the best of times shorter?", *Strategic Management Journal*, Band 26 (2005), S. 887–911. Argumente dagegen: siehe G. Mcnamara, P. M. Vaaler und C. Devers, „Same as it was: the search for evidence of increasing hypercompetition", *Strategic Management Journal*, Band 24 (2003), S. 261–278.

wird (d.h. ein Schritt zu Position 3 auf der strategischen Uhr). Wird dieser Schritt imitiert, müssen neue Quellen der Differenzierung gesucht werden. Innovation und Wendigkeit sind entscheidend.

- *Blockierung von First-Mover-Vorteilen.* Ein Konkurrent kann versuchen, einen Vorteil als First Mover zu erreichen. In diesem Fall ist die wichtigste Lektion, dem Konkurrenten nicht zu ermöglichen, eine beherrschende Stellung einzunehmen, bevor eine Erwiderung erfolgt. Anstatt ein Nachahmungsprodukt auf den Markt zu bringen, könnte die Antwort ein Produkt mit erweiterten Funktionen sein, mit dem man den First Mover überspringen oder strategisch umgehen kann.
- *Eintrittsbarrieren überwinden.* Versuche, Barrieren aufzubauen, um ein Eindringen in den Markt zu verhindern, können verschiedene Formen annehmen. Sie lassen sich wie folgt überwinden:
  - *Unterlaufen des Bollwerks des Konkurrenten.* Wettbewerber können versuchen, ein geografisches Gebiet oder ein Marktsegment zu dominieren. Dies kann jedoch unterlaufen werden. So können zum Beispiel in globalisierten Märkten die in einem Gebiet aufgebauten Skaleneffekte durch einen Konkurrenten unterlaufen werden, der unter Verwendung der Skaleneffekte des eigenen Heimatgebiets in einen Markt eindringt. Im Bildungsbereich gefährden IT/Internet-basierte Schulen, die die Kosten der Materialentwicklung in ihren heimischen Märkten bereits abgeschrieben haben, etablierte Institutionen. Und wo eine Organisation Bollwerke aufgebaut hat, indem Vertriebskanäle blockiert wurden, können Marktteilnehmer einen Zugang über andere Vertriebskanäle wie beispielsweise den Internethandel versuchen.
  - *Deep Pockets entgegenwirken.* Einige Konkurrenten verfügen über erhebliche Ressourcen (manchmal Deep Pockets genannt), mit denen sie versuchen, einem intensiven Konkurrenzkampf standzuhalten. Solche Vorteile können überwunden werden, wenn Konkurrenten fusionieren oder Allianzen bilden, sodass sie auf einer stärkeren Basis konkurrieren können.

6.5.2 Merkmale erfolgreicher Strategien im Hyperwettbewerb

Laut Richard D'Aveni[14] sollten Manager ihre Einstellung zu Strategien auf Geschäftsbereichsebene überdenken, da es nicht länger möglich sein könnte, nachhaltige Positionen des Wettbewerbsvorteils zu planen, und zudem die Planung einer langfristigen Nachhaltigkeit Wettbewerbsvorteile durch eine verlangsamte Reaktionszeit zerstören könnte. Manager müssen lernen, schneller als ihre Konkurrenten zu sein. Er liefert einige Leitlinien hierzu:

- *Grundlagen des Erfolgs optimal nutzen.* Die Aufrechterhaltung alter Vorteile lenkt von der Entwicklung neuer Vorteile ab. Eine Organisation muss bereit sein, die Grundlagen ihres Erfolgs optimal zu nutzen.
- *Die Schwachstellen von Konkurrenten anzugreifen, kann unklug sein,* da sie dadurch lernen, wie ihre Stärken und Schwächen wahrgenommen werden, und entsprechende Strategien entwickeln können.
- *Viele kleine Schritte können effektiver sein als größere,* da die längerfristige Ausrichtung von Konkurrenten nicht so leicht erkannt werden kann und kleinere Schritte mehr Flexibilität und damit *temporäre Vorteile* ermöglichen.

---

14 Siehe D'Aveni, Fußnote 3.

- *Der Bruch des Status quo* ist strategisches Verhalten und kein Unsinn. Die Fähigkeit, ständig aus den vorgefertigten Formen auszubrechen, könnte eine Kernkompetenz darstellen.
- *Nicht vorhersehbar sein.* Wenn Konkurrenten ein Muster erkennen, können sie die nächsten Schritte vorhersehen und lernen, eine Organisation schnell zu imitieren oder strategisch zu umgehen. Deshalb sind Überraschung, Unvorhersehbarkeit und selbst scheinbare Irrationalität wichtig. Manager müssen lernen, gegenüber der Außenwelt unvorhersehbar zu erscheinen, während sie intern ihre Strategien planen.
- *Täuschung der Wettbewerber.* Nach den Lehren der Spieltheorie (siehe *Kapitel 6.7*) kann ein Stratege Schritte signalisieren, die der Konkurrent erwartet, die jedoch nicht dem entsprechen, was tatsächlich erfolgt. Oder der Stratege kann den Erfolg in einem Markt verschleiern.[15]

6.6 Wettbewerb und Zusammenarbeit[16]

Bisher lag der Schwerpunkt auf Wettbewerb und Wettbewerbsvorteil. Aber ein Vorteil wird nicht immer durch Wettbewerb erreicht. Auch durch die Kooperation von Organisationen kann ein Vorteil erreicht oder Wettbewerb vermieden werden. Eine Kooperation zwischen potenziellen Wettbewerbern oder zwischen Käufern und Verkäufern ist voraussichtlich dann von Vorteil, wenn die kombinierten Kosten für Beschaffung und Einkauf (wie Verhandlungen und Vertragsabschluss) durch die Kooperation niedriger sind als die Kosten alleinigen Handelns. Kooperationen sind auch bei Umstellungskosten hilfreich. Dies zeigt sich bei einem Rückblick auf das Five-Forces-Modell von *Kapitel 2.3.1* (siehe *Abbildung 2.4*):

- *Kooperation zur Stärkung der Zulieferermacht.* In der Raumfahrtindustrie könnten Komponentenhersteller versuchen, enge Bindungen zu Kunden aufzubauen. Es ist zwar schwer, einen akkreditieren Lieferantenstatus zu erreichen, aber ist er einmal erreicht, kann dies die Vertriebsstärke erheblich erhöhen. Dies ist auch bei Forschungs- und Entwicklungsaktivitäten hilfreich sowie bei der Reduzierung des Lagerbestands und der gemeinsamen Planung zur Entwicklung neuer Produkte.
- *Kooperation zur Erhöhung der Käufermacht.* Die Stärke und Rentabilität pharmazeutischer Unternehmen wurde durch die Fragmentierung der Käufer, einzelnen Ärzte und Krankenhäuser gefördert. Viele Regierungen haben deshalb eine Kooperation zwischen den Käufern der Arzneimittel und zentralisierte Arzneimittelagenturen gefördert oder gefordert, was zu einer koordinierteren Kaufkraft geführt hat.
- *Kooperationen, um Eintrittsbarrieren aufzubauen oder Substitutionen zu vermeiden.* Angesichts eines drohenden Markteintritts oder Alternativprodukten könnten Unternehmen eines Industriezweigs zusammenarbeiten, um gemeinsam in Forschung und Entwicklung oder Marketing zu investieren. Wirtschaftsverbände können die generischen Eigenschaften einer Branche wie Sicherheitsstandards oder

15 Weitere Beispiele irreführender Signale siehe G. Stalk Jr, „Curveball: strategies to fool the competition", *Harvard Business Review*, September (2006), S. 115–122.

16 Nützliche Bücher über gemeinschaftliche Strategien sind Y. Doz und G. Hamel, „Alliance Advantage: The art of creating value through partnering", *Harvard Business School Press*, 1998; „Creating Collaborative Advantage", hrsg. Chris Huxham, *Sage*, 1996; und D. Faulkner, „Strategic Alliances: Co-operating to compete", *McGraw-Hill*, 1995.

technische Spezifikationen fördern, um Innovation zu beschleunigen und der Möglichkeit der Substitution zuvorzukommen.

- *Kooperation, um Marktzugang und Wettbewerbsmacht zu gewinnen.* Organisationen, die sich über ihre traditionellen Grenzen hinaus entwickeln möchten (zum Beispiel geografische Expansion), könnten mit anderen kooperieren, um Eintrittsmöglichkeiten in neue Märkte zu gewinnen. Auch für den Erwerb lokaler Marktkenntnisse kann die Kooperation mit lokalen Betreibern erforderlich sein. In einigen Ländern fordern Regierungen eine solche Kooperation. Kooperationen können auch bei der Entwicklung der erforderlichen Infrastruktur wie etwa Vertriebskanäle, Informationssysteme oder Forschungs- und Entwicklungsaktivitäten hilfreich sein. Eine Kooperation kann auch notwendig sein, weil Käufer lieber mit lokalen Managern als mit ausländischen Managern verhandeln. Insbesondere in Hi-Tech- oder Hyperwettbewerbssituationen gibt es eine zunehmende Auflösung (oder Entflechtung) von Wertketten, da auf jeder Stufe dieser Ketten innovativer Wettbewerb herrscht. Unter solchen Umständen entsteht auch eine zunehmende Notwendigkeit kooperativer Strategien zwischen Wettbewerbern, um den Kunden einheitliche Lösungen anzubieten.[17]

Abbildung 6.10: Wettbewerb und Kooperation

- *Kooperation zur Arbeitsteilung mit Kunden.* Ein wichtiger Trend im öffentlichen Sektor ist die *Gemeinschaftsproduktion* mit Kunden[18] wie zum Beispiel die Selbstveranlagung zur Einkommensteuer. Zu den Motiven gehören Kosteneffizienz, Verbesserung der Qualität/Zuverlässigkeit oder zunehmende „Verantwortung" der Kunden. Auch Webseiten erleichtern die Selbstbedienung der Kunden (der virtuelle Einkaufskorb ist ein Beispiel) oder erlauben es ihnen, ein Produkt oder eine Leistung nach ihren eigenen Spezifikationen zu entwickeln oder anzupassen (zum Beispiel beim Erwerb eines neuen Computers).

17 Dieser Fall der Kooperation in Hi-Tech-Industrien wird von V. Kapur, J. Peters und S. Berman in: „High tech 2005: the horizontal, hypercompetitive future", *Strategy and Leadership*, Band 31, Nr. 2 (2003), S. 34 –47 erörtert und dargestellt.

18 Siehe J. Brudney und R. England, „Towards a definition of the co-production concept", *Public Administration Review*, Band 43, Nr. 10 (1983), S. 59–65; und J. Alford, „A public management road less travelled: clients as co-producers of public services", *Australian Journal of Public Administration*, Band 57, Nr. 4 (1998), S. 128–137.

- Im öffentlichen Sektor kann der *Einfluss auf öffentliche Investitionen* eine Zusammenarbeit erfordern, um die allgemeinen Standards anzuheben oder soziale Punkte anzusprechen, die mehrere professionelle Gebiete betreffen (wie Drogen oder kommunale Sicherheit). Ein Unterschied zum privaten Sektor besteht darin, dass Wissenstransfer und die Weitergabe der bewährtesten Methode als Pflicht oder Voraussetzung angesehen wird.

Die Kooperation mit Konkurrenten ist jedoch nicht so leicht, wie es sich anhört. *Beispiel 6.4* beschreibt ein Beispiel der Kooperation zwischen Unternehmen im Bereich der mobilen Zahlungssysteme.

Abbildung 6.11 illustriert verschiedene Vorteile von Unternehmenskooperationen.

Abbildung 6.11: Kooperation mit Wettbewerbern

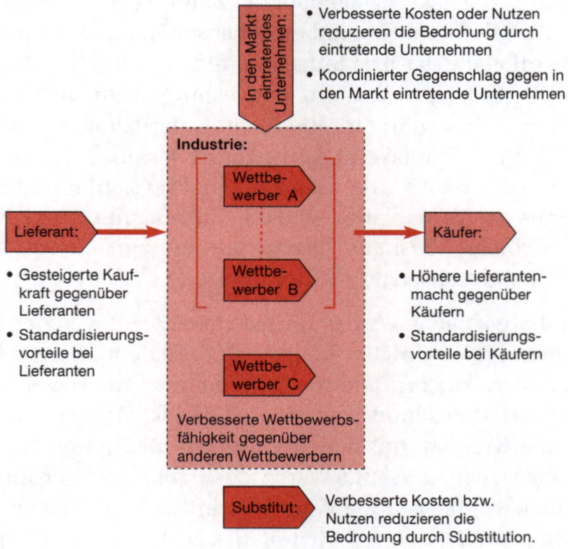

Quelle: Angepasst übernommen aus „Competitive Strategy: Techniques für Analysing Industries and Competitors", *The Free Press*, von Michael E. Porter. Urheberrecht © 1980, 1998 *The Free Press*. Alle Rechte vorbehalten.

6.7 Spieltheorie[19]

Spieltheorie
Die Spieltheorie befasst sich mit den wechselseitigen Abhängigkeiten unter den Wettbewerbshandlungen einer Gruppe von Wettbewerbern.

Die **Spieltheorie** befasst sich mit den wechselseitigen Abhängigkeiten unter den Wettbewerbshandlungen einer Gruppe von Wettbewerbern. Sie ist für das Verständnis der Wettbewerbsdynamik von Märkten und der Berücksichtigung angemessener Strategien hilfreich. Es gibt zwei grundlegende Voraussetzungen zum Verständnis der Wettbewerbsdynamik in Bezug auf die Spieltheorie:

- *Rationalität.* Konkurrenten verhalten sich bei dem Versuch, zu ihrem Vorteil zu gewinnen, rational.

19 Lesematerial zur Spieltheorie siehe A. K. Dixit und B. J. Nalebuff, „Thinking Strategically", W.W. Norton, 1991; A. Brandenburger und B. Nalebuff, „Co-opetition", Profile Books, 1997; R. McCain, „Game Theory: A Non-Technical Introduction to the Analysis of Strategy", *South Western*, 2003; und für eine Zusammenfassung S. Regan, „Game theory perspective", M. Jenkins und V. Ambrosini (Hrsg.), „Advanced Strategic Management: A Multi-Perspective Approach", 2. Auflage, *Palgrave Macmillan*, 2007, S. 83–101.

Beispiel 6.4 Mobile Zahlungssysteme: Kooperation bei Zahlungen

Durch Kooperationsvereinbarungen bei mobilen Zahlungssystemen können einige Akteure ausgeschlossen werden.

Die Chancen im Bereich mobiler Zahlungssysteme („elektronische Brieftaschen") haben eine große Bandbreite an Wettbewerbern und Ansätzen angezogen. Im Jahr 2011 belief sich der Wert mobiler Zahlungen weltweit auf $ 240 Milliarden – eine Summe, die sich in den darauf folgenden fünf Jahren verdreifachen sollte. Unternehmen, die durch das Angebot mobiler Zahlungsdienstleistungen auch nur einen winzigen Anteil dieses Gesamtbetrags abschöpfen können, könnten damit ein Vermögen verdienen. Darüber hinaus hätten sie Zugriff auf wertvolle Daten darüber, welche Verbraucher was, wo und wann gekauft haben. Daher war es wenig überraschend, dass so unterschiedliche Unternehmen wie Google, Apple, Facebook, PayPal, Visa, Barclays und Blackberry jeweils mit ihren eigenen speziellen Systemen auf diesen Markt drängten. Und tatsächlich führte die Vielzahl möglicher Systeme zu Verwirrung, so dass Einzelhändler und Restaurants die Einführung eines solchen Systems verzögerten, um zunächst zu sehen, welches System sich letztlich durchsetzen würde.

Eine wichtige Initiative dabei war das „Projekt Oscar", ein von den drei führenden Mobilfunkanbietern im Vereinigten Königreich (Vodafone, O2 von Telefónica und EverythingEverywhere, die fusionierten Unternehmen von Deutsche Telekom und France Telecom) gestartetes Joint Venture. Das Projekt Oscar umfasst die Ausgabe von SIM-Karten an Kunden, mit denen diese ihre Bank- und Kreditkartendaten auf ihren Telefonen speichern und Waren oder Transportdienstleistungen dann entweder online über ihre Mobiltelefone oder mit Hilfe der Nahbereichskommunikationstechnologie (NFC) unter Nutzung des Mobilteils eines speziellen Lesegeräts an der Kasse oder der Fahrkartenkontrolle bezahlen können. Dies unterscheidet sich beispielsweise vom Google-System, bei dem ein vollkommen neues Telefon notwendig ist. Die Partner des Projekts Oskar erklärten dazu: „Wenn es genehmigt wird, profitiert die Wirtschaft des gesamten Vereinigten Königreichs von diesem Joint Venture. Es fördert den Wettbewerb, indem es den notwendigen Umfang schafft, um eine glaubwürdige Alternative für die bestehenden Online-Zahlungssysteme und Werbeplattformen zu schaffen, die von den großen, in den USA ansässigen Internetunternehmen angeboten werden."

Allerdings waren nicht alle glücklich über die Aussicht, dass die dominierenden Telefonanbieter so zusammenarbeiten. Der vierte Mobilfunkanbieter im Vereinigten Königreich, Three, beschwerte sich: „Das Joint Venture (Projekt Oscar) wird mehr als 90 Prozent der britischen Mobilfunkkunden und deren Daten kontrollieren und bedienen. Damit wird es der Deutschen Telekom, France Telekom, Vodafone und Telefónica möglich, den Markt gegen Dritte abzuschotten und den lästigen Wettbewerb miteinander zu überwinden." Im April 2012 gelang es Three, mit der Unterstützung von Google, den Fall des Joint Ventures den europäischen Wettbewerbsbehörden vorzulegen.

In Kenntnis der langen Geschichte der verbotenen Absprachen zwischen verschiedenen Mobilfunkanbietern in Europe untersuchte die EU-Kommission diesen Fall. Allerdings entschied die Kommission zu Gunsten des Projekts Oscar. Sie erklärte dazu:

> *„Im Ergebnis ihrer umfassenden Untersuchung kam die Kommission zu der Schlussfolgerung, dass das Joint Venture wahrscheinlich nicht zu einem erheblichen Hindernis für den effektiven Wettbewerb im EWR im Sinne der Fusionskontrollverordnung werden wird. Die Marktuntersuchung hat gezeigt, dass bereits eine Reihe von Alternativen existiert und dass in der nahen Zukunft wahrscheinlich noch sehr viel mehr entstehen werden, um einen angemessenen Wettbewerbsdruck auf die mobile Zahlungsplattform des Joint Ventures auszuüben. Einige dieser Alternativen stützen sich für die Speicherung sensibler Daten, wie Kontonummern usw., unter Umständen auf den sicheren Zugang zur SIM-Karte des mobilen Gerätes. Dieser Zugang wird über die Mobilnetzbetreiber, einschließlich insbesondere der drei Muttergesellschaften des Joint Ventures kontrolliert werden. Es existieren allerdings auch andere Alternativen, bei denen keine sensiblen Daten auf SIM-Karten gespeichert werden und bei denen es unwahrscheinlich ist, dass es den Mobilnetzbetreibern, die die Muttergesellschaft bilden, mit der Schaffung des Joint Ventures unter Nutzung technischer oder kommerzieller Mittel gelingt, diese alternativen Wege zum Markt zu blockieren."*

Quellen: Guardian, 7. März 2012; *Financial Times*, 8. März 2012 und 29. April 2012; *Communications World*, 5. September 2012.

Kontrollfragen

1. Welche Vorteile erwachsen den Partnern des Joint Ventures aus dem Projekt Oscar?
2. Welche Optionen stehen dem ausgeschlossenen Unternehmen Three jetzt zur Verfügung?

- *Gegenseitige Abhängigkeit.* Konkurrenten befinden sich in einer gegenseitigen Abhängigkeit. Der Schritt eines Wettbewerbers veranlasst eine Reaktion eines anderen und das Resultat der Wahlmöglichkeit eines Wettbewerbers hängt von den Wahlmöglichkeiten eines anderen ab. Wettbewerber sind sich über solche gegenseitigen Abhängigkeiten und die Schritte von Konkurrenten mehr oder weniger bewusst.

Ausgehend von diesen Annahmen gibt es zwei Prinzipien, die die Entwicklung erfolgreicher Wettbewerbsstrategien leiten:

- *Sich gedanklich in den Wettbewerber hineinversetzen.* Strategen sollten sich in die Position des Konkurrenten versetzen und sich rational überlegen, welche Schritte Konkurrenten unternehmen könnten, und vor diesem Hintergrund ihre Strategie wählen. Sie müssen das Spiel der anderen kennen, um das eigene zu planen.
- *„Vorwärts denken und rückwirkend begründen".* Strategien sollten auf der Grundlage möglicher strategischer Schritte von Konkurrenten entschieden werden. Die Spieltheorie betont die Bedeutung der Wettbewerbsdynamik am Markt.
- *Beispiel 6.5* zeigt ein Beispiel aus der öffentlichen Politik in Südafrika.

6.7.1 Das „Gefangenendilemma": das Problem der Kooperation

Der Begriff *Kooperationswettbewerb* wurde geprägt[20], um anzudeuten, dass alle Konkurrenten in unterschiedlichem Maß kooperieren (siehe *Kapitel 6.6*). Die Entscheidung, ob man kooperieren sollte oder nicht, ist das Thema eines der berühmtesten Beispiele der Spieltheorie: das Gefangenendilemma. Es wird meistens anhand des Dilemmas zweier Gefangener erläutert, die in getrennten Zellen gefangen gehalten werden. Sie müssen sich entscheiden, entweder den anderen zu unterstützen, indem sie sich weigern, den Vernehmungsbeamten Informationen preiszugeben, oder einen Vorteil zu erreichen, indem sie den anderen verraten. Hier wird die gleiche Situation in Bezug auf eine in *Abbildung 6.7* dargestellte Wettbewerbssituation erklärt. Es geht um zwei Unternehmen, die sich entscheiden müssen, ob sie offen konkurrieren oder bei der Entwicklung einer neuen Marktchance zusammenarbeiten sollen. Sie wissen, dass im Fall einer Kooperation die Kosten für das Projekt viel geringer wären und der Ertrag höher und auch früher realisiert würde als im Fall eines Wettbewerbs. Die angenommene Amortisation der Kooperation wird im unteren rechten Quadranten von *Abbildung 6.12* dargestellt. Es gibt jedoch auch Gründe, diese Kooperation nicht einzugehen. Jede Partei weiß beispielsweise, dass sie einen noch höheren Ertrag erreichen würde, wenn sie versuchen würde, eine dominante Position auf dem neuen Markt zu erreichen, falls die andere Partei dies nicht versuchen würde (repräsentiert in den Quadranten oben rechts und unten links); so könnten sie versucht sein, dies zu tun, da sie befürchten, dass sonst ihr Rivale es tut. Im Fall einer Kooperation könnten sie auch befürchten, dass der andere nach den anfänglichen gemeinsamen Investitionen beginnt, den Markt zu dominieren und einen unverhältnismäßigen Vorteil erhält. Oder sie misstrauen sich gegenseitig. Es ist daher wahrscheinlich, dass sich die beiden Parteien gegen eine Kooperation entscheiden, um sicherzustellen, dass der andere keinen Vorteil erzielt. Dies könnte bedeuten, dass der Ertrag der Investitionen, die für die Entwicklung des Markts benötigt wurden, für beide geringer ausfällt, als wenn sie kooperiert hätten. Dies wird im oben linken Quadranten dargestellt.

Abbildung 6.12: Das Gefangenendilemma

Konkurrent B \ Konkurrent A	Nicht kooperieren	Kooperieren
Nicht kooperieren	B = 5 A = 5	B = 12 A = 2
Kooperieren	B = 2 A = 12	B = 9 A = 9

Dominante Strategie

Eine dominante Strategie ist eine Strategie, die bessere Ergebnisse als andere Strategien liefert, was auch immer die Konkurrenz tut.

Dies ist ein Beispiel für die von Theoretikern als dominant bezeichnete Strategie. Eine **dominante Strategie** ist eine Strategie, die bessere Ergebnisse als andere Strategien liefert, was auch immer die Konkurrenz tut. Im Beispiel des Gefangenendilemmas wäre eine Kooperation der Konkurrenten besser. Tanzt einer der Konkurrenten jedoch aus der Reihe, leidet der andere darunter. Die vorherrschende Strategie ist daher, nicht zu kooperieren. Ein allgemeiner Grundsatz besagt, dass es sinnvoll ist, eine dominante Strategie zu verfolgen, wenn es eine solche gibt. Auch wenn es sein kann, dass das Endergebnis eine geringere Amortisation ist als die, die im optimalen Fall hätte erreicht werden können, so ist es doch besser, als gegenüber dem Wettbewerber zu verlieren.

20 A. Brandenburger und B.J. Nalebuff, „Co-opetition", *Profile Books*, 1997.

In der Praxis ist dieses Resultat, bei dem beide Seiten verlieren, nicht wahrscheinlich, wenn es eine begrenzte Anzahl von Konkurrenten gibt, die sich im Lauf der Zeit gegenseitig beeinflussen, da sie lernen, einander zu verstehen und sich anzupassen. Etwas Ähnliches geschieht, wenn sich mehrere Wettbewerber um eine Position in einem fragmentierten Markt drängen. Während es zum Beispiel logisch erscheinen würde, dass unter diesen Umständen alle Konkurrenten die Preise auf einem relativ hohen Stand halten, erwartet keiner vom anderen, dass dies eingehalten wird, was zu Preiskriegen führt.

Beispiel 6.5 Kriegsspiele in Südafrika

Deloitte schlägt Kriegsspiele für die Entwicklung einer strategischen Lösung für ein großes Verschmutzungsproblem in Südafrika vor.

Deloitte, eines der vier großen Beratungsunternehmen, hat knapp 200.000 Mitarbeiter und bietet Buchhaltungs-, Steuer-, Management- und Unternehmensberatungsdienstleistungen in 150 Ländern auf der ganzen Welt an. Im Jahr 2010 ist es auch in das Kriegsspielsegment eingetreten. Insbesondere hat es dazu ein kleines Simulationsunternehmen gekauft, das von der War Studies Group am King's College an der University of London entwickelt wurde.

Kriegsspiele entstanden im späten neunzehnten Jahrhundert bei der preußischen Armee und wurden später insbesondere während des Kalten Krieges im zwanzigsten Jahrhundert weiterentwickelt. Bei Kriegsspielen werden den Spielern die Positionen verschiedener Akteure (z.B. Feinde oder Verbündete) zugeteilt. Die Spieler werden dann aufgefordert, eine Reihe von Zügen und Gegenzügen so zu spielen, als wären sie selbst die Akteure. Dabei liefern zwei wichtige Prinzipien Orientierung für das Spiel. Das erste stammt von Sun Tsu, dem chinesischen General, der ca. 500 v. Chr. die militärische Abhandlung „Über die Kriegskunst" verfasste: „Um den Feind zu kennen, musst du der Feind werden." Das zweite Prinzip stammt von General Helmuth von Moltke aus dem neunzehnten Jahrhundert: „Kein Plan überlebt die erste Feindberührung!" Damit helfen Kriegsspiele den Spielern dabei zu verstehen, wie die verschiedenen Spieler sich im Zuge der Entwicklung der Handlung im Laufe der Zeit verhalten. Deloitte setzt Konfliktsimulationen ein, um den Klienten bei der Entwicklung von Strategien für neue Produkteinführungen, Preisveränderungen und Markteintritte, d.h. sämtliche Situationen, in denen die Reaktionen des Wettbewerbs äußerst wichtig sein können, zu unterstützen. Sie können allerdings auch in komplexen Bereichen der öffentlichen Politik eingesetzt werden.

Das Problem der Bergwerksabwässer um Johannesburg in Südafrika stellt ein Beispiel dafür dar. Bereits seit 1886 wird dort Gold abgebaut, allerdings werden im Bergbauverfahren Wasser, Sauerstoff und Schwermetalle miteinander vermischt und es entsteht verdünnte Schwefelsäure. Diese Säure gelangt in die Wasserquellen und verschmutzt mittlerweile zehn Prozent des von den lokalen Wasserwerken gelieferten Trinkwassers. In einem Gebiet, in dem Wasserknappheit herrscht, ist dies potenziell katastrophal. Noch schlimmer ist, dass die Bergwerke kontinuierlich ausgepumpt werden müssen, um eine Überflutung der Umgebung, einschließlich der Ortschaften und eines wichtigen Vogelschutzgebiets zu verhindern. Das Problem dabei ist, dass sich viele der Bergwerke nicht mehr im Eigentum der ursprünglichen Unternehmen befinden und die aktuellen Besitzer ihre Verantwortung abstreiten, die wahrscheinlich sehr teuer wird.

Es existieren also offensichtlich viele beteiligte Interessengruppen. Zunächst gibt es die Bergwerksgesellschaften, deren Bergwerke die Ursache des Problems sind. Dann gibt es die verschiedenen Behörden, die mit den Themen Überflutung sowie verschmutztes Wasser konfrontiert sind. Insgesamt sind fünf nationale Ministerien involviert – vom Bergbauministerium bis hin zum Landwirtschaftsministerium, die jeweils eigene Interessen verfolgen. Überdies sorgen sich die Bauern vor Ort um die Bedrohung der Wasserversorgung, die für ihre landwirtschaftliche Tätigkeit von grundlegender Bedeutung ist.

Eine Konfliktsimulation ermöglicht den Spielern die Reaktion auf verschiedene Szenarien. Was passiert, wenn es zu einer erheblichen Verschmutzung kommt? Dies wäre eine Katastrophe für die Gemeinden vor Ort, würde aber auch das Arbeitskräfteangebot für die Bergbaugesellschaften bedrohen: Diese möglichen Kosten sollten auch bei den Berechnungen der Bergbaugesellschaften berücksichtigt werden, wenn sie erwägen, inwieweit sie bereit wären, für Lösungen zu zahlen. Was würde aber andererseits geschehen, wenn die Bergbaugesellschaften gezwungen werden würden, das Problem allein auf ihre Kosten zu lösen? Würden sie dann die Bergwerke einfach aufgeben oder zumindest die Investition in Kapazitäten mit entsprechenden Dominoeffekten auf die Beschäftigung vor Ort reduzieren? Wenn die Spieler die Positionen der unterschiedlichen Beteiligten einnehmen, kann jeder einzelne ein umfassendes Verständnis der involvierten Interessen entwickeln und unter Umständen sogar Möglichkeiten für gemeinsame Lösungen finden.

Quelle: Basiert auf Deloitte, „War gaming may just be the answer to solving South Africa's own Chernobyl", 2011.

Kontrollfragen

1. Kriegsspiele können eingesetzt werden, um die Einführung neuer Produkte, Preisänderungen und Markteintritte zu steuern. Sind auch andere geschäftliche Situationen vorstellbar, in denen sie nützlich sein können?
2. Gibt es beim Vergleich von Geschäftsstrategien mit Kriegssituationen Grenzen oder Gefahren?

6.7.2 Sequenzielle Spiele

Das Gefangenendilemma ist ein simultanes Spiel, in dem Konkurrenten Entscheidungen oder strategische Schritte zur gleichen Zeit treffen. Dies ist jedoch normalerweise nicht der Fall. Strategische Entscheidungen erfolgen meist nacheinander; eine Partei macht einen Schritt, auf den die andere reagiert. Hier wird der Leitsatz „Vorausdenken und rückwirkend begründen" besonders wichtig. Der Stratege muss überlegen, (i) welches Ergebnis der Konkurrent wünscht, (ii) die Reihenfolge der Schritte, die der Konkurrent zum Erreichen des angestrebten Ergebnisses machen könnte, und damit (iii) die vorteilhafteste Strategie für ihn selbst. Dabei sollte berücksichtigt werden, dass Konkurrenten über unterschiedliche strategische Fähigkeiten verfügen und damit über eigene dominierende Strategien. So verfolgen beispielsweise easyJet oder Ryanair in der Luftfahrtindustrie eindeutig eine dominierende Niedrigpreisstrategie.

Die Spieltheorie hilft Strategen, wichtige strategische Lektionen zu bedenken, insbesondere

- die zeitliche Planung strategischer Schritte,
- die sorgfältige Abwägung der Risiken,
- die potenziellen Vorteile der Täuschung und Gegentäuschung,
- verbunden damit, Glaubwürdigkeit und Engagement zu etablieren. Im Beispiel konnte Innova das angestrebte Ziel nur erreichen, weil es den Ruf hat, zu seinen Entscheidungen zu stehen.

6.7.3 Veränderung der Spielregeln

Ein Wettbewerber könnte auch zu dem Ergebnis kommen, dass er innerhalb der existierenden Spielregeln nicht effektiv konkurrieren kann. So könnte ein Unternehmen beispielsweise herausfinden, dass es immer über den Preis konkurriert, dass dies aber aufgrund seiner Kostenstruktur nicht effektiv ist. Oder, wie bei den hier aufgeführten Beispielen, wenn Wettbewerb immer auf der Grundlage einer bestimmten Fähigkeit wie Investitionen in Forschung und Entwicklung stattfindet, dieser Kampf nicht gewonnen werden kann. In diesem Fall macht es Sinn, zu versuchen, die Spielregeln zu ändern. In einem durch preisbasierte Strategien dominierten Markt könnte ein Wettbewerber versuchen, die Spielregeln dahingehend zu ändern, dass

- *eine klarere Differenzierung* herrscht, die darauf basiert, was Kunden wirklich wertschätzen.
- *Preise transparenter gestaltet werden,* indem beispielsweise Preislisten veröffentlicht werden, die als Standard etabliert werden. Oberflächlich betrachtet scheint dies einen Preiskrieg nicht zu vermeiden, aber es ist nachgewiesen, dass eine größere Transparenz in diesem Bereich eine wichtige Grundlage taktischer Vorteile beseitigt und ein kooperativeres Verhalten unter Konkurrenten fördert.
- *mehr Anreize für Kundenbindung geschaffen werden.* Ein gutes Beispiel ist der Zuwachs an Kundenkarten im Einzelhandel. Die Differenzierungsprinzipien suggerieren, dass dies eine schwache Strategie ist, da sie von Konkurrenten nachgeahmt wird. Aber der Druck, über den Preis zu konkurrieren, kann für alle Konkurrenten reduziert werden.

Die Spieltheorie basiert auf den Prinzipien der Rationalität, aber Konkurrenten verhalten sich nicht immer rationell. Sie bietet jedoch eine Möglichkeit, die Logik der interaktiven Wettbewerbsmärkte zu überdenken: Wann ist es sinnvoll zu konkurrieren, auf welchen Grundlagen, und wann ist eine Kooperation sinnvoll? Zudem ist es für Manager wichtig, zu berücksichtigen, wie Konkurrenten auf die von ihnen vorgezogene Strategie reagieren.

In diesem Kapitel geht es um die Suche nach einem Wettbewerbsvorteil und die Notwendigkeit der Unverwechselbarkeit sowie die Notwendigkeit von Differenzierungsstrategien, um dies zu erreichen. „Im Fokus" wird dieses Thema überprüft und die Frage gestellt, in welchem Ausmaß Differenzierung einen Wettbewerbsvorteil gewährt.

Im Fokus: Gleich oder unterschiedlich sein?

Können Differenzierungsstrategien nach hinten losgehen und eine Organisation exzentrisch erscheinen lassen statt einen Wettbewerbsvorteil zu bieten?

In diesem Kapitel geht es um den möglichen Wert von Differenzierungsstrategien, mit denen eine Organisation ihre Einzigartigkeit betont. Dies steht auch im Einklang mit dem Argument der ressourcenbezogenen Sicht (*Kapitel 3*) zugunsten der Unverwechselbarkeit und Einzigartigkeit der Ressourcen einer Organisation. Aber wie weit kann eine Organisation ihre Einzigartigkeit betonen, ohne dass die Gefahr besteht, als exzentrisch angesehen zu werde?

Der Unternehmensberater Philipp Natterman von McKinsey & Co. liefert überzeugende Argumente für eine Differenzierung.[1] Er hat die Beziehung zwischen Rentabilität und Differenzierung (in Bezug auf Preis und Produkteigenschaften) über einen langen Zeitraum im Bereich von PCs und Mobiltelefonen verfolgt. Er stellte fest, dass im gleichen Maß, wie die Differenzierung im Lauf der Zeit abnimmt, auch die Gewinnmargen der Industrie abnehmen. Natterman macht Managementtechniken wie Benchmarking (*Kapitel 3*) dafür verantwortlich, die dazu tendieren, die Konvergenz bewährter Methoden zu fördern. Das Problem bewährter Verfahren ist, dass sie leicht zum Standardverfahren werden. Wer der Herde folgt, erreicht keinen Wettbewerbsvorteil.

Institutionelle Theoretiker wie Paul DiMaggio und Walter Powell zeigen dagegen einige Vorteile des Herdenverhaltens auf.[2] Sie sehen Branchen als „organisatorische Felder", in denen verschiedene Akteure interagieren: Kunden, Lieferanten, Mitarbeiter und Regulierungsbehörden. Die Fähigkeit dieser Akteure, effektiv miteinander zu interagieren, hängt davon ab, ob sie in den Augen der anderen Akteure seriös erscheinen. Im Lauf der Zeit entwickeln Industrien einen institutionellen Standard legitimen Verhaltens, den alle anderen übernehmen. Für Kunden und Lieferanten ist es einfacher, mit Organisationen Geschäfte zu machen, die mehr oder weniger anderen dieser Branche gleichen. Für potenzielle Mitarbeiter und Regulationsbehörden ist es beruhigend, wenn Organisationen nicht als exzentrisch angesehen werden. Vor allem, wenn nicht klar ist, was die Leistung antreibt; in wissensbasierten Branchen ist es beispielsweise besser, seriös statt anders zu erscheinen. In dem Maß, in dem Kunden, Lieferanten, Mitarbeiter und Regulationsbehörden Konformität wertschätzen, ist diese ein Wert in sich. Ein Außenseiter zu sein, kann in diesem Fall teuer werden.

Diese institutionalisierte Einschätzung der Konformität macht bei vielen strategischen Verhaltensweisen Sinn. So werden zum Beispiel Fusionswellen in einigen Branchen durch Mitläufer angetrieben, die in Panik versetzt werden und Übernahmen aus Angst davor tätigen, sonst vergessen zu werden. Auch Managementinitiativen wie Geschäftsprozessoptimierung, E-Business oder Auslagerung sind das Produkt von Modewellen und objektiven Analysen. Nach den Erkenntnissen der institutionellen Theorie ist es nicht unbedingt schlecht, solchen Modeerscheinungen zu folgen.

Demnach haben die institutionelle Theorie und die ressourcenbasierte Sicht konträre Ansichten über den Wert der Differenzierung. David Deephouse untersuchte den Zielkonflikt zwischen Differenzierung und Konformität im amerikanischen Bankenwesen und fand eine kurvenförmige Beziehung zwischen Differenzierung und finanzieller Leistung.[3] Starke Konformität führte zu einer schlechteren Leistung; eine moderate Differenzierung wurde mit besserer Leistung assoziiert, und extreme Differenzierung schien die Leistung zu beschädigen.

Deephouse schließt zugunsten einer Balance zwischen Differenzierung und Konformität. Er weist darauf hin, dass der Wert der Differenzierung von dem Ausmaß abhängt, in dem die Schlüsselakteure einer Branche – Kunden, Lieferanten, Mitarbeiter etc. – sich auf institutionelle Normen angemessener Strategien angenähert haben. Strategien können zwar zu abgegrenzt sein, aber die Definition darüber, was zu abgrenzt ist, hängt von der Branche ab.

Quellen:

[1] P.M. Natterman, „Best practice does not equal best strategy", *McKinsey Quarterly*, Nr. 2 (2000), S. 22–31.

[2] P. DiMaggio und W. Powell, ‘„The iron cage revisited: institutional isomorphism and collective rationality in organizational fields", *American Sociological Review*, Band 48 (1983), S. 147–160.

[3] D. Deephouse, ‘„To be different or to be the same? It's a question (and theory) of strategic balance", *Strategic Management Journal*, Band 20 (1999), S. 147–166.

Kontrollfragen

1. In welchem Ausmaß konkurrieren (a) Universitäten und (b) Automobilhersteller, indem sie gleich oder unterschiedlich sind?
2. Berücksichtigt man die Branchen und die Schlüsselakteure, warum würden diese Organisationen diese Herangehensweisen an Konformität oder Differenzierung übernehmen?

ZUSAMMENFASSUNG

- Bei der Wettbewerbsstrategie geht es darum, auf Geschäftsbereichsebene einen Wettbewerbsvorteil zu erlangen oder im öffentlichen Sektor das beste Preis-Leistungs-Verhältnis anzubieten.
- Die Wettbewerbsstrategie sollte in Bezug auf strategische Geschäftsbereiche (SGB) betrachtet und definiert werden.
- Zu den unterschiedlichen Grundlagen der Wettbewerbsstrategie gehören:
  - die *„No frills"-Strategie*, in der ein niedriger Preis mit einem als gering wahrgenommenem Wert kombiniert wird,
  - die *Niedrigpreisstrategie*, in der niedrigere Preise als die der Konkurrenten bei einem ähnlichen zusätzlichen Wert des Produkts oder der Dienstleistung angeboten werden,
  - die *Differenzierungsstrategie*, bei der versucht wird, Produkte oder Leistungen zu bieten, die einmalig sind oder sich von denen der Konkurrenten unterscheiden,
  - die *Hybridstrategie*, bei der versucht wird, gleichzeitig eine Differenzierung und niedrigere Preise als die des Konkurrenten zu erreichen,
  - die *fokussierte Differenzierungsstrategie*, bei der versucht wird, einen als hoch wahrgenommenen Wert zu bieten, der einen erheblich höheren Preis rechtfertigt.
- Manager sollten die Grundlagen, auf denen preisbasierte Strategien oder Differenzierungsstrategien aufrechterhalten werden können, überdenken und dauerhafte Bindungen zu Kunden entwickeln oder versuchen, eine Lock-In-Position zu erreichen und so zum von Lieferanten und Käufern akzeptierten Industriestandard zu werden.
- Unter Hyperwettbewerbsbedingungen ist es schwierig, einen nachhaltigen Wettbewerbsvorteil zu erreichen. Geschwindigkeit, Flexibilität, Innovation und die Bereitschaft, erfolgreiche Strategien zu ändern, sind hier wichtige Grundlagen für einen Wettbewerbserfolg.
- Kooperationsstrategien können Alternativen zu Wettbewerbsstrategien sein oder nebeneinander bestehen.
- Die Spieltheorie liefert eine Grundlage, die strategischen Schritte eines Konkurrenten zu reflektieren, sodass diesen zuvorgekommen oder ihnen begegnet werden kann.

ZUSAMMENFASSUNG

Aufgaben

* Kennzeichnet schwierigere Aufgaben.

6.1 Welche Vor- und Nachteile beinhaltet die Anwendung der Prinzipien der Geschäftsstrategie auf Organisationen der öffentlichen Hand bzw. karitative Organisationen? Erklären Sie Ihre Argumentation mit Hilfe einer Einrichtung des öffentlichen Sektors Ihrer Wahl.

6.2 Identifizieren Sie anhand der strategischen Uhr (*Abbildung 6.6*) Organisationen, die den strategischen „Varianten" 1 bis 5 folgen. Wenn nicht klar ist, welche Route verfolgt wird, notieren Sie die Gründe dafür und überlegen Sie, ob die Organisationen eine klare Wettbewerbsstrategie verfolgen.

***6.3** Sie wurden zum persönlichen Assistenten des Geschäftsführers eines bedeutenden Gewerbebetriebs ernannt, der Sie gebeten hat, zu erklären, was unter Differenzierung zu verstehen ist, und warum sie so wichtig ist. Schreiben Sie einen kurzen Bericht, in dem diese Fragen beantwortet werden.

***6.4** Wählen Sie eine Branche oder einen Sektor, der hart umkämpft wird (zum Beispiel Finanzdienstleistungen oder den Einzelhandel mit Mode). Inwieweit könnten die Prinzipien des Hyperwettbewerbs auf diese Branchen angewandt werden?

6.6 Schreiben Sie, basierend auf dem *Kapitel 6.5*, einen Bericht für den Geschäftsführer eines Unternehmens in einem Wettbewerbsmarkt, in dem erklärt wird, wann und wie eine Kooperation statt direktem Wettbewerb sinnvoll ist.

Interaktive Aufgabe

*6.7 Erklären Sie unter Anwendung der Konzepte der Spieltheorie in *Kapitel 6.7* auf Fragen der internationalen Strategie (*Kapitel 8*) wie ein nationaler Akteur einen internationalen Akteur vom Eintritt in seinen Heimatmarkt abhalten kann.

Literaturempfehlungen

- Die Grundlagen der generischen Wettbewerbsstrategien sind in den Schriften von Michael Porter enthalten, zu denen „Competitive Strategy" (1980) und „Competitive Advantage" (1985) gehören, die beide von *Free Press* veröffentlicht wurden. Beide können Lesern empfohlen werden, die den Hintergrund zu *Kapitel 6.2* und *6.3* (Wettbewerbsstrategie und Wettbewerbsvorteil) verstehen möchten.
- Hyperwettbewerb und die damit verbundenen Bedingungen werden von Richard D'Aveni in „Hypercompetitive Rivalries: Competing in highly dynamic environments", *Free Press*, 1995 erläutert. Es gibt eine lebhafte Debatte darüber, ob ein nachhaltiger Wettbewerbsvorteil möglich ist oder nicht. Zwei Papiere, in denen unterschiedliche Argumente dafür aufgeführt werden, sind R. W. Wiggins und T. W. Ruefli, „Schumpeter's ghost: is hypercompetition making the best of times shorter?", *Strategic Management Journal*, Band 26 (2005), S. 887–911, in dem argumentiert wird, dass es keinen Beweis für nachhaltigen Wettbewerbsvorteil gibt, und G. Mcnamara, P. M. Vaaler und C. Devers, „Same as it ever was: the search for evidence of increasing hypercompetition", *Strategic Management Journal*, Band 24 (2003), S. 261–278, die argumentieren, dass es möglich ist.
- Es ist viel über Spieltheorie geschrieben worden, aber ein Großteil davon ist für den Laien schwer verständlich. Ausnahmen bilden die Bücher von R. McCain, „Game Theory: a Non-technical Introduction to the Analysis of Strategy", South Western 2003 und A. K. Dixit und B. J. Nalebuff, „The Art of Strategy: a Game Theorist's Guide to Success in Business and Life", *Norton*, 2008.

Fallstudie
Der IKEA-Ansatz

Kevan Scholes*

„In Zeiten, in denen viele Nationen und Menschen mit wirtschaftlichen Herausforderungen konfrontiert werden, ist unsere Vision, vielen Menschen ein besseres Alltagsleben zu ermöglichen, wichtiger als jemals zuvor. Um es den Menschen zu ermöglichen, sich funktionell, individuell und nachhaltig einzurichten – selbst bei schwieriger Wirtschaftslage."

So formulierte es Mikael Ohlsson, Vorstandsvorsitzender von IKEA, im Jahr 2012[1], während er ein Umsatzwachstum von 6,9 Prozent (auf € 25,2 Milliarden), Gewinne in Höhe von € 3 Milliarden sowie Marktanteilzuwächse auf den meisten Märkten melden konnte. Gleichzeitig waren die durchschnittlichen Preise um 2,6 Prozent gesunken. IKEA war damit mit 287 Märkten in 26 Ländern und 131.000 Mitarbeitern zum weltweit größten Einrichtungskonzern geworden.

Der Einrichtungsmarkt[2]

Ende des ersten Jahrzehnts des neuen Jahrtausends war der Einrichtungsmarkt weltweit ein riesiger Markt mit Einzelhandelsumsätzen von mehr als $ 600 Milliarden für Artikel für Möbel, Heimtextilien und Bodenbeläge. Mehr als 50 Prozent dieser Umsätze wurden in Einrichtungshäusern erzielt. In *Tabelle 1* werden der geografische Umfang des Markts und der Umsatz von IKEA nach Regionen verglichen.

Tabelle 1

Verteilung des weltweiten Markts und die IKEA-Umsätze nach Regionen

	Europa	Amerika	Asien/Pazifik
% des Weltmarkts	52	29	19
% des IKEA-Umsatzes	79	14	7

Die IKEA-Wettbewerber

Der Einrichtungsmarkt war hochgradig fragmentiert, wobei der Wettbewerb eher lokal als global war. In jeder Region, in der IKEA Geschäfte hatte, wurde es typischerweise mit Wettbewerbern verschiedener Art konfrontiert:

- multinationale Möbeleinzelhändler (wie IKEA), die allerdings alle deutlich kleiner als IKEA waren. Dazu gehörten das dänische Unternehmen Jysk (Umsatz: ungefähr € 2,5 Milliarden).
- Unternehmen, die sich auf nur einen Teil der Möbelpalette konzentrierten und in mehreren Ländern operierten, wie zum Beispiel das deutsche Unternehmen Alno im Küchensegment.
- branchenübergreifende Möbeleinzelhändler, deren Umsätze im Wesentlichen in einem Land erzielt werden, wie z.B. DFS im Vereinigten Königreich. Der US-amerikanische Markt wurde von solchen Akteuren dominiert (z.B. Bed, Bath & Beyond Inc. mit Erlösen von $ 9 Milliarden).

- nicht spezialisierte Unternehmen, die Möbel als Bestandteil einer größeren Produktpalette führten. Im Vereinigten Königreich war das größte Unternehmen dieser Art die Home Retail Group, deren Tochter Argos über ihr Netz aus ungefähr 340 Geschäften sowie im Online-Geschäft ungefähr 33.000 allgemeine Produkte vertreibt. Trotz dieses eher allgemeinen Angebots war Argos das größte Unternehmen im Bereich Möbeleinzelhandel im Vereinigten Königreich. Allgemeine Baumarktunternehmen, wie z.B. Kingfisher (durch B& Q im Vereinigten Königreich und Castorama in Frankreich) versuchten, einen größeren Anteil am unteren Ende des Möbelmarkts zu erfassen.
- kleine und/oder spezialisierte Einzelhändler und/oder Hersteller. Diese machten ungefähr 90 % des Markts in Europa aus.

Der IKEA-Ansatz

IKEA wurde 1943 von Ingvar Kamprad in der schwedischen Kleinstadt Älmhult gegründet. Allerdings wurde das erste große Geschäft erst 1958 eröffnet. Der Erfolg des Unternehmens beruht allerdings auf dem mittlerweile legendären IKEA-Geschäftsmodell – das in seinen frühen Jahren in der Möbelbranche revolutionär gewesen ist (siehe *Tabelle 2*). Die grundlegende Geschäftsphilosophie von Kamprad umfasst die Verbesserung des Alltagslebens der Menschen durch die Fertigung kostengünstigerer Produkte. Dies wurde durch erhebliche Reduzierungen (20 Prozent und mehr) der Verkaufspreise gegenüber den Wettbewerbern erzielt, die wiederum aggressive Kostenreduzierungen bei IKEA notwendig machten.

Tabelle 2

Das „umgekehrte" Geschäftsmodell von IKEA

Element des Geschäftsmodells	Traditioneller Möbeleinzelhändler	IKEA
Design	Traditionell	Modern (schwedisch)
Zielhaushalte	Älter, etabliert	Familien mit Kindern
Stil des Geschäfts	Kleine Spezialgeschäfte	Alle Einrichtungsgegenstände in großen Geschäften
Standort	Stadtzentrum	Außerhalb
Produktfokus	Einzelne Artikel	Ganze Zimmereinrichtungen
Marketing	Werbung	Katalog (kostenlos)
Preis	Hoch	Niedrig
Produktmontage	Fertig montiert	„flaches Paket" zur Selbstmontage
Beschaffung	Lokal	Global
Marke	Hersteller	IKEA
Finanzieller Fokus	Bruttomarge	Umsatzerlöse
Gemeinkosten	Oft hoch	Einfach – keine Sonderleistungen

Erfolgsgründe

In seinem 2011 veröffentlichten Buch „The IKEA Edge[3]" erörterte Anders Dahlvig die Gründe für den Erfolg von IKEA vor, während und nach seiner Zeit als CEO dort (1999–2009). Seiner Meinung nach beruhte der Erfolg von IKEA auf einem klaren und detaillierten Verständnis des Einrichtungsmarkts und der Erfolgskriterien von IKEA:

„Der Erfolg von IKEA ist durch Stabilität und Konsistenz im Hinblick auf die Gesamtsituation, aber auch durch eine Vielzahl an Maßnahmen und Innovationen im Detail gewachsen (Evolution anstatt Revolution)"[4] … (Die fünf Erfolgskriterien von IKEA lauteten:) 1. Design, Funktion und Qualität zu niedrigen Preisen; 2. Einzigartiges (skandinavisches) Design; 3. Inspiration, Ideen und vollständige Lösungen; 4. Alles an einem Ort; 5. „Ein Tagesausflug", das Einkaufserlebnis … Man kann durchaus sagen, dass diese Kriterien denen der meisten Unternehmen ähneln. Meiner Meinung nach liegt der Unterschied darin, dass es IKEA viel besser als anderen Einzelhändlern gelingt, diese Kundenbedürfnisse zu erfüllen … Die meisten Wettbewerber konzentrieren sich auf eines oder maximal zwei dieser Kundenbedürfnisse. Geschäfte in den Hauptgeschäftsstraßen konzentrieren sich auf das Design und Inspiration. Außerhalb der Städte gelegene, preiswerte Einzelhandelsunternehmen konzentrieren sich auf den Preis. Kaufhäuser konzentrieren sich auf die Auswahl. Die tatsächliche Stärke von IKEA liegt allerdings in der Kombination aller fünf.[5]

Die Wettbewerbsstrategie von IKEA

Dahlvig erklärte den IKEA-Wettbewerbsansatz:

„Man kann sich entscheiden, die Produktpalette eines Unternehmens auf die Märkte anzupassen, auf denen man operiert, oder man kann sich entscheiden, die Präferenzen des Markts hin zur eigenen Palette und zum eigenen Stil zu verschieben. IKEA hat sich für Letzteres entschieden. Dadurch kann das Unternehmen ein einzigartiges und charakteristisches Profil aufrechterhalten. Allerdings ist dies der schwierigere Weg.[6]

„… Ein wesentliches Verständnis der Situation des Kunden zu Hause bildet die Grundlage für die IKEA-Produktentwicklung und die Schaffung der Hauptmedien, über die das Produkt der Öffentlichkeit präsentiert wird."[7]

„… Für die meisten Wettbewerber scheint der niedrigste Preis zu heißen, bei vergleichbaren Produkten 5 bis 10 Prozent billiger als der Wettbewerb zu sein."[8]

Globale Expansion

Im Jahr 1999 betrieb IKEA 158 Geschäfte in 29 Ländern mit einem Umsatz in Höhe von € 7,6 Milliarden. Trotz der starken globalen Position von IKEA war Dahlvig der Ansicht, dass es viele Möglichkeiten sowie eine hohe Notwendigkeit für Verbesserungen gibt:

„Bisher stammte das Wachstum aus einem „breiten, aber nicht tiefgreifenden" Ausbau. Wir haben Geschäfte in 29 Ländern, aber in den meisten Märkten nur einen begrenzten Marktanteil. Jetzt treten wir in eine neue Phase ein, in der der Fokus auf der Vertiefung liegt und wir uns auf bestehende Märkte konzentrieren… Dabei liegt das Augenmerk auf weiterem starken Volumenwachstum von zehn Prozent pro Jahr über die nächsten zehn Jahre.[9]

Er erklärte seine Argumentation wie folgt:

„Warum ist die Veränderung notwendig? Als Erstes waren wir durch den sich verändernden Charakter des Wettbewerbs dazu gezwungen. Über viele Jahre hinweg war der Wettbewerb sehr fragmentiert und lokal geprägt. Allerdings haben viele der sehr großen Einzelhandelsunternehmen ihre Strategie geändert. Ausgehend von der lokalen Position zogen sie die globale Expansion, nicht zuletzt in den aufstrebenden Märkten in China, Russland und Osteuropa, in Erwägung. Überdies haben sie auch ihre Produktpalette erweitert und von Lebensmitteln oder traditionellen Baumarktprodukten hin zu mehr Einrichtungsgegenständen gewechselt. Dabei handelt es sich um große Unternehmen mit deutlich mehr Kraft als die traditionellen Wettbewerber von IKEA. Sie verfügten sowohl

über die finanziellen Ressourcen als auch die operative Einzelhandelskompetenz wie IKEA. Eine Möglichkeit, sie vom Eintritt in den Einrichtungsmarkt abzuhalten, bestand darin, die Preise aggressiv zu senken und die Präsenz des Unternehmens mit mehr Geschäften auf allen lokalen Märkten in den Ländern zu erhöhen, in denen IKEA bereits operiert. Dabei war die Marktführung auf jedem Markt das Ziel. Ein weiterer Grund für die Strategieverschiebung bestand in der Kosteneffizienz. Die Steigerung der Umsätze in bestehenden Geschäften bildet die kosteneffizienteste Möglichkeit, das Unternehmen auszubauen."[10]

Management der Wertschöpfungskette

Dahlvig erklärte, dass die Strategie von IKEA im Wesentlichen „Design“ und Kontrolle über die umfassendere Wertschöpfungskette von IKEA im Detail erfordert:

„Das Geheimnis liegt in der Kontrolle und Koordinierung der gesamten Wertschöpfungskette aus Rohstoff, Produktion und Produktpalettenentwicklung bis hin zum Vertrieb in Geschäften. Die meisten anderen, im Einzelhandelssektor tätigen Unternehmen haben entweder die Kontrolle über das Einzelhandelssegment (Geschäfte und Vertrieb) oder über das Produktgestaltungs- und Produktionssegment. Durch die vertikale Integration wird das Unternehmen verglichen mit den meisten anderen komplex, da es sowohl Produktion, Produktpalettenentwicklung, Vertrieb als auch Geschäfte besitzt."[11] *... Dies umfasste die Rückwärtsintegration durch die Erweiterung der Aktivitäten von Swedwood (den Produktionsarm von IKEA) über die Möbelwerke hinaus in die Kontrolle der Rohstoffe, Sägewerke, Plattenlieferanten und Bauteilfabriken hinein."*[12]

„(Die Herausforderuung) ... besteht darin, starke spezialisierte Funktionen mit „einer“ Unternehmenssichtweise und einem Ansatz zu kombinieren ... Die Differenzierung durch die Kontrolle der gesamten Wertschöpfungskette bildet den Schlüssel zum Erfolg. Es gibt einige sehr wichtige Faktoren, die dazu beigetragen haben, das Unternehmen zusammenzuhalten: eine starke Vision, die Geschäftsidee, Unternehmenswerte, ein gemeinsames Ladenkonzept, eine gemeinsame Produktpalette und eine gemeinsame Vertriebs- und Einkaufsorganisation."[13]

„Die einzige Enttäuschung (in meinen zehn Jahren beim Unternehmen) war, dass das Kostenniveau nicht so stark gesunken ist wie geplant. Obwohl wir Produktivitätszuwächse von zehn Prozent pro Jahr oder mehr gebraucht hätten, haben wir nur vier bis sechs Prozent geschafft. Dies wurde allerdings durch Margen kompensiert, die besser waren als geplant, so dass das Gewinnniveau dem Plan entsprach. Trotzdem muss ein Unternehmen mit niedrigen Preisen auch ein Unternehmen mit niedrigen Kosten sein."[14]

China und Indien

IKEA hat 1998 sein erstes Geschäft in China eröffnet, 2012 waren es dann bereits acht Geschäfte. Der chinesische Markt erwies sich allerdings als besondere Herausforderung für ein Unternehmen, das durch Standardisierung weltweit erfolgreich geworden war.[15] Die Hauptprobleme lagen darin, dass die IKEA-Produkte auf den sich entwickelnden Märkten im Vergleich zu lokalen Wettbewerbern teuer waren und dass die Einkaufserwartungen auf kleinen, lokalen Geschäften und persönlichem Service beruhten. Daher war auf Seiten von IKEA zwangsläufig ein gewisses Maß an Flexibilität im Ansatz erforderlich. So präsentierte sich das Unternehmen beispielsweise als exklusiver westeuropäischer Innenarchitekturexperte – beliebt bei jüngeren, wohlhabenden Städtern. Die Läden waren überdies kleiner als bei IKEA üblich und lagen typischerweise näher am Stadtzentrum. Da das Heimwerken in China nicht so weit verbreitet war, bot IKEA auch die Anlieferung und den Aufbau der Möbel an. Kataloge waren nur in den Läden verfügbar. Entscheidend war, dass die Läden beinahe 50 Prozent lokal beschaffen durften (verglichen mit einem Unternehmensdurchschnitt von circa 25 Prozent), um die Preise wettbewerbsfähig halten zu können.

Diese Erfahrungen sollten sich auch als hilfreich erweisen, als IKEA in den Markt in Indien eintrat. Im Jahr 2012 wurde bekannt gegeben, dass IKEA für die Eröffnung von 25 Geschäften über einen Zeitraum von 15 bis 20 Jahren € 1,5 Milliarden investieren würde.[16]

Eine neue Unternehmensführung – aber mit der gleichen Formel?

2009 folgt Michael Ohlsson Dahlvig nach – nachdem er bereits 30 Jahre für IKEA gearbeitet hatte. Das Unternehmen kommentierte dies wie folgt: „Michael Olsson verfügt über herausragende Umsetzungsfähigkeiten und ist ein wunderbarer Botschafter der IKEA-Kultur. Er eignet sich für die Fortführung des Veränderungsprozesses, den Andres Dahlvig initiiert hat."[17]

Tatsächlich hat sich trotz extrem anspruchsvoller wirtschaftlicher Bedingungen der Erfolg des Unternehmens mit einem Umsatz von mehr als € 25 Milliarden im Jahr 2012 fortgesetzt. Im September 2012 gab IKEA bekannt, dass Ohlsson 2013 zurücktreten würde und dass ihm ein weiterer langjähriger IKEA-Mitarbeiter nachfolgen würde – Peter Agnefjäll (18 Jahre bei IKEA). Agnefjäll erklärte gegenüber Reuters, dass das Unternehmen „unter seiner Führung von 2014 bis 2015 die Anzahl der Geschäftseröffnungen um zwischen 20 und 25 pro Jahr erhöht werden soll."[18]

Also steht dem IKEA-Ansatz vielleicht doch noch eine glänzende Zukunft bevor?

Quellen:

1 „Welcome Inside 2011" von der IKEA Webseite (*www.ikea.com*)
2 Die Informationen in diesem Abschnitt stammen von der IKEA-Webseite 2012 sowie aus dem DataMonitor-Bericht zum Global Home Furnishings Retail Industry Profile (Referenzcode: 0199-2243, Veröffentlichungsdatum: April 2008).
3 Anders Dahlvig, „The IKEA Edge, McGraw-Hill", 2011.
4 Siehe 3., S. 65.
5 Siehe 3., S. 62.
6 Siehe 3., S. 63.
7 Siehe 3., S. 63.
8 Siehe 3., S. 74.
9 Siehe 3, S. 120.
10 Siehe 3., S. 123.
11 Siehe 3., S. 75.
12 Siehe 3., S. 83.
13 Siehe 3., S. 95.
14 Siehe 3., S. 124.
15 U. Johansson und A. Thelander, „A standardised approach to the world? IKEA in China", International *Journal of Quality and Service Sciences*, Band 1, Nr. 2 (2009), S. 199–219.
16 Reuters, 23. Juni 2012.
17 IKEA-Pressemitteilung, 24. April 2009.
18 Gemeldet von *www.valuewalk.com*, 18. September 2012.

*Dieses Fallbeispiel wurde von Kevan Scholes, emeritierter Professor für strategisches Management an der Sheffield Business School, erstellt. Es soll als Grundlage für die Erörterung im Unterricht dienen und bildet kein Beispiel für gutes oder schlechtes Management.

Kontrollfragen

1. Bestimmen Sie, wo (in seinem Wertschöpfungsnetzwerk) und wie IKEA die Kostenführerschaft erreicht hat.
2. Bestimmen Sie, wie IKEA eine Differenzierung gegenüber seinen Wettbewerbern erreicht hat.
3. Erklären Sie, wie IKEA versucht sicherzustellen, dass seine „Hybridstrategie" nachhaltig bleibt und dass es nicht zwischen den Stühlen sitzt.
4. Welche Lektionen wurden in China im Hinblick auf den IKEA-Ansatz gelernt?

Ausrichtungen und Strategien auf Gesamtunternehmensebene

7

Lernziele

Nach der Lektüre dieses Kapitels sollten Sie in der Lage sein,

- alternative strategische Ausrichtungen zu identifizieren, darunter Marktdurchdringung oder -konsolidierung, Produktentwicklung, Marktentwicklung und Diversifikation.
- verschiedene Diversifikationsstrategien zu unterscheiden (verbundene und nicht verbundene Diversifikation) und Gründe zu identifizieren, unter denen diese Strategien am besten funktionieren.
- die relativen Vorteile der *vertikalen Integration* und des *Outsourcing* zu bewerten.
- die Art und Weise zu analysieren, wie eine Unternehmenszentrale den Wert ihres Portfolios an Geschäftsbereichen steigern oder zerstören kann.
- Geschäftsbereichsportfolios zu analysieren und zu beurteilen, wo sich eine Investition lohnt und wo nicht.

7.1 Einführung

Kapitel 6 beschäftigte sich mit den Wahlmöglichkeiten auf der Ebene des einzelnen Geschäfts- oder Organisationsbereichs, z.B. durch Preisstrategien oder Differenzierung. In diesem Kapitel werden Wahlmöglichkeiten behandelt, die eine Organisation bezüglich ihrer Produkte und Märkte hat. Sollte sich eine Organisation nur auf einige wenige Produkte oder Märkte konzentrieren? Oder sollte ihre Ausrichtung breiter gefasst sein und sehr diversifizierte Produkte (oder Dienstleistungen) umfassen und diversifizierte Märkte bedienen? Viele Organisationen entscheiden sich in der Tat dafür, viele neue Produkt- und Marktbereiche in ihr Programm aufzunehmen. So begann beispielsweise die Virgin-Gruppe im Bereich Musik, ist aber heute hochgradig diversifiziert und auf den Märkten für Urlaubsreisen, Kino, Einzelhandel, Flugreisen und Bahnreisen aktiv. Sony begann mit der Produktion kleiner Radios und produziert heute Spiele, Musik und Kinofilme sowie eine Vielzahl an elektronischen Produkten. Wenn sich Unternehmen neuen Geschäftsbereichen zuwenden, beziehen sich ihre Strategien auch nicht mehr nur auf die Ebene der einzelnen Geschäftsbereiche, sondern sie müssen auch die Wahlmöglichkeiten auf Gesamtunternehmensebene berücksichtigen, die mit dem Management vieler unterschiedlicher Unternehmensbereiche und Märkte einhergehen.

Zunächst wird in diesem Kapitel die von Ansoff erdachte Matrix vorgestellt, die eine Reihe ursprünglicher Alternativen bezüglich der strategischen Ausrichtung darstellt. Die vier grundlegenden Ausrichtungen lauten: *gesteigerte Durchdringung* bestehender Märkte; *Marktentwicklung*, was auch den Aufbau neuer Märkte etwa im Ausland oder in neuen Kundensegmenten mit einschließt; *Produktentwicklung*, d.h. Verbesserung bestehender Produkte und Innovationen; *Diversifikation*, womit eine umfassende Erweiterung der Reichweite einer Organisation in Bezug auf Produkte und Märkte gemeint ist. Dieses Kapitel befasst sich besonders ausführlich mit dem Thema Diversifikation. Es werden gute Argumente genannt, die dafür sprechen, und Warnungen vor weniger guten Gründen ausgesprochen. Denn Diversifikation zahlt sich nicht immer aus. *Kapitel 8* greift die Internationalisierung als eine Form der Marktentwicklung auf, *Kapitel 9* behandelt die Produktentwicklung durch Innovation und Entrepreneurship.

Aus der Diversifikation ergeben sich die weiteren Themen dieses Kapitels. Das erste Thema bezieht sich auf die Rolle der Führungskräfte auf Gesamtunternehmensebene, die die Position einer **Unternehmenszentrale** in Bezug auf die einzelnen Geschäftsbereiche einnehmen, welche die Portfolios diversifizierter Organisationen bilden. Wie können aber die Aktivitäten, Entscheidungen und Ressourcen der Gesamtunternehmensebene für eine Wertschöpfung für die einzelnen Geschäftsbereiche sorgen, da sie doch vom eigentlichen Markt sehr weit entfernt sind? Die Rolle der Strategie auf Gesamtunternehmensebene wird mit Skepsis betrachtet (siehe „Im Fokus" am Ende des Kapitels). Der zweite Aspekt bezieht sich darauf, wie eine gute Mischung an Geschäftsbereichen innerhalb des Portfolios erzielt werden kann. Welche Bereiche sollte die Unternehmenszentrale fördern, welche sollten abgestoßen werden? Hier helfen verschiedene Portfoliomatrizen bei der Struktur der Wahlmöglichkeiten auf Gesamtunternehmensebene.

Unternehmenszentrale

Die Unternehmenszentrale (corporate parent) ist die anagementebene über den Geschäftseinheiten, die nicht direkt mit Käufern und Konkurrenten interagiert.

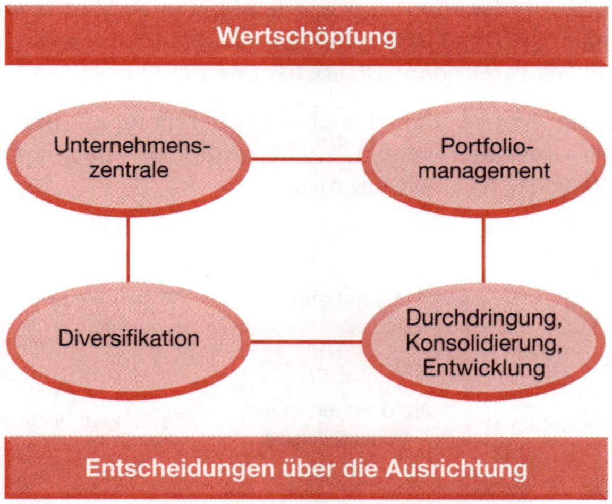

Abbildung 7.1: Strategische Ausrichtungen und Strategie auf Gesamtunternehmensebene

In diesem Kapitel geht es nicht nur um große Unternehmen und Konzerne. Auch kleine Firmen können aus einer Reihe von Geschäftsbereichen bestehen. So kann ein lokales Bauunternehmen einen Regierungsauftrag übernehmen oder für andere Unternehmen oder für private Hausbesitzer arbeiten. Dies sind nicht nur verschiedene Marktsegmente, auch die Arbeitsweise und die erforderlichen Fähigkeiten, um einen Wettbewerbserfolg zu erlangen, sind höchstwahrscheinlich sehr unterschiedlich. Außerdem muss der Besitzer des Unternehmens entscheiden, wie stark er in die verschiedenen Bereiche investiert und sich dort engagiert. Organisationen der öffentlichen Hand wie etwa kommunalpolitische Behörden oder Gesundheitsbehörden bieten auch unterschiedliche Dienstleistungen an, die den Geschäftsbereichen eines Privatunternehmens entsprechen. Die Strategie auf Gesamtunternehmensebene ist im höchsten Maß relevant, wenn es um die Definition der organisationalen Grenzen auf dem öffentlichen Sektor geht. Entscheidungen über Privatisierung und Outsourcing können als Reaktionen darauf betrachtet werden, dass Organisationen des öffentlichen Sektors, die als „Organisationszentrale" fungieren, es nicht schaffen, ausreichend Mehrwert zu erzeugen.

Abbildung 7.1 fasst die wichtigsten Themen dieses Kapitels zusammen. Nach einer genauen Betrachtung der strategischen Ausrichtungen nach Ansoff konzentriert sich das Kapitel besonders auf die Diversifikation. Daraus ergeben sich wiederum zwei verwandte Aspekte, die sich auf die Rolle der Unternehmenszentrale und die Anwendung der Unternehmensportfoliomatrizen beziehen.

7.2 Strategische Ausrichtungen

Die Produkt-/Marktwachstumsmatrix nach Ansoff[1] ist eine einfache Methode, die vier grundlegenden Ausrichtungen der strategischen Entwicklung darzustellen, siehe *Abbildung 7.2*. Ein Unternehmen beginnt meist in Quadrant A, links oben, mit seinen bestehenden Produkten und Märkten. Der Matrix folgend hat das Unternehmen nun die Wahl, seine bestehenden Markt weiter zu *durchdringen* (und somit in Quadrant A zu bleiben); *neue Produkte* für bestehende Märkte zu *entwickeln* (und sich somit nach rechts in Quadrant B zu bewegen); bestehende Produkte auf *neuen Märkten* anzubieten (eine Bewegung nach unten in Quadrant C); oder den radikalsten Schritt in Richtung einer vollständigen *Diversifikation* zu tun, d.h. völlig neue Märkte und neue Produkte zu erschließen (Quadrant D). Die Bewegungen von Quadrant A zu den Quadranten B oder C können auch als *verbundene Diversifikation* bezeichnet werden.

Die Achsen der Ansoff-Matrix können auch sehr effektiv für ein Brainstorming zu strategischen Optionen verwendet werden, um zu prüfen, ob alle vier Optionsrichtungen beachtet wurden. *Beispiel 7.1* illustriert dies.

Abbildung 7.2: Strategische Ausrichtungen (Ansoff-Matrix)

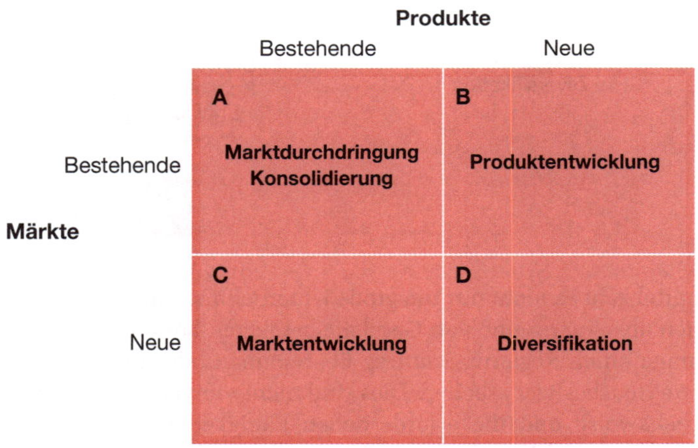

Quelle: Anpassung aus H. I. Ansoff, „Corporate Strategy", *Penguin*, 1988, Kapitel 6. Ansoff stellte ursprünglich eine Matrix mit vier separaten Feldern dar. Allerdings beinhalten die strategischen Richtungen in der Praxis eher kontinuierliche Achsen. Die Ansoff-Matrix an sich wurde später entwickelt – siehe Verweis 1.

1 Dies ist eine Erweiterung der Produkt/Marktmatrix: siehe I. Ansoff, „Corporate Strategy", *Penguin*, 1988, Kapitel 6. Diese Ansoff-Matrix wurde später zu der unten aufgezeigten Matrix weiterentwickelt: Quelle: H. Ansoff, The New Corporate Strategy, *Wiley*, 1988. Siehe auch S. 44 Literaturempfehlungen.

7.2.1 Marktdurchdringung

Die weitere **Marktdurchdringung**, die der Organisation eine Ausweitung ihres Marktanteils mittels ihrer bestehenden Produktpalette ermöglicht, ist auf den ersten Blick die offensichtlichste aller strategischen Ausrichtungen. Sie baut auf bereits existierenden strategischen Fähigkeiten auf, sodass sich die Organisation nicht in bisher unbekanntes neues Territorium vorwagen muss. Die Ausrichtung der Organisation bleibt unverändert. Außerdem bedeutet ein größerer Marktanteil auch mehr Macht gegenüber Käufern und Zulieferern (in Bezug auf das Five-Forces-Modell), mehr Größenvorteile und Vorteile auf der Erfahrungskurve.

Marktdurchdringung

Marktdurchdringung findet statt, wenn eine Organisation ihren Marktanteil ausweitet.

Beispiel 7.1 Wandel in der Gemeinde durch eine Bäckerei

Wie die Diversifizierung von Greyston eine angeschlagene Gemeinde verändert.

Die Greyston Bakery, die wahrscheinlich am besten bekannt ist für die Brownies aus der berühmten Ben and Jerry's Eiskrem, gehört zur Greyston Foundation – einem integriertem Netzwerk mit einem Wert von $ 15 Millionen (£ 9 Millionen bzw. € 11,25 Millionen), das sowohl aus gewinnorientierten als auch aus gemeinnützigen Organisationen besteht. Die Stiftung bietet eine große Vielzahl an Dienstleistungen, von denen die lokale Gemeinde profitiert.

Die Bäckerei wurde 1982 von einer Zen-buddhistischen Meditationsgruppe in einer armen Gegend von Yonkers, New York gegründet, in der die Gründer Arbeitsplätze für Menschen aus der Gemeinde schaffen wollten, für die nur schwer Arbeitsplätze zu finden waren – Obdachlose, Menschen mit Lücken im Lebenslauf, Vorstrafen sowie Drogenproblemen. Dazu setzte die Gruppe radikal eine „offene Einstellungsmethode“ ein, die bis heute verwendet wird und bei der jeder, der sich für einen Arbeitsplatz bewirbt, nach dem Windhundverfahren die Möglichkeit bekommt zu arbeiten. Die Arbeitnehmer müssen allerdings drei Monate lang rechtzeitig zur Arbeit erscheinen, die Aufgabe erfüllen und erhalten dann automatisch eine Festanstellung. Senior Vice President David Rome erklärt dazu: „Wir beurteilen die Menschen auf der Grundlage ihrer Leistung im Betrieb und nicht nach ihrem Hintergrund.“ Anfänglich besteht eine hohe Fluktuation, aber die durchschnittliche Beschäftigungsdauer beträgt ungefähr drei Jahre. Überdies betrachtet Greyston es als Erfolg, wenn ein Mitarbeiter zu einem neuen Arbeitsplatz wechselt, an dem er seine Fähigkeiten einsetzen kann. CEO Julius Walls führt dazu aus: „Das Unternehmen bietet seinen Mitarbeitern Chancen und Ressourcen, damit diese nicht nur am Arbeitsplatz, sondern auch in ihrem Privatleben erfolgreich sein können. Wir stellen Menschen nicht dazu ein, Kekse zu backen, sondern wir backen Kekse, damit wir Menschen einstellen können.“

Im Zuge der Expansion des Unternehmens wurde deutlich, dass die Schaffung von Arbeitsplätzen in der Gemeinde allein nicht genug war. Daher wurde 1991 in Zusammenarbeit mit staatlichen Behörden das Greyston Family Inn eröffnet, um Obdachlosen eine dauerhafte Unterkunft zu bieten. Momentan gibt es hier drei

Gebäude, in denen 50 Wohneinheiten zur Verfügung stehen. Außerdem wurde eine Kindertagesstätte mit einem Hortangebot am Nachmittag gegründet, da eines der wichtigsten Anliegen für berufstätige Eltern in der Gemeinde darin bestand, die bei öffentlichen Schulen bestehende Lücke in der Betreuung zu füllen. 1992 wurden die Greyston Health Services gegründet, um bedürftige Menschen, die mit HIV/AIDS infiziert sind, zu unterstützen, und 1997 wurde das Issan House mit 35 dauerhaften Wohneinheiten für Menschen mit HIV/AIDS, psychischen Erkrankungen oder Suchtproblemen eingerichtet. Zu weiteren Projekten gehört das Greyston-Garden-Projekt, fünf von der Gemeinde verwaltete Gärten auf verwahrlosten Grundstücken, sowie ein technisches Ausbildungszentrum. 2011 wurde ein lokales Bäckereigeschäft/Café eröffnet und 2012 wurde mit der Unterstützung der Immobilienabteilung der Stiftung eine neue Bäckerei für 10 Millionen Dollar im Rahmen eines Public-Private-Partnership-Projekts mit der Stadt auf einer seit langem brachliegendem Gelände errichtet.

Die Stiftung fungiert als Dachorganisation für alle Greyston-Organisationen, erbringt zentrale Leistungen in den Bereichen Management, Mittelbeschaffung, Immobilienentwicklung sowie Planung. Mittlerweile umfasst sie vier in Wechselbeziehungen stehende Organisationen: die Bäckerei, den Gesundheitsdienst, die Kinder- und Familienprogramme sowie die Immobilienentwicklung. Die soziale Mission der Stiftung, d.h. die Unterstützung einkommensschwacher Menschen auf dem Weg zur Selbständigkeit sowie die Verwandlung der Gemeinde werden mit der geschäftlichen Zusammenarbeit verbunden, um so kontinuierliches Wachstum zu ermöglichen.

Im Jahr 2012 feierte die Greyston Bakery ihren 30. Jahrestag und erhielt dazu ein wunderbares Geschenk vom Staat New York: Sie wurde eine Benefit Corporation, eine Art gemeinnütziges Unternehmen. Dies ermöglichte es Greyston, höhere Standards im Hinblick auf den Unternehmenszweck, die Verantwortung und Transparenz nachzuweisen. Der CEO der Stiftung, Steven Brown, sagte dazu: „De facto waren wir schon lange bevor der Begriff geprägt wurde, eine Benefit Corporation. Wir sind für eine viel größere Gemeinde tätig und diese Gemeinde hat einen Anteil an dem, was wir tun. Das Ausmaß, in dem wir Wert schöpfen und Chancen schaffen können, ist für viele der Gemeinden der Weg aus ihrer Notlage. Es ist nicht einfach, aber wir wachsen.“

Quellen: www.greyston.org; http://www.pegasuscom.com/levpoints/greystonint.html; http://www.huffingtonpost.com/jesse-seaver/business-non-profit-social-enterprise; http://www.youtube.com/watch?v=2WLzV7JfVSc.

Kontrollfragen

1. Welches Motiv bzw. welche Motive bestand/en für die Diversifizierungen der Greyston Bakery?
2. Verwenden Sie die Ansoff-Matrix und definieren Sie, wie Sie diese Diversifizierungen klassifizieren würden.

Organisationen, die eine höhere Marktdurchdringung erreichen möchten, müssen sich jedoch zwei Herausforderungen stellen:

- *Vergeltungsschläge durch Wettbewerber.* Betrachtet man das Five-Forces-Modell (siehe *Kapitel 2.3.1*), so verstärkt eine höhere Marktdurchdringung höchstwahrscheinlich die Konkurrenz innerhalb der Branche, denn andere Wettbewerber auf dem Markt verteidigen ihre Marktanteile. Ein heftigerer Wettbewerb kann zu Preiskriegen oder teuren aggressiven Marketingkampagnen führen, die die Unternehmen teurer kommen, als es jegliche Ausweitung des Marktanteils wert ist. Die Risiken eines aggressiven Vergeltungsschlags sind größer auf Märkten mit geringem Wachstum, denn hier geht eine Ausweitung des Marktanteils viel stärker auf Kosten anderer Wettbewerber. Wenn das Risiko eines Vergeltungsschlags besteht, brauchen Unternehmen strategische Fähigkeiten, die ihnen einen klaren Wettbewerbsvorteil verleihen. Auf Märkten mit geringem oder negativem Wachstum kann es daher viel effektiver sein, einfach andere Konkurrenten zu übernehmen. Einige Unternehmen sind auf diese Weise rasch gewachsen. In der Stahlindustrie etwa stieg die indische Firma LNM (Mittal) zwischen 2001 und 2009 zum weltweit größten Stahlproduzenten auf, indem sie andere Stahlkonzerne weltweit aufkaufte. Firmenübernahmen können die Rivalität auf dem Markt effektiv vermindern, indem man die Zahl der unabhängigen Konkurrenten reduziert und sie unter einem Dach konsolidiert.
- *Rechtliche Beschränkungen.* Eine größere Marktdurchdringung kann offizielle Wettbewerbshüter auf den Plan rufen, die eine zu große Marktmacht befürchten. Die Kartellbehörden der meisten Länder haben das Recht, mächtigen Unternehmen Beschränkungen aufzuerlegen oder Fusionen und Übernahmen zu verhindern, die zu einem solchen Machtausbau führen würden. Die Kartellbehörde Großbritanniens, die Competition Commission, kann jede Fusion oder Übernahme untersuchen, bei der das neu entstehende Unternehmen einen Marktanteil von über 25 Prozent erlangen würde. Diese Übernahme/Fusion kann dann entweder verhindert werden oder es werden Maßnahmen ergriffen, um die Marktmacht zu schmälern. Die Europäische Kommission überblickt den gesamten europäischen Markt und kann in ähnlicher Weise intervenieren. Als sich beispielsweise Gaz de France und Suez, zwei Versorgungsunternehmen mit dominanter Marktstellung in Frankreich und Belgien, 2006 entschlossen, zu fusionieren, bestand die Europäische Kommission darauf, dass beide Unternehmen ihre Marktmacht reduzierten, indem sie ihre Tochtergesellschaften abstießen und ihre Netzwerke für Konkurrenten öffneten.[2]

7.2.2 Produktentwicklung

Produktentwicklung liegt vor, wenn Organisationen modifizierte oder neue Produkte (oder Dienstleistungen) auf bestehenden Märkten anbieten. Dies ist eine eingeschränkte Erweiterung der Reichweite einer Organisation. In der Praxis erfordert selbst die Marktdurchdringung ein gewisses Maß an Produktentwicklung, doch hier geht es um mehr Innovation. Für Sony bedeutete eine solche Produktentwicklung die Weiterentwicklung des Walkman als tragbares Musiksystem zur Wiedergabe von Kassetten, über die Wiedergabe von CDs hin zu MP3-Systemen. Im Grunde bleiben die Märkte gleich, doch die angebotenen Technologien sind völlig neu. Im Fall des Walkman hatte Sony wahr-

Produktentwicklung

Produktentwicklung liegt vor, wenn Organisationen modifizierte oder neue Produkte auf bestehenden Märkten anbieten.

2 Zur Berechtigung der Europäischen Kommission zum Eingriff in den Wettbewerb siehe *http://ec.europa.eu/comm/competition*; zur britischen Kartellbehörde Competition Commission siehe *http://www.competitioncommission.org.uk/*.

scheinlich keine Wahl und musste diese Weiterentwicklung in Angriff nehmen. Doch in manchen Fällen kann Produktentwicklung auch hochgradig teuer und riskant sein. Dafür gibt es mindestens zwei Gründe:

- *Neue strategische Fähigkeiten.* Bei der Produktentwicklung geht es häufig darum, sich neue Technologien anzueignen, mit denen die Organisation bisher noch nicht vertraut ist. So begannen viele Banken nach dem Jahr 2000 damit, Online-Banking anzubieten, erlitten aber viele Rückschläge, da die dafür nötigen neuen Technologien sich so radikal von der üblichen Art und Weise unterschieden, wie sie ihre Dienstleistungen bisher in ihren Filialen anboten. Oft hing der Erfolg von der Bereitschaft ab, sich neue technologische und das Marketing betreffende Fähigkeiten anzueignen, wozu oft die Hilfe spezialisierter IT- und E-Commerce-Berater notwendig war.[3] Also erfordert Produktentwicklung meist hohe Investitionen und birgt das Risiko von Fehlschlägen.
- *Risiken beim Projektmanagement.* Auch auf vertrautem Terrain bergen Projekte, bei denen es um Produktentwicklung geht, viele Risiken, etwa in Bezug auf zeitliche Verzögerungen und höhere Kosten aufgrund von höherer Komplexität und sich verändernden Spezifikationen. Ein berühmtes Beispiel aus jüngster Zeit ist der € 11 Mrd. teure Airbus A380, dessen Auslieferung sich Mitte der 2000er-Jahre aufgrund von Produktionsfehlern um zwei Jahre verzögerte. Airbus hatte zwar bereits einige Entwicklungsprojekte neuer Flugzeugtypen geleitet, das hohe Maß der speziellen Anpassung jedes einzelnen Flugzeugs an die Wünsche der jeweiligen Kunden sowie die damit verbundene fehlende Kompatibilität der computergestützten Design-Software gestalteten das Projekt jedoch so komplex, dass das Managementteam der Firma diesem nicht mehr gewachsen war.

Strategien zur Produktentwicklung werden in *Kapitel 9* nochmals aufgegriffen.

7.2.3 Marktentwicklung

Marktentwicklung

Marktentwicklung findet statt, wenn bereits existierende Produkte auf neuen Märkten angeboten werden.

Ist die Strategie der Produktentwicklung zu riskant und zu teuer, so bietet sich als Alternative die Marktentwicklung an. **Marktentwicklung** findet statt, wenn bereits existierende Produkte auf neuen Märkten angeboten werden. Auch hier ist die Ausweitung der Reichweite des Unternehmens eingeschränkt. Und auch hier muss ein gewisses Maß an Produktentwicklung vorliegen, selbst wenn es nur um Verpackung oder Kundendienst geht. Die Marktentwicklung kann dreierlei Formen annehmen:

- *Neue Segmente.* Auf dem öffentlichen Sektor kann etwa eine Hochschule ihre Hörsäle auch für ältere Studenten öffnen und etwa Abendkurse anbieten.
- *Neue Nutzer.* Ein Beispiel aus diesem Bereich ist Aluminium, das ursprünglich zur Herstellung von Verpackungsmaterial und Besteckteilen genutzt wurde, mittlerweile aber auch bei der Produktion von Flugzeugen und Autos Verwendung findet.
- *Neue Regionen.* Das wichtigste Beispiel hier ist die Internationalisierung, doch auch die Ausweitung eines kleinen Einzelhandelsunternehmens mit Standorten in neuen Städten fällt in diese Kategorie.

3 Siehe zum Beispiel J. Huang, M. Enesi und R. Galliers, „Opportunities to learn from failure with electronic commerce: a case study of electronic banking“, *Journal of Information Technology*, Band 18, Nr. 1 (2003), S. 17–27.

In jedem Fall ist es besonders wichtig, dass sich Strategien zur Marktentwicklung auf Produkte und Dienstleistungen stützen, die die *kritischen Erfolgsfaktoren* neuer Märkte erfüllen.

Strategien, die nur darauf abzielen, traditionelle Produkte oder Dienstleistungen einfach unverändert auf neuen Märkten anzubieten, sind meist zum Scheitern verurteilt. Außerdem gibt es bei der Marktentwicklung ähnliche Probleme wie bei der Produktentwicklung. Den zuständigen Teams fehlen häufig die richtigen strategischen Fähigkeiten in Bezug auf Marketing. Auch ein guter Markenname fehlt häufig, um auf einem Markt mit neuen Kunden erfolgreich zu sein. Auf der Seite des Managements besteht die Herausforderung darin, die verschiedenen Segmente, Nutzer und Regionen, die alle unterschiedliche Anforderungen mit sich bringen können, richtig zu koordinieren.

7.2.4 Diversifikation (Konglomerate)

Diversifikation bezeichnet eine Strategie, welche die Marktabdeckung und das Produktprogramm einer Organisation ausweitet (Quadrant D in *Abbildung 7.2*). So gesehen vergrößert sich dadurch die Reichweite einer Organisation erheblich. Tatsächlich aber ist eine Diversifikation oft nicht so extrem, wie dies der streng definierte Quadrant der Ansoff-Matrix nahe legt. Quadrant D steht für eine unverbundene oder Mischkonzerndiversifikation, doch ein Großteil der in der Praxis stattfindenden Diversifikationen baut auf bereits bestehenden Märkten und Produkten auf. Oft beinhalten Marktdurchdringung und Produktentwicklung einige Anpassungen von Produkten oder Märkten, die auch als Diversifikationen verstanden werden können. Hier kommt es auf das Ausmaß der Veränderung an.

Diversifikation
Diversifikation bezeichnet eine Strategie, welche die Marktabdeckung und das Produktprogramm einer Organisation ausweitet.

Dennoch geht aus der Ansoff-Matrix klar hervor, dass eine Organisation umso mehr Neues lernen muss, je weiter sie sich von ihrem Ausgangspunkt bestehender Märkte und Produkte entfernt. Eine Diversifikation ist nur eine Richtung, in die sich eine Organisation entwickeln kann, und muss immer im Zusammenhang mit mehreren Alternativen gesehen werden.

Durch die konglomerate (unverbundene) Diversifikation geht eine Organisation sowohl über ihre bestehenden Märkte als auch ihre bestehenden Produkte hinaus. In diesem Sinn erhöht sie die Reichweite der Organisation dramatisch. Konglomerate Diversifikationsstrategien können Wert schöpfen, da Geschäftseinheiten davon profitieren, Bestandteil einer größeren Gruppe zu sein. Dadurch können Verbraucher größeres Vertrauen in die Produkte und Dienstleistungen einer Geschäftseinheit als zuvor aufbauen. Überdies reduziert eine größere Menge auch die Kosten der Finanzierung. Allerdings vertrauen viele Beobachter konglomeraten Strategien häufig nicht, da es keine offensichtlichen Möglichkeiten für die Zusammenarbeit zwischen den Geschäftseinheiten zur Schöpfung zusätzlicher Werte gegenüber Unternehmen gibt, die weiter fokussiert arbeiten. Darüber hinaus entstehen häufig zusätzliche bürokratische Kosten durch die Manager in der Firmenzentrale, die die Geschäftseinheiten kontrollieren. Aus diesem Grund können die Aktienkurse von Konglomeratunternehmen durch einen sogenannten „Konglomeratsabschlag“ (mit anderen Worten einer niedrigeren Bewertung als die kombinierten einzelnen beteiligten Geschäftsbereiche erzielt hätten) sinken. So wurden 2012 Aktien des französischen Konglomerats Vivendi mit umfassenden Beteiligungen im Bereich Mobiltelefonie und Medien 25 Prozent niedriger als im Vorjahr gehandelt, wobei der Liquidationswert auf mindestens den doppelten Betrag des Aktienwerts geschätzt wurde. Bei einer Aktionärsversammlung im Juni auf Korsika heizte das leitende Management Spekulationen an, als erklärt wurde, dass auch Diskussionen darüber, ob Geschäftsbereiche abgespalten oder einige Vermögenswerte verkauft werden sollten, „kein Tabu“ seien.

Allerdings ist es wichtig zu erkennen, dass der Unterschied zwischen verbundener und konglomerater (unverbundener) Diversifikation häufig graduell ist. Beziehungen, die unter Umständen bei der verbundenen Diversifizierung wertvoll schienen, erweisen sich dabei eventuell als weniger wertvoll als erwartet. Daher ist es großen Wirtschaftsprüfungsunternehmen oft schwer gefallen, ihre Fähigkeiten und Kundenkontakte, die sie durch die Wirtschaftsprüfungstätigkeit entwickelt haben, in effektives Beratungsgeschäft umzusetzen. Desgleichen kann sich die Bedeutung von Beziehungen im Laufe der Zeit verändern, wenn sich die Art der Technologien oder Kunden verändert: Siehe beispielsweise die Entscheidung von Zodiac, das berühmte Bootsgeschäft aufzugeben (siehe *Beispiel 7.2*).

Beispiel 7.2 Zodiac: die Schlauchboot-Diversifikation

Seit 117 Jahren diversifiziert und dezentriert der Zodiac-Konzern mit Hilfe der Diversifikation.

Am bekanntesten ist der Zodiac-Konzern wohl für seine Schlauchboote, die schon Jacques Cousteau verwendete und die immer noch in allen Häfen der Welt zu sehen sind. Im Jahr 2012 gehörte Zodiac allerdings im Bereich der Luftfahrtindustrie weltweit zu den führenden Unternehmen. Wie ist dieser Wandel gelungen?

Die Firma Zodiac wurde 1896 von Maurice Mallet in der Nähe von Paris gegründet, kurz nachdem der Firmengründer seine erste Fahrt mit dem Heißluftballon absolviert hatte. 40 Jahre lang produzierte Zodiac nur lenkbare Luftschiffe. 1937 kam es zum Absturz des deutschen Zeppelins *Hindenburg* in der Nähe von New York – eine Katastrophe, die den Markt für Luftschiffe von heute auf morgen auslöschte. Da Zodiacs traditioneller Markt nun nicht mehr existierte, entschloss sich das Unternehmen, sein technisches Fachwissen zu nutzen und sich von lenkbaren Luftschiffen auf aufblasbare Boote zu verlegen. Diese Diversifikation erwies sich als höchst erfolgreich: 2004 hatte Zodiac über eine Million Boote verkauft.

Da jedoch die Konkurrenz, besonders italienische Hersteller, immer stärker wurde, diversifizierte Zodiac auch seine Unternehmensbeteiligungen. 1978 übernahm es Aerazur, eine auf Fallschirme, Rettungswesten und aufblasbare Rettungsboote spezialisierte Firma. Diese Produkte wiesen viele Markt- und Technologiesynergien mit Zodiacs Schlauchbooten auf und die Hauptkunden waren Flugzeughersteller. Zodiac bekräftigte diese Verlagerung auf einen neuen Markt 1987 durch die Übernahme von Air Cruisers, einem Unternehmen, das aufblasbare Notrutschen für Flugzeuge herstellte. Durch diese Weiterentwicklung wurde Zodiac zu einem wichtigen Zulieferer für Boeing, McDonnell Douglas und Airbus. Zodiac verstärkte seine Position zusätzlich durch die Übernahme von führenden Herstellern von Flugzeugsitzen: Sicma Aero Seats aus Frankreich und Weber Aircraft sowie MAG Aerospace, dem weltweit führenden Hersteller von Vakuumentsorgungsanlagen für Flugzeuge. 1999 schließlich übernahm Zodiac Intertechnique, einen bedeutenden Hersteller von Aktivteilen für Flugzeuge (Systeme für den Treibstoffkreislauf, die Hydraulik, die Sauerstoffversorgung, Stromversorgung, Cockpit- und Displaykontrolle und Flugüberwachung etc.). Zodiac kombinierte diese Kompetenzen mit seinem traditionellen Fachwissen auf dem Gebiet aufblasbarer Boote und konnte so einen neuen Geschäftsbereich ins Leben rufen: Airbags für die Automobilindustrie.

Parallel zu diesen Diversifikationsaktivitäten baute Zodiac auch seine Position im Bereich der aufblasbaren Boote aus, indem es mehrere Konkurrenten übernahm: Bombard-L'Angevinière 1980, Sevylor 1981 sowie Hurricane und Metzeler 1987. Schließlich gründete Zodiac auch ein Unternehmen im Bereich Schwimmbecken. Die erste Produktgruppe, die 1981 auf den Markt kam, basierte auf Technologien für aufblasbare Becken. Später verlagerte sich Zodiac allerdings – wieder durch Übernahmen – auf feste, aufstellbare Schwimmbecken sowie auf im Boden eingelassene Becken, Wasserreinigungssysteme, aufblasbare Schwimmhilfen und Luftmatratzen.

Im Jahr 2007 jedoch machten die Produkte für die Flugzeugindustrie 80 Prozent des Gesamtumsatzes aus. Zodiac besaß für manche Produkte zur Ausstattung von Flugzeugen einen weltweiten Marktanteil von 40 Prozent; so etwa für das Stromversorgungssystem des neuen A380 und der Boeing 787. Zodiac schaffte es sogar bis zum Mars: *Spirit* und *Opportunity*, die Marssonden der NASA, wurden mit Produkten der Firma Zodiac ausgestattet.

2007 wurde das Schwimmbecken- und Freizeitgeschäft des Unternehmens, das 19 Prozent des Umsatzes erzielte, verkauft und der Vorstandsvorsitzende des Konzerns, Jean-Louis Gérondeau erklärte dazu, dass „dadurch die Übernahmemöglichkeiten von Zodiac im Luftfahrtbereich verbessern würden."

Es war aber auch eine Antwort auf den Druck der Finanzanalysten, die Zodiac für zu diversifiziert hielten. Durch den Verkauf wurden 2008 drei weitere Übernahmen von Flugzeuginnenraumausstattern, Driessen, Adder und TIA, finanziert und Zodiac benannte sich in Zodiac Aerospace um. Als Zodiac 2012 Ziel eines Übernahmeangebots von Safran, einem französischen Luftfahrtkonzern wurde, wies es dieses zurück und gab an, dass die Gewinne in Höhe von € 319 Millionen aufgrund der regen Nachfrage in der Luftfahrtindustrie sowie aufgrund von zwei Übernahmen in der jüngeren Vergangenheit (Heath Tecna Aircraft (Innenausstattung) und Contour Aerospace (Sitze)) die Erwartungen übertrafen. Das neu ausgerichtete Unternehmen Zodiac ist nunmehr eines der weltweit führenden Unternehmen im Bereich der Luftfahrtausrüstung sowie der installierten Systeme für Verkehrsflugzeuge und Helikopter.

Quelle: Zusammengestellt von Frédéric Fréry, ESCP-EAP European School of Management.

Kontrollfragen

1. Erklären Sie, wie die Verbundenheit von Zodiacs Geschäftsbereichen dessen Diversifikationsstrategie über die Jahre hinweg unterstützt hat.
2. Wo liegen die Vorteile und potenziellen Gefahren der Entscheidung, sich auf die Luftfahrtindustrie zu konzentrieren?

7.3 Gründe für eine Diversifikation

Was die Ansoff-Matrix betrifft, so ist die Diversifikation die radikalste aller strategischen Ausrichtungen.[4] Man kann sich aus vielerlei Gründen für eine Diversifikation entscheiden, die mehr oder weniger Mehrwert schaffen können. Drei mögliche Gründe, die für eine Steigerung des Unternehmenswerts sorgen können, sind folgende:

Synergien

Synergien bezeichnen die Vorteile, die erzielt werden können, wenn Aktivitäten oder Vermögenswerte sich so ergänzen, dass die Vorteile aus ihrer gemeinsamen Nutzung größer sind als die Summe der Einzelvorteile.

- Eine *Steigerung der Effizienz* lässt sich erreichen, wenn die bestehenden Ressourcen und Fähigkeiten einer Organisation auf neue Märkte, Produkte oder Dienstleistungen übertragen werden. Dies wird oft als Verbundvorteile – im Gegensatz zu Größenvorteilen – bezeichnet.[5] Verfügt ein Unternehmen über ungenutzte Ressourcen und Kompetenzen, die nicht gewinnbringend an andere potenzielle Nutzer verkauft werden können, so kann es sinnvoll sein, diese Ressourcen und Kompetenzen in Form einer Diversifikation zu nutzen. Es können anders ausgedrückt Einsparungen und Vorteile erlangt werden, indem die Reichweite der Organisation vergrößert wird. So verfügen viele Universitäten beispielsweise über umfangreiche Ressourcen in Form von Studentenwohnheimen, die sie ihren Studenten zur Verfügung stellen müssen, die aber in den langen Semesterferien ungenutzt bleiben. Dieser Wohnraum wird effektiver genutzt, wenn die Universitäten ihre Aktivitäten ausweiten und ihn in Ferienzeiten an Konferenzteilnehmer und Touristen vermieten. Die Verbundvorteile können sich auf *materielle* Ressourcen wie etwa Studentenwohnheime und auch auf *immaterielle* Ressourcen und Kompetenzen wie Markennamen und Mitarbeiterfähigkeiten beziehen. Manchmal werden diese Effekte auch als die Vorteile von **Synergien** bezeichnet.[6] Damit ist gemeint, dass Aktivitäten oder Vermögenswerte gemeinsam effektiver sind als einzeln (die berühmte Gleichung 2+2=5). So wären ein Filmproduzent und ein Musiklabel synergetisch, wenn sie gemeinsam erfolgreicher wären als einzeln für sich. *Beispiel 7.2* zeigt, wie die französische Firma Zodiac diesem Schema folgend eine Diversifikation durchgeführt hat.
- Die *Fähigkeiten der Unternehmenszentrale* auf neue Märkte, Produkte oder Dienstleistungen *auszuweiten,* kann Grundlage für weitere Gewinne sein. Dies ist in gewissem Sinne eine Erweiterung des oben genannten Aspekts der Anwendung bestehender Kompetenzen auf neue Bereiche. Dieser Punkt betont jedoch Fähigkeiten der Unternehmenszentrale, die üblicherweise leicht vernachlässigt werden. Manager aus der Unternehmenszentrale können meist sehr kompetent eine Reihe verschiedener Produkte und Dienstleistungen managen, die sich sogar auf Unternehmen ausdehnen, die auf operativer Ebene keine gemeinsamen Ressourcen nutzen. C. K. Prahalad und R. Bettis haben diese Fähigkeiten der Unternehmenszentrale als „dominante Logik des übergeordneten Managements“ oder kurz

4 Für Abhandlungen über die Herausforderungen zur Wahrung von Wachstum und Diversifikation siehe A. Campbell und R. Parks, *The Growth Gamble*, Nicholas Brearly, 2005, und D. Laurie, Y. Doz und C. Sheer, „Creating new growth platforms“, *Harvard Business Review*, Band 84, Nr. 5 (2006), S. 80–90.

5 Siehe zu diesem Thema D. J. Teece, „Towards an economic theory of the multi-product firm“, *Journal of Economic Behavior and Organization*, Band 3 (1982), S. 39–63.

6 M. Goold und A. Campbell, „Desperately seeking synergy“, *Harvard Business Review*, Band 76, Nr. 2 (1998), S. 131– 145.

als „dominante Logik" beschrieben.[7] So schließt der französische Konzern LVMH eine Reihe ganz verschiedener Unternehmen mit ein – vom Champagnerproduzenten über Mode- und Parfümmarken bis hin zu Finanzmedien – die alle nur wenig gemeinsame operative Ressourcen oder Kompetenzen nutzen. LVMH steigert den Unternehmenswert dieser spezialisierten Firmen, indem es seine Fähigkeiten der Unternehmenszentrale beisteuert – etwa die Unterstützung klassischer Marken und den Aufbau hochkreativer Mitarbeiter. Solche Fähigkeiten sind für jedes einzelne Unternehmen relevant (siehe *Kapitel 7.6*).

- Eine *Steigerung der Marktmacht* kann entstehen, wenn ein Konzern eine große Vielfalt an verschiedenen Unternehmen umfasst. Hat ein Unternehmen viele Einzelbereiche, so kann es sich erlauben, eine Tochtergesellschaft mit den Überschüssen einer anderen zu subventionieren – etwas, das Konkurrenten nicht vermögen. Dadurch kann ein Unternehmen für die unterstützte Tochtergesellschaft einen Wettbewerbsvorteil erlangen, was langfristig gesehen andere Wettbewerber aus dem Markt verdrängt und der zurückbleibenden Organisation eine Monopolstellung sichert, sodass hohe Gewinne garantiert sind. Diese Angst bewog auch die Europäische Kommission im Jahr 2001 dazu, das $ 43 Mrd. (€ 37 Mrd.) schwere Übernahmeangebot, das General Electric für die Firma Honeywell (einen Hersteller von elektronischen Steuersystemen) abgegeben hatte, abzulehnen. General Electric hätte mit dieser Übernahme seine Düsentriebwerke mit der Flugelektronik von Honeywell zu einem billigen Gesamtpaket schnüren können, mit dem konkurrierende Motorenbauer niemals hätten mithalten können. Da viele Flugzeugbauer und Fluggesellschaften immer häufiger nach dem billigen Gesamtpaket verlangt hätten, hätte das das Aus für alle anderen Konkurrenten bedeutet. Somit hätte General Electric die alleinige Marktmacht besessen und – ohne die Bedrohung durch Konkurrenz – seine Preise beliebig wählen können.

Oft werden auch noch andere Gründe für eine Diversifikation genannt, hier ist aber die Wertsteigerung für das Unternehmen weniger offensichtlich; außerdem stehen dabei häufig nicht die Interessen der Aktionäre, sondern die der Manager im Vordergrund:

- *Reaktion auf einen schrumpfenden Markt* – dies ist ein häufig genannter, aber dennoch zweifelhafter Grund für eine Diversifikation. Man kann argumentieren, dass die Diversifikation der Firma Microsoft in den Bereich Computerspiele mit der Xbox – deren Startkosten allein im Bereich Marketing bei stolzen $ 500 Mio. lagen – eine Reaktion auf das sich verlangsamende Wachstum ihres Kerngeschäfts Software war. Vielen Aktionären wäre es allerdings sicherlich lieber gewesen, das in die Xbox investierte Geld wieder ausbezahlt zu bekommen. So hätte man Sony und Nintendo das Feld der Computerspiele überlassen, während Microsoft sich in Würde verkleinert hätte. Microsoft verteidigt allerdings seine verschiedenen Diversifikationen als notwendige Reaktionen auf die Konvergenz der Elektronik mit den Computermedien.
- Die *Risikostreuung* über eine Reihe verschiedener Geschäftsbereiche ist eine weitere häufig angeführte Rechtfertigung einer Diversifikation. Die konventionelle Finanztheorie ist jedoch mehr als skeptisch, was den Erfolg einer solchen Risikostreuung betrifft. Hier wird argumentiert, dass Investoren eine viel effektivere Diversi-

7 Siehe C. K. Prahalad und R. Bettis, „The dominant logic: a new link between diversity and performance", *Strategic Management Journal*, Band 6, Nr. 1 (1986), S. 485–501; und R. Bettis und C. K. Prahalad, „The dominant logic: retrospective and extension", *Strategic Management Journal*, Band 16, Nr. 1 (1995), S. 5–15.

als „dominante Logik“ beschrieben.[7] So schließt der französische Konzern LVMH eine Reihe ganz verschiedener Unternehmen mit ein – vom Champagnerproduzenten über Mode- und Parfümmarken bis hin zu Finanzmedien – die alle nur wenig gemeinsame operative Ressourcen oder Kompetenzen nutzen. LVMH steigert den Unternehmenswert dieser spezialisierten Firmen, indem es seine Fähigkeiten der Unternehmenszentrale beisteuert – etwa die Unterstützung klassischer Marken und den Aufbau hochkreativer Mitarbeiter. Solche Fähigkeiten sind für jedes einzelne Unternehmen relevant (siehe *Kapitel 7.6*).

- Eine *Steigerung der Marktmacht* kann entstehen, wenn ein Konzern eine große Vielfalt an verschiedenen Unternehmen umfasst. Hat ein Unternehmen viele Einzelbereiche, so kann es sich erlauben, eine Tochtergesellschaft mit den Überschüssen einer anderen zu subventionieren – etwas, das Konkurrenten nicht vermögen. Dadurch kann ein Unternehmen für die unterstützte Tochtergesellschaft einen Wettbewerbsvorteil erlangen, was langfristig gesehen andere Wettbewerber aus dem Markt verdrängt und der zurückbleibenden Organisation eine Monopolstellung sichert, sodass hohe Gewinne garantiert sind. Diese Angst bewog auch die Europäische Kommission im Jahr 2001 dazu, das $ 43 Mrd. (€ 37 Mrd.) schwere Übernahmeangebot, das General Electric für die Firma Honeywell (einen Hersteller von elektronischen Steuersystemen) abgegeben hatte, abzulehnen. General Electric hätte mit dieser Übernahme seine Düsentriebwerke mit der Flugelektronik von Honeywell zu einem billigen Gesamtpaket schnüren können, mit dem konkurrierende Motorenbauer niemals hätten mithalten können. Da viele Flugzeugbauer und Fluggesellschaften immer häufiger nach dem billigen Gesamtpaket verlangt hätten, hätte das das Aus für alle anderen Konkurrenten bedeutet. Somit hätte General Electric die alleinige Marktmacht besessen und – ohne die Bedrohung durch Konkurrenz – seine Preise beliebig wählen können.

Oft werden auch noch andere Gründe für eine Diversifikation genannt, hier ist aber die Wertsteigerung für das Unternehmen weniger offensichtlich; außerdem stehen dabei häufig nicht die Interessen der Aktionäre, sondern die der Manager im Vordergrund:

- *Reaktion auf einen schrumpfenden Markt* – dies ist ein häufig genannter, aber dennoch zweifelhafter Grund für eine Diversifikation. Man kann argumentieren, dass die Diversifikation der Firma Microsoft in den Bereich Computerspiele mit der Xbox – deren Startkosten allein im Bereich Marketing bei stolzen $ 500 Mio. lagen – eine Reaktion auf das sich verlangsamende Wachstum ihres Kerngeschäfts Software war. Vielen Aktionären wäre es allerdings sicherlich lieber gewesen, das in die Xbox investierte Geld wieder ausbezahlt zu bekommen. So hätte man Sony und Nintendo das Feld der Computerspiele überlassen, während Microsoft sich in Würde verkleinert hätte. Microsoft verteidigt allerdings seine verschiedenen Diversifikationen als notwendige Reaktionen auf die Konvergenz der Elektronik mit den Computermedien.
- Die *Risikostreuung* über eine Reihe verschiedener Geschäftsbereiche ist eine weitere häufig angeführte Rechtfertigung einer Diversifikation. Die konventionelle Finanztheorie ist jedoch mehr als skeptisch, was den Erfolg einer solchen Risikostreuung betrifft. Hier wird argumentiert, dass Investoren eine viel effektivere Diversi-

7 Siehe C. K. Prahalad und R. Bettis, „The dominant logic: a new link between diversity and performance“, *Strategic Management Journal*, Band 6, Nr. 1 (1986), S. 485–501; und R. Bettis und C. K. Prahalad, „The dominant logic: retrospective and extension“, *Strategic Management Journal*, Band 16, Nr. 1 (1995), S. 5–15.

fikation ihrer Risiken erreichen können, wenn sie in ein vielfältiges Portfolio aus ganz unterschiedlichen Unternehmen investieren. Manager schätzen vielleicht die Sicherheit diversifizierter Geschäftsbereiche, Investoren jedoch legen weniger Wert darauf, dass jedes der Unternehmen, in das sie investiert haben, in sich ebenfalls diversifiziert ist. Sie würden es vorziehen, wenn sich die Manager so gut wie möglich auf ihr Kerngeschäft konzentrieren würden. Auf der anderen Seite kann es für Privatunternehmen, in denen die Eigentümer einen Großteil ihrer Vermögenswerte investiert haben, durchaus sinnvoll sein, das Risiko auf eine Reihe unterschiedlicher Aktivitäten zu verteilen, sodass das ganze Unternehmen nicht untergeht, wenn ein Geschäftsbereich in Schwierigkeiten steckt.

- Die *Erwartungen mächtiger Interessengruppen*, darunter auch die der Topmanager, können manchmal eine unangemessene Diversifikation veranlassen. Es wird argumentiert, dass die Manager britischer Banken, wie der Royal Bank of Scotland (die einmal die fünftgrößte Bank der Welt war) und HBOS (der größte Baufinanzierer in Großbritannien), während des ersten Jahrzehnts des einundzwanzigsten Jahrhunderts Strategien exzessiven Wachstums und exzessiver Diversifikation unterstützt haben. Aus diesem Wachstum und dieser Diversifikation erwuchsen den Managern kurzfristige Vorteile in Form von Boni und Prestige. Die Tatsache, dass sie sich damit allerdings außerhalb ihres Kompetenzbereichs bewegten, führte in die finanzielle Katastrophe, zur Verstaatlichung von RBS und der Übernahme des Konkurrenten von HBOS, der Lloyds Bank.

7.4 Diversifikation und Unternehmenserfolg

Da die meisten großen Konzerne heute diversifiziert sind, aber eine solche Diversifizierung auch manchmal im Selbstinteresse der Manager liegen kann, haben viele Wissenschaftler und auch politische Entscheidungsträger Schwierigkeiten damit, eindeutig festzulegen, ob diversifizierte Unternehmen nun tatsächlich bessere Leistungen erbringen als nicht diversifizierte Unternehmen. Schließlich wäre es höchst beunruhigend, wenn große Konzerne die Diversifikation wählten, nur um das Risiko für die Manager zu streuen, um die Arbeitsplätze der Manager auch in Zeiten des Rückgangs zu sichern oder um das Image eines wachsenden Unternehmens zu wahren, wie im Fall von Enron.

Wissenschaftliche Studien zum Thema Diversifikation zeigen in den meisten Fällen einige Vorteile für größere Erfolge, wobei Firmen, die eine *verbundene Diversifikation* betreiben, besser abschneiden als solche, die weiterhin *spezialisiert* bleiben oder aber eine *unverbundene Diversifikation* betreiben.[8] Das Verhältnis von Diversifikation und Erfolg folgt anders ausgedrückt einer umgekehrten U-Kurve, wie in *Abbildung 7.3* dargestellt. Daraus lässt sich ableiten, dass ein gewisses Maß an Diversifikation gut ist – aber nicht zu viel.

8 L. E. Palich, L. B. Cardinal und C. Miller, „Curvilinearity in the diversification-performance linkage: an examination of over three decades of research“, *Strategic Management Journal*, Band 21 (2000), S. 155–174. Die Beziehung des umgekehrten U ist der Konsens dieser Wissenschaftler, obwohl viele Studien dem widersprechen, da sich besonders im Laufe der Zeit und im Ländervergleich Abweichungen ergeben. Für neue kontextsensitive Studien siehe M. Mayer und R. Whittington, „Diversification in context: a cross national and cross temporal extension“, *Strategic Management Journal*, Band 24 (2003), S. 773–781; und A. Chakrabarti, K. Singh und I. Mahmood, „Diversification and performance: evidence from East Asian firms“, *Strategic Management Journal*, Band 28 (2007), S. 101–120.

Diese Studien über Unternehmenserfolge ergeben allerdings immer nur statistische Durchschnittswerte. Einige Strategien verbundener Diversifikation schlagen fehl wie im Beispiel der vertikal integrierenden Autohersteller, während einige Mischkonzerne erfolgreich sind wie im Fall von Berkshire Hathaway. Die Argumentation gegen die unverbundene Diversifikation ist nicht eindeutig und effektive dominante Logik sowie besondere nationale Umstände können sich positiv auswirken. Aus diesen Erfolgsstudien lässt sich ableiten, dass, obwohl die verbundene Diversifikation im Durchschnitt bessere Ergebnisse bringt als die unverbundene, jegliche Diversifikationsstrategie genauestens auf jeweilige spezifische Vorteile geprüft werden muss.

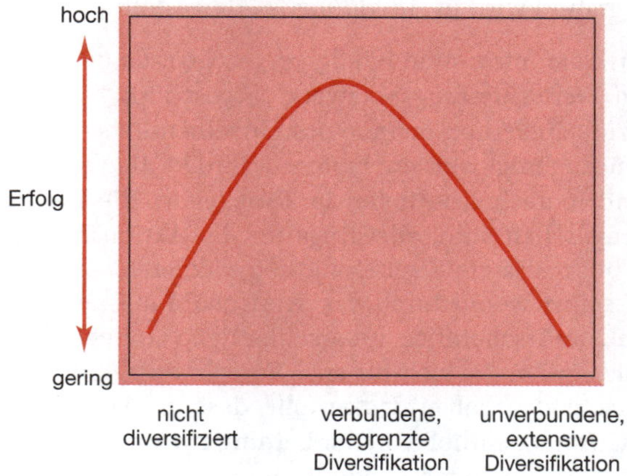

Abbildung 7.3: Optionen einer verbundenen Diversifikation für einen Hersteller

7.5 Vertikale Integration

Neben der Diversifikation kann die vertikale Integration eine andere Richtung der Unternehmensstrategie bilden. Die **vertikale Integration** beschreibt die Aufnahme von Tätigkeiten, in denen die Organisation ihr eigener Lieferant oder Kunde wird. Daher umfasst sie die Tätigkeit auf einer anderen Ebene des Wertschöpfungsnetzwerks. In diesem Abschnitt werden sowohl die vertikale Integration als auch die vertikale Desintegration, insbesondere durch Outsourcing, behandelt.

Vertikale Integration

Die vertikale Integration bezeichnet die Vorwärts- oder Rückwärtsintegration in angrenzende Aktivitäten der Wertschöpfungskette.

7.5.1 Vorwärts- und Rückwärtsintegration

Die vertikale Integration kann in eine von zwei möglichen Richtungen gehen:

- **Rückwärtsintegration** bezieht sich auf die Entwicklung hin zu Aktivitäten, die sich mit den Inputs für das aktuelle Geschäft des Unternehmens beschäftigen (d.h. die im Wertschöpfungsnetzwerk weiter zurückliegen). So wäre beispielsweise der Erwerb eines Zulieferers durch einen Automobilhersteller ein Schritt der Rückwärtsintegration.
- **Vorwärtsintegration** bezieht sich auf die Entwicklung hin zu Aktivitäten, die sich mit den Outputs des aktuellen Geschäfts eines Unternehmens beschäftigen (d.h. die im Wertschöpfungsnetzwerk weiter vorn liegen). Bei einem Automobilhersteller kann die Vorwärtsintegration beispielsweise in den Bereich Automobilhandel, Reparaturen und Service gehen.

Rückwärtsintegration

Bei der Rückwärtsintegration erweitert eine Organisation ihr Produkt- und Leistungsprogramm um Inputs zu ihrer bisherigen Geschäftstätigkeit.

Vorwärtsintegration

Bei der Vorwärtsintegration weitet ein Unternehmen seine bislang nachgelagerte Aktivitäten auf der eigenen Wertschöpfungskette aus.

Horizontale Integration

Die horizontale Integration weitet die Aktivitäten eines Unternehmens um solche aus, die komplementär zu aktuellen Aktivitäten sind.

Damit kann man die vertikale Integration wie eine Diversifikation zur Erweiterung der Unternehmensaktivitäten betrachten. Der Unterschied liegt dabei darin, dass hier Aktivitäten entlang desselben Wertschöpfungsnetzwerks zusammengebracht werden, während die Diversifikation normalerweise mehr oder weniger unterschiedliche Wertnetzwerke umfasst. Da allerdings die Realisierung von Synergien das Zusammenbringen verschiedener Wertnetzwerke umfasst, wird die Diversifizierung (insbesondere die verbundene Diversifizierung) mitunter als **horizontale Integration** beschrieben. So könnte beispielsweise ein in PKW, LKW und Busse diversifiziertes Unternehmen Vorteile aus der Integration bestimmter Aspekte der verschiedenen Konstruktions- und Bauteilbeschaffungsprozesse ziehen. Die Beziehung zwischen der horizontalen Integration und der vertikalen Integration wird in *Abbildung 7.4* dargestellt.

Dabei wird die vertikale Integration häufig vorgezogen, da damit ein größerer Teil der Gewinne in einem Wertschöpfungsnetzwerk „abgeschöpft" werden kann. Der Automobilhersteller erzielt auch die Gewinne des Einzelhändlers. Allerdings müssen dabei zwei Gefahren berücksichtigt werden: Erstens erfordert die vertikale Integration Investitionen. Dabei sind teure Investitionen in Tätigkeiten, die weniger rentabel als das ursprüngliche Kerngeschäft sind, allerdings für die Aktionäre unattraktiv, da sie die *durchschnittliche* oder gesamte Kapitalrendite reduzieren. Zweitens umfasst die vertikale Integration, selbst wenn durch das Wertschöpfungsnetz ein gewisses Maß an Verbindung besteht, wahrscheinlich unterschiedliche strategische Fähigkeiten. Daher haben Automobilhersteller, die sich für eine Vorwärtsintegration in Automobilservice und -reparatur entschieden haben, festgestellt, dass die Verwaltung von Netzwerken von Servicestationen sich deutlich von der Leitung großer Fertigungswerke unterscheidet. Aufgrund eines zunehmenden Bewusstseins sowohl für die Risiken der Verwässerung der Gesamtkapitalrenditen als auch der besonderen Fähigkeiten, die in verschiedenen Stufen des Wertschöpfungsnetzwerks notwendig sind, haben sich in den letzten Jahren viele Unternehmen dazu entschieden, vertikal zu desintegrieren.

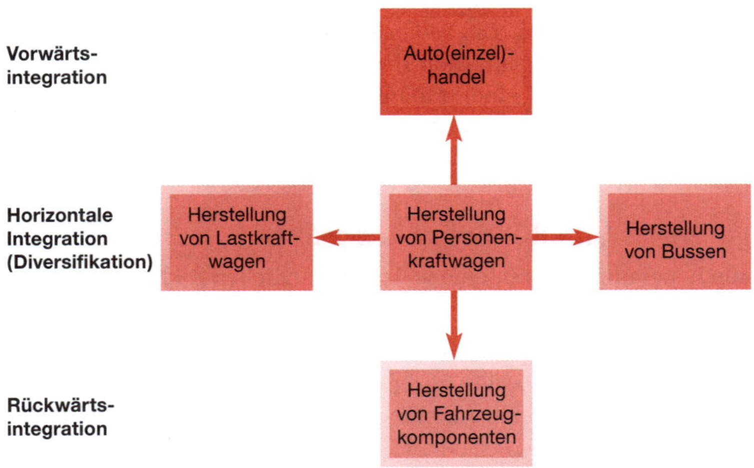

Abbildung 7.4: Diversifikations- und Integrationsoptionen: Beispiel Automobilhersteller

7.5.2 Integration oder Outsourcing?

Wenn ein Teil eines vertikal integrierten Geschäfts keinen Wert für das Gesamtgeschäft schöpft, kann er durch Outsourcing oder die Unterbeauftragung ersetzt werden. **Outsourcing** ist der Prozess, durch den zuvor intern ausgeführte Tätigkeiten als Unteraufträge an externe Lieferanten vergeben werden. Outsourcing kann sich auf die Untervergabe von Bauteilen in der Fertigung beziehen. Heute kommt es allerdings besonders häufig in Dienstleistungsbereichen vor, wie der Informationstechnologie, Kunden-Call-Center und Personalmanagement. Das Argument für das Outsourcing an Speziallieferanten beruht auf strategischen Fähigkeiten. Spezialisten für eine bestimmte Tätigkeit verfügen diesbezüglich wahrscheinlich über bessere Fähigkeiten als eine Organisation, für die diese Tätigkeit kein zentraler Teil ihres Geschäfts ist. So ist beispielsweise ein spezialisierter IT-Auftragnehmer normalerweise besser im Bereich IT als die IT-Abteilung eines Stahlunternehmens.

Outsourcing

Outsourcing bezeichnet die Vergabe von ursprünglich intern ausgeführten Tätigkeiten an externe Lieferanten als Unteraufträge.

Allerdings argumentierte der Nobelpreisträger für Wirtschaftswissenschaften Oliver Williamson, dass die Entscheidung für die Integration oder das Outsourcing mehr als nur relative Fähigkeiten beinhaltet. Sein *Bezugsrahmen für Transaktionskosten* unterstützt die Analyse der relativen Kosten und Vorteile des internen oder externen Managements (der „Abwicklung") von Tätigkeiten (siehe dazu auch die Debatte „Im Fokus" am Ende dieses Kapitels)[9]. Im Zuge der Bewertung der Frage, ob eine Tätigkeit integriert oder outgesourct werden soll, warnt er vor der Unterschätzung der langfristigen Kosten des *Opportunismus* durch externe Unterauftragnehmer (bzw. jeglicher anderen Organisation in einer Marktbeziehung). Unterauftragnehmer nutzen wahrscheinlich ihre Position aus und reduzieren entweder ihre Standards oder setzen höhere Preise durch. In den folgenden Fällen gelingt es über Marktbeziehungen tendenziell nicht, den Opportunismus der Unterauftragnehmer zu kontrollieren:

- wenn es *wenige Alternativen* zum Unterauftragnehmer gibt und es schwierig ist, andere Angebote zu finden;
- wenn das Produkt oder die Dienstleistung *komplex und veränderlich* ist und es damit unmöglich ist, dieses Produkt bzw. diese Dienstleistung vollständig in einem rechtsverbindlichen Vertrag festzulegen;
- wenn Investitionen in *spezielle Vermögenswerte* getätigt worden sind, von denen die Unterauftragnehmer wissen, dass sie nur einen geringen Wert haben, wenn sie das Produkt oder die Dienstleistung zurückhalten.

Sowohl die Argumentation zu Kernfähigkeiten als auch zu Transaktionskosten hat die Outsourcing-Entscheidung der Royal Bank of Scotland beeinflusst, siehe dazu *Beispiel 7.3*.

9 Für eine Erörterung und Fallbeispiele zur relativen Unterstützung durch den Ansatz der Transaktionskosten und Fähigkeiten, siehe R. McIvor, „How the transaction cost and resource-based theories of the firm inform outsourcing evalution", *Journal of Operations Management*, Band 27, Nr. 1 (2009), S. 45–63. Siehe auch T. Holcomb und M. Hitt, „Toward a model of strategic outsourcing", *Journal of Operations Management*, Band 25, Nr. 2 (2007), S. 464–481.

Beispiel 7.3

„Aus den Augen, aus dem Sinn"? Outsourcing bei der Royal Bank of Scotland

Im Jahr 2012 durchlief die Royal Bank of Scotland (RBS) eine schwere Krise, als die Kunden kein Bargeld abheben konnten. War dies die Folge von Outsourcing?

Im Juni 2012 wurde die RBS mit schwerwiegenden Problemen konfrontiert, als 10 Millionen Privat- und Geschäftskunden feststellen mussten, dass sie keinen Zugriff auf ihr Bargeld hatten. Dies war für die Bank hochgradig rufschädigend und hätte zu erheblichen Verlusten bestehender Kunden führen können. Das Problem lag in der fehlerhaften Aktualisierung der kritischen CA-7-Software, die Batchverarbeitungssysteme für Privatkundentransaktionen steuert. Das System, das allgemein als „sehr weit verbreitetes und zuverlässiges Produkt gilt, verarbeitet über Nacht Konten über Tausende Arbeitsschritte", wie z.B. Geldautomatentransaktionen, Gehaltsüberweisungen usw. und endet mit der Aktualisierung der Kontostammdaten mit dem endgültigen Saldo. Bei dem als riesiges Jenga-Spiel (das Turmspiel mit verschachtelten Holzquadern) beschriebenes System sind alle Transaktionen miteinander verbunden, so dass alle Transaktionen der Reihe nach verarbeitet werden müssen. Das heißt, die Batchverarbeitung für Dienstag muss vor der für Mittwoch erfolgen, um beispielsweise zu vermeiden, dass jemand benachteiligt wird, von dessen Konto am Mittwoch eine hohe Abbuchung vorgenommen wird, durch die das Konto überzogen wird, die allerdings durch am Dienstag eingehende Gelder abgedeckt werden würde. Bei der Aktualisierung der CA-7-Software wurden Dateien gelöscht oder so beschädigt, dass die Stammkopie drei Nächte lang falsch war – was bedeutete, dass Millionen Transaktionen nicht verarbeitet wurden. Die RBS-Filialen mussten ihre Geschäftszeiten verlängern, um Kunden im Hinblick auf ihre Konten zu beruhigen.

Die Gewerkschaften argumentierten, dass diese Katastrophe auf die Auslagerung britischer IT-Arbeitsplätze nach Indien zurückzuführen war. „RBS verfügt über 40 Jahre Erfahrung mit diesem System und im Allgemeinen machen Banken nicht solche Fehler", bemerkte ein Bankmitarbeiter. Allerdings baute sich durch die allgemeine Bankenkrise Druck auf die Banken auf, ihre Kosten zu senken. Die Royal Bank of Scotland, die unter der Bankenkrise erheblich gelitten hat, musste Tausende britischer Mitarbeiter entlassen und verlagerte die Arbeitsplätze nach Chennai in Indien. Ein früherer Mitarbeiter beschwert sich: „Wir mussten 10 bis 20 Jahre Erfahrung mit den Großrechnern an Leute abgeben, die außerhalb eines Museums noch niemals etwas von einem Großrechner gehört hatten …"

Das Offshore-Outsourcing galt einst als Retter der britischen IT-Abteilungen, da es die Reduzierung von Kosten ohne Beeinträchtigung der Qualität ermöglicht. Tausende britische IT-Arbeitsplätze wurden im Namen der „Effizienz" gestrichen und viele davon wurden zu viel niedrigeren Löhnen nach Indien ausgelagert. Tatsächlich inserierte die RBS im Februar 2012, dass die Bank dringend Diplom-Informatiker mit mehreren Jahren Erfahrung im Umgang mit CA-7 suchte.

Allerdings erreichte die Fluktuationsrate beim Personal in Indien 2012 einen Rekordstand und Mitarbeiter wechselten die Arbeitsplätze sehr schnell für nur wenig höhere Gehälter, wodurch nur unzureichend Zeit für angemessenes interkulturelles Training verblieb. Zur gleichen Zeit befand sich das Vereinigte Königreich in einer Rezession und durch den sinkenden Wert des britischen Pfunds reduzierte sich die Lohnungleichheit zwischen Indien und dem Vereinigten Königreich.

Die Probleme der Royal Bank of Scotland waren nicht ungewöhnlich, da es auch bei anderen Banken zum Verlust privater Daten und in einigen Fällen sogar zu Straftaten kam. Auch die in spanischem Besitz befindliche Santander UK – eine aus Abbey National Alliance & Leicester und Bradley & Bingley gegründete Bank – musste feststellen, dass ausgelagerte IT-Systeme für diese Banken nicht vertrauenswürdig waren. Daher entschied sich diese Bank als erste der großen britischen Finanzinstitutionen, ihre Call Center und Software aus Indien in das Vereinigte Königreich zurückzubringen, um ihren Kundenstamm zu sichern. Ana Botin, die Vorstandsvorsitzende von Santander UK, erklärte, dass dieser Schritt „der wichtigste Faktor im Hinblick auf die Kundenzufriedenheit mit der Bank war“. Dieses Zurückholen strategischer Vermögenswerte warf die Frage auf, ob es sich Unternehmen leisten können, im Hinblick auf strategische Vermögenswerte den Ansatz „aus den Augen, aus dem Sinn“ zu verfolgen.

Quellen: http://www.guardian.co.uk/technology/2012/jun/25/how-natwest-it-meltdown; http://www.hrzone.co.uk/topic/business-life_style/shoring-new-shoring-call-centres-comback-uk/112654.

Kontrollfragen

1. Warum kann das Outsourcing für Unternehmen im Hinblick auf Transaktions- und Qualitätskosten interessant sein?
2. Welche Risiken kann das „Insourcing“ aufweisen?

Dieser Bezugsrahmen zu Transaktionskosten legt nahe, dass die Kosten des Opportunismus die Vorteile der Vergabe von Unteraufträgen an Organisationen mit überlegenen strategischen Fähigkeiten übersteigen können. So besitzen beispielsweise Bergbauunternehmen in entlegenen Gebieten im australischen Outback normalerweise Unterkünfte für ihre Arbeiter und betreiben diese. Durch die Isolation entstehen spezifische Vermögenswerte (die Unterkunft ist nichts wert, wenn die Mine geschlossen wird) und ein Mangel an Alternativen (die nächste Stadt ist unter Umständen einhundert Meilen entfernt). Demzufolge gäbe es für beide Parteien hohe Risiken, wenn die Bergbaugesellschaft die Unterkünfte als Unterauftrag an ein unabhängiges Unternehmen vergibt, das sich auf Mitarbeiterunterkünfte spezialisiert. Daher legt die Transaktionskostenökonomie Folgendes nahe: Wenn es wenige alternative Lieferanten gibt, die Tätigkeiten komplex sind und sich wahrscheinlich verändern bzw. wenn erhebliche Investitionen in spezifische Vermögenswerte notwendig sind, ist die vertikale Integration wahrscheinlich besser als das Outsourcing.

Zusammengefasst beruht die Entscheidung für die Integration oder die Vergabe von Unteraufträgen auf dem Gleichgewicht zwischen zwei charakteristischen Faktoren:

- *Relative strategische Fähigkeiten:* Verfügt der Unterauftragnehmer über das Potenzial, die Arbeit erheblich besser zu erbringen?
- *Gefahr des Opportunismus:* Wird der Unterauftragnehmer die Beziehung wahrscheinlich im Laufe der Zeit ausnutzen?

7.6 Wertschöpfung und die Unternehmenszentrale

Angesichts der zweifelhaften Vorteile von Strategien, die in Richtung einer Mischkonzerndiversifikation gehen, ist ganz klar, dass einige Unternehmenszentralen keinerlei Mehrwert generieren. Im Jahr 2006 entschlossen sich zwei große US-Mischkonzerne, Tyco und Cendant, freiwillig zu einer Aufspaltung ihrer Konzerne, denn sie hatten erkannt, dass ihre Tochtergesellschaften getrennt voneinander ihren Wert besser steigern konnten als unter dem Management der Zentrale. Auch auf dem öffentlichen Sektor wird Organisationen wie etwa Schulen oder Krankenhäusern von ihren Zentralverwaltungen immer mehr Freiraum gewährt, da Unabhängigkeit allgemein als effektiver angesehen wird. Einige Theoretiker stellen sogar den Begriff der Strategie auf Gesamtunternehmensebene als solchen infrage; dies ist das Thema „Im Fokus“ . Dieser Abschnitt befasst sich damit, wie Unternehmenszentralen sowohl Mehrwert generieren als auch zerstören können. Außerdem werden drei verschiedene Ansätze des zentralen Managements betrachtet, die effektiv sein können.

7.6.1 Die Schaffung und Zerstörung von Unternehmenswert durch die Aktivitäten der Unternehmenszentrale[10]

Jede Unternehmenszentrale muss zeigen, dass der Mehrwert, den sie generiert, die Kosten, die sie verursacht, übersteigt. Dies gilt sowohl für Unternehmen des privaten wie des öffentlichen Sektors. Für öffentliche Organisationen kommt es häufig zu einer Privatisierung oder zum Outsourcing, wenn sie es nicht schaffen, eine positive Bilanz zu erwirtschaften. Unternehmen, deren Aktien frei an der Börse gehandelt werden, sehen sich noch einer weiteren Herausforderung ausgesetzt. Sie müssen auch demonstrieren, dass sie den Unternehmenswert weiter steigern können als dies irgendeine konkurrierende Unternehmenszentrale vermögen würde. Schaffen sie dies nicht, so kommt es höchstwahrscheinlich zu einer feindlichen Übernahme oder zu einer Aufspaltung. Konkurrenten, die der Meinung sind, sie könnten den Unternehmenswert der einzelnen Unternehmensbereiche noch weiter steigern, können ein Angebot zur Übernahme der Unternehmensaktien abgeben mit der Erwartung, die Geschäfte entweder erfolgreicher zu betreiben oder die Unternehmen an andere mögliche Konzernzentralen zu verkaufen. Ist das Angebot des Konkurrenten vielversprechender und glaubhafter als die Aktivitäten der gegenwärtigen Zentrale, so werden es die Aktionäre annehmen – auf Kosten des aktuellen Managements.

10 Für eine gute Abhandlung über die Rolle der Unternehmenszentrale siehe Markides in Fußnote 11. Eine neuere empirische Studie über Hauptsitze von Unternehmen ist D. Collis, D. Young und M. Goold, „The size, structure and performance of corporate headquarters“, *Strategic Management Journal*, Band 28, Nr. 4 (2007), S. 383–406.

In diesem Sinne findet hier der Wettbewerb zwischen den einzelnen Unternehmenszentralen statt, die um das Recht kämpfen, Geschäftsbereiche zu besitzen und zu verwalten. Auf diesem wettbewerbsintensiven Markt müssen Unternehmenszentralen unter Beweis stellen, dass sie einen Vorteil bieten können, ebenso wie Unternehmenseinheiten zeigen müssen, dass sie einen Wettbewerbsvorteil haben. Die Zentralen müssen zeigen, dass sie die beste Leistung für die ihnen unterstellten Geschäftsbereiche erbringen können. Sie benötigen also eine klare Vorstellung davon, wie sie den Unternehmenswert steigern können. In der Praxis können aber viele ihrer Aktivitäten Unternehmenswerte auch zerstören und nicht nur steigern.

Beispiel 7.4

Das diversifizierte ITC-Portfolio: ein süßerer Duft

ITC, ursprünglich die Imperial Tobacco Company of India, verfügt mittlerweile über ein Portfolio von Zigaretten bis hin zu Parfüms.

ITC ist eines der größten Konsumgüterunternehmen in Indien, das über ein zunehmend diversifiziertes Produktportfolio verfügt. Der Vorstandsvorsitzende Y. C. Deveshwar beschreibt die Strategie des Unternehmens wie folgt: „ITC bemüht sich, kontinuierlich Möglichkeiten für Wachstum durch die Schaffung von Synergien und die Kombinierung ihrer Kernkompetenzen zu neuen Wachstumsschwerpunkten zu untersuchen. Dabei werden die Mitarbeiter von ITC durch die Vision der Entwicklung von ITC zu einer der besten Institutionen in Indien inspiriert und sind bereit, sich besonders für die Wertschöpfung für die Wirtschaft einzusetzen und dabei Wert für die Aktionäre zu schaffen."

Das 1910 als Imperial Tobacco Company of India gegründete Unternehmen mit Marken wie Wills, Gold Cut und John Players, hält mittlerweile ungefähr zwei Drittel des Zigarettenmarkts in Indien und verweist Philip Morris und BAT mit jeweils circa 13 Prozent klar auf den zweiten Platz. Allerdings rät die indische Regierung deutlich vom Genuss von Zigaretten ab, die überdies zunehmend stark besteuert werden.

ITC hat eine lange Geschichte der Diversifizierung. Die ursprünglichen Tätigkeiten des Unternehmens im Bereich des Anbaus von Tabakblättern wurden zu einer Vielzahl von Agrarunternehmen, einschließlich Speiseöle, Fruchtmark, Gewürze und Tiefkühlkost, ausgebaut. In den 1920er-Jahren gründete ITC ein Verpackungs- und Druckunternehmen, das ursprünglich die Zigarettensparte beliefern sollte. Bis zum Jahr 2012 war dieses Unternehmen zum größten Anbieter von Verpackungslösungen in Indien geworden. 1975 trat ITC in den Hotelmarkt ein und wurde dort bis 2009 mit über 100 Hotels von der Luxus- bis zur Economy-Klasse der zweitgrößte Anbieter des Landes. 1979 trat das Unternehmen auch in die Kartonbranche ein, in der es drei Jahrzehnte später der größte Produzent des Landes war.

Zu Beginn des 21. Jahrhunderts gab es viele neue Diversifizierungsinitiativen, insbesondere im florierenden Segment der schnelllebigen Konsumgüter (FMCG). Dies begann zunächst in der Nahrungsmittelbranche mit den Gourmetfertiggerichten von *Kitchens-of-India*, dem Weizenmehlunternehmen *Aashirvaad*, *Sunfeast*-Keksen und *Bingo*-Snacks. Die eigenen Agrarunternehmen von ITC bildeten eine wichtige Bezugsquelle für diese Initiativen. Bis 2008 erreichte Aashirvaad in Indien einen Marktanteil von 50 Prozent, während Sunfeast und Bingo einen Marktanteil von 12 bzw. 11 Prozent hatten. Gleichzeitig nutzte ITC die starken Markenwerte seiner Zigarettenmarke Wills für die Markteinführung von Wills Lifestyle, einer Reihe exklusiver Bekleidungsgeschäfte mit eigenen Entwürfen. 2009 wurde Wills Lifestyle als „beliebteste Modemarke des Jahres“ in Indien ausgezeichnet. Im Jahr 2005 ging ITC mit einem eigenen Kosmetikunternehmen an den Start, für das es wiederum die Namen von Zigarettenmarken nutzte, wie beispielsweise „Essenza Di Wills“ (Düfte) und „Fiama Di Wills“ (Haar- und Hautpflege).

2012 gab Australien bekannt, dass die Zigarettenhersteller ihre Produkte in eintönigen grünen Verpackungen mit visuellen Gesundheitswarnungen verkaufen müssen. Von der indischen Stiftung für öffentliche Gesundheit und Hriday, einer Nichtregierungsorganisation für die Stärkung des Gesundheitsbewusstseins, durchgeführte Marktuntersuchungen haben ergeben, dass mehr als 80 Prozent der Menschen der Ansicht waren, dass durch eine einfache Verpackung die Attraktivität und der Reiz von Tabakprodukten gesenkt werden könnten. Beamte des indischen Gesundheitsministeriums warnten davor, dass solche Initiativen unter Umständen in der Zukunft zum Einsatz kommen könnten. Muss sich ITC aufgrund dieses systemischen Risikos, mit dem die Zigarettenindustrie global konfrontiert wird, sowie der nachteiligen Auswirkungen auf die Aktienkure solcher Produzenten Sorgen um sein Produktportfolio machen?

ITC – Umsatz und Gewinne nach Segmenten (Res in Cores)

Segment	2011 Umsatz	2011 Gewinne	2009 Umsatz	2009 Gewinne
Zigaretten	22.530	6.907	15.115	4.184
Andere FMCG	5.537	(195)	3.010	(433)
Hotels	996	279	1.014	316
Agrarwirtschaft	3.507	643	2.284	256
Karton, Papier und Verpackungen	2.579	936	1.719	509

5 Res in Cores: ca. $ 1.000.000; ca. € 700.000. Gewinne sind vor Zinsen und Steuern dargestellt. Zahlen in Klammern entsprechen Verlusten.

Quellen: ITC-Jahresabschlüsse; M. Balaji, „ITC: Adding Shareholder Value through Diversification“, *IBSCDC*, 2006; B. Gopal und S. Kora, „Indian Conglomerate ITC“, *IBS Research Centre*, 2009; *Business Standard*, 6. November 2012.

Kontrollfragen

1. Wie gut passt das Portfolio von ITC im Hinblick auf die BCG-Matrix?
2. Bestimmen und bewerten Sie die verschiedenen Synergien im Geschäft von ITC.

Aktivitäten, die Unternehmenswert generieren[11]

Es gibt vier Arten von Aktivitäten, über die eine Unternehmenszentrale Mehrwert generieren kann:

- *Visionen.* Die Unternehmenszentrale kann ihren Geschäftseinheiten eine klare Vision oder eine *strategische Intention* vorgeben.[12] Diese Vision sollte zur Anleitung und Motivation des Managers der Geschäftseinheit dienen, um so den Erfolg des gesamten Konzerns durch einen Einsatz für einen gemeinsamen Zweck zu maximieren. Außerdem sollte die Vision für die Interessengruppen ein *klares Bild nach außen* vermitteln und aussagen, worum es der Organisation als Ganzes geht. Dadurch können sich Aktionäre sicher sein, dass eine diversifizierte Strategie tatsächlich sinnvoll ist. Schließlich stellt eine klare Vision auch eine *Disziplinierung* der Unternehmenszentrale dar, die sich so nicht auf unangebrachte Aktivitäten verlegt oder unnötige Kosten in Kauf nimmt.
- *Betreuer und Wegbereiter.* Die Unternehmenszentrale kann die Geschäftsbereichsleiter bei der *Entwicklung strategischer Fähigkeiten* unterstützen, indem sie diese betreut, sodass sie ihre Fertigkeiten und ihr Selbstvertrauen stärken können. Sie kann auch Kommunikation und die gemeinsame Nutzung von Wissen der Geschäftsbereiche untereinander auf den Weg bringen. Dies steigert die *Synergieeffekte*, die sich aus der Zugehörigkeit zum gleichen Konzern ergeben. Managementkurse für die gesamte Organisation sind oft ein wirkungsvolles Mittel, um diese Ziele zu erreichen, denn dadurch, dass den Managern der gesamten Organisation Managementfähigkeiten vermittelt werden, ergibt sich für sie auch die Gelegenheit, Verbindungen untereinander zu knüpfen und Chancen für eine Kooperation zu nutzen.
- *Zurverfügungstellung zentraler Dienste und Ressourcen.* Natürlich stellt die Zentrale Geldmittel für Investitionen zur Verfügung. Sie kann aber auch zentrale Dienste anbieten wie etwa Finanzverwaltung oder Beratung in Steuer- und Personalfragen – zwei Bereiche, die im Fall einer Zentralisierung *ausreichende Größenvorteile* bieten können, um effektiv zu sein und für die Bildung *relevanten Fachwissens* sorgen können. Zentralisierte Dienste sorgen oft auch für eine größere *Hebelwirkung*: So wird die Verhandlungsposition des Unternehmens gestärkt, wenn der Einkauf gemeinsamer Inputs wie etwa Strom einzelner Geschäftsbereiche zusammengelegt wird. Diese Hebelwirkung kann bei *Verhandlungen* mit externen Organisationen, z.B. Regierungsbehörden oder anderen Unternehmen wichtig sein, wenn es etwa um die Bildung von Allianzen geht. Die Zentrale kann abschließend auch eine wichtige Rolle spielen, wenn es um das Management von Fachwissen innerhalb des gesamten Konzerns geht, indem zum Beispiel Manager immer wieder in andere Geschäftsbereiche *transferiert* werden oder indem gemeinsame *Systeme für den Austausch von Wissen* geschaffen werden.

---

11 M. Goold, A. Campbell und M. Alexander, „Corporate Level Strategy“, *Wiley*, 1994, befasst sich mit dem Vermögen von Unternehmenszentralen, Mehrwert zu schaffen und zu zerstören.

12 Für eine Diskussion über die Rolle einer klaren Mission siehe A. Campbell, M. Devine und D. Young, „A Sense of Mission“, *Hutchinson Business*, 1990. G. Hamel und C. K. Prahalad argumentieren in Kapitel 6 ihres Buchs „Competing for the Future“, *Harvard Business School Press*, 1994, dass sich Leitbilder auf die Klarheit der „strategischen Intention“ nur unzureichend auswirken. Diese ist höchstwahrscheinlich eine kurze, aber klare Aussage, die sich mehr auf die strategische Ausrichtung konzentriert (sie verwenden das Wort „Schicksal“) als darauf, wie diese strategische Ausrichtung erreicht werden kann. Siehe auch Hamel und Prahalad über strategische Intention in *Harvard Business Review*, Band 67, Nr. 3 (1989), S. 63–76.

- *Eingreifen.* Schließlich kann die Unternehmenszentrale auch in die Aktivitäten ihrer einzelnen Geschäftsbereiche eingreifen, um eine angemessene Leistung sicherzustellen. Dazu sollte die Zentrale in der Lage sein, die Leistungen jedes Geschäftsbereichs genau zu *überwachen* und ihre *Leistungen zu verbessern*, indem entweder schwache Manager ersetzt werden oder Hilfestellung bei einer Veränderung der Geschäftsaktivitäten geleistet wird. Die Zentrale kann auch die strategischen Ambitionen einzelner *Bereiche infrage stellen oder unterstützen*, sodass Bereiche, deren Leistungen zufriedenstellend sind, dazu ermutigt werden, sich noch weiter zu steigern.

Aktivitäten, die Unternehmenswert zerstören

Es gibt aber auch drei Arten, wie eine Unternehmenszentrale unbeabsichtigt Unternehmenswert zerstören kann:

- *Verursachung zusätzlicher Managementkosten.* Einfach ausgedrückt sind Mitarbeiter und Ausstattung der Unternehmenszentrale sehr teuer. In der Zentrale arbeiten meist die am besten bezahlten Führungskräfte und hier gibt es auch die luxuriösesten Büros. Die einzelnen Geschäftsbereiche sind es aber, die die Einnahmen generieren müssen, um dies zu finanzieren. Sind die zusätzlichen Kosten höher als der von der Zentrale geschaffene Mehrwert, dann zerstören die Manager der Zentrale Unternehmenswert.
- *Steigerung der bürokratischen Komplexität.* Zusätzlich zu direkten finanziellen Mehrkosten verursachen zusätzliche Managementebenen und der zusätzliche Koordinationsbedarf auch mehr „bürokratischen Nebel" für die Organisation. Dadurch verlangsamen sich Reaktionszeiten des Managements, denn zwischen den einzelnen Geschäftseinheiten müssen immer wieder Kompromisse gesucht werden.
- *Verschleierung der finanziellen Leistung.* Eine Gefahr innerhalb einer großen diversifizierten Firma ist, dass die schwachen Leistungen erfolgloser Geschäftsbereiche verschleiert werden können. Schwache Unternehmen können von stärkeren finanziert werden. Die Möglichkeit, intern schwache Leistungen zu verstecken, vermindert den Anreiz für die Bereichsleiter, so hart wie möglich zu arbeiten, um gute Leistungen zu erzielen – sie haben ja ein Sicherheitsnetz in Form ihrer Zentrale. Auch extern können Aktionäre und Finanzanalysten die Leistungen einzelner Geschäftsbereiche nur sehr schwer bewerten. Die Aktienkurse diversifizierter Unternehmen werden oft abgewertet, da Aktionäre die klare Durchschaubarkeit von Einzelunternehmen bevorzugen, wo schwache Leistungen nicht versteckt werden können.

Die genannten Risiken geben den Unternehmenszentralen einen klaren Weg vor, um keine Unternehmenswerte zu zerstören. Sie sollten ihre Kosten immer im Auge behalten, was sowohl den finanziellen als auch den bürokratischen Aufwand betrifft, und sicherstellen, dass diese nur so hoch liegen, wie es zur Verfolgung ihrer gesamtunternehmerischen Strategie unbedingt erforderlich ist. Sie sollten auch mit allen Mitteln eine finanzielle Transparenz fördern, sodass die einzelnen Unternehmensbereiche immer den Druck verspüren, beste Leistungen zu erbringen. So können Aktionäre darauf vertrauen, dass es keine versteckten Katastrophen gibt.

Alles in allem gibt es für Unternehmenszentralen viele Möglichkeiten, den Unternehmenswert zu steigern. Natürlich ist es schwierig, sie alle zu nutzen; und manche sind auch miteinander nicht vereinbar. So wird eine Zentrale, die oft von oben her in die Aktivitäten ihrer Geschäftsbereiche eingreift, von diesen eher nicht als hilfreicher Förderer und Wegbereiter gesehen. Die Bereichsleiter werden sich also eher darauf konzentrieren, die Leistung ihres eigenen Geschäftsbereichs zu steigern, und sich weniger um Kooperationen mit anderen Managern ihrer Ebene kümmern, um dem Konzern als Ganzes damit zu nützen. Aus diesen Gründen nehmen Unternehmenszentralen häufig eine von drei Rollen ein, die jede für sich kohärent, aber von den anderen zu unterscheiden ist.[13] Diese drei Rollen sind in *Abbildung 7.5* zusammengefasst.

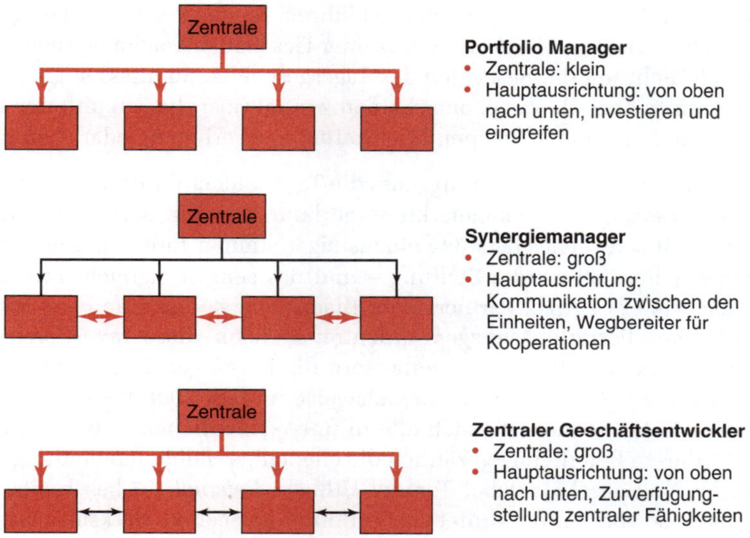

Abbildung 7.5: Portfoliomanager, Synergiemanager und zentraler Geschäftsentwickler

7.6.2 Der Portfolio-Manager

Der Portfolio-Manager agiert auf eine Art und Weise als aktiver Investor, wie es Aktionäre aufgrund ihrer Vielzahl und ihres fehlenden Fachwissens nicht können. Als **Portfolio-Manager** handelt eine Unternehmenszentrale also, wenn sie, wie ein Agent des Kapitalmarkts und der Aktionäre agiert, um dadurch mehr Werte aus den einzelnen Geschäftsbereichen zu extrahieren, als diese es alleine könnten. Die Rolle des Portfolio-Managers besteht darin, unterbewertete Vermögenswerte oder Unternehmen zu identifizieren und zu übernehmen, um sie dann zu verbessern. Dies könnte er unter anderem durch die Übernahme anderer Unternehmen erreichen, wobei dann schwache Bereiche abgestoßen und andere Bereiche mit Erfolgspotenzial durch Eingreifen von oben verbessert werden. In solchen Konzernen geht es weniger um die Verbundenheit (siehe *Kapitel 7.2.1* und *7.2.2*) der einzelnen Bereiche innerhalb des Portfolios, sondern hier wird typischerweise eine Mischkonzernstrategie verfolgt. Ein Portfolio-Manager kümmert sich nicht im Detail um die Routineabläufe innerhalb der einzelnen Unternehmensbereiche, er greift nur über einen kurzen Zeitraum hinweg ein, um eine Leistungssteigerung zu erzielen. In Bezug auf die oben genannten Aktivitäten zur Steigerung des

Portfolio-Manager

Als Portfolio-Manager handelt eine Unternehmenszentrale, wenn sie wie ein Agent des Kapitalmarkts und der Aktionäre agiert.

13 Die ersten beiden hier erwähnten Rollen basieren auf einer Veröffentlichung von M. Porter, „From competitive advantage to corporate strategy“, *Harvard Business Review*, Band 65, Nr. 3 (1987), S. 43–59.

Unternehmenswerts konzentriert sich der Portfolio-Manager darauf, einzugreifen und Finanzmittel zur Verfügung zu stellen (oder abzuziehen).

Portfolio-Manager streben danach, die Kosten der Zentrale gering zu halten, indem zum Beispiel nur wenige Mitarbeiter beschäftigt werden, die nur wenig zentrale Dienste bieten. So wird den Managern der einzelnen Geschäftsbereiche viel Selbstverantwortung übertragen. Die Zentrale setzt diesen Managern klare finanzielle Ziele und bietet hohe Boni, wenn diese erreicht werden. Im Gegenzug kann ein Nichterreichen dieser Ziele schnell zum Verlust des Arbeitsplatzes führen. Solche Portfolio-Manager können so natürlich eine relativ große Anzahl einzelner Geschäftsbereiche betreuen, denn sie kümmern sich nicht um die Strategien des Tagesgeschäfts. Stattdessen greifen sie von oben ein, setzen finanzielle Ziele, entscheiden zentral über die Zukunft der einzelnen Bereiche und stellen dementsprechend Geldmittel zur Verfügung oder eben nicht.

Einige Experten vertreten die Meinung, dass die Tage solcher Portfolio-Manager gezählt sind. Die Verbesserung der Finanzmärkte sorgt dafür, dass die Gelegenheiten, billig in Unternehmen mit schwacher Leistung einzusteigen, immer rarer werden. Einige Portfolio-Manager halten jedoch die Stellung – und das sehr erfolgreich. Private-Equity-Unternehmen wie etwa Apax Partners oder Blackstone stellen eine neue Möglichkeit dar, im Stil eines Portfolio-Managers aufzutreten, denn diese investieren meist in lose zusammengehaltene Portfolios, verbessern die jeweiligen Unternehmen und stoßen diese wieder ab. So hielt Apax beispielsweise im Jahr 2006 Beteiligungen an 360 verschiedenen Unternehmen, die sich alle in unterschiedlichen Entwicklungsstadien befanden. Zu diesen Beteiligungen zählten die ehemalige Halbleiterabteilung der Firma Philips ebenso wie das Modelabel Tommy Hilfiger. *Beispiel 7.5* beschreibt auch die Herangehensweise von Warren Buffet als Portfolio-Manager bei Berkshire Hathaway.

Beispiel 7.5 Berkshire Hathaway Inc.

Ein Portfoliomanager versucht, eine Reihe von sehr unterschiedlichen Geschäftsbereichen für die Aktionäre zu führen.

Warren Buffet, einer der reichsten Männer der Welt, ist Vorstandsvorsitzender von Berkshire Hathaway. Der Konzern, der 2012 einen Jahresumsatz von $ 162 Milliarden (£ 97 Milliarden, € 121 Milliarden) erzielte, wurde Anfang der 1960er-Jahre als kleines Textilunternehmen von Warren Buffet gegründet. Die Unternehmensbeteiligungen seines Portfolios sind heute hochgradig diversifiziert. Zum Konzern gehören Versicherungsunternehmen (GEICO, General Re, NRG), Hersteller von Teppichen, Bauprodukten, Kleidung und Schuhen, Einzelhandelsunternehmen und das Privatjetunternehmen NetJets. Überdies hält das Unternehmen auch erhebliche langfristige Minderheitsanteile an Unternehmen wie Coca-Cola und General Electric. Und Buffet, der 2013 bereits 83 Jahre alt war, ist auch weiterhin äußerst aktiv, so wurden 2009 (BNSF, das zweitgrößte Eisenbahnunternehmen in den USA zu $ 34 Milliarden), 2011 (Lubrizol, ein Spezialchemikalienunternehmen für $ 9 Milliarden), 2013 (Heinz, gekauft mit 3G Capital Management, für $ 23,3 Milliarden) wesentliche Übernahmen getätigt. Seit Mitte der 1960er-Jahre hat Berkshire ein durchschnittliches Wachstum des Buchwerts um 19,7 Prozent pro Jahr erzielt.

Der Geschäftsbericht von Berkshire Hathaway gewährt einen Einblick in Denkweise und Management des Unternehmens. Warren Buffet erklärt, wie er und sein Stellvertreter ihre Geschäfte betreiben:

„Charlie Munger und ich sehen unsere Aktionäre als teilhabende Partner und uns selbst als Partner, die für das Management zuständig sind. (Aufgrund der Größe unserer Beteiligungen halten wir auch die Kontrollmehrheit – in guten wie in schlechten Tagen.) Wir sehen nicht das Unternehmen als letztendlichen Eigentümer unserer Vermögenswerte an, sondern betrachten es vielmehr als eine Art Vermittler, durch den unsere Aktionäre die Vermögenswerte halten ... Unser langfristiges wirtschaftliches Ziel ... ist es, die durchschnittliche jährliche Zuwachsrate an inhärentem Unternehmenswert pro Aktie gerechnet zu maximieren. Wir messen die wirtschaftliche Bedeutung oder den Erfolg von Berkshire nicht an seiner Größe; wir betrachten immer den Fortschritt jeder einzelnen Aktie. ... Im Einklang mit der Eigentümerorientierung halten die meisten unserer Direktoren einen großen Teil ihres Eigenkapitals beim Unternehmen. Wir ernten also, was wir säen."

Berkshire hat eine „dominante Logik":

„... Charlie und ich meiden Unternehmen, deren Zukunft wir nicht einschätzen können, auch wenn deren Produkte sehr interessant sind. In der Vergangenheit war besonderer Scharfsinn notwendig, um das sagenhafte Wachstum in Branchen, wie der Automobilindustrie (im Jahr 1910), der Luftfahrtindustrie (1930) und der Herstellung von Fernsehern (1950) vorherzusehen. Aber in deren Zukunft gab es dann auch eine Wettbewerbsdynamik, durch die beinahe alle Unternehmen, die in diese Branchen eingetreten sind, dezimiert wurden. Und selbst die überlebenden Unternehmen erlitten dabei Verluste. Allein die Tatsache, dass Charlie und ich tatsächlich ein enormes Wachstum für eine Branche in der Zukunft sehen, heißt nicht, dass wir auch beurteilen können, wie sich deren Gewinnmargen und Kapitalrendite entwickeln, wenn eine Vielzahl von Wettbewerbern um die Vorherrschaft kämpfen. Bei Berkshire halten wir an Unternehmen fest, deren Gewinnsituation über Jahrzehnte hinweg hinreichend vorhersehbar scheint. Und selbst so machen wir noch viele Fehler."

Dann erklärt Buffet, wie das Management der Tochtergesellschaften aussieht:

„Wir vergeben die gesamte schwere Arbeit an die Manager unserer Tochtergesellschaften. Wir delegieren so weit als möglich: Obwohl Berkshire etwa 257.000 Mitarbeiter hat, arbeiten nur 21 davon in der Unternehmenszentrale. Charlie und ich kümmern uns vorwiegend um Kapitalzuteilungen und um die Betreuung unserer wichtigsten Manager. Die meisten dieser Manager sind am glücklichsten, wenn sie ihre Geschäfte in Alleinverantwortung führen können, und das ermöglichen wir ihnen auch. Sie sind also für alle operativen Entscheidungen sowie für die Zuleitung des von ihnen erwirtschafteten überschüssigen Kapitals an die Zentrale selbst verantwortlich. Da sie dieses Überschusskapital an uns senden, werden sie nicht von den verschiedensten

Verlockungen abgelenkt, die sich auftun würden, wenn sie auch für den Einsatz des Kapitals, das ihr Geschäft abwirft, selbst verantwortlich wären. Außerdem ergeben sich für Charlie und mich viel umfangreichere Investitionsmöglichkeiten für diese Gelder, als sie unsere Manager in ihrer jeweiligen Branche vorfinden würden.

Selbst nach der Übernahme von Heinz und anderen Unternehmen verfügte Berkshire Hathaway 2013 noch über einen riesigen Barmittelbestand. Der Milliardär Buffet bereitete sich auf eine Übernahme zu $ 15 Milliarden vor – und lechzte förmlich danach.

Kontrollfragen

1. Inwiefern entspricht Berkshire Hathaway dem Stereotyp des in *Kapitel 7.6.2* beschriebenen Portfolio-Managers (oder auch nicht)?
2. Machen Sie für ein Investitionsbudget von $ 20 Milliarden Vorschläge für Branchen und Unternehmen, in die Warren Buffet wahrscheinlich niemals investieren wird.

7.6.3 Der Synergiemanager

Synergiemanager

Über Synergiemanager strebt die Unternehmenszentrale danach, den Wert ihrer Geschäftseinheiten durch die Realisierung von Synergien innerhalb der Organisation zu steigern.

Das Erlangen einer Synergie wird oft als eigentliche Daseinsberechtigung einer Unternehmenszentrale gesehen.[14] Und im Fall einer verbundenen Diversifikation liegen meist die vielfältigsten Synergien vor. In Bezug auf Aktivitäten, die Unternehmenswert schaffen, konzentriert sich ein **Synergiemanager** auf dreierlei Aspekte: Er definiert eine Vision als gemeinsamen Unternehmenszweck; er ist Wegbereiter für die Kooperation der Geschäftsbereiche untereinander; und er stellt zentrale Dienstleistungen und Ressourcen zur Verfügung. Bei Apple dient beispielsweise Steve Jobs Vision seiner PCs als digitale Zentrale eines neuen digitalen Lebensstils als Leitlinie für die Manager von iMac, iTunes und iPod, sodass eine nahtlose Verbindung zwischen allen neu entwickelten Produkten und Dienstleistungen möglich wird. Das Ergebnis ist ein gesteigerter Unternehmenswert aufgrund eines verbesserten Kundenerlebnisses. Der amerikanische Großkonzern GE ermöglicht eine Kooperation durch verstärkte Investitionen in Trainingsaktivitäten für Manager. So wird es einfacher für diese, Wert schaffendes Wissen untereinander auszutauschen. Ein Metallhersteller, der durch Diversifikation sowohl im Bereich Stahl- als auch im Bereich Aluminiumproduktion aktiv ist, könnte seine Energieversorgung zentral gestalten und so durch seine stärkere Verhandlungsposition bei den Zulieferern Synergieeffekte erzielen.

Die Probleme, die eine Erlangung solcher Synergien mit sich bringt, sind denen sehr ähnlich, die bei der Erlangung von Vorteilen aufgrund einer Verbundenheit eine Rolle spielen. Drei dieser Probleme sollen hier nochmals aufgegriffen werden:

- *Übermäßige Kosten.* Die Vorteile, die durch die gemeinsame Nutzung von Wissen und Ressourcen und durch Kooperation entstehen, müssen die Kosten überwiegen, die für eine solche Integration nötig sind – wobei ausdrücklich sowohl die finanzi-

14 Siehe A. Campbell und K. Luchs, „Strategic Synergy", *Butterworth–Heinemann*, 1992.

ellen Kosten als auch die Alternativkosten gemeint sind. Das Management synergetischer Beziehungen bringt meist teure Investitionen an Managementzeit mit sich.

- *Überwindung eigener Interessen.* Die Manager der einzelnen Unternehmensbereiche müssen bereit sein, zu kooperieren. Besonders dort, wo Manager reich entlohnt werden, wenn die Leistungen ihrer eigenen Geschäftsbereiche positiv ausfallen, fehlt ihnen meist die Motivation dazu, ihre Zeit und Ressourcen für das gemeinsame Ziel zu opfern.
- *Illusorische Synergien.* Der Wert, den bestimmte Fähigkeiten oder Ressourcen für andere Unternehmen haben können, wird leicht überschätzt. Dies ist besonders häufig der Fall, wenn die Unternehmenszentrale ein neues Projekt oder die Übernahme eines neuen Unternehmens rechtfertigen möchte. Vorher hoch gepriesene Synergien erweisen sich oft als illusorisch, wenn Manager sie tatsächlich in die Tat umsetzen müssen.

Die Tatsache, dass viele Unternehmen letztendlich nicht in der Lage sind, aus ihren einzelnen Geschäftsbereichen die erwarteten Synergieeffekte abzuleiten, hat dazu geführt, dass der gesamte Bereich der Synergien mit zunehmender Skepsis betrachtet wird. Vorteile aus Synergien sind nicht so einfach zu erlangen, wie es zunächst scheint. So hat es sich für Daimler Chrysler als sehr schwierig erwiesen, die versprochenen Synergien aus dem Zusammenschluss der Luxusautomarke Mercedes und der Marke für den Massenmarkt Chrysler zu realisieren. Dennoch ist und bleibt das Thema Synergie sehr wichtig, was die Strategie auf Gesamtunternehmensebene betrifft, wie das *Beispiel 7.2* der Firma Zodiac gezeigt hat.

7.6.4 Der zentrale Geschäftsentwickler[15]

Als **zentraler Geschäftsentwickler** *(parental developer)* strebt die Unternehmenszentrale danach, ihre eigenen Kompetenzen als Dachorganisation so einzusetzen, dass diese den Wert der Geschäftseinheiten steigern und selbst organisatorische Fähigkeiten entwickeln, die für das Geschäftseinheitenportfolio angemessen sind. Dabei geht es nicht in erster Linie darum, wie die Zentrale Vorteile *innerhalb* der Geschäftseinheiten generieren oder Fähigkeiten zwischen diesen transferieren kann, wie dies beim Management von Synergien der Fall ist. Der zentrale Geschäftsentwickler konzentriert sich stattdessen auf eigene Kompetenzen oder Ressourcen, die *von oben nach unten* weitergegeben werden können, um so das Potenzial der einzelnen Geschäftsbereiche zu steigern. So könnte eine Zentrale beispielsweise über einen wertvollen Markennamen (wie im Fall von Virgin) oder über spezielle Fähigkeiten im Bereich Finanzmanagement oder Produktentwicklung verfügen. Existieren solche zentralen Fähigkeiten, müssen die jeweiligen Manager eine *Chance zur Weitergabe* identifizieren. Dies kann ein Geschäftsbereich sein, der seinem Potenzial momentan nicht gerecht wird, der durch die Weitergabe der Fähigkeiten der Zentrale (Markenname, Produktentwicklung etc.) jedoch verbessert werden könnte. Solche Chancen ergeben sich demnach häufiger im Fall einer verbundenen als im Fall einer unverbundenen Diversifikation. Außerdem werden dabei häufig Manager und andere Ressourcen innerhalb verschiedener Geschäftsbereiche „getauscht“. Wichtige Aktivitäten der Zentrale zur Steigerung des Unternehmenswerts sind hier die Zurverfügungstellung zentraler Dienste und Ressourcen.

Zentraler Geschäftsentwickler

Als zentraler Geschäftsentwickler (parental developer) strebt die Unternehmenszentrale danach, ihre eigenen Kompetenzen als Dachorganisation so einzusetzen, dass sie den Wert der Geschäftseinheiten steigern und selbst organisatorische Fähigkeiten entwickeln kann, die für das Geschäftseinheitenportfolio angemessen sind.

15 Der Ansatz des zentralen Geschäftsentwicklers wird ausführlich erklärt bei Goold *et al.*, Fußnote 15.

Die oben beschriebenen Fähigkeiten der Zentrale können sehr vielfältig sein. Royal Dutch Shell könnte anführen, dass es hier nicht nur auf die enorme Finanzkraft der Zentrale ankommt, sondern auch auf ihr Verhandlungsgeschick mit Regierungen und auf ihre Fähigkeit, hochkarätige internationale Führungskräfte ins Boot zu holen, die unter dem Dach der Firma Shell praktisch überall auf der Welt arbeiten können. Diese Fähigkeiten sind besonders wertvoll, wenn es darum geht, ein globales Unternehmen aufzubauen. 3M geht es ausschließlich darum, den Managern der eigenen Geschäftsbereiche die Konzentration auf Innovationen einzuimpfen. Der Konzern versucht, seine Organisationskultur darauf zu gründen, klare Innovationsziele für die Geschäftseinheiten zu setzen und die Stellung technischer Mitarbeiter, die sich mit Innovationen auseinandersetzen, zu verbessern. Unilever strebt mehr und mehr danach, sein Fachwissen in Bezug auf globale Markenprägung und Marketing auf dem schnelllebigen Markt für Konsumgüter auszubauen. Zur Unterstützung werden hierfür F&E-Einrichtungen nach dem neuesten Stand der Technik betrieben. Das Unternehmen begründet dies damit, dass hier der größte Mehrwert für den Konzern erzeugt werden kann. Diese Überzeugung beeinflusst seit Jahren die Investitionsentscheidungen des Unternehmens.

Basiert das Management einer Organisation aber auf diesem Grundsatz, so ergeben sich daraus mindestens vier Herausforderungen:

- *Die Identifikation von Fähigkeiten der Zentrale.* Eine große Herausforderung besteht für die Unternehmenszentrale darin, genau zu wissen, wie sie den Unternehmenswert ihrer Geschäftseinheiten konkret steigern kann. Liegen Irrtümer über die diesbezüglich wichtigen Fähigkeiten der Zentrale vor, so wird sich ihr Beitrag eher kontraproduktiv auswirken. Es müssen stichhaltige Beweise für eindeutig wertschöpfende Fähigkeiten vorliegen.
- *Die Ausrichtung der Zentrale.* Liegen klar identifizierte Fähigkeiten der Zentrale vor, die aber begrenzt sind, so ergibt sich daraus, dass die zentralen Dienstleistungen genau darauf abgestimmt werden müssen. Werden dennoch Dienstleistungen in anderen Bereichen angeboten, so sollte dies nur zu minimalen Kosten geschehen. Führungskräfte der Zentrale sollten aber ihre Zeit und Energie auf solche Aktivitäten konzentrieren, die den Unternehmenswert auch tatsächlich steigern. Andere Dienstleistungen könnten an Spezialfirmen fremdvergeben werden.
- *Das Problem der „Kronjuwelen".* Einige diversifizierte Unternehmen haben Geschäftseinheiten in ihrem Portfolio, die zwar erfolgreich sind, zu denen die Zentrale aber wenig an Wert beiträgt. Diese können zu sogenannten „Kronjuwelen" werden, an denen die Zentrale besonders hängt. Die Logik des Ansatzes eines zentralen Geschäftsentwicklers besteht jedoch darin, dass die Zentrale für solche Geschäftsbereiche nur Kosten verursacht und daher Unternehmenswert zerstört. Daher sollten zentrale Unternehmensentwickler Geschäftseinheiten, zu deren Wertsteigerung sie nichts beitragen, abstoßen, selbst wenn es sich um sehr rentable Einheiten handelt. Die Geldmittel, die aus dem Verkauf rentabler Unternehmen entstehen, können in andere Teile des Unternehmens investiert werden, zu deren Wertsteigerung die Zentrale beiträgt.
- *Genügend „Gefühl".* Soll die Logik des zentralen Geschäftsentwicklers konsequent verfolgt werden, so müssen die Führungskräfte der Zentrale auch genügend „Gefühl" oder Verständnis für die Unternehmen in ihrem Portfolio entwickeln, damit sie beurteilen können, wo sie den Unternehmenswert steigern und wo nicht. Dieses Thema wird in *Kapitel 7.7.3* in Bezug auf die Logik von Geschäftsportfolios nochmals aufgegriffen.

Diese drei Rollen der Unternehmenszentrale können zu den Möglichkeiten der Wertsteigerung durch die Zentrale in Bezug gesetzt werden. *Abbildung 7.6* zeigt, wie sich die wichtigsten wertsteigernden Rollen der Unternehmenszentrale unterscheiden können.

Wertsteigernde Aktivitäten (siehe Abschnitt 7.4.1)	Portfolio Manager	Synergie-manager	Zentraler Geschäfts-entwickler
Visionen			
Entwicklung einer strategischen Intention/Mission		•	•
Klares externes Bild		•	•
Festlegung disziplinarischer Erwartungen	•		
Betreuer und Wegbereiter			
Entwicklung strategischer Fähigkeiten		•	
Erlangung von Synergien		•	
Zentrale Dienste und Ressourcen			
Investitionen	•	•	•
Größenvorteile		•	
Transfer von Fähigkeiten und Wissen		•	
Spezialisiertes Fachwissen			•
Hebelwirkung und Verhandlungsmacht		•	
Eingreifen			
Überwachung der Leistung	•		
Verbesserung der Leistung der Geschäftsbereiche			•
Strategien hinterfragen/weiterentwickeln		•	•

Abbildung 7.6: Das wertsteigernde Potenzial verschiedener zentraler Management-ansätze

7.7 Portfolio-Matrizen

Die Diskussion in *Kapitel 7.4* behandelte die Ansätze, die Unternehmenszentralen beim Management einer Organisation mit mehreren Geschäftsbereichen verfolgen können. Dieser Abschnitt stellt Modelle vor, mittels derer die Manager die verschiedenen Bestandteile ihres Portfolios auf verschiedene Weise verwalten, Unternehmensbereiche hinzufügen oder abstoßen können. Jedes Model misst den folgenden drei Kriterien mehr oder weniger Bedeutung zu:

- die *Ausgewogenheit* des Portfolios, z.B. in Bezug auf dessen Märkte und die Anforderungen des Konzerns,
- die *Attraktivität* der Geschäftsbereiche in Bezug darauf, wie erfolgreich sie individuell betrachtet sind und wie rentabel ihre Märkte und Branchen wahrscheinlich sein werden,
- die *Kompatibilität* der einzelnen Geschäftsbereiche in Bezug auf potenzielle Synergien und das Ausmaß, in dem sich die Unternehmenszentrale um diese kümmern kann.

7.7.1 Die Marktwachstums- bzw. Marktanteilsmatrix (oder BCG-Matrix)[16]

Eine der am häufigsten eingesetzten und am längsten genutzten Methoden, um die Ausgewogenheit eines Geschäftsbereichsportfolios einzuordnen, ist die Boston Consulting Group-(BCG-)Matrix (siehe *Abbildung 7.7*). Hier sind Marktwachstum und Marktanteil die entscheidenden Variablen zur Bestimmung von Attraktivität und Ausgewogenheit. Ein hoher Marktanteil und ein starkes Wachstum sind natürlich am attraktivsten. Die BCG-Matrix mahnt aber auch an, dass ein starkes Wachstum hohe Investitionen erfordert, um z.B. Kapazitäten zu erhöhen oder Marken zu entwickeln. Das Geschäftsbereichsportfolio muss also ausgewogen sein, sodass es einige Bereiche mit geringem Wachstum gibt, die einen ausreichend großen Überschuss erwirtschaften, um den Investitionsbedarf der Bereiche mit starkem Wachstum zu finanzieren.

Die beiden Achsen der Matrix (Wachstum und Marktanteil) definieren vier Unternehmensarten:

Star

Ein Star ist eine Geschäftseinheit mit hohem Marktanteil in einem wachsenden Markt.

- Ein **Star** ist eine Geschäftseinheit mit hohem Marktanteil in einem wachsenden Markt. Diese Geschäftseinheit könnte viel Geld ausgeben, um ihrem Wachstum standzuhalten, wobei aber der hohe Marktanteil ausreichende Gewinne abwerfen dürfte, sodass sich dieser Bereich in Bezug auf seinen Investitionsbedarf selbst tragen kann.

Fragezeichen

Ein Fragezeichen (oder Problemkind) bezeichnet eine Geschäftseinheit in einem wachsenden Markt, die keinen hohen Marktanteil besitzt.

- Ein **Fragezeichen** (oder Problemkind) bezeichnet eine Geschäftseinheit in einem wachsenden Markt, die keinen hohen Marktanteil besitzt. Die Entwicklung eines solchen Fragezeichens zu einem Star mit hohem Marktanteil erfordert hohe Investitionen. Viele Fragezeichen können nicht auf diese Weise weiterentwickelt werden, weshalb die BCG-Matrix Unternehmenszentralen den Rat gibt, mehrere gleichzeitig zu unterstützen. Es ist wichtig, darauf zu achten, dass sich zumindest einige der Fragezeichen zu Stars entwickeln, denn die gegenwärtigen Stars werden irgendwann zu Cash Cows und können sogar zu Dogs absteigen.

Cash Cow

Eine *Cash Cow* ist eine Geschäftseinheit auf einem reifen Markt, die einen hohen Marktanteil aufweist.

- Eine **Cash Cow** ist eine Geschäftseinheit auf einem reifen Markt, die einen hohen Marktanteil aufweist. Da für sie das Wachstum jedoch gering ist, ist auch der Investitionsbedarf gering, wohingegen der hohe Marktanteil meist dafür sorgt, dass die Geschäftseinheit rentabel wirtschaftet. Eine Cash Cow sollte also Geld einbringen, das zur Finanzierung der Fragezeichen benötigt wird.

Dogs

Dogs sind Geschäftseinheiten mit einem geringen Marktanteil auf stagnierenden oder rückläufigen Märkten.

- **Dogs** sind Geschäftseinheiten mit einem geringen Marktanteil auf stagnierenden oder rückläufigen Märkten und somit die schlimmste aller Kombinationen. Sie können ein Fass ohne Boden für Investitionen sein und einen unverhältnismäßig großen Anteil der Zeit und der Ressourcen der gesamten Firma in Anspruch nehmen. Die BCG-Matrix empfiehlt daher Verkauf oder Schließung.

16 Für eine ausführlichere Diskussion des Einsatzes der Marktwachstums-/Marktanteilsanalyse siehe A. C. Hax und N. S Majluf, „The use of the growth-share matrix in strategic planning", *Interfaces*, Band 13, Nr. 1 (1992), S. 40–46; und D. Faulkner, „Portfolio matrices", in V. Ambrosini (ed.), „Exploring Techniques of Analysis and Evaluation in Strategic Management", *Prentice Hall*, 1998; für eine Erklärung der Entstehung der BCG-Matrix siehe B. D. Henderson, „Henderson on Corporate Strategy", *Abt Books*, 1979.

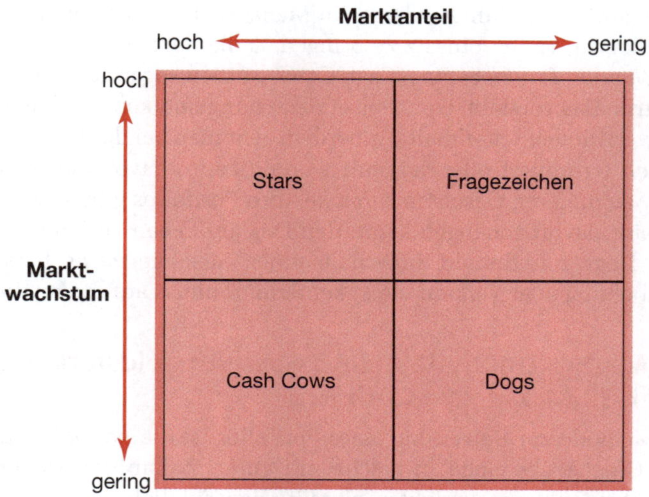

Abbildung 7.7:
Die Marktwachstums-/Marktanteilsmatrix (oder BCG-Matrix)

Die BCG-Matrix hat mehrere Vorteile. Sie bietet eine gute Möglichkeit, die verschiedenen Anforderungen und Potenziale aller Geschäftseinheiten des Unternehmensportfolios zu visualisieren. Sie warnt Unternehmenszentralen auch bezüglich des Finanzierungsbedarfs eines ansonsten sehr wünschenswerten Portfolios wachstumsstarker Bereiche. Sie dient den Zentralen außerdem als Erinnerung, dass ihre Stars irgendwann untergehen. Und schließlich wirkt sie auch disziplinierend für die Manager der einzelnen Geschäftsbereiche, denn sie unterstreicht die Tatsache, dass es die Unternehmenszentrale ist, die letztendlich die überschüssigen Ressourcen vereinnahmt, die diese erwirtschaften. Ebenso kann die Zentrale demnach diese Ressourcen so einsetzen, dass sie für den Konzern als Ganzes am effektivsten sind. Cash Cows sollten ihre Gewinne also nicht horten. Außerdem geht es beim Thema überschüssiger Ressourcen nicht immer nur um Geldmittel. Eine Unternehmenszentrale kann auch beschließen, Manager von Geschäftseinheiten von langsam wachsenden Cash Cows oder Dogs abzuziehen und anderswo einzusetzen, wo sie dringender gebraucht werden.

Die BCG-Matrix birgt aber auch mindestens drei potenzielle Probleme:

- *Vage Definitionen.* Es kann sehr schwer sein, zu entscheiden, was viel oder wenig Wachstum im Einzelfall bedeutet. Auch viele Manager definieren ihren eigenen Marktanteil oft gerne als „hoch“, indem einfach der Markt wiederum sehr eng begrenzt wird (und beispielsweise relevante internationale Märkte ignoriert werden).
- *Annahmen über den Kapitalmarkt.* Die Vorgabe, dass eine Unternehmenszentrale ein ausgewogenes Portfolio braucht, um sich aus internen Quellen (Cash Cows) finanzieren zu können, geht davon aus, dass kein Kapital auf externen Märkten beschafft werden kann, etwa durch die Ausgabe von Aktien oder durch Kredite. Wichtiger ist eine solche Vorgabe in Ländern mit unterentwickelten Kapitalmärkten oder für Privatunternehmen, die ihre Abhängigkeit von externen Aktionären oder Banken möglichst gering halten wollen.
- *„Tierfeindlichkeit“.* Sowohl Cash Cows als auch Dogs werden nicht sehr pfleglich behandelt, denn Erstere werden einfach nur gemolken, während Letztere sogar terminiert oder aus dem Konzern geworfen werden. Eine solche Behandlung kann zu

Motivationsproblemen führen, denn die Manager dieser Geschäftseinheiten sehen wenig Sinn darin, vollen Einsatz zu bringen. Außerdem besteht die Gefahr der *sich selbst erfüllenden Prophezeiung*. Cash Cows werden sogar noch schneller zu Dogs, als die Matrix dies vorsieht, wenn sie einfach nur gemolken werden und man ihnen jegliche Investitionen vorenthält. Außerdem geht man bei der Vorgabe, dass ein Dog ganz einfach terminiert oder verkauft werden kann, davon aus, dass es *keinerlei Bindungen zu anderen Geschäftsbereichen* des Portfolios gibt, deren Erfolg zumindest teilweise davon abhängen kann, den Dog am Leben zu halten. Dieser Ansatz gegenüber Dogs funktioniert innerhalb eines Mischkonzerns besser, denn hier haben Schließung oder Verkauf meist keinerlei Einfluss auf das restliche Portfolio.

7.7.2 Die Marktattraktivitäts- und Geschäftsfeldstärkenmatrix (oder GE-McKinsey-Matrix)

Normative Entscheidungsmatrix

In der normativen Entscheidungsmatrix (Marktattraktivitäts-/Geschäftsfeldstärkenmatrix) werden strategische Geschäftseinheiten danach positioniert, (i) wie attraktiv der jeweilige Markt ist, auf dem sie aktiv sind, und (ii) welche Wettbewerbsstärken sie auf diesem Markt besitzen.

Eine weitere Methode zur Bewertung eines Portfolios ist die *normative Entscheidungsmatrix*[17], die Geschäftsbereiche in solche mit guten Zukunftsaussichten und solche mit weniger guten Zukunftsaussichten einteilt. Ursprünglich wurde diese Matrix von Beratern der Firma McKinsey & Co. entwickelt, um den amerikanischen Mischkonzern General Electric beim Management seiner Geschäftsbereiche zu unterstützen. In der **normativen Entscheidungsmatrix** (Marktattraktivitäts-/Geschäftsfeldstärkenmatrix) werden strategische Geschäftseinheiten danach positioniert, (i) wie attraktiv der jeweilige Markt ist, auf dem sie aktiv sind, und (ii) welche Wettbewerbsstärken sie auf diesem Markt besitzen. Die Attraktivität kann dabei mithilfe der PESTEL oder der Five-Forces-Analyse bewertet werden; die Stärke der einzelnen Geschäftseinheiten ergibt sich aus einer Wettbewerberanalyse (etwa der strategischen Leinwand), siehe *Kapitel 2*. Einige Analysten wählen auch die grafische Darstellung, um die Größe des Markts für die Aktivitäten einer Geschäftseinheit zu verdeutlichen. Auch der Marktanteil dieser Geschäftseinheit kann so dargestellt werden (siehe *Abbildung 7.8*). So werden sich die Manager des Unternehmens, dessen Portfolio in *Abbildung 7.8* dargestellt ist, sicher darüber Sorgen machen, dass ihr Marktanteil auf dem größten und attraktivsten Markt relativ gering ist, während ihre größte Stärke auf einem Markt liegt, der langfristig gesehen eher weniger attraktiv ist.

Die Matrix hilft auch bei der Auswahl einer geeigneten Strategie auf Gesamtunternehmensebene, denn sie positioniert die Geschäftseinheiten genau, wie in *Abbildung 7.9* gezeigt. Daraus ergibt sich, dass vorwiegend in die Einheiten mit dem höchsten Wachstumspotenzial und den größten Stärken investiert werden sollte, um deren Wachstum zu fördern. Die schwächsten Einheiten auf dem am wenigsten attraktiven Markt sollten dagegen abgestoßen oder „ausgeschlachtet" werden (d.h., man sollte aus ihnen vor dem Verkauf so viel Geld wie möglich herausholen).

Die normative Entscheidungsmatrix ist komplexer als die BCG-Matrix. Doch sie bietet auch zwei Vorteile. Zunächst wird – anders als in den vier Quadranten der BCG-Matrix – in den neun Zellen der normativen Entscheidungsmatrix die Möglichkeit eines schwierigen Mittelwegs berücksichtigt. Auf diesem Gebiet müssen Manager sehr vorsichtig und selektiv vorgehen. So betrachtet ist die normative Entscheidungsmatrix weniger mechanisch als die BCG-Matrix und fördert eine offene Debatte über die

17 A. Hax und N. Majluf, „The use of the industry attractiveness-business strength matrix in strategic planning", in R. Dyson (Hrsg.), „Strategic Planning: Models and analytical techniques", *Wiley*, 1990.

weniger offensichtlichen Fälle. Außerdem basieren die beiden Achsen der normativen Entscheidungsmatrix nicht einfach nur auf Messgrößen (also auf Marktwachstum und Marktanteil). Die Stärken einer Geschäftseinheit können sich aus vielen anderen Faktoren ableiten als nur aus ihrem Marktanteil; ebenso beruht die Attraktivität einer Branche nicht nur auf deren Wachstumsrate. Andererseits birgt auch die normative Entscheidungsmatrix einige der Probleme der BCG-Matrix, insbesondere in Bezug auf zu vage Definitionen, Annahmen über den Kapitalmarkt, Motivation und sich selbst erfüllende Prophezeiungen. Insgesamt gesehen hilft sie Matrix-Managern aber sehr wohl dabei, ihre Investitionen in Bereichen zu tätigen, die sich auch auszahlen.

Bisher wurde lediglich die logische Zusammensetzung von Portfolios betrachtet in Bezug auf ihre Ausgewogenheit und Attraktivität. Der nächste Ansatz befasst sich mit der Kompatibilität dieses Portfolios mit den besonderen Fähigkeiten der Unternehmenszentrale.

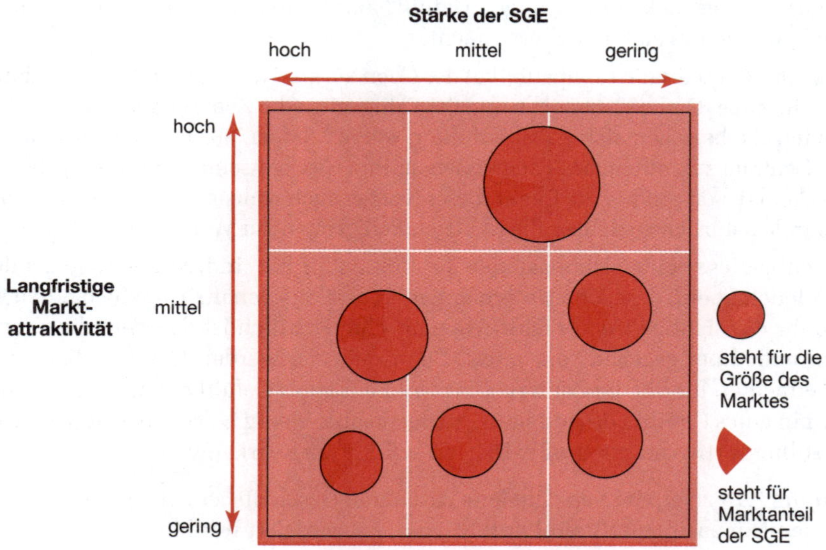

Abbildung 7.8: Die normale Entscheidungsmatrix (GE-McKinsey-Matrix)

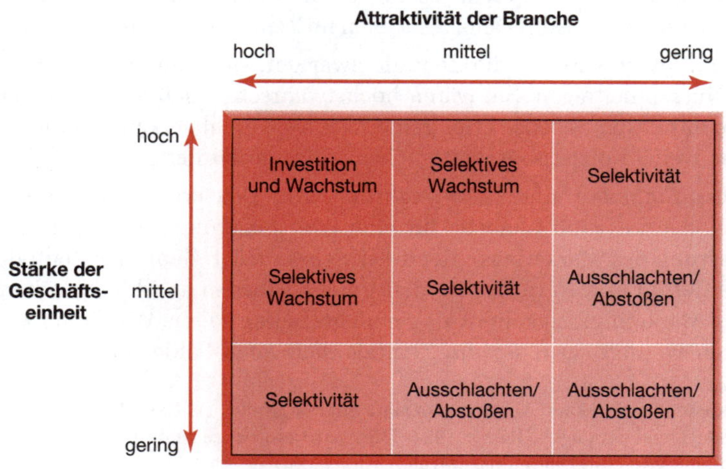

Abbildung 7.9: Strategische Richtlinien basierend auf der normativen Entscheidungsmatrix

7.7.3 Die Parenting-Matrix

Die Parenting-Matrix (oder Ashridge Portfolio Display) wurde von Michael Goold und Andrew Campbell entwickelt und führt die Kompatibilität mit der Zentrale als wichtiges Kriterium bezüglich der Aufnahme neuer Geschäftsbereiche in das Portfolio ein.[18] Es kann sein, dass Geschäftsbereiche zwar in Bezug auf die BCG-Matrix und die normative Entscheidungsmatrix attraktiv sind. Kann die Zentrale aber deren Unternehmenswert nicht steigern, so sollte sie sehr sorgfältig überlegen, ob eine Übernahme oder ein Verbleib im Portfolio sinnvoll sind.

Innerhalb der Parenting-Matrix gibt es zwei wichtige Dimensionen in Bezug auf die Kompatibilität (siehe *Abbildung 7.10*):

- *Gefühl.* Dieses Kriterium bezieht sich auf die Kompatibilität der *kritischen Erfolgsfaktoren* (siehe *Kapitel 2.4*) jeder einzelnen Geschäftseinheit und der Fähigkeiten (also Kompetenzen und Ressourcen) der Unternehmenszentrale. Hat die Zentrale anders ausgedrückt das richtige „Gefühl“ oder Verständnis für den Geschäftsbereich, um den es sich kümmern möchte?
- *Nutzen.* Hier wird die Kompatibilität der *Chancen zur Weitergabe* oder der Bedürfnisse der einzelnen Geschäftsbereiche und der Fähigkeiten der Zentrale geprüft. Chancen zur Weitergabe beziehen sich dabei auf die positiven Seiten, auf Bereiche also, in denen die Zentrale z.B. nützliches Fachwissen an ihre Geschäftseinheiten weitergeben kann, die dann davon profitieren. Damit dieser Nutzen auch realisiert werden kann, muss die Zentrale natürlich auch über die richtigen Fähigkeiten zur Weitergabe verfügen.

Wie wichtig diese beiden Dimensionen der Kompatibilität sind, zeigt sich folgendermaßen: Es leuchtet ein, dass eine Unternehmenszentrale Geschäftsbereiche meiden sollte, für die ihr das richtige *Gefühl* fehlt. Weniger offensichtlich ist dagegen, dass auch der *Nutzen* unbedingt gegeben sein muss. Denn dadurch werden Geschäftsbereiche kritisch betrachtet, für die die Zentrale sehr wohl ein gutes Gefühl hat. Geschäftsbereiche, für die ein gutes Gefühl vorhanden ist, zu denen aber wenig Nutzen beigetragen werden kann, sollten entweder mit großer Distanz geführt oder verkauft werden.

Abbildung 7.10 zeigt vier verschiedene Arten von Geschäftsbereichen, die anhand dieser beiden Dimensionen (Gefühl und Nutzen) kategorisiert werden:

- *Kernland-Einheiten* sind Geschäftsbereiche, die die Zentrale gut versteht und deren Wert sie langfristig steigern kann. Sie sollten im Zentrum zukünftiger Strategien stehen.
- *Ballast-Einheiten* versteht die Zentrale zwar gut, sie kann aber nur wenig zusätzlichen Nutzen beitragen. Sie wären höchstwahrscheinlich als unabhängige Unternehmen mindestens ebenso erfolgreich. Wenn sie nicht verkauft werden, sollte man ihnen so wenig Konzernbürokratie wie möglich aufbürden.
- *Wertfallen-Einheiten* sind sehr gefährlich. Auf den ersten Blick erscheinen sie attraktiv, denn es sind Chancen für eine Wertsteigerung gegeben (z.B. durch eine Verbesserung des Marketings), doch der Schein trügt, denn der Zentrale fehlt das richtige Gefühl und so richtet sie meist mehr Schaden an (d.h., sie übermittelt die falschen Marketingfähigkeiten) als sie nützt. Sollen solche Wertfallen zu Kernland-Einheiten werden, so muss die Zentrale sich neue Fähigkeiten aneignen. Daher

18 Die Diskussion in diesem Abschnitt basiert auf M. Goold, A. Campbell und M. Alexander, „Corporate Level Strategy“, *Wiley*, 1994. Hier wird eine exzellente Basis für das Verständnis der Probleme von Unternehmenszentralen vorgestellt.

kann es leichter sein, solche Einheiten an andere Konzerne zu verkaufen, die deren Wert steigern können und für eine solche Chance einen hohen Preis zahlen werden.

- *Andersartige Einheiten* sind klare Fehlschläge. Sie bieten wenige Chancen für die Weitergabe relevanter Fähigkeiten und der Zentrale fehlt ohnehin jegliches Verständnis für sie. Ein Ausstieg ist hier also in jedem Fall die beste Strategie.

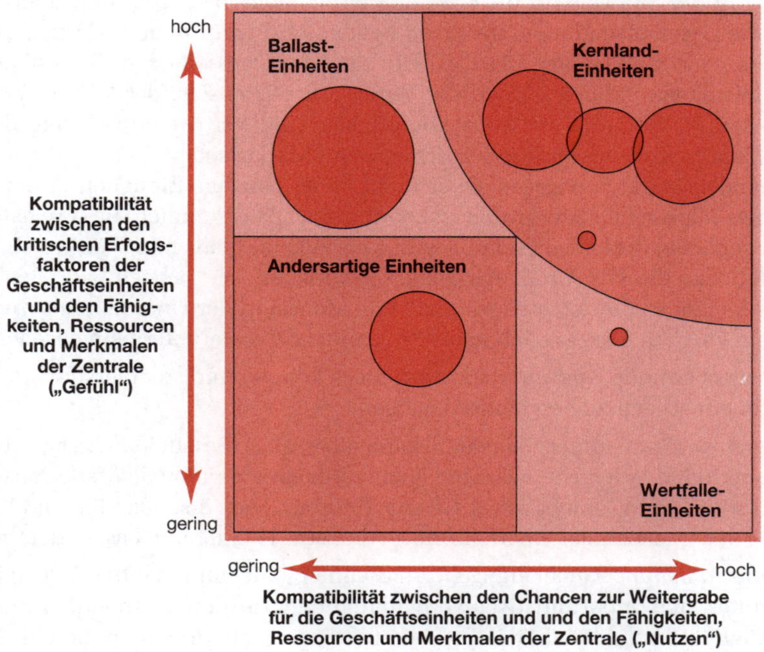

Abbildung 7.10: Die Parenting-Matrix: das Ashridge Portfolio Display

Quelle: Anpassung aus M. Goold, A. Campbell und M. Alexander, „Corporate Level Strategy", *Wiley*, 1994.

Dieser Ansatz zur Betrachtung von Unternehmensportfolios konzentriert sich ganz klar darauf, wie die Zentrale den einzelnen Einheiten nützen kann. Hierfür sind sorgfältige Analysen sowohl der Fähigkeiten der Zentrale also auch des Bedarfs der Geschäftseinheiten nötig, was eine Weitergabe zentraler Fähigkeiten angeht. Die Parenting-Matrix kann also bei schwierigen Entscheidungen behilflich sein, wo entweder ein gutes Gefühl oder viele Chancen zur Weitergabe die Unternehmenszentrale dazu verleiten, Geschäftsbereiche zu übernehmen oder zu halten. Eine Zentrale sollte sich immer auf tatsächliche oder potenzielle Kernland-Einheiten konzentrieren, wo Gefühl und Nutzen jeweils hoch sind.

Das Konzept der Kompatibilität ist auch für Organisationen des öffentlichen Sektors relevant (siehe *Beispiel 7.5*). Daraus lässt sich ableiten, dass Manager des öffentlichen Sektors nur diejenigen Dienstleistungen und Aktivitäten direkt kontrollieren sollten, für die sie über spezialisierte Managementkenntnisse verfügen. Andere Bereiche sollten fremdvergeben oder als unabhängige Organisationen ausgegliedert werden. Während Outsourcing, Privatisierung und die Gründung unabhängiger Behörden oft ebenso sehr ein Resultat des politischen Dogmas wie einer gesamtunternehmerischen Strategie sind (siehe „Im Fokus"), geht doch die Tendenz in vielen Ländern in jüngster Zeit in diese Richtung.

Im Fokus: Ist eine Strategie auf Gesamtunternehmensebene wirklich nötig?

Brauchen wir wirklich diversifizierte Konzerne?

Der Begriff der Strategie für die Gesamtunternehmensebene geht davon aus, dass Konzerne Geschäftseinheiten ihr Eigen nennen und kontrollieren sollten, die auf einer Reihe verschiedener Märkte aktiv sind und verschiedene Produkte und Dienstleistungen anbieten. Doch der Wirtschaftswissenschaftler Oliver Williamson, dessen Hauptthema die Transaktionskosten sind, vertritt die Meinung, dass es diversifizierte Konzerne nur geben dürfe, wenn Märkte scheiterten.[1] Auf gut funktionierenden Märkten dagegen sei es nicht nötig, einzelne Einheiten durch übergeordnete Managementstrukturen zu koordinieren. Hier könnten die Geschäftseinheiten unabhängig bleiben und nur in Einzelfällen und falls nötig gäbe es einfache Transaktionen direkt auf dem Markt zur Koordination. Die „unsichtbare Hand“ des Markts könnte so die „sichtbare Hand“ von Managern der Unternehmenszentrale ersetzen. Folglich gäbe es auch keine Strategie auf Gesamtunternehmensebene.

Es gibt zwei Gründe, warum Märkte scheitern können und so diversifizierte Konzerne zu einer bevorzugten Option machen:

- *Begrenzte Rationalität.* Niemand kann über alles Bescheid wissen, was auf einem Markt geschieht, also sind auch vollkommen rationale Markttransaktionen etwas völlig Unmögliches. Genaue Informationen über Qualität und Kosten sind daher manchmal innerhalb eines Konzerns leichter und besser zu erhalten.
- *Opportunismus.* Unabhängige Unternehmen, die miteinander interagieren, könnten sich opportunistisch verhalten, indem sie zum Beispiel ihre Zusagen bezüglich Produktqualität oder Lieferterminen nicht einhalten. Solche Regelwidrigkeiten können häufig innerhalb einer Konzernhierarchie leichter geahndet werden als außerhalb.

Williamson ist der Meinung, dass die Aktivitäten einzelner Unternehmen nur dann unter dem Dach eines Konzerns vereint werden sollten, wenn die „Transaktionskosten“ bezüglich der begrenzten Rationalität (Informationsaustausch) und des Opportunismus (Schutz gegen Regelverstöße) innerhalb einer Konzernhierarchie geringer sind als sie es wären, wenn man sich einfach nur auf die Transaktionen auf dem offenen Markt verlassen würde.

Dieser Vergleich der Transaktionskosten von Märkten und Hierarchien wirkt sich auf die Tendenzen bezüglich einer Produktdiversifikation sehr stark aus:

- Eine Verbesserung der Kapitalmärkte könnte den relativen Informationsvorteil eines Konzerns verringern, der eine Reihe unverbundener Geschäftsbereiche sein Eigen nennt. Je besser der Informationsfluss auf dem Markt funktioniert, umso weniger werden Mischkonzerne gebraucht.
- Durch den verbesserten Schutz des geistigen Eigentums kann es für Konzerne reizvoller werden, ihre Technologien per Lizenz an andere Firmen zu vergeben, anstatt alles selbst machen zu wollen. Wenn es immer mehr Möglichkeiten gibt, Lizenzgebühren einzunehmen, so ist es für Konzerne nicht mehr wirklich von Vorteil, alle Geschäftsbereiche intern zu halten.

Scheitern also weniger Märkte, so bedeutet das gleichzeitig eine engere Produktpalette.

Die von Williamson vertretene Perspektive der „Transaktionskosten" macht es den Konzernen besonders schwer, sich für ihre Strategie zu rechtfertigen. Und doch gibt es zwei mögliche Argumente der Verteidigung. Zum einen lässt sich Wissen auf dem Markt schlecht handeln. Denn Käufer wissen erst, wie viel die neu erworbenen Kenntnisse wirklich wert sind, wenn sie sie bereits gekauft haben. Kollegen verschiedener Schwestergesellschaften innerhalb des gleichen Konzerns tun sich beim Informationsaustausch leichter als unabhängige Firmen auf dem offenen Markt, denn sie können sich gegenseitig vertrauen.[2] Zum zweiten geht es einem Konzern natürlich nicht nur darum, die Kosten für Informationen und Regelverstöße zu minimieren, sondern auch um eine Maximierung des Werts aller kombinierten Ressourcen. Vereint man kreative Köpfe innerhalb eines großen Unternehmens, so werden dadurch Wissensaustausch, Innovation und Motivation gefördert. In Konzernen wird Wert geschaffen und es werden auch Kosten minimiert[3].

In vierzig Jahren empirischer Forschung ist es nicht gelungen, einen eindeutigen Beweis für die unterdurchschnittliche Leistung der Diversifizierung zu finden, obwohl auf hochentwickelten Märkten die Ansicht vorherrscht, dass die Leistung umgekehrt U-förmig verläuft. Trotzdem bestehen erfolgreiche Konglomerate wie Berkshire Hathaway und 3M auch auf entwickelten Märkten, während sie an anderen Orten, wie Indien und China, weit verbreitet sind. Das Bestehen diversifizierter Unternehmen sowie die Transaktionskostenökonomie legen nahe, dass die Theorie unter Umständen in gewissem Maße zutrifft, dies allerdings nicht die ganze Wahrheit ist.

Quellen:
[1] O.E. Williamson, „Strategie research: governance and competence perspectives", *Strategic Management Journal*, Band 12 (1998), S. 75–94.
[2] B. Kogut und U. Zander, „What firms do? Coordination, identity and learning", *Organization Science*, Band 7, no 5 (1996), S. 502–519.
[3] S. Ghoshal, C. Bartlett und P. Moran, „A new manifesto for management", *Sloan Management Review*, Spring (1999), S. 9–20.

Kontrollfragen

1. Nehmen Sie einen diversifizierten Konzern wie etwa Virgin (Fallbeispiel am Ende dieses Kapitels) als Beispiel und beurteilen Sie, welche schwer zu handelnden Informationen dieser zwischen den einzelnen Tochtergesellschaften transferieren könnte. Wird die Bedeutung solcher Informationen eher größer oder geringer?
2. Warum sind diversifizierte Unternehmen eventuell in den sich entwickelnden Volkswirtschaften weiter verbreitet als in der entwickelten Welt?

Z U S A M M E N F A S S U N G

- Viele Konzerne bestehen aus mehreren, manchmal sehr vielen Geschäftseinheiten. Entscheidungen bezüglich dieser Geschäftseinheiten sind von der in diesem Kapitel als *Unternehmenszentrale* bezeichneten Einheit zu treffen.
- Bei der organisationalen Reichweite wird häufig zwischen der *verbundenen* und der *unverbunden* Diversifikation unterschieden.
- Unternehmenszentralen können nach einer Wertsteigerung streben, indem sie verschiedene *Rollen* übernehmen: Portfolio-Manager, Synergiemanager und zentraler Unternehmensentwickler.
- Es gibt verschiedene Portfolio-Modelle, die einer Zentrale Hilfestellung beim Management ihrer Geschäftseinheiten geben können. Die gängigsten unter ihnen sind: die BCG-Matrix, die normative Entscheidungsmatrix und die Parenting-Matrix.
- Neben der *Diversifizierung* sollten *Divestment* und *Outsourcing* insbesondere angesichts der relativen strategischen Fähigkeiten und der Transaktionskosten von Opportunismus in Betracht gezogen werden.

Z U S A M M E N F A S S U N G

EXTRAS ONLINE Aufgaben

*Kennzeichnet schwierigere Aufgaben.
** Kennzeichnet Fälle in diesem Buch

7.1 Identifizieren und erklären Sie anhand der Ansoff-Matrix (siehe *Abbildung 7.2*) mögliche strategische Ausrichtungen für eine dieser Organisationen: Marks & Spencer**, SABMiller**.

7.2 Besuchen Sie die Website eines multinationalen Konzerns Ihrer Wahl (z.B. Google, SABMiller**, Siemens, Tata Group, Virgin Group) und beurteilen Sie, inwiefern dessen Strategie auf Gesamtunternehmensebene geprägt ist von (a) verbundener oder unverbundener Diversifikation und (b) einer kohärenten „dominanten Logik" (siehe *Kapitel 7.3*).

7.3 Erklären Sie anhand eines großen multinationalen Konzerns (wie in *Frage 7.2*), wie die Unternehmenszentrale am besten zu einer Wertsteigerung ihrer Geschäftseinheiten beitragen könnte (als Portfolio-Manager, Synergiemanager oder zentraler Geschäftsentwickler; siehe *Kapitel 7.6*). Passen alle Geschäftseinheiten gleich gut in den Konzern?

***7.4** Stellen Sie anhand eines großen multinationalen Konzerns (wie in *Frage 7.2*) die Geschäftseinheiten auf einer Portfolio-Matrix dar (z.B. die BCG-Matrix; siehe *Kapitel 7.7*). Rechtfertigen Sie Ihre Annahmen bezüglich der relativen Positionen der Einheiten innerhalb der Matrix. Welche Managementkonsequenzen ziehen Sie aus Ihrer Analyse?

7.5 Stellen Sie anhand eines großen multinationalen Konzerns (wie in *Frage 7.2*) die Geschäftseinheiten auf der Ashridge-Parenting-Matrix dar (siehe *Abbildung 7.10*).

Integrative Aufgabe

7.6 Wählen Sie eine kürzlich stattgefundene Fusion oder Übernahme (siehe *Kapitel 10*) und bewerten Sie, ob und inwieweit hier eine verbundene oder unverbundene Diversifikation stattgefunden hat und wie sich diese mit der dominanten Logik des betroffenen Konzerns vereinbaren lässt. Verwenden Sie Informationen über den Aktienkurs (siehe *www.bigcharts.com* oder eine ähnliche Website) und beurteilen Sie die Reaktionen der Aktionäre auf die Fusion oder Übernahme. Wie erklären Sie sich diese Reaktionen?

Literaturempfehlungen

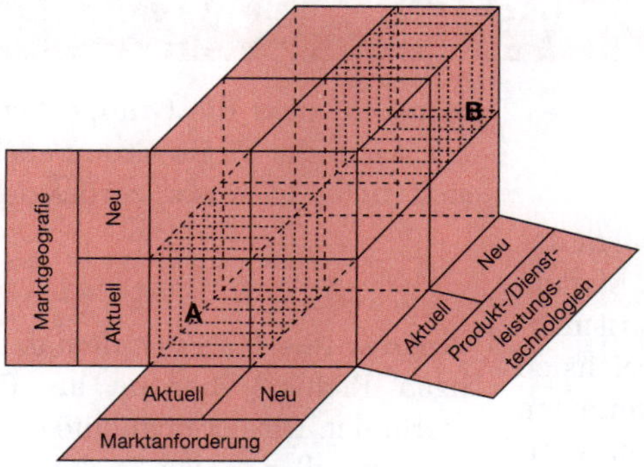

- Eine sehr zugängliche Diskussion über strategische Ausrichtung bieten A. Campbell und R. Park, „The Growth Gamble: When leaders should bet on big new businesses“, *Nicholas Brealey*, 2005.
- M. Goold und K. Luchs, „Why diversify: four decades of management thinking', in D. Faulkner und A. Campbell (Hrsg.), „The Oxford Handbook of Strategy“, Band 2, *Oxford University Press*, S. 18–42, bietet einen umfassenden Überblick über die Diversifikationsoptionen im Laufe der Zeit.
- Eine Zusammenfassung verschiedener Portfolioanalysen bietet D. Faulkner, „Portfolio matrices“, in *V. Ambrosini (Hrsg.)*, „Exploring Techniques of Analysis and Evaluation in Strategic Management“, *Prentice Hall*, 1998.

Fallstudie
Die strategische Entwicklung der Virgin Group im Jahr 2013

John Treciokas

Einführung

Die Virgin Group ist ein hochgradig diversifiziertes Unternehmen mit einer der bekanntesten Marken Großbritanniens. Sir Richard Branson, charismatischer Gründer von Virgin und einer der reichsten und bekanntesten Unternehmer im Vereinigten Königreich, leitet die Unternehmensgruppe. Allerdings gibt es Anzeichen dafür, dass sich Richard Branson unter Umständen aus dem Geschäft zurückziehen könnte, um sich auf Umwelt- und karitative Aktivitäten zu konzentrieren. Dies führt zu Sorgen über die Zukunft von Virgin, da die Strategie und das Geschäftsmodell des Unternehmens nicht allgemein bekannt sind. Mittlerweile fragen sich die Investoren, inwieweit der Erfolg von Virgin eher auf das unternehmerische Charisma von Branson als auf die Struktur und das Geschäftsmodell des Konzerns zurückzuführen ist.

Über die Jahre ist die Virgin Group zu einem der größten Unternehmen Großbritanniens geworden. 2011 umfasste das Unternehmen weltweit 200 Geschäftseinheiten mit 50.000 Mitarbeitern in 34 Ländern, mit Umsatzerlösen von mehr als £ 13 Milliarden (ungefähr $ 21 Milliarden). Seit der Gründung des Unternehmens war Richard Branson eine wichtige Persönlichkeit für das Wachstum des Unternehmens und dies ist bis heute so. Sein extravaganter Stil und sein Talent für Publicity schaffen Interesse und Bewusstsein, die es Virgin ermöglicht haben, ein Markenimage aufzubauen, von dem die Gruppe glaubt, dass es für jedes Unternehmen mit dem Namen „Virgin" Wert schöpft. Die Virgin Group ist aufgrund ihrer einzigartigen Struktur und des einzigartigen Images in vielerlei Hinsicht ungewöhnlich. Allerdings werden Fragen zur Nachhaltigkeit laut. Schöpft die Muttergesellschaft für eine Vielzahl von Unternehmen in der Gruppe Wert? Ist das Portfolio an sich sinnvoll? Überdies wird auch vermutet, dass die Gruppe Rentabilitätsprobleme hat. Kann die Virgin Group auch überleben, wenn sich Richard Branson zurückzieht?

Ursprünge und Aktivitäten

Virgin wurde 1970 von dem damals gerade 20-jährigen Richard Branson als Plattenversandfirma gegründet. Dies ermöglichte es ihm, die Preise der Einzelhändler in den Stadtzentren zu unterbieten, und das Unternehmen wuchs schnell. 1971 eröffnete Richard Branson ein Geschäft in der Oxford Street, dem er als Ausdruck seiner Jugendlichkeit und Naivität den Namen „Virgin Records" gab.

Eine weitere Expansion folgte, als Branson 1973 mit dem Hit-Album „Tubular Bells" des damals noch unbekannten Musikers Mike Oldfield in die Plattenindustrie expandierte. Virgin Records nutzte auch die Kontroverse für sich, die entstand als die Sex Pistols, eine „Punkrockband", unter Vertrag genommen wurde, die mit ihrem groben Protestverhalten viel Publicity brachte. Von Anfang an verkörperten Risikobereitschaft, Optimismus, Respektlosigkeit und Publicity die Philosophie von Branson.

Diese Philosophie war sehr sichtbar, als Richard Branson 1984 von einem amerikanischen Rechtsanwalt dazu inspiriert wurde, eine preiswerte transatlantische Fluggesellschaft – Virgin Atlantic – zu gründen. Diese Flugstrecken wurden von British Airways dominiert und damit begann eine langanhaltende Rivalität. Als es Virgin Atlantic 1991 gelang, Landebahnen am Flughafen Heathrow zu erhalten, verstärkte sich diese Rivalität bis hin zu einer „Kampagne schmutziger Tricks" von British Airways gegenüber Virgin Atlantic. Das darauf folgende Gerichtsverfahren, das Virgin gewann, war bitter und wurde sehr öffentlich in den Medien ausgetragen, die Virgin häufig als Außenseiter darstellten, der gegen einen Unterdrücker kämpfte.

Zwischenzeitlich hatte Virgin Atlantic einen extrem hohen Finanzbedarf, wobei die anfänglichen Barmittel für den Betrieb von Virgin Records zur Verfügung gestellt wurden sowie aus dem späteren Verkauf an EMI für £ 500 Millionen stammen. Die Gruppe ging dann mit 35 Prozent vieler Virgin-Unternehmen an die Londoner Börse und die NASDAQ. Allerdings blieb diese Situation nicht lange bestehen, da die Persönlichkeit Bransons nicht mit der Rechenschaftspflicht des Vorstandsvorsitzenden eines börsennotierten Unternehmens vereinbar war. 1988 kaufte er die Anteile der externen Aktionäre und überführte die Gruppe wieder in Privatbesitz.

Wachstum von Virgin

Als nun wieder privates Unternehmen wuchs die Gruppe durch eine Mischung aus Übernahmen, Joint Ventures und neu gegründeten Unternehmen schnell (*Anhang 1* führt eine Auswahl neuer Unternehmen auf).

Viele der neuen Geschäftsinitiativen scheinen allerdings reiner Opportunismus gewesen oder nur auf Launen von Richard Branson zurückzuführen zu sein. So kommentierte er beispielsweise die Frage danach, warum Virgin Records America 1987 gegründet wurde, wie folgt: „Wir fliegen da oft hin, also hat es Sinn gemacht, auch dorthin zu expandieren." Seit den frühen 1990er-Jahren, als die Gruppe im Wesentlichen in den Bereichen Reisen/Urlaub und Musik operierte, expandierte sie in eine große Bandbreite von Unternehmen. Beispielsweise ermöglichte die Entwicklung digitaler Technologien es Virgin, die Einzelhandelsaktivitäten in den Online-Verkauf von Musik sowie vielen anderen Produkten, einschließlich Autos, Finanzprodukte und Wein, auszubauen. Überdies führten der Beginn der mobilen Kommunikation und die Deregulierung des Telekommunikationssektors im Vereinigten Königreich zur Gründung von Virgin Mobile. Die Deregulierung der Eisenbahnen im Vereinigten Königreich wiederum bot Virgin die Möglichkeit zur Gründung von Virgin Rail, einem Unternehmen, das den Eisenbahntransport von Personen an der Westküste Englands anbot. Des Weiteren ermöglicht die Deregulierung in Australien und Nigeria Virgin die Gründung weiterer Billigfluggesellschaften. Branson tendierte außerdem auch zu Märkten, auf denen er unangemessenen Konservatismus, mangelnde Innovation und unterversorgte Kunden wahrnahm. So ging Virgin beispielsweise in die Bereiche der Fitnesscenter (Virgin Active), Biokraftstoff (Virgin Fuels), Getränke (Virgin Drinks), Bekleidung, Kosmetika, Comics, Hochzeiten (Virgin Bride) sowie 2012 sogar ein Unternehmen, das Passagierflüge ins Weltall anbietet (Virgin Galactic). Dieses neue Projekt kommentierte Richard Branson wie folgt: „Virgin ist ein mutiges Unternehmen, da ich Abenteurer sowie Unternehmer bin." Im gleichen Jahr kaufte Virgin Money Northern Rock, einen mittelgroßen britischen Baufinanzierer vom Staat (der das in Schieflage geratene Unternehmen während der Finanzkrise 2007 verstaatlicht hatte). Durch diesen Schritt erhielt Virgin einen viel größeren Anteil am Finanzdienstleistungsmarkt – einem Wachstumsmarkt. Der erste neue Virgin Money Store wurde im Juli eröffnet und bis zum Ende des Jahres wurden 75 Northern-Rock-Filialen in Virgin-Money-Filialen umgewandelt. Virgin zahlte £ 747 Millionen für Northern Rock, allerdings gab es Kritik, dass Virgin damit ein exzellentes Geschäft auf Kosten der Steuerzahler gemacht hatte.

Seit 2007 interessiert sich Richard Branson zunehmend für Umweltthemen und hat dazu die „Virgin Earth Challenge" (deren Ziel darin besteht, große Mengen Kohlendioxid aus der Atmosphäre zu entfernen), eine „People and Planet Initiative" (die sicherstellen soll, dass alle Virgin-Unternehmen einen Beitrag zu einer nachhaltigen Gesellschaft leisten), „Virgin Unite" (zur Zusammenarbeit mit Partnern zur Verbesserung von sozialen und Umweltfragen) sowie einen „Virgin Green Fund" (für Investitionen in Unternehmen in der Bereichen erneuerbarer Energie sowie Ressourceneffizienz) ins Leben gerufen. Daher scheint es so, als ob Branson seine Aufmerksamkeit mittlerweile eher gemeinnützigen Fragen und Fragen der sozialen Verantwortung von Unternehmen widmet.

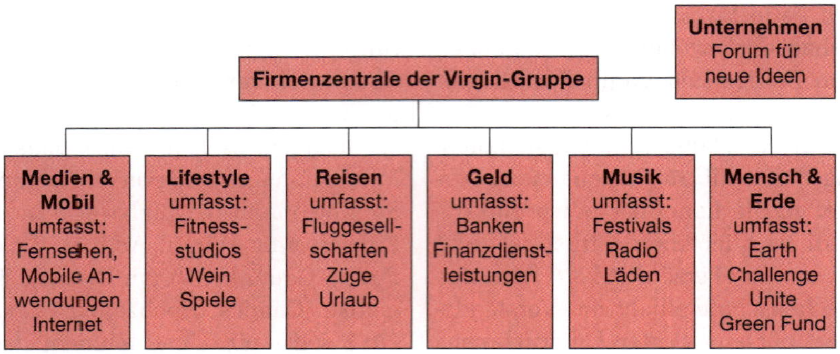

Unternehmensstruktur der Virgin-Gruppe

Die Unternehmenslogik

Im Jahr 2013 stellte sich Virgin als sehr unkonventionelle Unternehmensgruppe dar. Zwar stellt die Gruppe kein Organigramm zur Verfügung, aber es hat sich eine erkennbare Klassifizierung von Unternehmen innerhalb der fünf Kategorien gezeigt (siehe Abbildung). Bereits ein kurzer Blick auf die Abbildung zeigt, dass diese Kategorien tatsächlich sehr umfassend sind. So beinhaltet „Lifestyle" beispielsweise Fitnessstudios, Bücher, Spiele und Heißluftballonfahrten.

Die aktiven Gesellschaften selbst sind sämtlich separate Organisation, die selbstständig finanziert werden. Tatsächlich sind die meisten dieser Unternehmen Neugründungen und Bransons Ansatz besteht darin, dass jedes dieser Unternehmen innerhalb des ersten Jahres erfolgreich sein oder den Markt verlassen muss. Der Schlüssel dazu, ob Virgin ein neues Projekt unterstützt, liegt in der Antwort auf die Frage: „Besteht eine Möglichkeit für die Restrukturierung eines Markts und die Schaffung eines Wettbewerbsvorteils?" Die Gruppe versetzt sich dazu in die Lage der Kunden, um zu sehen, was sie verbessern könnte. Dabei wird auch betrachtet, ob es positive Wechselwirkungen mit anderen Virgin-Unternehmen geben könnte.

Jedes Unternehmen ist klar abgegrenzt, so dass Darlehensgeber eines Unternehmens keine Ansprüche an den Vermögenswerten eines Unternehmens haben und die Ergebnisse nicht konsolidiert werden. Bransons Haltung dazu ist, dass die Konsolidierung von Einkommen und Vermögenswerten der Unternehmen irreführend und für ein Privatunternehmen irrelevant ist.

Virgin besitzt eine Mischung aus privaten und börsennotierten Unternehmen sowie eine Mischung aus neugegründeten kleinen Unternehmen und sehr großen Firmen. Jedes dieser Unternehmen kann sehr unterschiedliche strategische Argumentationen verfolgen – einige können einen Versuch darstellen, Virgin im Bewusstsein der Öffentlichkeit zu halten, einige richten sich eventuell gegen das Establishment, während andere den Kunden eine bessere und angenehmere Alternative bieten. Die größeren Start-Ups bilden ernsthafte strategische Schritte in neue Branchen.

Keines der Unternehmen ist in der Gruppe mit minimalen Managementebenen und ohne jegliche Bürokratie einer anderen Organisation unterstellt bzw. es wird auch keines durch eine solche kontrolliert. Dies spiegelt Richard Bransons Geringschätzung von Hierarchien und seine Vorliebe für Formlosigkeit und individuelle Verantwortung der Mitarbeiter wider. Die Unternehmen werden durch ein komplexes Netzwerk aus Beziehungen zwischen Mutter- und Tochtergesellschaften, die auch die Holdinggesellschaften umfassen, miteinander verbunden. Die höchste dieser Holdinggesellschaften ist auf den Britischen Jungferninseln, einer Steueroase, registriert. Die Gruppe ist überzeugt davon, dass diese Trennung der Unternehmen es möglich macht, den unternehmerischen Geist wachzuhalten, der wiederum vom Enthusiasmus und Engagement der Mitarbeiter abhängt. Dazu erklärt die Gruppe auf ihrer eigenen Webseite, dass Virgin ein

„führendes Risikokapitalunternehmen mit eigener Marke“ ist und dass seine Unternehmen eher zu einer Familie als zu einer Hierarchie gehören. „Es gibt einen winzigen Vorstand und keine riesige globale Unternehmenszentrale, aber für uns funktioniert es!“

Den Managern jedes Unternehmens wird, sobald das Unternehmen läuft, erhebliche Eigenständigkeit gewährt. Dies verkörpert das Ethos von Branson, Geschäfte mit den Menschen im Fokus zu entwickeln und aufzubauen. Den Managern wird vertraut, sie haben ein hohes Maß an Verantwortung und finanzielle Anreize, die Millionäre aus ihnen machen können – und tatsächlich ist eines der Dinge, auf die Branson erklärtermaßen am stolzesten ist, die Tatsache, dass viele seiner Manager Millionäre geworden sind. Eine Gemeinsamkeit über alle Unternehmen hinweg ist die Marke Virgin, bei der es nach Aussage der Gruppe darum geht, der Favorit der Kunden im Hinblick auf das Preis-Leistungs-Verhältnis, gute Qualität, exzellenten Kundenservice, Innovation, Anti-Establishment und Spaß zu sein. Diese Attribute beschreiben, wie die Gruppe ihre Produkte und Dienstleistungen differenziert. In einer Vielzahl von Fällen haben Beobachter allerdings auch angemerkt, dass die Projekte von Virgin eher durch Spaß als durch eine kommerzielle Grundlage getrieben werden. Beispielsweise indem der Union Jack auf die Virgin-Atlantic-Flugzeuge gemalt wurde, nachdem British Airways ihn entfernt hatte, oder durch die Positionierung eines Luftschiffs mit dem Slogan „BA schafft das nicht“ über dem London Eye, einem gigantischen Riesenrad im Herzen Londons, mit dessen Bau BA zu kämpfen hatte.

Neben der Marke geht Richard Branson davon aus, dass Virgin im Wesentlichen über drei Optionen zusätzlichen Wert schafft. Dabei handelt es sich um die Public-Relations- und Marketingfähigkeiten, die Erfahrungen des Unternehmens mit Start-Ups auf der grünen Wiese und Virgins Verständnis der Chancen auf „institutionalisierten“ Märkten. Virgin sieht einen „institutionalisierten“ Markt als durch einige wenige Wettbewerber dominiert, die den Kunden kein gutes Preis-Leistungs-Verhältnis bieten, da sie ineffizient und selbstzufrieden geworden oder mit den Wettbewerbern beschäftigt sind. Darüber hinaus könnte man hinzufügen, dass die Gruppe über ein umfassendes Netzwerk an Kontakten und Partnern verfügt.

Es besteht die Überzeugung, dass jede Art von Geschäft funktionieren könnte, wenn Virgin in der Lage ist, seine charakteristischen Fähigkeiten für die jeweils neue Chance zu nutzen. Außerdem besteht ein hoch entwickeltes Gefühl für Risiko und Ertrag. Das Unternehmen formuliert dies so: „Virgin schafft häufig Partnerschaften mit anderen und ist ausgezeichnet darin, Fähigkeiten, Kenntnisse und betriebliche Erfahrungen aus einer Reihe von Branchen zu kombinieren und so aufregende und erfolgreiche Unternehmen aufzubauen.“ Virgin bittet Unternehmer, ihre Geschäftsideen zur Erwägung und möglichen Beteiligung von Virgin einzureichen. Ein Beispiel dafür war der Schritt der Virgin Group hin zu Bekleidung und Kosmetik bei anfänglichen Kosten von nur GBP 1.000, während der Partner, die Victory Corporation GBP 20 Millionen investiert hat.

Neueste Entwicklungen

Nicht alle der Virgin-Unternehmen waren erfolgreich und nicht alle erfüllen die Standards des Dienstes am Kunden, die Virgin gerne hätte. Sowohl bei Virgin Media als auch bei Virgin Rail hat es viele Kundenbeschwerden gegeben und im Sommer 2012 schien Virgin Rail seine Lizenz für die Eisenbahnlinie an der Westküste verloren zu haben. Allerdings ist es Virgin gelungen, diese Entscheidung aufzuheben, da das britische Verkehrsministerium schwere technische Fehler gemacht hatte. Das Unternehmen veröffentlichte am 29. Oktober 2012 eine Erklärung, die wie folgt lautete:

> *„Dies trägt dazu bei sicherzustellen, dass wir das beste Ergebnis für Passagiere und Steuerzahler liefern sowie das Beste aus dem privaten Sektor und dessen Schlüsselrolle für ein erfolgreiches britisches Eisenbahnsystem bekommen.“*

Kritiker haben darauf hingewiesen, dass die Eisenbahn eine Schwäche im Portfolio von Virgin bildet und dass es interessant wird, zu sehen, wie stark Branson an diesem Geschäft festhält.

Im Februar 2013 hat Liberty Global dem Kauf von Virgin Media zu einem Preis von ungefähr £ 1,5 Milliarden zugestimmt. Bransons eigener Anteil daran betrug 2 Prozent. Virgin wird weiterhin ungefähr £ 10 Millionen pro Jahr für die dreißigjährige Markenlizenzvereinbarung erhalten. Die Frage, inwieweit Liberty die Marke und die Betriebserfahrung von Virgin weiterverwenden wird, ist momentan schwierig zu bewerten.

Ein Großteil der Attraktivität der Marke Virgin ist mit Richard Branson selbst, seinen Eskapaden, Werten und seiner Persönlichkeit verbunden. Er ist für die britische Öffentlichkeit aufgrund seines Sinns für Fairplay und seiner Respektlosigkeit interessant. Insbesondere hat er das Image eines frechen Unternehmers geschaffen, der gegen das mächtige Monopol British Airways angetreten ist. Allerdings warnen Kritiker, dass die Marke Virgin mittlerweile eventuell zu breit aufgestellt und international nur begrenzt attraktiv ist und dass die britischen Verbraucher eventuell langsam die Eskapaden von Richard Branson Leid sind. Das andere, weniger bekannte Bild von Richard Branson ist das eines skrupellosen cleveren Geschäftsmanns, der immer versucht, seinen Gegnern eins auszuwischen.

Die finanzielle Gesamtlage ist schwer zu bestimmen, da Virgin aus so vielen einzelnen Unternehmen (von denen viele private bzw. Offshore-Unternehmen sind) besteht und keine konsolidierten Abschlüsse existieren. Überdies werden Investitionen in die aktiven Gesellschaften oft auch zwischen Gruppenunternehmen übertragen. Branson argumentiert, dass er Wachstum, nicht Gewinne anstrebt und dass er Unternehmen für die lange Frist aufbaut. Die Gruppe betont die Maximierung der Eigenkapitalrendite der Virgin Group durch eine hohe finanzielle Hebelwirkung und die Nutzung von Eigenkapitalpartnern. Trotzdem vermeldete Virgin Atlantic 2011 einen Verlust von £ 80,2 Millionen, Virgin America hat noch keinen Jahresgewinn erzielt, während in den ersten fünf Geschäftsjahren ein Verlust von ungefähr $ 500 Millionen entstanden ist. Virgin Media hat 2011 einen Gewinn von $ 93 Millionen erzielt, allerdings war die kumulierte Gewinn- und Verlustrechnung negativ bei £ 3.259 Millionen. 2011 hat Virgin Trains in Großbritannien einen Gewinn von £ 41 Millionen erzielt.

In Interviews erwähnt Richard Branson zwar seinen möglichen Rückzug nicht, betont aber, dass das Unternehmen sorgfältig darauf ausgerichtet wurde, auch ohne ihn fortgeführt zu werden, und dass die Marke nunmehr global und ausreichend gut bekannt ist, so dass seine Werbegags nicht mehr notwendig sind. Richard Branson erlaubt vielleicht jetzt anderen Menschen, die Virgin Group zu führen, aber Beobachter sind sich nicht über die Art des Geschäftsmodells der Gruppe einig, die einige als Private-Equity-Organisation sehen, auch wenn viele ihrer Unternehmen Start-Ups sind, während andere sie als Risikokapitalorganisation mit eigener Marke wahrnehmen (während die Gruppe ihre eigenen Geschäfte entwickelt). Andere sind wiederum der Ansicht, dass es sich um einen Mischkonzern handelt, auch wenn die Gruppe nur selten Übernahmen tätigt. In der jüngsten Vergangenheit wurden in der obersten Führungsriege von Virgin frühere Finanzexperten eingestellt, die nicht für den informellen, kooperativen und persönlichen Stil bekannt sind, den Richard Branson verkörpert. Was wird die Zukunft für die Virgin Group bereithalten, wenn Sir Richard Branson zurücktritt – wird das Unternehmen überleben?

Anhang 1

Strategische Entwicklungen der Virgin-Gruppe von 1970 bis 2012	
1970	Richard Branson gründet das Unternehmen Virgin als Schallplattenversandgeschäft.
1971	Erstes Virgin-Schallplattengeschäft eröffnet
1977	Virgin-Schallplattenlabel gegründet
1984	Virgin Atlantic, eine Langstreckenfluggesellschaft, wird gegründet.
1985	Virgin Holidays wird gegründet.
1986	Virgin Group PLC wird gegründet.
1987	Virgin Records America wird gegründet.
1988–90	Virgin Megastores werden in 1a-Lagen in Europa, den USA und schließlich Japan in einem Joint Venture mit Marui eröffnet. Branson privatisiert die Virgin Group PLC zu GBP 248 Millionen.
1991	Durch die Fusion von Virgin Books und WH Allen PLC wird Virgin Publishing gegründet. Virgin Games wird gegründet.
1992	Virgin Records für GBP 510 Millionen gegründet.
1993	Virgin Games geht als Virgin Interactive Entertainment PLC an die Börse, Hasbro und Blockbuster übernehmen Minderheitsanteile. Virgin Radio geht auf Sendung.
1994	Virgin Retail erwirbt die Ladenkette Our Price. Virgin Vodka und Virgin Cola werden als Joint Venture mit der Cott Corp. gegründet. Der Virgin City Jetservice von London nach Dublin wird eingeführt.
1995	Virgin Direct führt ein Finanzinvestitionsprodukt in einem Joint Venture mit Norwich Union ein.
1996	Die Virgin Express Airline, eine Billigfluglinie für Kurzstreckenflüge, geht an den Start. Virgin Net, ein Internetanbieter, wird gegründet.
1997	Virgin Trains wird für das Franchise der Eisenbahn an der Westküste Großbritanniens gegründet. Virgin Cosmetics wird mit vier Flagshipstores eröffnet.
1997 Forts.	Das Virgin-One-Telephone-Bankkonto wird in Zusammenarbeit mit der Royal Bank of Scotland eingeführt. Die Virgin-Bride-Einzelhandelskette wird gegründet.
1999	Virgin Mobile wird in einem Joint Venture mit der Deutschen Telekom gegründet. Virgin Health begründet ein Netzwerk aus Fitnesszentren. Virgin Cinemas wird für £ 215 Millionen verkauft. 49 % an Virgin Atlantic werden für £ 500 Millionen an Singapore Airlines verkauft.

2000	Virgin Mobile führt einen US-amerikanischen Mobiltelefondienst ein (JV mit Sprint). Virgin Mobile führt in Australien einen Mobiltelefondienst ein (JV mit Cable und Wireless). Virgin Blue wird gegründet (Billigfluggesellschaft, Australien). Virgin Cars wird für den Online-Handel gegründet.
2001	50 Prozent an Virgin Blue werden verkauft.
2002	Virgin Bikes geht an den Start.
2004	Virgin Digital für den Online-Verkauf von Musik gegründet
2005	Virgin Mobile geht in Kanada an den Start.
2006	Virgin erwirbt die Fitnessstudiokette Holmes Place. Virgin Media wird in einer Partnerschaft mit NTL Telewest eingeführt. Virgin Mobile und Virgin Money gehen in Südafrika an den Start. Virgin Fuel gegründet Virgin Cars geschlossen
2007	Virgin Health Bank gestartet Virgin America (Fluggesellschaft) gestartet Die Initiativen „Virgin Earth Challenge“ und „World Citizen“ werden gestartet.
2008	Virgin Mobile startet in Indien ein Joint-Venture mit Tata Teleservices.
2009	Virgin Green Fund gestartet
2010	Virgin Hotels wird gestartet. Virgin Racing wird gestartet (Formel Eins). Virgin Games wird gestartet. Virgin Produced wird gestartet (Film- und Fernsehproduktionsgesellschaft). Virgin Money US zieht sich vom Markt zurück. Virgin Money erwirbt den Church House Trust, um eine britische Banklizenz zu erhalten.
2011	Virgin Cosmetics und Virgin Money (USA) werden geschlossen. Virgin startet Virgin Oceanic, ein Tiefseeforschungs-U-Boot. Virgin Active erwirbt Esporta für £ 80 Million. Virgin Unite (gemeinnützige Stiftung) gründet das Branson's Centre for Entrepreneurship.
2012	Virgin Galactic schließt Raketentests ab und entwickelt visionäre Produkte

Quelle: Beruht auf www.virgin.com.

Verweise und Quellen:

T. Bower, Branson, *Harper Perennial*, 2008.
R. Branson, Like A Virgin, *Virgin Books*, 2012.
The Economist, „Virgin Rebirth“, 12. September 2008.
S. Goff, *Retail Banking Correspondent*, 8. Januar 2010.
J. Treanor, *http://www.guardian.co.uk/profile/jiltreanor*, city editor, *Guardian*, 1. Januar 2012.
Bericht zur Unternehmens- und nachhaltigen Entwicklung der Virgin Group, 2010.
http://www.businessweek.com, November 2007.
http://www.economist.com/blogs/schumpeter/2013/02/libertys-takeover-virgin-media.
http://www.ft.com/cms/s/0/a04c8138-f1f7-11e1-bba3-00144feabdc0.html#axzz2LHmLSkgB.
http://www.guardian.co.uk/media/2013/feb/06/virgin-media-takeover-john-malone-liberty-global.
http://www.redmayne.co.uk/research/securitydetails/financials.htm?tkr=VMED.
http://www.reuters.com, 16. Dezember 2009.
http://ww.virgin.com.

Kontrollfragen

1. Was ist die Unternehmenslogik von Virgin als Gruppe von Unternehmen?
2. Gibt es Beziehungen strategischer Natur zwischen den Unternehmen des Virgin-Portfolios?
3. Wie trägt die Virgin Group als Unternehmenszentrale zur Wertsteigerung ihrer Bestandteile bei? Inwiefern sind diese Fähigkeiten für die verschiedenen Unternehmen der Gruppe relevant?
4. Wie sollte die zukünftige Unternehmensstrategie aussehen?

Internationale Strategie

8

ÜBERBLICK

Lernziele

Nach der Lektüre dieses Kapitels sollten Sie in der Lage sein,

- das Potenzial verschiedener Märkte für die Internationalisierung zu beurteilen unter Berücksichtigung von Variationen im Laufe der Zeit.
- Quellen eines Wettbewerbsvorteils in einer internationalen Strategie zu identifizieren durch globale Beschaffung und die Ausnutzung lokaler Faktoren, die durch den Porter-Diamant verkörpert werden.
- zwischen vier Hauptarten der internationalen Strategie zu unterscheiden.
- Märkte in Bezug auf Neueintritt oder Expansion anhand der Kriterien Attraktivität, kulturelle und andere Formen der Distanz sowie Risiko eines Vergeltungsschlags der Konkurrenz zu bewerten.
- die relativen Vorteile verschiedener Markteintrittsformen zu beurteilen, darunter Joint Ventures, Lizenzierung und direkte Auslandsinvestition.

8.1 Einführung

Im letzten Kapitel wurde Marktentwicklung anhand der Ansoff-Matrix als Strategie vorgestellt. Dieses Kapitel konzentriert sich auf eine spezifische, aber wichtige Form der Marktentwicklung: auf die Einbeziehung verschiedener geografischer Märkte. Aus dieser Form der Internationalisierung ergeben sich Wahlmöglichkeiten bezüglich der Länder, in denen man am Wettbewerb teilnehmen möchte, inwieweit das Angebot an Produkten oder Dienstleistungen einer Organisation modifiziert werden soll und wie grenzüberschreitendes Management gestaltet werden soll. Solche Fragen sind heute für eine ganze Reihe von Organisationen von Bedeutung. Natürlich sind da zum einen die großen internationalen Konzerne wie Nestlé, Toyota oder McDonald's, doch auch mehr und mehr kleinere Unternehmen sind von Anfang an international aktiv. Auch auf Organisationen der öffentlichen Hand kommen Entscheidungen über Zusammenarbeit, Ausgliederung oder sogar Konkurrenz mit internationalen Unternehmen zu. Die Gesetze der Europäischen Union schreiben Organisationen des öffentlichen Sektors vor, auch Angebote von internationalen Anbietern zu berücksichtigen.

Abbildung 8.1 setzt das Thema internationale Strategie ins Zentrum des Kapitels. Sie hängt jedoch letztendlich sowohl vom externen Umfeld (siehe *Kapitel 2*) als auch von den Fähigkeiten der Organisation (siehe *Kapitel 3*) ab. Im Bereich des Umfelds hebt die Abbildung Antriebskräfte der Internationalisierung hervor; im Bereich der Fähigkeiten werden internationale und nationale Quellen eines Wettbewerbsvorteils betont. Die Wahl der internationalen Strategie beeinflusst wiederum häufig die Auswahl der Landesmärkte sowie die Form des Markteintritts.

Abbildung 8.1: Das Rahmenwerk internationaler Strategie

In diesem Kapitel werden die folgenden wichtigen Aspekte im Zusammenhang mit internationaler Strategie untersucht: Im nächsten Abschnitt werden die *Antriebskräfte der Internationalisierung* vorgestellt. Dann werden internationale und nationale Quellen des Wettbewerbsvorteils betrachtet, besonders Vorteile der *globalen Beschaffung* und die spezifischen nationalen Faktoren, die in Michael Porters *Diamant* gezeigt werden. Vor dem Hintergrund dieser Antriebskräfte und Quellen des Wettbewerbsvorteils werden dann verschiedene *Formen internationaler Strategie* beschrieben. Da verschiedene geografische Märkte meist erhebliche Modifikationen der angebotenen Produkte oder Dienstleistungen erfordern, führen einige internationale Strategien die Organisation ausgehend von einer einfachen Marktentwicklung hin zu immer diversifizierteren Strategien.[1] Weiterhin befasst sich das Kapitel mit der Analyse der Marktauswahl und des Markteintritts. Hier betont es die Abhängigkeiten von Marktattraktivität mit *verschiedenen Arten der Distanz* und dem Risiko eines *Vergeltungsschlags der Konkurrenz*. Die relativen Vorteile verschiedener *Markteintrittsformen* werden dann betrachtet, darunter Joint Ventures, direkte Auslandsinvestition und Lizenzierung. *Eintrittssequenzen* werden besprochen, zum Beispiel bei neuen Unternehmen oder internationalen Unternehmen in Schwellenländern. Die letzten beiden Abschnitte befassen sich mit Aspekten, die parallel zu den in *Kapitel 7* betrachteten Themen der Diversifikation zu sehen sind: Internationalisierung und *Leistungs-* und *Portfolio-Management*.

8.2 Antriebskräfte der Internationalisierung

Es gibt viele allgemeine Faktoren, die zu immer mehr Internationalisierung führen. Die Beschränkungen des internationalen Handels und internationaler Investitionen sowie die Einschränkungen bei der Migration sind heute allesamt wesentlich geringer als noch vor einigen Jahrzehnten. Internationale Regelwerke und Organisationsstrukturen haben sich verbessert, sodass Auslandsinvestitionen und -handel weniger Risiken bergen. Verbesserungen im Bereich Kommunikation – von billigeren Flügen bis hin zum

1 Tatsächlich beschreiben viele Autoren Internationalisierung einfach als „internationale Diversifikation", siehe N. Capar und M. Kotabe, „The relationship between international diversification and performance in service firms", *Journal of International Business Studies*, Band 34 (2003), S. 345–355.

Internet – erleichtern die Mobilität und die Verbreitung neuer Ideen weltweit. Und auch der Erfolg neuer starker Wirtschaftsräume, der sogenannten BRICs – Brasilien, Russland, Indien und China – sorgt für neue Chancen und Herausforderungen für die internationale Geschäftswelt.[2]

Diese Trends der Internationalisierung weisen jedoch nicht alle in dieselbe Richtung. Auch gelten sie nicht für alle Branchen. So wird die Migration zwischen bestimmten Ländern heutzutage wieder schwieriger. Dank Internet und billiger Flugreisen können im Ausland Arbeitende leichter mit ihrer heimischen Kultur in Kontakt bleiben – so kommt es oft nicht zu einer globalen Vermischung aller Meinungen und Ideen. Viele sogenannte multinationale Unternehmen konzentrieren sich in Wahrheit auf ganz bestimmte einzelne Märkte wie etwa Nordamerika und Westeuropa oder haben ein sehr begrenztes Netzwerk an internationalen Verbindungen, etwa Zuliefer- und Auslagerungsabkommen mit einem oder zwei weiteren Ländern. Auch die Bedürfnisse der Verbraucher lassen sich je nach Markt und Produkt mehr oder weniger leicht standardisieren – man vergleiche nur einmal PC-Betriebssysteme mit verschiedenen Schokoladensorten. Manager müssen sich also kurz gesagt vor „globalem Geschwätz“ hüten, das die wirtschaftliche Integration zu einer einzigen homogenisierten Wettbewerbswelt schamlos übertreibt (siehe „Im Fokus“). So wie auf dem chinesischen Einzelhandelsmarkt (siehe *Beispiel 8.1*) sind eben internationale Antriebskräfte auch anderswo meist sehr kompliziert.

Beispiel 8.1 Einzelhandel in China: global oder lokal?

Internationalisierung ist kein einfacher Prozess – das haben die Supermarktketten Carrefour und Walmart in China herausgefunden.

China ist heute ein Anziehungspunkt für ambitionierte westliche Supermarktketten. Mit einer jährlichen Wachstumsrate von 13 Prozent soll der chinesische Markt im Jahr 2015 auf € 1,2 Billionen wachsen. Bis zum Jahr 2025 soll die gehobene Mittelschicht in China etwa 520 Millionen Menschen umfassen.

Die beiden führenden westlichen Unternehmen auf dem chinesischen Einzelhandelsmarkt sind die französischen Supermarktkette Carrefour und der weltgrößte Einzelhändler Walmart. Die beiden Unternehmen verfolgten allerdings sehr unterschiedliche Strategien. Im Jahr 1995 trat die französische Supermarktkette Carrefour als erstes westliches Unternehmen in großem Umfang in den chinesischen Markt ein. Diesem Schritt gingen sechs Jahre Erfahrung im benachbarten Taiwan voraus. Obwohl Walmart und Carrefour schnell expandiert haben und zu den zehn größten Einzelhändlern in China gehören (Carrefour hat ungefähr 200 und Walmart mehr als 370 Geschäfte), sind sie von einer Sättigung noch weit entfernt und verglichen mit ihren jeweiligen Heimatländern winzig, in denen jedes der Unternehmen ungefähr 4.500 Geschäfte hat. Beide Ketten wurden allerdings

2 T. Friedman, „The World is Flat: the Globalized World in the Twenty First Century“, *Penguin*, 2006; und P. Rivoli, „The Travels of a T-Shirt in the Global Economy: an Economist Examines the Markets“, Power and Politics of World Trade, *Wiley*, 2006.

im Zuge ihrer Entwicklung auf diesem Markt mit Herausforderungen konfrontiert, zu denen auch Probleme bei der Anpassung an den lokalen Geschmack und den lokalen Wettbewerb gehörten.

Carrefour verfolgt eine dezentralisierte Strategie: Mit Ausnahme von Shanghai, wo Carrefour mehrere Geschäfte betreibt, gestattet das Unternehmen den anderen Geschäftsführern vor Ort, die über viele verschiedene Regionen Chinas verteilt sind, ihre eigenen Einkaufs- und Vertriebsentscheidungen zu treffen. Im Gegensatz dazu verfolgte Walmart zunächst seine standardmäßige zentralisierte Einkaufs- und Vertriebsstrategie und lieferte so viel wie möglich aus seinem neuen, hochmodernen Vertriebszentrum in Shenzen. Zwischenzeitlich ist das Unternehmen allerdings von seinem zentral gesteuerten Ansatz abgerückt, gibt seinen lokalen Geschäftsführern mehr Befugnisse und experimentiert nun auch mit einem kleineren Ladenformat. Schon sehr früh musste Walmart feststellen, dass chinesische Verbraucher gerne sehr häufig einkaufen gehen und jedes Mal nur wenig kaufen. Ursprünglich hatte das Unternehmen angenommen, die Chinesen würden, ähnlich wie die Amerikaner, einmal pro Woche zu außerhalb gelegenen Geschäften fahren, um dort ihre Autos mit Großpackungen an tiefgefrorenen Produkten vollzuladen.

Eine weitere Entdeckung westlicher Einzelhandelsunternehmen bezieht sich auf die großen regionalen Unterschiede in diesem riesigen und multiethnischen Land und die Notwendigkeit, ihren chinesischen Geschäften lokales Flair zu verleihen. Im Norden Chinas ist Sojasauce besonders wichtig, in Zentralchina werden vermehrt Chili-Pfeffer-Saucen gekauft und im Süden sind vor allem Austernsaucen gefragt. Auch bei Obst gibt es solche Unterschiede: Im Norden bevorzugt man Datteln, während Südchinesen lieber Litschis essen. Im Norden wird aufgrund der größeren Kälte vermehrt rotes Fleisch nachgefragt und auch die Einkaufsgänge in den Läden müssen breiter sein, da viele Menschen viele Kleiderschichten übereinander tragen. Im Norden haben viele Menschen keinen regelmäßigen Zugang zu heißem Wasser und waschen ihr Haar daher seltener; deshalb verkaufen sich hier kleine Shampoo-Portionen besser als große Flaschen.

Das Wachstum von Unternehmen wie Carrefour und Walmart zeigt, dass es einen großen Markt für das westliche Einzelhandelsmodell gibt. So übernahm Carrefour etwa bei der Einführung von Produkten eigener Marke in China eine Pionierrolle. Walmart dagegen bringt logistisches Fachwissen mit. Doch noch geht es nur langsam voran, da einheimische Unternehmen das Modell nachgeahmt und bewiesen haben, dass sie oft flexibler und experimentierfreudiger im Hinblick auf neue Ladenformate sind. Walmart hat erst 2008 einen Gewinn erzielt und sich entschieden, die Expansion in China zu drosseln. Und auch die Margen von zwei bis drei Prozent, die Carrefour erzielt, liegen deutlich unter den Margen von knapp fünf Prozent, die das Unternehmen in Frankreich erzielt. Im Jahr 2011 beschuldigten chinesische Behörden Walmart, normales Schweinefleisch als Biofleisch etikettiert zu haben, und schloss 13 seiner Geschäfte für zwei Wochen. Carrefour andererseits musste bereits mehrfach dementieren, dass es den chinesischen Markt verlassen will.

Quellen: Financial Times, Wall Street Journal und *Euromonitor* (verschiedene).

Kontrollfragen

1. Welche Vor- und Nachteile haben die von Carrefour und Walmart in China verfolgten Strategien?
2. Welche Risiken können sich für ein großes westliches Einzelhandelsunternehmen ergeben, wenn es dem chinesischen Markt fern bleibt?

Angesichts der Komplexität der Internationalisierung sollte einer Internationalisierung eine sorgfältige Analyse der Stärke und Richtung vorliegender Trends auf den relevanten Märkten vorausgehen. George Yips System der „Antriebskräfte der Globalisierung" liefert die Basis für eine solche Analyse (siehe *Abbildung 8.2*).[3] Obwohl dieses System jedoch den Bedarf einer *globalen Strategie* erwähnt, bei der alle Geschäftsbereiche international sorgfältig koordiniert werden, lassen sich die meisten der genannten Antriebskräfte ebenso auf weiter gefasste *internationale Strategien* anwenden, die auch bei Auslandsgeschäften in geringerem Umfang und einer geringeren Koordination dieser Auslandsverbindungen angewendet werden können (siehe *Kapitel 8.4*). Also kann man die von Yip zusammengestellten Antriebskräfte einfach als „Antriebskräfte der Internationalisierung" verstehen. Es gibt folgende vier Kräfte:

Abbildung 8.2: Antriebskräfte der Internationalisierung

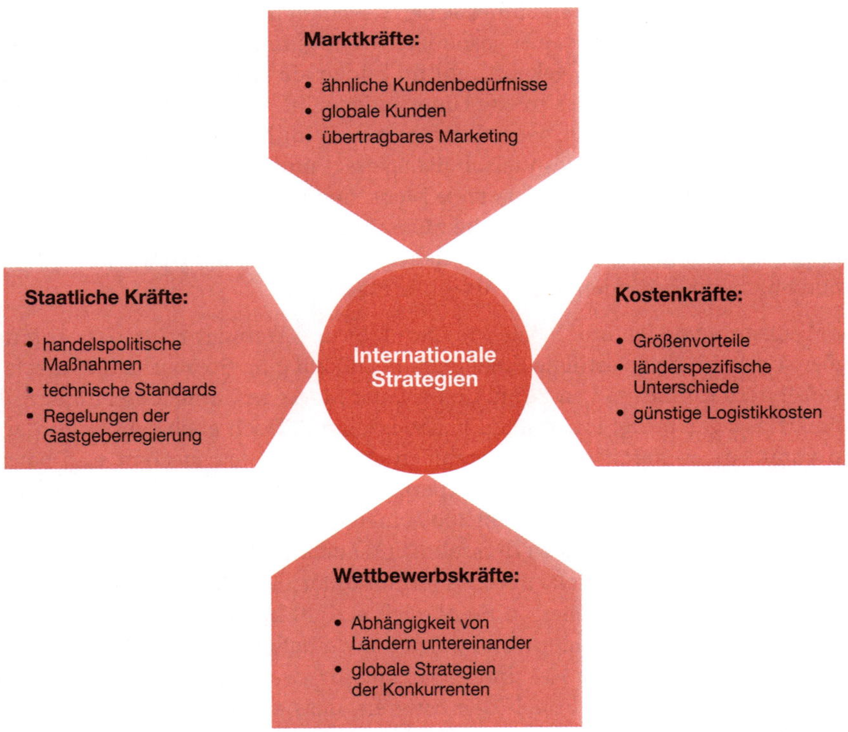

Quelle: Anpassung aus G. Yip, „Total Global Strategy II", *Financial Times Prentice Hall*, 2003, Kapitel 2.

3 G. S. Yip und G. T. Hult, „Total Global Strategy", *Pearson*, 2012.

- *Marktkräfte.* Ein Faktor, der die Internationalisierung klar erleichtert, ist die Standardisierung der Märkte. Diese Kraft besteht aus drei Komponenten. Zunächst ist hier das Vorliegen *ähnlicher Kundenbedürfnisse und -wünsche* zu nennen: Die Tatsache dass die Verbraucher in den meisten Ländern ein Verlangen nach schnellen und einfachen Krediten haben, sorgte für den weltweiten Erfolg einiger Kreditkartenunternehmen wie etwa Visa. Zum zweiten gibt es den *globalen Kunden*: So sind die Hersteller von Autoteilen inzwischen noch internationaler geworden, denn ihre Kunden wie etwa Toyota oder Ford sind ebenfalls international aktiv und brauchen standardisierte Teile für all ihre Fabriken rund um die Welt. Und schließlich sorgt *übertragbares Marketing* für eine Globalisierung der Märkte: Marken wie Coca-Cola werden in ganz ähnlicher Weise überall auf der Welt erfolgreich vermarktet.
- *Kostenkräfte.* Durch Internationalisierung können Kosten gesenkt werden. Auch hier gibt es drei wesentliche Elemente. Zunächst kann ein größeres Produktionsvolumen, das über den Bedarf des nationalen Markts hinausgeht, für *Größenvorteile* sowohl im Bereich Produktion als auch im Bereich Einkauf sorgen. Unternehmen aus kleineren Ländern wie etwa Holland oder die Schweiz neigen daher dazu, schneller international aktiv zu werden als Unternehmen aus den USA, die über einen großen Heimatmarkt verfügen. Größenvorteile sind besonders in Branchen mit hohen Produktentwicklungskosten von Bedeutung. Ein Beispiel ist die Flugzeugindustrie, wo die ursprünglichen Kosten über das große Volumen internationaler Märkte verteilt werden müssen. Zum zweiten wird Internationalisierung dort gefördert, wo Unternehmen von *länderspezifischen Unterschieden* profitieren können. Es macht also durchaus Sinn, die Produktion von Textilien nach China oder Afrika zu verlagern, wo die Arbeitskraft immer noch vergleichsweise billig ist. Designerarbeiten sind dagegen besser in Städten wie Mailand, New York, Paris oder London aufgehoben, wo viel Fachwissen über Mode vorhanden ist. Das dritte Element ist eine *positive Logistik*, d.h. die Transportkosten von Gütern oder Dienstleistungen über Grenzen hinweg im Verhältnis zu deren Endwert. Aus dieser Sicht lassen sich Mikrochips leicht international produzieren, während das bei sperrigen Gegenständen wie etwa montierten Möbelstücken schon schwieriger ist.
- *Staatliche Kräfte.* Sie können eine Internationalisierung sowohl fördern als auch hemmen. Die hier relevanten Elemente sind sehr zahlreich und umfassen Zollbarrieren, technische Standards, Subventionen an einheimische Firmen, Beschränkungen des Eigentumsrechts, lokale Inhaltsbestimmungen, Kontrolle des Technologietransfers, Regelungen zu geistigem Eigentum (Patente) sowie Kontrolle von Währungen und Kapitalfluss. Keine Regierung lässt eine vollständige wirtschaftliche Öffnung ihres Landes zu. Auch variiert der Grad der Öffnung stark je nach Branche, wobei etwa die Landwirtschaft und auch High-Tech-Branchen aus dem Bereich nationale Verteidigung meist besonders stark reglementiert sind. Trotzdem fordert die Welthandelsorganisation weiter wachsende Offenheit und die Europäische Union sowie das Nordamerikanische Freihandelsabkommen (NAFTA) haben in ihren jeweiligen Regionen auch schon beträchtliche Fortschritte in diese Richtung erzielt.[4]
- *Wettbewerbskräfte.* Diese beziehen sich speziell auf die Globalisierung als eine integrierte weltweite Strategie und nicht auf einfachere internationale Strategien. Solche Kräfte haben zwei Elemente. Zum einen erhöht die *Abhängigkeit* der einzelnen

4 Aussagekräftige branchenspezifische Daten über Trends zur Offenheit gegenüber Handel und Investitionen sind auf der Internetseite der Welthandelsorganisation *www.wto.org* zu finden.

Länderaktivitäten untereinander den Druck für eine globale Koordination. So muss ein Unternehmen mit einem Werk in Mexiko, das sowohl den amerikanischen als auch den japanischen Markt beliefert, seine Aktivitäten an allen drei Orten sorgfältig koordinieren: Schnellen die Umsatzzahlen in einem Land nach oben oder gibt es in einem anderen einen wirtschaftlichen Niedergang, so wirkt sich das auch erheblich auf die anderen Länder aus. Das zweite Element bezieht sich unmittelbar auf die Strategien der Konkurrenten. Gibt es *globalisierte Konkurrenten*, so steigt dadurch der Druck, auch eine globale Strategie zu verfolgen, denn Konkurrenten könnten die Gewinne aus einem Land dazu verwenden, ihre Aktivitäten anderswo zu finanzieren. Ein Unternehmen mit einer locker strukturierten internationalen Strategie bietet globalisierten Konkurrenten Angriffsfläche, denn es ist nicht in der Lage, seine Tochterunternehmen in den verschiedenen Ländern zu unterstützen, wenn sie ins Visier eines zielgerichteten, gut koordinierten und finanzierten Konkurrenzunternehmens geraten. Die Gefahr besteht darin, dass sich so betroffene Unternehmen allmählich aus den diesbezüglich gefährlichen Ländern zurückziehen, sodass die ursprünglich gewählte Strategie der Größenvorteile immer mehr ausgehöhlt wird.[5]

Die wichtigste Erkenntnis aus Yips Kräftesystem besteht darin, dass das Potenzial verschiedener Branchen für eine Internationalisierung sehr variabel ist. Es gibt viele verschiedene Faktoren, die diese begünstigen oder beeinträchtigen können; und ein wichtiger Schritt zur Entwicklung einer Internationalisierungsstrategie besteht in der realistischen Einschätzung des tatsächlichen Potenzials für eine Internationalisierung in der jeweiligen Branche. Das Fallbeispiel zum chinesischen Einzelhandel (*Beispiel 8.1*) zeigt, inwiefern Markt- und Wettbewerbskräfte für die westlichen Unternehmen eine Rolle spielten.

8.3 Nationale und internationale Grundlagen für Wettbewerbsvorteile

Wie aus der vorangegangenen Diskussion über die Kostenkräfte der internationalen Strategie deutlich hervorgeht, stellt der Standort verschiedener Aktivitäten eine wichtige Grundlage für einen potenziellen Vorteil dar und ist eines der entscheidenden Merkmale einer internationalen Strategie im Vergleich zu anderen Diversifikationsstrategien. Wie Bruce Kogut erklärt, kann eine Organisation die Zusammensetzung ihrer Wertkette und ihres Wertnetzwerks[6] verbessern, indem sie länderspezifische Unterschiede nutzt (siehe *Kapitel 8.3.2*). Hier bieten sich zwei grundlegende Chancen: die Nutzung bestimmter *nationaler Vorteile*, oft im Heimatland des Unternehmens, sowie Auslagerungsvorteile im Ausland im Rahmen eines *internationalen Wertnetzwerks*.

5 G. Hamel und C.K. Prahalad, „Do you really have a global strategy?“, *Harvard Business Review*, Band 63, Nr. 4 (1985), S. 139–148.

6 B. Kogut, „Designing global strategies: comparative and competitive value added changes“, *Sloan Management Review*, Band 27 (1985), S. 15–28.

8.3.1 Der Porter-Diamant[7]

Wie jede andere Strategie muss auch die Internationalisierung auf bestimmten nachhaltigen Wettbewerbsvorteilen basieren (siehe *Kapitel 3*). Ein solcher Wettbewerbsvorteil muss meist außerdem recht beachtlich sein. Schließlich hat ein Konkurrent, der auf einem ausländischen Markt aktiv wird, zunächst oft mit erheblichen *Nachteilen* gegenüber heimischen Unternehmen zu kämpfen, denn diese verfügen über bessere Marktkenntnisse, stabile Beziehungen zu lokalen Kunden, starke Zuliefererketten etc. Ein ausländischer Neueinsteiger muss beträchtliche Wettbewerbsvorteile haben, um solche Nachteile wettmachen zu können. Das Beispiel des amerikanischen Einzelhandelsriesen Walmart dient hier als Veranschaulichung: Walmart ist auf vielen asiatischen Märkten mit relativ wenig entwickelten Einzelhandelsmärkten sehr erfolgreich, war aber gezwungen, sich 2006 nach einem knappen Jahrzehnt voller Misserfolge vom reiferen deutschen Markt wieder zurückzuziehen. In Deutschland verfügt Walmart anders als auf den meisten asiatischen Märkten über keinen großen Wettbewerbsvorteil gegenüber einheimischen Einzelhändlern.

Kapitel 3 behandelt Wettbewerbsvorteile im Allgemeinen, doch durch den internationalen Kontext ergeben sich spezielle nationale Grundlagen für einen Wettbewerbsvorteil, die erheblich und außerdem schwer zu imitieren sein können. Länder und Regionen werden oft mit ganz speziellen dauerhaften Wettbewerbsvorteilen in Verbindung gebracht. Beispiele hierfür sind die Schweizer und ihre Privatbanken, die Italiener und ihre Leder- und Pelzmode und die Taiwanesen und ihre Laptop-Computer. Mithilfe von Michael **Porters Diamant** lässt sich erklären, warum einige Nationen in bestimmten Branchen viele Unternehmen mit einem erheblichen Wettbewerbsvorteil hervorbringen (siehe *Abbildung 8.3*). Das Ausmaß des nationalen Vorteils variiert von Branche zu Branche.

Porters Diamant

Der Porter-Diamant behauptet, dass es besondere Gründe gibt, warum manche Staaten wettbewerbsfähiger sind als andere und warum einige Branchen innerhalb eines Staates wettbewerbsfähiger sind als andere.

Der Porter-Diamant legt nahe, dass es vier miteinander verbundene Faktoren gibt, die den nationalen oder heimischen Vorteil in bestimmten Branchen bestimmen. (Diese vier Faktoren lassen zusammen einen diamantförmigen Körper entstehen.) Die bestimmenden Faktoren des nationalen Vorteils lauten wie folgt:

- *Faktorbedingungen.* Diese beziehen sich auf „Produktionsfaktoren", die in die Produktion einer Ware oder Dienstleistung einfließen (also Rohstoffe, Land und Arbeit). Vorteile bezüglich der Faktorbedingungen auf nationaler Ebene können für nationale Unternehmen auf internationalen Märkten zu allgemeinen Wettbewerbsvorteilen führen. So bieten die sprachlichen Fähigkeiten der Schweizer ihnen einen beachtlichen Vorteil für ihre Bankenbranche. Billige Energie ist traditionell für die nordamerikanische Aluminiumproduktion von Vorteil.
- *Bedingungen der heimischen Nachfrage.* Heimische Kunden und ihre Besonderheiten können ebenso einen Wettbewerbsvorteil bedeuten. Sind die Kunden zuhause anspruchsvoll und erwarten viel, so schult dies das betreffende Unternehmen auch für den ausländischen Markt. So boten die hohen Erwartungen, die japanische Kunden an elektrische und elektronische Geräte hatten, einen wichtigen Antrieb für die betreffenden Branchen in Japan, der so zu deren globaler Dominanz auf den Märkten führte. Anspruchsvolle Kunden in Frankreich und Italien verschaffen den Modefirmen dieser Länder seit Jahrzehnten eine Spitzenposition auf dem Modemarkt.

7 M. Porter, „The Competitive Advantage of Nations", *Macmillan*, 1990.

Abbildung 8.3:
Der Porter-Diamant – die bestimmenden Faktoren eines nationalen Vorteils

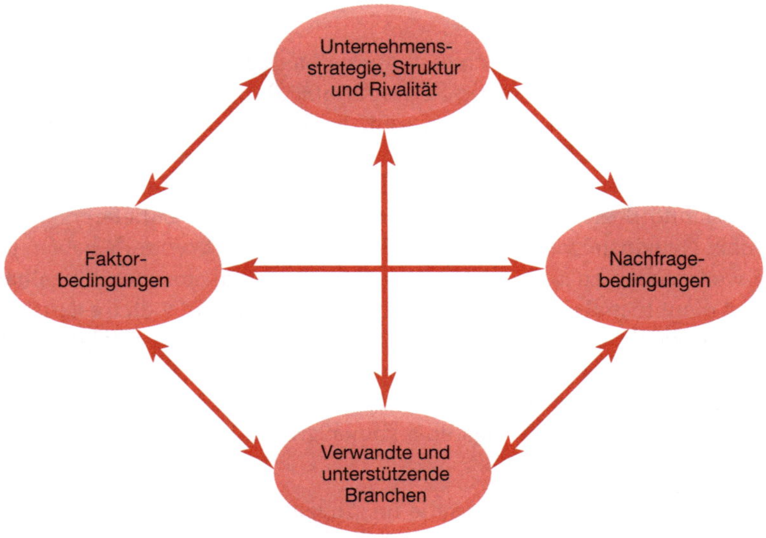

Quelle: Anpassung mit Genehmigung von *The Free Press*, a Division of Simon & Schuster, Inc., aus „The Competitive Advantage of Nations", Michael E. Porter. Urheberrecht 1990, 1998 Michael E. Porter. Alle Rechte vorbehalten.

- *Verwandte und unterstützende Branchen.* Lokale „Cluster" aus verwandten und sich gegenseitig unterstützenden Branchen können eine wichtige Grundlage für einen Wettbewerbsvorteil sein. Diese Cluster sind oft regionaler Natur, sodass persönliche Kontakte leicht herzustellen und zu halten sind. So haben sich in Norditalien beispielsweise die Lederschuhbranche, die Branche für Maschinen zur Lederbearbeitung und die dazugehörigen Designunternehmen alle in der gleichen Region angesiedelt, um sich gegenseitig zu nutzen. In Silicon Valley hat sich ein Cluster aus Hardware-, Software-, Forschungs- und Risikokapitalunternehmen gebildet, die zusammen eine sehr fruchtbare High-Tech-Gemeinschaft sind.
- *Unternehmensstrategie, Branchenstruktur und Rivalität.* Die typischen Strategien, Branchenstrukturen und Rivalitäten in verschiedenen Ländern können auch Basis eines Wettbewerbsvorteils sein. Die Strategie deutscher Firmen, in technisches Fachwissen zu investieren, verleiht ihnen einen charakteristischen Vorteil in der Maschinenindustrie und erzeugt einen großen Wissenspool. Ist die lokale Branchenstruktur vom Wettbewerb geprägt, ist auch das hilfreich, denn lokale Unternehmen, die zuhause eine zu dominante Stellung innehaben, können selbstgefällig werden und so international ihren Vorteil einbüßen. Eine gewisse Rivalität zuhause kann also durchaus von Vorteil sein. So basiert der langfristige Erfolg der japanischen Autoindustrie zum Teil darauf, dass einige nationale Unternehmen vom Staat gefördert werden (anders als in Großbritannien, wo sie alle zu einem Großunternehmen zusammengeschlossen wurden). Auch die Pharmaindustrie in der Schweiz verdankt ihren Erfolg teilweise der Tatsache, dass jede Firma mit mehreren starken lokalen Rivalen zu kämpfen hatte.

Der Porter-Diamant wird von Regierungen eingesetzt, die den Wettbewerbsvorteil ihrer lokalen Industriezweige fördern wollen. Das Argument, dass sich Rivalität durchaus positiv auswirken kann, führte in viele Ländern zu einem radikalen Kurswechsel in der Politik. So bewegte man sich weg vom Protektionismus heimischer Branchen in Richtung einer Förderung des Wettbewerbs. Regierungen können heimische Industrien auch unterstützen, indem sie Sicherheitsstandards oder Grenzwerte für die Umweltbelastung erhöhen (d.h. anspruchsvolle Nachfragebedingungen schaffen) oder Kooperationen zwischen Zulieferern und Käufern auf nationaler Ebene begünstigen (d.h. in bestimmten Regionen für die Bildung von Clustern aus verwandten und unterstützenden Industriezweigen sorgt).

Für einzelne Organisationen besteht der Wert des Porter-Diamanten darin, dass er eine Aussage darüber ermöglicht, inwieweit die Organisation auf heimische Vorteile bauen kann, um auch global einen Wettbewerbsvorteil zu erlangen. So profitieren holländische Brauereien wie z.B. Heineken von ihrer frühen globalen Ausrichtung aufgrund der Besonderheiten des holländischen Markts. Benetton, der italienische Bekleidungshersteller, erzielte weltweiten Erfolg, indem er seine heimischen Erfahrungen mit einem Netzwerk aus weitgehend unabhängigen, oft kleinen Familienbetrieben nutzte, um sein Netzwerk an Franchise-Läden aufzubauen. Bevor Manager eine Strategie zur Internationalisierung entwickeln, sollten sie also zunächst Grundlagen für einen allgemeinen nationalen Vorteil ausfindig machen, um die individuellen Grundlagen für die eigenen Vorteile ihrer Organisation zu untermauern.

8.3.2 Das internationale Wertnetzwerk

Die Grundlagen eines Wettbewerbsvorteils müssen jedoch nicht immer nur vom Heimatmarkt kommen. International aktive Unternehmen können auch durch eine internationale Gestaltung ihres *Wertnetzwerks* einen Vorteil erlangen. Hier können die verschiedenen Fähigkeiten, Ressourcen und Kosten der Länder weltweit systematisch ausgenutzt werden, um jedes Element der Wertkette in dem Land oder der Region zu platzieren, wo es am effektivsten und effizientesten kontrolliert werden kann. Dies kann sowohl durch Auslandsdirektinvestitionen und Joint Ventures als auch durch **globale Beschaffung** erreicht werden, d.h. durch den Einkauf von Dienstleistungen und Komponenten bei den geeignetsten Zulieferern auf der ganzen Welt, gleichgültig, wo sie sich befinden. So rekrutiert der britische staatliche Gesundheitsdienst medizinisches Fachpersonal aus dem Ausland, um ein Defizit an heimischem Fachwissen und Fähigkeiten auszugleichen.

Globale Beschaffung

Globale Beschaffung bezeichnet den Einkauf von Dienstleistungen und Komponenten bei den geeignetsten Zulieferern auf der ganzen Welt, gleichgültig, wo sie sich befinden.

Es können verschiedene standortbezogene Vorteile identifiziert werden:

- *Kostenvorteile* schließen beispielsweise Arbeitskosten, Transport- und Kommunikationskosten sowie Steuer- und Investitionsanreize mit ein. Arbeitskosten sind hier von besonderer Bedeutung. So verlagern amerikanische und europäische Firmen die Programmierung ihrer Software mehr und mehr nach Indien, denn dort belaufen sich die Kosten für einen Softwareprogrammierer nur etwa auf ein Viertel des Gehalts, das ein amerikanischer Angestellter mit entsprechendem Fachwissen erhalten würde. Doch auch in Indien sind die Löhne gestiegen, sodass dort ansässige IT-Firmen schon damit begonnen haben, ihre Aktivitäten in Länder mit noch geringeren Kosten zu verlagern, beispielsweise China. Einige Experten gehen sogar davon aus, dass Tochtergesellschaften indischer Firmen auf diese Weise bald bis zu 40 Prozent der chinesischen Exporte aus dem Bereich IT-Dienstleistungen kontrollieren werden.

- *Einzigartige Fähigkeiten* können es einer Firma ermöglichen, ihren Wettbewerbsvorteil auszubauen. Ein Grund, warum Accenture eine schnell wachsende Softwareentwicklungsfirma in der chinesischen Stadt Dalian eröffnete, bestand darin, dass so die Kommunikation mit potenziellen japanischen und koreanischen multinationalen Unternehmen, die in dieser Region tätig waren, leichter war, als dies mit dem Standort Indien oder Philippinen der Fall gewesen wäre. Ebenso können Organisationen Vorteile bezüglich spezieller technologischer und wissenschaftlicher Fähigkeiten nutzen. So platzierte etwa Boeing sein größtes Technikzentrum außerhalb der USA in Moskau, um so leichteren Zugang zu russischem Fachwissen aus dem Bereich der Aerodynamik zu haben. Organisationen wie Boeing setzen also ihre Fähigkeiten zunehmend selektiv ein, um besondere Standortvorteile zu nutzen und so ihre bestehenden strategischen Fähigkeiten auszubauen und zu stärken. Anders ausgedrückt geht es bei der Internationalisierung immer mehr nicht nur um die Nutzung vorhandener Fähigkeiten auf neuen nationalen Märkten, sondern um die Entwicklung neuer strategischer Fähigkeiten durch den Aufbau von Fähigkeiten in anderen Regionen der Welt.
- *Nationale Merkmale* können es Organisationen ermöglichen, voneinander abgegrenzte Produkte anzubieten, die an verschiedene Marktsegmente gerichtet sind. Der amerikanische Gitarrenhersteller Gibson komplementiert seine in den USA hergestellten Produkte mit oft ähnlichen, aber günstigeren Alternativen, die in Korea unter dem Markennamen Epiphone produziert werden. Aufgrund der amerikanischen Musiktradition profitieren die teureren Gibson-Produkte aber immer noch vom Ruf der Marke und der Kennzeichnung „made in USA“.

Natürlich kann dieser Versuch einer Organisation, die Standortvorteile verschiedener Länder zu nutzen, dazu führen, dass ein komplexes Netzwerk aus inter- und intraorganisationalen Beziehungen entsteht.

Beispiel 8.2 Das internationale „Joint Effort Enterprise“

Für Blue Skies bedeutet internationale Strategie mehr als nur Gewinn.

Blue Skies spezialisiert sich auf die Produktion frisch geschnittener Früchte und Saftprodukte aus einem Netzwerk aus Fabriken in Afrika und Südamerika. Das Unternehmen beliefert mehr als zwölf große europäische Einzelhändler, einschließlich Waitrose im Vereinigten Königreich, Albert Heijn in den Niederlanden sowie Monoprix in Frankreich. Es hat Fabriken in Ghana, Ägypten, Südafrika und Brasilien. Das größte dieser Werke liegt in Ghana, beschäftigt mehr als 1.500 Menschen und beschafft Obst von mehr als 100 kleinen bis mittelgroßen Landwirtschaftsbetrieben. Blue Skies glaubt an die Wertschöpfung an der Quelle. Dazu werden die Rohstoffe innerhalb des Herkunftslands verarbeitet, anstatt sie nach Übersee zu verschiffen und dort zu verarbeiten. Dadurch bleiben bis zu 70 Prozent des Werts des Endprodukts im Herkunftsland, während dies bei einer Verarbeitung im Ausland nur auf 15 Prozent des Werts zutrifft.

Blue Skies arbeitet innerhalb eines selbst entwickelten Rahmens, der als „Joint Effort Enterprise“ (JEE) bezeichnet wird. Dabei handelt es sich um ihr Modell für ein nachhaltiges Unternehmen, allerdings wurde dieses Modell nicht eingeführt, um auf den zunehmenden Hype um das Thema „Nachhaltigkeit“ zu reagieren. Es handelt sich vielmehr um eine Reihe von Prinzipien aus der Gründung des Geschäfts im Jahr 1998, mit denen das Überleben der Gesellschaft sichergestellt werden sollte. Das IEE besteht im Wesentlichen aus drei Aspekten: eine vielfältige Gesellschaft, eine Kultur des Respekts und das Streben nach Gewinn. Letzteres darf allerdings nicht auf Kosten aller anderen Aspekte geschehen. Blue Skies ist überzeugt, dass dieses Modell sicherstellt, dass das Unternehmen die besten Mitarbeiter halten kann und die Ressourcen schützt, auf die es sich stützt, so dass das Unternehmen die qualitativ besten Produkte produzieren und damit das Einkommen generieren kann, welches das Überleben des Unternehmens sichert. Der Ansatz des Unternehmens beruht auf „Fairness in den Geschäftsbeziehungen, Respekt füreinander und – vor allem – Vertrauen“. Darüber hinaus hat Blue Skies zusammen mit zwei europäischen Einzelhändlern mehr als € 420.000 gesammelt und in Ghana und Südafrika mehr als zehn Projekte abgeschlossen, einschließlich des Baus von Schulen, Latrinen und Gemeindezentren. Überdies hat der JEE-Ansatz von Blue Skies sowohl 2008 als auch 2011 einen Preis der britischen Königin für Unternehmen aus der Kategorie nachhaltige Entwicklung erhalten.

Während der letzten Jahre ist Blue Skies mit einer Reihe von internationalen Herausforderungen konfrontiert worden: globale Rezession, steigende Strompreise, die Volatilität der Börsenkurse, Rohstoffknappheit usw. Das Unternehmen hat erkannt, dass es sich dabei um Herausforderungen handelt, auf die ein internationales, auf drei Kontinenten operierendes Unternehmen zu reagieren bereit und willens sein muss. Dementsprechend hat Blue Skies eine Reihe von Initiativen umgesetzt:

- Entwicklung von Produkten für lokale und auf US-Dollar basierende Märkte, um das Risiko von Wechselkursverlusten und Unterbrechungen der Lieferkette zu reduzieren,
- zur Sicherung der ganzjährigen Versorgung mit Früchten Ausbau der Angebotsbasis auf der ganzen Welt,
- Unterstützung der Lieferanten bei der Erzielung landwirtschaftlicher Standards, wie z.B. LEAF (Linking Environment and Farming), zur Sicherung einer nachhaltigen Versorgung,
- Ausbau der Blue Skies Foundation zur Stärkung der Beziehung zu Mitarbeitern, Landwirten und deren Gemeinden,
- Entwicklung von Plänen zur Erzeugung erneuerbarer Energie, um die Stromkosten und Treibhausgasemissionen zu reduzieren, und
- Eröffnung einer in Europa ansässigen Notfallfabrik zur Sicherung einer durchgehenden Lieferung während einer Unterbrechung der Lieferkette.

Quelle: Zusammengestellt von Edwina Goodwin, *Leicester Business School*, De Montfort University.

Kontrollfragen

1. Welche Antriebskräfte der Internationalisierung (*Abbildung 8.2*) waren für die Entscheidung von „Blue Skies" für den Eintritt in seine spezifischen Märkte am wichtigsten?
2. Wie passt die Strategie von Blue Skies in ein umfassenderes internationales Wertesystem mit Lieferanten, Lieferwegen und Kunden (siehe auch *Abbildung 3.5*)?
3. Inwieweit ist JEE von entscheidender Bedeutung für die internationale Strategie und den Wettbewerbsvorteil von Blue Skies und nicht nur eine soziale Maßnahme des Unternehmens?

8.4 Internationale Strategien

Abbildung 8.4: Vier internationale Strategien

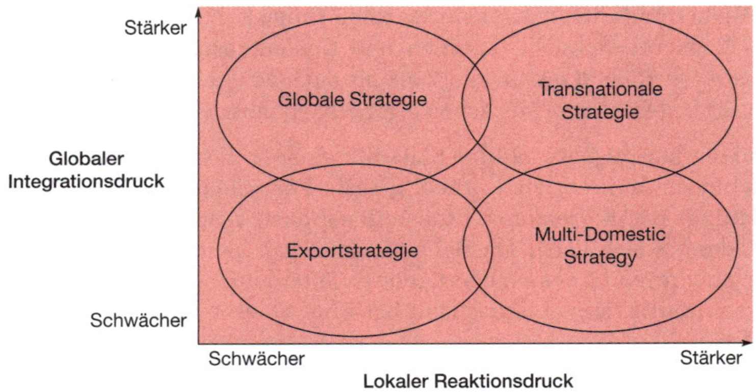

Auch wenn Unternehmen ihre organisationsspezifischen Vorteile und die Fähigkeit haben, durch auf den geografischen Heimatmärkten oder auf den internationalen Wertsystemen basierende Quellen internationale Wettbewerbsvorteile zu nutzen, werden sie mit schwierigen Fragen dazu konfrontiert, welche Art internationaler Strategie sie verfolgen sollen. Dabei besteht die grundlegende Aufgabe bei der Formulierung einer internationalen Strategie darin, den Druck zur *globalen Integration* mit dem Druck zur *lokalen Handlungsfähigkeit* ins Gleichgewicht zu bringen.[8] Der Druck hin zur globalen Integration ermutigt Organisationen, ihre Aktivitäten über verschiedene Länder zu koordinieren, um so für einen effizienten Betrieb zu sorgen. Die oben angeführten Triebkräfte der Internationalisierung (*Kapitel 8.2*) zeigen Kräfte auf, die Organisationen aufbauen können, um niedrigere Kosten und eine höhere Qualität im Betrieb sowie bei Tätigkeiten weltweit zu erzielen. Allerdings gibt es widersprüchliche Zwänge, die

8 Der Integrations-Reaktionsfähigkeitsrahmen basiert auf den ursprünglichen Arbeiten von C. A. Bartlett, „Building and managing the transnational: the new organizational challenge", in M. E. Porter (Hrsg.), „Competition in Global Industries", *Harvard Business School Press*, S. 367–401, 1986 und C. K. Prahalad und Y. Doz, „The Multinational Mission: Balancing local demands and global vision", *Free Press* 1987.

Organisationen überdies ermutigen, lokal reaktionsfähig zu werden und die spezifischen Bedürfnisse in jedem einzelnen Land zu erfüllen (siehe *Kapitel 8.5.1*). Werte und Haltungen, Kulturen, Gesetze, Institutionen und die Wirtschaft unterscheiden sich von Land zu Land und führen zu Unterschieden in den Verbraucherpräferenzen, Produkt- und Dienstleistungsstandards, Vorschriften sowie bei den Arbeitskräften, die alle berücksichtigt werden müssen. Diese beiden gegensätzlichen Kräfte – globale Integration und lokale Reaktionsfähigkeit – haben widersprüchliche Forderungen für die internationale Strategie der Organisation zur Folge. Ein hoher Druck hin zur globalen Integration impliziert eine erhöhte Notwendigkeit, zur globalen Konzentration und Koordination des Betriebs. Im Gegensatz dazu impliziert ein hoher Druck hin zur lokalen Reaktionsfähigkeit ein größeres Bedürfnis, den Betrieb aufzuteilen und an die lokale Nachfrage anzupassen.

Dieses Schlüsselproblem wird mitunter als das **Global-lokal-Dilemma** bezeichnet: das Ausmaß, zu dem Produkte und Dienstleistungen über nationale Grenzen hinweg standardisiert werden können oder angepasst werden müssen, um die Anforderungen spezifischer nationaler Märkte zu erfüllen. Für einige Produkte und Dienstleistungen, wie z.B. Fernsehgeräte, scheinen die Märkte auf der ganzen Welt ähnlich zu sein und es bieten sich enorme potenzielle Skaleneffekte, wenn Konstruktion, Produktion und Lieferung zentralisiert werden können. Allerdings scheint der Geschmack bei anderen Produkten, wie z.B. Fernsehprogrammen, hochgradig national spezifisch zu sein und das zwingt Unternehmen dazu, ihren Betrieb und die Kontrolle so nah wie möglich an den lokalen Markt zu bringen.

Global-lokal-Dilemma

Global-lokales Dilemma bezeichnet das Ausmaß, zu dem Produkte und Dienstleistungen über nationale Grenzen hinweg standardisiert werden können oder angepasst werden müssen, um die Anforderungen bestimmter nationaler Märkte zu erfüllen.

Dieses Dilemma zwischen globaler Integration und lokaler Reaktionsfähigkeit legt mehrere mögliche internationale Strategien nahe, die von der Betonung einer der Dimensionen bis hin zu komplexen Reaktionen reichen, die versuchen, beide zu kombinieren. Organisationen müssen bewerten, inwieweit potenzielle Kosten- und Qualitätsvorteile der globalen Integration bestehen, und diese Aspekte mit der Notwendigkeit der Anpassung von Produkten bzw. Dienstleistungen an die lokalen Bedingungen ins Gleichgewicht bringen. Im vorliegenden Abschnitt werden vier verschiedene Arten von internationalen Strategien vorgestellt, die auf den strategischen Wahlmöglichkeiten für dieses Gleichgewicht beruhen (siehe *Abbildung 8.4*). Bei den vier grundlegenden internationalen Strategien handelt es sich um die folgenden:[9]

- *Exportstrategie:* Diese Strategie nutzt die Fähigkeiten, Innovationen und Produkte des Heimatlands in anderen Ländern. Dabei ist es wie in *Abbildung 8.4* dargestellt vorteilhaft, wenn sowohl der Druck zur globalen Integration als auch die lokale Reaktionsfähigkeit gering sind. Unternehmen, die über charakteristische Fähigkeiten in

9 Die Typologie beruht auf dem grundlegenden Rahmen von C. A. Bartlett und S. Ghoshal, „Managing Across Borders: the Transnational Solution“, The Harvard Business School Press, 1989 (2. aktualisierte Auflage, 1998), und S. Ghoshal und N. Nohria, „Horses for courses: organizational forms for multinational corporations“, *Sloan Management Review*, Band 34 (1993), S. 23–35. Diese Typologie wurde später in einer umfassenden empirischen Untersuchung durch A. W. Harzing in „An empirical analysis and extension of the Bartlett and Ghoshal typology of multinational companies“, *Journal of International Business*, Band 32, Nr. 1 (2000), S. 101–120 bestätigt. Für eine ähnliche Typologie siehe Mr. Porter, „Changing patterns of international competition“, *California Management Review*, Band 28, Nr. 2 (1987), S. 9–39. Für eine kritische Bewertung siehe T. M. Devinney, D.F. Midgley und S. Venaik, „The optimal performance of the global firm: formalizing, and extending the integration-responsiveness framework“, *Organization Science*, Band 11, Nr. 6 (2000), S. 674–695.

Verbindung mit einem starken Ruf und starken Marken verfügen, verfolgen häufig erfolgreich diese Strategie. So siedelt Google beispielsweise seine F&E und die seinen Internetdiensten zugrunde liegende Kernarchitektur zentral am Firmensitz in Kalifornien in den USA an und nutzt diese, abgesehen von lokalen Sprachen und Schriftsystemen, mit geringfügigen Anpassungen auch international. Der Nachteil dieses Ansatzes liegt in den Grenzen einer zentral auf das Heimatland beschränkten Sichtweise des Geschäfts mit dem Risiko, dass qualifizierte lokale Wettbewerber Vorteile erzielen könnten. So ist Google beispielsweise mit Baidu in China und Naver in Korea auf starke lokale Wettbewerber getroffen, die über eine deutlich bessere Beherrschung der Sprache sowie ein besseres Verständnis des Verbraucherverhaltens verfügen.

- *Multi-Domestic-Strategie:* Hierbei handelt es sich um eine Strategie, mit der die lokale Reaktionsfähigkeit maximiert wird. Sie beruht auf verschiedenen Produkt- und Dienstleistungsangeboten und -aktivitäten in jedem Land in Abhängigkeit von den lokalen Marktbedingungen und Verbraucherpräferenzen. Jedes Land wird mit erheblicher Eigenständigkeit unterschiedlich behandelt, damit der Manager in jedem Land die Bedürfnisse der lokalen Märkte sowie Kunden in dem betreffenden Land so gut wie möglich erfüllen kann. Wie im Fall der Exportstrategie wird diese Strategie ähnlich lose international koordiniert. Aus der Organisation wird dadurch eine Ansammlung relativ unabhängiger Einheiten mit an die spezifischen lokalen Bedingungen angepassten Aktivitäten der Wertschöpfungskette. Dieser Multi-Domestic-Ansatz ist besonders dann angemessen, wenn die Anpassung an lokale Bedürfnisse starke Vorteile und eine Integration nur begrenzte Effizienzgewinne bietet. Diese Strategie ist besonders in der Lebensmittel- und Konsumgüterindustrie weit verbreitet, in denen lokale idiosynkratische Präferenzen wichtig sind. Häufig verfolgen marketinggetriebene Unternehmen diese Strategie. So passt beispielsweise Frito-Lay, ein US-amerikanisches Markenunternehmen für Snackprodukte, seine weltweiten Produkte an den lokalen Geschmack an und kreiert sogar ganz neue Snackprodukte für lokale Märkte.[10] Die Nachteile einer multidimensionalen Strategie umfassen Ineffizienzen in der Fertigung, eine Verbreitung von teuren Produkt- und Servicevarianten und Risiken im Hinblick auf Marke und Reputation, wenn die nationalen Praktiken sich zu stark unterscheiden.
- *Globale Strategie:* Hierbei handelt es sich um eine Strategie, mit der die globale Integration maximiert wird. Bei dieser Strategie wird die Welt als ein Markt mit standardisierten Produkten und Dienstleistungen gesehen, die die Integration und Effizienz im Betrieb vollständig ausnutzt. Der Fokus liegt auf der Erfassung von Skalenvorteilen sowie der Ausnutzung von Standortvorteilen weltweit, wobei die an unterschiedlichen geografischen Standorten angesiedelten Aktivitäten der Wertschöpfungskette zentral vom Firmensitz des Unternehmens aus koordiniert und gesteuert werden. In dieser Hinsicht ist diese Strategie genau entgegengesetzt der Multi-Domestic-Strategie. Eine globale Strategie ist dann am nützlichsten, wenn durch die Standardisierung erhebliche Effizienzgewinne im Hinblick auf Kosten und Qualität bestehen und die Kundenbedürfnisse über die Länder hinweg relativ homogen sind. Diese Strategie ist bei Rohstoffen oder rohstoffähnlichen Produkten weit verbreitet. Mexican Cemex, einer der größten Zementhersteller der Welt, verfolgt mit zentralen

10 Für eine Erörterung von Unternehmen, die auf dem Multi-Domestic-Ansatz aufbauen, siehe A. Rugman und R. Hodgetts, „The end of global strategy", *European Management Journal*, Band 19, Nr. 4 (2001), S. 333–343.

und gemeinsam genutzten Diensten in den Bereichen IT, F&E, Personalwesen und Finanzen über Länder und Regionen hinweg eine solche Strategie.[11] Auch Unternehmen, die nicht im Bereich der Rohstoffe tätig sind, wie zum Beispiel der schwedische Möbeleinzelhändler Ikea, können eine globale Strategie verfolgen. Auf der Grundlage einer starken Heimatbasis standardisieren diese Unternehmen Produkte und Marketing mit begrenzter lokaler Anpassung, um eine maximale globale Integrationseffizienz zu erreichen. Der Nachteil der globalen Strategie ist die reduzierte Flexibilität aufgrund der Standardisierung, die die Möglichkeiten der Anpassung der Tätigkeiten und Produkte an die lokalen Bedingungen beschränkt.[12] Dies hat beispielsweise dazu geführt, dass IKEA an einigen angebotenen Möbeln zur Anpassung an den lokalen Geschmack kleinere Änderungen vorgenommen hat.

- *Transnationale Strategie:* Dies bildet die komplexeste Strategie, mit der sowohl die Reaktionsfähigkeit als auch die Integration maximiert werden sollen. Das Ziel besteht darin, die Schlüsselvorteile der Multi-Domestic-Strategie sowie der globalen Strategie zu vereinen, während ihre Nachteile minimiert werden sollen. Darüber hinaus werden das Lernen und der Wissensaustausch zwischen verteilten Einheiten maximiert. Bei dieser Strategie werden Produkte, Dienstleistungen und Betriebstätigkeiten vorbehaltlich minimaler Effizienzstandards an die lokalen Bedingungen in jedem Land angepasst. Im Gegensatz zur Multi-Domestic-Strategie nutzt diese Strategie auch das Lernen und die Innovation über Einheiten in verschiedenen Ländern hinweg. Die Konfiguration der Wertschöpfungskette umfasst eine komplexe Kombination aus zentralisierter Fertigung zur Steigerung der Effizienz sowie die Montage an verschiedenen Standorten und lokale Anpassungen. Die Koordination ist weder zentralisiert im Heimatland noch verteilt in verschiedenen Ländern, ermöglicht aber Wissensflüsse von jedem Ort, an dem Ideen und Innovationen generiert werden. Der Hauptvorteil dieser Strategie liegt in ihrer Fähigkeit, Effizienz und Effektivität zu unterstützen und gleichzeitig lokale Bedürfnisse zu erfüllen und Lernen über die Einheiten hinweg zu fördern. General Electric ist für seine transnationale Strategie gefeiert worden, die das Suchen nach Ideen und deren Austausch unabhängig davon betont, wo diese herkommen. Das Unternehmen tauscht Ideen zur Effizienz, Kundenorientierung und Innovation über verschiedene Teile der Wertschöpfungskette sowie verschiedene Länder weltweit aus.[13] Während allerdings argumentiert wird, dass transnationale Strategien zunehmend notwendig werden, fällt es vielen Unternehmen schwer, dies angesichts der Komplexität und des grundlegenden Trade-offs zwischen Integration und Reaktionsfähigkeit umzusetzen. ABB, der schweizerisch-schwedische Technologiekonzern, wurde einst als archetypisches transnationales Unternehmen bezeichnet, geriet allerdings später in ernsthafte Probleme.[14]

---

11 Für eine detaillierte Darstellung der Cemex-Strategie siehe P. Ghemawat, „Redefining Global Strategy“, *Harvard Business School Press*, 2007.

12 Für eine Erörterung der Grenzen der globalen Strategie siehe A. Rugman und R. Hodgetts in Fußnote 11 oben.

13 Für eine tiefgreifendere Erörterung des Versuchs von General Electric (GE), eine globale und Multi-Domestic-Strategie („Glocalisation“) mit Innovationen auf Schwellenmärkten zu kombinieren, siehe J.R.I. Immelt, V. Govindarajan und C. Trimble, „How GE is disrupting itself“, *Harvard Business Review*, (Oktober 2009), S. 57–65.

14 Für eine Analyse der transnationalen Strategie und ABB als Beispiel siehe C. A. Bartlett und S. Ghoshal, „Managing across Borders: the Transnational Solution“, 2. Auflage, Harvard Business School Press, 1988, S. 259–272 und S. Ghoshal und C. Bartlett, „The Individualized Corporation“, *Harper Business*, 1977.

In der Praxis sind die Strategien, wie durch die sich überlappenden Bereiche in *Abbildung 8.4* dargestellt, allerdings nicht absolut eigenständig. Es handelt sich vielmehr um Beispiele, die alternative internationale Strategien darstellen. Die globale Integration und die lokale Reaktionsfähigkeit sind eher Abstufungen als eindeutige Unterscheidungen. Darüber hinaus werden Entscheidungen zwischen diesen durch bereits an früherer Stelle vorgestellte Triebkräfte der Internationalisierung beeinflusst. Es kommt selten vor, dass Unternehmen eine reine Form einer internationalen Strategie wählen, stattdessen mischen sie häufig die Ansätze und befinden sich dann irgendwo zwischen den vier Strategien. Wie im Beispiel oben dargestellt verfolgt IKEA eine globale Strategie, nimmt allerdings auch geringfügigere lokale Anpassungen vor, die das Unternehmen eher in die Richtung einer transnationalen Strategie führen.

Oftmals spielen Regionen (z.B. Europa oder Nordamerika) eine größere Rolle in der internationalen Strategie als einzelne Länder oder die globale Expansion. Daher finden viele multinationale Unternehmen durch die Wahl *regionaler Strategien* einen Kompromiss zwischen dem lokalen und dem globalen Ansatz.[15] Das Ziel dieser Strategie besteht darin, einen Teil der wirtschaftlichen Effizienz und der Standortvorteile globaler Strategien zu erzielen, während gleichzeitig auch lokale Anpassungsvorteile erreicht werden. Dabei werden Regionen als relativ homogene Märkte behandelt, in denen Tätigkeiten der Wertschöpfungskette konzentriert werden. Umsatzdaten deuten darauf hin, dass viele multinationale Unternehmen diese Art von Strategie mit dem Fokus auf eine oder zwei Regionen, einschließlich der Triade Europäische Union, Nordamerikanisches Freihandelsabkommen bzw. Japan/Asien, verfolgen.[16] So werden beispielsweise mehr als 85 Prozent aller Autos, die in der betreffenden Region gebaut werden, jeweils in Europa, Nordamerika und Japan verkauft. Dieser regionale Ansatz zur internationalen Strategie betont, dass Entfernungen und Unterschiede zwischen Nationen immer noch relativ groß sind (siehe *Kapitel 8.5.1*), was die globale Integration erschwert (siehe auch das Fallbeispiel am Ende des Kapitels).

Allerdings können diese Unterschiede auch durch Arbitrage zur Wertschöpfung ausgenutzt werden. *Arbitrage* impliziert dabei, dass multinationale Unternehmen Preisunterschiede zwischen zwei oder mehr Märkten ausnutzen, indem sie Waren auf einem Markt billig kaufen und sie zu einem höheren Preis auf einem anderen Markt verkaufen. So ist Walmart beispielsweise dafür bekannt, dass es einen Großteil seiner in den USA verkauften Waren in China beschafft. Allerdings können nicht nur Preisunterschiede, sondern auch Unterschiede im Hinblick auf Lohnkosten, Wissen, Kapital und Steuern durch die Tätigkeit in verschiedenen Ländern ausgenutzt werden. So ist Google dafür bekannt, dass es Steuerunterschiede zwischen den Ländern in seinem internationalen

15 Für eine Kritik des Rahmens von Integration und Reaktionsfähigkeit sowie dessen Mängel bei der Berücksichtigung von Regionen und eine detaillierte Erörterung der regionalen Strategie siehe A. M. Rugman, „The regional Multinational – MNEs and „global" strategic management", S. 48–53 und S. 201–212, *Cambridge University Press*, 2005. Eine weitere Analyse regionaler Strategien findet sich in P. Ghemawat, „Regional strategies for global leadership", *Harvard Business Review*, Dezember (2005), S. 98–108.

16 Für eine tiefgreifende Untersuchung der regionalen Umsatzdaten siehe A. Rugman und A. Verbeke, „A perspective on regional and global strategies of multinational enterprises", *Journal of International Business*, Band 35 (2004), S. 3–18 und A. M. Rugman, „The End of Globalization", Random House, 2000; A. M. Rugman und S. Girod, „Retail multinationals and globalization: the evidence is regional", *European Management Journal*, Band 21, Nr. 1 (2003), S. 24–27 und A.M. Rugman, Fußnote 15 oben.

Betrieb, wie beispielsweise die vergleichsweise niedrige irische Körperschaftssteuer, ausnutzt. Das Arbitragepotenzial multinationaler Unternehmen ist erheblich. Daher ist dieser Aspekt die dritte erhebliche Dimension der internationalen Strategie neben der Integration und der Reaktionsfähigkeit.[17] Schließlich erfordern unterschiedliche internationale Strategien verschiedene Organisationsanforderungen, um zum Erfolg zu führen. Dies wird in *Kapitel 13.2.4* erörtert.

8.5 Marktselektion und Eintritt

Hat sich ein Manager nun für eine internationale Strategie entschieden, die auf gesicherten Grundlagen eines Wettbewerbsvorteils basiert und von starken Antriebskräften der Internationalisierung gestützt wird, muss er sich entscheiden, in welchen Ländern seine Organisation aktiv werden soll. Denn nicht alle Länder sind gleich attraktiv. Bis zu einem gewissen Grad können Länder aber anfänglich mittels der standardisierten Umfeldanalysetechniken verglichen werden, etwa gemäß den Dimensionen der PESTEL-Analyse (siehe *Kapitel 2.2.1*) oder der Five-Forces-Analyse (siehe *Kapitel 2.3*). Es gibt jedoch gewisse Bestimmungsgrößen der Marktattraktivität, die bei der Wahl der Internationalisierungsstrategie berücksichtigt werden müssen. Diese können anhand zweier Kriterien analysiert werden: zum einen die spezifischen Eigenschaften des Markts, zum anderen die Art des herrschenden Wettbewerbs. Hier kommt es vor allem darauf an, wie die ursprüngliche Einschätzung eines Markts sich durch verschiedene Maßnahmen der *Distanz* und durch die Wahrscheinlichkeit eines *Vergeltungsschlags* durch die Konkurrenz verändern kann. Der Abschnitt schließt mit der Betrachtung verschiedener Eintrittsmöglichkeiten auf nationale Märkte.

8.5.1 Merkmale des Markts

Mindestens vier Elemente der PESTEL-Analyse sind bei einem Ländervergleich besonders wichtig, wenn es um den Markteintritt geht:

- *Politisch.* Das politische Umfeld vieler Länder ist sehr verschieden und kann sich auch schnell verändern. So hat Russland seit dem Ende des Kommunismus häufige und schnelle Veränderungen erlebt, die Aktivitäten ausländischer Unternehmen begünstigen oder behindern. Regierungen können also erhebliche Chancen für Organisationen schaffen. So gewährte die offizielle schottische Unternehmensförderungsagentur Scottish Enterprise eine finanzielle Förderung, um 2003 die MTV Music Awards in die schottische Hauptstadt Edinburgh zu holen. Auch politische und rechtliche Veränderungen können zur Chance für eine internationale Expansion werden, wie am Beispiel Carrefour und Walmart beschrieben (siehe *Beispiel 8.1*). Trotzdem ist es wichtig, das aktuelle *politische Risiko* eines Landes zu bestimmen, bevor man dort aktiv wird.
- *Wirtschaftlich.* Wichtige Vergleichswerte bei der Entscheidung für oder gegen einen Markteintritt sind das Bruttoinlandsprodukt und das verfügbare Einkommen, die zur Einschätzung des potenziellen Marktvolumens dienen können. Schnell wachsende Volkswirtschaften bieten natürlich große Chancen und in Schwellenländern

17 P. Ghemawat, „Reconceptualizing international strategy and organization", *Strategic Organization*, Band 6, Nr. 2 (2008), S. 195–206.

wie China entsteht durch das Marktwachstum eine immer größer werdende Mittelschicht an Konsumenten mit aktivem Kaufverhalten. Dabei müssen Unternehmen auch auf die Stabilität der jeweiligen Landeswährung achten, die den Einkommensfluss beeinträchtigen könnte. Es könnte ein erhöhtes *Währungsrisiko* bestehen.

- *Sozial.* Soziale Faktoren sind natürlich auch von großer Bedeutung, so etwa die Verfügbarkeit gut ausgebildeten Personals oder die Größe der demografischen Marktsegmente – alt oder jung – die für die Unternehmensstrategie relevant sind. Kulturelle Schwankungen, etwa Trends und Modeerscheinungen auf dem Markt, müssen ebenfalls berücksichtigt werden.
- *Rechtlich.* Die Rechtssysteme der verschiedenen Länder sind sehr unterschiedlich und sie bestimmen, inwieweit Unternehmen Verträge durchsetzen, geistiges Eigentum schützen oder Korruption vermeiden können. Auch für die Sicherheit am Arbeitsplatz sind rechtliche Bestimmungen wichtig. Dies ist ein Aspekt, der einige ausländische Unternehmen in der Vergangenheit vor einem Markteintritt in manche Länder Südamerikas zurückschrecken ließ.

Es ist üblich, die einzelnen nationalen Märkte gemäß solcher Kriterien gegeneinander abzugleichen und dann die Länder für einen Markteintritt auszuwählen, die relativ gesehen am besten abschneiden. Pankaj Ghemawat weist jedoch darauf hin, dass es nicht nur auf die Attraktivität verschiedener Länder im Verhältnis zu anderen ankommt. Auch die Kompatibilität der möglichen Länder mit dem Unternehmen, das eine Internationalisierung anstrebt, spielt eine Rolle.[18] Er argumentiert, dass manche Länder für Unternehmen aus einem bestimmten Land „weiter entfernt“, d.h. weniger kompatibel sind als andere. Unternehmen aus verschiedenen Ländern passen also nicht alle gleich gut zu den Ländern, die für sie an oberster Stelle für einen Markteintritt stehen. So kann ein Markt in einem südamerikanischen Land ebenso attraktiv sein wie ein Markt in Ostafrika, doch eine spanische Firma würde sich wohl eher in Südamerika zuhause fühlen. Ein Unternehmen muss also nicht nur eine relative Reihenfolge gemäß der Attraktivität festlegen, sondern auch bestimmen, wie „nahe“ ihm bestimmte Länder stehen. Um seine Argumentation zu stützen, dass es auch auf die Distanz ankommt, hat Ghemawat den sogenannten CAGE-Bezugsrahmen zusammengestellt, bei dem jedes Element für eine Dimension der Distanz steht

- *Kulturelle Distanz.* Hier bezieht sich die Distanz auf Sprache, Volkszugehörigkeit, Religion und soziale Normen. Bei der kulturellen Distanz geht es nicht nur um Ähnlichkeiten bei den Vorlieben der Konsumenten, sie erstreckt sich auch auf die wichtige Kompatibilität, was das Verhalten von Managern betrifft. Hier fühlen sich amerikanische Unternehmen vielleicht Kanada näher als Mexiko, das für spanische Firmen wiederum eher kompatibel erscheinen mag. *Abbildung 8.5* bezieht sich auf die GLOBE-Befragung von 17.000 Managern aus 62 verschiedenen gesellschaftlichen Kulturen auf der ganzen Welt, mit der insbesondere die Haltungen amerikanischer und chinesischer Manager zu einigen wesentlichen kulturellen Aspekten dargestellt werden. Dieser GLOBE-Befragung zufolge erscheinen amerikanische Manager typischerweise risikofreudiger, während chinesische Manager eigenverantwortlicher sind. Eine Möglichkeit der Verringerung der Distanz besteht in der Kooperation mit lokalen Partnern.

18 P. Ghemawat, „Distance still matters“, *Harvard Business Review*, September (2001), S. 137–147.

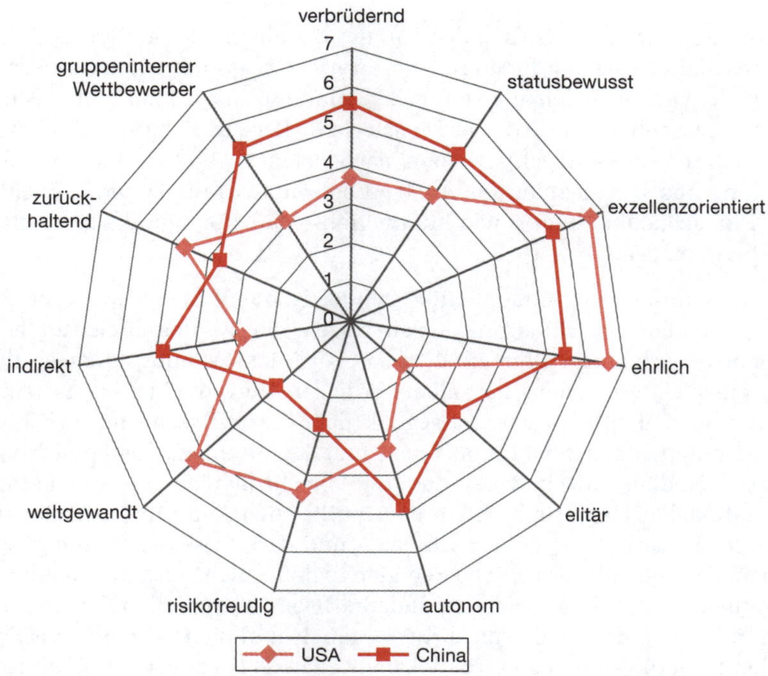

Anmerkung: Auf der Grundlage einer Befragung von Managern zu ausgewählten Standarddimensionen

Abbildung 8.5: Internationaler interkultureller Vergleich

Quelle: M. Javidan, P. Dorman, M. de Luque und R. House, „In the eye of the beholder: cross-cultural lessons in leadership from Project GLOBE", *Academy of Management Perspectives* (Februar 2006), S. 67–90 (Abbildung 4: USA vs China, S. 82). (GLOBE steht für ‚Global Leadership and Organisational Behaviour Effectiveness' [Globale Führung und Effektivität des organisationalen Verhaltens].)

Beispiel 8.3 Nordic Industrial Park: Überbrückung der Kluft zwischen internationalen Märkten

Wenn ein Unternehmen mit beschränkten Ressourcen in einen weit entfernten Markt eintritt, ist die Nutzung eines in der Nähe gelegenen Eintrittspunkts hilfreich.

Die Anziehungskraft des chinesischen Markts hat dazu geführt, dass sich mehrere Unternehmen in eine Umgebung gewagt haben, die ihnen nicht vertraut und für sie verwirrend ist. Dies gilt insbesondere für kleine und mittlere Unternehmen (KMU), die nicht über die umfassenden Mittel wie große internationale Unternehmen verfügen. Für KMU ist es hilfreich, eine „Brücke" in einen weit entfernten Markt zu haben. Eine Möglichkeit dazu bietet die Nutzung eines in ausländischem Besitz befindlichen Gewerbeparks (d.h. eines zur gewerblichen Nutzung ausgewiesenen Areals).

Im Folgenden wollen wir dazu den Fall des Nordic Industrial Park (NIP) betrachten, der Räumlichkeiten für Büros und Einrichtungen der Leichtindustrie sowie eine Reihe von Dienstleistungen für die Gründung eines Unternehmens in China bietet. Dazu gehören juristische Dienste (z.B. Registrierung des Unternehmens und Entwurf von Verträgen), Personalmanagement (z.B. Rekrutierung, Gehaltsabrechnung und Umzüge von ins Ausland entsandten Mitarbeitern), Buchhaltung (z.B. Finanzbuchhaltung) sowie Informations- und Kommunikationstechnologie (z.B. Internetzugang).

NIP wurde durch Ove Nodland mitbegründet. Nodland ist ein Norweger, der 1994 zum ersten Mal nach China ging, um ein staatseigenes Unternehmen zu leiten, das eine norwegische Investition erhalten hat. Als Nächstes unterstützte er die Gründung eines Unternehmens für seltene Erden in Ningbo, einer Hafenstadt in der Provinz Shejian südlich von Schanghai (dem Geschäftszentrum für China), die für ihre unternehmerische Initiative bekannt ist, für einen anderen norwegischen Konzern. Nodland war bewusst, dass die Vorschriften, auch wenn sie in Peking (der nationalen Hauptstadt sowie dem politischen Zentrum) gemacht werden, durch lokale Beamte umgesetzt werden – und dass diese daher eine große Rolle spielen. Er investierte erhebliche Energien in den Aufbau enger Beziehungen zum Bürgermeister der Stadt sowie zu anderen Beamten und stellte sicher, dass das Unternehmen die lokalen Vorschriften einhält und sich an den Prioritäten der lokalen Regierung ausrichtet. Die lokalen „guanxi" (Netzwerkverbindungen) von Nodland entwickelten sich schnell. Aber der Zielmarkt des Unternehmens war die IT-Branche und als die Dotcom-Blase platzte, brach die Nachfrage ein. Nodland hatte nun zwar einen Standort für das Geschäft in Ningbo, allerdings nur wenig Spielraum für die Erzielung des beabsichtigten Erfolgs.

Nach einigen Überlegungen entwickelte Nodland eine alternative Verwendung für diesen Standort und seine Verbindungen. Er hatte erkannt, dass er in der Lage war, europäische KMU beim Markteintritt in China zu unterstützen. Daher entschied er sich dafür, sich auf das zu konzentrieren, was er am besten konnte: Unternehmen aus Skandinavien (Dänemark, Finnland, Island, Norwegen und Schweden), die eine Niederlassung in Ningbo gründen wollen. So wurde 2002 das Konzept von NIP geboren. Innerhalb von zwei Jahren wurde das Konzept umgesetzt. Aus der Perspektive eines europäischen KMU als Nutzer des NIP betrachtet, gibt es mehrere Vorteile:

- *Verfahren:* geringere Anschubkosten – NIP hilft mit seinen Kenntnissen der chinesischen Geschäftswelt den Kunden bei der Überwindung der in Verbindung mit der Gründung und dem Betrieb eines Unternehmens in China entstehenden Schwierigkeiten und ermöglicht es den Unternehmen somit, ihre Zeit und Energie auf die Aktivitäten in ihrem Kerngeschäft zu konzentrieren.
- *Physische Umgebung:* eine vertraute Umgebung – die Architektur und das Design von NIP ahmen skandinavische Merkmale nach. Daher unterscheidet es sich von chinesischen Standardgeschäftsgebäuden. Dies gibt den ausländischen Managern nicht nur ein vertrautes Gefühl, sondern bildet für die chinesischen Mitarbeiter auch eine symbolische Erinnerung daran, dass sie Teil eines westlichen Unternehmens sind.

- *Menschen:* eine Gemeinschaft Gleichgesinnter – als Teil der größten Gruppe skandinavischer Unternehmen in China erhalten die ausländischen Manager die Möglichkeit, Erfahrungen mit anderen zu teilen bzw. von anderen Managern mit ähnlichem kulturellen Hintergrund durch Unterhaltungen auf den Gebäudefluren bzw. in Gesprächen beim Mittagstisch „nützliche Kniffe“ zu erlernen.
- Natürlich ist die Wahl eines Standorts wie bei NIP auch mit Kosten verbunden, sie bietet allerdings Vorteile durch die „Reduzierung der Entfernung“.

Quelle: Zusammengestellt von Shameen Prashantham, Nottingham University Business School China.

Kontrollfragen

1. Erörtern Sie die Dienstleistungen von NIP im Hinblick auf den CAGE Bezugsrahmen, und analysieren Sie, wie diese Dienste zur Reduzierung der Entfernung beitragen können.
2. Welche Nachteile kann es haben, in einem Industriegebiet ansässig zu sein?

- *Administrative und politische Distanz.* Hier bezieht sich die Distanz auf inkompatible administrative, politische und rechtliche Traditionen. Verbindungen aus der Kolonialzeit können solche Unterschiede vermindern; so schafft das gemeinsame Erbe Frankreichs und seiner ehemaligen westafrikanischen Kolonien ein gewisses Verständnis füreinander, das über die sprachlichen Vorteile hinausgeht. Institutionelle Schwächen – etwa langsame oder korrupte Administration – können aber für Distanz zwischen Ländern sorgen. Bei politischen Unterschieden verhält es sich ebenso: Chinesische Unternehmen sind mehr und mehr in der Lage, in Teilen der Welt aktiv zu werden, die für amerikanische Firmen schwer zu erschließen sind, so etwa in Teilen des Mittleren Ostens und Asiens.
- *Geografische Distanz.* Hier geht es nicht nur darum, wie viele Kilometer die Länder voneinander trennen. Auch andere geografische Merkmale der Länder spielen eine Rolle wie etwa Größe, Zugang zum Meer und die Qualität der Kommunikationsinfrastruktur. So haben etwa die Schwierigkeiten, die Walmart in Europa hat, damit zu tun, dass dessen Logistiksysteme für enorm große Distanzen entwickelt wurden, wie sie eben in Nordamerika vorliegen. Für kleinere, dichter besiedelte europäische Länder waren sie dagegen weit weniger gut geeignet. Die Transportinfrastruktur kann physische Distanzen sowohl vermindern als auch verschärfen. So ist Frankreich großen Teilen des europäischen Kontinents viel näher als Großbritannien, denn der Ärmelkanal ebenso wie das relativ schlecht ausgebaute Straßen- und Schienennetz Großbritanniens bilden hier eine Barriere. Die Möglichkeit für Einzelunternehmen, geografische Distanzen zu reduzieren, wird durch die Entwicklung von Megaschiffen durch das brasilianische Bergbauunternehmen in *Beispiel 8.4* verdeutlicht.

Beispiel 8.4 Vale – ein brasilianischer Riese in unterschiedlichen Kulturen

Durch seine schnelle Auslandsexpansion gewinnt dieser multinationale brasilianische Konzern kontrastreiche Erfahrungen.

Bis in die späten 1990er-Jahre war das brasilianische Bergbauunternehmen Vale ein staatseigener schlafender Riese. Vale, der größte Eisenerzproduzent der Welt und das nach Volumen und Marktwert zweitgrößte Bergbauunternehmen weltweit, wurde 1997 privatisiert. Seitdem hat sich das Unternehmen in ein dynamisches Konglomerat verwandelt und global expandiert. Der frühere Vorstandsvorsitzende des Unternehmens, Roger Agnelli, erklärte 2010 dazu: „Vale war früher grundsätzlich ein Eisenerzunternehmen. Wir waren im Wesentlichen in Brasilien tätig. Jetzt operieren wir in 36 Ländern." Obwohl Vale als eines der „mächtigsten und aggressivsten Bergbauunternehmen der Welt" beschrieben wird, sind seine internationalen Erfahrungen wie im Folgenden dargestellt tatsächlich gemischt gewesen. Daher hat der neue Vorstandsvorsitzende, Murilo Ferreira, die globale Expansion von Vale etwas gedrosselt.

Die Übernahme von Inco, dem weltgrößten Nickelproduzenten, durch Vale im Jahr 2006 zu einem Preis von € 13,2 Milliarden war die erste große ausländische Übernahme. Die größte kanadische Zeitung *Globe and Mail* bezeichnet die Ankunft von Vale als „größte kanadische Bergbaukatastrophe". Viele Kanadier hegten Groll gegen diese Übernahme durch eine Firma, die sie als Unternehmen aus einem Entwicklungsland betrachteten. Von den zu Beginn des Jahres 2007 29 leitenden kanadischen Mitarbeitern hatten drei Jahre später 23 – zumeist freiwillig – das Unternehmen verlassen. Auf einer spannungsgeladenen Sitzung entgegnete ein brasilianischer Manager: „Wenn ihr so schlau seid, wie kommt es denn, dass ihr nicht *uns* übernommen habt?" Dieser Schlag führt zu einem Streik, der beinahe ein Jahr andauerte. Auch wenn dieser Konflikt letztendlich beigelegt wurde, galt er als Vorzeichen möglicher Konflikte, die entstehen können, wenn Unternehmen aus Schwellenländern, wie Brasilien, China und Indien, in neue, unbekannte Gebiete expandieren.

Dabei hat sich die florierende Nachfrage aus China als Geschenk erwiesen. So macht der Eisenerzexport von Vale nach China ungefähr 30 Prozent seiner Erlöse aus. Allerdings besteht verglichen mit den Hauptkonkurrenten des Unternehmens, den australischen Bergbauunternehmen BHP und Rio Tinto, für Vale ein erheblicher Nachteil: die Entfernung. Zur Lösung dieses Problems hat Vale riesige Eisenerzschiffe entwickelt. Eine Flotte von 100 Schiffen der sogenannten Valemax-Klasse würde die Transportkosten nach China um 20 Prozent und die Kohlendioxidemissionen um 35 % reduzieren. Die riesigen Schiffe haben allerdings, insbesondere nachdem sich im Ballasttank eines Schiffs ein Riss gebildet hat, zu Kontroversen bei den chinesischen Behörden geführt. Die krisengeschüttelte chinesische Schiffbaubranche äußerte sich besonders kritisch und behauptete, dass die Megaschiffe die Frachtraten drücken würden. All dies hat dazu geführt, dass Valemax-Schiffe nicht in chinesischen Häfen anlegen dürfen. Damit wurde Vale gezwungen, in Malaysia und den Philippinen zu entladen.

Im Gegensatz dazu stellt sich die Erfahrung von Vale in Mosambik anders dar. Für Vale sind, wie für viele andere brasilianische Unternehmen, aufgrund des gemeinsamen kulturellen und sprachlichen Erbes aus dem portugiesischen Kolonialismus die beiden afrikanischen Länder Angola und Mosambik interessant. So stammte ungefähr die Hälfte der 3 Millionen zwischen 1700 und 1850 nach Brasilien verschifften schwarzafrikanischen Sklaven aus Angola und in den 1820er-Jahren wollten Siedler in Angola und Mosambik sich dem gerade unabhängig gewordenen Brasilien in einer Föderation anschließen. Zunächst investierte Vale € 1,3 Milliarden in Moatize, das bei Investoren als eine der größten unerschlossenen Kohlelagerstätten der Welt gilt. Aufgrund des Erfolgs beschloss Vale, durch eine zusätzliche Investition von € 4,5 Milliarden, die auch den Ausbau von Eisenbahnanbindungen und Infrastruktur umfasste, die Kapazität von 11 Millionen auf 26 Millionen Tonnen pro Jahr zu erhöhen. Murilo Ferreira, Vorstandsvorsitzende von Vale, bestätigt die Bedeutung Afrikas für die Strategie des Unternehmens: „Das ist ein neuer Horizont ... Afrika ist sehr wichtig. Und wir möchten dort expandieren."

Quelle: Financial Times, 25. Februar 2010; *Financial Times*, 9. Februar 2010; *Financial Times*, 11. Februar 2010; *Financial Times*, 12. April 2012; *Financial Times*, 1. Oktober 2012; *minin-technology.com*, 24. November 2011; *mininweekly.com*, 18. Mai 2012.

Kontrollfragen

1. Nennen Sie drei Gründe für die unterschiedliche Aufnahme von Vale in Kanada und Mosambik.
2. Was kann Vale tun, um die Probleme zu reduzieren, mit denen das Unternehmen bei seiner globalen Expansion konfrontiert wird?

- *Wirtschaftliche Distanz.* Das abschließende Element des CAGE-Systems bezieht sich insbesondere auf die durch Wohlstand verursachte Distanz. Es gibt natürlich international große Unterschiede im Hinblick auf den Wohlstand: Vier Milliarden Menschen leben mit weniger als $ 2 unter der Armutsgrenze.[19] Multinationalen Unternehmen aus reichen Ländern gelingt es üblicherweise nur schlecht, solche sehr armen Kunden zu bedienen. Dadurch verlieren diese multinationalen Unternehmen aus reichen Ländern allerdings große Märkte, wenn sie sich nur auf die reiche Elite im Ausland konzentrieren. C. K. Prahalad von der University of Michigan hat diesbezüglich darauf hingewiesen, dass der aggregierte Wohlstand der Menschen an der „Basis der Pyramide" im Hinblick auf die Einkommensverteilung durchaus erheblich ist: Mathematisch bedeutet dies einfach, dass die vier Milliarden Menschen unterhalb der Armutsgrenze einen Markt von mehr als $ 2.000 Milliarden pro Jahr darstellen. Wenn es multinationalen Unternehmen aus reichen Ländern gelingt, neue Fähigkeiten zu entwickeln, um diese numerisch riesigen Märkte zu bedienen, können sie die wirtschaftliche Distanz überbrücken und damit

19 C.K. Prahald und A. Hammond, „Serving the world's poor, profitably", *Harvard Business Review*, September (2002), S. 48–55; Economist Intelligence Unit, „From subsistence to sustainable: a bottom-up perspective on the role of business in poverty alleviation", 24. April 2009.

ihre Präsenz in aufstrebenden Volkswirtschaften, wie China und Indien, erheblich ausbauen und den armen Verbrauchern Zugang zu westlichen Gütern verschaffen (siehe *Beispiel 8.5* zu Innovationen für die Basis der Pyramide).

Beispiel 8.5 Strategien für die „Basis der Pyramide"

Eine Strategie für die Basis der Pyramide umfasst mehr als nur niedrige Preise. Die Basis der Pyramide beinhaltet auch die Gestaltung neuer Produkte, die Bildung von Partnerschaften, die Umgestaltung von Vertriebskanälen und die Einführung neuartiger finanzieller Lösungen.

Produktgestaltung

Ein wesentliches Problem in den Entwicklungsländern ist die geringe Qualität des Leitungswassers. Unilever Hindustan, das im Besitz des britisch-niederländischen Unternehmens Unilever befindliche größte indische Konsumgüterunternehmen, hat einen Wasserfilter entwickelt, der Wasser genauso sicher macht wie Abkochen. Dieser Filter wird über das umfassende Unilever-Vertriebsnetz vermarktet und verkauft. Der Filter ist, hauptsächlich in den großen und mittelgroßen Städten in Indien, an mehr als drei Millionen Haushalte verkauft worden. Allerdings ist er bei einem Preis von € 26 für Millionen Inder, die mit weniger als einem Dollar pro Tag auskommen müssen, immer noch unerreichbar. Um die Kunden in ländlichen Gebieten zu erreichen, hat Unilever daher begonnen, eine „Light-Version" (geringere Kapazität) des Filters zu vermarkten. Aufgrund des Erfolgs des Produkts auf dem indischen Markt hat Unilever Hindustan den Wasserfilter auch auf anderen Märkten in Asien, Osteuropa und Südafrika eingeführt.

Partnerschaften

First Energy Oorja begann als Partnerschaft zwischen dem indischen Institute of Science Bangalore und der Abteilung für sich entwickelnde Verbrauchermärkte von British Petroleum (BP) mit dem Ziel der Entwicklung eines Herds mit Hilfe der „Innovationskraft und eines starken Verständnisses des Energiebedarfs der Verbraucher". Sie wurde später durch The Alchemists' Ark (TAA), eine private Unternehmensberatung, übernommen.

Die First-Energy-Oorja-Herde sind rauchfreie, preisgünstige Herde, die mit Pellets – einem organischen Biokraftstoff aus verarbeiteten Agrarabfällen – funktionieren. Zum Vertrieb und zur Vermarktung des Herds arbeitet First Energy Oorja in einer engen Partnerschaft sowohl mit lokalen Nichtregierungsorganisationen als auch Händlernetzwerken in den landwirtschaftlichen Märkten zusammen. Dieses Vertriebsmodell stellt sicher, dass das Produkt auch die abgelegenen indischen Orte erreicht.

Vertriebskanäle

Bayer CropScience, ein globales Unternehmen, das Pflanzenschutzprodukte entwickelt und herstellt, hat in Kenia ein Green-World-Unternehmen initiiert. Dazu wurden kleine Packungen von Pestiziden eingeführt und ein Netz von kleinen, ländlichen Agrarhändlern so geschult, dass sie wiederum Inhaber kleiner landwirtschaftlicher Betriebe zum Umgang und Gebrauch des Produkts anleiten und schulen können. Überdies hat das Unternehmen per Radio weitere Unterstützung geliefert und Marketing betrieben. Bayer CropScience hat die Händler sorgfältig auf der Grundlage ihres Rufs in der Gemeinde und ihrer Umsatzvolumina ausgewählt. Im Ergebnis stammen heute 25 Prozent der Erlöse aus dem Gartenbaueinzelhandel in Kenia aus den Green-World-Geschäften.

Finanzielle Lösungen

Cemex, ein globaler Zementhersteller aus Mexiko, war ein innovativer Pionier bei der Gestaltung eines Mikrofinanzierungssystems („Patrimonio Hoy" (Eigentum heute)) für die Armen in Mexiko sowie später im Rest Lateinamerikas. In der Vergangenheit war der Bau von Häusern für diese Gruppe häufig langwierig und riskant, da Familien mit geringem Einkommen ohne Ersparnisse oder Zugang zu Krediten immer nur kleine Mengen Baumaterial kaufen konnten. Patrimonio Hoy bietet eine Lösung für dieses Problem: Dabei handelt es sich um eine Kombination aus Spar- und Kreditplänen, bei denen Cemex den Kunden über ein Mitgliedschaftssystem mit geringen monatlichen Gebühren Finanzierungen ohne Sicherheiten gewährt. Die Kunden weisen ihre Spardisziplin durch regelmäßige monatliche Zahlungen nach und Cemex entwickelt durch die frühzeitige Lieferung von Baumaterial auf Kredit Vertrauen in die Kunden. Dieses Programm ist erfolgreich und Cemex meldet, dass es mittlerweile 265 Millionen Familien erreicht hat.

Quellen: Schweizerische Direktion for Entwicklung und Zusammenarbeit, 2011; *Institute for Financial and Management Research*, 2012; A. Karamchandani, M. Kubzansky und N. Lalwani, „Is the bottom for the pyramid really for you?", *Harvard Business Review*, März 2011; *Business Today*, Dezember 2011.

Kontrollfragen

1. Mit welchen Risiken oder welchen Gefahren werden unter Umständen westliche Unternehmen bei der Verfolgung von Strategien für die Basis der Pyramide konfrontiert?
2. Können westliche Unternehmen etwas von den Strategien für die Basis der Pyramide lernen, das auch auf ihren Heimatmärkten wichtig ist?

8.5.2 Merkmale des Wettbewerbs

Eine Einschätzung der relativen Attraktivität verschiedener Märkte mithilfe der PESTEL- und der CAGE-Analyse ist meist nur der erste Schritt. Ein zweites wichtiges Element bezieht sich auf den Wettbewerb. Hier kann natürlich die Five-Forces-Analyse von Porter helfen (siehe *Kapitel 2.3*). So sind nationale Märkte mit vielen etablierten Konkurrenten, mächtigen Käufern (etwa große Einzelhandelsketten wie in Nordamerika und Nordeuropa) und niedrigen Eintrittsbarrieren für weitere internationale Konkurrenten meist eher unattraktiv.

Ein weiterer Gesichtspunkt ist jedoch die Wahrscheinlichkeit eines Vergeltungsschlags anderer Konkurrenten.

Abbildung 8.6: Vergeltungsschlag internationaler Konkurrenten

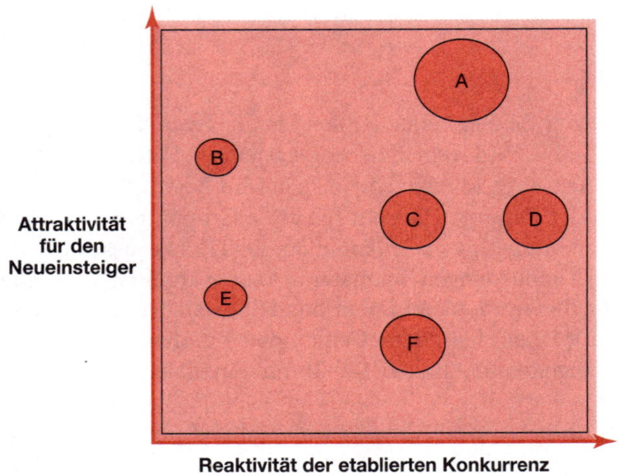

Anmerkung: Die Größe des Kreises gibt die relative Schlagkraft des Verteidigers an.

Quelle: Nachdruck mit Genehmigung der *Harvard Business Review*. Anlage angepasst aus „Global gamesmanship" von I. MacMillan, S. van Putter und R. McGrath, Mai 2003. Urheberrecht 2003, *Harvard Business School Publishing Corporation*. Alle Rechte vorbehalten.

Innerhalb des Systems der fünf Kräfte bezieht sich potenzielle Vergeltung auf die Rivalität, doch Manager können diesen Aspekt erweitern und dazu Erkenntnisse nutzen, die direkt aus der „Spieltheorie" stammen (siehe *Kapitel 6.7*). Hier werden Wahrscheinlichkeit und Heftigkeit potenzieller Reaktionen der Konkurrenz zur einfachen Kalkulation der relativen Marktattraktivität addiert. Wie in *Abbildung 8.6* dargestellt, werden die Ländermärkte anhand von zwei Achsen angeordnet.[20] Die erste Achse zeigt die *Marktattraktivität* für den Neueinsteiger an, ausgehend z.B. von der PESTEL-, CAGE- und der Five-Forces-Analyse. In der Abbildung sind also die Länder A und B für den Einsteiger am attraktivsten. Die zweite Achse zeigt die *Reaktivität der etablierten Konkurrenz* an, die wahrscheinlich von der Attraktivität des Markts für den Konkurrenten, aber auch davon beeinflusst wird, inwieweit dieser eine global integrierte anstelle einer

20 Dieses System wird erklärt bei I. Macmillan, A. van Putten und R. McGrath, „Global gamesmanship", *Harvard Business Review*, Band 81, Nr. 5 (2003). S. 62–71.

multinationalen Strategie verfolgt. Ein etabliertes Unternehmen wird stärker reagieren, wenn die betroffenen Märkte für es wichtig sind und es über die Managementfähigkeiten verfügt, seine Reaktionen zu koordinieren. Hier ist die Reaktivität der etablierten Konkurrenz in den Ländern A und D besonders hoch. Das dritte Element ist die *Schlagkraft* (d.h. die Macht), die die etablierte Konkurrenz aufbringen kann, um zurückzuschlagen. Diese Schlagkraft ist meist eine Funktion des jeweiligen Marktanteils, kann aber durch Verbindungen zu anderen mächtigen lokalen Marktteilnehmern wie etwa Einzelhändlern oder der Regierung beeinflusst werden. In *Abbildung 8.6* ist die Schlagkraft durch die Größe der Blasen dargestellt. Also verfügt die etablierte Konkurrenz in den Ländern A, C, D und F über die größte Schlagkraft.

Die Wahl des Eintrittslands kann sich erheblich verändern, wenn man zu den Überlegungen bezüglich der Attraktivität auch noch die Reaktivität und die Schlagkraft hinzurechnet. Betrachtet man nur die Attraktivität, so wäre das beste Eintrittsland in *Abbildung 8.6* Land A. Leider ist dort die Reaktivität der etablierten Konkurrenz auch mit am höchsten und auch die Schlagkraft ist hier besonders groß. So wird Land B zur besseren Entscheidung für eine Internationalisierung. Land C wiederum eignet sich besser als Land D, denn trotz gleicher Attraktivität ist hier die Reaktivität der Konkurrenz geringer. Land E sorgt für eine Überraschung, wenn man Reaktivität und Schlagkraft in die Bewertung mit einbezieht. Obwohl es in Bezug auf Attraktivität auf dem letzten Rang liegt, schneidet es doch am zweitbesten ab, wenn man alle Kriterien berücksichtigt.

Diese Analyse ist besonders sinnvoll, wenn man die internationalen Aktivitäten zweier voneinander abhängiger Konkurrenten betrachtet wie etwa Unilever und Procter and Gamble oder British Airways und Singapore Airlines. In solchen Fällen ist diese Analyse für jeden aggressiven Strategieschritt relevant, etwa die Ausweitung bestehender Aktivitäten in einem Land ebenso wie ein neuer Markteintritt. Besonders bei global integrierten Konkurrenten muss außerdem dessen gesamte Schlagkraft berücksichtigt werden. Denn er könnte sich entscheiden, in ganz anderen Märkten als dem ursprünglich betroffenen zurückzuschlagen und dort einen Gegenangriff starten, wo er genügend Schlagkraft besitzt, um dem Angreifer zu schaden. Natürlich kann eine solche Analyse auch auf die Interaktionen zwischen diversifizierten und internationalen Konkurrenten angewendet werden: Jede Blase kann dann für verschiedene Produkte oder Dienstleistungen stehen.

8.5.3 Formen des Markteintritts

Hat sich ein Unternehmen dann für den Eintritt auf einem bestimmten Markt entschieden, muss es wählen, wie dieser Markteintritt ablaufen soll. Eintrittsformen variieren je nachdem, wie viele Ressourcen an einem bestimmten Standort eingesetzt werden und inwieweit die Organisation sich in die betrieblichen Abläufe dort einbringt. Die wichtigsten Formen des Markteintritts sind: Export, vertragliche Vereinbarungen durch Lizenzen und Franchising, Joint Ventures, Allianzen und Auslandsdirektinvestitionen, was wiederum die Übernahme etablierter Unternehmen oder Firmenansiedlungen auf der grünen Wiese bedeuten kann. Diese alternativen Methoden der Strategieentwicklung werden in *Kapitel 10.3* näher erläutert, doch die spezifischen Vor- und Nachteile eines internationalen Markteintritts sind in *Kapitel 8.6* zusammengefasst.

Die Eintrittsform auf einen neuen Markt wird oft anhand der Phasen der organisationalen Entwicklung ausgewählt. Die Internationalisierung führt eine Organisation auf neues und oft unbekanntes Terrain, sodass die Manager ihre Arbeit oft neu lernen müs-

Gestufte internationale Expansion

Bei der gestuften internationalen Expansion nutzen Firmen Formen des Markteintritts, die es ihnen erlauben, den Wissenserwerb zu maximieren und die Vermögenswerte einem möglichst geringem Risiko auszusetzen.

sen.[21] Die Internationalisierung wird daher traditionell als mehrstufiger Prozess gesehen, wobei Unternehmen ihr Engagement für neue Märkte mehr und mehr steigern und gleichzeitig ihr Wissen und ihre Fähigkeiten ausbauen. Diese Strategie der **gestuften internationalen Expansion** bedeutet, dass Firmen anfangs Formen des Markteintritts wie Lizenzierung oder Export nutzen, die es ihnen erlauben, maximales Wissen zu erwerben, während ihre Vermögenswerte so wenig wie möglich beansprucht werden. Haben die Firmen dann ausreichend Vertrauen und Wissen angesammelt, können sie stufenweise immer mehr Ressourcen einsetzen und vielleicht zunächst ein Joint Venture arrangieren und später Auslandsdirektinvestitionen leisten. So ist beispielsweise Vestas, der führende dänische Hersteller von Windrädern, zunächst durch Exporte in den amerikanischen Markt eingetreten. Später errichtete Vestas Fertigungs- und F&E-Anlagen in Ostcolorado, um seine Wettbewerbsposition gegenüber den nationalen amerikanischen Akteuren zu stärken und liefert mittlerweile 90 Prozent der für die Endmontage der Turbinen in den USA erforderlichen Bauteile.

Allerdings wird der allmähliche Charakter der gestuften internationalen Expansion mittlerweile mit zwei Phänomenen konfrontiert:

- *„Born-Globals"*, mit anderen Worten kleine neue Unternehmen, die bereits in frühen Phasen ihrer Entwicklung schnell internationalisieren.[22] Neue Technologien helfen kleinen Unternehmen nunmehr dabei, sich weltweit mit internationalen Quellen für Erfahrungen, Belieferung und Kunden zu verbinden. Für solche Unternehmen ist es keine Option zu warten, bis sie über ausreichend internationale Erfahrung verfügen: Die internationale Strategie ist eine Bedingung für ihre Existenz. So haben beispielsweise Unternehmen wie Twitter und Instagram als Start-ups schnell internationalisiert. Auch andere Arten von Unternehmen können schnell internationalisieren. So stellt das aus *Beispiel 8.2* bekannte und auf drei Kontinenten tätige Unternehmen Blue Skies einen solchen Fall eines kleinen Unternehmens dar, das bereits als „Mini-Multinational" begonnen hat.
- Multinationale Unternehmen aus Schwellenländern nutzen oft auch verschiedene Facetten aller Markteintrittsformen aus. Bekannte Beispiele sind der chinesische Haushaltswarenhersteller Haier, das indische Pharmaunternehmen Rambaxy Laboratories und die oben erwähnte mexikanische Zementfirma Cemex. Die internationalen Strategien dieser Unternehmen basieren nicht einfach nur auf Exporten oder Kosten.[23] Sie entwickeln meist *einzigartige Fähigkeiten* auf ihren heimischen Märkten, die von etablierten internationalen Firmen oft vernachlässigt werden. Dann machen sie sich daran, „Außenposten" in weiter entwickelten Ländern aufzubauen. Aufgrund der besonderen Bedürfnisse des chinesischen Markts erwarb

21 Für detailliertere Diskussionen über die Rolle, die Erfahrung und Lernen bei einem Markteintritt spielen, siehe M. F. Guillén, „Experience, imitation, and the sequence of foreign entry: wholly owned and joint-venture manufacturing by South Korean firms and business groups in China, 1987–1995", *Journal of International Business Studies*, Band 83 (2003), S. 185–198; und M. K. Erramilli, „The experience factor in foreign market entry modes by service firms", *Journal of International Business Studies*, Band 22, Nr. 3 (1991), S. 479–501.

22 G. Knights und T. Cavusil, „A taxonomy of born-global firms", *Management International Review*, Band 45, Nr. 3 (2005), S. 15–35.

23 Für eine Analyse von multinationalen Unternehmen aus Schwellenländern siehe T. Khanna und K. Palepu, „Emerging giants: building world-class companies in developing countries", *Harvard Business Review*, October (2006), S. 60–69; und J. Sinha, „Global champions from emerging markets", *McKinsey Quarterly*, Nr. 2 (2005), S. 26–35.

Haier besonders fundierte Kenntnisse in der effizienten Fertigung einfacher Haushaltsgeräte. Dies verlieh der Firma einen Kostenvorteil, der sich auch auf Produktionsstätten außerhalb Chinas übertragen ließ. Heute hat Haier Werke in Italien und den USA sowie auf den Philippinen, in Malaysia, Indonesien, Ägypten, Nigeria und an anderen Orten der Welt. Die schnelle Internationalisierung sich entwickelnder multinationaler Unternehmen aus China ist im Wesentlichen auf der Grundlage von Aufkäufen erfolgt. Dabei handelt es sich oft um im Zentrum des Interesses stehende Aufkäufe, wie durch das Beispiel des chinesischen Konglomerats Wanda verdeutlicht wurde, das die zweitgrößte Filmtheaterkette in den USA, AMC, (siehe das Fallbeispiel am Ende des Kapitels) gekauft hat.

Sofern die Anforderungen und die Geschwindigkeit des internationalen Wettbewerbs eine eher allmähliche gestufte Expansion ausschließen, können zwei grundlegende Prinzipien zur Orientierung bei der Auswahl der Art des Markteintritts dienen:

- *Umfang des Wettbewerbsvorteils* auf dem Zielmarkt: Dies bestimmt, ob der Eintritt in den Markt unter Nutzung der eigenen Fähigkeiten der Gesellschaft erfolgen kann oder ob sie die Fähigkeiten lokaler Partner braucht, um beispielsweise Zugang zu Vertriebskanälen zu erhalten oder lokal zu produzieren.
- *Handelbarkeit:* mit anderen Worten ausgedrückt die Möglichkeit, sich auf Handelsbeziehungen anstatt auf die eigene Präsenz des Unternehmens zu stützen. Die Handelbarkeit wird durch zwei Faktoren bestimmt: einfachen Transport vom Heimat- in das Zielland sowie die Qualität des Rechtsschutzes im Zielland. Dabei bezieht sich Rechtsschutz beispielsweise auf die Fähigkeit, Verträge durchzusetzen, Leistungsstandards zu sichern oder geistige Eigentumsrechte, wie patentierte Technologien, zu schützen. Die Handelbarkeit ist gering, wenn der Handel durch marktbasierte Verträge mit lokalen Partnern nicht sicher ist.

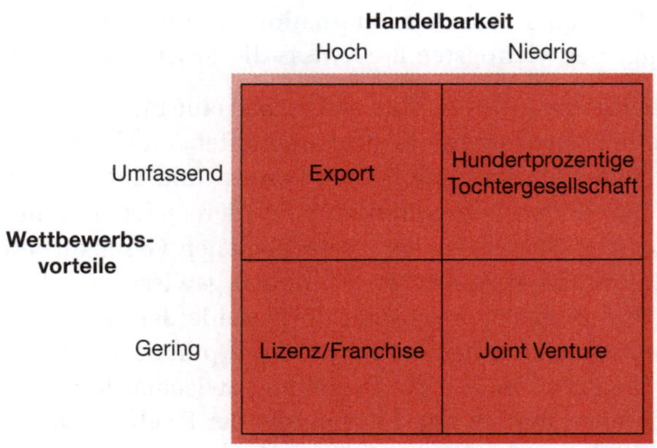

Abbildung 8.7: Arten des internationalen Markteintritts

Andere fallspezifische Faktoren werden wahrscheinlich ebenfalls in der Berechnung der geeigneten Form des Markteintritts berücksichtigt. Dazu gehört nicht zuletzt die Verfügbarkeit geeigneter lokaler Partner. Nichtsdestotrotz ergeben sich aus den Prinzipien des Wettbewerbsvorteils und der Handelbarkeit die folgenden beiden umfassenden Richtlinien für die Art des Markteintritts (*Abbildung 8.7*):

- Der *Export* bildet die Grundlinie und eignet sich, wenn das Produkt oder die Dienstleistungen leicht von einem Land in ein anderes Land transportiert werden können und die Wettbewerbsvorteile aus dem Heimatland ausreichend umfassend sind, um die Nutzung lokaler Unternehmen zu minimieren.

- Das *Produkt* oder die *Dienstleistung* wird in Lizenz oder per Franchise vergeben, wenn die Vorteile für das Unternehmen zu gering sind, um den Markteintritt allein zu schaffen, die rechtliche Umgebung sich allerdings so gestaltet, dass angenommen werden kann, dass Lizenz- oder Franchisenehmer ihre Verträge nicht missbrauchen, die Standards erfüllen oder geistiges Eigentum nicht stehlen.
- *Joint-Ventures* funktionieren dann, wenn die Wettbewerbsvorteile eng sind, aber lokalen Lizenz- oder Franchisenehmern nicht ausreichend Vertrauen im Hinblick auf geistiges Eigentum oder die langfristige Leistung entgegengebracht werden kann. Ein Joint Venture mit gemeinsamem Eigentum gibt dem ausländischen Unternehmen mehr direkte Kontrolle und stellt sicher, dass der lokale Partner ein Interesse an der Maximierung des Werts des gemeinsamen Unternehmens anstelle seiner alleinigen Eigeninteressen hat.
- Ein *hundertprozentiges Tochterunternehmen* bildet eine attraktive Option, wenn die Wettbewerbsvorteile insoweit ausreichen, dass sich das Unternehmen nicht auf lokale Partner stützen muss, allerdings durch Transportschwierigkeiten ein einfacher Export ausgeschlossen ist. Solche hundertprozentigen Tochterunternehmen können durch Investitionen in Form von Neuansiedlungen (wie dies beispielsweise viele japanische Automobilhersteller beim Eintritt in die europäischen Märkte getan haben) oder über Übernahmen begründet werden, bei denen die Integration eines lokalen Unternehmens die erforderliche Bandbreite des Wettbewerbsvorteils sicherstellt.

8.6 Internationalisierung und Erfolg

Ebenso wie bei der in *Kapitel 7.4* besprochenen Produkt- und Dienstleistungsvielfalt wurde auch die Beziehung zwischen Internationalisierung und Leistung genauestens untersucht.[24] Einige der wichtigsten Ergebnisse dieser Untersuchungen sind folgende:

- *Eine nach unten offene U-Kurve.* Einerseits bringt eine Internationalisierung beträchtliche potenzielle Leistungsvorteile, da die betreffenden Unternehmen dadurch Größen- und Diversifikationsvorteile nutzen können und außerdem von den weltweit vorhandenen Standortvorteilen profitieren. Andererseits birgt die Kombination aus unterschiedlichsten Standorten und verschiedenen Geschäftsbereichen auch eine große organisatorische Komplexität. Ab einem gewissen Punkt könnten die Kosten, die diese Komplexität verursacht, die Vorteile der Internationalisierung übersteigen. Dementsprechend deuten Theorie und praktische Beweise auf eine nach unten offene U-Kurve hin, die die Beziehung zwischen Internationalisierung und Leistung beschreibt (ähnlich den Ergebnissen der Produkt-/Dienstleistungsdiversifikation in *Abbildung 7.4*). Eine gemäßigte Internationalisierung erzeugt also die größte Leistung. Allerdings legen die neuesten von Yip durchgeführten Forschungsarbeiten über große britische Unternehmen nahe, dass Manager immer besser mit der Internationalisierung ihrer Organisationen umgehen können, sodass hochgradig internationalisierte Firmen sogar eine Leistungsverbesserung beobachten, sobald

24 Eine nützliche Übersicht der internationalen Dimension ist bei M. Hitt und R. E. Hoskisson, „International diversification: effects on innovation and firm performance in productdiversifiedfirms“, *Academy of Management Journal*, Band 40, Nr. 4 (1997), S. 767–798 zu finden.

die internationalen Umsätze bei über 40 Prozent der Gesamtumsätze liegen.[25] Viel Erfahrung und großes Engagement für die Internationalisierung können bei hoch internationalisierten Unternehmen für gute Leistungen sorgen.

- *Nachteile auf dem Dienstleistungssektor.* Eine Reihe verschiedener Studien ergab, dass eine Internationalisierung für Unternehmen des Dienstleistungssektors – im Gegensatz zu Firmen, die Güter produzieren – nicht zu einer Leistungsverbesserung führen könnte. Es gibt drei mögliche Gründe für einen solchen Effekt. Zunächst sind die Aktivitäten ausländischer Dienstleistungsunternehmen in manchen Bereichen (etwa bei der Wirtschaftsprüfung oder im Bankwesen) immer noch streng reguliert und in manchen Ländern sogar eingeschränkt. Zweitens sind immaterielle Dienstleistungen oft stärker kulturellen Unterschieden unterworfen als gefertigte Waren und verursachen so höhere Lernkosten. Zum dritten schließlich erfordern Dienstleistungen meist eine hohe lokale Präsenz und eignen sich nicht zur Nutzung wesentlicher Größenvorteile, wie dies in der Produktion gefertigter Waren der Fall ist.[26]
- *Internationalisierung und Produktvielfalt.* Ein wichtiger Aspekt ist hier auch die Interaktion zwischen Internationalisierung und Produkt-/Dienstleistungsdiversifikation. Vergleiche mit Unternehmen mit nur einem Geschäftsbereich haben ergeben, dass produktdiversifizierte Unternehmen häufig stärker von einer internationalen Expansion profitieren, denn sie haben bereits die notwendigen Fähigkeiten und Strukturen für das Management ihrer internen Vielfalt entwickelt. Am anderen Ende des Spektrums ist man sich weitgehend einig, dass Unternehmen, die bezüglich ihrer Produkte und ihrer Märkte hochgradig diversifiziert sind, meist hohe Kosten für Koordination und Kontrolle tragen müssen, sodass ihre Leistung darunter leidet. Da bei vielen Unternehmen, die eine Internationalisierung anstreben, bisher noch die negativen Auswirkungen die positiven Zugewinne überwiegen und auch aufgrund der aktuellen Skepsis bezüglich des Nutzens einer ausgeprägten Produktdiversifikation, entscheiden sich viele Firmen aktuell für eine Reduzierung ihrer Produktvielfalt, während sie aber ihre internationale Reichweite ausbauen. So kombiniert Unilever beispielsweise eine Strategie zunehmender Internationalisierung mit reduzierter Diversifikation.

8.7 Die Rollen in einem internationalen Portfolio

Ebenso wie bei der Produktdiversifikation ergeben sich auch aus einer internationalen Strategie verschiedene Beziehungen zwischen den Aktivitäten einer Tochtergesellschaft und der Zentrale. Die Komplexität der Strategien von Organisationen wie General Motors oder Unilever kann zu hochgradig differenzierten Netzwerken von Tochtergesellschaften führen, die alle unterschiedliche strategische Rollen haben. Die Rollen der Tochtergesellschaften unterscheiden sich je nachdem, in welchem Maß ihnen lokale

25 Für detaillierte Ergebnisse über britische Unternehmen siehe G. Yip, A. Rugman und A. Kudina, „International success of British companies“, *Long Range Planning,* Band 39, Nr. 1 (2006), S. 241–264.

26 Siehe N. Capar und M. Kotabe, „The relationship between international diversification and performance in service firms“, *Journal of International Business Studies,* Band 34 (2003), S. 345–355; und F.J. Contractor, S. K. Kundu und C. Hsu, „A three-stage theory of international expansion: the link between multinationality and performance in the service sector“, *Journal of International Business Studies,* Band 34 (2003), S. 5–18.

Ressourcen und Fähigkeiten zur Verfügung stehen und je nach der strategischen Bedeutung ihres lokalen Umfelds (siehe *Abbildung 8.8*):[27]

Abbildung 8.8: Die Rollen der Tochtergesellschaften internationaler Firmen

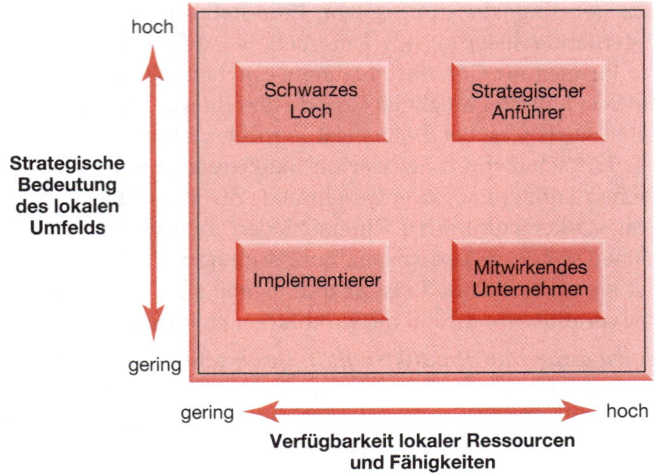

Quelle: Nachdruck mit Genehmigung der Harvard Business School Press. Aus „Managing across Borders: The Transnational Solution“, C. A. Bartlett und S. Ghoshal. Boston, MA 1989, S. 105–11. Urheberrecht 1989, *Harvard Business School Publishing Corporation*. Alle Rechte vorbehalten.

Strategische Anführer

Als strategische Anführer (im Kontext internationaler Strategien) werden Tochtergesellschaften bezeichnet, die nicht nur wertvolle Ressourcen und Fähigkeiten besitzen, sondern sich auch in Ländern befinden, die für den Wettbewerbserfolg wichtig sind.

Mitwirkende Unternehmen

Mitwirkende Unternehmen sind Tochtergesellschaften internationaler Firmen mit wertvollen internen Ressourcen, die sich in Ländern mit geringer strategischer Relevanz befinden, aber dennoch einen wichtigen Beitrag zum Wettbewerbserfolg des internationalen Unternehmens leisten.

Implementierer

Implementierer sind Tochtergesellschaften internationaler Unternehmen, die Strategien ausführen, die an anderer Stelle entwickelt wurden und möglicherweise finanzielle Überschüsse erwirtschaften, die Initiativen in anderen Gesellschaften finanzieren.

- **Strategische Anführer** sind Tochtergesellschaften, die nicht nur wertvolle Ressourcen und Fähigkeiten besitzen, sondern sich auch in Ländern befinden, die für den Wettbewerbserfolg wichtig sind, z.B. aufgrund der Größe ihrer Märkte oder aufgrund des Zugangs zu wichtigen Technologien. Japanische und europäische Tochtergesellschaften in den USA sind oft in dieser Position.
- **Mitwirkende Unternehmen** sind Tochtergesellschaften internationaler Firmen mit wertvollen internen Ressourcen, die sich in Ländern mit geringer strategischer Relevanz befinden, aber dennoch einen wichtigen Beitrag zum Wettbewerbserfolg des internationalen Unternehmens leisten. Die australische Tochtergesellschaft der schwedischen Telekommunikationsfirma Ericsson befand sich in dieser Rolle, als sie spezielle Systeme für den Mobilfunkbereich des Unternehmens entwickelte.
- **Implementierer** tragen zwar nicht wesentlich zur Steigerung des Wettbewerbsvorteils einer Firma bei, sind aber dennoch sehr wichtig, da sie essenzielle finanzielle Ressourcen erzeugen. In diesem Sinn haben sie Ähnlichkeiten mit den Cash Cows der BCG-Matrix. Die Gefahr besteht darin, dass sie sich zu Dogs entwickeln.

27 C. A. Bartlett und S. Ghosal, „Managing Across Borders: The Transnational Solution“, *The Harvard Business School Press*, 1989, S. 105–111; A.M. Rugman und A. Verbeke, „Extending the theory of the multinational enterprise: internalization and strategic management perspectives“, *Journal of International Business Studies*, Band 34 (2003), S. 125–137.

- **Schwarze Löcher** sind Tochtergesellschaften, die in für den Wettbewerbserfolg entscheidenden Ländern angesiedelt sind, aber nur geringe Ressourcen oder Fähigkeiten besitzen. In dieser Rolle befanden sich viele amerikanische und europäische Unternehmen in Japan über einen langen Zeitraum. Sie weisen einige der Merkmale von Fragezeichen in der BCG-Matrix auf und erfordern hohe Investitionen (wie die schwarzen Löcher aus der Astrophysik, die Materie ansaugen). Möglichkeiten, diese unattraktive Position zu überwinden, bieten sich durch die Entwicklung von Allianzen und die selektive und zielgerichtete Entwicklung wesentlicher Ressourcen und Fähigkeiten.[28]

Schwarze Löcher

Schwarze Löcher sind Tochtergesellschaften, die in für den Wettbewerbserfolg entscheidenden Ländern angesiedelt sind, aber nur geringe Ressourcen oder Fähigkeiten besitzen.

Diese Rollen und Positionen beziehen sich natürlich auch darauf, wie Management und Kontrolle der Tochtergesellschaften gestaltet sind. Dies wird in *Kapitel 12* weiter ausgeführt. Siehe auch „Im Fokus“.

Im Fokus: Global, lokal oder regional?

Es wird viel darüber diskutiert, ob Unternehmen nun wirklich globaler werden oder ob der lokale oder gar regionale Einfluss immer noch die bestimmende Kraft ist.

Ted Levitt, Professor an der Harvard Business School und ehemaliges Aufsichtsratsmitglied der internationalen Werbeagentur Saatchi & Saatchi, hat in provokativer Weise für ein tiefgehendes Engagement für globale Strategie auf allen Märkten argumentiert. Er geht davon aus, dass moderne Kommunikationstechnologien homogene Marktbedürfnisse schaffen, während Fertigungstechnologien vorhandene Größenvorteile zusätzlich steigern. Angesichts der Kosteneinsparungen durch Größenvorteile und der schwindenden Bedeutung unterschiedlicher Kundenwünsche sind Unternehmen, die sich wahrhaft globalen Strategien verschreiben in der Lage, mithilfe konkurrenzlos niedriger Preise alle Rivalen auszustechen, die sich noch auf lokale Bedürfnisse konzentrieren. Er argumentiert: „Das globale Unternehmen wird danach streben, sein Angebot überall zu standardisieren ... Firmen, die sich den neuen globalen Realitäten nicht anpassen, werden denen zum Opfer fallen, die es tun.“ Er nennt Coca-Cola, Rolex, Sony und McDonald's als Beispiele für diesen Trend. Firmen sollten sich nicht in detaillierten Unterschieden verzetteln, die aus der Vergangenheit übrig geblieben sind, sondern vielmehr das Gesamtbild der kommenden Globalisierung wahrnehmen.

Auf Levitts provokative Argumentation folgte postwendend eine energisch Reaktion der amerikanischen Akademiker Gerry Wind und Susan Douglas, die darin vor dem „Mythos Globalisierung“ warnten. Sie stellen sowohl den Trend in Richtung einer Homogenisierung als auch die wachsende Bedeutung von Größenvorteilen infrage. Selbst scheinbar globale Unternehmen passen sich an die speziellen Bedürfnisse der einzelnen Länder an. So verkauft beispielsweise Coca-Cola in Japan neben seinen klassischen Getränken auch lokale Produkte und in den USA ist das von Coca-Cola vertriebene Dasani-Mineralwasser ein großer Erfolg, während es sich in Europa nur schlecht verkaufen ließ. Was das Argument der Grö-

28 Für eine umfassendere Untersuchung der Positionen von Tochtergesellschaften in multinationalen Unternehmen siehe J. Birkinshaw, *Entrepreneurship and the Global Firm*, Sage, 2000.

ßenvorteile betrifft, können neue flexible Automationstechnologien sogar dafür sorgen, dass die Stückzahlen einzelner Bestellungen zurückgehen, sodass sich die Produktionszeiten verkürzen, um mehr auf lokale Bedürfnisse eingehen zu können. Außerdem lässt das Preisbewusstsein der Verbraucher mit zunehmendem weltweiten Wohlstand immer mehr nach, sodass sie bereit sind, für die Erfüllung ihrer persönlichen Wünsche auch etwas mehr zu bezahlen. Wind und Douglas warnen, dass blindes Vertrauen in die Unvermeidbarkeit der Globalisierung unweigerlich zu wirtschaftlichen Enttäuschungen führen wird.

Zwischen den beiden Extremen global und lokal gibt es eine dritte, die regionale Position. Pankaj Ghemawat weist darauf hin, dass ein Großteil des internationalen Handels auf intra-regionaler Ebene stattfindet. So treiben viele europäische Länder meist fast ausschließlich untereinander Handel. Und dieser Trend in Richtung des intra-regionalen Handels wächst sogar – von etwa 40 Prozent des gesamten Handelsvolumens vor etwa 40 Jahren auf 55 Prozent zu Beginn des 21. Jahrhunderts. Dies zeigt sich auch an der Ausrichtung multinationaler Unternehmen. Alan Rugman rechnet vor, dass in den Anfangsjahren des 21. Jahrhunderts über 300 der weltweit größten Konzerne immer noch mehr als die Hälfte ihres Gesamtumsatzes in ihrer Heimatregion erzielen. Eine scheinbar globale Firma wie McDonald's ist eigentlich lediglich bi-regional aktiv, denn 80 Prozent ihrer Umsätze werden in Nordamerika und Europa erzielt. Und der multinationale Konzern General Electric erwirtschaftet 60 Prozent seiner Umsätze auf seinem Heimatmarkt Nordamerika.

Es könnte sein, dass Ted Levitt einfach über solche empirischen Details hinwegsieht. Für ihn lautet die entscheidende Frage: Wohin entwickeln sich die Dinge in der Zukunft? Natürlich wird es auch weiterhin lokale Unterschiede bei Kundenwünschen geben, doch werden diese Unterschiede insgesamt gesehen geringer? Und ist der Handel tatsächlich ein angemessener Ersatz für die Globalisierung, wie die Vertreter des regionalen Ansatzes argumentieren? Dieser Argumentation zufolge würde ein US-amerikanisches Unternehmen, das Rohstoffe in einer Region und in einem Land kauft, Teile in einem anderen produziert, die Buchhaltung in ein drittes sowie die F&E in noch ein weiteres Land auslagert, nicht als globales Unternehmen betrachtet, wenn die Mehrheit seines Umsatzes im Bereich des nordamerikanischen Freihandelsabkommens (NAFTA) erzielt wird.

Quellen: T. Levitt, „The globalization of markets“ *Harvard Business Review*, Mai-Juni (1983), S. 92–102; S. Douglas und G. Wind, „The myth of globalization“, *California Journal of World Business*, Band 22, o. 4 (1987) S. 19–29; P. Ghemawat, „Regional strategies for global leadership“, *Harvard Business Review*, Dezember (2005), S. 98–108; A. Rugman, „The regional multinationals – MNEs and „global“ strategic management“, *Cambridge University Press*, 2005; A. Rugman und A. Verbeke, „A new perspective on the regional and global strategies of multinational service firms“, *Management International Review*, Band 48, Nr. 4 (2008), S. 397–411.

Kontrollfragen

1. Erstellen Sie eine Liste mit Produkten und Dienstleistungen, die im Laufe der Zeit immer „globaler" geworden sind; erstellen Sie dann eine zweite Liste mit Produkten und Dienstleistungen, die immer noch sehr „lokal" sind.
2. Wie viele Länder der Welt haben Sie bereits besucht? Wie viele Länder hatten Ihre Eltern bereits besucht, als sie in Ihrem Alter waren?

Z U S A M M E N F A S S U N G

- Das *Potenzial für Internationalisierung* auf einem beliebigen Markt wird durch vier Antriebskräfte bestimmt: Markt, Kosten, Staat und Strategien der Konkurrenz.
- Grundlagen für Vorteile einer internationalen Strategie können sich aus globaler Beschaffung, durch das *internationale Wertnetzwerk* sowie durch nationale Grundlagen für Vorteile ergeben, wie im *Porter-Diamanten* dargestellt.
- Es gibt vier Hauptarten der internationalen Strategie, die je nach ihrer *Koordination* und ihrer *geografischen Gestaltung* variieren: einfacher Export, komplexer Export, multinational und global.
- Die Auswahl der Märkte für den internationalen Eintritt oder eine Expansion sollte auf *Attraktivität*, multidimensionalen Messwerten der *Distanz* und den Erwartungen bezüglich eines *Rückschlags* der Konkurrenz basieren.
- Eintrittsmöglichkeiten in neue Märkte sind *Export*, *Lizenzierung*, *Joint Ventures und Allianzen* und *Auslandsdirektinvestitionen*.
- Es besteht eine unsichere Beziehung zwischen Internationalisierung und finanzieller Leistung. Eine *nach unten offene U-Kurve* warnt vor einer übermäßigen Internationalisierung.
- Tochtergesellschaften können ebenso wie Geschäftsbereiche einer diversifizierten Firma mittels Portfolio-Methoden verwaltet werden.

Z U S A M M E N F A S S U N G

Aufgaben

*Kennzeichnet schwierigere Aufgaben.

**Kennzeichnet Fälle in diesem Buch.

8.1 Vergleichen Sie mithilfe von *Abbildung 8.2* (Yips Antriebskräfte der Globalisierung) zwei Märkte, die Ihnen vertraut sind, und analysieren Sie, wie stark jede der Antriebskräfte dort in Richtung einer stärkeren internationalen Strategie wirkt.

8.2 Besuchen Sie die Webseiten der folgenden Unternehmen und versuchen Sie ihre internationalen Strategien einer der vier internationalen Strategietypen der *Abbildung 8.4* zuzuordnen (wobei jedes Unternehmen tatsächlich in eine Strategie passt): Nestlé, ABB, Louis Vuitton und Lenovo.

8.3 Verwenden Sie den CAGE-Bezugsrahmen (*Kapitel 8.5.1*) zur Beurteilung der relativen Distanz der USA, China, Indien und Frankreich für ein britisches Unternehmen (oder ein Unternehmen aus einem Land ihrer Wahl).

8.4 Klassifizieren Sie mit Hilfe der diversen Modi des Eintritts in internationale Märkte aus *Abbildung 8.7* das Eintrittsmodell von H&M**, Tesco**, SABMiller* oder eines anderen, Ihnen bekannten multinationalen Unternehmens.

8.5 Bewerten Sie kritisch die These, dass die Globalisierung für die Unternehmen im Wesentlichen positiv ist.

8.6 Erklären Sie anhand eines beliebigen Bereichs des öffentlichen Sektors (zum Beispiel Bildung und Gesundheit), inwieweit sich die Internationalisierung auch hier auf das Management ausgewirkt hat und wie weit diese Auswirkungen in Zukunft noch gehen werden.

Integrative Aufgabe

8.7 Verwenden Sie wie in *Aufgabe 8.2* die vier internationalen Strategien aus *Abbildung 8.4* zur Klassifizierung der internationalen Strategie von H&M**, Tesco** oder eines Unternehmens Ihrer Wahl. Wie passt die Organisationsstruktur dieses Unternehmens zu dessen Strategie (oder nicht)? Nehmen Sie zur Beantwortung dieser Frage Bezug auf *Kapitel 13.2.4*.

Literaturempfehlungen

- Eine nützliche Sammlung akademischer Artikel über internationale Aktivitäten liefern A. Rugman und T. Brewer (Hrsg.), „The Oxford Handbook of International Business“, *Oxford University Press*, 2003. Für eine Sammlung grundlegender Beiträge zur Forschung zu multinationalen Unternehmen siehe J. H. Dunning, „The theory of transnational corporations“, Band 1, *Routledge*, 1993.
- Eine positive Perspektive internationaler Strategie liefern G. S. Yip und G.T. Hult, „Total Global Strategy“, *Pearson*, 2012. Ein umfassendes allgemeines Lehrbuch ist von S. Segal-Horn und D. Faulkner, „Understanding Global Strategy“, *Southwestern*, 2010.
- Eine kritische Bewertung des Fokus auf die Globalisierung und die globale Integration verglichen mit einem regionalen Fokus wird in A. M. Rugman, „The Regional Multinational – MNEs and global strategic management“, *Cambridge University Press*, 2005; A.M. Rugman, „The End of Globalisation“, *Random House*, 2000 und P. Ghemawat, „Redefining Global Strategy“, *Harvard Business School Press*, 2007 geboten.
- Eine aufschlussreiche Einführung in die detaillierten Funktionsweisen (und Mängel) der heutigen globalen Wirtschaft bietet P. Rivoli, „The Travels of a T-Shirt in the Global Economy: an Economist Examines the Markets, Power and Politics of World Trade“, *Wiley*, 2006. Eine optimistischere Einschätzung gibt T. Friedman, „The World is Flat: the Globalised World in the Twenty First Century“, *Penguin*, 2006.

Fallstudie

China kommt nach Hollywood: die Übernahme von AMC durch Wanda

Einführung

Während der letzten Jahre haben die chinesischen Übernahmen von US-amerikanischen Vermögenswerten und Unternehmen Rekordniveaus erreicht, so beliefen sich die Investitionen im Jahr 2011 auf € 26 Milliarden. Trotz dieser Tatsache löste in diesem Jahr die Übernahme der zweitgrößten US-amerikanischen Kinokette AMC durch Wanda zu einem Preis von € 26 Milliarden in den USA und insbesondere in Hollywood einen Schock aus. Damit entstand das nach Erlösen größte Kinounternehmen der Welt. Wanda wird ungefähr 10 Prozent des weltweiten Kinomarkts kontrollieren. Die Transaktion bildete die größte chinesische Übernahme eines US-amerikanischen Unternehmens aller Zeiten und markierte den Beginn einer neuen Ära, in der chinesischen Investitionen das Herz der amerikanischen Unterhaltungsbranche und Kultur erreichen. Obwohl sich chinesische Übernahmen in den USA bereits in der Vergangenheit als kontrovers erwiesen haben, kann sich diese unter Umständen als noch schwieriger erweisen. Deshalb wurde spekuliert, dass ein Happy End à la Hollywood alles andere als sicher war. Einem Analysten zufolge stärkt diese Transaktion den weltweiten Status von Wanda als Kinobesitzer:

> *„Wanda war der größte Kinobesitzer auf dem zweitgrößten Filmmarkt der Welt. Durch diese Transaktion wird es auch zum Eigentümer der zweitgrößten Kinokette auf dem größten Filmmarkt."*

Wanda Cinema Line Corp. ist nach Kinoleinwänden gemessen mit mehr als 730 Leinwänden der größte Kinobetreiber Chinas. Durch den Kinobetrieb erzielte das Unternehmen Erlöse von $ 282 Millionen aus dem Kartenverkauf in 86 Kinos in ganz China. Das Unternehmen plant, bis 2015 auf ungefähr 2.000 Kinoleinwände zu expandieren. Einen Monat vor der Transaktion hatte Wang Jianlin, der Vorstandsvorsitzende von Wanda, angekündigt, dass er bald eine Fusion bekanntgeben würde, die „die Welt überraschen würde". Als die Übernahme dann tatsächlich bekanntgegeben wurde, verglich er das Geschäft mit der „Enthüllung einer riesigen Werbung auf der internationalen Bühne". Wang Jianlin zufolge bildet die Übernahme von AMC einen wichtigen Schritt dazu, Wanda innerhalb von zehn Jahren zu einem multinationalen Unternehmen und zu einem wahrhaft internationalen Konzern zu machen, der ein „Jahrhundert" überdauern wird.

Im Rahmen dieses Geschäfts erwirbt Wanda zu 100 % AMC und übernimmt sämtliche seiner Verbindlichkeiten. Überdies wird das Unternehmen auch $ 500 Millionen in Renovierungen der AMC Kinos und in Leinwände investieren. AMC ist der zweitgrößte Kinokettenbetreiber in Nordamerika, dem weltgrößten Filmmarkt mit Kartenverkäufen von mehr als $ 100 Milliarden. AMC hat auf diesem Markt mehr als 5.000 Leinwände in 346 Kinos und ist der weltgrößte Betreiber von IMAX- und 3D-Kinos mit 179 bzw. 2.170 Leinwänden.

Obwohl die angekündigte Übernahme riesig war, ist sie verglichen mit dem Rest des Dalian-Wanda-Immobilienkonglomerats klein. Die Dalian Wanda Group Corp. Ltd. umfasst Vermögenswerte von mehr als $ 35 Milliarden, erzielt einen Jahresertrag von ungefähr $ 17 Milliarden und beschäftigt mehr 55.000 Mitarbeiter. Wanda, was „tausend Straßen führen dahin" bedeutet, umfasst Fünf-Sterne-Hotels, Ferienorte, Themenparks und Einkaufszentren. Die „Wanda Plaza"-Komplexe, die Einkaufszentren mit Wohnungen und Hotels kombinieren, sind in China ein großer Erfolg und in mehr als 60 chinesischen Städten errichtet worden.

Wang Jianlin, der Gründer, Vorstandsvorsitzende und Präsident von Dalian Wang, ist der sechstreichste Mann in China. Er ging als Jugendlicher zur Armee und diente 17 Jahr lang im Militär. 1988 gründete er Dalian Wanda und nutzte die

Welle des phänomenalen Wachstums in China aus, indem er in Immobilien investierte. Sein militärischer Hintergrund und Kontakte zu lokalen Beamten haben ihm dabei geholfen, da große gewerbliche Landverkäufe über die Lokalregierungen abgewickelt werden. Da er bereit war, jede Immobilie zu übernehmen, die die Lokalregierung zu verkaufen bereit war, war er bei den Beamten beliebt. Bald darauf wurde Wanda die erste Immobilienfirma, die in mehreren Städten operierte.

Ein bahnbrechendes Geschäft

AMC galt als Vorzeigeübernahme in der amerikanischen Unterhaltungsbranche und wurde von Analysten und Investoren als bahnbrechendes Geschäft beschrieben. Der Vorstandsvorsitzende und Präsident Wang Jianlin kündigte dies so an:

> *„Diese Übernahme wird dazu beitragen, Wanda mit Filmtheatern und Technologien, die das Kinoerlebnis für die Besucher auf den beiden größten Filmmärkten der Welt verbessern werden, zu einem wahrhaft globalen Kinobetreiber zu machen.“*

Wang betrachtete das Geschäft als Sprungbrett für den Ausbau der weltweiten Kinopräsenz von Wanda mit einem Zielwert von 20 Prozent des Weltfilmtheatermarkts bis zum Jahr 2020. Überdies erklärte er auch, dass Wanda weitere Übernahmen in der Unterhaltungs-, Hotel- und Einzelhandelsbranche im Ausland in Erwägung ziehen würde sowie versuchen würde, sich in eine globale Hotelmarke oder ein Hotelmanagementunternehmen einzukaufen. Wanda sollte „nicht nur in China, sondern in der ganzen Welt“ ein Großunternehmen werden.

Bei der Bekanntgabe des Geschäfts erklärte der Vorstandsvorsitzende und Präsident von AMC, Gerry Lopez:

> *„Im Zuge der andauernden Expansion der Film- und Unterhaltungsbranche war es genau der richtige Zeitpunkt, die enthusiastische Unterstützung unserer neuen Eigentümer anzunehmen. Wanda und AMC engagieren sich beide dafür, den Kunden ein erstklassiges Unterhaltungserlebnis und modernste Annehmlichkeiten zu bieten und haben jeweils eine Unternehmenskultur, die sich auf strategisches Wachstum und Innovation konzentriert. Mit Wanda als Partner wird AMC auch weiterhin nach neuen Möglichkeiten, zu expandieren und in das Kinoerlebnis zu investieren, suchen.“*

Bei der weiteren Expansion auf seinem Heimatmarkt wird Wanda auch vom Know-how von AMC profitieren, das auf einem Markt operiert, auf dem der Kinokartenumsatz fünfmal so hoch ist wie in China. AMC hat ein weltweites Netz von Filmtheatern aufgebaut, durch das Wanda eine renommierte Marke erhält. Überdies gibt es in China auch einen Trend hin zu mehr ausländischen Filmen und durch diese Transaktion wird es Wanda unter Umständen möglich, sich mehr Hollywood-Filme für den Vertrieb in China zu sichern. Im Februar 2012 hat China vereinbart, seine Kinos für mehr amerikanische Filme zu öffnen. Durch die Übernahme gewinnt Wanda größere Schlagkraft in den Verhandlungen mit großen Hollywood-Studios, die gern auf dem schnell wachsenden chinesischen Markt expandieren möchten. Darüber hinaus ist Wanda auch einer der Teilnehmer in dem Wettbewerb um eine Lizenz für den Vertrieb ausländischer Filme in China, der heute in den Händen zweier staatseigener Unternehmen liegt. Allerdings ist unsicher, inwieweit die Übernahme den Behörden gefallen wird und Wandas Chancen auf den Erhalt der Lizenz erhöht. Überdies gibt es in den USA auch neben den Kinos an sich Chancen für Wanda, da AMC als Plattform für die Entwicklung gewerblicher Immobilien, Hotels und Einkaufszentren in den USA gilt.

Wanda und die chinesische Unterhaltungsbranche

Wanda hat auch in der Vergangenheit in Kultur und Unterhaltung investiert. Dies steht im Einklang mit dem chinesischen Gesamtziel, in diesem Sektor zu investieren. Als die Transaktion bekanntgegeben wurde, erklärte der Vorstandsvorsitzende und Präsident von Wanda, Wang Jianlin, daher:

„Wanda engagiert sich voll für Investitionen in der Unterhaltungsbranche und ist mit Investitionen von mehr als $ 1,6 Milliarden in kulturelle und Unterhaltungsaktivitäten seit dem Jahr 2005 bereits heute das größte Unternehmen der Branche in China. Wir teilen mit AMC eine Leidenschaft für die Expansion der weltweiten Filmbranche. Wir freuen uns darauf, im Rahmen der Partnerschaft mit dem Managementteam und den Mitarbeitern von AMC auf die vielen Stärken des Unternehmens aufzubauen."

Die Pressemitteilung von Wanda zu der Transaktion lautete weiter:

„Die Wanda-Gruppe begann im Jahr 2005 massiv in kulturelle Branchen zu investieren. Sie ist in fünf Branchen, einschließlich zentraler Kulturviertel, großer Bühnenshows, Filmproduktion und -vorführung, Unterhaltungsketten sowie der Sammlung chinesischer Kalligraphie und Gemälde, eingetreten. Wanda hat mehr als $ 1,6 Milliarden in die kulturellen Branchen investiert und ist damit zum größten, in die Kulturbranchen investierenden Unternehmen des Landes aufgestiegen."

Die Übernahme durch Wanda ist Teil allgemeinerer Bemühungen zur Entwicklung der einheimischen chinesischen Kultur- und Unterhaltungsbranche. Kinobesuche sind eine zunehmend beliebte Freizeitaktivität in China und der Filmmarkt boomt. Die Umsätze an den Kinokassen sind in China in den letzten Jahren um 30 Prozent gestiegen und betrugen im Jahr 2011 $ 2,1 Milliarden. Damit hat das Land im Jahr 2012 Japan als größten Markt für Hollywoodfilme außerhalb der USA überholt. Das Land investiert stark in Film und Animation. Über dies befindet es sich momentan mitten in einem Multiplexbauboom, um der expandierenden Mittelklasse Unterhaltung zu bieten. Dabei werden den aktuell 9.200 Leinwänden durchschnittlich acht Filmleinwände täglich hinzugefügt. Das Ziel besteht darin, in den nächsten fünf Jahren im ganzen Land ungefähr 25.000 Kinoleinwände zu bauen. Bis zum Jahr 2040 will die Regierung ungefähr 40.000 Kinoleinwände installiert haben (dies entspricht in etwa der Größe in den USA). Überdies gibt es auch Bemühungen, Filmproduktionsgesellschaften zu etablieren. Kurz gesagt ist der Betrieb von Kinos eine wachsende Branche, da die Menschen bereit sind, bei steigendem Einkommen Geld für Unterhaltung auszugeben.

Der Umgang mit dem Eintritt in den US-amerikanischen Markt

Die Übernahme von AMC durch Wanda war die größte internationale Investition im Kulturbereich, die ein chinesisches Privatunternehmen jemals getätigt hat, und führte in den USA zu Bedenken. In den USA ist AMC ein bekannter Name, der „einst das typisch amerikanische Kinoerlebnis verkörperte". Damit bildet die Transaktion eine erhebliche Erweiterung des chinesischen Einflusses in der amerikanischen Filmbranche und es gab einige Sorgen im Hinblick auf die Wirkung, da in China viele amerikanische Filme zensiert oder sogar verboten werden. Schließlich ist Wang Jianlin Mitglied der kommunistischen Partei und sitzt im obersten Beratungsgremium Chinas. Daher verstärkt die Übernahme von AMC durch Wanda die Sorgen, dass es auch in den USA zu einer wie in China üblichen Zensur politisch kontroverser Filme kommen könnte. *USA Today* berichtete: „Peking investiert stark in den Ausbau seiner „weichen Macht" bzw. seines kulturellen Einflusses, indem es die Präsenz chinesischer Staatsmedien im Ausland stärkt. Dies gilt auch für die USA, wo die chinesische Regierung sogar Werbung auf dem New Yorker Times Square geschaltet hat."

Chinesische Investitionen in den USA haben bereits in der Vergangenheit zu Sorgen geführt. Daher hat die US-amerikanische Regierung in der Vergangenheit Investitionen in der Telekommunikations- und Energiebranche aufgrund von Bedenken bezüglich der nationalen Sicherheit abgelehnt. Allerdings ist das Kino wahrscheinlich keine strategische Branche für die USA. Trotzdem erfordert die Übernahme sowohl in den USA als auch in China eine staatliche Genehmigung.

Überdies hat Wang Jianlin versichert, dass Wanda „keine Pläne hat, chinesische Filme in den Vereinigten Staaten zu fördern“ und dass der CEO von AMC Gerry Lopez „entscheiden wird, welche Filme in den AMC-Filmtheatern gezeigt werden“. Es wurde zudem klargestellt, dass AMC auch weiterhin von seinem Firmensitz in Kansas City aus betrieben werden würde. Wang Jianlin erklärte, dass Wanda das leitende Management von AMC behalten würde und sich nicht in den tagtäglichen Betrieb und die Programmgestaltungsentscheidungen einmischen würde, die auch weiterhin in den Händen des US-amerikanischen Managements liegen würden. Weiterhin führte er aus, dass der wichtigste Teil der Transaktion darin bestand, sicherzustellen, dass die mehr als 40 leitenden Manager von AMC auch nach der Übernahme bei dem Unternehmen bleiben, und erklärte weiter: „Der entscheidende Aspekt ist, den Enthusiasmus des aktuellen Managements und der Mitarbeiter aufrechtzuerhalten ... Der menschliche Aspekt ist der wichtigste. Das einzige, was sich verändert hat, ist der Chef.“

Quellen: AMC Pressemitteilung, 20. Mai 2012; *Chinadaily.com*, 23. Mai 2012; *Dalian Wanda Pressemitteilung*, 21. Mai 2012; *Financial Times*, 22. Mai 2012, 23. Mai 2012, 26. Mai 2012, 28. Mai 2012, *LAtimes.com*, 20. Mai 2012; *New York Times*, 20. Mai 2012; *Reuters*, 21. Mai 2012, *The Washington Post*, 21. Mai 2012, *Wall Street Journal*, 21. Mai 2012.

Kontrollfragen

1. Welche Antriebskräfte der Internationalisierung halten Sie unter Berücksichtigung des Globalisierungsrahmens von Yip (*Abbildung 8.2*) für die wichtigsten bei Wandas Eintritt in den US-amerikanischen Markt durch die Übernahme von AMC?
2. Welche nationalen Quellen eines Wettbewerbsvorteils können sich für Wanda aus dem Firmensitz in China ergeben? Welche Nachteile können daraus entstehen?
3. Mit welchen Herausforderungen könnte Wanda unter Berücksichtigung des CAGE-Bezugsrahmens beim Eintritt in den US-amerikanischen Markt konfrontiert werden?

Innovation und Entrepreneurship

9

ÜBERBLICK

Lernziele

Nach der Lektüre dieses Kapitels sollten Sie in der Lage sein,

- wichtige Innovationsdilemmata zu erkennen und darauf zu reagieren, etwa welche relative Bedeutung Technologien oder Märkten, Produkt- oder Prozessinnovationen oder dem allgemeinen Geschäftsmodell beigemessen werden soll.
- die Diffusion (oder Verbreitung) von Innovationen vorherzusehen und bis zu einem gewissen Grad zu beeinflussen.
- zu entscheiden, wann es sinnvoller ist, ein First Mover oder ein Folger zu sein, und wie ein etabliertes Unternehmen auf innovative Herausforderer reagieren sollte.
- wichtige Probleme vorherzusehen, denen sich Unternehmer in den verschiedenen Wachstumsphasen vom jungen Unternehmen bis hin zum Marktaustritt stellen müssen.
- Chancen und Wahlmöglichkeiten sozialer Unternehmer zu bewerten, denen sich diese bei der Schaffung neuer Unternehmungen und der damit verbundenen sozialen Probleme gegenübersehen.

9.1 Einführung

Innovation und Entrepreneurship sind grundlegende Antriebskräfte unseres heutigen Wirtschaftssystems. Steve Jobs war ein technologischer Innovator, dessen Kreativität im Bereich Computer, Elektronik und Film zur Gründung von Apple Computers führte und Pixar zu einem der weltweit führenden Unternehmen für Computeranimation machte. Sir Stelios Haji-Ioannou ist ein Innovator auf dem Gebiet der Geschäftsmodelle, dessen Idee der Online-Buchungen und vereinfachten Streckenführung der Fluggesellschaft easyJet zum Erfolg verhalf. Der Nobelpreisträger Muhammad Yunus ist ein sozialer Unternehmer und Innovator, der Pionier der Mikrokredite (kleine Kredite für Unternehmer, die nicht genug Startkapital haben, um für normale Banken interessant zu sein) und Gründer der Grameen Bank in Bangladesh.

Dieses Kapitel befasst sich mit dem Thema Innovation, die zum einen von unabhängigen Unternehmern hervorgebracht wird, zum anderen aber auch von Mitarbeitern aus etablierten Unternehmen kommen kann. Die Innovation ist ein zentraler Aspekt, der in *Kapitel 6* vorgestellten Strategie auf Geschäftsbereichsebene, die sich auf Qualität, Preis und Nachhaltigkeit auswirkt. Sie ist auch eine der in *Kapitel 7* beschriebenen Anleitungen für das Wachstum. Entrepreneurship steht ebenso am Anfang jedes Geschäfts. Innovation und Entrepreneurship sind miteinander verbunden, denn beide Male geht es um die Schaffung neuer Phänomene, seien es nun neue Organisationen oder neue Produkte, Dienstleistungen oder Prozesse. Für Organisationen des privaten Sektors, deren Umfeld immer mehr vom Wettbewerb geprägt wird, sind Innovationen oft schon Voraussetzung fürs einfache Überleben. Und auch Organisationen der öffentlichen Hand fordern aufgrund von ständigem Kostendruck und steigenden Ansprüchen der Öffentlichkeit ebenso beständig Innovationen und sogar neue Formen von Entrepreneurship.

Es sind insbesondere zwei Themen, die sich durch dieses gesamte Kapitel ziehen. Das erste betrifft das richtige Timing. Wichtige Timing-Entscheidungen sind etwa, wann man mit einer Innovation *First Mover* oder lieber *Folger* sein soll, oder ob und wann eine Innovation ihren *Wendepunkt* erreicht, d.h. wann die Nachfrage kräftig ansteigt. Für eine neue Unternehmung besteht eine solche Entscheidung darin, wann externe Manager ins Boot geholt oder wann der Markt verlassen werden sollte. Das zweite Thema sind Beziehungen. Innovationen oder neue Organisationen werden nur sehr selten im Alleingang geschaffen. Erfolgreiche Innovationen und erfolgreiches Entrepreneurship werden in der Regel durch Beziehungen erreicht. Diese Beziehungen können vielerlei Formen annehmen: Es können Beziehungen zwischen Organisation und ihren Kunden sein, Beziehungen zwischen großen Konzernen und kleinen jungen Unternehmen oder zwischen Firmen und „sozialen Unternehmern". *Abbildung 9.1* fasst die Verbindungen zwischen Timing, Beziehungen und Innovationen sowie Entrepreneurship nochmals zusammen.

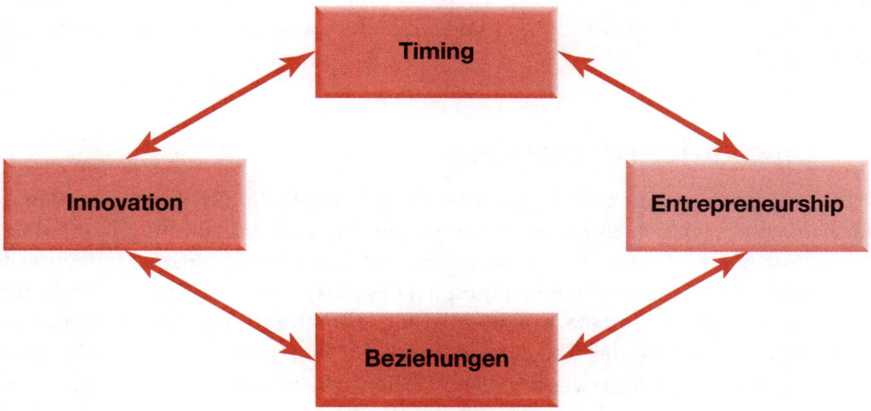

Abbildung 9.1: Das System Innovation-Entrepreneurship

Innerhalb dieses breit gefassten Rahmens wird in diesem Kapitel zunächst Innovation und danach Entrepreneurship behandelt:

- *Kapitel 9.2* beginnt mit drei grundlegenden Dilemmata, die Manager zu Entscheidungen zwingen. Sie müssen sich zwischen *Technology push* und *Market pull* sowie zwischen Produktinnovation und Prozessinnovation entscheiden, außerdem müssen sie zwischen technologischer Innovation und der allgemeineren Innovation eines gesamten Geschäftsmodells wählen. Keines dieser Dilemmata ist eine absolute „Entweder-oder"-Entscheidung, doch Manager müssen sich entscheiden, worauf sie ihre begrenzten Ressourcen konzentrieren.
- *Kapitel 9.3* befasst sich mit Aspekten der *Diffusion*, also der Verbreitung von Innovationen auf dem Markt. Managemententscheidungen können diese Diffusion entweder beschleunigen oder aber bremsen und zwar sowohl auf Seite des Angebots, z.B. durch das Produktdesign, als auch auf Seite der Nachfrage, z.B. durch Marketing-Diffusionsprozesse. Letztere bilden oft eine S-Kurve, woraus sich weitere typische notwendige Entscheidungen ergeben, z.B. bezüglich des Wendepunkts oder des negativen Wendepunkts.

- *Kapitel 9.4* schließt das Thema Innovation mit der Betrachtung von Wahlmöglichkeiten in Bezug auf Timing ab. Dies umfasst Vor- und Nachteile des *First Mover,* die Chancen eines *Folgers* auf dem Markt und die Frage, wie etablierte Unternehmen auf dem Markt auf innovative Herausforderer reagieren sollen.
- *Kapitel 9.5* befasst sich mit *Entrepreneurship.* Hier werden typische Wahlmöglichkeiten behandelt, denen sich Unternehmer auf ihrem Weg durch unsichere Wachstumsphasen vom jungen Unternehmen bis hin zum Marktaustritt stellen müssen. Auch werden die Beziehungen untersucht, die Unternehmer besonders mit größeren Firmen eingehen müssen, die eine „offene Innovation" praktizieren.
- *Kapitel 9.5.4* schließlich führt den Begriff des *sozialen Unternehmertums* ein, wobei Einzelpersonen und kleine Gruppen innovative und flexible neue Initiativen starten können, die größere öffentliche Organisationen oft nicht verfolgen können. Auch hier müssen sich soziale Unternehmer Entscheidungen in Bezug auf Beziehungen zu großen Unternehmen stellen.

„Im Fokus" am Ende des Kapitels vereint beide Themen, Entrepreneurship und Innovation, noch einmal und betrachtet die Frage, of kleine oder große Unternehmen bessere Innovatoren sind.

9.2 Innovationsdilemmata

Innovation

Innovation bezeichnet die Umwandlung neuen Wissens in neue Produkte, Prozesse oder Dienstleistungen und die praktische Verwertung dieser Produkte, Prozesse oder Dienstleistungen entweder direkt auf dem Markt oder in anderen Prozessen.

Aus Innovationen ergeben sich grundlegende Dilemmata für Strategen. Sie sind weitaus mehr als einfach nur neue Erfindungen. Eine neue Erfindung beinhaltet die Umwandlung neuen Wissens in ein neues Produkt, einen neuen Prozess oder eine neue Dienstleistung. Bei der **Innovation** kommt noch die praktische Nutzung dieser Produkte, Prozesse oder Dienstleistungen hinzu, entweder direkt auf dem Markt, wie es meist auf dem privaten Sektor der Fall ist, oder durch Dienstleistungen, wie sie auf dem öffentlichen Sektor gewährt werden.[1] Die strategischen Dilemmata ergeben sich aus diesem komplizierteren und umfangreicheren Prozess. Strategen müssen also für sich drei wichtigen Fragen beantworten: Bis zu welchem Punkt sollen wir neue technologische Chancen ausnutzen ohne die Marktnachfrage in den Vordergrund zu stellen? Wie viel sollen wir in Produktinnovation oder in Prozessinnovation investieren? Sollen wir uns auf technologische Innovation konzentrieren oder die Innovation auf das gesamte Geschäftsmodell ausdehnen?[2]

9.2.1 Technology push oder Market pull

Oft wird die Technologie als Hauptantriebskraft der Innovation gesehen. Gemäß dieser Ansicht des *Technology push* führen Techniker oder Wissenschaftler in ihren Labors Forschungsarbeiten durch, um daraus neues Wissen zu gewinnen. Dieses neue Wissen ist die Basis für neue Produkte, Prozesse oder Dienstleistungen, die dann an die übrige Organisation zur Herstellung, Vermarktung und zum Verkauf „übergeben" werden. Der technologische Fortschritt bestimmt also, was auf den Markt kommt. Folgt man dieser

1 Diese Definition wurde adaptiert, um den öffentlichen Sektor mit einzuschließen. Aus P. Trott, *Innovation Management and* "New Product Development", 3rd edition, *FT/Prentice Hall*, 2005.

2 Eine gute Abhandlung des akademischen Modells, das diese Dilemmata erklärt, findet sich bei R. Rothwell, „Successful industrial innovation: critical factors for the 1990s", *R&D Management*, Band 22, Nr. 3 (1992), S. 221–239.

Sichtweise, so sollten Manager hauptsächlich auf ihre Wissenschaftler und Forscher hören, ihnen völlige Freiheit in ihrer Arbeit lassen und sie mit ausreichenden Ressourcen unterstützen. Großzügige Budgets für F&E sind hier Voraussetzung für erfolgreiche Innovationen.

Ein alternativer Innovationsansatz ist *Market pull*. Hier geht die Innovation über die reine Neuerfindung hinaus und ergibt sich eher aus dem praktischen Nutzen. Dem Market-pull-Ansatz wird mehr Bedeutung beigemessen seit Eric von Hippels Entdeckung, dass in vielen Bereichen eigentlich die Nutzer und nicht die Hersteller von Produkten Innovationen hervorbringen.[3] Organisationen, die eine innovative Strategie verfolgen, sollten also zunächst auf die Nutzer ihrer Produkte und nicht so sehr auf ihre eigenen Forscher und Entwickler hören. Von Hippel geht bei dieser Konzentration auf den Nutzer noch mehr ins Detail und weist darauf hin, dass es auf vielen Märkten nicht die normalen Nutzer sind, die Innovationen hervorbringen, sondern *führende Nutzer*. Im Bereich Chirurgie adaptieren führende Chirurgen oft verfügbare Operationsinstrumente, um damit neue Operationstechniken durchführen zu können. Bei Extremsportarten wie etwa Snowboarden oder Windsurfen sind es erfolgreiche Sportler, die die entscheidenden Verbesserungen durchführen oder einfordern, um bessere Leistungen erzielen zu können. Gemäß dieser Ansicht sind es also die Anforderungen der Nutzer auf dem Markt, die für Innovationen verantwortlich sind. Manager müssen demzufolge enge Beziehungen zu führenden Nutzern ihrer Produkte, also etwa zu erfolgreichen Sportlern oder Topchirurgen aufbauen. Solche führenden Nutzer werden zunächst durch die Funktionen Marketing und Verkauf identifiziert, worauf dann Wissenschaftler und Techniker deren innovative Ideen in kommerzielle Produkte, Prozesse oder Dienstleistungen umwandeln, die für den gesamten Markt interessant sind.

Beide Ansätze, sowohl Technology push als auch Market pull, haben ihren Nutzen. Unternehmen, die sich zu sehr auf angestammte Nutzer verlassen, können eine zu konservative Haltung annehmen und so durch zerstörende Technologien angreifbar werden, die Bedürfnisse aufdecken, die der Markt bisher nicht vorhersehen konnte (siehe *Kapitel 9.4.3*). Andererseits gibt es in der Wirtschaftsgeschichte zahlreiche Beispiele für Unternehmen, die blind ihre technologischen Kompetenzen verfolgten, ohne auf die wirklichen Bedürfnisse des Markts zu achten. Technology push und Market pull sollten also am besten als zwei Extreme angesehen werden, die Managern dabei helfen können, ihre Aufmerksamkeit auf die grundlegende Frage zu richten: Wie sehr sollen wir uns relativ gesehen auf Wissenschaft und Technologie als Quellen der Innovation verlassen, anstatt auf das zu achten, was die Menschen auf dem Markt mit unseren Produkten tun? In der Praxis finden die meisten Organisationen einen Kompromiss, der zwischen beiden Ansätzen liegt, wobei die Ausrichtung je nach Branche und auch im Laufe der Zeit variieren kann. Für Manager besteht der entscheidende Punkt darin, sich dieses Dilemma bewusst zu machen und die Ausrichtung des eigenen Unternehmens zwischen beiden Extremen immer wieder bewusst zu überdenken, anstatt sich blind auf Gewohnheiten oder Vorurteile zu verlassen.

3 E. von Hippel, „Democratizing Innovation“, *MIT Press*, 2005; Y. M. Antorini, A. Muniz und T. Askildsen, „Collaborating with customer communities: lessons from the Lego Group“, *MIT Sloan Management Review*, Band 53, Nr. 3 (2012), S. 73–79.

Beispiel 9.1 Einfache Damenbinden

Arunachalam Muruganantham möchte mit einer grundlegenden Innovation das Leben der indischen Frauen verbessern.

Der Schulabbrecher und Schweißer Arunachalam Muruganantham hat mit harter Arbeit eine preiswerte Damenbinde entwickelt. In Indien können es sich nur 12 Prozent der Frauen leisten, während der Menstruation Damenbinden zu verwenden. Der Rest muss sich mit Lumpen oder sogar Schalen oder Sand behelfen. Murugananthams Frau erklärte ihm, dass die Familie, wenn sie Damenbinden kaufen würde, auf Milch verzichten müsste. Allerdings bezahlten viele Frauen diese Vorgehensweise mit Infektionen oder sogar Gebärmutterhalskrebs.

Daraufhin beschloss Muruganantham, eine einfache Lösung für die Versorgung der indischen Frauen mit richtigen Damenbinden zu finden. In der indischen Gesellschaft war dieses Thema allerdings tabu. Das örtliche Krankenhaus half ihm nicht und sogar seine Mutter und seine Schwestern wollten nicht über das Problem sprechen. Auch eine Befragung von Studentinnen schlug fehl. Und seine Frau verschmähte seine Prototypen. Als er sich keinen Rat mehr wusste, experimentierte Muruganantham selbst: Dazu trug er eine mit Ziegenblut gefüllte Blase sowie eine seiner von ihm entwickelten Damenbinden und Damenunterwäsche. Seine Tests, zu denen er damit herumlief und Fahrrad fuhr, sorgten für einen lokalen Skandal. Seine Frau zog aus.

Muruganantham beschrieb das Thema als „dreifaches Problem – Erschwinglichkeit, Verfügbarkeit und Bewusstsein“. Aber nach vier Jahren Forschung baute er schließlich eine Maschine für die Produktion von Damenbinden zu einem Preis von weniger als der Hälfte des Preises der von Konkurrenten, wie Procter & Gamble und Johnson & Johnson, angebotenen Produkte. Seine Maschinen sind klein und handbetrieben und ermöglichen kleine lokale Produktionen durch Betriebe, die jeweils sechs bis zehn Frauen beschäftigen. Muruganantham ist überzeugt davon, dass die kleinen Unternehmen, die mit seinen Maschinen arbeiten, bis zu einer Million Arbeitsplätze schaffen könnten: „Das Modell der Massenproduktion ist veraltet. Mittlerweile geht es um die Produktion durch die Masse der Bevölkerung. „Muruganantham verkauft die Maschinen an lokale Unternehmer, Wohlfahrtsorganisationen und Selbsthilfegruppen, die die Binden ohne schickes Marketing herstellen. Dabei sind die Frauen, die diese Damenbinden herstellen, oft am besten für deren Vermarktung qualifiziert, da sie die Vorteile durch Mundpropaganda bekanntmachen. Es werden für bestimmte Straßen oder Dörfer dort wohnende Verkäuferinnen etabliert. Sie informieren die Frauen vor Ort über die Gefahren traditioneller Methoden und bieten gleichzeitig ihre Produkte an. Die Damenbinden werden dabei häufig einzeln und nicht in großen Paketen verkauft bzw. sogar in Tauschgeschäften angeboten. Muruganantham erklärt die Vermarktung so: „Das läuft still ab und die männlichen Mitglieder der Familien erfahren nicht einmal etwas davon.“

Bis 2012 produzierten Muruganthams Maschinen bereits in 23 indischen Staaten und er erklärte, sein Ziel sei es, dafür zu sorgen, dass in Indien alle Frauen Damenbinden verwenden können. Überdies zog er die Einführung seines Produkts in Afrika sowie weiterer Produkte, wie Windeln für Babys und Inkontinenzvorlagen für ältere Menschen, in Erwägung. Dabei zeigte sich Muruganantham im Hinblick auf die Nachhaltigkeit seines Modells zuversichtlich: „Wir stehen im Wettbewerb mit den großen Riesen (wie Procter & Gamble) sehr gut da. Deshalb nennen Sie mich den „Corporate Bomber"." Und seine Frau ist auch wieder bei ihm eingezogen.

Quellen: BBC World Service, 6. August 2012, *Economic Times*, 18. Januar 2012, *The Hindu*, 9. Februar 2012.

Kontrollfragen

1. Identifizieren Sie die verschiedenen Charakteristika des Ansatzes von Muruganantham, die sein Unternehmen für Damenbinden zu einer typischen oder nicht so typischen „einfachen Innovation" machen.
2. Könnte ein Großunternehmen wie Procter & Gamble diese Strategie imitieren?

9.2.2 Produkt- oder Prozessinnovation

Manager müssen nicht nur einen Mittelweg zwischen Technology push und Market pull finden, sie müssen auch entscheiden, wie viel Wert auf Produkt- oder Prozessinnovation gelegt werden soll. *Produktinnovation* „ bezieht sich auf das Endprodukt (oder die finale Dienstleistung), das verkauft werden soll, wobei es besonders auf dessen besondere Merkmale ankommt. *Prozessinnovation* meint die Art und Weise, wie dieses Produkt hergestellt und vertrieben wird, insbesondere bezüglich Verbesserungen in Kosten und Zuverlässigkeit. Einige Firmen spezialisieren sich eher auf Produktinnovation, andere eher auf Prozessinnovation. So hat auf dem Computermarkt die Firma Apple immer eher eine Vorreiterrolle übernommen, wenn es um neue Produkteigenschaften ging (z.B. der iMac), während Dell eher in Bezug auf seine effizienten Prozesse innovativ tätig war und beispielsweise Direktverkäufe, Modularität und maßgeschneiderte Produktion auf Bestellung einführte.

Verschiedene Branchen folgen oft technologischen Fallkurven, anhand deren Verlauf sich die relative Bedeutung von Produkt- und Prozessinnovation im Laufe der Zeit verändern. Perioden verstärkter Produktinnovation aufgrund neuer Produktmerkmale werden oft abgelöst von Perioden vermehrter Prozessinnovation, in denen es vor allem um Effizienz bei Produktion und Lieferung geht. William Abernathy hat beispielsweise gezeigt, wie die frühe Geschichte der Automobilherstellung durch den Wettbewerb im Bereich Produktdesign geprägt war, da die Pioniere der Automobilherstellung entscheiden mussten, ob ihre Fahrzeuge durch Dampf, Elektrizität oder Benzin angetrieben werden sollten, ob der Motor besser vorne oder hinten eingebaut werden sollte und ob das Auto besser drei oder vier Räder haben sollte.[4]3 Sobald Henry Ford sein Model T auf den Markt gebracht

4 W. J. Abernathy und J. M. Utterback, „A dynamic model of process and product innovation", *Omega*, Band 3, Nr. 6 (1975), S. 142–160.

hatte, einigte sich die Branche auf ein *vorherrschendes Design*: Die Autos würden mit Benzin fahren, ihren Motor vorne haben und mit vier Rädern ausgestattet sein. Sobald sich dieses vorherrschende Design durchgesetzt hatte, fiel die Rate der Produktinnovationen in der Automobilbranche drastisch ab, denn hier verlagerte sich der Wettbewerb nun auf die Produktion dieses Grundtypen, die so effizient wie möglich sein sollte. Die Durchsetzung des vorherrschenden Designs sorgte also für eine Flut an Prozessinnovationen. Auch hier war Ford Vorreiter, denn er führte die bahnbrechende Prozessinnovation des automatischen Fließbands ein, das eine Massenproduktion ermöglichte.

Dieser Abschnitt der Produktinnovation, der zur Durchsetzung des vorherrschenden Autodesigns führte und dann durch sich verändernden Wettbewerb von einer Periode der Prozessinnovation abgelöst wurde, wiederholt sich in vielen Branchen sehr oft.[5] *Abbildung 9.2* zeigt ein allgemeines Modell der Beziehung zwischen Produkt- und Prozessinnovation. Dieses Modell hat mehrere strategische Auswirkungen:

- *Neue junge Industrien* ziehen meist Produktinnovation vor, denn der Wettbewerb dreht sich hier immer noch um die Definition der grundlegenden Merkmale eines Produkts oder einer Dienstleistung.
- *Reifere Branchen* bevorzugen dagegen eher die Prozessinnovation, denn hier verlagert sich der Wettbewerb in Richtung der effizienten Produktion des vorherrschenden Designs von Produkt oder Dienstleistung.
- *Kleine Neueinsteiger* haben häufig in den frühen Entwicklungsphasen einer Branche die größten Chancen, mit neuen Produktmerkmalen auf dem Markt erfolgreich zu konkurrieren. Vor dem Model T gab es auf dem amerikanischen Automobilmarkt über 100 Konkurrenten.
- *Große etablierte Unternehmen* haben meist später einen Vorteil, wenn sich ein vorherrschendes Design durchgesetzt hat, denn dann kommt es darauf an, Größenvorteile zu nutzen und Prozessinnovationen einzuführen. Schon in den 1930ern gab es nur noch vier große Automobilhersteller in den USA, Ford, General Motors, Chrysler und American Motors, die alle sehr ähnliche Fahrzeuge herstellten.

Abbildung 9.2: Produkt- und Prozessinnovation

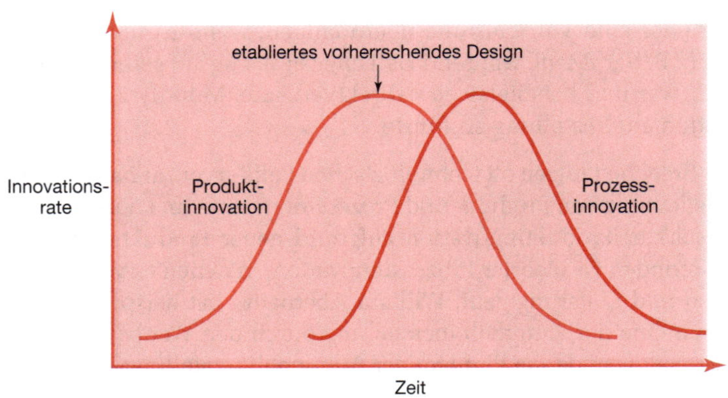

Quelle: Angepasst aus J. Abernathy und W. Utterback, „A dynamic model of process and product innovation", *Omega*, vol. 3, no. 6 (1975), S. 142–160.

5 P. Anderson und M. L. Tushman, „Technological discontinuities and dominant designs: a cyclical model of technological change", *Administrative Science Quarterly*, Band 35 (1990), S. 604–633.

Die Abfolgen von Produkt- und Prozessinnovationen lassen sich nicht immer exakt trennen. In der Praxis werden beide Innovationsformen sogar häufig parallel betrieben.[6] So erfordert zum Beispiel jede neue Generation von Mikroprozessoren gleichzeitig eine Prozessinnovation, um diese neuen Geräte mit noch größerer Präzision bauen zu können. Dennoch hilft das Modell Managern bei der Entscheidung, ob sie sich nun mehr auf Produktmerkmale oder auf Prozesseffizienz konzentrieren sollen. Das Modell gibt auch Hinweise darauf, ob eher kleine Neueinsteiger oder große etablierte Unternehmen Vorteile haben.

9.2.3 Offene oder geschlossene Innovation

Traditionell gingen die Innovationen einer Organisation aus ihren eigenen internen Ressourcen hervor, d.h. aus ihren Labors und Marketingabteilungen. Solche Innovationen sind von Geheimhaltung geprägt; man ist sehr darauf bedacht, das eigene intellektuelle Eigentum zu schützen und Trittbrettfahrerei der Konkurrenz zu vermeiden. Dieses „geschlossene“ Modell der Innovation steht im Gegensatz zum „offenen“ Innovationsmodell[7]. Die **offene Innovation** beinhaltet den bewussten Import und Export von Wissen durch eine Organisation, um so die eigenen Innovationen zu beschleunigen und zu verbessern. Hinter diesem Konzept steht die Idee, dass ein offener Austausch von Ideen höchstwahrscheinlich schneller bessere Produkte hervorbringt als der interne geschlossene Ansatz. Und man braucht schnelle, gute Produkte und keine zwanghafte Heimlichkeit, um der Konkurrenz einen Schritt voraus zu sein.

Offene Innovation

Die offene Innovation beinhaltet den bewussten Import und Export von Wissen durch eine Organisation, um so die eigenen Innovationen zu beschleunigen und zu verbessern.

Immer mehr Organisationen übernehmen den Ansatz der offenen Innovation. So hat etwa der Technologieriese IBM ein Netzwerk aus zehn „Co-Labors“ mit anderen Unternehmen und Universitäten aus so unterschiedlichen Ländern wie der Schweiz oder Saudi-Arabien eingerichtet. Last.fm, die Internet-Musikbörse, lädt ihre Nutzer regelmäßig zu sogenannten „Hacker-Tagen“ ein. Dort gibt es Verpflegung und Getränke gratis und man arbeitet zusammen an der Entwicklung neuer Anwendungen. Die US-amerikanische Firma InnoCentive betreibt ein Netzwerk aus 64 „Wissenssuchern“, darunter Großkonzerne wie Procter & Gamble, Eli Lilly und Dow Chemical. Hier werden Aufgaben und Probleme zur Diskussion gestellt, für deren Lösung Preisgelder bis zu $ 1 Mio. bezahlt werden. Bisher wurden unter Beteiligung von über 165.000 „Problemlösern“ bereits 348 Aufgaben bewältigt.

Die offene Innovation erfordert meist die Unterstützung vieler Beteiligter. So müssen insbesondere dominante Unternehmen ggf. eine **Plattformführung** ausüben. Dabei fördern große Unternehmen bewusst unabhängige kleinere Firmen durch eine Reihe immer neuer Innovationen rund um ihre technologische „Grundplattform“.[8] Hersteller von Videospielkonsolen wie etwa Microsoft oder Sony müssen vielfältige Beziehungen zu vielen großen und kleinen Unternehmen pflegen, die Videospiele herausbringen, um sicherzugehen, dass ihre Konsolen auch von den beliebten Spielen unterstützt werden, die dann wiederum die gesamte Bandbreite aller technischen Möglichkeiten nutzen.

Plattformführung

Plattformführung bezieht sich darauf, wie Großunternehmen unabhängige Unternehmen bewusst durch aufeinanderfolgende Innovationswellen um ihre grundlegende technologische „Plattform" herum unterstützen.

6 J. Tang, „Competition and innovation behaviour“, *Research Policy*, Band 35 (2006), S. 68–82.

7 H. Chesbrough und M. Appleyard, „Open Innovation and strategy“, *California Management Review*, Band 50, Nr. 1 (2007), S. 57–73; O. Gasman, E. Enkel und H. Chesbourgh, „The future of open innovation“, *R&D Management*, Band 38, Nr. 1 (2010), S. 1–9.

8 A. Gawer und M. Cusumano, „Platform Leadership: How Intel, Microsoft and Cisco Drive Industry Innovation“, *Harvard Business School Press* (2002).

Auch Hersteller von Mobiltelefonen wie etwa Nokia oder Apple müssen sich mit den unzähligen unabhängigen Herstellern der verschiedensten Anwendungen für ihre Handys möglichst gut stellen.

Die Neigung zu geschlossener oder offener Innovation hängt von drei Faktoren ab:

- *Wettbewerbsrivalität.* In Branchen, die von intensivem Wettbewerb geprägt sind, müssen sich Partner opportunistisch verhalten und Vorteile für sich selbst nutzen. In Fällen, wo mit solch rivalisierenden Verhaltensweisen zu rechnen ist, ist die geschlossene Innovation besser geeignet.
- *Einmalige Innovation.* Es kommt häufiger zu opportunistischem Verhalten, wenn eine Innovation eine grundlegende technologische Verbesserung beinhaltet, die den Gewinnern einen uneinholbaren Vorsprung verschafft und die Verlierer auf Dauer zurückwirft. Die offene Innovation funktioniert dort am besten, wo Innovation ein anhaltender Prozess ist, der im Laufe der Zeit zu gegenseitiger Unterstützung anregt.
- *Eng verknüpfte Innovation.* Sind Technologien sehr komplex und eng miteinander verknüpft, so kann die offene Innovation das Risiko bergen, unpassende Elemente einzubringen, die der Innovation eher schaden als sie voranzubringen. Zudem könnte sich das auch auf die gesamte Produktpalette negativ auswirken. Das Unternehmen Apple, das ja über eine hochgradig integrierte Produktpalette verfügt, in der alle Elemente, vom Computer bis zum Handy, eng aufeinander abgestimmt sind, neigt aus diesem Grund eher zur geschlossenen Innovation, um die Qualität der Erfahrungen seiner Nutzer zu schützen.

9.2.4 Technologische Innovation oder Innovation des Geschäftsmodells

Eine wichtige Frage für Innovatoren ist die Bedeutung neuen Wissens in Form eines wissenschaftlichen oder technologischen Fortschritts. Viele erfolgreiche Innovationen basieren nicht nur auf neuen wissenschaftlichen Erkenntnissen oder neuer Technologie, sondern auch auf der Reorganisation aller Geschäftselemente und der Schaffung neuer Kombinationen. Hier erschaffen Innovatoren ganze neue *Geschäftsmodelle*, in denen Kunden, Produzenten und Zulieferer auf ganz neue Art und Weise zusammengeführt werden – mit oder ohne neue Technologien. easyJets neues Geschäftsmodell schloss beispielsweise Reisebüros völlig von seinen Geschäften aus und führte den Direktverkauf seiner Flugtickets über das Internet ein. So wurden die Fluglinie und ihre Kunden auf ganz neue Art und Weise zusammengebracht. Außerdem wurden billige, zweitrangige Flughäfen genutzt. Hier waren die Vereinfachung des Service und die Auswahl der Flughäfen weitaus wichtiger als technologische Innovation. Die Internettechnologie war schließlich nicht von easyJet entwickelt worden und die Fluggesellschaft nutzte die gleichen Flugzeuge wie die meisten ihrer Konkurrenten.

Geschäftsmodell

Ein Geschäftsmodell beschreibt die Struktur des Produkt-, Dienstleistungs- und Informationsflusses und der Rollen der beteiligten Parteien.

Gary Hamel definiert ein Geschäftsmodell als „die Art und Weise, wie man Geschäfte macht“.[9] Formeller ausgedrückt beschreibt ein **Geschäftsmodell** die Struktur des Produkt-, Dienstleistungs- und Informationsflusses und der Rolle der beteiligten Parteien. Die ausschlaggebenden Elemente eines Geschäftsmodells können in Form zweier Hälften des Wertkettensystems verstanden werden, die in *Kapitel 3.6.2* eingeführt wurde.[10]

9 G. Hamel, „Leading the Revolution“, *Harvard Business School Press*, 2000.

10 J. Magretta, „Why business models matter“, *Harvard Business Review*, Band 80, Nr. 5 (2002), S. 86–92.

Beispiel 9.2 **Die zerstörerische Cloud**

Der japanische Computerriese Fujitsu hat eine Roadmap für den schwierigen Übergang zum Cloud Computing entwickelt.

Fujitsu ist nach IBM und Hewlett Packard das drittgrößte IT-Unternehmen der Welt. Das Unternehmen bietet eine Palette von Produkten und Dienstleistungen in den Bereichen EDV, Telekommunikation und Mikroelektronik an. Im Jahr 2010 führte es einen neuen Cloud-Computing-Geschäftsbereich ein, um die Veränderung weg vom traditionellen Modell der firmeninternen EDV für sich zu nutzen. David Gently, Direktor Zukunft bei Fujitsu Cloud and Strategic Service Offerings, beschreibt den Übergang als „disruptive Innovation": „Es ist ein bisschen wie ein Lachs, der flussaufwärts schwimmt und dann springen muss, um in den nächsten Flusslauf zu gelangen."

Beim Cloud Computing wird das Internet für die Erbringung von Computerdienstleistungen von externen Lieferanten direkt für die Nutzer genutzt. Dropbox und die iCloud von Apple sind Consumer-Cloud-Dienste. Für den Bereich der Unternehmen wird die Cloud in drei Hauptformen angeboten: „Software as a Service" (SaaS), wie z.B. Microsoft Office über das Internet, „Infrastructure as a Service" (IaaS), wie z.B. der Amazon-EC2-Webservice, und „Plattform as a Service" (PaaS), bei dem, wie bei der App Engine von Google, eine Computerplattform mit Betriebssystem, Webserver und Datenbank zur Verfügung gestellt wird.

Fujitsu hat den Übergang vom traditionellen Modell zum Zeitalter des Cloud Computing in einer Technologie-Roadmap mit dem Titel „Der Cloud-Paradigmenwechsel" beschrieben: In dieser Roadmap wird das traditionelle Client-Server-Modell, bei dem firmeninterne Server Rechenleistung zur Verfügung stellen, als Modell beschrieben, bei dem sich die Effizienz der Technologie auf einer Kurve ständig verbessert. Dieses Modell kulminiert in der sogenannten „Private Cloud", bei der Cloud-Services vom Unternehmen intern selbst angeboten werden. Der Wechsel zur „Public Cloud" (unter vollständiger Nutzung der SaaS, IaaS und PaaS) bringt einen Quantensprung mit sich. Durch die Nutzung gemeinsamer Ressourcen externer Lieferanten erhalten Unternehmen Zugang zu enormen Skaleneffekten und den potenziellen Innovationen spezialisierter Lieferanten. Durch diese neue Kurve steigt der Nutzen durch die Verbesserung der Effizienz des Unternehmens.

Allerdings ist diese Verschiebung auf eine neue Kurve disruptiv. Die Einkäufer in den IT-Abteilungen werden keine so hohen Investitionen in physische Server und Personal mehr benötigen. Im Zuge des Rückgangs der traditionellen Serverprodukte und damit verbundenen Services baut Fujitsu sein Geschäft so um, dass die Bedürfnisse des neuen Markts erfüllt werden. David Gently erklärt in diesem Zusammenhang die Funktion der Roadmap: „Diese Roadmap ist der erste Punkt in jedem Gespräch mit Kunden, Partner sowie intern mit Mitarbeitern. Sie zeigt uns die Zukunft und ist gleichzeitig in der Vergangenheit verankert. Sie hilft dabei, sicherzustellen, dass jeder auf dem gleichen Informationsstand ist."

Die Fujitsu-Cloud-Roadmap

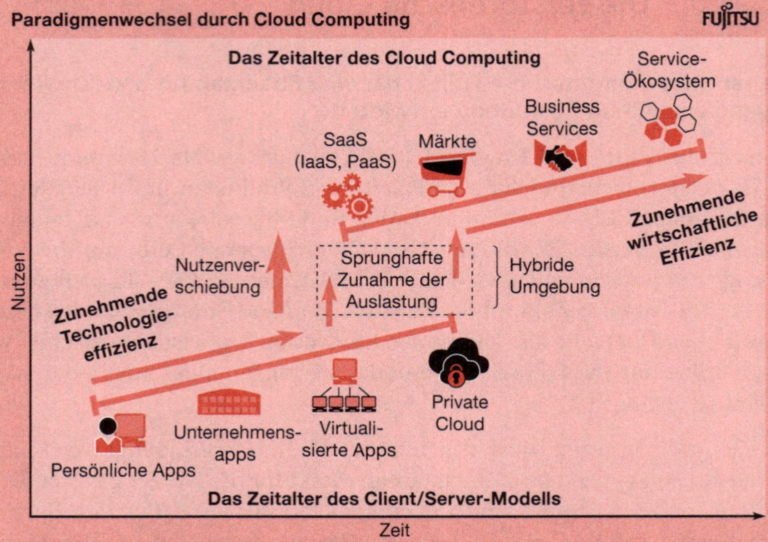

Quelle: „Making the Transition to Cloud", *Fujitsu Services Ltd.* (Gentle, David, 2011). Mit Genehmigung durch Fujitsu Limited UK.

Kontrollfragen

1. Warum sind einige Gruppen unter Umständen besorgt über die Ära des Cloud Computing?
2. Welche Vorteile hat eine visuelle Roadmap dieser Art? Welche Grenzen hat dieser visuelle Ansatz?

- *Das Produkt.* Ein Geschäftsmodell kann eine ganz bestimmte Definition eines Produkts oder einer Dienstleistung und auch deren Herstellung und/oder Lieferung beinhalten. In Bezug auf die Wertkette betrifft dies die technologische Entwicklung, Materialbeschaffung, interne Logistik sowie Arbeitsprozesse. Das Geschäftsmodell für das frei verfügbare Betriebssystem Linux basiert auf einem Netzwerk Tausender ehrenamtlicher Programmierer, die zum einen Freiberufler, aber auch sehr engagierte Mitarbeiter von Unternehmen wie IBM und Hewlett Packard sind. Das Geschäftsmodell von Microsoft dagegen funktioniert ganz anders, denn es basiert auf der firmeninternen Entwicklung erfolgreicher Technologien durch eigene Mitarbeiter.
- *Der Verkauf.* Ein Geschäftsmodell kann auch definieren, wie ein Produkt oder eine Dienstleistung verkauft oder verbreitet wird. In Bezug auf die Wertkette betrifft dies die externe Logistik, Marketing, Verkauf und Kundendienst. So ist die Linux-Software etwa für alle Nutzer frei zugänglich und wird nicht, wie Software von Microsoft, verkauft. IBM und Hewlett Packard laden diese frei verfügbaren Betriebssysteme schon vor dem Verkauf auf ihre Computer und müssen so keine Lizenzgebühren an Microsoft bezahlen. Händler, die Linux vertreiben, wie etwa Red Hat verdienen ihr Geld, indem sie Linux im Paket mit Handbüchern, regelmäßigen Updates

und Kundendienstleistungen verkaufen und dafür den Kunden jährliche Abonnementgebühren für ihre Leistungen berechnen.

Das Konzept des Geschäftsmodells überschneidet sich an vielen Stellen mit dem Konzept der Strategie auf Geschäftsbereichsebene.[11] Dennoch gibt es zwischen beiden sinnvolle Unterschiede, was Schwerpunkt und Ausrichtung angeht:

- *Radikal oder inkrementell.* Eine Veränderung des Geschäftsmodells erfordert eine radikale strategische Umwandlung. Andererseits vollziehen sich viele strategische Initiativen im Grunde nur inkrementell, d.h. ein bestehendes Geschäftsmodell wird nur in kleinen Schritten einer veränderten Situation angepasst. Beispiele hierfür sind Investitionen in zusätzliche Kapazitäten oder der Eintritt in neue geografische Märkte. Das Konzept des Geschäftsmodells kann Managern dabei helfen, sich mit den Einschränkungen aufgrund inkrementeller Anpassungen auseinanderzusetzen und mit dem manchmal notwendigen radikalen Wandel besser umzugehen.
- *Standard oder Wettbewerb.* In vielen Branchen, besonders wenn sie reifer sind, sind Geschäftsmodelle weitgehend standardisiert und unterscheiden sich nur wenig in ihren Grundstrukturen. Die Strategie auf Geschäftsbereichsebene konzentriert sich eher darauf, wie sich Differenzierung und Vorteile gegenüber Konkurrenten in der gleichen Branche erreichen lassen. Diese Strategie sorgt also dafür, dass Manager immer darauf konzentriert bleiben, wie sie ihre Organisation im Vergleich zur Konkurrenz positionieren sollen.

Das Konzept des Geschäftsmodells ist schließlich auch hilfreich, wenn Manager neues wissenschaftliches oder technologisches Wissen bewerten müssen, das nur einen Teil des Gesamtpakets Innovation ausmacht. Innovation kann aus allen Bereichen der Wertkette hervorgehen, nicht nur aus dem Bereich der technologischen Entwicklungen (siehe *Beispiel 9.2*).

9.3 Die Diffusion von Innovationen

Bisher befasste sich dieses Kapitel mit den Quellen und den Arten der Innovation, so etwa Technology push oder Market pull. In diesem Abschnitt geht es nun um die **Diffusion** von Innovationen nach ihrer Einführung.[12] Da eine Innovation meist sehr teuer ist, können Ausmaß und Geschwindigkeit ihrer Verbreitung auf dem Markt durchaus von ihrer wirtschaftlichen Attraktivität beeinflusst werden. Doch auch Manager können die Diffusion einer Innovation sowohl von der Angebotsseite als auch von der Nachfrageseite her beeinflussen. Auch können sie diese mithilfe der S-Kurve bildlich darstellen.

Diffusion

Diffusion bezeichnet den Prozess, mittels dessen sich Innovationen mit unterschiedlicher Geschwindigkeit und in unterschiedlichem Ausmaß unter Nutzern ausbreiten.

11 Gute Abhandlungen über Geschäftsmodelle und deren Beziehung zur Strategie auf Geschäftsebene sind zu finden bei G. Yip, „Using strategy to change your business model“, *Business Strategy Review*, Band 15, Nr. 2 (2004), S. 17–24; und G. M. Mansfield und L. Fourie, „Strategy and business models – strange bedfellows? A case for convergence and its evolution into strategic architecture“, *South African Business Management Journal*, Band 15, Nr. 1 (2004), S. 35–44.

12 Innovationsdiffusion wird erläutert in dem Klassiker von E. Rogers, „Diffusion of Innovations“, Free Press, 1995; C. Kim und R. Maubourgne, „Knowing a winning idea when you see one“, *Harvard Business Review*, Band 78, Nr. 5 (2000), S. 129–138; und J. Cummings und J. Doh, „Identifying who matters: mapping key players in multiple environments“, *California Management Review*, Band 42, Nr. 2 (2000), S. 83–104 (siehe besonders S. 91–97).

9.3.1 Die Geschwindigkeit der Diffusion

Die Diffusionsgeschwindigkeit kann je nach Art des Produkts stark variieren. PCs haben 20 Jahre gebraucht, bis sie in 60 Prozent aller amerikanischen Haushalte zu finden waren. Das Internet brauchte für die gleiche Verbreitung nur zehn Jahre. Die Geschwindigkeit der Diffusion wird von einer Kombination aus Angebots- und Nachfragefaktoren beeinflusst, die Manager durchaus in gewissem Umfang kontrollieren können. Auf der *Angebotsseite* wird die Geschwindigkeit durch Produktmerkmale wie die folgenden beeinflusst:

- *Verbesserungsgrad* der Leistung gegenüber bereits existierenden Produkten (aus Sicht der Verbraucher), der einen Anreiz zum Wechseln gibt. So boten 3G-Handys keine wesentliche Leistungsverbesserung, sodass es auf den meisten Märkten auch nicht zu einem raschen Wechsel kam.
- *Kompatibilität* mit anderen Faktoren. So wird etwa das digitale Fernsehen zunehmend attraktiv, wenn viele Sendernetzwerke ihre Programme auf dieses Format umstellen.
- *Komplexität*. Diese kann entweder das Produkt selbst betreffen oder aber die verwendete Marketingmethode, um es zu bewerben. Übertrieben komplizierte Preisstrukturen, wie sie etwa bei vielen Produkten der Finanzdienstleistungsbranche zu finden sind (z.B. Pensionsfonds), schrecken Verbraucher ab.
- *Ausprobieren*. Die Möglichkeit, Produkte vor der endgültigen Kaufentscheidung zu testen – entweder direkt oder durch verfügbare Informationen über die Erfahrungen anderer Nutzer. Aus diesem Grund stehen bei Marketingaktionen für neue Produkte oft zufriedene Kunden und/oder die Unterstützung durch geeignete Vorbilder wie z.B. erfolgreiche Sportler oder berühmte Künstler im Vordergrund.
- *Beziehungsmanagement*, d.h. wie leicht können potenzielle Kunden Informationen erhalten, Bestellungen aufgeben und Kundendienste anfordern. Dies bezieht sich auch auf die Wahl des Geschäftsmodells, wie in *Kapitel 9.2.3* beschrieben.

Auf der *Nachfrageseite* gibt es folgende wichtige Faktoren, die die Diffusionsgeschwindigkeit beeinflussen können:

- *Marktbewusstsein*. Viele potenziell erfolgreiche Produkte sind am fehlenden Bewusstsein der Kunden gescheitert – besonders dann, wenn der Hersteller die Themen Werbung und Marketing an Zwischenhändler abgeschoben hat.
- *Beobachtbarkeit* (durch mögliche Kunden) der Vorteile des aktiv genutzten Produkts oder der Dienstleistung. Dies ist ein bestimmender Aspekt bei der Diffusion, denn dadurch lässt sich Gruppendynamik erzeugen. Bei einigen Produkten kann sich dies schwierig gestalten, etwa wenn die Vorteile nicht greifbar oder nicht gleich sichtbar sind (wie etwa bei finanziellen Investitionen). Auch Zwischenhändler müssen Vorteile für sich selbst beobachten können. Dies könnte z.B. geschehen, wenn sie sehen, dass ihre Konkurrenten durch das neue Produkt wirtschaftliche Vorteile erlangen.
- *Kundeninnovativität*. Die Streuung potenzieller Kunden, angefangen bei denjenigen, die ein Produkt früh annehmen, bis hin zu den Nachzüglern, denen Innovationen gleichgültig sind. Innovative Produkte wenden sich zunächst häufig an Kundengruppen, die innovationsfreudig sind (meist jung und wohlhabend), um dadurch die kritische Masse zu bilden, die auch andere Gruppen vom Kauf überzeugen kann (meist Ärmere und Ältere). Innovationen, die sich eher an Nachzüglergruppen richten, verbreiten sich oft langsamer.

Die verschiedenen, oben aufgeführten Faktoren bilden eine Checkliste, die zur Einschätzung einer Innovationsstrategie herangezogen werden kann. Ein Manager beispielsweise, der einen *Business Case* zusammenstellt, um Geldmittel zur Verbesserung bestimmter Produktmerkmale zu bekommen, muss sich mit vielen der oben genannten Themen auseinandersetzen. Der Business Case sollte zunächst aufzeigen, warum die verbesserten Merkmale *von den Kunden* genügend *wertgeschätzt* werden könnten, um das neue Produkt oder ein Upgrade zu kaufen. Auch sollte es um die *Kompatibilität* mit anderen Produkten gehen, die der Kunde oder Einzelhändler im Zusammenhang mit dem neuen Produkt nutzt. Es ist also wichtig, dass das Produkt oder die Dienstleistung zumindest die Schwellenanforderungen von Kunden und Zwischenhändlern erfüllt. Denn auch in einem solchen Fall braucht es oft noch viel Energie, um die Bedenken der Kunden bezüglich eines Wechsels zum neuen Produkt zu zerstreuen. Eine rasche Annahme des Produkts auf dem Markt wird wahrscheinlicher, wenn es die *kritischen Erfolgsfaktoren (KEFs)* von Kunden und Händlern erfüllt (siehe *Kapitel 2.4.3*). Der Marketingplan sollte sich damit befassen, wie diese Attribute *kommuniziert* werden und wer die ursprüngliche *Zielgruppe* ist. Außerdem sollte überlegt werden, wie das Produkt nach der Annahme durch die ersten Kunden einem *breiteren Publikum* angeboten werden kann.[13]

9.3.2 Die S-Kurve der Diffusion

Die Geschwindigkeit der Diffusion variiert meist stark. Die Verbreitung erfolgreicher Innovationen folgt häufig einer **S-Kurve**.[14] Der Verlauf der S-Kurve beschreibt einen Prozess der langsamen Annahme am Anfang, worauf sich die Diffusion rasch beschleunigt, um schließlich am Ende abzuflachen, wenn die Grenze der Nachfrage erreicht ist (*Abbildung 9.3*). Die Höhe der S-Kurve zeigt das Ausmaß der Diffusion, ihre Form zeigt die Geschwindigkeit an.

S-Kurve

S-Kurve bezeichnet eine Kurve, bei der der Verlauf dem Prozess einer zunächst langsamen Einführung einer Innovation gefolgt von einer schnell wachsenden Beschleunigung, die zu einem die Nachfragegrenze darstellenden Plateau führt, entspricht.

13 J. Cummings und J. Doh, „Identifying who matters: mapping key players in multiple environments“, *California Management Review*, Band 42, no, 2 (2000), S. 83–104.

14 J. Nichols und S. Roslow, „The S-curve: an aid to strategic marketing“, *Journal of Consumer Marketing*, Band 3, Nr. 2 (1986), S. 53–64; und F. Suarez und G. Lanzolla, „The half-truth of First Mover advantage“, *Harvard Business Review*, Band 83 Nr. 4 (2005), S. 121–127. Diese S-Kurve bezieht sich auf die Innovationsdiffusion. Der S-Kurven-Effekt kann sich aber manchmal auch auf die sinkende Leistungssteigerung durch eine reife Technologie beziehen. A. Sood und G. Tellis, „Technological evolution and radical innovation“, *Journal of Marketing*, Band 69, Nr. 3 (2005), S. 152–168.

Abbildung 9.3:
Die S-Kurve der Diffusion

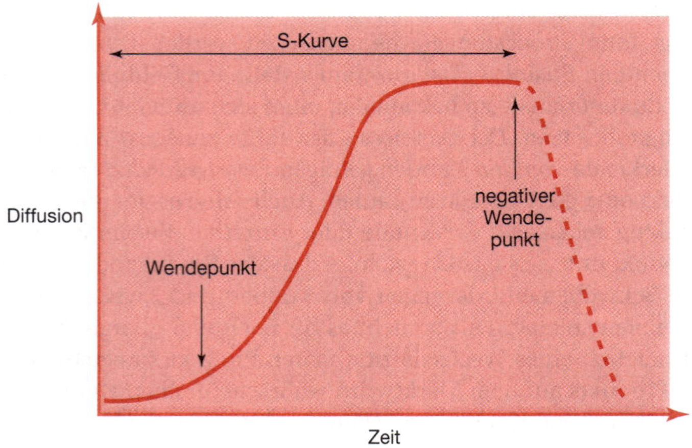

Natürlich folgt die Diffusion nur sehr selten genau diesem Muster. Dennoch können Manager mithilfe der S-Kurve zukünftige Probleme besser abschätzen. Sie weist insbesondere auf vier wichtige Entscheidungen hin:

Wendepunkt

Der Wendepunkt ist der Punkt, in dem die Nachfrage nach einem neuen Produkt oder einer Dienstleistung plötzlich abhebt und explosionsartig anwächst.

- *Timing des „Wendepunkts“.* Die Nachfrage nach einem neuen Produkt oder einer neuen Dienstleistung kann anfangs eher gering sein, dann aber einen **Wendepunkt** erreichen, ab dem sie rapide ansteigt und beständig weiterwächst.[15] Wendepunkte haben meist eine besonders explosive Wirkung, wenn es starke *Netzwerkeffekte* gibt, wenn sich also der Wert eines Produkts oder einer Dienstleistung immer mehr steigert, je mehr Menschen eines Netzwerks diese nutzen. Die Nachfrage nach der SMS-Technologie ist auf diese Weise explodiert, denn hatten einmal einige Mitglieder einer sozialen Gruppe damit begonnen, sich Textnachrichten zu senden, wurde es für alle anderen auch sehr wichtig, dies zu beherrschen. Wenn sich Manager darüber im Klaren sind, dass ein Wendepunkt unmittelbar bevorsteht, können sie dadurch ihre Investitionen in Kapazität und Vertrieb besser planen. Unternehmen können die Nachfrage leicht unterschätzen. Mitte der 1980er-Jahre sagten amerikanische Firmen voraus, dass es im Jahr 2000 900.000 Handys weltweit geben würde. Das besagte Jahr kam und es wurden 900.000 Handys alle 19 Stunden verkauft. Es war die finnische Firma Nokia, die hier weltweit eine Führungsposition einnehmen konnte.[16] Erkennt man einen nahen Wendepunkt nicht, so führt das zu verpassten Umsätzen und leichten Einstiegschancen für die Konkurrenz.
- *Timing des Plateaus.* Die S-Kurve macht Manager auch darauf aufmerksam, dass die Nachfrage höchstwahrscheinlich irgendwann nachlassen wird. Wieder ist es verlockend, aktuelle Wachstumsraten einfach für die Zukunft hochzurechnen, besonders wenn sie sehr zufriedenstellend sind. Wenn Unternehmen aber nochmals große Summen investieren, kurz bevor sich das Wachstum verlangsamt, entstehen oft Überkapazitäten und überflüssige Kosten gerade in einer Phase der Marktbereinigung.

15 M. Gladwell, „The Tipping Point“, *Abacus*, 2000. Wendepunkte sind auch für die Entscheidung über politische Maßnahmen wichtig und können dabei helfen, zukünftige Probleme wie etwa Kriminalitätswellen oder Epidemien vorherzusehen.

16 *www.bbcnews.com*, 12. Januar (2007).

- *Ausmaß der Diffusion.* Die S-Kurve bedeutet nicht zwangsläufig eine hundertprozentige Diffusion bei allen potenziellen Nutzern. Den meisten Innovationen gelingt es nicht, Produkte oder Dienstleistungen früherer Generationen völlig abzulösen. In der Musikbranche etwa ziehen viele DJs und Kenner des klassischen Plattentellers die LP immer noch den CDs und dem MP3-Player vor. Für Manager ist es also wichtig, den höchsten Grad der Diffusion zu erkennen und sich bewusst zu machen, dass das Wachstum nach dem Wendepunkt nicht zwangsläufig zur Übernahme des gesamten Markts führen wird.
- *Timing des „negativen Wendepunkts“.* Der negative Wendepunkt ist das Gegenteil des Wendepunkts und bezeichnet den Zeitpunkt, zu dem die Nachfrage plötzlich zusammenbricht.[17] Liegt auch hier ein Netzwerkeffekt vor, so kann das Ausbleiben einiger weniger Kunden einen regelrechten Erdrutsch auf dem Markt auslösen. Solche Erdrutsche lassen sich nur schwer wieder wettmachen. Genau dies passierte der Firma Netscape, Vorreiter der Internetbrowser, als Microsoft mit seinem Internet Explorer einen Gegenangriff startete. Das Konzept des negativen Wendepunkts sollte Managern jederzeit eine Warnung sein, dass bereits ein kleines Tief bei den Quartalsumsätzen Vorbote eines großen Einbruchs sein könnte.

Zusammenfassend kann man sagen, dass die S-Kurve ein sinnvolles Konzept ist, das Manager davor bewahrt, die Verkaufszahlen des nächsten Jahres einfach aus dem Ergebnis des letzten Jahres abzuleiten. Der negative Wendepunkt unterstreicht aber auch die Tatsache, dass Innovationen keinesfalls immer einem unvermeidbaren Kurs folgen. Ihre Diffusion kann im Gegenteil jederzeit unterbrochen oder umgekehrt werden. Die meisten Innovationen erreichen freilich erst gar keinen Wendepunkt, geschweige denn einen negativen Wendepunkt. Der Segway Human Transporter, der 2001 als umweltfreundliche Alternative zum Auto auf den Markt kam, wurde innerhalb der ersten beiden Jahre ganze 6000-mal verkauft, obwohl die Produktionskapazität zum Zeitpunkt des Markteintritts bereits bei 500.000 Stück pro Jahr lag.

Beispiel 9.3 Das ruinierte Geschäftsmodell von Blockbuster

Das Videoverleih-Geschäftsmodell von Blockbuster wird durch neue Geschäftsmodelle für den Vertrieb von Filmen und Spielen in Frage gestellt.

Heutzutage gibt es viele Möglichkeiten, sich einen Film anzuschauen. Man kann ins Kino gehen. Man kann eine DVD bei einem Fachhändler oder in einem großen Supermarkt wie Tesco oder Lidl kaufen. Man kann online eine DVD bestellen und sie sich per Post zustellen lassen. Man kann Filme über das Internet herunterladen. Oder man kann sich für die altmodische Variante entscheiden und die DVD in einer Videothek ausleihen.

17 S. Brown, „The tripping point“, *Marketing Research*, Band 17, Nr. 1 (2005), S. 8–13.

Blockbuster ist in dieser Hinsicht ein für seine Videotheken berühmtes Unternehmen: Im Jahr 2010 hatte das Unternehmen 7.000 Geschäfte in 18 Ländern auf der ganzen Welt. Die erste Blockbuster-Videothek wurde 1985 in Texas eröffnet. Bald hatte sich Blockbuster zur größten Videothekenkette der Welt entwickelt und wurde 1994 durch das Medienkonglomerat Viacom für $ 7,6 Milliarden (€ 3 Milliarden) übernommen. Zehn Jahre später, nachdem das Wachstum von Blockbuster sich verlangsamt hatte, gliederte Viacom das (mittlerweile mit $ 7,5 Milliarden bewertete) Unternehmen als unabhängiges Unternehmen wieder aus.

Das Geschäftsmodell von Blockbuster war attraktiv. Vor zwei Jahrzehnten – in einer Zeit mit einer begrenzten Anzahl von Fernsehsendern – gab die Möglichkeit, Videos auszuleihen, den Kunden eine bis dato unbekannte Vielfalt bei der Auswahl von Filmen. Und Blockbuster setzte seine riesige Kaufkraft ein, um von den Filmstudios die neuesten Filme zu geringen Kosten zu bekommen. Blockbuster gab den Filmstudios 40 Prozent der Erträge aus den Leihgebühren und stellte ihnen überdies zu Marktforschungszwecken noch Informationen über die Nutzung zur Verfügung. Andererseits hielten die Studios die Filme typischerweise für einen gewissen Anfangszeitraum bei anderen Videothekenketten oder Einzelhändlern zurück, so dass Blockbuster der hauptsächliche Verkäufer der neuesten Hits war. Es gelang Blockbuster, dieses Geschäftsmodell durch eine Mischung aus eigenen Geschäften, Franchising und Übernahmen in schnelles Wachstum umzusetzen. Überdies erweiterte das Unternehmen das Modell auch auf den Verleih von Videospielen.

Allerdings ist der Markt zwischenzeitlich sehr viel komplexer geworden. Zunächst einmal gibt es heute eine viel größere Anzahl Fernsehkanäle. In den USA tauchte 1997 Netflix auf. Dieses Unternehmen hat ursprünglich ein Geschäftsmodell des Verleihs per Post verfolgt. Bis zum Jahr 2009 hatte Netflix bereits 2 Milliarden DVDs verschickt. Im Vereinigten Königreich wurde 2002 Lovefilm gegründet, ein Unternehmen, das ebenfalls DVDs per Post verleiht und bis 2010 bereits über circa 50 % des nationalen Markts sowie eine starke Position in Skandinavien verfügte. Das Angebot des Verleihs per Post bietet den Kunden eine viel größere Auswahl (Lovefilm verfügt über 70.000 Titel verglichen mit den wenigen hundert Titeln, die in einer typischen Blockbuster-Videothek verfügbar sind) und braucht verglichen mit dem arbeitsintensiven Netzwerk an Einzelhandelsgeschäften nur einige wenige zentrale Vertriebszentren. Darüber hinaus haben sowohl Netflix als auch Lovefilm im Zuge der Verbesserung der Internetkapazität begonnen, Filme direkt auf die Computer der Kunden zu streamen. Ein anderes Modell wurde durch das im Jahr 2003 als Start-up gegründete Unternehmen Redbox eingeführt, das bis Ende 2009 ein Netzwerk von 22.000 DVD-Automaten in den gesamten USA aufgestellt hatte.

Blockbuster reagierte darauf auf verschiedene Art und Weise. Im Jahr 2004 startete das Unternehmen seinen eigenen Online-Verleihservice, bei dem die Kunden die DVDs einfach über ein lokales Geschäft zurückgeben konnten. Darüber hinaus führte Blockbuster 2009 auch Automaten in den USA ein. Das Unternehmen hat mehr als 1.800 Geschäfte geschlossen. Überdies hat es sich aus einigen Märkten, wie Spanien, Portugal, Ecuador und Peru, vollkommen zurückgezogen. Nach anhaltenden starken Verlusten meldete Blockbuster dann 2010 Insolvenz an. Im nächsten Jahr wurde das Unternehmen für $ 233 Millionen durch das Satellitenfernsehunternehmen Dish Networks übernommen. Es wurden weitere Geschäfte geschlossen und das gesamte Managementteam im Bereich Einzelhandel entlassen.

Quellen: Financial Times, 24. Februar 2010, *The Times*. 28. Dezember 2009, *The Express on Sunday*, 28. Februar 2010.

Kontrollfragen

1. Vergleichen Sie die Vor- und Nachteile der verschiedenen Geschäftsmodelle für den Filmkonsum.
2. Welche potenziellen Wettbewerbsvorteile hatte Blockbuster als Unternehmen im Zuge der Entwicklung der neuen Geschäftsmodelle im Laufe der circa letzten zehn Jahre?

9.4 Innovatoren und Folger

Manager müssen auch die wichtige Entscheidung treffen, ob sie mit einer Innovation Anführer oder Nachfolger sein möchten. Das Konzept der S-Kurve scheint für eine Führerschaft zu sprechen. Solche First Mover können von den leicht erzielten Umsätzen der ersten schnellen Wachstumsphase profitieren und sich als dominanter Marktteilnehmer etablieren. Es gibt zahlreiche Beispiele von Firmen, die sich aufgrund ihrer Anführerrolle bei der Einführung von Innovationen eine dauerhaft gute Position auf dem Markt sichern konnten: So sind Coca-Cola bei Getränken und Hoover bei Staubsaugern hierfür beeindruckende Beispiele. Doch andererseits scheitern auch viele First Mover. Sogar Apple erlitt mit der Einführung des ersten digitalen Notebooks, dem Newton, im Jahr 1993 eine Niederlage. Hewlett Packard und Palm sicherten sich diesen Markt dann fast ein Jahrzehnt später. Ein solcher erfolgreicher später Einstieg ist nichts Ungewöhnliches. Amazon stieg erst 1995 in den Online-Buchverkauf ein, vier Jahre später als der tatsächliche Pionier auf diesem Markt, der Computer-Literacy-Buchladen aus Silicon Valley, Kalifornien.

9.4.1 Vorteile und Nachteile des First Mover

Ein **First-Mover-Vorteil** besteht dann, wenn es einer Organisation besser geht als ihrer Konkurrenz, weil sie mit einem neuen Produkt, neuen Prozessen oder einer neuen Dienstleistung als erste auf dem Markt war. Im Grunde genommen ist diese Organisation ein Monopolist, der theoretisch in der Lage ist, von seinen Kunden hohe Preise zu verlangen, ohne Angst haben zu müssen, sofort von der Konkurrenz unterboten zu werden. In der Praxis jedoch ziehen viele Innovatoren schnell wachsende Umsätze großen Gewinnmargen vor. Außerdem ist eine solche Monopolstellung meist nicht von Dauer.

First-Mover-Vorteil

Ein First-Mover-Vorteil besteht dann, wenn es einer Organisation deshalb besser geht als ihrer Konkurrenz, weil sie mit einem neuen Produkt, neuen Prozess oder einer neuen Dienstleistung als erste auf dem Markt war.

Es gibt allerdings fünf Vorteile für einen First Mover, die möglicherweise nachhaltiger sind[18]:

- *Vorteile durch die Erfahrungskurve* sammeln sich bei First Movers schneller an, denn durch das große Plus an Erfahrung im Umgang mit der Innovation können sie ein größeres Fachwissen erlangen als nachfolgende Unternehmen, die mit dem neuen Produkt oder Prozess oder der neuen Dienstleistung noch nicht so vertraut sind.
- First Mover profitieren typischerweise auch von *Größenvorteilen* am meisten, denn ihr Produktionsvolumen steigt schneller als das der Konkurrenten, sodass sie die Vorteile von Massenproduktion und Einkauf in großen Mengen früher nutzen können.
- *Vorrechte auf knappe Ressourcen* bieten eine große Chance für First Mover, denn nachfolgende Unternehmen haben meist nicht im gleichen Maß Zugang zu Rohstoffen, Fachkräften oder Einzelteilen und müssen diese meist sehr teuer bezahlen.
- Der Marktanführer kann sich eine gute *Reputation* erwerben, denn er nimmt als dominantes, früh etabliertes Unternehmen in den Köpfen der Verbraucher viel Raum ein, sodass es neue Marken eher schwer haben.
- First Mover können außerdem *Käufer-Umstellungskosten* nutzen, indem sie ihre Kunden mittels Vorzugsbehandlungen oder Sonderprivilegien an sich binden, die spätere Nachfolger nur schwer nachahmen können. Umstellungskosten können auch durch die Einführung eines *technologischen Standards* zusätzlich erhöht werden (siehe *Kapitel 6*).

Vorteile der Erfahrungskurve, Größenvorteile und Vorrechte auf knappe Ressourcen bedeuten allesamt Kostenvorteile für Unternehmen, die den ersten Schritt tun. So können sie sich gegen Herausforderer mit einem Preiskrieg zur Wehr setzen. Ein guter Ruf und eine starke Kundenbindung bieten Marketingvorteile, sodass First Mover hohe Preise verlangen können, die dann reinvestiert werden können, um ihre Position gegenüber späteren Nachfolgern zu festigen.

Doch die Erfahrung, die Apple mit seinem Newton gemacht hat, zeigt, dass solche First-Mover-Vorteile nicht immer gegeben sind. Folger haben ihrerseits zwei potenzielle Vorteile[19]:

- *Trittbrettfahrer.* Folger können technologische und andere Innovationen risikoloser nachahmen als die Pioniere. Forschungen ergaben, dass die Kosten einer Imitation meist nur 65 Prozent der ursprünglichen Innovationskosten betragen.
- *Lerneffekte.* Folger können beobachten, was bei den Innovatoren gut oder weniger gut funktioniert hat. So können sie Fehler vermeiden und alles auf Anhieb richtig machen.

18 C. Markides und P. Geroski, „Fast second: how smart companies bypass radical innovation to enter and dominate new markets“, Josey-Bass, 2005; R. Kerin, P. Varadarajan und R. Peterson, „First Mover advantage: a synthesis, conceptual framework and research propositions“, *Journal of Marketing*, Band 56, Nr. 4 (1992), S. 33–52; und P. F. Suarez und G. Lanzolla, „The half-truth of First Mover advantage“, *Harvard Business Review*, Band 83, Nr. 4 (2005), S. 121–127.

19 F. Suarez und G. Lanzolla, „The half-truth of First Mover advantage“, *Harvard Business Review*, Band 83, Nr. 4 (2005), S. 121–127. Siehe auch S. Min, U. Manohar und W. Robinson, „Market pioneer and early follower survival risks: a contingency analysis of really new versus incrementally new product-markets“, *Journal of Marketing*, Band 70, Nr. 1 (2006), S. 15–33.

9.4.2 Erster oder Folger?

Angesichts der potenziellen Vorteile eines Folgers fällt die Entscheidung zwischen First Mover oder folgendem Unternehmen schwer. Manager sollten hierzu genau abwägen, wie viel die First-Mover-Vorteile und die Vorteile des Folgers in ihrem speziellen Fall wert sind. Zusätzlich gibt es drei kontextabhängige Faktoren, die Manager in ihre Entscheidung mit einbeziehen sollten:

- *Gewinnkapazitäten.* David Teece betont, wie wichtig es für Innovatoren ist, die Gewinne ihrer eigenen Innovation auch für sich selbst verbuchen zu können.[20] Dies hängt davon ab, wie leicht Folger die Innovation kopieren können. Die Wahrscheinlichkeit einer Imitation hängt wiederum von zwei wesentlichen Faktoren ab. Zum einen wird eine Nachahmung wahrscheinlich, wenn die Innovation selbst *leicht zu reproduzieren* ist, wenn also wenig implizites Wissen erforderlich ist oder wenn dieses Wissen bereits in dem frei verkäuflichen Produkt enthalten ist (anders als bei vielen Prozesstechnologien). So ist dieses Wissen leicht zurückzuverfolgen. Zum zweiten wird eine Nachahmung leichter, wenn verwendetes *geistiges Eigentum* nur schwach geschützt ist, wenn also Patente schwer zu definieren oder nicht zu verteidigen sind.[21] Es ist daher unklug, in die Position als First Mover zu investieren, wenn es potenziellen Nachahmern leicht fällt, schnell ihren Teil der Innovationsgewinne abzugreifen.
- *Komplementäre Vermögenswerte.* Es ist oft von entscheidender Bedeutung, ob ein Unternehmen über die nötigen Vermögenswerte oder Ressourcen verfügt, um Produktion und Marketing einer Innovation realisieren zu können.[22] Viele junge kleine europäische Unternehmen aus dem Bereich Biotechnologie müssen sich mit diesem Problem in ihrer Branche auseinandersetzen, denn in den USA, dem weltweit größten Markt, sind Marketing und Vertrieb wichtige komplementäre Vermögenswerte eines Unternehmens, werden aber von den großen etablierten Pharmakonzernen kontrolliert. So müssen die kleinen Firmen aus Europa ihre Produkte entweder an ein größeres Unternehmen verkaufen, das über die entsprechende Ausstattung im Bereich Marketing und Vertrieb verfügt, oder sie müssen ihre Innovationen per Lizenz zu ungünstigen Bedingungen an diese Unternehmen abtreten. Organisationen, die unabhängig bleiben und ihre Innovationen für sich selbst nutzen möchten, sind nicht gut beraten, wenn sie viel investieren, um den ersten Schritt machen zu können, wenn sie nicht gleichzeitig über die notwendigen komplementären Vermögenswerte verfügen.
- *Instabiles Umfeld.* Wenn sich Märkte und Technologien schnell verändern und beide sehr dynamisch sind, können First Mover meist keinen dauerhaften Vorteil für sich beanspruchen. Die amerikanische Elektronikfirma Magnavox brachte 1972 die allererste Konsole für Videospiele, die Odyssey, auf den Markt. Doch sowohl der Markt als auch die Technologie entwickelten sich in diesem Bereich rasant. Magnavox überlebte nur noch bis zur zweiten Generation der Spielekonsolen und musste sich 1984 vom Markt zurückziehen. Heute wird die siebte Generation unangefochten von Microsoft (Markteintritt 2001), Sony (Markteintritt 1994) und Nintendo (Markteintritt 1986) dominiert. Auf stabileren Märkten wie etwa bei Softdrinks sind

20 David Teece, die akademische Autorität auf diesem Gebiet, bezieht sich auf Gewinnkapazitäten in Bezug auf die Nutzbarmachung von Gewinnen. Siehe D. Teece, „Managing Intellectual Capital“, *Oxford University Press*, 2000.

21 Eine exzellente Übersicht über geistiges Eigentumsrecht ist zu finden im *The Economist Magazine*, „Survey: Patents and Technology“, 25. Oktober (2005).

22 D. Teece, „Managing Intellectual Capital“, *Oxford University Press*, 2000.

First-Mover-Vorteile in der Regel viel nachhaltiger. Manager müssen also die Dynamik ihrer Märkte und Technologien für die Zukunft abwägen und dies in die Bewertung der First-Mover-Vorteile mit einbeziehen.

Costas Markides und Paul Geoski sind der Meinung, dass große etablierte Unternehmen am besten auf – vor allem sehr radikale – Innovationen reagieren können, indem sie nicht die Führungsrolle übernehmen, sondern schnelle Folger sind.[23] Meist verfügen etablierte Unternehmen eher nicht über die geeignete Kultur und die passenden Systeme, um sich neue Märkte von Grund auf zu erobern. Sie haben aber sehr wohl die nötigen Vermögenswerte im Bereich Finanzen, Produktion, Marketing und Vertrieb, um einen sich neu entwickelnden Markt dominieren zu können. Das Ziel eines schnellen Nachfolgers besteht darin, die frühen Experimente der First Mover zu einem nachhaltigen Geschäftsmodell zu konsolidieren (siehe *Kapitel 9.2.3*). Vielleicht sind schnelle Folger auch noch nicht das zweite Unternehmen auf dem Markt, doch sie dominieren ganz klar die zweite Generation der Konkurrenten. So folgte beispielsweise IBM (etabliertes Unternehmen im Bereich Großrechner) kleinen innovativen Firmen wie Osborne und Apple auch auf den Markt für PCs. Das hier etablierte Unternehmen Apple wiederum folgte Pionieren wie Napster auf den Markt für Online-Musik. Doch der nächste Abschnitt zeigt, dass auch ein schneller Folger einige Herausforderungen zu meistern hat.

9.4.3 Die Reaktion des etablierten Unternehmens

Für etablierte Unternehmen auf einem Markt sind Innovationen oft eher eine Bedrohung als eine Chance. Kodaks dominante Position auf dem Markt für Filme für Fotokameras wurde nahezu wertlos durch den rasanten Aufstieg der digitalen Fotografie. Wie Clay Christensen aufzeigte, liegt das Problem darin, dass die Beziehungen zwischen einem etablierten Unternehmen und seinen Kunden zu eng werden können.[24] Meist bevorzugen Kunden schrittweise Verbesserungen bestehender Technologien und können sich völlig neue Technologien gar nicht vorstellen. Selbst frühe Nutzer versuchen meist, die Produkte der neuen Technologie anzupassen, die sie bereits besitzen. Etablierte Unternehmen gewöhnen sich also an, kleine, inkrementelle Innovationen einzuführen, die die Erwartungen der Kunden erfüllen oder sogar leicht übertreffen. Wie *Abbildung 9.4* zeigt, können etablierte Unternehmen bestehende Technologien für gewöhnlich einer gleichmäßig ansteigenden Linie entlang verbessern, hier als Technologie 1 bezeichnet. Innovationen, die auf dieser Linie liegen, werden „nachhaltige Innovationen" genannt, denn sie halten die bestehende, zugrunde liegende Technologie auf dem neuesten Stand.

Zerstörende Innovationen

Die zerstörende Innovation realisiert erhebliches Wachstum, indem sie neue Leistungswege beschreitet; selbst wenn sie gegenüber bestehenden Technologien anfänglich unterlegen ist, hat sie doch das Potenzial, deutlich überlegen zu werden.

Für etablierte Unternehmen besteht die große Herausforderung allerdings darin, von der Folge nachhaltiger Innovationen, der Technologie-1-Linie also, auf die mit Technologie 2 bezeichnete Linie der **zerstörenden Innovationen** umzusteigen. Eine solche zerstörende Innovation erzeugt starkes Wachstum, indem neue Leistungswege beschritten werden, die, obwohl sie ursprünglich schlechtere Ergebnisse bringen als bestehende Technologien, doch das Potenzial haben, ausgesprochen herausragende Leistung zu

23 C. Markides und P. Geroski, „Fast second: how smart companies bypass radical innovation to enter and dominate new markets", *Jossey-Bass*, 2005.

24 Siehe J. Bower und C. Christensen, „Disruptive technologies: catching the wave", *Harvard Business Review*, Band 73, Nr. 1 (1995), S. 43–53; und C. Christensen und M. E. Raynor, „The Innovator's Solution", *Harvard Business School Press*, 2003.

bringen. Solche herausragenden Leistungen können für ein spektakuläres Wachstum sorgen, entweder durch die Erschließung neuer Kundengruppen oder durch das Unterbieten der Kostenbasis konkurrierender Geschäftsmodelle. Etablierte Unternehmen können auf zerstörende Innovationen nur schwer reagieren, denn aufgrund der anfangs schlechten Ergebnisse können Kundenbeziehungen zerstört werden. Außerdem müssten diese Unternehmen meist ihr gesamtes Geschäftsmodell ändern (siehe *Abbildung 9.4*). So begnügten sich in der Musikindustrie die großen Plattenfirmen lange Zeit damit, weiterhin traditionelle CDs über Einzelhändler zu verkaufen und diese durch Promotion-Aktionen zu vermarkten und über das Radio bekannt zu machen. Auf online angebotene MP3-Musik reagierten sie nur, indem sie Anbieter wie Napster wegen Verletzung des Urheberrechts vor Gericht brachten und immer wieder auf die relativ schlechte Tonqualität der Musikdateien aufgrund des gemeinsamen Datenzugriffs hinwiesen.

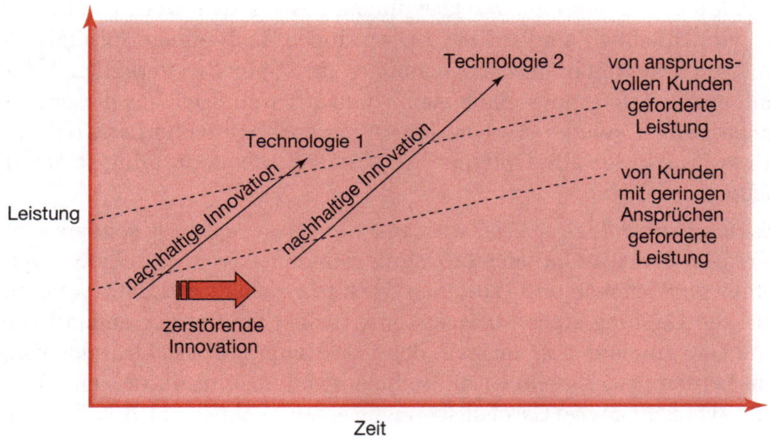

Abbildung 9.4:
Zerstörende Innovation

Quelle: Nachdruck mit Genehmigung der *Harvard Business School Press*. Aus „The Innovator's Solution", C. Christensen und M. E. Raynor, Boston, MA (2003). Urheberrecht 2003, Harvard Business School Publishing Corporation. Alle Rechte vorbehalten.

Doch die britische Band Arctic Monkeys und ihre kleine unabhängige Plattenfirma Domino störten schließlich das Marketingmodell der etablierten Firmen empfindlich, indem sie MP3-Musik kostenfrei über das Internet zum Download anboten, um eine unabhängige Fangemeinde zu gründen. Die erste CD der Arctic Monkeys, die 2006 herauskam, wurde schließlich in der ersten Woche 400.000 Mal verkauft, ein Rekord der britischen Top-20-Albumcharts.

Etablierte Unternehmen können zwei Strategien verfolgen, um auf potenzielle zerstörende Innovationen reagieren zu können:

- *Entwicklung eines Portfolios realer Optionen.* Firmen, für die zerstörende Innovationen die größte Herausforderung darstellen, bauen meist auf einem einzigen Geschäftsmodell auf und haben nur ein Produkt oder eine Dienstleistung anzubieten. Rita McGrath und Ian MacMillan empfehlen diesen Organisationen, ein Portfolio *realer Optionen* zu entwickeln, um dynamisch zu bleiben.[25] Reale Optionen sind

25 R.G. McGrath und I. MacMillan, „The Entrepreneurial Mindset", *Harvard Business School Press*, 2000.

begrenzte Investitionen, die dem Unternehmen bestimmte Chancen für die Zukunft erhalten (für eine technisch geprägte Erläuterung siehe *Kapitel 10*). Die Einsetzung eines F&E-Teams für eine spekulative neue Technologie oder der Kauf eines kleinen jungen Unternehmens auf einem Markt, der gerade neu entsteht, sind beides Beispiele für reale Optionen, denn beide bieten potenziell rasches Wachstum, sollte sich die neue Chance als nachhaltig erweisen. McGarths und MacMillans Portfolio kennt drei Arten von Optionen (*Abbildung 9.5*): Optionen, deren Markt im Großen und Ganzen bekannt, deren Technologien im Einzelnen aber immer noch unsicher sind, nennen sich *Positionierungsoptionen*; für ein Unternehmen ist es erstrebenswert, mehrere solcher Optionen zu haben, um sich mittels der einen oder anderen Technologie eine Position auf einem wichtigen Markt zu sichern; andererseits kann es vorkommen, dass ein Unternehmen in einer bestimmten Technologie stark ist, sich aber unsicher über die dafür geeigneten Märkte ist. In diesem Fall kann dieses Unternehmen auf mehrere *Kundschafteroptionen* setzen, um herauszufinden, welche Märkte die besten sind. Und schließlich sind für ein Unternehmen auch einige *Sprungbrettoptionen* sinnvoll, die zwar allein für sich genommen meist nicht weiterhelfen, jedoch in der Zukunft großes Erfolgspotenzial bieten. Und auch wenn sich aus diesen Sprungbrettoptionen keine Gewinne ergeben, liefern sie doch wertvolle Lernerfahrungen. Ein wichtiges Prinzip für alle Optionen ist: „Schnell scheitern, billig scheitern, erneut versuchen".

- *Entwicklung unabhängiger Geschäftsbereiche.* Neue Projekte, besonders wenn sie aus der Perspektive realer Optionen in Angriff genommen werden, müssen eventuell vor den üblichen Systemen und Prozessen des Kerngeschäfts geschützt werden. Es wäre sinnlos, die Leistung eines Managers einer realen Option nur anhand von Umsätzen und Gewinnmargen zu messen, denn ihr Hauptziel besteht in der Vorbereitung und im Lernen. Aus diesem Grund richten etablierte Organisationen oft innovative Projekte als unabhängige Geschäftsbereiche ein, die manchmal *Abteilungen für neue Projekte* genannt werden und mit einer langfristigen Perspektive neue Ideen entwickeln oder junge Unternehmen aufkaufen können.[26] So hat beispielsweise BMW 2011 einen neuen, als „Projekt i" bezeichneten Geschäftsbereich mit Sitz in New York und einer Kapitalausstattung von $ 100 Millionen gegründet, um innovative neue externe Ideen zu übernehmen: Eine der ersten Investitionen betraf das Start-up-Unternehmen Parkatmyhouse, das Menschen, die einen Parkplatz oder eine Garage mieten wollen, mit den entsprechenden privaten Anbietern zusammenbringt. Es gibt zweierlei Risiken, die solche unabhängigen Geschäftsbereiche mit sich bringen.[27] Zum einen könnten diesen Geschäftsbereichen Ressourcen vorenthalten werden, die das Kernunternehmen eigentlich leicht zur Verfügung stellen könnte wie etwa Markennamen oder Managementinformationssysteme. Zum zweiten wird der innovative Bereich einer Organisation vom Kerngeschäft abgetrennt; aus Sicht der Mitarbeiter des Kerngeschäfts kümmert sich jemand anderes um die Innovationen.

Unabhängig davon, ob durch die Entwicklung realer Optionen, neuer Geschäftsbereiche oder ähnliche Maßnahmen, es wird deutlich, dass die etablierten Unternehmen auch in der Lage sein müssen, den Geist des Unternehmertums am Leben zu halten (siehe *Kapitel 7.2*).

26 C. Christensen und M. E. Raynor, „The Innovator's Solution", *Harvard Business School Press*, 2003.

27 V. Govindarajan und C. Trimble, „Organizational DNA for strategic innovation", *California Management Review*, Band 43, Nr. 3 (2005), S. 47–75.

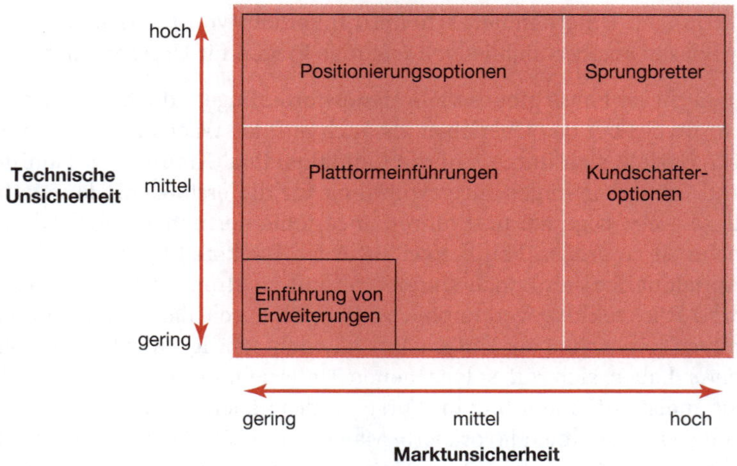

Abbildung 9.5: Portfolio innovativer Optionen

Quelle: Nachdruck mit Genehmigung der *Harvard Business School Press.* Aus „The Entrepreneurial Mindset", I. MacMillan und R. G. McGrath. Boston, MA (2000), S. 176. Urheberrecht 2000, Harvard Business School Publishing Corporation. Alle Rechte vorbehalten.

9.5 Entrepreneurship und soziale Beziehungen

Angesichts der Schwierigkeiten, die große etablierte Unternehmen mit der Förderung von Innovationen haben, könnte man zu dem Schluss kommen, der beste Ansatz sei es, eine neue Unternehmung zu gründen. Unabhängige Unternehmer wie James Dyson, der Pionier auf dem Gebiet beutelloser Staubsauger, sowie Larry Page und Sergey Brin von Google sind beispielhaft für diesen Umgang mit Innovationen zu nennen.[28] Dieser Abschnitt stellt einige wichtige Themen vor, mit denen sich innovative Unternehmer auseinandersetzen müssen, und weist dann auf die komplexeren Beziehungen zu großen Unternehmen hin, die die Unternehmer nochmals vor einige Entscheidungen stellen. Schließlich werden noch die Chancen und Möglichkeiten des sozialen Unternehmertums betrachtet.

9.5.1 Phasen des unternehmerischen Wachstums

Oft wird der Lebenszyklus unternehmerischer Projekte in vier verschiedene Phasen unterteilt: Beginn, Wachstum, Reife und Marktaustritt.[29] Natürlich schaffen es die meisten neuen Projekte gar nicht, alle vier Phasen zu durchlaufen – die geschätzte Durchfallquote neuer Unternehmen im ersten Jahr liegt bei über einem Fünftel. Zwei

28 Exzellente Lehrbücher über strategisches Entrepreneurship sind unter anderem J. A. Timmons, „New Venture Creation: Entrepreneurship in the 21st Century", 6. Auflage, *Irwin*, 2004; und P. A. Wickham, „Strategic Entrepreneurship", 3. Auflage, *FT/Prentice Hall*, 2004.

29 Lebenszyklusmodelle des Entrepreneurships werden behandelt von S. Hanks, C. Watson, E. Jansen und G. Chandler, „Tightening the life-cycle construct: a taxonomic study of growth stage configurations in high-technology organizations", *Entrepreneurship Theory and Practice*, Winter (1993), S. 5–28; und D. Flynn und A. Forman, „Life cycles of new venture organizations: different factors affecting performance", *Journal of Developmental Entrepreneurship*, Band 6, Nr. 1 (2001), S. 41–58.

Drittel aller jungen Unternehmen scheitern innerhalb von sechs Jahren.[30] Aus jeder dieser vier Phasen ergeben sich jedoch wichtige Fragen für Unternehmer:

- *Beginn*. In dieser Phase gibt es viele Herausforderungen, doch eine wichtige Frage, die sich sowohl auf das Überleben als auch auf das Wachstum des Unternehmens auswirkt, bezieht sich immer auf die Kapitalquellen. Kredite von Familienmitgliedern und Freunden sorgen für gewöhnlich für die erste Kapitalausstattung, doch sind diese meist begrenzt und führen angesichts der hohen Durchfallquote neuer Unternehmen zu großen Peinlichkeiten. Auch Bankkredite und Kreditkarten können Kapitalquellen sein, doch sind sie oft mit zu strengen Vorschriften bezüglich Zins- und Rückzahlung verbunden, sodass sie durch das anfangs unregelmäßige Einkommen eines jungen Unternehmens nicht getilgt werden können. *Risikofinanzierer* haben sich auf solche neuen Unternehmensprojekte spezialisiert. Sie bestehen meist auf einem Sitz im Vorstand des neuen Unternehmens und bringen eventuell sogar von ihnen favorisierte Manager mit. Wird ein Projekt durch Risikofinanzierer unterstützt, so erhöht das Untersuchungen zufolge dessen Erfolgschancen erheblich, doch die Risikokapitalgeber akzeptieren in der Regel nur einen von 400 Vorschlägen, die ihnen gemacht werden.[31]
- *Wachstum*. Eine große Herausforderung für Unternehmen in dieser Phase ist das Management. Die Unternehmer müssen dazu bereit sein, sich vom Handeln aufs Managen zu verlegen. Dieser Übergang vollzieht sich meist, wenn die Mitarbeiterzahl die 20 allmählich überschreitet. Viele Unternehmer sind aber leider schlechte Manager, denn hätten sie Manager sein wollen, hätten sie sich von vorneherein von einem großen Konzern anstellen lassen. Unternehmer müssen sich also entscheiden, ob sie sich auf ihre eigenen Fähigkeiten als Führungskraft verlassen oder professionelle Manager von außen einstellen sollen. 2001 stellten die jugendlichen Gründer von Google, Larry Page und Sergey Brin, von ihren Risikokapitalgebern unter Druck gesetzt, den 46-jährigen Eric Schmidt, früherer leitender Angestellter der großen Softwarefirma Novell, als Geschäftsführer ihres Unternehmens ein.
- *Reife*. In dieser Phase besteht die Herausforderung für Manager darin, sich ihren Enthusiasmus und ihr Engagement zu erhalten, um neues Wachstum zu erzeugen. In dieser Phase wendet sich Entrepreneurship nach *innen*, um neue Projekte aus dem Inneren der Organisation ins Leben zu rufen. Eine wichtige Option hierfür ist häufig die *Diversifizierung* in neue Geschäftsbereiche, ein Thema aus *Kapitel 7*. Der Schritt des russischen Computerspieleherstellers Nival in Richtung Konsolespiele ist ein typisches Beispiel. Will man in dieser Phase neue Projekte starten, so kommt es vor allem darauf an, sich die Erfolgschancen genau zu überlegen. Untersuchungen zeigen, dass viele kleine High-Tech-Firmen den Übergang zu einer zweiten

30 D. Flynn und A. Forman, „Life cycles of new venture organizations: different factors affecting performance", *Journal of Developmental Entrepreneurship*, Band 6, Nr. 1 (2001), S. 41–58.

31 D. Flynn und A. Forman, „Life cycles of new venture organizations: different factors affecting performance", *Journal of Developmental Entrepreneurship*, Band 6, Nr. 1 (2001), S. 41–58.

Generation ihrer Technologie nicht bewältigen und dass sie daher an diesem Punkt oft besser beraten sind, den Markt einfach zu verlassen.[32]

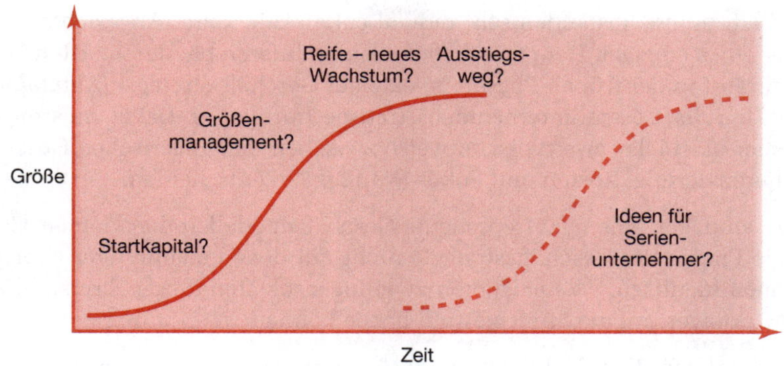

Abbildung 9.6: Phasen des unternehmerischen Wachstums und typische Herausforderungen

- *Marktaustritt.* Dieser bezieht sich auf die Beendigung des Unternehmens entweder durch die Gründer selbst, durch die ursprünglichen Investoren oder durch beide. Zum Austrittszeitpunkt werden die Unternehmer und die Risikokapitalgeber versuchen, Kapital als Belohnung für ihr Engagement und das übernommene Risiko abzuschöpfen. Für Unternehmer gibt es drei mögliche Austrittswege. Ein einfacher *Verkauf* des Unternehmens an eine andere Firma ist ein sehr üblicher Weg. Einige Unternehmer verkaufen auch direkt an die eigenen Manager in Form eines *Management Buy Out* (MBO). Für sehr erfolgreiche Unternehmen gibt es als dritte Möglichkeit des Ausstiegs den *Gang an die Börse*, d.h. den Verkauf von Unternehmensanteilen an die Öffentlichkeit, z.B. an der amerikanischen Börse NASDAQ. Beim ersten Börsengang wird meist nur ein Teil der gesamten verfügbaren Aktien verkauft, sodass die ursprünglichen Unternehmensgründer auch im Geschäft bleiben können und nun Finanzmittel für weiteres Wachstum zur Verfügung haben. Google brachte sein Börsengang im Jahr 2004, bei dem nur sieben Prozent aller Aktien verkauft wurden, $ 1,67 Mrd. (€ 1,36 Mrd.) ein. Oft wird gesagt, dass gute Unternehmer ihren Ausstieg schon von Beginn an planen, und natürlich werden eventuelle Risikokapitalgeber darauf bestehen.

Unternehmer, die ein Unternehmensprojekt erfolgreich abgeschlossen haben, werden oft zu Serienunternehmern. Sie gründen also eine ganze Reihe von Unternehmen und investieren dabei das aus dem Marktaustritt früherer Unternehmen gewonnene Kapital in neue, schnell wachsende Firmen. Für diese Serienunternehmer besteht die größte Herausforderung oft nicht mehr in der Geldmittelbeschaffung, sondern darin, neue gute Ideen zu haben.

32 R. Kaplinksy, „Firm size and technical change“, *Journal of Industrial Economics*, Band 32, Nr. 1 (1983), S. 39–59. Ein detaillierter Bericht über Ciscos Politik zur Übernahme von High-Tech-Firmen ist zu finden bei D. Mayer und M. Kenney, „Economic action does not take place in a vacuum: understanding Cisco's acquisition and development strategy“, *Industry and Innovation*, Band 11, Nr. 4 (2004), S. 293–325.

9.5.2 Entrepreneurship-Strategien

Unternehmer beginnen normalerweise mit einem Hauptgeschäft, auch wenn sie im Laufe der Zeit häufig in anderen Bereichen experimentieren und sich das ursprüngliche Geschäft unter Umständen sehr radikal entwickeln kann. Angesichts der großen Bedeutung eines einzigen Hauptgeschäftsfelds dominieren bei den meisten Unternehmen, zumindest in der frühen Phase, Aspekte der Geschäftsstrategie (*Kapitel 6*) gegenüber Aspekten der Gesamtunternehmensstrategie (*Kapitel 7*). Daher müssen sich die Unternehmer beispielsweise typischerweise zwischen den generischen Geschäftsstrategien Differenzierung, Kosten und Fokus (*Kapitel 6.3*) entscheiden.

Allerdings sind bei einem Entrepreneuer-Geschäftsmodell (oder kleinen Geschäftsmodell) die Fragen der Geschäftsstrategie nicht mit denen etablierterer oder größerer Unternehmen identisch.[33] Es existieren zwei Eigenschaften dieser Firmen, die besondere Auswirkungen auf die Strategiewahl haben können:

- *Ressourcenknappheit:* Neu gegründete Unternehmen werden normalerweise mit beträchtlichen Ressourcenbeschränkungen, insbesondere im Bereich Finanzen und Managementkapazitäten, konfrontiert. Deshalb müssen sie bei ihren strategischen Schritten äußerst selektiv vorgehen und sicherstellen, dass sie dabei ihre knappen Ressourcen nicht für zu viele Initiativen verschwenden. Sie sollten besonders vorsichtig sein, nicht direkt mit den reicheren Akteuren zu konkurrieren, bei denen die Gefahr eines Zermürbungskriegs besteht.
- *Relative Unsichtbarkeit:* Als neue und kleine Akteure sind Entrepreneur-Geschäfte typischerweise für größere, etabliertere Unternehmen weniger sichtbar. Die geringere Sichtbarkeit bedeutet, dass diese kleinen Firmen bei jeglichen aggressiven strategischen Schritten mit einem geringeren Risiko für einen umgehenden Vergeltungsschlag der bestehenden Unternehmen konfrontiert werden. Daher haben kleine Firmen unter Umständen mehr Zeit für ihren Angriff, bevor es zu einem Gegenangriff kommt.

Diese Kombination aus Ressourcennachteil und dem Vorteil der Unsichtbarkeit beeinflusst die Strategieentscheidungen je nach der Art des Markts, auf dem der Unternehmer agiert, unterschiedlich:

- *Neue Märkte:* Entrepreneur-Firmen positionieren sich im Allgemeinen auf neuen Märkten, auf denen Produkte und Kundensegmente noch nicht festgefügt sind, durch die schnelle Erfassung von Chancen am besten. Die Eintrittsgeschwindigkeit ist von großer Bedeutung angesichts der Herausforderungen im Wettbewerb mit größeren Akteuren beim gleichen Produkt oder Segment. Selbst wenn das Entrepreneur-Unternehmen den Vorteil des ersten Zugs hat, kann es besser sein, eine Marktposition aufzugeben, die zunehmend stärkere Wettbewerber anzieht, um stattdessen neue Chancen zu untersuchen. Auf schnell wachsenden Märkten gelingt es großen Unternehmen typischerweise besser, die zur Ausnutzung wachsender Skalen notwendigen Ressourcen aufzubringen. Bei Entrepreneur-Firmen ist die Zeitplanung daher von entscheidender Bedeutung: Der jeweils richtige Moment für den Eintritt und den Rückzug aus dem Markt sind grundlegende Entscheidungen.

33 R. Katila, E. Chen und H. Pienzuka, „All the right moves: how entrepreneurial firms compete effectively“, *Strategic Entrepreneurship Journal*, Band 6, Nr. 2 (2012), S. 116–132, und M. Chen und D. Hambrick, „Speed, stealth and selective attack: how small firms differ from large firms in competitive behavior“, *Academy of Management Journal*, Band 35, Nr. 3 (1995), S. 453–482.

- *Etablierte Märkte:* Auf bereits etablierten Märkten, auf denen schon große Unternehmen präsent sind, sind Entrepreneur-Firmen erfolgreicher, wenn sie bis dato unbesetzte Nischen finden können. Diese Nischen werden häufig besser durch preiswerte Anpassungen bestehender Produkte als durch radikale Innovationen abgedeckt, die unter Umständen zu riskant und teuer für kleine Unternehmen sein können. Der Schlüssel liegt hierbei meist darin, die bestehenden Unternehmen nicht direkt anzugreifen und sich auf deren mangelnde Aufmerksamkeit für kleine Schritte zu verlassen, durch die eine Nachahmung der großen Unternehmen verzögert wird.

Die genannten Strategien sind vorsichtige Strategien, die durch Ressourcenbeschränkungen und die Furcht vor Vergeltungsschlägen oder Nachahmung durch große Unternehmen diktiert werden. Hierbei handelt es sich nicht um die heroischen unternehmerischen Strategien, die Schlagzeilen machen, sondern um die Strategien, die ein typisches neu gegründetes Unternehmen übernimmt. Für jeden revolutionären Unternehmer, der neue Märkte geschaffen und finanzkräftige Herausforderer abgewehrt hat, gibt es zahllose vergessene Fehlschläge. In dieser Hinsicht sind Google und Facebook nicht die Regel, sondern Ausnahmen. Angesichts der hohen Risiken des Unternehmertums ist es wichtig, eine Handvoll spektakulärer Erfolgsgeschichten nicht zu verallgemeinern (siehe beispielsweise *Beispiel 9.4*).

Beispiel 9.4 Beinahe Milliardäre

Adam Goldberg und Wayne Ting hatten die gleiche Idee wie Mark Zuckerberg von Facebook – nur früher.

Im Jahr 2003 waren Goldberg und Ting Studenten der Ingenieurwissenschaften an der renommierten Columbia University in New York. Goldberg war Jahrgangssprecher und hörte viele Beschwerden über das mangelnde Gemeinschaftsgefühl. In den Sommerferien entwickelte er deshalb ein soziales Netzwerk für seine Kommilitonen aus den Ingenieurwissenschaften. Anders als andere bestehende soziale Netzwerke, wie MySpace und Friendster, handelte es sich dabei um das erste Netzwerk, das eine virtuelle Gemeinschaft über eine bestehende legt. Und im darauf folgenden Jahr probierte Mark Zuckerberg die gleiche Idee in Harvard aus.

Drei Viertel der Studenten der Ingenieurwissenschaften an der Columbia registrierten sich im Laufe des Sommers für das Columbia-Netzwerk. Goldberg verbesserte das Netzwerk und brachte es im Januar 2004 als CU Community an den Start, die allen Studenten der Universität offen stand. Die meisten Studenten der Universität meldeten sich innerhalb eines Monats an. Die CU Community war für ihre Zeit hoch entwickelt. Als Facebook im Januar 2004 an den Start ging, konnten Mitglieder sich die Freundschaft „anbieten" oder „sich anstupsen". Darüber hinaus ermöglichte die CU Community allerdings auch Blogging, das Teilen von Inhalten sowie das Kommentieren über Profile hinweg. Goldberg machte sich keine Sorgen: „Es war ganz anders. Es betonte die Verzeichnisfunktion und weniger das Teilen von Inhalten. Ich ging nicht davon aus, dass es große Konkurrenz wäre. Wir waren die Columbia Community – und sie waren Harvard."

Dann wurde Facebook im März an anderen amerikanischen Eliteuniversitäten, wie Yale, Stanford und Columbia, eingeführt. Goldberg, der sich zu diesem Zeitpunkt mit Wayne Ting zusammengetan hatte, wandelte die CU Community in das Campus Network um und führte dieses ebenfalls an amerikanischen Eliteuniversitäten ein. Aber Facebook ließ das neue Campus Network bald hinter sich. Bis zum Sommer 2014 hatte Facebook das Netzwerk von Goldberg und Ting sogar an der Columbia überholt.

Goldberg und Ting stürzten sich jetzt auf Vollzeitbasis in den Wettbewerb. Sie unterbrachen ihr Studium und zogen nach Montreal, wo sie drei andere Softwareentwickler zur Unterstützung einstellten. Allerdings waren die Ressourcen knapp. Campus Network lehnte Gelder von Risikokapitalgebern ab und wies einige große Werbekunden, einschließlich MTV, ab. Die beiden Unternehmer schliefen auf Luftmatratzen im Büro und versteckten sie, wenn ihre drei Mitarbeiter zur Arbeit kamen, damit diese nicht mitbekamen, dass sie obdachlos waren.

Trotzdem entwickelte Campus Network ein anspruchsvolles Produkt, mit vollständig individualisierbaren Seiten, mehreren Designs und Hintergründen. Facebook war einfacher. Das Design des Campus Network erinnerte, anders als die saubere Ästhetik des frühen Facebook, mehr an „Dungeons and Dragons“. Ting erklärte die Logik hinter der frühen Entwicklung des Campus Network: „Warum würde man auf eine Seite gehen, auf der es nur Anstupsen und ein Foto [wie damals bei Facebook] gibt, wenn man auf einem Blog Fotos teilen, Musik teilen und Gedanken austauschen kann?“ Allerdings bemerkte er rückblickend: „Eine gute Webseite sollte Funktionalitäten haben, die 70 bis 80 Prozent der User benutzen wollen. Wir hatten Funktionen, die nur 10 Prozent der User wollten – niemand hat gebloggt, selbst heute bloggt niemand.“

Im Jahr 2005 erreichte Campus Network 250.000 Benutzer – allerdings hatte Facebook zum gleichen Zeitpunkt bereits eine Million erreicht. Goldberg und Ting entschieden, das Netzwerk einzustellen und kehrten im Herbst 2005 als Studenten an die Columbia University zurück. Das Projekt hatte sie persönlich zwischen $ 100.000 und $ 200.000 sowie mehr als ein Jahr ihres Lebens gekostet. 2012 reflektierte Ting als MBA-Student an der Harvard Business School darüber: „Natürlich gibt es immer noch Momente, in denen man ein Gefühl des tiefen Bedauerns hat… Hätten wir Erfolg haben können? Ich denke, dass ist eine wirklich schmerzhafte Frage… Es gibt schon solche flüchtigen Momente. Aber ich bin viel stolzer darauf, dass wir das Risiko eingegangen sind und dabei gelernt haben.“

Quellen: Slate, 29. September 2010; *BBC*, 21. Dezember 2010.

Kontrollfragen

1. Welche Lehre kann man aus der Erfahrung von Goldberg und Ting ziehen, die für die Gründung eines neuen Unternehmens nützlich sein könnte?
2. Gibt es unerfüllte Bedürfnisse in Ihrer Gemeinde, der Hochschule oder anderswo, die sich in eine geschäftliche Chance verwandeln ließen?

9.5.3 Unternehmerische Beziehungen

Vielen Unternehmern geht es vor allem darum, unabhängig zu sein und für sich selbst zu arbeiten. Dieser Stolz auf die eigene Unabhängigkeit wird durch das typische Klischee vom Unternehmer als heldenhaftem Einzelkämpfer noch unterstützt, der sein Unternehmen nachts in einem Labor an der Uni (siehe *Beispiel 9.5*), in der Abstellkammer eines Hotels oder in einer Garage gründet.

Beispiel 9.5

Soziale Ratten auf der Suche nach einem Modell

Ratten haben bewiesen, dass sie in Afrika Landminen finden können. Das Problem liegt jetzt nur darin, dafür zu sorgen, dass sie sich auszahlen.

Es gibt 70 Länder auf der ganzen Welt, in denen Landminen aus den Kriegen der Vergangenheit noch eine Gefahr darstellen. Im Jahr 2008 verursachten diese Landminen 5.200 Todesfälle weltweit. Große Gebiete sind damit zu gefährlich für eine landwirtschaftliche Nutzung. Aber konventionelle Minensuchgeräte und Minensuchhunde sind sehr teuer.

Daher hatte der Belgier Bart Weetjens eine Idee: die Nutzung von Ratten. Ratten haben einen sehr sensiblen Geruchssinn, der sie in die Lage versetzt, das TNT in Landminen zu erspüren. Weetjens erklärte dem *Boston Globe*: „Ratten sind organisiert, sensibel, sozial und intelligent." Im Jahr 1998 gründete Weetjens APOPO als soziales Unternehmen für die Entwicklung der Ratten für die Minenräumung. Daher begann Weetjens 2003 mit der Felderprobung afrikanischer Riesenhamsterratten in Mosambik, einem Land mit drei Millionen Landminen. Im folgenden Jahr bestanden die ersten elf Ratten von APOPO ihre offizielle Prüfung auf einem echten Minenfeld und waren damit einsatzbereit.

Die Ratten arbeiten nach dem Pawlowschen Reflex: Für jede gefundene Mine bekommen sie eine Banane oder einige Erdnüsse. Und die Ratten sind in der Ausbildung billig: € 2.800 pro Ratte verglichen mit € 28.000 für Hunde. Sie sind leichter unterzubringen und zu transportieren als Hunde sowie überdies weniger anfällig für Tropenkrankheiten. Da sie leichter als Hunde sind, lösen sie die Minen nicht selbst aus. Und schließlich sind Ratten sozialer als Hunde: Sie arbeiten mit jedem zusammen, der sie belohnt, während Hunde weniger flexibel sind und nur mit denjenigen zusammenarbeiten, zu denen sie eine Bindung aufgebaut haben. Eine einzige Ratte kann in 30 Minuten mehr als 90 Quadratmeter prüfen – dies entspricht einer Fläche, für die ein Mensch mit einem elektronischen Minensuchgerät einen ganzen Tag brauchen würde.

Die Anfangsfinanzierung für die Entwicklungsphase von APOPO kam von der Universität Antwerpen und dem belgischen Direktorat für Internationale Zusammenarbeit. Bis zum Jahr 2008 stammte mehr als die Hälfte der Finanzierung aus verschiedenen staatlichen Zuschüssen, mehr als ein Drittel kam von philanthropischen Stiftungen und Unternehmenszuwendungen, ungefähr 6 Prozent kamen von technischen und Forschungsinstitutionen und mehr als 5 Prozent aus Spenden, die APOPO selbst eingeworben hat. Die wichtigste dieser Spendeninitiativen ist das System der „Heldenratte". Für $ 5 pro Monat können Unterstützer eine Patenschaft für eine Ratte übernehmen, komplett mit Namen und Bild auf der APOPO-Webseite.

Das Problem für APOPO liegt in der Sicherung seiner Überlebensfähigkeit. Da Zuschüsse normalerweise nur Kosten decken, hat APOPO niemals die Gewinne erzielt, die zum Aufbau finanzieller Reserven notwendig sind. Da es sich bei den Ratten mittlerweile um ein funktionierendes Konzept handelt, ist es schwerer, an Fördergelder für die Forschung zu kommen. Daher gibt es bisher kein sicheres Geschäftsmodell.

Im Jahr 2011 besuchte der Finanzberater Alvin Hall APOPO im Auftrag der BBC. Er empfahl Weetjens, die Mindestspende für die Patenschaft für eine „Heldenratte" zu erhöhen. Darüber hinaus schlug er die Schaffung eines Fonds vor, der große Spenden ermöglichen würde, mit dem APOPO ein gewisses dauerhaftes Kapital aufbauen könnte. Hall ermutigte APOPO auch dazu, Diversifizierungsprojekte in Erwägung zu ziehen.

Eine vielversprechende Richtung für die Diversifizierung ist die Tuberkulose-(TB-) Diagnose. APOPO führt momentan in Tansania Studien durch, bei denen die Ratten verwendet werden, um TB im Speichel erkrankter Patienten nachzuweisen. TB verursacht insbesondere in armen Ländern jedes Jahr 1,7 Millionen Todesfälle. Offensichtlich können diese sensiblen Ratten in einigen wenigen Minuten so viele Speichelproben verarbeiten, wie ein menschlicher Labortechniker an einem ganzen Tag. Darüber hinaus haben die Ratten sogar TB in Proben gefunden, bei denen mit konventionellen Tests nichts gefunden wurde. Das Leitbild von APOPO aus dem Jahr 2010 spiegelt diese erweiterte Rolle wider: „ein Kompetenzzentrum für Techniken mit Spürratten zu werden, um die Auswirkungen lebensrettender Maßnahmen zu erweitern".

Quellen: www.apopo.org; Boston Globe, 23. November 2008, *www.bbc.co.uk*, 5. März 2010.

Kontrollfragen

1. Welche Vor- und Nachteile hat der soziale Unternehmensansatz in diesem Bereich?
2. Welchen Rat würden Sie Bart Weetjens bei seiner Suche nach einem sicheren langfristigen Geschäftsmodell geben?

William Hewlett und David Packard, Gründer der berühmten Computer- und Druckerfirma, und Steve Jobs von Apple sind viel zitierte Beispiele für das Garagenklischee. Blickt man jedoch hinter die Klischees, so entdeckt man bald eine viel komplexere Geschichte, in der Beziehungen zu großen Firmen von Beginn an wichtig sein können. Oft arbeiteten junge Unternehmer vor ihrer Firmengründung für große Firmen und nutzen auch später noch ihre Beziehungen zum früheren Arbeitgeber.[34] [35] Während Hewlett ziemlich unmittelbar aus den Universitätslabors von Stanford kam, hatte Packard bereits bei General Electrics und Litton Industries gearbeitet. Die Firma Hewlett Packard nutzte von Anfang an die Halbleiterwerke von Litton Industries und später auch die Beziehungen zu General Electrics, um erfahrene Manager zu rekrutieren. Steve Jobs arbeitete mit zwölf Jahren in den Sommerferien für William Hewlett und war später der 40. Angestellte von Atari, der Firma für Videospiele.

Entrepreneurship bedeutet oft auch enge Beziehungen zu anderen Unternehmen, besonders zu großen Konzernen. Unternehmer müssen entscheiden, wie sie vorhandene Beziehungen, besonders zu mächtigen Unternehmen, die Innovationen auf ihren Märkten vorantreiben, ausnutzen können. Zum Glück verträgt sich der Beziehungsbedarf junger Unternehmen gut mit den gleichsam wachsenden Bedürfnissen großer Konzerne in dieser Richtung. Diese mächtigen Organisationen verlagern sich immer mehr auf ein neues, von Henry Chesbrough als „offen“ bezeichnetes Modell der Innovation. In diesem offenen Innovationsmodell verlassen sich selbst große Organisationen nicht mehr auf die eigenen internen Ressourcen, sondern nutzen vermehrt unabhängige neue Projekte und externe Partner wie Universitäten, Zulieferer und Kunden. Zwei Konzepte haben auf diesem Bereich aktuell den größten Einfluss:

- *Beteiligungen im Unternehmensinteresse.* Viele große Organisationen wie Intel, Nokia und Shell haben unternehmensinterne Projektbereiche eingerichtet, die extern in neue Projekte investieren, um sich so gegen zerstörende Innovationen und potenzielle Antriebskräfte für zukünftiges Wachstum abzusichern.[36] Große Konzerne profitieren, denn durch diese Investitionen erhalten sie Zugang zu einer großen Bandbreite neuer Ideen, sie schützen neue Unternehmensprojekte in ihrer Anfangsphase vor interner Bürokratie und streuen ihr Risiko. Die Unternehmer gewinnen nicht nur durch ihren Zugang zu neuem Kapital, sondern auch durch Zugang zu den Denkweisen und dem Wissen großer Konzerne oder durch Verträge mit anderen Mitgliedern des Netzwerks der großen Organisation. Es ist von entscheidender Bedeutung, dass beide, die jungen Unternehmer und die Risikokapitalgeber des großen Konzerns, ihre jeweiligen Erwartungen an die Investition ständig überwachen: Ist die Investition eher gewinnorientiert, d.h. werden gute finanzielle Renditen erwartet, oder ist sie eher strategischer Natur, d.h. geht es um eine neue

34 P. Audia und C. Rider, „A garage and an idea: what more does an entrepreneur need?“, *California Management Review*, Band 40, Nr. 1 (2005). S. 6–28.

35 H. Chesbrough, „Open Innovation: the New Imperatives for Creating and Profiting from Technology“, *Harvard Business School Press*, 2003. Der Forschungsleiter von Intel beschreibt den offenen Ansatz seines Unternehmens in D. Tennenhouse, „Intel's open-collaborative model of industry-university research“, *Research and Technology Management*, Juli–August (2004), S. 19–26.

36 H. Chesbrough, „Making sense of corporate venture capital“, *Harvard Business Review*, Band 80, Nr. 3 (2002), S. 4–11; A. Campbell, J. Birkinshaw, A. Morrison und R. van Basten Batenburg, „The Future of corporate venturing“, *MIT Sloan Management Review*, Band 45, Nr. 1 (2003), S. 33–41.

Technologie oder Marktentwicklung? Verschieben sich die Interessen des Kapitalgebers, so werden dadurch eventuell die langfristigen Pläne des neuen Unternehmens gestört. Unternehmen wie Siemens oder Nokia haben in letzter Zeit einige ihrer Unternehmensbeteiligungen an neuen Projekten verkauft oder aufgelöst; Unternehmen wie Ericsson und Diageo mussten diese Beteiligungen ganz aufgeben.

- *Ökosysteme*. High-Tech-Firmen wie Cisco, IBM und Intel fördern oft sogenannte „Ökosysteme“ kleinerer Unternehmen: IBM unterhielt in den späten 1990er-Jahren 1398 Allianzen, die meisten davon mit kleinen Firmen. Diese Ökosysteme sind Gemeinschaften von Zulieferern, Vertretern, Auslieferern, Franchise-Nehmern, Technologieunternehmen und Herstellern von Komplementärprodukten.[37] So hat Apple beispielsweise ein Ökosystem um seinen iPod geschaffen, innerhalb dessen über hundert Firmen Accessoires und Peripherieprodukte wie etwa Taschen, Lautsprecher und Andockstationen herstellen. Große Firmen profitieren von einem solchen System durch eine höhere Kundenzufriedenheit, denn sie können Komplementärprodukte zur Verfügung stellen. Die Mitglieder des Ökosystems haben dadurch Zugang zu einem großen und oft lukrativen Markt. Die Accessoires für den iPod erhalten viel Platz in den Regalen und beste Gewinnmargen. Große Konzerne müssen ihre Ökosysteme jedoch aktiv verwalten und überwachen, um daraus Vorteile erzielen zu können. Diese Firmen übernehmen eine *Führungsrolle bei den Innovationen*, denn sie fördern ganz bewusst unabhängige Unternehmen durch fortlaufende Innovationswellen rund um ihre Grundtechnologie.[38] Beispiele hierfür ist der Palm Pilot PDA, der eine Reihe ständig neuer Softwareprodukte und Verbindungen benötigt, um seinen maximalen Wert zu erreichen, sowie die I-mode-Internettelefone von DoCoMo, die immer online sind. Um sie auf den Markt bringen zu können, mussten zahlreiche Internetprovider ihre Webseiten in einer kompatiblen Programmiersprache neu schreiben. Für die Unternehmen, die Teil eines Ökosystems sind, ist jede neue Generation einer Technologie mit der wichtigen Entscheidung verbunden, ob und wie stark in diese neue Technologie und damit in das ganze Netzwerk investiert werden soll, dessen Führung sie meist nicht beeinflussen können.

9.5.4 Soziales Unternehmertum

Entrepreneurship ist nicht nur auf den privaten Sektor beschränkt. Auch auf dem öffentlichen Sektor werden Forderungen laut, die Erzeugung und Zurverfügungstellung von Dienstleistungen unternehmerischer zu gestalten.[39] So wird seit kurzem auch der Begriff „soziales Unternehmertum“ immer häufiger verwendet. **Soziales Unternehmertum** bezieht sich auf Einzelpersonen und Gruppen, die unabhängige Organisationen schaffen, um Ideen und Ressourcen zu mobilisieren und um soziale Probleme zu lösen;

Soziales Unternehmertum

Soziales Unternehmertum bezieht sich auf Einzelpersonen und Gruppen, die unabhängige Organisationen schaffen, um Ideen und Ressourcen zu mobilisieren und um damit soziale Probleme zu lösen; sie erzielen daraus zwar meist Einkünfte, arbeiten aber nicht gewinnorientiert.

37 Der Leiter der Forschungsabteilung bei IBM beschreibt Ökosysteme in P. M. Horn, „The changing nature of innovation“, *Research and Technology Management*, November–Dezember (2005), S. 28–33, siehe auch B. Iyer, C.-H. Lee und N. Venkatraman, „Managing in a „Small World Ecosystem““, *California Management Review*, Band 48, Nr. 3 (2006), S. 28–47.

38 A. Gawer und M. Cusumano, „Platform Leadership: how Intel, Microsoft and Cisco drive industry innovation“, *Harvard Business School Press*, 2002.

39 P. DuGay, „Against enterprise“, *Organization*, Band 11, Nr. 1 (2004), S. 37–48.

sie erzielen daraus zwar meist Einkünfte, arbeiten aber nicht gewinnorientiert.[40] Die auf dem Markt erzielten Einkünfte und ihre Unabhängigkeit verleihen den sozialen Unternehmern die nötige Flexibilität und Dynamik, um soziale Probleme anzugehen, die rein staatliche Organisationen aufgrund ihrer starren Bürokratie oder politischer Beschränkungen nicht in Angriff nehmen können. So haben soziale Unternehmer zahlreiche Initiativen gestartet, etwa die Vergabe kleinster „Mikrokredite“ an einheimische Bauern durch die Grameen Bank in Bangladesch, die Schaffung von Arbeitsplätzen durch die Mondragon-Kooperative im Baskenland in Spanien und den fairen Handel durch Traidcraft in Großbritannien. Diese große Bandbreite an Initiativen stellt soziale Unternehmer vor mindestens drei wichtige Entscheidungen:

- *Soziale Mission.* Für soziale Unternehmer steht natürlich die soziale Mission im Vordergrund. Diese kann aus zwei Elementen bestehen: Endziele und operative Prozesse. So hat etwa die Grameen Bank das Endziel, die Armut der Bauern zu mindern, besonders was die Frauen angeht. Um dies zu erreichen, unterstützen sie die eigenen Unternehmensprojekte der Bauern und vergeben Kleinstkredite an Menschen, die von gewöhnlichen Banken ignoriert werden würden.
- *Organisationsform.* Viele soziale Unternehmen sind Kooperativen, die auf einer demokratischen Beteiligung ihrer Mitarbeiter und anderer Interessengruppen aufgebaut sind, wodurch das Engagement für die Firma gefördert und Kanäle für neue Ideen geschaffen werden. Diese Organisationsform wirft allerdings die Fragen auf, welche Interessengruppen mit einbezogen werden sollen und welche nicht. In einer Kooperative können Entscheidungen also sehr lange dauern. Deswegen sind manche soziale Organisationen auch hierarchischer oder unternehmensähnlicher strukturiert. Cafédirect, die Getränkefirma, die fairen Handel betreibt, ging sogar an die Börse und konnte ihren Aktionären 2006 die erste Dividende auszahlen.
- *Geschäftsmodell.* Häufig verlassen sich soziale Unternehmen zum Großteil auf selbst erzielte Einnahmen und nicht nur auf staatliche Förderung oder Spenden. Wohngenossenschaften nehmen Mieten ein, Mikrokreditanstalten verlangen Zinsen und Unternehmen des fairen Handels verkaufen ihre Produkte. Soziale Unternehmer unterscheiden sich also keineswegs von anderen Unternehmern, denn auch sie müssen ein effizientes und effektives Geschäftsmodell entwickeln. Dieses Geschäftsmodell kann innovative Veränderungen innerhalb der Wertkette bedeuten. So verstärken viele Unternehmen, die fairen Handel betreiben, die Beziehungen zu ihren Zulieferern und beraten beispielsweise ihre Bauern bei der Arbeit und stellen Infrastruktur und Bildung für die einheimischen Gemeinden zur Verfügung.

---

40 S. Alvord, L. Brown und C. Letts, „Social entrepreneurship and societal transformation: an exploratory study“, *Journal of Applied Behavioral Science*, Band 43, Nr. 3 (2004), S. 260–282; A. Nichols (Hrsg.) „Social Entrepreneurship: New paradigms of sustainable social change“, *Oxford University Press*, 2006; J. Austin, H. Stevenson und J. Wei-Skillern, „Social and commercial entrepreneurship: same, different, or both?“, *Entrepreneurship Theory and Practice*, Band 30, Nr. 1 (2006), S. 1–22.

Ebenso wie alle anderen Unternehmer müssen auch soziale Unternehmer häufig Beziehungen mit großen kommerziellen Unternehmen eingehen. So eröffnete ein neues soziales Unternehmen namens Ten Senses den ersten Laden Bulgariens, in dem Produkte des fairen Handels verkauft wurden. Dabei waren die multinationale Großbank Citigroup und der Ölkonzern Royal Dutch hilfreich beteiligt. Rosabeth Moss Kanter weist darauf hin, dass die Vorteile, die Unternehmen aus der Zusammenarbeit mit sozialen Unternehmen ziehen können, weit über das Gefühl, etwas Gutes zu tun und über die positive Publicity hinausgehen.[41] Sie zeigt auf, dass eine Zusammenarbeit mit sozialen Unternehmen zur Entwicklung neuer Technologien und Dienstleistungen führen, Zugang zu neuen potenziellen Arbeitnehmern ermöglichen und neue Beziehungen zu Regierung und anderen Behörden erleichtern kann, die vielleicht zu neuen Märkten werden können. Kanter schließt mit der Empfehlung, dass große Konzerne klare Strategien in Bezug auf soziales Unternehmertum entwickeln sollten und diesen Bereich nicht mit kurzfristigen wohltätigen Aktivitäten abtun sollten.

Im Fokus: Sind große Firmen bessere Innovatoren als kleine Firmen?

Der berühmte österreichische Wirtschaftswissenschaftler Joseph Schumpeter stellte die Behauptung auf, dass große Unternehmen proportional gesehen innovativer sind als kleine Firmen. Diese Behauptung wird kontrovers diskutiert. Stimmt sie, so könnte dies Laborwissenschaftler und Ingenieure davon abhalten, ihre großen Firmen zu verlassen, um eigene Unternehmensprojekte zu starten. Große Konzerne wie Google oder Cisco wiederum würden dazu ermutigt, kleine innovative Firmen aufzukaufen, um sie der eigenen Unternehmensstrategie einzuverleiben. Regierungen würden großen, dominierenden Konzernen wie Microsoft gegenüber toleranter reagieren, die behaupten, ihre enorme Größe sei wichtig, um weiterhin im Bereich Computersoftware innovativ tätig sein zu können.

Einige Punkte sprechen tatsächlich für Schumpeters Behauptung, große Firmen hätten Vorteile im Bereich Innovation:

- Große Firmen verfügen über umfangreichere und verschiedenartigere Ressourcen, sodass sie die unterschiedlichen Elemente, die für eine Innovation wichtig sind, leichter auftreiben können.
- Viele große Firmen sind risikofreudiger, denn sie wissen, dass sie die Kosten einer fehlgeschlagenen Innovation leichter ausgleichen können.
- Größere Firmen verfügen über bessere Anreize für Innovationen, denn sie können die finanziellen Gewinne aufgrund einer Innovation eher für sich nutzen, da sie über alle nötigen komplementären Vermögenswerte (Vertriebskanäle etc.) verfügen, um neue Produkte schnell auf den Markt zu bringen.

41 R. Moss Kanter, „From spare change to real change“, *Harvard Business Review*, Mai–Juni (1999), 122–133.

Andererseits gibt es auch gute Gründe, warum kleinere Firmen innovativer sind:

- Kleine Firmen bilden meist eine engere Gemeinschaft, sodass neues Wissen leichter ausgetauscht werden kann.
- Häufig sind kleine Firmen auch flexibler und weniger bürokratisch und können so schneller und mutiger innovativ tätig werden.
- In kleinen Firmen ist die Motivation höher, innovativ tätig zu werden, um dadurch das Überleben zu sichern. Große Firmen dagegen können ihre Dominanz auf bestehenden Märkten einfach verteidigen und ausnutzen.

Es wurde viel Forschungsarbeit zu der Frage betrieben, ob kleine oder große Firmen proportional gesehen innovativer sind. Einige Forscher haben sich dabei auf die Input-Seite konzentriert und z.B. gemessen, ob in großen Unternehmen ein größerer Prozentsatz der Einnahmen wieder für F&E ausgegeben wird. Andere Forscher betrachteten dagegen die Output-Seite und zählten beispielsweise, ob große Firmen proportional gesehen mehr Patente anmelden. Es herrscht keine endgültige Einigkeit, was die Innovationsneigung betrifft. Neuere Forschungsprojekte deuten aber darauf hin, dass im Allgemeinen

- große Firmen der High-Tech-Branche, etwa in den Bereichen Elektronik und Software, relativ gesehen weniger stark innovativ tätig sind. große Firmen im Servicebereich relativ gesehen innovativer sind als im Bereich Fertigung.

Es scheint, als könne die bisher betriebene Forschung keine endgültige Regel aufstellen, ob große oder kleine Firmen nun die besseren Innovatoren sind. Wissenschaftler, ehrgeizige große Unternehmen und Regierungsvertreter müssen allerdings die Besonderheiten jeder einzelnen Branche genau beachten.

Quellen:

C. Camisón-Zornosa, R. Lapiedra-Alcami, M. Segarra-Ciprés und M. Boronat-Navarro, „A meta-analysis of innovation and organizational size", *Organization Studies*, Band 25, Nr. 3 (2004), S. 331–361.
C.-Y. Lee und T. Sung, „Schumpeter's legacy: a new perspective on the relationship between firm size and R&D", *Research Policy*, Band 34 (2005), S. 914–931.

Kontrollfrage

Welche Handlungsschritte würden Sie als Manager erwägen, wenn Sie versuchen wollten, die Innovationsfreude eines großen Fertigungsunternehmens der High-Tech-Branche zu erhöhen?

Z U S A M M E N F A S S U N G

- Strategen sehen sich beim Thema Innovation drei wesentlichen Dilemmata gegenüber: Wie viel Wert soll auf *Technology push* oder auf *Market pull* gelegt werden; soll der Fokus auf *Produkt-* oder auf *Prozessinnovation* liegen; und schließlich: wie sehr soll man sich auf *technologische Innovation* im Gegensatz zur breiter angelegten *Geschäftsplaninnovation* konzentrieren?
- Die Verbreitung von Innovationen auf dem Markt folgt oft einer *S-Kurve*. Einem langsamen Start folgt ein sich beschleunigendes Wachstum (der „*Wendepunkt*") und schließlich eine Abflachung der Nachfrage. Manager können diesen Prozess durch eine Kombination aus Initiativen der Angebots- und der Nachfrageseite beeinflussen. Dies soll nicht bedeuten, dass Innovationen immer dieser gleichmäßigen S-Kurve folgen – Manager müssen also auf „negative Wendepunkte" achten.
- Manager können entscheiden, ob sie als *Erster auf den Markt* kommen oder später einsteigen wollen. Beides hat Vor- und Nachteile. Die Stellung als Marktführer kann verschwendete Energie sein, wenn die nötigen komplementären Vermögenswerte und Kapazitäten fehlen, um die neuen Gewinne zu nutzen. Eine Strategie des *schnellen Folgens* kann oft attraktiver sein.
- Etablierte Unternehmen auf einem Markt können leicht *zu abhängig* von bestehenden Kundenbeziehungen werden und sollten sich vor *zerstörenden Innovationen* in Acht nehmen, die völlig neue Marktbedürfnisse aufdecken. Die etablierten Firmen können sich vor einer zu konservativen Einstellung schützen, indem sie Portfolios *realer Optionen* entwickeln und unabhängige Bereiche für *neue Unternehmensprojekte* einrichten.
- Entrepreneure sehen sich typischen Dilemmata gegenüber, während ihre Unternehmen den Lebenszyklus vom *Beginn* über *Wachstum* und *Reife* bis zum *Marktaustritt* durchlaufen. Entrepreneur-Strategien werden insbesondere durch Ressourcenknappheit und relative „Unsichtbarkeit" beeinflusst. Sie müssen sich auch entscheiden, welche Beziehungen sie zu großen Firmen eingehen möchten, besonders da sie eventuell zu einem Teil eines *Ökosystems* solcher Firmen werden könnten oder an deren Strategien einer *offenen Innovation* beteiligt werden. Es gibt keine schlüssigen Beweise dafür, dass kleine Firmen innovativer sind als große Firmen.
- *Soziales Unternehmertum* bietet eine flexible Möglichkeit, soziale Probleme in Angriff zu nehmen. Doch daraus ergeben sich Dilemmata bezüglich der geeigneten Mission, der Organisationsform und des Geschäftsmodells. Soziale Unternehmer und große Firmen müssen auch häufig entscheiden, wie sie miteinander durch beidseitig vorteilhafte Partnerschaften in Beziehung treten sollen.

Z U S A M M E N F A S S U N G

Aufgaben

*Kennzeichnet schwierigere Aufgaben.

***9.1** Wählen Sie ein neues Produkt oder eine neue Dienstleistung, die Sie kürzlich als positiv empfunden haben und untersuchen Sie die Strategie des dafür verantwortlichen Unternehmens. Beziehen Sie sich auf die in *Kapitel 9.2* beschriebenen Dilemmata und erklären Sie, ob die Innovation mehr dem Bereich Technology push oder Market pull zuzuordnen ist, ob es sich um eine Produkt- oder Prozessinnovation handelt und ob sie auf einer neuen Technologie oder einem neuen Geschäftsmodell basiert.

9.2 Besuchen Sie eine Seite, die den Internetverkehr untersucht (z.B. alexa.com) und vergleichen Sie eine Zeitlang die Entwicklung in Bezug auf tägliche Besuche auf älteren Internetseiten (wie etwa amazon.com) und neueren Seiten (wie etwa youtube.com oder einer noch neueren Seite). Beziehen Sie sich auf *Kapitel 9.3*, erklären Sie diese Entwicklung und geben Sie eine Prognose für die weitere zukünftige Entwicklung ab.

***9.3** Wählen Sie ein neues Produkt oder eine neue Dienstleistung, die Sie kürzlich als positiv empfunden haben (wie in *Aufgabe 9.1*), und untersuchen Sie die strategischen Reaktionen etablierter Unternehmen auf diese Innovation. Inwieweit ist diese Innovation für sie zerstörend (siehe *Kapitel 9.4.3*)?

9.4 Beziehen Sie sich auf den Lebenszyklus eines Unternehmens und identifizieren Sie die Position eines Unternehmens Ihrer Wahl innerhalb des Zyklus. Welche Managementprobleme könnten auf dieses Unternehmen in Zukunft zukommen?

9.5 Verwenden Sie das Internet und machen Sie ein soziales Unternehmensprojekt ausfindig, das Sie interessiert (z.B. über www.skollfoundation.org). Nehmen Sie Bezug auf *Kapitel 9.5.3* und identifizieren Sie dessen soziale Mission, die Organisationsform sowie das Geschäftsmodell.

Integrative Aufgabe

9.6 Beziehen Sie sich auf eine innovative Idee, die Sie oder Ihre Freunde und Kollegen haben. Beschreiben Sie unter Bezugnahme auf *Kapitel 15.4.4* die Elemente eines strategischen Plans für dieses mögliche Unternehmensprojekt. Welche Informationen benötigen Sie noch?

Literaturempfehlungen

- P. Trott, „Innovation Management and New Product Development“, 3. Auflage, *FT/Prentice Hall*, 2005, liefert einen umfassenden Überblick über Aspekte der Innovationsstrategie. Eine lebendige und zugängliche Übersicht zu vielen Aspekten zum Thema Innovation mit vielen Beispielen findet sich bei C. Markides und P. Geroski, „Fast second: how smart companies bypass radical innovation to enter and dominate new markets“, *Josey-Bass*, 2005.
- Eine gute Sammlung von verständlichen Artikeln über spezielle Innovationsthemen von führenden Akademikern ist J. Fagerberg, D. Mowery und R. Nelson (Hrsg.), „The Oxford Handbook of Innovation“, *Oxford University Press*, 2005. Eine gleichwertige Sammlung über das Entrepreneurship ist M. Casson, B. Yeung, A. Basu und N. Wadeson (Hrsg.), „The Oxford Handbook of Entrepreneurship“, *Oxford University Press*, 2006.
- P. A. Wickham, „Strategic Entrepreneurship“, 3. Auflage, 2004, wird zu einem europäischen Standardwerk in Bezug auf Unternehmensstrategie.

- Soziales Entrepreneurship wird sinnvoll diskutiert in A. Nicholls (Hrsg.), „Social Entrepreneurship: New paradigms of sustainable social change“, *Oxford University Press*, 2006.
- Für eine Übersicht nützlicher finanzieller Aspekte für junge Unternehmen/Unternehmenspläne siehe G. Arnold, „Corporate Financial Management“, 3. Auflage, *FT/Prentice Hall*, 2005, Kapitel 2.

Fallstudie
Rovio Entertainment: Das Disney des Smartphone-Zeitalters

Daryl Chapman, Metropolia Business School
Richard Whittington, Saïd Business School

Einführung

Rovio Entertainment ist besonders für sein Smartphone-Spiel Angry Birds berühmt, bei dem bunte Vögel auf eierstehlende Schweine katapultiert werden. Das Unternehmen ist in Finnland ansässig und sein Managementteam besteht aus Mikael Hed, dem Vorstandsvorsitzenden, Niklas Hed, dem Leiter Forschung und Entwicklung, sowie Peter Vesterbacka, dem Leiter Marketing und selbst ernannten „Mighty Eagle“. Angry Birds wurde 2010 im Apple App Store zur bestverkauften App und bildet den Ausgangspunkt für eine Reihe von Unternehmungen, einschließlich audiovisuellen Medien, Merchandising, Verlagswesen, Einzelhandelsgeschäfte und Spielplätze. Mit ca. 500 Mitarbeitern im Jahr 2012 erklärte Peter Vesterbacka dem *Wire Magazine*, dass Rovio tatsächlich dem weltgrößten Unterhaltungsunternehmen folgen wollte: „Wir haben uns definitiv Disney zum Vorbild genommen.“

Das Team

Rovio wurde 2003 von Niklas Hed und zwei Kommilitonen an der Technischen Universität Helsinki gegründet, nachdem sie einen von Nokia und Hewlett-Packard gesponserten Spieleentwicklungswettbewerb gewonnen hatten. Zu Beginn war das Unternehmen im Bereich Auftragsarbeit, bei der Entwicklung von Spielen für Electronic Arts, Nokia und Real Networks erfolgreich. Bald schloss sich ihnen Niklas Cousin, Mikael Hed, an. Er hat an der Tulane University in den Vereinigten Staaten einen MBA-Abschluss gemacht. Mikaels Vater, Kaj Hed, war erfolgreicher Softwareunternehmer, der ein früheres Unternehmen für $ 150 Millionen (€ 110 Millionen) verkauft hatte. Kaj Hed investierte eine Million Euro und wurde Vorstandsvorsitzender: Er besitzt immer noch 70 Prozent des Eigenkapitals. Peter Vesterbecka stieß erst 2010, als die Angry Birds ihren Siegeszug antraten, in Vollzeit zum Unternehmen. Allerdings hatte er, ein Business Developer bei Hewlett-Packard, der bereits seit vielen Jahren in der finnischen Startup-Szene aktiv gewesen war, Rovio schon seit 2003 ermutigt und im Hintergrund unterstützt.

Obwohl Rovio erfolgreich Spiele entwickelte und an etablierte Drittunternehmen verkaufte, verfolgte das Unternehmen das Ziel, einen großen, eigenen Spieleerfolg zu schaffen. Niklas Hed dachte, man würde ungefähr 15 Versuche brauchen, um einen Welthit zu schaffen – allerdings waren die Angry Birds bereits der 52. Versuch von Rovio. In der Zwischenzeit kam es zu Konflikten über die Strategie. 2005 verließt Mikael Hed das Unternehmen nach einem Streit mit seinem Vater Kaj, dem er einen Kontrollzwang unterstellte. Im Jahr 2008 musste Rovio sein Personal von 50 auf nur noch zwölf reduzieren. 2009 kam Mikael allerdings zurück, schloss Frieden mit seinem Vater und erkannte in dem neuen Apple iPhone und dem AppStore eine Chance. Und so entstand schließlich aus der Kombination aus den plakativen Angry Birds und dem Erfolg des Apple iPhone die Formel für den Erfolg.

Rovio setzte Chillingo, einen gut vernetzten britischen Spieleverlag ein, um ein Geschäft mit Apple auszuhandeln und die Angry Birds auf die Weltmärkte zu bringen. Im Februar 2010 überzeugte Chillingo Apple, Angry Birds als Spiel der Woche auf der Titelseite des Apple AppStore anzubieten: Angry Birds schoss im Vereinigten Königreich auf Platz 1 und fünf Monate später stand es auch in den US-Charts auf dem ersten Platz. Chillingo wurde 2010 von Electronic Arts aufgekauft und Rovio erklärte, dass es keine Spieleverlage mehr einsetzen würde. Im Oktober 2010 brachte Rovio das kostenlose Android Angry Birds heraus und verzeichnete innerhalb von drei Tagen zwei Millionen Downloads. Bis 2011 hatten Angry Birds und dessen verschiedene Ablegerprodukte € 50 Millionen erzielt – und das als Ergebnis eines Spiels, dessen Entwicklung nur € 100.000 gekostet hatte. Im März 2011 war Mikael vorsichtig optimistisch und erklärte dem *Wired Magazine*: „Ich weiß, wie anfällig die Spielebranche ist, ich bin da ziemlich paranoid. Aber momentan habe ich das Gefühl, dass es läuft. Und es sollte noch schneller laufen."

Das neue Disney?

Wie Disney mit Mickey Mouse sah Rovio das Potenzial für die Übertragung seiner starken Marke auf andere Produkte. Durch die Zusammenarbeit mit dem amerikanischen Spielzeughersteller Commonwealth Toy & Novelty konnte Rovio bereits 2010 Plüschtiere und T-Shirts in US-amerikanischen Geschäften platzieren. Bald hatte Rovio mehr als 400 Partner, einschließlich Coca-Cola, Intel und Kraft. Die Anzahl der Angry-Birds-Produkte belief sich auf 20.000, einschließlich Brettspiele, Kühlschrankmagnete und Schlüsselanhänger. 2012 schätzte die Zeitschrift Fast Company, dass der Gesamtumsatz mit Angry-Birds-Produkten sich auf beinahe $ 650 Millionen belaufen könnte. Dabei erhält Rovio Lizenzgebühren zwischen 5 und 20 Prozent auf seine lizenzierten Produkte.

Rovio schloss auch eine Partnerschaft mit Samsung für ein bewegungsgesteuertes Angry-Birds-Spiel auf seinen Smart-Fernsehern. Samsung wollte 2012 25 Millionen dieser Fernsehgeräte verkaufen. Im November 2012 startete das Unternehmen den Rovio-Kanal, mit dem Nutzer der Samsung-Fernsehgeräte Spiele sowie die neue Angry-Birds-Trickfilmserie und eine Comicbuch-Serie herunterladen können. Der Rovio-Kanal beruht auf dem Erfolg des Angry-Birds-YouTube-Kanals, der mehr als 750 Millionen Mal angeschaut worden ist. Der Rovio-Kanal soll auch auf Mac, PC, IOS und Android-Geräten eingeführt werden, allerdings priorisierte Rovio das Fernsehen als Medium, das Millionen von Familien tagtäglich gemeinsam nutzen. Überdies soll 2016 ein Angry-Birds-3D-Film in die Kinos kommen.

Zwischenzeitlich hat Rovio in Zusammenarbeit mit dem finnischen Abenteuerspielplatzdesigner Lappset, dem amerikanischen Entertainment-Designer BDR Design und Antonia Zamperla, einem italienischen Hersteller von Achterbahnen, seinen ersten Angry-Birds-Spielplatz eröffnet. In gewisser Hinsicht ahmt die Spielplatzstrategie die Disney-Themenparks nach – allerdings sind die Spielplätze viel kleiner. Rovio will ein stärker „verteiltes" Mittel zur physischen Interaktion mit Familien und Kindern schaffen, als den gelegentlichen Besuch in Disneyland: Die Angry-Birds-Spielplätze sind vor Ort und können jeden Tag besucht werden. Der Plan sieht vor, diese Spielplätze auch international einzuführen. Dazu wurde der erste Spielplatz im Vereinigten Königreich im Sommer 2012 eröffnet. Es gibt bereits nicht lizenzierte Angry-Birds-Spielplätze in China.

Tatsächlich sind für Rovio, das aus einem so kleinen nordeuropäischen Land kommt, Exportmärkte immer schon wichtig gewesen. Das Unternehmen verfügt über Niederlassungen in Shanghai, Stockholm, Tokio, Seoul, Südkorea und Santa Monica, Kalifornien. Die USA, gefolgt von China, sind für Rovio der größte Markt. Rovio ging 2011 in China an den Start und eröffnete 2012 drei Einzelhandelsgeschäfte in Peking und Shanghai, während für das nächste Jahr 200 weitere geplant waren. Offiziell lizenzierte Spielplätze werden auch in China eröffnet. Peter Vesterbacka erklärte *Fast Company* dazu: „Im Laufe der Zeit wird China unser größter Markt werden. Es ist wichtig für uns, dass wir sehr lokal sind. Wie wollen chinesischer sein als die chinesischen Unternehmen."

Dabei hat Rovio allerdings sein ursprüngliches Kerngeschäft im Bereich Spiele nicht vernachlässigt. Bei seiner Erstveröffentlichung hatte Angry Birds 63 Levels, mittlerweile sind es allerdings schon mehr als 360. Darüber hinaus sind alle Arten von Varianten des Spiels, einschließlich eines in Zusammenarbeit mit Lucasfilm entwickelten Angry Birds Star Wars veröffentlich worden. 2012 wiederholte Rovio dann seinen Erfolg mit dem Start von Bad Piggies, bei dem es um auf einer Wüsteninsel gestrandete Schweine geht, die nach Eiern suchen: Auch dieses Spiel wurde die Nummer 1 im Apple AppStore. Darüber hinaus wurde 2012 auch Amazing Alex veröffentlicht, mit dem ein menschlicher Charakter für Rovio geschaffen werden sollte. Dieser erwies sich allerdings als vergleichsweise weniger erfolgreich.

Im Bereich Spiele ist eine Mischung aus Erfolgen und Fehlschlägen zu erwarten. Der Markt für Apps ist mit ständig neuen Spielen und Apps äußerst dynamisch (siehe *Tabelle 1* für die am besten bezahlten Apps Anfang 2013). 2012 erzielten fünf Spiele von Disney Mobile den ersten Rang im Apple App Store. Andererseits gelang dem britischen Einmannunternehmen Ndemic mit seinem Spiel Plague Inc. mit Entwicklungskosten von nur $ 5.000 ein Hit. Peter Parmentier, der Vorstandsvorsitzende von Electronic Arts Mobile (das für Tetris, die Sims und Fifa verantwortlich ist), erklärte gegenüber der Zeitung *The Guardian*: „Der mobile Markt ist wohl der am stärksten wettbewerbsgeprägte Markt in dieser Branche. Jeden Tag werden mehr und mehr Apps auf den Markt gebracht. Dadurch entsteht eine schwierige Umgebung sowohl für Entwickler als auch für Verbraucher. Obwohl ich denke, dass wir immer mal wieder einen Ausnahmehit sehen werden, der eine Art Eigenleben entwickelt, stellen wir fest, dass die Verbraucher qualitativ hochwertige Unterhaltung und erkennbare Marken in einem solchen vollen Markt anstreben."

Tabelle 1

Die am besten bezahlten iPhone Apps, Februar 2013 (mit Namen der Entwickler, Länder und Gründungsdaten)

1.	Clear Vision 2 (FDG Entertainment, Deutschland, 2002)
2.	WhatsApp Messenger (Whats App Inc., Vereinigte Staaten, 2009)
3.	Minecraft – Taschenausgabe (Mojang AB, Schweden, 2009)
4.	Angry Birds Star Wars (Rovio, Finnland, 2003)
5.	Wood Camera (Bright Mango, Vereinigte Staaten, 2012)
6.	Sleep Cycle alarm clock (Maciek Drejak Labs, Schweden, 2008)
7.	Plague Inc. (Ndemic Creations, Vereinigtes Königreich, 2012)
8.	Arms Cartel Global (Pixel Addicts, Vereinigte Staaten, 2001)
9.	Fruit Ninja (Halfbrick Studios, Australien, 2001)
10.	Bloons TD 5 (Ninja Kiwi, Neuseeland, 2007)

Quelle: AppData, 2013 und Internetrecherche.

Wachstumspläne

Das Wachstum von Rovio erfordert Investitionen. Anfang 2011 beschaffte das Unternehmen $ 42 Millionen von drei Risikokapitalfonds und trat im Gegenzug 21 Prozent seiner Anteile ab (wodurch Niklas Hed, Mikael Hed und Peter Vesterbacka gemeinsam noch 8 Prozent hielten). Einer der Risikokapitalgeber war Niklas Zennström, Mitbegründer von Skype, der auch in den Aufsichtsrat von Rovio einzog. Das zusätzliche Kapital half Rovio dabei, in diesem Jahr zwei strategische und Talentübernahmen durchzuführen: als Erstes Kombo Animation Studio, gefolgt von Futuremark Games Studio. 2012 hatte Rovio von einem Börsengang im Jahr 2013 mit dem Ziel der Beschaffung von USD 1 Milliarde für weitere Investitionen gesprochen. Allerdings wollte Peter Vesterbacka Anfang 2013 jegliche Gespräche in diese Richtung beenden: „Für uns ist es mittlerweile so, dass wir ein sehr erfolgreiches Unternehmen betreiben, wir wachsen sehr, sehr schnell und sind wahnsinnig rentabel, so dass wir unser eigenes Wachstum finanzieren können."

Das Wachstum von Rovio baut auf einem neuen Geschäftsmodell für Spiele auf. Das ursprüngliche Spielemodell umfasste zunächst eine CD in einer Hülle für circa € 20. Rovio vertreibt seine Spiele über das Internet entweder für zwischen € 1 und € 4 über den Apple App Store oder, durch Werbung unterstützt, kostenfrei auf Android. Dabei unterscheidet sich Rovio von den meisten Herstellern von mobilen Apps darin, dass die Betonung auf der Markenlizenzierung für andere physische Produkte wie Plüschtiere, Getränke und ähnlichen Artikeln liegt. Die Erlöse aus dem App Store, der Werbung und den lizenzierten physischen Produkten sind ungefähr gleich, allerdings haben die physischen Produkte zugelegt. Die Gesamterlöse für 2012 werden auf ungefähr € 150 Millionen geschätzt. Dabei bilden die Marken von Rovio, insbesondere die Angry Birds selbst, den Kern des Geschäfts. Das Unternehmen ist überzeugt, dass die Marken wertvoll bleiben werden, solange die Fans mit einem kontinuierlichen Strom faszinierender neuer Spiele und kostenloser Upgrades zufriedengestellt werden. Rovio konzentriert seine Bemühungen auf die Entwicklung von Spielen und das Markenmanagement: Die Produktion von physischen Produkten wird in Lizenz an Partnerunternehmen vergeben. Obwohl die ersten physischen Einzelhandelsgeschäfte von Rovio selbst betrieben werden, erfolgen der Betrieb des virtuellen Stores und die logistische Unterstützung durch Unternehmen, die sich auf E-Commerce und Versand spezialisieren.

Wachstum durch starke Marken ist natürlich etwas, in dem Disney schon seit langem gut ist (siehe *Tabelle 2* für einen Vergleich mit Disney und einigen Wettbewerbern).

Rovio sieht sich selbst als mehr als ein Spieleunternehmen, genau wie sich Disney als mehr als nur ein Trickfilmunternehmen sieht. Das Ziel besteht darin, mehr als die Hälfte der Erlöse aus den physischen Produkten zu erzielen. Mikael Hed erklärte seine Ambitionen für Rovio gegenüber *Fast Company* durch das Zeichnen zweier nach unten offener Bögen: der erste Bogen, eine enge Kurve mit einem ausgesprochenen Gefälle nach der Spitze, und der zweite, eine viel breitere Kurve, die drei Mal so hoch ist wie die erste. „Viele unserer Wettbewerber haben eine ähnliche kurzsichtige Sichtweise. Sie werden mit diesem Hügel konfrontiert", sagte er und zeichnete einen Pfeil auf den Scheitelpunkt der ersten Kurve, „und gehen davon aus, dass das der maximale Geldbetrag ist, den man mit einem mobilen Spiel erzielen kann. Aber bei dem, was wir aufbauen", erklärt er mit Blick auf die andere Kurve, „geht es um den lebenslangen Nutzen eines Fans. Und dieses Bild ist viel interessanter."

Im Jahr 2012 lehnte Rovio ein Übernahmeangebot von Zynga, dem für Farmville berühmten amerikanischen Spielunternehmen, in Höhe von $ 2 Milliarden ab. Das Unternehmen der Angry Birds scheint entschlossen, das Katapult direkt auf den US-amerikanischen Unterhaltungsriesen Disney auszurichten.

Tabelle 2

Ausgewählte führende Spieleunternehmen

	Wesentliche Geschäftsbereiche	Erlöse 2011	Mitarbeiter 2011
Activision (USA/Frankreich)	Computer-, soziale und mobile Spiele	$ 4,76 Milliarden	7.738
Disney (USA)	Film, Fernsehen, Freizeitparks, Merchandising, Onlinemedien usw.	$ 42,28 Milliarden	166.000
Electronic Arts (USA)	Computer-, soziale und mobile Spiele	$ 4,44 Milliarden	9.925
Zynga (USA)	Soziale und Glücksspiele (Internet und mobil)	$ 1,14 Milliarden	2.846

Wesentliche Quellen: Wire Magazine, 7. März 2011; *Guardian, Media Network*, 15. November 2012, *Fast Company*, 26. November 2011; *The Next Web*, 21. Dezember 2012.

Kontrollfragen

1. Welche Vor- und Nachteile hat das Rovio-Geschäftsmodell?
2. Welche Strategie könnte Zynga verfolgt haben, wenn es mit seiner Übernahme Erfolg gehabt hätte?

Fusionen, Übernahmen und Kooperationen

10

ÜBERBLICK

Lernziele

Nach der Lektüre dieses Kapitels sollten Sie in der Lage sein,

- die Methoden zu identifizieren, die zur Verfolgung einer Strategie angewendet werden können: *organische Entwicklung, Fusionen und Übernahmen* und *strategische Allianzen.*
- drei Erfolgskriterien zur Bewertung strategischer Optionen anzuwenden: *Tauglichkeit, Akzeptabilität* und *Machbarkeit.*
- eine Reihe verschiedener *Techniken zur Bewertung strategischer Optionen* anzuwenden.

10.1 Einführung

Dieses Kapitel bildet den Abschluss von *Teil II*, der sich insgesamt mit den Wahlmöglichkeiten einer Organisation befasst hat. *Kapitel 6* bot eine große Bandbreite an Wahlmöglichkeiten, wie sich eine Organisation in Bezug auf ihre Konkurrenz positionieren könnte. Im Rahmen dieser allgemeinen Wahlmöglichkeit der Basis der Wettbewerbsstrategie gibt es noch spezifischere Wahlmöglichkeiten bezüglich der strategischen Ausrichtung der Organisation. Hier stellt sich die Frage, welche Märkte und welche Produkte am besten geeignet sind. Diese Wahlmöglichkeiten wurden in *Kapitel 7* aufgezeigt und in *Kapitel 8* und *9* vor dem Hintergrund einer internationalen Strategie und der strategischen Innovation weiterentwickelt. Es gibt jedoch noch eine dritte Ebene der Wahlmöglichkeiten, die sich mit den *Methoden* befasst, die *zur Verfolgung einer Wettbewerbsstrategie und der strategischen Ausrichtung* angewendet werden. Dies ist das Thema von *Kapitel 11* und der ersten Hälfte dieses Kapitels.

Behält man im Auge, dass die Anwendung der in *Teil I* vorgestellten Konzepte und Instrumente auch für die Entstehung von strategischen Ideen gesorgt haben kann, die verfolgt werden könnten, so wird klar, dass ein Stratege viele mögliche Optionen in Erwägung ziehen muss. Daher befasst sich das *Kapitel 11* mit den *Erfolgskriterien*, mittels derer diese Optionen bewertet werden können. Darauf aufbauend werden einige *Bewertungstechniken für strategische Optionen* erklärt.

Abbildung 10.1 fasst die Gesamtstruktur dieses Kapitels zusammen.

Strategische Methoden

Strategische Methoden bezeichnen die Mittel, mit denen eine Strategie verfolgt werden kann.

Jede der in *Kapitel 6* bis *10* behandelten strategischen Ausrichtungen kann auf verschiedene Art und Weise oder mithilfe verschiedener **strategischer Methoden** in Angriff genommen werden. Das bedeutet, die *Mittel* zur Verfolgung einer Strategie sind ganz verschieden. Diese Methoden können in drei Gruppen unterteilt werden: organisches Wachstum, Übernahmen und Fusionen sowie Kooperationen.

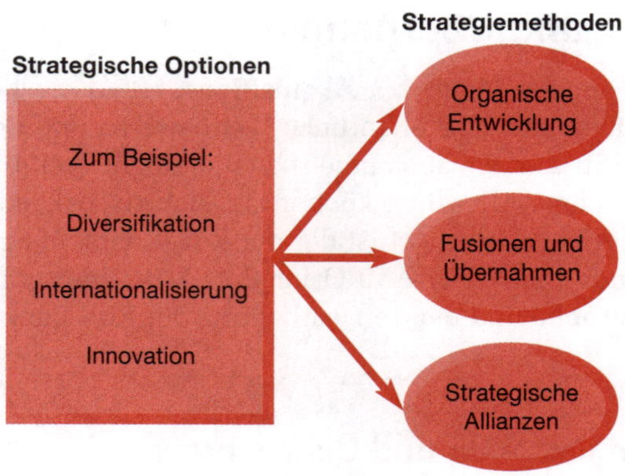

Abbildung 10.1: Strategiemethoden

10.2 Organisches Wachstum[1]

Organisches Wachstum (oder internes Wachstum) liegt vor, wenn eine Organisation ihre Strategien auf ihren eigenen Fähigkeiten aufbaut und diese weiterentwickelt. Für viele Organisationen ist organisches Wachstum traditionell die wichtigste Methode für die strategische Entwicklung und dafür gibt es auch eine Reihe überzeugender Gründe:

> **Organisches Wachstum**
> Organisches Wachstum liegt vor, wenn eine Organisation ihre Strategien auf ihren eigenen Fähigkeiten aufbaut und diese weiterentwickelt.

- *Hochtechnische Produkte* in Bezug auf Design oder Herstellungsmethode sind für organisches Wachstum gut geeignet, denn der Entwicklungsprozess dieser Produkte bietet die beste Möglichkeit, die nötigen Fähigkeiten zu entwickeln, um einen erfolgreichen Wettbewerb führen zu können. Natürlich können sich aus diesen Fähigkeiten wiederum neue Produkte und neue Möglichkeiten auf dem Markt ergeben.
- Die *Entwicklung von Wissen und Fähigkeiten* kann durch organisches Wachstum verbessert werden. So kann ein Unternehmen zum Beispiel der Meinung sein, dass das direkte Engagement, das nur von internen, angestellten Vertriebsmitarbeitern, nicht aber von externen Vertretern kommen kann, das Wissen über den Markt erheblich verbessert und daher einen Wettbewerbsvorteil gegenüber anderen Rivalen bietet, die weiter entfernt sind von ihren Kunden.
- *Die Streuung der Investitionen über einen längeren Zeitraum.* Die letztendlichen Kosten für internes Wachstum könnten höher liegen als die Kosten für die Übernahme anderer Firmen. Verteilt man die Kosten aber über einen längeren Zeitraum, kann dies eine noch bessere Option sein, als zu einem einzigen Zeitpunkt eine große Investition zu tätigen, wie dies bei einer Übernahme der Fall wäre. Dies ist ein starkes Motiv für ein organisches Wachstum bei kleinen Firmen oder vielen Organisationen der öffentlichen Hand, die vielleicht nicht über die nötigen Ressourcen für eine einmalige große Investition verfügen.
- Die *Natur der Märkte* kann ein organisches Wachstum vorschreiben. In vielen Fällen sind Organisationen, die Neuland betreten, nicht in der Lage, sich durch Übernahmen oder gemeinsame Entwicklungsprojekte weiterzuentwickeln, denn sie sind ja bisher die Einzigen auf ihrem Markt. Oder aber es gibt einfach nur sehr wenige Übernahmeziele, wie etwa im Fall eines ausländischen Unternehmens, das sich den japanischen Markt erschließen will.

1 Siehe J. F. Mognetti, „Organic Growth: Cost-Effective Business Expansion from Within", *Wiley*, 2002.

10.3 Fusionen und Übernahmen[2]

Fusionen und Übernahmen (Mergers & Akquisitions; M&A) machen oft Schlagzeilen, da sie hohe Geldbeträge und sehr öffentliche Wettbewerbe um die Unterstützung der Aktionäre umfassen. Sie können auch eine schnelle Möglichkeit bilden, wichtige strategische Ziele zu erreichen. Allerdings können sie auch zu spektakulären Fehlschlägen führen. Ein berühmter Fall dieser Art ist der der Royal Bank of Scotland, deren Übernahme der niederländischen ABN AMRO für € 71 Milliarden im Jahr 2007 zu einer geschäftlichen Katastrophe und der Verstaatlichung der RBS Bank durch die britische Regierung führte.

10.3.1 Arten von Fusionen und Übernahmen

Übernahme

Bei einer Übernahme erwirbt eine Organisation das Eigentum einer anderen Organisation.

Bei Fusionen und Übernahmen geht es normalerweise um die Kombination von zwei oder mehr Organisationen. Bei einer **Übernahme** erwirbt eine Organisation durch den Kauf von Anteilen die Kontrolle über ein anderes Unternehmen. Damit wird eine **Übernahme durch den Erwerb der Mehrheit der Anteile eines Zielunternehmens** erreicht. Die meisten Übernahmen sind *freundlich*, d.h., das Management des Zielunternehmens empfiehlt den Aktionären die Annahme des Angebots des übernehmenden Unternehmens. Dies ist für das übernehmende Unternehmen positiv, da das Management des Zielunternehmens mit größerer Wahrscheinlichkeit beim Abschluss der Transaktion und bei der Integration der beiden Unternehmen mit ihnen zusammenarbeitet. Manchmal sind Übernahmen feindlich. Daher wendet sich der Erwerber direkt zum Erwerb der Anteile an die Aktionäre des Zielunternehmens. Diese Transaktionen können sehr erbittert ablaufen, wenn das Management des Zielunternehmens die Bemühungen zur Einholung von wesentlichen Informationen behindert bzw. nach der Transaktion die Integration der beiden Unternehmen nicht unterstützt. Die Erwerber sind im Allgemeinen größer als die Zielunternehmen, auch wenn es mitunter durchaus auch „umgekehrte" Übernahmen geben kann, bei denen die Erwerber kleiner als die Zielunternehmen sind.

Fusion

Eine Fusion bezeichnet den Zusammenschluss oder die Verschmelzung zweier oder mehrerer Unternehmen zu einem einzigen Unternehmen.

BEine **Fusion** unterscheidet sich im Wesen von einer Übernahme, denn dabei handelt es sich um den **Zusammenschluss zweier zuvor separater Organisationen zur Bildung eines neuen Unternehmens**. So gaben beispielsweise 2012 Random House und Penguin, zwei große Verlagshäuser, eine Fusion bekannt, durch die zur Kostensenkung und Stärkung der Verhandlungsmacht gegenüber Vertriebspartnern, wie Amazon, das Unternehmen Penguin Random House gegründet werden sollte. Die Partner bei einer Fusion haben, anders als bei einer Übernahme, bei der das übernehmende Unternehmen im Allgemeinen dominiert, oft eine ähnliche Größe und erwarten einen im Wesentlichen gleichen Status. In der Praxis werden die Begriffe „Fusion (Merger)" und „Übernahme (Acquisition)" allerdings oft synonym verwendet, daher auch die gängige Abkürzung „M&A".

2 Es gibt zahlreiche Veröffentlichungen über Fusionen und Übernahmen, siehe P. Gaughan, „Mergers, Acquisitions and Corporate Restructurings", 4. Auflage, *Wiley*, 2007. Eine praktische Anleitung für Manager bieten T. Galpin und M. Herndon, „The Complete Guide to Mergers and Acquisitions", *Jossey-Bass*, 2000; ebenso D. M. DePamphilis, „Mergers, acquisitions, and other restructuring activities: An integrated approach to process, tools, cases, and solutions", Elsevier, 2005. Für eine kürzere Abhandlung siehe R. Schoenberg, „Mergers and acquisitions: motives, value creation and implementation", „The Oxford Handbook of Corporate Strategy", *Oxford University Press*, 2003, Kapitel 21.

Fusionen und Übernahmen finden auch in öffentlichen und gemeinnützigen Bereichen statt: So gründete die finnische Regierung im Jahr 2010 durch die Fusion der Helsinki School of Economics, der Helsinki University of Art and Design sowie der Helsinki University of Technology die neue Aalto University. Im Besitz der öffentlichen Hand befindliche Institutionen bauen häufig eine ganz eigene Kultur oder ganz eigene Systeme auf, so als wären sie tatsächlich unabhängige Institutionen. Wenn große kulturelle oder Systemunterschiede zwischen Organisationen bestehen, sind der Umfang und das Ausmaß der Managementaspekte ähnlich denen, die auch bei einem Eigentümerwechsel auftreten würden. Daher wird in derartigen Fällen häufig der Begriff „Fusion“ verwendet, da dies das Ausmaß der involvierten Aufgabe besser widerspiegelt als der Begriff „Umstrukturierung“.

10.3.2 Zeitplanung von Fusionen und Übernahmen

Seit dem Beginn der Aufzeichnungen im späten neunzehnten Jahrhundert haben Fusionen und Übernahmen eine zyklische Qualität mit hohen Ausschlägen nach oben und unten. Somit war 2007 ein Rekordjahr für globale Fusionen und Übernahmen mit Transaktionen mit einem Wert von circa € 2,9 Billionen, wobei dies vier Mal so hoch war wie während des vorangegangenen Tiefs im Jahr 2002. Im Zuge der Ausbreitung der globalen Rezession sank der Wert von M&A im Jahr 2011 auf € 1,8 Billionen.[3] Diese Zyklen sind weitgehend mit Änderungen der globalen Wirtschaft verbunden, werden aber auch durch neue Vorschriften, die Verfügbarkeit von Finanzmitteln, die Leistung an der Börse, technische Störungen und das Angebot verfügbarer Zielfirmen beeinflusst. Sie können während eines Aufschwungs auch durch übermäßigen Optimismus auf Seiten der Manager, Aktionäre und Banker sowie durch einen übermäßigen Vertrauensverlust während eines Abschwungs beeinflusst werden. Dieses zyklische Muster legt nahe, dass manche Zeitpunkte sich besser für eine Übernahme eignen als andere. Während des Konjunkturhöhepunkts sind die Zielunternehmen wahrscheinlich sehr teuer. Dies kann die Erfolgschancen eines Erwerbers reduzieren. Nach der £ 5 Milliarden teuren Fusion zwischen den Bauunternehmen Taylor Woodrow und George Wimpey im Jahr 2007 fiel der Aktienkurs im folgenden Jahr mit dem Beginn der Rezession um beinahe 90 Prozent. Aus diesen Zyklen sollten Manager erkennen, dass M&A unter Umständen ein starkes Mode- oder Mitläuferelement haben. Insbesondere während eines Aufschwungs sollten sich Manager sorgfältig überlegen, ob Übernahmen tatsächlich gerechtfertigt sind, da die Preise unter Umständen hoch sind.

Die weltweiten Aktivitäten in Fusionen sind traditionell durch Nordamerika oder Westeuropa beherrscht worden, während dies in anderen Volkswirtschaften wie beispielsweise in Japan weitaus weniger häufig der Fall ist. In vielen nationalen Governance-Systemen werden Barrieren für Übernahmen, insbesondere für feindliche Übernahmen (siehe *Kapitel 4.2.1*), errichtet. Allerdings sind zwischenzeitlich Unternehmen aus den sich schnell entwickelnden Volkswirtschaften, wie China und Indien, sehr aktiv im Bereich der großen Übernahmen geworden, um Zugang zu westlichen Märkten oder Technologien zu erhalten oder sich die für das Wachstum notwendigen Materialressourcen zu sichern. So war beispielsweise im Jahr 2012 die Übernahme des US-amerikanischen Öl- und Erdgasproduzenten Devon Energy Corp. für € 1,69 Milliarden

3 *Financial Times*, 29. Februar 2012. Dabei ist bemerkenswert, dass die Anzahl der Transaktionen nur auf 41.000 zurückging. Dies legt nahe, dass M&A eine wichtige und konstante Möglichkeit für Unternehmen bildet, sich an veränderliche Kontexte anzupassen.

durch Sinopec (ein chinesisches Erdgas- und Mineralölunternehmen) die elfte Transaktion der chinesischen Gruppe in diesem Jahr. Auch das indische Unternehmen Tata hat viele Übernahmen durchgeführt, einschließlich des Aufkaufs der britischen Unternehmen Tetley Tea, British Salt, der Fahrzeugbauer Jaguar und Land Rover sowie des englisch-niederländischen Stahlunternehmens Corus (siehe *Beispiel 10.2* unten).

10.3.3 Motive für Übernahmen und Fusionen

Die Motive für M&A können strategisch, finanziell und managementbasiert[4] sein (siehe *Beispiel 10.1*).

Strategische Motive für M&A

Zu den strategischen Motiven für M&A gehört die Verbesserung des Wettbewerbsvorteils der Organisation. Diese Motive stehen häufig in Verbindung mit den Gründen für die Diversifizierung im Allgemeinen (siehe *Kapitel 7.3*). Strategische Motive können in drei verschiedene Kategorien eingeordnet werden:[5]

- *Erweiterung.* M&A können verwendet werden, um die Reichweite eines Unternehmens geografisch bzw. im Hinblick auf Produkte oder Märkte zu erweitern. Übernahmen können eine schnelle Möglichkeit zum Ausbau der internationalen Reichweite bilden. So hat im Jahr 2010 der chinesische Automobilbauer Geely zum Ausbau seiner globalen Präsenz das schwedische Automobilunternehmen Volvo aufgekauft. Überdies können Übernahmen auch eine effektive Möglichkeit zur Ausweitung in neue Märkte dienen, wie bei der Diversifikation (siehe *Kapitel 7*).
- *Konsolidierung.* M&A können eingesetzt werden, um die Wettbewerber in einer Branche zu konsolidieren. Das Zusammenbringen von mindestens zwei Wettbewerbern kann wenigstens drei vorteilhafte Effekte haben. In erster Linie erhöht sich hier die Marktmacht durch die Reduzierung des Wettbewerbs: Dies kann das neu konsolidierte Unternehmen in die Lage versetzen, die Preise für die Kunden zu erhöhen. Zweitens lässt sich die Verbindung der beiden Wettbewerber die Effizienz durch eine Reduzierung von Überschusskapazitäten oder das Teilen von Ressourcen, wie beispielsweise die Einrichtungen des Hauptsitzes oder der Vertriebskanäle, erhöhen. Letztlich kann durch das größere Ausmaß des kombinierten Betriebs die Produktionseffizienz gesteigert oder die Verhandlungsmacht gegenüber Lieferanten erhöht werden, was diese dazu zwingt, die Preise zu senken.
- *Ressourcen.* Das dritte große strategische Motiv für M&A liegt in der Stärkung der Ressourcen eines Unternehmens. High-Tech-Unternehmen, wie Cisco und Microsoft, betrachten Übernahmen von jungen Technologieunternehmen als Bestandteil ihrer F&E-Anstrengungen. Anstatt eine neue Technologie von Grund auf zu erforschen, ermöglichen sie es Start-up-Unternehmen, eine Geschäftsidee zu etablieren, und

4 D. N. Angwin, „Motive archetypes in mergers and acquisitions (M&A): the implications of a configurational approach to performance“, *Advances in Mergers and Acquisitions*, Band 6 (2007), S. 77–105. Ein nützliches konzeptuelles Modell von Motiven und beeinflussenden Variablen bietet J. Haleblian, C. E. Devers, G. McNamara, M.A. Carpenter und R. B. Davison, „Taking stock of what we know about mergers and acquisitions: a review and research agenda“, Journal of Management, Band 35 (2009), S. 469–502.

5 Dies bildet eine Anpassung zu J. Bower, „Not all M&As are alike – and that matters“, *Harvard Business Review*, März (2001), S. 93–101.

übernehmen dann diese Unternehmen, um die technischen Ressourcen in ihr eigenes Portfolio aufzunehmen (siehe *Kapitel 9.5.2*). Ressourcengetriebene Übernahmen sind oft nützlich, wenn Branchen konvergieren (siehe *Kapitel 2.3.1*). So haben beispielsweise Google und Apple erhebliche Übernahmen vorgenommen, um auf dem neuen Wachstumsmarkt für mobile Werbung Fuß zu fassen. Die Übernahme von AdMob durch Google für € 576 Millionen sowie der Erwerb von Quattro Wireless durch Apple für € 212 Millionen im Jahr 2010 zielten auf die Errichtung einer beachtenswerten Präsenz in dem neuen wettbewerbsorientierten Raum ab, in dem Telefonie und die Werbebranche konvergieren.

Finanzielle Motive für M&A

Finanzielle Motive betreffen die optimale Nutzung finanzieller Ressourcen anstelle einer direkten Verbesserung des eigentlichen Geschäfts. Es bestehen drei wesentliche finanzielle Motive:

- *Finanzielle Effizienz.* Es kann unter Umständen effizient sein, ein Unternehmen mit starker Bilanz (d.h. mit viel Bargeld) mit einem Unternehmen mit schwacher Bilanz (d.h. mit hoher Verschuldung) zusammenzubringen. Das Unternehmen mit der schwachen Bilanz kann Zinszahlungen durch die Nutzung des Vermögens des stärkeren Unternehmens zur Rückzahlung seiner Schulden einsparen und überdies auch Anlagemittel von dem stärkeren Unternehmen erhalten, zu denen es andernfalls keinen Zugang hätte. Das Unternehmen mit der starken Bilanz kann durch den Erwerb des schwächeren Unternehmens ein gutes Geschäft machen. Des Weiteren kann ein Unternehmen mit einem steigenden Aktienkurs andere Unternehmen sehr effizient kaufen, indem es den Aktionären des Zielunternehmens anbietet, den Preis mit eigenen Aktien (Eigenkapital) anstatt einer direkten Barzahlung zu bezahlen.
- *Steuereffizienz.* Mitunter ergeben sich aus dem Zusammenschluss verschiedener Unternehmen steuerliche Vorteile. So können beispielsweise Gewinne oder steuerliche Verluste innerhalb der Organisation übertragen werden, um von verschiedenen Steuersystemen zwischen Branchen oder Ländern zu profitieren. Natürlich bestehen für diese Strategie auch natürliche Beschränkungen.
- *Asset Stripping/Unbundling.* Einigen Unternehmen gelingt es gut, andere Unternehmen zu erkennen, deren zugrunde liegende Vermögenswerte einen Wert haben, der höher ist als der Preis für das Unternehmen insgesamt. Dies ermöglicht den Kauf solcher Unternehmen sowie den anschließenden schnellen Verkauf („Unbundling") verschiedener Geschäftsbereiche an unterschiedliche Käufer zu einem Gesamtpreis, der erheblich höher ist, als der ursprünglich für das Ganze bezahlte Preis. Auch wenn dies oft als bloße opportunistische Geschäftemacherei („Asset Stripping") abgetan wird, kann es die wirtschaftliche Effektivität durchaus steigern, wenn die Geschäftsbereiche durch diesen Unbundling-Prozess bessere Muttergesellschaften finden.

Managementmotive für M&A

Wie im Fall der Diversifikation (siehe *Kapitel 7.3*) können auch Übernahmen mitunter eher den Interessen der Manager als denen der Aktionäre dienen. Daher werden die Managementmotive so bezeichnet, da sie eher eigennützig als effizienzgetrieben sind. M&A können aus zwei Arten von Gründen auch dem Eigeninteresse von Managern dienen:

- *Persönlicher Ehrgeiz.* Übernahmen können, unabhängig von dem geschaffenen realen Wert, den persönlichen Ehrgeiz leitender Manager auf drei verschiedene Arten befriedigen. Erstens können die persönlichen finanziellen Anreize leitender Manager an kurzfristige Wachstumsziele oder Aktienkursziele geknüpft sein, die durch große und spektakuläre Übernahmen leichter als durch die allmählichere und weniger sensationelle Alternative organischen Wachstums zu erreichen sind. Zweitens ziehen große Übernahmen die Aufmerksamkeit der Medien auf sich und bieten damit die Möglichkeit, den persönlichen Ruf durch schmeichelhafte Medieninterviews und -auftritte zu stärken. Hier zeigt sich der sogenannte „Manager-Hybris-Effekt“ (Eitelkeitseffekt): Manager, die bei früheren Übernahmen erfolgreich gewesen sind, werden übermäßig selbstsicher und beginnen mehr und mehr Übernahmen, von denen jede einzelne riskanter und teurer ist als ihr Vorgänger.[6] Letztlich bieten Übernahmen auch Möglichkeiten, Freunden und Kollegen mehr Verantwortung zu übertragen und zementieren persönliche Loyalitäten durch die Unterstützung der Karrieren Einzelner.
- *Mitläufereffekte.* Wie bereits erklärt, sind Übernahmen äußerst zyklisch. Während eines Aufschwungs gibt es drei Typen von Druck, denen leitende Manager im Hinblick auf den Mitläufereffekt ausgesetzt sind. Erstens kritisieren Finanzanalysten und die Wirtschaftsmedien unter Umständen die vorsichtigeren Manager für ihre scheinbar unangemessene Vorsicht, wenn viele andere Unternehmen Übernahmen durchführen. Zweitens fürchten die Aktionäre unter Umständen, dass ihr eigenes Unternehmen zurückbleibt, wenn Chancen für ihr Geschäft von anderen genutzt werden. Und schließlich machen sich die Manager unter Umständen Sorgen darüber, dass ihr Unternehmen, wenn es keine Übernahmen ausführt, eventuell selbst Ziel einer feindlichen Übernahme werden könnte. Für Manager, die während eines „Fusionsbooms“ einfach ein ruhiges Leben wollen, liegt die einfachste Strategie unter Umständen einfach darin mitzumachen. Allerdings besteht die Gefahr einer Übernahme, die das Unternehmen nicht wirklich braucht. Überdies kann dieser Effekt einen Grund dafür bilden, dass zu viel bezahlt wird.

Insgesamt gibt es für Übernahmen und Fusionen gute und schlechte Gründe. Die durchschnittlichen Ergebnisse von Übernahmen sind allerdings nicht beeindruckend, und Belege deuten darauf hin, dass die Hälfte aller Übernahmen fehlschlägt (siehe „Im Fokus“ am Ende dieses Kapitels). Allerdings zeigen auch alternative Wachstumsmethoden ähnliche Ergebnisse. Trotzdem lohnt es sich, die M&A-Strategie skeptisch zu betrachten. Natürlich kann aber auch das Gegenteil zutreffen: Es kann auch schlechte Gründe für Widerstand gegen eine feindliche Übernahme geben. Leitende Manager können Widerstand gegen eine Übernahme leisten, weil sie befürchten, dass sie ihre Arbeitsplätze verlieren, selbst wenn der angebotene Preis für die Aktionäre ein gutes Geschäft wäre.

---

6 M. Hayward und D. Hambrick, „Explain the premiums paid for large acquisitions: evidence of CEO hubris“, *Administrative Science Quarterly*, Band 42 (1997), S. 103–27; J.-Y. Kim, J. Haleblian und S. Finkelstein, „When firms are desperate to grow via acquisition: the effect of growth patterns and acquisition experience on acquisition premiums“, *Administrative Science Quarterly*, Band 56, Nr. (2011), S. 26–60.

Beispiel 10.1 Wer hat wen gekauft?

Die Übernahme von Marvel durch den Filmriesen Disney widerlegte die Annahme der Experten, aber unter Umständen stehen Herausforderungen bevor.

Sommer bedeutet in Hollywood vor allem eines: Kassenschlager im Kino. Aber im Jahr 2012 schlug ein einziger Superheldenfilm mit Einnahmen von € 1,12 Milliarden aus Kinokarten alle anderen Filme und wurde zu dem Film mit den dritthöchsten Bruttoeinnahmen aller Zeiten. „The Avengers" von Marvel, einem Unternehmen der Disney-Gruppe, eroberte die Kinos mit einer Kombination aus Iron Man, dem unglaublichen Hulk und Thor. Durch diesen Erfolg wurden die Kritiken der Analysten, dass die Übernahme von Marvel durch Disney für $ 4 Milliarden im Jahr 2009 überteuert gewesen sei, im Wesentlichen widerlegt.

Auf dem Papier sah es so aus, als würde diese Übernahme perfekt passen. Als Reaktion auf den schrumpfenden Home-Entertainment-Markt und sinkende DVD Absätze, aufgrund derer jedes Filmstudio in Hollywood seine Kosten senken musste, überdachte Disney seinen gesamten Ansatz zur Produktion von Filmen. Das Unternehmen wollte zu einer durch Franchising geprägten Strategie wechseln, in deren Rahmen Filme und Marken produziert werden sollten, bei denen Fortsetzungen und Ableger möglich sind. Dazu erwarb Disney 2006 Pixar und dann Marvel, eine Marke, die Filme mit Geschichten bietet, die für männliche Teenager interessant sind – eine demographische Gruppe, die Disney bis dahin nur schwer erreichen konnte.

Bei der Übernahme ging es aber nicht nur um Filme: Disney wollte Marvels riesige Sammlung von Superheldenfiguren in seinem gesamten Geschäft – von Themenparks über Fernsehsendungen bis hin zu Konsumgütern nutzen und ergänzte dazu die Disney Standardproduktpalette von Mickey-Maus-Produkten um Hulk-Unterhosen und Iron-Man-Brotdosen. Darüber hinaus bliebt der Vorstandsvorsitzende von Marvel, Isaac „Ike" Perlmutter, dem Unternehmen erhalten. Seine knallharte Strategie „aus jedem Dollar das Beste herauszuholen" gefiel Disney; „Marvel konnte für einen Bruchteil der Kosten eines Jerry-Bruckheimer-Films („Piraten der Karibik") einen großartig anzuschauenden Film produzieren".

Allerdings entstanden durch diese Transaktion in dem familienorientierten Unternehmen mit Sitz in Burbank, Kalifornien auch dramatische Spannungen – und anscheinend war dies im Wesentlichen auf den Führungsstil von Ike zurückzuführen. Als größter Anteilseigner von Marvel vor Disney erhielt er einen Großteil seiner Auszahlung von £ 1,5 Milliarden in Disney-Aktien und damit bot sich ihm die Möglichkeit der Beteiligung an Entscheidungsfindungsprozessen. Seitdem ist er innerhalb von Disney zu einer entscheidenden Kraft geworden. Er kann geschickt Kosten senken und wird als von Kosteneinsparungen besessen beschrieben. „Er hat im Büro etwas getan, über das die Leute gelacht haben: Wenn da Altpapier herumlag, hat er es in acht Teile zerrissen und damit hatte er einen neuen Notizblock."

Aber seine klaren Auffassungen und sein Fähigkeiten, Kosten zu senken, brachten ihn oft in Konflikt mit seinen Kollegen. Sein Interesse an Merchandising und der Lizenzvergabe für Spielzeuge hat die Consumer Products Division (CPD) von Disney – einen der kleineren Geschäftsbereiche von Disney, der allerdings 10 Prozent (2011) der Gewinne des gesamten Konzerns ausmacht - deutlich durcheinander gebracht. Der Chef von CPD hatte mehrfach Konflikte mit Ike im Hinblick auf die Ausrichtung der Abteilung und verließ das Unternehmen 2012 zusammen mit den Leitern der Bereiche Kommunikation, Verlagswesen, Personalwesen, Disney Shops sowie des Spielzeugbereichs. Drei weibliche leitende Angestellte beauftragten einen Rechtsanwalt, um individuelle finanzielle Abwicklungen auszuhandeln, und eine weitere reichte eine interne Beschwere ein, in der sie behauptete, dass Ike sie bedroht hätte. Zwischenzeitlich ist DCP um die großen Fernseh- und Film-Franchise-Bereiche von Disney anstelle der einzelnen Produktkategorien herum umstrukturiert worden.

Durch die Erfolge an der Kinokasse sowie die kommerziellen Erfolge, die Marvel für Disney generiert hat, gewann Ike sowohl innerhalb als auch außerhalb des Konzerns Bewunderer. Angesichts der Tatsache, dass Fortsetzungen für *Thor*, *Captain America* und *The Avengers* in Arbeit sind, sprechen die Analysten über die Vorteile der Transaktion. Allerdings warnen einige frühere Disney-Mitarbeiter vor zukünftigen „Kulturkonflikten". „Man würde davon ausgehen, dass Disney mit seiner Geschichte und seiner Kultur siegen würde, aber die übliche Frage auf den Gängen [von DCP] lautete: Wer hat hier noch einmal wen übernommen?"

Quelle: Financial Times, 1. und 4. September 2009, 7. September 2011, 13. Juli und 8. August 2012.

Kontrollfragen

1. Warum hat Disney Marvel übernommen?
2. Bewerten Sie kritisch, wie gut diese Unternehmen (i) strategisch und (ii) organisatorisch zusammenpassen.

10.3.4 M&A-Prozess

Übernahmen brauchen Zeit. Als Erstes muss ein möglichst passendes Übernahmeziel gefunden werden. Dieser Prozess kann Jahre dauern, unter bestimmten Umständen allerdings auch sehr schnell abgeschlossen werden. Dann folgt der Verhandlungsprozess für die Transaktion: Es müssen Bedingungen und Konditionen sowie der richtige Preis ausgehandelt werden. Schließlich müssen die Manager entscheiden, inwieweit die neuen und alten Unternehmen integriert werden müssen – und dies wird erhebliche Auswirkungen auf die Zeit haben, die für die Wertschöpfung erforderlich ist. Mit anderen Worten ausgedrückt sollte die Übernahme als Prozess über eine gewisse Zeit betrachtet werden. Jeder Schritt in diesem Prozess birgt unterschiedliche Aufgaben für den Managern (siehe *Abbildung 10.2*). In diesem Abschnitt werden drei wesentliche Schritte betrachtet: Zielauswahl, Verhandlung und Integration.

Zielauswahl bei M&A

Hier sind zwei wesentliche Kriterien – die strategische und die organisatorische Passfähigkeit – anzuwenden:[7]

- *Strategische Passfähigkeit.* Dies bezieht sich auf das Ausmaß, zu dem das Zielunternehmen die Strategie des erwerbenden Unternehmens stärkt oder ergänzt. Die strategische Passfähigkeit bezieht sich auf die ursprünglichen strategischen Motive für die Übernahme: Erweiterung, Konsolidierung und Ressourcen. Manager müssen die strategische Passfähigkeit sehr sorgfältig bewerten. Die Gefahr liegt darin, dass potenzielle Synergien (siehe *Kapitel 7.3*) in M&A häufig übertrieben werden, um hohe Übernahmepreise zu rechtfertigen. Überdies werden negative Synergien („Ansteckung") zwischen den beteiligten Unternehmen leicht vernachlässigt.[8] Die Übernahme der aggressiven Investmentbank Merrill Lynch für € 33 Milliarden durch die Bank of America im Jahr 2008 stellt ein Beispiel für eine negative Synergie dar. Mit dem neuen Eigentümer verlor Merrill Lynch einen Teil seines Geschäfts, da es keine Beratung mehr zu Transaktionen leisten durfte für Unternehmen der umfangreichen Liste, die bereits Kreditkunden der Bank of America waren. Demzufolge war Merrill Lynch mit der neuen Muttergesellschaft weniger wertvoll als zu der Zeit, in der es dem Unternehmen freistand, jede beliebige Transaktion zu verfolgen.
- *Organisatorische Passfähigkeit.* Dies bezieht sich auf die Passfähigkeit der Managementverfahren, der kulturellen Praktiken und des Personals zwischen dem Zielunternehmen und dem erwerbenden Unternehmen. Große Diskrepanzen zwischen den beiden verursachen wahrscheinlich erhebliche Integrationsprobleme. Die Übernahme von Marvel durch Disney warf viele Fragen im Hinblick auf die organisatorische Übereinstimmung auf (siehe *Beispiel 10.1*). Internationale Übernahmen können insbesondere organisatorischen Diskrepanzen unterliegen[9], obwohl das Ausmaß eines tatsächlichen Kulturkonflikts durch das vorgesehene Maß der Integration bestimmt wird. Ein Vergleich der Kulturnetze der beiden Unternehmen (*Kapitel 5*) kann dazu beitragen, eine potenzielle Diskrepanz hervorzuheben.

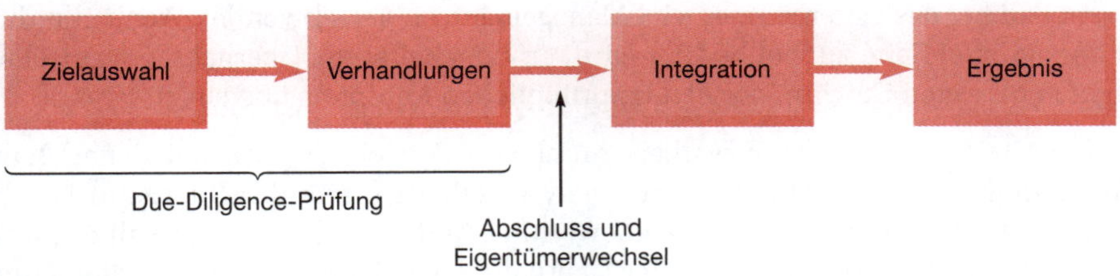

Abbildung 10.2: Der Übernahmeprozess

Gemeinsam bestimmten die strategische und organisatorische Passfähigkeit das Potenzial des Erwerbers für zusätzliche Wertschöpfung, die in *Kapitel 7.6* dargestellte Frage der Rolle der Muttergesellschaft. Wenn eine geringe organisatorische Übereinstimmung besteht, vernichten Versuche des Erwerbers, das Ziel zu integrieren, Wert, unabhängig

7 Dies baut auf D. Jemison und S. Sitkin, „Corporate acquisitions: a process perspective", *Academy of Management Review*, Band 11, Nr. 1 (1986), S. 145–163 auf.

8 J. M. Shaver, „A paradox of synergy: contagion and capacity effects in mergers and acquisitions", *Academy of Management Review*, Band 31, Nr. 4 (2006), S. 962–978.

9 Siehe J. Child, D. Faulkner und R. Pitkethly, „The Management of International Acquisitions", *Oxford University Press*, 2001.

davon, wie gut das Ziel strategisch passt. So führte beispielsweise die Fusion zwischen den französischen und amerikanischen Telekommunikationsgeräteherstellern Alcatel und Lucent für mehrere Jahre nach der Transaktion zu erheblichen Kulturkonflikten mit Verlusten in Höhe von Milliarden Dollar und dem Abgang zweier Topmanager.

Die beiden Kriterien der strategischen und organisatorischen Passfähigkeit sind wichtige Bestandteile einer „Due-Diligence-Untersuchung“ – einer strukturierten Untersuchung von Zielunternehmen, die im Allgemeinen stattfindet, bevor eine Transaktion erfolgt. Im Jahr 2012 war Hewlett Packard gezwungen, den Wert der Übernahme von Autonomy, einem britischen Softwareunternehmen, um € 3,8 Milliarden abzuschreiben, und behauptete, das frühere Managementteam hätte das Unternehmen während der Due-Diligence-Prüfung arglistig getäuscht (siehe „Im Fokus“). Die strategische und organisatorische Passfähigkeit kann zur Schaffung eines Rasters benutzt werden, nach dem potenzielle Übernahmeziele befürwortet oder ausgeschlossen werden können. Hierbei ist zu beachten, dass die Gruppe von Unternehmen, die die Kriterien erfüllen *und* tatsächlich zum Kauf zur Verfügung stehen, wahrscheinlich klein ist. Für Manager ist es eventuell sehr verführerisch, die Kriterien so weit zu lockern, dass ein ausreichend großer Bestand von möglichen Übernahmezielen vorhanden ist. Strenge Kriterien im Hinblick auf die strategische und organisatorische Passfähigkeit werden nach dem Fehlschlag eines ersten Übernahmeangebots besonders schnell vergessen. Nachdem sie sich öffentlich auf eine Übernahmestrategie festgelegt haben, neigen die Topmanager zu unüberlegten Geboten für andere Ziele, um die Enttäuschung vergessen zu machen.

Verhandlungen bei M&A

Der Verhandlungsprozess bei M&A ist für das Ergebnis freundlicher Transaktionen von entscheidender Bedeutung. Wenn sich die Führungsmannschaften nicht einigen können, weil der Preis nicht stimmt, kommt das Geschäft nicht zustande. Wenn dem Zielunternehmen im Hinblick auf den Preis zu wenig geboten wird und das Angebot deshalb keinen Erfolg hat, verlieren die leitenden Angestellten Glaubwürdigkeit und in diesem Fall hat das Unternehmen viel Managementzeit verschwendet. Wenn allerdings auf der anderen Seite zu viel bezahlt wird, erwirtschaftet die Übernahme wahrscheinlich niemals einen Gewinn, der den ursprünglichen Kaufpreis übersteigt.

Der Preis wird seitens des Erwerbers durch die Verwendung verschiedener Bewertungsmethoden, einschließlich Finanzanalysemethoden, wie der Rückzahlfrist, dem diskontierten Cashflow, der Anlagenbewertung und der Shareholder-Value-Analyse (siehe *Kapitel 11*), bestimmt.[10] Bei der Übernahme von börsennotierten Unternehmen bietet der Marktwert der Anteile des Zielunternehmens weitere Orientierung. Allerdings bezahlen Erwerber typischerweise nicht einfach den aktuellen Marktwert des Ziels, sondern sie müssen eine sogenannte *Kontrollprämie* zahlen. Diese Prämie bildet den zusätzlichen Betrag, den der Erwerber für die Erlangung der Kontrolle zahlen muss, verglichen mit der normalen Bewertung der Anteile des Zielunternehmens als

10 Eine hilfreiche Diskussion der Bewertungsmethoden bei Übernahmen ist in Kapitel 9 von D. Sadlter, D. Smith und A. Campbell, „Smarter Acquisitions“, *Prentice Hall*, 2008 enthalten.

unabhängiges Unternehmen. Je nach Lage der Finanzmärkte kann sich diese Prämie bei einer freundlichen Übernahme auf die Zahlung von mindestens 30 Prozent mehr als normal belaufen. Insbesondere in den Fällen, in denen Ziele Widerstand gegen das erste Angebot leisten oder in denen andere potenzielle Erwerber sich mit eigenen Angeboten anschließen, können die Angebotspreise sehr schnell ansteigen und den tatsächlichen wirtschaftlichen Wert des Ziels übersteigen.

Es ist daher sehr wichtig, dass der Erwerber im Hinblick auf den Preis, den er zu zahlen bereit ist, diszipliniert ist. Übernahmen unterliegen wahrscheinlich dem *Fluch des Gewinners* – damit das Angebot angenommen wird, muss der Erwerber so viel bezahlen, dass die ursprünglichen Kosten niemals gedeckt werden können.[11] Dieser Effekt des Fluchs des Gewinners zeigte sich, als das Konsortium der Royal Bank of Scotland mit der Barclays Bank im Wettbewerb um die Übernahme der niederländischen Bank ABN AMRO stand: Die Royal Bank of Scotland gewann, aber durch den überhöhten Preis von € 70 Milliarden geriet der Sieger bald in finanzielle Schieflage und wurde verstaatlicht. Die negativen Effekte überhöhter Zahlungen können sich noch verschlimmern, wenn der Erwerber versucht, den Preis zu rechtfertigen, indem wesentliche Investitionen gekürzt werden, um die unmittelbaren Gewinne zu verbessern. In einem sogenannten *Teufelskreis der Überbewertung* können überzahlende Unternehmen leicht die ursprüngliche Begründung der Übernahme durch Einsparungen an genau den Vermögenswerten (z.B. Vermarktung von Marken, Produktforschung & -entwicklung oder Schlüsselpersonal) untergraben, die in erster Linie den strategischen Wert des Zielunternehmens ausmachen.

Integration in M&A

Die Fähigkeit, aus einer Übernahme Wert zu schöpfen, hängt in entscheidendem Maße von dem Ansatz zur Integration des neuen Unternehmens in das alte ab. Die Integration ist häufig eine Herausforderung aufgrund von Problemen bei der organisatorischen Passfähigkeit. So können beispielsweise zwischen den beiden Unternehmen starke kulturelle Unterschiede bestehen (siehe *Kapitel 5*) oder sie verfügen eventuell über inkompatible Finanz- oder Informationstechnologiesysteme (siehe *Kapitel 13*). Eine schlechte Integration kann den Fehlschlag von Übernahmen verursachen (siehe *Beispiel 10.2* für die Schwierigkeiten und Erfolge des indischen Konglomerats Tata bei der Integration des britischen Fahrzeugherstellers Jaguar Land Rover). Der richtige Ansatz für die Integration fusionierter oder übernommener Unternehmen ist von entscheidender Bedeutung.

11 N. Varaiya und K. Ferris, „Overpaying in corporate takeovers: the winner's curse", *Financial Analysts Journal*, Band 43, Nr. 3 (1987), S. 64–70.

Beispiel 10.2 Durchhaltevermögen

Die als Triumph gefeierte Übernahme von Jaguar Land Rover (JLR) durch *Tata* wurde als extravagant und eher als Zeichen indischer imperialistischer Ambitionen denn als Zeichen kommerzieller Logik wahrgenommen.

Das größte indische Unternehmen in Privatbesitz, die Tata-Gruppe, hält Beteiligungen in der Stahl-, Hotel-, Telekommunikations- und Beratungsbranche. Mit Übernahmen, wie Corus, dem niederländisch-britischen Stahlunternehmen, und JLR strebt das Unternehmen eine Internationalisierung an. Durch den Erwerb von Jaguar und Land Rover von Ford Motors, das in Schieflage geraten war, zu einem Preis von € 1,7 Milliarden hat Tata zwei berühmte Marken erworben und seine globale Präsenz ausgebaut. Allerdings äußerten Kritiker die Frage, wie ein für Nutzfahrzeuge und Billigautos (den „Nano") bekanntes Unternehmen bessere Ergebnisse erzielen sollte als ein Riese der Automobilwelt, der Milliarden in die Marken gepumpt hatte, wenn es keine offensichtlichen Synergien gab.

Leider brach das Geschäft mit der weltweiten Finanzkrise ein. Die Benzinpreise schossen nach oben, der Zusammenbruch von Banken erschreckte die Verbraucher, die Kreditmärkte froren ein und die Nachfrage nach Luxuswagen war stark beeinträchtigt. Der Umsatz von JLR brach innerhalb von zehn Monaten um 32 Prozent ein und das Unternehmen verlor in dem Jahr € 807 Millionen. Die Verschuldung von Tata verdoppelte sich beinahe auf € 12,9 Milliarden und beeinträchtigte den Aktienkurs und die Kreditwürdigkeit des Unternehmens. Bei 16.000 Mitarbeitern an fünf Standorten im Vereinigten Königreich bestand die Befürchtung, dass einige der Standorte geschlossen werden würden und die Produktion ins Ausland verlagert werden könnte. Ein Bankier bemerkte dazu: „Wenn JLR so weiterbetrieben wird, erleidet es Schiffbruch." Tata bat die britische Regierung um Hilfe, aber Unterstützung für JLR wurde abgelehnt.

Der Vorstandsvorsitzende Ratan Tata beruhigte die Mitarbeiter schnell mit einem persönlichen Besuch bei JLR. Dabei erzählte er, dass sein Vater vor einem halben Jahrhundert einen Jaguar gekauft hatte, und sprach von der Wiederbelebung der angesehenen britischen Daimler-Marke und der Rückkehr von Jaguar in den Rennsport. Darüber hinaus wurden zur Unterstützung der Entwicklung umweltfreundlicher Fahrzeuge 600 zusätzliche Facharbeiter eingestellt.

Allerdings sah sich JLR mit weiteren Herausforderungen konfrontiert. Zur Finanzierung seines Betriebs und Vertriebs hatte sich das Unternehmen auf Ford Credit verlassen und musste nun die Finanzierung auf andere Anbieter umstellen. Überdies beruhte die gesamte Informationstechnologie auf Ford-Systemen. Der Vorstandsvorsitzende David Smith erklärte dazu: „Die IT ist eine absolute Hydra." Zur Verbesserung der Effizienz sowie zur Rettung der Marken wurden 2.200 Arbeitsplätze gestrichen und bei den Betriebskosten strikte Kürzungen vorgenommen.

Allerdings bestand Tata nicht auf einer engen Integration in die Gruppe. Der Strategieausschuss besteht aus drei Mitgliedern, Ratan Tata, dem Vorsitzenden von Tata Automotive, und David Smith, dem CEO von JLR. Aber in dem direkt für den Betrieb des Unternehmens verantwortlichen JLR-Vorstand saßen keine Tata-Vertreter. Smith erklärte dazu: „Tata will, dass wir autonom sind – ich habe alle Vorstandsbefugnisse, die ich brauche … Wir können Entscheidungen schnell treffen – ganz anders als es bei Ford war. Die Beziehung zu Tata beruht auf individuellen Beziehungen.“ Überdies genoss Ratan Tata auch Respekt: „Die Designer lieben ihn, weil er Architekt ist und ihnen nicht nur sagen kann, was er denkt, sondern er dies auch in der richtigen Sprache tun kann“ (Smith). Überdies nutzte JLR auch die Erfahrungen von Tata Motors im Bereich Kostenkontrolle sowie die Fertigkeiten der Tata Consultancy Division im Bereich Informationstechnologie.

Im Jahr 2012 brachte JLR neue Modelle, einschließlich des äußerst beliebten Range Rover Evoque – eines ursprünglich von Ford entwickelten Fahrzeugs mit Aluminiumkarosserie, reduziertem Treibstoffverbrauch und verbesserter Leistung – auf den Markt. Aufgrund der starken Nachfrage in Indien und China stiegen der Gewinn vor Steuern für das zweite Quartal um 77 Prozent und der Umsatz um 27 Prozent verglichen mit dem Vorjahr. Im Vereinigten Königreich sind 1.000 Arbeitsplätze geschaffen worden, während im Ausland neue Produktionskapazitäten entstanden. Das „Durchhaltevermögen“ von Tata ist belohnt worden.

Quelle: Management Today, 1. Mai 2009; *Financial Times*, 4. August 2008, *The Hindu*, 2. September 2012; *Financial Times*, 77. November 2012.

Kontrollfragen

1. Bewerten Sie den Integrationsansatz von Tata für JLR mit Hilfe der Matrix von Haspeslagh und Jemison.
2. Wie erklären Sie den Erfolg von Tata bei JLR?

Philippe Haspeslagh und David Jemison von INSEAD[12] argumentieren, dass der geeignetste Ansatz zur Integration von zwei wesentlichen Kriterien abhängt:

- *Ausmaß der strategischen Interdependenzen.* Dies umfasst die Notwendigkeit der Übertragung oder des Teilens von Fertigkeiten (z.B. Technologie) und Ressourcen (z.B. Produktionsanlagen). Die Annahme besteht darin, dass die erhebliche Übertragung oder das Teilen durch die enge Integration die „Wertschöpfung“ aus dem Erwerb ermöglicht. Natürlich schöpfen einige Übernahmen allein durch den Besitz von Vermögenswerten Wert ab, daher besteht eine geringere Notwendigkeit der Integration. Diese nicht verbundenen oder Konglomeratdiversifikationen (siehe *Kapitel 7.2*) können nur im Hinblick auf ihre Finanzsysteme integriert werden.

12 P. Haspeslagh und D. Jemison, „Managing Acquisitions Creating Value through Corporate Renewal“, *Free Press*, 1991; P. Puranam, H. Singh und S. Chaudhuri, „Integrating acquired capabilities: when structural integration is (un)necessary“, *Organization Science*, Band 20, Nr. 2 (2009), S. 313–328.

- *Notwendigkeit organisatorischer Autonomie.* Sofern ein übernommenes Unternehmen eine sehr ausgeprägte Kultur hat oder von divenhaften Experten oder Stars dominiert wird, kann die Integration sehr problematisch sein. Aus diesem Grund brauchen einige Übernahmen ein hohes Maß organisatorischer Autonomie. Allerdings ist es unter einigen Umständen gerade die Unverwechselbarkeit der übernommenen Organisation, die für den Erwerber wertvoll ist.[13] In diesem Fall ist es am besten, die einzigartige Kultur allmählich kennenzulernen, anstatt das Risiko einzugehen, sie durch eine übereilte oder zu strenge Integration zu vernichten.

Abbildung 10.3: Übernahme-Integrationsmatrix

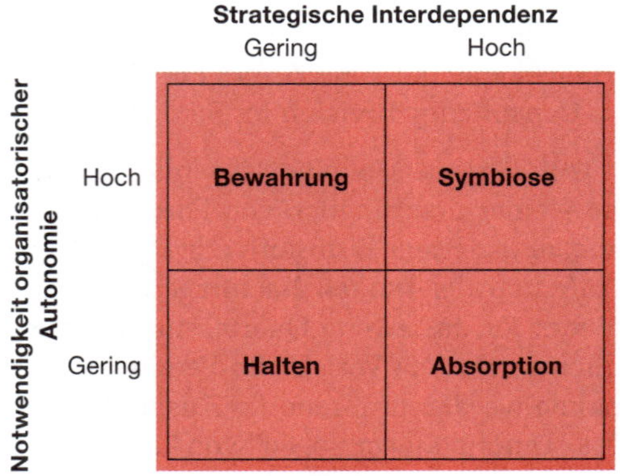

Quelle: P. Haspeslagh und D. Jemison, „Managing Acquisitions“, *Free Press*, 1991.

Wie in *Abbildung 10.3* dargestellt, bilden diese beiden Kriterien die Grundlage für vier Integrationsansätze[14], die wichtige Auswirkungen auf die Länge des Integrationszeitraums und die Auswahl des leitenden Managements für das erworbene Unternehmen haben:[15]

- Die *Absorption* wird bevorzugt, wenn ein hohes Maß an strategischer Interdependenz notwendig ist und nur eine geringe Notwendigkeit für organisatorische Autonomie besteht. Die Absorption erfordert eine schnelle Anpassung der alten Strategien und Strukturen des erworbenen Unternehmens an die Bedürfnisse des neuen Eigentümers sowie entsprechende Änderungen der Kultur und des Systems des erworbenen Unternehmens. Bei dieser Art Übernahme wird normalerweise ein neuer Topmanager ernannt, der das Unternehmen anders führen soll.[16]
- Die *Bewahrung* ist angemessen, wenn das erworbene Unternehmen gut geführt wird, allerdings nicht sehr kompatibel mit dem Erwerber ist. Der hohe Bedarf an

13 G. Stahl und A. Voigt, „Do cultural differences matter in mergers and acquisitions? A tentative model and examination“, *Organization Science*, Band 19, Nr. 1 (2008), S. 160–178.

14 Siehe D. N. Angwin, „Typologies in M&A research“, in D. Faulkner, S. Teerikangas und R. Joseph (Hrsg.), „Oxford Handbook of Mergers and Acquisitions“, *Oxford University Press*, 2012, S. 40–70 für einen Überblick.

15 D. N. Angwin, „Typologies in M&A research“, in D. Faulkner, S. Teerikangas und R. Joseph (Hrsg.), „Oxford Handbook of Mergers and Acquisitions“, *Oxford University Press*, 2012, S. 40–70; D.N. Angwin und M. Meadows, „The choice of insider or outsider top executives in acquired companies“, *Long Range Planning*, Band 37 (2009), S. 239–257.

16 D. N. Angwin und M. Meadows, „The choice of insider or outsider top executives in acquired companies“, *Long Range Planning*, Band 37 (2009), S. 239–257.

Autonomie und der geringe Bedarf an Integration können bei Konglomeratgeschäften auftreten. Die Bewahrung des Stils hängt davon ab, dass alte Strategien, Kulturen und Systeme im erworbenen Unternehmen genau wie in der Vergangenheit beibehalten werden dürfen. Änderungen durch den Erwerber werden im Allgemeinen auf ein Mindestmaß, wie die Anpassung von Rechnungslegungsverfahren zur Kontrolle, beschränkt. In dieser Situation ist es empfehlenswert, den amtierenden Topmanager im Amt zu lassen.

- Die *Symbiose* wird dort empfohlen, wo es eine starke Notwendigkeit für strategische Interdependenzen gibt, aber auch die Notwendigkeit hoher Autonomie besteht – wie beispielsweise in einem professionellen Dienstleistungsunternehmen, das von der Kreativität seiner Mitarbeiter abhängig ist. Symbiose impliziert, dass sowohl das erworbene als auch das erwerbende Unternehmen die besten Eigenschaften von der jeweils anderen Seite lernen. Dieser Lernprozess nimmt Zeit in Anspruch. Daher ist es häufig so, dass in der Frühphase der amtierende Geschäftsführer im Amt belassen werden sollte, um die Übernahme zu stabilisieren, bevor ein neuer Geschäftsführer eingesetzt wird, um weitreichende Änderungen umzusetzen. Dies ist der komplexeste der Integrationsansätze.
- *Halten* ist eine Restkategorie, bei der durch die Integration nur wenig zu gewinnen ist. Diese Übernahmen können auftreten, wenn das erworbene Unternehmen in finanziellen Schwierigkeiten steckt und schnelle Abhilfemaßnahmen notwendig sind.[17] Dabei integriert der Erwerber das Unternehmen nicht in sein eigenes Unternehmen, um eine Ansteckung zu vermeiden, legt allerdings strikte kurzfristige Ziele und Strategien fest, um seine Probleme zu lösen. In diesen Fällen ist es normal, das aktuelle Management im Amt zu belassen, da dieses schneller agieren kann als ein neu ernanntes Management. Solche Unternehmen stehen oft zum Verkauf.

Insbesondere bei den aktiveren Absorptions- und Symbioseformen der Integration hängt der ultimative Erfolg der Übernahme davon ab, wie gut der Integrationsprozess geführt wird. Hier sind die in *Kapitel 14* erklärten Methoden des Umgangs mit strategischen Änderungen relevant. Da allerdings Übernahmen häufig Arbeitsplatzverluste, plötzliche Berufswechsel, Verlagerungen des Managements sowie den Abbruch von Projekten beinhalten, wird argumentiert, dass organisatorische Gerechtigkeit besonders wichtig für eine erfolgreiche Integration ist.[18] Organisatorische Gerechtigkeit bezeichnet die wahrgenommene Gerechtigkeit der Handlungen von Managern im Hinblick auf Vertrieb, Verfahren und Informationen. Daher gilt:

- *Verteilungsgerechtigkeit* bezeichnet die Verteilung von Belohnungen und Posten: So wird es beispielsweise bei einer Fusion unter Gleichen als ungerecht wahrgenommen, wenn die große Mehrheit der Vorstandsposten an einen der Partner und nicht an den anderen gehen.
- *Verfahrensgerechtigkeit* bezeichnet Verfahren, mit denen Entscheidungen getroffen werden: So ist beispielsweise die Wahrnehmung gerechter Verfahren wahrscheinlich hoch, wenn Integrationsentscheidungen durch angemessene Ausschüsse oder Arbeitsgruppen mit Vertretern beider Seiten getroffen werden.

---

17 D. N. Angwin und M. Meadows, „Acquiring poorly performing companies during recession“, *Journal of General Management*, Band 38, Nr. 1 (2012), S. 1–22.

18 K. Ellis, T. Reus und B. Lamont, „The effects of procedural and informational justice in the integration of related acquisitions“, *Strategic Management Journal*, Band 30 (2009), S. 137–161.

- Bei der *Informationsgerechtigkeit* geht es darum, wie Informationen zur Integration verwendet und kommuniziert werden: Wenn Entscheidungen gegenüber allen Beteiligten erklärt werden, werden sie mit größerer Wahrscheinlichkeit positiv angenommen.

Kraft hat die Prinzipien der Verfahrens- sowie der Informationsgerechtigkeit verletzt, als es Investoren und Mitarbeitern vor der Übernahme von Cadbury im Jahr 2010 versicherte, dass es die Schokoladenfabrik Somerdale in der Nähe von Bristol mit ihren 400 Angestellten nicht schließen würde. Innerhalb eines Monats nach dem Abschluss der Übernahme gab Kraft bekannt, dass die Produktion nach Polen verlegt werden würde, und sorgte damit für eine politische Kontroverse und den Verlust von Vertrauen unter den übernommenen Mitarbeitern.

10.3.5 M&A-Strategie über die Zeit

M&A-Strategien entwickeln sich im Laufe der Zeit weiter, da solche Transaktionen für ein Unternehmen nur selten einmalige Ereignisse sind:

- *Mehrfacherwerber* sind Unternehmen, die mehrere Übernahmen – häufig auch parallel – ausführen. Die Arbeit an simultanen Übernahmen ist sehr anspruchsvoll im Hinblick auf die Zeit und die Fähigkeiten der Manager. Allerdings bietet die Wiederholung des Erwerbsprozesses eine Möglichkeit, Erfahrungen durch die Übernahme von Unternehmen im Hinblick darauf zu sammeln, wie M&A besser ausgeführt werden können. Cisco Systems ist als erfolgreicher Mehrfacherwerber bekannt. Bis Ende des Jahres 2012 hat das Unternehmen seit seinem ersten Geschäft 1993 157 Übernahmen durchgeführt, die mindestens 50 Prozent der Erlöse ausmachen. Die Durchführung vieler M&A bedeutet, dass Mehrfacherwerber häufig Expertenteams für den Umgang mit dem Übernahmeprozess von der Zielauswahl bis hin zur Due-Diligence-Prüfung und Verhandlung bis zur Integration nach der Übernahme entwickeln. Der für die Auswahl und Bewertung von Zielen erforderliche Arbeitsumfang ist erheblich. Um nur fünfzig Übernahmen durchzuführen, musste IBM ungefähr 500 verschiedene potenzielle Übernahmeziele bewerten und sich in der großen Mehrheit der Fälle gegen die Weiterverfolgung entscheiden. Und bei den 50 Übernahmen musste IBM überdies auch 50 verschiedene Integrationsteams errichten, wobei zehn oder sogar noch mehr Teams zu jeder Zeit parallel arbeiteten.[19]
- *Entflechtung (oder Desinvestition)* ist der Prozess des Verkaufs eines Geschäfts, das nicht mehr zur Firmenstrategie passt.[20] Dies bildet offensichtlich einen zentralen Bestandteil der „Asset-Stripping"-Strategie (siehe Kapitel *10.3.2*), sollte aber von jedem diversifizierten Unternehmen berücksichtigt werden. Die wesentliche Determinante der Desinvestition liegt darin, ob das Mutterunternehmen einen „Parenting Advantage" hat: Mit anderen Worten, kann das Mutterunternehmen mehr Wert für die Geschäftseinheit schöpfen als andere potenzielle Eigentümer des Geschäfts

19 R. Uhlaner und A. West, „Running a winning M&A shop", *McKinsey Quarterly*, März (2008), S. 106–112.

20 L. Dranikoff, T. Koller und A. Schneider, „Divesture: strategy's missing link", *Harvard Business Review*, Mai (2022), S. 75–83 und M. Brauer, „What have we acquired and what should we acquire in divesture research? A review and research agenda", *Journal of Management*, Band 32, Nr. 6 (2006), S. 751–785; H. Berry, „Where do firms divest foreign operations?", *Organization Science*, Band 24, Nr. 1 (2013), S. 246–261; J. Xia und S. Li, „The divestiture of acquired subunits: a resource dependence approach", *Strategic Management Journal*, Band 34, Nr. 2 (2013), S. 131–148.

(siehe *Kapitel 7.4*)? Ein Mutterunternehmen, das nicht über einen solchen Parenting Advantage verfügt, sollte das Geschäft zum besten erzielbaren Preis desinvestieren. Mutterunternehmen desinvestieren allerdings häufig ungern, da sie dies als Eingeständnis von Fehlern sehen. Allerdings würde eine dynamische Sichtweise von M&A die Manager ermutigen, Desinvestitionen positiv zu sehen. Durch den Verkauf eines schlecht passenden Geschäfts erzielte Mittel können eingesetzt werden, um sie entweder in die beibehaltenen Unternehmen zu investieren oder andere Unternehmen zu kaufen, die besser zur Firmenstrategie passen. Die Erzielung eines guten Preises für die desinvestierte Einheit kann jegliche Verluste ersetzen, die dem Unternehmen eventuell entstanden sind. Mitunter ist allerdings ein weniger positiver Grund für die Desinvestition der Druck der Wettbewerbsbehörden, die unter Umständen den Verkauf von Unternehmenseinheiten erzwingen, um die Marktmacht von Unternehmen zu reduzieren. So verkaufte beispielsweise die Universal Music Group von Vivendi 2012 Unternehmen, die 10 Prozent der Erlöse ausmachten, um die Zustimmung der europäischen Regulierungsbehörden für seine Übernahme der EMI-Musiksparte zu einem Preis von € 1,9 Milliarden zu erhalten.

Übernahmen sind somit eine wichtige Methode zur Verfolgung von Strategien. Allerdings sind sie nicht einfach durchzuführen und werden manchmal aus den falschen Gründen umgesetzt. Es ist wichtig, die Alternative strategischer Allianzen in Betracht zu ziehen.

10.4 Kooperationen[21]

In einer Unternehmenskooperation bzw. **strategischen Allianz** setzen zwei oder mehr Organisationen gemeinsam Ressourcen und Aktivitäten ein, um eine Strategie zu verfolgen.[22] Es gibt einfache Allianzen, die aus zwei Partnern bestehen, die gemeinsam ein Produkt herstellen, bis hin zu Allianzen mit mehreren Partnern, die gemeinsam komplexe Produkte oder Lösungen anbieten. Im Jahr 2000 betrieben die 500 erfolgreichsten globalen Unternehmen jeweils durchschnittlich 60 Allianzen.[23] Diese Art der gemeinsamen Entwicklung neuer Strategien wird immer beliebter. Das liegt daran, dass Organisationen nicht immer in der Lage sind, nur mithilfe interner Ressourcen und Kompetenzen mit ihrem immer komplexer werdenden Umfeld oder immer komplexeren Strategien umzugehen, wie sie etwa aus der Globalisierung heraus entstehen.[24] So müssen sie sich vielleicht Material, Fähigkeiten, Innovation, finanzielle Mittel oder Zugang zu Märkten verschaffen und erkennen schnell, dass dies nicht nur durch den eigenen Erwerb, sondern auch durch eine Kooperation mit anderen möglich ist. Viele Organisationen stehen also

Strategische Allianz

In einer strategischen Allianz setzen zwei oder mehr Organisationen gemeinsam Ressourcen und Aktivitäten ein, um eine Strategie zu verfolgen.

21 Hilfreiche Veröffentlichungen über strategische Allianzen sind Y. Doz und G. Hamel, „Alliance Advantage: The art of creating value through partnering“, *Harvard Business School Press*, 1998; J. Child, „Cooperative strategy“, *Oxford University Press*, 2005; und R. ul-Haq, „Alliances and Co-Evolution: Insights from the Banking Sector“, *Palgrave*, 2005. Für eine detaillierte theoretische Übersicht siehe Y. Doz, D. Faulkner und M. de Rond, „Co-operative Strategies: Economic, Business and Organisational Issues“, *Oxford University Press*, 2001. Ein praktisches Handbuch für Manager ist E. Rigsbee, „Developing Strategic Alliances“, *Crisp*, 2000.

22 ul-Haq (Fußnote 9) definiert genauer: „In einer „strategischen Allianz“ werden meist viele Ressourcen benötigt, sie ist häufig von langer oder unbegrenzter Dauer und ihre Zwecke stellen eine Kernaktivität strategischer Natur für einen oder mehrere Partner dar.“ (S. 6)

23 D. Ernst und T. Halevy, „Give alliances their due“, *McKinsey Quarterly*, Nr. 3 (2002), S. 4–5.

24 Für eine Betrachtung der speziellen Probleme globaler strategischer G. Yip, „Total Global Strategy II“, 2. Auflage, *FT/Prentice Hall*, 2003, S. 82–85.

vor der Frage, ob eine Übernahme oder eine Allianz der geeignetere Weg ist, wie *Beispiel 10.3* zeigt. Trotzdem scheitert etwa die Hälfte aller Allianzen.[25]

Beispiel 10.3 Der iPad-Vorteil von Apple

Wettbewerbsvorteil durch die Zusammenarbeit?

Die neue Version des iPad von Apple wurde am 16. März 2012 mit großem Trara auf dem Markt eingeführt. Apple hatte mit seinem iPad den Markt für Tablet Computer dominiert. Der leichte Touchscreen und das neue iOS-Betriebssystem des iPad, das von Grund auf für die mobile Nutzung konzipiert worden ist, hatten viele Bewunderer gefunden. Allerdings gehörten zu den ersten Kunden am 16. März auch solche Käufer, die ganz gespannt darauf waren, das Gerät auseinanderzunehmen, um den Erfolg des iPad besser verstehen zu können.

Die Demontageanalyse des Marktforschungsunternehmens iSuppli ergab, dass das 4G 64-GB-Modell, das zu einem Preis von € 622 verkauft wurde, in der Herstellung € 305 und damit nur 49 Prozent des Einzelhandelspreises kostete. iSuppli identifizierte Broadcom und Qualcomm als Lieferanten von Bluetooth und Wi-Fi-Chips, STMicroelectronics als Zulieferer des Gyroskops, Cyrrus Logic als Zulieferer des Audiochips, drei taiwanesische Unternehmen als Lieferanten der Touchscreen-Bauteile und Sony als Zulieferer des CMOS-Kamerasensors. Samsung, ein Wettbewerber mit eigenem Tablet, lieferte einen wesentlichen Teil des iPad: das teure Display, den Akku und den Prozessorchip.

Damit bildete Apple das Herzstück eines Netzwerks. Allerdings hatte es sein geistiges Eigentum immer geschützt: Es wurde keine Hardware lizenziert, um die Kontrolle über die Produktion und die Aufrechterhaltung der Spitzenpreispolitik sicherzustellen. Somit war es für jegliches unabhängige Unternehmen unmöglich, billige iPads zu produzieren, so wie beispielsweise taiwanesische Hersteller in den 1980er-Jahren billige mit IBM/Microsoft-kompatible Personal Computer hergestellt haben.

Der Erfolg des iPad brachte eine Vielzahl von Unternehmen auf den Zubehörmarkt. So lieferte beispielsweise das US-amerikanische Unternehmen Griffin und Logitech aus der Schweiz attraktive Add-Ons, einschließlich hauchdünner Tastaturen, Hüllen und Eingabestifte. Apple gewährte ihnen Lizenzen für die dazu notwendige Technologie und profitierte von attraktiven Komplementärprodukten und Lizenzgebühren. Allerdings waren die Beziehungen zwischen den Unternehmen distanziert, ohne weitergehende Informationen über neue Produkte.

Apple, das ursprünglich den Zugriff auf iOS kontrollierte, öffnete den Zugang zum iPad, gestattete die Entwicklung von Apps durch Dritte und förderte die neue Branche der App Stores. Die Attraktivität des iOS und die starke Kundennachfrage haben Softwareentwickler ermutigt, als Erstes für Apple zu produzieren.

25 Siehe aber J. Dyer, P. Kale und H. Singh, „How to make strategic alliances work", *Sloan Management Review*, Band 42, Nr. 4 (2001), S. 37–43.

Den Kunden gefiel der Bedienkomfort und die große Bandbreite des Apple iPads, aber auch die Herausforderungen wuchsen. Der kostengünstige Kindle von Amazon bot eine große Sammlung von Filmen, verfügte allerdings nicht über die Ästhetik von Apple und hatte nur wenige Apps. Der von Samsung hergestellte, kostengünstige Nexus von Google sollte eher von Unternehmensdiensten als durch die Hardware profitieren. Die verbesserte Bildschirmauflösung und das Android-Betriebssystem bildeten eine Herausforderung für die iPad-Technologie.

Überdies teilte es viele Eigenschaften anderer Umgebungen mit Streaming-Apps sowie einer einheitlichen Nutzererfahrung. Das eigene Tablet von Samsung, das Galaxy Tab, bot ähnliche Vorteile in Verbindung mit einem attraktiven Design und der Offenheit für andere Standards als die von Apple. Microsoft wollte von seiner Hardware, Surface, profitieren, war allerdings nicht besonders innovativ. Überdies fehlt ein vergleichbares Softwareökosystem und die Verknüpfung mit Windows könnte ein Hindernis darstellen.

Im September 2012 übertraf Apple kurzfristig Exxon Mobile als nach der Kapitalisierung größtes Unternehmen der Welt. Allerdings zeigten sich Probleme in Form einer sinkenden Wachstumsrate des Absatzes von iPads und eines Rückgangs des Apple-Aktienkurses um 30 Prozent in sechs Monaten. Darüber hinaus war Apple auch in Verfahren gegen Samsung im Hinblick auf das Design des Galaxy Tablets verwickelt. Samsung reicht eine Gegenklage ein. Im November 2012 entschied sich Apple, auf Samsung als Akkulieferanten zugunsten chinesischer Hersteller zu verzichten.

Quellen: G. Linden, K. Kraemer und J. Dedrick, „Who captures value in a global innovation network?“, *Communications of the ACM*, Band 52, Nr. 3 (2009), S. 140–145, „Tablet wars“, *Telegraph*, 6. November 2012; F. MacMahon, „Tablet wars“, 4. Dezember 2012, *BroadcastEngineering.com*; A. Hesseldahl, „Apple's new ipad costs at least $316 to build, HIS iSuppli teardown shows“, 16. März 2012, *http://allthingsd.com.*

Kontrollfragen

1. Welche Vor- und Nachteile hat die strikte Kontrolle von Apple über die Lizenzierung?
2. Welche Rolle hat das Ökosystem bei Apples Wettbewerbsvorteil gespielt?

Motive für Allianzen[26]

Ein häufiger Grund für eine Allianz liegt in der Erlangung von Ressourcen, die eine Organisation benötigt, aber selbst nicht besitzt. So brauchen Banken beispielsweise Zugang zu einem Zahlungssystem, das den Einsatz von Kreditkarten zur Zahlung in Geschäften ermöglicht (etwa Visa oder MasterCard) sowie zu den Bankautomaten, die es ihren Kunden ermöglichen, automatisch Geld abzuheben. Diese Ressourcen bieten

26 Siehe Doz und Hamel, Fußnote 9, Kapitel 1 und 2; Ernst und Halevy, Fußnote 11; ul-Haq, Fußnote 9; M. Koza und A. Lewin, „The co-evolution of strategic alliances“, *Organisation Science*, Band 9, Nr. 3 (1998), S. 255–264.

den Mitgliedern einer Allianz aber keinerlei Wettbewerbsvorteile – und sollen dies auch gar nicht, denn sie sind lediglich Schwellenerfordernisse für das moderne Bankwesen. Solche Vereinbarungen nennen sich Infrastrukturallianzen. Hier werden Ressourcen und Mechanismen gemeinsam genutzt, ohne dass ein Wettbewerbsvorteil entsteht.[27] An dieser Stelle geht es aber hauptsächlich um die strategischen Allianzen, die einen solchen Vorteil bringen sollen.

Es gibt drei Arten von Motiven für solche Allianzen:

- Allianzen sorgen für die Bildung einer notwendigen *kritischen Masse* durch Partnerschaften mit Konkurrenten oder Anbietern von Komplementärprodukten. Das kann zu einer Kostenreduzierung und zu verbesserten Angeboten für die Kunden führen.
- Eine *Co-Spezialisierung* ermöglicht es jedem Partner, sich auf die Aktivitäten zu konzentrieren, die seinen Fähigkeiten am besten entsprechen. Dies ist der Fall, wenn neue geografische Märkte erschlossen werden sollen, wo eine Organisation lokales Wissen und Fachkenntnisse in den Bereichen Marketing, Vertrieb und Kundenbetreuung benötigt. Ähnlich häufig sind Allianzen mit Organisationen aus anderen Bereichen der Wertkette (etwa Zulieferern oder Vertriebsunternehmen).
- Auch das *Lernen* von anderen Partnern und die Entwicklung von Fähigkeiten, die anderswo ebenso eingesetzt werden können, sind starke Motive. So lassen sich zum Beispiel die ersten Schritte in Richtung E-Business leichter mithilfe eines Partners machen, der über Fachwissen zum Einrichten einer Website verfügt. Dennoch könnte ein Unternehmen langfristig planen, diese Aktivitäten intern durchzuführen. Es kann auch sein, dass Organisationen bestimmte Allianzen zum Zweck des Ausprobierens eingehen, denn dadurch teilen sie sich die Verantwortung und sind nicht nur auf die eigenen Ressourcen und Fähigkeiten angewiesen. Allianzen können die Basis für die Entwicklung strategischer Optionen sein, die sich von den intern und organisch entwickelten Optionen unterscheiden[28] (siehe die Betrachtung über reale Optionen in *Kapitel 10.3.2*).

Arten von Allianzen

Es gibt verschiedene Arten strategischer Allianzen. Manche sind formelle Partnerschaften zwischen Organisationen. Andere können wiederum recht lose Vereinbarungen über eine Zusammenarbeit und informelles Networking von Organisationen sein, wobei Aktienbeteiligung oder gegenseitiges Eigentum keine Rolle spielen:

- *Joint Ventures* sind relativ formelle Allianzen, können aber ebenso unterschiedliche Formen annehmen. Die beteiligten Organisationen bleiben jeweils unabhängig, gründen aber gemeinsam eine neue Organisation, die beiden gehört. In China beispielsweise sind Joint Ventures sehr beliebt. Firmen vor Ort stellen Arbeitskräfte zur Verfügung und ermöglichen den Markteintritt. Von den westlichen Firmen kommen Technologie, Managementfachwissen und Finanzmittel.

27 Diese Definition basiert auf ul-Haqs Erklärung von Infrastrukturallianzen (siehe Fußnote 9, 6–9).

28 Für eine umfassendere Abhandlung über die Rolle von Allianzen und Joint Ventures zur Erforschung und/oder Ausnutzung von Ressourcen siehe W. Kummerle, „Home base and knowledge management in international ventures“, *Journal of Business Venturing*, Band 17, Nr. 2 (2002), S. 99–122.

- *Konsortien* können von zwei oder mehr Organisationen gebildet werden. Dieses Arrangement ähnelt einem Joint Venture, konzentriert sich aber meist verstärkt auf ein einzelnes Projekt. Beispiele sind große öffentliche Bauprojekte oder ehrgeizige internationale Produktionen wie etwa der Airbus. Konsortien können auch zwischen Organisationen der öffentlichen Hand gebildet werden, deren Dienstleistungen (z.B. öffentlicher Nahverkehr) administrative Grenzen überschreitet.
- *Netzwerke* sind formlose Arrangements, aus denen die beteiligten Organisationen durch ihre Zusammenarbeit Vorteile erlangen, ohne sich auf gegenseitige Beteiligungen oder formelle Verträge zu verlassen. Carlos Jarillo beschreibt die Merkmale solcher Netzwerkvereinbarungen als gegenseitige Anpassung der Arbeitsbeziehungen, gegenseitiges Vertrauen (siehe unten) und meist das Vorliegen einer „zentralen Organisation", die das Netzwerk geschaffen hat und weiter fördert.[29] Solche Netzwerkvereinbarungen können zwischen Konkurrenten in hart umkämpften Märkten bestehen, wo eine Zusammenarbeit aber dennoch allen nutzt. Ein Beispiel hierfür ist die Formel Eins[30], wo alle beteiligten Firmen ihr Fachwissen über die allerneueste Technik meist untereinander austauschen.

Weitere Formen von Allianzen basieren meist auf einem Vertragswerk und stützen sich nicht auf gegenseitige Unternehmensbeteiligungen:

- Beim *Franchising* geht es darum, dass der Franchise-Nehmer bestimmte Aktivitäten wie Fertigung, Vertrieb oder Verkauf übernimmt, während der Franchise-Geber für Markennamen, Marketing und meist auch Training verantwortlich ist. Die bekanntesten Beispiele für dieses System sind wohl Coca-Cola und McDonald's.
- *Lizenzen* werden typischerweise in wissenschaftlichen Branchen vergeben. So wird etwa das Recht, ein patentiertes Produkt herstellen zu dürfen, über die Zahlung einer Gebühr garantiert.
- Ein Unternehmen kann mittels eines *Untervertrags* bestimmte Dienstleistungen oder einen Teil eines Prozesses an eine andere Firma vergeben; so wird in Unternehmen des öffentlichen Sektors die Verantwortung für Müllentsorgung, Reinigung und IT-Dienstleistungen mehr und mehr an externe private Firmen vergeben. Dies wird auch Outsourcing genannt.

Abbildung 10.4 zeigt drei wichtige Faktoren, die die Art einer Allianz beeinflussen können:

- *Verändert sich ein Markt schnell,* so müssen auch strategische Schritte schnell vollzogen werden. Hier sind also weniger formelle und flexiblere Netzwerke meist besser geeignet als ein Joint Venture, dessen Einrichtung mehr Zeit in Anspruch nimmt.
- *Management von Ressourcen und Fähigkeiten.* Erfordert eine Strategie separate, eigens dafür reservierte Ressourcen, so ist ein Joint Venture das geeignete Arrangement. Können dagegen die strategischen Zwecke und Aktivitäten der Allianz durch die ohnehin genutzten Ressourcen der Partner verfolgt und betrieben werden, so spricht das für eine lose Partnerschaft mittels eines Vertrags oder für ein Netzwerk.

29 Diese Eigenschaften stammen von J. Carlos Jarillo, „On strategic networks", *Strategic Management Journal*, Band 9, Nr. 1 (1988), S. 31–41.

30 Siehe M. Jenkins, K. Pasternak und R. West, „Performance at the Limit: Business Lessons from Formula 1 Motor Racing", *Cambridge University Press*, 2005.

Abbildung 10.4: Arten strategischer Allianzen

EINFLUSSFAKTOREN	ART DER BEZIEHUNG		
	Nicht vertraglich (Markt) • Netzwerke • Opportunistische Allianzen	**Vertraglich** • Lizenzen • Franchising • Unterverträge	**Eigentum** • Konsortien • Joint Ventures
Der Markt • Geschwindigkeit der Veränderungen	Schnelle Veränderung	→	Langsame Veränderung
Ressourcen • Management der Vermögenswerte	Separates Management durch die Partner	→	Gemeinsames Management
• Vermögenswerte des Partners	Nutzung der Werte der Partners	→	Für die Allianz reservierte Werte
• Risiko des Verlusts eigener Werte an den Partner	Hohes Risiko	→	Geringes Risiko
Erwartungen • Verteilung des finanziellen Risikos	Risiko bleibt	→	Risiko ist verteilt
• Politisches Klima	Negatives Klima	→	Positives Klima

- Die *Erwartungen und Motive* der Allianzpartner spielen auch eine wichtige Rolle. Sehen die Partner die Allianz etwa als ein Mittel zur Verteilung ihres finanziellen Risikos, so sorgt dies eher für formellere Abkommen wie etwa ein Joint Venture.

Bedingungen für erfolgreiche Allianzen[31]

Organisationen bilden Allianzen sicherlich aus einem oder mehreren der oben genannten Gründe, doch Vorteile und Nutzen einer solchen Allianz entwickeln sich oft weiter. Eine Allianz kann beispielsweise zu dem Zweck gebildet worden sein, eine besonders komplexe technologische Chance zu nutzen, doch daraus ergeben sich wiederum neue, unerwartete Möglichkeiten. Der Erfolg einer Allianz hängt also von ihrem Management ab und davon, wie die beteiligten Partner die neuen Entwicklungen der Partnerschaft fördern. Dementsprechend lassen sich die Erfolgsfaktoren in drei Gruppen einteilen:

- *Strategischer Zweck.* Zu Beginn einer Allianz ist es in jedem Fall hilfreich, einen klar definierten Zweck vor Augen zu haben. Allerdings haben die verschiedenen Partner meist unterschiedliche, wenn auch kompatible Gründe, eine Allianz zu bilden. Entwickelt sich diese Allianz weiter, so verändern sich höchstwahrscheinlich auch die Erwartungen und die Wahrnehmung der eigenen Vorteile – nicht zuletzt deshalb, weil Allianzen oft geschlossen werden, um mit einem dynamischen und komplexen Umfeld besser umgehen zu können. Driften die Erwartungen der Partner mit der Zeit zu weit auseinander, so wird die Allianz früher oder später aufgelöst werden. Bleiben die sich verändernden Erwartungen jedoch kompatibel und nähern sich sogar einander an, so bleibt die Allianz mit Sicherheit bestehen. Es ist auch möglich, dass sich

31 Siehe Doz und Hamel, Fußnote 9; T. Pietras und C. Stormer, „Making strategic alliances work", *Business and Economic Review*, Band 47, Nr. 4 (2001), S. 9–12; N. Kaplan und J. Hurd, „Realising the promise of partnerships", *Journal of Business Strategy*, Band 23, Nr. 3 (2002), S. 38–42; A. Parkhe, „Interfirm diversity in global alliances", *Business Horizons*, Band 44, Nr. 6 (2001), S. 2–4; ul-Haq, reference 9; I. Hipkin und P. Naude, „Developing effective alliance partnerships", *Long Range Planning*, Band 39 (2006), S. 51–69; A. Inkpen, „Learning and knowledge acquisition through international strategic alliances", *Academy of Management Executive*, Band 2, Nr. 4 (1998), S. 69–80; und „Learning through joint ventures: a framework of knowledge acquisition", *Journal of Management Studies*, Band 37, Nr. 7 (2000), S. 1019–1045.

aufgrund neuer Übereinstimmungen sogar eine formellere Vereinbarung, die auch gemeinsames Eigentum beinhaltet, anbietet, etwa eine Fusion der Allianzpartner.[32]

- *Erwartungen und Vorteile einer Allianz.* Angesichts der Tatsache, dass die Erwartungen der Allianzpartner unterschiedlich sein können, ist ein gutes Management der Allianz auch in ihrer Entwicklung entscheidend. Ganz grundlegend können Erwartungen nur dann erfüllt werden, wenn die Bereitschaft besteht, Informationen auszutauschen, darunter auch Informationen über die eigene Leistung, die Organisationen normalerweise nicht gegenseitig offenlegen. Darüber hinaus geht es bei vielen Allianzen vor allem darum, zu lernen und zu experimentieren. Deshalb ist es wichtig, dass alle Allianzmitglieder diese Faktoren als Vorteile erkennen und akzeptieren. Ist einer der Partner nicht von der vorteilhaften Wirkung dieser Faktoren überzeugt und versucht, der Allianz eine „statische" Strategie zu geben, so führt dies häufig zu Problemen.[33] Es gibt auch Hinweise darauf, dass Allianzen, die Produkte und Dienstleistungen entwickeln, die vor allem auf gemeinsamem Wissen basieren (im Gegensatz zu einem Produkt, das gemeinsam gefertigt wird), die Partner meist enger verbindet, da sie ja alle vom stillschweigenden Wissen abhängig sind, das in der Entwicklung solcher Produkte und Dienstleistungen steckt.[34]
- *Management der Allianzbeziehungen.* Die Unterstützung der Allianz durch die höchste Managementebene ist sehr wichtig, denn eine Allianz braucht weitergehende Beziehungen, die aufgebaut und gefestigt werden müssen. Daraus können kulturelle und politische Hürden entstehen, die am besten mithilfe der obersten Führungsebene überwunden werden können. Natürlich sind aber auch starke persönliche Beziehungen zwischen einzelnen Mitarbeitern ausschlaggebend, um eine *Kompatibilität auf betrieblicher Ebene* zu erlangen. In internationalen Partnerschaften müssen so auch nationale kulturelle Unterschiede überwunden werden. Immer wieder zeigt sich jedoch, dass *Vertrauen* die wichtigste Voraussetzung für den Erfolg und fehlendes Vertrauen ausschlaggebend für den Misserfolg einer Allianz ist.[35] Vertrauen besteht aber aus zwei separaten Elementen. Es kann zum einen *auf Kompetenzen basieren,* d.h. jeder Partner vertraut darauf, dass die anderen Partner die richtigen Ressourcen und Fähigkeiten besitzen, um ihren Teil der Allianz zu erfüllen. Es kann aber auch *auf dem Charakter basieren*, d.h. darauf, ob die Partner den Motiven der anderen Partner trauen und ob diese in Bezug auf die Einstellung zu den Themen Integrität, Offenheit, Diskretion und Konsistenz im Verhalten kompatibel sind. Insgesamt gesehen ist es die Qualität der Beziehungen innerhalb einer Allianz, die von besonderer Wichtigkeit ist. Darauf kommt es sogar noch mehr an als auf die physischen Ressourcen einer Allianz.[36]

32 ul-Haq (Fußnote 9) identifiziert verschiedene Muster der Co-Evolution, die er als parallel, divergent und convergent bezeichnet.

33 Siehe Hipkin und Naude, Fußnote 19.

34 Inkpen in the Academy of Management Executive, Fußnote 19.

35 Siehe L. Abrams, R. Cross, E. Lesser und D. Levin, „Nurturing interpersonal trust in knowledge sharing networks", *Academy of Management Executive*, Band 17, Nr. 4 (2003), S. 64–77. Ebenso C. Huxham und S. Vangen, „Managing to Collaborate: The Theory and Practice of Collaborative Advantage", *Routledge*, 2005; oder ihr Artikel, S. Vangen und C. Huxham, „Nurturing collaborative relations: building trust in interorganizational relationships", *Journal of Applied Behavioural Science*, Band 39, Nr. 1 (2003), S. 5–31.

36 Diese Argumentation wird geführt von D. Lavie, „The competitive advantage of interconnected firms: an extension of the resource based view", *Academy of Management Review*, Band 21, Nr. 3 (2006), S. 638–658.

Immer wieder zeigt sich also, dass es zwar sehr hilfreich ist, wenn eine Allianz klare *Ziele*, eine klare *Führungsstruktur* und *organisationale Vereinbarungen* hat, die alle Aktivitäten regeln, die die Partner miteinander verbinden. Mindestens genauso wichtig ist es aber, die Allianz *flexibel* zu halten, sodass sie sich *entwickeln* und *verändern* kann.

Strategische Allianzprozesse

Genau wie Übernahmen und Fusionen müssen auch strategische Allianzen als Prozesse verstanden werden, die sich im Laufe der Zeit entwickeln. Dabei sind viele Allianzen relativ kurzlebig, auch wenn es Beispiel gibt, in denen sie über sehr lange Zeiträume bestanden. So sind beispielsweise General Electric (USA) und SNECMA (Frankreich) bereits seit 1974 in einer kontinuierlichen Allianz zur Entwicklung und Produktion von kleinen Flugzeugmotoren verbunden – und dieses Arrangement wurde kürzlich bis zum Jahr 2040 verlängert. Dabei verändern sich die Bedürfnisse und Fähigkeiten der Partner in einer langfristigen Allianz wie dieser zwangsläufig im Laufe der Zeit. Allerdings hat das Fehlen des vollständigen Eigentums zur Folge, dass aufkommende Differenzen nicht einfach durch die Entscheidungsbefugnis von Managern gelöst werden können – Lösungen müssen in diesem Fall zwischen den unabhängigen Partnern ausgehandelt werden. In Folge dieser mangelnden Kontrolle jeder Seite werden die Managementprozesse bei Allianzen besonders anspruchsvoll. Überdies verändern sich im Laufe der Zeit die Veränderungen für das Management.

Die Tatsache, dass keiner der Partner die Kontrolle hat, während Allianzen normalerweise im Laufe der Zeit geführt werden müssen, unterstreicht die Bedeutung von zwei Themen in den verschiedenen Phasen des Allianzprozesses:

- *Koevolution:* Strategische Allianzen sollte nicht als zu einem bestimmten Zeitpunkt fix, sondern vielmehr als koevolutionäre Prozesse gesehen werden.[37] Das Konzept der Koevolution unterstreicht, wie Partner, Strategien, Fähigkeiten und Umgebungen sich beständig verändern. Im Zuge dieser Veränderung müssen sie angepasst werden, damit sie sich harmonisch weiterentwickeln können. Daher betont ein koevolutionärer Ansatz zu Allianzen Flexibilität und Wandel. Zum Zeitpunkt ihres Endes entspricht eine Allianz damit wahrscheinlich nicht mehr der zu Beginn vorgesehenen.
- *Vertrauen:* Angesichts des wahrscheinlich koevolutionären Charakters von Allianzen und der mangelnden Kontrollen des einen Partners über den anderen kommt im Laufe der Zeit dem Vertrauen eine äußerst große Bedeutung für den Erfolg von Allianzen zu.[38] In der anfänglichen Allianzvereinbarung können nicht alle zukünftigen Möglichkeiten angegeben werden. Jeder Partner hat Investitionen getätigt, die gegenüber dem selbstsüchtigen Verhalten des jeweils anderen anfällig sind. Daher müssen sich die Partner während der gesamten Dauer des Bestehens der Allianz vertrauenswürdig verhalten. Vertrauen in einer Beziehung muss kontinuierlich verdient werden. Dabei ist Vertrauen insbesondere bei Allianzen zwischen dem öffent-

37 A. Inkpen und S. Curral, „The coevolution of trust, control and learning in joint ventures", *Organization of Science*, Band 15, Nr. 5 (2004), S. 586–599; R. ul-Huq, „Alliances and Co-evolution in the Banking Sector", *Palgrave*, 2005.

38 A. Arino und J. de la Torre, „Relational quality: managing trust in corporate alliances", *California Management Review*, Band 44, Nr. 1 (2011), S. 109–131.

lichen und dem privaten Sektor besonders empfindlich, in denen einerseits der Verdacht des Gewinnstrebens besteht und andererseits plötzliche Verschiebungen der politischen Agenda befürchtet werden.

Das Beispiel der internationalen HIV/AIDS-Allianz verdeutlicht die Bedeutung von Koevolution und Vertrauen (siehe *Beispiel 10.4*).

Die Themen Vertrauen und Koevolution tauchen in unterschiedlichen Phasen des Bestands einer strategischen Allianz in verschiedenen Formen auf. In *Abbildung 10.5* wird ein einfaches Phasenmodell der strategischen Allianzentwicklung dargestellt. Die Menge der gebundenen Ressourcen verändert sich in jeder Phase, allerdings zeigen sich Fragen des Vertrauens und der Koevolution durchgehend:

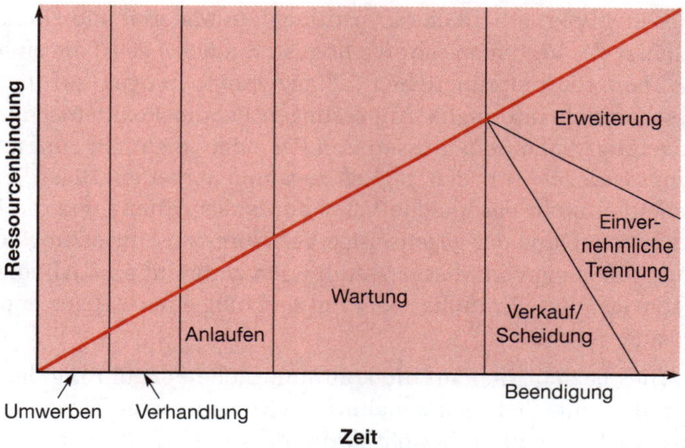

Abbildung 10.5: Motive strategischer Allianzen

- *Umwerben:* Zunächst gibt es den anfänglichen Prozess des Umwerbens möglicher Partner, bei dem als Ressource hauptsächlich die Zeit der Manager eingesetzt wird. Dieser Prozess des Umwerbens sollte nicht übereilt werden, da die Bereitschaft beider Partner erforderlich ist. In dieser Phase gelten für Allianzen ähnliche Kriterien wie für Erwerbungen. Jeder Partner muss im Einklang mit den Motiven in *Kapitel 10.3.3* eine strategische Übereinstimmung erkennen. Desgleichen muss jeder Partner auch eine organisationale Übereinstimmung erkennen. Die organisationale Übereinstimmung kann wie bei Übernahmen (*Kapitel 10.3.4*) in Betracht gezogen werden. Da allerdings Allianzen nicht das gleiche Maß der Kontrolle umfassen wie Übernahmen, muss das gegenseitige Vertrauen zwischen den Partnern von Anfang an besonders stark sein.
- *Verhandlung:* Die Partner müssen natürlich ihre gegenseitigen Rollen zu Beginn sorgfältig verhandeln. Bei Kapitalallianzen müssen die Partner auch den Eigentumsanteil aushandeln, den jeder am endgültigen Joint-Venture, dem Gewinnanteil sowie der unternehmerischen Verantwortung hält. Dies bindet in dieser Phase wahrscheinlich einen erheblichen Anteil der Zeit der Manager, da es wichtig ist, die anfänglichen Verträge klar und korrekt zu gestalten und es sich lohnt, Zeit aufzuwenden, um auszuarbeiten, wie im Laufe des Bestehens der Allianz auftauchende Konflikte gelöst werden sollen. Im Fall des Areva-Siemens-Joint-Ventures (*Beispiel 10.5*) bedauerte Siemens später den geringen Anteil, dem es zu Beginn zugestimmt

hatte. Obwohl die Verhandlung der Eigentumsanteile in einem Joint Venture dem Bewertungsprozess bei Akquisitionen ähnelt, beinhalten Verträge über strategische Allianzen im Allgemeinen viel mehr. Von jedem Partner erwartete Schlüsselverhaltensweisen müssen direkt festgelegt werden. Allerdings kann hierbei ein rücksichtsloser Verhandlungsstil das Vertrauen für die Zukunft schädigen. Überdies impliziert die Koevolution auch, dass Veränderungen antizipiert werden müssen. Bei aufgekauften Einheiten können Anpassungen einfach kraft der Weisungsbefugnis des Managements vorgenommen werden. Bei Allianzen können anfängliche Verträge als verbindlich angesehen werden, selbst wenn sich die Ausgangsbedingungen verändert haben. Daher ist es angemessen, bereits zu Beginn eine Option zur Neuverhandlung der anfänglichen Bedingungen bei veränderten Ausgangsbedingungen aufzunehmen.

- *Anlauf:* Dies involviert erhebliche Investitionen in Material und Humanressourcen, wobei auch hier das Vertrauen sehr wichtig ist. Zunächst stellt die anfängliche Aktivität der Allianz die ursprünglichen Allianzvereinbarungen auf die Probe. Dabei sind wahrscheinlich informelle Anpassungen an die Realitäten der tagtäglichen Arbeit notwendig. Außerdem müssen nun Personen, die nicht zum ursprünglichen Verhandlungsteam gehört haben, täglich zusammenarbeiten. Diese Personen haben unter Umständen nicht das gleiche Verständnis der Allianz wie die Personen, die sie initiiert haben. Ohne das gegenseitige Vertrauen zur Umsetzung von Anpassungen und zur Auflösung von Missverständnissen zerbricht eine Allianz wahrscheinlich. Und so weist diese Frühphase der Entwicklung einer Allianz auch die höchste Ausfallrate auf.
- *Erhaltung:* Dies bezieht sich auf die kontinuierliche Fortführung der strategischen Allianz, für die wahrscheinlich zunehmende Ressourcen aufgewendet werden. Die Lektion aus der Koevolution besteht darin, dass die Erhaltung einer Allianz nicht einfach eine Sache der Stabilität ist. Zur Berücksichtigung des Wandels der äußeren Umstände müssen Allianzen aktiv geführt werden. Überdies entwickelt sich wahrscheinlich auch die interne Dynamik weiter und die Partner bauen Erfahrungen auf. Auch hier ist Vertrauen wieder von größter Bedeutung. Gary Hamel hat dabei davor gewarnt, dass Allianzen häufig zu „Wettbewerben um Kompetenz“ werden.[39] Da die Partner eng miteinander interagieren, beginnen sie unter Umständen, die besonderen Kompetenzen der jeweils anderen Partei zu erlernen. Dieses Lernen kann sich in einen Wettbewerb um Kompetenzen wandeln, bei dem der am schnellsten lernende Partner mächtiger wird. Dann ist der mächtigere Partner demzufolge unter Umständen in der Lage, die Bedingungen zu seinen Gunsten neu zu verhandeln oder sogar die Allianz aufzugeben und allein weiterzumachen. Wenn die Partner allerdings ihre strategische Allianz aufrechterhalten wollen, ist vertrauenswürdiges Verhalten, das die Kompetenz der anderen Partei nicht bedroht, bei der Aufrechterhaltung der für den tagtäglichen Betrieb der Allianz notwendigen kooperativen Beziehungen von grundlegender Bedeutung.
- *Beendigung:* Eine Allianz hat oftmals von Anfang an eine vereinbarte Zeitdauer oder einen vereinbarten Zweck, so dass ihre Beendigung eine Frage des Abschlusses und kein Fehlschlag ist. In diesem Fall erfolgt eine einvernehmliche Trennung. Mitunter ist eine Allianz so erfolgreich, dass die Partner diese durch die Verein-

39 G. Hamel, „Alliance Advantage: the Art of Creating Value through Partnering“, *Harvard Business School Press*, 1998.

barung einer neuen Allianz zwischen einander sowie den Einsatz von noch mehr Ressourcen erweitern wollen. Manchmal ist allerdings die Allianz unter Umständen für eine Partei erfolgreicher als für die andere, so dass ein Partner den Anteil des anderen übernehmen und sich somit vollständig engagieren möchte, während der andere Partner sich zum Verkauf entschließt. Der Verkauf des Anteils einer Partei muss dabei kein Zeichen für einen Ausfall sein, da sich seit der Schaffung der Allianz unter Umständen die strategische Agenda gewandelt hat. Allerdings kann dies manchmal auch in einer bitteren „Scheidung" enden, wie im vorliegenden Beispiel als Areva drohte, Siemens zur verklagen (siehe *Beispiel 10.5*). Daher muss mit der Beendigung der Allianz sorgfältig umgegangen werden. Koevolution impliziert dabei, dass beiderseitiges Vertrauen wahrscheinlich auch nach dem Abschluss einer bestimmten Partnerschaft noch wertvoll ist. So können die Partner unter Umständen gleichzeitig an mehreren verschiedenen Projekten beteiligt sein. So sind beispielsweise Cisco und IBM Partner verschiedener gleichzeitiger Projekte im Bereich der drahtlosen Kommunikation, IT-Sicherheiten, Datenzentren und Datenspeicherung. So müssen die Partner unter Umständen zukünftig bei neuen Projekten wieder zusammenarbeiten. Daher hatten Nokia, Ericsson und Siemens seit Mitte der 1990er-Jahre gemeinsame Projekte im Bereich Mobiltelefonie durchgeführt. Die Aufrechterhaltung des beiderseitigen Vertrauens während der Beendigungsphase ist von entscheidender Bedeutung, wenn die Partner sich gemeinsam durch Generationen vielfältiger Projekte weiterentwickeln sollen.

Beispiel 10.4 Die internationale HIV/AIDS-Allianz: Vertrauen und Koevolution

Eine internationale Nichtregierungsorganisation, die sich für die Unterstützung der HIV-Betroffenengruppen engagiert.

Weltweit leben vierunddreißig Millionen Menschen mit HIV. Im Jahr 2011 verursachte die HIV-Epidemie 1,7 Millionen Todesfälle. Die Menschenrechte von Millionen Betroffenen werden beschnitten. Dies hat gesundheitliche Probleme, Isolation, Missbrauch und finanzielle Unsicherheit zur Folge. Die meisten durch AIDS verursachten Todesfälle könnten durch den Zugang zu antiretroviraler Therapie (ATR) vermieden werden.

Die internationale HIV/AIDS-Allianz (die „Allianz") wurde 1993 zur Behandlung dieses enormen Problems gegründet. Dabei liegt das Hauptaugenmerk auf der Entwicklung der Fähigkeit für lokale Antworten auf HIV anstatt auf der direkten Erbringung von Dienstleistungen. Die Allianz erbringt einen Großteil ihrer Leistungen – technisches Know-how sowie finanzielle Unterstützung für Lösungen und Projekte in den Gemeinden – durch nationale, unabhängige, gemeinnützige Verbindungsorganisationen (VO), die sich im Hinblick auf ihre Fähigkeiten, Größe und ihr Betätigungsfeld unterscheiden. Ende 2012 verfügte die Allianz über ein globales Partnernetz aus 41 VO, sieben technischen Unterstützungszentren und einem internationalen Sekretariat (Sekretariat), das 4,4 Millionen Menschen erreicht. Die sieben regionalen technischen Unterstützungszentren, die von jeweils einer VO organisiert werden, bestehen aus kleinen Teams aus Unterstützern und regionalen Experten, die mit den VO, gemeindenahen Organisationen,

Regierungen und anderen Sektoren zusammenarbeiten, um ihre Führung, die technische Leistungsfähigkeit und den Umgang mit HIV zu verbessern.

Die Allianz wird durch ein Kuratorium geführt, das ihre Strategie genehmigen und sicherstellen muss, dass die Allianz sich im Rahmen ihres Leitbilds bewegt. Die Mitglieder des Kuratoriums ernennen auch den Geschäftsführer der Allianz. Das Sekretariat hat seinen Sitz in Brighton im Vereinigten Königreich und verfügt über Niederlassungen in Washington DC, Delhi, Brüssel und Genf. Zunächst hatte die Allianz die Funktion einer technischen Unterstützungs- und Förderorganisation, die die Fähigkeiten der Organisationen in den Gemeinden entwickelt und Gelder von Spendern an gemeindenahe Organisationen mit einem technischen, projektbasierten Ansatz weiterleitet. Später wurden strategische Aktivitäten, wie die Qualitätsverbesserung, die Verbreitung vorbildlicher Verfahren, die Akkreditierung von Organisationen und die Arbeit zur Verfügbarmachung weiterer Ressourcen, wichtiger. Im Zuge der Entwicklung der VO übernahm das Sekretariat zunehmend die Erbringung technischer Unterstützung und förderte das Lernen über das Sekretariat, die LV und Zentren hinweg, die Politik und die Interessensvertretung.

Überdies hat das Sekretariat auch die Programmgestaltung und die Politik überwacht und bewertet und Gelder, im Wesentlichen von staatlichen Geberorganisationen, beschafft. Alle VO unterzeichnen eine Satzung und eine Verbindungsvereinbarung, die den Zweck der Allianz, ihre Funktionsweise, Werte und Verpflichtungen sowie die Einhaltung dieser beschreibt. Durch ein Akkreditierungssystem werden die VO als robuste Organisationen, die gemäß bestimmten Standards arbeiten, bewertet, verbessert und akkreditiert. Wie allerdings Awo Ablo, der Leiter Außenbeziehungen der Allianz, erläuterte, ist ein Verständnis der historischen Beziehungen zwischen den VO und dem Sekretariat wichtig: „Das Prinzip der Gleichstellung zwischen den VO und dem Sekretariat liegt sozusagen in der DNA der Allianz.“ Damit ist das Sekretariat den VO nicht übergeordnet.

Allerdings entwickelt sich die Struktur der Allianz weiter. Vor zehn Jahren flogen technische Experten des Sekretariats zu den VO, um diese zu unterstützen. Dies wurde allerdings teuer und derartige Unterstützung wurde zunehmend verfügbar, da einige VO die Kompetenz entwickelten und selbst andere VO technisch unterstützen konnten. Diese größeren VO erhalten auch direkte Unterstützung von Gebern. Das Sekretariat operiert daher zunehmend als Architekt der Zusammenarbeit, der Zivilgesellschaftsorganisationen verbindet, um den Kampf gegen AIDS zu unterstützen.

Im Jahr 2012 gingen die Gelder für den Kampf gegen AIDS zurück und verschwanden in den Ländern vollkommen, in denen die Spender argumentierten, dass die Volkswirtschaft reich genug war, um sich selbst zu tragen. Dies führte zu der Frage danach, welche Rolle die ganze Allianz und das Sekretariat in Zukunft spielen soll.

Quelle: http://www.aidsalliance.org.

Kontrollfragen

1. Welche Rolle spielt das Vertrauen in der Allianz?
1. Welche Beweise gibt es dafür, dass sich die Allianz weiterentwickelt hat bzw. sich weiterentwickelt?

Beispiel 10.5 Kernspaltung: Areva und Siemens trennen sich

Die Koevolution ist nicht einfach, wie zwei führende Unternehmen aus Frankreich und Deutschland festgestellt haben.

Im Jahr 2001 fusionierten der deutsche Mischkonzern Siemens und Areva, der französische Kernenergieriese ihre Kernreaktorgeschäftsbereiche in einem neuen Joint Venture mit dem Namen Areva NP zusammen. Das Joint Venture gehörte zu 34 Prozent Siemens und zu 66 Prozent Areva. Da sich die deutsche Regierung aus Gründen des Umweltschutzes entschieden hat, aus der Kernenergie komplett auszusteigen, hat Siemens die Kernenergie nicht mehr als wesentlichen Teil seiner Strategie gesehen. Nach der Joint-Venture-Vereinbarung erhielt die französische Seite eine Kaufoption für den Minderheitsanteil von Siemens.

Im Jahr 2009 schickte der neue Vorstandsvorsitzende von Siemens, Peter Löscher, der Vorstandsvorsitzenden von Areva, Ann Lauvergneon, eine kurze E-Mail, in der er bekanntgab, dass die deutsche Seite ihr Recht ausüben würde, ihren Anteil an die Franzosen zu verkaufen. Diese E-Mail überraschte Ann Lauvergneon sehr: „Das hat mich an Männer erinnert, die ihre Frauen verlassen und einfach einen Zettel auf den Küchentisch legen." Was ist in den acht Jahren schief gelaufen? Areva NP war ein Erfolg. Das Unternehmen war weltweit führend auf dem Markt für Kernreaktoren, der wieder boomte. Steigende Ölpreise und Sorgen im Hinblick auf die Klimaerwärmung machten die Kernenergie zunehmend interessant. Im Jahr 2009 befanden sich nach vielen Jahren minimaler Bautätigkeit weltweit 51 Anlagen im Bau und 171 weitere waren geplant. Areva NP war nicht nur in Europa, sondern auch in den USA und in China aktiv.

Dabei war tatsächlich die Erholung der Kernenergiebranche ein Teil des Problems: Mit dem neuen Vorstandsvorsitzenden wolle Siemens in diesen Markt zurück. Siemens war aufgrund der durch seine Position als Minderheitsaktionär fehlenden Kontrolle sowie allgemein der langsamen Entscheidungsfindung bei Areva NP frustriert. Darüber hinaus wollte das Unternehmen einen größeren Teil der Kette als nur Kernreaktoren abdecken – die großen Gewinne warteten an anderer Stelle der Wertschöpfungskette im Bereich Brennstoffe und Recycling. Areva, das französische Mutterunternehmen, hatte allerdings schon eine wichtige Präsenz in der gesamten Wertschöpfungskette.

Im Jahr 2007 wollte Siemens entweder seinen Anteil an Areva NP auf 50 Prozent erhöhen oder einen direkten Anteil an der französischen Mutter Areva übernehmen. Da allerdings der französische Staat mehr als 80 Prozent an Areva hielt, war das Unternehmen nicht einfach zu kaufen. Darüber hinaus erzählte Nicolas Sarkozy, damals französischer Minister und später französischer Präsident, Bundeskanzlerin Angela Merkel, dass Frankreich eine Rolle für Siemens nicht tolerieren würde, während die deutsche Regierung die Rückkehr von Atomstrom im eigenen Land ablehnte. Siemens musste sich der Unterstützung von Angela Merkel versichern, um zu verhindern, dass Areva seine Kaufoption ausübte und Siemens zum Verkauf zwang.

Ende 2008 begann Siemens Gespräche mit dem russischen Atomstromriesen Rosatom. Rosatom war in der gesamten Wertschöpfungskette, einschließlich des äußerst rentablen Brennstoffgeschäfts, aktiv. Da die Erinnerung an die sowjetische Nuklearkatastrophe in Tschernobyl noch frisch war, brauchte Rosatom den guten Ruf von Siemens im Hinblick auf die Qualität. Im März 2009 gaben Siemens und Rosatom ein Joint Venture mit dem Ziel bekannt, Areva NP als Weltmarktführer zu überholen.

Allerdings erwies sich die Beendigung des Areva-NP-Joint-Ventures als gar nicht so einfach. Die Stärke von Siemens lag in der Hardware, aber Areva gehörte die Software, die notwendig war, um die Hardware zu betreiben. Areva war verpflichtet, den Siemens-Anteil zu kaufen (~€ 4 Milliarden), verfügte allerdings nicht über die notwendigen Mittel. Überdies hatte die ursprüngliche Joint-Venture-Vereinbarung für den Fall eines Zusammenbruchs der Zusammenarbeit ein elfjähriges Wettbewerbsverbot beinhaltet. Areva war der Ansicht, dass Siemens durch das neue Joint Venture den Vertrag brach und daher keinen Anspruch auf den vollständigen Wert seines Anteils mehr hatte. Außerdem arbeiteten die beiden Unternehmen immer noch an verschiedenen Kernkraftwerken zusammen. Tatsächlich wurden Areva und Siemens gemeinsam auf € 2 Milliarden für Kosten- und Zeitplanüberschreitungen bei einem Projekt in Finnland verklagt. Im Jahr 2009 übernahm Areva die alleinige Kontrolle über das Joint Venture, aber die Konflikte dauerten an. Im Jahr 2012 entschied die EU-Kommission, dass das Wettbewerbsverbot übermäßig war, den Wettbewerb beschränkte und Siemens unangemessen belastete – das Verbot musst daher auf drei Jahre nach dem Joint Venture reduziert werden. Es war eine schmutzige Scheidung.

Quelle: L'Expansion, 1. April 2009; *Financial Times*, 28. April 2009; *http://www.europa.eu/rapid/press-release_IP-12-618_en.htm.*

Kontrollfragen

1. Warum ist die Koevolution im Areva-NP-Joint-Venture zusammengebrochen?
2. Warum gestaltete sich die Beendigung dieses Joint Ventures so schwierig?

10.5 Vergleich von Akquisitionen, Allianzen und organischer Entwicklung

Bisher ist deutlich geworden, dass die drei Methoden M&A, strategische Allianzen und organische Entwicklung ihre eigenen Vor- und Nachteile haben. Es gibt auch einige Ähnlichkeiten. Im vorliegenden Kapitel werden zunächst Kriterien für die Auswahl zwischen den drei Methoden betrachtet und dann einige Schlüsselfaktoren für M&A und Allianzen dargestellt.

10.5.1 Kauf, Allianz oder Selbermachen?

Übernahmen und strategische Allianzen weisen hohe Ausfallsraten auf. Wie „Im Fokus“ am Ende dieses Kapitel dargestellt, wird angenommen, dass Akquisitionen in ungefähr der Hälfte der Fälle fehlschlagen. Akquisitionen können aufgrund übersteigerter anfänglicher Bewertungen, übertriebener Erwartungen im Hinblick auf die strategische Passfähigkeit, unterschätzte Probleme der organisationalen Passfähigkeit sowie aller anderen in diesem Kapitel erwähnten Probleme fehlschlagen. Strategische Allianzen weisen jedoch ebenso Ausfallraten von ungefähr 50 Prozent auf.[40] Allianzen leiden unter Fehleinschätzungen im Hinblick auf die strategische und organisationale Passfähigkeit, aber aufgrund der fehlenden Kontrolle auf jeder Seite bestehen auch besondere Probleme bezüglich des Vertrauens und der Koevolution. Angesichts dieser hohen Ausfallsraten müssen Akquisitionen und Allianzen neben der Standardoption der organischen Entwicklung (Selbermachen) sorgfältig betrachtet werden.

Abbildung 10.6: Die Entwicklung einer Allianz

	Kauf	Allianz	Selbermachen
Hohe Dringlichkeit	Schnell	Schnell	Langsam
Hohe Unsicherheit	Fehlschläge potenziell veräußerbar	Teilen der Verluste und Aufrechterhaltung der Kaufoption	Fehlschläge wahrscheinlich nicht veräußerbar
Immaterielle Ressourcen wichtig	Kulturelle und Bewertungsprobleme	Kulturelle und Kontrollprobleme	Kulturelle Konsistenz
Hochgradig modulare Ressourcen	Kauf des ganzen Unternehmens vermeiden	Allianz nur mit der relevanten Partnereinheit	Entwicklung einer neuen Projekteinheit

Quelle: Angepasst aus E. Murray und J. Mahon, „Strategic alliances: gateway to the New Europe“, *Long Range Planning*, Band 26 (1993), S. 109.

Der jeweils beste Ansatz unterscheidet sich nach den jeweiligen Umständen. In *Abbildung 10.6* ist eine Matrix „Kaufen, Allianz oder Selbermachen“ dargestellt, in der vier Schlüsselfaktoren zusammengefasst werden, die bei der Auswahl zwischen Akquisitionen, Allianzen und organischer Entwicklung Unterstützung bieten:[41]

- *Dringlichkeit:* Übernahmen bilden eine schnelle Methode zur Verfolgung einer Strategie. Es würde wahrscheinlich Jahrzehnte dauern, bis Tata zwei eigene internationale Luxusfahrzeugmarken, die Jaguar und Land Rover entsprechen, aufgebaut hätte (*Beispiel 10.2*). Der Kauf der beiden Marken durch Tata hat die Strategie sofort gefördert.

40 Anderson Consulting, „Dispelling the Myth of Strategic Alliances“, 1999.

41 Dies beruht auf J. Dyer, P. Kale und H. Singh, „When to ally and when to acquire?“, *Harvard Business Review*, Band 82, Nr. 7/8 (2004), S. 108–115 und X. Yin und M. Shanley, „Industry determinants of the merger versus alliance decision“, *Academy of Management Review*, Band 31, Nr. 2 (2008), S. 473–491.

Auch Allianzen können durch den Zugang zu zusätzlichen Ressourcen oder Fähigkeiten die Strategieerfüllung unterstützen. Allerdings erfolgt dies normalerweise weniger schnell als ein einfacher Kauf. Normalerweise verläuft die organische Entwicklung (Selbermachen) am langsamsten: Alles muss von Grund auf entwickelt werden.

- *Unsicherheit:* Es ist häufig besser, die Allianzlösung zu verfolgen, wenn hohe Unsicherheit im Hinblick auf die involvierten Märkte oder Technologien besteht. Das Gute daran ist, dass, wenn sich die Märkte oder Technologien als Erfolg erweisen, die Allianz in eine vollständige Übernahme umgewandelt werden kann – insbesondere dann, wenn die ursprüngliche Allianzvereinbarung eine Kaufoption enthielt. Akquisitionen können auch weiterverkauft werden, wenn sie fehlschlagen, allerdings häufig zu einem viel niedrigeren Preis als der ursprüngliche Kaufpreis. Andererseits muss eine fehlgeschlagene organische Entwicklung unter Umständen ohne Verkaufswert vollständig abgeschrieben werden, da der beteiligte Geschäftsbereich nie auf dem Markt gelangt ist.
- *Art der Ressourcen:* Akquisitionen funktionieren dann am besten, wenn die gewünschten Fähigkeiten (Ressourcen oder Kompetenzen) „materiell" sind, wie beispielsweise Sachanlagen in Produktionsanlagen. Materiellen Ressourcen wie Fabriken kann in Ausschreibungsverfahren einfacher ein Wert zugeordnet werden als „immateriellen" Ressourcen, wie Menschen oder Marken. Überdies sind materielle Ressourcen nach einer Akquisition typischerweise einfacher zu kontrollieren als Menschen und Fähigkeiten. Wie bei der Übernahme von Marvel durch Disney (siehe *Beispiel 10.1*) beinhalten Übernahmen das Risiko erheblicher kultureller Probleme. Mitunter kann das Image des erwerbenden Unternehmens auch das Markenimage des Zielunternehmens beeinträchtigen. Der Erwerb immaterieller Ressourcen und Kompetenzen sollte mit großer Vorsicht angegangen werden. Tatsächlich bildet die Methode der eigenständigen organischen Entwicklung normalerweise den effektivsten Ansatz bei empfindlichen immateriellen Eigenschaften wie Humanressourcen. So sind interne Projekte zumindest kulturell konsistent. Selbst Allianzen können Kulturkonflikte zwischen Mitarbeitern der beiden Seiten beinhalten, wobei es schwerer ist, einen Allianzpartner als einen erworbenen Geschäftsbereich zu kontrollieren.
- *Modularität der Ressourcen:* Wenn die gesuchten Ressourcen hochgradig modular sind, d.h. in deutlich unterschiedlichen Bereichen oder Abteilungen der vorgesehenen Partner verteilt sind, ergibt eine Allianz tendenziell Sinn. Dann kann ein Joint-Venture gegründet werden, bei dem nur die relevanten Bereiche jedes Partners verbunden werden, während der Rest seiner geschäftlichen Aktivitäten unabhängig weiterbetrieben wird. Hier besteht keine Notwendigkeit, die andere Organisation insgesamt zu kaufen. Ein Erwerb kann problematisch sein, wenn dies bedeutet, das gesamte Unternehmen und nicht nur die Module zu kaufen, für die sich der Erwerber interessiert. Die Methode der eigenen organischen Entwicklung kann unter den Bedingungen der Modularität ebenfalls effektiv sein, da das neue Geschäft im Rahmen einer abgrenzten „neuen Projektabteilung" (siehe *Kapitel 9.5.2*) entwickelt werden kann, anstatt die ganze Organisation zu verwickeln.

Natürlich ist die Wahl zwischen den drei Optionen Kaufen, Allianz und organische Entwicklung nicht unbeschränkt. Häufig stehen keine geeigneten Übernahmeziele oder Allianzpartner zur Verfügung. Bei freiwilligen Organisationen und Hilfsorganisationen besteht ein Problem darin, dass bei M&A vorkommende Änderungen der Eigentumsverhältnisse viel schwerer zu erreichen sind als im privaten Sektor, so dass ihre Optionen wahrscheinlich in jedem Fall auf Allianzen oder die organische Entwicklung beschränkt sind. Die Schlüsselbotschaft aus *Abbildung 10.6* bleibt trotzdem, dass das systematische Abwägen der verfügbaren Optionen sowie das Vermeiden einer Wahl einer Option gegenüber einer anderen ohne eine sorgfältige Analyse wichtig ist.

10.5.2 Schlüsselfaktoren für den Erfolg

In *Abbildung 10.6* wird dargestellt, dass M&A und strategische Allianzen trotz der hohen Ausfallraten unter bestimmten Umständen trotzdem die beste Option bilden können. Die Frage besteht dann darin, wie M&A und Allianzen so effektiv wie möglich geführt werden können.

Sowohl bei M&A als auch bei Allianzen hat die strategische Übereinstimmung eine entscheidende Bedeutung. Das Ziel bzw. der Partner sollten zur gewünschten Strategie passen. Wie in *Kapitel 10.3.4* dargestellt, können bei Allianzen sowie M&A-Synergien sehr leicht überschätzt und negative Synergien vernachlässigt werden. Allerdings kommt in beiden Fällen auch der organisationalen Übereinstimmung eine entscheidende Bedeutung zu. So sind insbesondere kulturelle Unterschiede schwer zu bewältigen – besonders dann, wenn Humanressourcen wichtig sind. Aufgrund der mangelnden Kontrolle sind Aspekte der organisationalen Passfähigkeit bei Allianzen noch schwerer zu bewältigen als bei M&A, bei denen aus den Eigentumsrechten des Käufers zumindest gewisse Weisungsbefugnisse des Managements erwachsen. Desgleichen ist die Bewertung sowohl bei M&A als auch bei Kapitalallianzen ein entscheidendes Thema. Übernahmen sind, insbesondere nach Gebotsschlachten zwischen Wettbewerbern, gegenüber dem „Fluch des Gewinners" durch eine überhöhte Bewertung anfällig. Aber auch Allianzpartner müssen ihre relativen Beiträge genau bewerten, um sicherzustellen, dass sie bei zu geringen Erträgen und zu geringer Kontrolle nicht zu hohe Ressourcen binden.

Sowohl bei M&A als auch bei Allianzen müssen einige klar definierte Fragen bewältigt werden. Zu Beginn des Prozesses stützen sich Allianzen auf das Umwerben der interessierten Partner, was allerdings bei M&A nicht genauso der Fall sein muss. Natürlich erfordern auch Fusionen eine beiderseitige Bereitschaft. Wenn allerdings die Verhandlungen schlecht verlaufen, besteht häufig noch die Option eines *feindlichen Übernahmeangebots*. Beim Prozess eines feindlichen Übernahmeangebots geht es im Wesentlichen darum, die Aktionäre zu überzeugen, anstatt mit den Managern des Zielunternehmens zu verhandeln. Bei M&A bildet der richtige Ansatz zur *Integration* eine entscheidende Frage: Absorption, Erhaltung, Symbiose und Halten. Bei strategischen Allianzen existiert die Option der vollständigen Integration der beiden Partner in einer Einheit nicht. Hier liegt die Aufgabe vielmehr in der andauernden Aufrechterhaltung einer Partnerschaft zwischen unabhängigen Einheiten, die eine *Koevolution* durchlaufen muss. Schließlich unterscheiden sich tendenziell die *Veräußerung* erworbener Einheiten und die *Beendigung* von Allianzen. So sind Veräußerungen normalerweise einmalige Transaktionen mit Käufern und begrenzten Folgen für zukünftige Beziehungen. Andererseits kann die Art und Weise der Beendigung von Allianzen Auswirkungen auf wichtige zukünftige Beziehungen haben, da neue bzw. gleichzeitige Projekte häufig die gleichen Partner involvieren. Insgesamt wird daher deutlich, dass durch die Notwendigkeit des Umwerbens, der Koevolution sowie der feinfühligen Beendigung der Prozess der strategischen Allianz häufig sehr viel anfälliger wird als ein einfacher Kauf.

Im Fokus: Fusionswahn?

Fusionen und Übernahmen erfordern gigantische Geldbeträge, aber wie klug wird dieses Geld ausgegeben?

In diesem Kapitel wurde die Bedeutung von Fusionen und Übernahmen als Entwicklungsmethode vorgestellt, allerdings wurden auch einige Herausforderungen aufgezeigt. In einigen Fällen kam es zu spektakulären Fehlschlägen. Im Jahr 2011 kaufte Hewlett Packard (HP) für € 8,3 Milliarden Autonomy, ein auf „unstrukturierte" Datenanalyse spezialisiertes britisches Softwareunternehmen. Am 24. November 2012 schockte HP die Analysten, die die Bekanntgabe eines Konzerngewinns von $ 2,2 Milliarden erwartet hatten, mit der Tatsache, dass es Verluste in Höhe von $ 8,8 Milliarden gemacht hatte. HP machte die Übernahme von Autonomy für die Lage verantwortlich und verwies darauf, dass HP dessen Wert um € 6,6 Milliarden abschreiben musste. Davon ließen sich € 3,8 Milliarden auf „schwerwiegende buchhalterische Fehler, Offenlegungsfehler und direkte Falschdarstellungen" zurückführen. Die Aktien von HP, die kurz vor Bekanntgabe der Transaktion bei € 22,10 standen, fielen auf € 8,70 und damit auf ihren niedrigsten Stand in zehn Jahren.

Professor Michael Porter von der Harvard Business School gehört zu den bekannten Skeptikern bezüglich Fusionen und Übernahmen und weist darauf hin, dass die Hälfte aller übernommenen Unternehmen innerhalb einiger weniger Jahre weiterverkauft werden. In der nachfolgenden *Abbildung* wird der Gesamtertrag (d.h. die mit der Bekanntgabe der Übernahme verbundene Änderung des Aktienkurses) der Übernahme von Unternehmen in den USA zwischen 1993 und 2007 dargestellt. Im Jahr 2000 verloren die Aktionäre der aufkaufenden Unternehmen mehr als $ 275 Milliarden. Im gesamten Zeitraum von 1993 bis 2007 haben die Aktionäre der aufkaufenden Unternehmen mehr als $ 550 Milliarden verloren.

Eine Interpretation dieser hohen Verluste gestaltet sich so, dass Fusionen und Übernahmen eine rücksichtslose Geldverschwendung durch Manager darstellen, die sich nicht um die Interessen der Investoren kümmern. Allerdings gibt es tatsächlich Beweise dafür, dass Geschäftsführer durchaus die Konsequenzen tragen müssen, da mehr als die Hälfte innerhalb eines relativ kurzen Zeitraums ersetzt werden. Es könnte daher angemessen sein, Fusionen und Übernahmen dadurch zu erschweren, dass Zielunternehmen dabei unterstützt werden, feindlichen Übernahmen zu widerstehen oder diese abzuwehren. Bei einer Beschränkung feindlicher Übernahmen durch das Gesetz könnten unwirtschaftliche Aufkäufe reduziert werden.

Allerdings hat eine Beschränkung von Fusionen und Übernahmen auch Nachteile. Selbst wenn die erwerbenden Unternehmen häufig kein Geld für ihre Aktionäre verdienen, können sie die Rentabilität des Systems insgesamt auf mindestens zwei Arten verbessern:

- Die Gefahr einer Übernahme, wenn die Aktionäre nicht zufriedengestellt werden, unterstützt die Manager dabei, sich auf die Leistung zu konzentrieren. Die Wirtschaftspresse berichtet häufig über solche Drohungen.

- Fusionen und Übernahmen können eine effektive Möglichkeit zur Umstrukturierung stagnierender Unternehmen und Branchen bilden. So wird beispielsweise das Fehlen feindlicher Übernahmeangebote in Japan häufig für die langsame Umstrukturierung der japanischen Industrie seit Anfang der 1990er-Jahre verantwortlich gemacht.

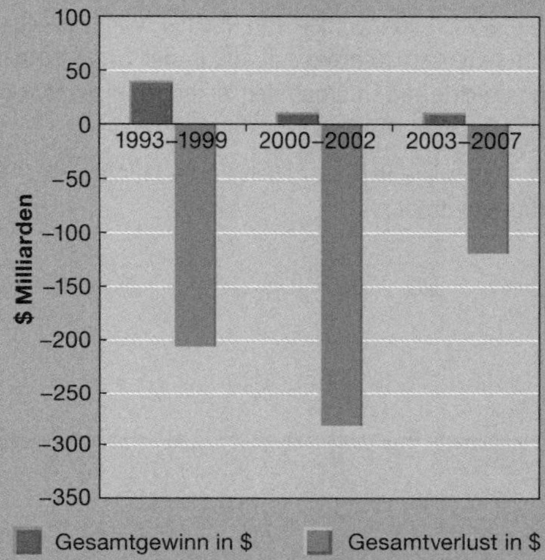

Quellen: M. Porter, „From competitive advantage to corporate strategy", *Harvard Business Review*, Mai-Juni (1987), S. 43–60; S. B. Moeller, F. P. Schlingemann und R. M. Schulz, „Wealth destruction on a massive scale?", *Journal of Finance*, Band 60, Nr. 2 (2005), S. 757–782; K. M. Lehn und M. Zhao, „CEO turnover after acquisitions: are bad bidders fired?", *Journal of Finance*, Band LXI, Nr. 4 (2006), S. 1759–1810; „Jump in hostile takeover bids", *Financial Times*, 3. Juni 2012. G. Alexandridis, C. F. Mavrovitis und N.G. Travlos, „How have M&As changed? Evidence from the sixth merger wave". *The European Journal of Finance*, Band 18, Nr. 8 (2012), S. 663–688.

Kontrollfragen

1. Verfolgen Sie mehrere Wochen lang die Aktienkurse von kürzlich von einer Fusion oder Übernahme betroffenen Firmen (z.B. auf *www.bigcharts.com*) vor und nach der Bekanntgabe. Was sagen die Bewegungen der Aktienkurse über die Vorteile der Fusion/Übernahme aus?
2. Identifizieren Sie die Androhung einer feindlichen Übernahme aus der Finanzpresse. Was taten die Manager des Übernahmekandidaten, um sich gegen die Übernahme zu wehren?

Z U S A M M E N F A S S U N G

- Es gibt drei grundlegende *Methoden* strategischer Entwicklung:
  - Die *organische Entwicklung* hat den wesentlichen Vorteil, dass sie auf den strategischen Fähigkeiten einer Organisation aufbaut. Allerdings kann sie zu einer Überbeanspruchung von Ressourcen führen und erfordert wahrscheinlich die Entwicklung dieser Fähigkeiten.
  - *Fusionen und Übernahmen* können den Vorteil einer hohen Geschwindigkeit und die Möglichkeit bieten, Kompetenzen zu erwerben, die in der Organisation noch nicht vorhanden sind. Die Erfolgsgeschichte von Übernahmen ist jedoch nicht sehr positiv (siehe die Diskussion in „Im Fokus").

In erfolgreichen *Allianzen* stehen alle Partner neuen Entwicklungen der Allianz positiv gegenüber und es herrscht gegenseitiges Vertrauen.

Z U S A M M E N F A S S U N G

EXTRAS ONLINE Aufgaben

*Kennzeichnet schwierigere Aufgaben.

10.1 Schreiben Sie einen kurzen Kommentar (ein Absatz) für den Chef eines Unternehmens, der um Ihren Rat bezüglich der Weiterentwicklung seiner Firma durch eine Fusion/Übernahme gebeten hat. Schreiben Sie einen ähnlichen Kommentar für den Leiter eines Krankenhauses, der mögliche Fusionen mit anderen Krankenhäusern in Betracht zieht.

***10.2** „Strategische Allianzen halten nicht langfristig, wenn sie nur als Möglichkeit verstanden werden, ‚Lücken zu füllen', was die Ressourcen- oder Kompetenzenausstattung eines Unternehmens betrifft." Diskutieren Sie diese Aussage in Bezug auf Allianzen auf dem öffentlichen und privaten Sektor, über die kürzlich in der Presse geschrieben wurde.

10.3 Führen Sie eine Rangfolgeanalyse der verschiedenen strategischen Wahlmöglichkeiten eines Unternehmens Ihrer Wahl durch, ähnlich wie in *Beispiel 10.2* beschrieben.

***10.4** Betrachten Sie nochmals Ihre Antworten auf die Fragen zu *Beispiel 10.4*:

a. Wie beurteilen Sie die allgemeine „Gültigkeit" der Kosten-Nutzen-Analyse?

b. Wie könnte diese verbessert werden?

10.5 Bewerten Sie unter Verwendung der Kriterien Tauglichkeit, Akzeptabilität und Machbarkeit die strategischen Optionen, die für Tesco oder eine andere Organisation Ihrer Wahl zur Verfügung stehen könnten.

***10.6** Verwenden Sie eine Ihrer Antworten einer früheren Aufgabe und bewerten Sie folgende Aussage kritisch: „Eine strategische Wahlmöglichkeit ist letztendlich eine sehr subjektive Sache. Es ist gefährlich, zu glauben, dass analytische Hilfsmittel in der Realität an dieser Situation wirklich etwas ändern werden." Beziehen Sie sich auch auf den Kommentar am Ende von *Teil II*.

Integrative Aufgabe

*10.7 Erklären Sie, wie die Erfolgskriterien (siehe *Kapitel 10.3*) für private und öffentliche Organisationen voneinander abweichen können. Zeigen Sie, wie dies sowohl zur Art und Weise des Unternehmensumfelds (*Kapitel 3*) als auch zu den Erwartungen der Interessengruppen (*Kapitel 4*) in Bezug zu setzen ist.

Literaturempfehlungen

- Ein ausführliches Buch über Fusionen und Übernahmen ist P. Gaughan, „Mergers, Acquisitions and Corporate Restructurings“, 4. Auflage, *Wiley*, 2007.
- Ein nützliches Buch über strategische Allianzen ist J. Child, „Cooperative strategy“, *Oxford University Press*, 2005.
- Ein Begleitbuch über Hilfsmittel zur Strategiebewertung ist V. Ambrosini mit G. Johnson und K. Scholes (Hrsg.), „Exploring Techniques of Analysis and Evaluation in Strategic Management“, *Prentice Hall*, 1998.
- Leser können nützliche Einblicke in Kurs-Gewinn-Verhältnis, finanzielle Motive und den finanziellen Erfolg von Übernahmen und in ähnliches Material über Akzeptabilität und Machbarkeit erlangen durch G. Arnold, „Corporate Financial Management“, 3. Auflage, *FT/Prentice Hall*, 2005.

Fallstudie

„Final Fantasy?“ Übernahmen und Allianzen bei elektronischen Spielen

Nach mehreren schwierigen Jahren verbuchte der japanische Spielehersteller Square Enix im Jahr 2012 Erlöse von ¥ 127,9 Milliarden (€ 1,23 Milliarden). Dies entsprach einem Anstieg von 2,1 Prozent gegenüber dem Vorjahr mit einem Nettogewinn von ¥ 6,1 Milliarden – einer deutlichen Verbesserung gegenüber den Verlusten in Höhe von ¥ 12 Milliarden im Vorjahr. Das Unternehmen, das mit Rollenspielen wie Final Fantasy bekannt geworden ist, erlebte diese Trendwende nach mehreren Jahren radikaler strategischer Initiativen, einschließlich strategischer Allianzen mit den Firmen Double Helix und Gas Powered Games in den USA sowie Wargaming.net in Großbritannien. Der radikalste Schritt war die Übernahme der British Eidos Group, die durch die Lara-Croft-Spiele berühmt geworden war, im Jahr 2009. Yöichi Wada, Präsident von Square Enix, kommentierte: „Wir möchten in die Top Ten der größten Firmen in der Unterhaltungs- und Medienbranche vorstoßen. Der Spielemarkt ist international – deshalb muss auch der Kontakt zu unseren Kunden sowie unseren Spieleentwicklern international sein.“

Die japanische Spieleindustrie

Die strategischen Schritte von Enix Square im Jahr 2009 fielen in eine schwierige Zeit für die japanische Spieleindustrie. Nach dem weltweit großen Erfolg japanischer Spielekonsolen wie etwa der Sony PlayStation konnte die Branche zwei Jahrzehnte lang auf dieser Grundlage aufbauen und ihre Dominanz immer weiter steigern. Doch dann bot der wachsende Erfolg der Microsoft XBox auch amerikanischen Spieleentwicklern die Chance, auf den Spielekonsolemarkt zurückzukehren. Und es stellte sich heraus, dass die Kenntnisse und Fähigkeiten der amerikanischen Spieleentwickler sich leichter auf die neuen Cross-over-Märkte übertragen ließen. Denn inzwischen mussten Spiele nicht nur für Konsolen, sondern auch für den PC und fürs Handy entwickelt werden. Außerdem waren die amerikanischen Unternehmen näher an Hollywood, wodurch sich immer neue Möglichkeiten boten, Ideen und Figuren aus Kinofilmen in die Spiele mit einzubeziehen. Gleichzeitig führte die Überalterung der japanischen Bevölkerung zu einer Verkleinerung des Markts für traditionelle Computerspiele.

Quelle: © 123rf.com #AL1224326

Yōichi Wada von Square Enix erkannte die Nachteile der japanischen Industrie im Vergleich zu den Amerikanern:

> *In den letzten fünf bis zehn Jahren hat sich die japanische Spielebranche mehr und mehr zu einem geschlossenen Umfeld entwickelt, in das weder neue Mitarbeiter noch neue Ideen vordringen – es herrscht fast eine fremdenfeindliche Atmosphäre... Wir hinken ganz klar den Amerikanern hinterher. Früher war die Spielebranche in den USA schlecht, doch mittlerweile sind dort Computerspezialisten und auch Leute aus Hollywood aktiv, und das hat zu einem erheblichen Wachstum geführt.*[1]

Auch die wirtschaftlichen Grundbedingungen der Spieleindustrie haben sich verändert, denn aufgrund der immer größeren technischen Möglichkeiten und Anforderungen steigen die Kosten stetig an. Die Entwicklung eines neuen Spiels kann so zwischen $ 3.000.000 (ca. € 2.000.000) und $ 20.000.000 kosten[2] und ein bis drei Jahre Zeit in Anspruch nehmen. Und doch wirft schätzungsweise nur jedes 20. Spiel irgendwann einmal Gewinn ab. Die Risiken sind also sehr hoch und man braucht immer mehr Grundkapital, um mithalten zu können.

Die Strategie von Square Enix

Auch die Firma Square Enix kam durch eine Fusion (im Jahr 2003) zwischen Square (das 1983 gegründet wurde und für das Rollenspiel „Final Fantasy" berühmt war) und Enix (das 1975 gegründet wurde und die Rollenspielserie „Dragon Quest" produzierte) zustande. Yōichi Wada, vormals Präsident von Square, wurde nun zum Präsidenten des neuen Unternehmens.

Die Strategie von Square Enix basiert auf dem Konzept des „polymorphen Inhalts". Die vielfältigen Franchise-Produkte (Final Fantasy, Dragon Quest etc.) werden für alle möglichen Hardwaregeräte oder Medien, wie Konsolen, Mobiltelefone, Online-Spiele, PCs, und nicht nur für eine einzige Spieleplattform entwickelt Außerdem sind die Hauptfiguren der Spiele auch gleichzeitig die Helden von TV-Serien, Filmen, Comics und Romanen. 2005 kaufte Square Enix das japanische Arcade-Spieleunternehmen Taito Corporation, das mit seinen Space-Invaders-Spielen berühmt geworden war. Es gibt verschiedene Versionen von Space Invaders für PlayStation, Xbox, die Wii-Konsole sowie den PC.

2008 hatte sich der Diversifikationsgrad von Yōichi Wadas Unternehmen erheblich gesteigert, der Jahresumsatz belief sich auf ¥ 136 Mrd. (ca. € 1 Mrd.) und die Zahl der Beschäftigten lag bei etwas über 3000. Trotzdem war Square Enix immer noch vor allem eine japanische Firma: 85 Prozent des Umsatzes wurde im eigenen Land erzielt. Verglichen mit anderen Wettbewerbern, wie Electronic Arts und Activision, fehlte es dem Unternehmen an Skalenvorteilen. Allerdings verfügte Square Enix über relativ umfangreiche finanzielle Mittel. Es hieß, für weitere Übernahmen stünden ca. ¥ 40 Mrd. (€ 300 Mio.) bereit.[3] Im Sommer 2008 gab Square Enix ein freundliches Übernahmeangebot für den japanischen Spieleentwickler Tecmo ab, dessen Kriegsspiele Ninja Garden und Dead or Alive in Nordamerika und Europa sehr beliebt waren. Tecmo lehnte die Übernahme ab und Wada machte sich im Ausland auf die Suche.

Lara Croft fällt

Eidos ist ein britischer Spieleentwickler, dessen bekannteste Spieleserie, Tomb Raider, die außergewöhnliche Lara Croft als Hauptfigur hat. Enttäuschende Verkaufszahlen des neuen Spiels „Tomb Raider: Underworld“ ließen den Aktienkurs 2008 jedoch von £ 5 (ca. € 5,50) auf etwa 30 Pence absacken. Die Gründerin und Vorstandsvorsitzende von Eidos, Jane Cavanagh, musste daraufhin zurücktreten. Das Unternehmen musste bei einem Umsatz von £ 119 Mio. (£ 179 Mio. noch zwei Jahre zuvor) Verluste von £ 136 Mio. (ca. € 149 Mio.) ausweisen. Im April 2009 kaufte Square Enix das Unternehmen für £ 84 Mio. (€ 92,4 Mio.), ein Betrag, der 129 Prozent des aktuellen Marktwerts von Eidos entsprach. Angesichts der schwindenden Popularität der Tomb-Raider-Spiele wurde allgemein spekuliert, Square Enix habe für seine erste Auslandsübernahme zu viel Geld bezahlt.

Doch durch diese Übernahme erhielt Square Enix Zugang zum internationalen Markt. Eidos erwirtschaftete etwa ein Drittel seiner Umsätze in den USA und 40 Prozent in Europa, ausgenommen Großbritannien. Auch brachte Eidos Square Enix die ersten Studios außerhalb Japans in Großbritannien, Dänemark, Ungarn, den USA, Kanada und China ein. Yōichi Wada kommentierte: „Es ist sehr wichtig, dass wir hier ein Fenster für kreative Talente auf der ganzen Welt geöffnet haben.“

Wada entschied sich, Phil Rogers, den neuen Vorstandschef von Eidos, in seiner Position zu belassen und auch das restliche Managementteam nicht zu verändern. Wada legte eine neue Konzernstruktur fest, wobei Square Enix, das Arcade-Unternehmen Taito und Eidos jeweils unabhängige Bereiche sein würden. „Wir möchten eine Hybridstruktur einführen, um so die beiden Extreme einer zu globalen Ausrichtung einerseits und einer zu lokalen Konzentration andererseits zu vermeiden“, so Wada.[4] Weiter sagte er: „Die Verwaltungen und das Management der einzelnen Bereiche werden integriert, während unsere Produktabteilungen und Dienstleistungsbereiche in jeder Region separat etabliert werden. So sind wir näher am Kunden und können unsere Möglichkeiten optimieren.“ Wada erkannte auch den neuen Schwerpunkt im Bereich Action- und Abenteuerspiele, der durch Eidos hinzugekommen war. Denn Square Enix hatte sich ja traditionell nur auf Rollenspiele konzentriert. Er erklärte, wie wichtig es ihm sei, Technologien aller Bereiche zu nutzen und gleichzeitig einzelne Stärken beizubehalten: „Einerseits werden wir Technologien und Fachwissen unter allen Studios austauschen und gemeinsam nutzen. Andererseits werden wir aber auch Produkte entwickeln, die die einzigartige eigene Identität jedes Studios widerspiegeln, gleichgültig, wo es sich befindet.“ Wada äußerte sich auch dazu, welche Spieleentwickler er an Bord holen wollte: „Es ist immer schwierig, kreative Köpfe auf der ganzen Welt zu führen. Wir schätzen die Studiokultur von Eidos, möchten sie aber verändern, wo es nötig ist.“[5]

Eine Abmachung, die Square Enix schnell beendete, war das Eidos-Vertriebsabkommen mit Warner Brothers für die Produkte in den USA. Square Enix hielt sich für stark genug, das nun selbst zu übernehmen.

Strategische Allianzen

Zeitgleich mit der Übernahme von Eidos gründete Square Enix auch drei bedeutende strategische Allianzen. In Großbritannien schloss sich Square Enix mit dem Strategiespielentwickler Wargaming.net (bekannt für seine Massive-Assault-Serie) zusammen, um gemeinsam Order of War zu produzieren, ein Kriegsspiel über den Zweiten Weltkrieg. Dieses Spiel sollte Ende 2009 auf den Markt kommen und das erste weltweit erhältliche Produkt von Square Enix sein. In den USA tat sich Square Enix mit Gas Powered Games (Produzent des Strategiespiels Supreme Commander) und mit Double Helix (Produzent der Strategiespielserie Front Mission) zusammen. Neben der Übernahme von Eidos sicherten auch diese Partnerschaften dem Unternehmen eine große Bandbreite an Produkten, die weit über das traditionelle Kerngeschäft der Rollenspiele hinausging. Auch die geografische Reichweite von Square Enix steigerte sich gewaltig. Yōichi Wada dazu: „Wir sehen große Chancen für uns in Nordamerika und Europa, denn beide Märkte sollen in den kommenden Jahren stabil weiter wachsen. Deshalb ist es für uns sehr wichtig, Allianzen mit erfolgreichen Spieleentwicklern wie Gas Powered Games zu schmieden, um diese bedeutenden Märkte besser bedienen zu können. Denn nur so können wir zeitnah auf die Wünsche unserer Kunden eingehen.“[6]

Alle drei Partner waren relativ klein (mit jeweils etwa 100 Mitarbeitern), alle waren Privatunternehmen, die während der 1990er-Jahre gegründet worden waren. In einem Interview erklärte Chris Taylor von Gas Powered Games die Motivation der Gründer so:

> *Seit meinem ersten Arbeitstag meiner ersten Vollzeitstelle als Spieleprogrammierer hatte ich diesen Traum. Ich wollte der Boss sein… Schließlich sind wir ständig damit beschäftigt, eigenes geistiges Eigentum zu schaffen. Einiges davon ist super, manches ist weniger gut, aber es geht einfach darum, nie nachzulassen, es immer weiter zu versuchen. Man muss immer wieder sein Bestes geben, und das fällt schwer, wenn man nur ein kleiner Teil eines riesigen Unternehmens ist …“*[7]

Chris Taylor beschrieb, wie Square Enix, traditionsgemäß ein Unternehmen, das sich auf Rollenspiele konzentrierte, und Gas Powered Games, eher auf Strategiespiele ausgerichtet, nun zusammenarbeiteten, um ihr erstes gemeinsames Projekt, Supreme Commander 2, zu entwickeln:

> *Eines der Dinge, die wir uns von Enix abgeschaut haben, ist ihre Art und Weise, sich ganz in ihre Figuren und Geschichten hineinzuversetzen. Wir haben alle mitgemacht, das war also leicht. Als wir sie fragten, wie wir unser Spiel entwickeln sollten, damit es ihrer Philosophie entsprach, sagten sie uns: „Tut das nicht, denn wir wollen, dass ihr so weitermacht, wie vorher. Ihr macht Spiele für den westlichen Markt, und wir möchten das auch tun.“ Hätten wir uns also verändert, wäre das genau das Falsche gewesen. Das war großartig, denn es bedeutete, dass wir weiterhin unsere Arbeit machen konnten, die wir liebten: tolle Strategiespiele entwickeln. Hätten wir versucht, unsere Spiele irgendwie zu verändern, hätten wir das Firmenziel verfehlt.*[8]

Die Sichtweise eines Spieleenthusiasten

Binnen weniger Monate hatte Square Enix sein Firmenprofil völlig verändert. Ursprünglich ein japanisch geprägter Entwickler von Rollenspielen, eroberte es nun in beeindruckender Weise den Markt für Strategiespiele und Abenteuer- und Actionspiele. Es verfügte über Studios rund um die Welt. Seine verschiedenen Spiele waren in Asien, Europa und Amerika sehr erfolgreich. Der Vielspieler Randy kommentierte dies auf einer Spieler-Website:

> *Square Enix hat ein Spiel im westlichen Stil herausgebracht? Gibt der erfolgreiche Entwickler japanischer Rollenspiele etwa seine androgynen jungenhaften Helden mit den schaufelgroßen Schwertern zugunsten von langweiligen Weltkriegsspielen auf? Nicht ganz. Aber sie holen sich Wargaming.net ins Boot, damit die es für sie tun. Zunächst kauft sich Square Enix das Haus, das sich Lara Croft gebaut hat, und jetzt werden sie auch noch auf dem Markt für Strategie-Kriegsspiele aktiv. Nichts in diesem Leben macht mehr Sinn.*[9]

Ausblick in die Zukunft

Nach den Allianzen und Fusionen begannen die Geschäftsergebnisse von Square Enix insbesondere auf dem zunehmend wettbewerbsorientierten Konsolenmarkt zu leiden. Allerdings erzielte 2012 der digitale Geschäftsbereich gute Ergebnisse mit Final Fantasy XIII-2, Deus Ex: Human Revolution und dem Mobage-Simulationsspiel Sengoku Ixa mit zwei Millionen angemeldeten Benutzern, so dass die Erlöse des Geschäftsbereichs sich auf ¥ 71,9 Milliarden beliefen. Dies entsprach im Jahresvergleich einem Anstieg von 11,7 Prozent. Square Enix berichtete, dass es über „interne Reserven“ für Investitionen verfügte, durch die der „Unternehmenswert gesteigert werden kann“. Dies könnte „Kapitalinvestitionen sowie Fusionen und Übernahmen zum Ausbau und zur Entwicklung neuer Geschäfte“ umfassen. Derartige Transaktionen könnten Bestandteil einer umfassenderen Strategie sein, mit denen die Anforderungen eines globalen, zunehmend digitalen, vernetzten Multi-Geräte-Marktes erfüllt werden.“

Quellen:

[1] M. Palmer „Square Enix views Eidos as a jump to next level“, *Financial Times*, 28. April 2009.

[2] „Cost of making games set so soar“, *www.bbcnews.co*, 17. November 2005.

[3] „Square Enix needs to show growth scenario to market“, *Nikkei*, 9. Oktober 2007.

[4] Gemeinsames Interview mit Yōichi Wada und Phil Roger, *www.square-enix.com*, 26. Mai 2009.

[5] M. Palmer „Square Enix views Eidos as a jump to next level“, *Financial Times*, 28. April 2009.

[6] „Square Enix and Gas Powered Games announce strategic partnership“, *Newswire Association*, 12. November 2008.

[7] P. Elliott, „Foot on the gas“, *gamesindustry.biz*, 19. August 2008.

[8] X. de Matos, „Interview Chris Taylor on Supreme Commander 2“, *joystriq.com*, 9. Juni 2009.

[9] Randy, „Square Enix tries hard at WWI RTS with Order of War“, *Gaming Nexus*, 17. April 2009.

Kontrollfragen

1. Erklären Sie, warum Square Enix sich in manchen Fällen für Allianzen, in anderen für Übernahmen entschloss.
2. Wie sollte Square Enix mit der übernommenen Firma Eidos umgehen, um maximale Wertschöpfung zu erreichen, und wie könnte sich dieser Managementansatz im Laufe der Zeit verändern?
3. Wo liegen die Stärken und Schwächen der Allianzstrategie und welche Probleme könnten sich für Square Enix im Laufe der Zeit ergeben?
4. Welche Expansionsmethoden würden Sie dem Management von Square Enix nun empfehlen, da das Unternehmen über die notwendigen Ressourcen und die Absicht zu wachsen verfügt?

Kommentar zu Teil II: Strategische Wahlmöglichkeiten

In Teil II des Buchs waren strategische Wahlmöglichkeiten das Hauptthema. In den Kapiteln wurden eine Reihe strategischer Wahlmöglichkeiten aufgezeigt ebenso wie Nachweise, warum einige scheinbar effektiver sind als andere. Ebenso wurden Kriterien eingeführt, anhand derer Manager diese Optionen bewerten können. Daraus ergeben sich allerdings zwei weitere Fragen, zu denen die vier Perspektiven unterschiedliche Einsichten gewähren:

1. Wie treffen Manager tatsächlich ihre Wahl?
2. Wie sollen sich Manager ihre strategischen Wahlmöglichkeiten vorstellen?

Auf folgende Punkte sei hingewiesen:

- Es soll hier nicht nahegelegt werden, dass eine dieser Perspektiven den anderen überlegen ist. Sie gewähren jedoch unterschiedliche Einblicke in die Probleme, denen sich Manager stellen müssen, und in die Art und Weise, wie mit diesen Herausforderungen umgegangen wird.
- Leser, die bisher den nach *Kapitel 1* folgenden Kommentar mit der Erklärung der vier Perspektiven *noch nicht* gelesen haben, sollten dies jetzt tun.

Gestaltungsperspektive

Strategische Wahlmöglichkeiten können logisch und objektiv auf Basis eines linearen, analytischen Prozesses bewertet werden, der von Topmanagern oder anderen Managern, die mit diesen arbeiten, betrieben wird. Dazu gehört:

- die Festlegung klarer Ziele, die die Erwartungen der Interessengruppen reflektieren und als Basis für die Bewertung aller Optionen dienen.
- die Formulierung von Argumenten für bestimmte Optionen basierend auf einem klaren Verständnis der strategischen Position der Organisation, die man analytisch definiert hat.
- die Bewertung aller Optionen durch die systematische Untersuchung der Vorteile in Bezug auf (i) ihre Tauglichkeit, was die strategischen Probleme der Organisation betrifft; (ii) ihre Machbarkeit, d.h. die Umsetzung der strategischen Optionen, und (iii) die Akzeptabilität der strategischen Optionen für die wichtigsten Interessengruppen.

Die Demonstration dieses Ansatzes zur Bewertung strategischer Wahlmöglichkeiten ist sehr wichtig, wenn es darum geht, die Unterstützung bestimmter Interessengruppen für eine Strategie zu erlangen (z.B. Geldinstitute).

Erfahrungsperspektive

Zu diesem Thema gibt es verschiedene, aber komplementäre Erklärungen:

- Eine Strategie entwickelt sich Schritt für Schritt basierend auf Strategien und Erfahrungen aus der Vergangenheit sowie auf der Kultur der Organisation innerhalb ihres politischen Kontexts. Also werden auch alle Wahlmöglichkeiten stark durch diese Erfahrungen beeinflusst.
- Es kann dazu kommen, dass die Erfahrungen des Managements und „starke Unternehmenskulturen“ Innovationen entgegenwirken oder nur solche Innovationen zulassen, die mit vorherrschenden Kulturen/Erfahrungen vereinbar sind.

- Eine Erweiterung dieser Perspektive ist die „Papierkorb"-Perspektive: Manager haben schnell fertige Lösungen an der Hand, die auf ihren Erfahrungen beruhen, und suchen dann nach Gelegenheiten und Situationen, um diese in die Tat umzusetzen.
- Strategien entwickeln sich aufgrund von Experimenten und praktischen Lernerfahrungen (eine logische, inkrementelle Perspektive).
- Politische Prozesse wie Verhandlungen spielen bei der Bewertung strategischer Wahlmöglichkeiten eine wichtige Rolle.
- Die Strategien erfolgreicher Organisationen werden von anderen imitiert.

In jedem der oben genannten Fälle werden analytische Hilfsmittel eingesetzt, um zu prüfen, *warum* es sich lohnen könnte, eine Strategie zu verfolgen oder zu entwickeln. Sie werden aber auch eingesetzt, um die Wahl einer Strategie im Nachhinein zu beurteilen.

Vielfaltperspektive

Hier liegt der Schwerpunkt auf der Entwicklung „strategischer Ideen" als Quelle strategischer Optionen innerhalb einer Organisation im Gegensatz zu geplanten Strategien, die von oben nach unten weitergegeben werden. Diese Perspektive ist gekennzeichnet durch

- neue Ideen, die sich durch Instabilität und „Anpassungsspannungen" ergeben, im Gegensatz zu formalen Plänen,
- Experimente und praktische Lernerfahrungen,
- die Bedeutung unvollkommener Imitation (selbst wenn erfolgreiche Strategien imitiert werden, so ist diese Imitation nie perfekt und es ergeben sich Unterschiede),
- interne und externe Netzwerke, aus denen neue Ideen entstehen.

Manager sind eine Instanz, die für die strategische Auswahl verantwortlich ist, aber nicht die einzige.

Neue Ideen werden auch ausgewählt durch

- das Einfordern von „positivem Feedback" innerhalb und außerhalb der Organisation (etwa von Managern in der Organisation oder von Kunden auf dem Markt),
- die Durchsetzung der besten Ideen im Wettbewerb mit anderen,
- die Einbettung bestimmter Abläufe in die Routine einer Organisation.

Die Diskursperspektive

Scheinbar verfügbare Wahlmöglichkeiten werden durch die Sprache der Organisation, dessen Teil auch die Manager sind, stark eingeschränkt, zum Beispiel:

- Manager beschränken ihre Vergleiche der eigenen Organisation mit der Konkurrenz meist auf Wettbewerber, die als solche formuliert werden; es findet keine objektive Analyse statt.
- Ebenso setzen sich meist nur die strategischen Optionen durch, die mit der „dominanten Unternehmenssprache" oder der Sprache innerhalb der Branche im Einklang sind.
- Auch gibt es „strategische Trends" – häufig verfolgte Strategien, die zu bestimmten Zeiten populär sind.

Auf welche Weise auch immer eine Strategie ausgewählt wird, diese Auswahl wird meist wie folgt erklärt:

- Um die Legitimierung der Strategie durch die Interessengruppen zu erlangen, verwenden Manager häufig den Begriff des „Wettbewerbsvorteils" zur Rechtfertigung ihrer Strategie, gleichgültig ob dieser Anspruch tatsächlich besteht oder nicht.
- Der strategische Erfolg wird als garantiert dargestellt.
- Ein Scheitern wird im Nachhinein schlüssig erklärt.

Um zu verstehen, welche Strategien in einer Organisation bevorzugt verfolgt werden und welche nicht, ist es also besonders wichtig, darauf zu achten, *wie* über Strategien gesprochen wird.

TEIL III

Strategie in Aktion

Die Bewertung einer Strategie

11

ÜBERBLICK

Lernziele

Nach der Lektüre dieses Kapitels sollten Sie in der Lage sein,

- die Leistungsergebnisse verschiedener Strategien im Hinblick auf direkte *wirtschaftliche* Ergebnisse und die gesamte organisationale *Effektivität* zu bewerten.
- die Leistung und die Notwendigkeit für neue Strategien mit Hilfe der *Lückenanalyse* zu bewerten.
- drei Erfolgskriterien zur Bewertung strategischer Optionen einzusetzen:
  - *Eignung:* die Frage, ob eine Strategie die wesentlichen Fragen im Hinblick auf die Chancen und Beschränkungen, mit denen eine Organisation konfrontiert wird, beantwortet.
  - *Akzeptabilität:* die Frage, ob eine Strategie die *Erwartungen der Stakeholder* erfüllt.
  - *Machbarkeit:* die Frage, ob eine Strategie in der Praxis funktionieren könnte.
- eine Reihe verschiedener Methoden zur Bewertung strategischer – sowohl finanzieller als auch nichtfinanzieller – Optionen zu verwenden.

11.1 Einführung

Im Jahr 2012 setzte das Mobiltelefonunternehmen BlackBerry einen neuen Vorstandsvorsitzenden, Thorsten Heins, ein. Er ersetzte damit die Mitbegründer des Unternehmens, Mike Lazardis und Jim Balsillie, deren Leistung in der Vergangenheit kurz zuvor stark kritisiert worden war. Das Unternehmen hatte seine eigenen Finanzziele verfehlt, der Aktienkurs war in den letzten zwölf Monaten um 75 Prozent gesunken und es war zu Verzögerungen bei der Einführung neuer Produkte gekommen. Thorsten Heins' eigene Bewertung war nicht ganz so düster und er betonte, dass die Kundenbasis von BlackBerry im Vergleich zum Vorjahr um 35 Prozent gewachsen war. Allerdings musste er offensichtlich etwas unternehmen, um die Leistung zu verbessern. Zu den Optionen, die Heins zu bewerten hatte, gehörte die Frage, ob er den Hauptfokus von BlackBerry wieder auf den Geschäftsmarkt zurückverlegen sollte, aus dem BlackBerry ursprünglich gekommen war, sowie ob das eigene Betriebssystem des Unternehmens zugunsten des viel beliebteren Android-Betriebssystems aufgegeben werden sollte. Für Heins gab es daher zwei Schlüsselfragen: Welches Leistungsniveau musste er erreichen und welche Kriterien sollte er zur Bewertung seiner Optionen verwenden?

Im vorliegenden Kapitel geht es um die Bewertung der organisationalen Leistung sowie der verschiedenen strategischen Optionen. Der Fokus von Teil II zu verschiedenen strategischen Optionen, wie Differenzierung, Diversifizierung, Internationalisierung, Innovation und Übernahmen, wird weiterverfolgt. An dieser Stelle soll nun betrachtet werden, wie diese Strategien beurteilt werden. Manager müssen bewerten, wie gut ihre bestehenden Strategien funktionieren, und Alternativen beurteilen. Das vorliegende Kapitel legt den Fokus auf systematische Kriterien und Techniken aus der rationalen „Gestaltungsperspektive“ gemäß den Strategieperspektiven. In *Kapitel 12* werden die

Positionen dieser systematischen Kriterien und Techniken innerhalb des komplexen Prozesses der Strategieentwicklung insgesamt betrachtet.

Das Kapitel beginnt mit dem Thema der organisationalen Leistung. Hier werden eine Reihe organisationaler Leistungsmaßstäbe – sowohl *ökonomische* Maßstäbe als auch umfassendere Maßstäbe der organisationalen *Effektivität* – betrachtet. Wir behandeln die Frage der *Vergleichsmaßstäbe* für die Leistung: Mit anderen Worten formuliert wird die Frage betrachtet, mit was die Leistung einer Organisation verglichen werden soll. Überdies wird auch die *Lückenanalyse* als Instrument zur Bewertung von Abweichungen von den gewünschten Leistungsniveaus vorgestellt. Die Lückenanalyse kann auch zur Bestimmung des Umfangs der strategischen Initiativen eingesetzt werden, die unter Umständen notwendig sind, um die Lücke zwischen dem tatsächlichen und dem gewünschten Leistungsniveau zu schließen. Im vorliegenden Kapitel werden weiterhin drei Kriterien zur Bewertung möglicher strategischer Initiativen vorgestellt, die mit der Abkürzung **SAF**e zusammengefasst werden: *Eignung* (Suitability), *Akzeptabilität* (Acceptability) und *Machbarkeit* (Feasibility), wobei das kleine „e“ der Abkürzung für das englische Wort „evaluation“, Bewertung, steht.

Abbildung 11.1 fasst die Schlüsselaspekte dieses Kapitels in einem logischen Ablauf zusammen. Hier bewerten die Manager als Erstes die Leistung. Als Nächstes wird das Ausmaß der Lücke zwischen der gewünschten und der tatsächlichen oder prognostizierten Leistung bestimmt. Schließlich bewerten sie die strategischen Optionen für die Überwindung einer solchen Lücke. Die angenommenen Optionen fließen schließlich zukünftig wieder in die Leistung ein.

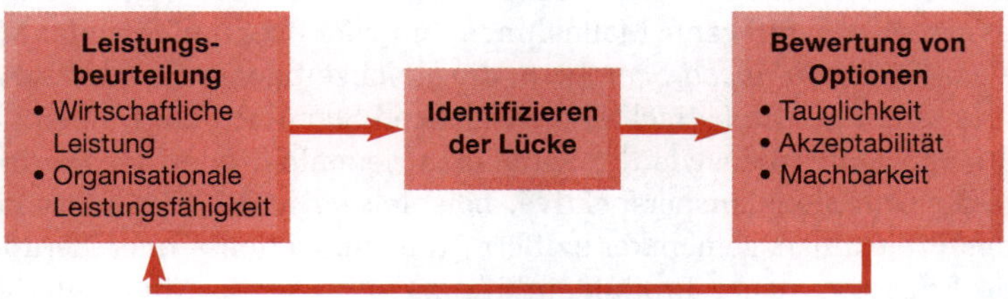

Abbildung 11.1: Bewertung von Strategien

11.2 Organisationale Leistung

Es gibt viele Methoden, mit denen die organisationale Leistung gemessen werden kann, wobei keine dieser Methoden eindeutig überlegen ist. Im vorliegenden Abschnitt werden eine Reihe von Kriterien sowohl in Form direkter wirtschaftlicher Maßnahmen als auch umfassender Maßnahmen zur Effektivitätssteigerung vorgestellt. Des Weiteren werden verschiedene Vergleiche erörtert, mit denen die Leistung bewertet werden kann. Schließlich wird die Lückenanalyse erörtert.

11.2.1 Leistungsmessung

Wir können zwischen den beiden grundlegenden Ansätzen zur Leistung, der direkten wirtschaftlichen Leistung und der organisationalen Gesamteffektivität, unterscheiden.[1]

- Die *wirtschaftliche* Leistung bezieht sich auf direkte Maßstäbe des Erfolgs im Hinblick auf wirtschaftliche Ergebnisse. Diese wirtschaftlichen Ergebnisse haben drei Hauptdimensionen. Als Erstes umfasst dies die Leistung auf *Produktmärkten*: beispielsweise im Hinblick auf Umsatzwachstum oder Marktanteil. Zweitens gibt es die buchhalterischen Maßstäbe der *Rentabilität*, wie beispielsweise die Gewinnspanne oder die Rendite auf das eingesetzte Kapital (siehe *Kapitel 11.3.2*). Schließlich kann sich die wirtschaftliche Leistung auch in Maßstäben des Kapitalmarktes, wie Veränderungen des Aktienkurses, niederschlagen. Dabei mögen diese wirtschaftlichen Maßstäbe objektiv erscheinen, aber sie können durchaus widersprüchlich sein und müssen sorgfältig interpretiert werden. So kann beispielsweise ein Umsatzwachstum auch durch die Senkung der Preise und damit der Gewinnmargen erreicht werden. Um noch einmal zum einführenden Beispiel von BlackBerry zurückzukehren, erzielte das Unternehmen im Hinblick auf den Maßstab des Aktienpreises schlechte Ergebnisse, während sich der Produktmarktmaßstab des Abonnentenwachstums positiver zeigte. Diese Möglichkeit, dass wirtschaftliche Leistungsmaßstäbe in verschiedene Richtungen zeigen, deutet darauf hin, dass die wirtschaftliche Leistung am besten durch mehr als eine Maßnahme bewertet wird. Dies ist auch der Grund, aus dem mittlerweile so viele Organisationen ebenfalls umfassendere Maßstäbe der Effektivität in Betracht ziehen.
- Die *Effektivität* bezieht sich auf eine umfassendere Reihe von Leistungskriterien als nur die wirtschaftlichen, wie beispielsweise Maßnahmen, die die interne operative Effizienz widerspiegeln oder für Stakeholder, wie beispielsweise Mitarbeiter und externe Gemeinden, relevante Maßnahmen. Ein wichtiger umfassender Maßstab der Effektivität ist die *Balanced Scorecard*, die gleichzeitig vier Perspektiven der Leistung berücksichtigt.[2] So betrachtet die Balanced Scorecard die Kundenperspektive mit Hilfe von Maßstäben wie der Kundenzufriedenheit oder der Produktqualität; die interne Unternehmensperspektive, beispielsweise mit Produktivitätskennziffern oder Projektmanagementkennziffern, die Innovations- oder Lernperspektive über die Erfassung neuer Produkteinführungen oder von Mitarbeiterfähigkeiten, sowie letztlich die finanzielle Perspektive, die sich typischerweise auf die Rentabilität oder die Entwicklung des Aktienkurses konzentriert. Ein weiterer ähnlich umfassender Maßstab der Leistung ist die *Dreifachbilanz*, die ausdrücklich auch die soziale Unternehmensverantwortung und die Umwelt berücksichtigt. Daher hat die Dreifachbilanz drei Dimensionen: wirtschaftliche Leistungskennziffern, wie Umsatz, Gewinne und Aktienpreise, soziale Maßstäbe, wie Mitarbeiterausbildung, Gesundheit und Sicherheit sowie Beiträge zur lokalen Gemeinde, und schließlich Umweltaspekte, wie Verschmutzung, Recycling und Abfallvorgaben. Sowohl die Balanced Scorecard als auch die Dreifachbilanz teilen die Ansicht, dass die Gesamteffektivität nicht nur von der wirtschaftlichen Leistung sondern von einer Reihe von Faktoren abhängt, die den langfristigen Wohlstand der Organisation unterstützen.

---

1 Diese Unterscheidung zwischen wirtschaftlichen und Effektivitätsmaßen folgt der Unterscheidung zwischen Leistung und Effektivität in P. Richard, T. Devinney, G. Yip und G. Johnson, „Measuring organizational performance: towards methodological best practice“, *Journal of Management*, Band 35 (2009), S. 719–747.

2 R. Kaplan und D. Norton, „Using the Balanced Scorecard as a strategic management system“, *Harvard Business Review*, Januar–Februar (1996), S. 75–85.

11.2.2 Leistungsvergleiche

Bei der Betrachtung der Leistung ist es wichtig, ein klares Verständnis davon zu haben, *womit* man etwas vergleicht: Mit anderen Worten ausgedrückt, mit was wird die Leistung verglichen? Hierbei gibt es drei zu berücksichtigende, wesentliche Vergleiche:

- *Organisationale Ziele:* Die eigenen Ziele des Managements, die entweder in der Gesamtvision und im Leitbild des Unternehmens oder in spezifischeren Zielen, wie beispielsweise wirtschaftlichen Ergebnissen, wie dem Umsatzwachstum oder der Profitabilität, reflektiert sein können, bilden einen wichtigen Katalog von Leistungskriterien. Die Investoren sind besonders im Hinblick auf die Leistung zu finanziellen Kriterien, wie Ertragszielen, empfindlich. Die Nichterfüllung der durch diese Ziele gesetzten Erwartungen führt häufig zur Entlassung des Vorstandsvorsitzenden oder Finanzvorstands einer Organisation.[3] Wenn wir zum Beispiel an den Anfang dieses Kapitels zurückkehren, zeigt sich, dass es zum Teil die Nichterfüllung der eigenen Finanzziele war, die Lazaradis und Balsillie ihre Jobs als CEOs bei BlackBerry gekostet hat. Desgleichen verlor der CEO von Aviva aufgrund nicht erfüllter Ziele seine Stelle (*Beispiel 11.1*). Die Leistung im Hinblick auf organisationale Ziele kann, wie in *Kapitel 11.2.3* unten dargestellt, über die Lückenanalyse behandelt werden.
- *Tendenzen im Lauf der Zeit:* Investoren und andere Stakeholder sorgen sich natürlich darum, ob sich die Leistung im Laufe der Zeit verbessert oder verschlechtert. Eine Verbesserung kann auf eine gute Strategie und zunehmende Dynamik in der Zukunft hindeuten, während ein Rückgang ein Hinweis auf eine schlechte Strategie und notwendigen Wandel sein kann. Allerdings ist es wichtig, für den Vergleich von Tendenzen einen relevanten Zeitraum zu wählen: Außer auf sich sehr schnell verändernden Märkten ist es normalerweise sehr hilfreich, Trends über mehrere Jahre zu beobachten, um beispielsweise kurzfristige zyklische Effekte zu glätten. Hierbei ist zu beachten, dass Leistungstendenzen nur selten aufrechterhalten werden. Es ist nachgewiesen worden, dass nur ungefähr 5 Prozent der Unternehmen in der Lage sind, eine hervorragende Leistung zehn Jahre lang aufrechtzuerhalten.[4] Aus dieser Perspektive betrachtet, kann eine länger anhaltende Phase guter Leistung in den Vorjahren als Anzeichen für zukünftige Rückgänge gesehen werden.
- *Vergleichbare Organisationen:* Den ultimativen Vergleich bildet die Leistung gegenüber anderen vergleichbaren Organisation, wie beim Benchmarking. Vergleichsunternehmen sind dabei normalerweise Wettbewerber. Wenn es aber keine Wettbewerber gibt oder wenn die Unterstützung neuer Ansätze hilfreich ist, können Vergleichsunternehmen andere Unternehmen mit gleichwertigen Aktivitäten sein (z.B. kann ein Versorgungsunternehmen seine Effizienz bei der Abrechnung und im Kundendienst mit einer Versicherungsgesellschaft vergleichen). Bei etablierten Unternehmen können Leistungsvergleiche mit Wettbewerbern häufig mit Hilfe von bilanziellen Maßstäben, wie Rentabilität oder Umsatzwachstum, durchgeführt werden. Auch hier ist die Tendenz über einen längeren Zeitraum hinweg im Allgemeinen hilfreich. Desgleichen können börsennotierte Unternehmen die Entwicklung ihres Aktienkurses mit der bestimmter Wettbewerber oder einem Index von Wettbewerbern in der gleichen Branche bzw. mit dem Gesamtindex für den Aktienmarkt, auf dem sie notiert sind

---

3 R. Mergenthaler, S. Rajgopal und S. Srinivasan, „CEO and CFO career penalties to missing quarterly analysts forecasts", *Harvard Business School Working Paper*, Nr. 14 (2009).

4 R. Wiggins und T. Ruelli, „Temporal dynamics and the incidence and persistence of superior economic performance", *Organization Science*, Band 13, Nr. 1 (2002), S. 82–105.

(d.h. auf dem Aktienmarkt, auf dem sie im Wettbewerb um die Unterstützung der Anleger stehen), vergleichen. Ein anhaltender Rückgang des relativen Aktienkurses impliziert typischerweise sinkendes Vertrauen in die zukünftige Leistung. Hierbei ist allerdings zu beachten, dass ein Vergleich mit einzelnen herausragenden Unternehmen oft irreführend sein kann. Da finanzielle Renditen häufig mit Risiko verbunden sind, müssen Topleister mitunter riskante Strategien umsetzen, deren Nachahmung unklug sein könnte.[5] Schließlich stehen die Ergebnisse von Unternehmen, die ähnliche Strategien umgesetzt haben, aber letztlich in die Insolvenz gegangen oder übernommen worden sind, nicht zum Vergleich zur Verfügung.

11.2.3 Lückenanalyse

Lückenanalyse

Lückenanalyse bezeichnet den Vergleich der tatsächlichen bzw. prognostizierten Leistung mit der angestrebten Leistung.

Bei der **Lückenanalyse** wird die erzielte oder prognostizierte Leistung mit der gewünschten Leistung verglichen.[6] Sie ist besonders hilfreich für die Identifizierung von Leistungsrückständen („Lücken") und kann im Zusammenhang mit Prognosen dabei helfen, zukünftige Probleme zu antizipieren. Der Umfang einer solchen Lücke bietet Orientierung im Hinblick darauf, inwieweit die Strategie verändert werden muss. In *Abbildung 11.2* wird eine Lückenanalyse dargestellt, bei der die Leistung (z.B. Umsatzwachstum oder Rentabilität) auf der vertikalen und die Zeit sowohl bis „heute" als auch bis in die Zukunft auf der horizontalen Achse abgetragen wird. Dabei stellt die obere Kurve die gewünschte Leistung einer Organisation, wie z.B. eine Reihe von Zielen oder den von Wettbewerberorganisationen gesetzten Standard, dar. Die untere Kurve stellt sowohl die bis heute erzielte Leistung als auch die auf der Grundlage einer Fortführung der bestehenden Strategie in die Zukunft prognostizierte Leistung (und damit zwangsläufig eine Schätzung) dar. In *Abbildung 11.2* besteht bereits eine Lücke zwischen der erzielten und der gewünschten Leistung: Die Leistung ist eindeutig nicht zufriedenstellend.

Allerdings wird in *Abbildung 11.2* prognostiziert, dass die Lücke auf der Grundlage der bestehenden Strategie noch größer werden wird. Unter der Annahme, dass das gewünschte Leistungsniveau auch weiterhin angestrebt wird, muss die Organisation eindeutig ihre bestehende Strategie anpassen, um die Lücke zu schließen. An späterer Stelle dieses Kapitels sollen dazu eine Reihe von Möglichkeiten zur Bewertung strategischer Optionen unter diesen und ähnlichen Umständen vorgestellt werden.

Abbildung 11.2: Lückenanalyse

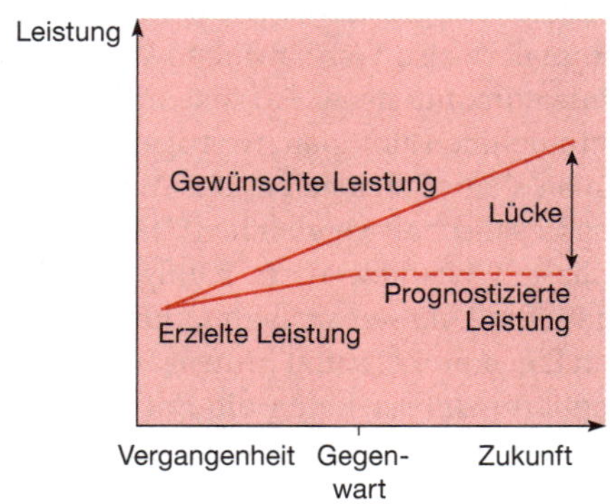

5 J. Denrell, „Selection bias and the perils of benchmarking", *Harvard Business Review*, Band 83, Nr. 4 (2005), S. 114–119.

6 K. Cohen und R. Cyert, „Strategy: formulation, implementation and monitoring", *Journal of Business*, Band 46, Nr. 3 (1973), S. 241–258.

11.2.4 Komplexitäten der Leistungsanalyse

Vor der Erörterung der Strategiebewertung sollten wir den komplexen Charakter der Leistungsanalyse unterstreichen. Diesbezüglich ist bereits aufgezeigt worden, dass einige Maßnahmen zumindest kurzfristig widersprüchlich sein könnten: So kann beispielsweise ein Umsatzwachstum durch eine Reduzierung der Gewinnmargen erreicht werden. Multidimensionale Maße der Effektivität, wie die Balanced Scorecard oder die Dreifachbilanz, unterliegen insbesondere Trade-offs: So ist leicht zu erkennen, dass eine Reduzierung teurer Umweltschutzrichtlinien unter Umständen die kurzfristigen Gewinne verbessern kann.

Allerdings gibt es darüber hinaus noch drei weitere Quellen möglicher Komplexität. Erstens neigen Organisationen dazu, Ergebnisse so zu manipulieren, dass sie die Leistungskennzahlen erfüllen.[7] Zum Beispiel können Organisationen nicht dringende Ausgaben aufschieben oder Verkaufsaufträge frühzeitig buchen, um die kurzfristigen Ertragsziele zu erreichen. Zweitens können Organisationen auch legitim Leistungswahrnehmungen und -erwartungen steuern. So kommunizieren beispielsweise CEOs häufig mit Schlüsselinvestoren, Finanzanalysten und den Medien, um eine positive Interpretierung von Strategien und Ergebnissen sicherzustellen.[8] Und schließlich verändern sich für die Leistung wichtige Aspekte auch im Laufe der Zeit. Beispielsweise sind Maße der sozialen Unternehmensverantwortung, wie die Dreifachbilanz, in der letzten Zeit wichtiger geworden, und seit dem Beginn der Finanzkrise im Jahr 2008, mussten die Banken mehr Aufmerksamkeit für Maße der Eigenmittel aufwenden, um nachzuweisen, dass sie vor Forderungsausfällen geschützt waren.

Beispiel 11.1 Schlechte Leistung?

2012 verlor der CEO von Aviva, einer großen Versicherungsgesellschaft, seine Stelle. Wie gerechtfertigt waren die Vorwürfe im Hinblick auf eine anhaltende schlechte Leistung bei dem Unternehmen?

Aviva ist das größte Versicherungsunternehmen im Vereinigten Königreich und das sechstgrößte in der Welt. Zwischen 2007 und 2012 war Andrew Moss, der frühere Finanzvorstand des Unternehmens, Vorstandsvorsitzender. Unter seiner Führung expandierte das Unternehmen stark nach Kontinentaleuropa, so dass die Region im Jahr 2012 ungefähr 37 Prozent des Versicherungsgeschäfts ausmachte.

Viele Beobachter waren allerdings von den Ergebnissen enttäuscht. Bei seiner Ernennung zum CEO hatte Moss das Ziel bekanntgegeben, dass die Aktienrendite bis Ende 2012 auf 97 Pence von 48,5 Pence 2007 verdoppelt werden sollte. Im Jahr 2011 betrug allerdings die Aktienrendite nur 5,8 Pence. Moss hatte einen Prozess der Veräußerung weniger erfolgreicher Geschäftsbereiche begonnen. Trotzdem schnitten die Aviva-Aktien zwischen 2007 und 2012 im Hinblick auf die wesentlichen Indizes, deren Mitglied das Unternehmen war, beständig unterdurchschnitt-

7 X. Zhang, K. Bartol und K. Smith, „CEOs on the edge: earnings manipulation and stock-based incentive misalignment", *Academy of Management Journal*, Band 51, Nr. 2 (2008), S. 241–258.

8 B. Lev, „How to win investors over", *Harvard Business Review*, November (2011), S. 53–62.

lich ab und blieb während des gesamten Zeitraums 52 Prozent hinter dem FTSE 100 Index und 47 Prozent hinter dem FTSE 350 Index der Versicherungsbranche zurück. Es wurden oft Vergleiche mit Prudential, der drittgrößten Versicherungsgesellschaft des Vereinigten Königreichs, gezogen, für das Aviva 2006 ein erfolgloses Übernahmeangebot eingereicht hatte. In der Zeit nach diesem Übernahmeangebot hatte Prudential stark in sein Asiengeschäft investiert, das im Jahr 2012 bereits mehr als 40 Prozent der Kunden ausmachte. In der *Tabelle 1* werden die Umsätze und Betriebsgewinne der beiden Unternehmen zwischen 2007 und 2011 verglichen. Überdies wird in der *Abbildung* die Entwicklung des Aktienkurses für die fünf Jahre bis 2012 dargestellt.

Entwicklung der Aktienkurse Aviva, Prudential

£ Milliarden	2007	2008	2009	2010	2011
Umsatz Aviva	50,2	51,4	45,1	47,1	40,6
Umsatz Prudential	18,1	18,8	20,0	24,2	25,3
Betriebsgewinn Aviva	22	2,3	2,0	2,6	2,3
Betriebsgewinn Prudential	1,2	1,3	1,6	1,9	2,1

Entwicklung des Aktienkurses über fünf Jahre

Quelle: Yahoo Finance.

Der Abgang von Moss wurde nicht nur objektiven Maßen der Leistung zugeschrieben, sondern auch auf seinen befremdlichen Stil der Interaktion mit Investoren und Analysten zurückgeführt. Ein Finanzanalyst kommentierte dies so: „Es wurde ihm vorgeworfen, er sei selbstgefällig, arrogant und realitätsfremd. Im Hinblick auf die Strategie bleibt aber die Frage, was er sonst noch hätte tun können." Der Präsident von Aviva, Lord Sharman, verteidigte sich selbst sowie seinen CEO, indem er die schlechten Ergebnisse auf die Finanzkrise seit 2008 und die überproportionale Exposition gegenüber den schwachen Volkswirtschaften Europas zurückführte: „Ich bin nicht bereit, die Verantwortung für die Bankenkrise oder die europäische Schuldenkrise zu übernehmen. Beide hatten schwerwiegende Auswirkungen auf das Unternehmen." Hat Moss also den Preis für Fehler zahlen müssen, die außerhalb seiner Kontrolle lagen und die er mit etwas mehr persönlichem Charme hätte glätten können?

Hauptquellen: Financial Times, 30. April und 8. Mai 2012.

Kontrollfragen

1. Welche Fehler hat Moss gemacht?
2. Sollten Andrew Moss und Lord Sharman für ihren strategischen Einsatz auf den europäischen anstelle der asiatischen Märkte zur Verantwortung gezogen werden?

11.3 Tauglichkeit

Im vorangegangenen Unterkapitel wurde die Lückenanalyse als Methode definiert, mit der das Ausmaß neuer Initiativen bestimmt werden kann, die zur Erfüllung gewünschter Leistungsziele erforderlich sind. Im Rest dieses Kapitels werden Methoden zur Bewertung möglicher neuer Initiativen mit Hilfe der SAFe-Bewertungskriterien der Tauglichkeit, Akzeptabilität sowie Machbarkeit erörtert; siehe dazu *Tabelle 11.1*. Der vorliegende Abschnitt beschäftigt sich mit der Tauglichkeit.

Tabelle 11.1

Die SAFe-Kriterien und Bewertungsmethoden

Tauglichkeit	■ Adressiert eine vorgeschlagene Strategie die wesentlichen Chancen und Bedrohungen, mit denen eine Organisation konfrontiert wird?
Akzeptabilität	■ Erfüllt eine vorgeschlagene Strategie die *Erwartungen der Stakeholder*? ■ Ist die Risikostufe akzeptabel? ■ Ist die wahrscheinliche Rendite akzeptabel? ■ Werden die Stakeholder positiv darauf reagieren?
Machbarkeit	■ Würde eine vorgeschlagene Strategie *in der Praxis* funktionieren? ■ Lässt sich die Strategie finanzieren? ■ Sind Personal und entsprechende Fähigkeiten vorhanden oder können diese beschafft werden? ■ Können die erforderlichen Ressourcen beschafft und integriert werden?

Tauglichkeit beschäftigt sich mit der Bewertung der Frage, welche vorgeschlagenen Strategien durch ein Verständnis der strategischen Position einer Organisation die wesentlichen Chancen und Bedrohungen adressieren, mit denen ein Unternehmen konfrontiert wird: Es geht also um das *Grundprinzip* einer Strategie. Daher werden bei einer Tauglichkeitsanalyse wahrscheinlich die in den *Teilen I* und *II* dieses Buchs eingeführten Konzepte und Rahmen umfassend eingesetzt. Allerdings beinhaltet eine Tauglichkeitsanalyse auf der grundlegendsten Ebene die Bewertung der Frage, inwieweit eine vorgeschlagene Strategie:

Tauglichkeit

Tauglichkeit bezieht sich darauf, ob ein Unternehmen die Fähigkeiten besitzt, eine Strategie umzusetzen.

- die *Chancen* des Umfelds ausnutzt und die *Bedrohungen* vermeidet;
- die *Stärken* der Organisation ausnutzt und die *Schwächen* vermeidet oder behebt.

Die bereits in den *Kapiteln 2 bis 5* erörterten Konzepte und Rahmen können für das Verständnis der Tauglichkeit besonders hilfreich sein. Einige Beispiele werden in *Tabelle 11.2* dargestellt: Aber es könnten auch andere Rahmen und Methoden aus *Teil I* gleichwertig eingesetzt werden. Allerdings werden die verschiedenen Methoden viele Fragen aufwerfen. Daher ist es wichtig, dass die tatsächlichen strategischen Schlüsselfragen unter all diesen identifiziert werden. Eine wichtige Fähigkeit des Strategen besteht darin, herauszufinden, was wirklich wichtig ist. Bei der Strategie geht es um Prioritäten – daher sollten lange Listen vermieden werden.

Tabelle 11.2

Tauglichkeit strategischer Optionen im Hinblick auf die strategische Position

Konzept	Kapitel/ Abschnitt	Unterstützt Verständnis	Geeignete Strategien adressieren (Beispiele)
PESTEL	Kapitel 2.2	Wesentliche Umweltfaktoren Veränderungen in der Branchenstruktur	Branchenzyklen Branchenkonvergenz Erhebliche Umweltveränderungen
Szenarien	Kapitel 2.2	Ausmaß der Unsicherheit/des Risikos Ausmaß, in dem strategische Optionen sich gegenseitig ausschließen	Notwendigkeit für Ausweichpläne oder preisgünstige Untersuchungen
Five-Forces	Kapitel 2.3	Attraktivität der Branche Wettbewerbskräfte	Reduzierung der Wettbewerbsintensität Entwicklung von Barrieren für neu in den Markt eintretende Unternehmen
Strategische Gruppen	Kapitel 2.4	Attraktivität von Gruppen Mobilitätsgrenzen Strategische Räume	Notwendigkeit der Repositionierung in eine attraktivere Gruppe oder in einen verfügbaren strategischen Raum
Strategische Fähigkeiten	Kapitel 3.2	Branchenmindeststandards Grundlagen des Wettbewerbsvorteils	Eliminierung von Schwächen Nutzen von Schwächen
Wertschöpfungskette	Kapitel 3.6	Chancen für vertikale Integration oder Outsourcing	Ausmaß vertikaler Integration oder mögliches Outsourcing
Kulturelles Netz	Kapitel 5.3	Verbindungen zwischen organisationaler Kultur und aktueller Strategie	Strategische Optionen im Wesentlichen auf die vorherrschende Kultur ausgerichtet

Die Erörterung möglicher strategischer Entscheidungen in *Teil II* betraf nicht nur die Frage des Verständnisses der für Organisationen verfügbaren Auswahlmöglichkeiten, sondern auch die Angabe von Gründen, aus denen jede einzelne in Betracht gezogen werden könnte. Damit verdeutlichen die Beispiele in diesem Kapitel auch die Frage, warum Strategien als *tauglich* betrachtet werden können. In *Tabelle 11.3* werden diese Aspekte aus früheren Abschnitten (insbesondere *Kapitel 7* und *10*) zusammengefasst und Beispiele für Gründe gegeben, aus denen Strategien unter Umständen als tauglich angesehen werden. Allerdings gibt es auch eine Reihe von Screening-Verfahren, mit denen die Tauglichkeit vorgesehener Strategien durch die Überprüfung ihrer relativen Vorteile gegenüber Schlüsselchancen und -beschränkungen bewertet werden kann.

Tabelle 11.3

Einige Beispiele für Tauglichkeit

Strategische Option	Gründe, warum diese Option angemessen ist in Bezug auf: Umfeld	Fähigkeit
Ausrichtungen		
Konsolidierung	Rückzug aus schwachen Märkten Halten des Marktanteils	Stärkenaufbau durch ständige Investition und Innovation
Marktdurchdringung	Erlangung von Marktanteilen zum eigenen Vorteil	Nutzung bester Ressourcen und Kompetenzen
Produktentwicklung	Nutzung des Wissens über Kundenbedürfnisse	Nutzung von F&E
Marktentwicklung	Aktuelle Märkte gesättigt Neue Chancen für: Geografische Ausdehnung, Eintritt in neue Segmente oder Nutzungsmöglichkeiten	Nutzung aktueller Produkte und Fähigkeiten
Diversifikation	Aktuelle Märkte gesättigt oder schwach	Nutzung von Kernkompetenzen in neuen Bereichen
Methoden		
Organische Entwicklung	Partner oder Übernahmeziele nicht vorhanden oder ungeeignet	Aufbau auf eigenen Fähigkeiten Lernen und Kompetenzentwicklung
Fusion/Übernahme	Geschwindigkeit Angebot/Nachfrage Kurs-Gewinn-Verhältnis	Übernahme von Kompetenzen Größenvorteile
Gemeinsame Entwicklung	Geschwindigkeit Branchennorm Erforderlich für Markteintritt	Komplementäre Kompetenzen Lernen von den Partnern

11.3.1 Rangfolgen

Hier werden mögliche Strategien im Hinblick auf Schlüsselfaktoren für die strategische Position der Organisation bewertet und es wird für jede Option ein Punktwert (oder eine Einstufung in einer Rangordnung) festgelegt. Dies wird in *Beispiel 11.2* dargestellt. Einer der Vorteile dieses Ansatzes besteht darin, dass er eine Debatte über die Auswirkungen und Folgen spezifischer Schlüsselfaktoren auf bestimmte strategische Vorschläge erzwingt. Daher hilft die Erstellung einer Rangordnung dabei, die unbewusste Voreingenommenheit jedes einzelnen Managers zu überwinden.

Weiter entwickelte Ansätze zur Rangeinteilung können Faktoren unter Berücksichtigung der Tatsache, dass einige dieser Faktoren in der Bewertung wichtiger sind als andere, ein Gewicht zuordnen. Allerdings ist dabei zu berücksichtigen, dass die Zuordnung von Zahlen allein keine Grundlage der Bewertung bildet: Jeder Punktwert bzw. jede Gewichtung spiegelt nur die Qualität der Analyse sowie der Debatte über die Bewertung wider.

Ein ähnlicher Ansatz kann auch im Hinblick auf die Untersuchung vorgeschlagener Strategien bezüglich der Reaktionen von Wettbewerbern verfolgt werden. In *Kapitel 6.7* zur Spieltheorie wurde betont, dass die Realisierbarkeit einer Strategie auch mögliche Reaktionen von Wettbewerbern auf eine bestimmte Strategie berücksichtigen sollte. Das Ranking kann zu diesem Zweck eingesetzt werden. Tatsächlich bilden die möglichen Reaktionen der Schlüsselwettbewerber die wesentlichen Faktoren. Die Tauglichkeit wird im Hinblick darauf bewertet, welche vorgeschlagene Strategie nachteilige Wettbewerberreaktionen am wahrscheinlichsten minimiert oder schwächt.

Beispiel 11.2 Ranking-Optionen für SRR Consulting

Die Rangeinteilung kann durch den Abgleich von Optionen mit den strategischen Schlüsselfaktoren aus der SWOT-Analyse (*Kapitel 3.6.4*) einen hilfreichen ersten Überblick über die Tauglichkeit strategischer Optionen bieten.

Simon und Ruth waren beide IT-Experten, die nach ihrem MBA-Abschluss wieder in ihre Firmen zurückkehrten. Raj, einer ihrer Freunde, war IT-Berater und machte ein Jahr später den gleichen MBA-Kurs. In seinem MBA-Projekt betrachtete er die Machbarkeit einer IT-Beratungspartnerschaft mit Simon und Ruth. SRR wurde 2011 gegründet. Die Strategie beruhte darauf, zunächst auf dem Outsourcing der IT-Bedürfnisse der Organisationen aufzubauen, für die sie gearbeitet hatten. Raj hatte für ein Beratungsunternehmen an IT-Aufträgen für Start-up-Unternehmen gearbeitet: „Das war kein großes Geschäft für das Unternehmen und so haben sie sich gefreut, dass sie die Arbeit de facto „auslagern“ konnten.“ Simon war für ein mittelgroßes lokales Ingenieurunternehmen tätig, während Ruth bei einem Einzelhandelsunternehmen mit einer kleinen Kette lokaler Geschäfte arbeitete. Simon erklärte dazu: „Keiner unserer Arbeitgeber brauchte wirklich IT-Experten in Vollzeit: Ein ausgelagertes Unternehmen ergab damit wirtschaftlich Sinn.“

Ruth äußerte weiterhin: „Unser erstes Jahr ging gut. Wir haben unseren früheren Arbeitgebern gute Dienste erbracht und gleichzeitig auch Geschäfte mit einigen anderen Kontakten gemacht. Wir sind sowohl die Eigentümer als auch die Berater von SRR und unsere Fixkosten sind vergleichsweise niedrig, so dass wir ein gutes Auskommen haben. Unser Problem ist jetzt die Frage, wie wir weitermachen. Wir möchten unser Geschäft ausbauen, aber nicht nur, weil wir ein höheres Einkommen erzielen wollen, sondern auch, weil wir mit unserem relativ beschränkten Kundenstamm anfällig sind. Wir haben auf unserer Erfahrung im IT-Sektor und den Bereichen, die wir kennen, aufgebaut, aber wir haben jetzt im Hinblick auf unsere persönlichen Kontakte eine Grenze erreicht. Dabei sehen wir eine Reihe möglicher Optionen. Es besteht eine Chance im Bereich der Managemententwicklungsaspekte der IT. Wie kann die IT eingesetzt werden, um ein besseres Management zu unterstützen? Die meisten unserer Kunden verstehen das nicht. Das Problem liegt darin, dass wir keine Trainer sind. Also müssten wir diese Fähigkeiten entwickeln oder jemanden einstellen, der darüber verfügt. Eine andere Option besteht darin, aktiv nach außen zu gehen und neue Kontakte zu entwickeln. Die Probleme liegen hierbei darin, dass dies bedeuten würde, in Sektoren zu gehen, mit denen wir nicht vertraut sind und die unsere Zeit in Anspruch nehmen werden – Zeit, mit der wir kein Geld verdienen – so dass damit unser Einkommen zumindest kurzfristig sinkt. Damit ist allerdings die Möglichkeit verbunden, viel größere Kunden anzusprechen. Damit könnten wir höhere Honorare erzielen, aber es würde wahrscheinlich auch bedeuten, dass wir mit einigen großen Wettbewerben in Konkurrenz treten müssten. Überdies war unser Geschäft im letzten Jahr sehr lokal. Daher könnten wir zwar bei den gleichen Branchen bleiben, die wir schon kennen, aber unsere geografische Reichweite erweitern.

Das Problem besteht hierbei offensichtlich darin, dass wir es nicht wissen. Schließlich sind wir auch noch von einer anderen IT-Beratung im Hinblick auf die Möglichkeit einer Fusion angesprochen worden. Dieses Unternehmen arbeitet in angrenzenden Branchen und verfügt über Schulungsfähigkeiten. Allerdings ist dieses Unternehmen größer als unseres und ich bin mir nicht sicher, ob wir bereits bereit sind, unsere Identität aufzugeben."

Simon, Ruth und Raj haben begonnen, ein Ranking aufzustellen, um diese Optionen wie unten dargestellt zu untersuchen.

Ranking-Übung

Strategische Schlüsseloptionen

Strategische Optionen	Übereinstimmung mit technischen Kompetenzen	Übereinstimmung mit Branchenkenntnissen	Baut auf unserem bekannten Ruf auf	Zunahme der nicht vergüteten Managementzeit	Kontaktgrenze erreicht	Baut auf Kundenbedürfnissen auf	Höhere Honorareinnahmen	Höherer Wettbewerb	Ranking
1. Neue Kontakte entwickeln	√	x	√	x	√	?	?		3-2 (B)
2. Größere Kunden entwickeln	x	?	x	x	x	x	x	x	3-3 (C)
3. Entwicklung geografischer Märkte	x	x	x	x	x	x	x	x	5-3 (B)
4. Entwicklung IT-Schulung	x	x	x	x	x	x	x	x	6-2 (A)
5. Fusion	x	x	?	x	x	?	?	x	5-0 (A)

√ = günstig, x = ungünstig, ? = unsicher oder irrelevant
A = am besten geeignet, B = möglich, C = nicht geeignet

Kontrollfragen

1. Gibt es andere Optionen oder Faktoren, die Simon, Ruth und Raj Ihrer Meinung nach berücksichtigen sollten?
2. Wie könnte die Analyse der Rangfolge verbessert werden?
3. Betrachten Sie die am höchsten bewerteten Optionen im Hinblick auf die Kriterien der Akzeptabilität und Machbarkeit.

11.3.2 Screening durch Szenarien

Hier werden strategische Optionen im Vergleich mit einer Reihe zukünftiger Szenarien (siehe *Kapitel 2*) bewertet. Dies ist besonders dann hilfreich, wenn ein hohes Maß an Unsicherheit besteht. Dabei sind die Optionen tauglich, die im Hinblick auf die verschiedenen Szenarien Sinn ergeben. Im Ergebnis einer solchen Analyse kann es sich als notwendig erweisen, verschiedene strategische Optionen, vielleicht in Form von Alternativplänen, offen zu halten. Oder es kann sich zeigen, dass eine in Betracht gezogene Option unter Umständen in verschiedenen Szenarien geeignet ist. Und tatsächlich lautet ein Kriterium der Strategiebewertung des Energieunternehmens Shell, dass eine ausgewählte Strategie im Hinblick auf eine Reihe verschiedener Rohölpreise tauglich sein muss.

Einer der anderen Vorteile der Prüfung über Szenarien liegt darin, dass die Manager, wenn sie die möglichen Strategien im Hinblick auf die unterschiedlichen Szenarien prüfen, erkennen, welche Strategien sich in unterschiedlichen Kontexten am besten eignen. Damit können die Manager dann im Hinblick auf die Notwendigkeit von Veränderungen der Strategie sowie Veränderungen der strategischen Betonung bei Änderungen der Umwelt sensibilisiert werden.

11.3.3 Überprüfung auf der Grundlage eines Wettbewerbsvorteils

Eines der Schlüsselthemen bei der Bewertung einer Strategie ist die Frage, ob sie wahrscheinlich die Grundlagen des Wettbewerbsvorteils der Organisation nutzt. Es ist durchaus möglich, dass die Faktoren, die sich darauf beziehen, wahrscheinlich in die oben erklärten Rangfolgenuntersuchungen eingebaut worden sind. Wenn dies allerdings nicht der Fall ist, kann es vernünftig sein, diese Frage speziell zu betrachten.

Wie in *Kapitel 3* dargestellt, liegen die wahrscheinlichen Grundlagen des Wettbewerbsvorteils in den strategischen Fähigkeiten einer Organisation. Damit erfordert die Prüfung der Grundlagen des Wettbewerbsvorteils eine Analyse der Frage, ob die vorgeschlagene Strategie durch strategische Fähigkeiten unterstützt wird, die die VRIOM-Kriterien erfüllen:

- *Wert:* Schöpft die Strategie einen Wert für die Kunden? Diese Frage kann im Hinblick darauf untersucht werden, ob die Strategie auf dem Markt einen Premiumpreis erzielen würde. Alternativ dazu sollten die strategischen Fähigkeiten einen Kostenvorteil unterstützen.
- *Einzigartigkeit:* Nutzt die Strategie Vermögenswerte, die hinreichend selten sind, um ein schnelles Kopieren durch Wettbewerber zu verhindern?
- *Nichtnachahmbarkeit:* Wenn die erforderlichen Vermögenswerte nicht einzigartig sind, gilt dann, dass die Strategie hinreichend komplex oder nichttransparent ist, um sicherzustellen, dass sie für Wettbewerber schwer zu imitieren (oder zu ersetzen) sind?
- *Organisationale Unterstützung:* Wenn die Strategie schwer zu imitieren ist, sind bei der Organisation die organisationalen Mittel zur Umsetzung der Strategie vorhanden (siehe auch die Erörterung der Machbarkeit in *Kapitel 11.5*)?

Die verschiedenen strategischen Optionen können in einer einfachen Matrix systematisch mit diesen vier VRIO-Kriterien verglichen werden, wobei die Optionen in den Reihen und die einzelnen VRIO-Kriterien als Spalten abgetragen werden.

11.3.4 Entscheidungsbäume

Entscheidungsbäume können auch zur Bewertung strategischer Optionen anhand einer Liste von Schlüsselfaktoren bewertet werden. Hier werden Optionen „eliminiert" und bevorzugte Optionen werden durch die zunehmende Einführung von zu erfüllenden Anforderungen (wie z.B. Wachstum, Investition oder Diversität) bestimmt. *Beispiel 11.3* verdeutlicht dies. Den Endpunkt des Entscheidungsbaums bilden eine Reihe separater Entwicklungschancen. Der Eliminierungsprozess wird durch die Bestimmung einiger weniger Schlüsselelemente oder –Kriterien erzielt, die mögliche Strategien erfüllen müssen. In *Beispiel 11.3* sind das Wachstum, Investitionen und Diversifizierung. Wie das Beispiel verdeutlicht, werden durch die Auswahl des Wachstums als wichtiger Anforderung an eine zukünftige Strategie die Optionen 1–4 höher bewertet als 5–8. Im zweiten Schritt würden durch die Notwendigkeit einer Strategie mit niedrigen Investitionen die Optionen 3 und 4 höher als 1 und 2 bewertet werden und so weiter. Die Gefahr hierbei liegt darin, dass die Wahl auf jedem Ast des Baums zu stark vereinfacht sein kann. Denn wie das Beispiel zeigt, gestattet die Beantwortung von Fragen mit „ja" oder „nein" nicht die Berücksichtigung der großen Vielfalt von Optionen, die innerhalb der Strategie bestehen kann.

Beispiel 11.3 Ein Entscheidungsbaum für eine Anwaltskanzlei

Mit Entscheidungsbäumen werden zukünftige Optionen durch die zunehmende Eliminierung anderer Optionen im Zuge der Berücksichtigung weiterer Kriterien in der Bewertung beurteilt.

Entscheidungsbaum einer Anwaltskanzlei

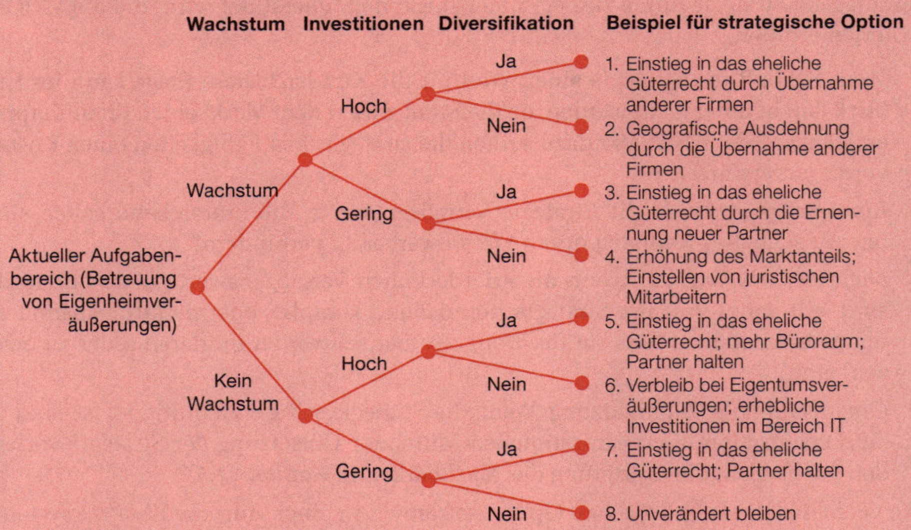

Bei einer Anwaltskanzlei konzentriert sich der Großteil der Arbeit auf die Eigentumsübertragung von Immobilien (d.h. die juristischen Aspekte des Immobilienkaufs), wobei die Gewinne erheblich zurückgegangen sind. Daher will das Unternehmen eine Reihe neuer Strategien für die Zukunft in Betracht ziehen. Mit Hilfe eines strategischen Entscheidungsbaums konnten bestimmte Optionen durch die Identifizierung einiger Schlüsselkriterien, die zukünftige Entwicklungen beinhalten würden, z.B. Wachstum, Investitionen (z.B. in Räumlichkeiten, IT-Systeme oder Übernahmen) und Diversifizierung (z.B. in den Bereich des Familienrechts, das wiederum auch zu Eigentumsübertragung im Zuge der „Umstrukturierung" von Familien führt), eliminiert werden.

Die Analyse dieses Entscheidungsbaums zeigt, dass, wenn die Partner des Unternehmens das Wachstum als wichtigen Aspekt der Zukunftsstrategien sehen, die Optionen 1–4 höher bewertet werden als die Optionen 5–8. Im zweiten Schritt würden durch die Notwendigkeit von Strategien mit niedrigen Investitionen die Optionen 3 und 4 höher bewertet werden als 1 und 2 und so weiter.

Den Partnern war bewusst, dass diese Methode dahingehend beschränkt war, dass die Wahl auf jedem Ast des Baums zu stark vereinfacht sein kann. Durch die Antwort „Ja" oder „Nein" auf die Frage nach der Diversifizierung wird eine große Vielzahl von Alternativen nicht zugelassen, die zwischen diesen beiden Extremen bestehen kann, wie beispielsweise die Anpassung des „Stils" des Service für die Eigentumsübertragung (dies könnte eine wichtige Variante der Optionen 6 oder 8 bilden). Trotzdem bietet der Entscheidungsbaum einen nützlichen Rahmen als Ausgangspunkt für die Bewertung.

Kontrollfragen

1. Versuchen Sie die Abfolge der drei Parameter (Diversifizierung, Investition und Wachstum) umzukehren, und zeichnen Sie den Entscheidungsbaum noch einmal. Ergeben sich immer noch die gleichen acht Optionen?
2. Fügen Sie dem Entscheidungsbaum einen vierten Parameter hinzu. Dieser neue Parameter umfasst die Entwicklung durch *interne Methoden* oder durch *Übernahme*. Führen Sie Ihre 16 Optionen in der rechten Spalte auf.

11.3.5 Lebenszyklusanalyse

In einer Lebenszyklusanalyse wird bewertet, ob eine Strategie unter Berücksichtigung des Branchenlebenszyklus (*Kapitel 2.3.2*) wahrscheinlich angemessen ist. In *Tabelle 11.4* wird eine Matrix mit zwei Dimensionen dargestellt. Die Branchensituation wird in fünf Phasen von der Entwicklung bis zum Niedergang beschrieben. Die Wettbewerbsposition hat drei Kategorien von schwach bis hin zu stark. Der Zweck der Matrix besteht darin, die Angemessenheit bestimmter Strategien im Hinblick auf diese beiden Dimensionen zu bestimmen. Das Beratungsunternehmen Arthur D. Little schlägt eine Reihe von Kriterien vor, mit denen bestimmt wird, wo eine Organisation in der Matrix positioniert ist und welche Arten von Strategien wahrscheinlich am ehesten geeignet sind:

- *Starke Wettbewerbsposition:* Im Allgemeinen sollten starke Wettbewerber während des gesamten Lebenszyklus aggressive Strategien in Betracht ziehen. In einer frühen Phase impliziert dies ein schnelles Wachstum, durch das beispielsweise Kostenvorteile durch Erfahrungskurveneffekte oder Vorteile durch die Erweiterung des Umfangs verstärkt werden. Zu einem späteren Zeitpunkt können starke Wettbewerber ihre relative Stärke dazu nutzen, schwächere Wettbewerber durch eine aggressive Preisgestaltung oder durch Innovation sowie, sofern angemessen, durch Übernahmen zu verdrängen. Während der Reifephase wird die Abstoßung schwächerer Tätigkeiten im Portfolio – durch Schließung oder eventuell Verkauf wichtig. In der letzten Phase können starke Wettbewerber unter Umständen darauf abzielen, der letzte verbleibende Akteur zu werden. Damit bleibt ihnen die Chance, die Marktmacht durch höhere Preise zu nutzen.

Tabelle 11.4

Die Matrix aus Branchenlebenszyklus und Portfolio

Wettbewerbsposition	Phasen des Branchenlebenszyklus				
	Entwicklung	Wachstum	Marktbereinigung	Reife	Niedergang
Stark	Schnelles Wachstum	Kostenführerschaft übernehmen Differenzieren Umfang erweitern	Kosten- und Differenzierungsvorteile verstärken Schwächere Wettbewerber durch Innovationen oder Preiskriege verdrängen Schwächere Wettbewerber übernehmen	Branche durch Übernahmen konsolidieren Schwächere Tätigkeiten abstoßen Unnötige Kosten senken (z.B. Differenzierung oder Innovation)	Verbleibende Wettbewerber verdrängen Marktmacht nutzen Unnötige Kosten senken
Mittlere	Schnelles Wachstum Fokus differenzieren	Aufholen Fokus differenzieren Nische finden	Schwächere Tätigkeiten abstoßen Allianzen oder Fusionen anstreben	Einschränken Wende Allianzen oder Fusionen anstreben Austritt durch Verkauf	Allianzen oder Fusionen anstreben Austritt durch Verkauf oder Schließung
Schwach	Nische finden Aufholen	Wandel Einschränken Allianzen, Fusionen oder Käufer suchen	Allianzen, Fusionen oder Käufer suchen Austritt	Allianzen, Fusionen oder Käufer suchen	Allianzen, Fusionen oder Käufer suchen Austritt

Quelle: Angepasst von Arthur D. Little.

- *Mittlere Wettbewerbsposition:* In einer frühen Phase des Lebenszyklus sollten mittlere Wettbewerber im Allgemeinen dringende Schritte in Betracht ziehen, um entweder ihre Gesamtpositionen (entweder durch Fusionen oder durch Allianzen) zu stärken oder eine relativ geschützte Nische zu finden. Später sollten Wettbewerber, die noch immer eine mittlere Position haben, die Option des Verkaufs des Geschäfts an einen stärkeren Wettbewerber, wie beispielsweise mit einem „Parenting-Vorteil" (siehe *Kapitel 6*), in Erwägung ziehen.

- *Schwache Wettbewerbsposition:* Bei Wettbewerbern mit einer schwachen Wettbewerbsposition werden die Optionen, mit denen mittlere Wettbewerber konfrontiert werden, forciert. Wenn schwache Wettbewerber ihre Position nicht schnell transformieren oder eine geschützte Nische finden können, sollten sie umgehend eine Schließung oder den Verkauf an einen stärkeren Wettbewerber in Erwägung ziehen.

Obwohl diese Matrix als allgemeine Orientierung bei der Bewertung möglicher Strategien über den Lebenszyklus hinweg hilfreich ist, bietet sie selbst keine direktiven Antworten. Jede Organisation muss nach ihren eigenen Kräften gemäß den genauen individuellen Umständen ihre Entscheidungen fällen. Überdies sollten Organisationen auch darauf achten, dass die Lebenszyklusphasen nicht irreversibel sind. Wie in *Kapitel 3* erläutert, können Branchen auch wieder unreif werden, so dass Investitionen in Innovation und Differenzierung beispielsweise wieder höchst wichtig werden können.

11.4 Akzeptabilität

Akzeptabilität befasst sich mit den erwarteten Leistungsergebnissen einer Strategie. Diese können dreierlei Form, die „drei R", annehmen: Rendite, Risiko und Reaktionen der Interessengruppen. Es ist sicher ratsam, mehr als einen Ansatz zur Bewertung der Akzeptabilität einer Strategie zu nutzen.

> **Akzeptabilität**
> Akzeptabilität befasst sich mit den erwarteten Erfolgswirkungen einer Strategie und damit, inwieweit diese den Erwartungen der Interessengruppen entsprechen.

11.4.1 Risiko

Das erste der „drei R" ist das *Risiko*, das eine Organisation mit der Umsetzung einer Strategie eingeht. **Risiko** bezieht sich dabei auf die Wahrscheinlichkeit und die Folgen des Scheiterns einer Strategie. Es ist wichtig, für die Nachteile sensibel zu sein. Dieses Risiko kann für Organisationen besonders hoch sein, die große langfristige Innovationsprogramme betreiben, welche viele Unsicherheiten über wichtige Faktoren des Umfelds bergen. Außerdem sind Organisationen besonders betroffen, wenn sich die Öffentlichkeit sehr für deren neue Entwicklungen interessiert – wie etwa bei genetisch verändertem Saatgut.[9] Ein wesentlicher Aspekt ist dabei die Bestimmung des akzeptablen Risikoniveaus für die Organisation. Ist die Organisation bereit, alles auf eine einzige strategische Initiative zu setzen, die völlige Vernichtung zu riskieren, oder bevorzugt sie einen vorsichtigeren Ansatz, bei dem mehrere weniger vorhersehbare und weniger riskante Initiativen aufrechterhalten werden? Formale Risikobewertungen sind oft in Geschäftsplänen oder auch in Investitionsbewertungen für große Projekte enthalten. Die ausgewählten Strategien sollten innerhalb der Grenzen des für das Unternehmen akzeptablen Risikos liegen. So haben beispielsweise junge Unternehmen unter Umständen eine höhere Risikotoleranz als etablierte Risikounternehmen. Hierbei ist vor allem wichtig, dass auch Risiken berücksichtigt werden, die keine unmittelbare finanzielle Auswirkung haben, so etwa Risiken für das Image des Unternehmens und der Marke. Die Entwicklung eines fundierten Verständnisses für die strategische Position eines Unternehmens (*Teil I* dieses Buchs) ist das Herzstück einer jeden guten Risikobewertung. Einige der unten aufgeführten Konzepte können auch für eine detaillierte Risikoanalyse genutzt werden.

> **Risiko**
> Risiko bezieht sich auf die Wahrscheinlichkeit und die Folgen des Scheiterns einer Strategie.

9 Mr. Frigo und R. Anderson, „Strategic risk management"; *Journal of Corporate Accounting and Finance*, Band 22, Nr. 3 (2011), S. 81–88.

Die Sensitivitätsanalyse[10]

Sie wird manchmal auch „Was-wäre-wenn"-Analyse genannt und baut darauf auf, dass jede wichtige Annahme, die einer bestimmten Strategie zugrunde liegt, hinterfragt werden kann und muss. Es wird also getestet, wie empfindlich die vorhergesagte Leistung oder das erwartete Ergebnis (etwa der Gewinn) auf jede dieser Annahmen reagiert. So könnte die wichtigste Annahme bezüglich einer Strategie z.B. sein, dass die Marktnachfrage um fünf Prozent pro Jahr steigen wird oder dass es in der Organisation keine Streiks geben wird oder dass bestimmte teure Maschinen mit einer Auslastung von 90 Prozent arbeiten werden. Die Sensitivitätsanalyse fragt nach, wie sich Abweichungen von diesen Annahmen auf die Leistung (z.B. die Rentabilität) auswirken würden. Wenn die Nachfrage beispielsweise nur um ein Prozent oder um ganze zehn Prozent jährlich steigen würde, würde dann eines dieser beiden Extreme die Entscheidung für eine bestimmte Strategie verändern? Es kann sich dadurch ein klareres Bild bezüglich der Risiken ergeben, die eine bestimmte strategische Entscheidung mit sich bringt. So können Manager ihr Vertrauen in bestimmte Entscheidungen stärken. *Beispiel 11.4* zeigt die praktische Anwendung der Sensitivitätsanalyse.

Beispiel 11.4 Sensitivitätsanalyse

Die Sensitivitätsanalyse ist eine nützliche Methode zur Bewertung des Ausmaßes der Abhängigkeit des Erfolgs einer bevorzugten Strategie von den Schlüsselannahmen, die der Strategie zugrunde liegen.

Im Jahr 2012 war die Dunsmore Chemical Company ein Unternehmen mit einem Produkt, das auf einem reifen und relativ stabilen Markt operierte. Es wurde beabsichtigt, diese etablierte Situation als „Melkkuh" zu nutzen, um weitere Mittel für ein neues Projekt mit einem verbundenen Projekt zu generieren. Schätzungen hatten gezeigt, dass das Unternehmen für die Umsetzung dieses Projekts zwischen 2013 und 2018 Barmittel in Höhe von ungefähr £ 4 Millionen (€ 4,4 Millionen) generieren müsste.

Obwohl die erwartete Leistung des Unternehmens über diesen Zeitraum einen Cashflow von £ 9,5 Millionen umfasste (Grundfall), wollte das Unternehmen die wahrscheinlichen Auswirkungen von drei Schlüsselfaktoren bewerten:

- mögliche Zunahmen der *Produktionskosten* (Arbeit, Gemeinkosten und Materialien) um bis zu drei Prozent real,
- die *Kapazitätsauslastung*, die durch die Anlagenalterung und unsichere Arbeitnehmer-Arbeitgeber-Beziehungen um bis 25 Prozent sinken kann,
- *Preisniveaus*, die durch den drohenden Eintritt eines neuen wichtigen Wettbewerbers beeinträchtigt werden. Dadurch könnten die Preise real um bis zu 3 Prozent sinken.

10 An den Details der Sensitivitätsanalyse interessierte Leser finden Informationen in A. Satelli, K. Chan und M. Scott (Hrsg.), „Sensitivity Analysis", *Wiley* 2000.

Daher wurde beschlossen, die Sensitivitätsanalyse einzusetzen, um die möglichen Auswirkungen jedes dieser Faktoren auf die Fähigkeit des Unternehmens, £ 4 Million zu generieren, zu untersuchen. Die Ergebnisse werden in den Kurven dargestellt.

(a) Sensitivität des Cashflows gegenüber Änderungen der realen Produktionskosten

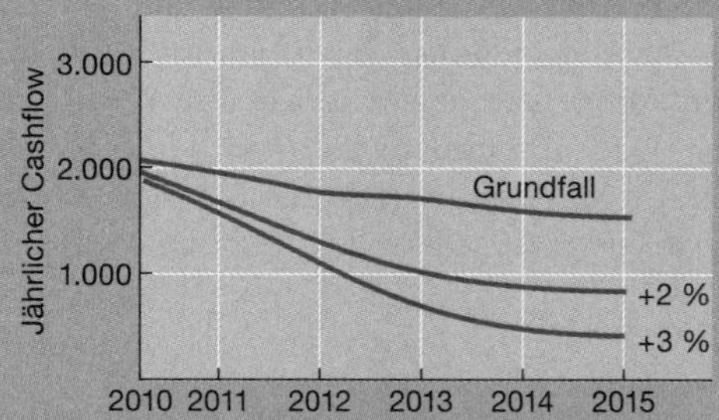

(b) Sensitivität des Cashflows gegenüber Änderungen der Anlagennutzung

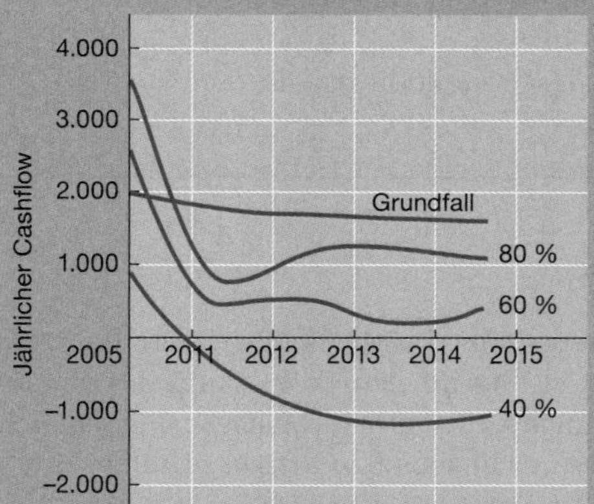

(c) Sensitivität des Cashflows gegenüber Reduzierungen der realen Preise

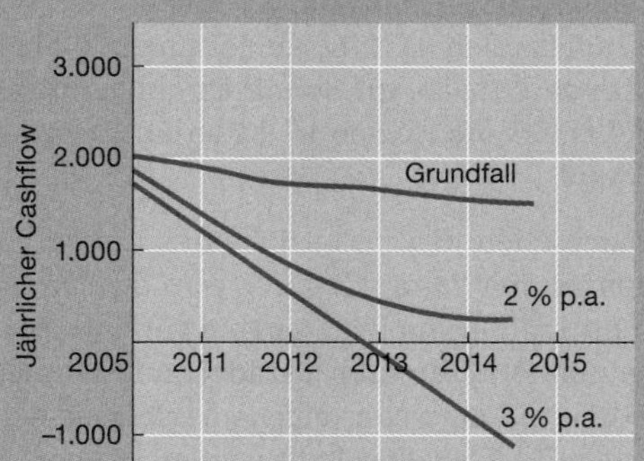

Aufgrund dieser Analyse kam das Management zu der Schlussfolgerung, dass das Ziel von £ 4 Millionen selbst mit einer *Kapazitätsausnutzung* von bis zu 60 Prozent, die mit Sicherheit erreicht werden würde, erzielbar war. Auch bei um drei Prozent p.a. gestiegenen Produktionskosten würde das Unternehmen über den betreffenden Zeitraum das Unternehmensziel von £ 4 Millionen noch erreichen. Im Gegensatz dazu würde allerdings eine Preisreduzierung um drei Prozent p.a. zu einem Defizit von £ 2 Millionen führen.

Aus dieser Analyse schlussfolgerte das Management, dass der Schlüsselfaktor, der den Ansatz in dieser Angelegenheit beeinflussen sollte, die wahrscheinlichen Auswirkungen neuer Wettbewerber sowie die Frage sein sollte, inwieweit die Preisniveaus im Zuge des Aufkommens weiteren Wettbewerbs geschützt werden können. Daher haben die Manager eine aggressive Marketingstrategie entwickelt, um mögliche Wettbewerber vom Markteintritt abzuhalten.

Kontrollfrage

Was sollte das Unternehmen tun, wenn die Marketingkampagne die reale Preiserosion nicht aufhalten kann?

a. Stärkeren Druck ausüben, um höhere Umsatzvolumen/eine höhere Kapazitätsauslastung zu erzielen?

b. Die Stückkosten der Produktion senken?

c. Etwas anderes?

Finanzielles Risiko[11]

Das finanzielle Risiko beschreibt die Möglichkeit, dass die Organisation unter Umständen nicht in der Lage ist, die für den Fortbestand des Unternehmens notwendigen finanziellen Verpflichtungen zu erfüllen. Manager müssen sicherstellen, dass Strategien akzeptable Niveaus des finanziellen Risikos erfüllen. Hierbei sind zwei wesentliche Maßstäbe wichtig.

Der erste ist der Verschuldungsgrad, die Höhe der Schulden des Unternehmens im Vergleich zu dessen Eigenkapital. Strategien, mit denen der Verschuldungsgrad eines Unternehmens steigt, erhöhen auch das Niveau des finanziellen Risikos. Dies ist darauf zurückzuführen, dass Zinszahlungen auf Schulden obligatorisch und unflexibel sind: Wenn die Leistung abfällt und die Zinsen nicht bezahlt werden können, riskiert das Unternehmen die Insolvenz.

Ein zweites Maß des finanziellen Risikos bezieht sich auf die *Liquidität* einer Organisation. Liquidität bezeichnet den Betrag liquider Vermögenswerte (normalerweise Bargeld), die zur sofortigen Bezahlung von Rechnungen verfügbar sind. Viele Unternehmen scheitern nicht, weil sie inhärent unrentabel sind, sondern aufgrund eines Mangels an liquiden Vermögenswerten, die entweder eigene Vermögenswerte des Unternehmens sein oder durch kurzfristige Darlehen beschafft werden können. So kann beispielsweise

11 Siehe C. Walsh, „Master the Management Metrics That Drive and Control Your Business", 4. Auflage, *Financial Times Prentice Hall*, 2005.

ein kleiner Produzent mit einer schnellen Wachstumsstrategie in die Versuchung geraten, viele Aufträge anzunehmen. Dann stellt er aber unter Umständen fest, dass er die Lieferanten für die Rohstoffe bezahlen muss, bevor er die Bezahlung für die produzierten Waren erhält. Auch hier gilt, dass ein Unternehmen, das seine Rechnungen nicht bezahlen kann, die Insolvenz riskiert.

Rentabilitätsanalyse

Die Rentabilitätsanalyse[12] bildet einen einfachen und vielfach eingesetzten Ansatz, der die Untersuchung von Änderungen der Annahmen zu Schlüsselvariablen in einer Strategie ermöglicht. Sie zeigt auf, an welchem Punkt der Erlöse das Unternehmen seine fixen und variablen Kosten deckt und damit kostendeckend arbeitet. Damit kann diese Analyse wie in *Beispiel 11.5* dargestellt zur Bewertung der mit verschiedenen Preis- und Kostenstrukturen verbundenen Risiken eingesetzt werden.

Beispiel 11.5 Einsatz der Rentabilitätsanalyse zur Untersuchung strategischer Optionen

Die Rentabilitätsanalyse bietet eine einfache Methode zur Quantifizierung einiger der Schlüsselfaktoren, die den Erfolg oder Misserfolg einer Strategie bestimmen.

Ein Produktionsunternehmen zog die Einführung eines neuen langlebigen Konsumprodukts in einem Marktsegment in Erwägung, in dem die meisten Produkte an Großhändler veräußert wurden, die wiederum den Einzelhandel beliefern. Der Gesamtmarkt hatte einen Wert von circa € 4,8 Millionen (in Herstellerpreisen) bzw. circa 630.000 Einheiten. Der Marktführer hatte einen Marktanteil von ungefähr 30 Prozent auf einem Wettbewerbsmarkt, auf dem die Einzelhändler ihre Kaufkraft zunehmend erhöhten. Das Unternehmen wollte den relativen Nutzen eines an die Großhändler verkauften, qualitativ hochwertigen Produkts mit hohem Preis (Strategie A) bzw. eines direkt an die Einzelhändler verkauften Produkts einer eigenen Marke untersuchen.

In der *Tabelle* werden die Markt- und Kostenstruktur für den Marktführer sowie diese alternativen Strategien zusammengefasst.

12 Die Rentabilitätsanalyse wird in den meisten Standardlehrbüchern zum Rechnungswesen behandelt. Siehe beispielsweise G. Arnold, „Corporate Financial Management", 4. Auflage, *Financial Times Prentice Hall*, 2009.

Markt- und Kostenstruktur (€)	Marktführer	Strategie A	Strategie B
Preis für Einzelhändler	10,00	12,00	8,00
Preis für Großhändler	7,00	8,40	–
Variable Gesamtkosten (TVC)	3,50	4,00	3,10
Beitrag zum Gewinn pro verkaufte Einheit (= verkaufter Preis – TVC)	3,50	4,40	4,90
Fixkosten (FC)	500.000	500.000	500.000
Gewinnschwelle: Anzahl der zu verkaufenden Einheiten (= FC/Deckungsbeitrag)	142.857	136.363	81.633
Gesamtmarktgröße	630.000	630.000	630.000
Gewinnschwelle: Marktanteil (= Einheiten Gewinnschwelle/Marktgröße)	22,6 %	21,6 %	13,0 %
Tatsächlicher Marktanteil	30,0 %	–	–

Aus der Tabelle geht hervor, dass das Unternehmen über einen Marktanteil von ungefähr 22 Prozent bzw. 12 Prozent verfügen müsste, damit die Strategie A bzw. B kostendeckend funktioniert.

Kontrollfragen

1. Welche Option würden Sie wählen? Warum?
2. Welche Hauptrisiken wären mit dieser Option verbunden und wie würden Sie versuchen, diese Risiken zu minimieren?
3. Entwickeln Sie eine andere Option (Strategie C) und erklären Sie die Art von Break-even-Profil, die notwendig wäre, um die Strategie attraktiver zu machen als Strategie A bzw. Strategie B.

11.4.2 Ertrag

Ertrag

Erträge bezeichnen die Ergebnisse, welche die Interessengruppen von einer Strategie erwarten.

Das zweite R steht für „returns" – **Erträge**. Erträge sind ein Maß der finanziellen Leistungsfähigkeit einer Strategie. Im privaten Sektor erwarten Aktionäre einen finanziellen Ertrag auf ihre Investition. Im öffentlichen Sektor messen Finanziers (typischerweise Regierungsstellen) die Erträge wahrscheinlich im Hinblick auf das Preis-Leistungs-Verhältnis der erbrachten Dienstleistungen. Maße des Ertrags werden häufig verwendet, um vorgeschlagene neue Unternehmungen oder Großprojekte innerhalb von Unternehmen zu bewerten. Eine Bewertung der finanziellen Leistungsfähigkeit jeder spezifischen Strategie sollte ein Schlüsselkriterium der Akzeptabilität bilden.

Finanzanalyse[13]

Es gibt drei häufig verwendete Ansätze der Finanzanalyse:

Abbildung 11.3: Die Bewertung der Rentabilität

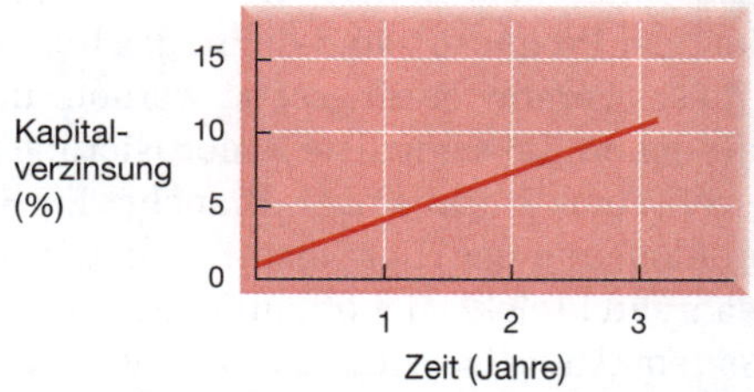

(a) Verzinsung des eingesetzten Kapitals

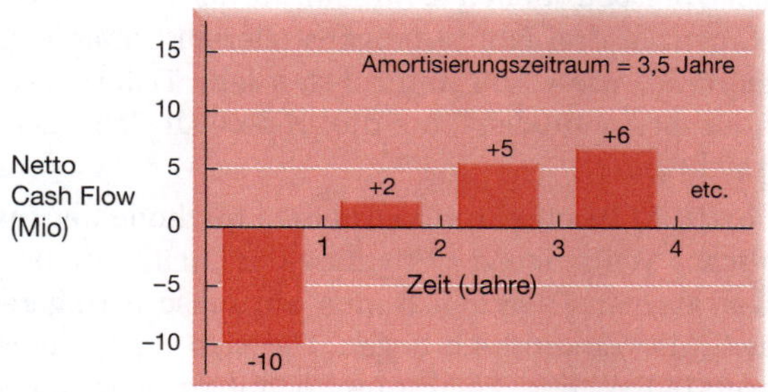

(b) Amortisierungszeitraum

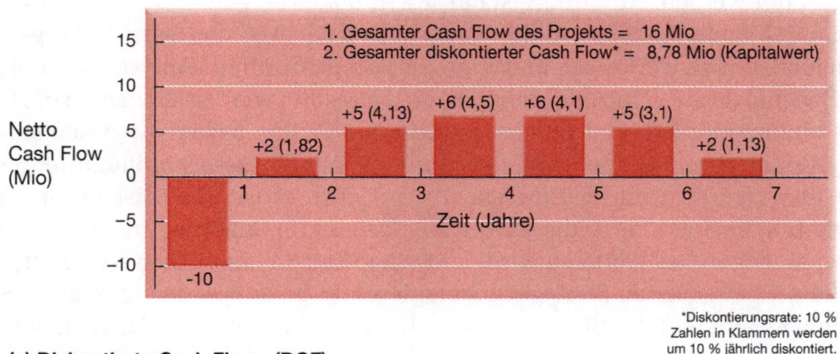

(c) Diskontierte Cash Flows (DCF)

- Die Vorhersage der *Verzinsung des eingesetzten Kapitals* für einen bestimmten Zeitraum nachdem eine neue Strategie umgesetzt wurde. Ein Beispiel ist eine Verzinsung von 10 Prozent bis zum dritten Jahr nach Einführung. Dies ist in *Abbildung 11.3 (a)* dargestellt. Die Verzinsung ist eine Maßeinheit der Ertragskraft der zur Umsetzung einer bestimmten strategischen Option eingesetzten Ressourcen. Ihre Schwäche liegt darin, dass sie sich nicht auf den Cashflow oder die Zeitplanung der Cashflows konzentriert (siehe dazu die Erklärung zum DCF unten).

13 Die meisten Standardwerke über Finanzen und Buchhaltung erklären die hier zusammengefassten Finanzanalysen im Detail. Siehe zum Beispiel G. Arnold, „Corporate Financial Management", 3. Auflage, *FT/Prentice Hall*, 2005, Kapitel 4.

- Einschätzung des *Amortisierungszeitraums*. Damit ist der Zeitraum gemeint, der vergeht, bis die kumulativen Cashflows einer strategischen Option positiv werden. Im Beispiel in *Abbildung 11.3 (b)* beträgt der Amortisierungszeitraum 3 ½ Jahre. Die Amortisierung hat den Vorteil, dass sie einfach ist. Daher wird sie am häufigsten dann eingesetzt, wenn die Schwierigkeit der Prognose – und damit das Risiko hoch ist. Unter solchen Umständen kann dieser Parameter eingesetzt werden, um Projekte oder Strategien auszuwählen, mit denen die schnellste Amortisierung erzielt wird. Somit variieren Amortisierungszeiträume stark je nach Branche. Ein Risikokapitalgeber, der in ein Start-up-Unternehmen in der High-Tech-Branche investiert, kann schnell eine Rendite erwarten, während Projekte der öffentlichen Infrastruktur wie etwa der Bau neuer Straßen mit einem Amortisierungszeitraum von 50 Jahren und mehr bewertet werden. Ein Problem bei der einfachen Methode des Amortisierungszeitraums liegt darin, dass angenommen wird, dass prognostizierte Cashflows, unabhängig vom Risiko oder vom betroffenen Zeitraum, in der Zukunft den gleichen Wert haben werden: Einem in drei Jahren prognostizierten Betrag von € 100 wird der gleiche Wert zugeordnet, wie € 100 im nächsten Jahr. Daher verwenden Organisationen oft „Diskontierungsmethoden“, um die größere Unsicherheit in der ferneren Zukunft zu berücksichtigen.
- Der *diskontierten Cash-Flow (DCF)* ist eine weit verbreitete Methode der Investitionsbewertung mit Hilfe üblicher Methoden zur Prognose der Cashflows, bei denen die Einnahmen umso stärker abgezinst werden (ihnen ein umso geringerer Wert zugeordnet wird), je weiter in der Zukunft sie liegen. Der sich daraus ergebende Parameter ist der Nettobarwert (NBW) des Projekts und damit eines der am weitesten verbreiteten Kriterien zur Bewertung der finanziellen Machbarkeit eines Projekts. Prinzipiell sollte bei begrenzten Ressourcen das Projekt mit dem besten NBW ausgewählt werden. Allerdings ist ein DCF nur so weit gültig, wie dies für die darin berücksichtigten Annahmen gilt. Daher ist es wichtig, die Sensitivität gegenüber verschiedenen Bewertungen und Szenarien zu überprüfen. Dazu soll im Folgenden das Beispiel des DCF in *Abbildung 11.3 (c)* betrachtet werden. Nachdem die Geldzu- und -abflüsse für jedes Jahr einer strategischen Option bewertet worden sind, werden sie um angemessene Kapitalkosten diskontiert. Diese Kapitalkosten entsprechen der „Hürde“, die das Projekt überspringen muss. Der Diskontsatz spiegelt wiederum die Tatsache wider, dass früher generierte Geldflüsse wertvoller sind als später erzeugte. Des Weiteren wird der Diskontsatz in einer Höhe festgelegt, die das Risiko der betrachteten Strategie widerspiegelt (d.h., es besteht ein höherer Satz für ein höheres Risiko). Im Beispiel zeigen die Kapitalkosten oder der Diskontierungssatz von zehn Prozent (nach Steuern) die Ertragsrate, die von denjenigen gefordert wird, die die Finanzmittel für das Projekt zur Verfügung stellen, also Aktionäre und/oder Kreditgeber. Die Kapitalkosten von zehn Prozent *berücksichtigen* eine Inflation in Höhe von drei bis vier Prozent. Dies wird als die „nominalen Kapitalkosten“ bezeichnet. Im Gegensatz dazu betragen die „realen“ Kapitalkosten sechs bis sieben Prozent nach oder *exklusive* Inflation. Der geplante Cashflow nach Steuern von £ 2 Mio. zu Beginn des Jahres 2 entspricht dem heutigen Erhalt von £ 1,82 Mio. (£ 2 Mio. multipliziert mit 0,91 oder 1/10); der Betrag von 1,82 Mio. wird als *Barwert* der £ 2 Mio. bezeichnet, den man zu Beginn des Jahres 2 zu Kapitalkosten von zehn Prozent erhält. Auch der Cashflow von £ 5 Mio. nach Steuern zu Beginn des Jahres 3 hat einen Barwert von £ 4,13 Mio. (£ 5 Mio. multipliziert mit 1/1,10 im Quadrat). Der gesamte Nettobarwert des Projekts wird berechnet, indem man alle jährli-

chen Barwerte über die gesamte voraussichtliche Lebensdauer des Projekts hinweg addiert. Im vorliegenden Beispiel sind das sieben Jahre. Der Kapitalwert beträgt also £ 8,78 Mio. Berücksichtigt man den Zeitwert des Geldes, so entspricht die Summe von £ 8,78 Mio. dem zusätzlichen Cashflow, der durch eine strategische Initiative während deren gesamter Lebensdauer erzeugt wird. Es wäre allerdings sinnvoll, eine Sensitivitätsanalyse beispielsweise unter der Annahme verschiedener Niveaus der Umsatzsteigerung oder unterschiedlicher Kapitalkosten durchzuführen und so zu bestimmen, welche NBW-Maßnahmen sich daraus ergeben würden und an welchem Punkt der NBW unter null sinkt. Beispielsweise würden in *Abbildung 11.3 (c)* Kapitalkosten oder ein Diskontsatz von etwa 32 Prozent einen Nettobarwert von null ergeben. Somit bildet eine solche Sensitivitätsprüfung eine Möglichkeit, wie der DCF zur Risikobestimmung herangezogen werden kann. Im letzten Beispiel am Ende des Kapitels wird erörtert, dass die Verwendung des DCF in verschiedenen Ländern sehr unterschiedlich gesehen wird.

- *Problem der Unsicherheit:* Insbesondere durch die scheinbare Gründlichkeit der verschiedenen Ansätze zur Finanzanalyse darf man sich nicht irreführen lassen. Die meisten von ihnen wurden zur Auswertung von Investitionen entwickelt. Daher konzentrieren sie sich auf abgrenzbare Projekte, für die sich zusätzliche Kapitalab- und -zuflüsse relativ leicht vorhersagen lassen. So hat beispielsweise ein Einzelhändler, der einen neuen Laden eröffnet, aufgrund vorheriger Erfahrungen mit ähnlichen Geschäften in ähnlichen Gebieten eine gute Vorstellung von dem wahrscheinlichen erzielten Umsatz. Solche Annahmen gelten nicht unbedingt für viele strategische Rahmenbedingungen, da die Ergebnisse viel unsicherer sind. Die genauen Ergebnisse werden meist klarer, je weiter die Umsetzung der Strategie (mit den damit verbundenen Folgen für die Cashflows) fortschreitet.
- *Problem der Spezifizität:* Finanzielle Bewertungen konzentrieren sich tendenziell auf direkte materielle Kosten und Nutzen und nicht auf die Strategie im weiteren Sinne. Allerdings ist es häufig nicht einfach, solche Kosten und Nutzen sowie die für eine vorgeschlagene Strategie spezifischen Cashflows zu identifizieren, da diese sich unter Umständen nicht von anderen laufenden Geschäftsaktivitäten trennen lassen. Außerdem haben solche Kosten und Vorteile unter Umständen auch Überlaufeffekte. So kann beispielsweise ein neues Projekt als Einzelprojekt betrachtet unrentabel aussehen, aber es kann dennoch strategisch sinnvoll sein, da es die Marktakzeptabilität anderer Produkte aus dem Portfolio des Unternehmens verbessert.
- *Annahmen:* Eine Finanzanalyse kann nur so gut sein, wie die darin berücksichtigten Annahmen. Sind die Annahmen zu Umsatzhöhe und Kosten unangemessen, sinkt beispielsweise auch der Wert der Analyse oder sie wird sogar irreführend. Dies ist einer der Gründe, aus denen die Sensitivitätsprüfung auf der Grundlage variierender Annahmen wichtig ist.

Die Analyse des Shareholder Value

Die Analyse des Shareholder Value[14] ist eine Form der Finanzanalyse, die sehr direkte Fragen stellt: Durch welche der vorgeschlagenen Strategien würde sich der Shareholder Value am meisten erhöhen? Es gibt verschiedene Maße des Shareholder Value, von denen zwei häufig verwendet werden:

- Der *Gesamtertrag des Aktionärs* verwendet als Maß den Aktienkurs und Dividenden. In jedem beliebigen Bilanzjahr entspricht er dem Anstieg des Aktienkurses zuzüglich der Dividenden pro Aktie, die in diesem Jahr ausgeschüttet wurden. Dieser Wert wird dann durch den Aktienkurs zu Beginn des Bilanzjahres geteilt. Ein einfaches Beispiel ist in *Abbildung 11.4* dargestellt. Der Gesamtertrag des Aktionärs ist ein interessantes Maß, weil es beide Aspekte des Shareholder Value erfasst: Kapitalgewinne (oder -verluste) des Aktienkurses sowie Erträge in Form von Dividenden. Allerdings ist dieses Maß durch die Nutzung eines Aktienkurses nicht für in Privatbesitz befindliche Unternehmen geeignet und kann nur ungefähr auf einzelne Geschäftsbereiche innerhalb eines börsennotierten Unternehmens angewendet werden. Überdies ist es potenziell auf ein Maß des strategischen Erfolgs begrenzt, da die Aktienkurse aus vielen Gründen, die außerhalb der Verantwortung der Manager liegen, steigen oder fallen können.
- Der *ökonomische Gewinn* oder *Geschäftswertbeitrag* stützt sich auf Buchhaltungsdaten: Die Kosten des Eigenkapitals umfassen die erforderliche Dividende und den Kapitalertrag. Die Fremdkapitalkosten umfassen den Zinssatz. Die Abdeckung der Kapitalkosten ist normalerweise von grundlegender Bedeutung für die Sicherung finanzieller Unterstützung. Ist das Betriebsergebnis (nach Steuern) höher als die dafür erforderlichen Kapitalkosten, ergibt sich ein positiver Wert. Ein Beispiel ist in *Abbildung 11.4* dargestellt. Eine wichtige Eigenschaft des Geschäftswertbeitrags liegt darin, dass die Kapitalkosten das Risiko berücksichtigen: Je höher das Risiko ist, desto höher sind die Kapitalkosten. Daher ist es insbesondere bei riskanten Strategien möglich, dass diese anscheinend rentabel sind, obwohl sie die Kapitalkosten tatsächlich nicht decken. Da sich der Geschäftswertbeitrag nicht auf Aktienkurse stützt, kann er auch auf einzelne Geschäftsbereiche und Projekte innerhalb eines Unternehmens angewendet werden, wobei die Kapitalkosten nach dem Risikoprofil jedes einzelnen Projekts angepasst werden.

Obwohl die Analyse des Shareholder Value dazu beigetragen hat, die Unzulänglichkeiten der traditionellen Finanzanalysen zu überwinden, ist sie wegen einer Überbewertung kurzfristiger Erträge sowie der Vernachlässigung anderer Stakeholder – Kunden, Mitarbeiter und Gemeinden – kritisiert worden, die für das langfristige Bestehen von Organisationen wichtig sind.[15] Trotzdem verhilft die Idee der Bewertung einer Strategie den meist allzu vagen strategischen Vorteilen zu mehr Realismus und Klarheit. Allerdings wird den sie verwendenden Unternehmen empfohlen, dies unter Berück-

---

14 Der wichtigste Verfechter dieser Analyse ist A. Rappaport, „Creating Shareholder Value: The new standard for business performance", 2. Auflage, Free Press, 1998. Siehe auch R. Mill's, „Understanding and using shareholder value analysis", Kapitel 15 in V. Ambrosini mit G. Johnson und K. Scholes (Hrsg.), „Exploring Techniques of Analysis and Evaluation in Strategic Management", *Prentice Hall*, 1998.

15 M. E. Raynor, „End shareholder value tyranny: put the corporation first", *Strategy & Leadership*, Band 37, Nr. 1 (2009), S. 4–11.

sichtigung sowohl der langen Frist als auch des Werts des Unternehmens insgesamt zu tun.[16]

(a) Gesamtertrag des Aktionärs

Annahmen:
- Anfangskurs £1 pro Aktie
- Endkurs £1,20 pro Aktie
- Erhaltene Dividende während des Geschäftsjahres 5p pro Aktie

Dann gilt:
- Anstieg des Aktienkurses (20p) plus erhaltene Dividende (5p) = 25p

Der Gesamtertrag des Aktionärs beträgt:
- 25p geteilt durch Anfangskurs £1; als Prozentsatz = 25%

(b) Ökonomischer Gewinn oder Geschäftswertbeitrag

Annahmen:
- Betriebsgewinn nach Steuern £10 Mio.
- Eingesetztes Kapital £100 Mio.
- Kapitalkosten 8%

Dann gilt:
- Das Kapital, das zur Produktion des Betriebsgewinns nach Steuern erforderlich ist, ist das eingesetzte Kapital von £100 x Kapitalkosten 8% = (£8 Mio.)

Der ökonomische Gewinn beträgt:
- Betriebsgewinn (nach Steuern) £10 Mio. abzüglich der Kapitalkosten £8 Mio. = £2 Mio.

Abbildung 11.4: Maße des Shareholder-Value

Kosten und Nutzen[17]

In vielen Fällen stellt der Gewinn allein eine zu eng gefasste Interpretation des Ertrags dar. Dies gilt besonders dann, wenn es vor allem auf immaterielle Vorteile ankommt. Dies ist für gewöhnlich bei großen Projekten für die öffentliche Infrastruktur wie etwa der Standortwahl für einen Flughafen oder eine Kläranlage der Fall, wie *Beispiel 11.6* zeigt. Das *Kosten-Nutzen*-Konzept geht davon aus, dass alle Kosten und Nutzen einer Strategie mit einem Geldwert belegt werden können, darunter auch die materiellen und immateriellen Erträge für Menschen und Organisationen, die dieses Projekt oder die Strategie nicht direkt sponsern.

Obwohl eine monetäre Bewertung in der Praxis oft schwierig ist, ist sie doch möglich. Trotz aller Schwierigkeiten ist eine solche Kosten-Nutzen-Analyse immer sinnvoll, wenn man sich ihrer Grenzen bewusst ist. Ihr wichtigster Vorteil liegt darin, dass Manager gezwungen werden, alle Faktoren, die ihre strategischen Entscheidungen beeinflussen, klar zu benennen. Selbst wenn man sich also nicht einig ist, welcher genaue Wert einem bestimmten Kosten- oder Nutzenfaktor zugerechnet werden soll, kann man doch auf einer gemeinsamen Basis diskutieren und die Vorzüge verschiedener Argumente genau vergleichen.

16 Dieser Punkt wird in einer Forschungsstudie deutlich, über die P. Haspeslagh, T. Noda und F. Boulos berichten, „Its not just about the numbers", *Harvard Business Review*, Juli–August (2001), S. 65–73.

17 Eine klassische Erklärung der Kosten-Nutzen-Analyse liefert J.L. King, „Cost-benefit analysis for decision-making", *Journal of Systems Management*, Band 31, Nr. 5 (1980), S. 24–39. Ein genaues Beispiel aus der Wasserwirtschaft ist zu finden bei N. Poew, „Water companies' service performance and environmental trade-off", *Journal of Environmental Planning and Management*, Band 45, Nr. 3 (2002), S. 363–379.

Beispiel 11.6 Projekt für den Bau einer Abwasserkanalisation

Investitionen in Infrastrukturprojekte wie etwa Abwasserkanäle erfordern oft eine genaue Analyse aller Kosten und Nutzen des Projekts.

Die privatisierten Wasserversorgungsunternehmen in Großbritannien waren Monopole, die Frischwasser zur Verfügung stellten und das Abwasser beseitigten. Eine ihrer Prioritäten lag in der Investition in neue Klärsysteme, um den immer anspruchsvolleren gesetzlichen Grenzwerten zu entsprechen. Sie verwendeten für die Bewertung neuer Projekte häufig eine Kosten-Nutzen-Analyse. Die unten aufgeführten Zahlen stammen von einer tatsächlich durchgeführten Analyse.

Analyse eines Wasserversorgungsunternehmens

Kosten/Nutzen	£ Mio.	£ Mio.
Nutzen		
Multiplikatoreffekte		0,9
Überflutungsprävention		2,5
Weniger Verkehrsbehinderungen		7,2
Nutzen durch höheren Freizeitwert		4,6
Nutzen durch Investitionen		23,6
Anreize für Besucher		4,0
Gesamtnutzen		42,8
Kosten		
Baukosten	18,2	
Abzüglich ungelernte Arbeit	(4,7)	
Opportunitätskosten des Baus	(13,5)	
Nettobarwert des Nettonutzens	29,3	

Anmerkung: Die Zahlen werden mit einem realen Diskontsatz von 5% über 40 Jahre abgezinst.

Nutzen

Vorteile ergeben sich vor allem daraus, dass Flüsse weniger häufig und intensiv als Überlaufkanäle genutzt werden. Aus dem Bau des Systems ergeben sich außerdem wirtschaftliche Vorteile. Die folgenden Vorteile sind in der *Tabelle 11.8* quantifiziert:

- Die lokale Wirtschaft profitiert durch den Multiplikatoreffekt der höheren Ausgaben derjenigen, die mit dem Bau des Projekts beschäftigt sind.

- Die lokale Wirtschaft profitiert durch Einkäufe bei lokalen Unternehmen, darunter fällt auch der Multiplikatoreffekt der Ausgaben.
- Das Risiko einer Überflutung durch Überläufe und alte, überlastete Kanalrohre sinkt – Überflutungswahrscheinlichkeiten können anhand historischer Aufzeichnungen quantifiziert werden. Ebenso können die Kosten für Überflutungsschäden durch eine genaue Schätzung der schadensanfälligen Sachwerte kalkuliert werden.
- Störungen des Verkehrs durch Überflutungen und Straßensperrungen für die Reparatur alter Kanalrohre nehmen ab. Statistiken über die Kosten von Verspätungen für Nutzer, über Verkehrsflüsse auf den betroffenen Straßen und über die Häufigkeit vergangener Sperrungen können zur Quantifizierung der Einsparungen herangezogen werden.
- Der hohe Freizeitwert der Flüsse (zum Beispiel für Bootsport und Fischer) kann mittels Umfragen bei Besuchern gemessen werden, die nach dem für sie relevanten Wert gefragt werden. Außerdem kann berücksichtigt werden, wie sich anderswo eingeführte Gebühren auf die Nachfrage auswirken.
- Der steigende Mietwert und die zunehmende Nutzung der Flächen können gemessen werden, durch die Einbeziehung von Bauträgern und Beobachtungen der Auswirkungen anderswo.
- Steigende Besucherzahlen von Freizeiteinrichtungen in der Nähe von Flüssen durch weniger Umweltverschmutzung.

Baukosten

Diese verstehen sich exklusive der Kosten für ungelernte Arbeitskräfte. Die Inanspruchnahme ungelernter Arbeiter ist keine Belastung für die Wirtschaft und die Kosten dafür müssen abgezogen werden, um die Opportunitätskosten zu erhalten.

Nettonutzen

Ist die schwierige Aufgabe der Quantifizierung von Kosten und Nutzen abgeschlossen, so kann eine einfache Diskontierungsmethode angewandt werden, um den Kapitalwert und die interne Verzinsung zu berechnen. Dann kann mit der Analyse wie für konventionelle Projekte fortgefahren werden.

Quelle: G. Owen, ehemaliges Mitglied der Sheffield Business School.

Kontrollfragen

1. Schätzen Sie die aufgezählten Vorteile als angemessen ein?
2. Wie leicht oder schwer ist es, diesen Vorteilen einen monetären Wert zu geben?

Reale Optionen[18]

Die vorangegangenen Ansätze gehen davon aus, dass die Ergebnisse einer strategischen Option relativ klar ersichtlich sind. Es gibt aber auch Situationen, in denen sich der genaue Nutzen und die tatsächlichen Kosten einer Strategie erst allmählich mit ihrer Umsetzung ergeben. So kann sich eine Diversifizierungsstrategie unter Umständen in mehreren Schritten entwickeln: Es kann viele Jahre dauern, bis sich der Erfolg des ersten Diversifizierungsschritts zeigt und sich mögliche Nachfolgechancen auftun. In diesen Fällen erfolgt durch die traditionelle, oben beschriebene Methode der Cashflow-Diskontierung eher eine Unterbewertung eines Projekts, denn der Wert eventueller Optionen, die sich zusätzlich daraus ergeben können, wird außer Acht gelassen.[19] So führen beispielsweise bei Pharmazieunternehmen viele Forschungsprojekte nicht zu neuen Medikamenten mit dem gewünschten Nutzen. Allerdings könnte ein fehlgeschlagenes Projekt andere Werte zum Ergebnis haben: Die Forschung könnte wertvolles neues Wissen hervorbringen oder eine „Plattform" bieten, aus der sich andere Produkte oder Prozessverbesserungen ergeben können. Somit sollte eine Strategie als eine *Reihe* „realer" Optionen angesehen werden, als Wahlmöglichkeiten bezüglich der Ausrichtung also, die sich zu bestimmten Zeitpunkten im Laufe der Umsetzung der Strategie auftun. Daher erhöht der Bewertungsansatz realer Optionen typischerweise den Erwartungswert eines Projekts, da der Erwartungswert möglicher zukünftiger Optionen, die sich im Zuge der Umsetzung dieses Projekts ergeben, hinzugefügt wird. Dieser Ansatz hat vier wichtige Vorteile:

- *Die strategische und die finanzielle Beurteilung rücken näher zusammen.* Dieser Ansatz ermöglicht ein klareres Verständnis sowohl des strategischen als auch des finanziellen Ertrags und Risikos einer Strategie, denn jeder Schritt (jede Option) wird separat betrachtet.
- *Bewertung sich ergebender Strategien.* Ein solcher Ansatz macht es auch möglich, solchen Optionen einen Wert zuzuweisen, die sich durch eine ursprünglich getroffene, strategische Entscheidung ergeben haben. Der Wert des ersten Schritts wird durch die Chancen gesteigert, die dieser eröffnet.
- *Besserer Umgang mit Unsicherheit.* Befürworter des Ansatzes der realen Optionen führen das Argument an, dieser biete zumindest eine Alternative zu Rentabilitätsanalysen, denn bei diesen Analysen müssen Manager Annahmen über zukünftige Bedingungen festlegen, die eventuell unrealistisch sein könnten. Der Ansatz der realen Optionen kann also als zusätzliches Hilfsmittel in Verbindung mit z.B. der Szenarienanalyse herangezogen werden, um eine unsichere Zukunft zu analysieren (siehe *Kapitel 2.2*). Durch die Anwendung des Ansatzes realer Optionen werden Manager dazu ermutigt, irreversible Entscheidungen soweit als möglich aufzuschie-

18 Die Beurteilung realer Optionen kann angesichts allzu mathematischer Ansätze verloren gehen, deshalb können Leser, die mehr über die Analyse realer Optionen erfahren möchten, eine der folgenden Veröffentlichungen nutzen: T. Copeland, „The real options approach to capital allocation", *Strategic Finance*, Band 83, Nr. 4 (2001), S. 33–37 und P. Boer, „The Real Options Solution: Finding total value in a high risk world", *Wiley*, 2002. Siehe auch M. M. Kayali. „Real options as a tool for making strategic investment decisions", *Journal of the American Academy of Business*, Band 8, Nr. 1 (2006), S. 282–287; C. Krychowski und B. V. Quelin, „Real Options and strategic investment decisions: can they be of use to scholars?", *Academy of Management Perspectives*, Band 24, Nr. 2 (2010). S. 65–78.

19 T. Luehrman, „Strategy as a portfolio of real options", *Harvard Business Review*, Band 76, Nr. 5 (1998), S. 89–99.

ben, da sich die erwarteten Renditen im Laufe der Zeit klären werden – wobei dies so weit geht, dass selbst anscheinend ungünstige Strategien sich zu einem späteren Zeitpunkt als machbar erweisen.

- *Konservativismus ausgleichen.* Ein Problem bei Finanzanalysen wie dem DCF besteht darin, dass hohe Hürden oder Diskontsätze, die das Risiko und die Unsicherheit widerspiegeln sollen, bedeuten, dass ehrgeizige, aber unsichere Projekte (und Strategien) tendenziell keine Unterstützung erhalten. Beim Ansatz realer Optionen werden allerdings tendenziell die ehrgeizigeren Strategien höher bewertet. Daher hat es Forderungen danach gegeben, reale Optionen zusammen mit traditionelleren finanziellen Bewertungen, wie dem DCF, einzusetzen. Tatsächlich bietet der DCF die vorsichtige Sichtweise, während die realen Optionen den optimistischeren Blickwinkel eröffnen.

Hierbei ist zu beachten, dass der Ansatz der realen Optionen dann hilfreicher ist, wenn eine Strategie in Form von Optionen strukturiert werden kann – beispielsweise wenn es Phasen gibt wie bei der Entwicklung pharmazeutischer Produkte – so dass in jeder Phase die Möglichkeit besteht, das Projekt aufzugeben oder die Fortführung aufzuschieben. Die gleichen Vorteile der Flexibilität würden sich allerdings bei einem Projekt nicht ergeben, bei dem bereits zu Beginn ein hohes Investitionsvolumen erforderlich ist.

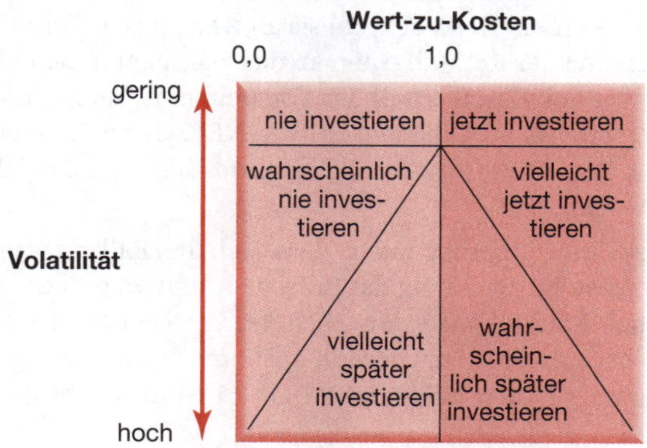

Abbildung 11.5:
Ein System realer Optionen

Beispiel 11.7

Bewertung der realen Optionen für die Entwicklung von Bieren der Spitzenklasse in Indien

Der Ansatz der realen Optionen kann eingesetzt werden, um vorgeschlagene Projekte mit mehreren Optionen zu bewerten.

Eine Brauerei für Biere der Spitzenklasse exportierte seit vielen Jahren ihre Produkte nach Indien. Sie zog eine Investition in Brauereikapazität in Indien in Erwägung. Obwohl vorgesehen war, dass dies zunächst durch das Brauen von Standardprodukten vor Ort und den Vertrieb durch bestehende Händler erfolgen sollte, wurden auch andere Konzepte erörtert, wobei diese alle auf dem Aufbau der Brauerei beruhten. Wie in der nachfolgenden *Abbildung* dargestellt, verfolgte das Management den Ansatz realer Optionen zur Bewertung des Projekts.

Die Bewertung des Vorschlags für den Bau der Brauerei umfasste drei Optionen: heute investieren, später investieren oder gar nicht investieren. Allerdings eröffneten sich durch den Bau der Brauerei auch andere Optionen. Eine davon umfasste die Einstellung des Vertriebs über bestehende externe Händler und den Aufbau eines eigenen Vertriebsnetzes. Auch hier gab es wieder Alternativen. Sollte diese Investition sofort nach dem Bau der Brauerei, später oder gar nicht erfolgen bzw. sollte stattdessen weiter mit den bestehenden Händlern gearbeitet werden? Auch die Investition in die Brauerei eröffnete andere Optionen – insbesondere wenn auch bessere Vertriebssysteme entwickelt werden sollten. Aktuell wurde beispielsweise diskutiert, ob eine Marktchance für die Entwicklung und Produktion von besser auf den indischen Markt abgestimmten Bieren bestand.

Auch hier ergab sich die Frage, ob diese Investition bald nach dem Bau der Brauerei, später oder gar nicht erfolgen sollte. Es wurde überdies erkannt, dass sich andere Optionen ergeben können, wenn das Projekt umgesetzt wird.

Der Vorstand verwendete den Ansatz der realen Optionen nicht zuletzt deshalb, weil der potenzielle Mehrwert der sich durch die Brauerei ergebenden Optionen berücksichtigt werden musste.

Der Vorstand wollte zur Bewertung des Brauereiprojekts den DCF einsetzen. Allerdings sollten auch die anderen Optionen unter der Annahme des Baus der Brauerei bewertet werden. Bei jedem dieser Bewertungsverfahren sollte auch der DCF unter Anpassung der Kapitalkosten an das wahrgenommene Risiko der Optionen eingesetzt werden. Damit erhält der Vorstand eine Vorstellung vom NBW für jede dieser Optionen. Die möglichen positiven NBW der späteren Optionen könnten dann bei der Bewertung der Attraktivität des anfänglichen Brauereiprojekts berücksichtigt werden.

Der Vorstand erkannte überdies auch, dass sich im Fall der Investition in die Brauerei zur weiteren Entwicklung der Präsenz in Indien größere Klarheit sowohl zu Kosten als auch Marktchancen im Zuge des Fortschritts des Projekts ergeben würde. Damit würde es Sinn machen, in späteren Phasen, wenn derartige Informationen verfügbar werden, noch einmal zur Bewertung der anderen Optionen zurückzukehren.

Bewertung eines Brauereiprojekts

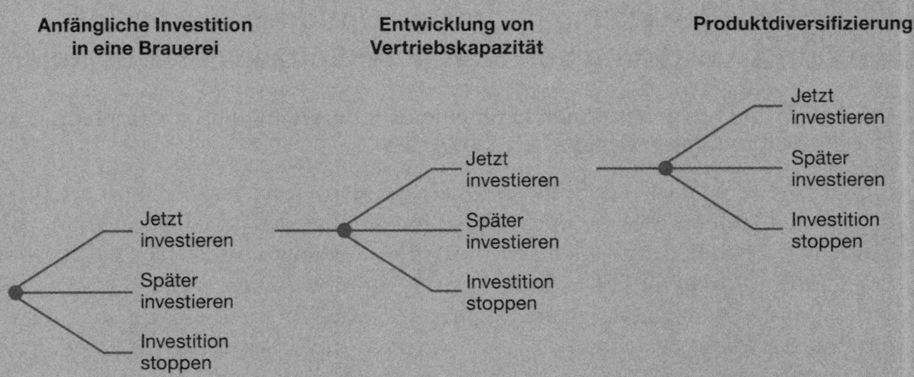

Kontrollfrage

Welche Vorteile hat der Ansatz der realen Optionen für diese Bewertung gegenüber anderen Ansätzen (a) für den Bau der Brauerei sowie (b) für die Betrachtung anderer Konzepte?

11.4.3 Reaktion der Interessengruppen

Das dritte R steht für die wahrscheinliche Reaktion der Interessengruppen auf eine vorgeschlagene Strategie. Die Betrachtung der *Kategorisierung von Interessengruppen* in *Kapitel 4.4* zeigte, wie diese zum Verständnis des politischen Kontexts und zur Betrachtung der politischen Agenda einer Organisation eingesetzt werden können. Eine solche Kategorisierung kann aber auch dabei helfen, die wahrscheinlichen Reaktionen der Interessengruppen auf neue Strategien einzuschätzen, mit diesen Reaktionen umzugehen und daher auch die Akzeptabilität der Strategie einzuschätzen. Es gibt viele Situationen, in denen es ganz besonders auf die Reaktionen der Interessengruppen ankommt. Dazu werden im Folgenden einige Beispiel dargestellt:

- Die finanziellen Erwartungen der *Eigentümer* (z.B. Aktionäre, Eigentümerfamilie, Staat) müssen berücksichtigt werden und die Frage, inwieweit diese erfüllt werden, beeinflusst die Akzeptabilität einer Strategie. Eine vorgeschlagene Strategie kann auch die finanzielle Umstrukturierung eines Unternehmens, beispielsweise die Begebung neuer Aktien, beinhalten, die für eine mächtige Aktionärsgruppe inakzeptabel sein könnte, da dadurch die Stimmrechte verwässert werden.
- *Banken* und andere Anbieter verzinslicher Darlehen sind über das mit ihren Darlehen verbundene Risiko und die Kompetenz besorgt, mit der dieses gesteuert wird. Es ist wahrscheinlich, dass sie dieses Risiko durch die Annahme von entsprechenden Sicherheiten steuern. Außerdem könnte auch eine gute Bilanz im Umgang mit diesem Risiko (an sich) schon als Grund dafür angesehen werden, dass Banker weiter in bestimmte Unternehmen, nicht aber in andere investieren. Auch die Frage, inwieweit eine vorgeschlagene Strategie die Kapitalstruktur des Unternehmens beeinflussen könnte, kann wichtig sein. Würde sie beispielsweise den Verschuldungsgrad (von Fremdkapital zu Eigenkapital) erhöhen, der bestimmt, wie sensibel sich die Zahlungsfähigkeit des Unternehmens auf eine Änderung der Gewinnsituation hin verändert? Der Zinsdeckungsgrad ist ein ähnliches Maß, das sich auf Zinszahlungen im Vergleich zum Gewinn bezieht. Auch hier geht es um die *Liquidität* des Unternehmens, da eine Verschlechterung der Liquiditätsposition eine Korrektur durch zusätzliche Darlehen sowie ein höheres Risikoprofil erforderlich machen kann. Daher muss die Frage gestellt werden: Welche Auswirkungen wird die vorgeschlagene Strategie auf die Liquidität haben?
- *Aufsichtsbehörden* sind wichtige Stakeholder in Branchen wie der Telekommunikation, Finanzdienstleistungen, Medizinprodukte und Energiewirtschaft. Sie können sogar über eine Art Entscheidungsbefugnis zu bestimmten Aspekten der Strategie einer Organisation, wie den Preis oder die geografische Expansion, verfügen.
- *Mitarbeiter und Gewerkschaften* können im Hinblick auf bestimmte strategische Entscheidungen, wie einen Standortwechsel, Outsourcing oder Veräußerungen,

Widerstand leisten, wenn sie der Ansicht sind, dass diese wahrscheinlich zum Verlust von Arbeitsplätzen führen.

- *Die Gemeinde vor Ort* macht sich wahrscheinlich über den Verlust von Arbeitsplätzen, aber auch über die *sozialen Kosten* der Strategien einer Organisation Sorgen, beispielsweise in Form von Umweltverschmutzung oder Reputationsschäden – die zunehmend von Bedeutung sind. Fragen der Geschäftsethik und der sozialen Verantwortung wurden bereits in *Kapitel 4.4* erörtert.
- Auch die *Kunden* können Widerstand gegen eine Strategie leisten. Ihre Strafe bestünde dann darin, dass sie nicht mehr bei dem Unternehmen kaufen und eventuell zu einem Wettbewerber wechseln. So könnte beispielsweise ein neues Geschäftsmodell, wie die Online-Vermarktung, das Risiko einer Gegenreaktion aus den bestehenden Einzelhandelskanälen beinhalten, durch die der Erfolg der Strategie gefährdet werden könnte.

Insgesamt muss man sich über die Auswirkungen und Reaktionen der verschiedenen Interessengruppen auf die in Betracht gezogenen strategischen Optionen im Klaren sein. Die Manager müssen auch verstehen, wie die Fähigkeit zur Erfüllung der verschiedenen Erwartungen von Stakeholdern den Erfolg einiger Strategien unterstützen kann, während sie die Fähigkeit des Unternehmens einschränkt, mit anderen Strategien erfolgreich zu sein.

11.5 Machbarkeit

Machbarkeit

Machbarkeit bezieht sich darauf, ob eine Organisation die Fähigkeiten besitzt, eine Strategie umzusetzen.

Machbarkeit bezieht sich darauf, ob eine Strategie in der Praxis funktionieren könnte: Mit anderen Worten ausgedrückt, geht es darum, ob eine Organisation die Fähigkeiten zur Umsetzung einer Strategie besitzt. Eine Bewertung der Machbarkeit beinhaltet wahrscheinlich zwei wesentliche Fragen: (i) Sind aktuell die Ressourcen und Kompetenzen zur effektiven Umsetzung einer Strategie vorhanden? Und (ii) wenn dies nicht der Fall ist, wie können sie beschafft werden? Diese Fragen können auf jeden Ressourcenbereich angewendet werden, der Auswirkungen auf die Machbarkeit einer vorgeschlagenen Strategie hat. Hier liegt allerdings der Fokus auf drei Bereichen: Finanzen, Menschen (und ihre Fähigkeiten) sowie die Bedeutung der Integration von Ressourcen.

Finanzielle Machbarkeit

Eine zentrale Frage bei der Betrachtung einer vorgeschlagenen Strategie liegt in der dafür erforderlichen Finanzierung. Daher ist es wichtig, die Auswirkungen einer Strategie auf den *Cashflow*[20] zu bestimmen. Die für eine Strategie erforderlichen Geldmittel, die durch die Befolgung der Strategie generierten Barmittel sowie die Zeitplanung jeglichen neuen Finanzierungsbedarfs müssen bestimmt werden. Daraus ergibt sich dann die Betrachtung der wahrscheinlichen Finanzierungsquellen.

Manager müssen mit verschiedenen Quellen von Finanzmitteln sowie den Vor- und Nachteilen dieser vertraut sein. Dies wird in Standardlehrbüchern zum Finanzwesen gut erklärt.[21] Dabei geht es nicht nur um die Machbarkeit einer Strategie sondern auch

20 Siehe G. Arnold zur Cashflow-Analyse (Fußnote 12 oben), *Kapitel 3, S. 108.*

21 Siehe P. Atrill, „Financial Management for Decision Makers“, 4. Auflage, Financial Times Prentice Hall, 2006, Kapitel 6 und 7, G. Arnold (Fußnote 12 oben), *Teil IV.*

um deren Akzeptabilität für verschiedene Interessengruppen – nicht zuletzt derer, die die Finanzmittel zur Verfügung stellen. Daher ist die Erörterung aus *Kapitel 11.3.3* hier ebenfalls relevant. Entscheidungen über die zu nutzenden Finanzierungsquellen werden auch durch die aktuelle Finanzlage der Organisation, wie der Eigentümerstruktur (z.B. ob das Unternehmen sich in Privatbesitz befindet oder börsennotiert ist), sowie durch die Firmenziele und strategischen Prioritäten der Organisation insgesamt beeinflusst. So gibt es beispielsweise unterschiedliche finanzielle Bedürfnisse, wenn ein Unternehmen schnelles Wachstum durch Übernahmen anstrebt, gegenüber einer Situation, in der ein Unternehmen die Konsolidierung der vergangenen Wertentwicklung zum Ziel hat.

Die Finanzierung kann auch im Hinblick darauf betrachtet werden, welche finanziellen Strategien für die verschiedenen „Phasen" des Lebenszyklus eines Unternehmens (im Gegensatz zum, Branchenlebenszyklus) notwendig sein können (siehe dazu *Tabelle 11.5*). Dies wirft wiederum die Frage auf, ob solche Finanzquellen verfügbar sind und, wenn dies nicht der Fall ist, ob die vorgeschlagene Strategie sowohl machbar als auch akzeptabel ist.

Tabelle 11.5

Finanzielle Strategie und der Lebenszyklus von Unternehmen

Phase des Lebenszyklus	Finanzierungsbedarf	Kapitalkosten	Geschäftsrisiko	Wahrscheinliche Finanzierungsquelle(n)	Dividenden
Start-Up	Hoch	Hoch	Hoch	Persönliche Schulden Eigenkapital (Business Angel und Risikokapital)	Null
Wachstum	Hoch	Mittel	Hoch	Schuldverschreibungen und Eigenkapital (Wachstumsinvestoren)	Nominal
Reife	Niedrig/mittel	Niedrig	Niedrig	Schulden, Eigenkapital und Gewinnrücklagen	Hoch
Marktaustritt/ Niedergang	Niedrig	Mittel/ hoch	Mittel	Schulden, Gewinnrücklagen	Hoch

- *Start-up-Unternehmen*[22] sind Unternehmen mit hohem Risiko. Sie befinden sich am Anfang ihres Lebenszyklus und sind noch nicht auf ihren Märkten etabliert. Überdies brauchen sie wahrscheinlich erhebliche Investitionen. Ein Einzelunternehmen kann beispielsweise in dieser Situation versuchen, derartiges Wachstum

22 J. Notsinger und W. Wang, „Determinants of start-up firm external financing worldwide", *Journal of Banking and Finance*, Band 35, Nr. 9 (2011), S. 2282–2294.

durch Experten für diese Arten von Investitionen, wie Risikokapitalgeber, zu finanzieren. Diese Risikokapitalgeber selbst wiederum versuchen, das Risiko durch ein Portfolio solcher Investitionen auszugleichen. Auch Systeme für Privatinvestitionen (sogenannte „Business Angels“) haben an Beliebtheit gewonnen. Derartige Kapitalgeber sind allerdings aufgrund des hohen Unternehmensrisikos wahrscheinlich anspruchsvoll. Daher verlangen typischerweise Risikokapitalgeber oder Business Angels einen hohen Anteil am Eigenkapital des Unternehmens im Gegenzug selbst für einen nur geringen Kapitalzuschuss.

- *Wachstumsunternehmen* können weiterhin eine volatile und hart umkämpfte Marktposition haben. Daher kann das Ausmaß des Geschäftsrisikos weiterhin hoch bleiben. Dies gilt unter diesen Umständen auch für die Kapitalkosten. Wenn allerdings ein Unternehmen in dieser Phase begonnen hat, sich auf seinen Märkten zu etablieren, beispielsweise als Marktführer auf einem wachsenden Markt, können die Kapitalkosten sinken. In beiden Fällen ist das Eigenkapital, eventuell durch einen Börsengang, angemessen, da die Investoren hauptsächlich durch das Produkt oder Geschäftskonzept und die Aussicht auf zukünftige Einnahmen angelockt werden.
- *Reife Unternehmen* operieren auf reifen Märkten und es besteht die Wahrscheinlichkeit, dass der Finanzierungsbedarf sinken wird. Wenn ein solches Unternehmen eine starke Wettbewerbsposition mit einem hohen Marktanteil erreicht hat, sollte es regelmäßige und erhebliche Überschüsse erwirtschaften. In diesem Fall ist das Geschäftsrisiko geringer und die Chance auf Gewinnrückstellungen ist hoch. Unter diesen Umständen kann es, wenn eine Finanzierung erforderlich ist, sinnvoll sein, diese durch Fremdkapital sowie Eigenkapital zu sichern, da zuverlässige Erträge zur Bedienung solcher Schulden eingesetzt werden können. Sofern höhere Schulden (*Finanzverschuldung* oder *Verschuldungsgrad*) nicht zu einem inakzeptablen Risikoniveau führen, erhöhen sich durch diese billigere Fremdfinanzierung tatsächlich die von einem Unternehmen unter diesen Umständen erzielten restlichen Gewinne.
- *Schrumpfenden Unternehmen* fällt es wahrscheinlich schwer, Eigenmittelfinanzierungen zu bekommen. Allerdings kann eine Darlehensaufnahme möglich sein, wenn sie durch verbleibende Vermögenswerte des Unternehmens besichert wird. In dieser Phase ist es wahrscheinlich, dass die Betonung im Unternehmen auf Kostenkürzungen liegt, und die Cashflows solcher Unternehmen können durchaus sehr stark sein. Das Risiko liegt im mittleren Bereich, insbesondere wenn der Rückgang wahrscheinlich allmählich verläuft. Allerdings besteht trotzdem die Möglichkeit einer plötzlichen, mit einem Kampf um das Überleben des Unternehmens verbundenen Erschütterung.

Dieser Rahmen des Lebenszyklus trifft allerdings nicht immer zu. So könnte beispielsweise ein Unternehmen, das regelmäßig *neue und innovative Geschäfte* entwickelt, als eigener Risikokapitalgeber fungieren und dabei auf der Ebene der einzelnen Geschäfte ein hohes Risiko akzeptieren und versuchen, diese Risiken durch „Melkkühe“ im Portfolio auszugleichen (siehe *Kapitel 7.7*). Alternativ müssen einige Unternehmen unter Umständen Geschäftsbereiche veräußern, wenn diese die Phase der Reife erreichen, um Kapital für weitere Investitionen in neue Projekte zu beschaffen. Auch Manager aus dem öffentlichen Sektor sind mit der Notwendigkeit des Ausgleichs finanzieller Risiken von Dienstleistungen vertraut. Sie brauchen einen stabilen Kern ihrer Dienste, bei dem die Budgets mit Sicherheit erfüllt werden, um das finanzielle Risiko der eher spekulativen Aspekte ihrer Dienstleistungen zu reduzieren.

11.5.1 Menschen und Fähigkeiten

In *Kapitel 3* wurde aufgezeigt, wie es Organisationen mit einem nachhaltigen Wettbewerbsvorteil gelingen kann, diesen Vorteil auf der Grundlage von Kompetenzen zu erreichen, die in den Fähigkeiten, Kenntnissen und Erfahrungen der Menschen innerhalb dieser Organisation begründet liegen. Tatsächlich hängt der Erfolg einer Strategie letztlich davon ob, wie diese durch die Menschen in der Organisation umgesetzt wird. Das können die Manager, aber auch andere, weniger hochrangige Mitarbeiter in der Organisation sein, die trotzdem von genauso entscheidender Bedeutung für die Strategie sind, beispielsweise als direkte Kontaktpersonen für die Kunden. Daraus ergeben sich drei Fragen: Verfügen die Mitarbeiter der Organisation aktuell über die Kompetenzen zur Umsetzung einer vorgeschlagenen Strategie? Eignen sich die Systeme für die Unterstützung dieser Mitarbeiter für die Strategie? Wenn das nicht der Fall ist, können die Kompetenzen erworben oder entwickelt werden?

Der erste Schritt ist hierbei der gleiche wie der in *Kapitel 11.3.3* für die Prüfung auf einen Wettbewerbsvorteil vorgeschlagene. Hierzu müssen die wesentlichen strategischen Fähigkeiten bestimmt werden, die eine vorgeschlagene Strategie – allerdings insbesondere im Hinblick auf die notwendigen Mitarbeiter und Fähigkeiten – unterstützen. Der zweite Schritt besteht darin, zu bestimmen, ob diese in der Organisation vorhanden sind. Natürlich ist es möglich, dass die vorgeschlagene Strategie auf dem Argument aufbaut, dass dies der Fall ist. Wenn dem so ist, wie realistisch ist das? Oder wäre es möglich, dass die Annahme besteht, dass diese erworben oder entwickelt werden können? Auch hier stellt sich wieder die Frage, ob dies realistisch ist.

Viele der Aspekte der Machbarkeit im Hinblick auf die Strukturen und Systeme zur Unterstützung einer solche Entwicklung von Kompetenzen und Mitarbeitern werden in *Kapitel 13* zur Organisation und in *Kapitel 14* zum Umgang mit strategischem Wandel behandelt. Zu anderen, zu berücksichtigenden kritischen Fragen gehören die folgenden:[23]

- *Arbeitsorganisation:* Verändert sich durch Änderungen des Arbeitsinhalts sowie die Festlegung von Prioritäten die Ausrichtung der Tätigkeiten von Mitarbeitern erheblich? Müssen Manager anders über die auszuführenden Aufgaben nachdenken? Welche erforderlichen entscheidenden Kriterien bestehen für die Effektivität? Unterscheiden sich diese von den aktuellen Anforderungen?
- *Belohnungen:* Welche Anreize müssen für die Mitarbeiter geschaffen werden? Wird dies die Karriereziele der Mitarbeiter beeinflussen? Wie müssen jegliche signifikante Verschiebungen von Macht, Einfluss und Glaubwürdigkeit belohnt und anerkannt werden?
- *Beziehungen:* Müssen sich die Interaktionen zwischen entscheidenden Mitarbeitern verändern? Welche Konsequenzen ergeben sich im Hinblick auf das Ausmaß des Vertrauens, der Aufgabenkompetenz sowie die Übereinstimmung der Werte? Wird es wahrscheinlich Konflikte und politische Rivalität geben?

23 Diese Aspekte beruhen auf den von C. Marsh, P. Sparrow, M. Hird, S. Balain und A. Hesketh, „Integrated organization design: the new strategic priority for HR directors“, in P. R. Sparrow, A. Hesketh, C. Cooper und M. Hird (Hrsg.), „Leading HR“, *Palgrave Macmillan*, 2009, identifizierten.

- *Ausbildung und Entwicklung:* Sind die bestehenden Ausbildungs- und Betreuungssysteme angemessen? Es kann unter Umständen notwendig sein, den Ausgleich zwischen der Notwendigkeit einer erfolgreichen kurzfristigen Umsetzung der Strategie und der erforderlichen zukünftigen Entwicklung der Fähigkeiten der Mitarbeiter zu berücksichtigen.
- *Einstellung und Beförderung:* Müssen angesichts dieser Aspekte neue Mitarbeiter in der Organisation eingestellt oder können vorhandene Talente gefördert und unterstützt werden?

11.5.2 Die Integration von Ressourcen

Der Erfolg einer Strategie hängt wahrscheinlich vom Erfolg vieler Ressourcenbereiche ab. Dies betrifft nicht nur Mitarbeiter und Finanzen, sondern auch die materiellen Ressourcen wie Gebäude, Informationen, Technologie sowie die durch Lieferanten und Partner zur Verfügung gestellten Ressourcen. Dabei ist es möglich, wenngleich allerdings nicht wahrscheinlich, dass eine vorgesehene Strategie nur auf bestehenden Ressourcen aufbaut. Es ist viel wahrscheinlicher, dass zusätzliche Ressourcen erforderlich sein werden. Die Machbarkeit einer Strategie muss daher im Hinblick auf die Fähigkeit zur Beschaffung und Integration solcher Ressourcen – sowohl innerhalb der Organisation als auch im umfassenden Wertenetzwerk – betrachtet werden. Aus einer unzureichenden Berücksichtigung des Ressourcenbedarfs über das Geschäft hinweg können sich schwerwiegende Probleme ergeben. So schlug beispielsweise die Strategie des britischen Sicherheitsunternehmens G4S zur Expansion in den öffentlichen Sektor im Jahr 2012 fehl, als das Unternehmen nur zwei Wochen vor dem Beginn der Olympischen Spiele in London feststellte, dass es die benötigten 10.000 Sicherheitskräfte nicht zur Verfügung stellen konnte. Zu den Fehlern gehörten übermäßig optimistische anfängliche Schätzungen des Bedarfs, schlechte Personalbeschaffung und Kommunikation nach außen. Infolgedessen verlor G4S Verträge mit britischen Gefängnissen, zwei Vorstandsmitglieder mussten zurücktreten und die Gewinne für das betreffende Jahr brachen um ein Drittel ein.

11.6 Bewertungskriterien: vier Qualifikationen

Die Erörterung der Bewertungskriterien im vorliegenden Kapitel muss abschließend vier Qualifikationen unterzogen werden:

- *Widersprüchliche Schlüsse und Beurteilungen des Managements.* Widersprüchliche Schlüsse können sich aus der Anwendung der Kriterien Tauglichkeit, Akzeptabilität und Machbarkeit ergeben. Eine geplante Strategie kann zwar einen besonders geeigneten Eindruck machen, für wichtige Interessengruppen aber nicht angemessen sein. Daher muss man immer bedenken, dass die besprochenen Kriterien zum Durchdenken der strategischen Optionen hilfreich sein könnten, aber keinen Ersatz für die Beurteilung des Managements darstellen. Manager, die eine Strategie beurteilen, die sie als tauglich einschätzen, die wichtige Interessengruppen aber ablehnen, müssen sich bei der Auswahl der besten Vorgehensweise auf ihr eigenes Urteilsvermögen verlassen. Durch die Analyse und die Beurteilung, die sie durchgeführt haben, verfügen sie jedoch über mehr Informationen.

- Es muss *Kontinuität zwischen den verschiedenen Elementen einer Strategie* herrschen. Aus den Kapiteln in *Teil II* sollte deutlich hervorgegangen sein, dass eine Strategie aus verschiedenen Elementen besteht. Eine wichtige Frage lautet also, ob die einzelnen Bestandteile auch als „Gesamtpaket" funktionieren. Also müssen *Wettbewerbsstrategie* (Niedrigpreis oder Differenzierung), strategische *Ausrichtung* (wie Produktentwicklung oder Diversifikation) und strategische *Methode* (intern, Übernahme oder Allianz) miteinander in Einklang stehen. Sie müssen als Ganzes betrachtet werden und auch als Ganzes sinnvoll funktionieren. Ist dies nicht der Fall, ergeben sich Risiken. Angenommen, ein Unternehmen möchte beispielsweise eine Strategie der Diversifizierung entwickeln, die auf seinen internen Kompetenzen basiert, die sich über Jahre hinweg entwickelt haben. Die Organisation könnte davon ausgehen, dass sie dies mithilfe dieser Kompetenzen erreichen kann, indem sie neue Produkte oder Dienstleistungen für einen Markt entwickelt, den sie gut kennt. Ist dies der Fall, könnte es riskant sein, diese neuen Produkte durch die Übernahme anderer Unternehmen zu entwickeln, deren Kompetenzen und Fähigkeiten eventuell mit den Stärken des ursprünglichen Unternehmens inkompatibel sind.
- *Die Umsetzung und Entwicklung von Strategien* könnten Fragen aufwerfen, die eine Organisation dazu veranlassen können, neu zu überdenken, ob bestimmte strategische Optionen tatsächlich machbar sind. Außerdem können sich neue Faktoren ergeben, die die Tauglichkeit oder Akzeptabilität einer Strategie völlig anders erscheinen lassen. Dies kann dazu führen, dass strategische Optionen neu gestaltet oder sogar verworfen werden. Daher muss man erkennen, dass die Beurteilung einer Strategie in der Praxis oft erst im Zuge ihrer Umsetzung oder zumindest einer teilweisen Umsetzung stattfindet. Dies ist ein weiterer Grund, warum Experimente und kostengünstige Tests sinnvoll sind.
- *Strategieentwicklung in der Praxis:* Allgemeiner formuliert, sollte nicht angenommen werden, dass die sorgfältige und systematische Bewertung einer Strategie in Organisationen zwangsläufig die Norm ist. Strategien können sich auch anderweitig entwickeln. Diese Themen werden im folgenden *Kapitel 12* behandelt. Das abschließende *Kapitel 15* erklärt überdies, was Manager beim Umgang mit strategischen Fragen tatsächlich tun.

Im Fokus: Welcher Ansatz eignet sich am besten für strategische Investitionsentscheidungen?

Auf der ganzen Welt gibt es Unterschiede zwischen den Grundlagen und Arten von zur Analyse strategischer Investitionsentscheidungen (SIE) eingesetzten Methoden. Chris Carr hat insbesondere den Unterschied zwischen den Grundlagen von SIE in den USA und im Vereinigten Königreich, in denen Shareholder-Modelle der Unternehmensführung vorherrschen, und in Ländern, in denen Stakeholder-Modell vorherrschen, wie Japan sowie, traditionell, Deutschland (siehe *Kapitel 4.2*) hervorgehoben. Dabei wurden die folgenden Unterschiede unterstrichen:

- In den USA und im Vereinigten Königreich werden die finanziellen Grundlagen der Bewertung betont. Dies geht Hand in Hand mit einer weitverbreiteten Nutzung des DCF als finanzieller Basis der Bewertung. In einer Reihe von über einen Zeitraum von zehn Jahren durchgeführten Studien gaben 100 Prozent

- der in den USA befragten Manager von Unternehmen an, dass sie den DCF-Ansatz verwenden. Der betreffende Wert für das Vereinigte Königreich betrug 50 Prozent. Die verbreitete Nutzung des DCF ging überdies auch Hand in Hand mit erwarteten internen Ertragsraten geplanter Projekte. Es wurde diesbezüglich argumentiert, dass der Fokus auf die Finanzanalyse mit der Notwendigkeit der Erfüllung der Erwartungen der Finanzmärkte sowie insbesondere dem Druck auf die kurzfristigen Ergebnisse verbunden war, der sich in den USA und im UK aus den Geschäftsbeziehungen mit institutionellen Anlegern ergab.
- In Japan und Deutschland wurden umfassendere Grundlagen der strategischen Bewertung sowie die Bedeutung einer langfristig tragfähigen und sicheren Marktpositionierung betont. Hier war die Popularität des DCF deutlich geringer: In Deutschland belief sie sich auf 28 Prozent und in Japan auf 18 Prozent. Andere Analysemethoden, wie die Amortisierung und die Verzinsung des eingesetzten Kapitals (ROCE, Return on Capital Employed) wurden stärker eingesetzt und die Renditeerwartungen waren niedriger, flexibler sowie, im Falle Japans, nicht so betont. All dies kann unter Umständen auf die engeren Beziehungen von Unternehmen zu Finanzinstitutionen (z.B. Banken) oder (im Falle Deutschlands) das vermehrte Auftreten von Familienunternehmen zurückzuführen sein, die eine längerfristige Perspektive unterstützen sowie die Bedrohung durch Übernahmen bzw. den Druck im Hinblick auf die kurzfristigen Ergebnisse reduzieren. Unter Umständen war die Betonung eines umfassenderen strategischen Ansatzes auch dafür verantwortlich, dass die hochentwickelteren Methoden der finanziellen Prüfung nicht so stark im Fokus standen.

Der Nachweis, dass Erklärungen tatsächlich im Unternehmensführungsmodell zu finden sind, scheint in Deutschland erbracht zu werden, wo es zu Veränderungen kommt. Familienunternehmen sind hier weiterhin weit verbreitet. In diesen Unternehmen scheint es im Laufe der Zeit nur geringe Veränderungen im Hinblick auf die SIE-Analyse zu geben. Hier werden die Amortisierung und ROCE mit niedrigeren Zielrenditen und längeren Zeitrahmen von 5/7 Jahren verglichen mit 2/3 Jahren in den USA und im UK bevorzugt. Allerdings hat es in den börsennotierten Unternehmen in Deutschland eine Verschiebung zu Gunsten des US-amerikanischen/britischen Ansatzes gegeben.

Barwise, Marsh und Wensley argumentierten, dass es eigentlich keinen Konflikt zwischen einer finanziellen und einer strategischen Ausrichtung geben sollte: Eine gute Finanzanalyse ergänzt eine gute Strategieanalyse und steht nicht im Widerspruch zu ihr, sofern in die Finanzanalyse Annahmen über Märkte und Grundlagen eines nachhaltigen Wettbewerbsvorteils eingebaut sind. Somit sollte die Finanzanalyse eher die Funktion haben, derartige Schlüsselaspekte zu unterstreichen, als sie zu verdecken.

Quellen: C. Carr, „Are German, Japanese and Anglo-Saxon strategic decision styles still divergent in the context of globalisation?“, *Journal of Management Studies*, Band 42, Nr. 6 (2005), S. 1155–1188; P. Barwise, P. Marsh und P. Wensley, „Must finance and strategy clash?“ *Harvard Business Review*, September–Oktober (1989), S. 85–90.

Kontrollfragen

1. Welche Argumente bestehen für die Bewertung der strategischen Optionen unter Betonung
   a. finanzieller Grundlagen der Bewertung,
   b. umfassender strategischer Grundlagen der Bewertung?
2. Welche Arten von Entscheidungen eignen sich besser für die finanzielle Bewertung und welche Art erfordert unter Umständen umfassendere strategische Formen der Bewertung

Z U S A M M E N F A S S U N G

- Die Leistung kann sowohl im Hinblick auf die *wirtschaftliche* Leistung als auch im Hinblick auf die organisationale *Leistungsfähigkeit* insgesamt bewertet werden.
- Die *Lückenanalyse* zeigt auf, inwieweit die erzielte oder prognostizierte Leistung von der gewünschten Leistung abweicht und welchen Umfang die strategischen Initiativen zum Schließen der Lücke haben müssen.
- Strategien können nach den drei SAFe-Kriterien der *Nachhaltigkeit* im Hinblick auf organisationale Chancen und Risiken, der *Akzeptabilität* für wichtige Interessengruppen und der *Machbarkeit* im Hinblick auf die Kapazität für die Umsetzung bewertet werden.

Z U S A M M E N F A S S U N G

Aufgaben

*Kennzeichnet schwierigere Aufgaben.
**Kennzeichnet Fälle in diesem Buch.

11.1. Bestimmen Sie ein börsennotiertes Unternehmen (beispielsweise ein Unternehmen, für das Sie gern arbeiten würden) und bewerten Sie dessen Aktienkursergebnis über die Zeit im Vergleich mit den entsprechenden nationalen Aktienpreisindizes (z.B. dem S&P 500 für die USA, CAC 40 für Frankreich oder dem FTSE 100 für das Vereinigte Königreich) und mit vergleichbaren Wettbewerbern. (Webseiten wie Yahoo Finance oder MSN Money stellen die relevanten Daten kostenfrei zur Verfügung.)

11.2. Führen Sie eine Ranking-Analyse für EasySolution, Aids Alliance** oder eine der in *Beispiel 11.2* dargestellten Organisation ähnlichen Organisation Ihrer Wahl durch.

11.3. Führen Sie mit Hilfe der Kriterien der Tauglichkeit, Akzeptabilität und Machbarkeit eine Bewertung der strategischen Optionen durch, die für EasySolution, die AIDS Alliance**, mexikanische NTOs**, HomeCo* oder eine Organisation Ihrer Wahl bestehen könnten.

11.4. Führen Sie eine Risikobeurteilung für die Bewertung der strategischen Optionen einer Organisation Ihrer Wahl durch.

11.5. Verfassen Sie einen Executive Report, in dem Sie darstellen, in welcher Verbindung die Finanzierungsquellen mit der Art der Branche und den Strategietypen stehen, die eine Organisation verfolgt.

* **11.6.** Bewerten Sie mit Hilfe von Beispielen aus Ihren Antworten auf die oben stehenden Aufgaben die Aussage kritisch, dass „die strategische Wahl letztlich hochgradig subjektiv ist und das gefährlich ist anzunehmen, dass in der Realität Analysemethoden diese Situation jemals verändern werden". Verwenden Sie dazu auch den Kommentar am Ende von *Teil II* dieses Buchs.

Integrative Aufgabe

***11.7** Erklären Sie, wie die Erfolgskriterien für private und öffentliche Organisationen voneinander abweichen können. Zeigen Sie, wie dies sowohl zur Art und Weise des Unternehmensumfelds (*Kapitel 2*) als auch zu den Erwartungen der Interessengruppen (*Kapitel 4*) in Bezug zu setzen ist.

Literaturempfehlungen

- Zur weiteren Vertiefung bieten sich eines oder mehrere Standardlehrwerke zur Finanzwissenschaft an, zum Beispiel: G. Arnold, „Corporate Financial Management", 5. Auflage, *Financial Times Prentice Hall*, 2012; P. Atrill, „Financial Management for Decision Makers", 6. Auflage, *Financial Times Prentice Hall*, 2011.
- Ein klassisches Werk, in dem die Beziehung zwischen finanziellen Ansätzen zur Bewertung und „strategischen" Ansätzen betrachtet wird, bietet P. Barwise, P. Marsh und R. Wensley, „Must finance and strategy clash?", *Harvard Business Review*, September–Oktober (1989), S. 85–90.

Fallstudie
EasySolution

Quelle: © Sebastian Duda. *Shutterstock.com*, AL1122509

Die Geschäftsidee

Während Camilla Oxley an der Universität Oxford an ihrer Doktorarbeit in Biochemie arbeitete, gab es eine Sache, die sie immer ärgerte: Jeden Tag verschwendete sie ungefähr 20 Minuten mit der manuellen Herstellung der „Pufferlösungen", mit denen sie ihre Experimente durchführen würde.

Sie berechnete, dass diese monotone und langweilige Tätigkeit während ihres Promotionsstudiums insgesamt ungefähr 500 Stunden in Anspruch nehmen würde.

Allerdings waren Pufferlösungen für ihre Forschungsarbeit – sowie die von ungefähr 150.000 Laborforschungsgruppen allein im Vereinigten Königreich und den USA – von absolut entscheidender Bedeutung. Pufferlösungen umfassen die Herstellung verschiedener Mischungen von flüssigen Chemikalien, die bei einer bestimmten Temperatur einen genauen pH-Wert (ein Basen-Säuren-Gleichgewicht) haben müssen. Damit das Experiment zuverlässig ist, müssen diese Mischungen absolut genau sein. Eine falsche Mischung kann zur Entsorgung von Chemikalien mit einem Wert von bis zu ungefähr £ 100 (EUR 110) pro Liter führen. Aufgrund der Eintönigkeit der täglichen Herstellung erstellen Forscher mitunter große Bestände der Pufferlösung, die sich allerdings im Laufe der Zeit verschlechterten und damit die Zuverlässigkeit der experimentellen Arbeit vieler Wochen gefährdeten.

Camilla war der Meinung, dass der eintönige Prozess der Herstellung von Pufferlösung in einer Maschine automatisiert werden sollte. Schließlich unterstützen Computer auch die Automatisierung anderer Elemente des experimentellen Prozesses. Die durchschnittliche Anzahl der pro Tag von den Forschern durchgeführten Experimente hatte sich über die vergangenen Jahre verdreifacht. Dabei erwies sich die manuelle Herstellung der Pufferlösung als Engstelle.

Camilla erwähnte ihre Idee der Automatisierung gegenüber Jochen Klingelhoefer, einem Kommilitonen im Promotionsstudiengang Biochemie. Jochen verfügte über Erfahrungen in den Bereichen Elektrotechnik und technische Beratung und war überdies an der Gruppe junger Unternehmer an der Oxford University beteiligt. Er wusste, dass im März 2009 der Geschäftsideenwettbewerb der Universität, Idea Idol, anstand. Die beiden taten sich zusammen und erstellten eine kurze zweiminütige „Aufzugpräsentation" für ein Gerät zur automatischen Herstellung von Pufferlösungen mit dem Namen EasySolution. Im Wettbewerb setzte sich EasySolution gegen anfänglich mehr als einhundert Wettbewerber durch und gewann den „Idea Idol"-Wettbewerb 2009.

Nach dem Erfolg bei „Idea Idol" setzte sich der Erfolg von EasySolution lawinenartig fort. Der Preis war mit £ 7.500 dotiert. Zusätzlich gab es eine kostenfreie Beratung durch eine lokale Rechtsanwaltskanzlei im Wert von £ 2.000. Überdies zog der Erfolg von EasySolution auch die Aufmerksamkeit von zwei MBA-Studenten der Said Business School auf sich: Ville Lehtonen, mit einem Master of Science in Informatik und Erfahrung im Bereich Produktmanagement, dem Verkauf zwischen Unternehmen und Private Equity, sowie Andrew Hunt, mit einem Abschluss in klassischen Sprachen und preisgekrönten Erfahrungen im Bereich Marketing. Mit Ville als Chief Executive Officer, Jochen als Chief Technology Officer, Andrew als Director for Business Development und Camilla als Chief Science Officer gründeten die vier ein zu gleichen Teilen in ihrem Besitz befindliches neues Unternehmen, LabMinds Ltd, um EasySolution auf den Markt zu bringen.

Der Geschäftsplan

Die vier begannen mit der Arbeit an einem Geschäftsplan für das neue Unternehmen, der letztlich im September 2009 einer Gruppe „Business Angels" (Investoren für die Frühphase der Unternehmensentwicklung) vorgestellt werden sollte. Eine Befragung von 200 potenziellen Nutzern an der Universität Oxford in Verbindung mit Gesprächen mit Produktentwicklungsunternehmen trug zur Weiterentwicklung der ursprünglichen Produktidee bei.

Tabelle 1

Produktpreise und -kosten

	Umsatz	Wartung
Erlöse	£ 9.900	£ 1.500
Produktionskosten	– £ 3.000	–
Lieferung	– £ 750	–
Service	–	– £ 300
Ersatz	–	– £ 120
MwSt. (15 %)	– £ 814	– £ 141
Provision (20 %)	– £ 1.085	– £ 188
Bruttoertrag	£ 4.341	£ 751
Gewinnmarge	43,5 %	50,1 %

EasySolution wurde nunmehr als Maschine definiert, die genaue Mischungen von Lösungen mit exakten pH-Werten bei bestimmten Temperaturen gemäß den per Internet, Intranet oder Touchscreen übermittelten Aufträgen herstellen konnte. Die Herstellung von Lösungen würde eine Minute dauern und der genaue Inhalt, die Herstellungszeit sowie der Name des Herstellers würden in einem für den Laborleiter zugänglichen Protokolleintrag erfasst werden. Der geplante Preis für eine Maschine betrug £ 9.900 (circa € 11.000) und lag damit knapp unter dem Preisniveau, bei dem an Universitäten normalerweise komplexe Einkaufsverfahren ausgelöst werden. Überdies würde es, im Einklang mit den für vergleichbare Laborgeräte gezahlten Sätzen, eine Wartungsgebühr von 15 Prozent für das

Gerät geben (siehe *Tabelle 1*). Die einzigen ähnlichen Maschinen waren typischerweise viel größer: So stellte beispielsweise das amerikanische Großunternehmen für Wissenschaftsprodukte Millipore Systeme her, die Lösungen ab 100 Liter produzierten – verglichen mit der Menge von ca. 1 Liter bei EasySolution. Der einzige Ersatz lag im Kauf von Standardpufferlösungen von großen Wissenschaftslieferanten. Das war allerdings häufig teuer (ab £ 20) und erforderte eine Bestellung erheblich im Voraus.

Der Geschäftsplan sah die Entwicklung der Kernmaschine der EasySolution in fünf Schlüsselphasen vor (siehe *Tabelle 2*). Die erste Phase sollte einer durch das Gründungsteam selbst bzw. Freunde und Verwandte sowie, hoffentlich, Zuschüsse durch verschiedene staatliche Programme zur Unterstützung neuer Unternehmen finanzierten Machbarkeitsstudie vorbehalten sein. Die Machbarkeitsstudie, die Entwicklung und Prototypenfertigung würden durch die Spezialunternehmen DC Allen und Design Technology Ltd übernommen werden. Die Entwicklungsarbeit sollte in Phase 2 vor der Produktion sowie der Einführung des Kernprodukts EasySolution in Phase 3 fortgeführt werden. Phase 4 stellt das weitere Wachstum des Unternehmens letztlich bis zum Austritt dar. Der Austritt sollte in Form eines Verkaufs an ein großes Pharmazie- oder Wissenschaftsausrüstungsunternehmen bzw. an Investoren im Allgemeinen durch einen Börsengang erfolgen. Der Geschäftsplan verwies auf den Erfolg früherer Start-up-Unternehmen auf dem Markt für spezialisierte Wissenschaftsprodukte, wie Harvard Bioscience und Perkin Elmer, die Exit-Bewertungen auf der Grundlage des 14- bzw. 17-Fachen des Nettogewinns erzielten.

Tabelle 2

Vorgeschlagene Entwicklungsphasen von LabMinds

Phase 1 (Monat 1)	Das Entwicklungsunternehmen DC Allen führt eine Machbarkeitsstudie durch, um nicht nur die beste Möglichkeit zur Schaffung des ganzen Systems (auf der Grundlage der Produktspezifikation von LabMinds), sondern auch die einfachsten Methoden für die Kernpatente zu entwickeln. Die beiden (wahrscheinlich in der Produktbeschreibung beschriebenen) Kernpatente werden in dieser Phase angemeldet. Finanzierungsbedarf: ungefähr £ 30.000
Phase 2 (Monate 2–7)	Auf einer Ebene geschaffene Grundsatzbeweise, auf der das System potenziellen Kunden demonstriert werden kann, um die Pre-Sales-Bemühungen zu unterstützen. Das offizielle Ziel besteht darin, jede Lösung bei jeder Kombination aus Temperatur und pH-Wert herstellen und die Sterilität der Maschine nachweisen zu können. Finanzierungsbedarf: ungefähr £ 150.000
Phase 3 (Monate 8–19)	Vorbereitung der Produktion. Während dieser Phase werden alle notwendigen Zertifizierungen (Charakter des Produktes und Zielmarkt benötigt eine eher große Produktpalette) eingeholt. Parallel dazu wird alles für die Massenproduktion eingerichtet und die ästhetischen Aspekte des Produkts werden abgeschlossen. Finanzierungsbedarf: ungefähr £ 500.000
Phase 4 (Unbekannt)	Laufender Betrieb mit mittlerweile klar umgesetztem Verkauf und Marketing. Finanzierungsbedarf: ungefähr £ 1.000.000 im Wesentlichen zur Unterstützung der Verkaufs- und Betriebsbemühungen
Phase 5	Austritt

In *Tabelle 3* werden die den Investoren vorgestellten Finanzprognosen zusammengefasst. Wie oben dargestellt würden sich die Aktivitäten im ersten Jahr hauptsächlich auf die Entwicklung und Investition konzentrieren. Der Verkauf sollte erst im zweiten Jahr (Phase) mit 350 verkauften Einheiten beginnen. Bis zum dritten Jahr sollten der Absatz der Maschinen £ 15 Millionen erreichen und erhebliche zusätzliche Erlöse in Höhe von £ 1,65 Millionen aus der Wartung erzielt werden. Produktion und Wartung sollten dabei an Spezialunternehmen ausgelagert werden. Nach Produktions-, Liefer- und Wartungskosten erwartete LabCosts einen Rohertrag von mehr als £ 7 Millionen im dritten Jahr.

Die Nettogewinne in *Tabelle 3* folgten nach erheblichen Betriebs- (OPEX) und Investitions- (CAPEX-) Ausgaben. Die im ersten Jahr geplanten Betriebsausgaben beinhalteten bescheidene Gehälter für das Managementteam, Bürokosten, Reisekosten und Marketingaufwendungen. Im zweiten Jahr sollten Betriebsausgaben mit der Einstellung eines Finanzvorstands, eines Büroleiters, eines Softwareteams sowie dem Aufbau eines professionellen Verkaufsteams für die USA sowie das Vereinigte Königreich erheblich ansteigen. Die Investitionsausgaben waren weiter nach vorn verlegt. Die Pläne im ersten Jahr umfassten mehr als £ 400.000 für die Bezahlung der Produktentwicklungsunternehmen DC Allen und Design Technology International Ltd. sowie weitere £ 21.000 für den Aufbau einer Patentfamilie, mit der das geistige Eigentum von LabMinds geschützt werden sollte. Im Geschäftsplan werden anhaltende Investitionsausgaben für die Produktentwicklung und Patente für das zweite Jahr, allerdings mit einer geringeren Geschwindigkeit prognostiziert. Die CAPEX sollten im dritten Jahr im Zuge der Entwicklung weiterer ergänzender Maschinen wieder ansteigen.

Tabelle 3

Erlös-, Gewinn- und Investitionsprognosen für LabMinds

(000)	Jahr 1	Jahr 2	Jahr 3
Verkaufseinheiten	0	350	1500
Umsatzerlöse		£ 3.496	£ 14.985
Wartungserlöse		£ 263	£ 1.650
Bruttogewinn		£ 1.653	£ 7.345
OPEX	–£ 211	–£ 1.166	–£ 2.000
CAPEX	–£ 432	–£ 271	–£ 500
Nettogewinn	–£ 643	£ 216	£ 4.845
Investition	£ 650	£ 1.000	
Staat	£ 270	£ 126	
Fremdfinanzierung	£ 25	£ 200	
Gründungskapital	£ 10		

Die Finanzierung für die ersten Jahre sollte aus verschiedenen Quellen kommen. Die Gründer selbst würden anfänglich £ 15.000 beisteuern und Wandelanleihen für weitere £ 25.000 begeben. (Eine Wandelanleihe gibt dem Darlehensgeber die Option, die Schulden in Eigenkapital umzuwandeln.) Verschiedene staatliche Unterstützungsprogramme sollten erhebliche Beiträge leisten. Außerdem sollte ein Berater mit der Unterstützung bei der Erstellung von Zuschussanträgen beauftragt werden. Die wichtigsten Finanzquellen sollten allerdings Business Angels und ähnliche Investoren sein, wobei es im ersten Jahr zwei Investitionsrunden sowie eine dritte erhebliche Runde (£ 1 Million) im zweiten Jahr geben sollte. Die Investoren in den ersten beiden Runden sollten ungefähr 40 bis 50 Prozent des Aktienkapitals erwerben, während der Investor in der dritten und größten Runde knapp unter 10 Prozent des Aktienkapitals erhalten sollte. Am Ende des zweiten Jahres sollten zusätzliche Mitarbeiter und Berater weitere ungefähr zehn Prozent des Kapitals halten. Der Geschäftsplan sah zu diesem Zeitpunkt vor, dass die vier ursprünglichen Gründer noch 25 bis 30 Prozent des mit circa 10 Millionen bewerteten Unternehmens halten sollten.

Den Investoren wurde Zugang zu einem potenziell riesigen Markt angeboten. Das Team von LabMinds schätzte den potenziellen Gesamtmarkt für die EasySolutions-Maschinen im Vereinigten Königreich und den USA allein auf ungefähr £ 1,0 Milliarde ein. Die jährlichen Wartungserlöse für diesen Markt könnten £ 150 Millionen erreichen. Und die Labore bildeten dabei nicht den einzigen potenziellen Markt. Der Geschäftsplan zeigte auch auf, dass für die grundlegende Technologie andere Anwendungen gefunden werden können, wie beispielsweise bei der Kaffeeherstellung oder der Zubereitung von Cocktails für Bars. LabMinds hatte viele Vorteile.

Kontrollfragen

1. Es sei angenommen, Sie sind ein potenzieller Investor, der eine kurze Präsentation des EasySolution-Teams auf der Grundlage des Geschäftsplans 2009 hört. Welche Fragen würden Sie unter Verwendung des SAFe-Rahmens mit dem Team im Hinblick auf die folgenden Aspekte erörtern?
   a. Tauglichkeit
   b. Akzeptabilität
   c. Machbarkeit
2. An welcher Investitionsrunde würden Sie sich lieber beteiligen, wenn Sie Interesse an einer Investition in EasySolutions haben? Warum?

Strategieentwicklungsprozesse

12

ÜBERBLICK

Lernziele

Nach der Lektüre dieses Kapitels sollten Sie in der Lage sein,

- zu erklären, was unter *intendierter* und *emergenter* Strategieentwicklung zu verstehen ist.
- intendierte Prozesse der Strategieentwicklung in Organisationen zu identifizieren; dazu gehören die Rolle von Vision und Anordnung, strategische Planungssysteme und von außen aufgezwungene Strategien.
- emergente Prozesse der Strategieentwicklung zu identifizieren, etwa logischen Inkrementalismus, Ressourcenallokationsprozesse, kulturelle Prozesse und organisationale Politik.
- zu berücksichtigen, dass unterschiedliche Prozesse der Strategieentwicklung in *vielen Formen* und *unterschiedlichen Zusammenhängen* vorgefunden werden können.
- einige der Themen zu erklären, denen Manager bei der Strategieentwicklung begegnen. Zu diesen gehören die Herausforderung, *intendierte* und *realisierte Strategien* zu steuern, die Entwicklung der *lernenden Organisation* und Strategieentwicklung unter *unsicheren* und *komplexen Bedingungen*.

12.1 Einführung

Zentrales Thema von *Teil I* und *II* war es, wie strategische Akteure die strategische Position ihrer Organisation verstehen und welche strategischen Wahlmöglichkeiten zur Verfügung stehen. Dieses Kapitel behandelt nun die Frage, *wie sich Strategien entwickeln,* oder genauer, welche allgemeinen Prozesse zu organisationalen Strategien führen (in *Kapitel 15* wird detailliert erläutert, welche Mitarbeiter in diese Prozesse involviert sind, was sie bei der Entwicklung von Strategien tun und welche Methoden angewandt werden).

Es gibt zwei generelle Erklärungen der Strategieentwicklung, die sich allerdings nicht gegenseitig ausschließen. Die erste hängt mit der Idee der *intendierten Strategie* zusammen: Strategien sind das Ergebnis sorgfältiger Überlegungen, die normalerweise mit Entscheidungen des Topmanagements verknüpft sind. Dies ist auch mit der Vorstellung verbunden, dass Strategien mithilfe der in diesem Buch erläuterten Konzepte und Werkzeuge entwickelt werden. Diese Erklärung wird manchmal auch als *rationale/analytische Sicht* der Strategieentwicklung bezeichnet oder, wie in den Kommentaren dieses Buchs, als *Gestaltungsperspektive* der Strategieentwicklung. Die zweite Erklärung ist die der *emergenten Strategie*: Strategien entwickeln sich nicht auf der Grundlage eines umfassenden Plans, sondern kommen im Laufe der Zeit in Organisationen auf. Die in den Kommentaren dargestellte Diskussion über die Erfahrungen, Ideen und Diskursperspektiven beziehen sich auf diese Erklärung. Dieses Kapitel ist entsprechend dieser zwei Ansichten, der intendierten und emergenten Strategien, strukturiert. *Abbildung 12.1* erläutert die Struktur des Kapitels:

Abbildung 12.1: Strategieentwicklungsprozesse

- Der erste Kapitel (*12.2*) befasst sich mit intendierter Strategie. Zuerst wird erklärt, wie Strategien das Resultat der *Vision, Führung oder „Anordnung“* von Einzelpersonen sein können. Dann wird erörtert, wie formelle *Planungssysteme* in Organisationen aussehen können und welche Rolle sie spielen. Der Abschnitt endet mit der Darstellung, wie Strategien von außen *aufgezwungen* werden können.
- Im zweiten Abschnitt des Kapitels (*12.3*) geht es darum, wie Strategien in Organisationen emergent werden. Den unterschiedlichen Erklärungen ist gemeinsam, dass sie Strategieentwicklung nicht als eine besondere und abgetrennte organisationale Aktivität sehen, sondern dass sich Strategien aus alltäglichen und routinemäßigen Abläufen der Organisation entwickeln. Der Abschnitt beginnt mit der Erläuterung des *logischen Inkrementalismus*. Dann wird erklärt, wie Strategien das Ergebnis von *Ressourcenallokationsprozessen* sein könnten. Auch der Einfluss *kultureller Prozesse* in Organisationen und ihre *politischen Prozesse* werden erläutert.
- *Kapitel 12.4* zeigt auf, dass diese unterschiedlichen Erklärungen der Strategieentwicklung nicht als unabhängig oder sich gegenseitig ausschließend angesehen werden sollten. In der Tat können sie alle in unterschiedlichem Ausmaß oder zu unterschiedlichen Zeiten und in unterschiedlichen Zusammenhängen in Organisationen zutreffen. Es gibt jedoch *Muster der Strategieentwicklung*, die in diesem Abschnitt erläutert werden.
- Im letzten Abschnitt des Kapitels (*12.5*) werden *Implikationen für das Management der Strategieentwicklung* aufgezeigt, zu denen die folgenden gehören:
  - die Unterscheidung zwischen *intendierter* und *realisierter* Strategie und die sich ergebenden Implikationen für das Management der Strategieentwicklung,
  - die Herausforderung, eine *lernende Organisation* zu entwickeln,
  - wie unterschiedliche Herangehensweisen an die Strategieentwicklung mehr oder weniger gut für *stabile, dynamische oder komplexe* Umgebungen geeignet sind.

12.2 Intendierte Strategieentwicklung

Intendierte Strategie

Die intendierte Strategie bezeichnet die von Managern gewünschte Strategie, die bewusst formuliert und geplant wurde.

Die **intendierte Strategie** bezeichnet eine von Managern gewünschte Strategie, die bewusst formuliert und geplant wurde. Ihre Entstehung kann auch mit dem Einsatz der in diesem Buch erläuterten Werkzeuge, Techniken und Rahmenbedingungen für strategische Analyse und Evaluation verbunden sein. Diese können in strategischen Planungssystemen, den Ansichten einzelner strategischer Führer oder Gruppen von Managern über die Strategie ihrer Organisation zur Geltung kommen (siehe *Kapitel 15*).

12.2.1 Strategieentwicklung durch strategische Führung: die Rolle von Vision und Anordnung

Strategieentwicklung kann eng mit einem strategischen Führer verknüpft sein, also einer Einzelperson (oder einer kleinen Gruppe von Personen), von denen die Strategie abzuhängen scheint. Es handelt sich dabei um Personen, deren Persönlichkeit, Position oder Reputation dazu führen, dass andere sich ihnen bereitwillig unterordnen und ihnen die Strategieentwicklung überlassen. Sie werden daher persönlich mit der Strategie der Organisation identifiziert und sind zentral für sie. Eine solche Einzelperson kann zentral sein, weil es sich dabei um den Inhaber oder Gründer der Organisation handelt. Dies ist oft in kleinen Unternehmen oder Familienunternehmen der Fall, die auch groß und erfolgreich sein können. Es kann auch sein, dass eine Person selbst nach dem Börsengang eines Unternehmens zentral bleibt. Dies ist bei Charles Dunston von Carphone Warehouse oder Rupert Murdoch von der NewsCorp der Fall. Oder ein Firmenchef hat ein Unternehmen in schwierigen Zeiten saniert und personifiziert deshalb den Erfolg der Unternehmensstrategie, wie es bei Michael O'Leary von Ryanair der Fall ist. Oder aber das persönliche Netzwerk eines Individuums in einer Industrie oder einem Organisationsbereich wird als besonders bedeutend angesehen.[1]

In jedem dieser Fälle scheint die Strategie Ergebnis der reiflich durchdachten Intention dieser Führungspersönlichkeit zu sein oder wird zumindest als dieses angesehen. Die Entstehung einer solchen Intention kann wie folgt erklärt werden:

- *Strategische Führung als Gestaltung.* Es könnte sein, dass der strategische Führer die Strategie analytisch durchdacht hat. Dies kann mithilfe der Techniken geschehen, die mit strategischer Analyse und Bewertung assoziiert werden, aber er kann einfach auch nur bewusst, systematisch und auf Grundlage seiner Logik die Themen, denen sich die Organisation gegenübersieht, durchgearbeitet haben und zu seinen eigenen Schlussfolgerungen gelangt sein.
- *Strategische Führung als Vision.* Es kann sein, dass ein strategischer Führer eine allgemeine Vision, Mission oder strategische Intention (siehe *Kapitel 4.5.2*) festlegt oder damit assoziiert wird, die andere motiviert, von allen geteilte Überzeugungen schafft, die eine effektive Zusammenarbeit ermöglichen, und die detaillierte Ausge-

1 Es gibt Hinweise darauf, dass das soziale Netwerk von Führern sowohl mit einer höheren Leistung als auch mit ihrem persönlichen Ruf verbunden ist. Siehe A. Mehra, A. L. Dixon, D. Brass und B. Robertson, „The social network ties of group leaders: implications for group performance and leader reputation", *Organization Science*, Band 17, Nr. 1 (2006), S. 64–79.

staltung der Strategie durch andere in der Organisation prägt. Einige Autoren sehen dies als die *wichtigste* Rolle eines strategischen Führers.[2]

- *Strategische Führung als Anordnung.* Die Strategie einer Organisation kann auch durch einen Einzelnen bestimmt werden. Dies ist vielleicht in inhabergeführten kleinen Unternehmen am offenkundigsten, wo dieser Einzelne alle Aspekte des Unternehmens direkt steuert und kontrolliert. Danny Miller und Isabel Le-Breton weisen darauf hin, dass dies Vor- und Nachteile mit sich bringt. Als positiv kann gesehen werden, dass strategische Anpassungen schnell vorgenommen werden können. Auch können „präzise, innovative, unorthodoxe Strategien durchgesetzt werden, die von anderen nur schwer imitiert werden können". Zu den Kehrseiten gehören dagegen „Überheblichkeit, exzessive Risikobereitschaft und schrullige, irrelevante Strategien".[3] *Beispiel 12.1* zeigt auf, wie strategische Führer unterschiedliche Strategieaspekte in ihren Organisationen beeinflusst haben.

Beispiel 12.1 Der Einfluss strategischer Leiter

Gründer und leitende Angestellter haben eine tiefgreifende Wirkung auf die Strategie einer Organisation.

Auf Steuerung und Unternehmensziel

In einem Interview sagte Paul Polman, der Vorstandsvorsitzende von Unilever[1]:

> *„Ich denke nicht, dass unsere Treuepflicht darin besteht, unsere Aktionäre an die erste Stelle zu setzen. Ich würde das Gegenteil behaupten. Wir sind fest davon überzeugt, dass wir, wenn wir unser Unternehmen auf die Verbesserung des Lebens der Menschen dieser Welt konzentrieren und wahrhaftig nachhaltige Lösungen entwickeln, stärker im Einklang mit unseren Kunden und der Gesellschaft stehen und dass dies ultimativ zu guten Renditen für die Aktionäre führt. Warum sollte man denn in ein Unternehmen investieren, das nicht mit den Bedürfnissen der Gesellschaft im Einklang steht, das seine soziale Verantwortung in seiner Wertschöpfungskette nicht ernst nimmt, das die Kosten von Externalitäten oder seine negativen Externalitäten auf die Gesellschaft nicht berücksichtigt? … Historisch haben zu viele Führungskräfte einfach nur auf die Aktionäre reagiert, als aktiv die richtigen Aktionäre zu suchen. … Die meisten Vorstandsvorsitzenden besuchen ihre existierenden Aktionäre, wir besuchen allerdings diejenigen, die wir noch gar nicht haben."*

Polman hat den von Hedgefonds gehaltenen Anteil an Unilever-Aktien von 15 Prozent im Jahr 2009 bis zum Jahr 2012 auf weniger als 5 Prozent reduziert.

2 Siehe z.B. W. Bennis und B. Nanus, „The Strategies for taking Charge", *Harper & Row*, 1985; und J. Collins und J. Porras, „Built to Last: Successful Habits of Visionary Companies", *Harper Business*, 2002.

3 Die Rolle des Kommandostils in kleinen Unternehmen wird in „Management insights from great and struggling family businesses" von D. Miller und I. Le Breton-Miller, „Long Range Planning", Band 38 (2005), S. 517–530, diskutiert. Die Zitate hier stammen von S. 519.

Auf den Fokus der Strategie[2]

„Es hat zehn Jahre gedauert, bis Amazon.com einen Gewinn erwirtschaftet hat, aber während dieser Phase hat der Gründer und CEO des Unternehmens, Jeff Bezos, darauf bestanden, dass seine kundenzentrierten Strategien solide waren und dass damit langfristig Stärke und Erfolg für das Unternehmen aufgebaut werden würde."

Jeff Bezos behauptete:

„Wenn es einen Grund gibt, aus dem es uns über die letzten sechs Jahre besser gelungen ist als unseren Wettbewerbern im Bereich des Internets, ist es, dass wir uns völlig auf das Kundenerlebnis konzentriert haben. Und ich denke, dass das wirklich in jedem Unternehmen etwas ausmacht. Es spielt zumindest online ganz bestimmt eine Rolle, wo Mundpropaganda sehr, sehr wichtig ist."

Auf die Vision für die Zukunft[2]

Zitate von einem der berühmtesten Marktführer im Bereich Fastfood offenbaren, was Ray Kroc dachte, als er McDonald's aufbaute:

„In dieser Nacht (im Jahr 1954) habe ich in meinem Motelzimmer viel darüber nachgegrübelt, was ich während des Tages gesehen hatte. Und vor meinem inneren Auge zogen Visionen von McDonald's Restaurants an Straßenkreuzungen vorbei."

„Die McDonald Brüder lagen einfach nicht auf einer Wellenlänge mit mir. Ich war davon besessen, McDonald's zum größten und besten zu machen. Sie waren allerdings zufrieden mit dem, was sie hatten: sie wollten sich nicht mit noch mehr Risiken und mehr Forderungen belasten."

Auf das Portfolio eines Unternehmens

Als Mike Jackson Vorstandsvorsitzender des Autohändlers AutoNation wurde, verkauft die Autoindustrie bis zu 17 Millionen Fahrzeuge pro Jahr. Aber aufgrund der hohen Fixkosten wurde er mit der Frage konfrontiert, was passieren würde, wenn sich die wirtschaftliche Lage ändern würde. Bei der ersten Vorstandssitzung gab er deshalb seinen Wunsch bekannt, ein Geschäftsmodell zu finden, mit dem AutoNation die Gewinnzone erreichen würde, selbst wenn die Autobranche nur noch 10 Millionen Fahrzeuge absetzt: „Alle haben mich angestarrt, als hätte ich sechs Köpfe", erinnert er sich. „Schließlich kamen wir zu der Schlussfolgerung, dass es, unter anderem, zu einer Kreditkrise kommen müsste, damit die Volumina soweit sinken, da sich in unserer Branche nichts ohne Kredit bewegt. Daher sind wir aus dem Finanzierungs- und Leasinggeschäft ausgestiegen."[3]

Quellen:

[1]Jo Confino, „Guardian Professional Network", 24. April 2012.
[2]Barbara Farfan, „About.com Guide", 8. Mai 2012.
[3]D. Carey, M. Patsalos-Fox und M. Useem, „Leadership lessons for hard times", *McKinsey Quarterly*, Juli 2009.

Kontrollfragen

1. Suchen Sie andere Beispiele für den Einfluss von Gründern und Führungskräften auf die Strategie.
2. Was würden Sie noch als wichtigen Beitrag von CEOs zur Strategieentwicklung betonen?

12.2.2 Strategische Planungssysteme

Oft wird Strategieentwicklung mit formalisierten **strategischen Planungssystemen** gleichgesetzt.[4] Strategische Planung kann in Form eines systematisierten, stufenweisen, chronologischen Verfahrensprozesses ablaufen, in den verschiedene Teile der Organisation involviert sind. In einer Studie über strategische Planungssysteme großer Ölgesellschaften stellte Rob Grant[5] beispielsweise die folgenden Phasen im Planungszyklus einer großen Aktiengesellschaft fest:

Strategische Planungssysteme

Strategische Planung kann in Form eines systematisierten, stufenweisen, chronologischen Verfahrensprozesses ablaufen, welcher die Strategie einer Organisation entwickelt oder koordiniert.

- *Anfängliche Leitlinien.* Den Startpunkt eines Zyklus bilden normalerweise eine Reihe von Richtlinien oder Annahmen über die externe Umwelt (z.B. Preisniveaus und Angebots- und Nachfragebedingungen) und die allgemeinen Prioritäten, Richtlinien und Erwartungen der Konzernzentrale.
- *Planung auf Geschäftsbereichsebene.* Daraufhin entwerfen Geschäftsbereiche oder Abteilungen Strategiepläne, die der Konzernzentrale unterbreitet werden. Die Geschäftsleitung der Konzernzentrale diskutiert dann die Pläne mit den Geschäftsführern, üblicherweise in persönlichen Gesprächen. Auf der Grundlage dieser Diskussionen überarbeiten die Geschäftsbereiche ihre Pläne.
- *Planung auf Gesamtunternehmensebene.* Der Unternehmensplan resultiert aus der Aggregation der Geschäftsbereichspläne. Die Abstimmung der Teilpläne kann durch eine Planungsabteilung des Konzerns erfolgen, die eine Koordinierungsrolle übernimmt. Der Vorstand muss dem Unternehmensplan dann zustimmen.
- Daraufhin werden *finanzielle und strategische Ziele* ausgewählt, um eine Grundlage für die Überwachung der Ergebnisse der Geschäftsbereiche und wichtiger strategischer Prioritäten zu schaffen.

Beispiel 12.2 ist eine schematische Darstellung wie strategische Planung in großen multinationalen Unternehmen Gestalt annimmt. Grant beobachtete, dass einige Unternehmen formaler und reglementierter waren als andere (z.B. die französische Elf Aquitaine und die italienische ENI). Diese verließen sich mehr auf schriftliche Berichte und formale Präsentationen sowie festgelegte Planungszyklen, zeigten wenig Flexibilität und hatten spezifische Zielvorgaben in Bezug auf die formalen Pläne. Dort, wo es mehr

4 In den 1970er- und 1980er-Jahren wurden viele Bücher über formelle strategische Planungsansätze zur Strategieentwicklung geschrieben. Sie sind inzwischen weniger häufig, siehe z.B. N. Lake, „The Strategic Planning Workbook", 2. Auflage, *Kogan Page*, 2006; J.M. Bryson, „Strategic Planning for Public and Nonprofit Organizations: a guide to strengthening and sustaining organizational achievement", 3. Auflage, *Jossey-Bass*, 2005; und S. Haines, „The Systems Thinking Approach to Strategic Planning and Management", *St. Lucie Press*, 2000.

5 „Strategic planning in a turbulent environment: evidence from the oil majors" ist eine von Rob Grant durchgeführte Studie. Siehe das *Strategic Management Journal*, Band 24 (2003), S. 491–517.

Formlosigkeit/Flexibilität gab (z.B. bei BP, Texaco und Exxon) legten die Unternehmen größeres Gewicht auf allgemeine finanzielle Ziele. Die zentralen Planungsabteilungen der Unternehmen spielten ebenfalls unterschiedliche Rollen. In einigen Unternehmen agierten sie hauptsächlich als Koordinatoren von Geschäftsplänen, in anderen hatten sie eher die Rolle interner Berater.

Es muss erwähnt werden, dass wichtige strategische Entscheidungen durchaus nicht nur in solchen Planungsprozessen getroffen werden können oder deren direktes Ergebnis sind. So werden zum Beispiel Entscheidungen über Wettbewerbsstrategien auf Geschäftsbereichsebene wohl eher in Besprechungen des Managements in diesem Geschäftsbereich getroffen. Dort können die Prozesse der Strategieentwicklung den in diesem Kapitel und an anderer Stelle dieses Buchs erklärten Strategien entsprechen (siehe *Kapitel 15* und die Kommentare). Diese Entscheidungen können danach jedoch in den formalen Unternehmensplan übernommen werden.

Dennoch hat ein strategisches Planungssystem viele Einsatzmöglichkeiten. Es kann etwa eine Rolle dabei spielen, wie die künftige organisationale *Strategie bestimmt* wird. Ein Planungssystem kann zum Beispiel

- dabei *helfen, Analysen und Überlegungen* über komplexe strategische Probleme *zu strukturieren.*
- ermutigen, vorherrschende Überzeugungen, die in einer Organisation einfach als gegeben angenommen werden, *infrage zu stellen und anzufechten.*
- eine *längerfristige Sicht* der Strategie *fördern,* als dies sonst der Fall wäre. Planungshorizonte variieren selbstverständlich. In sich schnell verändernden Konsumgüterunternehmen können Jahrespläne über drei bis fünf Jahre angemessen sein. In Unternehmen mit langfristigen Kapitalinvestitionen wie beispielsweise in der Ölindustrie können Planungshorizonte bis zu 15 Jahre (bei Exxon) oder 20 Jahre (bei Shell) betragen.[6]
- *die Koordination von Strategien auf Geschäftsbereichsebene* innerhalb einer übergreifenden Unternehmensstrategie *verbessern.*

In jedem dieser Planungssysteme können die Werkzeuge und Techniken der strategischen Analyse und Entscheidungsfindung Anwendung finden, die in *Teil I* und *II* des Buchs diskutiert wurden.

Ein Planungssystem kann auch die *Umsetzung einer intendierten Strategie in organisationales Handeln* erleichtern, indem es

- die intendierte Strategie von der Zentrale an die Operationseinheiten *kommuniziert.*
- *vereinbarte Zielvorgaben oder strategische Meilensteine* bereitstellt, mit denen die Leistungsergebnisse und -fortschritte überprüft werden können.
- *Ressourcen koordiniert*, die zur Realisierung der Strategie erforderlich sind.

6 Wieder aus der Forschungsarbeit von Grant, siehe Fußnote 5.

Beispiel 12.2 Planungszyklus für ein multinationales Unternehmen

Ein Planungszyklus beschreibt, wie die Strategie zwischen dem Firmenzentrum und den Geschäftsbereichen koordiniert wird.

Beispielhafter Planungszyklus

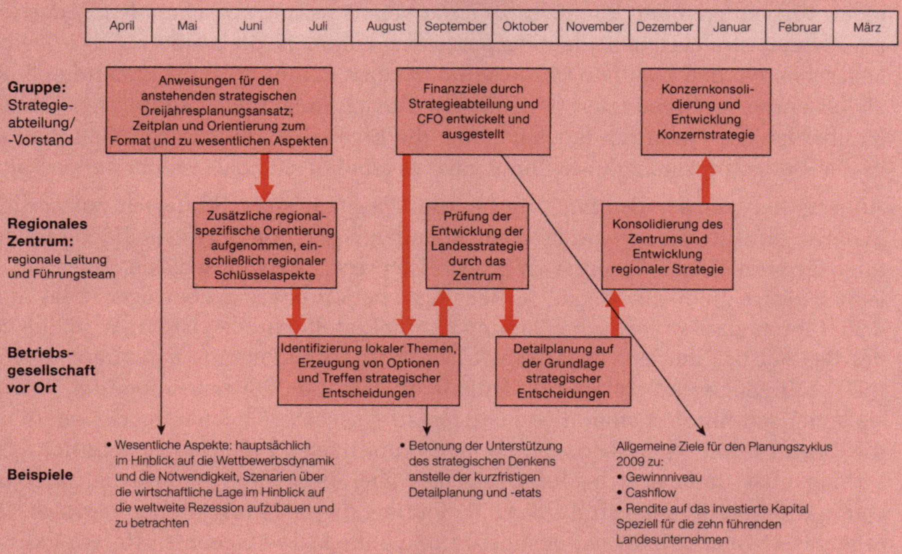

Kontrollfragen

1. Welche strategischen Fragen sind wahrscheinlich in jeder Phase und auf jeder Ebene des Planungsprozesses am wichtigsten?
2. Wie kann sich der Planungsprozess bei anderen Typen von Organisationen (z.B. lokale Regierung oder Universität) unterscheiden?
3. In welcher Beziehung stehen andere Prozesse der Strategieentwicklung in diesem Kapitel zu diesem Planungszyklus?

Ein Planungssystem kann auch *psychologisch* eine Rolle spielen, indem es

- *Mitarbeiter* in die Strategieentwicklung *involviert*, wodurch ein Engagement für die Strategie geschaffen werden kann.
- ein *Gefühl der Sicherheit* und Logik für die Organisation schafft, nicht zuletzt bei den Führungskräften, die glauben, dass sie pro-aktiv die künftige Strategie bestimmen und Kontrolle über das Schicksal der Organisation ausüben sollten.

Henry Mintzberg jedoch hat das Ausmaß infrage gestellt, in dem Planung solche Vorteile mit sich bringt.[7] Es gibt vier Risiken beim Einsatz formaler Systeme strategischer Planung:

- *Verwechseln der Strategie mit dem Plan.* Führungskräfte sehen sich selbst bereits als Manager einer Strategie, während sie sich noch im Planungsprozess befinden. Strategie ist nicht das Gleiche wie „der Plan", denn unter Strategie versteht man die langfristige Ausrichtung der Organisation und nicht nur ein schriftliches Dokument. Verbunden damit könnte es zu einer Verwechslung zwischen den *Budgetprozessen* und strategischen Planungsprozessen kommen, die beide als das Gleiche angesehen werden könnten. Das Resultat ist, dass Planung auf die Erstellung finanzieller Vorhersagen reduziert wird, anstatt die in diesem Buch diskutierten Themen zu überdenken. Natürlich ist es wichtig, die Ergebnisse der strategischen Planung in den Budgetprozess zu überführen, aber es handelt sich dabei nicht um dasselbe.
- *Abtrennung von der Realität.* Die für die Umsetzung der Strategien zuständigen Manager sind so mit den alltäglichen Abläufen beschäftigt, dass sie die Verantwortung für strategische Themen an Spezialisten oder Berater abgeben. Diese haben jedoch meist nicht die Macht, in der Organisation etwas zu bewegen. Dies kann dazu führen, dass strategische Planung zu einer intellektuellen Übung wird, die von der Realität des Betriebs abgekoppelt ist. Strategische Planung kann auch zu sehr ins Detail gehen und sich auf umfangreiche Analysen konzentrieren, die, obwohl sie technisch fundiert sind, die wichtigen strategischen Themen übersehen, denen die Organisation gegenübersteht. So ist es zum Beispiel nicht ungewöhnlich, dass Firmen über umfangreiche Informationen über ihren Markt verfügen, aber nur wenig Klarheit über die strategische Bedeutung dieser Informationen herrscht. Das Ergebnis kann eine Informationsüberflutung ohne klares Ergebnis sein. Im Extremfall können strategische Planer der Meinung sein, dass die zentral geplante Strategie determiniert, was in einer Organisation geschieht. Tatsächlich spielen jedoch die Mitarbeiter und die Erfahrungen, auf die sie zurückgreifen, eine sehr viel bedeutendere Rolle (siehe *Kapitel 12.5.1* und *Kapitel 15*). Damit formale Planungssysteme sinnvoll sind, sollten die Verantwortlichen auf diese Erfahrungen zurückgreifen und auch die Mitarbeiter der Organisation einbeziehen, damit die Planung nicht von der Realität der Organisation abgetrennt wird.
- *Mangelnde Übernahme.* Die aus den Überlegungen einer Planungsabteilung oder der höheren Führungskräfte eines Unternehmens resultierende Strategie wird nicht von einer breiten Basis im Unternehmen getragen. In einem extremen Beispiel wurde einem Kollegen, der die Strategie des Unternehmens mit dem Planungsverantwortlichen diskutierte, gesagt, dass es einen Strategieplan gebe, dass dieser aber in der Schublade des Geschäftsführers eingeschlossen sei. Nur dem Planer und einigen wenigen leitenden Angestellten war es erlaubt, Einsicht zu nehmen! Es besteht auch die Gefahr, dass der Prozess der Strategieplanung so beschwerlich ist, dass Einzelne oder Gruppen nur zu Teilen beitragen und *den Plan als Ganzes nicht verstehen.* Das kann dazu führen, dass die Strategie auf Geschäftsbereichsebene nicht mit der intendierten Unternehmensstrategie übereinstimmt. Dies kann besonders in sehr großen Unternehmen zum Problem werden.

---

7 Viele dieser Gefahren sind dem Buch von H. Mintzberg, „The Rise and Fall of Strategic Planning", *Prentice Hall*, 1994, entnommen.

- *Dämpfung von Innovationen.* Stark formalisierte und starre Planungssysteme, insbesondere wenn diese mit sehr engen und detaillierten Kontrollmechanismen verbunden sind, können zu einer unflexiblen, hierarchischen Organisation führen, wodurch Ideen erstickt und die innovative Leistungsfähigkeit gedämpft werden.

Empirische Belege darüber, inwieweit ein solch systematisches Vorgehen dazu führt, dass Organisationen bessere Leistungen erbringen als andere, sind zweifelhaft[8], nicht zuletzt deshalb, weil es schwierig ist, formale Planung als dominanten oder entscheidenden Einfluss auf die Ergebnisse zu isolieren. Es gibt jedoch Hinweise, dass dies insbesondere in einer dynamischen Umwelt vorteilhaft sein kann, wo dezentralisierte Entscheidungsbefugnisse über strategische Entscheidungen erforderlich sind, zugleich aber die Notwendigkeit besteht, die dezentral entstandenen Strategien zu koordinieren.[9]

Es gab einen Rückgang, was den Einsatz formaler Planungsabteilungen in Unternehmen[10] betrifft, sowie eine Verlagerung der Verantwortung für Strategieentwicklung und -planung auf die Führungskräfte in der Linie (siehe *Kapitel 15*). Strategische Planung vollzieht sich also mehr und mehr projektbasiert und flexibel.[11] Insofern ist die Strategieplanung nicht länger ein Vehikel für die Entwicklung einer intendierten Strategie von oben nach unten, sondern ein Vehikel für die Koordinierung emergenter Strategien (siehe *Kapitel 12.3.2* über Ressourcenallokation).

12.2.3 Von außen aufgezwungene Strategie

Es gibt Situationen, in denen Manager der Ansicht sind, dass ihnen eine Strategie von mächtigen externen Interessengruppen aufgezwungen würde. Strategien, die in solcher Weise aufgezwungen werden, können mithilfe der Analyse- und Evaluationsmethoden des rationalen/analytischen Ansatzes oder durch systematische strategische Planung bestimmt worden sein oder sie könnten auf emergente Art und Weise entstanden sein (siehe *Kapitel 12.3*). Von den Managern der Organisation, der sie aufgezwungen wurde, wird sie jedoch sicherlich als „intendierte Strategie“ empfunden.

Die Regierung kann beispielsweise im öffentlichen Sektor oder in Industrien, über welche sie weitgehende Regulierungsbefugnisse hat, eine bestimmte strategische Richtung vorgeben. Oder sie entscheidet, eine Industrie oder eine Organisation zu deregulieren oder zu privatisieren, die bisher zum öffentlichen Sektor gehörte. So wurde im öffentli-

8 Studien über die Beziehung zwischen formaler Planung und finanzieller Leistung sind größtenteils nicht beweiskräftig. Siehe zum Beispiel P. McKiernan und C. Morris, „Strategic planning and financial performance in the UK SMEs: does formality matter?“, *Journal of Management*, Band 5 (1994), S. 31–42. Einige Studien zeigen einen Nutzen in bestimmten Zusammenhängen. So wird zum Beispiel argumentiert, dass es Vorteile für Unternehmer gibt, die neue Unternehmen gründen. Siehe F. Delmar und S. Shane, „Does business planning facilitate the development of new ventures?“ *Strategic Management Journal*, Band 24 (2003), S. 1165–1185. Andere Studien zeigen eher den Nutzen strategischer Analyse und strategischen Denkens als die Vorteile formaler Planungssysteme; siehe C. C. Miller und L. B. Cardinal, „Strategic planning and firm performance: a synthesis of more than two decades of research“, *Academy of Management Journal*, Band 37, Nr. 6 (1994), S. 1649–1665.

9 T. J. Andersen, „Integrating decentralized strategy making and strategic planning processes in dynamic environments“, *Journal of Management Studies*, Band 41, Nr. 8 (2004), S. 1271–1299.

10 Siehe Fußnote 5.

11 Siehe M. Mankins. „Stop making plans, start making decisions“, *Harvard Business Review*, January (2006), S. 77–84.

chen Sektor in Großbritannien zu Beginn des 21. Jahrhunderts ein interventionistischer Ansatz eingeführt. Schulen und Krankenhäusern, die als leistungsschwach galten, wurden sogenannte „Spezialmaßnahmen“ auferlegt und Manager wurden eingesetzt, um die maroden Organisationen zu transformieren und ihnen eine neue strategische Richtung aufzuzwingen. Auch Unternehmen des privaten Sektors können einer solchen aufgezwungenen Strategierichtung oder signifikanten Einschränkungen ihrer strategischen Wahlmöglichkeiten ausgesetzt sein. Ein multinationales Unternehmen kann in einigen Ländern der Welt behördlichen Auflagen ausgesetzt und gezwungen sein, seine Geschäfte dort nur durch Joint Ventures oder lokale Allianzen abzuwickeln. Ebenso kann ein operativer Geschäftsbereich eines multidivisionalen Unternehmens die Unternehmensstrategie der Muttergesellschaft als aufgezwungene Strategie ansehen.

12.3 Emergente Strategieentwicklung

Auch wenn Strategieentwicklung normalerweise mit Intentionalität assoziiert wird, ist dies nicht immer der Fall. Untersuchungen historischer Muster der Strategieentwicklung in Organisationen zeigen ein Muster auf, das als inkrementelle Strategieentwicklung bekannt wurde. Strategien ändern sich normalerweise nicht in bedeutenden Richtungswechseln, sondern indem sie auf Vergangenem aufbauen und es schrittweise verbessern. Frühere Entscheidungen beeinflussen die zukünftige Richtung und führen zu dem in *Abbildung 12.2* beschriebenen Muster. Eine anscheinend kohärente Strategie einer Organisation kann sich auf der Grundlage strategischer Schritte entwickeln, von denen jeder im Sinne der vorangegangenen Schritte Sinn macht. Auch eine Produkteinführung oder eine Investitionsentscheidung können eine strategische Richtung begründen, die wiederum die Entscheidungen über den nächsten strategischen Schritt prägt, der vielleicht in einer Akquisition besteht. Diese wiederum trägt dazu bei, die strategische Ausrichtung zu konsolidieren, so dass die allgemeine strategische Ausrichtung der Organisation im Laufe der Zeit fundierter wird. Mit der Zeit wird jeder strategische Schritt durch dieses sich entwickelnde Strategiemuster geprägt und verstärkt es wiederum.

Abbildung 12.2: Strategische Ausrichtung auf Basis früherer Entscheidungen

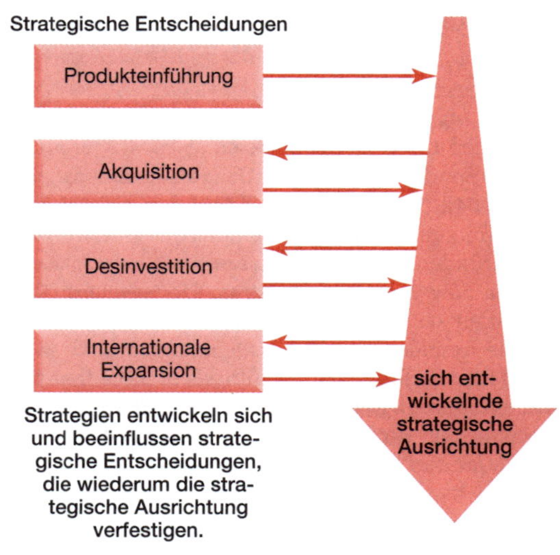

Es wäre für eine Organisation seltsam und wohl dysfunktional, wenn sie ihre Strategie sehr häufig fundamental ändern würde. Hat eine Organisation einmal eine allgemeine strategische Richtung eingeschlagen, so sollte man erwarten, dass weitere strategische Schritte mit dieser in Einklang stehen. Somit ist ein solches Muster konsistent mit der Sichtweise von Strategieentwicklung als einem intentionalen, wohl überlegten und sorgfältig durchdachten Prozess. Jedoch kann dasselbe Muster auch als die beständige Anwendung des Vertrauten interpretiert werden: Organisationen treffen wiederholt Entscheidungen auf der Basis dessen, wo sie herkommen, anstatt auf Basis eines wohl überlegten Blicks in die Zukunft.[12] Oder das Strategiemuster kann als das Ergebnis von Routinen, Aktivitäten und Prozessen innerhalb einer Organisation angesehen werden, die zu Entscheidungen führen, welche die langfristige Ausrichtung einer Organisation[13] festlegen: ihre Strategie. Diese kumulativen Entscheidungen können dann anschließend zum Beispiel in Jahresabschlüssen oder Strategieplänen als Strategie der Organisation formal beschrieben werden.

Emergente Strategieentwicklung

Emergente, gewachsene Strategien entwickeln sich aus alltäglichen Routineabläufen, Aktivitäten und Prozessen in Organisationen, die zu Entscheidungen führen, welche die langfristige Ausrichtung einer Organisation bestimmen.

Dieser Kapitel erläutert die organisationalen Prozesse, die zu einer solchen **emergenten Strategieentwicklung** führen können.

12.3.1 Logischer Inkrementalismus

In einer Studie großer multinationaler Unternehmen kam James Quinn[14] zu dem Schluss, dass die von ihm beobachteten Strategieentwicklungsprozesse am besten als logischer Inkrementalismus beschrieben werden konnten. **Logischer Inkrementalismus** ist die Entwicklung einer Strategie durch Experimentieren und „Lernen auf Basis begrenzter Veränderungen statt durch die globale Formulierung ganzer Strategien".[15] Hierfür gibt es mehrere Gründe:

Logischer Inkrementalismus

Logischer Inkrementalismus ist die bewusste Entwicklung einer Strategie durch Experimentieren und Lernen auf Basis begrenzter Veränderungen.

- *Umweltunsicherheit.* Manager erkennen, dass sie die Unsicherheit ihrer Umwelt nicht aus der Welt schaffen können, indem sie sich auf die Analyse historischer Daten oder Vorhersagen von Veränderungen verlassen. Stattdessen versuchen sie, sensibel für Umweltsignale zu sein, indem sie die gesamte Organisation dazu anregen, die Umwelt permanent zu beobachten.
- *Generelle Sicht einer Strategie.* Manager haben eher eine allgemeine als eine spezifische Vorstellung davon, was ihre Organisation in Zukunft erreichen soll, und versuchen, sich dieser Position schrittweise anzunähern. Sie sind auch zurückhaltend, präzise Zielvorstellungen zu früh zu spezifizieren, da dies sowohl Ideen unterdrü-

12 Siehe S. Elbanna, „Strategic decision making: process perspectives", *International Journal of Management Reviews*, Band 8, Nr. 1 (2006), S. 1–20, für eine Erklärung der Unterschiede zwischen einer reiflich durchdachten, geplanten Strategieentwicklung und inkrementellen Erklärungen. Siehe G. Johnson, „Re-thinking incrementalism", *Strategic Management Journal*, Band 9 (1988), S. 75–91, für eine Diskussion unterschiedlicher Erklärungen inkrementeller strategischer Änderungen.

13 Zwei der ersten ausführlichen Fallstudien, die zeigen, wie kulturelle und politische Prozesse zur Emergenz von Strategien führen, sind A. Pettigrew, „The Awakening Giant", *Blackwell*, 1985, und G. Johnson, „Strategic Change and the Management Process", *Blackwell*, 1987.

14 J. B. Quinns Recherchen involvierten die Untersuchung strategischer Änderungen in Unternehmen und wurden in „Strategies for Change", *Irwin*, 1980, veröffentlicht. Siehe auch J. B. Quinn, „Strategic change: logical incrementalism", in J. B. Quinn und H. Mintzberg, „The Strategy Process", 4. Auflage, *Prentice Hall*, 2003.

15 Siehe J. B. Quinn, „Strategies for Change", Fußnote 14, S. 58.

cken als auch Innovation und Experimentieren verhindern könnte. Zielvorstellungen können daher sehr allgemein gehalten sein.

- *Experimentieren.* Viele Manager versuchen, ein starkes, sicheres, aber dennoch flexibles Kerngeschäft zu entwickeln. Die in diesem Geschäft gemachten Erfahrungen begründen dann sowohl ihre Entscheidungen über die weitere Entwicklung dieses Geschäfts als auch über das Experimentieren mit „Nebenprojekten". In den frühen Phasen einer Strategieentwicklung werden sie sich daher nur versuchsweise auf andere strategische Optionen festlegen. Solche Experimente liegen nicht nur im Verantwortungsbereich des Topmanagements. Sie entwickeln sich auch aus dem, was Quinn als „Subsysteme" einer Organisation beschreibt. Damit meint er Gruppen von Mitarbeitern, die zum Beispiel mit der Produktentwicklung, der Positionierung eines Produkts, der Diversifikation, den externen Beziehungen etc. befasst sind.
- *Koordinierung emergenter Strategien.* Topmanager können eine Mischung *formaler und informaler*, sozialer und politischer Prozesse nutzen, um die sich aus diesen Subsystemen entwickelnden Muster von Strategien miteinander zu verbinden. Diese können dann für bestimmte Interessengruppen (z.B. Aktionäre, Finanzkommentatoren, Medien), die die Strategie der Organisation verstehen sollen, zu kohärenten Ausführungen über die Strategie zusammengefasst werden.

Quinn argumentiert, dass logischer Inkrementalismus trotz seiner emergenten Natur eine „bewusste, zielgerichtete, pro-aktive Praktik von Führungskräften" ist, die dazu dient, die Informationsgrundlage für Entscheidungen zu verbessern und eine psychologische Identifikation der Mitarbeiter mit der Strategieentwicklung zu schaffen. In gewisser Hinsicht umfasst logischer Inkrementalismus also Prozesse, die eine Brücke zwischen Intentionalität und Emergenz schlagen. Denn sie sind wohlüberlegt und intendiert, basieren aber gleichzeitig auf sozialen Prozessen der Umweltbeobachtung durch die Organisation von Experimenten in Subsystemen, um Ideen auszuprobieren.

Diese Sichtweise der Strategieentwicklung ähnelt der von Managern, wenn sie beschreiben, wie Strategien in ihren Organisationen entstehen. In *Beispiel 12.3* finden sich Beispiele von Managern, die Strategieentwicklungsprozesse in ihren Organisationen aus ihrer Sicht erklären. Sie sehen ihre Aufgabe als Strategieentwickler als fortwährendes, pro-aktives Verfolgen eines strategischen Ziels, als Reagieren auf Aktivitäten der Wettbewerber und als Adaptieren an die Umwelt, ohne dass viel Einsatz nötig ist, um Effizienz und Arbeitsleistung aufrechtzuerhalten.

Die Entwicklung von Strategien auf diese Art hat deutliche Vorteile. Fortwährendes Austesten und eine sukzessive Umsetzung der Strategie bedeuten bessere Informationen für die Entscheidungsfindung und ermöglichen eine bessere Planung der Abfolge wichtiger Entscheidungen. Da Veränderungen nach und nach stattfinden, wird die Möglichkeit erhöht, Engagement für Veränderungen in der Organisation zu schaffen und zu entwickeln. Da die unterschiedlichen Teile oder „Subsysteme" der Organisation in einem beständigen, fortwährenden Zusammenspiel sind, können Manager voneinander etwas über die Machbarkeit bestimmter Vorgehensweisen lernen. Solche Prozesse berücksichtigen auch die politische Natur des organisationalen Lebens, da kleinere Veränderungen auf weniger Widerstand stoßen als ein großer Wandel. Zudem bedeutet diese Art der Formulierung von Strategien, dass die Implikationen der Strategie fortwährend getestet werden. Diese fortwährende Neuanpassung macht Sinn, wenn die Umwelt einen sich fortwährend ändernden Einfluss auf die Organisation ausübt.

Beispiel 12.3 Eine inkrementalistische Sicht strategischen Managements

Die Manager sehen die Strategie häufig als etwas, das sich durch kontinuierliche Anpassung entwickelt, um mit der sich verändernden Umgebung Schritt zu halten.

- „Dazu gibt es einen einfachen Vergleich. Um uns beim Gehen vorwärts zu bewegen, muss man ins Ungleichgewicht gehen und weiß nicht, was dann geschieht. Glücklicherweise setzt man den Fuß dann vor dem Körper wieder auf und erreicht wieder ein Gleichgewicht. Nun, das machen wir die ganze Zeit, also ist es niemals ganz einfach.“[1]
- „Ich habe weitreichende Erörterungen mit Menschen innerhalb und außerhalb des Unternehmens geführt. Aus diesen hat sich letztlich ein Muster ergeben. Es ist so, als ob man ein Puzzle zusammenfügt. Zunächst ergibt sich der vage Umriss eines Ansatzes, wie das Segel eines Schiffes in einem Puzzle. Dann wird plötzlich der Rest des Puzzles ganz klar. Und man fragt sich, warum man es nicht gleich gesehen hat.“[2]
- „Wir haben in der Vergangenheit nicht stillgestanden und ich denke auch nicht, dass wir mit der aktuellen Aufstellung in der Zukunft stillstehen werden; dabei sehe ich dies allerdings als eine Evolution und nicht als Revolution. Einige Unternehmen verfügen über ein Erfolgsrezept und halten sich streng daran, weil es das ist, was sie kennen – so hat sich beispielsweise [Unternehmen X] nicht wirklich an den Wandel angepasst, also musste es eine echte Revolution durchmachen. Im Gegensatz dazu haben wir uns allmählich verändert und ich denke, das ist das, was wir tun sollten. Wir suchen immer nach neuen Chancen, ohne uns dabei zu verlieren.“[3]
- „In unserem Unternehmen können wir die Zukunft nicht kennen; sie verändert sich so schnell. Deshalb beschäftige ich einige der intelligentesten Mitarbeiter in der Branche. Ihre Aufgabe liegt darin, an der Spitze der Entwicklungen zu bleiben und durch ihre Arbeit am Aufbau der Zukunft mitzuarbeiten. Ich gebe ihnen keinen abzuarbeitenden, strategischen Plan. Meine Aufgabe liegt darin, eine Strategie aus dem abzuleiten, was sie mir erzählen und was sie tun. Natürlich sind sie nicht immer einer Meinung – warum sollten sie auch, sie können die Zukunft nicht *kennen*. Deshalb gibt es viele Debatten, das Prinzip „Versuch und Irrtum“ kommt zum Einsatz und auch ein gutes Urteilsvermögen ist notwendig.“[4]
- „Die Analogie eines Schachspiels ist in diesem Kontext hilfreich. Das Ziel des Schachspiels ist klar: der Sieg durch das Schlagen des gegnerischen Königs. Die meisten Spieler beginnen mit einem strategischen Zug, der einen Gegenzug durch den Gegner annimmt. Wenn der Gegenzug dann eintritt, folgt der nächste Schritt automatisch auf der Grundlage einer bereits früher erfolgreichen Strategie. Allerdings liegt die Schönheit des Schachspiels in der Unvorhersehbarkeit der Züge des Gegners. Das Ergebnis beim Schach vorherzusagen, ist unmöglich, daher beschränken sich die Spieler darauf, an Möglichkeiten und Wahrscheinlichkeiten von Zügen zu arbeiten, die nicht zu weit voraus liegen.“[5]

Quellen:

[1]Zitate aus von A. Bailey als Teil eines vom Economic und Social Research Council (Zuschuss Nummer: R000235100) unterstützten Forschungsprojekts geführten Interviews.
[2]Auszug aus J. B. Quinn, „Strategies for Change", *Irwin*, 1980.
[3]Auszüge aus G. Johnson, „Strategic Change and the Management Process", *Blackwell*, 1987.
[4]CEO eines High-tech-Unternehmens in einem Interview mit einem Koautor.
[5]Von einem Manager in einem MBA-Kurs.

Kontrollfragen

1. Welche Hauptvorteile hat die inkrementellen Entwicklung von Strategien im Hinblick auf diese Erklärungen der Strategieentwicklung? Gibt es Nachteile oder Gefahren?
2. Führt eine inkrementalistische Strategieentwicklung in jedem Fall zu strategischer Abdrift (siehe *Kapitel 5.4*)? Wie kann dies vermieden werden?

12.3.2 Ressourcenallokationsprozess

Ressourcen-allokationsprozess

Nach dem Ressourcen-allokationsprozessansatz entwickelt sich die realisierte Strategie als Ergebnis der Art und Weise, in der Ressourcen innerhalb einer Organisation alloziert werden.

Der **Ressourcenallokationsprozess** (RAP) erklärt die Strategieentwicklung so: Die realisierte Strategie entwickelt sich als Ergebnis der Art und Weise, in der Ressourcen innerhalb einer Organisationen alloziert werden.[16] Dies wird nach zwei amerikanischen Professoren, Joe Bower und Robert Burgelman[17], die in ihren Studien ähnliche Prozesse beobachteten, auch oft als „Bower-Burgelman-Erklärung" der Strategieentwicklung bezeichnet. Andere kamen später zu dem gleichen Ergebnis.[18]

Wie die logische inkrementelle Sicht der Strategieentwicklung räumt auch die RAP-Erklärung ein, dass es unrealistisch ist, eine Strategie von oben nach unten, präskriptiv, detailliert und unternehmensweit zu bestimmen. Dies gilt insbesondere für große, komplexe Organisationen. Eine sich verändernde und unsichere Umwelt nebst den kognitiven Einschränkungen von Managern beim Umgang damit bedeutet, dass Strategie besser als das Resultat von Problemen oder Themen erklärt wird, die dann bearbeitet werden, wenn sie auftauchen. Die RAP-Erklärung betont die formellen und informellen Prozesse, mit denen dies geschieht, insbesondere:

- *Verhandlungen über organisationale Ebenen hinweg.* Probleme und ihre Lösung sind normalerweise die Folge von Verhandlungen über die Ebenen einer Organisation hinweg. Am offensichtlichsten ist dies zwischen einer Unternehmenszent-

16 Diese Definition basiert auf der Definition auf S. 349 von J. L. Bower und C. G. Gilbert, „A revised model of the resource allocation process", in J. L. Bower und C. G. Gilbert (Hrsg.), „From Resource Allocation to Strategy", *Oxford University Press*, 2005, S. 439–455.

17 Die ursprünglichen Studien stammen von J. L. Bower, „Managing the Resource Allocation Process: a Study of Corporate Planning and Investment", Irwin, 1972; und R. A. Burgelman, „A model of the interaction of strategic behaviour, corporate context and the concept of strategy", *Academy of Management Review*, Band 81, Nr. 1 (1983), S. 61–70; und „A process model of internal corporate venturing in the diversified major firm", *Administrative Science Quarterly*, Band 28 (1983), S. 223–244.

18 Siehe z.B. T. Noda und J. Bower, „Strategy as iterated processes of resource allocation", *Strategic Management Journal*, Band 17 (1996), S. 159–192.

rale und Geschäftsbereichen oder aber zwischen einem Geschäftsbereich und seinen operativen Einheiten oder Funktionsbereichen. Solche Probleme oder Themen beginnen normalerweise mit einer Abweichung. Dabei kann es sich zum Beispiel um eine Diskrepanz der Erwartungen des Topmanagements mit dem Aktienkurs handeln; oder auf Geschäftsbereichsebene um eine Verschlechterung des Marktanteils oder der Wettbewerbsposition; oder auch um die Unterschreitung des Gewinns im Vergleich mit den Erwartungen der Unternehmenszentrale. In jedem dieser Fälle ist es notwendig, sich über die Bedeutung dieser Diskrepanz auf einer Ebene (zum Beispiel der Geschäftsbereichsebene) in Bezug auf eine andere (beispielsweise der Unternehmensebene) Gedanken zu machen und die Erwartungen darüber anzugleichen, was angegangen werden soll. Das Thema wird dann meist auf der Ebene bearbeitet, die für das Problem angemessen ist. Handelt es sich zum Beispiel um ein marktbezogenes Problem, so ist die Marketingabteilung oder ein Projektteam in dem Geschäftsbereich zuständig. Es ist unwahrscheinlich, dass es im Detail vom Geschäftsbereichsleiter oder dem strategischen Planer des Geschäftsbereichs behandelt wird oder gar von der Unternehmenszentrale. Der Punkt, auf den hier nochmals ausdrücklich hingewiesen wird, ist, dass ein Großteil der Entscheidungen, worauf fokussiert und wie entschieden werden soll, oft tief unten in den Subsystemen einer Organisation stattfinden können.

- *Der Einfluss von RAP* auf die Lösung von Problemen. Alle Organisationen verfügen über Systeme, Routinen und Standards, mittels derer über neue Vorhaben, Produkte oder Dienstleistungen entschieden wird. Diese spielen eine bedeutende Rolle dabei, welche Problemlösungen vorgeschlagen werden und welchen dann Ressourcen zugewiesen werden. Ein Beispiel: Viele Unternehmen verfügen über Kriterien für die Eignung neuer Projektvorschläge, die auf Renditebasen beruhen (z.B. der Gesamtkapitalrendite). Die Höhe dieser Renditemesslatten beeinflusst zweifellos, welche neuen Ideen vorgeschlagen werden; einige werden weniger Kapitalausstattung benötigen oder das Potenzial haben, größere Erträge zu erwirtschaften als andere. Das gleiche Kriterium wird dann beeinflussen, welche Lösungsvorschläge angenommen werden. Würden andere Ressourcenallokationskriterien Anwendung finden, würden wahrscheinlich auch andere Lösungen vorgeschlagen und ausgewählt werden.

Abbildung 12.3 bietet eine Zusammenfassung der RAP-Erklärung, wie Strategien entstehen. Das *Beispiel 12.5* hilft, die großen strategischen Veränderungen bei Intel in den 1980er-Jahren zu erklären. Das Topmanagement der Firma sah Intel als Speicherhersteller im Bereich der Dynamic Random Access Memorys (DRAMS). Die Strategieänderung hin zu einem Mikroprozessorunternehmen kam damals nicht durch das Topmanagement zustande, sondern weil die internen Ressourcenallokationsroutinen Projekte mit höheren Gewinnmargen favorisierten. Dadurch erhielt das neu entstehende Mikroprozessorgeschäft mehr Ressourcen und damit eine Grundlage für künftige Investitionen und ein Wachstum, das größer als das des DRAMS-Geschäfts[19] war. *Beispiel 12.4* zeigt jedoch, dass lokalisierte Prozesse die Strategieentwicklung zwar erklären, aber auch zu bedeutenden Problemen führen können.

---

19 Die Geschichte von Intel wurde auch von Robert Burgelman aufgeschrieben, siehe „Strategy as Destiny: How strategy making shapes a company's future", *Free Press*, 2002. Ebenso von Burgelman: „Fading memories: a process theory of strategic business exit in dynamic environments", *Administrative Science Quarterly*, Band 39 (1994), S. 34–56.

Abbildung 12.3: Strategieentwicklung durch Ressourcenallokationsprozesse

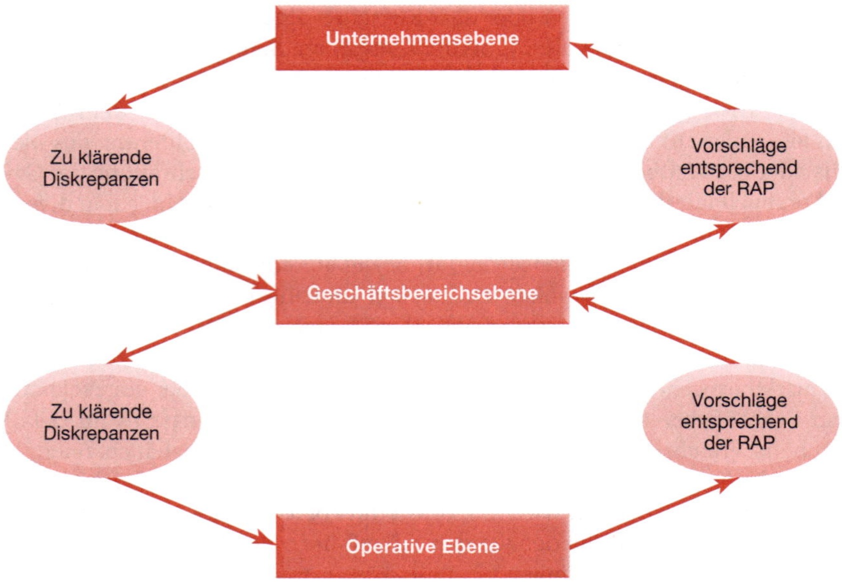

Zum Schluss sollte erwähnt werden, dass die RAP-Erklärungen viele Gemeinsamkeiten mit der sich entwickelnden Rolle der strategischen Planung aufweisen (siehe *Kapitel 12.2.2*) und der Art, wie Geschäftsbereiche oder operative Einheiten innerhalb einer Organisation mit der Zentrale zusammenarbeiten. Der Schwerpunkt der RAP liegt jedoch mehr auf den Prozessen innerhalb der Subsysteme, die eine emergente Strategie hervorbringen.

Politische Perspektive

Die politische Perspektive der Strategieentwicklung besagt, dass sich Strategien aus Verhandlungsprozessen zwischen mächtigen internen und externen Interessengruppen entwickeln.

Die RAP-Erklärung betont die Bedeutung von Verhandlungen zwischen organisationalen Ebenen der Strategieentwicklung. Dies signalisiert, wie wichtig hier politische Prozesse sind. Manager behaupten oft, die von ihrer Organisation verfolgte Strategie sei das Ergebnis von Verhandlungen und Machtpolitik zwischen Führungskräften oder zwischen Koalitionen innerhalb der Organisation und wichtigen Interessengruppen. Führungskräfte oder Koalitionen versuchen sich immer wieder so zu positionieren, dass sich ihre Ansichten durchsetzen oder dass sie die Ressourcen der Organisation kontrollieren, die für den künftigen Erfolg ausschlaggebend sind. So waren zum Beispiel Motorolas Unfähigkeit, schnell genug von der analogen zur digitalen Technologie für Mobiltelefone zu wechseln, und der folgende Verlust der Marktdominanz im Wesentlichen das Ergebnis von Machtkämpfen zwischen Geschäftsbereichen, die versuchten, ihre jeweils eigenen Interessen zu wahren.[20] Die **politische Perspektive**[21] der Strategieentwicklung besagt, dass sich Strategien aus Verhandlungsprozessen zwischen mächtigen internen und externen Interessengruppen entwickeln. Dies ist die Welt der Kämpfe in Vorstandsetagen, wie sie oft in Filmen porträtiert werden. *Beispiel 12.4* zeigt,

20 Siehe S. Finkelstein, „Why smart executives fail: four case histories of how people learn the wrong lessons from history“, *Business History*, Band 48, Nr. 2 (2006), S. 153–170.

21 Für politische Perspektiven über Management siehe J. R. DeLuca, „Political Savvy: Systematic Approaches to Leadership Behind the Scenes“, 2. Auflage, Evergreen Business Group, 1999; und G. J. Miller, „Managerial Dilemmas: The Political Economy of Hierarchy“, *Cambridge University Press*, 2006.

wie politischer Einfluss auf der Vorstandsebene die Strategieentwicklung bei Hewlett Packard entwickelt hat.

Politische Aktivität wird oft als ein negativer, aber unvermeidlicher Einflussfaktor auf die Strategieentwicklung angesehen, der einer gründlichen Analyse und rationalem Denken im Wege steht. Eine politische Perspektive auf strategisches Management weist darauf hin, dass die rationalen und analytischen Prozesse, die oft mit der Entwicklung einer Strategie in Verbindung gebracht werden (siehe *Kapitel 12.2.2*), nicht so objektiv und leidenschaftslos sind, wie es den Anschein hat. Zielvorgaben können etwa die Ambitionen mächtiger Individuen widerspiegeln. In strategischen Debatten verwendete Informationen sind nicht immer politisch neutral. Vielmehr können Daten und Informationen, die hervorgehoben oder heruntergespielt werden, eine Quelle der Macht für diejenigen sein, die kontrollieren, was als wichtig angesehen wird. In der Tat können Manager oder Koalitionen Einfluss aufeinander ausüben, weil sie wichtige Informationsquellen kontrollieren. Mächtige Personen oder Gruppen können auch die Identifikation von Schlüsselthemen beeinflussen sowie die letztlich gewählten Strategien oder die Art, wie diese ausgewählt werden.[22] Unterschiedliche Sichtweisen werden nicht nur deshalb verfolgt, weil sie die Herausforderungen der Umwelt oder des Wettbewerbs reflektieren, sondern auch, weil sie Auswirkungen auf den Status und den Einfluss verschiedener Interessengruppen haben.

Nichts von alledem dürfte überraschen. In der Art und Weise, wie Organisationsmitglieder strategische Fragen angehen, bewegen sie sich zwar innerhalb einer einheitlichen organisationalen Kultur (siehe *Kapitel 4*), sie werden aber gleichzeitig durch die folgenden Faktoren in unterschiedlicher Weise beeinflusst, nämlich durch

- *persönliche Erfahrungen,* die mit ihrer Rollen innerhalb der Organisation verbunden sind.
- *Konkurrenz um Ressourcen und Einfluss* zwischen den verschiedenen Subsystemen der Organisation und mächtigen Mitarbeitern, die daran interessiert sind, die Macht ihrer Positionen zu bewahren oder zu erhöhen.[23]
- *den relativen Einfluss von Interessengruppen* auf verschiedene Teile der Organisation; so kann eine Finanzabteilung zum Beispiel besonders sensibel auf den Einfluss von Finanzinstitutionen reagieren, während Vertrieb oder Marketing stark durch Kunden beeinflusst werden.[24]
- *unterschiedlichen Zugang zu Informationen* oder die Wichtigkeit dieser Informationen für eine bestimmte Rolle und Funktion.

---

22 Für eine Diskussion und ein Erklärungsmodel dieser politischen Perspektive siehe V.K. Narayanan und L. Fahey, „The micro politics of strategy formulation“, *Academy of Management Review*, Band 7, Nr. 1 (1982), S. 25–34.

23 Für ein Beispiel über den Einfluss verschiedener politischer Koalitionen siehe S. Maitlis und T. Lawrence, „Orchestral manoeuvres in the dark: understanding failure in organizational strategizing“, *Journal of Management Studies*, Band 40, Nr. 1 (2003), S. 109–140.

24 Dies wird manchmal auch als „Ressourcenabhängigkeitsperspektive“ der Strategieentwicklung bezeichnet. Für die ursprüngliche Argumentation siehe J. Pfeffer und G. R. Salancik, „The External Control of Organisations: A Resource Dependence Perspective“, *Harper & Row*, 1978.

Beispiel 12.4 Vorstandskämpfe bei Hewlett Packard

Politische Prozesse in Organisationen können die Entwicklung von Strategien beeinflussen.

Im Jahr 2012 überstieg der Umsatz von Hewlett Packard (HP) $ 120 Milliarden, aber die Gewinne gingen zurück und das Unternehmen verlor Marktanteile. Über mehr als ein Jahrzehnt verschlimmerten sich die Schwierigkeiten bei der Umsetzung einer kohärenten Strategie durch interne Machtkämpfe innerhalb des Vorstands.

Im Jahr 2002 kritisierte die damalige Vorstandsvorsitzende Carly Fiorina Walter Hewlett, Vorstandsmitglied und Sohn des Unternehmensgründers, für seinen Widerstand gegen die Compaq-Übernahme. Der Zeitschrift „Fortune" zufolge lancierte der HP-Vorstand dann vertrauliche Informationen an die Presse, die Mitglieder bezichtigten sich der Lüge und lehnten es sogar ab, sich gleichzeitig im gleichen Raum aufzuhalten.

Danach lag während der fünf Jahre, in denen Mark Hurd CEO war, die Betonung auf der Kostensenkung. Obwohl der Aktienpreis erheblich gestiegen ist, verbarg dies eine demotivierte Belegschaft und einen Mangel an Innovationen, die der autokratische Führungsstil von Hurd auch nicht verbesserte. Im Jahr 2010 verließ Mark Hurd das Unternehmen. Sein Ausstieg aus dem Unternehmen war von Streitigkeiten begleitet und Hurds Vorstandskollege Joel Hyatt kritisierte die von zwei anderen Vorstandsmitgliedern geführte Untersuchung, die dazu führte, offen.

Der nächste CEO war ein Außenseiter – Leo Apotheker, der 2010 als CEO von SAP entlassen worden war. Bei ihm handelte es sich nicht zuletzt deshalb um eine überraschende Ernennung, weil SAP viel kleiner war als HP. Zunächst verbesserte er die Moral unter den Mitarbeitern, nahm die von Hurd umgesetzten Gehaltskürzungen zurück und kommunizierte seinen Wunsch, zu den innovativen Strategien zurückzukehren.

Es wurde die Entscheidung getroffen, den Vorstand umzustrukturieren. Die Vorstandsmitglieder versuchten, Einfluss auszuüben – sowohl für sich selbst, also auch gegen andere Vorstandsmitglieder, insbesondere Hyatt. Der Vorsitzende Ray Lane verlangte den Rücktritt von Hyatt und einem seiner Unterstützer, aber „zum Ausgleich" verlangte er auch, dass die beiden Vorstände, die die Hurd-Untersuchung geführt hatten, zurücktreten.

Im Mai 2011 gab Apotheker intern eine Gewinnwarnung verbunden mit der Bitte „auf jeden Cent zu achten" heraus. Die E-Mail sickerte durch und stand, nachdem sie an die Öffentlichkeit gelangt war, im Widerspruch zu den positiven Mitteilungen, die die Investoren erhalten hatten. Es schien offensichtlich, dass „Apotheker (einigen) langjährigen HP-Führungskräften nicht zu vertrauen schien ... Und denen ging es im Hinblick auf ihn genauso".

Apotheker war der Überzeugung, dass HP sich auf den Business-to-Business-Verkauf von PCs und Druckern konzentrieren, in margenstarke Bereiche wechseln, die PC-Abteilung ausgliedern und überdies erheblich in den Softwarebereich investieren sollte. Außerdem wurde 2011 auch ein Tablet-Computer eingeführt. Dieser war allerdings „unansehnlich, langsam ..., hatte einen suboptimalen Akku" und floppte.

Überdies wollte Apotheker auch das britische Datenunternehmen Autonomy übernehmen. Die Finanzchefin Cathie Lesjak und Apotheker erörterten die Frage privat, aber später argumentierte sie dann gegenüber dem Vorstand, dass es überteuert und „nicht im besten Interesse des Unternehmens wäre" ... Lesjak galt als Stimme der Vernunft, allerdings stand sie hier am Rand der Insubordination und leistete direkten Widerstand gegen ein wesentliches Element der Strategie ihres Chefs."

Im August wurden das Geschäft mit Autonomy, die mögliche Ausgliederung und die Entscheidung über die Beendigung der Tablet-Initiative gegenüber den Investoren bekannt gegeben. Die Aktien stürzten ab, viele PC-Kunden machten keine Geschäfte mit HP mehr und Investoren leisteten Widerstand gegen eine wesentliche Übernahme.

Mitte September erfuhr Apotheker aus der Presse von seiner Entlassung, bevor ihn Lane persönlich darüber in Kenntnis setzte, dass er die Unterstützung des Vorstands verloren hatte. Lane argumentierte dann, dass Apotheker und nicht der aktuelle Vorstand für die Fehlschläge verantwortlich war, da dieser ihn nicht ausgewählt hatte.

Meg Whitman wurde dann zum CEO ernannt. Ihre Strategie schien „besser für die Ausführung dessen zu sein, was (HP) machte, um eine langfristige Strategie zu entwickeln". Der Aktienpreis fiel weiter.

Quelle: Auf der Grundlage von Zitaten aus Fortune Global Forum, 8. Mai 2012, James Bandler, Doris Burke; *http://tech.fortune.cnn.com/2012 : 05/08/500-hp-apotheker/.*

Kontrollfragen

1. Identifizieren Sie andere Beispiele für politische Tätigkeiten an der Spitze von Unternehmen, die Auswirkungen auf die Strategie haben.
2. Welche Grundlagen des politischen Einflusses können Führungskräfte bei Konflikten untereinander nutzen?

Unter solchen Bedingungen sind emergente und inkrementelle Muster der Strategieentwicklung wahrscheinlich. Emergent meint hier, dass sich die Strategie aus Feilschen und Verhandeln entwickelt und nicht aus einer sorgfältig analysierten und reiflich durchdachten Intention. Inkrementelle Muster entwickeln sich aus zwei Gründen. Zum einen ist ein Kompromiss unvermeidlich, wenn unterschiedliche Meinungen in der Organisation aufeinandertreffen und verschiedene Parteien ihre politischen Muskeln spielen lassen. Zum anderen ist es gut möglich, dass diejenigen, die Macht ausüben, diese durch die bestehende Strategie gewonnen haben. In der Tat könnte es ihre Macht gefährden, wenn bedeutende Änderungen der Strategie vorgenommen würden.

Unter solchen Umständen ist es wahrscheinlich, dass die Suche nach einer Kompromisslösung, die unterschiedlichen Machtansprüchen Rechnung trägt, zu einer Strategie führt, die eine Anpassung der bislang verfolgten beinhaltet.

Es gibt jedoch auch alternative Perspektiven, unter denen der Einfluss politischer Prozesse betrachtet werden kann. So könnten die Konflikte und Spannungen, die den unterschiedlichen Erwartungen und Interessen entspringen und sich in politischer Aktivität manifestieren, eine Quelle neuer Ideen sein oder alte Herangehensweisen infrage stellen (siehe die Diskussionen über die „Ideenperspektive" in den Kommentaren).[25] Neue Ideen können von verschiedenen „Champions", die um die beste Idee oder den besten Zukunftsweg kämpfen, unterstützt oder abgelehnt werden. Ohne solche Konflikte und Spannungen gäbe es auch keine Innovation. Das produktive Management solcher Spannungen kann Ausdruck einer gelernten Kompetenz oder einer dynamischen Fähigkeit einer Organisation sein (siehe *Kapitel 3.2.2*), die ihr einen Wettbewerbsvorteil verschafft. Zudem kann die Ausübung von Macht beim Management eines strategischen Wandels wichtig sein, wie *Kapitel 14* (*Kapitel 14.4.5*) zeigt.

All dies legt nahe, dass politische Aktivität als Einfluss auf die Strategieentwicklung ernst genommen werden sollte. Welche Überlegungen auch immer Eingang in eine Strategie finden, sie müssen Hand in Hand mit Aktivitäten gehen, welche sich auf die ablaufenden politischen Prozesse beziehen. Dies wird insbesondere in den *Kapitel 4.4.1* und *4.4.2* sowie in *Kapitel 14.4.5* dieses Buchs und auch in den Kommentaren erläutert.

12.3.3 Kulturelle Prozesse

> **Kulturelle Erklärung der Strategieentwicklung**
>
> Die kulturelle Erklärung der Entwicklung einer Strategie lautet, dass sich die Strategie aus den in Organisationen als unhinterfragt als gegeben angenommenen Annahmen und Verhaltensweisen ergibt.

Die Bedeutung der Unternehmenskultur wurde an anderer Stelle des Buchs (siehe insbesondere *Kapitel 5*) bereits angesprochen. Unter Organisationskultur versteht man, was in einer Organisation als selbstverständlich angesehen wird. Dazu gehören die von den Mitgliedern einer Organisation geteilten grundlegenden Annahmen und Überzeugungen (in diesem Buch Paradigmen genannt) und die unhinterfragt als gegeben angenommene Art und Weise, wie Dinge getan werden, sowie Strukturen, die in den äußeren Ringen des kulturellen Netzes zusammengefasst sind (siehe *Kapitel 5.3.5* und *5.3.6* und *Abbildung 5.7*). Die **kulturelle Erklärung der Strategieentwicklung** lautet, dass sich die Strategie aus den in Organisationen unhinterfragt als gegeben angenommenen Annahmen und Verhaltensweisen ergibt. Es sollte betont werden, dass dieses Nicht-Hinterfragte definiert oder zumindest steuert, wie die Mitarbeiter einer Organisation diese und ihre Umwelt wahrnehmen. Es schränkt auch ein, was als angemessenes Verhalten und Aktivität angesehen wird. *Kapitel 5* und *Kapitel 14.3* geben hierfür Beispiele. Es ist wichtig, die Auswirkungen dieser Prozesse auf die emergente und inkrementelle Strategieentwicklung zu erkennen sowie mögliche Konsequenzen, die hieraus erwachsen.

In gewisser Hinsicht bietet dies eine grundlegende Dimension der vorangegangenen Erklärungen der Strategieentwicklung. Das beobachtete Muster inkrementeller Strategieentwicklung kann zum Beispiel mittels beabsichtigtem logischem Inkrementalismus erklärt werden (siehe *Kapitel 12.3.1*). Es kann jedoch auch als Ergebnis der organisationalen Kul-

25 Hierbei handelt es sich um das von J. M. Bartunek, D. Kolb und R. Lewicki vorgebrachte Argument in „Bringing conflict out from behind the scenes: private informal, and nonrational dimensions of conflict in organizations", in D. Kolb und J. Bartunek (Hrsg.), „Hidden Conflict in Organizations: Uncovering Behind the Scenes Disputes", *Sage*, 1992.

tur erklärt werden.[26] In ähnlicher Weise hebt das kulturelle Netz den starken Einfluss von unhinterfragten organisationalen Routinen und Machtstrukturen hervor. Zu den Routinen zählen auch die RAP, die zentral für die RAP-Erklärung der Strategieentwicklung sind; Machtstrukturen sind zentral für die oben erläuterten politischen Prozesse.

Beispiel 12.5 Die Entwicklung des Mikroprozessorgeschäfts bei Intel

Die Strategieentwicklung kann unter Umständen durch Ressourcenallokationssysteme anstelle der Absichten des Managements angetrieben werden.

Zwischen 1968 und 1985 spezialisierte sich Intel auf integrierte Speicherschaltungsprodukte. Anfang der 1980er-Jahre hatte das Unternehmen zwei Hauptproduktbereiche. DRAM (Dynamic Random Access Memory) bildete die Grundlage für das Wachstum des Unternehmens und die oberste Managementebene engagierte sich weiter für F&E-Investitionen in diesen Bereich. Allerdings verloren die DRAMs angesichts des zunehmenden Wettbewerbs Marktanteile. EPROM (Erasable Programmable Read Only Memory) war zum rentabelsten Produkt von Intel geworden. Darüber hinaus gab es noch das sich entwickelnde Geschäft mit Mikroprozessoren. Allerdings erfordern Mikroprozessoren andere Prozesse, bei denen, anders als in den anderen Produktbereichen, die Betonung auf der Konstruktion der Chips anstelle der Fertigungsprozesse lag.

Gegen Ende der 1980er-Jahre hatte sich allerdings gezeigt, dass der Geschäftsbereich Mikroprozessoren die Grundlage des zukünftigen Wachstums und der zukünftigen Identität von Intel bilden würde. Dies geschah nicht aufgrund einer geplanten Ausrichtung der obersten Managementebene, die sich weiter für das Speichergeschäft engagierte. Allerdings war in diesem Unternehmen, in dem ein Firmenethos der strengen Finanzdisziplin von oben nach unten bestand, durch den ersten Finanzleiter eine Vorschrift zur Ressourcenallokation geschaffen worden, mit der Intel als führendes Technologieunternehmen erhalten werden sollte. Darin ist festgelegt, dass die Fertigungskapazität im Verhältnis zu den erzielten Gewinnmargen in den verschiedenen Produktbereichen zugeordnet werden sollte.

Das Augenmerk innerhalb der DRAM-Gruppe lag auf der Suche nach hochentwickelten technischen Lösungen für die DRAM-Probleme; allerdings waren dies Innovationen auf Märkten, auf denen diese Innovationen nicht mehr wirtschaftlich tragbar waren. Trotzdem haben DRAM-Manager weiter dafür gekämpft, dass Fertigungskapazitäten ausschließlich an DRAM vergeben werden, und schlugen dazu vor, dass die Kapazitäten auf der Grundlage der Fertigungskosten zugeordnet werden sollten. Allerdings lehnte das leitende Management eine Änderung der Grundlage für die Ressourcenallokation ab.

26 Dies wird von Gerry Johnson in „Re-thinking incrementalism", Fußnote 12, detaillierter erklärt.

Anfang der 1980er-Jahre machten DRAM nur noch 5 Prozent der Erlöse von Intel aus, ausgehend von einem Wert von 90 Prozent. Da überdies auch die DRAM-Gewinne sanken und die Gewinne aus Mikroprozessoren stiegen, verlor DRAM im Laufe der Zeit Fertigungskapazitäten innerhalb von Intel an den Mikroprozessorenbereich. Nachdem die Entscheidung zur Beibehaltung der Ressourcenallokationsregel getroffen war, sank die den Unternehmensmanagern zur Verfügung stehende strategische Freiheit zur Rettung des ursprünglichen Geschäfts, an dem sie sehr hingen, bis unter einen Wert, der noch als rettenswert betrachtet werden könnte. Die DRAM-Manager mussten intern mit den technologischen Fähigkeiten der anderen Produktbereiche konkurrieren, in denen Motivation und Aufregung hoch waren und Innovationen auf zunehmend dynamischen Märkten stattfinden. Und da Mikroprozessoren zunehmend rentabel wurden, erhielt dieser Geschäftsbereich zunehmende Finanzmittel. Damit wurde die Grundlage für zukünftiges Wachstum in diesem neuen Bereich geschaffen. Schließlich erkannten die Manager des Unternehmens, dass Intel im 64k-DRAM-Speicherbereich niemals mithalten könnte, obwohl das Unternehmen dieses Geschäft aufgebaut hat. Im Jahr 1985 erkannte die Unternehmensleitung schließlich, dass sich das Unternehmen aus dem DRAM-Markt zurückziehen musste.

Allerdings setzte sich der anhaltende Widerstand gegen den Rückzug aus dem Markt fort. Produktionsmitarbeiter ignorierten die Auswirkungen des Ausstiegs aus dem DRAM-Markt, indem sie zeigten, dass sie auf dem Markt extern konkurrieren konnten. Schließlich traf Andy Grove, der ab 1987 CEO des Unternehmens war, die Führungsentscheidung, sich auch aus dem EPROM-Markt zurückzuziehen, und ließ keinen Zweifel daran, dass die Mikroprozessoren nunmehr die strategische Richtung von Intel für die Zukunft bildete. Der darauf folgende Ausstieg aus dem EPROM-Markt wurde schnell ausgeführt. Personal, das im Bereich EPROM tätig war, verließ das Unternehmen und gründete eine eigene Firma.

Quelle: Auf der Grundlage der Fallstudie zu Intel von Jill Shepherd (Segal Graduate School of Business, Simon Fraser University, Kanada) in der 8. Auflage von „Exploring Corporate Strategy", *Pearson*, 2008.

Kontrollfragen

1. Welche anderen Beispiele sind für Sie vorstellbar, bei denen die Allokationsprozesse deutliche Auswirkungen auf die Strategieentwicklung haben?
2. Welche Rolle sollte die Unternehmensleitung bezüglich der Ressourcenallokationsprozesse in Organisationen spielen?

12.4 Muster der Strategieentwicklung

Die unterschiedlichen Strategieentwicklungsprozesse in den *Kapiteln 12.2* und *12.3* sprechen weitere wichtige Punkte an:

- *Multiple Strategieentwicklungsprozesse.* Es besteht die Gefahr, dass die Beschreibung der oben erläuterten Prozesse suggeriert, dass diese separat bestehen oder sich gegenseitig ausschließen. Dies ist jedoch nicht der Fall. In der Tat ist es wahrscheinlich, dass mehrere der Prozesse in einer Organisation wirken. Wie bereits angedeutet, können die hier erklärten unterschiedlichen Prozesse auch quasi ineinander existieren. Gibt es beispielsweise in einer großen Organisation ein Planungssystem, dann verfügt diese Organisation auch über RAP. In diesen finden zweifellos auch politische Aktivitäten statt, sogar das Planungssystem selbst kann für Verhandlungszwecke genutzt werden. Wenn es ferner in einer Organisation eine dominierende Art der Strategieentwicklung gibt, dann ist es sehr wahrscheinlich, dass auch andere Prozesse vorkommen. Es gibt Belege, dass Organisationen, die mehrere Prozesse der Strategieentwicklung anwenden, bessere Ergebnisse aufweisen als solche, die vorwiegend einzelne Ansätze nutzen.[27] Es sollte daher anerkannt werden, dass es nicht *die eine* richtige oder falsche Art der Strategieentwicklung gibt. Die Herausforderung für Manager besteht also darin, die potenziellen Vorteile unterschiedlicher Prozesse der Strategieentwicklung zu erkennen, so dass sie Organisationen schaffen können, die innerhalb einer sich ändernden Umwelt anpassungsfähig und innovativ sind, und dennoch die Vorteile formeller Prozesse der Planung und Analyse, die hierfür notwendig sind, zu nutzen.[28]
- *Kontextabhängige Unterschiede.* Prozesse der Strategieentwicklung unterscheiden sich im Zeitverlauf und in unterschiedlichen Zusammenhängen. Eine Organisation, die aufgrund einer turbulenten Umwelt oder der Notwendigkeit eines internen strategischen Wandels rasante Änderungen durchlebt, wird andere Strategieentwicklungsprozesse aufweisen als eine Organisation in einer stabilen Umwelt. Die Fallstudie Intel zeigt dieses von den 1980er-Jahren bis zur Jahrtausendwende. Unterschiedliche Strategieentwicklungsprozesse tendierten dazu, in einigen Entwicklungsstufen des Unternehmens ausgeprägter zu sein als in anderen, was sich anscheinend als vorteilhaft erwies.

Tabelle 12.1 verknüpft diese beiden Beobachtungen und zeigt einige typische Muster der Strategieentwicklungsprozesse in unterschiedlichen organisationalen Kontexten.[29]

27 Siehe S. Hart und C. Banbury, „How strategy making processes can make a difference“, *Strategic management Journal*, Band 15, Nr. 4 (1994), S. 251–269.

28 Diese Idee einer Balance zwischen analytischer Starre und Intuition und Vorstellungskraft ist das Thema von G. Szulanski und K. Amin, „Learning to make strategy: balancing discipline and imagination“, *Long Range Planning*, Band 34 (2001), S. 537–556.

29 Zwei Ansätze zur Analyse von Prozessen der Strategieentwicklung siehe A. Bailey, K. Daniels und G. Johnson, „Validation of a multi-dimensional measure of strategy development processes“, *British Journal of Management*, Band 11 (2000), S. 151–162; und S. L. Hart, „An integrative framework for strategy-making processes“, *Academy of Management Review*, Band 17, Nr. 2 (1992), S. 327–351.

Tabelle 12.1

Konfigurationen von Strategieentwicklungsprozessen

Dominierende Dimensionen	Merkmale	Und nicht	Typische Kontexte
Planung Inkrementalismus (logischer Inkrementalismus)	Standardisierte Planungsverfahren, systematische Datensammlung und Analysen Fortwährendes Überwachen des Umfelds Laufende Anpassung der Strategie Versuchsweise Festlegung der Strategie Schrittweise, eng begrenzte Änderung	Eingriffe des externen Umfelds Dominante Individuen Politische Prozesse Machtvolle Einflussgruppen	Produktions- und Dienstleistungsorganisationen Stabile oder wachsende Märkte Reife Märkte Freundliches Umfeld
Inkrementell Kulturell Politisch	Verhandlungen und Kompromisse zwischen Gruppen mit konträren Interessen Größere Wahrscheinlichkeit, dass Gruppen, die kritische Ressourcen kontrollieren, Einfluss auf die Strategie haben Standardisierte Vorgehensweisen In die Geschichte der Organisation eingebettete Routinen und Verfahren Graduelle Anpassungen der Strategie	Bewusster, beabsichtigter Prozess Eindeutig definierte Verfahren Analytische Evaluation und Planung Bewusste Absicht des Managements	Professionelle Dienstleistungsunternehmen (z.B. Unternehmensberatungen oder Anwaltskanzleien) Instabiles, turbulentes Umfeld Neue und wachsende Märkte
Aufgezwungen Politisch	Strategie wird von außen aufgezwungen (z.B. durch Gesetzgebung, Mutterkonzern) Wahlfreiheit erheblich eingeschränkt Politische Aktivität innerhalb der Organisation und zwischen externen Akteuren	Strategie wird innerhalb der Organisation bestimmt Planungssysteme beeinflussen die Strategieentwicklung Einfluss auf die strategische Ausrichtung hauptsächlich durch Manager innerhalb der Organisation	Organisationen des öffentlichen Sektors, größere Tochtergesellschaften von Produktions- und Finanzdienstleistungsunternehmen Bedrohliche, rückläufige, instabile und feindliche Umwelten

- *Wie sich Strategien entwickeln, wird von verschiedenen Personen unterschiedlich wahrgenommen. Tabelle 12.2* zeigt beispielsweise, dass höhere Führungskräfte Strategieentwicklung eher als intendierten, rationalen, analytisch geplanten Prozess sehen, während mittlere Führungskräfte Strategieentwicklung eher als das Ergebnis kultureller und politischer Prozesse wahrnehmen. Manager von Organisationen des öffentlichen Sektors sehen Strategien eher als von außen aufgezwungen als Manager kommerzieller Unternehmen, was vor allem daran liegt, dass ihre Organisationen Regierungsbehörden verantwortlich sind.[30] Mitarbeiter in Familienunternehmen neigen dazu, eher den Einfluss mächtiger Einzelpersonen wie etwa der Firmeneigner wahrzunehmen. Der Kasten „Im Fokus" enthält sehr unterschiedliche Sichtweisen der Entwicklung einer äußerst erfolgreichen Strategie.

Tabelle 12.2

Strategieentwicklungsprozesse in der Wahrnehmung von Managern

	Ebene in der Organisation		Stabilität des Umfelds	
Wahrnehmung darüber, dass Folgendes gegeben ist:	CEO	Mittleres Management	Höher	Niedriger
Präzision der Zielvorgaben	Ja	Nein	Ja	Nein
Detaillierte Planung	Ja	Nein	Ja	Nein
Systematische Analyse des Umfelds	Ja	Nein	Ja	–
Sorgfältige Evaluation strategischer Optionen	Ja	Nein	–	–

30 Für eine Diskussion über die Unterschiede der Strategieentwicklung im öffentlichen und privaten Sektor siehe N. Collier, F. Fishwick und G. Johnson, „The processes of strategy development in the public sector", in G. Johnson und K. Scholes (Hrsg.), „Exploring Public Sector Strategy", *Pearson Education*, 2001.

12.5 Herausforderungen der Strategieentwicklung

In diesem Kapitel werden wichtige Herausforderungen angesprochen. Sie haben Auswirkungen darauf, wie Manager den Strategieentwicklungsprozess steuern.

12.5.1 Das Management intendierter und realisierter Strategie

Bisher wurde in diesem Kapitel zwischen intendierter und emergenter Strategie unterschieden. Es wurde auch darauf hingewiesen, dass sich die unterschiedlichen Prozesse der Strategieentwicklung nicht gegenseitig ausschließen; es laufen vielmehr mehrere Prozesse in Organisationen ab. Ein Problem, dem sich Manager demzufolge gegenübersehen, ist, dass es nicht unüblich für eine Organisation ist, über eine intendierte Strategie zu verfügen, die das Ergebnis eines strategischen Planungsprozesses ist, während tatsächlich eine andere Strategie realisiert wird, die vielleicht das Ergebnis politischer und kultureller Prozesse ist. Wir alle erfahren dies als Kunden von Organisationen, deren festgelegte Strategien sich sehr von dem unterscheiden, was wir erleben: Behörden, die vorgeben, unseren Interessen zu dienen, aber als bürokratisches Beamtenwesen agieren; Firmen, die behaupten, sie würden einen ausgezeichneten Kundendienst anbieten, aber Call-Center einsetzen, welche die Kunden frustrieren, anstatt Probleme zu lösen; Universitäten, die vorgeben, Spitzenleistungen in der Lehre zu bieten, aber sich mehr um die Forschung ihrer Mitarbeiter kümmern oder umgekehrt (siehe auch *Abbildung 12.4*). Es kann durchaus eine von den höheren Führungskräften verabschiedete *intendierte Strategie* geben, die auf sorgfältigen Analysen basiert und in einem formellen Dokument mit dem Ziel der Implementierung festgehalten wird (Route 1). Aber vieles von dem, was intendiert ist, folgt Route 2 und wird *nicht realisiert;* das heißt, es wird in der Praxis nicht oder nur teilweise umgesetzt. Dafür kann es viele Gründe geben. So sind die Pläne vielleicht unausführbar, die Umwelt verändert sich, nachdem der Plan aufgesetzt wurde, und Manager beschließen, dass die Strategie nicht so wie geplant umgesetzt werden soll. Es kann auch sein, dass Mitarbeiter der Organisation oder einflussreiche Interessengruppen dem Plan nicht folgen (siehe auch die Ausführungen über die Nachteile von Planungssystemen in *Kapitel 12.2.2*). Es könnte jedoch auch sein, dass die Prozesse, die zu einer emergenten Strategie führen, eine **realisierte Strategie** zur Folge haben, also eine Strategie, die von einer Organisation tatsächlich praktisch verfolgt wird (Route 3) anstatt im Voraus geplant zu sein. All dies hat mindestens drei wichtige Implikationen für strategische Akteure:

Realisierte Strategie

Eine realisierte Strategie ist diejenige Strategie, die von einer Organisation tatsächlich praktisch verfolgt wird.

- *Bewusstheit.* Haben die Manager Schritte unternommen, um zu prüfen, ob die intendierte und die realisierte Strategie unterschiedlich sind? Es sollte nicht davon ausgegangen werden, dass das Topmanagement von Organisationen immer nahe genug am Kunden ist oder immer ausreichend Rückmeldung erhält, um das Ausmaß der Differenz zwischen der intendierten und der realisierten Strategie zu erkennen.

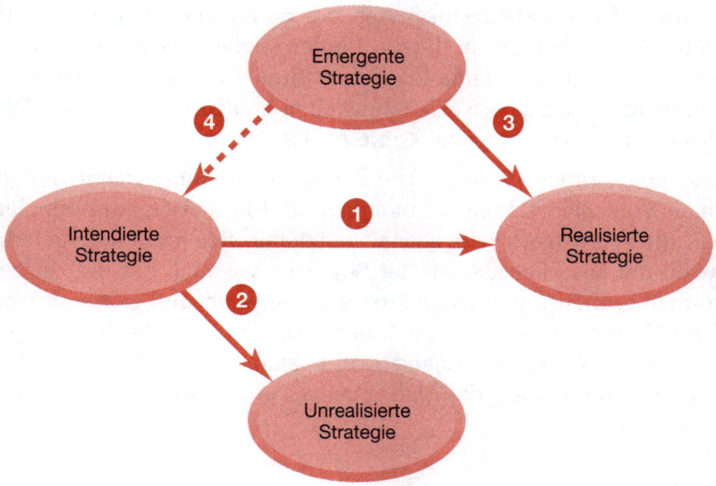

Abbildung 12.4: Pfade der Strategieentwicklung

- *Die Rolle strategischer Planung.* In *Kapitel 12.2.2* wurde ausgeführt, dass strategische Planung nicht so sehr dazu dient, Strategien zu formulieren, sondern eher die nützliche Rolle spielt, die emergenten Strategien in einer Organisation zu koordinieren (Route 4 in *Abbildung 12.4*). Dies birgt allerdings die Gefahr, dass dies in nicht mehr als der Zusammenfassung „herkömmlicher Überzeugungen" resultiert, die sich im Laufe der Zeit in einer Organisation aufgebaut haben, so dass Planungssysteme nur im Nachhinein den Entwicklungsweg von Organisationen rationalisieren. Wenn strategische Planungssysteme angewandt werden sollen, müssen Manager die folgenden zwei Kernlektionen lernen:
  - Planungssysteme sind kein Ersatz für andere Prozesse der Strategieentwicklung. Diese anderen Prozesse müssen ebenfalls gesteuert werden (siehe weiter hinten).
  - Es bedarf realistischer Erwartungen über die Rolle der strategischen Planung. Ist die primäre Rolle strategischer Planung beispielsweise die Koordination emergenter Strategien oder wird erwartet, dass sie aktiv zur Entwicklung der Strategie beiträgt, indem sie beispielsweise die überkommenen Überzeugungen und Handlungsweisen infrage stellt? Handelt es sich um Letzteres, ist die Rolle des strategischen Planers eher die eines internen Beraters als eines spezialisierten Analysten und Koordinators.
- *Die Herausforderung strategischer Drift.* Eine der großen strategischen Herausforderungen, denen Manager gegenüberstehen, wurde in *Kapitel 5* als die Tendenz identifiziert, dass inkrementelle Strategieentwicklung zu strategischer Drift führt (siehe *Kapitel 5.4*). In *Kapitel 12.3* wird gezeigt, dass inkrementelle Strategieentwicklungsprozesse, die in der Herausbildung einer Strategie resultieren, ein natürliches Ergebnis der Einflüsse organisationaler Kultur, individueller und kollektiver Erfahrungen, politischer Prozesse und früherer Entscheidungen sind. Dies stellt heraus, dass Strategieentwicklungsprozesse in Organisationen die Mitarbeiter ermuntern sollten, die Fähigkeit und Bereitschaft zu entwickeln, ihre Kernannahmen und Handlungsweisen zu hinterfragen und zu ändern. Dies wiederum führt zur Idee der „lernenden Organisation", die im nächsten Abschnitt erläutert wird. So erstrebenswert dies sein mag, es deutet vieles darauf hin, dass es nicht leicht ist. Es betont auch, wie schwierig es für eine Organisation ist, bei der Entwicklung ihrer

Strategie die richtige Balance zu finden. So kann es beispielsweise interne kulturelle Kräfte der Trägheit geben, die die Tendenz haben, die Strategieentwicklung zu behindern, aber zugleich ebenfalls in der Kultur verankerte Verhaltensweisen und Routinen, welche möglicherweise Fähigkeiten beinhalten, die einen Wettbewerbsvorteil begründen könnten (siehe *Kapitel 3.4.3*).

- *Steuerung emergenter Strategie.* Die Prozesse der Strategieentwicklung, die zu emergenten Strategien führen, können zwar tief in den organisationalen Routinen und der Kultur verwurzelt sein, aber sie entziehen sich nicht der Steuerung. Es geht hier sowohl um das Management der Strategie wie auch die strategische Planung. RAPs können geändert, politische Prozesse analysiert und gesteuert werden (siehe *Kapitel 4.4.1*) über die Analyse der Interessengruppen); das Hinterfragen von Normen und Routinen organisationaler Kultur kann gefördert werden. Nicht zuletzt geht es hier um die Aufgabe des Managements, eine klare Vision der künftigen Strategie zu entwickeln.

12.5.2 Die lernende Organisation

Lernende Organisation

Eine lernende Organisation ist in der Lage, sich beständig zu erneuern, indem sie auf die Bandbreite des Wissens, der Erfahrung und Fähigkeiten der Organisationsmitglieder zurückgreift, und auf eine Kultur, die auf Basis eines gemeinsamen Zwecks oder einer Vision gegenseitiges Fragen und Infragestellen fördert.

Traditionell werden Organisationen als Hierarchien und Bürokratien verstanden, die für Ordnung und Kontrolle sorgen und somit Strukturen aufweisen, die eher für Stabilität als für Veränderung stehen. Eine **lernende Organisation** ist jedoch in der Lage, sich beständig zu erneuern, indem sie auf die gesamte Bandbreite des Wissens, der Erfahrungen und Fähigkeiten der Organisationsmitglieder zurückgreift und auf eine Kultur, die auf Basis eines gemeinsamen Zwecks oder einer Vision gegenseitiges Fragen und Infragestellen fördert. Sie betont die potenzielle Kompetenz und Fähigkeit einer Organisation, sich von innen heraus zu erneuern, so dass sich dynamische Strategien auf natürliche Weise herausbilden.

Verfechter der lernenden Organisation[31] weisen darauf hin, dass das kollektive Wissen aller Individuen einer Organisation das Wissen „der Organisation" und deren Handlungsvermögen üblicherweise übertrifft, da die formellen Strukturen von Organisationen organisationales Wissen und Kreativität unterdrücken. Sie argumentieren, dass es das Ziel des Managements sein sollte, Prozesse zu unterstützen, die das Wissen einzelner freisetzen und den Austausch von Informationen und Wissen fördern, so dass jeder Mitarbeiter sensibel für stattfindende Veränderungen wird und dazu beiträgt, Opportunitäten und erforderliche Veränderungen zu identifizieren. Dies betont die Wichtigkeit, Organisationen als soziale Netzwerke[32] zu sehen, wo der Schwerpunkt nicht so sehr auf den Hierarchien, sondern auf unterschiedlichen Interessensgruppen liegt, die miteinander kooperieren müssen und potenziell voneinander lernen können. So wird das Risiko reduziert, dass aufkommende Ideen aus Mangel an Interesse im Sande verlaufen.

31 Das Konzept der lernenden Organisation wird von P. Senge in „The Fifth Discipline: The art and practice of the learning organisation", Doubleday/Century, 1990, erklärt. Ebenso M. Crossan, H. W. Lane und R. E. White, „An organizational learning framework; from intuition to institution", *Academy of Management Review*, Band 24, Nr. 3 (1999), S. 522–537. Siehe auch J. Coopey, „The learning organization, power, politics and ideology", *Management Learning*, Band 26, Nr. 2 (1995), S. 193–213.

32 Das Konzept einer Organisation als ein Set sozialer Netzwerke wird z.B. von M. S. Granovetter in „The strength of weak ties", *American Journal of Sociology*, Band 78, Nr. 6 (1973), S. 1360–1380; und G. R. Carroll und A. C. Teo, „On the social networks of managers", *Academy of Management Journal*, Band 39, Nr. 2 (1996), S. 421–440, diskutiert.

Die zentralen Grundsätze des organisationalen Lernens lauten:

- *Manager unterstützen* anstatt anzuweisen.
- *Informationsflüsse und Beziehungen zwischen Mitarbeitern verlaufen lateral* und gleichzeitig auch vertikal.
- *Organisationen sind pluralistisch*, d.h., hier sind konfligierende Ideen und Ansichten erwünscht, werden geäußert und diskutiert.
- *Experimentieren* ist die Regel; Ideen werden ausprobiert und werden so Teil des Lernprozesses.

All dies hängt mit anderen, in diesem Buch diskutierten Konzepten zusammen. Manche Aspekte gleichen dem in *Kapitel 12.3.1* beschriebenen logischen Inkrementalismus und Erkenntnissen aus der in den Kommentaren diskutierten Ideenperspektive. Es sind auch Entsprechungen zu dem zu erkennen, was Gary Hamel als „unverwüstliche" Organisationen beschreibt, die sich beständig neu erfinden, indem sie sich weigern, ihren Erfolg als garantiert anzusehen, und die Fähigkeit entwickeln, sich neue Unternehmensmodelle auszudenken.[33]

12.5.3 Strategieentwicklung unter unsicheren und komplexen Bedingungen

Nicht alle Organisationen sehen sich ähnlichen Umwelten ausgesetzt. Diese unterscheiden sich in Form und Komplexität, weshalb unterschiedliche Arten, über Strategieentwicklung nachzudenken, und unterschiedliche Prozesse der Steuerung einer Strategie unter verschiedenen Bedingungen sinnvoll sind. *Abbildung 12.5* zeigt, wie Organisationen versuchen können, mit Bedingungen zurechtzukommen, die mehr oder weniger stabil oder dynamisch und einfach oder komplex sind.[34]

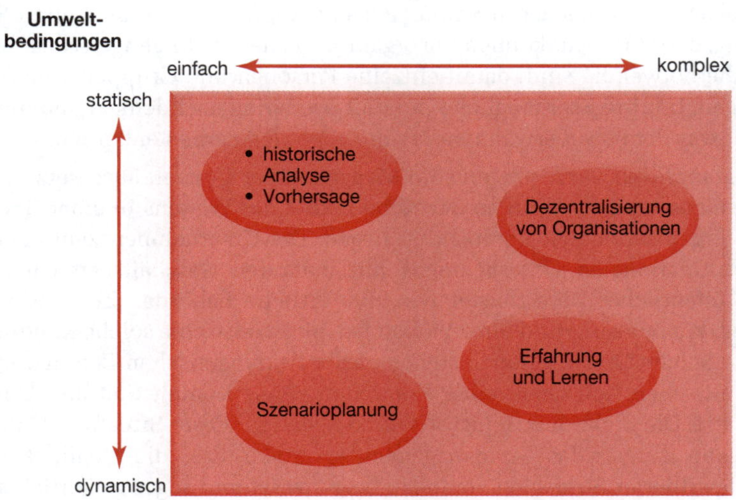

Abbildung 12.5: Strategieentwicklung in unterschiedlichen Umweltkontexten

33 Siehe G. Hamel und L. Valikangas, „The quest for resilience", *Harvard Business Review*, September (2003), S. 52–63.

34 R. Duncans Untersuchungen, auf denen diese Klassifikation basiert, finden sich in „Characteristics of organisational environments and perceived environmental uncertainty", *Administrative Science Quarterly*, Band 17, Nr. 3 (1972), S. 313–327.

- Unter *einfachen/statischen Bedingungen* ist die Umwelt relativ leicht zu verstehen und keinen großen Veränderungen unterworfen. Beispiele dafür waren, zumindest in der Vergangenheit, Rohstofflieferanten und einige Unternehmen mit Massenproduktion. Die technischen Prozesse sind hier relativ einfach und Wettbewerb und Märkte bleiben im Zeitverlauf gleich. Tritt unter solchen Umständen eine Veränderung der Umwelt ein, könnte diese prognostizierbar sein; es könnte daher Sinn machen, die historische Entwicklung der Umwelt extensiv zu analysieren, um auf dieser Basis zu versuchen, wahrscheinliche künftige Bedingungen vorherzusagen. In Situationen von relativ geringer Komplexität kann es auch möglich sein, einige Vorhersagefaktoren für umweltbedingte Einflüsse zu identifizieren. So können zum Beispiel im Bereich öffentlicher Dienstleistungen demografische Daten wie die Geburtenraten als Vorhersagefaktoren genutzt werden, um den Bedarf an Schulausbildung, Gesundheitsvorsorge oder Sozialleistungen zu bestimmen. Unter einfachen/statischen Bedingungen kann es daher sinnvoll sein, Strategieentwicklung in Form formeller Planungssysteme zu betreiben. Es kann auch sehr verlockend sein, sich auf Erfahrungen und vorangegangene Entscheidungen zu stützen, da sich nur wenig verändert. Es gibt hierbei jedoch zwei Probleme. Erstens könnten Konkurrenten in gleichartigen Umwelten den gleichen Strategien folgen; dies könnte ein Rezept für hohen Wettbewerbsdruck und niedrige Gewinne sein (siehe *Kapitel 6*). Zweitens können sich die Umweltbedingungen ändern. Viele Organisationen sehen sich zunehmend dynamischen und/oder komplexen Bedingungen gegenüber. Wenn dies eintritt, könnte es sein, dass die Organisationen Schwierigkeiten haben, sich den geänderten Bedingungen anzupassen, weil ihre Strategieentwicklungsprozesse nicht für diese geeignet sind.
- Unter *dynamischen Bedingungen* sollten Manager die zukünftige und nicht nur die vergangene Umwelt bedenken. Das Ausmaß der Unsicherheit nimmt daher zu. Sie können in strukturierter Weise versuchen, sich ein Bild der Zukunft zu machen, beispielsweise mittels der in *Kapitel 2* (siehe *Kapitel 2.2.2*) diskutierten *Szenarienplanung;* oder Manager können die organisationalen Bedingungen schaffen und fördern, die notwendig sind, damit einzelne Personen und Gruppen vorausschauend überlegen, intuitiv über mögliche Zukunftsszenarien nachdenken und diese infrage stellen, was dem oben erwähnten *organisationalen Lernen* entspricht.
- Unter *komplexen Bedingungen* sind Manager einer Umwelt ausgesetzt, die schwer zu verstehen ist. Dies kann an der Komplexität des Wissens in einer Branche oder an der organisationalen Komplexität liegen. Die Unternehmenszentrale eines großen multinationalen Unternehmens mit mehreren Geschäftsbereichen oder ein großer öffentlicher Dienstleister wie eine örtliche Behörde, die viele Leistungen anbietet, können aufgrund ihrer Vielfalt beispielsweise eine solche Komplexität aufweisen. Solche Organisationen stehen ebenfalls dynamischen Bedingungen gegenüber und sehen sich daher einer Kombination aus Komplexität und Unsicherheit ausgesetzt. Die Elektronikindustrie befindet sich in dieser Situation. Unter solchen Bedingungen muss das Topmanagement erkennen, dass die Möglichkeit der Planung detaillierter Strategien von oben begrenzt ist und sogar gefährlich sein kann, da Spezialisten in den unteren Hierarchieebenen der Organisation mehr über die Umwelt wissen, in der die Organisation operiert, als sie. Das Topmanagement sollte daher eher die allgemeine Strategierichtung festlegen und die von unten emergenten Strategien koordinieren und formen. Erkenntnisse der Ideenperspektive (siehe Kommentare) und des organisationalen Lernens können auch hier hilfreich sein.

Im Fokus: Honda und der amerikanische Motorradmarkt in den 60er-Jahren

Es gibt unterschiedliche Erklärungen dafür, wie erfolgreiche Strategien entstehen.

1984 veröffentliche Richard Pascale einen Artikel, der den Erfolg von Honda bei Einführung seiner Motorräder auf dem amerikanischen Markt in den 60er-Jahren beschrieb. Es ist ein Artikel, der seither für Diskussionen über Strategieentwicklungsprozesse gesorgt hat. Zuerst zitierte er Erklärungen, welche von der Boston Consulting Group (BCG) angeboten wurden:

> *„Der Erfolg der japanischen Hersteller gründete in dem Wachstum ihres heimischen Marktes in den 50er-Jahren. Dies führte zu einer äußerst wettbewerbsfähigen Kostenposition, die die Japaner zu Beginn der 60er-Jahre als Sprungbrett für das Eindringen in die Weltmärkte mit kleinen Motorrädern nutzten... Die grundlegende Philosophie der japanischen Hersteller lautet: Ein hohes Produktionsvolumen pro Modell bietet das Potenzial hoher Produktivität, weil kapitalintensive und hoch automatisierte Arbeitstechniken genutzt werden können. Ihre Marktstrategien sind daher auf die Entwicklung hoher Umsätze pro Modell ausgerichtet, was erklärt, warum sie so großen Wert auf Wachstum und Marktanteil legen, wie wir es beobachtet haben."*

Die Darstellung der BCG bietet eine rationale Erklärung, die auf dem bewussten Aufbau von Kostenvorteilen gründet, die sich aus Volumina ergeben.

Pascales zweite Version der Geschehnisse basierte auf Interviews mit den japanischen Führungskräften, die die Motorräder auf dem amerikanischen Markt eingeführt hatten:

> *„Unsere Strategie bestand in Wahrheit nur darin, dass wir herauszufinden wollten, ob wir in den Vereinigten Staaten etwas verkaufen könnten. Es war eine neue Grenze, ein neue Herausforderung, die zu der von Herrn Honda kultivierten Unternehmenskultur „Erfolg entgegen aller Wahrscheinlichkeit" passte. Wir diskutierten weder Gewinne noch Zeitspannen für Gewinnschwellen ... Wir wussten, dass unsere Produkte ... gut, aber nicht weit überlegen waren. Herr Honda war vor allem von den 250cc- und 305cc-Maschinen überzeugt. Die Lenker dieser größeren Maschinen hatten die Form von Buddhas Augenbraue, was seiner Meinung nach ein starkes Verkaufsargument war... Unser Anfangsbestand setzte sich aus je 25 Prozent der vier Produkte – der 50cc-Supercub, der 125cc-, 250cc- und der 305cc-Maschinen – zusammen. Wertmäßig war der Bestand daher eher zugunsten den größeren Maschinen gewichtet... Im ersten Jahr tappten wir völlig im Dunkeln. Herrn Hondas und unseren Instinkten folgend hatten wir nicht versucht, die 50cc-Supercubs umzuschlagen... Sie schienen für den US-Markt, auf dem alles größer und luxuriöser war, völlig unpassend ... Wir nutzten die 50cc, selbst wenn wir für Botengänge durch Los Angeles fuhren. Sie erregten viel Aufmerksamkeit. Aber wir zögerten immer noch, die 50cc in den Markt zu drücken, da wir Angst hatten, unser Image in einem Macho-Markt zu gefährden. Aber als für*

die größeren Motorräder der Durchbruch kam, hatten wir keine Wahl mehr. Zu unserer Überraschung handelte es sich bei den Händlern, die sie verkaufen wollten, nicht um Motorradhändler, sondern um Sportartikelgeschäfte.“

Zwei sehr unterschiedliche Berichte und doch beschreiben sie den gleichen Markterfolg. Seit der Veröffentlichung des Artikels haben viele Autoren der Strategieentwicklung darüber debattiert, was diese Berichte bedeuten. Henry Mintzberg zum Beispiel bemerkte: „Die Konzipierung einer neuen Strategie ist ein kreativer Prozess (der Synthese), für den es keine formellen Techniken (der Analyse) gibt.“ Er argumentierte, dass jedwede formale Planung sich auf die Implementierung der Strategie beziehe: „Strategie muss informell konzipiert werden, bevor sie formell festgelegt werden kann.“ Er fügte hinzu: „Während wir herumrennen und ‚rational‘ sind, setzen sie ihren gesunden Menschenverstand ein ... Sie kamen nach Amerika mit der Bereitschaft, zu lernen.“

Michael Goold, der Autor des ursprünglichen Berichts der BCG, verteidigte den Bericht mit der Begründung, dass

„... das Ziel des Berichts war, die Hintergründe aufzuhellen, die für Hondas Erfolg verantwortlich waren, und das auf eine Art und Weise, die anderen helfen würde, herauszufinden, welche Strategien wahrscheinlich funktionieren würden. Er versucht, Muster in den strategischen Entscheidungen und Aktionen von Honda zu erkennen und anhand dieser Muster zu identifizieren, was gut funktioniert und was weniger gut.“

Richard Rumelt folgerte:

„... Die „Gestaltungperspektive“ hält zu Recht an der Realität von Kräften wie Skaleneffekten, angesammelten Erfahrungen und der im Laufe der Zeit akkumulierenden Entwicklung von Kernkompetenzen fest... Aber meine eigene Erfahrung ist die, dass kohärente Strategie, die auf Analysen und dem Verständnis dieser Kräfte basiert, viel öfter unterstellt als tatsächlich beobachtet wird.“

Und Pascale selbst folgerte, dass die glückliche Entwicklung von Hondas Strategie die Bedeutung des Lernens zeige und dass die wichtige Lektion bei der Entwicklung einer Strategie die Bedeutung der Agilität einer Organisation ist, die eher in ihrer Kultur als in ihren Analysen zu finden ist.

Quelle: Dieses Fallbeispiel basiert auf R. T. Pascale „Perspectives on strategy: the real story behind Honda's success“, *California Management Review*, Band 26, Nr. 3 (Frühjahr 1984), S. 47–72; und H. Mintzberg, R. T. Pascale, M. Goold und R. P. Rumelt, „The Honda effect revisited“, *California Management Review*, Band 38, Nr. 4 (1996), S. 78–116.

Kontrollfragen

1. Schließen sich die unterschiedlichen Berichte gegenseitig aus?
2. Welche der in dem Kapitel erläuterten Erklärungen der Strategieentwicklung erkennen Sie in der Geschichte von Honda?
3. Sind Sie der Meinung, dass Honda mehr oder weniger erfolgreich gewesen wäre, wenn es einen formalisierteren strategischen Planungsansatz für die Markteinführung gehabt hätte?

ZUSAMMENFASSUNG

Dieses Kapitel hat sich mit unterschiedlichen Arten der Strategieentwicklung in Organisationen beschäftigt (siehe auch „Im Fokus"). Die wichtigsten Lektionen des Kapitels sind die folgenden:

- Es ist wichtig, zwischen *intendierter Strategie*, einer von Managern bewusst geplanten und gewünschten Strategierichtung und *emergenter Strategie* zu unterscheiden, die sich in weniger vorsätzlicher Weise aus den Verhaltensweisen und Aktivitäten einer Organisation entwickeln.
- Meist wird der Strategieentwicklungsprozess als intendierte Strategie beschrieben, die sich als Ergebnis von *Planungssystemen* ergibt, welche objektiv und leidenschaftslos durchgeführt werden. Formale strategische Planungssysteme haben Vor- und Nachteile. Vieles weist jedoch darauf hin, dass solch formale Systeme keine adäquate Erklärung dafür bieten, wie sich Strategieentwicklung in der Praxis vollzieht.
- Intendierte Strategie kann auch auf Grundlage einer zentralen *Anordnung* oder der *Vision strategischer Führer* und der *Aufzwingung von Strategien* durch externe Interessengruppen zustande kommen.
- Strategien können sich auch in Organisationen allmählich herausbilden (Emergenz). Dafür gibt es folgende Erklärungen:
- Organisationen versuchen, proaktiv durch Prozesse *logischen Inkrementalismus* ihre Probleme zu lösen.
- Durch den in Organisationen angewandten *Ressourcenallokationsprozess* werden einige Strategieprojekte anderen vorgezogen.
- *Politische Verhandlungsprozesse* resultieren in einer ausgehandelten Strategie.
- Die unhinterfragt akzeptierten Elemente *organisationaler Kultur* begünstigen eine bestimmte Strategie.
- *Multiple Prozesse der Strategieentwicklung* sind erforderlich, wenn Organisationen die Infragestellung *unhinterfragt akzeptierter Annahmen* und Arbeitsgewohnheiten fördern und unterstützen, eine *lernende Organisation* schaffen und mit zunehmend *dynamischen und komplexen Bedingungen* zurechtkommen möchten.

ZUSAMMENFASSUNG

EXTRAS ONLINE Aufgaben

*Kennzeichnet schwierigere Aufgaben.

12.1 Lesen Sie den Jahresabschluss eines Unternehmens, mit dem Sie als Kunde vertraut sind (zum Beispiel eines Einzelhandels- oder Transportunternehmens). Identifizieren Sie die Hauptmerkmale der im Jahresabschluss erläuterten intendierten Strategie sowie die Merkmale der realisierten Strategie, wie Sie sie als Kunde wahrnehmen.

12.2 Beschreiben Sie anhand der unterschiedlichen Erklärungen in den *Kapitel 12.3* und *12.4*, wie Strategien in unterschiedlichen Organisationen entstanden sind (z.B. bei Intel, Honda).

***12.3** Planungssysteme existieren in vielen unterschiedlichen Organisationen. Welche Rolle sollte Planung in einer Organisation des öffentlichen Sektors wie einer Gemeindeverwaltung oder dem staatlichen Gesundheitsdienst im Vergleich zu einem multinationalen Unternehmen spielen?

***12.4** Inkrementelle Muster der Strategieentwicklung sind in Organisationen üblich und Manager sehen darin Vorteile. Es gibt jedoch auch das Risiko der strategischen Drift. Schlagen Sie unter Verwendung der verschiedenen Erklärungen in den *Kapitel 12.2* und *12.3* vor, wie ein Abdriften vermieden werden kann.

12.5 Zeigen Sie auf, warum unterschiedliche Ansätze der Strategieentwicklung in verschiedenen Organisationen wie einer Universität, einem Modeeinzelhändler, einem diversifizierten multinationalen Unternehmen und einer Hochtechnologiefirma angemessen sind.

Integrative Aufgabe

***12.6** Wie kann das Konzept der „lernenden Organisation" (siehe *Kapitel 12.5.2*) nicht nur auf Strategieentwicklung bezogen werden, sondern auch auf (a) strategische Fähigkeiten, dynamische Fähigkeiten und organisationales Wissen (*Kapitel 3*), (b) organisationale Kultur (*Kapitel 5*) und (c) strategischen Wandel (*Kapitel 14*)? Dies berücksichtigend, worin bestehen die besonderen Herausforderungen, in einem großen internationalen Unternehmen eine lernende Organisation zu entwickeln?

Literaturempfehlungen

- Eine vielzitierte Arbeit, die die verschiedenen Muster der Strategieentwicklung beschreibt, stammt von H. Mintzberg und J. A. Waters, „Of strategies, deliberate and emergent", *Strategic Management Journal*, Band 6, Nr. 3 (1985), S. 257–272.
- Die sich ändernde Rolle strategischer Planung in der Ölindustrie wird von Rob Grant erklärt; „Strategic planning in a turbulent environment: evidence from the oil majors", *Strategic Management Journal*, Band 24 (2003), S. 491–517. Siehe auch M. Mankins, „Stop making plans, start making decisions", *Harvard Business Review*, January (2006), S. 77–84.
- Für eine Erklärung des logischen Inkrementalismus siehe J. B. Quinn, „Strategies for Change: Logical incrementalism", *Irwin*, 1980; auch zusammengefasst in „The Strategy Process", 4. Auflage, *Prentice Hall*, (2003) von J. B. Quinn und H. Mintzberg. Vergleichen Sie diese mit unterschiedlichen Erklärungen der inkrementellen Änderung und der Erklärung der strategischen Abdrift von G. Johnson, „Rethinking incrementalism", *Strategic Management Journal*, Band 9, Nr. 1 (1988), S. 75–91.
- Wie durch Ressourcenallokationsprozesse Strategien entwickelt werden, wird von J. L. Bower und C. G. Gilbert in „A revised model of the resource allocation process" erklärt sowie in „From Resource Allocation to Strategy", *Oxford University Press*, 2005, S. 439–455, von J. L. Bower und C. G. Gilbert (Hrsg.). Das Buch enthält

auch viele Fallstudien. Eine faszinierende Fallstudie über die Auswirkungen der Ressourcenallokationsroutinen auf die Entwicklungsstrategie von Intel findet sich in „Fading memories: a process theory of strategic business exit in dynamic environments“, *Administrative Science Quarterly*, Band 39 (1994), S. 34–56, von Robert Burgelman.

- Erkenntnisse über die Bedeutung multipler Prozesse der Strategieentwicklung finden sich in „An integrative framework for strategy-making processes“, *Academy of Management Review*, Band 17, Nr. 2 (1992), S. 327–351 von S. L. Hart.

Fallstudie
Google: Wer ist für die Strategie verantwortlich?

Phyl Johnson

Von einer Idee zu einem eigenen Verb in weniger als 15 Jahren: „googeln – im Internet suchen“.

Was tun Sie, wenn Sie nach der Antwort auf eine Frage suchen? Sie googeln sie. Google ist eines der wenigen Unternehmen, dessen Produktname so sehr zu einem Synonym für sein Angebot geworden ist, dass es zu einem häufig verwendeten Verb geworden ist. Im Jahr 2012 hatte Google eine Marktkapitalisierung von € 186,89 Milliarden. Mit einem Netzwerk mit mehr als 1 Million Computer weltweit war es das dominante Unternehmen im Bereich der Internetsuche. 66 Prozent der Suchanfragen liefen über Google, deutlich vor „Bing“ von Microsoft (15 Prozent) und dem früheren Riesen Yahoo (14 Prozent). Die große Mehrheit des Erlöses von Google stammt aus mit der Suche verbundener Werbung. Allerdings wurde es von mehreren Seiten her stark bedroht. Aufgrund der hinreichend publizierten, schlechten Finanzergebnisse des Jahres 2012 fragten sich einige Kommentatoren, ob Google die Grenzen seines Wachstums erreicht hatte.[1] Und dann gab es noch diejenigen, die in Frage stellten, ob der idiosynkratische Managementstil angesichts der Größe des Unternehmens und des zunehmend diversifizierten Portfolios fortgeführt werden konnte.

Google

Google wurde basierend auf einer Idee von Larry Page und Sergey Brin gegründet, als sie Studenten an der Stanford University in den USA waren. Als Page und Brin ihre eigene Suchmaschine auf den Markt brachten, fand sie schnell Anhänger und Benutzer, bekam finanzielle Unterstützung und versetzte sie in die Lage, 2004 mit einem erstaunlich hohen Preis von $ 1,67 Milliarden an die US-amerikanische Börse zu gehen.

Von Anfang an war Google anders. Anstatt die Investmentbanker als Diktatoren zu sehen, die den Basiskurs für den Börsengang vorgeben, startete das Unternehmen eine Art Auktion für den Börsengang, bei dem die Käufer den angemessenen Preis der Aktie bestimmen. Page schickte dazu einen offenen Brief an die Aktionäre, in dem er erklärte, dass Google kein konventionelles Unternehmen war und auch keines werden wollte. Es wollte den Rahmen des Gewohnten sprengen.

Dies setzte sich fort, als Google einen zweistufigen Vorstand einführte, ein Modell, das, auch wenn es in einigen europäischen Ländern (z.B. den Niederlanden) weit verbreitet ist, in den USA selten ist. Der Vorteil für Page und Brin lag in der zusätzlichen Distanz, die sich daraus zwischen *ihnen* und ihren Aktionären ergab und der höheren Managementfreiheit, die dieses System ihnen bei der Führung ihres Unternehmens nach ihren Wünschen gab.

Page und Brin haben auch erfolgreich den CEO Eric Schmidt von Novel Inc. rekrutiert und teilten sich an der Spitze die Macht zu dritt. Schmidt beschäftigte sich mit der Verwaltung und den Investoren von Google und hatte überdies die am stärksten traditionelle CEO-Rolle. Page konzentrierte sich auf die zentralen Strukturen bei Google, während Brin im Bereich der Ethik die Führung übernahm.

Die Vergangenheit

Es könnte schwierig sein, herauszuarbeiten, wer für das verantwortlich war, was im Googleplex (dem Hauptsitz von Google) in Mountain View, Kalifornien passiert ist. Es gab den berühmt unstrukturierten Betriebsstil. Im Jahr 2009 behauptete Eric Schmidt, dass diese Strategie auf Versuch und Irrtum beruhte:

> *„Google ist ungewöhnlich, weil es tatsächlich von unten nach oben organisiert ist. ... Bei Google hat man oft das Gefühl, dass die Mitarbeiter im Wesentlich tun, was sie für das beste halten und tolerieren, dass wir da sind. ... Wir haben keinen Fünfjahresplan. ...Wir konzentrieren uns auf das, was neu und aufregend ist und wie man die Öffentlichkeit schnell mit einer neuen Idee gewinnen kann.“*[2]

Im Hinblick auf die Produktentwicklung bestand ihr Ansatz darin, ein teilweise fertiggestelltes (Beta-) Produkt ins Netz zu stellen und Google Fans zu fragen: a) wie sie das Produkt finden, b) sie damit experimentieren zu lassen und c) das Produkt auf Fehler prüfen und entfernen zu lassen – eine kreative Nutzung von Endbenutzern, aber auch ein erheblicher Verzicht auf Kontrolle. Die Kontrolle des Arbeitsflusses, der Qualität und in hohem Maß des Charakters der Projekte, die zu einem gegebenen Zeitpunkt durchgeführt werden, lag bei den Mitarbeitern und nicht beim Management. Google war berühmt als Organisation mit zurückgenommenem Management. Sie hatte ein Verhältnis von Mitarbeitern zu Managern von 1:20 – und damit die Hälfte der Manager, die es in durchschnittlichen amerikanischen Organisationen (1:10) und gab erheblich weniger als es in einigen europäischen Organisationen (Frankreich 1:7,5).

Der Finanzvorstand Patrick Pichette berichtete darüber, wie er in einem Besprechungsraum mit einem einflussreichen Geschäftsmann war und von einer Gruppe junger Ingenieure vertrieben wurde, die den Raum für ihre Besprechung wollten. Für ihn lautete die Lektion, dass bei Google Führung ein Gemeinkostenposten ist, während die Ingenieure „den Code schreiben und die echten Sachen machen, die Google ausmachen“.[3]

Die Ingenieure haben in kleinen autonomen Teams gearbeitet und die von ihnen produzierten Arbeitsergebnisse wurden durch die Begutachtung durch Kollegen anstelle der klassischen Supervision oder klarer strategischer Richtlinien qualitätsgesichert. Daher bestand das Potenzial für diese kleinen Teams, mit ihrer Freiheit für selbst initiierte Projekte eine Situation zu schaffen, in der sich Projekte ausbreiten. Überdies durften die Ingenieure bei Google 20 Prozent ihrer Arbeitszeit für persönliche Projekte aufwenden, die sie interessieren, um Innovationen und die Schaffung neuen Wissens sowie potenzieller neuer Produkte anzuregen. Allerdings vertraten einige Kommentatoren die Ansicht, dass viele Ingenieure eher 30 Prozent der Zeit für solche Projekte aufwenden.

Google war stolz auf seinen Laissez-Faire-Ansatz zum Management und zur Produktentwicklung:

> *„Google wird von seiner Kultur und nicht von mir geführt ... Es ist viel einfacher, einen Mitarbeiterstamm zu haben, bei dem jeder jeden Tag genau das tut, was er will. Die Mitarbeiter sind viel leichter zu führen, da sie niemals irgendwelche Probleme haben. Sie sind immer aufgeregt, weil sie immer an etwas arbeiten, für das sie sich interessieren ... Aber das unterscheidet sich deutlich von dem traditionellen, hierarchischen Modell, bei dem es die Erklärung des CEO gibt, bei dem es heißt, dass dies die Strategie ist und dass das gemacht wird. Das ist sehr, sehr begrenzt. Wir finden uns mit einem gewissen Maß an Chaos, das sich daraus ergibt, ab.“*

Eric Schmidt (CEO)[4]

Es sind allerdings einige strenge Bereiche in das System eingebaut worden. Ein solcher Bereich war die Einstellung. Bei einer solch hoch bewerteten Beschäftigungsmarke konnte Google es sich leisten, wählerisch zu sein. Auf jede Stelle bewarben sich knapp 100 talentierte Kandidaten. Die Bezahlung war wettbewerbsfähig, aber nicht deutlich besser als bei der Konkurrenz. Allerdings zogen zusätzliche Leistungen, wie kostenloses Essen, ein Swimmingpool und Massagen, neue Mitarbeiter an. Dies galt auch für die 20 Prozent Freizeit, die Ingenieure für ihre eigenen Interessen aufwenden konnten. Im Gegenzug dafür hatte Google strenge Einstellungskriterien und -prozesse. Die Ingenieure mussten entweder einen Master-Abschluss oder einen Doktorgrad von einer führenden Universität haben und eine Reihe von Bewerbungstests und -gesprächen bestehen. Die Kriterien dafür wurden hochwissenschaftlich hergeleitet. Praktisch rekrutierte Google seine Mitarbeiter auf der Grundlage eines psychometrischen Profils zur Eignung für den Google-Charakter und konnte daher einen sehr gut vorhersagbaren Mitarbeiterstamm einstellen und, hoffentlich, halten: Dies war viel leichter zu handhaben.

Auch die Begutachtung durch Kollegen ist eine strenge Form des Leistungsmanagements. Unter Experten ist der Ruf von höchster Bedeutung und wenn jemand durch seine Kollegen bewertet wird, geht das Muster tendenziell hin zu qualitativ besserer Arbeit. Die Begutachtung durch Kollegen erfolgte, gemeinsam mit vielen anderen Prozessen bei Google, sehr formelhaft. So wurden beispielsweise die Teams klein gehalten und auf maximal sechs begrenzt, die Anzahl der bearbeiteten Projekte war begrenzt, die Termine waren kurz gesetzt (nicht länger als sechs Wochen) und wie immer bei Google gab es auch Leistungsmessungen. Eric Schmidt kommentierte dies so:

> *„Wir sind sehr analytisch. Wir messen alles und wir systematisieren jeden Aspekt der Vorgänge im Unternehmen. So haben wir beispielsweise diese Woche ein Tabellenprodukt eingeführt. Ich habe bereits stündlich Updates zur Anzahl der Personen erhalten, die sich beworben haben, die Tabellenkalkulation zu nutzen, zur Anzahl der Nutzer und der Größe der Tabellenkalkulation."*[5]

Was daraus wurde

Im Oktober 2012 stürzte der Unternehmenswert von Google innerhalb von nur zwei Tagen um 10 Prozent ($ 24 Milliarden). In den USA brach der Aktienkurs so schnell ein, dass der Handel ausgesetzt werden musste. Warum war das so? Weil der Wert, den die Werbekunden pro Klick zu zahlen bereit war, um 15 Prozent zurückgegangen war und verglichen mit dem Jahr 2011 die Einnahmen von Google im dritten Quartal einen Gewinnrückgang um 20 Prozent aufwiesen. Das Ganze wurde noch durch die Tatsache verschlimmert, dass diese Daten zufällig an den Markt freigegeben wurden, bevor dies eigentlich geschehen sollte, und ohne dass eine entscheidende Erklärung von Larry Page erfolgte.

Der kometenhafte Aufstieg von Facebook (das auch Werbeflächen verkauft) und die Welle von Internetznutzern, die auf Tablets und mobile Handgeräte wechseln (bei denen die Werbung schwerer zu sehen ist und damit einen niedrigeren Preis hat), traf Google schwer. Da der Löwenanteil der Einnahmen aus der Werbung kam, zielte die Kritik darauf ab, dass Google nur über eine spezielle Fähigkeit verfügte.

Also musste Google sich verändern. Sergey Brin formulierte dies so: „Wir wollen 1000 Blumen blühen lassen, aber jetzt müssen wir einen Strauß binden."[6] Google sollte schlanker und effizienter werden. Es ging das Gerücht um, dass die berühmten 20 Prozent der frei verfügbaren Zeit der Ingenieure gefährdet waren. Aber Google hielt an seiner 70-20-10 Formel fest, nach der 70 Prozent der Anstrengungen für die Suchmaschine, 20 Prozent für Produkte, die noch in der Entwicklung stecken, und 10 Prozent für brandneue Sachen aufgewendet werden.

Die wichtigste Änderung bei Google lag darin begründet, dass Larry Page 2011 die Rolle des alleinigen CEO übernahm. Brin ging dazu über, vier Tage der Woche an Projekten zu arbeiten, und Schmidt übernahm eine beratende Rolle als Vorsitzender. Page verfolgte das Ziel einer effektiveren und fokussierten Organisation. Er beendete Projekte, sorgte für die Beendigung von E-Mail-Kriegen zwischen verschiedenen Fraktionen und verlangte die Beschleunigung der Entscheidungsfindung. Er ergriff Maßnahmen, um den Talentabfluss unter den 12.000 Ingenieuren von Google weg zu Facebook zu beenden, indem er eine Gehaltserhöhung von 10 Prozent in Verbindung mit einem beträchtlichen Bonus anbot.

Überdies hatte Google auch mehr als 100 Übernahmen durchgeführt, von denen einige groß, wie Motorola und YouTube, und andere kleiner waren, aber Google dabei helfen, neue Serviceangebote zu entwickeln. Im Jahr 2011 allein wurden 79 Übernahmen oder erhebliche Investitionen in andere Unternehmen durchgeführt. Allerdings wurden im ersten Quartal 2012 keine Übernahmen durchgeführt: Page hatte scheinbar den Strom von Übernahmen gestoppt.

Durch die Rolle von Page als CEO konnte Brin wieder in den Bereich der innovativen Entwicklungen zurückkehren. Er war an einem separaten Standort für die streng geheimen „Google X"-Projekte verantwortlich, die sich auf Robotik und künstliche Intelligenz konzentrierten. Google+ sollte ein Konkurrent für Facebook werden und das Unternehmen entwickelte das übernommene Motorola so weiter, dass der Dominanz von Apple im Bereich von Smartphones Konkurrenz gemacht werden konnte. Im Jahr 2012 hatte das fahrerlose Auto von Google bereits 300.000 fahrerlose Stunden – unfallfrei – auf amerikanischen Straßen absolviert. Trotzdem berichteten Beobachter, dass Larry Page, der über die wenig aufregende Leistung einiger der in letzter Zeit eingeführten Google-Produkte besorgt war, weniger das Experimentieren und stärker die Effizienz der Betriebsabläufe betonte.[7] Vielleicht war ein anderer Ansatz zur Strategie als der von Eric Schmidt 2009 beschriebene notwendig: Im Jahr 2012 hatte Mountain View Business Strategen, die „an globalen, bereichsübergreifenden Projekten arbeiteten, die den Kern unserer Aktivitäten bilden".

Quellen: Hauptquelle: B. Girard, „The Google Way: How one company is revolutionising management as we know it". *No Starch Press*, 2009.

[1]H. Peterson, H. Gye, Louise Boyle and P. Campbell: „Could Google disappear? Analysts warn of Google's demise if the search engine fails to improve mobile advertising", *Daily Mail*, 20. Oktober 2012.

[2]Interview von Nicholas Carlson mit Eric Schmidt, dem CEO von Google: „We Don't Really Have A Five-Year Plan", *Washington Post Leadership series*, 20. Mai 2009.

[3]M. Ahmed, „Its going Gangbusters at Goggleplex, where the code writers run the company and the chiefs are up the wall", *The Times*, 3. Januar 2011.

[4]Siehe Verweis 2 oben.

[5]B. Girard, „The Google Way: How one company is revolutionizing management as know it." *Starch Press*, 2009, S. 97.

[6]M. Ahmed, „Leaner, meaner, but dreams are still there to be chased", *The Times*, 24. November 2011.

[7]Siehe *http://www.youtube.com/watch?v=tk5P-KvnLgE*. Und eine Vorstellung vom Mountain View Googleplex erhält man hier: *http://www.youtube.com/watch?v=4CSHuRirYOw*.

Kontrollfragen

1. Erklären Sie, wie die Strategie von Google über die Jahre entwickelt worden ist.
2. Welche Stärken und Schwächen hat dieser Ansatz?
3. Auf welche Art und Weise sollte sich der Ansatz von Google zur Strategieentwicklung zukünftig ändern?

Organisieren für den Erfolg

13

ÜBERBLICK

Lernziele

Nach der Lektüre dieses Kapitels sollten Sie in der Lage sein,

- die wichtigsten Herausforderungen der Organisation für den Erfolg zu identifizieren, darunter das Sicherstellen einer Steuerung, das Management von Wissen, der Umgang mit Veränderungen und die Reaktion auf die Internationalisierung.
- die wichtigsten strukturellen Formen von Organisationen in Bezug auf ihre Stärken und Schwächen zu analysieren.
- zu erkennen, wie wichtig es ist, dass organisationale Systeme (wie etwa Planungssysteme und Erfolgsziele) genau auf die jeweiligen Umstände abgestimmt werden.
- zu erkennen, wie die drei Stränge Strategie, Struktur und Systeme sich in der organisationalen Konfiguration gegenseitig stärken sollten und welche Dilemmata sich daraus für das Management ergeben können.

13.1 Einführung

Die vielleicht wichtigste Ressource einer Organisation sind ihre Menschen. Die strukturellen Rollen, die diese Menschen übernehmen, die Prozesse, durch die sie interagieren und die Beziehungen, die sie knüpfen, sind entscheidend für den Erfolg einer Strategie.

Die Ansichten über die richtige organisationale Gestaltung sind dabei, sich zu verändern. Wirtschaftswissenschaftler, die sich mit dem Thema Management beschäftigen, haben traditionell ihr Hauptaugenmerk meist auf formale Strukturen gelegt.[1] Dieser formale Ansatz entsprach einer Unternehmensstrategie, die von oben nach unten weitergegeben wurde und auf einem System von Befehl und Kontrolle aufbaute. Die Manager an der Spitze einer Organisation fällten hier die Entscheidungen, die dann von den übrigen Mitarbeitern einfach nur umgesetzt wurden. „Im Fokus“ wird infrage gestellt, ob sich solche formalen Strukturen wirklich auf diese Weise einer Strategie anpassen können. In einer Welt, in der Mitarbeiter auf allen Ebenen einer Organisation über entscheidendes Wissen verfügen und die von ständigem Wandel geprägt ist, kann es nicht mehr ausreichen, sich nur auf formale Kontrollstrukturen zu verlassen.

In einer sich schnell verändernden Welt, die stark von Wissen geprägt ist, ergeben sich für eine Organisation zwei Probleme. Zunächst gilt, dass ein statischer Ansatz formaler Strukturen immer weniger geeignet ist, denn eine Organisation muss sich angesichts sich ständig verändernder Bedingungen immer neu definieren und ausrichten. Aus diesem Grund schlagen einige Fachautoren vor, anstelle des Begriffs „Organisation“

1 Einige dieser frühen Veröffentlichungen sind zu finden bei D. Pugh, „Organisation Theory“, *Penguin*, 1984.

vermehrt die verbale Konstruktion des „Organisierens“ zu verwenden.[2] Außerdem erfordert die effektive Nutzung des wertvollen Wissens, das überall innerhalb einer Organisation existiert, mehr als nur formale Hierarchien, die sich von oben nach unten orientieren. Informelle Prozesse und Beziehungen tragen entscheidend dazu bei, das tief liegende Wissen innerhalb einer Organisation freizulegen und auszutauschen. Denn dieses Wissen ist heute entscheidend für einen Wettbewerbsvorteil.

Dieses Kapitel wendet sich völlig neuen Denkweisen bezüglich der organisationalen Gestaltung zu, die zum einen den Wandel in den Vordergrund stellen und zum anderen nicht nur die formalen, sondern auch die informellen Prozesse und Beziehungen in einer Organisation mit einbeziehen. Ein wichtiger Gedanke ist hierbei, dass die formalen Strukturen und Prozesse mit den informellen Prozessen und Beziehungen in Einklang gebracht werden müssen, um kohärente *Konfigurationen* zu bilden. Die **Konfiguration** einer Organisation besteht aus den Strukturen, Prozessen und Beziehungen, mit denen eine Organisation arbeitet[3] – wie in *Abbildung 13.1* dargestellt. Die richtige Konfiguration für eine Organisation zu schaffen, sodass all diese Elemente sowohl zueinander als auch zu den wichtigen strateischen Herausforderungen passen, ist eine entscheidende Voraussetzung für den Erfolg einer Organisation.

Konfiguration

Die Konfiguration einer Organisation besteht aus den Strukturen, Prozessen und Beziehungen, mit denen eine Organisation arbeitet.

Abbildung 13.1 zeigt die Interdependenz der Konfiguration einer Organisation, die sich zu einem „virtuosen Kreis“ zusammenfügen. Diese drei Stränge geben die Struktur der ersten Teile dieses Kapitels vor und beziehen sich jeweils auf

- die *strukturelle Gestaltung* (die Beschreibung formaler Rollen, Verantwortlichkeiten und Berichtszuständigkeiten) der Organisation. Die strukturelle Gestaltung kann die Grundlagen der Wettbewerbsvorteile einer Organisation massiv beeinflussen, besonders in Bezug auf das Management des vorhandenen Wissens; gelingt es einer Organisation nicht, ihre Strukturen entsprechend anzupassen, kann das die Umsetzung einer Strategie völlig vereiteln. Eine gute Struktur allein genügt aber noch nicht, um erfolgreich zu sein.
- die *Systeme*, innerhalb derer sich die Menschen in und um eine Organisation bewegen. Auch diese Prozesse können sich entscheidend auf Erfolg oder Misserfolg auswirken, denn sie legen fest, wie Strategien entstehen und kontrolliert werden und wie Manager und andere Mitarbeiter interagieren und diese Strategie in die Tat umsetzen.

2 Dieses Argument wird von R. Whittington und L. Melin vertreten, „The challenge of organizing/strategizing“, in A. Pettigrew, R. Whittington, L. Melin, C. Sanchez-Runde, F. van den Bosch, W. Ruigrok und T. Numagami (Hrsg.), „Innovative Forms of Organizing“, *Sage*, 2003; und auch von R. Whittington, E. Molloy, M. Mayer und A. Smith, „Practices of strategising/organising“, *Long Range Planning*, Band 39, Nr. 6 (2006), S. 615–630.

3 Dieses Konzept der Konfiguration ähnelt dem Begriff der strategischen Architektur, beschrieben von G. Hamel und C. K. Prahalad, „Competing for the Future“, *Harvard Business School Press*, 1994, Kapitel 10, und Ergänzungen wie von R. Whittington, A. Pettigrew, S. Peck, E. Fenton und M. Conyon diskutiert in „Change and complementarities in the new competitive landscape“, *Organization Science*, Band 10, Nr. 5 (1999), S. 583–600.

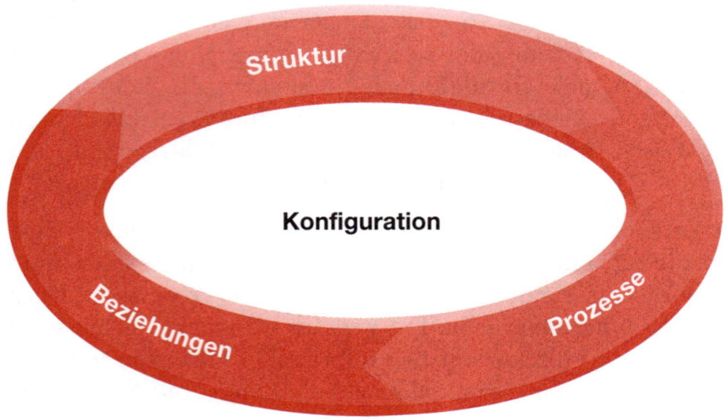

Abbildung 13.1: Organisationale Konfigurationen: Struktur, Prozesse und Beziehungen

Die verschiedenen Strukturen und Systeme werden mit drei wichtigen Herausforderungen für eine Organisation im 21. Jahrhundert in Zusammenhang gebracht:

- Die *Geschwindigkeit des Wandels* und das hohe Maß an *Unsicherheit* im Unternehmensumfeld, wie in *Kapitel 2* beschrieben. Folglich müssen Organisationen in ihrer Gestaltung flexibel sein und schnell und gut reorganisieren können.
- Die wichtige Bedeutung des *Schaffens und Austausches von Wissen* als grundlegender Baustein des strategischen Erfolgs, wie in *Kapitel 3* beschrieben. Organisationale Gestaltung sollte die Konzentrationen von Fachwissen fördern und gleichzeitig die Menschen dazu ermutigen, ihr Wissen an andere weiterzugeben.
- Die zunehmende Bedeutung der *Internationalisierung*, wie in *Kapitel 8* beschrieben. Das Organisieren eines internationalen Unternehmens birgt viele Herausforderungen: Die Kommunikation über große Distanzen hinweg, die Koordination einer größeren Vielfalt und die Knüpfung von Beziehungen zwischen verschiedenen Kulturen sind einige Beispiele. Die Internationalisierung macht auch auf verschiedene Formen des Organisierens in verschiedenen Teilen der Welt aufmerksam.

13.2 Unternehmensstrukturen

Manager beschreiben ihre Organisation häufig, indem sie deren formale Strukturen in Form eines Diagramms darstellen. Diese strukturellen Diagramme definieren die Ebenen und Rollen innerhalb einer Organisation. Diese sind für Manager wichtig, denn sie legen fest, wer wofür verantwortlich ist. Doch es gibt mindestens zwei weitere Gründe, warum formale Strukturen wichtig sind. Zum einen prägen strukturelle Berichtszuständigkeiten Kommunikationsmuster und Wissensaustausch: Die meisten Menschen neigen dazu, mit Mitarbeitern, die in der Hierarchie weit über oder weit unter ihnen stehen oder in anderen Teilen der Organisation arbeiten, nur wenig zu kommunizieren. Zum zweiten lässt die Art der strukturellen Positionen an der Spitze der Organisation Schlussfolgerungen bezüglich der Fähigkeiten zu, die man benötigt, um in der Organisation die Karriereleiter zu erklimmen. Eine Struktur mit funktionalen Spezialisten etwa im Bereich Marketing oder Produktion auf Spitzenpositionen weist darauf hin, dass es hier wichtig ist, in spezialisierten funktionalen Bereichen erfolgreich zu sein, anstatt allgemeine Managementerfahrung mitzubringen. Formale Strukturen können kurz gesagt eine ganze Menge darüber verraten, welche Rolle Wissen und Fähigkeiten innerhalb einer Organisation spielen. Oft sind daher Unternehmensstrukturen ein heiß umkämpftes Thema (siehe *Beispiel 13.1*).

Dieses Kapitel betrachtet zunächst fünf verschiedene Grundstrukturen: funktionale, multidivisionale, Matrix-, transnationale und projektbasierte Strukturen.[4] Grob gesagt betonen die ersten beiden dieser Strukturen eher eine bestimmte strukturelle Dimension – entweder die funktionale Spezialisierung oder die Geschäftseinheit. Die drei folgenden Strukturen vermischen die strukturellen Strukturen eher und versuchen beispielsweise, Produkteinheiten und geografischen Einheiten gleich viel Gewicht zu geben. Keine dieser Strukturen ist jedoch eine allgemeingültige Lösung für die Herausforderungen des Organisierens. Vielmehr wird die richtige Struktur von den jeweiligen Herausforderungen bestimmt, denen sich jede einzelne Organisation stellen muss.

Wissenschaftler weisen hier auf eine große Bandbreite wichtiger Herausforderungen hin (die häufig auch als „Zufälligkeiten", „Eventualitäten" bezeichnet werden), die die organisationale Struktur prägen, darunter die Größe der Organisation, der Grad der Diversifikation und die Art der verwendeten Technologie.[5] Dieses Kapitel konzentriert sich insbesondere darauf, wie die fünf Strukturformen sich sowohl an die traditionelle Herausforderung des Kontrollbedarfs als auch an die drei neuen Herausforderungen Wandel, Wissen und Internationalisierung anpassen lassen. Dies legt nahe, dass der erste Schritt der organisationalen Gestaltung darin besteht, die wichtigsten Herausforderungen der betreffenden Organisation zu definieren. Wie wir später sehen werden, betont der Konfigurationsansatz die Tatsache, dass jede gewählte Strategie, gleichgültig welche das ist, auch mit den entsprechenden Prozessen und Beziehungen in Einklang gebracht werden sollte.

13.2.1 Die funktionale Struktur

Wächst eine Organisation und übersteigt sie eine gewisse minimale Größe und Komplexität, so muss damit begonnen werden, Verantwortlichkeiten aufzuteilen. Eine grundlegende Strukturform ist hier die **funktionale Struktur**, die die Verantwortlichkeiten gemäß den Primäraktivitäten wie Produktion, Forschung oder Verkauf aufteilt. *Abbildung 13.2* zeigt ein typisches Organisationsdiagramm eines solchen Unternehmens. Diese Struktur findet man meist in kleineren Firmen oder in Organisationen, die eine begrenzte, kaum diversifizierte Produktpalette anbieten. Auch innerhalb einer multidivisionalen Struktur (siehe weiter hinten) können die einzelnen Unternehmensbereiche in funktionale Abteilungen unterteilt sein (wie in *Abbildung 13.3* unten dargestellt).

Funktionale Struktur

Die funktionale Struktur gliedert die formale Aufbaustruktur einer Organisation nach Verrichtungen wie beispielsweise Produktion, Finanz- und Rechnungswesen, Marketing, Personal sowie Forschung und Entwicklung.

Abbildung 13.2 fasst auch die potenziellen Vor- und Nachteile einer funktionalen Struktur zusammen. Zu den Vorteilen zählt, dass das führende Management direkt an den Betriebsabläufen beteiligt ist und so eine genauere operative Kontrolle von oben möglich wird. Die funktionale Struktur gibt eine klare Definition der Rollen und Aufgaben vor, wodurch sich die Verantwortlichkeit der Mitarbeiter erhöht. In funktionalen

4 Eine gute Übersicht über traditionelle und neue Strukturen bietet G. Friesen, „Organisation design for the 21st century", *Consulting to Management – C2M*, Band 16, Nr. 3 (2005), S. 32–51.

5 Die Ansicht, dass Organisationen ihre Strukturen an ihre wichtigsten Herausforderungen („Eventualitäten") anpassen sollten, wird in Zusammenhang gebracht mit der langen Tradition der Eventualitätstheorie; siehe L. Donaldson, „The Contingency Theory of Organizations", *Sage*, 2001, oder R. Whittington, „Organisational structure", in „The Oxford Handbook of Strategy", Band II, *Oxford University Press*, 2003, Kapitel 28, für eine Zusammenfassung.

Abteilungen liegt auch Fachwissen in hoch konzentrierter Form vor, sodass die Entwicklung zusätzlichen Wissens auf den jeweiligen Fachgebieten gefördert wird.

Eine solche Struktur hat aber auch Nachteile, besonders wenn die betreffende Organisation noch größer oder diversifizierter wird. Das größte Problem in dieser sich schnell verändernden Welt liegt allerdings wohl darin, dass sich die Führungsebene nur auf ihre funktionalen Verantwortlichkeiten konzentriert und sich zu sehr mit Routineabläufen und eng definierten funktionalen Interessen beschäftigt. Folglich fällt es den Managern schwer, die gesamte Organisation aus einer strategischen Perspektive zu betrachten oder auch schnell koordiniert zu reagieren. Eine funktionale Organisation kann also sehr unflexibel sein. Die einzelnen funktionalen Abteilungen neigen außerdem dazu, sich nach innen zu orientieren – und zu sogenannten „funktionalen Silos" zu werden –, sodass das Wissen verschiedener funktionaler Spezialisten nur schwer integriert werden kann. Funktionale Strukturen, die sich jeweils an bestimmten Funktionen ausrichten, sind außerdem sehr ungeeignet für Unternehmen mit hoher geografischer oder produktbezogener Diversität. So kann eine zentral organisierte Marketingabteilung etwa versuchen, einen einheitlichen Marketingstil durchzusetzen, ohne auf die speziellen Anforderungen der einzelnen Geschäftseinheiten der Organisation auf der ganzen Welt zu achten.

Beispiel 13.1 Struktureller Fehler: der schnelle Untergang von Qwikster

Die Einführung der neuen Qwikster-Struktur durch Netflix erwies sich als Fehlschlag in Milliardenhöhe.

Im Jahr 2011 sah sich Netflix, das größte US-amerikanische Unternehmen im Bereich DVD-Onlineverleih und Internet-Streaming, mit einem Dilemma konfrontiert. Das Streaming von Filmen im Internet erwies sich eindeutig als Wachstumsbranche, in die Wettbewerber wie Amazon eintraten. Andererseits würde der DVD-Verleih per Post langfristig sinken. Im September 2011 reagierte Reed Hastings, CEO und Mitbegründer des Unternehmens, mit einer strukturellen Lösung auf dieses Dilemma. Er schlug die Aufteilung des Unternehmens in zwei separate Teile vor: Zukünftig sollte das Streaming ausschließlich unter der Marke Netflix angeboten werden, während der DVD-Verleih ausschließlich im Rahmen einer neuen organisatorischen Einheit mit dem Namen Qwikster angeboten werden sollte. In einem Blogbeitrag erklärte Hastings die Gründe dafür: „In den vergangenen fünf Jahren war meine größte Sorge bei Netflix, dass uns der Sprung vom Erfolg bei DVDs zum Erfolg beim Streaming nicht gelingen würde. Den meisten Unternehmen, die in einem Bereich großartig sind – wie AOL Dial-Up oder die Buchläden der Borders-Gruppe, gelingt es nicht, auch in neuen Bereichen (wie in unserem Fall dem Streaming) erfolgreich zu werden, weil sie Angst haben, ihr bestehendes Geschäft zu beeinträchtigen. Letztlich erkennen diese Unternehmen dann ihren Fehler, der darin besteht, dass sie sich nicht ausreichend auf den neuen Bereich konzentrieren. Dann aber kämpfen diese Unternehmen verzweifelt und hoffnungslos um die Rettung. Allerdings gehen letztlich Unternehmen nur selten unter, weil sie zu schnell gehandelt haben – sie gehen oft unter, weil sie zu langsam gehandelt haben.“

Es gab allerdings auch andere Gründe für die vorgeschlagene Aufteilung. Das DVD-Geschäft benötigt große Lagerräumlichkeiten und einen umfangreichen Logistikbetrieb, während das Streaming erhebliche Internetressourcen erfordert. Bei DVDs konkurrieren die Wettbewerber Blockbuster und Redbox, während zu den Wettbewerbern beim Streaming Amazon, iTunes und Kabelfernsehgesellschaften gehörten. Als eigenständige Einheit konnten die Manager im Bereich Streaming ihr alternatives Geschäftsmodell fördern, ohne sich um das DVD-Geschäft Sorgen zu machen, das insgesamt noch immer den größeren Anteil an den Netflix-Gewinnen ausmachte.

Für die Kunden war die Aufteilung allerdings weniger attraktiv: Zukünftig würden die Kunden zwei Webseiten besuchen müssen, um das zu bekommen, was sie bis dato über eine Webseite erhalten hatten. Die DVD-Webseite bot viel mehr sowie neuere Filme an. Filmempfehlungen für eine Seite leiteten nicht auf die andere Seite weiter. Die Kunden, die DVDs ausleihen, würden die charakteristischen Netflix-DVD-Umschläge, die für eine starke Markenbindung sorgten, nicht mehr erhalten.

Die Reaktion der Kunden war ablehnend. Im Monat nach der Einführung von Qwikster verlor Netflix Hunderttausende Abonnenten. Der Netflix-Aktienkurs sank um mehr als 60 Prozent und reduzierte den Wert um mehr als $ 3 Milliarden. In einer Facebook-Nachricht scherzte der CEO Reed Hastings, dass er Angst hatte, dass einige seiner Investoren ihn vergiften würden: „Ich glaube, ich brauche einen Vorkoster. Ich kann es ihnen kaum vorwerfen.“

Am 10. Oktober 2011, drei Wochen nach der ersten Bekanntgabe von Qwikster, schrieb Hastings in einem Blog, dass die neue Einheit letzten Endes doch nicht eingeführt werden würde und dass das gesamte Geschäft unter der Marke Netflix fortgeführt werden würde. Hastings erklärte dazu: „Es besteht ein Unterschied zwischen schnellem Handeln – was Netflix seit Jahren schon sehr gut gemacht hat – und übereiltem Handeln, was wir in diesem Fall getan haben.“ Trotz der Umkehr der strukturellen Veränderung waren die Auswirkungen noch ein Jahr später zu spüren: Der Marktanteil von Netflix im Bereich des DVD-Verleihs war 2012 von 35 Prozent auf 27 Prozent gesunken und sein Wettbewerber Redbox hatte die Marktführerschaft übernommen.

Quellen: Wall Street Journal, 11. Oktober 2011, *Strategy + Business*, 2. April 2012; *PC Magazine*, 17. September 2012.

Kontrollfragen

1. Wie passen die Vor- und Nachteile der Qwikster-Struktur zu den mit der multidivisionalen Struktur verbundenen Vor- und Nachteilen (siehe *Kapitel 13.2.2*)?
2. Was hätte Netflix angesichts der in *Kapitel 13.3* diskutierten Planungs-, kulturellen, Markt- und leistungsorientierten Systeme sonst noch tun müssen, um die Trennung zwischen dem Streaming-Geschäft und dem Verleihgeschäft zu bewältigen?

Abbildung 13.2:
Die funktionale Struktur

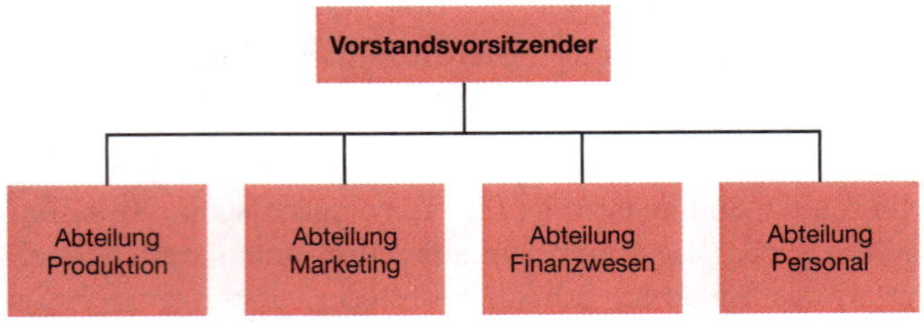

Vorteile:

- Vorstandsvorsitzender ist an allen operativen Abläufen beteiligt
- Kontrollmechanismen werden reduziert/vereinfacht
- Verantwortlichkeiten sind klar definiert
- Spezialisten auf der oberen und mittleren Führungsebene

Nachteile:

- Führungsebene ist zu sehr mit Routineabläufen beschäftigt
- Strategische Aspekte werden vernachlässigt
- Schwieriger Umgang mit Diversität
- Koordination zwischen den Funktionen ist schwierig
- Anpassung ist schwerfällig

13.2.2 Die divisionale Struktur

Divisionale Struktur

Divisionsstruktur besteht aus separaten, auf Produkten, Dienstleistungen oder geografischen Gebieten beruhenden Bereichen.

Die **divisionale Struktur** besteht aus einzelnen Divisionen, die nach Produkten, Kundengruppen oder geografischen Regionen gegliedert sind (siehe *Abbildung 13.3*). Die Divisionalisierung ergibt sich oft aus dem Versuch, die Probleme der funktionalen Struktur bezüglich größerer Diversität (siehe oben) zu überwinden.[6] Jede Division kann auf die spezifischen Anforderungen ihrer Produkt-/Marktstrategie reagieren und verfügt über eigene funktionale Abteilungen. Eine ähnliche Struktur herrscht vielfach in Organisationen der öffentlichen Hand, die sich rund um Servicebereiche wie Freizeitangebote, Sozialdienste und Bildung strukturieren.

Abbildung 13.3:
Eine multidivisionale Struktur

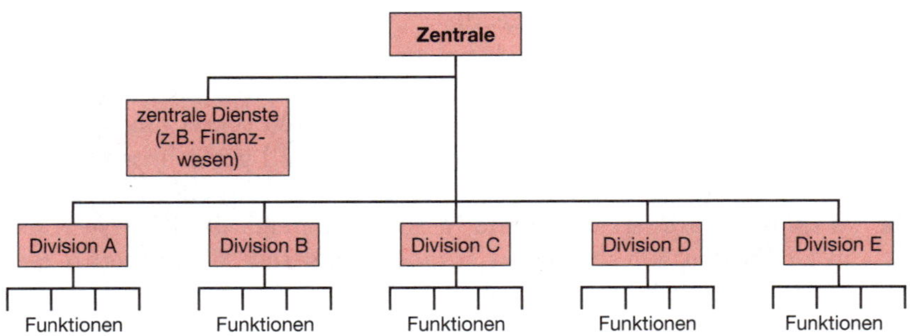

Vorteile:

- Flexibel (Divisionen können leicht hinzugefügt oder abgestoßen werden)
- Kontrolle durch Leistung
- Eigenverantwortliche Strategie
- Spezialisierung der Kompetenzen
- Training strategischer Perspektiven

Nachteile:

- Duplikation zentraler und divisionaler Funktionen
- Fragmentierung und fehlende Kooperation
- Gefahr des zentralen Kontrollverlusts

6 Diese Perspektive der Divisionalisierung als Reaktion auf Diversität wurde ursprünglich vertreten von A. D. Chandler, „Strategy and Structure", *MIT Press*, 1962. Siehe R. Whittington und M. Mayer, „The European Corporation: Strategy, Structure and Social Science", *Oxford University Press*, 2000, für eine Zusammenfassung der Argumentation von Chandler und den Erfolg der divisionalen Organisation im heutigen Europa.

Divisionale Strukturen haben einige potenzielle Vorteile. Sie sind flexibel, denn Organisationen können Divisionen leicht hinzufügen, schließen oder verschmelzen, wenn sich die Umstände ändern. Die unabhängigen Geschäftseinheiten können aus der Entfernung durch eine Leistungsüberwachung kontrolliert werden. So sind die Manager der einzelnen Divisionen in größerem Umfang für ihre eigenen Strategien verantwortlich und verinnerlichen diese dadurch mehr. Geografische Divisionen (etwa eine europäische oder eine nordamerikanische Division) bieten auch die Möglichkeit eines internationalen Managements. Auch die Spezialisierung innerhalb einer Division kann von Vorteil sein, denn hier können sich die jeweils vorliegenden Kompetenzen in Richtung einer klar definierten Produkt- oder Kundengruppe oder einer Technologie entwickeln. Die Verantwortung des Managers für eine gesamte Division stellt ein gutes Training strategischer Perspektiven dar, falls ein Manager einen weiteren Karriereaufstieg anstrebt.

Divisionale Strukturen können jedoch auch von Nachteil sein und zwar im Wesentlichen auf dreierlei Weise: Zunächst können einzelne Divisionen so selbstständig werden, dass sie *de facto* unabhängige Unternehmen sind, die jedoch die Funktionen und Kosten der Unternehmenszentrale duplizieren. In diesem Fall kann es also sinnvoller sein, das Unternehmen in unabhängige Firmen aufzuspalten, was auch häufig praktiziert wurde und wird. Zum zweiten trägt eine Divisionalisierung meist nicht zur besseren Kooperation und zum besseren Wissensaustausch zwischen Geschäftseinheiten bei: Die Divisionen sind nun einmal getrennte Einheiten. So wird auch das Fachwissen fragmentiert und die Erfolgsziele der einzelnen Divisionen bieten überdies nur wenig Anreiz zur Zusammenarbeit mit anderen Divisionen. Und zum dritten werden manche Divisionen allmählich zu autonom, besonders dort, wo Joint Ventures und Partnerschaften die Eigentumsverhältnisse verwässern. In solchen Fällen zerfallen multidivisionale Unternehmen in *Holdings*, wobei hier die Unternehmenszentrale die einzelnen Geschäftsbereiche nur noch im finanziellen Sinne „hält“, wenig Kontrolle ausübt und auch wenig Mehrwert generiert. *Abbildung 13.3* fasst diese potenziellen Vor- und Nachteile einer multidivisionalen Struktur nochmals zusammen.

Große und komplexe divisionale Unternehmen verfügen oft noch über eine zweite Ebene an *Subdivisionen* innerhalb ihrer Hauptdivisionen. Indem kleinere Geschäftsbereiche als Subdivisionen innerhalb einer Hauptdivision eingestuft werden, wird die Gesamtzahl der Geschäftseinheiten, mit denen sich die Zentrale direkt auseinandersetzen muss, reduziert. Subdivisionen können auch dazu beitragen, dass komplexe Organisationen auf widersprüchliche Anforderungen von außen besser reagieren können. So könnte eine Organisation geografische Subdivisionen innerhalb einer Reihe von globalen Produktdivisionen einrichten.

13.2.3 Die Matrixstruktur

Eine **Matrixstruktur** kombiniert simultan verschiedene strukturelle Dimensionen wie etwa Produktdivisionen und geografische Gebiete oder Produktdivisionen und funktionale Spezialisierungen.[7] *Abbildung 13.4* gibt Beispiele für eine solche Struktur.

Auch Matrixstrukturen haben mehrere Vorteile. Sie ermöglichen ein effektives Wissensmanagement, denn durch sie können separate Wissensbereiche über organisationale

Matrixstruktur

Die Matrixstruktur kombiniert zwei unterschiedliche Gliederungsformen, Produktabteilungen und geografische Abteilungen oder funktionale und divisionale Strukturen, die gleichberechtigt nebeneinander bestehen.

7 Für eine Übersicht aktueller Erfahrungen mit Matrixstrukturen siehe S. Thomas und L. D'Annunzio, „Challenges and strategies of matrix organisations: top-level and midlevel managers' perspectives“, *Human Resource Planning*, Band 28, Nr. 1 (2005), S. 39–48.

Grenzen hinweg integriert werden. Besonders in Organisationen, die professionelle Dienstleistungen anbieten, kann eine Matrixstruktur dazu beitragen, ein bestimmtes Fachwissen auf verschiedene Markt- oder geografische Segmente anzuwenden. Um beispielsweise einem bestimmten Kunden behilflich zu sein, könnte eine Unternehmensberatung Mitarbeiter aus verschiedenen Gruppen mit unterschiedlichen Wissensfachgebieten (z.B. Strategie oder organisationale Gestaltung) oder aus anderen nach Märkten gruppierten Bereichen (Branchen oder geografische Regionen) mit einbeziehen.[8] *Abbildung 13.4* zeigt, wie eine Schule das separate Wissen verschiedener fachlicher Spezialisten kombinieren könnte, um Studienprogramme zusammenzustellen, die genau auf die unterschiedlichen Altersgruppen abgestimmt sind. Matrixorganisationen sind flexibel, denn sie ermöglichen die Kombination verschiedener organisationaler Dimensionen. Sie sind besonders für Organisationen attraktiv, die global agieren, denn durch sie können lokale und internationale Dimensionen kombiniert werden. So könnte eine global agierende Firma eher geografisch definierte Divisionen als Betriebseinheiten für lokales Marketing vorziehen (denn hier liegt Spezialwissen über lokale Kunden vor). Gleichzeitig kann diese Firma aber auch globale Produktdivisionen einrichten wollen, die für die weltweite Koordination von Produktentwicklung und -fertigung zuständig sind, denn daraus ergeben sich Größenvorteile und Vorteile durch Spezialisierung.

Eine Matrixstruktur ersetzt allerdings formale Autoritätsstrukturen durch Beziehungen, die sich quer durch die Matrix ziehen, was auch zu Problemen führen kann. So kann es beispielsweise *länger dauern, Entscheidungen zu treffen*, da die Manager verschiedener Divisionen sich erst einigen müssen. Es können auch *Konflikte* auftreten, wenn manche Mitarbeiter an Manager aus verschiedenen strukturellen Dimensionen berichten müssen. Matrixstrukturen sind kurz gesagt schwer zu kontrollieren.

Wie bei jeder Struktur, so ist auch bei der Matrixstruktur die wirklich entscheidende Frage, ob und wie sie (also ihre Prozesse und Beziehungen) in der Praxis funktioniert. Die wichtigsten Voraussetzungen für eine erfolgreiche Matrixstruktur sind Führungskräfte, die kollaborative Beziehungen (innerhalb der gesamten Matrix) knüpfen und pflegen und auch mit der Unordnung und Zweideutigkeit gut umgehen können, die diese Struktur mit sich bringt. Aus diesem Grund beschreiben Christopher Bartlett und Sumantra Ghoshal die Matrix nicht nur als formale Struktur, sondern auch als „Geisteszustand“.[9]

8 Für eine Diskussion über Matrixstrukturen in wissensintensiven, auf F&E beruhenden Branchen siehe P. Rizova, „Are you networked for successful innovation?“, *Sloan Management Review*, Band 47, Nr. 3 (2006), S. 49–55.

9 Matrixstrukturen werden diskutiert von C. Bartlett und S. Ghoshal, „Matrix management: not a structure, more a frame of mind“, *Harvard Business Review*, Band 68, Nr. 4 (1990), S. 138–145.

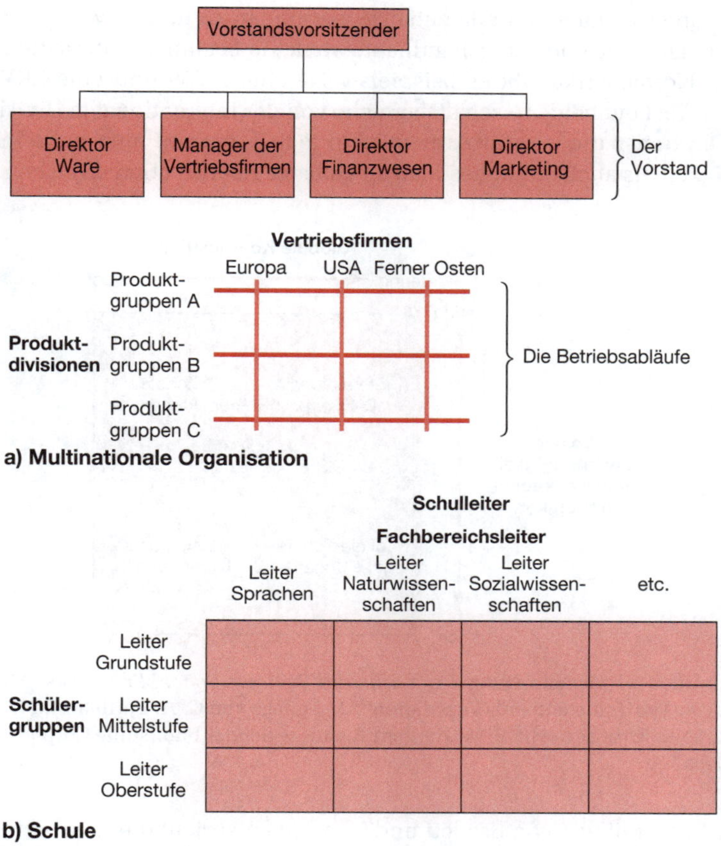

Vorteile:
- Wissen wird integriert
- Flexibel
- Duale Dimensionen möglich

Nachteile:
- Entscheidungen brauchen viel Zeit
- Unklare Verantwortung bezüglich Aufgabe und Zuständigkeiten
- Unklare Verantwortung bezüglich Kosten und Gewinn
- Hohes Konfliktpotenzial

Abbildung 13.4: Zwei Beispiele einer Matrixstruktur

13.2.4 Die multinationale/transnationale Struktur

Die multinationale/**transnationale Struktur** eignet sich für das internationale Management, denn sie ist besonders effektiv, wenn es darum geht, Wissen über Grenzen hinweg gemeinsam zu nutzen. Die transnationale Struktur möchte das Beste aus zwei extremen internationalen Strukturen kombinieren, der multinationalen Strategie und der globalen Strategie (siehe *Kapitel 8*). Wie in *Abbildung 13.5* dargestellt, würde eine globale Strategie wohl durch globale Produktdivisionen gestützt (etwa eine weltweit aktive Automobildivision und eine weltweit aktive LKW-Division); eine multinationale Strategie würde gestützt durch lokale Tochtergesellschaften, die über viel Autonomie in den Bereichen Entwurf, Fertigung und Marketing für alle Produktgruppen verfügen (etwa die lokale Tochter, die für PKW und LKW zuständig ist). In der Abbildung sind die internationalen Divisionen eigenständige Divisionen, die mit den Strukturen

Transnationale Struktur

Die transnationale Struktur kombiniert die lokale Anpassungsfähigkeit einer nationalen Tochtergesellschaft mit den Koordinationsvorteilen, welche durch internationale Produktdivisionen realisiert werden können.

der großen Unternehmenszentrale zuhause verbunden sind. Dies wird oft von großen amerikanischen Konzernen so gehandhabt, wenn sie beginnen, international aktiv zu werden. (In Nordamerika gibt es beispielsweise eine PKW- und eine LKW-Division, während im Ausland beide Geschäftsbereiche von der internationalen Division geleitet werden.) Die transnationale Struktur möchte jedoch sowohl eine hohe lokale Reaktionsfreudigkeit als auch ein hohes Maß an globaler Koordination erreichen.

Abbildung 13.5: Multinationale Strukturen

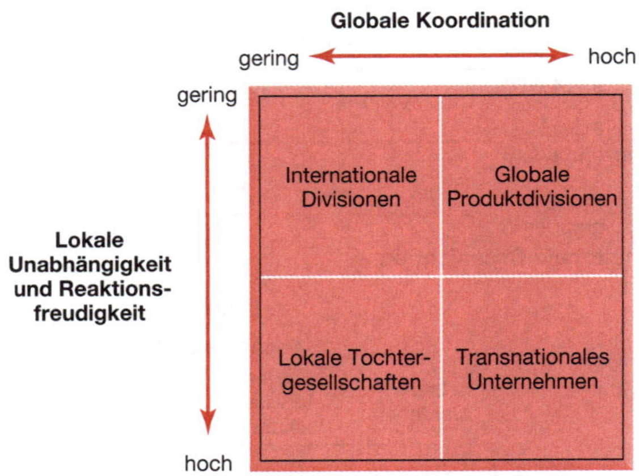

Quelle: Nachdruck mit Genehmigung durch *Harvard Business School Press*. Aus „Managing Across Borders: The Transnational Corporation“, 2. Auflage von C. A. Bartlett und S. Ghoshal, Boston, MA, 1998. Urheberrecht 1998, Harvard Business School Publishing Corporation. Alle Rechte vorbehalten.

Gemäß der Beschreibung von Bartlett und Ghoshal entspricht die transnationale Struktur der Matrixstruktur, sie hat aber zwei besondere Merkmale: Zum einen ist sie auf die speziellen Herausforderungen der Internationalisierung zugeschnitten, zum anderen sind in ihren grenzüberschreitenden Divisionen Verantwortlichkeiten meist genauer festgeschrieben.[9] Folgende Eigenschaften zeichnen die transnationale Struktur aus:

- Jede nationale Einheit operiert unabhängig, ist aber eine *Quelle für Ideen und Fähigkeiten* für das gesamte Unternehmen. So befindet sich etwa bei Unilever das Zentrum für Innovationen im Bereich Haarpflegeprodukte weltweit in Frankreich.[9]
- Nationale Einheiten erreichen mehr Größenvorteile aufgrund von *Spezialisierung*, denn sie operieren für die gesamte Firma oder zumindest für große Bereiche. So hat Unilever sein Netzwerk kleiner nationaler Lebensmittelhersteller in Europa durch einige wenige große spezialisierte Fabriken ersetzt, die ihre Produkte in andere europäische Länder exportieren.
- Die *Unternehmenszentrale* verwaltet dieses globale Netzwerk, indem zunächst die Rolle jeder einzelnen Geschäftseinheit festgelegt wird. Weiter wird das System mit seinen Beziehungen und seiner Kultur gepflegt, damit es effektiv funktionie-

ren kann. Unilever hat ein „Forensystem“ eingerichtet, das internationale Manager zusammenbringt, um Erfahrungen auszutauschen und ihre Anforderungen zu koordinieren.

Der Erfolg eines transnationalen Konzerns hängt von seiner Fähigkeit ab, gleichzeitig globale Kompetenz, lokale Reaktionsfreudigkeit und unternehmensinterne Innovation und Lerneffekte zu erreichen. Dazu müssen die Grenzen, Beziehungen und die Positionen der einzelnen Manager genau definiert sein. Zum Beispiel:

- Die *Manager globaler Geschäftseinheiten* haben die Verantwortung dafür, die globale Wettbewerbsfähigkeit des gesamten Unternehmens zu fördern, wodurch sowohl nationale als auch funktionale Grenzen überschritten werden. Sie müssen als *Produkt- und Marktstrategen*, als *Architekten* der Unternehmensressourcen und Kompetenzen, als *Innovationsförderer* und als *Koordinatoren* transnationaler Transaktionen fungieren.
- *Manager nationaler oder regionaler Einheiten* haben potenziell eine doppelte Verantwortung anderen Teilen des transnationalen Unternehmens gegenüber. Zunächst müssen sie als *Sensor* für lokale Bedürfnisse fungieren und diese an diejenigen weitergeben, die auf internationaler Ebene für neue Produkte und Dienstleistungen verantwortlich sind. Weiter sollten sie sich bemühen, einzigartige Kompetenzen zu *entwickeln*, d.h. ein Kompetenzzentrum zu werden, das es ihnen ermöglicht, einen Beitrag für das Unternehmen als Ganzes zu leisten, etwa in den Bereichen Fertigung oder F&E.
- *Funktionale Manager,* etwa der Bereiche Finanzwesen oder IT, sind dafür verantwortlich, dass der Innovations- und Lernprozess innerhalb der gesamten Organisation niemals endet. Das erfordert die Fähigkeit, Best-Practice-Standards zu erkennen und innerhalb der Organisation zu verbreiten. Sie müssen also in der Lage sein, die Organisation nach Best-Practice-Standards *abzusuchen*, sie zu *verbreiten* und gleichzeitig immer Innovationen zu *fördern*.
- *Manager der Unternehmenszentrale* integrieren all diese anderen Rollen und Verantwortlichkeiten. Sie sind nicht nur *Führungspersönlichkeiten,* sondern fungieren auch als *Talentsucher* bei den anderen Managern und erleichtern deren Kooperation. So müssen sie etwa Innovationsprozesse und Prozesse zur Schaffung neuen Wissens fördern. Sie sind verantwortlich für die *Entwicklung* eines starken Managementzentrums in der Organisation.

Die transnationale Struktur hat auch einige Nachteile. Sie verlangt sehr viel von den betreffenden Managern, denn sie müssen bereit sein, nicht nur innerhalb ihres unmittelbaren Verantwortungsbereichs zu arbeiten, sondern sich auch um das Wohl des gesamten Unternehmens kümmern. Diffuse Verantwortlichkeiten sorgen außerdem für ähnliche Komplexität und Kontrollschwierigkeiten wie bei der Matrixstruktur. Der schweizerisch-schwedische Baukonzern ABB wurde in den 1990er-Jahren oft als Beispiel für die transnationale Struktur herangezogen, doch zu Beginn des neuen Jahrtausends führte das Unternehmen eine grundlegende Umstrukturierung durch und orientiert sich nun an klaren Produktdivisionen. Eine Aufwertung der Produktdivisionen gegenüber den nationalen Managern sollte interne Querelen beenden und die internationale Koordination vereinfachen.

Beispiel 13.2 Die neue Strategie und Struktur von Reckitt

Der neue Vorstandsvorsitzende Rakesh Kapoor führt eine neue Strategie mit einer passenden Struktur ein.

Reckitt Benckiser ist ein internationales Unternehmen und wichtiger Akteur in den Bereichen Haushalt, Gesundheit, persönliche Pflege und pharmazeutische Produkte mit Umsätzen in Höhe von € 10,5 Milliarden. Zu den wichtigsten Marken des Unternehmens gehören Finish Geschirrspülertabs, Air Wick Lufterfrischer und Durex Kondome. Allerdings war das Wachstum auf den Kernmärkten in Europa und Nordamerika langsam, während die Wettbewerber wie Unilever und Procter & Gamble auf den sogenannten Schwellenmärkten in China, Indien, Russland und ähnlichen Märkten schneller wuchsen. Reckitt Benckiser erzielte nur 38 Prozent seiner Erlöse auf den Schwellenmärkten, wobei nur 2 Prozent dieses Werts auf China entfielen.

Der neue Vorstandsvorsitzende Rakesh Kapoor erklärte eine neue Strategie für Wachstum auf den Schwellenmärkten. Bis zum Jahr 2016 strebt er an, einen Betrag von 45 Prozent der Erlöse auf den Schwellenmärkten zu erzielen. Im gleichen Zeitraum würde der Anteil der für die Schwellenländer aufgewendeten Marketingkosten auf 44 bis 55 Prozent ansteigen. Der Kapitaleinsatz auf den Schwellenmärkten sollte von 50 Prozent auf 80 Prozent steigen.

Die neue Strategie sollte durch eine neue Struktur unterstützt werden. Im Jahr 2012 wurde dies im Geschäftsbericht des Unternehmens wie folgt erklärt: „Eine neue Organisationsstruktur wird die Strategie vorantreiben. Um schnelleres Wachstum zu erreichen, werden wir uns deutlich stärker auf sechs der geografischen Verbraucherzentren mit den weltweit höchsten Wachstumsraten konzentrieren. Diese Zentren werden um die Schwellenmärkte in Brasilien, Russland, Indien, China (BRIC) sowie Afrika und den Nahen Osten angeordnet ... Wir haben anstelle einer, zwei neue regionale Organisationen aufgebaut, um diese Cluster der Schwellenmärkte mit hohem Wachstum zu verwalten." Daher würde der bestehende Geschäftsbereich Schwellenmärkte in zwei Abteilungen aufgeteilt werden: LAPA (Lateinamerika und Asien) und RUMEA (Russland, Mittlerer Osten und Afrika). Währenddessen würden die beiden größten Geschäftsbereiche, Europa und Nordamerika, zu einer einzigen geografischen Einheit (ENA) mit Sitz in Amsterdam zusammengelegt werden. Weiterhin wurde im Geschäftsbericht erklärt: „Wir sehen auf den entwickelten Märkten zunehmend homogene Verbraucher-, Handels- und Wettbewerbsumgebungen ... Die europäischen Regionen und Nordamerika unterstehen einem Regionsleiter, um mit größerer Geschwindigkeit auf den Markt zu gelangen und Skaleneffekte für höheres Wachstum zu erreichen." Durch die Abschaffung der nordamerikanischen Zentrale würden überdies £ 30 Millionen pro Jahr eingespart werden.

Die neue geografische Struktur von Reckitt Benckiser stand im Kontrast zu den strukturellen Ansätzen seiner Rivalen. So hatte beispielsweise Unilever acht regionale Cluster: Europa, Nordamerika, Lateinamerika, Nordasien, Südostasien & Australasien, Südasien, Afrika und Nordafrika, Naher Osten und Russland. Procter & Gamble wiederum legt den Fokus auf zwei globale Geschäftsbereiche: Kosmetik & Körperpflege und Haushaltprodukte.

Es bestanden allerdings einige Zweifel im Hinblick auf den strukturellen Wandel bei Reckitt Benckiser. Würde es von Amsterdam und damit von der anderen Seite des Atlantischen Ozeans aus gelingen, das Geschäft in Nordamerika zu betreiben, das immerhin 25 % des Gewinns ausmacht? Würde es gelingen, mit Procter & Gamble in Nordamerika Schritt zu halten – insbesondere angesichts der Tatsache, dass dieses Unternehmen den Hauptsitz seiner beiden globalen Geschäftsbereiche in Cincinnati hat? Können Nordamerika und Europa tatsächlich als eine Einheit behandelt werden? Schließlich waschen sich Amerikaner sogar mitunter ganz gern die Hände mit Spülmittel. Und hatte Reckitt Benckiser Recht, die beiden großen Märkte zu einer großen Einheit zusammenzulegen, während Unilever in kleinere, stärker fokussierte Einheiten aufgeteilt wurde? Trotzdem gefiel den Investoren die neue Strategie und die neue Struktur: Mit der Bekanntgabe stieg der Aktienpreis um 3 Prozent.

Quelle: Financial Times, 8. Februar 2012, *Reuters*, 8. Februar 2012; *Reckitt Benckiser* Geschäftsbericht für das Jahr 2012.

Kontrollfragen

1. Wie würde die neue Struktur die neue Strategie unterstützen?
2. Bewerten Sie die relativen Vorteile der kleineren regionalen Einheiten von Unilever und der beiden globalen Geschäftsbereiche von Procter & Gamble auf diesen Verbrauchermärkten (siehe *Kapitel 13.2.4*).

13.2.5 Projektbasierte Strukturen[10]

Viele Organisationen setzen vermehrt auf Projektteams mit begrenzter Lebensdauer. Bei der **projektbasierten Struktur** werden Teams gebildet, die an einem bestimmten Projekt arbeiten (gebunden etwa durch interne oder externe Verträge) und danach wieder aufgelöst werden.[11] Diese Struktur kann besonders geeignet sein für Organisationen, die große, teure Produkte oder Dienstleistungen anbieten (öffentliche Bauprojekte, Informationssysteme, Filme) oder wenn es um zeitlich begrenzte Veranstaltungen geht (Konferenzen, Sportereignisse oder Beratungsaufträge). Hier besteht die Organisationsstruk-

Projektbasierte Struktur

Bei der projektbasierten Struktur werden Teams gebildet, die an einem bestimmten Projekt arbeiten und danach wieder aufgelöst werden.

10 Dieser klassische Artikel über projektbasierte Organisationen stammt von R. DeFillippi und M. Arthur, „Paradox in project-based enterprise: the case of film-making“, *California Management Review*, Band 40, Nr. 2 (1998), S. 125–145. Zu einigen Schwierigkeiten siehe M. Bresnen, A. Goussevskaia und J. Swann, „Organizational routines, situated learning and processes of change in project-based organisations“, *Project Management Journal*, Band 36, Nr. 3 (2005), S. 27–42.

11 Für eine Abhandlung über dauerhafte Teamstrukturen siehe T. Mullern, „Integrating the team-based structure in the business process: the case of Saab Training Systems“, in A. Pettigrew und E. Fenton (Hrsg.), „The Innovating Organisation“, *Sage*, 2000.

tur aus einer sich ständig verändernden Reihe von Projektteams, die von einer kleinen Unternehmenszentrale zusammengefügt und lose gesteuert werden. Überdies verwenden viele Organisationen solche Teams auch spontan als Ergänzung ihrer Hauptstruktur. So werden etwa *Taskforces* gebildet, um eine neue Strategie voranzutreiben oder um neue Energie zu liefern, wo die Hauptstruktur der Organisation nicht effektiv genug ist.

Solche projektbasierten Strukturen können sehr flexibel sein, Projekte können je nach Bedarf definiert oder aufgelöst werden. Da ein Projektteam immer eine klare Aufgabe und einen genauen Zeitrahmen braucht, funktionieren Verantwortlichkeit und Kontrolle gut. Außerdem kommen die Mitglieder eines Teams häufig aus verschiedenen Abteilungen innerhalb einer Firma, sodass im Rahmen solcher Projekte auch Wissen ausgetauscht wird. Auch internationale Mitarbeiter können in den Teams vertreten sein; und da die Lebensdauer solcher Projekte meist eher kurz ist, sind die Teams auch häufig bereit, vorübergehend im Ausland zu arbeiten. Es gibt jedoch auch Nachteile. Ohne ein starkes Management, das über die gesamtunternehmerische strategische Kontrolle verfügt, neigt eine Organisation dazu, zahllose Projekte zu beginnen, die schlecht koordiniert sind. Die Tatsache, dass die Projektteams nach relativ kurzer Zeit wieder aufgelöst werden, kann auch verhindern, dass Wissen auf konstante Weise und vorbehaltlos aufgebaut wird.

Insgesamt gesehen gewinnen projektbasierte Strukturen an Bedeutung, denn sie sind von Natur aus flexibel. Und eine solche Flexibilität kann in unserer schnelllebigen Zeit eine grundlegende Voraussetzung für den Erfolg sein, denn individuelle Fachkenntnisse und Kompetenzen müssen heute schnell und immer wieder neu umgesetzt und integriert werden.

13.2.6 Die Auswahl der richtigen Struktur

Zu Beginn dieses Kapitels wurden die Herausforderungen hervorgehoben, denen sich die organisationale Gestaltung heute stellen muss: Kontrolle, Wandel, Wissen und Internationalisierung. Aus der bisherigen Diskussion sollte klar hervorgegangen sein, dass jede Strukturform, die funktionale, die multidivisionale, die Matrix, die transnationale und auch die projektbasierte Struktur in Bezug auf diese vier Herausforderungen ihre eigenen Vor- und Nachteile hat. Die Gestalter einer Organisation müssen also die geeignete Struktur anhand der jeweiligen speziellen strategischen Herausforderungen (oder „Eventualitäten") ihrer Organisation wählen.

Tabelle 13.1 fasst zusammen, wie die fünf Grundformen der Organisationsstruktur mit den Herausforderungen Kontrolle, Wandel, Wissen und Internationalisierung vereinbar sind, die zu Beginn des Kapitels vorgestellt wurden. Keine Struktur ist für alle vier Herausforderungen gleichermaßen gut geeignet. Die Gestalter einer Organisation haben auch hier die Wahl. Möchten sie viel Kontrolle ausüben und legen sie weniger wert auf Flexibilität bezüglich eines Wandels oder auf globale Ausdehnung, so wählen sie womöglich eine funktionale Struktur. Wollen sie Wissen und Flexibilität auf globaler Ebene fördern, so ist vielleicht die Matrix- oder die transnationale Struktur am besten geeignet. Die Wahl der Struktur hängt von den strategischen Herausforderungen des betroffenen Unternehmens ab.

Tabelle 13.1

Strukturenvergleich

Herausforderung	Funktional	Multi-divisional	Matrix	Trans-national	Projekt
Kontrolle	***	**	*	**	**
Wandel	*	**	***	***	***
Wissen	**	*	***	***	**
Internationalisierung	*	**	***	***	**

*Sterne weisen auf typische Kapazitäten im Umgang mit jeder Herausforderung hin, wobei drei Sterne eine hohe, zwei Sterne eine mittlere und ein Stern eine geringe Bewertung bedeuten.

In der Praxis wählen aber nur sehr wenige Organisationen eine Strukturform, die genau einer der reinen Formen entspricht, die oben beschrieben wurden. Praktische Strukturen mischen oft verschiedene Formen und müssen sich der jeweiligen Kombination an Herausforderungen einer Organisation ganz genau anpassen. Michael Goold und Andrew Campbell geben neun Gestaltungstests vor, die zur Überprüfung der Eignung speziell angepasster Strukturlösungen herangezogen werden können.[12] Die ersten vier Tests konzentrieren sich dabei auf die Übereinstimmung der Struktur mit den Hauptzielen und den wichtigsten Beschränkungen der Organisation:

- *Der Marktvorteilstest.* Dieser Test bewertet die Übereinstimmung mit der Marktstrategie und ist von grundlegender Bedeutung, wenn man von Alfred Chandlers Grundprinzip ausgeht, dass „die Struktur von der Strategie bestimmt wird."[13] Ist beispielsweise die Koordination zweier Schritte in einem Produktionsprozess für den Marktvorteil besonders wichtig, so sollten diese Schritte am besten in die gleiche strukturelle Einheit eingegliedert werden.
- *Der Konzernvorteilstest.* Die strukturelle Gestaltung sollte mit der Managementrolle übereinstimmen, die die Unternehmenszentrale für sich gewählt hat (siehe *Kapitel 7*). Möchte die Zentrale beispielsweise als Synergiemanager zur Wertsteigerung beitragen, so sollte eine Struktur gewählt werden, die integrative Spezialisierung, z.B. Marketing oder Forschung, in den Mittelpunkt stellt.
- *Der Mitarbeitertest.* Die strukturelle Gestaltung muss auch zu den vorhandenen Mitarbeitern passen. Es ist gefährlich, von einer funktionalen Struktur plötzlich auf eine multidivisionale Struktur umzuschalten, wenn der Organisation Manager fehlen, die auch dezentralisierte Geschäftseinheiten kompetent leiten können.
- *Der Machbarkeitstest.* Dies ist eine organisationsübergreifende Kategorie, die beurteilt, ob die Struktur zu den Einschränkungen passt, die Gesetz, Interessengruppen, Gewerkschaften oder Ähnliches der Organisation verursachen. Nach Skandalen

12 M. Goold und A. Campbell, „Designing Effective Organisations", Jossey-Bass, 2002. Siehe auch M. Goold und A. Campbell, „Do you have a well-designed organisation?", *Harvard Business Review*, Band 80, Nr. 3 (2002), S. 117–224.

13 A.D. Chandler, „Strategy and Structure: Chapters in the History of American Enterprise", *MIT Press*, 1962.

wegen voreingenommener Forschungsarbeit schreiben Regulierungsbehörden den Investmentbanken nun vor, ihre Forschungs- und Analystenabteilungen von den Abteilungen zu trennen, in denen finanzielle Abschlüsse perfekt gemacht werden.

Goold und Campbell schlagen dann die folgenden fünf weiteren Tests vor, die auf guten allgemeinen Gestaltungsprinzipien basieren:

- *Der Test spezialisierter Kulturen.* Dieser Test sagt aus, ob es wertsteigernd ist, verschiedene Spezialisten zusammenzubringen, sodass diese ihr Fachwissen in enger Zusammenarbeit miteinander weiter steigern können. Eine Struktur ist gescheitert, wenn durch sie wichtige spezialisierte Kulturen zerstört werden.
- *Der Test schwieriger Verbindungen.* Dieser Test fragt nach, ob eine vorgeschlagene Struktur Verbindungen zwischen Teilen der Organisation schafft, die zwar wichtig sind, aber dadurch häufig auch in ihrer Arbeit eingeschränkt werden. So werden wahrscheinlich durch eine extreme Dezentralisierung von Geschäftseinheiten, die bezüglich ihres Gewinns rechenschaftspflichtig sind, die Beziehungen zu einer zentral organisierten F&E-Abteilung sehr belasten. Werden keine entsprechenden Kompensationsmechanismen eingerichtet, so ist diese Struktur wohl zum Scheitern verurteilt.
- *Der Test redundanter Hierarchien.* Bei jeder strukturellen Gestaltung sollte überprüft werden, ob sie eventuell zu viele Managementschichten aufweist und so Blockaden oder übermäßige Ausgaben verursacht. Der Abbau von Managementebenen aufgrund redundanter Hierarchien ist in den letzten Jahren ein wichtiger struktureller Trend.
- *Der Rechenschaftstest.* Dieser Test betont die Bedeutung klarer Berichtszuständigkeiten, sodass Kontrolle und Engagement aller Manager der gesamten Struktur sichergestellt ist. Da es in einer Matrixstruktur duale Berichtszuständigkeiten gibt, steht sie oft in der Kritik, keine klaren Zuständigkeiten zu definieren.
- *Der Flexibilitätstest.* In einer sich schnell verändernden Welt bewertet ein wichtiger Test, inwieweit die Gestaltung einer Organisation einen zukünftigen Wandel berücksichtigen wird. Divisionale Einheiten beispielsweise sollten breit genug angelegt sein, damit divisionale Manager auch sich neu ergebende Chancen und Möglichkeiten verfolgen können. Kathleen Eisenhardt sagt in diesem Zusammenhang, dass Strukturen ausreichend „Modularität" (d.h. Standardisierung) brauchen, damit die einzelnen Teile einer Organisation leicht miteinander verbunden oder gegeneinander ausgetauscht werden können, wenn sich die Märkte entsprechend verändern.[14]

Goolds und Campbells neun Tests ermöglichen eine strenge Bewertung effektiver Strukturen. Doch auch wenn die strukturelle Gestaltung alle Tests besteht, muss diese zusätzlich auf die anderen Stränge der organisationalen Konfiguration abgestimmt werden, ihre Prozesse und Beziehungen nämlich. Alle Stränge müssen sich gegenseitig bestärken. Die folgenden beiden Abschnitte behandeln jeweils Prozesse und Beziehungen.

14 Diese Praxis, verschiedene Unternehmensteile je nach Marktlage miteinander zu verbinden, wird beschrieben bei K. Eisenhardt und S. Brown, „Patching: restitching business portfolios in dynamic markets", *Harvard Business Review*, Band 25, Nr. 3 (1999), S. 72–80.

13.3 Systeme

Die Struktur ist eine Grundvoraussetzung für erfolgreiches Organisieren. Doch es sind die formalen und informellen organisationalen Systeme innerhalb dieser Struktur, die bestimmen, ob eine Organisation funktioniert oder nicht.[15] Diese können als Steuerungssysteme der betrieblichen Abläufe einer Organisation verstanden werden, die die Umsetzung der Strategie in die Praxis folglich fördern oder behindern können.

Steuerungssysteme können in zweierlei Hinsicht unterschieden werden. Zunächst konzentrieren sie sich entweder auf die Kontrolle von Inputs oder die Kontrolle von Outputs. Input-Steuerungsprozesse befassen sich mit *Ressourcen*, die für die Strategieumsetzung gebraucht werden, insbesondere finanzielle Ressourcen und das Engagement der Mitarbeiter. Output-Steuerungssysteme konzentrieren sich darauf, zufriedenstellende *Ergebnisse* zu ermöglichen, etwa das Erreichen zuvor festgelegter Ziele oder das Erlangen einer Wettbewerbsfähigkeit auf dem Markt. Die zweite Unterscheidung lässt sich zwischen direkter und indirekter Steuerung treffen. Direkte Steuerung meint *unmittelbare Überwachung*. Indirekte Steuerung ist *weiter entfernt* und legt nur die Bedingungen fest, durch welche erwünschtes Verhalten quasi halb-automatisch erreicht wird. In welcher Weise die sechs Prozesse, die hier behandelt werden, eher Input- oder Output-Steuerung, direkte oder indirekte Steuerung in den Mittelpunkt stellen, wird in *Tabelle 13.2* zusammengefasst.

Tabelle 13.2

Formen von Steuerungssystemen

	Input	Output
Direkt	Direkte Überwachung Planungsprozesse	Leistungsziele
Indirekt	Kulturelle Prozesse Selbstkontrolle	Interne Märkte

Organisationen setzen normalerweise eine Mischung verschiedener Steuerungssysteme ein, wobei je nach den jeweiligen strategischen Herausforderungen manche stärker vertreten sind als andere. Wieder ist es wichtig, mit Wandel, Wissen und Internationalisierung gut umgehen zu können. Wie wir sehen werden, erfordern es Maßnahmen zur Input-Kontrolle meist, dass die Kontrolleure über ein großes Wissen darüber verfügen, was die Aufgabe derer ist, die kontrolliert werden sollen. In vielen wissensintensiven Organisationen, besonders dort, wo Wandel und Innovation entsteht, fehlt diesen Kontrolleuren allerdings das genaue Verständnis dafür, was ihre Experten genau tun, was dazu führt, dass man sich hier eher auf die Output-Kontrolle verlässt. Denn es lässt sich leicht überwachen, ob und wann eine Einheit ihre Ziele bezüglich Einnahmen und Rentabilität erreicht. Die direkte Steuerung beruht zum Großteil auf der

15 Dieser Punkt wird vertreten von E. Fenton und A. Pettigrew, „Theoretical perspectives on new forms of organising“, in A. Pettigrew und E. Fenton (Hrsg.), „The Innovating Organisation“, *Sage*, 2000, Kapitel 1.

physischen Präsenz des Managements, obwohl diese heutzutage auch durch Computerüberwachung ersetzt werden kann. Aus diesem Grund wenden viele internationale Organisationen eher die indirekte Steuerung an, denn ihre Tochtergesellschaften liegen oft weit voneinander entfernt. Für kleine Organisationen mit nur einer Geschäftsstelle andererseits können direkte Steuerungssysteme sehr effektiv sein.

Beispiel 13.3 Occupy Wall Street: Der Umgang von Anarchisten mit Struktur und Systemen

Die Protestbewegung Occupy Wall Street hat einen charakteristischen Managementansatz, verfügt allerdings unter Umständen nicht über ausreichend Durchhaltevermögen.

2011 waren junge Menschen in New York wütend über Schulden, das Finanzsystem und fehlende Arbeitsplätze. Verschiedene, durch den Arabischen Frühling und die Proteste der „Indignados" in Madrid inspirierte Gemeinde- und Anarchistengruppen versuchten, die Unzufriedenen zu mobilisieren. Occupy Wall Street (OWS) entstand bei einer informellen anarchistischen Kundgebung in einem Park in New York am 2. August 2011. Die als „Hauptversammlung" bezeichnete Kundgebung befolgte typische anarchistische, egalitäre oder „horizontale" Prinzipien.

Die Hauptversammlung war eher ein Ort für Debatten als für formelle Reden. Bis zum Ende des Tages waren zu dieser Hauptversammlung der Anarchisten ungefähr 50 Teilnehmer erschienen. Damit waren dort mehr Menschen zusammengekommen als bei einer formell organisierten Protestkundgebung auf der anderen Seite des Parks. Die Anarchisten verpflichteten sich zu Konsensentscheidungen und lehnten das Konzept von Führungskräften ab. Die erste große Entscheidung der Hauptversammlung bestand in der Besetzung der Wall Street oder zumindest des angrenzenden Zuccotti Park am 17. September.

Zum ersten Tag der Besetzung von Wall Street und Zuccotti Park kamen ungefähr 700 Menschen. Danach schwankten die Zahlen, erreichten aber an einem Tag im Oktober mit 30.000 Teilnehmern ihren Höchststand. Der OWS-Slogan zu Gunsten der „99 Prozent" der normalen Menschen traf weltweit den richtigen Ton. Es kam in ganz Nordamerika, in London, Sydney und Tokio zu ähnlichen Besetzungen, die alle lose, aber keine formellen Verbindungen zu OWS hatten. Die Organisation für den Zuccotti Park war schwierig genug.

OWS hielt die horizontalen Prinzipien der anarchistischen Hauptversammlung ein, aber die Anzahl der Teilnehmer schwankte und es kam zu Spannungen zwischen sogenannten gelegentlichen „Touristen" und dem harten Kern, der die Besetzung kontinuierlich aufrechterhielt. Mitunter kamen mehr als eintausend Teilnehmer zu den Veranstaltungen der Hauptversammlung. Der Entscheidungsprozess war langsam oder uneffektiv. Es konnte kein zentrales politisches Programm vereinbart werden und gegen einen formellen Anschluss an die lokale Gewerkschaftsbewegung bestand Widerstand. Obwohl eine Reihe von Ausschüssen („Rechtsausschuss", „Förderungsausschuss" und so weiter) gebildet wurden, dauerte es Wochen, im Zuccotti Park für Sanitäranlagen und Waschmöglichkeiten zu sorgen. Ein strittiger Punkt war das Trommeln – ein Symbol der OWS-Bewegung: Schließlich beschloss die Hauptversammlung, dass das Trommeln auf bestimmte Stunden begrenzt werden sollte, aber viele Trommler lehnten die Einhaltung dieses Beschlusses ab und trommelten die ganze Nacht.

Im November räumte die Polizei schließlich den Zuccotti Park, dabei kam es zu 200 Festnahmen. Die OWS organisierte auch weiterhin während des Winters sporadische Protestveranstaltungen, aber die Dynamik ging langsam verloren. Und obwohl sich eine Art von Hierarchie mit festgelegten „Organisatoren" (anstelle von Anführern) entwickelt hatte, nahm die Zersplitterung zu. Im Dezember gab es bereits 101 verschiedene Arbeitsgruppen, die sich mit Fragen von der Kommunikation von OWS bis hin zu Yoga beschäftigten. Allerdings existierten keine koordinierten Sitzungspläne. Im April 2012 wurde berichtet, dass die Hauptversammlung durch Meinungsverschiedenheiten und Erschöpfung kurz vor dem Zusammenbruch stand. Trotzdem wurde für den 17. September 2012 in Zusammenarbeit mit den lokalen Gewerkschaften eine kleine Demonstration zum Jahrestag mit einigen Hundert Teilnehmern organisiert.

Im Rückblick auf dieses Jahr erklärte einer der ersten OWS-Teilnehmer der *Financial Times*: „Wir hatten das Potenzial an Menschen … Das größte Problem bei Occupy war die Nachrichtensteuerung. Es läuft darauf hinaus, dass man, wenn man eine effektive Bewegung will, eine organisatorische Infrastruktur dafür braucht. Es ging so weit, dass wir mehr Sitzungen über Sitzungen und Besprechungen über Besprechungen als darüber durchführten, wie wir uns erfolgreich organisieren und unserem Anliegen Gehör verschaffen könnten."

Quelle:
Business Week, 26. Oktober 2011, *Financial Times*, 27. Oktober 2011, 17. September 2012.

Kontrollfragen

1. Welche Vorteile hatte der horizontale anarchistische Ansatz zur Struktur und zu den Systemen?
2. Welche Strukturen und Systeme schienen Occupy Wall Street zu fehlen?

13.3.1 Direkte Überwachung

Direkte Steuerung umfasst die unmittelbare, persönliche Steuerung und Überwachung strategischer Entscheidungen durch eine oder mehrere Einzelpersonen. Sie wird vermehrt in kleinen Organisationen praktiziert. Auch in größeren Organisationen findet sie Verwendung, wo es nur zu geringen Veränderungen kommt und wo die geringe Komplexität der Organisation es zulässt, dass einige wenige Manager die Strategie *im Detail* von der Zentrale aus steuern können. Oft wird die direkte Steuerung in Familienunternehmen angewandt sowie in Teilen des öffentlichen Sektors, die traditionell von direkter politischer Einmischung geprägt sind. (Meist dominiert in solchen Fällen eine einzige politische Partei über einen langen Zeitraum hinweg.)

Direkte Steuerung

Direkte Steuerung umfasst die unmittelbare, persönliche Steuerung und Überwachung strategischer Entscheidungen durch eine oder mehrere Einzelpersonen.

Die direkte Steuerung erfordert es, dass die Kontrolleure im gesamten Unternehmen alle Aufgabenbereiche, die sie überwachen, genau verstehen. Sie müssen in der Lage sein, Fehler zu korrigieren, ohne innovative Experimente im Keim zu ersticken. Gibt es nur eine Geschäftsstelle, so ist die direkte Steuerung am einfachsten, obwohl auch die Überwachung über große Entfernungen hinweg (etwa die Überwachung von Handelsstrategien im Bankwesen) heutzutage durch elektronische Hilfsmittel möglich ist. Auch während einer *Krise* kann die direkte Steuerung hilfreich sein, wenn autokratische Kontrollen erforderlich werden, um schnelle Ergebnisse zu erzielen. Manager, die die Geschäfte in Krisenzeiten übernehmen, haben oft einen autokratischen Führungsstil.

13.3.2 Planungssysteme

Planungssysteme

Planungsprozesse planen und kontrollieren die Allokation von Ressourcen und überwachen ihren Einsatz.

Planungssysteme sind die Urform administrativer Kontrolle; hier wird die erfolgreiche Umsetzung einer Strategie durch Systeme erreicht, die die Ressourcenallokation planen und steuern und deren Einsatz überwachen (siehe auch *Kapitel 11*). Der Fokus liegt hier auf der Kontrolle der Inputs einer Organisation, wobei insbesondere die finanziellen Inputs gemeint sind. Ein solcher Plan deckt alle Teile der Organisation ab und zeigt klar an, welche Ressourcen – finanziell gesehen – welchem Bereich zugeordnet sind (seien dies nun funktionale Einheiten, Divisionen oder Geschäftsbereiche). Auch legt der Plan fest, wie genau diese Ressourcen eingesetzt werden. Er liegt für gewöhnlich in Form eines *Budgets* vor. So erhält die Marketingabteilung beispielsweise € 5 Mio., muss aber genau aufzeigen, wie dieses Geld verwendet wird, also welcher Anteil für Personalkosten, Werbung, Ausstellungen etc. ausgegeben wird. Diese Kostenstellen werden dann regelmäßig überwacht, um Realität und Budget zu vergleichen.

Ein Vorteil dieses Planungsansatzes der strategischen Kontrolle ist die Möglichkeit, dadurch die Umsetzung einer Strategie überwachen zu können. Wie genau aber Planungssysteme eine Strategie unterstützen können, ist sehr unterschiedlich:

- Eine Planung kann durch *die Standardisierung von Arbeitsabläufen* (wie etwa Produkt- oder Dienstleistungsmerkmalen) erreicht werden. Manchmal sind solche Arbeitsabläufe zur Bewertung und Überprüfung strengen Regelwerken unterworfen und müssen beispielsweise extern überwachte Qualitätsstandards (wie etwa ISO 9000) erfüllen. In vielen Serviceunternehmen wurde eine solche Standardisierung durch die Einführung von IT-Systemen erlangt, sodass für die Bereitstellung der Dienstleistung weniger Fachwissen benötigt wird und sich die Kosten erheblich verringern. Dies kann zu einem Wettbewerbsvorteil führen, wenn sich die betreffenden Organisationen auf dem Niedrigpreissegment positionieren und Produkte oder Dienstleistungen anbieten, die wie Rohstoffe behandelt werden können. So betragen beispielsweise die Kosten für Internet-Banking nur einen Bruchteil der Kosten, die in Bankfilialen anfallen.
- *Warenwirtschaftssysteme*[16], die Softwarespezialisten wie SAP oder Oracle zur Verfügung stellen, nutzen ausgeklügelte IT-Systeme, um geplante Kontrolle zu erreichen. Diese Systeme zielen darauf ab, den gesamten Betriebsablauf inklusive Personalwesen, Finanzwesen, Fertigung, Lagerung etc. zu integrieren. Es begann mit der

16 Leser, die mehr über ERP erfahren möchten, werden hier fündig: P. Binngi, M. Sharma und J. Godia, „Critical issues affecting an ERP implementation", *Information Systems Management*, Band 16, Nr. 3 (1999), S. 7–14; T. Grossman und J. Walsh, „Avoiding the pitfalls of ERP system implementation", *Information Systems Management*, Band 21, Nr. 2 (2004), S. 38–42.

Nutzung elektronischer Kassensysteme im Einzelhandel, die eine Verbindung zum Lager herstellten. Es können sich weitere Vorteile ergeben, wenn solche Systeme noch weiter auf das Wertesystem der Organisation bis jenseits ihrer Grenzen in die Zulieferer- und Vertriebsketten hinein ausgedehnt werden können. So könnten Vorräte etwa automatisch bestellt werden, sodass immer genug Ware vorrätig ist. Der Internethandel geht mit diesen integrativen Kapazitäten noch einen Schritt weiter (siehe *Kapitel 9* für mehr Details).

- Zentralisierte Planungssysteme nutzen häufig eine *Formel* zur Kontrolle der Ressourcenallokation innerhalb des Unternehmens. So werden in Unternehmen der öffentlichen Hand Budgets häufig auf Pro-Kopf-Basis zugeteilt (etwa die Anzahl der Patienten pro niedergelassenem Arzt).

Planungssysteme funktionieren am besten unter einfachen und stabilen Bedingungen, wo man ein Budget oder eine Formel gleich gut auf alle Geschäftseinheiten einer Organisation anwenden kann und wo sich einheitliche Annahmen für den gesamten zu planenden Zeitraum definieren lassen. Sind die Anforderungen der einzelnen Einheiten aber verschieden, profitieren meist manche Einheiten von standardisierten Formeln oder Budgets, während andere benachteiligt werden. So wird in Großbritannien häufig gefordert, dass die Regierung alle Krankenhäuser und Universitäten nicht länger gleich behandeln soll: Jede Organisation birgt schließlich ganz eigene Herausforderungen und Chancen. Auch können Budgets und Formeln sehr unflexibel sein, wenn sich Veränderungen ergeben, die den ursprünglich getroffenen Annahmen widersprechen. Organisationen können auf diese Weise unfair bestraft werden, wenn sich die Umstände ändern, oder ihnen fehlen die Ressourcen, um im Budget nicht eingeplante Chancen nutzen zu können.

Aufgrund dieses Risikos fehlender Reaktionsfähigkeit bezüglich unterschiedlicher Anforderungen der Organisation ist es oft sinnvoll, diejenigen am Planungssystem zu beteiligen, die direkt betroffen sind, also *von unten nach oben* zu planen. Bei diesem Planungsansatz von unten nach oben stellen lokale Geschäftsbereiche einer Organisation (die untere Ebene also) Pläne auf, die dann der Zentrale vorgelegt werden. Die Aufgabe der Zentrale besteht darin, Richtlinien für diese Pläne aufzustellen und die fertigen Pläne zu überprüfen. Diese ursprünglich vorgelegten Pläne sind häufig unvereinbar mit den Plänen anderer Einheiten sowie mit den Erwartungen und Kapazitäten der Zentrale. Solche Diskrepanzen werden durch *Harmonisierungsprozesse* ausgeräumt, in denen verhandelt wird und die Richtlinien der Zentrale erneut herangezogen werden. Häufig werden solche Pläne mehrmals überarbeitet und können so zwar die Anforderungen der einzelnen Geschäftseinheiten besser berücksichtigen, sind aber auch sehr zeitaufwendig und politisch schwierig.

13.3.3 Kulturelle Systeme

Angesichts des raschen Wandels, einer wachsenden Komplexität und des steigenden Bedarfs an neuem Wissen wird die Motivation der Mitarbeiter immer wichtiger für den Erfolg eines Unternehmens. Firmen, die diesem Druck ausgesetzt sind, sehen eine Förderung der *Selbstkontrolle* und der persönlichen Motivation oft als effektive Kontrollmethode, denn dadurch können sie die Qualität des Mitarbeiterinputs ohne direkte Intervention beeinflussen. Viele Mitarbeiter verfügen von sich aus über ein hohes Maß an Selbstkontrolle und Motivation, wodurch angemessene Leistungen für eine erfolgreiche Strategie sichergestellt werden. Musiker oder Ärzte, die über eine spezielle Begabung verfügen und hohe Professionalität an den Tag legen müssen, sind ein Beispiel hierfür. Professionalität und Begabung können aber auch von dem ablenken, was die Strategie einer Organisation eigentlich verlangt. Zudem lassen manche Mitarbeiter immer das nötige Engagement vermissen. In solchen Fällen können Manager mithilfe kultureller Systeme angemessene Leistungen sicherstellen.[17]

Kulturelle Systeme

Kulturelle Systeme streben die Standardisierung der Verhaltensnormen innerhalb einer Organisation im Einklang mit bestimmten Zielen an.

Kulturelle Systeme befassen sich mit der Unternehmenskultur und der *Standardisierung von Normen* (wie in Kapitel 5 beschrieben). Kontrolle findet hier in indirekter, integrierter Weise statt, wenn die Mitarbeiter Teil der Kultur werden. Es werden die Inputs der Mitarbeiter kontrolliert, denn die Kultur definiert angemessene Normen für Motivation und Initiative. Drei Systeme sind für die Formung einer angemessenen Kultur besonders wichtig: erstens die *Personalbeschaffung*, also die Auswahl geeigneter Mitarbeiter, zweitens die *Sozialisierung*, d.h. die Integration neuer Mitarbeiter durch Training, Einführung und Mentorenprogramme; hier sind aber auch informelle Einflüsse wie etwa bestimmte Vorbilder gemeint. Das dritte wichtige System ist die *Belohnung*, d.h. die Anerkennung angemessenen Verhaltens durch finanzielle Entlohnung, Beförderung oder symbolische Systeme (wie öffentliches Lob). Mitarbeiter begegnen diesen kulturellen Systemen häufig mit subtiler Ablehnung, etwa mit Zynismus oder mechanischer Anpassung. Sind sie aber einmal Teil der Kultur, ändern sie sich nur noch mühsam und lassen sich schwer einer sich wandelnden Strategie anpassen. In Organisationen gibt es viele kulturelle Systeme, die keiner formalen Kontrolle durch das Management unterliegen wie etwa der Druck anderer Mitarbeiter, sich einer Strategie zu widersetzen.

Dennoch sind kulturelle Systeme für Organisationen besonders wichtig, die in einem komplexen, dynamischen Umfeld agieren. Oft vollziehen sich diese positiven kulturellen Systeme ohne intendiertes Eingreifen des Managements. Kollaborative Kulturen können zur Bildung von „Praxisgemeinschaften“ führen, in denen Experten innerhalb oder auch außerhalb der Organisation ihr Wissen zur Verfügung stellen, um aus eigenem Antrieb innovative Lösungen für Probleme zu finden.[18] Diese informellen Initiativgemeinschaften existieren in den verschiedensten Unternehmen, so etwa bei Xerox, dem Hersteller von Kopiergeräten, wo Ingenieure sich zum Frühstück trafen, um über Probleme und deren Lösungen zu diskutieren. Auch Programmierer bilden Netzwerke, die die Entwicklung von Linux „Freeware“ im Internet auf internationaler Ebene unterstützten.

13.3.4 Leistungsorientierte Systeme

Leistungsziele

Leistungsziele beziehen sich auf die Leistungsergebnisse, die eine Organisation (oder ein Teil einer Organisation) erzielt, wie Produktqualität, Preis oder Gewinn.

Leistungsziele beziehen sich auf die Leistungsergebnisse, die eine Organisation (oder ein Teil einer Organisation) erzielt wie Produktqualität, Preis oder Gewinn. Diese Ziele werden häufig als Schlüsselindikatoren für Leistung bezeichnet. Die Leistung einer Organisation wird – intern oder extern – anhand ihrer Fähigkeit beurteilt, diese Ziele zu erreichen. Innerhalb gewisser Grenzen aber kann die Organisation frei entscheiden,

17 C. Casey, „Come, join our family: discipline and integration in corporate organizational culture“, *Human Relations*, Band 52, Nr. 2 (1999), S. 155–179; Informationen über die Sozialisierung von Auszubildenden liefern A. D. Brown und C. Coupland, „Sounds of silence: graduate trainees, hegemony and resistance“, *Organization Studies*, Band 26, Nr. 7 (2005), S. 1049–1070.

18 E. C. Wenger und W. M. Snyder, „Communities of practice: the organized frontier“, *Harvard Business Review*, Band 78, Nr. 1 (2000), S. 139–146.

auf welche Weise diese Ziele erreicht werden sollen. In bestimmten Situationen ist dieser Ansatz besonders gut geeignet:

- Unternehmenszentralen *großer Konzerne* entscheiden sich oft für Leistungsziele zur Kontrolle ihrer Unternehmenseinheiten, denn so müssen sie sich nicht darum kümmern, wie diese im Detail erreicht werden können. Solche Ziele werden häufig in der Organisation von oben nach unten weitergegeben, wobei für Untereinheiten, Funktionen und sogar für Einzelpersonen spezifische Ziele festgelegt werden.
- Auf *regulierten Märkten* wie etwa bei privatisierten Versorgungsunternehmen in Großbritannien oder auch in anderen Ländern kontrollieren von der Regierung eingesetzte Kontrolleure immer häufiger die Leistung der Unternehmen anhand vorher vereinbarter *Leistungsindikatoren*, z.B. Dienstleistungs- oder Qualitätsniveaus, um eine „wettbewerbsfähige“ Leistung sicherzustellen.[19]
- Im *öffentlichen Sektor*, wo historisch gesehen immer die Kontrolle der Ressourceninputs am wichtigsten war, bemühen sich viele Regierungen nun, ihre Kontrollsysteme in Richtung der Outputs (wie etwa der Servicequalität) und noch wichtiger in Richtung konkreter Ergebnisse zu verlagern.

Vielen Managern fällt es schwer, sinnvolle Leistungsziele festzulegen. Das liegt mit daran, dass jede beliebige Kombination aus Leistungszielen immer nur einen Teil der gesamten Organisation abdecken kann. Außerdem werden einige wichtige Indikatoren (wie etwa die Kundenzufriedenheit) gerne vernachlässigt, da sie so schwer zu messen sind. Damit wird der Schwerpunkt meist auf leicht erhältliches Datenmaterial wie etwa Finanzkennzahlen gelegt. Seit etwa zehn Jahren werden aber auch immer häufiger sogenannte *Balanced Scorecards* eingesetzt, denn sie vergrößern die Reichweite der Leistungsindikatoren.[20] **Balanced Scorecards** kombinieren qualitative und quantitative Kennzahlen, berücksichtigen die Erwartungen verschiedener Interessengruppen und verbinden die gewählte Strategie mit dem Unternehmenserfolg. Dabei ist es wichtig, dass die Leistung nicht nur anhand kurzfristiger Outputs gemessen wird, sondern dass das Management der Systeme berücksichtigt wird. Beispiele sind die Innovations- und Lernsysteme, die für langfristigen Erfolg entscheidend sind.

> **Balanced Scorecards**
>
> Balanced Scorecards kombinieren qualitative und quantitative Kennzahlen, berücksichtigen die Erwartungen verschiedener Interessengruppen und verbinden die gewählte Strategie mit dem Unternehmenserfolg.

Abbildung 13.6 zeigt ein Beispiel einer Balanced Scorecard für ein kleines Start-up-Unternehmen, das Standardwerkzeuge und Lichtanlagen für Ingenieure herstellt. Die finanzielle Perspektive des Besitzers/Managers beschränkt sich in der Anfangsphase seines Geschäfts einfach nur aufs Überleben, wozu ein positiver Cashflow nötig ist (nach den Anfangsinvestitionen für Maschinen, Lagerbestände und Geschäftsräume). Seine Strategie besteht darin, auf Basis eines guten Kundendienstes, von der ersten Lieferung bis hin zur Wartung der Produkte, wettbewerbsfähig zu sein. Dazu sind Kernkompetenzen bei der Bestellungsverarbeitung und der Wartungsplanung erforderlich,

19 D. Helm und T. Jenkinson, „Competition in Regulated Industries“, *Clarendon Press*, 1999, bietet eine Reihe von ausführlichen Fallstudien über die Auswirkungen der Deregulierung auf den Wettbewerb. Siehe auch A. Lomi und E. Larsen, „Learning without experience: strategic implications of deregulation and competition in the international electricity industry“, *European Management Journal*, Band 17, Nr. 2 (1999), S. 151–164.

20 Siehe R. Kaplan und D. Norton, „The balanced scorecard: measures that drive performance“, *Harvard Business Review*, Band 70, Nr. 1 (1992), S. 71–79; für Informationen über neue Entwicklungen siehe R. Kaplan und D. Norton, „Having trouble with your strategy? Then map it“, *Harvard Business Review*, Band 78, Nr. 5 (2000), S. 167–176; sowie R. Kaplan und D. Norton, „Alignment: How to Apply the Balanced Scorecard to Strategy“, *Harvard Business School Press*, 2006.

die vom IT-System der Firma gestützt werden. Da diese Kernkompetenzen leicht imitiert werden können, ist auch die Fähigkeit, diese Servicestandards beständig zu verbessern, ein entscheidender Faktor für den Erfolg.

Abbildung 13.6: Die Balanced Scorecard: ein Beispiel

Finanzielle Perspektive	
Kritischer Erfolgsfaktor	**Messgrößen**
Überleben	Cash Flow

Kundenperspektive	
Kritischer Erfolgsfaktor	**Messgrößen**
Kundendienst (Standardprodukte)	• Lieferzeit • Wartungsreaktionszeit

Interne Perspektive	
Kritischer Erfolgsfaktor	**Measures**
Entwicklung von IT-Systemen • Merkmale • Kosten	Leistung pro investiertem € (im Vergleich zu Wettbewerbern)

Innovations- und Führungsperspektive	
Kritischer Erfolgsfaktor	**Messgrößen**
Führungsposition beim Service	• Schnelle Marktreife (neue Standards) • Schnelle Imitation (Widerstandsfähigkeit)

Beispiel 13.4 Struktur, Systeme und die Rettung von Kinderleben

Sich verändernde Strukturen und Systeme bilden keine schnelle Lösung für den Schutz von Kindern vor Missbrauch und Vernachlässigung durch die Eltern.

In England und Wales gibt es ein Problem: die Tötung von Kindern durch ihre eigenen Eltern. Im Zeitraum von 1998 bis 2008 wurden in jedem Jahr durchschnittlich 40 Kinder von ihren Eltern getötet. Im Jahr 2008 lebten ungefähr 200.000 Kinder in Haushalten mit einem bekannten hohen Risiko für häusliche Misshandlung und Gewalt.

Die Ermordung der neunjährigen Victoria Climbié im Jahr 2000 durch ihre Großtante und deren Freund zog eine umfassende Reform der Kinderschutzdienste in England und Wales nach sich. Das Kind starb, nachdem über neun Monate hinweg regelmäßig Warnzeichen an die lokalen Sozialbehörden, die Polizei und die medizinischen Dienste gingen. Die fehlende Koordination zwischen diesen Behörden beim Umgang mit den Zeichen für Misshandlungen wurde als große Schwäche wahrgenommen. Im Ergebnis wurden die lokalen Bildungs- und Sozialdienste für

Kinder in den einheitlichen Abteilungen für Kinder- und Jugendhilfe zusammengelegt. Ein weiterer Schritt war die Schaffung „gemeinsamer Bewertungsrahmen" als Möglichkeit für alle Behörden (von der Polizei bis hin zu Ärzten) ihren Kontakt mit einem bestimmten Kind in einem standardisierten, für alle zugänglichen Formular zu erfassen. Überdies wurde auch ein System der nationalen Indikatoren für die Bewertung des Kinderschutzes eingeführt, mit dem klar quantifizierbare Variablen, wie Fallbesprechungssitzungen und wiederholte Erfassungen im Kinderschutzregister, gemessen werden.

Nach der Umsetzung der Reformen ging die Anzahl der Tötungsdelikte zwischen 2003 und 2005 zurück, aber danach erreichten die Zahlen mit 43 Tötungsdelikten im Jahr 2007/2008 wieder den Durchschnittswert. Der Todesfall des 17 Monate alten „Baby P" durch Vernachlässigung und Misshandlungen im Jahr 2007 – in der gleichen Kommune wie Victoria Climbié und auch in diesem Fall nach Monaten voller Warnsignale gegenüber der Polizei, medizinischen und Sozialdiensten – zog eine weitere Überprüfung des Systems nach sich. Bei dieser Überprüfung wurde festgestellt, dass weniger als zehn Prozent der Kommunen die nationalen Indikatoren zum Kinderschutz eingeführt hatten: Die Kommunen kritisierten, dass die Ziele sich zu stark auf ordnungsgemäße Prozesse und Zeitrahmen anstatt auf aussagefähige Ergebnisse konzentrierten. Trotzdem bestätigte die Überprüfung im Wesentlichen die neue Struktur sowie die neuen Systeme. Im Ergebnis wurde aber auf eine effektivere Umsetzung durch bessere Schulung der Sozialarbeiter, überarbeitete Indikatoren, mehr Ressourcen, eine zentrale Computerunterstützung und verbesserte Kommunikation zwischen den Behörden gedrängt.

Vor Ort bestand allerdings erhebliche Unzufriedenheit mit den Reformen nach Victoria Climbiés Tod. Ungefähr 81 Prozent der in einer Umfrage befragten Experten äußerten, dass die Fusion zwischen den Bildungs- und den Sozialbehörden nicht funktionierte (*www.publicservice.co.uk*). Die meisten dieser fusionierten Abteilungen wurden durch die früheren Leiter der Bildungsbehörde geleitet, die nur wenig Verständnis für die Sozialarbeit hatten, für die sie verantwortlich waren. Die Sozialarbeiter kritisierten das übermäßige erforderliche Ausfüllen von Formularen, mit dem korrekte Verfahren nachgewiesen wurden. Ein Junge erklärte diesbezüglich bei der Überprüfung: „Es scheint so, als ob sie all diese Formulare ausfüllen müssen – die Chefs ihrer Chefs zwingen sie dazu – aber dabei vergessen sie uns."

Ein Experte schätzte, dass die Sozialarbeiter zu diesem Zeitpunkt 80 Prozent ihrer Arbeitszeit vor Computern anstatt mit den Klienten verbrachten. Das Formular des allgemeinen Bewertungsrahmens (CAF) ist acht Seiten lang. Ein Schulleiter berichtete der Zeitung „The Guardian": „Man kann die Behörden nicht mehr anrufen, um sich beraten oder weiterleiten zu lassen, ohne dass man hört: „Wo ist der CAF?"

Im Gespräch mit dem Guardian bat Maggie Atkinson, Direktorin für Bildung und Kinder in der Stadt Gateshead um Geduld: „Die Zusammenlegung der Dienste in eine Abteilung wird eine andere Kultur schaffen – aber nicht sofort, sondern erst im Laufe der Zeit. Die Änderung der Kultur beginnt erst langsam, sich in den lokalen Diensten zu verankern, und eine Abkehr davon wäre eine verpasste Chance.

Es spielt keine Rolle, ob der Leiter aus dem Bereich Bildung oder soziale Dienste kommt. Was man für die Tätigkeit braucht, sind breite Schultern, ein effektives Management und ein starkes Team um sich herum."

Quellen: L. Lightfoot, „A marriage on the rocks", *Guardian*, 17. März 2009; „The Protection of Children in England: a Progress Report", *Every Child Matters*, März 2009.

Kontrollfragen

1. Führen Sie die Vor- und Nachteile der neuen Struktur und der neuen Systeme für die sozialen Dienste für Kinder auf.
2. Welche Arten von Maßnahmen und Initiativen könnten im Hinblick auf die kulturellen Systeme der sozialen Dienste für Kinder angemessen sein?

13.3.5 Marktsysteme

Marktsysteme

Marktsysteme beinhalten normalerweise ein gewisses formalisiertes System der „Auftragsvergabe" für Ressourcen oder Inputs aus anderen Teilen einer Organisation sowie zur Lieferung von Outputs an andere Teile einer Organisation.

Marktsysteme (oder interne Märkte) können in die Organisation integriert werden, um Aktivitäten intern zu kontrollieren.[21] Hier beinhalten Marktsysteme meist ein formalisiertes „Vertrags"-System, das die Zurverfügungstellung von Ressourcen oder Inputs aus anderen Teilen einer Organisation oder die Lieferung von Outputs an bestimmte Organisationsteile regelt. Kontrollen konzentrieren sich hier auf Outputs, etwa auf Einkünfte aus dem erfolgreich geführten Wettbewerb und interne Verträge. Die Kontrolle ist indirekt: Geschäftsbereiche müssen keine extern definierten detaillierten Leistungsziele akzeptieren, sondern lediglich ihre Position auf den kompetitiven internen Märkten behaupten.

Interne Märkte können auf vielfältige Weise genutzt werden. So kann es ein *kompetitives Bietersystem* geben, etwa durch die Schaffung einer internen Investmentbank in der Unternehmenszentrale, die neue Initiativen fördert. Auch kann sich zwischen einer zentralen Serviceabteilung, etwa Training oder IT, und den Geschäftseinheiten ein Verhältnis Kunde-Zulieferer bilden. Meist sind solche internen Märkte sehr stark reguliert. So kann die Zentrale etwa Regeln für den Preistransfer zwischen den internen Geschäftseinheiten aufstellen, um ruinösen Preispraktiken vorzubeugen. Die Zentrale könnte auch auf dem Abschluss von Serviceverträgen bestehen, um sicherzustellen, dass ein wichtiger interner Zulieferer, etwa die IT-Abteilung, mehreren Bereichen gute Dienstleistungen liefert, die davon abhängig sind.

Interne Märkte funktionieren dann gut, wenn die direkte Kontrolle oder die Input-Kontrolle aufgrund hoher Komplexität und raschen Wandels nicht praktikabel ist. Doch auch hier können Probleme entstehen. So können sie Verhandlungen zwischen den Geschäftsbereichen fördern, sodass wichtige Managementzeit geopfert werden muss. Außerdem kann durch die Überwachung aller internen Ressourcentransfers eine neue

21 Unternehmen wie Royal Dutch Shell experimentieren mit dem Konzept interner Märkte, um Innovationen zu fördern. Siehe G. Hamel, „Bringing Silicon Valley inside", *Harvard Business Review*, Band 77, Nr. 5 (1999), S. 70–84. Für eine Diskussion über die Herausforderungen interner Märkte siehe A. Vining, „Internal market failure", *Journal of Management Studies*, Band 40, Nr. 2 (2003), S. 431–457.

Bürokratie entstehen. Zum dritten kann ein übermäßiger Einsatz von Marktmechanismen zu dysfunktionalem Wettbewerb und einer vertraglichen Überregulierung führen, sodass eine Kultur der Zusammenarbeit und informelle Beziehungen zerstört werden. All diese Punkte wurden als Beschwerden gegen interne Märkte und halbselbstständige Stiftungskrankenhäuser in Großbritannien vorgebracht, die vom britischen Gesundheitsdienst eingeführt wurden. Befürworter interner Märkte geben jedoch an, dass solche Marktsysteme das traditionell überzentralisierte Gesundheitswesen freier machen, sodass es innovativer sein und leichter auf lokale Bedürfnisse eingehen kann, denn die allgemeine Kontrolle ist durch die Marktsituation gewährleistet.

Beispiel 13.5 Ein skrupelloser Banker oder eine skrupellose Bank?

Im Jahr 2012 wurde Kweku Adoboli wegen Betrugs in Höhe von $ 2,3 Milliarden verurteilt. Aber waren seine Handlungen das Ergebnis tief verwurzelter Systemfehler bei der „unfallgefährdeten" UBS-Bank?

Im Jahr 2003 machte Kweku Adoboli an der Universität Nottingham einen Abschluss in Wirtschaftsinformatik. Sieben Jahre später verdiente er in der Londoner Niederlassung der UBS, der größten Bank der Schweiz, ein Gehalt von £ 60.000 (€ 70.000) und erhielt Boni in Höhe von £ 250.000. Im Jahr 2012 drohten ihm, nachdem er eines der größten Betrugsdelikte in der britischen Geschichte begangen hatte, sieben Jahre Haft.

Von sogenannten Back-Office-Positionen (bestehend aus der Erfassung und Überprüfung von Transaktionen) aus arbeitete er sich bis in die Position eines Associate Director im Delta-1-Handelsteam nach oben. Im Bankwesen handeln Delta-1-Teams unter Verwendung des eigenen Kapitals der Bank und führen häufig hoch riskante und innovative Geschäfte aus. Bereits im Jahr 2008 begann Adoboli, fiktive Transaktionen zu generieren, um unter Ausnutzung seiner Kenntnisse der Back-Office-Systeme einige seiner Handelsverluste zu verbergen. Diese Verschleierung gelang ihm und Adoboli erwarb sich einen Ruf als Star unter den Händlern – mit entsprechend großzügigen Boni. Erst im September 2011, als einige Wirtschaftsprüfer der UBS schließlich mit Untersuchungen begannen, gab Adoboli den Betrug zu. Zu diesem Zeitpunkt bestand aufgrund der verschiedenen Geschäfte ein Risiko von 10 Millionen Dollar.

Die UBS war 1998 durch die Fusion zweier großer Schweizer Banken, der Union Bank of Switzerland und der Swiss Bank Corporation, entstanden. Im Jahr 2000 fusionierte die neue Bank mit dem führenden amerikanischen Aktienhandelsunternehmen Paine Webber und begann eine aggressive Wachstumsstrategie. Im Jahr 2006 hatte sich die UBS von der Position der nach Gebühren siebtgrößten Investmentbank auf eine Position unter den ersten vier verbessert.

Aber diese Wachstumsstrategie hatte auch eine Kehrseite: Als im Jahr 2007 die Finanzkrise drohte, verkaufte die Bank bewusst Vermögenswerte an ihre Kunden, um ihre eigenen Verbindlichkeiten zu reduzieren. Dafür wurde das Unternehmen später in den USA mit einem Bußgeld von $ 150 Millionen für missbräuchliche Verkäufe belegt. Überdies war die Bank während der guten Jahre auf dem mit verhängnisvollen Fehlern behafteten Subprime-Hypothekenmarkt aggressive Positionen eingegangen, durch die ihr später Verluste von $ 38 Milliarden entstanden. Daher musste im Jahr 2008 der Schweizer Staat die Bank retten, der Vorstandsvorsitzende wurde entlassen und weitere 11.000 Arbeitsplätze gingen verloren. Im Jahr 2009 musste die Bank dann für die Unterstützung US-amerikanischer Staatsangehöriger bei der Steuervermeidung eine Strafe von $ 781 Millionen an den US-amerikanischen Staat zahlen: Bei einem der dazu eingesetzten Modelle schmuggelten Bankmitarbeiter in Zahnpastatuben Diamanten aus dem Land. Im Jahr 2011 sah sich die UBS aufgrund der Manipulation des Terminmarkts für Kommunalanleihen mit einer weiteren hohen Geldstrafe ($ 160 Millionen) konfrontiert.

In diesem Zusammenhang sahen einige Beobachter den Betrug von Adoboli nicht als Ausnahme an. Die Bank hatte sich auf rasantes Wachstum konzentriert und zahlte denen, die dieses scheinbar erreichten, hohe Beträge. Die oberste Geschäftsführung hatte sich nicht der tatsächlichen Fusion der drei wesentlichen Geschäftsbereiche gewidmet. So wurde angemerkt, dass das Delta-1-Handelsteam von Adoboli nur fünf Mitarbeiter hatte, die sehr eng zusammenarbeiteten und denen wahrscheinlich sehr wohl bewusst war, was die anderen Kollegen machten. Ein früherer Investmentbanker erzählte der New York Times: „Das Problem ist nicht die Kultur. Das Problem ist, dass es keine Kultur gab. Es gibt Bunker. Jeder ist für sich allein. Die Mitarbeiter machen ihre eigenen Geschäfte und dabei steht jeder für sich allein. So haben viele Mitarbeiter viel Geld verdient. Das hat zu Eifersucht und Bemühungen geführt, noch bessere Geschäfte zu machen. Jeder hat zuerst an sich gedacht und erst dann, eventuell, an die Bank – wenn überhaupt."

Quellen: New York Times, 24. September 2011; *Financial Times,* 19. September 2012.

Kontrollfragen

1. Welche Elemente der Systeme der UBS in diesem Bericht scheinen im Hinblick auf Adoboli bzw. auch allgemeiner fehlerhaft gewesen zu sein?
2. Welche Rolle können die Fusion und die Wachstumsstrategie bei den verschiedenen Fehlschlägen von UBS gespielt haben?

Konfigurationen

bezeichnet eine Reihe organisationaler Gestaltungselemente, die zur Unterstützung der beabsichtigten Strategie miteinander verbunden sind.

13.4 Konfigurationen

In der Einführung zu diesem Kapitel wurde das Konzept der Konfigurationen eingeführt. **Konfigurationen** sind Gruppen von organisatorischen Designelementen, die zur Unterstützung der vorgesehenen Strategie miteinander verknüpft sind. Die einführende *Abbildung 13.1* konzentrierte sich auf die sich gegenseitig unterstützenden Elemente der Strategie, Struktur und Systeme. Der vorliegende Abschnitt beginnt mit der

Erweiterung dieser drei Elemente um den McKinsey-7-S-Rahmen und schließt mit der Betrachtung der wahrscheinlichen Spannungen und Dilemmata unter den Elementen des organisatorischen Designs und einiger Methoden zum Umgang mit diesen ab.

13.4.1 Der McKinsey-7-S-Rahmen

Die Beratungsgesellschaft McKinsey & Co. hat einen Rahmen entwickelt, um zu bewerten, inwieweit die verschiedenen Elemente der Gestaltung der Organisation so zusammenpassen, dass sie sich gegenseitig unterstützen. Der McKinsey-7-S-Rahmen unterstreicht die Bedeutung der Übereinstimmung von Strategie, Struktur, Systemen, Personal (staff), Stil, Fertigkeiten (skills) und übergeordneten Zielen (superordinate goals).[22] Zusammen können diese sieben Elemente als Checkliste für jegliche organisatorische Konzeption dienen (siehe *Abbildung 13.7*).

In diesem Kapitel wurden bereits Strategie, Struktur und Systeme angesprochen. Im vorliegenden Unterkapitel geht es wie folgt um die verbleibenden vier Elemente des 7-S-Rahmens:

- Dabei bezeichnet *Stil* den Führungsstil von Topmanagern in einer Organisation. Der Führungsstil kann beispielsweise kollaborativ, partizipatorisch, anweisend oder autoritär sein. Der Verhaltensstil kann die Kultur der gesamten Organisation beeinflussen. Der Stil sollte zu anderen Aspekten des 7-S-Rahmens passen: So passt beispielsweise ein stark anweisender oder autoritärer Führungsstil wahrscheinlich nicht zu einer Matrixorganisationsstruktur.
- Beim *Personal* (staff) geht es um die Typen von Menschen in der Organisation sowie um deren Entwicklung. Dies bezieht sich auch auf die Systeme zur Rekrutierung, Einführung und Vergütung. Ein Schlüsselkriterium für die Machbarkeit jeder Strategie lautet: Verfügt die Organisation über die passenden Mitarbeiter? Eine gemeinsame Beschränkung zum strukturellen Wandel liegt in der Verfügbarkeit der richtigen Menschen für die Leitung neuer Abteilungen und Bereiche.
- *Fertigkeiten* (skills) bezieht sich auf das Personal, aber im 7-S-Rahmen bezeichnet es umfassender Fähigkeiten im Allgemeinen (siehe *Kapitel 3*). Das Konzept der Fähigkeiten beschreibt hier nicht nur die Fähigkeiten des Personals, sondern wirft auch Fragen im Hinblick darauf auf, wie diese Fähigkeiten in der Organisation insgesamt verankert und erfasst werden. Wie transformieren beispielsweise die Ausbildungssysteme, Informationstechnologien und das Anreizsystem die Talente von Einzelpersonen in die für die Strategie erforderlichen organisatorischen Fähigkeiten?
- *Übergeordnete Ziele (superordinate goals)* bezeichnen die übergeordneten Ziele oder den Zweck der Organisation insgesamt, mit anderen Worten ausgedrückt: die Mission, die Vision und die Ziele, die das Organisationsziel bilden (siehe *Kapitel 4*). Die übergeordneten Ziele befinden sich im Zentrum des 7-S-Rahmens: Alle anderen Elemente sollten diese unterstützen.

Der McKinsey-7-S-Rahmen unterstreicht mindestens drei Aspekte der Organisation. Erstens umfasst die Organisation viel mehr als nur die richtige organisationale Struktur: Es gibt dabei noch viele andere Elemente zu berücksichtigen. Zweitens betont der 7-S-Rahmen die Übereinstimmung zwischen all diesen Elementen: Alles von der Struktur bis

22 R.A. Burgelman, „Managing the new venture division: implications for strategic management", *Strategic Management Journal*, Band 6, Nr. 1 (1985), S. 39–54.

zu den Fähigkeiten muss miteinander verbunden werden. Drittens legt das Konzept der Anpassung nahe, dass die Manager, wenn sie ein Element des 7-S-Rahmens ändern, wahrscheinlich auch alle anderen Elemente verändern müssen, um sie angemessen aufeinander auszurichten. Durch die isolierte Veränderung eines Elements verschlimmern sich die Dinge wahrscheinlich, bis die Gesamtanpassung wiederhergestellt wird.

Abbildung 13.7: Der McKinsey-7-S-Rahmen

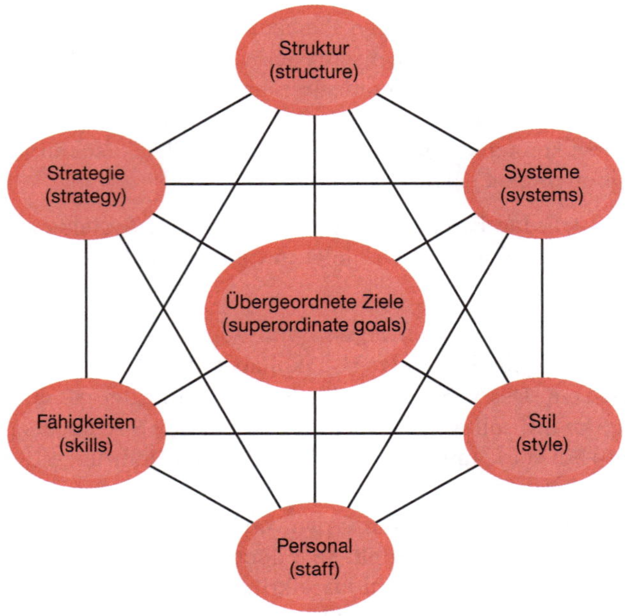

Quelle: R. Waterman, T. Peters und J. Phillips, „Structure is not organisation“, *Business Horizons*, Juni 1980, S. 14–26: S. 18.

13.4.2 Konfigurationsdilemmata

Obwohl das Konzept der Konfigurationen und des 7-S-Rahmens die Bedeutung der wechselseitigen Anpassung zwischen Elementen betont, ist dies in der Praxis oft schwer zu erzielen. Der Umgang damit beinhaltet typischerweise Kompromisse und Spannungen zwischen den verschiedenen wünschenswerten Zuständen. Die Suche nach perfekten Lösungen für ein Element der Konfiguration kann durchaus zur Entstehung von Kompromissen bei einem anderen Element führen. Da diese Spannungen vielfach nur schwer zu vermeiden sind, wird in diesem Abschnitt kurz behandelt, wie man zumindest damit umgehen kann.

In *Abbildung 13.8* werden fünf wesentliche Dilemmata der Organisation zusammengefasst. Zunächst sind häufig formelle Hierarchien notwendig, um Kontrolle und Maßnahmen sicherzustellen; dies kann allerdings für die informellen Netzwerke schwierig sein, die den Wissensaustausch und die Innovation fördern. Zweitens fördert die vertikale Rechenschaftspflicht die maximale Leistung von Untergebenen, kann aber leicht dazu führen, dass Manager ihr eigenes Selbstinteresse auf Kosten horizontaler Beziehungen maximieren. Drittens schafft die Befähigung von Mitarbeitern weiter unten in der Organisation Raum für potenziell wertvolle Initiativen und Experimente, kann allerdings langfristig zu Inkohärenz führen. Und während viertens die Zentralisierung für die Standardisierung von Produkten und Prozessen notwendig ist, kann dies auf Kosten der durch die Dezentralisierung unterstützten Initiative und Flexibilität gehen. Schließlich kann die Nutzung der besten Praxis für ein bestimmtes Element der Organisation, wie beispielsweise die finanzielle Kontrolle, tatsächlich schädlich sein, wenn es nicht zu den Bedürfnissen der Organisation insgesamt passt.

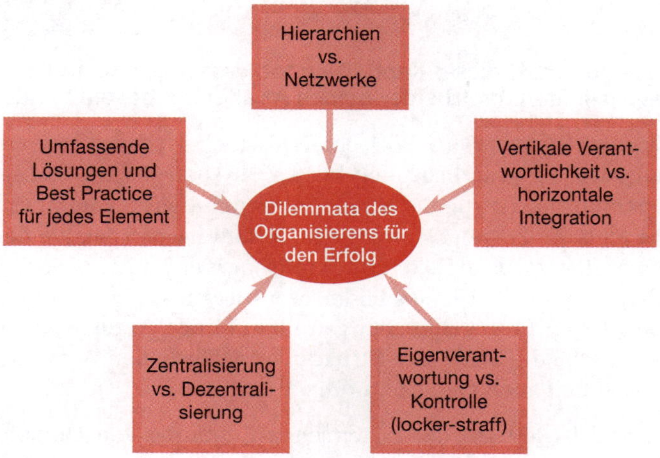

Abbildung 13.8: Einige Dilemmata beim Organisieren für Erfolg

Die Manager sollten erkennen, dass jegliche organisationale Gestaltung wahrscheinlich mit Dilemmata dieser Art konfrontiert ist und dass dies in allen Dimensionen schwer zu optimieren ist. Allerdings können sie auf drei verschiedene Arten und Weisen mit diesen Dilemmata umgehen:

- Durch die *Unterteilung* der Organisation, so dass der eine Teil der Organisation optimal für eine Seite dieser Dilemmata ausgerichtet ist, während der Rest auf die andere Seite reagiert. So hat IBM beispielsweise seinen revolutionären Personalcomputer in einer speziellen neuen Projektabteilung entwickelt, die von den traditionellen Aktivitäten im Bereich der Großcomputer getrennt war, in denen die Prinzipien der Hierarchie und der vertikalen Verantwortlichkeit herrschten, die der radikalen Innovation deutlich entgegenwirken.[23]
- Durch die gleichzeitige *Kombination* verschiedener Organisationsprinzipien. So argumentiert Jay Galbraith, Experte für die Gestaltung von Organisationen, für das Potenzial „hybrider Strukturen“: Eine „Front-Back“-Struktur kombiniert beispielsweise zentralisierte funktionelle Fachgebiete in der Fertigung und Forschung im hinteren Bereich („back“), während Einheiten mit Kundenkontakt im vorderen Bereich („front“) eher dezentralisiert um bestimmte Marktsegmente, wie beispielsweise Branchen oder geografische Gebiete, organisiert sind.[24]
- Durch die häufige *Reorganisation*, so dass keine Seite des Dilemmas Wurzeln schlägt. Aufgrund dieser Geschwindigkeit der Reorganisation schwanken beispiels-

23 J. Galbraith, „Organising to deliver solutions“, *Organizational Dynamics*, Band 31, Nr. 2 (2002), S. 194–207.

24 R. Whittington und M. Mayer, „Organising for Success: A Report on Knowledge“, CIPD, 2002.

weise zahlreiche Organisationen wie Pendel konstant zwischen Zentralisierung und Dezentralisierung, ohne lange auf einer bzw. der anderen Seite zu verbleiben.[25]

Ein letztes Dilemma, das sich aus der Vernetzung von Konfigurationen ergibt, ist die Frage, welches Element das andere antreibt. Das Ausmaß, zu dem strategische Elemente strukturelle Elemente antreiben, wird „Im Fokus" erörtert.

Im Fokus: Folgt die Struktur der Strategie?

Eine wichtige Botschaft dieses Kapitels lautet, dass Strategie und Struktur zusammenpassen sollten. Welche der beiden ist aber der bestimmende Faktor?

Alfred Chandler, Professor für Wirtschaftsgeschichte an der Harvard Business School, stellt eine der grundlegenden Regeln für strategisches Management auf: „Wenn die Struktur nicht von der Strategie bestimmt wird, kommt es zu Ineffizienz."[1] Diese logische Folge entspricht der Gestaltungsperspektive der Strategie, geht aber nicht davon aus, dass die Struktur sehr viel weniger wichtig ist als die Strategie, denn die Struktur lässt sich leicht festlegen, sind erst einmal die wichtigsten strategischen Entscheidungen getroffen. Einige Autoren warnen jedoch, dass diese Ansicht die Rolle der Struktur in gefährlicher Weise unterschätzt. Manchmal bestimmt auch die Struktur die Strategie.

Chandlers Regel basiert auf der historischen Erfahrung von Unternehmen wie General Motors, Exxon und DuPont. So stellte DuPont ursprünglich Sprengstoff her. Während des Ersten Weltkriegs jedoch sah DuPont den kommenden Frieden voraus und diversifizierte seine Aktivitäten bewusst weg von Sprengstoffen in Richtung neuer ziviler Märkte wie Plastikprodukte und Farben. Und dennoch stürzte DuPont nach Ende des Krieges in eine tiefe Krise. Alle neuen Geschäftseinheiten produzierten Verluste – lediglich mit den Sprengstoffen verdiente man nach wie vor Geld. Das Problem lag hier nicht in der Diversifikationsstrategie, sondern in der Struktur, die DuPont zum Management der neuen zivilen Geschäftsbereiche eingerichtet hatte. Das Unternehmen hatte nämlich seine alte funktionale Struktur beibehalten, sodass die Verantwortlichkeiten für Produktion und Marketing aller neuen Geschäftsbereiche immer noch zentralisiert bei den Leitern der jeweiligen Funktionen lagen. Diese konnten aber mit der größeren Diversität nicht umgehen. Die Lösung lag demnach nicht darin, die Diversifikationsstrategie aufzugeben, sondern in der Umstrukturierung des Unternehmens. Für jede einzelne Geschäftseinheit mussten neue dezentralisierte Divisionen geschaffen werden. Heute ist DuPont mit einer Variante dieser multidivisionalen Struktur sehr erfolgreich.

25 Für eine Analyse dieses Prozesses bei einem führenden Pharmaunternehmen siehe S. Karim und W. Mitchell, „Innovating through acquisition and internal development: a quarter-century of boundary evolution at Johnson & Johnson", *Long Range Planning*, Band 37, Nr. 6 (2004), S. 524–38.

D. Hall und M. Saias räumen zwar ein, dass die Strategie für die Struktur sehr wichtig ist, warnen aber, dass die Kausalität auch anders herum funktionieren kann.[2] Die bestehende Struktur einer Organisation bestimmt sehr stark, welche strategischen Chancen das Management wahrnehmen kann und will. Ein Unternehmen mit dezentralisierter, multidivisionaler Struktur kann leicht Übernahmen vornehmen oder Geschäftsbereiche abstoßen; dazu muss es schließlich nur Divisionen zu seinem Portfolio hinzufügen oder abstoßen. Dies hat auf die übrigen Divisionen im Portfolio nur wenig Einfluss. Andererseits kann es für das Topmanagement einer dezentralen multidivisionalen Organisation sehr schwierig sein, Chancen für Innovation und Wissensaustausch innerhalb der Aktivitäten einer Division wahrzunehmen, denn von den eigentlichen Geschäftsabläufen sind sie sehr weit entfernt. Anders ausgedrückt können Strukturen auch Strategien beeinflussen.

T. Amburgey und T. Dacin haben den relativen gegenseitigen Einfluss von Strategie und Struktur überprüft, indem sie die strategischen und strukturellen Veränderungen von über 200 amerikanischen Unternehmen im Laufe von fast 30 Jahren analysierten.[3] Sie fanden heraus, dass auf Schritte in Richtung einer dezentralisierten Struktur häufig Schritte in Richtung einer zunehmend diversifizierten Strategie folgten. Hier bestimmte also die Struktur die Strategie. Insgesamt gesehen aber war die Wahrscheinlichkeit doppelt so hoch, dass auf eine gesteigerte Diversifikation eine strukturelle Dezentralisierung folgte als umgekehrt. Man kann also sagen, dass die Struktur tatsächlich der Strategie folgt – aber nur meistens.

Henry Mintzberg zieht den Schluss, dass „die Struktur der Strategie ebenso folgt wie der rechte Fuß dem linken“.[4] Die Beziehung zwischen Strategie und Struktur ist also nicht nur einseitig, sondern reziprok. Mintzberg warnt, dass ein einfacher „Gestaltungsansatz“ für Strategie und Struktur irreführend sein kann. Es ist nicht immer leicht, eine geeignete Struktur festzulegen, nachdem die wichtigen strategischen Entscheidungen gefallen sind. Strategen sollten darauf achten, dass ihre bestehenden Strukturen die Strategien, die sie in Erwägung ziehen, nicht behindern.

Quellen:

[1] A. Chandler, „Strategy and Structure: Chapters in the History of American Enterprise“, *MIT Press*, 1962, S. 314

[2] D. J. Hall und M. A. Saias, „Strategy follows structure!“, *Strategic Management Journal*, Band 1, Nr. 2, (1980), S. 149–163.

[3] T. Amburgey und T. Dacin, „As the left foot follows the right? The dynamics of strategic and structural change“, *Academy of Management Journal*, Band 37, Nr. 6 (1994), S. 427–1452.

[4] H. Mintzberg, „The Design School: reconsidering the basic premises of strategic management“, *Strategic Management Journal*, Band 11, (1990), S. 171–195.

Kontrollfrage

Hall and Saias legen nahe, dass organisationale Strukturen beeinflussen, welche Strategien ein Managementteam verfolgen wird. Welche Art von Organisationen ist besonders „empfindlich“, was strukturelle Einschränkungen ihrer Strategien angeht?

ZUSAMMENFASSUNG

- Beim Organisieren für den Erfolg geht es um die Konfiguration einer Organisation. Diese ergibt sich aus drei miteinander verbundenen Strängen: Strategie, Strukturen und Systemen.
- Erfolgreiches Organisieren bedeutet, auf die wichtigsten Herausforderungen der Organisation reagieren zu können. In diesem Kapitel wurden Kontrolle, Wandel, Wissen und Internationalisierung betont.
- Es gibt viele *Strukturformen* (etwa funktional, divisional oder Matrix). Jede Strukturform hat ganz eigene Stärken und Schwächen und geht unterschiedlich auf die Herausforderungen Kontrolle, Wandel, Wissen und Internationalisierung ein.
- Es gibt eine Reihe verschiedener organisationaler *Systeme*, die die Strategieumsetzung erleichtern. Diese Systeme können sich entweder auf Inputs oder auf Outputs konzentrieren und direkt oder indirekt sein.
- Die separaten organisationalen Stränge, zusammengefasst im 7-S-Modell von McKinsey sollten gemeinsam einen kohärenten, *sich selbst stärkenden Kreis* bilden. Doch aus diesen sich selbst stärkenden Kreisen entstehen auch schwierige Dilemmata, denen durch *Unterteilung*, *Kombination* und *Reorganisation* begegnet werden kann.

ZUSAMMENFASSUNG

EXTRAS ONLINE Aufgaben

*Kennzeichnet schwierigere Aufgaben.

13.1 Besuchen Sie die Internetseite einer großen Organisation, die Ihnen vertraut ist, und suchen Sie deren Organigramm (nicht alle Organisationen veröffentlichen dieses). Warum hat die Organisation diese organisationale Struktur gewählt?

13.2 Beziehen Sie sich auf *Kapitel 13.2.2* über multidivisionale Struktur und erwägen Sie, welche Vor- und Nachteile die Schaffung verschiedener Divisionen gemäß verschiedener Organisationsordnungen hat – etwa gemäß Produkten, Geografie oder Technologie. Beziehen Sie sich dabei auch auf eine große Organisation, mit der Sie vertraut sind.

***13.3** Beziehen Sie sich auf *Abbildung 13.6* und schreiben Sie einen kurzen Aufsatz, in dem Sie erklären, wie Strategy Maps im Managementprozess sinnvoll eingesetzt werden kann, um die Leistung von Geschäftseinheiten zu überwachen und zu kontrollieren. Beziehen Sie dabei auf jeden Fall sowohl die Vorteile als auch mögliche Nachteile dieses Ansatzes mit ein.

13.4 Welchen „strategischen Steuerungsstil" (*Kapitel 13.4.1*) würden Sie als mittlere Führungskraft mit Verantwortung für einen kleinen Geschäftsbereich bevorzugen? Unter welchen Umständen oder in welchen Organisationen würde dieser Stil nicht so gut funktionieren?

Integrative Aufgabe

13.5 Beziehen Sie sich auf eine kürzlich stattgefundene Fusion oder Übernahme (siehe *Kapitel 10*), bei der es idealerweise um zwei Organisationen etwa gleicher Größe geht, und analysieren Sie, wie dies die organisationale Struktur der fusionierten oder übernommenen Unternehmen verändert hat. Welche Rückschlüsse ziehen Sie für die zukünftig gewählte Strategie aus dem (fehlenden) strukturellen Wandel?

Literaturempfehlungen

- Die beste Veröffentlichung, die alle Themen dieses Kapitels behandelt, ist R. Daft, „Organisation Theory and Design“, 9. Auflage, *South-Western*, 2006.
- Für eine Sammlung relevanter Artikel siehe die Sonderausgabe „Learning to design organizations“, hrsg. R. Dunbar und W. Starbuck, *Organization Science*, Band 17 (2006), Nr. 2.
- M. Goold und A. Campbell, „Designing Effective Organizations“, *Jossey-Bass*, 2002, liefert eine praktische Anleitung für Themen der organisationalen Gestaltung.

Fallstudie
One Sony?

Kazuro Hirais Ernennung zum Vorstandsvorsitzenden der Sony Corporation im April 2012 hätte sein jüngeres Ich wahrscheinlich selbst überrascht. Schließlich hatte er seine Karriere als japanischer Übersetzer für die amerikanische Hip-Hop-Band Beastie Boys begonnen. Danach wurde er Videospielentwickler und leitete später das PlayStation-Geschäft von Sony in den USA. Allerdings befand sich Sony zu dem Zeitpunkt, als er im Alter von 51 Jahren CEO wurde, in einer tiefen Krise. Einer der ersten Schritte von Hirai bestand darin, die Organisationsstruktur von Sony zu verändern. Das Ziel war, ein stärker integriertes Unternehmen – „One Sony“ – zu schaffen.

Abbildung 1: Entwicklung des Sony-Aktienkurses von 2008 bis 2012 im Vergleich zu Apple und Samsung
Quelle: Yahoo Finance – zum Vergleich von Preisänderungen wurden alle Preise für 2008 auf null vereinheitlicht.

Geschäftlicher Hintergrund

Die Geschäftsbereiche von Sony reichten zusammen mit „Inhaltsbereichen“ wie Filmen und Musik, von professioneller Elektronik, wie Halbleitern und medizinischen Geräten, über Unterhaltungselektronik, von Fernsehern bis hin zu Mobiltelefonen, bis hin zu Computern und der PlayStation. Somit trat Sony gegen Unternehmen wie das amerikanische Erfolgsunternehmen Apple und den koreanischen Spitzentechnologieriesen Samsung an. Trotz der stolzen, mit Marken wie dem Sony Walkman oder Sony-Trinitron-Fernsehern verbundenen Geschichte, blieb Sony weit zurück. Im Jahr 2012 war der Sony-Aktienkurs nur noch halb so hoch wie fünf Jahre zuvor, während der Kurs von Apple und Samsung zwei oder drei Mal so hoch war (siehe *Abbildung 1*).

Der relative Rückgang bei Sony war allerdings nicht auf fehlende Bemühungen zurückzuführen. Im Jahr 2003 erlitt das Unternehmen den sogenannten „Sony-Schock“, als nach einer schwachen Reaktion auf billigere asiatische Elektronikunternehmen sowohl die Erträge als auch der Aktienkurs gleichzeitig eingebrochen waren. Das Unternehmen senkte durch eine Reduzierung der Mitarbeiterzahl um beinahe 20 Prozent die Kosten. Im Jahr 2005 hatte Sony den damals revolutionären Schritt gemacht, den ersten Ausländer, Howard Stringer, einen walisisch-amerikanischen Manager mit einem Hintergrund im Bereich des Musik- und Filmgeschäfts, zum Vorstandsvorsitzenden zu ernennen. Stringer hatte angekündigt, dass er das vertikale Managementsystem des Unternehmens, das er als eine Reihe von getrennten „Bunkern“ mit geringer Kohärenz bezeichnete, aufbrechen wollte. Er wollte das in Japan ansässige Hardwaregeschäft des Unternehmens mit den verschiedenen Inhaltsbereichen integrieren, die durch Musik und Filme in den USA angeführt wurden. Der Slogan von Stringer war „Sony United“. Allerdings war Stringer weder Ingenieur noch sprach er Japanisch. Es wurde berichtet, dass viele seiner Anordnungen gegenüber dem japanischen Hardwaregeschäft weitgehend ignoriert wurden.

Das Finanzergebnis 2011/2012 bestätigte den Misserfolg von Stringer. Ohne ein durchschlagendes neues, mit dem Walkman oder Trinitron vergleichbares Produkt, das sich stark auf eine teure japanische Produktionsbasis stützt, ging der Umsatz von Sony um beinahe 10 Prozent zurück und das Ergebnis war negativ. Der 69-jährige Stringer wurde Präsident des Unternehmens. Und Hirai, der jüngste Sony-Vorstandsvorsitzende aller Zeiten und der zweite Nichtingenieur in Folge, machte sich an die Arbeit.

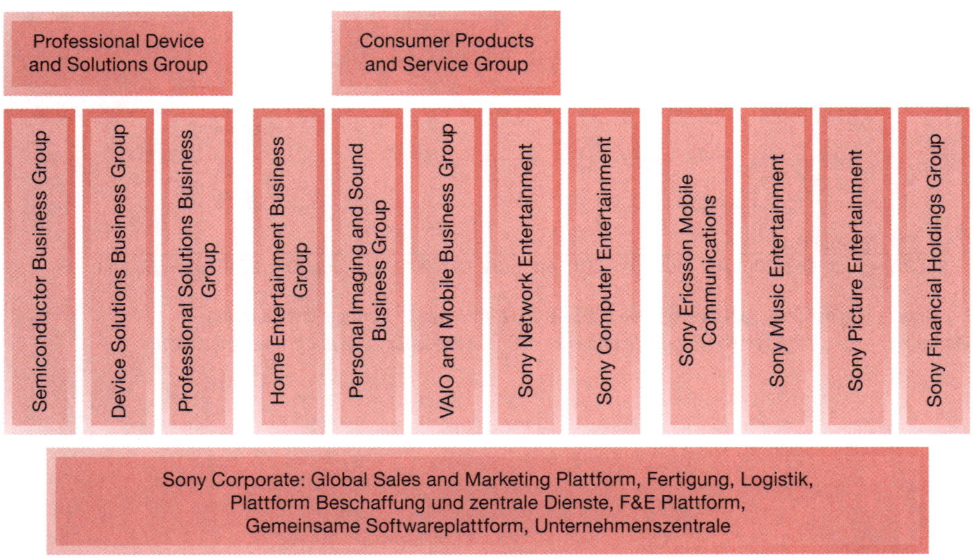

Abbildung 2: Organisationsstruktur von Sony im Jahr 2011. *Quelle: Angepasst von www.sony.net.*

Neue Strategie und Struktur

Hirai bestand darauf, dass das neue Sony sich vorwiegend auf fünf strategische Schlüsselinitiativen konzentrieren sollte. Zuallererst umfasste dies eine Stärkung des Kerngeschäfts. Damit bezog er sich auf digitale Bildgebung, Spiele und mobile Geräte, einschließlich Telefone, Tablet-Computer und Laptops. Zweitens verpflichtete sich Hirai dazu, nach acht Jahren durchgehender Verluste das Fernsehgeschäft wieder in die Gewinnzone zurückzubringen. Drittens sollte sich Sony auf den Schwellenmärkten, wie Indien und Südamerika, schneller entwickeln. Die vierte Initiative bestand in der Beschleunigung von Innovation, insbesondere in der Integration von Produktbereichen. Schließlich bereitete Sony die Neuausrichtung seines Geschäftsportfolios vor. Dazu wurden Veräußerungen im Nichtkernbereich (z.B. dem bestehenden Chemiegeschäft) erwartet.

Hirai unterstützte diese strategischen Initiativen mit einer neuen organisatorischen Struktur, die das Konzept „One Sony" unterstützen sollte. Die alte Struktur beruhte auf zwei großen, in Japan zentral angesiedelten, vorwiegend auf Hardware konzentrierten Gruppen: die Professional, Device and Solutions Group, die ungefähr die Hälfte des Umsatzes ausmachte, sowie die Consumer Products and Services Group, die ein weiteres Fünftel des Umsatzes ausmacht. Neben diesen beiden großen Gruppen gab es mehrere, meist im Ausland ansässige eigenständige Gesellschaften, einschließlich Music, Pictures (Filme) und das Sony-Ericsson-Joint-Venture im Bereich Mobiltelefone (siehe *Abbildung 2*).

Im Rahmen der neuen Struktur wurden die großen Gruppen aufgeteilt und insgesamt zwölf einzelne Unternehmen geschaffen (siehe *Abbildung 3*). Durch die Beendigung des Sony-Ericsson-Joint-Ventures Ende des Jahres 2011 wurde es möglich, das Mobiltelefongeschäft näher an das VAIO- und Mobile-Computing-Geschäft heranzubringen. Die medizinischen Geschäftsbereiche von Sony, die in der Vergangenheit über mehrere Einheiten verteilt waren, nunmehr aber schnelles Wachstum generieren sollten, wurden in ein spezielles Medizingeschäft umgeordnet, das von einer Führungskraft auf Konzernebene geleitet wurde. Die Geräte- und Halbleitergeschäfte, einschließlich Bildsensoren, wurden in einer Gruppe – Device Solutions – zusammengelegt. Sony Network Entertainment wurde gestärkt, wobei dies nunmehr das gesamte Online-Angebot von Sony enthält.

Abbildung 3: Die Organisationsstruktur von Sony im Jahr 2012. *Quelle: Angepasst von www.sony.net.*

Hirai schloss die strukturellen Veränderungen mit der Stärkung der Ressourcen des Hauptquartiers sowie der Aufsicht ab. Dazu wurden mehrere neue leitende Manager ernannt. Das Ziel bestand darin, das breite Portfolio des Unternehmens durch die Schaffung exklusiver Inhalte für die eigenen Geräte von Sony wirksam einzusetzen. Einer Führungskraft auf Konzernebene wurde die Verantwortung für die Bereiche User Experience („UX"), Produktstrategie und die kreative Plattform übertragen. Überdies wurde sie beauftragt, die horizontale Integration zu stärken und die Erfahrung entlang der gesamten Produkt- und Netzwerkserviceangebote von Sony zu verbessern. Die gleiche Führungskraft sollte auch die mobilen Geschäftsbereiche, einschließlich Smartphones, Tablets und PCs (wie durch das Kästchen um die beiden entsprechenden Geschäftsbereiche angegeben), beaufsichtigen. Auch die Bereiche Digital Imaging und Professional Solutions wurden der Aufsicht einer Führungskraft auf Konzernebene unterstellt. Hirai selbst sollte die direkte Verantwortung für den Geschäftsbereich Home Entertainment, einschließlich des in Schieflage geratenen Fernsehgeschäfts, übernehmen und versprach, in den folgenden Monaten den Großteil seiner Zeit dafür aufzuwenden.

Bei einer Investorenveranstaltung im April 2012 ging Hirai über strategische und kulturelle Änderungen hinaus:

> *„Die andere Sache ist ... das One Sony/One Management-Konzept. Das ist wirklich wichtig, weil ich dafür gesorgt habe, dass im Zuge des Aufbaus des neuen Managementteams jedes Teammitglied einhundertprozentig engagiert sowie darauf fokussiert ist, was getan werden muss und wie wir dies schaffen werden. Daher gibt es intern innerhalb des Managementteams viele Diskussionen. Nachdem wir die Entscheidung getroffen haben, geht jeder in die gleiche Richtung und wir setzen die Entscheidung schnell um. Ich denke, dies ist ein weiterer Bereich, der sich deutlich von einigen der Umstrukturierungen in der Vergangenheit unterscheidet."*

Allerdings zeigten sich Ergebnisse nicht schnell. Im November 2012 bemerkte das *Wall Street Journal* zum neuen Organigramm von Sony: „Das Organigramm bietet alles andere als einen klar umrissenen Zweck – die Investoren werden sich wahrscheinlich die Haare ausraufen. Während der neue Vorstandsvorsitzende Kazuo Hirai die Liegestühle an Deck des früheren Elektronikgiganten umordnet, stürzt der Aktienkurs von Sony ins Bodenlose."

Hauptquellen:

Wall Street Journal, 2. Februar 2012; *Nikkei Report*, 2. März 2012; Pressemitteilung *Sony Corporation*, Tokio, 27. März 2012; *CQ FD Disclosure*, Sony Corporate Strategy Meeting Conference Call for Overseas Investors – Final, 12. April 2012; *Wall Street Journal*, 15. November 2012.
Empfohlener Videoclip: Networksworld: New Sony CEO has big plans for company turnaround. *https://www.youtube.com/watch?v=jBxWZS4-rR8.*

Kontrollfragen

1. Bewerten Sie die Vor- und Nachteile der von Hirai umgesetzten strukturellen Veränderungen.
2. Welche anderen, die strukturellen Änderungen übersteigenden Initiativen könnten zur Schaffung von „One Sony" noch notwendig sein?

Das Management des strategischen Wandels

14

ÜBERBLICK

Lernziele

Nach der Lektüre dieses Kapitels sollten Sie in der Lage sein,

- die Reichweite eines erforderlichen strategischen Wandels zu identifizieren.
- zu analysieren, wie das organisationale Umfeld die Gestaltung strategischer Wandlungsprogramme beeinflussen kann.
- eine Kraftfeldanalyse durchzuführen, um Kräfte zu identifizieren, die einen Wandel blockieren oder erleichtern.
- den Einfluss der Rolle und der Managementstile von Change Agents zu bewerten.
- den Wert verschiedener Instrumente des strategischen Wandels zu beurteilen, darunter das Management organisationaler Routinen, politische und symbolische Prozesse sowie andere Wandlungstaktiken.
- die Probleme des Managements von Wandlungsprogrammen zu erkennen.

14.1 Einführung

Dieses Kapitel befasst sich mit den Managementaktivitäten, die ein Strategiewechsel erfordert. *Kapitel 11* und *13* sprachen wichtige Punkte in Bezug auf die Strukturierung von Organisationen und die Ressourcenversorgung von Strategien an – beide Themen sind auch für die Durchführung eines strategischen Wandels von großer Bedeutung. Der Entwurf einer Struktur und die Versorgung mit angemessenen Ressourcen garantieren für sich genommen allerdings noch nicht, dass die beteiligten Mitarbeiter eine Strategie in die Tat umsetzen können. Managerberichten zufolge liegt das Hauptproblem beim Management eines Wandels darin, dass die meisten Menschen zu *Trägheit* neigen und einen *Wandel ablehnen*.[1] Wie in *Kapitel 5* erklärt, kann dies zu einer *strategischen Drift* führen. Auch die Diskussion der Erfahrungsperspektive im Kommentar am Ende dieses Buchs sowie die Erklärungen in *Kapitel 12*, wie sich Strategien entwickeln, weisen immer wieder auf dieselbe Tendenz hin. Das Management des strategischen Wandels stellt also für Manager eine große Herausforderung dar. Dieses Kapitel stellt drei wichtige Behauptungen auf, die dabei helfen sollen, sich dieser Herausforderung zu stellen:

- *Es kommt auf die Strategie an.* Man darf nie vergessen, dass beim Management des strategischen Wandels viele der in den vorherigen Kapiteln angesprochenen Themen als wichtige Vorboten verstanden werden sollten, wenn es darum geht, herauszufinden, ob ein strategischer Wandel notwendig ist und in welche Richtung dieser gehen soll. Keines der bereits besprochenen Themen soll hier im Detail wiederholt werden, es sei lediglich darauf hingewiesen, dass das Verständnis der folgenden Punkte von großer Bedeutung ist:

1 Viele Bücher und Artikel über strategischen Wandel bauen auf der Vorstellung auf, dass der aktuelle Zustand einer Organisation wahrscheinlich von Trägheit und der Ablehnung des Wandels geprägt ist und dass folglich Bedarf besteht, diese Blockade aufzuheben. Die Dominanz dieser Vorstellung kann zurückverfolgt werden bis zu den Arbeiten von K. Lewin; siehe „Group decision and social change“, in E. E. Maccoby, T. M. Newcomb und E. I. Hartley (Hrsg.), *Readings in Social Psychology*, Holt, Reinhart & Winston, 1958, S. 197–211.

- warum ein strategischer Wandel notwendig ist (siehe *Kapitel 2*, *3*, *4* und *5*),
- die Grundlagen der Strategie, d.h. der strategische Zweck, der eventuell in Form einer Mission oder einer Vision vorliegt (siehe *Kapitel 4*), sowie die Grundlagen für einen Wettbewerbsvorteil (siehe *Kapitel 6*),
- die spezifischeren Wahlmöglichkeiten in Bezug auf die strategische Ausrichtung und die strategischen Methoden.

- *Es kommt auf das Umfeld an.* Die Entscheidung, welcher Managementansatz des strategischen Wandels gewählt wird, muss vom Umfeld abhängen. Es gibt also nicht nur einen „richtigen Weg“, wenn es um das Management des strategischen Wandels geht. Manager müssen bei ihrer Abwägung und Berücksichtigung verschiedener Ansätze immer die speziellen Umstände ihrer Organisation im Auge behalten.
- *Verschiedene Rollen beim Management des strategischen Wandels.* Bei vielem, was über den strategischen Wandel geschrieben wurde, wird vorausgesetzt, dass sich dieser Wandel immer *von oben nach unten* vollzieht, dass also die oberste Führungsebene einen erforderlichen Wandel durchsetzt und durchführt. Natürlich ist es eine Hauptaufgabe von Führungskräften der oberen Ebene, die strategische Ausrichtung ihrer Organisation mit zu bestimmen. Es ist jedoch unrealistisch, anzunehmen, dass sie alles kontrollieren können. Eine Organisation besteht nämlich aus vielen anderen Mitarbeitern – Manager der mittleren Führungsebene und auch einfache Mitarbeiter –, die das Management des Wandels wesentlich mittragen. So zeigt *Kapitel 11*, dass ein strategischer Wandel auch von den unteren Ebenen einer Organisation ausgehen kann.

Abbildung 14.1 gibt einen Überblick über die Struktur dieses Kapitels. *Kapitel 14.2* beginnt mit einer Erklärung wichtiger Themen, die bei der *Diagnose der Situation*, in der sich eine Organisation befindet, für die ein Wandel ansteht, berücksichtigt werden müssen. Dabei geht es besonders darum, *wie dieser Wandel aussehen soll*, um die *Vielfalt der zu berücksichtigenden umfeld- und kulturabhängigen Faktoren* sowie um die *Kräfte, die diesen Wandel erleichtern oder blockieren. Kapitel 14.3* wendet sich dem Management des strategischen Wandels zu und behandelt die verschiedenen *Managementstile* und die Rollen, die *strategische Anführer* und andere *Change Agents* in dieser Situation übernehmen. *Kapitel 14.4* befasst sich dann mit verschiedenen *Instrumenten des Wandels* wie etwa der Wandel im Bereich *Struktur und Kontrolle* oder bei organisationalen *Routinen, Systemen und Symbolen.* Weiterhin geht es um die Rolle *politischer Aktivitäten* und um spezifischere *Taktiken. Kapitel 14.5* schließlich fasst all diese Themen nochmals zusammen und diskutiert, wie sich ein Wandel effektiv vollziehen kann und welche allgemeinen Schlüsse man bezüglich bestehender *Programme für das Management des Wandels* ziehen kann.

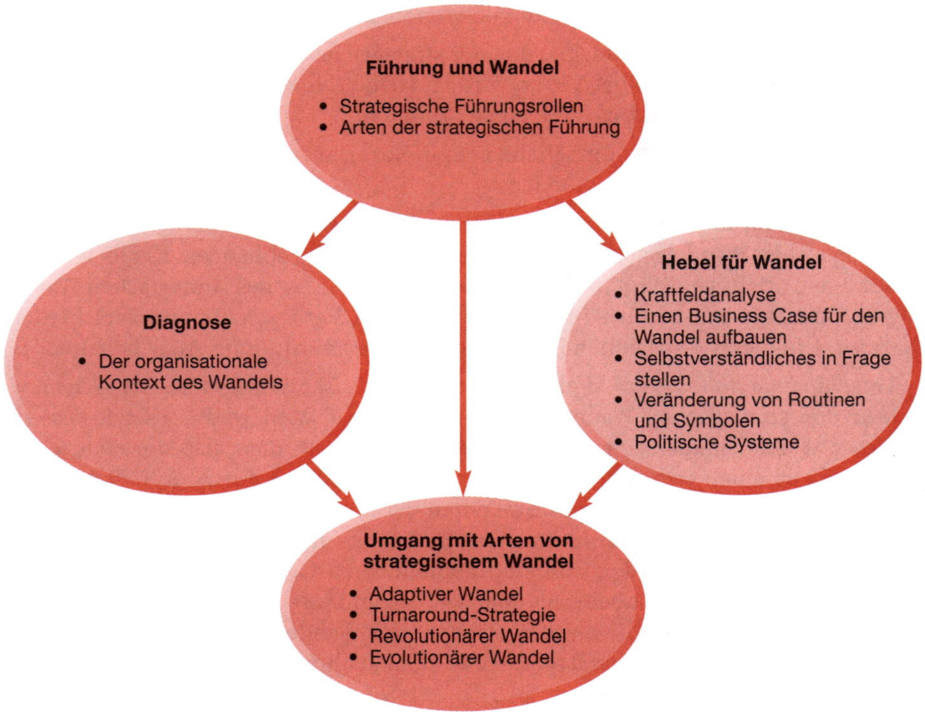

Abbildung 14.1: Zentrale Elemente des Managements des strategischen Wandels

14.2 Die Analyse des Wandels

Wie das Management eines Wandels konkret aussieht, hängt davon ab, wie groß die Herausforderung ist, die mit der Durchsetzung eines solchen Wandels verbunden ist. Um dies besser zu verstehen, muss man zuerst erkennen, welche *Art des Wandels* erforderlich ist; zudem muss man das allgemeine *Umfeld*, innerhalb dessen sich dieser Wandel vollziehen soll, die spezifischen *Hindernisse*, die diesen Wandel blockieren können, sowie die Kräfte, die den Wandlungsprozess *erleichtern*, kennen.

14.2.1 Arten des strategischen Wandels

Wie bereits in *Kapitel 11* erwähnt, vollzieht sich eine strategische Entwicklung meist *inkrementell*. Sie baut auf vorher verfolgten Strategien auf; zudem ist sie adaptiv und umfasst nur gelegentlich weitere *transformative* Veränderungen. Julia Balogun und Veronica Hope Hailey[2] entwickeln diese Punkte weiter und identifizieren vier Arten des strategischen Wandels (siehe *Abbildung 14.2*), die sich auch auf das Management des jeweiligen Wandels auswirken.

2 „Exploring Strategic Change" von J. Balogun und V. Hope Hailey, 3. Auflage, *Prentice Hall*, 2007, ist ein Schwestertext zu diesem Buch; dieser Teil des Kapitels entspricht dem Kapitel 3 über das Umfeld des strategischen Wandels.

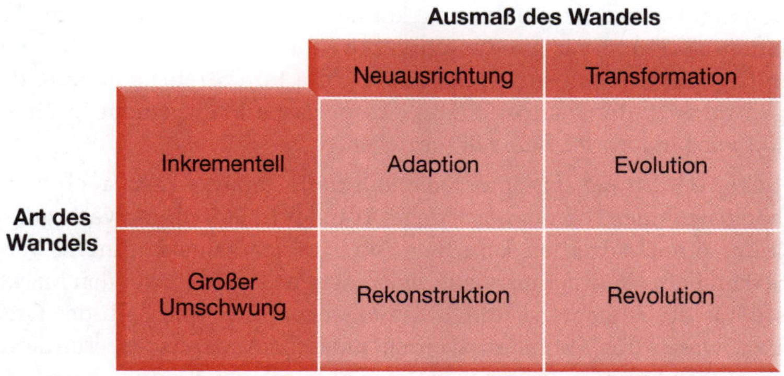

Abbildung 14.2: Arten des Wandels

Natürlich wirkt es sich positiv auf eine Organisation aus, wenn sich dort ein Wandel *inkrementell* vollzieht, da ein solcher Wandel immer auf den Fähigkeiten, Routinen und Überzeugungen der Mitarbeiter der Organisation aufbauen sollte. Dadurch wird der Wandel leichter zu verstehen und erhält mehr Unterstützung. Manchmal ist es jedoch notwendig, eine *drastische Umkehr (Turnaround)* zu vollziehen, wenn sich eine Organisation beispielsweise in einer Krise befindet oder sich schnell verändern muss. Die Frage bezüglich des Ausmaßes des Wandels lautet, ob sich der Wandel innerhalb der gegenwärtigen Unternehmenskultur als *Neuausrichtung* einer bestehenden Strategie vollziehen kann oder ob sich die Kultur verändern muss. In diesem Fall handelt es sich eher um einen *transformativen* Wandel. Kombiniert man diese beiden Dimensionen, so ergeben sich vier Arten des strategischen Wandels:

- Eine *Adaption* ist ein Wandel, der innerhalb der bestehenden Kultur vollzogen werden kann und inkrementell geschieht. Dies ist die häufigste Form des Wandels innerhalb von Organisationen.
- Eine *Rekonstruktion* beschreibt einen schnellen Wandel, der oftmals viel Unruhe in einer Organisation auslöst, die Unternehmenskultur jedoch nicht wesentlich verändert. Hier könnte es sich um einen *Turnaround* handeln, der wesentliche strukturelle Veränderungen oder erhebliche Kostensenkungsprogramme erfordert, um sinkenden Gewinnen oder sich verändernden Marktbedingungen entgegenzuwirken. Wie sich hier das Management gestalten könnte, wird in *Kapitel 14.5.2* besprochen.
- Eine *Revolution* ist ein Wandel, der sowohl tief greifende strategische als auch kulturelle Veränderungen erfordert. In einer solchen Situation war die Strategie vielleicht so stark an die bestehende Unternehmenskultur gebunden, dass die Organisation nicht reagieren konnte, obwohl externe Faktoren oder steigender Wettbewerbsdruck dies angezeigt hätten. Ein solcher Prozess kann sich über viele Jahre erstrecken (siehe die Abhandlung über die strategische Drift in *Kapitel 5.4*) und zu Situationen führen, in denen der Druck auf die Organisation bezüglich eines Wandels extrem stark wird – so könnte eine drohende Übernahme zum Beispiel das Fortbestehen der Organisation gefährden. Das erforderliche Management in dieser Situation wird in *Kapitel 14.5.3* besprochen.
- Eine *Evolution* ist ein strategischer Wandel, der auch einen kulturellen Wandel notwendig macht, welcher sich aber über einen längeren Zeitraum hinweg vollziehen kann. In solchen Fällen kann es sein, dass Manager einen erforderlichen transformativen Wandel bereits vorhersehen. Das versetzt sie in die Lage, einen geplanten

evolutionären Wandel durchführen zu können, denn sie haben dazu genügend Zeit. Eine andere Erklärung für die Evolution setzt diese in Bezug zum Konzept der *lernenden Organisation* (siehe *Kapitel 12.5.2*), die ihre Strategie ständig den Veränderungen ihres Umfelds anpasst. Das angemessene Management in einer solchen Situation wird in *Kapitel 14.5.4* beschrieben.

Die in *Kapitel 5.3.6* bereits angesprochene kulturelle Analyse kann auch hier hilfreich sein, um herauszufinden, ob der angestrebte Wandel innerhalb der Grenzen der bestehenden Kultur erreicht werden kann oder ob eine markante kulturelle Veränderung nötig ist. So kann ein Unternehmen zum Beispiel neue Produkte auf den Markt bringen, ohne dass dafür die Annahmen und Überzeugungen, die innerhalb der Organisation vorherrschen, wesentlich verändert werden müssen. Andererseits erfordern manche strategischen Veränderungen, selbst wenn sich dadurch das Produktangebot der betroffenen Organisation nicht wesentlich verändert, dennoch grundlegende Veränderungen der Kernannahmen einer Organisation. Verlagert sich die Konzentration eines Produktionsunternehmens beispielsweise von der reinen Fertigung hin zu einer kundenorientierten, von Dienstleistung geprägten Überzeugung, so bleiben zwar die angebotenen Produkte gleich, doch die Unternehmenskultur muss sich sehr stark verändern.

14.2.2 Die Bedeutung des Umfelds

Das Management des Wandels in einem kleinen Unternehmen, wo ein motiviertes Team diesen Wandel begrüßt und vorantreibt, unterscheidet sich ganz wesentlich vom Management des Wandels in einem großen Konzern oder in einer seit langem bestehenden Organisation des öffentlichen Sektors. Hier gibt es festgefahrene Routineabläufe, formale Strukturen und vielleicht auch großen Widerstand gegen einen Wandel. Außerdem ist es problematisch, anzunehmen, dass sich Managementansätze für den Wandel so einfach von einem Umfeld auf das andere übertragen lassen. So versuchen viele Regierungsbehörden überall auf der Welt immer wieder, Praktiken für das Management des Wandels, die von Beratungsfirmen oder Personalmanagern für Unternehmen der Privatwirtschaft empfohlen werden, in ihre Organisationen zu importieren – doch der Erfolg bleibt oft aus.[3] *Beispiel 14.1* zeigt, mit welchen Problemen das britische Verteidigungsministerium in diesem Zusammenhang zu kämpfen hatte.[4]

Managementansätze für einen Wandel müssen daher unbedingt dem jeweiligen Umfeld angepasst werden.[5] Balogun und Hope Hailey stützen sich auf diesen Punkt, um wichtige Faktoren des Umfelds hervorzuheben, die bei der Gestaltung von Wandlungsprogrammen berücksichtigt werden müssen. *Tabelle 14.1* fasst diese zusammen.

---

3 Für eine Diskussion der Probleme der Übertragung von Wandlungsprogrammen vom privaten auf den öffentlichen Sektor siehe F. Ostroff, „Change management in government“, *Harvard Business Review*, Band 84, Nr. 5 (Mai 2006), S. 141–147.

4 Dieses Beispiel basiert auf D. Neal und T. Taylor, „Spinning on dimes: the challenges of introducing transformational change into the UK Ministry of Defence“, *Strategic Change*, Band 15 (2006), S. 15–22.

5 Für ein interessantes Beispiel über den Einfluss, den verschiedene Faktoren des Umfelds auf die Umsetzbarkeit eines Wandels haben, siehe J. Newton, J. Graham, K. McLoughlin und A. Moore, „Receptivity to change in a general medical practice“, *British Journal of Management*, Band 14, Nr. 2 (2003), S. 143–153.

Im Folgenden sind einige Beispiele aufgeführt, wie die in *Tabelle 14.1* dargestellten Umfeldfaktoren die Managementansätze für den Wandel beeinflussen und verändern können:

- Die für den Wandel verfügbare *Zeit* kann erheblich variieren. Ein Unternehmen, das sich aufgrund großer Veränderungen seiner Märkte mit einem unmittelbaren Rückgang seiner Umsätze und Gewinne konfrontiert sieht, operiert in einem Wandlungsumfeld, das sich von dem eines Unternehmens ganz wesentlich unterscheidet, in dem die Manager einen in der Zukunft notwendigen Wandel vorhersehen, der aber auch noch viele Jahre entfernt sein kann. Hier haben sie Zeit, diesen Wandel sorgfältig als inkrementellen Prozess zu planen.
- Auch das *Ausmaß* des Wandels kann sich sowohl bezüglich seiner *Breite* über die Organisation hinweg als auch bezüglich seiner *Tiefe* als Eingriff in die Organisationskultur unterscheiden. Der im Verteidigungsministerium in *Beispiel 14.1* erforderliche Wandel umfasst in Breite und Tiefe ein weitaus größeres Maß und stellt demnach sicher auch eine erheblich größere Herausforderung dar als ein adaptiver Wandel in einer kleinen privaten Firma.

Tabelle 14.1

Arten des Wandlungsmanagement

Stil	Beschreibung	Vorteile	Nachteile
Überzeugungskraft	Unterstützung für den Wandel durch den Aufbau eines Verständnisses und Engagements z.B. durch Briefings in kleinen Gruppen und die Delegierung der Verantwortung für den Wandel	Entwicklung von Unterstützung für den Wandel und eine breite Verständnisbasis	Zeitintensiv Auf Fakten basierende Argumente und Logik überzeugen andere unter Umständen nicht von der Notwendigkeit des Wandels. Oder sie gewinnen fiktive Unterstützung ohne aktiven Wandel
Zusammenarbeit	Breite Beteiligung der Mitarbeiter an Entscheidungen darüber, was und wie verändert werden soll	Verbreitet nicht nur Unterstützung von, sondern auch Verantwortung für Wandel durch zunehmende Beteiligungsniveaus	Zeitintensiv Geringe Kontrolle über getroffene Entscheidungen
Beteiligung	Führer des Wandels behalten die Gesamtkontrolle, delegieren aber Elemente des Wandelprozesses	Verbreitet Verantwortung für und Unterstützung von Wandel, aber innerhalb eines kontrollierten Rahmens Formung von Entscheidungen leichter	Kann als Manipulation wahrgenommen werden

Stil	Beschreibung	Vorteile	Nachteile
Anweisung	Führer des Wandels treffen die meisten Entscheidungen darüber, was wie verändert werden soll Nutzung der Befugnis, um Wandel anzuweisen	Weniger zeitintensiv Bietet eine klare Richtung und einen klaren Fokus für den Wandel	Potenziell weniger Unterstützung und Engagement, so dass Widerstand gegen Änderungen möglich ist

Quelle: Angepasst von J. Balogun und V. Hope Hailey, „Exploring strategic change“, 3. Auflage, *Prentice Hall*, 2008.

Beispiel 14.1 Herausforderungen des Wandels im britischen Verteidigungsministerium

Das Verständnis der Herausforderungen im Umgang mit strategischem Wandel erfordert ein Verständnis für den Kontext des Wandels.

Dem britischen Verteidigungsministerium blieben die schlimmsten Auswirkungen der im Jahr 2010 umgesetzten staatlichen Kürzungen erspart, allerdings kam es trotzdem zu Etatkürzungen von 7 bis 8 Prozent. Dem folgte im Jahr 2011 eine umfassendere strategische Überprüfung, in der eine Transformation vorgeschlagen wurde. In den acht wichtigsten Empfehlungen ging es um Struktur und Systeme, allerdings war die grundlegende Botschaft die Notwendigkeit, die Menschen und Verhaltensdimensionen im Verteidigungsministerium anzusprechen. Dabei hatte das Verteidigungsministerium bereits verschiedene Initiativen für den Wandel umgesetzt – aber mit begrenztem Erfolg. Warum war das so?

Umfang

Im Jahr 2012 hatte das britische Verteidigungsministerium 270.000 Angehörige (baute aber Personal ab), zu denen auch 85.000 zivile Mitarbeiter gehörten. Überdies stützte es sich auf weitere 300.000 Arbeitskräfte in der Lieferkette. Das Verteidigungsministerium ist die Summe vieler beweglicher Teile, daher ist es wichtig, dass es kohärent vorgeht. Allerdings führt Wandel in einem Teil des Systems oft zu Widerstand und Schwierigkeiten oder hat unvorhergesehene Auswirkungen in anderen Teilen des Systems.

Zeit

Militärpersonal wechselt häufig den Standort. Jemand mit 35 Dienstjahren ist dabei unter Umständen 20 Mal umgezogen. Daher gelten drei Jahre als machbarer Zeitrahmen innerhalb einer „Just do it“-Kultur. Und diejenigen, die durch die Einführung von Veränderungen etwas bewirken wollen, wechseln häufig an einen neuen Standort, bevor die Initiativen abgeschlossen sind. Darüber hinaus ist eine Weiterverfolgung der Initiativen unwahrscheinlich, da „sich niemand durch Umsetzung der Veränderungsinitiative eines anderen einen Namen machen will“.

Bewahrung

Ein zu bewahrendes Schlüsselelement ist die Militärkultur unter dem Motto „Wir schaffen das". Allerdings erkennen die Politiker nicht, dass sie angesichts von Personalkürzungen beim militärischen und zivilen Personal nicht erwarten können, dass das Verteidigungsministerium noch das gesamte Spektrum der in der Vergangenheit erbrachten Leistungen – geschweige denn umfassende Veränderungen – erbringen kann.

Diversität

Während sich die Ansichten und Erwartungen zwischen den Frontkommandanten, zivilen Beamten und ausgegliederten privaten Dienstleistern unter Umständen erheblich unterscheiden, sind die verschiedenen Gruppen an sich äußerst homogen in ihren Ansichten, Prozessen und Verhaltensweisen.

Fähigkeiten und Kapazitäten

Aufgrund geringer Investitionen in die Schulung im Bereich der Führung im Wandel besteht ein Mangel an Fähigkeiten im Bereich des Change Management. Mit der deutlichen Reduzierung des Personals gingen viele für die Umsetzung des Wandels notwendige Rollen verloren bzw. sie wurden nicht besetzt. Darüber hinaus war sich das Verteidigungsministerium nicht über die im Zuge der Personalreduzierung verlorenen Fähigkeiten und Kenntnisse im Klaren. Eine Reaktion des Verteidigungsministeriums auf die Notwendigkeit von Veränderungen in Verhaltensweisen war 2012 die Einführung des Mantras „Sei – Denke – Handle" („Sei ein Anführer. Denke im Sinne der Verteidigung. Handle besser.").

Bereitschaft

Ein Großteil der gegenwärtigen und zukünftigen Änderungen hat grundlegende Auswirkungen auf die Rollen und Aufgaben des befehlshabenden Personals. Demgegenüber besteht erheblicher Widerstand. Überdies ist aufgrund der Vielzahl von Änderungsinitiativen, die in vielen Fällen nicht lange genug umgesetzt werden, um Wirkung zu erlangen, die Änderungsmüdigkeit weit verbreitet.

Macht

Typisch für das Militär ist, dass in der Bezeichnung einiger der leitenden Posten der Begriff „Transformation" aufgenommen wurde. Damit, so war die Annahme, würde die Aufgabe erfüllt werden. Derartiges Personal mag unter Umständen die richtigen Dinge sagen, aber es besteht ein Mangel an Maßnahmen vor Ort und dem Vorangehen mit gutem Beispiel.

Quelle:
Erstellt von Professor Derrick Neal von der Defence Academy in Shrivenham unter Nutzung veröffentlichter Studien und seiner eigenen Erfahrungen in der Arbeit mit dem Verteidigungsministerium. Die in diesem Beispiel dargestellten Ansichten sind die des Autors und entsprechen nicht zwangsläufig denen der Cranfield University oder des Verteidigungsministeriums.

Kontrollfragen

1. Was sind Ihrer Meinung nach die wesentlichen Hindernisse für den Wandel, mit denen das Verteidigungsministerium konfrontiert wird?
2. Welche drei Schlüsselfragen zur Erreichung strategischen Wandels würden Sie unter Berücksichtigung der Kaleidoskopanalyse des Wandels dem Verteidigungsministerium stellen?
3. Welcher Ansatz zum Wandel sollte gewählt werden, um die Fähigkeit des Verteidigungsministeriums zum Umgang mit Veränderungen zu verbessern?

14.2.3 Diagnose des Kontext des Wandels

Die Führung des Wandels in einem kleinen, durch einen Unternehmer geführten Unternehmen, bei der ein motiviertes Team den Wandel vorantreibt, unterscheidet sich von dem Versuch der Umsetzung des Wandels in einem Großunternehmen oder einer seit vielen Jahren bestehenden Organisation des öffentlichen Sektors, mit langjährigen Routinen und System sowie eventuell einem hohen Maß an Widerstand gegen Wandel. Wenn der Wandel effektiv sein soll, ist in Abhängigkeit von dem organisationalen Ansatz, in dem er auftritt, ein anderer Ansatz zur Führung des Wandels erforderlich.[6] Daher ist es hilfreich, die Angemessenheit der unterschiedlichen Stile zum Führen des Wandels in verschiedenen Kontexten zu betrachten.

Das (in *Abbildung 14.3* zusammengefasste) Kaleidoskop (Arten des Wandels) von Julia Balogun und Veronica Hope Hailey bietet einen Rahmen zur Identifizierung von Kontexteigenschaften, die bei der Gestaltung von Veränderungsprogrammen zu berücksichtigen sind. Im Folgenden werden einige Beispiele der in der *Abbildung* gezeigten Kontexteigenschaften dargestellt und verschiedene Ansätze zur Führung des Wandels, die für diese unter Umständen notwendig sind, aufgezeigt.

- Die für den Wandel verfügbare *Zeit* kann sich dramatisch unterscheiden. Ein Unternehmen kann bei schnellen Veränderungen auf seinen Märkten mit einem sofortigen Rückgang des Umsatzes oder der Gewinne konfrontiert werden. Dieser Kontext für den Wandel unterscheidet sich deutlich von dem Rahmen bei einem Unternehmen, in dem das Management die Notwendigkeit für Veränderungen erst Jahre in der Zukunft sieht und die notwendige Zeit hat, diese sorgfältig zu planen. Überzeugungskraft und Zusammenarbeit sind unter Umständen dann am angemessensten, wenn inkrementeller Wandel möglich ist. Wenn allerdings der Wandel schnell umgesetzt werden muss, erfordert die *Zeitplanung* eventuell einen stärker direktiven Stil.
- Der *Umfang* des Wandels kann sich im Hinblick auf die *Breite* des Wandels über eine Organisation oder die *Tiefe* des erforderlichen kulturellen Wandels unterschei-

6 Ein interessantes Beispiel dafür, wie verschiedene Kontexte die Empfänglichkeit für den Wandel beeinflussen, siehe J. Newton, J. Graham, K. McLoughlin und A. Moore, „Receptivity to change in a general medical practice“, *British Journal of Management*, Band 14, Nr. 2 (2003), S. 143–153. Für eine Erörterung der Probleme des Imports von Veränderungsprogrammen aus dem privaten in den öffentlichen Sektor, siehe F. Ostroff, „Change Management in Government“, *Harvard Business Review*, Band 84, Nr. 5 (Mai 2006), S. 141–147.

den. So erfordert beispielsweise der bei einem Unternehmen mit mehreren Marken sowie eventuell einem weit zurückreichenden kulturellen Erbe notwendige Umfang des Wandels wahrscheinlich einen Beitrag von Mitarbeitern aus der gesamten Organisation zum Veränderungsprogramm. Bei einem erfolgreichen Kleinunternehmen, bei dem der Wandel weit weniger breit und tief geht, kann unter Umständen ein direktiverer Stil möglich sein.

- Unter Umständen müssen einige Aspekte einer Organisation *bewahrt* werden: Dazu gehören insbesondere Ressourcen, auf denen Veränderungen beruhen müssen. So sei beispielsweise angenommen, dass ein Computersoftwareunternehmen aufgrund seines erfolgreichen Wachstums eine stärker formelle Organisation braucht. Dies könnte allerdings die Technikexperten verärgern, die ein hohes Maß an Unabhängigkeit sowie leichten Zugang zum leitenden Management gewohnt sind. Daher könnte die Aufrechterhaltung ihres Expertenwissens und ihrer Motivation von grundlegender Bedeutung sein, sodass ihre Beteiligung durch Zusammenarbeit oder Teilnahme durchaus von Bedeutung sein kann.
- Eine *Vielfalt* von Erfahrungen, Ansichten und Meinungen innerhalb einer Organisation kann den Veränderungsprozess unterstützen, erfordert aber die Beteiligung von Menschen an dem Prozess. Wenn allerdings ein Unternehmen schon seit vielen Jahrzehnten eine Strategie verfolgt, kann diese Kontinuität zu einer homogenen Sichtweise der Welt führen, die wiederum Veränderungen behindert. Daher sind Mittel notwendig, um für selbstverständlich erachtete Annahmen und Routinen in Frage zu stellen.
- Auch die *Fähigkeit* zum Wandel im Hinblick auf verfügbare Ressourcen ist erheblich: Wandel kann teuer sein – allerdings nicht nur finanziell sondern auch im Hinblick auf Managementzeit. Dabei liegt die Bereitstellung solcher Ressourcen wahrscheinlich in der Verantwortung des obersten Managements (bzw. der Eigentümer).
- Wer hat die *Macht*, Veränderungen zu bewirken? Es wird oft angenommen, dass der Geschäftsführer über derartige Macht verfügt, allerdings kann dies bei Widerstand von unten oder eventuell bei Widerstand von externen Stakeholdern unter Umständen nicht der Fall sein. Überdies besteht auch die Möglichkeit, dass der Geschäftsführer annimmt, dass andere Mitglieder der Organisation über die Macht verfügen, Wandel zu bewirken – selbst wenn dies nicht der Fall ist oder diese Personen nicht davon ausgehen, dass sie über derartige Macht verfügen. In Organisationen mit *hierarchischen Machstrukturen* kann ein direktiver Stil weit verbreitet sein. Daher ist es eventuell schwierig, dies aufzubrechen – nicht zuletzt aufgrund der Tatsache, dass die Mitarbeiter dies erwarten. Andererseits besteht bei „flacheren" Machtstrukturen, einer an anderer Stelle dieses Lehrbuches (siehe *Kapitel 12.3.1*) beschriebenen, stärker vernetzten oder lernenden Organisation, die Wahrscheinlichkeit, dass Zusammenarbeit und Beteiligung weiter verbreitet und tatsächlich wünschenswert sind.
- Besteht eine *Fähigkeit* zum Veränderungsmanagement in der Organisation? Es kann unter Umständen Manager geben, die bereits in der Vergangenheit Veränderungen umgesetzt haben, oder die Belegschaft hat in der Vergangenheit die Vorteile von Veränderungen erlebt, während die Mitarbeiter einer anderen Organisation eventuell nur wenig Erfahrungen mit Veränderungen haben.
- Wie gestaltet sich die *Bereitschaft* für Wandel? Besteht eine empfundene Notwendigkeit für Veränderungen in der Organisation, verbreiteter Widerstand bzw.

Nischen oder Ebenen des Widerstands in einigen Bereichen der Organisationen aber Bereitschaft in anderen? Auch hier können unter diesen verschiedenen Umständen wiederum unterschiedliche Stile des Veränderungsmanagements notwendig sein.

Abbildung 14.3: Das Kaleidoskop des Wandels

Quelle: Angepasst von J. Balogun und V. Hope Hailey, „Exploring Strategic Change", 3. Auflage, *Prentice Hall*, 2008.

Beispiel 14.1 enthält ein Fallbeispiel der kontextuellen Probleme, die beim Versuch des Veränderungsmanagements im britischen Verteidigungsministerium (MOD) aufgetreten sind.

Die Forschung zur Unternehmensführung hat gezeigt, dass die Führungsstile sich insbesondere nach der Veränderungsfähigkeit und -Bereitschaft der Mitarbeiter unterscheiden müssen. Unter Berücksichtigung dieser beiden Kontexteigenschaften legt die *Abbildung 14.3* nahe, dass, wenn eine hohe Bereitschaft aber geringe Fähigkeit zum Wandel besteht, die *Überzeugung* durch Ausbildung, Schulung und Coaching unter Umständen angemessen ist. Wenn sowohl die Bereitschaft als auch die Leistungsfähigkeit groß sind, kann eine *Zusammenarbeit* möglich sein und die Unternehmensführung kann einen Großteil der Agenda für den Wandel delegieren. Ist die Leistungsfähigkeit hoch, während die Bereitschaft gering ist, kann die Beteiligung von Mitarbeitern am Prozess des Wandels unter gleichzeitiger Aufrechterhaltung der zentralen Kontrolle *(Beteiligung)* sinnvoll sein. Wenn sowohl eine geringe Bereitschaft als auch eine geringe Leistungsfähigkeit für den Wandel bestehen, kann bei dringendem Veränderungsbedarf die *Anweisung* den angemessensten Stil bilden, während die *Beteiligung* angemessen sein kann, wenn Zeit für den Aufbau von Fähigkeiten und Bereitschaft zur Verfügung steht.

Die Betrachtung des Kontext wirft überdies auch eine wichtige übergeordnete Frage auf: Ist *einmaliger Wandel* möglich oder muss er in Phasen stattfinden? So wurde beispielsweise in einer Untersuchung der Versuche zum Change Management in Krankenhäusern[7] festgestellt, dass deren Governance und organisationale Strukturen jegliche klare Befugnis zum Umgang mit Wandel verhinderte. Kombiniert mit den Ressourcenbeschränkungen, unter denen sie arbeiteten, bedeutet dies, dass umfangreiche einmalige Veränderungsinitiativen wahrscheinlich nicht erfolgreich sein würden. Unter solchen Umständen muss sich eventuell der Kontext verändern, bevor strategischer Wandel an sich möglich ist. Vielleicht müssen neue Manager mit Erfahrungen bei der Umsetzung von Wandel eingesetzt werden, um die Fähigkeit und Bereitschaft zur Durchführung eines umfassenderen Programms zum strategischen Wandel zu verbessern. Oder unter Umständen muss anerkannt werden, dass der Wandel stufenweise erfolgen muss. Die Forscher der oben stehenden Krankenhausstudie haben festgestellt, dass Wandel tendenziell dadurch erfolgt, dass eine Initiative beschränkte Fortschritte macht und dann zum Stillstand kommt, während später eine andere Initiative folgt, die weitere Fortschritte erzielt.

- Einige Aspekte einer Organisation müssen meist auch beibehalten und *bewahrt* werden; dies gilt besonders für Kompetenzen, auf denen Veränderungen aufbauen sollen. Angenommen, ein Unternehmen, das PC-Software produziert, muss formal straffer organisiert werden, da es sehr erfolgreich und schnell wächst. Dies könnte die dort arbeitenden technischen Experten durchaus verärgern, die es bisher gewohnt waren, jederzeit mit der Führungsebene kommunizieren zu können. Ihr Fachwissen und ihre Motivation sind jedoch überlebenswichtig für das Unternehmen.
- *Diversität* bezüglich der Erfahrungen, Ansichten und Meinungen innerhalb einer Organisation könnte den Wandlungsprozess erleichtern. Verfolgt eine Organisation eine Strategie jedoch bereits seit mehreren Jahrzehnten, so kann dies zu einer sehr homogenisierten Sichtweise aller Beteiligten führen. Dies könnte einen Wandel erschweren. Also ist es wichtig, einzuschätzen, wie viel Diversität vorliegt.
- Liegen in der Organisation die richtigen *Fähigkeiten* oder einschlägige Erfahrungen über das Management eines Wandels vor?[8] Es kann sein, dass einige Manager bereits in der Vergangenheit effektiv einen Wandlungsprozess umgesetzt haben. Vielleicht haben aber auch die Mitarbeiter bereits einen Wandel akzeptiert und erfolgreich mitgetragen. In anderen Organisationen fehlen hingegen eventuell solche Erfahrungen.
- Auch kommt es auf die *Wandlungskapazität* in Bezug auf die dafür zur Verfügung stehenden Ressourcen an. Ein Wandel kann zum Beispiel sehr kostspielig sein, was sich nicht nur auf finanzielle Kosten, sondern auch auf die Zeit der Manager bezieht.
- Wie ist es um die *Bereitschaft* für einen Wandel bestellt? Fühlt die Organisation, dass ein Wandel ansteht? Herrscht großer Widerstand oder sträubt man sich nur in einzelnen Unternehmensbereichen gegen Veränderungen, während andere einen Wandel begrüßen?[9]

7 Siehe J.-L. Denis, L. Lamothe und A. Langley, „The dynamics of collective change leadership and strategic change in pluralistic organizations“, *Academy of Management Journal*, Band 44, Nr. 4 (2001), S. 809–837.

8 Frühere Erfahrungen mit Wandlungsprozessen sind ein wichtiger Erfolgsfaktor für einen Wandel, der von S. Miller, D. Wilson und D. Hickson hervorgehoben wird, „Beyond planning strategies for successfully implementing strategic change“, *Long Range Planning*, Band 37, Nr. 3 (2004), S. 201–218.

9 Das Ausmaß der Wandlungsbereitschaft ist ein weiterer Faktor, der von Miller *et al.* hervorgehoben wird, siehe Fußnote 6.

- Wer verfügt über die *Macht*, einen Wandel durchzusetzen? Oft wird automatisch davon ausgegangen, dass es der Firmenchef ist, der diese Macht besitzt; sieht er sich aber dem Widerstand seiner Mitarbeiter oder auch externer Interessengruppen gegenüber, so ist dies nicht der Fall. Vielleicht geht der Firmenchef aber auch davon aus, dass andere innerhalb der Organisation die Macht besitzen, einen Wandel umzusetzen, wenn er selbst dazu nicht in der Lage ist.

Diese Betrachtungen über das Umfeld müssen auch für die verbleibenden Themen dieses Kapitels immer mit berücksichtigt werden. Außerdem ergibt sich daraus eine wichtige allgemeine Frage: *Ist ein einmaliger Wandel möglich?* Verfügt die betroffene Organisation über die nötigen Kapazitäten, Fähigkeiten, die Bereitschaft und die Machtstrukturen, um einen Wandel im erforderlichen Ausmaß herbeizuführen? Eine Studie über die Managementversuche eines nötigen Wandels in Krankenhäusern[10] ergab beispielsweise, dass deren Governance und Organisationsstrukturen jede klare Autorität bezüglich eines Managements für den Wandel verhinderten. Dieser Faktor in Verbindung mit den knappen Ressourcen, mit denen die Krankenhäuser zu kämpfen hatten, bedeutete, dass große einmalige Veränderungen kaum erfolgreich sein konnten. Unter solchen Umständen muss eventuell zunächst das Umfeld verändert werden, bevor ein strategischer Wandel eingeleitet werden kann. So müssen vielleicht erst neue Manager mit einschlägigen Erfahrungen bezüglich des Managements von Wandlungsprozessen ins Boot geholt werden, damit sich die Fähigkeiten und die Bereitschaft für den Wandel erhöhen. So bewegt sich die Organisation dann allmählich auf einen Punkt zu, an dem sie bereit ist für umfassendere strategische Wandlungsprogramme. Vielleicht müssen aber auch Mitarbeiter in die Organisation geholt werden, die über unterschiedliche Erfahrungen verfügen, die mit der zukünftigen strategischen Ausrichtung der Organisation zusammenpassen. Eventuell muss man auch erkennen, dass ein Wandel unter manchen Umständen phasenweise umgesetzt werden muss. Die Verfasser der oben erwähnten Krankenhausstudie stellten fest, dass sich hier ein Wandel meist immer so vollzog, dass eine erste Initiative in diese Richtung eher geringe Fortschritte machte, während eine spätere Initiative in die gleiche Richtung erfolgreicher war.

14.2.4 Die Analyse des kulturellen Umfelds

Versteht man die vorherrschende Kultur innerhalb einer Organisation, so kann man auch besser beurteilen, welche Art des Wandels hier gebraucht wird und wie es um die Wandlungsbereitschaft steht. *Kapitel 5* führte den Begriff des *kulturellen Netzes* ein (siehe *Kapitel 5.3.6*), der sowohl zur Erklärung der Kultur sehr hilfreich ist als auch zur Analyse der Kultur einer Organisation herangezogen werden kann.

10 Siehe J.-L. Denis, L. Lamothe und A. Langley, „The dynamics of collective change leadership and strategic change in pluralistic organizations“, *Academy of Management Journal*, Band 44, Nr. 4 (2001), S. 809–837.

Beispiel 14.2 **Arten des Wandlungsmanagements**

Erfolgreiche Topmanager stellen wichtige Lektionen für das Veränderungsmanagement vor.

Die Vision hat eine zentrale Bedeutung

„Gute Manager schaffen eine Vision, kommunizieren diese Vision, engagieren sich mit Leidenschaft für sie und arbeiten unablässig für deren Umsetzung."

Jack Welch, Vorstandsvorsitzender und CEO von General Electric von 1981 bis 2001

Keine Grübelei

Terry Lundgren, CEO der Kaufhausketten Macy's und Bloomingdales:

„Ich bin schon immer ein recht guter Zuhörer gewesen und gebe auch gern zu, dass ich nicht alle Antworten habe. Also höre ich einfach zu. Aber kurz nachdem man zugehört hat, muss man als Nächstes auch etwas tun. Ich habe den ganzen Input und sage dann, was wir tun werden. Die Menschen brauchen einen Abschluss zu einer Entscheidung. Wenn man zuhört und dann zu lange darüber nachdenkt, verwirrt das die Menschen und das ist kein effektiver Führungsstil."[1]

Fördern, aber nicht verhätscheln

Allan G. Laffley, Vorsitzender, Präsident und CEO von Procter & Gamble bis 2010: „Mein Führungsansatz besteht darin, hohe Ziele zu setzen und diese dann wunderbar umzusetzen … Prioritäten deutlich, einfach und häufig zu kommunizieren … Unsere Abteilungsleiter müssen ihre eigene Zukunft in hohem Maß selbst definieren. Ich übernehme dabei die Rolle eines Trainers – aber fördern heißt nicht verhätscheln. Ich erwarte, dass unsere Manager Entscheidungen treffen … Um dem Manager bei der Findung dieser strategischen Entscheidungen zu helfen, müssen wir mitunter tief verwurzelte Annahmen in Frage stellen … Dabei ist die Vorbildfunktion entscheidend … Ich weiß, dass ich für die Momente der Wahrheit bereit sein muss, in denen die Organisation auf mein Engagement aufmerksam gemacht wird."[2]

Klarheit von oben und Learning by doing

Carlos Ghosn setzte nach seiner Ernennung zum CEO von Nissan und Renault erfolgreich Veränderungen um. In einer Rede an der INSEAD Business School zu Beginn des Änderungsprogramms (September 2002) sagte Ghosn:

„Wenn die Leute die Priorität nicht kennen, die Strategie nicht verstehen, nicht wissen, wohin sie gehen, nicht wissen, was das kritische Ziel ist, dann

bekommt man definitiv Probleme. Verwirrung ist das erste Zeichen für Probleme. Es ist die Aufgabe (der Führungskraft) sicherzustellen, dass die Situation klar ist, dass im Unternehmen ausreichend Klarheit herrscht … Die größte Herausforderung dabei ist das Selbstvertrauen …. Ich musste die Nissan-Mitarbeiter dabei unterstützen, den Glauben daran aufzubauen, dass sie in dieser Branche Großes leisten können.“[3]

Entwicklung der richtigen Antennen im öffentlichen Sektor

Im Jahr 2010 wurde die Kanadierin Moya Greene CEO der Royal Mail, des öffentlichen Postdienstes, der durch seinen traditionellen Fokus auf Postbriefe mit einem erheblichen Einnahmenrückgang und den Widerstand der Gewerkschaften gegen die Privatisierung konfrontiert war.

Im Jahr 2012 gab es Anzeichen dafür, dass dieser Rückgang gestoppt worden war und sich die Beziehung mit den Gewerkschaften deutlich verbessert hatte. Sie unterstrich eine wichtige Lektion aus dem Management der Veränderungen im öffentlichen Sektor:

„Meine Erfahrung im öffentlichen Sektor hat mir geholfen zu verstehen, wie einfach solide Strategien durch kleine, symbolische Aspekte schief gehen können. Es geht unter Umständen gar nicht darum, dass die Strategie, die Sie befürworten, das Produkt einer fantastischen Analyse oder jahrelangen hervorragendem Stakeholder-Management sind, der kleinste Funke kann zu einem Großbrand werden – etwas, das sich verfestigt und die Wahrnehmung verändert. Wenn man im öffentlichen Sektor arbeitet, lernt man, wie wichtig es ist, Antennen für die öffentliche Wahrnehmung zu entwickeln und diese gut abzustimmen.“[4]

Quellen:
[1] Interview von Matthew Boyle, *in Fortune*, 12. Dezember 2005, Band 152, Nr. 12, S. 126–127.
[2] *Leadership Excellence*, November 2006, Band 23, Nr. 11, S. 9–10.
[3] Berichtet in „Redesigning Nissan (A): Carlos Ghosn takes charge“, K. Hughes, J.-L. Barsoux and J.-F. Manzoni, *INSEAD*, 2003.
[4] „Leading in the 21st Century: an interview with Moya Greene“, *McKinsey & Co.*, September 2012.

Kontrollfragen

1. Wie würden Sie die hier dargestellten Führungsstile im Hinblick auf die in *Kapitel 14.3.1* erklärten beschreiben?
2. Vergleichen Sie die unterschiedlichen Berichte. Gibt es Gemeinsamkeiten und welche Unterschiede bestehen?
3. In den Beispielen werden nur einige Stakeholder speziell erwähnt. Heißt dies, dass der Stil gegenüber allen Stakeholdern der Organisation gleich sein sollte? Wenn nicht, wie würden sie sich unterscheiden?

14.2.5 Die Kraftfeldanalyse

Eine **Kraftfeldanalyse** analysiert die Kräfte, die einen Wandel unterstützen oder behindern, und identifiziert damit Themen des Wandels, die bei dessen Gestaltung in Angriff genommen werden müssen – dazu zählt auch die bestehende Organisationskultur. Mit ihrer Hilfe können einige zentrale Fragen gestellt werden:

- Welche Aspekte der aktuellen Situation würden einen Wandel behindern und wie können sie überwunden werden?
- Welche Aspekte der aktuellen Situation können einen Wandel in die angestrebte Richtung unterstützen und wie können sie gestärkt werden?
- Welche Faktoren müssen entwickelt oder eingeführt werden, um einen Wandel zu erleichtern?

Kraftfeldanalyse

Eine Kraftfeldanalyse analysiert die Kräfte, die einen Wandel unterstützen oder behindern, und identifiziert damit Themen des Wandels, die bei dessen Gestaltung in Angriff genommen werden müssen.

Abbildung 14.4 zeigt eine Kraftfeldanalyse der britischen Forstwirtschaftsbehörde. Während die aufgezeigten Hindernisse ein ernstes Problem darstellten, ergab die Kraftfeldanalyse aber auch Aspekte der Organisation und ihrer Kultur, die einen Wandel unterstützen könnten. Die machtvolle Unterstützung eines Wandels durch den „Generaldirektor“, das Engagement der Mitarbeiter für ihre Organisation, das Ethos harter Arbeit und die potenzielle Flexibilität gepaart mit dem Wunsch der Organisation, ihre autoritäre und kontrolllastige Kultur zu verändern, waren allesamt positive Signale. Darauf musste nun aufgebaut werden: So könnte eine groß angelegte Beteiligung an der Gestaltung der Wandlungsprogramme dafür sorgen, dass sich die gesamte Organisation eine klar formulierte Vision über ihre Zukunft zu eigen machte; eine gesteigerte Diversität des Personals ebenso wie ein organischer Managementstil könnten Innovationen fördern. Es war jedoch auch unübersehbar, dass es viele Hindernisse gab, die beseitigt werden mussten.

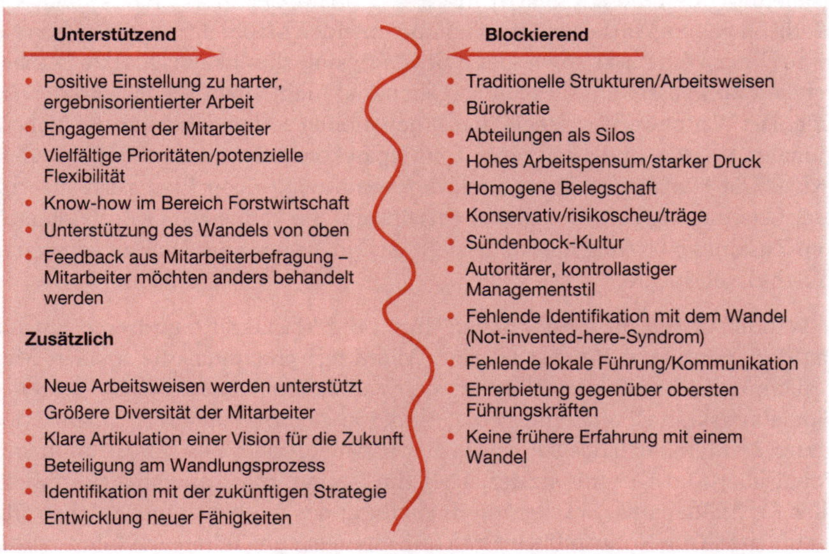

Abbildung 14.4: Eine Kraftfeldanalyse

Beispiel 14.3 zeigt eine Kraftfeldanalyse zur Überprüfung einer Dezentralisierungsstrategie eines japanischen produzierenden Unternehmens.

Veränderungen bezüglich der Struktur, der Gestaltung und der Kontrollsysteme einer Organisation wurden bereits in *Kapitel 13* ausführlich besprochen. In den nächsten beiden *Kapiteln* (*14.3* und *14.4*) geht es um unterschiedliche Rollen und Stile innerhalb des Wandlungsprozesses ebenso wie um andere Instrumente des Managements eines Wandels.

Beispiel 14.3 Eine Kraftfeldanalyse zur Übertragung der Strategie

Eine Kraftfeldanalyse kann zur Identifizierung von zur Unterstützung des Wandels geeigneten Aspekten der Organisation, Hindernissen für den Wandel und zur Unterstützung des Wandels zu entwickelnden Elementen eingesetzt werden.

Ein internationaler japanischer Produzent ist in der Vergangenheit im Hinblick auf die strategische Ausrichtung sowie insbesondere die neue Produktentwicklung immer zentralisiert gewesen. Das Unternehmen ist in Japan extrem erfolgreich gewesen und hat, im Wesentlichen durch Übernahmen lokaler Produzenten, die mit seinem Kerngeschäft verbunden sind, ein weltweites Profil entwickelt.

Diese übernommenen Unternehmen haben im Wesentlichen unabhängig voneinander als Produktionseinheiten, die der Zentrale in Japan unterstanden, operiert. Regional ansässige Vertriebsniederlassungen waren für den Verkauf der Produktpalette der Unternehmen und die Bestimmung der Kundenbedürfnisse verantwortlich und berichteten ebenfalls bis nach Japan.

Im Jahr 2012 traf die Konzernleitung in Japan die Entscheidung, strategische Entscheidungen an die geografischen Regionalabteilungen zu übertragen. Diese Entscheidung beruhte auf dem Wunsch, angesichts der sich verändernden Wettbewerbsumgebung, insbesondere der zunehmenden Macht der europäischen Kunden auf dem Weltmarkt sowie der Notwendigkeit, die lokalen Märkte besser zu verstehen und besser auf diese einzugehen, die nicht japanischen Märkte auszubauen. Die Wettbewerbsstrategie und Innovationen sollen dabei aus der Nähe der regionalen Kunden und nicht zentral aus Japan kommen und auch dort entwickelt werden. Die Manager in Europa wurden beauftragt, einen Plan zur Umsetzung dieser Übertragung der Strategie zu entwickeln. Sie kennen die Kraftfeldanalyse, deren Zusammenfassung hier dargestellt ist, zur Bestimmung der zu adressierenden Schlüsselaspekte.

Der Wandel wurde im Wesentlichen durch die Marktkräfte und eine Entscheidung der Hauptverwaltung getrieben. Allerdings erkannten die lokalen Manager auch, dass ihre Karrierechancen sich verbessern könnten. Dabei waren die „Widerstandskräfte" nicht nur eine Funktion der bestehenden Organisationsstruktur, sondern auch des Fehlens jeglicher paneuropäischen Infrastruktur sowie europäischer Manager mit strategischer (im Gegensatz zu operativer) Erfahrung. In der Kraftfeldanalyse wurden die Bedeutung des Aufbaus einer solchen Infrastruktur sowie die Notwendigkeit von IT-Systemen zum Teilen von Informationen und Ideen unterstrichen. Überdies wurde auch die strategische Bedeutung der Managemententwicklung auf strategischer Ebene herausgestellt.

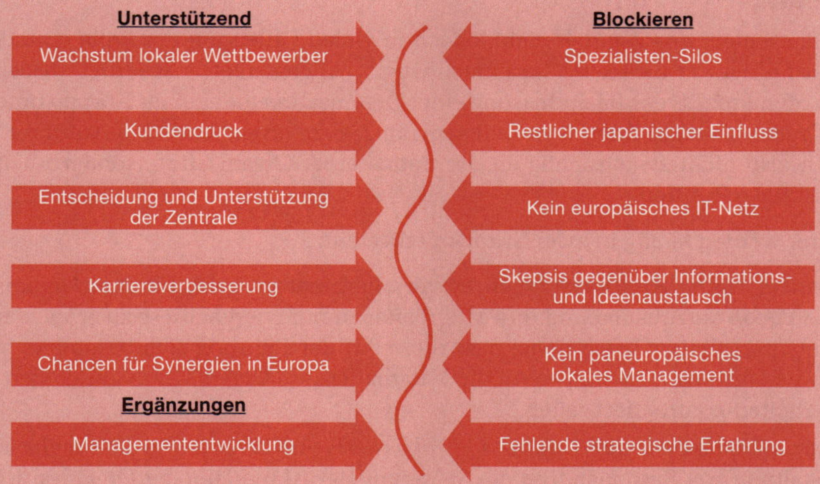

Kontrollfragen

1. Welche Probleme könnten sich bei der Übertragung der Strategie auf einen europäischen Geschäftsbereich ergeben?
2. Führen Sie eine Kraftfeldanalyse für eine Organisation Ihrer Wahl durch.

14.3 Das Management des Wandels: Stile und Rollen

Dieser Abschnitt des Kapitels befasst sich mit den Rollen, die Mitarbeiter beim Management eines strategischen Wandels übernehmen können, und damit, wie sie diese übernehmen. Zunächst werden die Rollen strategischer Führer und mittlerer Manager sowie die Rollen von Veränderungsteams und der Einfluss von Außenstehenden wie etwa Beratern und externen Interessengruppen betrachtet. Im Anschluss werden verschiedene Managementstile des Wandels beschrieben.

14.3.1 Rollen beim Management des Wandels

Geht es um das Management eines strategischen Wandels, so wird die Rolle einzelner Führungskräfte an der Spitze einer Organisation allzu oft zu sehr in den Vordergrund gestellt – beim Thema Wandel muss man aber viel allgemeiner ansetzen. Ein **Change Agent** ist eine Einzelperson oder Gruppe, die einen strategischen Wandel in einer Organisation durchführt. Dieser Change Agent kann – muss aber nicht – auch derjenige sein, der für die Festlegung der Organisationsstrategie zuständig ist. Manchmal muss er die Führungsrolle bei der Umsetzung einer strategischen Veränderung anderen überlassen. Unter bestimmten Umständen kann ein Manager der mittleren Führungsebene ein Change Agent sein, vielleicht aber auch ein externer Berater, der mit Managern innerhalb der Organisation zusammenarbeitet.

Change Agent

Ein Change Agent ist eine Einzelperson oder Gruppe, die einen strategischen Wandel in einer Organisation durchführt.

Strategische Führung

Führung

Führung bezeichnet den Prozess der Beeinflussung einer Organisation (oder einer Gruppe innerhalb einer Organisation) in ihren Bemühungen, ein Ziel zu erreichen.

Das Management des Wandels steht jedoch in vielen Fällen mit der Rolle eines strategischen Führers in direktem Zusammenhang.[11] Allgemeiner ausgedrückt bezeichnet **Führung** den Prozess der Beeinflussung einer Organisation (oder einer Gruppe innerhalb einer Organisation) in ihren Bemühungen, ein Ziel zu erreichen.[12] Ein Anführer befindet sich also nicht zwangsläufig an der Spitze einer Organisation, sondern hält eine einflussreiche Position.

Anführer werden häufig in zwei Gruppen eingeteilt:

- *Charismatische Anführer*, denen es vor allem darum geht, für ihre Organisation eine Vision aufzubauen und ihre Mitarbeiter zu motivieren, diese zu erreichen. Forschungsergebnisse legen nahe, dass diese Art der Führung sich besonders positiv auf die Leistung auswirkt, wenn die Mitarbeiter ihre Organisation mit großen Unsicherheiten konfrontiert sehen.[13]
- *Instrumentale oder auf Transaktion fokussierte Anführer*[14], die sich mehr auf die Gestaltung von Systemen und die Steuerung der Aktivitäten der Organisation konzentrieren.

Idealerweise sollte der strategische Führungsstil genau auf das organisationale Umfeld abgestimmt werden können und es ist erwiesen[15], dass die erfolgreichsten strategischen Anführer genau dazu in der Lage sind. Gerade in Bezug auf das Management des Wandels würde es ein Problem darstellen, wenn sie dies nicht vermögen würden.[16] Schließlich geht es bei manchen Ansätzen mehr um die Schaffung oder Steuerung von Strategien und nicht um tatsächliches Management für den Wandel, was wiederum auch dazu führen kann, dass sich manche Ansätze des Wandels für bestimmte Anforderungen eines spezifischen Wachstumsumfelds nicht eignen.

11 Für John Kotter steht strategische Führung sogar ganz im Zusammenhang mit dem Management des Wandels: siehe J. Kotter, „What leaders really do“, *Harvard Business Review*, December (2001), S. 85–96.

12 Diese Definition des Begriffs Führung basiert auf der von R. M. Stodgill angebotenen Definition, „Leadership, membership and organization“, *Psychological Bulletin*, Band 47 (1950), S. 1–14. Für eine neuere und umfassendere Diskussion zum Thema Führung siehe G. A. Yukl, „Leadership in Organizations“, 6. Auflage, *Prentice Hall*, 2005.

13 Für Beweise dieser These siehe D. A. Waldman, G. G. Ramirez, R. J. House und P. Puranam, „Does leadership matter? CEO leadership attributes and profitability under conditions of perceived environmental uncertainty“, *Academy of Management Journal*, Band 44, Nr. 1 (2001), S. 134–143.

14 Für umfassendere Erklärungen zur Unterscheidung zwischen charismatischer, instrumentaler und transaktionaler Führung siehe M. F. R. Kets de Vries, „The leadership mystique“, *Academy of Management Executive*, Band 8, Nr. 3 (1994), S. 73–89, sowie die Veröffentlichung von Waldman et al., Fußnote 12.

15 Diese Diskussion über verschiedene Ansätze strategischer Anführer und über Nachweise bezüglich der Effektivität der Anwendung verschiedener Ansätze findet sich bei D. Goleman, „Leadership that gets results“, *Harvard Business Review*, Band 78, Nr. 2 (März–April 2000), S. 78–90; und C. M. Farkas und S. Wetlaufer, „The ways chief executive officers lead“, *Harvard Business Review*, Band 74, Nr. 3 (Mai-Juni 1996), S. 110–112.

16 Eine Studie, die erfolgreiche Anführer einer Firma begleitete, die dann eine Führungsposition in einem anderen Unternehmen übernahmen, fand heraus, dass es vielen schwer fiel, sich dem neuen Umfeld anzupassen. Siehe B. Groysberg, A. N. McLean und N. Nohria, „Are leaders portable?“, *Harvard Business Review*, Mai (2006), S. 92–100.

Es ist jedoch sehr wahrscheinlich, dass die Führungskräfte, die an der Spitze einer Organisation stehen, von anderen (z.B. von ihren eigenen Mitarbeitern, aber auch von anderen Interessengruppen und externen Beobachtern) als diejenigen angesehen werden, die mit strategischen Wandlungsprogrammen und deren Umsetzung am engsten in Kontakt stehen. In diesem Sinne haben diese Führungskräfte innerhalb des Wandlungsprozesses eine hohe Symbolkraft (siehe *Kapitel 14.4.4* unten über symbolische Instrumente des Wandels).

Manager der mittleren Führungsebene

Der Ansatz des Managements von Strategie und strategischem Wandel ist von oben nach unten gerichtet und sieht in den Managern der mittleren Führungsebene die Umsetzer der Strategie. *Kapitel 15* zeigt aber (siehe *Kapitel 15.2.3*), dass sie in Wahrheit viele verschiedene Rollen innehaben, wenn es um das Management einer Strategie geht.[17] In diesem Kontext übernehmen sie sogar fünf verschiedene Rollen:

- *Implementierung und Steuerung.* Hier sind sie tatsächlich die Umsetzer der Pläne der obersten Managementebene, die sicherstellen, dass die entsprechenden Ressourcen zugeteilt und angemessen kontrolliert werden, die die Leistung und das Verhalten der Mitarbeiter überwachen und, wo nötig, die Strategie denjenigen erklären, die an sie berichten.
- Der Strategie *einen „Sinn" geben.* Die Manager der obersten Führungsebene geben zwar die strategische Richtung vor, doch wie kann diese sinnvoll im jeweiligen konkreten Kontext umgesetzt werden (etwa in einer bestimmten Region bei einem internationalen Unternehmen oder einer funktionalen Abteilung)? Dies umzusetzen, wird, absichtlich oder auch nicht, meist den Managern der mittleren Ebene überlassen. Soll eine Fehlinterpretation der angestrebten Strategie vermieden werden, so ist es besonders wichtig, dass gerade die Manager der mittleren Führungsebene diese voll und ganz verstehen und vertreten.
- *Neuinterpretation und Anpassung* der strategischen Reaktion, wenn sich die Dinge weiterentwickeln (etwa im Zusammenhang mit Beziehungen zu Kunden, Zulieferern, Mitarbeitern etc.). Dies ist eine entscheidende Rolle, für die besonders die mittleren Manager außergewöhnlich gut qualifiziert sind, denn sie haben täglich mit den oben genannten Aspekten der Organisation und ihrem Umfeld zu tun.
- Eine entscheidende *Brückenfunktion* zwischen dem Topmanagement und den Mitarbeitern der Organisation auf niedrigeren Ebenen. Sie befinden sich in einer Position, aus der heraus sie Initiativen für einen Wandel direkt in Botschaften umwandeln und umsetzen können, die lokal gesehen relevant sind.
- *Berater* der oberen Führungsebene, was die eventuellen Blockaden und Anforderungen des Wandels betrifft.

Wenn es um den strategischen Wandel geht, befinden sich die Manager der mittleren Führungsebene also in einer zentralen „Vermittlerrolle" zwischen denjenigen, die den Wandel von oben her veranlassen möchten, und denjenigen, die ihn umsetzen sollen. Einige Wissenschaftler haben bereits darauf hingewiesen, dass die Art und Weise, wie die mittleren Manager die von oben kommende Strategie mit Sinn füllen und wie sie

17 Siehe S. Floyd und W. Wooldridge, „The Strategic Middle Manager: How to create and sustain competitive advantage", *Jossey-Bass*, 1996.

darüber sprechen und sie anderen erklären, von ganz zentraler Bedeutung ist.[18] „Im Fokus“ am Ende des Kapitels betrachtet den strategischen Wandel in Bezug auf eine von oben nach unten gerichtete Perspektive sowie in Bezug auf die von den mittleren Managern übernommenen Rollen.

Außenstehende

Zwar haben besonders die Manager innerhalb der Organisation wichtige Rollen zu übernehmen, doch auch Außenstehende können von zentraler Bedeutung sein. Folgende Funktionen können diesbezüglich wichtig werden:

- Ein *neuer Firmenchef* kann von außerhalb der Organisation ins Boot geholt werden, um die Fähigkeiten für Veränderungen zu stärken. Dies ist besonders häufig in Situationen der Fall, in denen es zu einer grundlegenden Umkehr kommt (siehe *Kapitel 14.5.2*). Er verändert das Umfeld des Wandels, indem die Organisation aus einer ganz neuen Perspektive betrachtet wird, er ist durch eventuelle Altlasten aus der Vergangenheit nicht belastet und kennt auch die tief verwurzelten Routineabläufe nicht, die einen strategischen Wandel verhindern könnten.
- Ein *neues Management* von außerhalb der Organisation kann auch die Vielfalt neuer Ideen steigern, dazu beitragen, dass kulturelle Barrieren, die einen Wandel verhindern, abgebaut werden und Erfahrungen über Wandelungsprozesse und so neue Fähigkeiten für einen Wandel einbringen. Ob diese Manager jedoch erfolgreich Einfluss nehmen können, hängt höchstwahrscheinlich davon ab, wie sehr und wie *sichtbar* sie von der Unternehmensführung *unterstützt* werden. Fehlt diese Unterstützung, fehlt den neuen Managern auch die nötige Autorität und der nötige Einfluss.
- *Berater* werden häufig eingesetzt, um bei der Formulierung einer Strategie oder der Planung des Wandlungsprozesses zu helfen. Auch für die Umsetzung eines Wandels werden sie immer öfter eingesetzt; sie übernehmen etwa eine koordinierende Funktion, sind Projektplaner für Wandlungsprogramme, sind Moderatoren in Projektteams, die einen Wandel umsetzen sollen oder in Workshops zur Strategieentwicklung und Planung eines strategischen Wandels. Berater sind dabei in dreifacher Hinsicht wertvoll: Erstens sind auch sie nicht durch das kulturelle Erbe der Organisation vorbelastet und bringen daher eine neutrale Sichtweise auf den Wandlungsprozess mit. Zweitens stellen sie dadurch Fragen und führen Analysen durch, die als gegeben hingenommene Sichtweisen und Einstellungen infrage stellen können. Drittens sind sie ein sichtbares Symbol dafür, wie wichtig ein Wandlungsprozess ist, nicht zuletzt deshalb, weil die von ihnen verlangten Honorare erheblich sein können.
- Auch *andere Interessengruppen* können einen Wandel erheblich beeinflussen. So können etwa Regierungen, Investoren, Kunden, Zulieferer und Unternehmensanalysten potenziell als Change Agents einer Organisation fungieren.

18 Siehe zum Beispiel J. Balogun und G. Johnson, „Organizational restructuring and middle manager sensemaking“, *Academy of Management Journal*, Band 47, Nr. 4 (2004), S. 523–549; J. Balogun, „Managing change: steering a course between intended strategies and unanticipated outcomes“, *Long Range Planning*, Band 39 (2006), S. 29–49; J. Sillence and F. Mueller, „Switching strategic perspective: the reframing of accounts of responsibility“, *Organization Studies*, Band 28, Nr. 2 (2007), S. 155–176.

14.3.2 Stile beim Management des Wandels

Wer auch immer als Change Agent fungiert, muss stets genau überlegen, welchen Managementstil er wählt. Denn es gibt verschiedene Stile, die sich besser oder schlechter für das jeweilige Umfeld eignen. Diese Stile sind in *Tabelle 14.2* zusammengefasst.[19]

Tabelle 14.2

Managementstile des strategischen Wandels

Stil	Mittel/Umfeld	Nutzen	Probleme	Bedingungen für die Effektivität
Überzeugung	Gruppenbesprechungen gehen von einer Internationalisierung der strategischen Logik und vom Vertrauen in das Topmanagement aus	Überwindung von Fehl- oder Falschinformationen	Zeitaufwendig Richtung oder Fortschritt können unklar sein	Inkrementeller Wandel oder transformativer Wandel mit langem Zeithorizont
Partizipation	Beteiligung an der Definition der strategischen Agenda und/oder Lösung strategischer Probleme durch Task Forces oder Gruppen	Unterstützung von Entscheidungen und Prozessen wird gesteigert Eventuelle qualitative Verbesserung der Entscheidung	Zeitaufwendig Lösungen/Ergebnisse innerhalb bestehender Paradigmen	
Intervention	Change Agent behält Kontrolle/Koordination; Elemente des Wandels werden delegiert	Prozess wird kontrolliert/geführt, Beteiligung findet aber statt	Risiko empfundener Manipulation	Inkrementeller oder transformativer Wandel ohne Krisensituation
Anweisung	Einsatz von Autorität, um Richtung und Mittel des Wandels festzulegen	Klarheit und Schnelligkeit	Gefahr fehlender Akzeptanz und missverstandener Strategie	Transformativer Wandel
Zwang	Ausdrücklicher Einsatz von Macht durch Erlass	Kann in Krisensituationen erfolgreich sein	Ausschließlich in Krisensituationen erfolgreich	Krise, schneller transformativer Wandel in etablierter autokratischer Struktur

19 Verschiedene Autoren haben unterschiedliche Erklärungen für Wandlungsstile. Dieser Abschnitt basiert auf der Typologie von J. Balogun und V. Hope Haley (siehe Fußnote 2, Kapitel 2.4, S. 31–36) sowie D. Dunphy und D. Stace, „The strategic management of corporate change“, *Human Relations*, Band 46, Nr. 8 (1993), S. 905–920. Eine alternative Einteilung liefert R. Caldwell, „Models of change agency: a fourfold classification“, *British Journal of Management*, Band 14, Nr. 2 (2003), S. 131–142.

Überzeugung

Überzeugung ist ein Managementstil in Wandelprozessen, der darauf setzt, die Gründe für den strategischen Wandel und die eingesetzten Mittel zu erklären.

- **Überzeugung** ist ein Managementstil in Wandelprozessen, der darauf setzt, die Gründe für den strategischen Wandel und die eingesetzten Mittel zu erklären. Dieser Stil ist dann angemessen, wenn das Problem beim Management eines Wandels auf falschen oder fehlenden Informationen beruht und wenn genügend Zeit zur Verfügung steht, um die beteiligten Mitarbeiter von der Notwendigkeit des Wandels zu überzeugen. Doch es ergeben sich Probleme. Die Annahme, dass vernünftige Argumente, die von oben nach unten in einer Organisation eingebracht und vorgebracht werden, jahrelang gepflegte Annahmen verändern können, ist naiv. Ein Wandel kann dann effektiver sein, wenn diejenigen, die er betrifft, aktiv an seiner Entwicklung und Planung beteiligt werden.

Partizipation

Partizipation in einem Wandelprozess bezeichnet die Beteiligung derer, die von einem strategischen Wandel betroffen sein werden, an der Gestaltung des Wandels.

- **Partizipation** in einem Wandelprozess bezeichnet die Beteiligung derer, die von einem strategischen Wandel betroffen sein werden, an der Gestaltung des Wandels. Eine solche Beteiligung kann beispielsweise die Identifikation strategischer Themen und Probleme, den strategischen Entscheidungsprozess, die Festlegung von Prioritäten, die Planung des strategischen Wandels oder die Erstellung eines Aktionsplans betreffen. Durch die aktive Beteiligung entsteht eine positivere Einstellung zum Wandel. Die Mitarbeiter messen den Hindernissen, vor denen ihre Organisation steht, weniger Bedeutung bei[20] und engagieren sich persönlich für eine getroffene Entscheidung oder einen Wandlungsprozess. So lassen sich Bereitschaft und Fähigkeiten für den Wandel steigern. Doch auch hier gibt es das unvermeidliche Risiko, dass Lösungen aus der bestehenden Kultur heraus gefunden werden können. Jeder Manager, der diesen Stil wählt, muss sich unter Umständen die Möglichkeit offen halten, von außen in den Prozess eingreifen zu können.

Intervention

Intervention bezeichnet die Koordination von und die Autorität über Wandlungsprozesse, die von einem Change Agent ausgeübt wird, der einzelne Aufgaben des Wandlungsprozesses delegiert.

- **Intervention** bezeichnet die Koordination von und die Autorität über Wandlungsprozesse, die von einem Change Agent ausgeübt wird, der einzelne *Aufgaben* des Wandlungsprozesses delegiert. So können bestimmte Phasen des Wandels wie etwa Ideenfindung, Datensammlung, detaillierte Planung, die Entwicklung von Argumentationen für einen Wandel oder die Identifikation zentraler Erfolgsfaktoren an Projektteams oder Task Forces delegiert werden (siehe *Kapitel 15.4.2*). Solche Teams werden zwar nicht die volle Verantwortung für den Wandlungsprozess übernehmen, sich aber dennoch aktiv daran beteiligen und erkennen, dass ihre Arbeit zum Gelingen des Projekts beiträgt. Der Change Agent behält die Gesamtverantwortung für den Wandel und stellt sicher, dass die Fortschritte überwacht werden und dass sich der Wandel tatsächlich sichtbar vollzieht.[21] Ein Vorteil dieses Ansatzes besteht darin, dass die Mitarbeiter der Organisation nicht nur an der Ideenfindung beteiligt werden, sondern auch an der *teilweisen Umsetzung* von Lösungen, sodass sie größeres Engagement für den Wandel fühlen und zeigen können.

Anweisung

Eine Anweisung bezeichnet den Einsatz persönlicher Autorität eines Managers bei der Festlegung einer Strategie oder eines Veränderungsprozesses.

- Eine **Anweisung** bezeichnet den Einsatz persönlicher Autorität eines Managers bei der Festlegung einer Strategie oder eines Veränderungsprozesses. Sie entspricht einem Managementstil von oben nach unten, der eine klare Vision oder strategische Absicht verfolgt und von großer Klarheit bezüglich der kritischen Erfolgsfaktoren und Prioritäten geprägt ist.

20 Beweise für die positive Auswirkung einer aktiven Beteiligung am Strategieentwicklungsprozess siehe N. Collier, F. Fishwick und S. W. Floyd, „Managerial involvement and perceptions of strategy process", *Long Range Planning*, Band 37, Nr. 1 (2004), S. 67–83.

21 Der Interventionsstil wird ausführlicher diskutiert bei P. C. Nutt, „Identifying and appraising how managers install strategy", *Strategic Management Journal*, Band 8, Nr. 1 (1987), S. 1–14.

- **Zwang** ist die extremste Form der Anweisung. Hier wird ein Wandel auferlegt oder durch Verordnung angewiesen. Außerdem wird ausdrücklich vorhandene Macht eingesetzt, was auch notwendig werden kann, wenn sich die Organisation z.B. in einer schweren Krise befindet.

Zwang

Im Falle von Zwang wird ein Wandel auferlegt oder durch Verordnung angewiesen.

Über die Angemessenheit dieser verschiedenen Stile in unterschiedlichem Umfeld lassen sich einige allgemeine Beobachtungen formulieren:

- *Verschiedene Stile für verschiedene Phasen.* Es kann sein, dass der Managementstil für einen Wandel der jeweiligen Phase angepasst werden muss, in der sich der Wandlungsprozess befindet. Soll der Wunsch nach und die Bereitschaft für einen Wandel erzeugt werden, so bedarf es vielleicht einer klaren Anweisung; Partizipation oder Intervention können dazu beitragen, das Engagement innerhalb der Organisation zu steigern und zur Entwicklung von *Fähigkeiten* führen, um Hindernisse für einen Wandel zu identifizieren und spezifische Aktionsprogramme zu planen und zu implementieren.
- *Zeit und Ausmaß.* Partizipative Stile eignen sich am besten für inkrementelle Wandlungsprozesse. Ist jedoch ein transformativer Wandel nötig, sind Anweisungen vielleicht angemessen. (Hier ist anzumerken, dass auch dort, wo das Management den eigenen Führungsstil als partizipativ ansieht, die Untergebenen diesen trotzdem als anweisend empfinden können und solche Anweisung auch begrüßen.[22])
- *Macht.* In Organisationen mit *hierarchischen Machtstrukturen* ist vielleicht ein anweisender Führungsstil ganz normal und kann schwer zu verändern sein – nicht zuletzt deshalb, weil die Mitarbeiter ihn erwarten. Herrschen dagegen *flachere Machtstrukturen* (oder eine flexible Organisationsform, also eine vernetzte, lernende Organisation, die an anderer Stelle dieses Buchs beschrieben wird) vor, sind Zusammenarbeit und Partizipation eher normal und erwünscht.
- *Verschiedene Persönlichkeiten.* Die unterschiedlichen Stile passen natürlich auch zu unterschiedlichen Persönlichkeiten der Manager. Manager, die vielleicht über die größten Fähigkeiten für einen Wandel verfügen, können jedoch auch je nach Umfeld und Umständen verschiedene Stile annehmen (siehe *Kapitel 14.3.2*).
- *Verschiedene Managementstile des Wandels schließen sich nicht gegenseitig aus.* So können klare Anweisungen bezüglich einer gesamtunternehmerischen Vision dazu führen, dass die Strategieentwicklung im Detail viel kollaborativer abläuft. Ein Stil der Überzeugung und Kommunikation eignet sich für bestimmte Interessengruppen wie etwa Finanzinstitute, während sich die Partizipation eher für Gruppen innerhalb der Organisation eignet, wo Fähigkeiten und Bereitschaft noch gesteigert werden müssen; muss sich der Wandel in bestimmten Teilen der Organisation jedoch sehr rasch vollziehen, so erfordert der Zeitdruck vielleicht wiederum mehr Anweisungen.

14.4 Stellhebel des strategischen Wandels

Das restliche Kapitel beschäftigt sich mit verschiedenen „Hebeln“ des Managements eines strategischen Wandels. Change Agents müssen überlegen, welche dieser Hebel in welchem Wandlungsumfeld besonders hervorgehoben werden sollen. Michael Beer und Nitin Nohria haben nach jahrelangem Studium verschiedener Wandlungspro-

22 Nachweise dafür liefern Dunphy und Stace, Fußnote 18; siehe auch Collier *et al.*, Fußnote 19.

gramme von Unternehmen festgestellt, dass es insgesamt gesehen zwei Ansätze gibt, die sie als „Theorie E" und „Theorie O" beschreiben[23]:

- *Theorie E* ist ein Wandel, der auf dem Streben nach wirtschaftlichem Wert beruht und typischerweise mit den von oben nach unten orientierten, programmatischen „harten" Hebeln des Wandels assoziiert wird. Hier kommt es vor allem auf einen Wandel von Strukturen und Systemen oder finanziellen Anreizen an, die oft mit einer Veränderung des Unternehmensportfolios, mit einer Verschlankung und folglich auch mit Arbeitsplatzverlusten einhergehen.
- *Theorie O* ist ein Wandel, der auf der Entwicklung organisationaler Fähigkeiten basiert. Hier strebt man vor allem nach einer Veränderung der Unternehmenskultur und möchte von den Wandlungsprogrammen lernen, daran partizipieren und experimentieren.

Beer und Nohria weisen jedoch darauf hin, dass diese Alternativen zwar auf den ersten Blick sehr eindeutig zu sein scheinen, dass es aber dennoch erforderlich und sogar hilfreich sein kann, Instrumente oder Hebel des Wandels zu verwenden, die beide Ansätze kombinieren. Eine solche Kombination könnte zum Beispiel so aussehen:

- *Wandel in mehreren Phasen*, die zunächst mit Ansätzen zu Theorie E beginnen, um dann zu Ansätzen zu Theorie O zu wechseln.
- *Gleichzeitiges Anwenden beider Ansätze*, was den Mitarbeitern der Organisation und auch externen Interessengruppen klar kommuniziert wird.
- *Eine Kombination aus Anweisungen von oben und Partizipation von unten.* So erreicht man sowohl die Klarheit gesamtstrategischer Anweisungen als auch die potenzielle Spontaneität der Mitarbeiter.
- *Anwendung von Anreizen*, um den Wandel zu verstärken, statt den Wandel direkt voranzutreiben.

Einige der Hebel des Wandels wurden bereits in *Kapitel 12* in Bezug auf die Auswirkungen eines Wandels auf die Strukturen und Kontrollsysteme einer Organisation angesprochen. An dieser Stelle werden nun andere mögliche Instrumente des Wandels diskutiert. In diesem Zusammenhang sei darauf hingewiesen, dass viele dieser Hebel den Elementen des kulturellen Netzes entsprechen. Daraus ergibt sich, dass die Kräfte, die eingefahrene und eingespielte Verhaltensweisen bekräftigen und schützen, auch Grundlagen für einen Wandel sein können.

14.4.1 Das Infragestellen des Selbstverständlichen

Eine der größten Herausforderungen bei der Umsetzung eines strategischen Wandels ist die Notwendigkeit, oft jahrelang gepflegte Überzeugungen und selbstverständliche Annahmen – Paradigmen also – verändern zu müssen (siehe *Kapitel 5.3.6*). Es gibt verschiedene Ansätze, um dies zu erreichen.

Ein Ansatz besagt, dass genügend Beweise, vielleicht in Form einer sorgfältigen strategischen Analyse, ausreichen, um das Paradigma infrage zu stellen und so zu verändern. Überall, wo angestammte Überzeugungen über einen langen Zeitraum hinweg vertreten wurden, besteht auch großer Widerstand gegen einen Wandel. Mitarbeiter finden Mittel

23 Siehe M. Beer und N. Nohria, „Cracking the code of change", *Harvard Business Review*, Band 78, Nr. 3 (Mai–Juni 2000), S. 133–141.

und Wege, um eine Analyse wiederum zu hinterfragen, neu auszulegen und so zu interpretieren, dass sie dem bestehenden Paradigma entspricht. Um solche Überzeugungen zu überwinden, ist viel Stehvermögen notwendig. Andere argumentieren, dass solche Selbstverständlichkeiten ins Wanken gebracht werden können, indem sie analytisch offengelegt und die Mitarbeiter dazu angeregt werden, die eigenen Überzeugungen und die Überzeugungen der Kollegen infrage zu stellen.[24] Es geht darum, dass eine Sichtbarmachung solcher Annahmen dazu führt, dass diese eher hinterfragt werden. Auch die Planung von Szenarien (siehe *Kapitel 2.2.2*) wird als Möglichkeit angesehen, individuelle Voreingenommenheit und angestammte Annahmen zu überwinden, indem man die Mitarbeiter dazu bringt, mögliche andere zukünftige Entwicklungen und die sich daraus ergebenen Implikationen für ihr Unternehmen zu sehen.[25]

Andere gehen davon aus, dass besonders die höchsten Führungskräfte meist zu weit von den Realitäten ihrer Organisation entfernt sind und daher wieder mit diesen konfrontiert werden müssen. Sie sprechen wahrscheinlich kaum direkt mit ihren Kunden und kennen auch die Dienstleistungen gar nicht, die ihre eigene Firma anbietet. Eine Führungskraft einer Eisenbahngesellschaft erklärte, dass die Mitglieder der Führungsebene seiner Firma früher immer nur erster Klasse oder im Auto mit Chauffeur gereist seien. Kaum einer kannte die beengten Verhältnisse in einem überfüllten Zugabteil. Er führte daraufhin die Regel ein, dass alle Führungskräfte wenn möglich zweiter Klasse reisen mussten.

14.4.2 Veränderung von operativen Prozessen und Routinen

Strategien werden letztendlich durch die täglichen operativen Prozesse und Routinen einer Organisation umgesetzt. Diese können formalisiert und kodifiziert sein oder einfach formlos gelten, weil „wir das hier immer schon so gemacht haben"[26]. In jedem Fall bleiben solche Abläufe lange bestehen und prägen das Verhalten der Mitarbeiter. Wie aus den Diskussionen in *Kapitel 3* und *6* hervorgegangen ist, können solche Routineabläufe die Grundlage für die Kernkompetenzen einer Organisation und damit ihres Wettbewerbsvorteils sein. Gleichzeitig können sie aber auch einen Wandel ernsthaft blockieren; Dorothy Leonard-Barton[27] weist darauf hin, dass sie zu „Kernrigiditäten"

24 Beispiele zu diesem Ansatz liefern J. M. Mezias, P. Grinyer und W. D. Guth, „Changing collective cognition: a process model for strategic change", *Long Range Planning*, Band 34, Nr. 1 (2001), S. 71–95. Für einen systematischen Ansatz zur Strategiefindung und zum Wandel basierend auf dieser Offenlegung siehe F. Ackermann und C. Eden with I. Brown, „The Practice of Making Strategy", *Sage*, 2005.

25 Für eine Diskussion über den psychologischen Kontext, Denkfallen und die Auswirkungen, die diese auf Manager haben, die die Zukunft planen, siehe K. van der Heijden, R. Bradfield, G. Burt, G. Cairns und G. Wright, „The Sixth Sense: Accelerating organisational learning with scenarios", *Wiley*, 2002, Kapitel 2.

26 T. Deal und A. Kennedy erwähnen, dass „wir das hier immer schon so gemacht haben", in „Corporate Cultures: The rights and rituals of corporate life", *Addison-Wesley*, 1984. Routinen sind aber mittlerweile auch in den Diskussionen vieler Forscher in den Mittelpunkt gerückt, die einen ressourcenorientierten Ansatz vertreten (siehe *Kapitel 3*), denn diese sind wohl die Basis für organisationale Kompetenzen. Siehe zum Beispiel A. M. Knott, „The organizational routines factor market paradox", *Strategic Management Journal*, Band 24, Nr. 10 (2003), S. 929–943.

27 Für eine umfassende Erklärung von „Kernrigiditäten" siehe D. Leonard-Barton, „Core capabilities and core rigidities: a paradox in managing new product development", *Strategic Management Journal*, Band 13, Nr. 5 (Sommer 1992), S. 111–125.

werden können. Die Beziehung zwischen strategischem Wandel und den täglichen Prozessen und Routinen ist daher in vielerlei Hinsicht wichtig:

- *Planung eines operativen Wandels.* Die Planung der Umsetzung einer angestrebten Strategie erfordert die Identifikation wichtiger Veränderungen der Routineabläufe der Organisation. Ein strategischer Wandel muss immer im Zusammenhang mit einer Umstrukturierung organisationaler Prozesse gesehen werden.[28] Bei Shell Lubricants waren beispielsweise bis 2002 sieben Mitarbeiter an verschiedenen Bereichen der Auftragsabwicklung beteiligt. Als man die Effizienz steigern und den Kundendienst verbessern wollte, wurde einer Person die Gesamtverantwortung für einen Auftrag übertragen, sodass die Bearbeitungszeit um 75 Prozent und die Bearbeitungskosten um 45 Prozent sanken, während die Kundenzufriedenheit stark anstieg.[29]
- *Infragestellen operativer Annahmen.* Verändert man organisationale Prozesse und Routinen, so führt das vielleicht auch dazu, dass die ihnen zugrunde liegenden, selbstverständlichen Annahmen ebenfalls hinterfragt werden. Dies kann sehr wichtig sein, da es Mitarbeiter dazu bringt, tief verwurzelte Überzeugungen und Annahmen innerhalb der Organisation zu hinterfragen. Richard Pascal argumentiert: „Es ist leichter, zu handeln, um dadurch sein Denken positiv zu verändern, als nachzudenken, um dadurch positiver handeln zu können."[30] Anders ausgedrückt ist es seiner Meinung nach leichter, sein Verhalten zu ändern und so gleichzeitig auch selbstverständliche Annahmen mit zu verändern, als zu versuchen, diese Annahmen zu ändern, um dadurch auch das Verhalten zu verändern. Stimmt diese Aussage, muss man sie auch bei der Wahl des Managementstils für den Wandel berücksichtigen (siehe *Kapitel 14.3.2*): Sie sagt aus, dass Überzeugung und Kommunikation, um die Mitarbeiter dazu zu bringen, einen Wandel zu unterstützten, weniger wirkungsvoll sind als eine direkte Beteiligung der Mitarbeiter an Aktivitäten des Wandels.
- *Operativ motivierter Wandel.* Ein operativer Wandel kann manchmal nicht nur das Ergebnis eines geplanten strategischen Wandels sein; es kann auch sein, dass Chancen, die sich aus einem operativen Wandel ergeben, Innovationen und neue strategische Denkweisen hervorbringen. Michael Hammer[31] argumentiert, dass die meisten Manager Veränderungen auf operativer Ebene zu wenig Beachtung schenken. Sie verwenden meist Best-Practice-Standards mit Branchenstandards und versäumen es, nach Best-Practice-Standards an anderen Stellen ihrer Organisation zu suchen (siehe *Kapitel 3.6.1*). Als Beispiel nennt er Taco Bell in den USA, ein Fast-Food-Unternehmen, das seine Kosten senkte und die Qualität seines Angebots steigerte, indem operative Prozesse in Bezug auf Best-Practice-Standards im Bereich Fertigung neu überdacht und gestaltet wurden.
- *Veränderungen von Routinen von unten nach oben.* Selbst dort, wo Veränderungen von Routineabläufen nicht von oben geplant werden, werden sie häufig von Mitarbeitern verändert, was wiederum zu einem breiter angelegten strategischen Wandel

28 Siehe M. Hammer und J. Champy, „Reengineering the Corporation: A manifesto for business revolution", *Harper Collins*, 2004.

29 Dieses Beispiel stammt von Michael Hammer in „Deep change: how operational innovation can transform your company", *Harvard Business Review*, Band 82, Nr. 4 (April 2004), S. 84–93.

30 Dieses Zitat findet sich auf Seite 135 bei R. Pascale, M. Millemann und L. Gioja, „Changing the way we change", *Harvard Business Review*, Band 75, Nr. 6 (November–Dezember 1997), S. 126–139.

31 Siehe Fußnote 27.

führen kann. Martha Feldman[32] zeigt, dass selbst dort, wo es formalisierte (sie nennt sie „ostentative") Routineabläufe gibt, diese sich von selbst verändern können, denn es sind ja die Mitarbeiter, die sie ausführen (sie nennt diese Abläufe „Ausübungsroutinen"). Also kann das „Ostentative" im Laufe der Zeit durch die „Ausübung" verändert werden. Weitere Forschungsergebnisse zeigen, dass sich dies auch aktiver durch die bewusste Anpassung von Routinen vollziehen kann. Manager können ihre „Spielregeln" ganz bewusst ein wenig verändern. Dies könnte zunächst natürlich auf Widerstand stoßen, bleibt man jedoch längere Zeit bei der Anpassung, so erhält sie mit der Zeit immer mehr Unterstützung von verschiedenen Interessengruppen und wird irgendwann als neue Routine akzeptiert. Wird der Status quo von genügend Mitarbeitern infrage gestellt, können Change Agents bestimmte Routineabläufe ganz aktiv und *plötzlich verändern*, um einen klaren Wandel im Vergleich zur Vergangenheit zu verdeutlichen. Manager der mittleren Ebene könnten beispielsweise so vorgehen, wenn sie höher gestellte Manager oder Untergebene von ihrem Wandel überzeugen wollen, die sich einem Wandel widersetzen. Dies ist ein inkrementeller, experimenteller Prozess, der meist von Rückschlägen und politischem Ränkespiel geprägt ist.

Insgesamt lässt sich ableiten, dass Veränderungen von Routineabläufen zwar zunächst ganz alltäglich erscheinen, aber dennoch erhebliche Auswirkungen haben können.

Beispiel 14.4 Änderungshebel für die Transformation einer Wirtschaftshochschule

Eine Strategie für den Wandel, die andere Maßnahmen als die Konsensfindung betont.

Kritiker argumentieren, dass Wirtschaftshochschulen sich mittlerweile zu sehr von den Belangen praktisch tätiger Manager entfernt haben und stattdessen die akademische Forschung bevorzugen. Dies führt zu einer nicht nachhaltigen Situation, in der vorrangig solche Forschung belohnt wird, ohne die notwendige Finanzierung zu generieren. Als George Yip als Dekan der Rotterdamer School of Management an der Erasmus-Universität eingestellt wurde, legte die Universität für ihn das Ziel fest, die Kontakte zu und Relevanz für Unternehmen zu verbessern und gleichzeitig den akademischen Ruf aufrechtzuerhalten. Er erklärte seinen Ansatz wie folgt:

32 Martha Feldman hat eine ganze Reihe von Artikeln über die Beziehung zwischen Routinen und Veränderungen geschrieben. Siehe zum Beispiel M. Feldman, „Resources in emerging structures and processes of change", *Organization Science*, Band 15, Nr. 3 (2004), S. 295–309; sowie M. Feldman und B. Pentland, „Reconceptualizing organizational routines as a source of flexibility and change", *Administrative Science Quarterly*, Band 48, Nr. 1 (2003), S. 94–118.

„Ein konventioneller Ansatz gegenüber dem Wandel betont die Notwendigkeit, zunächst die Ansichten zum Handel zu verändern. Allerdings habe ich als Außenseiter und Ausländer bezweifelt, dass ich in einer nationalen Kultur, in der die Konsensfindung durch lange Diskussionen betont wird, Wandel schnell durch Überzeugungsarbeit erreichen konnte. Überdies hatte ich nur einen begrenzten Zeitrahmen – einen Vierjahresvertrag. Daher habe ich es zunächst vermieden zu sagen, dass ich große Änderungen vornehmen würde, da dies sofort zu Widerstand geführt hätte. Stattdessen habe ich mich auf Maßnahmen vor der Konsensfindung konzentriert.

So wurden beispielsweise nur 1 Prozent der vom Kollegium veröffentlichten Artikel in Managementzeitschriften wie der Harvard Business Review veröffentlicht. Ich habe diesbezüglich einen Zielwert von fünf Prozent festgesetzt, die Redakteure von Management-Magazinen an die Hochschule geholt, um das Kollegium zu schulen und einen Bargeldbonus von bis zu € 15.000 für eine Veröffentlichung in einem führenden Management-Magazin eingeführt. Schließlich habe ich auch den Leiter für Forschung davon überzeugt, dass führende Management-Magazine den gleichen Status wie wissenschaftliche Zeitschriften haben sollten, so dass diese auch bei der Freistellung von Fakultätsmitgliedern von der Lehrtätigkeit berücksichtigt werden. Immer wenn jemand etwas in einem solchen Magazin veröffentlicht hat, habe ich eine Glückwunschmail verschickt, die in Kopie an die gesamte Fakultät und das gesamte Personal ging, während ich das bei einer Veröffentlichung in einem wissenschaftlichen Magazin nicht getan habe. Ich habe auch die Tradition aufgegeben, dass der Dekan bei allen Verteidigungen von Dissertationen den Vorsitz führt. Ich wusste, dass dies viele Mitglieder der Fakultät verärgern würde, aber ich habe klargestellt, dass meine Priorität auf der Interaktion mit externen Stakeholdern, insbesondere mit Führungskräften, liegt.

Die Wissenschaftler sträubten sich gegen die Interaktion mit den Führungskräften. Daher habe ich die Beiratssitzungen umgestaltet. Da die Mitglieder des Beirats Topmanager waren, habe ich zu jeder Sitzung einen oder zwei der leitenden Wissenschaftler mitgebracht, die dort ihre Forschungsarbeit vorstellen sollten. Dabei habe ich betont, dass sie die Präsentation für die Zuhörer relevant gestalten sollten. Außerdem habe ich eine jährliche Konferenz ins Leben gerufen, die Gremien mit Managern und Wissenschaftlern zusammenbrachte, und auch andere Veranstaltungen durchgeführt, bei denen Mitglieder der Fakultät mit Praktikern zusammenkamen.

Beim Personal habe ich diejenigen ersetzt, die wahrscheinlich den stärksten Widerstand leisten würden, und einen unterstützenden Vizedekan unter den bestehenden Lehrstühlen ausgewählt und mit diesem den Amtsinhaber ersetzt. Ich habe auch die neue Position des Direktors für Außenbeziehungen geschaffen und diesen zusammen mit dem Marketingdirektor in den Verwaltungsausschuss, das höchste Gremium, aufgenommen. Es gab zwar einigen Widerstand, aber ich habe sichergestellt, dass ich die Unterstützung der Universitätsleitung hatte.

Eine formelle Erörterung der neuen Strategie habe ich bis in mein drittes Jahr in dieser Funktion aufgeschoben. Zu diesem Zeitpunkt waren die Ansichten schon positiver. So erklärte mir einer der Professoren, dass meine wichtigste Leistung als Dekan nicht darin lag, dass ich Geld beschafft oder die Einnahmen gesteigert habe, sondern dass es die Veränderung der Mentalität der Mitglieder der Fakultät war, so dass sie die Notwendigkeit der Anbindung an die Geschäftswelt erkannt haben. Ich trat im Juli 2011 zurück und der neue Vizedekan wurde mein Nachfolger. Zu Beginn des Jahres 2013 setzte er diese neue Strategie fort und verbesserte sie weiter.“

Quelle: Interview mit George Yip.

Kontrollfragen

1. Welche der in *Kapitel 14.4* erklärten Hebel für Veränderungen zeigen sich in George Yips Ansatz?
2. Empfehlen Sie Routinen, Symbole und Rituale, die er hätte verändern können, um den Fokus der Wissenschaftler auf die Bedürfnisse der Manager zu verstärken.
3. Stimmen Sie Richard Pascale (und George Yip) zu, dass es „einfacher ist, so zu handeln, dass man eine bessere Denkweise erreicht, als so zu denken, dass man besseres Handeln erreicht“? Welche potenziellen Gefahren bestehen hierbei?

14.4.3 Symbolische Prozesse[33]

Instrumente des Wandels sind nicht immer offensichtlich oder formal definiert, sondern können durchaus auch symbolischer Natur sein. In *Kapitel 5* (*Kapitel 5.3.6*) wurde erklärt, wie die Symbole einer Organisation zur Bewahrung eines Paradigmas beitragen können. An dieser Stelle geht es um ihre Rolle beim Management des Wandels. **Symbole** sind Objekte, Ereignisse, Handlungen oder Menschen, die über ihren funktionalen Zweck hinaus eine besondere Bedeutung vermitteln, pflegen oder erzeugen. Dies können alltägliche Dinge sein, die dennoch im Zusammenhang mit einer besonderen Situation oder Organisation von großer Bedeutung sind. (So gesehen sind auch die oben erwähnten organisationalen Prozesse und Routinen symbolischer Natur.) Die Veränderung von Routinen kann auch zu einer Neuprägung von Überzeugungen und Erwartungen führen, denn ihre Bedeutung zeigt sich in den täglichen Erfahrungen, die Mitarbeiter in ihren Organisationen machen, etwa mit den Symbolen, die sie umgeben (z.B. Gestaltung der Büros), mit der Art der Sprache, der eingesetzten Technologie und den organisationalen Ritualen. Nachfolgend einige Beispiele:

Symbole

Symbole sind Objekte, Ereignisse, Handlungen oder Menschen, die über ihren funktionalen Zweck hinaus eine besondere Bedeutung vermitteln, pflegen oder erzeugen.

33 Für eine umfassendere Diskussion zu diesem Thema siehe G. Johnson, „Managing strategic change: the role of symbolic action“, *British Journal of Management*, Band 1, Nr. 4 (1990), S. 183–200. Siehe auch J. M. Higgins und C. McCallaster, „If you want strategic change don’t forget your cultural artefacts“, *Journal of Change Management*, Band 4, Nr. 1 (2004), S. 63–73.

- *Viele Rituale*[34] von Organisationen befassen sich mit der Umsetzung und Konsolidierung von Veränderungen. *Tabelle 14.3* zeigt solche Rituale, gibt Beispiele und sagt aus, welche Rolle diese innerhalb von Veränderungsprozessen spielen könnten.[35] Um einen Wandel anzuzeigen oder zu unterstützen, können neue Rituale eingeführt oder alte Rituale abgeschafft werden.
- *Veränderungen physischer Aspekte* des Arbeitsumfelds sind starke Symbole eines Wandels. Typisch ist hier etwa die Verlegung des Standorts der Zentrale, Transfer von Personal, Veränderungen der Kleidung oder Uniform und Veränderungen in Büros oder der Bürogröße.
- Das *Verhalten von Change Agents*, vor allem von strategischen Anführern, ist das vielleicht stärkste Symbol in Bezug auf einen Wandel. Hat man also einmal angekündigt, dass ein Wandel vonnöten ist, so ist es ganz entscheidend, dass das sichtbare Verhalten der Change Agents auch diesem Wandel entspricht.
- Die von Change Agents verwendete *Sprache* ist ebenso von großer Bedeutung. Ein Change Agent kann – bewusst oder unbewusst – eine Sprache oder Metaphern verwenden, die einen Wandel fördern können. Aber natürlich besteht auch hier das Risiko, dass ein Change Agent dies nicht erkennt und sich zwar für einen Wandel einsetzt, gleichzeitig aber mit seiner Sprache signalisiert, dass man am Status quo festhalten sollte oder dass er persönlich dem Wandel nicht zustimmt.

Tabelle 14.3 gibt einige konkrete Beispiele solcher symbolischen Hinweise auf einen Wandel. Die Vorstellung, dass die Manipulation von Symbolen auch ein nützliches Instrument für das Management des Wandels sein kann, ist allerdings sehr interessant. Die Bedeutung von Symbolen hängt davon ab, wie sie interpretiert werden. Ein symbolischer Wandel ist zwar wichtig, doch es ist nicht so leicht, seine Auswirkungen vorherzusagen.

---

34 Für eine Diskussion über die Rolle von Ritualen bei Veränderungen siehe D. Sims, S. Fineman und Y. Gabriel, „Organizing and Organizations: An introduction“, *Sage*, 1993.

35 Siehe H. M. Trice und J. M. Beyer, „Studying organisational cultures through rites and ceremonials“, *Academy of Management Review*, Band 9, Nr. 4 (1984), S. 653–669; H. M. Trice und J. M. Beyer, „Using six organisational rites to change culture“, in R. H. Kilman, M. J. Saxton, R. Serpa and associates (eds), „Gaining Control of the Corporate Culture“, *Jossey-Bass*, 1985.

Tabelle 14.3

Organisationale Rituale und Veränderungen der Kultur

Art des Rituals	Rolle	Beispiele
Übergangsrituale	Konsolidieren und fördern soziale Rollenverteilung und Interaktion	Einführungsprogramme Trainingsprogramme
Bestätigungsrituale	Erkennen Bemühungen an, von denen die Organisation profitiert, und motivieren gleichzeitig zur Nachahmung	Belohnungszeremonien Beförderungen
Erneuerungsrituale	Stellen sicher, dass etwas getan wird Fokussieren die Aufmerksamkeit auf Sachthemen	Berufung von Beratern Projektteams
Integrationsrituale	Ermuntern zu gemeinsamem Engagement Stärken die Gültigkeit von Normen	Weihnachtsfeiern
Rituale zum Konfliktabbau	Reduzieren Konflikte und Aggression	Verhandlungsausschüsse
Degradierungsrituale	Öffentliche Anerkennung von Problemen Schwächung/Auflösung politischer oder sozialer Rollen	Entlassung führender Mitarbeiter Degradierung oder „Übergehen"
Sinn gebende Rituale	Austausch von Interpretationen und Erklärungen	Gerüchte Umfragen zur Bewertung neuer Praktiken
Rituale der Herausforderung	Das Werfen des „Fehdehandschuhs"	Andere Verhaltensweisen des neuen Firmenchefs
Rituale des Gegenangriffs	Widerstand gegen neue Vorgehensweisen	Murren Dienst nach Vorschrift

14.4.4 Macht und politische Prozesse[36]

Kapitel 4 befasste sich mit der Bedeutung des Verständnisses des politischen Umfelds in und rund um eine Organisation. Das Management des strategischen Wandels muss nun auch innerhalb dieses Umfelds betrachtet werden. Dies kann von großer Bedeutung sein, da der Aufbau eines politischen Umfelds eventuell nötig wird, um einen Wandel zu erreichen (siehe *Kapitel 14.4.2*). Auch kann dieser Aspekt wichtig sein, da zur Durchsetzung des Wandels vielleicht die uneingeschränkte Unterstützung von

36 Diese Diskussion basiert auf Beobachtungen der Rolle, die politische Aktivitäten in Organisationen spielen, siehe insbesondere H. Mintzberg, „Power in and around Organisations", *Prentice Hall*, 1983, und J. Pfeffer, „Power in Organisations", *Pitman*, 1981. Das vielleicht interessanteste Buch über politisches Management ist und bleibt aber Niccolo Machiavellis „The Prince" (*Penguin Books*, 2003). Darauf basiert auch ein Managementbuch von Gerald Griffin, „Machiavelli on Management: Playing and winning the corporate power game", *Praeger*, 1991.

einzelnen Mitarbeitern oder Gruppen erforderlich ist. Dies könnte der Firmenchef sein, ein mächtiges Vorstandsmitglied oder ein einflussreicher Außenstehender. Das Management des Wandels kann aber auch eine Neukonfiguration von *Machtstrukturen* erfordern, besonders wenn es eines transformativen Wandels bedarf. *Tabelle 14.4* zeigt einige der Mechanismen in Verbindung mit dem Management des Wandels aus einer politischen Perspektive:

- Die *Übernahme von Ressourcen* oder die Kontrolle des Zugangs zu wichtigen Ressourcenbereichen oder Fachwissensbereichen. Insbesondere die Fähigkeit, solche Ressourcen zu entziehen oder zuzuteilen, kann ein wirkungsvolles Instrument sein, um Widerstände zu überwinden, andere von einem Wandel zu überzeugen oder ihre Bereitschaft dazu zu steigern.
- Die *Verbindung zu mächtigen Interessengruppen (Eliten)* oder deren Unterstützern kann zum Aufbau einer Machtgrundlage beitragen. In ähnlicher Weise kann auch die Verbindung zu einem Change Agent, der respektiert wird und sichtbare Erfolge erzielt, einem Manager dabei helfen, Widerstände gegen den Wandel abzubauen. Es kann auch sein, dass es einem mit Widerstand konfrontierten Change Agent gelingt, zu einem angesehenen Mitglied der Gruppe, die Widerstand leistet, Kontakt aufzunehmen und dieses für seine Sache zu gewinnen. Natürlich kann es auch sein, *dass Einzelpersonen oder Gruppen, die kontinuierlich Widerstand leisten, entfernt werden müssen*. Wen dies betrifft, ist sehr variabel – es können mächtige Einzelpersonen in hohen Positionen oder auch ganze Unternehmensebenen sein, die sich dem Wandel widersetzen, weil sie beispielsweise ihre Funktion oder ihre Dienstleistung bedroht sehen.
- Zur Überwindung von Widerständen mächtigerer Gruppen kann es notwendig sein, *Allianzen und Netzwerke* aus Kontakten und Sympathisanten zu bilden. Es ist schwierig, eine gesamte Organisation dazu bringen zu wollen, einen Wandel zu akzeptieren, doch es gibt vielleicht einzelne Unternehmensteile oder Personen, die dem Wandel positiver gegenüberstehen als andere, und diese könnte der Change Agent zu seiner Unterstützung heranziehen. Er könnte auch versuchen, die Gruppen, die Widerstand leisten, eher an den Rand zu drängen. Die Gefahr dabei besteht jedoch darin, dass mächtige Gruppen innerhalb der Organisation diese Teambildung und Abdrängung als Bedrohung ihrer eigenen Machtposition auslegen könnten, was ihren Widerstand noch verstärken wird. Eine Analyse vorhandener Macht und Interessen der einzelnen Interessengruppen (siehe *Kapitel 4.4.1*) kann daher sehr hilfreich sein, um Grundlagen für Allianzen und mögliche Widerstände zu identifizieren.
- Auch hier ist der *symbolische Wandel* von potenziell großer Bedeutung. Um Macht aufzubauen, kann es nötig sein, zunächst genau die *Symbole* zu identifizieren, die das vorhandene Paradigma bewahren und bestätigen – durch die Arbeit innerhalb der bestehenden Struktur, eine Identifikation mit den Ritualen oder Geschichten der Organisation etc. Die Beseitigung oder das Infragestellen von Ritualen oder Symbolen kann wiederum ein wichtiges Mittel sein, um vorhandene Widerstände zu brechen und die Mitarbeiter dazu zu bringen, das Selbstverständliche zu hinterfragen.

Tabelle 14.4

Politische Mechanismen in Organisationen

	Mechanismen				
Aktivitätsbereiche	**Ressourcen**	**Eliten**	**Untersysteme**	**Symbole**	**Zentrale Probleme**
Aufbau der Machtgrundlage	Kontrolle von Ressourcen Übernahme von/ Identifikation mit Fachwissen Übernahme zusätzlicher Ressourcen	Unterstützung durch eine Elite Verbindung mit einer Elite	Bildung von Allianzen Bildung von Teams	Aufbau auf Legitimierung	Großer Zeitaufwand Empfundene Zweideutigkeit von Idealen Empfundene Bedrohung bestehender Eliten
Überwindung von Widerständen	Entzug von Ressourcen Einsatz von „Gegen-Intelligenz"	Aufbrechen von Eliten Verbindung mit Change Agents Verbindung mit respektierten Außenstehenden	Antrieb für den Wandel Unterstützung / Belohnung für Change Agents	Angriff auf oder Entzug von Legitimierung Verwirrung und Konflikte werden geschürt	Macht kann nicht ausreichend sein Potenziell destruktiv: schneller Wiederaufbau nötig
Unterstützung erlangen	Gewährung von Ressourcen	Entfernung resistenter Eliten Sichtbarer „Held des Wandels" nötig	Teilweise Implementierung und Kollaboration Implantation von „Disziplinen" Unterstützung für „Umstürzler"	Beifall/ Belohnung Unterstützung Symbolische Bestätigung	Umwandlung des „Unterbaus" der Organisation Rückschritte

Die politischen Aspekte des Managements eines Wandels sind jedoch potenziell sehr gefährlich. *Tabelle 14.4* fasst einige der Probleme zusammen. Das Hauptproblem bei der Überwindung eines Widerstands gegen den Wandel kann einfach darin bestehen, dass die nötige Macht fehlt, um dies zu erreichen. Der Versuch, den Status quo zu verändern, kann irgendwann regelrecht zerstörerisch wirken und so viel Zeit kosten, dass sich die Organisation nicht wieder davon erholt. Muss sich ein solcher Prozess aber unbedingt vollziehen, so ist die Einführung neuer Überzeugungen und einer neuen Strategie zwingend erforderlich und muss schnell geschehen. Außerdem reicht es nicht, nur die wenigen Manager der obersten Führungsebene von der Notwendigkeit des Wandels zu überzeugen – auch der gesamte „Unterbau" der Organisation muss dazu gebracht werden, sehr signifikante Veränderungen zu akzeptieren.

14.4.5 Taktiken des Wandels

Es gibt auch spezifischere Taktiken des Wandels, die eingesetzt werden können, um den Wandlungsprozess zu erleichtern.

Die zeitliche Koordination

Die zentrale Bedeutung der zeitlichen Koordination wird bei der Betrachtung eines strategischen Wandels häufig vernachlässigt. Die taktisch koordinierte Wahl des richtigen Zeitpunkts ist aber ganz entscheidend, um einen Wandel erfolgreich umzusetzen. Zum Beispiel:

- Die *Nutzung einer tatsächlichen oder empfundenen Krisensituation* ist umso sinnvoller, je umfangreicher der nötige Wandel ist. Wird das Risiko einer Beibehaltung des Status quo als riskanter empfunden als seine Veränderung, wird ein Wandel wahrscheinlicher. Es wird sogar behauptet, dass manche Führungskräfte vorhandene Probleme überzeichnen, um eine Krisenstimmung zu erzeugen, die dann den Wandel beschleunigt. So kann eine angedrohte Übernahme als Katalysator für einen strategischen Wandel eingesetzt werden.
- *Wandlungsprozesse bieten auch Chancen.* Die Ankunft eines neuen Firmenchefs, die Einführung eines neuen, sehr erfolgreichen Produkts oder das Auftauchen einer Wettbewerbsbedrohung können auch die Chance bieten, größere Wandlungsprozesse in Gang zu bringen, als dies unter normalen Umständen möglich wäre. Da man einem Wandel aber immer mit großer Nervosität begegnet, kann es auch wichtig sein, den Zeitpunkt zur Umsetzung dieses Wandels mit Bedacht zu wählen, um unnötige Angst und Unsicherheit zu vermeiden. Müssen beispielsweise Führungskräfte entlassen werden, so sollte dies am besten vor dem Beginn des Wandlungsprogramms geschehen. So wird dieses Programm als potenzielle Verbesserung für die Zukunft wahrgenommen und nicht als Ursache für solche Verluste.
- *Ein symbolisches Zeichen für den zeitlichen Rahmen* kann auch wichtig sein. Change Agents sollten unklare Informationen bezüglich der zeitlichen Koordination des Wandels vermeiden. Ist beispielsweise ein schneller Wandel vonnöten, so sollten Abläufe und Signale vermieden werden, die auf lange Zeithorizonte hinweisen wie etwa die Beibehaltung seit langem etablierter Kontroll- oder Belohnungsprozesse oder Routinen.

Sichtbare kurzfristige Erfolge

Ein strategisches Wandlungsprogramm erfordert viele detaillierte Aktionen und Aufgaben. Dabei ist es wichtig, dass einige dieser Aktionen schnelle Erfolge bringen. So könnte eine Einzelhandelskette beispielsweise ein neues Konzept für ihre Geschäfte entwickeln, dessen Erfolg sich schnell auf dem Markt bemerkbar macht; der effektive Abbau alter Routinen und der deutliche Erfolg neuer Arbeitsabläufe; die Beschleunigung von Entscheidungsprozessen durch die Abschaffung von Ausschüssen und die Einführung klar definierter Arbeitsprofile etc. Diese Punkte sind alleine für sich genommen vielleicht keine wichtigen Aspekte einer neuen Strategie, sie sind jedoch sichtbare Indikatoren eines neuen Ansatzes. Die Demonstration solcher Erfolge sorgt mit Sicherheit für ein höheres Engagement für die neue Strategie.

Ein immer wieder genannter Grund für die Unfähigkeit, sich zu verändern, ist das Fehlen der dafür nötigen Ressourcen. Dieses Problem könnte überwunden werden, wenn es möglich wird, „Hot Spots“ zu identifizieren, in die dann verstärkt Ressourcen und auch Arbeitskraft investiert werden. William Bratton beispielsweise, der die inzwischen berühmte *Zero Tolerance*-Politik der New Yorker Polizei einführte, begann damit, vorhandene Ressourcen und Bemühungen auf die Bekämpfung von Verbrechen zu konzentrieren, die mit Drogenmissbrauch zu tun hatten. Obwohl sie 50 bis 70 Prozent aller registrierten Verbrechen ausmachten, waren für ihre Bekämpfung ursprünglich nur fünf Prozent aller Ressourcen des NYPD vorgesehen. Als er in diesem Bereich erfolgreich war, konnte er sein Programm auf andere Bereiche ausweiten und dafür auch entsprechende Ressourcen erlangen.[37]

14.5 Das Management strategischer Wandlungsprogramme

Es gibt also eine Reihe strategischer Hebel oder Instrumente für den Wandel, unter denen Change Agents auswählen können. Dabei ist es von zentraler Bedeutung, die geeigneten Hebel auszuwählen, anstatt einer vorher festgelegten Formel für das Management des strategischen Wandels zu folgen. Dies hängt vom Umfeld und den Fähigkeiten und Stilen derjenigen ab, die für das Management des Wandels verantwortlich sind. Müssen etwa – um eine Extremsituation zu nennen – Widerstände gegen einen Wandel rasch überwunden und schnelle Ergebnisse erzielt werden, so kann der Fokus darauf liegen, die Mitarbeiter dazu zu bringen, die Regeln des Wandlungsprogramms zu befolgen. Ist andererseits genügend Zeit vorhanden, um die „Herzen“ der Mitarbeiter zu gewinnen, so muss der Fokus darauf liegen, deren Wertvorstellungen zu verändern. Auch müssen sie in viel stärkerem Maße an einer Veränderung ihrer Unternehmenskultur beteiligt werden. Es ist jedoch wahrscheinlich, dass die meisten Initiativen für einen Wandel Elemente sowohl der Theorie E als auch der Theorie O enthalten. Die meisten erfolgreichen Wandlungsprogramme setzen sogar auf mehrere verschiedene Hebel des Wandels[38].

Dieser Abschnitt befasst sich zunächst erneut mit drei Arten des Wandels, die bereits in *Kapitel 14.4.2* identifiziert wurden, und geht darauf ein, welche Instrumente die verantwortlichen Manager unter welchen Umständen einsetzen. Dann werden einige allgemeine Hinweise zum Management von Wandlungsprogrammen gegeben.

14.5.1 Anpassung

Wie in *Kapitel 5.4.1* und *Kapitel 12.3* erklärt, verläuft die Strategieentwicklung häufig *inkrementell.* Sie baut auf der früheren Strategie eher auf, als dass sie diese verändert. Die Änderung verläuft allmählich und baut auf dem auf, was die Organisation in der Vergangenheit getan hat und was im Einklang mit dem aktuellen Geschäftsmodell und der aktuellen Organisationskultur liegt, oder ergänzt dieses. Dies kann Änderungen der

37 Für eine umfassendere Diskussion dieses Ansatzes von Bratton und anderen Change Agents siehe W. C. Kim und R. Mauborgne, „Tipping point leadership“, *Harvard Business Review*, Band 81, Nr. 4 (April 2003), S. 60–69.

38 Für eine Übersicht über Forschungsergebnisse, die diesen Punkt bestätigen, siehe D. Buchanan, L. Fitzgerald, D. Ketley, R. Gallop, J. L. Jones, S. S. Lamont, A. Neath und E. Whitby, „No going back: a review of the literature on sustaining organizational change“, *International Journal of Management Reviews*, Band 7, Nr. 3 (2005), S. 189–205.

Produktgestaltung oder Produktionsmethoden, Einführungen neuer Produkte oder der damit verbundenen Diversifikation beinhalten. Dies ist die häufigste Form von Organisationsänderungen. Obwohl dies weniger häufig ist, wird ein Management des Wandels häufig mit den eher grundlegenden, in *Abbildung 14.5* beschriebenen Arten der Änderung assoziiert.

14.5.2 Strategierekonstruktion und die Turnaround-Strategie

„Turnaround"-Strategie (Umkehrstrategie)

Bei der „Turnaround"-Strategie (Umkehrstrategie) liegt die Betonung auf schnellem Wandel und einer schnellen Senkung der Kosten und/oder Umsatzsteigerung.

Es gibt Umstände, die eine schnelle Rekonstruktion erfordern, denn ohne sie könnte es zu einer Schließung des betroffenen Unternehmens kommen, es könnte immer tiefer in die roten Zahlen rutschen oder Ziel einer Übernahme werden. Hier spricht man gemeinhin von einer **„Turnaround"-Strategie (Umkehrstrategie)**, wobei die Betonung auf schnellem Wandel und einer schnellen Senkung der Kosten und/oder Umsatzsteigerung liegt. Dabei müssen die Manager diejenigen Dinge bevorzugt behandeln, die schnelle und umfassende Verbesserungen bringen. In solchen Situationen bedarf es meist klarer Anweisungen für den Wandel (siehe *Kapitel 14.3.1*). Einige der wesentlichen Elemente der Turnaround-Strategie sind folgende[39]:

- *Stabilisierung in der Krise.* Hier geht es zunächst darum, die Kontrolle über die sich verschlechternde Situation wiederzuerlangen. Dazu muss man sich kurzfristig auf Kostensenkungen und/oder Einnahmensteigerungen konzentrieren, was meist einige der in *Abbildung 14.5* erwähnten Schritte beinhaltet; viele dieser Schritte entsprechen ohnehin allgemeinen Managementpraktiken. Der Unterschied besteht lediglich darin, dass diese Schritte hier schneller vollzogen werden und ganz im Fokus der Aufmerksamkeit des Managements stehen. Die erfolgreichsten Turnaround-Strategien konzentrieren sich auch auf eine Senkung der direkten operativen Kosten sowie auf Produktivitätssteigerung. Weniger effektive Ansätze zielen weniger auf diese Aspekte und mehr auf eine Reduktion von Overhead-Kosten ab.[40]
- Solche *Umkehrprogramme* werden allerdings allzu oft nur als Übungen zur Kostensenkung verstanden, obwohl es wichtig wäre, die großen Zusammenhänge zwischen den Ursachen für den Rückgang und geeigneten Lösungen aufzuzeigen und zu verstehen. Lässt sich der Niedergang eines Unternehmens nämlich vor allem durch Veränderungen des externen Umfelds erklären, so ist es unsinnig, zu glauben, dass Kostensenkungen allein für erneutes Wachstum sorgen werden. Daher sind auch andere Elemente der Turnaround-Strategie wichtig.
- *Veränderungen des Managements.* Solche Veränderungen können besonders an der Spitze eines Unternehmens erforderlich sein. Dabei werden meist sowohl ein neuer Firmenchef oder Vorstandsvorsitzender berufen als auch die Besetzung des Vorstands verändert, was besonders die Funktionen Marketing, Vertrieb und Finanzwesen betrifft. Dafür gibt es drei Gründe. Zunächst ist es höchstwahrscheinlich gerade die alte Managementriege, die für das Unternehmen zu der Zeit verantwortlich war, als sich die aktuellen Probleme entwickelten, und die folglich von wichtigen Inte-

39 Die Turnaround-Strategie wird ausführlicher erklärt bei D. Lovett und S. Slatter, „Corporate Turnaround", *Penguin Books*, 1999; sowie P. Grinyer, D. Mayes und P. McKiernan, „The Sharpbenders: achieving a sustained improvement in performance", *Long Range Planning*, Band 23, Nr. 1 (1990), S. 116–125. Siehe auch V. L. Barker und I. M. Duhaime, „Strategic change in the turnaround process: theory and empirical evidence", *Strategic Management Journal*, Band 18, Nr. 1 (1997), S. 13–38.

40 Siehe die „Sharpbenders"-Studie, Fußnote 38.

ressengruppen als Verursacher dieser Probleme angesehen werden. Zum zweiten kann es notwendig sein, neue Manager ins Boot zu holen, die mit dem Management solcher Turnaround-Strategien bereits Erfahrung haben. Und zum dritten bringen Manager von außerhalb der Organisation neue Perspektiven auf die bisherige Arbeitsweise des Unternehmens mit.

Steigerung des Umsatzes	Senkung der Kosten
• Wahl des geeigneten Marketing-Mix für die wichtigen Marktsegmente • Überprüfung der Preisbildungsstrategie zur Maximierung der Einnahmen • Konzentration der Unternehmensaktivitäten auf die Anforderungen der Kunden der Zielmärkte • Nutzung zusätzlicher Möglichkeiten zur Generierung von Einkommen in Verbindung mit Zielmärkten • Investition der durch Kostensenkung gewonnenen Finanzmittel in Wachstumsbereiche	• Senkung der Arbeitskosten und der Kosten für die oberen Führungsebenen • Konzentration auf Produktivitätsverbesserungen • Strengere finanzielle Überwachung • Strengere Überwachung der Verwendung von Barvermögen • Einführung eines Zuliefererwettbewerbs; Rückzahlungen an Gläubiger hinauszögern; Rückzahlung von Schuldnern beschleunigen • Reduzierung der Lagerbestände • Abschaffung unrentabler Produkte/Dienstleistungen

Abbildung 14.5: Turnaround: Schritte zur Umsatzsteigerung und zur Kostensenkung

- *Sicherung der Unterstützung wichtiger Interessengruppen.* Vielleicht wurden wichtige Interessengruppen nur mit schlechten oder unzureichenden Informationen versorgt. In einer Turnaround-Situation ist es aber von zentraler Bedeutung, dass wichtige Interessengruppen wie etwa Banken oder wichtige Aktionäre, aber auch die Mitarbeiter immer alle Informationen über die aktuelle Situation sowie über Verbesserungen erhalten, sobald sie erzielt werden.[41] Auch ist es wahrscheinlich, dass eine klare Einschätzung der Macht verschiedener Interessengruppen (siehe *Kapitel 4.4.1*) beim Management einer Turnaround-Strategie von zentraler Bedeutung ist.
- *Klare Einordnung von Zielmärkten.* Für den Erfolg einer Turnaround-Strategie ist es besonders wichtig, dass ganz klar ist, welcher Zielmarkt oder welche Marktsegmente am ehesten Einnahmen generieren oder Gewinne abwerfen werden. Im Rahmen einer erfolgreichen Turnaround-Strategie rückt ein Unternehmen näher an seine Kunden heran und verbessert den Informationsfluss im Bereich Marketing, insbesondere für die Manager der oberen Führungsebenen, damit die Aktivitäten, die Einkommen generieren, auf die wichtigsten Marktsegmente konzentriert werden. Ein Grund für die schlechten Ergebnisse der Organisation könnte sein, dass es seine richtigen Zielmärkte nicht kennt.
- *Neuausrichtung des Fokus.* Kennt man seine Zielmärkte genau, so bietet das auch die Chance, Produkte und Dienstleistungen durch Outsourcing auszulagern, die mit diesen Märkten nichts zu tun haben und die Manager nur viel Zeit kosten, ohne dass sie einen ausreichenden finanziellen Beitrag zum Unternehmenserfolg leisten.
- *Finanzielle Umstrukturierung.* Auch die finanzielle Struktur der Organisation bedarf vielleicht einer Veränderung. Dies bedeutet meist auch, dass man die beste-

41 Siehe K. Pajunen, „Stakeholder influences in organizational survival", *Journal of Management Studies*, Band 43, Nr. 6 (2006), S. 1261–1288.

hende Kapitalstruktur ändern, zusätzliche Finanzmittel aufbringen oder bestehende Abkommen mit Gläubigern, besonders mit Banken, neu verhandeln muss.

- *Kritische Verbesserungsbereiche haben Priorität.* Um all dies umzusetzen, müssen Manager in der Lage sein, den Bereichen Priorität zu geben, die für schnelle und bedeutende Verbesserungen sorgen.

14.5.3 Das Management eines revolutionären strategischen Wandels

Ein revolutionärer Wandel unterscheidet sich von einer Rekonstruktion in zweierlei Hinsicht: Erstens bedarf es nicht nur eines raschen, sondern auch eines kulturellen Wandels. Zweitens kann es für die Mitarbeiter der betroffenen Organisation keineswegs offensichtlich sein, dass ein Wandel notwendig ist, wie dies in einer Turnaround-Situation der Fall ist. Sie könnten sogar einige Gründe sehen, die bestätigen, dass ein Wandel ganz und gar nicht nötig ist. Eine solche Situation kann sich im Laufe vieler Jahre entwickeln, in denen es auf dem Markt (relativ gesehen) in kleinen Schritten immer weiter bergab ging, wobei die Organisation zu lange von angestammten Produkten oder Dienstleistungen überzeugt war, die von den Kunden nicht länger geschätzt wurden – das Problem der strategischen Drift. Es kann natürlich auch sein, dass die Mitarbeiter einer Organisation ihre Probleme sehen und verstehen, aber dennoch keinen Ausweg erkennen. Beim Management eines solchen Wandels sind folgende Punkte wichtig:

- *Eine klare strategische Ausrichtung.* Unter solchen Umständen ist die Artikulation einer klaren strategischen Ausrichtung und entschiedenes Handeln im Einklang mit dieser Ausrichtung sehr wichtig. Bei dieser Art Wandel fällt einem einzelnen Vorstandsvorsitzenden häufig eine zentrale Rolle zu, denn er gibt die Richtung vor und ihm wird auch häufig der Erfolg eines Wandels zugerechnet. Er kann auch – sowohl unternehmensintern als auch extern – zum Symbol für diesen Wandel werden.
- *Eine Kombination wirtschaftlicher und symbolischer Instrumente.* Einige der oben beschriebenen schwierigen Entscheidungen im Rahmen einer Rekonstruktion (oder eines Turnaround) müssen zweifellos auch hier getroffen werden; dies betrifft etwa Veränderungen des Portfolios, stärkere Marktausrichtung, Veränderungen des Topmanagements und vielleicht auch eine finanzielle Umstrukturierung. Solche Entscheidungen werden aber auch oft herangezogen, um starke symbolische Botschaften des Wandels zu vermitteln. So war in der Zeitungsbranche der 1970er-Jahre Rupert Murdochs Entscheidung, sein Büro in der Fleet Street, Londons traditioneller Medienmeile, zu schließen und in einen modernen Zweckbau im Außenbezirk Wapping umzuziehen, ein entscheidendes Signal der Modernisierung nicht nur seiner eigenen Zeitung, sondern der gesamten Branche.
- *Eine Perspektive von außen.* Sehr häufig werden in einer solchen Situation neue Manager von außerhalb der Organisation ins Boot geholt. So wurden im Rahmen der Reform vieler Organisationen der öffentlichen Hand immer wieder Manager mit Erfahrungen auf dem privaten Sektor eingestellt. Auch Berater werden oft hinzugezogen, um eine neutrale Analyse bezüglich eines notwendigen Wandels zu erstellen oder den Wandlungsprozess zu unterstützen.
- *Verschiedene Managementstile des Wandels.* Während ein *anweisender Managementstil* für den Wandel wahrscheinlich sehr offensichtlich und auch angebracht ist, muss dieser dennoch häufig mit anderen Managementstilen kombiniert werden. Begleitend können Bemühungen unternommen werden, die Mitarbeiter von

der Notwendigkeit des Wandels zu *überzeugen.* Auch der *Interventionsstil* kann eingesetzt werden, um die Mitarbeiter an einzelnen Aspekten des Wandels zu beteiligen, die ihren Fachkenntnissen entsprechen. So lässt sich auch ihr eventueller Widerstand überwinden.

- *Arbeit mit der bestehenden Kultur.* Es kann möglich sein, mit Elementen der bestehenden Kultur zu arbeiten, sodass nicht die gesamte Kultur verändert werden muss. Dazu müssen diejenigen Aspekte der Kultur identifiziert werden, auf die man aufbauen kann, und solche, die verändert werden müssen. Als beispielsweise Ed Zander 2004 zum Vorstandsvorsitzenden der kränkelnden Firma Motorola ernannt wurde, entwarf er ein Wandlungsprogramm, das zwar verstärkt auf Innovation und eine Neuorientierung auf bestehende Märkte baute, sich aber ganz klar auch auf die seit langem gültigen Werte Qualität und Zuverlässigkeit stützte.[42]
- *Überwachung des Wandels.* Ein revolutionärer Wandel erfordert wahrscheinlich die Festlegung und Überwachung eindeutiger Ziele, die von den Mitarbeitern erreicht werden müssen. Oft sind diese mit finanziellen Zielen und somit auch mit besseren Erträgen für die Aktionäre verbunden.

14.5.4 Evolution

Evolution beschreibt die Änderung der Strategie, die zu einer – allerdings schrittweisen – Transformation führt. Dies ist wohl der herausforderndste Typ des strategischen Wandels, da er den Aufbau und die Ausnutzung bestehender strategischer Fähigkeiten umfasst, während auch neue strategische Fähigkeiten aufgebaut werden. Wie in *Kapitel 5* erklärt, wird häufig in erfolgreichen Situationen keine dringende Notwendigkeit für Veränderungen gesehen und es besteht die Tendenz, sich an den historischen Grundlagen des Erfolgs festzuhalten, so dass die Erforschung neuer Vorgehensweisen begrenzt ist. Sowohl Manager als auch Forscher haben versucht, Möglichkeiten zu finden, wie es zur effektiven Evolution von Strategie kommen kann: wie eine Organisation ihr Geschäftsmodell und ihre Kultur *inkrementell* ändern und mit einer sich verändernden Umwelt Schritt halten und somit die strategische Drift vermeiden kann. In diesem Abschnitt werden zwei Varianten erörtert, wie man dies erreichen kann.

Organisationale Ambidexterität

Ambidexterität ist die Fähigkeit, beide Hände gleich geschickt einzusetzen. Organisatorisch ist das Wort so entlehnt worden, dass es sowohl die Ausnutzung bestehender Fähigkeiten als auch die Suche nach neuen Fähigkeiten bezeichnet. Natürlich ist es angemessen und notwendig, dass eine Organisation versuchen sollte, die Fähigkeiten *auszunutzen*, die sie im Laufe der Zeit aufgebaut hat, um einen Wettbewerbsvorteil zu erzielen und aufrechtzuerhalten. Dabei geht die Tendenz zu *inkrementellem* Wandel, da die Strategie auf der Art und Weise, Dinge zu tun, aufgebaut wird. Wenn allerdings *inkrementeller* Wandel erreicht werden soll, muss die *Erforschung* neuer Fähigkeiten und Innovation erfolgen. Dies steht im Einklang mit der Lehre aus *Kapitel 3.2.2*, dass Organisationen über die Fähigkeit verfügen müssen, ihre Fähigkeiten zu erneuern und neu zu erstellen: Sie müssen dynamische Fähigkeiten entwickeln.

---

42 Der Wert der Arbeit mit Aspekten der bestehenden Kultur ist ein Ergebnis der Forschungsarbeit von S. Finkelstein, C. Harvey und T. Lawton, dokumentiert in Breakout Strategy, *McGraw-Hill*, 2007.

Organisationale Ambidexterität

Organisationale Ambidexterität bezeichnet die Fähigkeit einer Organisation, gleichzeitig bestehende Ressourcen auszunutzen und neue Ressourcen zu suchen.

Die Schlussfolgerung lautet, dass unter Umständen beides notwendig ist, die *bestehenden Fähigkeiten auszunutzen und neue Fähigkeiten zu erforschen* – **„organisationale Ambidexterität"**. Allerdings ist dies wahrscheinlich problematisch, da die verschiedenen, mit der Ausnutzung und Erforschung verbundenen Prozesse Widersprüche darstellen, z.B. fokussiert und flexibel sowie effizient und doch innovativ zu sein, voraus- und zurückzuschauen sowie in mehreren Zeitrahmen zu operieren.[43] Allerdings gibt es im Hinblick darauf, wie dies möglich sein könnte.

- *Strukturelle Ambidexterität.* Organisationen können den Hauptkern des Geschäfts aufrechterhalten, der der Ausnutzung mit engerer Kontrolle und sorgfältiger Planung gewidmet ist, aber separate Einheiten oder zeitweilige, eventuell projektbasierte Teams für die Erforschung neuer Fähigkeiten schaffen[44] (siehe *Kapitel 13.2.5*). Diese „forschenden" Einheiten sind kleiner, weniger streng gesteuert[45], wobei Lernen und Prozesse zur Unterstützung neuer Ideen stärker betont werden.
- *Diversität anstelle Konformität.* Widersprüchliche Verhaltensweisen könnten vorteilhaft sein, so dass sich im Einklang mit dem Konzept des *organisationalen Lernens* (siehe *Kapitel 12.3.1*) Vorteile ergeben können. Derartige Diversität kann darauf beruhen, dass Manager über unterschiedliche Erfahrungen oder verschiedene Ansichten zur zukünftigen Strategie verfügen, was zu einer nützlichen Debatte führen kann. Eine derartige Diskussion der Strategie kann auf höheren Ebenen einer Organisation „normal" werden.[46] Robert Burgelman[47] von der Stanford University argumentiert auch, dass es nahe am Markt und daher auf den unteren Ebenen einer Organisation solche Mitarbeiter gibt, die mit der vorherrschenden Strategie unzufrieden sind. Oder sie sind der Meinung, dass diese angesichts der sich verändernden Bedingungen in der Branche unangemessen ist und dass leitende Führungskräfte diese „Dissonanz" in eine „scharfe, intellektuelle Debatte" kanalisieren, bis sich ein klares strategisches Muster zeigt.
- *Die Rolle der Unternehmensführung.* Dies hat Auswirkungen auf die Führungsrollen in Organisationen. Die Führungskräfte müssen verschiedene Ansichten und potenziell widersprüchliche Verhaltensweisen ermutigen und wertschätzen, anstatt Gleichförmigkeit zu fordern.[48] Dies kann die Erprobung neuer Ideen und Experimente umfassen, um zu bestimmen, was Sinn ergibt und was nicht. Allerdings müssen sie auch über die Befugnis, Legitimität und Anerkennung verfügen, solche Experimente zu unterbrechen, wenn klar wird, dass deren Weiterverfolgung sich nicht lohnt, sowie Entscheidungen über die zu verfolgende Richtung zu fällen, die alle in der Organisation zu verfolgen haben – auch jene, die zuvor anderer Meinung waren.

---

43 Siehe W. K. Smith und M. Tushman, „Senior teams and managing contradictions: on the team dynamics of managing exploitation and exploration", *Organisation Science*, Band 16, Nr. 5 (2005), S. 522–536.

44 M. L. Tushman und C. A. O'Reilly, „Ambidextrous organizations: managing evolutionary and revolutionary change", *California Management Review*, Band 38, Nr. 4 (1996), S. 8–30.

45 R. Duncan, „Characteristics of organizational environments and perceived environmental uncertainty", *Administrative Science Quarterly*, Band 17, Nr. 3 (1972), S. 313–327.

46 Siehe Hensmans, Johnson und Yip (siehe auch Verweis 19 oben).

47 Robert Burgelman und Andrew Grove, „Strategic dissonnance", *California Management Review*, Band 38, Nr. 2 /(1996), S. 8–28.

48 R. A. Burgelman und A. S. Grove, „Let chaos reign, then reign in chaos – repeatedly: managing strategic dynamics for corporate longevity", *Strategic Management Journal*, Band 28 (2007), S. 965–979, auch C. A. O'Reilly und M. L. Tushman, „Organizational ambidexterity in action. How managers explore and exploit", *California Management Review*, Band 53, Nr. 4 (2011), S. 5–22.

- *Enge und lockere Systeme.* All dies legt nahe, dass ein Gleichgewicht zwischen „engen“ Systemen der Strategieentwicklung, die bestehende Fähigkeiten ausnutzen können – eventuell unter Einsatz einer strategischen Planung – und „lockeren“ Systemen notwendig ist, die neue Ideen und Experimente unterstützen. Dies kann wiederum mit dem Konzept verbunden sein, dass es einen gemeinsamen „Klebstoff“ geben muss – vielleicht in Form einer klaren strategischen Absicht im Hinblick auf Ziele und Werte, so dass verschiedene Einheiten in den Organisationen ausdrücken können, wie eine solche Mission auf verschiedene Art und Weise erreicht werden kann.

Beispiel 14.5 Traditionen des erfolgreichen evolutionären strategischen Wandels

Eine historische Studie identifiziert die Managementgrundlagen für evolutionären strategischen Wandel.

Nur sehr wenige Unternehmen haben die Fähigkeit gezeigt, sowohl strategische Veränderungen umzusetzen als auch hohe Profitabilität aufrechtzuerhalten. Ein solcher Wandel folgt gewöhnlich einer großen Rezession oder Krise. In einer Forschungsstudie wurden über vier Jahrzehnte die Managementprozesse in drei britischen Unternehmen, die eine solche Transformation erreicht haben, identifiziert und nachverfolgt. In diesem Zusammenhang haben die Forscher „Traditionen“ bestimmt, die zu einer solchen Transformation geführt haben. Dabei handelt es sich um Traditionen, die sich im Laufe der Zeit entwickelt haben. Diese Traditionen wurden nicht von einem bestimmten Manager eingeführt oder in Dokumente bzw. Pläne geschrieben, sie wurden vielmehr Teil der „DNA“ der Unternehmen – und eines dieser Unternehmen war die Einzelhandelskette Tesco.

Tradition alternativer Koalitionen

Die Unternehmen hatten parallele Koalitionen leitender Führungskräfte aufgebaut. Die erste, typischerweise höherrangige Gruppe konzentrierte sich auf die Stärkung der gegenwärtigen Fähigkeiten, Stärken und Erfolge. Die zweite, gewöhnlich jüngere, aber dennoch hochrangige Gruppe untersuchte aktiv die Entwicklung neuer Strategien und Fähigkeiten. Dieses parallele System wurde zu einem akzeptierten Teil der Funktionsweise des Unternehmens. Es wurde unterstützt und letztlich institutionalisiert.

So bestand beispielsweise das ursprüngliche Tesco-Modell darin, „viel zu horten und billig zu verkaufen“. Dieses Modell bewahrte der Gründer Jack Cohen durch eine persönliche Anordnung und einen kontrollierenden Führungsstil. Trotzdem entwickelte sich in den 1960er-Jahren eine alternative Koalition um Ian MacLaurin und sein Team aus operativ orientierten Managern. Diese Koalition legte den Fokus auf modernere Verfahren im Einzelhandel und führte bei Tesco ein Unternehmensmodell der Managementkontrolle ein. Diese alternative Koalition übernahm in den 1980er- und 1990er-Jahren die Führung, wobei sich während dieser Phase wiederum eine alternative Koalition um Terry Leahy entwickelte, die die nächste, auf mehreren segmentierten Einzelhandelsangeboten beruhende Phase der Strategie von Tesco aufbaute. Leahy selbst übernahm dann von den 1990er-Jahren bis zum Jahr 2011 die Führung.

Tradition des konstruktiven Streits

Die Entwicklung alternativer Koalitionen ergab sich häufig im Zusammenhang mit erheblichen Konflikten. Bei Tesco ließ sich dieser Konflikt auf die Vorstandsstreitigkeiten zwischen Familienmitgliedern in der Cohen-Ära sowie danach in den 1960er- und 1970er-Jahren zwischen den beiden Koalitionen von Managern zurückverfolgen. Im Laufe der Zeit allerdings wurden diese Konflikte weniger intensiv und respektvoller und entwickelten sich zu „konstruktiven Diskussionen“. Dabei ging es nicht nur darum, dass leitende Führungskräfte verschiedene Standpunkte vertraten. Diese Form des konstruktiven Streits wurde in der Unternehmenskultur verankert. Wenn beispielsweise Manager im Unternehmen vorankommen wollten, wurde erwartet, dass sie in Besprechungen mit den leitenden Führungskräften „für ihre Sache eintreten“.

Tradition der Nutzung „glücklicher Zufälle“

Durch die beiden Traditionen alternativer Koalitionen und konstruktiver Diskussionen tauchten ständig neue Ideen auf. Dies wiederum bedeutete, dass die Unternehmen gut in der Lage waren, Probleme in Chancen umzuwandeln. Die Forscher bezeichneten diese „glücklichen Zufälle“ als unerwartete Umstände oder Ereignisse, die von der alternativen Koalition zur Entwicklung neuer Strategien verwendet wurden. So traf beispielsweise die Rezession zu Beginn der 1990er-Jahre Tesco mit seinem weniger etablierten und jüngeren Kundenportfolio. Der damalige CEO David Malpas, der sich wunderte, warum das Unternehmen den Erfolg der jüngeren Vergangenheit nicht aufrechterhalten konnte, ging deshalb zusammen mit dem aufstrebenden Terry Leahy einen Tag lang in Wettbewerbergeschäfte. Dadurch wurde er mit Leahys Ansichten konfrontiert, dass Tesco seine Kunden aus den Augen verloren hatte und das Angebot für seine Kunden überdenken musste. Dies wiederum führte zur Beförderung von Leahy, zur Einführung verschiedener Einzelhandelsformate, zu einer deutlichen Reduzierung des Personals am Hauptsitz, optimierten Managementebenen und internationaler Expansion.

Quellen: M. Hensmans, G. Johnson und G. Yip, „Strategic Transformation: Changing while Winning“, *Palgrave* 2013; siehe auch G. Johnson, G. Yip und M. Hensmans, „Achieving successful strategic transformation“, *MIT Sloan Management Review*, Band 63, Nr. 3 (2012), S. 25–35.

Kontrollfragen

1. Wie verhalten sich die „Traditionen“ zu den Erklärungen des in *Kapitel 14.5.4* dargestellten evolutionären strategischen Wandels und insbesondere zum Konzept der organisationalen Beidhändigkeit?
2. Wenn es Jahrzehnte gedauert hat, bis sich die „Traditionen“ entwickelt haben, können Führungskräfte deren Umsetzung in die Organisationen erreichen? Und wenn ja, wie kann dies erfolgen?

Phasen der Evolution

Die zweite Perspektive, aus der sich ein strategischer Wandel als Evolution betrachten lässt, bezieht sich auf die Verlagerung von einer Strategie auf eine veränderte Strategie, die sich aber über einen längeren Zeitraum, vielleicht sogar über viele Jahre hinweg, vollzieht. Hier könnten folgende Prinzipien den Managern als Leitlinien dienen:

- *Übergangsphasen.* Es ist wichtig, in einem solchen Wandlungsprozess Phasen des Übergangs zu identifizieren. So kann es sein, dass in Bezug auf das Wandlungsumfeld (siehe *Kapitel 14.3*) keine ausreichende Bereitschaft besteht oder dass nicht die entsprechenden Fähigkeiten vorliegen, um große Veränderungen anzustoßen. Es ist also entscheidend, das Umfeld entsprechend vorzubereiten, bevor weitere bedeutende Schritte unternommen werden.
- *Irreversible Veränderungen.* Vielleicht ist es möglich, Veränderungen zu identifizieren, die zwar keine unmittelbaren, dafür aber langfristig irreversible Auswirkungen haben. So kann beispielsweise eine Anwaltskanzlei oder ein Wirtschaftsprüfungsunternehmen, das einen evolutionären Ansatz zum strategischen Wandel umsetzen möchte, neue Einstellungskriterien für Universitätsabsolventen sowie neue Kriterien für die Ernennung weiterer Partner festlegen. Der Zeithorizont, bis die Auswirkungen dieser neuen Kriterien zu spüren sind, beträgt viele Jahre, nach der Umsetzung wären die Effekte allerdings kaum reversibel.
- *Nachhaltige Unterstützung des Topmanagements.* Das Risiko besteht hier darin, dass der Wandel irgendwann an Schwung verliert, da die oberste Führungsebene den Mitarbeitern keine nachhaltige Unterstützung des Wandels vermittelt.
- *Die Gewinnung von Herz und Verstand der Mitarbeiter.* Um einen transformativen Wandel durchzusetzen, bedarf es fast immer auch eines kulturellen Wandels. Dies kann sich problematischer gestalten als im Fall eines revolutionären Wandels, da viele Mitarbeiter einfach nicht erkennen, dass der aktuelle Status quo mit großen Problemen verbunden ist. Es müssen also konsequent verschiedene Instrumente des Wandels eingesetzt werden: Überzeugung und Partizipation als Managementstile des Wandels, damit die Mitarbeiter die Notwendigkeit eines Wandels erkennen und ihren Beitrag dazu leisten; Signale für die Bedeutung des Wandels, die alle Mitarbeiter der Organisation sowohl rational als auch emotional verstehen; sowie Instrumente, die eine bessere wirtschaftliche Leistung signalisieren und bewirken.

14.5.5 Einige allgemeine Lehren für das Management von Wandlungsprogrammen

In diesem Abschnitt werden einige allgemeine Lehren bezüglich des Managements von Wandlungsprogrammen zusammengetragen. Zunächst kann man wichtige Lehren aus dem Verständnis der Aspekte ziehen, die Probleme verursachen:[49]

- *Überfrachtete Programme.* Viele Change Agents müssen erkennen, dass sich ein Wandel meist nicht als einmaliger Prozess verwirklichen lässt, sondern eine Reihe immer neuer Initiativen erfordert, die sich vielleicht über einen Zeitraum von Jahren erstrecken. Dabei besteht allerdings das Risiko, dass diese Initiativen von anderen

---

49 Die hier erwähnten Beobachtungen und Beispiele basieren größtenteils auf L. C. Harris und E. Ogbonna, „The unintended consequences of culture interventions: a study of unexpected outcomes", *British Journal of Management*, Band 13, Nr. 1 (2002), S. 31–49.

irgendwann als „Rituale des Wandels“ angesehen werden, die nur wenig bedeuten. Außerdem besteht die Gefahr, dass die ursprüngliche Intention eines Wandlungsprogramms allmählich in Vergessenheit gerät und von anderen Ereignissen wie etwa einem Redundanzprogramm verdrängt wird.

- *Missbrauch von Prozessen.* Gut gemeinte Wandlungsbemühungen können von anderen für andere Zwecke missbraucht werden. So wurde in einer Versicherungsgesellschaft die Einführung computergestützter Telefonsysteme zur Verbesserung des Kundendienstes auch zum Anlass genommen, die Anzahl der Mitarbeiter zu reduzieren, die sich um Kundenanfragen kümmerten. Das Ergebnis war keineswegs ein besserer Kundendienst; außerdem blieb eine überaus skeptische Belegschaft zurück, die dieser und jeder weiteren zukünftigen Initiative für einen Wandel misstraute.
- *Neuerfindung.* Hier wird ein versuchter Wandel einfach im Sinne der alten Kultur umgedeutet. So wurde die intendierte Strategie eines Ingenieurbüros, für die Kunden Produkte mit höherem Wert abzuliefern, von den Ingenieuren innerhalb der Firma so interpretiert, als wolle das Unternehmen ein höheres Maß an technischen Spezifikationen anbieten.
- *Fehlender Bezug.* Den Mitarbeitern, die vom Wandel betroffen sind, könnte der entsprechende Bezug des Wandlungsprogramms zu ihrer Realität fehlen. Managern der oberen Führungsebene, den Befürwortern des Wandels, könnte es an Glaubwürdigkeit mangeln, schließlich fehlt ihnen das Verständnis für die Realitäten des Wandels in den unteren Ebenen der Organisation. Es kann auch sein, dass neu eingeführte Systeme und Initiativen als mit den Intentionen des Wandels unvereinbar angesehen werden.
- *Befolgung der Regeln des Wandels.* Es besteht die Gefahr, dass die Mitarbeiter scheinbar die Regeln des Wandels befolgen, die ihnen das Wandlungsprogramm vorgibt, ohne jedoch wirklich davon überzeugt zu sein. Das kann dazu führen, dass ein Change Agent einen Wandel zu beobachten glaubt, obwohl tatsächlich nur oberflächliche Regelbefolgung stattfindet.

Seit 1994 setzt die Boston Consulting Group[50] vier zentrale Faktoren beim Management strategischer Wandlungsprogramme ein und stellt entsprechende Wandlungsteams zusammen. Den Angaben der Beraterfirma zufolge erhöht sich die Erfolgsquote solcher Programme erheblich, wenn folgende Punkte beachtet werden:

- *Meilensteine zur Überwachung des Fortschritts.* Wandlungsprogramme sollten mindestens alle zwei Monate durch Manager der obersten Führungsebene kontrolliert und mit wichtigen Aufgaben abgeglichen werden, die erfüllt werden müssen. Auch die Kriterien solcher Kontrollen sollten klar formuliert und allgemein bekannt sein.[51]
- *Ein Wandlungsteam mit hoher Integrität,* d.h., es verfügt über die richtigen Fähigkeiten – die in regelmäßigen Kontrollen überprüft werden – um das Wandlungsprogramm umzusetzen. Die Auswahl und Zusammenstellung des richtigen Teams mit der erforderlichen Kombination aller Fähigkeiten sind eine zentrale Verantwortung der obersten Führungsebene.

50 Siehe H. L. Sirkin, P. Keenan und A. Jackson, „The hard side of change management“, *Harvard Business Review*, Band 83, Nr. 10 (October 2005), S. 109–118.

51 Die Überwachung von Wandlungsprogrammen wird ausführlicher beschrieben bei L. Gratton, V. Hope Hailey, P. Stiles und C. Truss, „Strategic Human Resource Management“, *Oxford University Press*, 1999.

- *Sichtbares Engagement für den Wandel* durch das Topmanagement und Konsequenz bei der Erklärung des Wandels. Dazu kommt noch, dass diejenigen, die der Wandel betreffen wird, klar und offen informiert werden müssen.
- *Zeit- und Arbeitsaufwand für das Management des Wandels*, der vom Wandlungsteam aufgebracht werden müssen. Das Topmanagement muss sicherstellen, dass dem Team ausreichend Zeit und Ressourcen zur Verfügung stehen, um ihre Aufgaben erfüllen zu können.

Viele der Probleme und Herausforderungen beim Management eines strategischen Wandels werden nachfolgend nochmals aufgegriffen.

Im Fokus: Das Management des Wandels von oben nach unten

Ein strategischer Wandel wurde immer als Verantwortungsbereich des Topmanagements angesehen; inwieweit kann das Topmanagement aber einen solchen Wandel durchführen?

John Kotter, einer der weltweit führenden Experten zum Thema Führung und Wandel, argumentiert, dass Probleme des strategischen Wandels deshalb entstehen, weil Manager der oberen Führungsebene das Management eines solchen Wandels falsch anpacken. Folgende Schritte müssen seiner Meinung nach unternommen werden:

- Schaffung eines Dringlichkeitsbewusstseins basierend auf Marktchancen und -bedrohungen,
- Bildung einer starken Koalition aller Interessengruppen für den Wandel,
- Schaffung und Kommunikation einer klaren Vision und Strategie, um den Wandel anzuleiten und sicherzustellen, dass das Verhalten der leitenden Koalition mit der Vision im Einklang ist,
- Entfernung von Hindernissen für den Wandel, Veränderungen von Systemen, die die Vision unterstützen sowie Förderung nichttraditioneller Ideen und Aktivitäten,
- Schaffung kurzfristiger Erfolge,
- Konsolidierung von Verbesserungen, aber auch Fortführung des Wandlungsprozesses.

Julia Balogun untersuchte eine Wandlungsinitiative eines Teams des Topmanagements und konzentrierte sich dabei auf die Interpretation dieser Initiative durch die Manager der mittleren Führungsebene. Sie fand heraus, dass die Topmanager zwar der Meinung waren, ihre beabsichtigte Strategie klar zu kommunizieren, dass es aber eigentlich die Manager der mittleren Ebene waren, die den Wandel vollzogen und die Wandlungsinitiativen gemäß ihrer eigenen *mentalen Modelle* und in Bezug auf ihre eigenen *lokalen Verantwortlichkeiten und Bedingungen* interpretierten. Diese basierten zum Großteil auf Gerüchten und dem Austausch mit Gleichgestellten. Das Topmanagement war ganz zwangsläufig zu weit von dieser Dynamik entfernt; man konnte von den Topmanagern nicht erwarten, diese im Detail zu verstehen oder gezielt eingreifen zu können. Balogun argumentiert, dass

„leitende Manager zwar einen Wandel anstoßen und seine Richtung beeinflussen, ihn jedoch nicht leiten und durchführen können". Sie können jedoch

- sich darauf konzentrieren, das Verständnis für allgemeine Wandlungsprinzipien zu steigern und sich nicht in Details verlieren.

Hari Tsoukas und Robert Chia gehen noch weiter. Sie argumentieren, dass ein Wandel ein inhärentes Eigentum einer Organisation ist. Hierarchien und Kontrollen durch das Management hemmen diesen natürlichen Prozess.

> *„Wandlungsprogramme lösen ständige Veränderungen aus: Durch sie werden die allgemeinen Ressourcen zur Verfügung gestellt, die bestimmte Dinge ermöglichen, obwohl zu Beginn einer Wandlungsinitiative meist noch unklar ist, was genau geschehen wird. Zunächst müssen entsprechende Erfahrungen gemacht werden, erst dann können die sich bietenden Möglichkeiten bewertet und (gegebenenfalls) umgesetzt werden. Wandlungsprogramme sind den lokalen Umständen angepasst, werden manchmal improvisiert und meist sorgfältig ausgearbeitet… Was aber bedeutet dann ein „geplanter Wandel"?… Ein Wandel wird inzwischen meist als Ergebnis bewusster Handlungen durch das Management verstanden. Unserer Perspektive folgend hat dieser Ansatz seine Grenzen. Natürlich möchten Manager bestimmte Denk- und Handlungsweisen mittels der Umsetzung sorgfältiger Pläne erreichen, doch ein Wandel kann sich in einer Organisation auch ohne absichtliches Handeln des Managements entwickeln, wenn Einzelpersonen beispielsweise neue eigene Erfahrungen einbringen und dadurch neue Chancen wahrnehmen. Folgt man der hier vorgestellten Perspektive, birgt eine zu intensive Beschäftigung mit einem geplanten Wandel das Risiko, das inhärente, immer bereite Wandlungspotenzial einer Organisation zu übersehen." (S. 578–579)*

Quellen: J. Kotter, „Leading change: why transformation efforts fail", *Harvard Business Review*, März-April (1995), S. 59–67; J. Balogun und G. Johnson, „Organizational restructuring and middle manager sensemaking", *Academy of Management Journal*, Band 47. Nr. 4 (2004), S. 523–549; J. Balogun, „Managing change: steering a course between intended strategies and unanticipated outcomes", *Long Range Planning*, Band 39 (2006), S. 29–49; H. Tsoukas und R. Chia, „On organizational becoming: rethinking organizational change", *Organization Science*, vol 13., Nr. 5 (2002), S. 567–582.

Kontrollfragen

1. Welche Probleme gibt es im Zusammenhang mit den beiden Perspektiven von oben nach unten oder von unten nach oben bezüglich des Managements eines Wandels?
2. Wenn Sie eine Führungsposition innehätten, welchen Ansatz würden Sie wählen und unter welchen Bedingungen?
3. Sind die verschiedenen Ansichten unvereinbar miteinander?

(Die verschiedenen Perspektiven auf strategisches Management, die in den Kommentaren erläutert werden, sind hier eine hilfreiche Hintergrundlektüre.)

Aufgaben

*Kennzeichnet schwierigere Aufgaben.
**Kennzeichnet Fälle in diesem Buch.

14.1 Vergleichen und stellen Sie die verschiedenen Stile zum Change Management, über die Sie in der Presse und in diesem Lehrbuch gelesen haben (z.B. Sergio Marchionne bei Fiat und Chrysler, George Yip an der Rotterdam School of Management, John Howie bei Babcock Rail** und Steve Jobs bei Apple**), einander gegenüber.

14.2 Beziehen Sie sich auf *Kapitel 14.2.2* und beurteilen Sie die zentralen, das Umfeld betreffenden Dimensionen einer Organisation (wie im Beispiel von Barclays in *Kapitel 5*) und überlegen Sie, wie diese die Gestaltung eines Programms für einen strategischen Wandel beeinflussen könnten.

14.3 Stellen Sie ein kulturelles Netz zusammen und setzen Sie die Kraftfeldanalyse ein, um behindernde und unterstützende Faktoren eines Wandels einer Organisation zu identifizieren (z.B. die gleiche Organisation, die Sie für die Aufgabe oben gewählt haben). Bestimmen Sie, welche Aspekte der durch diese Analyse empfohlenen Veränderungen als Bestandteil des Veränderungsprogramms umgesetzt werden können und wie dies geschehen kann.

***14.4** Inwieweit stimmen Sie in Bezug auf das Management eines strategischen Wandels in einem großen Konzern oder einer Organisation des öffentlichen Sektors mit dem Argument Richard Pascales überein, dass es uns leichter fällt, zunächst zu handeln, um dadurch eine bessere Denkweise zu erlangen, als zuerst umzudenken, um dann besser handeln zu können?

***14.5** Es gibt eine Reihe von Büchern von bekannten Führungskräften, die in ihren Organisationen umfangreiche Wandlungsprogramme durchgesetzt haben. Lesen Sie eines dieser Bücher und identifizieren Sie die Instrumente und Mechanismen des Wandels, die die Change Agents angewendet haben. Verwenden Sie dabei die in diesem Kapitel erklärten Ansätze als Checkliste. Wie effektiv waren diese Instrumente Ihrer Meinung nach angesichts des Umfelds, mit dem sich die Change Agents konfrontiert sahen? Hätten andere Mechanismen eingesetzt werden können?

Integrative Aufgabe

***14.6** Welchen Hauptproblemen sieht sich die Zentrale eines diversifizierten Unternehmens mit einer multinationalen internationalen Strategie gegenüber (siehe *Kapitel 8*), das ein verbundenes Portfolio erreichen möchte? Beantworten Sie diese Frage in Bezug auf (a) die strategischen Fähigkeiten, die die Zentrale brauchen wird (siehe *Kapitel 3* und *7*); (b) die Implikationen für die Organisation und Kontrolle der Tochtergesellschaften (siehe *Kapitel 13*); (c) die potenziellen Hindernisse eines solchen Wandels und (d) die mögliche Überwindung dieser Hindernisse.

Literaturempfehlungen

- Für eine kurze Zusammenfassung der Forschung zu effektiver Führung, einschließlich des Change Management, siehe G. Yukl, „Effective leadership behaviour: what we know and what questions need more attention“, *Academy of Management Perspectives*, Band 26, Nr. 4 (2012), S. 66–85.
- J. Balogun und V. Hope Hailey, „Exploring Strategic Change“, 3. Auflage, *Prentice Hall*, 2008, baut auf den in diesem Kapitel erwähnten Ideen auf und führt sie weiter. Es wird besonders betont, wie wichtig es ist, Wandlungsprogramme dem jeweiligen Unternehmensumfeld anzupassen; außerdem werden viele der hier beschriebenen Instrumente des Wandels genauer beschrieben.

- Für ein besseres Verständnis der verschiedenen Ansätze des Managements eines Wandels: M. Beer und N. Nohria, „Cracking the code of change", *Harvard Business Review*, Band 78, Nr. 3 (Mai–Juni 2000), S. 133–141.
- Für ein Verständnis sowie Beispiele zur organisationalen Beidhändigkeit: C. A. O'Reilly und M. I. Tushman, „Organisational ambidexterity in action: how managers explore and exploit", *California Management Review*, Band 53, Nr. 4 (2011), S. 5–22 und G. Johnson, G. Yip und M. Hensmans, „Achieving successful strategic transformation", *MIT Sloan Management Review*, Band 53, Nr. 3 (2012), S. 25–32.
- Die Studie über Wandlungsprogramme von L. C. Harris und E. Ogbonna, „The unintended consequences of culture interventions: a study of unexpected outcomes", *British Journal of Management*, Band 13, Nr. 1 (2002), S. 31–49, bietet wertvolle Einblicke in die Problematik des Managements von Wandlungsprozessen innerhalb von Organisationen.

ZUSAMMENFASSUNG

Ein immer wiederkehrendes Thema dieses Kapitels ist die Tatsache, dass die Ansätze, Stile und Mittel des Wandels dem Umfeld des Wandels angepasst werden müssen. Vor dem Hintergrund dieses zentralen Aspekts wurden einige wichtige Punkte angesprochen:

- Es gibt verschiedene *Arten des strategischen Wandels*, die je nach dem *Ausmaß* des notwendigen kulturellen Wandels variieren. Auch ist entscheidend, ob der Wandel inkrementell erreicht werden kann oder ob dringender Handlungsbedarf besteht (der „Urknall-Ansatz"). Verschiedene Arten des Wandels erfordern meist auch verschiedene Ansätze und Mittel für das Management des Wandels.
- Wichtig ist auch, allgemeine Aspekte des organisationalen Umfelds zu betrachten, etwa *Ressourcen und Fähigkeiten, die erhalten werden müssen*, das Ausmaß an *Homogenität oder Diversität* in der Organisation, die *Fähigkeit, Kapazität und Bereitschaft* für einen Wandel und die *Macht*, diesen durchzusetzen.
- Das *kulturelle Netz* und die *Kraftfeldanalyse* sind sinnvolle Mittel zur Identifikation von Blockaden und möglichen Instrumenten des Wandels.
- Change Agents müssen meist verschiedene *Managementstile* des strategischen Wandels anwenden, je nachdem, welches Umfeld sie vorfinden, und je nach Interessen und Partizipation verschiedener betroffener Gruppen.
- Je nachdem, um welche Art des Wandels und um welches Umfeld es sich handelt, müssen verschiedene *Instrumente des Managements des strategischen Wandels* in Betracht gezogen werden. Solche Instrumente sind etwa das Aufdecken und *Hinterfragen des Selbstverständlichen*, die Notwendigkeit, *operative Prozesse, Routinen und Symbole* zu verändern, die Bedeutung *politischer Prozesse* und andere *Taktiken* des Wandels.

ZUSAMMENFASSUNG

Fallstudie
Sergio Marchionne: die treibende Kraft des Wandels bei Fiat und Chrysler

Sergio Marchionne beantwortet Fragen der Presse auf der International Auto Show in Toronto.
Quelle: © Zoran Karapancev – Shutterstock.com # 177685226

Sergio Marchionne, der über die kanadische und die italienische Staatsbürgerschaft verfügt, spricht fließend Englisch und Italienisch. Marchionne, der seinen ersten Abschluss in Philosophie machte sowie einen MBA-Abschluss und einen Abschluss in Jura hat, arbeitete zunächst in der Buchhaltung und danach in Managementpositionen in der Druckerei-, Unterhaltungs- und Chemieindustrie, bevor er im Mai 2003 in den Vorstand der Fiat S.p.A. gewählt wurde. Obwohl er keine direkte Erfahrung in der Automobilbranche hatte, wurde er dann im Jahr 2004 zum CEO von Fiat ernannt. Seit dieser Zeit hat er Wandelungsprogramme bei Fiat, dem zweitgrößten europäischen Automobilproduzenten, sowie danach bei Chrysler, dem drittgrößten Automobilproduzenten der USA, geleitet.

„Egal ob in seinem Büro, auf einer öffentlichen Plattform oder selbst bei einer Preisverleihung verströmt Sergio Marchionne ein ungezwungenes, entspanntes Image. Dabei trägt er typischerweise eher einen Pullover als den traditionellen Manageranzug. Allerdings stecken hinter seinem entspannten Stil klare Ansichten zu seiner Rolle als Unternehmensführer: Er schrieb: „Meine Aufgabe als CEO besteht nicht darin, Entscheidungen über das Geschäft zu fällen, sondern anspruchsvolle Ziele festzulegen und unseren Managern dabei zu helfen, herauszufinden, wie diese erreicht werden können."[1]

In seiner Bewertung derjenigen, die er für die Führung von Unternehmen auswählt, legt er unter anderen Eigenschaften Wert auf Entschlusskraft und Kreativität, aber auch auf die Fähigkeit, Annahmen zu überdenken sowie Wandel zu führen. Überdies ist er der Ansicht, dass solchen Führungskräften Verantwortung und Spielraum für die Erforschung neuer Ideen gegeben werden sollte, wobei akzeptiert werden muss, dass dies bedeutet, dass es „Erfolge und Fehlschläge geben wird; man muss ihnen die Möglichkeit zu Fehlern geben."[2]

Die Trendwende bei Fiat

Als Marchionne im Jahr 2004 die Funktion des CEO bei Fiat übernahm, war er bereits der fünfte Manager in dieser Funktion seit 2001. Das Unternehmen war nicht rentabel, die Produkte hatten den Ruf schlechter Qualität, der letzte auf den Markt gebrachte Neuwagen war nicht erfolgreich und die Beziehungen zu den Gewerkschaften waren schlecht.

Während seiner ersten 50 Tage im Amt bereiste er das Unternehmen, hörte den Menschen zu und analysierte die Situation. Er stellte fest, dass die leitenden Führungskräfte nicht daran gewöhnt waren, Verantwortung für Entscheidungen zu übernehmen – alles wurde nach oben an den CEO verwiesen. Überdies kommunizierten die Manager häufig über ihre Sekretärinnen miteinander und verbrachten ihre Zeit damit, akute Probleme zu bekämpfen oder Probleme zu vermeiden. Das Unternehmen wurde von Ingenieuren dominiert und der traditionelle Karriereverlauf bis zu den hochrangigen Managementpositionen im Unternehmen verlief über die technische Schiene. Auch die Entwicklung neuer Modelle lag in ihren Händen. Danach wurde das neue Modell dann, komplett mit Umsatzzielen und Preisen, an den Verkauf und das Marketing gegeben. Dies war nicht nur ineffizient, sondern führte, was wenig überraschte, auch zu Spannungen zwischen den Abteilungen.

Nach ersten Maßnahmen zur Reduzierung der Verschuldung von Fiat wandte Marchionne seine Aufmerksamkeit der Führung des Geschäfts zu. Er entschied, dass auf den höchsten Ebenen die Angewohnheit der Weiterverweisung an den CEO so tief verwurzelt war, dass sich dies nicht ändern ließ: Daher wurden viele Führungskräfte entlassen. Darüber hinaus gingen 2.000 andere Manager und Mitarbeiter vorzeitig in den Ruhestand. Andererseits hatte er im Zuge seiner Besichtigung des Unternehmens junge und talentierte Manager kennengelernt – oft in Bereichen, wie dem Marketing, die keine traditionellen Wege bis ganz nach oben bildeten, oder in geografischen Regionen wie Lateinamerika, die weniger von der Unternehmenszentrale beeinflusst waren und in denen die Manager sich tendenziell unabhängiger verhielten und persönliche Initiative ergriffen. Im Ergebnis dieser „Talentsuche“ wurden 20 Ernennungen für Führungspositionen sowie andere Beförderungen vorgenommen.

Marchionne wies einem persönlichen Interesse an einem potenziell großen Talent eine hohe Priorität zu und sah seine persönliche Bindung an diese Personen als wertvoller an als eine formellere Bewertung. Überdies war er auch der Ansicht, dass ein solches persönliches Engagement zur Entwicklung eines Spitzenteams mit dezidierten gemeinsamen Werten beiträgt. Seine Erwartung an diese neuen Spitzenkader unter den Managern ging dahin, dass sie die Verantwortung für die Erreichung der Trendwende erhalten sollten. Er erkannte, dass dies anspruchsvoll war:

> *„Wenn ich den Menschen mehr Verantwortung gebe, dann müssen sie die Verantwortung auch übernehmen. Wenn ein Manager ein Ziel nicht erreicht, sollte dies gewisse Konsequenzen haben. Aber ich glaube nicht, dass die Nichterreichung eines Ziels das Ende der Welt ist … Wenn man (allerdings) Führungskräfte entwickeln möchte, dann dürfen Erklärungen und Ausreden nicht zum Alltag werden. Das ist eine Eigenschaft des alten Fiat, die wir weit hinter uns gelassen haben.“*[3]

Marchionne stellte sein Team zusammen, um einen auf ein anspruchsvolles Ziel ausgerichteten Geschäftsplan zu entwickeln, der im Jahr 2004 mit dem Ziel bekanntgegeben wurde, im Jahr 2007 2 Milliarden Euro zu verdienen. Ihm war klar, dass dieses festgelegte Ziel äußerst ambitioniert war, und tatsächlich hielten einige dieses Ziel sogar für unrealistisch. Allerdings war er der Ansicht, dass der Vorteil darin lag, dass dies die Manager zwang, anders zu denken und alte Herangehensweisen an die Dinge in Frage zu stellen. Um eine bessere Integration zu erreichen und die Dinge zu beschleunigen, baute Marchionne auch mehrere Managementebenen ab, schaffte eine Vielzahl von Ausschüssen ab und ersetzte diese durch ein Group Executive Council, in dem Führungskräfte aus verschiedenen Bereichen, wie Traktoren und LKW, zusammenkamen. Für den Betrieb von Fiat Auto baute er überdies mit dem Ziel, alle Unternehmensteile dazu zu bringen, miteinander zu reden, auch ein Team mit 24 Mitgliedern auf. Um das Teilen von Ideen weiter zu unterstützen, begann er, Führungskräfte von einem Teil des Unternehmens in andere zu versetzen, und forderte, dass seine Spitzenmanager Verantwortung für mehrere Teile des Unternehmens übernehmen.

Marchionne sah eine seiner wichtigen Aufgaben darin, Annahmen in Frage zu stellen. Er führt dazu das Beispiel der Fragen an, die er dazu gestellt hat, warum es vier Jahre gedauert hat, bis Fiat ein neues Modell entwickelt hat. Die Fragen trugen dazu bei, Prozesse zu identifizieren, die entfernt werden konnten. Dies bedeutete, dass der Cinquecento in nur 18 Monaten entwickelt und 2006 auf den Markt gebracht wurde. „Man beginnt so, einige Engpässe zu entfernen und die Mitarbeiter haben das sehr bald verstanden und begannen, ihre eigenen Prozesse auseinander zu nehmen."[4] Dieses Infragestellen von Annahmen und Prozessen wurde auch durch die Einstellung von Managern von außerhalb der Automobilbranche und durch Benchmarking nicht nur mit anderen Automobilherstellern, sondern auch mit Unternehmen wie Apple unterstützt.

Nicht alle dieser Schritte wurden auf der höchsten Managementebene ausgeführt. Es wurde auch auf die Mitarbeiter geachtet, von denen viele in den Fertigungseinheiten tätig waren, die Marchionne als ineffizient und enttäuschend gesehen hatte:

> *„Es wäre für mich einfach gewesen, zwei Werke zu schließen und zu beginnen, die Anlagen anderswo neu zusammenzulegen. Aber wenn ich das getan hätte, dann hätten wir sehr verärgerte Mitarbeiter gehabt … Wir haben Kindergärten und Lebensmittelgeschäfte neben dem Werk eingerichtet, um es den Mitarbeitern zu erleichtern, Arbeit und Familie unter einen Hut zu bekommen. Wir haben alle Umkleideräume und Waschräume renoviert … Wir tun dies, weil wir erkannt haben, dass unser Engagement als Führungskräfte für unsere Mitarbeiter über das hinausgeht, was in den Arbeitsverträgen ausgehandelt ist."*[5]

Im Jahr 2006 war Fiat wieder rentabel.

Die Trendwende bei Chrysler

Im Jahr 2009 befand sich Chrysler am Rande der Insolvenz. Das Unternehmen hatte keinen Marktwert, Investitionen waren drastisch gekürzt worden und es standen bis zu 300.000 Arbeitsplätze auf dem Spiel. Mit der Unterstützung der US-amerikanischen und kanadischen Regierung sowie der Gewerkschaften ging die Fiat-Gruppe mit einem Anteil von 20 Prozent eine strategische Allianz mit Chrysler ein. Marchionne wurde zum CEO ernannt. Seine Vision bestand darin, dass Fiat und Chrysler unter Berücksichtigung der potenziellen Synergieeffekte im Hinblick auf Kaufkraft, Vertriebskapazitäten und Produktportfolios – mit den Jeeps, Minivans und Leicht-LKW von Chrysler sowie den Kleinwagen und kraftstoffsparenden Motoren von Fiat – gemeinsam einen führenden Global Player im Automobilsegment bilden sollten.

Als Marchionne 2009 bei Chrysler übernahm, „erbte" er nicht nur ein hoch verzinstes Darlehen der öffentlichen Hand über $ 6 Milliarden, er fand auch verängstigte Mitarbeiter und, wie bei den meisten Automobilherstellern in Detroit, ein von Bürokratie geplagtes Unternehmen vor. Eine seiner ersten Maßnahmen bestand darin, in einem Memo an die Mitarbeiter von Chrysler auf die Parallelen mit Fiat hinzuweisen: „Vor fünf Jahren habe ich bei Fiat eine sehr ähnliche Situation vorgefunden. Das Unternehmen wurde von vielen als scheiternder, lethargischer Automobilhersteller wahrgenommen, der Autos geringer Qualität produzierte und durch endlose Bürokratie behindert wurde."[6]

Wie Fiat war auch Chrysler äußerst hierarchisch und die Manager trafen nur widerwillig Entscheidungen: „Diese Firma wurde vom Büro des Vorstandsvorsitzenden geführt … der obersten Etage (die als „Turm" bekannt ist). Jetzt ist es da leer … Dort passiert nichts. Ich bin auf der Etage hier mit den ganzen Ingenieuren."[7]

Auch hier tauschte Marchionne das Management aus. Er bestimmte 26 junge Manager, die zwei oder drei Ebenen unter der obersten Unternehmensführung angesiedelt waren und bisher durch die Hierarchie behindert worden waren. Diese Manager berichteten in einer flacheren Hierarchie nun direkt an ihn. Die Reorganisation umfasste auch Manager, die das Unternehmen verließen, da sie die Erwartungen von Marchionne nicht erfüllten.

Auch hier betonte Marchionne die Kostenkontrolle: So wurden beispielsweise im Plan für 2009 Einsparungen von $ 2,9 Milliarden bis 2014 durch die gemeinsame Nutzung von Teilen und Motoren mit Fiat identifiziert. Allerdings wurde auch die Produktentwicklung betont. Um sich auf Verbesserungen der Produktpalette zu konzentrieren, nutzte er hier die Erfahrung seines neuen Managementteams, wie von Ralph Gilles, der für das Produktdesign verantwortlich ist:

> *„Jeder wusste, wo das Problem bei den Fahrzeugen lag. Man kann jeden Mitarbeiter des Unternehmens fragen und würde eine Liste von zehn Dingen bekommen, die sie verbessern würden. Und wenn man die Chance bekommt, diese Dinge auch tatsächlich zu verbessern, erhält man schließlich ein Produkt, das die Summe seiner Einzelteile übersteigt."*[8]

Eine weitere Schlüsselkomponente bei der wirtschaftlichen Wiederbelebung war die Behandlung des Problems mit der Produktqualität. Chrysler war so aufgestellt, dass jede Marke ihre eigene Qualitätsabteilung hatte. Diese separaten Abteilungen wurden zusammengelegt und es wurden neue Möglichkeiten zur Qualitätsmessung eingeführt, die eine bessere Überwachung aller Marken ermöglichen. Diese Aufmerksamkeit für die Produkt- und Qualitätsverbesserung ging Hand in Hand mit der Modernisierung der Werke. Das Ergebnis war eine Aktualisierung von 16 Modellen in 18 Monaten.

Während der Umgestaltung des Montagewerks Jefferson Nord in Detroit wurden die Mitarbeiter mit der umfassendsten Reinigung des Werks seit der Eröffnung im Jahr 1991 beschäftigt. Sie hießen Marchionne willkommen, als er das Werk besuchte, um die Fortschritte zu überprüfen, waren aber mehr als erfreut, als Präsident Obama später das Werk besichtigte und es als „dieses großartige Werk" bezeichnete. Allerdings waren die Beziehungen zwischen Arbeitgeber und Gewerkschaft nicht immer so positiv. Die Bemühungen zur Reduzierung der Kosten führten zum Abbau von Arbeitsplätzen, zur Schließung von Anlagen, zur Einfrierung von Löhnen und zur Kündigung von etablierten Tarifverträgen. Gewerkschaftsaktivisten protestierten während Präsentationen von Marchionne.

Im Jahr 2011 gab Chrysler einen operativen Gewinn von $ 2 Milliarden (verglichen mit einem Nettoverlust von $ 652 Millionen im Jahr 2010) bekannt und sämtliche staatlichen Darlehen wurden zurückgezahlt.

Neue Herausforderungen

Im Juli 2011 erhöhte sich der Anteil von Fiat an Chrysler auf 53,5 Prozent und im September 2011 wurde Marchionne Präsident von Chrysler. Allerdings wurde er mit neuen Herausforderungen konfrontiert.

Im Jahr 2012 florierte Chrysler wieder. Die Investitionsausgaben sollten von $ 3,1 Milliarden im Jahr 2011 auf $ 4 Milliarden steigen und auch die Gewinne setzten sich fort. Allerdings hatte Fiat mit fünf Jahren eines branchenweiten Rückgangs im von der Rezession betroffenen Europa zu kämpfen, wobei Italien besonders stark betroffen war. Die Fahrzeuge von Fiat rangierten in den USA im Hinblick auf die Produktqualität immer noch auf dem zweitschlechtesten Platz.[9] Dem Unternehmen entstanden Verluste, die Absatzprognosen und Investitionen in Europa wurden reduziert und die italienischen Werke arbeiteten bei 50 % ihrer Kapazität.[10]

Marchionne versuchte, die branchenweiten Bemühungen zur Reduzierung der Produktionskapazität in Europa zu unterstützen, und drohte nach einer Schließung im Jahr 2011, ein zweites italienisches Werk zu schließen. Er forderte ein Eingreifen des Staates, um die Schließung unrentabler Werke sowie die Entlassung von Arbeitskräften zu erleichtern. Es schien allerdings von Volkswagen, BMW und Daimler, die zwar auch Gewinnrückgänge hinnehmen mussten, in Europa aber nicht so hohe Werksüberkapazitäten wie Fiat hatten, nur wenig Unterstützung zu geben. Ein Branchenbeobachter äußerte, dass unter Sergio Marchionne die nächsten Jahre bei Fiat und Chrysler eine „rasante Fahrt" werden würden.[11]

Quellen:

[1] Sergio Marchionne, „Fiat's extreme makeover", *Harvard Business Review*, Dezember (2008), S. 46.
[2] Vorlesung von Sergio Marchionne, „Leading from Hell and Back", an der Ross School of Business, Michigan University, 13. Januar 2012.
[3] *Harvard Business Review*, Dezember 2008, S. 46.
[4] *Harvard Business Review*, Dezember 2008, S. 47.
[5] *Harvard Business Review*, Dezember 2008, S. 48.
[6] Peter Gumbe, „Chrysler's Sergio Marchionne: the turnaround artista", *Time Magazine*, 18. Juni 2009.
[7] Resurrecting Chrysler, 60 Minuten, CBS; Interview mit Steve Kroft, 25. März 2012, *http://www.youtube.com/watch?v=h3ppoyWNN7s*.
[8] Resurrecting Chrysler, 60 Minuten, CBS (siehe 7. oben).
[9] J.D. Power and Associates (2012), US Initial Quality Study.
[10] Tommaso Ebhardt, „Marchionne seen missing Fiat sales target by $19 billion", *Business Week*, 29. Oktober 2012.
[11] Tommaso Ebhardt (siehe 10. oben).

Kontrollfragen

1. Welche Art Wandel wurde in Bezug auf *Kapitel 14.5* bei Fiat und Chrysler verfolgt? War dies im Hinblick auf den Wandlungskontext angemessen?
2. Wie würden Sie den Wandlungsstil von Sergio Marchionne beschreiben? War dies für den Wandlungskontext angemessen?
3. Welche Instrumente des Wandels setzte Sergio Marchionne ein? Welche anderen Instrumente hätte er einsetzen können und warum?
4. Bewerten Sie die Effektivität der Wandlungsprogramme bei Fiat und Chrysler.

Strategisches Management in der Praxis

15

ÜBERBLICK

Lernziele

Nach der Lektüre dieses Kapitels sollten Sie in der Lage sein,

- die wichtigsten Menschen zu identifizieren, die an der Entwicklung einer Strategie beteiligt sind, darunter das Topmanagement, Strategieberater, strategische Planer und Manager der mittleren Führungsebene.
- zu beurteilen, welche Menschen je nach vorliegenden Problemen und Themenbereichen an der Strategieentwicklung beteiligt werden sollten.
- verschiedene Ansätze strategischer Aktivitäten zu beurteilen, darunter Analyse, Platzierung strategischer Themen, Entscheidungsfindung und Kommunikation.
- zentrale Elemente der verschiedenen, häufig zur Strategieentwicklung eingesetzten Methoden zu erkennen wie etwa Strategie-Workshops, Projekte, Hypothesentests und das Verfassen von Business Cases und Strategieplänen.

15.1 Einführung

Im letzten Kapitel dieses Buchs wird untersucht, wie die eigentliche Praxis der Strategie abläuft, wobei die theoretischen Konzepte, Instrumente und Techniken, die in früheren Kapiteln vorgestellt wurden, erneut zum Einsatz kommen. Nun geht es um praktische Handlungen und Entscheidungen, z.B. wie ein Manager bei der Entwicklung und Umsetzung einer Strategie konkret vorgeht. Während in *Kapitel 11* der gesamte organisationale Prozess der Strategieentwicklung behandelt wurde, geht dieses Kapitel mehr ins Detail: Jetzt geht es darum, was *innerhalb* dieses Prozesses geschieht. Ziel ist es, zu untersuchen, wie und was die einzelnen Beteiligten tatsächlich zur konkreten, praktischen Strategieentwicklung und -umsetzung beitragen, seien dies nun Topmanager, Spezialisten für strategische Planung, Strategieberater oder Manager weiter unten in der Organisation. Beim strategischen Erfolg geht es nicht nur darum, über eine gute Strategie zu *verfügen*, man muss diese auch umsetzen können, d.h., die richtigen Menschen müssen zur richtigen Zeit das Richtige tun.

Das Kapitel teilt sich in drei Kernbereiche:

- *Die Strategen.* Zunächst werden die verschiedenen Rollen vorgestellt, die alle an der Entwicklung und Umsetzung einer Strategie beteiligt sind. Denn dies sind keineswegs nur die Top Manager. Wie in *Kapitel 11* bereits erwähnt, ist eine Strategie häufig emergent, wobei Menschen aus allen Bereichen der Organisation und sogar von außerhalb der Organisation beteiligt sind. „Im Fokus" am Ende des Kapitels befasst sich mit dem kontroversen Thema der Rolle externer Strategieberater. Der Leser kann für sich feststellen, wie und wo er bereits Teil dieser strategischen Rollen ist oder welche Rolle er in der Zukunft ausfüllen möchte.
- *Aktivitäten der Strategieentwicklung und -umsetzung.* Zudem werden die Aktivitäten und Arbeitsschritte betrachtet, die Strategen ausführen. Dies beinhaltet nicht nur die strategische Analyse, die ein zentrales Thema dieses Buchs ist, sondern auch das Management strategischer Themen und Probleme im Laufe der Zeit, die

Realitäten strategischer Entscheidungsfindung und die wichtige Aufgabe, getroffene strategische Entscheidungen der gesamten Organisation zu kommunizieren.

- *Methoden der Strategieentwicklung und -umsetzung.* Der letzte Abschnitt befasst sich mit einigen praktischen Methoden, die Managern bei der Umsetzung ihrer strategischen Entscheidungen zur Verfügung stehen. Darunter finden sich Strategie-Workshops zur Formulierung oder Kommunikation einer Strategie, Strategieprojekte und strategische Beraterteams, Hypothesentests, die der strategischen Arbeit eine Richtung geben können, sowie das Verfassen strategischer Pläne und Fallstudien.

Abbildung 15.1 integriert diese drei Bereiche innerhalb der *Pyramide der Praxis*[1]. Die Pyramide konzentriert sich auf drei Fragen, die sich durch das gesamte Kapitel ziehen: *Wer* soll an der Entwicklung und Umsetzung einer Strategie beteiligt werden? *Wie* sollen strategische Aktivitäten konkret ausgeführt werden? *Welche* Methoden sollten zur Organisation dieses strategischen Prozesses zum Einsatz kommen? Die Pyramide platziert die Strategen an der Spitze dieses Prozesses. Dies betont den Einfluss und die Fähigkeiten der Strategen in Bezug auf die Strategieentwicklung und -umsetzung. Sie sind es, die die Aktivitäten und Methoden auswählen und umsetzen, die die Basis der Pyramide bilden. Die Entscheidungen und die Fähigkeiten der Strategen können also das Endergebnis maßgeblich beeinflussen. Das restliche Kapitel möchte Strategen, die mit der Praxis der Strategie zu tun haben, eine Hilfestellung geben für die wichtigsten Entscheidungen, die sie bei ihrer Arbeit treffen müssen.

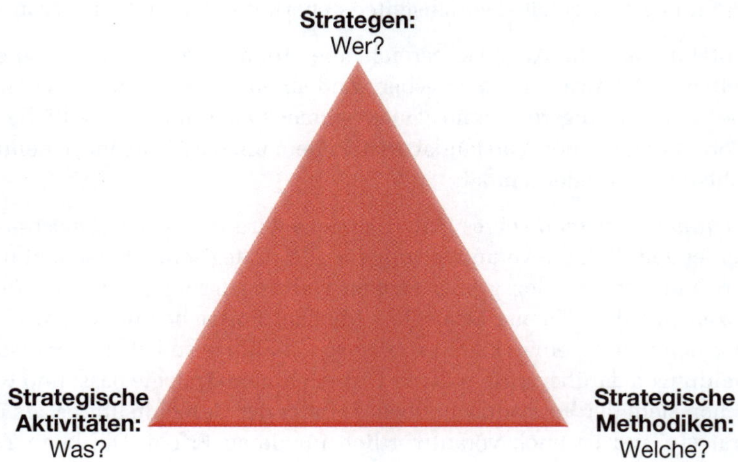

Abbildung 15.1: Die Pyramide strategischer Praxis

1 Eine theoretische Basis für diese Pyramide findet sich bei R. Whittington, „Completing the practice turn in strategy research“, *Organization Studies*, Band 27, Nr. 5 (2006), S. 613–634; und P. Jarzabkowski, J. Balogun und D. Seidl, „Strategizing: the challenges of a practice perspective“, *Human Relations*, Band 60, Nr. 1 (2007), S. 5–27.

15.2 Die Strategen

Dieser Abschnitt stellt die verschiedenen Menschen vor, die an einem strategischen Prozess beteiligt sind. Den Anfang macht das Topmanagement, doch es wird insgesamt eine viel größere Bandbreite an potenziellen Beteiligten berücksichtigt, von Strategieplanern und Beratern bis hin zu Managern der mittleren Ebenen. Ein zentraler Aspekt ist dabei, wie die Manager der mittleren Ebenen ihren Einfluss auf die Strategie ausweiten können.[2]

15.2.1 Topmanager und Geschäftsbereichsleiter

Die konventionelle Sichtweise geht davon aus, dass die Strategieentwicklung Sache des Topmanagements ist. Dafür ist es unbedingt notwendig, dass die Funktionen des Topmanagements klar von den operativen Verantwortlichkeiten getrennt sind, sodass die Manager sich auf die Gesamtunternehmensstrategie konzentrieren können.[3] Sind Topmanager direkt an den operativen Belangen eines Unternehmens beteiligt, wie etwa an den Bereichen Marketing oder Bereitstellung der Produkte oder Dienstleistungen, laufen sie Gefahr, aufgrund ihrer Verantwortung für das Tagesgeschäft die langfristigen strategisch wichtigen Themen aus den Augen zu verlieren und nur noch die Interessen ihrer jeweiligen Abteilungen oder Geschäftseinheiten zu vertreten. Die Interessen des Unternehmens als Ganzes bleiben dabei auf der Strecke. Zumindest im privaten Sektor unterstreichen die Titel und Berufsbezeichnungen der Topmanager ihre Verantwortung im Bereich Strategie: Geschäftsbereichsleiter steuern und leiten, Manager managen.

In der Realität umfasst der Aufgabenbereich eines Topmanagers natürlich viel mehr als nur anzuleiten und Anweisungen zu geben. Zudem übernehmen verschiedene Mitglieder der obersten Führungsriege eines Unternehmens auch unterschiedliche Rollen, je nachdem, ob es sich um den Vorstandsvorsitzenden, um das Topmanagementteam oder um Aufsichtsratsmitglieder handelt:

- Der *Vorstandsvorsitzende* eines Unternehmens wird häufig als „Chefstratege" gesehen, der letztendlich die Verantwortung für alle strategischen Entscheidungen trägt. Die Vorstandsvorsitzenden großer Firmen verbringen meist etwa ein Viertel ihrer Arbeitszeit mit dem Thema Strategie.[4] Michael Porter betont, wie wichtig es für ein Unternehmen ist, einen klaren strategischen Führer zu haben, der disziplinierte Entscheidungen darüber trifft, was zur Unternehmensstrategie passt und was nicht.[5] So gesehen steht der Vorstandsvorsitzende (oder der Geschäftsführer) als Person für die Strategie und ist auch verantwortlich für deren Erfolg. Die klare Zuweisung dieser individuellen Verantwortung sorgt ohne Zweifel für eine eindeutige Fokussierung auf dieses Thema. Doch dies birgt auch Risiken. Zunächst kann eine so ausschließliche Zuweisung dieser Verantwortung auf den Firmenchef allein zu einer

2 Eine gute Übersicht über die Rolle verschiedener Manager in Bezug auf die Strategie gemäß der sich weiterentwickelnden Vorstellung von strategischem Management liefert T. O'Shannassy, „Modern strategic management: balancing strategic thinking and strategic planning for internal and external stakeholders", *Singapore Management Review*, Band 25, Nr. 1 (2003), S. 53–67.

3 Die klassische Aussage hierzu liefert A. Chandler, „Strategy and Structure: Chapters in the History of American Enterprise", *MIT Press*, 1962.

4 S. Kaplan und E. Beinhocker, „The real value of strategic planning", *MIT Sloan Management Review*, Winter (2003), S. 71–76.

5 M. E. Porter, „What is strategy?", *Harvard Business Review*, November–Dezember (1996), S. 61–78.

übermäßigen Konzentration auf seine Person führen. In einer solchen Organisation reagiert man auf Rückschläge einfach, indem man die Position des Firmenchefs neu besetzt, anstatt die internen Ursachen des Misserfolgs zu ergründen. Zudem können erfolgreiche Firmenchefs ein übergroßes Selbstvertrauen entwickeln, sich als die Retter und Helden ihrer Organisation betrachten und so immer ehrgeizigere strategische Initiativen auf den Weg bringen wollen.[6] Die Selbstüberschätzung solch heroischer Anführer führt nicht selten zu spektakulären Fehlschlägen. Jim Collins` Nachforschungen über „große" amerikanische Unternehmen, die ihre Konkurrenz langfristig ausstechen konnten, ergab, dass deren Vorstandvorsitzende zumeist bescheidene und bodenständige Persönlichkeiten waren, die ihre Position schon sehr lange innehatten.[7]

- Das *Topmanagementteam*, häufig die Vorstandsmitglieder eines Unternehmens, trägt auch Verantwortung für die Strategie. Natürlich bringen sie ihre persönlichen Erfahrungen und Ansichten mit. In der Theorie sollten sie in der Lage sein, den Vorstandsvorsitzenden herauszufordern, um so die Strategiedebatte zu bereichern. In der Praxis jedoch sehen sich die Vorstandsmitglieder diesbezüglich mindestens drei verschiedenen Einschränkungen gegenüber. Erstens tragen sie in den allermeisten Firmen, mit Ausnahme der großen multinationalen Konzerne, operative Verantwortung, die sie entweder von der Gesamtstrategie ablenkt oder ihr Denken beeinflusst. So befasst sich der Marketingleiter natürlich hauptsächlich mit Themen des Marketings, für den Produktionsleiter steht die Produktion im Vordergrund etc. Zum zweiten wird das Topmanagementteam meist durch den Vorstandvorsitzenden bestimmt, was natürlich dazu führt, dass ihm die nötige Unabhängigkeit fehlt, um wirklich unbequeme Fragen zu stellen. Und schließlich kommt es in vielen Topmanagementteams, besonders dort, wo die Mitglieder einen ähnlichen Hintergrund haben oder von einem dominanten Anführer geleitet werden, häufig zu einer „Gruppendenkweise", wobei man innerhalb der Gruppe auf Einigkeit Wert legt und große Konflikte eher meidet.[8] Topmanagementteams können dieses Phänomen vermeiden, indem sie möglichst verschiedene Mitglieder in ihr Team holen (etwa Manager unterschiedlichen Alters, Geschlechts oder mit unterschiedlicher Laufbahn) und indem sie Meinungen, die von außen – zum Beispiel von Aufsichtsratsmitgliedern – kommen, immer offen begegnen.[9]
- *Aufsichtsratsmitglieder* tragen keine exekutive Managementverantwortung innerhalb der Organisation und sollten daher theoretisch in der Lage sein, eine externe und objektive Perspektive der angestrebten Strategie beizusteuern. Meist besteht der Aufsichtsrat eines börsennotierten Unternehmens zu einem gewissen Teil aus unternehmensexternen Mitgliedern, obwohl die Corporate-Governance-Systeme je nach Land stark variieren (siehe *Kapitel 4*). Oft arbeiten gerade diese externen

6 M. Haywood und D. Hambrick, „Explaining the premium paid for large acquisitions: evidence of CEO hubris", *Administrative Science Quarterly*, Band 42, Nr. 1 (1977), S. 103–128.

7 J. Collins, „Good to Great", *Random House*, 2001.

8 I. Janis, „Victims of Groupthink: A Psychological Study of Foreign-Policy Decisions and Fiascoes", *Houghton Mifflin*, 1972; R.S. Baron, „So right it's wrong: groupthink and the ubiquitous nature of polarized group decision making", in Mark P. Zanna (Hrsg.), „Advances in experimental social psychology", Band 37, S. 219–253, *Elsevier Academic Press*, 2005.

9 C. Boone, W. Von Olffen, A. Van Witteloostuijn und B. De Brabander, „The genesis of top management team diversity: selective turnover among top management teams in Dutch newspaper publishing", *Academy of Management Journal*, Band 47, Nr. 5 (2004), S. 633–656.

Mitglieder eng mit dem Vorstandsvorsitzenden zusammen, wenn es um die Strategieentwicklung geht, denn sie stellen ein wichtiges Bindeglied zu den Investoren des Unternehmens dar. Dennoch kann ihre Möglichkeit, einen echten Beitrag zur Strategieentwicklung zu leisten, ebenfalls begrenzt sein. Denn Aufsichtsratsmitglieder üben ihr Amt nur in Teilzeit aus. Daher haben sie hauptsächlich eine beratende Funktion und hinterfragen Strategieansätze des Topmanagements. Eine ihrer Hauptfunktionen besteht auch darin, sicherzustellen, dass es in ihrer Organisation ein klares System zur Entwicklung, Umsetzung und Neudefinition von Strategie gibt. Aufsichtsratsmitglieder verfügen meist über viel Autorität und Erfahrung, sind wirklich unabhängig vom Topmanagementteam und werden vor jeder Aufsichtsratssitzung umfassend informiert.[10]

Man darf nicht automatisch davon ausgehen, dass das Topmanagement über alle nötigen Fähigkeiten zur Strategieentwicklung und -umsetzung verfügt. Oft werden fähige Mitarbeiter aufgrund ihres operativen Erfolgs oder ihrer Fachkenntnisse auf einem bestimmten Gebiet zum Manager befördert, der nun eine strategische Rolle übernehmen muss. Doch solche Erfahrungen bereiten einen Manager nicht notwendigerweise auf die analytische und leitende Tätigkeit vor, die er nun bei der Strategieentwicklung ausführen muss. Führende Manager müssen über mindestens drei zentrale Eigenschaften verfügen, wenn sie einen wertvollen Beitrag zur gesamtunternehmerischen Strategie leisten wollen:

- Die *Beherrschung analytischer Konzepte und Techniken*, wie sie etwa in diesem Buch vorgestellt wurden, ist ein sehr wichtiger Aspekt, der nicht als selbstverständlich vorausgesetzt werden kann. Dies gilt besonders für öffentliche oder Non-profit-Organisationen, in denen strategisches Denken noch recht neu ist.[11] In manchen Fällen kann ein Trainingsprogramm das Verständnis strategischer Konzepte und Techniken erweitern und unterstützen.
- Auch *soziale Fähigkeiten* sind notwendig, wenn es darum geht, Kollegen in anderen Führungspositionen angewandte Analysen zu erklären und sie davon zu überzeugen. Wieder kann man nicht automatisch davon ausgehen, dass alle Manager solche Fähigkeiten perfekt beherrschen, doch auch hier können professionelle Berater helfen.[12]
- Die *Akzeptanz der Gruppe* als Teilnehmer an strategischen Diskussionen. Ein Vorstand ist ebenso wie ein Managementteam eine soziale Gruppe, in der sich die Mitglieder den Respekt der anderen erwerben müssen.[13] Klare, eindeutige Erfolge im eigenen Verantwortungsbereich sind normalerweise Voraussetzung, um als Teilnehmer an strategischen Diskussionen der gesamten Organisation anerkannt zu werden.

---

10 Zum angelsächsischen System s. T. McNulty und A. Pettigrew, „Strategists on the board", *Organization Studies*, Band 20, Nr. 1 (1999), S. 47–74; P. Stiles und B. Taylor, „Boards at Work: How Directors view their roles and responsibilities", *Oxford University Press*, 2001.

11 Eine aufschlussreiche Fallstudie über den Leiter eines Orchesters und dessen Unvermögen in Bezug auf Methoden der Strategieentwicklung siehe S. Maitlis, „Taking it from the top: how CEOS influence (and fail to influence) their boards", *Organization Studies*, Band 25, Nr. 8 (2004), S. 1275–1313.

12 Für eine ausführliche Analyse eines Managers, der seine Kollegen nicht überzeugen konnte, siehe D. Samra-Fredericks, „Strategizing as lived experience and strategists' everyday efforts to shape strategic direction", *Journal of Management Studies*, Band 42, Nr. 1 (2003), S. 1413–1442.

13 Für eine Analyse von Top Managementteams als „Praxisgemeinschaften", in denen Praktiker erst die eigene Legitimierung erlangen müssen, bevor sie als Mitglieder akzeptiert werden, siehe R. Whittington, „Learning to Strategise", SKOPE Working Paper Nr. 23, *University of Oxford*, 2002.

15.2.2 Strategische Planer

Strategische Planer, manchmal auch als Manager für Unternehmensentwicklung oder Ähnliches bezeichnet, sind Manager, welche die formale Verantwortung haben, einen Beitrag zu Strategieprozessen zu leisten (siehe *Kapitel 11*). Während kleine Unternehmen nur sehr selten einen strategischen Planer in Vollzeit beschäftigen, sind diese in großen Firmen häufig anzutreffen und werden auch auf dem öffentlichen Sektor und in Non-profit-Organisationen immer beliebter. Wie in *Beispiel 15.1* gezeigt, schreiben solche Organisationen oft Stellen für strategische Planer aus. Die Spezifikationen dieser Positionen in einer strategischen Einheit der britischen Regierung geben ein klares Bild der Fähigkeiten, die von einem strategischen Planer erwartet werden. Ein solcher Stratege entwickelt nicht nur die Strategie, sondern unterstützt auch andere Abteilungen dabei, eigene Fähigkeiten im Strategiebereich zu entwickeln. Strategisches Denken und analytische Fähigkeiten sind hier ganz klar von zentraler Bedeutung, doch auch die Fähigkeit, klar zu kommunizieren und gut im Team zu arbeiten, ist sehr wichtig. Die Rolle des Strategen beschränkt sich nicht nur auf theoretische Analysen im Back-Office.

Strategische Planer

Strategische Planer, manchmal auch als Manager für Unternehmensentwicklung oder Ähnliches bezeichnet, sind Manager, welche die formale Verantwortung haben, einen Beitrag zu Strategieprozessen zu leisten.

Auch wenn die in *Beispiel 15.1* beschriebene Arbeitsstelle extern ausgeschrieben ist, so werden strategische Planer doch zumeist intern aus der Organisation rekrutiert. Denn interne strategische Planer verfügen höchstwahrscheinlich über einen Vorteil in den wichtigen Aufgabenbereichen, die mit reiner Analyse nichts zu tun haben. Sie bringen ein intuitives Verständnis für das Unternehmen, bestehende Netzwerke mit wichtigen Personen der Organisation und Glaubwürdigkeit gegenüber ihren Kollegen mit. Außerdem kann eine interne Besetzung einer strategischen Planungsposition für den betroffenen Manager eine wichtige Entwicklungs- und Karrierestufe auf dem Weg in die oberste Führungsebene sein.[14] Eine Teilnahme an strategischen Diskussionen ermöglicht ambitionierten Managern den Zugang zu wichtigen Führungskräften und verschafft ihnen einen Überblick über die Organisation als Ganzes.

Strategische Planer treffen selbst keine strategischen Entscheidungen. Sie haben aber zumeist drei wichtige Aufgaben:[15]

Beispiel 15.1 **Gesucht: Teammitglied für Strategieeinheit**

Die folgende Stellenausschreibung ist eine angepasste Version verschiedener Stellenanzeigen, die in letzter Zeit in der *Financial Times* (exec-appointments.com) veröffentlicht worden sind. Sie gewährt einen Einblick in die Aufgabenbereiche strategischer Planer und die erforderlichen Fähigkeiten sowie den geforderten beruflichen Hintergrund.

14 R. M. Grant, „Strategic planning in a turbulent environment: evidence from the oil majors", *Strategic Management Journal*, Band 24, Nr. 6 (2003), S. 491–517.

15 E. Beinhocker und S. Kaplan, „Tired of strategic planning?", *McKinsey Quarterly*, special edition on Risk and Resilience (2002), S. 49–57; S. Kaplan and E. Beinhocker, „The real value of strategic planning", *MIT Sloan Management Review*, Winter (2003), S. 71–76.

Strategieanalyst für eine Funktion mit hoher Geschwindigkeit in einem multinationalen Medienunternehmen gesucht

Der Strategieanalyst, der an den Strategiechef berichtet, ist an der Führung der Wachstumsstrategie des Unternehmens insgesamt über das gesamte Geschäft in Europa hinweg beteiligt. Es wird erwartet, dass der/die erfolgreiche Kandidat/in tiefgreifende Analysen aktueller und potenzieller Geschäftsstrategien, der Leistung von Geschäftsbereichen, der Kundenmärkte und -segmente sowie potenzieller Übernahmeziele oder Joint-Venture-Partner in verschiedenen Gebieten ausführt. Der/die Kandidat/in sollte im Bereich Betriebswirtschaft, Wirtschaftsprüfung oder dergleichen qualifiziert sein.

Wesentliche Verantwortlichkeiten

- Sammlung von Geschäfts- und Wettbewerberinformationen
- Bewertung der tatsächlichen und potenziellen Leistung von Geschäftsbereichen
- Bewertung neuer Marktchancen und -initiativen
- Bewertung möglicher Übernahmeziele und Joint-Venture-Partner
- Beitrag zur strategischen Planung auf Unternehmensebene
- Unterstützung der Geschäftsbereiche bei der Vorbereitung ihrer eigenen strategischen Pläne

Wesentliche Kompetenzen

- Gute Teamfähigkeit mit der Fähigkeit zur Arbeit in multikulturellen Umgebungen
- Vertrauen beim leitenden Management
- Fähigkeit zum Umgang mit komplexen, mehrdeutigen Daten und Situationen
- Gute Fähigkeiten im Bereich Projektmanagement und Priorisierung von Arbeiten
- Exzellente strategische und Marktanalysefähigkeiten
- Fähigkeiten zur Bildung finanzieller Modelle, einschließlich DCF
- Exzellente Kenntnisse im Umgang mit Excel und PowerPoint
- Gute Präsentations-, Kommunikations- und Einflussfähigkeiten
- Bereitschaft zu häufigen Reisen

Wünschenswerte Erfahrungen

Der/die erfolgreiche Kandidat/in ist mit der Tätigkeit in multinationalen Unternehmen vertraut und arbeitet gern in unterschiedlichen Länderkontexten. Akademische Spitzenqualifikationen und relevante berufliche Qualifikationen sind ebenfalls äußerst wünschenswert.

Team

Der/die erfolgreiche Kandidat/in wird in einem bestehenden Team aus vier Nachwuchs- und erfahrenen Strategieanalysten in der Unternehmenszentrale im Zentrum Londons arbeiten. Frühere Inhaber dieser Position haben innerhalb von zwei bis drei Jahren nach ihrer Ernennung anspruchsvolle Positionen an anderer Stelle des Unternehmens übernommen.

Kontrollfragen

1. Warum wäre diese Position für Sie attraktiv? Wo liegen die Nachteile?
2. Welche relevanten Fähigkeiten und Erfahrungen bringen Sie bereits mit und welche Fähigkeiten und Erfahrungen brauchen Sie noch, damit Sie sich um diese Stelle bewerben könnten?

- *Information und Analyse.* Strategische Planer verfügen über die Zeit, die Fähigkeiten und die Ressourcen, um den Entscheidungsverantwortlichen alle nötigen Informationen und Analysen zur Verfügung zu stellen. Dies kann sich aufgrund irgendeines „auslösenden Moments" ergeben – wie etwa einer möglichen Fusion –, kann aber auch Teil eines regelmäßigen Planungszyklus sein. Verfügt eine Organisation über fundierte Informationen und Analysen, kann sie schneller und selbstsicherer auf unvorhergesehene Ereignisse reagieren. Strategische Planer können diese Informationen und Analysen auch in Formate verpacken, die eine klare Kommunikation strategischer Entscheidungen sicherstellen.
- *Manager des strategischen Prozesses.* Strategische Planer können sowohl in der Unternehmenszentrale als auch in einzelnen Geschäftseinheiten Manager durch strategische Planungszyklen begleiten. Strategische Planer können Instrumente, analytische Techniken und strategisches Training anbieten, um die Manager eines Geschäftsbereichs bei der Entwicklung ihrer Strategien zu unterstützen. Sie können auch Vorstandsvorsitzenden helfen, Strategien zu entwerfen, die auf ihre jeweiligen Probleme und Erfordernisse eingehen.
- *Sonderprojekte.* Strategische Planer können das Topmanagement auch bei Sonderprojekten recht effektiv unterstützen, etwa wenn es um Übernahmen oder organisationalen Wandel geht. In diesem Fall arbeiten strategische Planer meist in Projektteams mit Managern der mittleren Ebene und häufig auch mit externen Beratern zusammen. Erfahrung im Bereich Projektmanagement ist hier sehr wichtig (siehe Kapitel 15.4.4).

15.2.3 Manager der mittleren Führungsebene

Wie bereits in Kapitel 15.2.1 erwähnt, schließt ein Großteil der konventionellen Managementtheorie die Manager der mittleren Führungsebene von der Entwicklung und Umsetzung von Strategien aus. Ihnen fehlt nach allgemein vorherrschender Meinung ein geeignetes Ziel ebenso wie die nötige langfristige Perspektive, denn sie sind zu sehr mit dem Tagesgeschäft befasst.[16] Dieser Sichtweise folgend setzen die Manager der mittleren Führungsebene eine Strategie lediglich in die Praxis um. Eine Beteiligung dieser Manager am strategischen Entwicklungsprozess selbst kann jedoch in min-

16 A. Chandler, „Strategy and Structure: Chapters in the History of American Enterprise", *MIT Press*, 1962.

destens zweierlei Hinsicht von Vorteil sein. Erstens verbessern sich dadurch häufig die Entscheidungen, denn die Manager der mittleren Ebene kennen die Realitäten der Organisation und ihres Marktes aus erster Hand und verfügen über die aktuellsten Informationen. Zweitens verbessert sich durch ihre Beteiligung auch die Umsetzung der Strategie. Manager der mittleren Ebene, die auch am ursprünglichen Formulierungsprozess der Strategie beteiligt waren, können die strategischen Absichten besser in die Praxis umsetzen, fühlen sich den festgelegten strategischen Zielen eher persönlich verpflichtet und kommunizieren diese auch effektiver an ihr Team.[17]

Heutzutage zeichnen sich drei Trends ab, die für eine stärkere Beteiligung des mittleren Managements an der Strategieentwicklung sorgen.[18] Erstens gestalten viele Organisationen ihre Strukturen immer dezentraler, um in einem immer schnelllebigeren und wettbewerbsintensiven Umfeld schneller reagieren zu können. Folglich wird auch strategische Verantwortung weiter unten in der Hierarchie der Organisation angesiedelt. Zum zweiten sind Manager der mittleren Ebene durch umfangreichere betriebswirtschaftliche Ausbildungsprogramme heute besser qualifiziert und trauen sich auch strategische Entscheidungen eher zu als in der Vergangenheit. Solche hochqualifizierten Manager der mittleren Ebene sind heute besser in der Lage und auch willens, sich am Strategieprozess zu beteiligen. Zum dritten bedeutet die Verlagerung des wirtschaftlichen Schwerpunkts von der traditionellen Fertigung hin zu professionellen Dienstleistungen (wie etwa Gestaltung, Beratung, Finanzdienste), dass die wichtigen Quellen eines Wettbewerbsvorteils nicht länger Ressourcen wie etwa Kapital sind, das von der Zentrale zugeteilt wird, sondern vielmehr das Wissen der Mitarbeiter, die die tatsächliche operative Arbeit leisten. Manager der mittleren operativen Führungsebene verstehen diese auf Fachwissen basierenden Quellen des Wettbewerbsvorteils viel effektiver als die weiter entfernten Topmanager. Aus diesen drei Gründen werden mittlere Manager heute verstärkt in den Prozess der Strategieformulierung eingebunden (siehe auch *Beispiel 11.5*).

Selbst dort, wo die Manager der mittleren Ebene formell nicht am strategischen Prozess beteiligt sind, können sie ihren informellen Einfluss steigern, wenn sie über folgende Faktoren verfügen:

- *Zentrale organisationale Positionen.* Mittlere Manager, die Verantwortung für strategisch wichtige Bereiche der Organisation tragen, können informell großen Einfluss ausüben, denn sie verfügen höchstwahrscheinlich über wichtiges Fachwissen und ihre uneingeschränkte Unterstützung der Strategie ist besonders wichtig. Es ist also nicht verwunderlich, dass Manager der mittleren Führungsebene, die für große Abteilungen oder Geschäftseinheiten Verantwortung tragen, auch großen Einfluss auf strategische Entscheidungen haben.[19] Ebenso haben Manager von Unternehmensbereichen, die sich nach außen orientieren (wie etwa der Bereich Marketing) meist mehr Einfluss als Manager von Unternehmensbereichen, die nach innen gerichtet sind (wie etwa Qualitätsmanagement oder Betriebsabläufe).[20] Manager der mittleren Ebene, die Einfluss auf die Strategie ihres Unternehmens nehmen wollen, müssen sich also an der richtigen Stelle innerhalb der Organisation positionieren.

17 S. Floyd und B. Wooldridge, „Building Strategy from the Middle“, *Sage*, 2000.

18 G. Johnson, L. Melin und R. Whittington, „Micro-strategy and strategising: towards an activity-based view“, *Journal of Management Studies*, Band 40, Nr. 1 (2003), S. 3–22.

19 A. Watson und B. Wooldridge, „Business unit manager influence on corporate-level strategy formulation“, *Journal of Managerial Issues*, Band 18, Nr. 2 (2005), S. 147–161.

20 S. Floyd und B. Wooldridge, „Middle management's strategic influence and organizational performance“, *Journal of Management Studies*, Band 34, Nr. 3 (1997), S. 465–485.

- *Zugang zu Netzwerken der Organisation.* Manager der mittleren Führungsebene verfügen vielleicht nicht über hierarchische Macht, können aber ihre Einflussmöglichkeiten dennoch steigern, indem sich ihre internen organisationalen Netzwerke nutzen. Können sie Informationen von verschiedenen Mitgliedern dieser Netzwerke sammeln, so erhalten sie dadurch wahrscheinlich einen umfassenden, integrativen Einblick in die Geschehnisse ihrer Organisation. Ein solcher Einblick ist für andere, die eine spezialisierte Position innerhalb der Organisation innehaben, eher schwer zu erlangen. Können Netzwerke mobilisiert werden, um Probleme aufzudecken oder anzusprechen und bestimmte Vorschläge zu unterstützen, so wird dadurch mehr Einfluss ausgeübt als dies ein einzelner Manager der mittleren Ebene alleine vermögen würde.[21] Strategisch einflussreiche mittlere Manager sind daher meist auch gut im Umgang mit Netzwerken.
- *Zugang zur „strategischen Konversation“ der Organisation.* Strategien werden nicht in isolierten, formalen Abläufen entworfen und umgesetzt, sondern entwickeln sich als Teil einer fortlaufenden strategischen Konversation zwischen respektierten Managern.[22] Eine Organisation, die auch die Manager der mittleren Führungsebene an diesem Austausch beteiligen möchte, sollte eine offene strategische Kultur pflegen, d.h. auch diese Manager in Strategie-Workshops (siehe *Kapitel 15.4.1*) mit einbeziehen oder eine Strategiediskussion des Topmanagements als Teil eines Managementtrainingsprogramms anbieten. Mittlere Manager, die sich an dieser strategischen Konversation beteiligen möchten, sollten möglichst viele Gelegenheiten nutzen, auf formeller oder informeller Ebene mit Topmanagern zusammenzutreffen; sich mit der in ihrer Organisation verwendeten strategischen Sprache vertraut machen; sich über die strategischen Themen und Probleme ihrer Organisation informieren; und ihre eigenen persönlichen Beiträge zu diesen Themen vorbereiten.

Auf dem öffentlichen Sektor entsprechen die Ebenen des Topmanagements und des mittleren Managements der Unterscheidung zwischen den Politikern und den Ministerialbeamten. Ebenso wie der Firmenchef formal die strategische Richtung vorgibt, so sind auch der gewählte Politiker traditionell für die Festlegung politischer Maßnahmen zuständig. Die Ministerialbeamten dagegen haben die Aufgabe, diese umzusetzen. Doch auch diese Rollenaufteilung wird heute von drei neuen Trends infrage gestellt. Erstens hat sich durch die immer größere Bedeutung *spezialisierten Fachwissens* der strategische Einfluss mehr in Richtung der Beamten verlagert, die zumeist aus einer bestimmten Fachrichtung kommen, während Politiker typischerweise Generalisten sind. Zum zweiten hat die Reform des öffentlichen Sektors in vielen Ländern zu einer *verstärkten Auslagerung* verschiedener Funktionen zu quasi-unabhängigen „Agenturen“ oder QUANGOs (quasi-autonome Nicht-Regierungsorganisationen) geführt, die trotz einiger Einschränkungen viele Entscheidungen unabhängig treffen können. Und zum dritten haben die gleichen Reformprozesse auch die internen Strukturen innerhalb der öffentlichen Organisationen verändert, wobei Einheiten dezentralisiert wurden und einzelnen Beamten mehr Verantwortung übertragen wurde. All dies wird durch die Diskussion über das „neue öffentliche Management“ noch gefördert, das Beamte

21 S. Mantere, „Strategic practices as enablers and disablers of championing activity“, *Strategic Organization*, Band 3, Nr. 2 (2005), S. 157–184.

22 F. Westley, „Middle managers and strategy: microdynamics of inclusion“, *Strategic Management Journal*, Band 11 (1990), S. 337–351.

dazu anregt, mehr Eigenverantwortung und Initiative zu zeigen. Kurz gesagt übernehmen auch die Ministerialbeamten einen immer größeren Teil der strategischen Arbeit.[23]

15.2.4 Strategieberater

Organisationen beauftragen auch häufig externe Berater mit der Entwicklung von Strategien. Führende Beratungsfirmen mit dem Schwerpunkt Strategie sind zum Beispiel Bain, die Boston Consulting Group, Monitor und McKinsey & Co.[24] Die meisten der großen allgemeinen Unternehmensberatungen bieten außerdem Dienstleistungen auf dem Gebiet der Strategieentwicklung und -analyse an. Es gibt aber auch kleinere Beratungsfirmen und einzelne Berater, die sich auf das Thema Strategie spezialisiert haben.[25]

Berater können bei der Strategieentwicklung einer Organisation verschiedene Rollen übernehmen:[26]

- *Analyse, Prioritätenbestimmung und Generierung von Optionen.* Vielleicht haben die Topmanager bereits vorliegende strategische Probleme identifiziert, diese sind aber so zahlreich oder es herrscht so viel Uneinigkeit, dass die Organisation nicht mehr klar sieht, wie es weitergehen soll. Hier können Berater diese Probleme mit einem neutralen Blick von außen nochmals analysieren, Prioritäten setzen, oder dem Management Optionen zur Lösung aufzeigen. Dazu kann es natürlich nötig sein, vorgefasste Meinungen des Managements über strategische Themen infrage zu stellen.
- *Übertragung von Wissen.* Eine wichtige Rolle von Beratern besteht auch darin, Ansichten, Einblicke und die Schlussfolgerungen ihrer Analysen mittels Meetings und Diskussionen innerhalb der Organisation zu verbreiten. Ebenso ermöglichen sie den Austausch von Wissen zwischen Organisationen. Sie sind schließlich die Wissensträger und die Anwender von Best-Practice-Standards für ihre Kunden.
- *Förderung strategischer Entscheidungen.* Durch ihre Arbeit können die Berater auch selbst die Entscheidungen, die die Organisation schließlich trifft, wesentlich mit beeinflussen. Eine Reihe großer Beratungsfirmen wurden und werden immer wieder dafür kritisiert, zu viel Einfluss auf die Entscheidungen ihrer Kunden auszuüben, was für diese zu großen Problemen führt. So war die führende Beratungsfirma McKinsey & Co. in hohem Maß an der Entwicklung des sehr kontroversen Geschäfts-

---

23 Siehe D. Moyniham, „Ambiguity in policy lessons: the agentification experience", *Public Administration*, Band 84, Nr. 4 (2006), S. 1029–1050; sowie L. S. Oakes, B. Townley und D. J. Cooper, „Business planning as pedagogy: language and control in a changing institutional field", *Administrative Science Quarterly*, Band 43, Nr. 2 (1997), S. 257–292.

24 Die Homepages der führenden Strategieberatungsfirmen sind nützliche Informationsquellen zum Thema Strategieberatung und Strategie im Allgemeinen sowie auch zum Thema Karriere als Strategieberater, siehe *www.mckinsey.com*; *www.bcg.com*; *www.bain.com*; *www.monitor.com*.

25 Die Website der European Federation of Management Consultancies Associations *www.feaco.org* ist eine gute Informationsquelle zu Trends in der Strategieberatungsbranche im Allgemeinen. P. May und F. Czeniawska, „Management Consulting in Practice", *Kogan Page*, 2005, bietet viele Fallstudien über Interventionen durch Berater, z.B. beim Thema Strategie.

26 Für theoretische Diskussionen über Strategieberatung siehe L. Arendt, R. Priem und H. Ndofor, „A CEO-adviser model of strategic decision-making", *Journal of Management*, Band 31, Nr. 5 (2005), S. 680–699; eine empirische Studie liefert M. Schwarz, „Knowing in practice: how consultants work with clients to create, share and apply knowledge", *Academy of Management Best Papers Proceedings*, 2004.

modells „asset-lite“ der Firma Enron beteiligt und hatte auch die fehlgeschlagene „Hunter“-Strategie der Swissair bezüglich strategischer Allianzen befürwortet.[27]

- *Umsetzung eines strategischen Wandels.* Berater spielen eine zentrale Rolle, wenn es um die Bereiche Projektplanung, Unterstützung und Training bezüglich eines strategischen Wandels geht. Dies ist ein Fachbereich, der immer mehr Bedeutung erlangt, nicht zuletzt deshalb, weil auch hier Kritik an den Beratern laut wurde, ihre Kunden mit neuen Strategieempfehlungen allein zu lassen, ohne die Verantwortung für deren Umsetzung zu übernehmen.

Der tatsächliche Wert und Nutzen der Arbeit von Strategieberatern wird sehr kontrovers diskutiert (siehe „Im Fokus“ am Ende dieses Kapitels). Enron zahlte McKinsey & Co. jährliche Beratungshonorare von $ 10 Mio. (€ 8 Mio.), bevor die Firma unterging. Die Berater werden aber auch häufig für Fehlschläge und Probleme verantwortlich gemacht, die in Wahrheit auf den schlechten Umgang des Kunden mit dem Beratungsprozess zurückzuführen sind. Viele Unternehmen wählen ihre Berater unsystematisch aus; sie stellen ihnen zu Beginn ihrer Arbeit keine Projektbeschreibungen zur Verfügung und setzen auch die Empfehlungen der Berater nicht um. Es gibt drei wichtige Maßnahmen, die Kundenorganisationen zur besseren Nutzung strategischer Beratung ergreifen können:[28]

- *Professioneller Einkauf von Beratungsdiensten*, etwa durch darauf spezialisierte Mitarbeiter der Einkaufsabteilung. Berater sollten nicht aufgrund persönlicher Beziehungen zu Topmanagern beauftragt werden, wie dies zu häufig der Fall ist. Stattdessen sollte die Einbeziehung von Beratern wie jede andere Einkaufsentscheidung behandelt und entsprechend standardisierter Einkaufskriterien gehandhabt werden. Ein professioneller Einkauf sorgt für klare Projektbeschreibungen, eine ausgedehnte Suche nach geeigneten Beratern, angemessene Preisbildung und eine gute Abstimmung zwischen den verschiedenen Beratungsprojekten und umsetzbaren Schlussempfehlungen. Der deutsche Technikkonzern Siemens zum Beispiel betreibt einen professionellen Einkauf von Beratungsdienstleistungen und erstellt routinemäßig eine Liste der zehn am besten geeigneten Beratungsfirmen.
- Die *Entwicklung von Überwachungsfähigkeiten*, um ein Portfolio aus Beratungsprojekten verfolgen zu können. Die Deutsche Bahn verfügt ebenso wie der Automobilgroßkonzern Daimler über eine zentrale Verwaltungsstelle, die alle Beratungsprojekte innerhalb des gesamten Unternehmens überwacht und koordiniert. Diese zentrale Verwaltungsstelle ist bereits an der anfänglichen Kaufentscheidung der Beratungsdienstleistung beteiligt und kann laufenden Projekten systematische Governance-Strukturen auferlegen, die klare Verantwortlichkeiten und Berichtsprozesse enthalten, sowie am Projektende eine Prüfung und eine Beurteilung vorsehen.
- *Effektive Partnerschaften* mit Beratern können die Durchführung eines Projekts und auch den Wissenstransfer an dessen Ende effektiver machen. Projektteams sollten

27 C. D. McKenna, „The World's Newest Profession“, *Cambridge University Press*, 2006; R. Whittington, P. Jarzabkowski, M. Mayer, E. Mounoud, J. Nahapiet und L. Rouleau, „Taking strategy seriously: responsibility and reform for an important social practice“, *Journal of Management Inquiry*, Band 12, Nr. 4 (2003), S. 396–409.

28 S. Appelbaum, „Critical success factors in the clientconsulting relationship“, *Journal of the American Academy of Business*, March (2004), S. 184–191; M. Mohe, „Generic strategies for managing consultants: insights from client companies in Germany“, *Journal of Change Management*, Band 5, Nr. 3 (2005), S. 357–365.

wenn möglich aus einer Mischung an Beratern und internen Managern des Kunden zusammengesetzt werden. Die Manager verfügen über internes Wissen, kennen die ungeschriebenen Unternehmensregeln und sorgen auch häufig für mehr Glaubwürdigkeit und Respekt gegenüber dem Projekt. Die Teammitglieder, die vom Kunden kommen, verfügen auch nach dem Weggang der Berater über das erworbene Wissen und die zusätzliche Erfahrung und können so die Umsetzung der Empfehlungen unterstützen. Sie sollten daher bereit sein, sich dem anspruchsvollen Arbeitspensum der Beratungsfirmen anzupassen.

15.2.5 Wer soll an der Strategieentwicklung beteiligt sein?

Die Anzahl der Menschen, die potenziell am Thema Strategie beteiligt sein kann, ist also recht groß; zum Vorstandsvorsitzenden und dem Topmanagementteam kommen noch nebenamtliche Vorstandsmitglieder, strategische Planer, Strategieberater, Manager der mittleren Führungsebene und vielleicht sogar Vertreter externer Interessengruppen hinzu. Daraus ergeben sich häufig praktische Dilemmata bezüglich der Beteiligung all dieser Gruppen an bestimmten strategischen Problemen. Das Paradoxon beim Thema Strategiebeteiligung besteht darin, dass diejenigen, die bezüglich der Strategie den besten Zugang zum Vorstandsvorsitzenden haben, meist strategische Planer und Strategieberater sind, die wiederum für die Umsetzung der Strategie keinerlei Verantwortung tragen und die Realitäten des operativen Geschäfts nicht kennen (siehe *Abbildung 15.2*). Die Manager der mittleren Ebene, die sowohl die Umsetzungsverantwortung als auch das erforderliche Wissen haben, haben möglicherweise kaum Zugang zu den strategischen Diskussionen mit dem Vorstandsvorsitzenden, da sie mit ihrer operativen Verantwortung zu beschäftigt sind oder als voreingenommen eingeschätzt werden. Strategien werden also nicht unbedingt von den richtigen Menschen gemacht.

Abbildung 15.2: Das Zugang/Ausführung-Paradoxon

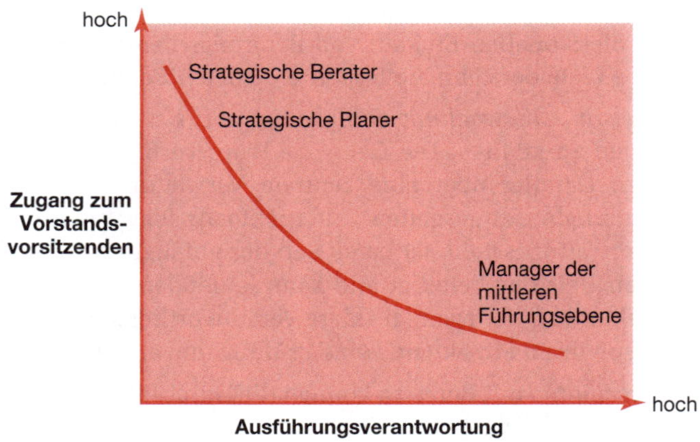

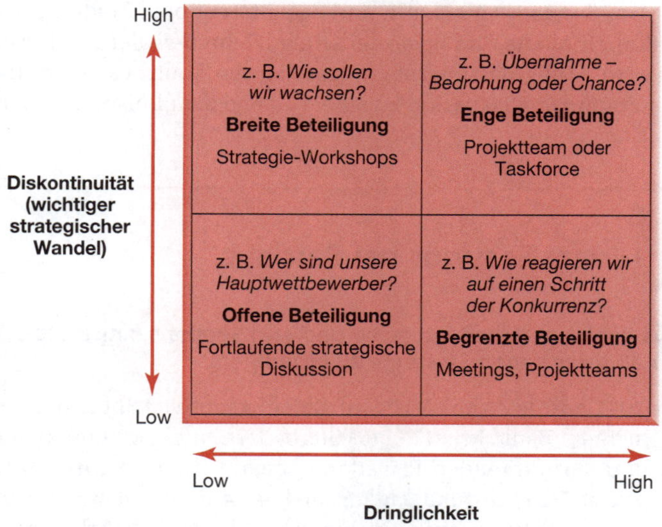

Abbildung 15.3: Wer soll an der Strategieentwicklung beteiligt sein?

Allerdings gibt es keine Patentlösung für das Problem der Beteiligung am strategischen Prozess. Forschungsprojekte der Firma McKinsey & Co. legen nahe, dass es von der Art des strategischen Problems abhängen sollte, wer an der Lösung beteiligt wird (siehe *Abbildung 15.3*).[29] Hochgradig dringende Probleme und Probleme, die eine große strategische Veränderung bedeuten (wie etwa die Möglichkeit einer Übernahme), sollten von kleinen Projektteams übernommen werden, die aus den einflussreichsten Managern und vielleicht Planern und Beratern bestehen. Themen, die auch mit Veränderungen verbunden sind, aber einen längeren Zeitrahmen haben (wie etwa Wachstumsoptionen), können von der Beteiligung einer größeren Gruppe aus Managern, vielleicht auch von einem strategischen Workshop (siehe *Kapitel 15.5.1*) profitieren. Probleme, die eher zur Routine gehören, aber schnell angegangen werden müssen (wie die Preisstrategie eines Konkurrenten), erfordern zur Lösung eher kleinere Gruppen, die z.B. nur aus dem betroffenen Marketing und operativen Managern bestehen können. Die offenste Beteiligungsform sollte bei der fortlaufenden „strategischen Konversation" aller Manager der Organisation angewandt werden. Diese thematisiert beispielsweise die wichtigsten Konkurrenten oder die langfristige Marktentwicklung.

Mit diesen Unterscheidungen möchte McKinsey & Co. darauf hinweisen, dass es keine allgemeingütige Regel gibt, was die Beteiligung verschiedener Personen am Strategieprozess betrifft, dass aber sehr wohl Kriterien existieren, die Manager als Anleitung nutzen können, wer – je nach anstehendem strategischem Problem – an dessen Lösung beteiligt werden soll. Manager sollten sich sehr genau überlegen, wen sie beteiligen möchten, und sie sollten auch verschiedene Methoden zur Strategieentwicklung klug anwenden, gleichgültig, ob die Strategie nun in Projektteams oder Workshops erarbeitet wird. In jedem Fall sollten diejenigen beteiligt werden, die einen wichtigen Beitrag zum Strategieprozess leisten können, im Normalfall aber außen vor bleiben würden. Um einen integrativeren Ansatz zu verwirklichen, stehen betroffenen Managern eine Reihe verschiedener Techniken zur Verfügung. IBM hat dies beispielsweise mithilfe seiner

29 E. Beinhocker und S. Kaplan, „Tired of strategic planning?", *McKinsey Quarterly*, Sonderausgabe über Risiko und Reaktionsvermögen (2002), S. 49–57: Abbildung 2, S. 56.

„strategischen Jam Sessions“ geschafft, und das International Trade Centre erreichte in Uganda eine ähnlich offene Strategiebeteiligung (siehe *Beispiel 15.2*). Auf dem öffentlichen Sektor wird häufig das Internet eingesetzt, um kontroverse politische Themen in öffentlichen Foren zur Diskussion zu stellen, siehe zum Beispiel *www.communities.gov.uk/*.

Beispiel 15.2 Jam Sessions bei Barclays

Die Barclays Bank hat Arbeitsgruppen und Jam Sessions eingesetzt, um alle Mitarbeiter an ihrer neuen Strategie zu beteiligen.

Im Oktober 2011 wurde Ashok Vaswani Chief Executive Officer der Barclays' UK Retail and Business Bank. Mit 35.000 Mitarbeitern und 1.600 Filialen ist die Barclays Bank eine der führenden Privatkundenbanken im Vereinigten Königreich. Sie ist aber, wie andere britische Banken auch, sowohl von der Rezession als auch von Vorwürfen des Fehlverkaufs von Finanzprodukten an Verbraucher getroffen worden. Allerdings hatte der Leiter des weltweiten Privatkundengeschäfts das Ziel erklärt, die Barclays Bank zur „Bank der Wahl“ für Verbraucher zu machen, und Ashok ging sofort an die Arbeit.

Dazu startete Ashok zwei Initiativen, die Mitarbeiter an der Strategie zu beteiligen. Er rief dazu sofort sechs Arbeitsgruppen von Trainees mit einem Hochschulabschluss und Nachwuchsführungskräften aus dem ganzen Land zusammen, um wesentliche Fragen der Umsetzung der Strategie zu erörtern. Mit jeweils ungefähr acht bis zehn Mitgliedern hatten diese Arbeitsgruppen die Aufgabe, an strategischen Themen, wie Kunden, Kommunikation, Kollegen und Gemeinschaft, zu arbeiten. Diese Arbeitsgruppen, die in ihrer Freizeit arbeiteten und meist virtuell kommunizierten, produzierten eine Flut von Konzepten, von denen einige bereits vor der Veröffentlichung des endgültigen Berichts aufgegriffen wurden. Die formelle Berichterstattung erfolgte im Rahmen einer Klausurtagung des leitenden Managements im Dezember, bei der ein neues strategisches Konzept entwickelt wurde: STAIRS – dies stand für Geschwindigkeit (speed), Transparenz, Zugang (access), Information und Resultate.

Ashok Vaswanis zweite Initiative war die große „Barclays-Jam-Session“, die im März 2012 eingeführt wurde, um alle Mitarbeiter am neuen STAIRS-Konzept zu beteiligen. Dazu nutzte Barclays die Jamming-Technologie von IBM, eine zur Förderung der Kommunikation und Diskussion zwischen großen Personengruppen konzipierte Online-Kooperationsplattform. Der Einführung der Jam-Session ging eine intensive Kommunikationskampagne voraus. Zunächst führte Ashok Vaswani eine Reihe von Führungstagen für 400 leitende Manager des Unternehmens. Es wurde ein von einem berühmten britischen Fernsehstar eingesprochener Teaser produziert, der den Mitarbeitern die Möglichkeit versprach, die Zukunft des Unternehmens zu erörtern. Über 8.000 Mitarbeiter wurden zu mehr als 70 Informationsveranstaltungen in 16 Kinos im ganzen Land eingeladen, in denen ein weiterer speziell produzierter Film vorgeführt wurde. Um die verbleibenden Mitarbeiter zu erreichen, wurden weitere Präsentationen in Filialen und Call-Centern gehalten.

Nach diesem Vorlauf fand die große Barclays Jamsession schließlich an drei Tagen im März statt. Bei der Jam-Session hatte jeder Mitarbeiter die Möglichkeit, die praktische Bedeutung des strategischen STAIRS-Konzepts zu erörtern und Ideen zu dessen Umsetzung beizusteuern. Während der Jam-Session gab es live Fragestunden mit wichtigen Führungskräften, einschließlich Ashok Vaswani und Bob Diamond, dem CEO der Barclays Gruppe zu dieser Zeit. Freiwillige aus allen Geschäftsbereichen unterstützten die Diskussion in der 30. Etage der Barclays-Unternehmenszentrale, die für die Topmanager aus der darüber gelegenen Etage leicht zu erreichen war. Die Freiwilligen markierten die beliebtesten Threads, zeigten die aktivsten Teilnehmer und lenkten die Aufmerksamkeit der Teilnehmer auf Beiträge der leitenden Manager.

Die große Barclays-Jam-Session lockte 19.000 registrierte Teilnehmer an und über drei Tage entstanden 20.000 Kommentare. Die Teilnehmer waren gleichmäßig zwischen Mitarbeitern aus dem Management und nicht im Management tätigen Mitarbeitern verteilt und spiegelten die Altersverteilung in der Bank wider. Die Teilnehmerzahl blieb während der gesamten drei Tage hoch. Insgesamt ergaben sich aus der Jam-Session 650 eigenständige Ideen für Geschäftsverbesserungen. Ashok Vaswani führte sechs neue „Unternehmensräte" ein, die sich mit der speziellen Aufgabe der Umsetzung der STAIRS sowie der Voranbringung der vielversprechendsten Ideen aus der Jam-Session auf spezifische Teile des Geschäfts konzentrierten.

Quellen: Interviews mit Ashok Vaswani, Julian Davis und Tim Kiy von Barclays und Richard Mound bei IBM.

Kontrollfragen

1. Welche direkten und indirekten Vorteile hatten Ihrer Meinung nach die Initiativen von Ashok Vaswani zur Beteiligung der Mitarbeiter der Barclays Bank an der Strategie?
2. Würden Sie einer kleineren Firma angehören, die nicht über die IT-Ressourcen von Barclays und IBM verfügt, wie könnten Sie dennoch den Input Ihrer Mitarbeiter zur Strategiegestaltung bekommen?

15.3 Der Strategieprozess

Im vorangegangenen Abschnitt wurden die wichtigsten strategischen Rollen vorgestellt; dieser Abschnitt konzentriert sich nun darauf, was die beteiligten Personen im Rahmen des Strategieprozesses zu tun haben. Die wichtigsten Aktivitäten werden dabei in logischer Folge behandelt, angefangen mit der ersten strategischen Analyse, gefolgt von der richtigen Platzierung der strategischen Themen, der Entscheidungsfindung und schließlich der Kommunikation der gewählten Strategie. In der Praxis laufen diese Schritte allerdings eher selten in dieser logischen Reihenfolge ab. Oft werden Entscheidungen ohne große Analysen getroffen; häufig werden sie auch in der Kommunikationsphase völlig neu interpretiert. Es müssen jedoch einige wichtige Entscheidungen getroffen werden bezüglich der Art und Weise des Strategieprozesses, besonders in Bezug auf das Vertrauen der Manager in formale, analytische Rationalität.

15.3.1 Strategische Analyse

Große Teile dieses Buchs befassen sich mit strategischer Analyse und diese ist auch tatsächlich ein wichtiger Bestandteil des Strategieprozesses. Wie in *Kapitel 11* bereits erwähnt, ergibt sich Strategie häufig eben nicht aus einer einfachen rationalen Analyse. Diese Analysen finden oft spontan statt, sind unvollständig und werden außerdem nicht zu Ende gebracht. Solche Analyseaktivitäten erfüllen oft noch andere Funktionen und sind nicht nur Input für eine spätere strategische Entscheidung.

Zunächst einmal werden Analysen in der Praxis eher selten so eingesetzt, wie dies in der Theorie vorgesehen ist. Die SWOT-Analyse (Strenghts, Weaknesses, Opportunities und Threats) ist das am häufigsten verwendete Analyseinstrument der Strategie[30], doch auch die praktische Anwendung dieser relativ einfachen Analysetechnik entspricht meist keineswegs dem theoretischen Ideal (siehe *Kapitel 3*). Eine Studie zeigte häufige Abweichungen von den Empfehlungen der Lehrbücher, die sowohl Manager als auch Berater verursachten.[31] So ergeben sich aus einer SWOT-Analyse in der Praxis oft lange Listen verschiedener Faktoren (Stärken, Schwächen, Chancen und Risiken), die unmöglich zu managen sind; häufig sind es 50 und mehr. All diese Faktoren werden folglich nur sehr selten genauer definiert oder ausgearbeitet; es wird also wenig tiefer gehende Analyse betrieben, um sie auszuwerten; und auch in nachfolgenden strategischen Diskussionen werden sie meist nicht oder kaum berücksichtigt. Eine SWOT-Analyse sollte laut theoretischer Definition zielgerichteter sein, zu einer tiefgehenden Untersuchung der Umstände und daraufhin zu konkreten Handlungen bezüglich Faktoren mit Priorität führen. Wenn man die praktischen Erfahrungen mit der SWOT-Analyse als typisch bezeichnen kann, so könnten Manager oft eine Wertsteigerung erreichen, indem sie solche Instrumente zur Strategieanalyse konsequenter und korrekter einsetzen.

Oft ist aber eine derartige Kritik an falscher Analyse verfehlt. Denn schließlich müssen dabei sowohl *Kosten* als auch *Zweck* bedacht werden. Eine solche Analyse kostet viel Zeit und auch viele Ressourcen. Zunächst müssen relevante Informationen gesammelt werden, was besonders dann kostspielig ist, wenn daran externe Berater beteiligt sind. Was den Zeitfaktor betrifft, besteht außerdem immer das Risiko einer „Paralyse durch Analyse"; in einem solchen Fall verwenden Manager zu viel Zeit darauf, ihre Analysen perfekt auszugestalten, und zu wenig Zeit für die eigentlichen Entscheidungen und Handlungen.[32] Manager müssen entscheiden, wie viel Analyse sie wirklich brauchen; vielleicht ist in manchen Fällen eine schnelle, intuitive Entscheidung ausreichend oder besser. Was den Zweck angeht, so geht es bei einer Analyse nicht immer einfach um die Bereitstellung benötigter Informationen für fundierte strategische Entscheidungen.[33] Oft liegt ihr Zweck ganz woanders. Wird ein Projekt gestartet, um ein bestimmtes Thema zu analysieren, so kann dies in manchen Fällen sogar eine absichtliche *Ver-*

30 G. Hodgkinson, R. Whittington, G. Johnson und M. Schwarz, „The role of strategy workshops in strategy development processes: formality, communication, coordination and inclusion", *Long Range Planning*, Band 30 (2006), S. 479–496.

31 T. Hill und R. Westbrook, „SWOT analysis: it's time for a product recall", *Long Range Planning*, Band 30, Nr. 1 (1997), S. 46–52. Ein praktisches Beispiel einer besseren Anwendung liefert R. G. Dyson, „Strategic development and SWOT analysis at the University of Warwick", *European Journal of Operational Research*, Band 15, Nr. 2 (2004), S. 631–640.

32 A. Langley, „Between paralysis by analysis and extinction by instinct", *Sloan Management Review*, Band 36, Nr. 3 (1995), S. 63–76.

33 A. Langley, „In search of rationality: the purposes behind the use of formal analysis in organisations", *Administrative Science Quarterly*, Band 34 (1989), S. 598–631.

schleppung zum Ziel haben, sodass eine anstehende Entscheidung hinausgeschoben wird. Eine Analyse kann aber auch rein *symbolisch* sein, um eine bereits getroffene Entscheidung rational zu begründen. Manager können um die Analyse eines Themas gebeten werden, um sich dadurch ihre *Unterstützung* für Entscheidungen zu sichern, die sie andernfalls vielleicht ablehnen würden. Analysen können aber auch *politisch* sein und dafür sorgen, dass die Probleme eines Managers oder eines Teils der Organisation Priorität erhalten.

Die verschiedenen Zwecke einer Strategieanalyse wirken sich auf die betroffenen Manager in zweierlei Hinsicht aus:

- *Die Gestaltung und Art der Analyse muss ihrem wahren Zweck folgen.* Von diesem wahren Zweck – Information, Politik oder Symbol – hängt ab, wie viele und welche Menschen an der Analyse beteiligt werden, wie viel Zeit und Geld darauf verwendet wird und wie die anschließende Kommunikation der Ergebnisse aussieht. Angesehene Beratungsunternehmen sind oft sehr sinnvoll, wenn es um politische oder symbolische Analysen geht. Muss die Unterstützung vieler Mitarbeiter eingeholt werden, so ist es sinnvoll, viele Manager der mittleren Führungsebene an der Analyse zu beteiligen.
- *Es müssen angemessene Investitionen in die technische Qualität der Analyse erfolgen.* Bei vielen Projekten können die sich daraus ergebenden strategischen Entscheidungen entscheidend verbessert werden, wenn man auch die technische Qualität der angewandten Analyse verbessert. In manchen Fällen kann es aber auch kontraproduktiv wirken, wenn man auf absoluter technischer Perfektion besteht. So kann eine SWOT-Analyse, die viele kritische Themen und Probleme aufwirft, den Managern dazu dienen, ihrer eigenen Frustration Luft zu machen, bevor sie sich an die tatsächliche strategische Arbeit machen. Manchmal macht es mehr Sinn, kontroverse Themen einfach offen zu lassen, anstatt sie zu hinterfragen, zu beleuchten oder gar zu vertagen, was die betroffenen Manager verärgern würde und sich negativ auf ihre Beiträge zu den folgenden Schritten auswirken würde.

15.3.2 Strategische Themen verkaufen

Eine Organisation sieht sich immer vielen strategischen Problemen gleichzeitig gegenüber. In komplexen Organisationen kann es aber sein, dass die Manager diesen Themen und Problemen nicht immer die gleiche Bedeutung beimessen und manche von ihnen sie gar nicht wahrnehmen. Einige Probleme werden einfach durch die Unternehmenshierarchie herausgefiltert; andere werden von dringenderen Aspekten an den Rand gedrängt. Außerdem fehlen den obersten Führungskräften in der Regel Zeit und Ressourcen, um auf alle Probleme, die ihnen vorgelegt werden, tatsächlich eingehen zu können. Die strategischen Probleme konkurrieren um die Aufmerksamkeit der Manager. Das Problem, das die Aufmerksamkeit des Managers bekommt, ist also nicht immer das wichtigste.[34]

Manager müssen demnach ihre jeweiligen strategischen Anliegen den Mitgliedern der obersten Führungsebene und auch anderen wichtigen Interessengruppen „verkaufen“. Sie können nicht davon ausgehen, dass ihre Themen automatisch deren Aufmerksamkeit oder

34 Dies bezieht sich auf die auf Aufmerksamkeit basierende Perspektive eines Unternehmens: siehe W. Ocasio und J. Joseph, „An attention-based theory of strategy formulation: linking micro and macro perspectives in strategy processes“, *Advances in Strategic Management*, Band 22 (2005), S. 39–62.

Platzierung strategischer Themen

Unter der Platzierung strategischer Themen versteht man den Prozess, durch den die Aufmerksamkeit und Unterstützung des Topmanagements und anderer wichtiger Interessengruppen für strategische Themen gewonnen wird.

gar deren Unterstützung erhalten, wie wichtig sie den Managern auch immer erscheinen mögen. Bei der **Platzierung strategischer Themen** müssen Manager mindestens vier Aspekte beachten, wollen sie für ihre Themen Aufmerksamkeit und Unterstützung erlangen:

- *Verpackung der Themen.* Viel Sorgfalt sollte darauf verwendet werden, wie die Themen verpackt oder wie sie präsentiert werden. Natürlich muss ihre strategische Bedeutung unterstrichen werden, indem sie mit *kritischen strategischen Zielen* oder *Leistungskennzahlen* in Verbindung gebracht werden. Die Präsentation sollte den kulturellen Normen der Organisation entsprechen, wobei allgemein gesprochen Klarheit und kurze präzise Formulierungen immer erfolgreicher sind als Komplexität und Länge. Oft ist es hilfreich, wenn gleichzeitig mit dem strategischen Problem bereits *potenzielle Lösungen* vorgestellt werden. Fehlen diese, so wirkt ein Problem häufig zu schwierig, um überhaupt in Angriff genommen zu werden.
- *Formale und informelle Wege.* Manager müssen sowohl formale als auch informelle Wege berücksichtigen, denn beide können sehr einflussreich sein. *Abbildung 15.4* zeigt einige *formale Wege* zur Platzierung strategischer Themen in multidivisionalen Organisationen (basierend auf General Electric).[35] Hier teilen sich die formalen Wege in gesamtunternehmerische, die verschiedenen Managementebenen betreffende und das Personal betreffende Wege auf. Auf gesamtunternehmerischer Ebene sind diese die jährliche Geschäftsbesprechung, die der Vorstandsvorsitzende mit jedem Divisionsleiter abhält, sowie die jährlichen Strategieklausuren (oder Workshops) der obersten Führungsebene. Wege der verschiedenen Managementebenen sind die regelmäßige Interaktion der operativen Manager und der Divisionsleiter untereinander und mit dem Vorstandsvorsitzenden und anderen Vorstandsmitgliedern. Und schließlich existieren zahlreiche Berichtssysteme an Stabsfunktionen, etwa im Bereich Finanzwesen, HR und strategische Planung. Solche formalen Wege funktionieren natürlich in beide Richtungen. So werden strategische Pläne oft mehrfach zwischen Division und Zentrale ausgetauscht, bis eine allgemein befriedigende Lösung gefunden ist. Formale Wege werden jedoch zur Platzierung strategischer Themen eher selten genutzt. Viel effektiver können die *informellen Wege* sein, die sich oft entscheidend auf die Kultur der Organisation auswirken. Beispiele sind spontane Gespräche mit einflussreichen Managern auf dem Korridor, auf Geschäftsreisen oder beim Mittagessen.[36]
- *Allein oder im Team.* Manager sollten auch überlegen, ob sie ihre Themen alleine verkaufen oder eine Koalition aus Förderern zusammenstellen wollen, die bevorzugt aus einflussreichen Mitgliedern bestehen sollte. Eine solche Koalition sorgt für Glaubwürdigkeit und verleiht dem jeweiligen Thema mehr Gewicht. Die Fähigkeit, eine solche Koalition zu bilden, kann ein guter Test sein, ob das jeweilige Thema wirklich von Bedeutung ist; lassen sich andere Manager nicht davon überzeugen, so gilt dasselbe bestimmt auch für den Vorstandsvorsitzenden. Möchte man aber Unterstützer gewinnen, so kann das auch Kompromisse oder aber die Zusicherung der eigenen Unterstützung für ein anderes Thema mit sich bringen, wodurch die Klarheit des anstehenden Problems verwischt werden kann.

---

35 Ebenda.

36 Für eine aufschlussreiche Analyse der Bedeutung von gemeinsamem Essen und anderen informellen Momenten für die Beeinflussung der Strategie siehe A. Sturdy, M. Schwarz und A. Spicer, „Guess who's coming to dinner? Structures and the use of liminality in strategic management consultancy“, *Human Relations*, Band 10, Nr. 7 (2006), S. 929–960.

- *Zeitliche Koordination.* Auch sie ist für die richtige Platzierung eines Themas entscheidend. Ein kurzfristiger Leistungseinbruch oder die Übergangsphase von einem Topmanagementteam zum nächsten sind keine guten Zeitpunkte für die Platzierung wichtiger strategischer Themen.

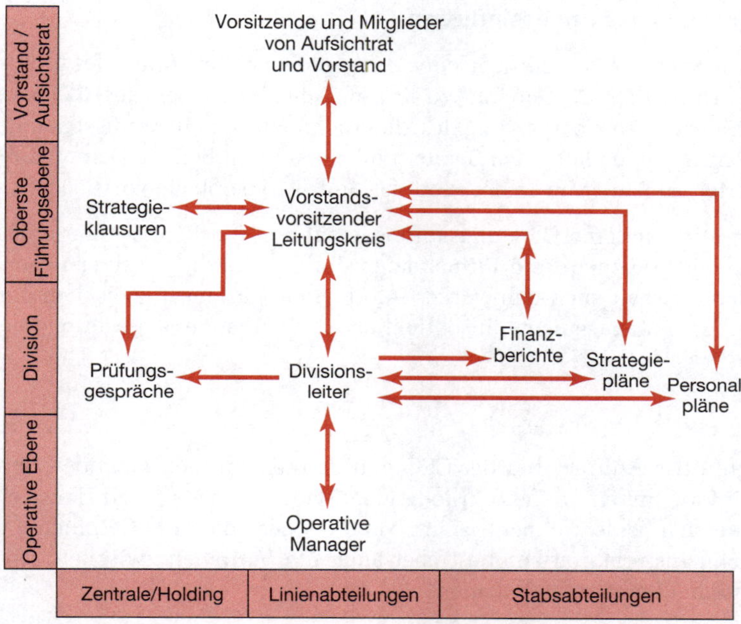

Abbildung 15.4: Formale Kanäle zur Platzierung strategischer Themen

Quelle: Anpassung aus W. Ocasio und J. Joseph, „An attention-based theory of strategy formulation: linking micro and macro perspectives in strategy processes", *Advances in Strategic Management*, Band 22 (2005), S. 39–62.

Natürlich ist die richtige Platzierung eines strategischen Themas nur der Anfang. Selbst wenn ein solches Thema die Aufmerksamkeit einflussreicher Führungskräfte erlangt hat und man sich über nötige Handlungsschritte und Ressourcen einig ist, sollten die Manager dafür sorgen, dass diese Aufmerksamkeit auch *dauerhaft* ist.[37] Ursprüngliche Zusagen des Topmanagements müssen geschützt werden. Wenn sich das betreffende strategische Problem im Laufe der Zeit verändert, erfordert es vielleicht irgendwann mehr Aufmerksamkeit und Ressourcen als anfangs zugesagt. Es ist also wichtig, schon zu Anfang regelmäßige Überprüfungen und einige relevante Kennzahlen zu vereinbaren, um so die dauerhafte Aufmerksamkeit des Topmanagements zu erhalten, das dann auch hoffentlich bereit sein wird, nach Bedarf mehr Ressourcen zur Verfügung zu stellen.

37 B. Yakis und R. Whittington, „Sustaining strategic issues: five longitudinal cases in human resource management", *Academy of Management*, Philadelphia, 2007.

Beispiel 15.3 Abendessen mit den Beratern

Berater arbeiten sowohl über formelle als auch über informelle Kanäle, um das strategische Denken zu beeinflussen.

Locco* war ein großer europäischer Autoteilehersteller. Mitte der 1990er-Jahre begannen allerdings die Gewinne zu sinken. Daher beauftragte der CEO Berater mit einer strategischen Überprüfung des Unternehmens. Das Beratungsteam umfasste einen Partner, einen leitenden Berater und einen Juniorberater. Deren Empfehlungen führten zu Änderungen der Produkt- und Marktstrategie von Locco.

Wie bei allen anderen Beratungsaufträgen führten die Berater eine umfassende Analyse der Branchen- und Firmendaten durch. Allerdings gab es neben dieser formelleren Arbeit auch den stärker informellen Austausch zwischen den Beratern und dem Management, einschließlich dreier Abendessen während der Laufzeit des Projekts.

Abendessen beim CEO

Zu Beginn des Auftrags lud der CEO den Partner und den leitenden Berater zu einem informelleren Treffen mit leitenden Managern bei sich zu Hause ein, „bei dem man sich besser kennenlernen … und … mehr über die Geschichte unseres Unternehmens erfahren könnte", aber auch um Vertrauen zwischen den Managern und den Beratern aufzubauen.

Andere sahen das allerdings anders: So war beispielsweise der Marketing- und Verkaufsleiter der Ansicht, dass es einen Versuch des CEO darstellte, das Ergebnis des Projekts zu beeinflussen: „(er) macht das gern. Während man bei ihm zu Hause zu Abend isst, kann man seinen Ansichten kaum widersprechen." Der Partner war etwas vorsichtig, da er Hintergedanken befürchtete, sah es aber trotzdem als Möglichkeit, das „Eis zu brechen" sowie politische Einblicke zu erzielen und die Dynamik des Managements zu verstehen.

Beim Abendessen kam es insbesondere zwischen dem CEO und den Beratern zu einer Erörterung, bei der der CEO einige der Sorgen über das Projekt – insbesondere die Gefahr, dass Kostenkürzungen zum Abbau von Arbeitsplätzen führen könnten – darlegte. Bei den Gesprächen nach dem Abendessen wurden von anderen Managern auch andere sensible Themen angesprochen.

Im Schloss

In der dritten Woche des Projekts lud der Berater den CEO in ein Restaurant in einem umgebauten Schloss ein. Er sah dies als Möglichkeit, den CEO besser kennenzulernen und seine Zustimmung zum Ansatz der Berater zum Projekt zu erhalten, aber auch um ein besseres Verständnis des politischen Klimas zwischen der Unternehmensführung zu entwickeln und einen besseren Einblick in die vom CEO wahrgenommenen Probleme von Locco zu erhalten.

Im Verlaufe des Essens erfuhr der Berater, dass es zwei „Lager“ im Management gab, die verschiedene Ansichten zur Strategie hatten. Überdies ergriff der Berater die Möglichkeit, den CEO zu beeinflussen und seine Zustimmung zur Tagesordnung für die nächste Vorstandssitzung einzuholen.

In der Pizzeria

Einige Wochen später lud der leitende Berater Mitglieder des mittleren Managements, die er als „bei der Umsetzung gut“ ansah, „zum Informationsaustausch und Sammeln von Meinungen zu einigen unserer Analysen und um zu sehen, wie einige der mittleren Manager reagieren“ zu Pizza und Bier in einem italienischen Restaurant ein. Einige der Teilnehmer waren skeptisch im Hinblick auf das Treffen, gingen aber trotzdem hin. Die Spitzenmanager waren nicht eingeladen.

Bei diesem Abendessen erörterte der Berater seine Erstanalyse, insbesondere zu den strategischen Kompetenzen. Er warf auch einige Fragen auf, die mit der politischen Dynamik innerhalb des Spitzenmanagementteams zu tun hatten. Der Berater sah das Abendessen sowohl im Hinblick auf den Aufbau von Vertrauen als auch im Hinblick auf die Feststellung, „dass einige (der Manager) genau wissen, warum das Unternehmen ein Problem hat“ als Erfolg an. „Sie haben bereits einige Ideen für Lösungen ... aber ihre Stimmen werden nicht gehört.“ Insgesamt hatten auch die teilnehmenden Manager einen positiven Eindruck von diesem Abendessen, wobei viele es als „unterhaltsam“ ansahen, während andere, die nicht anwesend waren, sich aufgrund ihrer Abwesenheit bedroht fühlten.

** Von den Forschern verwendetes Pseudonym*

Angepasst von A. Sturdy, M. Schwarz und S. Spicer, „Guess who's coming to dinner? Structures and uses of liminality in strategic management consultancy“, *Human Relations*, Band 59, Nr. 7 (2006), S. 926–960.

Kontrollfragen

1. Warum sind Veranstaltungen mit informellem Rahmen, wie solche Abendessen, hilfreich?
2. Hätten die Berater die Agenda auch formeller beeinflussen können? Wie wäre dies möglich gewesen?
3. Was hätten Sie von der Veranstaltung gehalten, wenn Sie einer der bei dem Abendessen im italienischen Restaurant anwesenden Manager gewesen wären?

15.4 Strategische Entscheidungsfindung

Entscheidungen über strategische Themen werden auf vielerlei Weise getroffen. Erfolg oder Misserfolg solcher Entscheidungen lassen sich nicht immer rational erklären. Auch werden solche Entscheidungen selten ganz unvoreingenommen getroffen.[38] Der Begriff

38 D. Lovallo und O. Siboney, „Distortions and deceptions in strategic decisions“, *McKinsey Quarterly*, Nr. 1 (2006). Eine gute Übersicht verschiedener voreingenommener Entscheidungen findet sich bei G. Hodgkinson und P. Sparrow, „The Competent Organization“, *Open University Press*, 2002.

der Platzierung strategischer Themen weist schon auf den sogenannten *Champion`s Bias* hin, auf die Wahrscheinlichkeit nämlich, dass die betroffenen Manager die Argumentation zugunsten ihres jeweiligen Anliegens übertreiben. Ähnlich funktioniert das *Sonnenblumensyndrom*, also die Tendenz (wie Sonnenblumen, die der Sonne folgen), sich beim Prozess der Entscheidungsfindung den ranghöchsten Managern anzuschließen oder deren Meinung vorherzuahnen, bevor sie diese ausgesprochen haben. Topmanager, die viele Entscheidungen treffen müssen, überschätzen oft ihre Kompetenz, was zu übertrieben optimistischen Entscheidungen führt, besonders in Fällen, in denen wenig konkrete Daten zur Verfügung stehen. Gleichzeitig können solche Manager auch risikoscheu sein, sodass negative Aspekte eines Projekts sie vorschnell zurückschrecken lassen, auch wenn es nicht sehr wahrscheinlich ist, dass diese Nachteile sich auch tatsächlich spürbar auswirken.

Um effektive und konsequente Entscheidungen zu garantieren, genügt es also nicht, diese einfach in die Hände eines Managementteams zu legen. Katherine Eisenhardts Untersuchungen über strategische Entscheidungsfindung in sich schnell verändernden Umgebungen weist darauf hin, dass sich Manager an vier hilfreiche Richtlinien halten können[39]:

- *Verschiedene, simultane Alternativen aufbauen.* Hat man mehrere Alternativen gleichzeitig zur Auswahl, kann dies eine kritische Diskussion fördern; so kann man Phänomenen wie dem Champion's Bias und dem Sonnenblumensyndrom entgegenwirken. Außerdem beschleunigt es den Entscheidungsprozess, wenn relevante Vorschläge nicht nach und nach auftauchen, sodass mögliche neue Alternativen erst nach einer eingehenden Prüfung und letztendlichen Ablehnung eines vorangegangenen Vorschlags auf den Tisch kommen. Die Barclays Bank beispielsweise wendet diese Methode an und untersucht verschiedene Alternativen gleichzeitig. Hier gibt es sogar eine Firmenregel, die besagt, dass Vorschläge niemals einzeln, sondern immer nur mit zwei oder drei Alternativen präsentiert werden dürfen.[40]
- *Echtzeitinformationen nutzen.* Eisenhardts Untersuchungen ergaben, dass Führungskräfte, die schnelle Entscheidungen treffen müssen, deswegen nicht weniger Informationen nutzen; sie nutzen nur eine andere Art, nämlich Echtzeitinformationen. Diese Manager bevorzugen unmittelbare Informationen von aktuellen Betriebsabläufen und greifen eher selten auf statistische Trends und Vorhersagen zurück. Sie verbringen viel Zeit mit persönlichen Gesprächen und Meetings und leiten ihre Geschäfte, indem sie viel herumwandern. Sie prüfen die aktuellsten Indikatoren wie etwa wöchentliche oder sogar tägliche Verkaufszahlen, Zahlen über Bargeldumlauf, Lagerbestand oder die unfertigen Erzeugnisse. Besonders in einem sich schnell verändernden Umfeld ist eine schnelle Entscheidung vielleicht besser als eine zögerliche Entscheidung. Außerdem sind auf Trends basierende Daten ohnehin rasch überholt.
- *Meinungen erfahrener Manager einholen.* Erfahrene Manager der Organisation oder Branche können aufgrund fundierter Erfahrungswerte schnelles Feedback darüber geben, was wahrscheinlich funktioniert und was nicht. Diese Erfahrung ermöglicht es ihnen auch, die richtigen Fragen zu stellen. Erfahrene Manager haben einen

39 K. M. Eisenhardt, „Speed and strategic choice: how managers accelerate decision making", *California Management Review*, Spring (1990), S. 39–54.

40 M. Mankins, „Stop wasting valuable time", *Harvard Business Review*, September (2004), S. 58–65.

schnelleren Instinkt, der häufig zuverlässiger und auch glaubwürdiger ist als eine langwierige Analyse eines unerfahrenen Kollegen oder eines Beraters. Ältere Manager der mittleren Führungsebene, die sich am Ende ihrer Karriereleiter befinden, haben oft viel Relevantes zu erzählen, denn sie verfügen nicht nur über viel Erfahrung, sondern haben auch weniger ihre eigenen Interessen im Sinn.

- *Nach Einigkeit streben, aber nicht um jeden Preis.* Manager, die schnelle Entscheidungen treffen müssen, streben nach Einigkeit innerhalb ihres Entscheidungsteams, bestehen aber nicht darauf. Oft kann es zu lange dauern, einen absoluten Konsens zu erreichen, was mittelmäßige Entscheidungen zur Folge hat, die auf dem kleinsten gemeinsamen Nenner basieren. Manager müssen erkennen, dass sich Probleme nicht immer zur allgemeinen Zufriedenheit aller lösen lassen. Eisenhardts Rat lautet, dass der Vorstandsvorsitzende bzw. andere Führungskräfte irgendwann den Mut aufbringen müssen, einfach eine Entscheidung zu treffen. Nachdem sie ihre eigene Meinung äußern konnten, ist es auch die Aufgabe anderer Manager, diese Entscheidung als endgültig zu akzeptieren und sich an die Umsetzung zu machen.

Allerdings wird schnelle Entscheidungsfindung in ihrer Effektivität häufig überschätzt. Viele Entscheidungen werden nicht konsequent umgesetzt. Und viele Strategien sind emergent und basieren keineswegs auf bewussten Entscheidungen (siehe *Kapitel 11*).[41]

Zwei weit verbreitete Ansichten über Entscheidungsfindungen wurden bisher implizit infrage gestellt: Zum einen ist *Intuition* nicht immer schlecht.[42] Viele Echtzeitinformationen oder die langjährige Erfahrung älterer Manager können für ein gutes „Bauchgefühl" sorgen, wenn es darum geht, Entscheidungen zu treffen. Dieses Bauchgefühl kann die Grundlage für Entscheidungen sein, für die es ohnehin nicht viele zuverlässige Informationen gibt, wenn es beispielsweise um die Schaffung radikal neuer Märkte oder Produkte geht. Zum anderen können auch *Konflikte* einen Entscheidungsprozess durchaus bereichern[43], denn sie können einen Champion's Bias offen legen und eine allzu optimistische Selbsteinschätzung eines Managers infrage stellen. Konflikte treten am häufigsten in bunt zusammengestellten Managementteams auf, deren Mitglieder auch gerne einmal der Advocatus Diaboli sind und Annahmen oder einen schnellen Konsens hinterfragen. Doch produktive Konflikte brauchen ein sorgfältiges Management. Die Teammitglieder müssen finale Entscheidungen akzeptieren und sich gegenseitig Respekt zollen.

15.4.1 Die Kommunikation der Strategie

Über eine Strategie zu entscheiden, ist nur der erste Schritt, denn die Entscheidungen müssen auch kommuniziert werden. Manager müssen bedenken, welche Interessengruppen informiert werden (*Kapitel 4*) und wie sie diese Information jeder einzelnen Gruppe präsentieren sollen. Aktionäre, wichtige Kunden und Mitarbeiter sind in den meisten Fällen von zentraler Bedeutung und haben alle unterschiedliche Bedürfnisse

41 S. Elbanna, „Strategic decision-making: process perspectives", *International Journal of Management Reviews*, Band 8, Nr. 1 (2006), S. 1–20.

42 C. Miller und R. D. Ireland, „Intuition in strategic decisionmaking: friend or foe in the fast-paced 21st century?", *Academy of Management Executive*, Band 21, Nr. 1 (2005), S. 19–30.

43 K. M. Eisenhardt, J. Kahwajy und L.J. Bourgeois, „Conflict and strategic choice: how top teams disagree", *California Management Review*, Band 39, Nr. 2 (1997), S. 42–62.

und Anforderungen. Also muss es zu jeder neuen Strategie auch eine passende Kommunikationsstrategie geben.

Die Kommunikation mit den Mitarbeitern ist in der Regel zwingend notwendig, damit die gewählte Strategie überhaupt umgesetzt werden kann. Wie in *Kapitel 5* beschrieben, weichen viele Strategien mit der Zeit von ihrer ursprünglichen Intention ab. Verstehen die Mitarbeiter die neue Strategie nicht, können sie sie auch nicht richtig umsetzen. Und tägliche Interaktionen zwischen Managern der unteren Ebenen und normalen Mitarbeitern können eine beabsichtigte Strategie schnell scheitern lassen. So wird zum Beispiel eine neue Strategie für verbesserten Kundendienst mit Sicherheit fehlschlagen, wenn die zuständigen Manager ihre Mitarbeiter nicht konsequent gemäß der neuen Strategie einstellen, schulen und auch belohnen; alte Gewohnheiten sind Gift für eine Verbesserung strapazierter Kundenbeziehungen. Ein Beispiel für eine Organisation, die darauf achtet, dass alle ihre Mitarbeiter neue Strategien wirklich verstehen, ist der Volvo-Konzern, dessen Ziel es ist, dass 90 Prozent der Mitarbeiter die strategischen Ziele ihrer Organisation kennen, was im Rahmen einer jährlichen Umfrage geprüft wird.[44]

Bei der Gestaltung einer Kommunikationsstrategie für Mitarbeiter müssen besonders vier Elemente berücksichtigt werden[45]:

- *Fokus.* Die Kommunikation sollte sich auf die wichtigsten Komponenten der Strategie konzentrieren und unnötige Details oder allzu komplexe Sprache vermeiden. Die berühmte Aussage von Jack Welch, Vorstandsvorsitzender von General Electric, dass sein Unternehmen „auf allen seinen Märkten entweder die Nummer Eins oder die Nummer Zwei“ sein sollte, ist deshalb so berühmt, weil sie sich klar auf die Bedeutung der Marktdominanz des Unternehmens konzentriert.
- *Einfluss.* Die Kommunikation sollte mit starken Worten und Bildern die Mitarbeiter beeinflussen und beeindrucken. So trägt die neue Strategie des britischen Sozialdienstes den eingängigen Titel „Our health, our care, our say“ (etwa „Unsere Gesundheit, unsere Aufgabe, unser Wort“), um zu verdeutlichen, dass diese neue Strategie für alle Bürger von Bedeutung ist.[46] Ein „roter Faden“ kann dabei helfen, alle Schritte, die noch vor den Mitarbeitern liegen, logisch zu erklären und die Zukunft für die Organisation und deren Kunden darzustellen. Ein angeschlagenes medizinisches Zentrum in New Mexico kommunizierte seine neue Strategie und inspirierte gleichzeitig seine Mitarbeiter mittels folgender Beschreibung der Organisation „Raiders of the Lost Art“ (etwa „die Räuber der verlorenen Kunst“), die gleichzeitig Mut in einer Zeit des Elends und eine Rückbesinnung auf alte Werte ausdrückte.[47] Visuelle Hilfsmittel können ebenso von großer Bedeutung sein. Jeff Bezos von Amazon zeichnet einen „virtuosen Kreis“, um aufzuzeigen, wie die Wachstumsstrategie des Unternehmens einen Kreislauf in Gang setzt, in dem gerin-

44 C. Nordblom, „Involving middle managers in strategy at Volvo Group“, *Strategic Communication Management*, Band 10, Nr. 2 (2006), S. 24–28.

45 Dies baut auf M. Thatcher auf, „Breathing life into business strategy“, *Strategic Communication Management*, Band 10, Nr. 2 (2006), S. 14–18.

46 Siehe *http://www.cabinetoffice.gov.uk/strategy/work_areas/index.asp.*

47 G. Adamson, J. Pine, T. van Steenhoven und J. Kroupa, „How story-telling can drive strategic change“, *Strategy and Leadership*, Band 34, Nr. 1 (2006), S. 36–41.

gere Kosten für verbesserte Kundenerfahrungen sorgen, die dadurch zahlreicher werden, was wiederum zu einer größeren Produktauswahl führt, etc.[48]

- *Medien.* Die Wahl der geeigneten Medien zur Verbreitung der neuen Strategie ist ein wichtiger Punkt.[49] Massenmedien wie etwa E-Mail, Sprachnachrichten, Veröffentlichungen der Firma, Videos, Intranet oder Blogs der führenden Manager können dafür sorgen, dass alle Mitarbeiter sehr schnell die gleichen Informationen erhalten, sodass schädliche Unsicherheiten oder Gerüchte vermieden werden. Jedoch sind persönliche Gespräche ebenfalls sehr wichtig, denn sie zeigen das persönliche Engagement der Manager und ermöglichen eine direkte Interaktion mit den betroffenen Mitarbeitern. Also könnten oberste Führungskräfte *Roadshows* organisieren, in denen sie ihre Botschaft den jeweiligen Mitarbeitern in Konferenzen oder Workshops an verschiedenen Standorten direkt überbringen. Außerdem könnten sie sogenannte *Kaskaden* starten, wobei jede Managementebene den Auftrag erhält, die neue strategische Botschaft an die ihnen direkt unterstellten Mitarbeiter weiterzugeben, die wiederum denselben Auftrag erhalten, usw.[50]
- *Einbindung der Mitarbeiter.* Oft ist es hilfreich, einige Mitarbeiter direkt in die Strategie mit einzubinden, sodass sie sehen können, was diese für sie persönlich bedeutet und wie sich ihre Rolle verändern wird. Hier kann ein Austausch im Rahmen einer Roadshow oder einer Kaskade helfen, doch manche Organisationen sind auch noch einfallsreicher, wenn es um das aktive Engagement der Mitarbeiter geht. Eine Organisation des öffentlichen Sektors in Großbritannien lud beispielsweise die gesamte Belegschaft zu einer Tageskonferenz ein, auf der die neu gewählte Strategie vorgestellt werden sollte. Während dieser Konferenz konnten die Mitarbeiter ein Foto von sich selbst an eine „Zusagewand" heften, zusammen mit einem handschriftlich verfassten Versprechen, mindestens einen Aspekt ihrer Arbeit zu verändern, um der neuen Strategie zu entsprechen.[51] Dieselbe Organisation schuf auch einen Teppich, der die strategische Reise der Organisation darstellte. Dann wurden alle Mitarbeiter aufgefordert, den Weg in die angestrebte Zukunft zu beschreiten.

Man muss erkennen, dass gerade der Kommunikationsprozess die Strategie in verschiedenster Art und Weise verändern kann. Die Kommunikation durch die Manager und die Aufnahme der Information durch die Mitarbeiter geht meist mit einer Neuinterpretation einher; Kaskaden und Roadshows decken nicht selten neue Probleme auf.[52] So gesehen ist die Kommunikation keineswegs der Abschluss des strategischen Prozesses, sondern führt zur Identifikation neuer strategischer Themen für die nächste Runde der Strategiedefinition.

48 R. W. Keidel, „Strategize on a napkin", *Strategy and Leadership*, Band 33, Nr. 4 (2005), S. 58–59.

49 R. H. Lengel und R. L. Daft, „The selection of communication media as an executive skill", *Academy of Management Executive*, Band 2, Nr. 3 (1988), S. 225–232.

50 Beispiele für Roadshows und Kaskaden sind zu finden bei M. Thatcher, „Breathing life into business strategy", *Strategic Communication Management*, Band 10, Nr. 2 (2006), S. 14–18.

51 R. Whittington, E. Molloy, M. Mayer und A. Smith, „Practices of strategizing/organizing: broadening strategy work and skills", *Long Range Planning*, Band 39 (2006), S. 615–629.

52 Zum Thema Kommunikation durch die Manager der mittleren Führungsebene siehe J. Balogun und G. Johnson, „Organizational restructuring and middle manager sensemaking", *Academy of Management Journal*, Band 47, Nr. 4 (2004), S. 523–540.

Tabelle 15.1

Umgang mit Konflikten

Regelwerk	■ Festlegung klarer Verhaltensgrenzen ■ Unterstützung von Gegenstimmen ■ Professionelle anstatt emotionaler Diskussion
Sach-verständiger	■ Sicherstellen, dass der Leiter (a) gegenüber anderen Sichtweisen offen ist und (b) die Regeln umsetzt
Chancen-gleichheit	■ Sicherstellen, dass jede Seite der Debatte eine Chance hat zu gewinnen ■ Klarheit auf der Grundlage eines Beschlusses (z.B. Beschluss von oben oder Konsens) schaffen
Nutzbare Nische	■ Vertritt jede Gruppe ein spezielles Ziel?
Beziehungen	■ Sicherstellen, dass Einzelpersonen (a) ihre Pflichten erfüllen und sich (b) integer verhalten ■ Sicherstellen, dass Führungskräfte in der gesamten Organisation Perspektiven in der Organisation nach unten und nach oben weiter prüfen
Energieniveau	■ Ausreichend Spannung zur Unterstützung einer erfolgreichen Debatte sicherstellen, aber dies überwachen ■ Verstehen die Führungskräfte, was für die Menschen wirklich wichtig ist?
Ergebnisse	■ Sicherstellen, dass Führungskräfte schlechte Nachrichten übermitteln, ohne Beziehungen zu beschädigen ■ Sicherstellen, dass auch die Würde des Verlierers gewahrt bleibt und Risikobereitschaft belohnt wird

Quelle: Nachgedruckt mit Genehmigung der *Harvard Business Review*. Anlage zu „How to pick a good fight“ von S. A. Joni und D. Beyer, Dezember 2009, S. 48–57. Urheberrecht © 2009 Harvard Business School Publishing Corporation. Alle Rechte vorbehalten.

15.5 Strategiemethoden

Strategen verwenden eine ganze Reihe mehr oder weniger standardisierter Methoden zur Organisation und Kontrolle ihrer strategischen Aktivitäten. Die Methoden, die hier vorgestellt werden, sind keine analytischen Konzepte oder Techniken, wie in den vorangegangenen Kapiteln dieses Buches erwähnt, sondern praktische Ansätze für das Management des Strategieprozesses. Dieser Abschnitt spricht zunächst die Methoden an, die zur Ausübung strategischer Aktivitäten angewendet werden könnten. Am Anfang steht häufig ein Strategie-Workshop. Darauf können eine Reihe strategischer Projekte folgen. Solche Projekte werden oft von Techniken wie dem Hypothesentest bestimmt. Das Ergebnis des Strategieprozesses muss schließlich meist im Format einem Geschäftsplan oder einem strategischen Plan entsprechen. Dieser Abschnitt stellt wichtige Aspekte all dieser Methoden vor. Es werden zwar Richtlinien angeboten, jedoch sollte klar sein, dass keine dieser Methoden ein Patentrezept für den Erfolg darstellt.

15.5.1 Strategie-Workshops

Strategie-Workshops (manchmal auch Klausurtage, Strategietage etc. genannt) sind eine häufig angewandte Methode des Strategieprozesses.[53] Hier arbeiten Führungskräfte in Gruppen ein oder zwei Tage lang intensiv an der Strategie ihrer Organisation, wobei sie sich dabei meist nicht an ihrem Arbeitsplatz befinden. Diese Führungskräfte stehen meist an der Spitze ihrer Organisation, doch auch für größere Managergruppen können solche Workshops sehr nützlich sein. In einem Workshop werden Strategien in der Regel formuliert oder neu überdacht, doch auch ihre Umsetzung ist hier ein Thema ebenso wie die Kommunikation der Strategien an ein breiteres Publikum. Workshops können entweder spontan organisiert werden oder aber sie sind Teil des regelmäßigen strategischen Planungsprozesses. Ebenso können sie einzeln oder in Serie abgehalten werden. Workshops erleichtern aber nicht nur den Strategieprozess, sie fördern auch die Teambindung und die persönliche Entwicklung einzelner Mitarbeiter. *Beispiel 15.4* zeigt, welche Zwecke ein strategischer Workshop erfüllen kann.

Strategie-Workshops

In Strategie-Workshops (manchmal auch Klausurtage, Strategietage etc. genannt) arbeiten Führungskräfte in Gruppen ein oder zwei Tage lang intensiv an der Strategie ihrer Organisation, wobei sie sich dabei meist nicht an ihrem Arbeitsplatz befinden.

Obwohl strategische Workshops durchaus einen wertvollen Beitrag zur Strategieentwicklung und -umsetzung einer Organisation leisten können, könnten sich durch sie auch mindestens zwei Probleme ergeben.[54] Zunächst kann es sein, dass in solchen Workshops lediglich die bereits bestehenden Ansichten und Meinungen der Manager bestätigt werden. Dies gilt besonders, wenn die Workshops zur Routine geworden sind und wenn immer die gleichen Teilnehmer dabei sind. So können keine neuen Ideen entstehen, die den Status quo radikal infrage stellen. Zudem können Workshops den Kontakt zu anschließenden Aktionen verlieren. Weil sie eben losgelöst von den üblichen Abläufen der Organisation stattfinden, ist es schwierig, die in den Workshops erarbeiteten Ideen und die dort entstandene Begeisterung in die normalen Arbeitsabläufe zu integrieren.

Die Gestaltung von Strategie-Workshops muss dem Zweck entsprechen, den sie erfüllen sollen. Der wahrgenommene Erfolg steht in direktem Zusammenhang mit der Formulierung klarer Ziele.[55] Manager der oberen Führungsebene sollten vorher sorgfältig definieren, welche Ziele sie in einem Workshop oder einer Reihe von Workshops erreichen wollen, und diese genau darauf abstimmen. Manager, die Workshops gestalten müssen, welche bestehende strategische Ansichten infrage stellen sollen, sollten folgende Punkte beachten:

- *Bestehen auf der richtigen Vorbereitung.* Workshops sind meist zu kurz, um viel Zeit für eingehende Analysen zu gewähren. Außerdem kann es schwierig und zeitaufwendig sein, die entsprechenden Informationen bereitzustellen. Daher kann es sehr hilfreich sein, darauf zu bestehen, dass die Teilnehmer wichtige Themen, Analysen oder Informationen für den Workshop vorbereiten, und diese dann vor Ort

53 Für eine neue Umfrage zu Strategie-Workshops in der Praxis siehe G. Hodgkinson, R. Whittington, G. Johnson und M. Schwarz, „The role of strategy workshops in strategy development processes: formality, communication, coordination and inclusion", *Long Range Planning*, Band 30 (2006), S. 479–496.

54 C. Bowman, „Strategy workshops and top-team commitment to strategic change", *Journal of Managerial Psychology*, Band 10, Nr. 8 (1995), S. 4–12; B. Frisch und L. Chandler, „Off-sites that work", *Harvard Business Review*, Band 84, Nr. 6 (2006), S. 117–126.

55 G. Hodgkinson, R. Whittington, G. Johnson und M. Schwarz, „The role of strategy workshops in strategy development processes: formality, communication, coordination and inclusion", *Long Range Planning*, Band 30 (2006), S. 479–496.

kurz präsentieren, sodass sie als Input für eine anschließende Diskussion dienen können. Diese kann sich dann auf konkrete Fakten stützen; auch können unangenehme Informationen nicht so leicht ignoriert werden.

- *Beteiligung von Führungskräften außerhalb des obersten Führungsteams.* Es kann auch nützlich sein, unternehmensexterne Führungskräfte zum Workshop einzuladen, die eine objektive Perspektive mitbringen. Alternativ können auch Manager der mittleren Führungsebene hinzugezogen werden, denn sie kennen die Themen der täglichen Betriebsabläufe am besten und ihre Teilnahme kann sich positiv auf ihre Karriereentwicklung und die Managementnachfolge auswirken.
- *Beteiligung externer Berater als Moderatoren.* Zieht man Berater als Leiter und Moderatoren eines Workshops hinzu, so können sich die beteiligten Manager besser auf die eigentliche Diskussion konzentrieren, diese bleibt bei den wichtigen strategischen Themen und die Beiträge aller Teilnehmer werden gleichermaßen berücksichtigt. Ein Berater kann auch in der Lage sein, den Workshop mit zu gestalten und kurze Simulationsübungen oder Analysen anzubieten. Auch im Nachhinein kann ein Berater bei der Umsetzung der Ergebnisse helfen. Solche Berater müssen aber erfahren, einfühlsam und nicht zu dominant sein.
- *Aufbrechen organisationaler Routinen.* Ein außergewöhnlicher Veranstaltungsort für einen Workshop außerhalb der Bürogebäude kann dafür sorgen, dass die Teilnehmer sich von den alltäglichen Belangen ihrer Arbeitsroutine lösen, denn er ist Symbol dafür, dass dieser Workshop nicht den normalen Normen und Hierarchien der Organisation unterworfen ist. Klare Regeln, die den Gebrauch von mobilen Kommunikationsmitteln einschränken, können wichtig sein, um eine Ablenkung durch organisationale Belange zu minimieren. Spielerische Übungen am Anfang – sogenannte Ice Breaker – können Kreativität freisetzen und eine Atmosphäre schaffen, die Gewohntes infrage stellt.[56]

Manager, die Workshops gestalten wollen, die sich verstärkt an den nachfolgenden Handlungen orientieren, sollten folgende Punkte beachten:

- *Formulierung einer Aktionsliste, der alle Teilnehmer zustimmen.* Am Ende des Workshops sollte viel Zeit für die Überprüfung der erzielten Ergebnisse und die Vereinbarung nötiger nachfolgender Handlungsschritte reserviert werden.
- *Zusammenstellung von Projektgruppen.* Workshops können auf der Kohäsion bestimmter Themengruppen aufbauen, indem mehrere Manager beauftragt werden, gemeinsam daran zu arbeiten und über ihre Arbeit entweder in einem Meeting mit der obersten Führungsebene oder in nachfolgenden Workshops zu berichten.
- *Information über beschlossene Aktionen.* Informiert man möglichst viele Mitarbeiter der Organisation über beschlossene Aktionen, so erhöht dies das Engagement und die Bereitschaft der Workshop-Mitglieder, diese Aktionen auch tatsächlich durchzuführen. Außerdem werden Ängste und Neugier derjenigen abgebaut, die nicht am Workshop beteiligt waren.
- *Sichtbares Engagement des Topmanagements.* Der Vorstandsvorsitzende oder andere Mitglieder der obersten Führungsriege müssen während des Workshops und auch danach durch Worte und Taten signalisieren, dass sie voll und ganz hinter diesen Prozessen stehen. Mitglieder der obersten Führungsebene müssen immer anwesend

56 L. Heracleous und C. Jacobs, „The serious business of play“, *MIT Quarterly*, Fall (2005), S. 19–20.

sein und dürfen sich nicht von Belangen außerhalb des Workshops ablenken lassen. Sie müssen alle Teilnehmer unterstützen und bei den beschlossenen Aktionen eine klare Führungsposition übernehmen.

Natürlich gibt es auch für Strategie-Workshops keine eindeutige Erfolgsformel. Meist bringen sie einflussreiche Menschen zusammen, die Themen diskutieren, die ihnen persönlich sehr am Herzen liegen. Hält man einen Workshop aber an einem Ort weitab vom Büro in absichtlich ungezwungener Atmosphäre ab, so bedeutet dies noch lange nicht, dass die Politik der Organisation ganz und gar außen vor bleibt.[57]

Beispiel 15.4 Eine Geschichte aus zwei Workshops

Die Gestaltung von Strategie-Workshops hat entscheidenden Einfluss auf ihren Erfolg.

Angesichts der Expansion des Geschäfts haben die Direktoren von Hotelco* entschieden, zwei zweitägige Workshops durchzuführen, um die für die zukünftige strategische Ausrichtung des Unternehmens erforderliche Organisationsstruktur neu zu überdenken. Beide Workshops wurden durch einen externen Berater unterstützt.

Workshop 1

Der erste Workshop fand in einem Luxushotel auf dem Land im Süden Englands, weit weg von den bescheidenen Büroräumen von Hotelco, statt. Dabei ging es nicht nur darum, „aus dem Büro rauszukommen", sondern auch darum, „den Geist freizumachen … Es war ein wunderbares Erlebnis."

Zusammen mit einem der Direktoren hatte der Berater die Agenda aufgestellt. Der „Befehlsstil" des CEO wurde durch einen vom Berater inszenierten partizipatorischen Ansatz ersetzt: „Er sorgte für mehr Chancengleichheit." Er hatte Mitarbeiter zu den Kernwerten des Geschäfts informiert und den Direktoren als Grundlage für die Erörterung einen Bericht zur Verfügung gestellt: „Weiß jeder, wofür Hotelco steht?"

Die Direktoren beteiligten sich ernsthaft an der Diskussion: „Es fokussiert den Geist. Dadurch verstanden wir all die Dinge, die wir gut konnten, und … die Dinge, die wir nicht gut konnten, und die Dinge, die wir tun mussten." Sie sahen den Workshop als Erfolg und schlussfolgerten, dass der Wechsel von einem autoritären, befehlenden Managementstil zu einem stärker strukturierten und dezentralisierten Ansatz zum Management notwendig war, bei dem den mittleren Ebenen Verantwortung übertragen wird und somit das Spitzenteam freie Kapazitäten hat, um sich stärker auf die Strategie zu konzentrieren.

57 Für eine Diskussion über gescheiterte Strategie-Workshops aus verschiedenen Perspektiven siehe G. Hodgkinson und G. Wright, „Confronting strategic inertia in a top management team: learning from failure", *Organization Studies*, Band 23, Nr. 6 (2002), S. 949–978; sowie R. Whittington, „Completing the practice turn in strategy research", *Organization Studies*, Band 27, Nr. 5 (2006), S. 613–634.

Allerdings wurde das Ergebnis nicht fortgeführt. Bei ihrer Rückkehr ins Büro kamen die Direktoren zu der Schlussfolgerung, dass das während des Workshops Vereinbarte nicht realistisch war, dass „sie sich von dem Prozess hatten mitreißen lassen". Das Ergebnis war eine erhebliche Verwässerung – allerdings ohne einen eindeutigen Konsens zu einer überarbeiteten Struktur für das Unternehmen.

Workshop 2

Der zweite zweitägige Workshop zwei Monate später war für das Spitzenteam und die sieben ihnen direkt unterstellten Mitarbeiter konzipiert. Dabei wurde der gleiche Moderator eingesetzt. Dieser Workshop fand in einem der eigenen Hotels der Gruppe statt. Auch hier begann der Workshop mit einer Erörterung der Interviews zu den Werten von Hotelco. Danach hielt einer der Direktoren eine Präsentation, in der das Konzept eines operativen Vorstands vorgestellt wurde. Allerdings zeigt sich in der Diskussion, dass nicht alle Direktoren – und insbesondere der CEO – sich diesem Konzept im gleichen Maß verpflichtet fühlten. Schließlich, so erklärt der Berater, „brachte ich die vier Direktoren in einen anderen Raum und sagte zu ihnen: Bis ihr das geklärt habt, verursacht ihr nur Probleme. ... Die vier Direktoren gerieten in eine heftige Auseinandersetzung und vergaßen die anderen sieben ganz und gar."

Allerdings sahen die Direktoren die Sache nicht so. Ihrer Ansicht nach versuchte der Moderator, ihnen eine Lösung aufzuzwingen, anstatt die Diskussion zu unterstützen.

Während die Direktoren sich in einem Raum und ihre direkten unterstellten Mitarbeiter sich in einem anderen Raum befanden, wurden die Anmerkungen jeder Gruppe durch den Moderator zwischen den beiden Räumen übertragen. Es war eine Situation, die niemanden zufriedenstellte. Am Nachmittag griff der CEO ein und ersetzte das Konzept des „operativen Vorstands" mit sieben Mitgliedern durch eine Zwischenebene mit drei „Abteilungsleitern".

Mit diesem Workshop war niemand zufrieden. Einer der sieben, der kein Abteilungsleiter werden sollte, kommentiert dazu: „Ich wusste gar nicht mehr, wo ich saß. Ich hatte das Gefühl, dass meine Position abgewertet worden war." Ein Direktor erkannte weiterhin: „Wir haben dafür gesorgt, dass sich diese Mitarbeiter wirklich ernüchtert fühlten."

** Hotelco ist ein Pseudonym für eine kleine britische Hotelkette.*

Kontrollfragen

1. Bewerten Sie die Konzeption der beiden Workshops im Hinblick auf die Richtlinien in *Kapitel 15.5.1*.
2. Wie hätten Sie die Workshops anders organisiert, wenn Sie der Moderator wären?
3. Welche Vorteile (oder Nachteile) könnten solche Workshops im Vergleich mit anderen Ansätzen zur Strategieentwicklung für eine solche Organisation haben?

15.5.2 Strategieprojekte

Sowohl die Entwicklung als auch die Umsetzung einer Strategie findet oft in Form eines Projekts oder einer Task Force statt.[58] In **Strategieprojekten** werden Mitarbeiterteams angewiesen, über einen bestimmten Zeitraum hinweg an den besonderen Aspekten einer Strategie zu arbeiten. Solche Projekte können zur Aufdeckung von Problemen oder Chancen als Teil des strategischen Prozesses definiert werden. So können sie zum Beispiel die Aufgabe haben, neue Chancen auf internationalen Märkten zu erkunden. Sie können aber auch der Umsetzung einzelner beschlossener Elemente einer Strategie dienen, etwa der organisationalen Umstrukturierung oder der Verhandlung über ein Joint Venture. Die Umsetzung eines Strategieplans oder eines Workshops in eine Reihe konkreter Projekte ist eine gute Möglichkeit, um sicherzugehen, dass Intentionen tatsächlich in die Tat umgesetzt werden. Solche Projekte können auch von einer größeren Managergruppe bearbeitet werden.

Strategieprojekte

In Strategieprojekten werden Mitarbeiterteams angewiesen, über einen bestimmten Zeitraum hinweg an den besonderen Aspekten einer Strategie zu arbeiten.

Das Management von Strategieprojekten sollte sich nicht vom Management anderer Projekte unterscheiden. Das bedeutet insbesondere[59]:

- *Ein klarer Auftrag.* Alle Beteiligten sollten sich über die Ziele des Projekts einig sein, die ein sorgfältiges Management brauchen. Diese Ziele sind der Maßstab für den Erfolg des Projekts. In vielen Fällen besteht das Risiko, dass im Projektverlauf immer wieder neue Ziele hinzugefügt werden (schleichende Änderung des Projektziels).
- *Engagement des Topmanagements.* Das Engagement des Topmanagements muss lang anhaltend und gleichbleibend hoch sein. Da sich die Zeit- und Aufgabenpläne des Topmanagements häufig ändern, sollte eine regelmäßige Kommunikation erfolgen.
- *Meilensteine und Überprüfungen.* Von Anfang an sollten für das Projekt klare Meilensteine feststehen, die einem abgestimmten Zeitplan folgend als Zwischenziele erreicht werden. Dadurch wird es möglich, den Verlauf des Projekts zu überprüfen und falls nötig, Änderungen vorzunehmen. Auch der Erfolg des Projekts wird anhand dieser Zwischenziele ersichtlich.
- *Geeignete Ressourcen.* Die wichtigste Ressource sind in der Regel die Mitarbeiter. Es muss die richtige Mischung an Fähigkeiten vorhanden sein, darunter auch Fähigkeiten des Projektmanagements. Außerdem sollte von Anfang an darauf geachtet werden, dass die Projektbeteiligten zu einem Team zusammenwachsen. Solche Strategieprojekte sind für die beteiligten Manager oft nur Teilzeitaufgaben; sie müssen auch weiterhin ihre täglichen Aufgaben erledigen. Es ist also wichtig, dass diese Manager die richtige Balance finden für beide Aufgabenbereiche. Denn ihre tägliche Arbeit kann häufig die Überhand gewinnen, sodass ihnen nicht mehr genug Zeit für die Projektarbeit bleibt.

58 P. Morris und A. Jamieson, „Moving from corporate strategy to project strategy“, *Project Management Journal*, Band 36, Nr. 4 (2005), S. 5–18. Eine vergleichende Studie verschiedener Teams zur Entwicklung von Strategieprojekten ist zu finden bei F. Blackler, N. Crump und S. McDonald, „Organizing processes in complex activity networks“, *Organization*, Band 72, Nr. 2 (2000), S. 277–300. Siehe auch S. Paroutis und A. Pettigrew, „Strategizing in the multi-business firm: strategy teams at multiple levels and over time“, *Human Relations*, Band 60, Nr. 1 (2007), S. 99–135.

59 H. Sirkin, P. Keenan und A. Jackson, „The hard side of change management“, *Harvard Business Review*, October (2005), S. 109–118; J. Kenny, „Effective project management for strategic innovation and change in an organizational context“, *Project Management Journal*, Band 34, Nr. 1 (2003), S. 43–53.

Strategieprojekte sind oft im Rahmen von *Programmen* oder *Portfolios* organisiert. Ein Programm besteht aus mehreren Projekten, die sich mit Themen und Problemen befassen, die alle etwas miteinander zu tun haben wie etwa eine Reihe von Projekten, die alle unterschiedliche Wachstumschancen ausleuchten. Das Portfolio enthält alle Projekte des Unternehmens und setzt sich vielleicht aus mehreren Projektprogrammen zusammen. Es ist wichtig, dass sowohl Programme als auch Portfolios klare Führungs-, Berichts- und Überprüfungssysteme besitzen, denn sonst können einzelne Projekte leicht miteinander in Konkurrenz geraten. Programmmanager müssen besonders auf Themenüberlappungen und Redundanzen achten und dementsprechend Projekte zusammenführen oder beenden, die aufgrund sich verändernder Umstände keinen eigenen Zweck mehr verfolgen. Auch die oberste Führungsebene sollte einen klaren und genauen Überblick über das gesamte Portfolio besitzen und ebenso in der Lage sein, Projekte oder sogar ganze Programme zu verschmelzen und zu beenden, um eine „Initiativenmüdigkeit" zu vermeiden, die sich oft einstellt, wenn zu viele Projekte gestartet werden.

15.5.3 Hypothesentests

Hypothesentest

Der Hypothesentest ist eine Methodik bei Strategieprojekten, die insbesondere zur Bestimmung von Prioritäten bei der Untersuchung strategischer Themen und Optionen angewendet wird.

Strategieprojektteams stehen gewöhnlich unter dem Druck, in kurzer Zeit Lösungen für sehr komplexe Probleme liefern zu müssen. Der **Hypothesentest** ist eine effektive Methode, um die Ausrichtung eines Projekts zu bestimmen, und wird von Strategieberatungsfirmen und Mitgliedern von Strategieprojektteams häufig angewendet.

Der Hypothesentest auf dem Gebiet der Strategie ist dem Hypothesentest im wissenschaftlichen Bereich nachempfunden.[60] Man beginnt mit der Festlegung und Beschreibung des Ist-Zustands (die *deskriptive Hypothese*) und versucht dann, diesen Ist-Zustand mithilfe realer Daten zu überprüfen. So könnte eine deskriptive Hypothese aus dem Bereich der Strategie lauten, dass ein großes Produktionsvolumen in einer bestimmten Branche eine zentrale Voraussetzung für Rentabilität ist. Um diese Hypothese zu testen, könnte ein Projektteam zunächst Daten über die Größe der Organisation sammeln und diese dann mit der Rentabilität der Organisation in Korrelation setzen. Eine Bestätigung dieser ursprünglichen beschreibenden Hypothese (dass kleine Organisationen relativ unrentabel arbeiten) würde dann zur Formulierung mehrerer *präskriptiver Hypothesen* führen, die Aussagen darüber treffen, wie eine bestimmte Organisation vorgehen sollte. Für ein kleines Unternehmen der Branche würden sich diese Hypothesen hauptsächlich darauf beziehen, ihr Produktionsvolumen zu steigern. Eine solche Hypothese könnte beispielsweise besagen, dass sich ein größeres Produktionsvolumen gut durch Übernahmen erreichen ließe; eine weitere Hypothese könnte sein, dass dies durch Allianzen erreicht werden kann. Diese präskriptiven Hypothesen könnten dann durch weitere konkrete Daten überprüft werden.

Bei dieser Form des Hypothesentests geht es letztendlich darum, praktische Prioritäten für die strategische Arbeit zu setzen. Sie unterscheiden sich also durchaus von der strikt wissenschaftlichen Durchführung eines Hypothesentests (siehe *Beispiel 15.5*). Ziel ist es, die Aufmerksamkeit des Managements auf eine sehr begrenzte Auswahl vielversprechender Hypothesen zu konzentrieren, um nicht die Gesamtheit aller Mög-

60 Dieser Abschnitt basiert auf E. Rasiel und P. N. Friga, „The McKinsey Mind", *McGraw-Hill*, 2001; H. Courtney, „20/20 Foresight: Crafting Strategy in an Uncertain World", *Harvard Business School Press*, 2001; sowie auf unveröffentlichtem Material von J. Liedtka, University of Virginia.

lichkeiten berücksichtigen zu müssen. Daten werden gesammelt, um bevorzugte Hypothesen zu stützen, während in der Wissenschaft das Ziel formal darin besteht, zu versuchen, eine Hypothese zu widerlegen. Führt ein Unternehmen einen Hypothesentest durch, so möchte es im Rahmen begrenzter Zeit und Ressourcen eine tragfähige und zufriedenstellende Lösung für ein Problem finden und nicht den wissenschaftlichen Beweis für eine Tatsache erbringen. Die Auswahl der richtigen Hypothesen kann durch das sogenannte Quick-and-Dirty-Testing (QDT) erleichtert und beschleunigt werden. Diese Tests bauen auf der vorhandenen Erfahrung der Teammitglieder sowie auf leicht zugänglichen Daten auf, um aussichtslose Hypothesen schnell ablehnen zu können, ohne dass zu viel Zeit darauf verschwendet werden muss.

Beispiel 15.5 Hypothesentests in einer Bank

Diese Beschreibung eines Beratungsauftrags bei einer großen diversifizierten Bank zeigt, wie Hypothesentests ein Strategieprojekt beeinflussen können.

1. Definition des Problems/der Frage

Die erste Aufgabe der Berater besteht darin, das bestehende Problem zu definieren. Wie so oft handelt es sich dabei auch hier um eine Lücke zwischen dem, was der Kunde (die Bank) möchte, nämlich ein bestimmtes Maß an Rentabilität für ein bestimmtes Produkt, und dem, was der Kunde tatsächlich vorzuweisen hat, nämlich eine rückläufige Rentabilität. Kurz gesagt besteht das von dem Beratern definierte Problem darin, dass die Rentabilität der Bank für dieses Produkt unterhalb der Zielvorgabe liegt.

2. Entwicklung einer Reihe konkurrierender deskriptiver Hypothesen bezüglich der Ursachen des Problems

Die Berater sammeln einige vorläufige Daten und beziehen auch ihre eigenen Erfahrungen mit ein, um daraus einige mögliche deskriptive Hypothesen über die Ursachen für das Problem zu formulieren. So wissen sie, dass einige große nationale Konkurrenten diese Art Produkt bereits aus ihrem Angebot nehmen, dass die Rentabilität dieses Produkts von Anbieter zu Anbieter extrem variiert und dass einige spezialisierte Neueinsteiger sich einen erheblichen Marktanteil sichern konnten. Es zeichnen sich drei mögliche Hypothesen ab: dass die Branchenstruktur grundsätzlich unattraktiv ist; dass der Bank die richtigen strategischen Fähigkeiten fehlen; und dass die Bank das falsche Kundensegment anspricht. Mittels Quick-and-Dirty-Testing können die Berater die ersten beiden Hypothesen ausklammern, denn schließlich gibt es Anbieter, die mit dem Produkt durchaus Gewinne erzielen, und auch die Bank verfügt aufgrund langjähriger Erfahrung mit diesem Produkt über die entsprechenden relevanten Fähigkeiten. Demnach lautet die ursprüngliche deskriptive Hypothese, dass die Bank ein unrentables Kundensegment anspricht.

3. Überprüfung der ursprünglichen deskriptiven Hypothese

Im nächsten Schritt entwerfen die Berater eine Studie, um die benötigten Daten zu sammeln und um diese Hypothese zu stützen. Sie führen eine Marktsegmentanalyse nach Kundengruppen durch, indem sie Interviews mit Kunden verschiedener Einkommensgruppen und aus verschiedenen Regionen durchführen. Sie analysieren, welche Dienstleistungen die verschiedenen Segmente einfordern, sowie die Gebühren, die sie bereit wären, dafür zu bezahlen. Die Berater kommen zu dem Ergebnis, dass die gesammelten Daten ihre Anfangshypothese bestätigen: Die Filialen der Bank befinden sich hauptsächlich an Standorten, die wohlhabende Kunden, die für diese Art Produkt mehr bezahlen würden, nicht frequentieren. (Wäre es den Beratern nicht möglich gewesen, ihre Hypothese zu bestätigen, hätten sie sich erneut den anderen beiden Hypothesen aus Schritt 2 zugewandt.)

4. Entwicklung einer präskriptiven Hypothese

Die Berater entwickeln daraufhin präskriptive Hypothesen bezüglich notwendiger Handlungsschritte, um rentablere Kundensegmente zu gewinnen. Eine dieser Hypothesen lautet, dass eine bessere Standortwahl für die Filialen die Rentabilität steigern wird. Die Berater führen Datensammlung und -analyse durch, um diese Hypothese zu stützen, und vergleichen beispielsweise die Rentabilität verschiedener Filialen an unterschiedlichen Standorten. Sie finden heraus, dass die wenigen Filialen, die sich zufällig am richtigen Ort befinden, bei diesem Produkt tatsächlich eine höhere Rentabilität aufweisen.

5. Empfehlungen an den Kunden

Die Berater arbeiten eine Reihe vorläufiger Empfehlungen aus, die auf der genannten deskriptiven Hypothese und den verifizierten präskriptiven Hypothesen basieren. Eine dieser Empfehlungen lautet, dass die Standorte der Filialen verändert werden müssen. Die Empfehlungen werden in Absprache mit wichtigen Managern der Bank auf Tauglichkeit und Machbarkeit geprüft und deren Feedback wird entsprechend angepasst. Abschließend präsentieren die Berater ihre endgültigen Empfehlungen.

Quelle: Jeanne Liedtka, Darden School of Management, University of Virginia.

Kontrollfragen

1. Wählen Sie ein wichtiges strategisches Problem einer Organisation aus, mit der Sie vertraut sind (oder eine Organisation, über deren Probleme in der Presse berichtet wird, oder eine entsprechende Fallstudie). Versuchen Sie, einige deskriptive Hypothesen zu erarbeiten, die sich mit diesem Problem befassen. Legen Sie dann mithilfe von Quick-and-Dirty-Testing eine ursprüngliche deskriptive Hypothese fest.
2. Welche Daten sollten Sie sammeln, um diese deskriptive Hypothese zu bestätigen, und wie würden Sie dabei vorgehen? Sollte die deskriptive Hypothese bestätigt werden, welche mögliche präskriptive Hypothese würde sich daraus ergeben?

15.5.4 Business Case und strategische Pläne

Handlungsschritte zur Strategiebestimmung wie Workshops oder Projekte sind meist darauf ausgerichtet, als Ergebnis einen *Business Case* oder einen *strategischen Plan* zu liefern. Behält man dieses finale Ziel vor Augen, so ergibt sich automatisch eine Struktur für die strategische Arbeit: Das gewünschte Endergebnis bestimmt die vorzunehmenden Handlungen. Ein **Business Case** bezieht sich meist auf einen bestimmten Vorschlag, z.B. eine Investition in neue Maschinen. Ein **strategischer Plan** dagegen ist umfassender und berücksichtigt die strategische Ausrichtung der gesamten Organisation über einen längeren Zeitraum hinweg, z.B. drei Jahre oder mehr (siehe *Kapitel 11*). Viele Organisationen verfügen über Standardvorlagen für Geschäftspläne oder strategische Pläne, die im konkreten Fall auch immer verwendet werden sollten. Existieren solche Vorlagen nicht, lohnt es sich, erfolgreiche Geschäftspläne oder strategische Pläne aus der jüngsten Vergangenheit der Organisation genau zu betrachten und daraus Anleihen zu nehmen. Es ist wichtig, dass der Geschäftsplan oder der strategische Plan in Bezug auf Stil, Form und Inhalt der Organisationskultur entspricht.

Business Case

Ein Business Case enthält Daten und Argumente, die einen bestimmten Strategievorschlag unterstützen, z.B. die Investition in neue Ausrüstung.

Strategischer Plan

Ein strategischer Plan liefert die Daten und Argumente für eine bestimmte, für einen längeren Zeitraum formulierte Strategie für die gesamte Organisation.

Ein Projektteam, das einen Business Case ausarbeiten möchte, muss folgende Kriterien erfüllen[61]:

- *Konzentration auf strategische Anforderungen.* Das Team sollte die Gesamtstrategie der Organisation identifizieren und seinen Geschäftsplan genau darauf abstimmen. Dabei dürfen nicht nur die Belange einer bestimmten Abteilung berücksichtigt werden. Ein Geschäftsplan darf nicht den Eindruck vermitteln, lediglich ein Projekt der Personal- oder IT-Abteilung zu sein. Er sollte sich auf einige wenige zentrale Punkte beschränken, wobei die Prioritäten meist klar bei den Themen liegen, die sowohl strategisch wichtig als auch relativ leicht anzugehen sind.
- *Gestützt von wichtigen Daten.* Das Team muss geeignete Daten sammeln, wobei Finanzzahlen, die den gewünschten Ertrag einer Investition belegen, in der Regel am wichtigsten sind. Doch auch qualitative Daten dürfen nicht vernachlässigt werden – so etwa treffende Zitate aus Interviews mit Mitarbeitern oder wichtigen Kunden oder neuere Beispiele für Erfolge oder Misserfolge der Organisation oder der Konkurrenz. Einige strategische Vorteile lassen sich allerdings einfach nicht quantifizieren, sind aber dennoch von zentraler Bedeutung: Informationen über Handlungsschritte der Konkurrenz können hier sehr wichtig sein. Das Team sollte immer auch Hintergrundinformationen liefern, die den Einsatz und das Ausmaß der Nachforschungen belegen, um die vorliegenden Daten zu sammeln.
- *Praktische Lösungen und Handlungsvorschläge.* Wie oben bereits erwähnt, erhalten Themen, die sich mit der Lösung von Problemen befassen, häufig die meiste Aufmerksamkeit. Das Team sollte ausführlich darauf eingehen, wie Vorschläge umgesetzt werden können und wer für die Umsetzung verantwortlich ist. Mögliche Barrieren sollten klar aufgezeigt werden. Auch sollten alternative Szenarien erkannt werden, besonders eventuelle Risiken bei Misserfolgen. Die Machbarkeit ist hier ein zentraler Punkt.
- *Vorgabe klarer Maßstäbe für den Fortschritt.* Möchte man eine umfangreiche Investition über einen längeren Zeitraum hinweg vornehmen, so wirkt es immer beruhigend, wenn klare Maßstäbe zur Überwachung eines regelmäßigen Fortschritts angeboten werden. Auch Überprüfungsmechanismen erhöhen die Glaubwürdigkeit eines Geschäftsplans.

61 J. Walker, „Is your business case compelling?“, *Human Resource Planning*, Band 25, Nr. 1 (2002), S. 12–15; M. Pratt, „Seven steps to a business case“, *Computer World*, 10. Oktober (2005), S. 35–36.

Viele spezifische Bewertungstechniken im Rahmen eines Business Case werden in *Kapitel 10* erklärt.

Was Ausrichtung, Daten, Handlungsschritte und auch Maßstäbe für den Fortschritt angeht, so haben auch strategische Pläne ähnliche Eigenschaften. Sie sind allerdings umfangreicher und können für Start-ups, für Geschäftseinheiten innerhalb einer großen Organisation sowie für gesamte Organisationen eingesetzt werden (siehe auch „Im Fokus"). Auch hier kann das Format variieren und die gewählte Variante muss unbedingt der Organisationskultur entsprechen. Ein typischer strategischer Plan hat jedoch in den meisten Fällen folgende Bestandteile, die den Arbeitsplan des Strategieteams bestimmen sollten[62]:

- *Aussagen über Leitbild, Mission und Ziele.* Dies sind die bestimmenden Faktoren der Strategie und wichtige Ausgangspunkte des gesamten Prozesses. Obwohl dies die theoretischen Ausgangspunkte sind, wird ein Strategieteam im Laufe seines Arbeitsprozesses häufig darauf zurückkommen, wenn es um andere Aspekte des strategischen Plans geht. Es lohnt sich außerdem, frühere Aussagen der Organisation zu diesen Themen zu vergleichen, um Übereinstimmung sicherzustellen, siehe besonders *Kapitel 4*.
- *Analyse des Umfelds.* Diese sollte das gesamte Umfeld abdecken und sowohl Makrotrends als auch spezifischere Themen bezüglich Kunden, Zulieferern oder Konkurrenten mit einschließen. Außerdem sollte es das Team nicht mit der Analyse allein bewenden lassen, sondern klare strategische Implikationen daraus ableiten, siehe *Kapitel 2*.
- *Analyse der Organisation.* Diese sollte die Stärken und Schwächen der Organisation behandeln und auch deren Produkte im Vergleich zur Konkurrenz betrachten. Außerdem sollte eine klare Aussage zum Thema Wettbewerbsvorteil enthalten sein. Um Voreingenommenheiten zu vermeiden und die Glaubwürdigkeit zu erhöhen, kann das Team Aussagen von Kunden über die Stärken und Schwächen der Organisation einholen, siehe *Kapitel 3*.
- *Vorgeschlagene Strategie.* Diese sollte sich klar auf die oben genannten Analysen von Umfeld und Organisation beziehen und auch das Leitbild, die Vision und die Ziele stützen. Das Team sollte einen klaren und realistischen Zeitplan für die Umsetzung vorlegen. Besonders hilfreich sind hier *Kapitel 6* bis *10*.
- *Ressourcen.* Das Team muss eine detaillierte Analyse der erforderlichen Ressourcen erstellen, die auch die Option zum Erwerb dieser Ressourcen enthält. Finanzielle Ressourcen sind hier besonders wichtig, weshalb der Plan Gewinn- und Verlustrechnungen, Kapitalflussrechnungen und Bilanzen des gesamten Planungszeitraums enthalten muss. Andere wichtige Ressourcen sind Mitarbeiter, vor allem Manager oder Mitarbeiter mit speziellen Fachkenntnissen, siehe besonders *Kapitel 13*.

62 Zwei praktische Bücher über den Entwurf von Geschäftsplänen oder strategischen Plänen sind P. Tiffany und S. Peterson, „Business Plans for Dummies", *IDG Books*, 2004; und P. Walcoff, „The Fast-Forward MBA in Business Planning for Growth", *Wiley*, 1999.

Im Fokus: Sind Strategieberater wirklich von Nutzen?

Strategieberater werden sehr häufig am strategischen Prozess beteiligt und bringen meist auch fundierte analytische Fähigkeiten und viel Projekterfahrung mit. Warum wird ihre Rolle dann so kontrovers diskutiert?

Es gibt zahlreiche Bücher, die an Strategieberatern kein gutes Haar lassen. Titel wie *Con Tricks, Dangerous Company* und *Rip Off!* sind nur einige Beispiele. Und es gibt auch einige spektakuläre Misserfolge zu berichten. Wie in *Kapitel 15.2.4* beschrieben war McKinsey & Co teilweise für die langsame Reaktion von General Electric auf die Wirtschaftskrise von 2008 verantwortlich.

Meist werden Strategieberatern drei Dinge vorgeworfen: Erstens wird kritisiert, dass sie sich zu sehr auf junges, unerfahrenes Personal verlassen, das frisch aus der Uni kommt und zum Großteil keinerlei Kenntnis oder Verständnis mitbringt, wie Organisationen und deren Märkte wirklich funktionieren. Ein weiterer Vorwurf lautet, sie würden lediglich ihre Empfehlungen abliefern und sich dann verabschieden, ohne sich um die Umsetzung zu kümmern. Drittens gelten Berater als teuer und überbezahlt. Es wird ihnen außerdem nachgesagt, sie wollten immer nur nutzlose Zusatzprojekte verkaufen. So zahlen die Kunden am Ende für mehr Beratung, als sie wirklich brauchen; und diese ist zudem zum Großteil unrealistisch und undurchführbar.

Solche Vorwürfe sind möglicherweise unfair. Die meisten großen Unternehmensberatungen sind heute branchenspezifisch organisiert und bauen in bestimmten Bereichen Fachwissen auf. Außerdem werden verstärkt erfahrene Manager aus den jeweiligen Branchen eingestellt. Die meisten Berater ziehen es zudem vor, im Team gemeinsam mit Mitarbeitern ihrer Kunden zu arbeiten, sodass der Kunde bereits an der Generierung der Empfehlungen beteiligt ist, die er später implementieren soll. Einigen Beratungsfirmen wie etwa Bain ist es ganz wichtig, auch an der Implementierung selbst beteiligt zu werden. Und schließlich agieren auch Unternehmensberatungen auf einem Wettbewerbsmarkt und ihre Kunden sind in der Regel anspruchsvolle Käufer, die sich nicht ohne Weiteres Beratungen andrehen lassen, die sie gar nicht brauchen. Die Tatsache, dass das Umsatzvolumen der Beratungsfirmen in Europa von € 3 Mrd. 1996 auf € 12 Mrd. 2012 angestiegen ist, zeigt deutlich, dass hier rege Nachfrage herrscht.

Außerdem gibt es auch Erfolge zu vermelden. Bain gibt an, die durchschnittlichen Aktienkurse seiner Kunden hätten seit 1980 den Standard&Poors-500-Index der größten US-amerikanischen Unternehmen im Verhältnis vier zu eins übertroffen (*www.bain.com*). Einige erfolgreiche Führungskräfte kamen ursprünglich aus dem Bereich Unternehmensberatung, darunter Lou Gerstner, der IBM die Wende brachte, Sheryl Sandberg, COO von Facebook, und Meg Whitman, Firmenchefin von eBay sowie von Hewlett Packard, die ihre Karriere alle als Berater bei McKinsey & Co. begannen.

Aus den Argumenten der Kritiker lassen sich dennoch folgende Hinweise ableiten: Unternehmen sollten in jedem Fall darauf achten, nur Berater mit entsprechend relevantem Branchenhintergrund zu beauftragen, die Analyse sollte immer direkt mit der Implementierung verbunden werden und natürlich muss man die Kosten für die Beratung stets genau im Auge behalten. James O`Shea und Charles Madigan schließen ihr Buch mit einem provokativen Zitat aus Machiavellis *Der Fürst*: „Dies ist eine unfehlbare Regel: Ein Fürst, der nicht selbst weise ist, kann nicht weise beraten werden… Ob ein Ratschlag gut ist, hängt von der Klugheit des Fürsten ab, der ihn einholt – und es hängt nicht umgekehrt die Klugheit des Fürsten ab von einem guten Rat."

Quellen: The European Federation of Management Consultancy Associations (*www.feaco.org*); J. O`Shea und C. Madigan, „Dangerous Company: Consulting Powerhouses and the Business they Save and Ruin", *Penguin*, 1998; C.D. McKenna, „The World's Newest Profession: Management Consulting in the Twentieth Century", *Cambridge University Press*, 2006, D. Bergh und P. Gibbons, „The stock market reaction to the hiring of consultants", *Journal of Management Studies*, Band 48, Nr. 3 (2011), S. 544–567.

Kontrollfragen

1. Welche Maßnahmen kann ein Strategieberater ergreifen, um einen potenziellen Kunden von seiner Effektivität zu überzeugen?
2. Gibt es Gründe für die Vermutung, dass manche Menschen die Kritik am Geschäftsgebaren der Unternehmensberater gerne übertreiben?

Z U S A M M E N F A S S U N G

- Die Praxis der Strategie beinhaltet wichtige Entscheidungen der Fragen, *wer* an der Strategie *beteiligt* werden soll, *welche Aktivitäten* gewählt werden und *welche Methoden* angewandt werden sollen, um diese Aktivitäten zu steuern.
- Vorstandsvorsitzende, leitende Führungskräfte, unternehmensexterne Führungskräfte, strategische Planer, Strategieberater und Manager der mittleren Führungsebene sind häufig am Strategieprozess beteiligt. Die Beteiligung der Manager mittlerer Führungsebenen kann aufgrund des *Paradoxons Zugang zum Vorstand/Implementierungsverantwortung* leiden, doch das Ausmaß angemessener Beteiligung sollte dennoch von der Art des Problems abhängen.
- Der Strategieprozess beinhaltet *Analysen, Platzierung strategischer Themen, Entscheidungsfindung* und *Kommunikation*. Manager dürfen nicht davon ausgehen, dass all diese Aktivitäten völlig rational oder logisch ablaufen, und können daher auch ganz bewusst auf die nichtrationalen Eigenschaften ihrer Mitarbeiter eingehen.
- Praktische Methoden, die den Weg durch den Strategieprozess weisen, sind unter anderem *Strategie-Workshops, Strategieprojekte, Hypothesentests* und die Formulierung von *Business Cases* und *strategischen Plänen*.

Z U S A M M E N F A S S U N G

EXTRAS ONLINE Aufgaben

*Kennzeichnet schwierigere Aufgaben.

15.1 Sehen Sie sich im Internet die Einstellungs- oder Karriereseite einer großen Unternehmensberatung an (z.B. *www.bain.com*, *www.bcg.com*, *www.mckinsey.com*). Was sagt Ihnen die dort enthaltene Information über die Art strategischer Beratungsarbeit? Würden Sie diese Arbeit gern tun?

15.2 Sehen Sie sich den Internetauftritt einer großen Organisation (privat oder öffentlich) an und beurteilen Sie die Art und Weise, wie diese ihre Strategie der Öffentlichkeit kommuniziert. Beziehen Sie sich auf *Kapitel 15.4.1* und beurteilen Sie, wie zielgerichtet und eindrücklich die Kommunikation ist und wie wahrscheinlich es ist, dass sie die Mitarbeiter begeistert.

15.3 Nehmen Sie an, Sie sollten einen Strategie-Workshop gestalten: Wer sollte teilnehmen und welche Rollen sollten die Teilnehmer übernehmen, wenn (a) die Organisation angesichts einer Krise ihre grundlegende Strategie neu überdenken muss; oder (b) die Organisation die Unterstützung für ein langfristiges umfangreiches Programm eines strategischen Wandels erlangen muss?

***15.4** Wählen Sie eine beliebige Fallstudie aus diesem Buch und nehmen Sie an, Sie seien ein Strategieberater. Schlagen Sie eine anfängliche deskriptive Hypothese vor (*Kapitel 15.5.3*) und definieren Sie, welche Daten Sie für deren Überprüfung brauchen. Wen hätten Sie gern in Ihrem Strategieprojektteam (siehe *Kapitel 15.2.5* und *15.5.2*)?

***15.5** Besuchen Sie ein Geschäftsplanarchiv (wie etwa das der University of Maryland unter *www.businessplanarchive.org* oder verwenden Sie Google für Ihre Suche). Wählen Sie einen für Sie interessanten Geschäftsplan aus und bewerten Sie diesen unter Bezugnahme auf *Kapitel 15.5.4*.

Integrative Aufgabe

15.6 Schreiben Sie einen Geschäftsplan für ein Unternehmen, mit dem Sie vertraut sind, oder für eine der Organisationen aus den Fallstudien. (Zur Vereinfachung sollten Sie ein nichtdiversifiziertes Unternehmen oder eine Geschäftseinheit einer großen Organisation wählen.) Stellen Sie dort, wo Angaben fehlen, angemessene Annahmen auf oder schlagen Sie Möglichkeiten vor, diese Lücken zu schließen. Kommentieren Sie, ob und in welcher Form Sie unterschiedliche Versionen dieses strategischen Plans für (a) Investoren oder (b) Mitarbeiter zur Verfügung stellen würden.

Literaturempfehlungen

- Für eine Übersicht zu praktischen Aspekten der Strategie siehe S. Paroutis, L. Heracleous und D. Angwin, „Practicing Strategy: Text and cases“, *Sage*, 2013, S. 74–94.
- Für eine Übersicht zur Forschung zur Praxis der Strategie siehe E. Vaara und R. Whittington, „Strategy as practice: taking practices seriously“; *Academy of Management Annals*, Band 6 (2012), S. 285–336.
- Eine praktische Anleitung zu Strategiemethoden bieten E. Rasiel und P. N. Friga, „The McKinsey Mind“, *McGraw-Hill*, 2001. Dieses Buch ist von weitaus allgemeinerer Relevanz als diese spezielle Beratungsfirma.

Fallstudie
Die Bestimmung der neuen Strategie von Wychavon

Der ruhige, ländliche Bezirk Wychavon in Großbritannien hat einen überraschend dynamischen Gemeinderat. Als dieser allerdings begann, seine neue Strategie für 2012 bis 2016 festzulegen, sollte er alles Wohlwollen und alle Fähigkeiten benötigen, die er nur bekommen konnte. Da die Wirtschaftskrise sich immer mehr verstärkte, war der Gemeinderat mit starken Budgetkürzungen konfrontiert. Der Gemeinderat sollte nun eine große Bandbreite an Inputs sowohl von außerhalb der Organisation als auch von seinen mittleren Führungskräften nutzen – und nicht immer so wie erwartet.

Der Rahmen in Wychavon

Der Gemeinderat von Wychavon ist einer der sechs Bezirke innerhalb des englischen Regierungsbezirks Worcestershire zwischen Birmingham und Wales. Wychavon ist ein vergleichsweise reicher Bezirk mit über 100.000 Einwohnern. Seit dem Jahr 2001 steht er unter der Kontrolle der Konservativen Partei. Nach den Wahlen im Mai 2011 gab es 38 konservative Gemeinderäte, fünf Liberaldemokraten, einen Gemeinderat der Labour-Partei sowie einen unabhängigen Gemeinderat. Zwölf der gewählten Räte hatten keinen Gegenkandidaten gehabt.

Die Aufgaben des Gemeinderats umfassen das Wohnungswesen, die Gebietsplanung, die Sozialhilfeverwaltung, Umwelt, Gesundheit, Straßenreinigung, Parks, Freizeiteinrichtungen, Veranstaltungen sowie andere lokale Aktivitäten. Im Jahr 2011 hat der Gemeinderat etwas mehr als 400 Mitarbeiter und Gesamtaufwendungen von £ 12,1 Millionen (€ 15 Millionen). Aspekte wie Schulen, Bibliotheken und Transport liegen in der Verantwortung des Bezirksrats Worcestershire.

Seit 2007 ist Paul Middlebrough Vorsitzender des Gemeinderats – und hat damit die führende politische Rolle inne. Paul Middlebrough wurde 2002 zum ersten Mal zum Gemeinderat gewählt, er hat einen Hintergrund im Finanzwesen und arbeitet als Berater im Bildungssektor. Seit 2004 hat Jack Hegarty die Funktion des „Geschäftsführers" des Gemeinderats inne: Da er über mehr als 25 Jahre Erfahrung in der Kommunalverwaltung verfügt, sind seine Führungsqualitäten durch Preise der Zeitung *The Times* sowohl im Jahr 2007 als auch im Jahr 2008 anerkannt worden. Fiona Narburgh ist Direktorin für Strategie und Kommunikation und bestimmte in dieser Funktion zehn Jahre lang die Strategie von Wychavon. Diese drei Führungskräfte beschrieben sich selbst als Teil des „Wychavon-Teams".

Der Gemeinderat, der manchmal wie ein Unternehmen als „Wychavon plc" bezeichnet wird, gilt gemeinhin als gut geführt. Im Jahr 2007 wurde er als „Gemeinderat des Jahres" in England ausgezeichnet. Im Jahr 2011 hatte die Gemeinde die achtniedrigste Kommunalsteuer in England und wurde in der *Sunday Times* als viertbester Bezirk unter den 100 besten Orten für die Tätigkeit in öffentlichen und gemeinnützigen Bereichen anerkannt. Der Gemeinderatsvorsitzende Paul Middlebrough unterscheidet Wychavon wie folgt von dem traditionellen englischen Gemeinderat: „Unser Stil ist eher unternehmerisch als kommunal."

Die Strategie von Wychavon zwischen 2008 und 2013

In der Vergangenheit bildete die Strategie keine starke Eigenschaft der Führung von Wychavon. Es waren zwar lange Strategiedokumente erstellt worden – allerdings wurden diese kaum gelesen. Durch Verschiebungen der staatlichen Gesetzgebung und Chancen im Hinblick auf die kommunale Immobilienentwicklung war ein deutlicher Anteil der Aktivitäten ungeplant. Jack Hegarty kommentierte dies so: „Wir waren nicht proaktiv, sondern die Dinge sind einfach passiert."

Allerdings unternahm Wychavon 2008 eine große strategische Überprüfung. Nach umfassender interner und externer Beratung identifizierte der Gemeinderat fünf „Prioritäten": *sicherer* (dies bezog sich auf eine Reduzierung der Angst vor Straftaten), *grüner* (im Hinblick auf Umweltverbesserungen), *gesünder* (im Hinblick auf eine Reduzierung von Krankheiten und Ungleichheit in der gesundheitlichen Versorgung), *stärker* (im Hinblick auf bessere wirtschaftliche Chancen, Wohnungswesen und Beziehungen zur Gemeinde) sowie schließlich *erfolgreicher* (im Hinblick auf die eigene Leistung des Gemeinderats als exzellentem und preiswertem Anbieter lokaler Dienstleistungen). Diese fünf Prioritäten wurden in einem einseitigen Dokument zusammengefasst, das auf einem einzelnen Blatt Papier und auf Postern in den Büros des Gemeinderats sowie in der Gemeinde umfassend verteilt wurde.

Der Gemeinderat teilte die neue Strategie den Mitarbeitern über Mitarbeiterforen, Informationsgespräche sowie die Mitarbeiterzeitung mit. Als Leiterin für Strategie und Kommunikation erklärte Fiona Narburgh die Bedeutung der Kommunikation der Strategie wie folgt: „Wir engagieren uns stark, um sicherzustellen, dass die Leute die Strategie kennen und an sie glauben." Personalbeurteilungen waren an die Erfüllung der relevanten Strategieprioritäten gebunden. Im Jahr 2010/2011 berichtete der Gemeinderat, dass er 31 der 45 speziellen Ziele im Rahmen der fünf Prioritäten mit einer deutlichen Minderleistung bei nur vier dieser Ziele erreicht oder übertroffen hatte. Mehr als 90 Prozent der Mitarbeiter gaben an, dass sie die Strategie des Gemeinderats kannten. Der Geschäftsführer Jack Hegarty kommentierte dies so: „Unsere starke Leistung ist vollständig auf das Engagement unserer Mitarbeiter zurückzuführen – wir könnten die hohe Leistung, die die Anwohner von uns erwarten, schlicht und einfach ohne das Team, das wir jetzt haben, nicht erbringen."

Die Strategie von 2012 bis 2016

Im Jahr 2011 wurde Wychavon mit einem zunehmend schwierigen Umfeld konfrontiert. Die Volkswirtschaft des Vereinigten Königreichs befand sich in einer deutlichen Rezession. Die neue Nationalregierung unter dem konservativen Premierminister David Cameron führte drastische Kürzungen ein: Wychavon musste in seinem Budget über zwei Jahre £ 1,8 Millionen einsparen. Dies entsprach einer Kürzung um 15 Prozent. Und ein Drittel der im Mai 2011 gewählten Gemeinderäte hatten diese Funktion zum ersten Mal inne.

Daher fragen sich einige Stadträte welchen Zweck eine Strategie unter diesen Umständen hätte. Ging es bei der Lokalregierung eigentlich nicht nur noch um Kürzungen? Aber Geschäftsführer Jack Hegarty war überzeugt, dass dies genau die schweren Bedingungen waren, die einen strategischen Ansatz zu den Prioritäten erforderten. Er befürchtete, dass die Kürzungen leicht zu einer „Ausrede für Mittelmäßigkeit werden könnten" und hervorragende Leistungen generell beeinträchtigt werden könnten. Wychavon begann 2011 einen neuen, von Fiona Narburgh geleiteten Strategiefindungsprozess.

Für den Strategieprozess bestanden mehrere wichtige Inputs. Natürlich hatten die Gemeinderäte Einblick in die Bedürfnisse der Anwohner, aber sie konnten nicht alles über ihre Bereiche wissen. Wychavon nutzte auch statistische und qualitative Daten. Die Strategieleiterin Fiona Narburgh bemerkte dazu: „Beweise entpolitisieren die Strategie". Ende des Jahres 2009 hatte der Gemeinderat mit Hilfe eines externen Forschungsunternehmens zur Befragung von 260 Anwohnern über deren Ansichten zu Kaufentscheidungen bei verschiedenen Niveaus von Budgetkürzungen eine „SIMALTO"-Übung durchgeführt: Dabei war ein überraschendes Ergebnis, dass die Anwohner sich im Allgemeinen für eine *Erhöhung* der Ausgaben für Jugendeinrichtungen entschieden, selbst wenn alle anderen Budgetbereiche des Gemeinderats eingefroren oder gekürzt wurden. In der jährlich für den gesamten Bezirk durchgeführten *Worcestershire-Viewpoint*-Umfrage waren ebenfalls die Jugendaktivitäten sowie Beschäftigung und erschwingliche Wohnungen als für die Bewohner wichtig identifiziert worden. Eine Umfrage unter den Gemeinderäten von Wychavon konzentrierte sich auf die fünf Prioritäten von 2008 bis 2013 und ergab, dass die Gemeinderäte „*Erfolgreich*" als wichtigste Priorität bewerteten, während „*Sicherer*" am wenigsten wichtig war. Ein letzter zusätzlicher Input war eine „Begutachtung durch Kollegen“ des Elmbridge Borough Council, einer ähnlichen Gemeinde im Süden Englands: Der Beitrag von Elmbridge warf Fragen im Hinblick auf den Ansatz von Wychavon zu Abfall und Recycling sowie die Stärkung der Beziehung des Gemeinderats mit Pfarrgemeinderäten, den kleinsten Einheiten der Lokalregierung im englischen System, auf. Der neue Strategieplanungsprozess für den Zeitraum von 2012 bis 2016 begann im Juli 2011 mit einer Veranstaltung, die als „Exkursion zu Hause“ beschrieben wurde – eine Strategieveranstaltung in den eigenen Räumen des Gemeinderats. Neben den Gemeinderäten, dem Spitzenmanagementteam und den mittleren Führungskräften lud Wychavon mehrere externe Gäste ein: einen externen Berater, einen früheren Geschäftsführer einer anderen Kommune, einen lokalen Parlamentsabgeordneten, einen lokalen Arzt, einen prominenten Wirtschaftsprüfer, einen Atomenergieexperten, einen wissenschaftlichen Experten für die Kommunalverwaltung und einen umfassend an Arbeiten im öffentlichen Sektor beteiligten Rechtsanwalt. Mehrere der Gemeinderäte waren überdies auch Bezirksräte, so dass auch die Perspektive des County Worcestershire vertreten war. Paul Middlebrough und Jack Hegarty stellten eine SWOT-Analyse des Bezirksrats vor und unterstrichen als Stärken (unter anderem) die Kultur der Risikobereitschaft und die starke Motivation und bezeichneten die politische Homogenität als eine ihrer Schwächen. Danach stellte die Strategieleitern Fiona Narburgh verschiedene Arten von Anwohnerdaten vor – von harten Fakten zu den Wohnbedürfnissen bis hin zu Meinungen über die Bedeutung der Preisleistung bei Diensten der Kommunalverwaltung. Überdies betonte sie die Bedeutung der Interaktion der Gemeinderäte mit den Anwohnern vor Ort. Die Exkursionsteilnehmer wurden dann zur Bildung kleiner Diskussionsgruppen aufgefordert und gebeten, in einer abschließenden Plenarsitzung zu den wichtigsten drei Themen für Wychavon zu berichten. Die Aktivitäten dieses Tages halfen der neuen Gruppe von Gemeinderäten dabei, eine Bindung aufzubauen, und vermittelten ihnen einen guten Überblick über die Lage des Bezirks.

Der „Exkursionstag zu Hause“ im Juli führte zu einer Fülle an Arbeit, die an einem Vormittag im Oktober eine zweite Strategiesitzung bedingte. Diese umfasste eine kleinere Gruppe mit führenden konservativen Gemeinderäten, leitenden Managern, zwei Vertretern des mittleren Managements und einem externen Berater. Die Veranstaltung im Oktober sollte zu einer stärker fokussierten Gruppe von Prioritäten als zuvor führen. Dazu hatte das leitende Management die verschiedenen Optionen auf drei sich überlappende Bereiche eingegrenzt, die sich auf die Wirtschaft, die Umwelt, die Gemeinden und die eigene Leistung des Gemeinderats konzentrierten. Allerdings verlief die Sitzung nicht ganz glatt. Zu einem bestimmten Zeitpunkt der Diskussion dominierten Fragen der lokalen Wirtschaft beinahe alles andere. Allerdings kehrte die Veranstaltung schließlich wieder zu der ausgeglichenen Position mit drei Prioritäten zurück, die von Anfang an angestrebt worden war: *starke Wirtschaft* (Arbeitsplätze, Fertigkeiten und Wohnungswesen), *starke Umwelt* (Energie, die natürliche Umwelt und Recycling) und *starke Gemeinden* (beispielsweise Aktivitäten für Jugendliche und die Interaktion zwischen den Gemeinderäten und den Anwohnern). Gesundheit und Kriminalität waren weniger wichtig als zuvor und die Betonung eines „erfolgreichen Gemeinderats“ aus den Jahren 2008-2013 wurde in eine neue allumfassende Zielsetzungserklärung aufgenommen: „Wir wollen ein progressiver Gemeinderat sein, der qualitativ hochwertige Leistungen erbringt und zur Schaffung einer starken Wirtschaft, Umwelt und Gemeinde beiträgt.“

Die Strategiesitzung im Oktober hatte eine starke Reaktion aus der Gruppe des mittleren Managements zur Folge, da diese besonders darin interessiert war, die Strategie realistisch zu halten. Auf ihrer eigenen Sitzung im November schlugen die mittleren Führungskräfte ihre eigene Reihe von „Versprechen“ (d.h. spezifischen Zielen) im Hinblick auf jede der drei Prioritäten vor. Das Spitzenmanagementteam war der Ansicht, dass es für so detaillierte Vorschläge noch zu früh sei. Nach einigen Diskussionen wurde dann entschieden, die zugesicherten Versprechen der mittleren Führungskräfte in Frageumzuwandeln, die der Bezirk dann an die lokalen Partner –Gemeinderat, Wohnungsbaugenossenschaften, Polizeibehörden, Hochschulen und Wirtschaftsverbände – verschickte, mit der Bitte, diesbezüglich ihre Präferenzen anzugeben. Die lokalen Partner stimmten den drei Prioritäten – insbesondere die „starke Wirtschaft“ – umfassend zu und unterstützten Wychavon im Hinblick auf detaillierte Versprechen.

Das einseitige Dokument zur Strategie von Wychavon von 2012 bis 2016

Der Bezirksrat zog die Durchführung einer weiteren Beratung mit Partnern in Erwägung, um den Input weiter zu erörtern, entschied sich aber letztlich dagegen. Fiona Narburgh kommentierte dies so: „Es besteht ein Konflikt zwischen Beratung und Entscheidung. Es kommt eine Zeit, zu der wir mit den Beratungen aufhören und mit der Entscheidungsfindung beginnen müssen.“ Nun war es an der Zeit, die Strategie zu finalisieren.

Im Januar 2012 prüfte der Vorstand den Entwurf eines Strategiedokumentes. Der Entwurf wurde dann bei Personalbesprechungen und in Teamsitzungen präsentiert. Mit den Gemeinderäten, dem Spitzenmanagementteam und den mittleren Führungskräften wurde ein „Workshop zu den Versprechen“ durchgeführt, um die wichtigsten Versprechen zu kategorisieren. Im Februar verabschiedete der komplette Gemeinderat die endgültige Gruppe von drei Prioritäten mit drei Zielen sowie 19 spezifischen Versprechen als Unterstützung (siehe *Abbildung*). Der „Einseiter“ wurde durch ein sechzigseitiges Dokument mit sehr detaillierten „Lieferplänen“ ergänzt, in denen die Aufgaben für die führenden Gemeinderäte und Manager in Form von Zusicherungen, Zeitplänen und Leistungsparametern festgelegt wurden. Im April wurde die neue Strategie für die Jahre 2012 bis 2016 veröffentlicht und durch die Gemeindezeitschrift *Wychavon* an alle Bewohner verteilt.

Die neue Strategie stellte eine erhebliche Verschiebung dar. Die Prioritäten waren stärker fokussiert als in der Vergangenheit, während andere Aspekte vergleichsweise weniger wichtig waren. Die Synchronisierung des Budgetprozesses mit dem Strategieprozess stellte sicher, dass Ziele auch durch Ressourcen unterstützt wurden: So wurde beispielsweise vor dem Hintergrund eines Rückgangs der Gesamtausgaben die Priorität einer „starken Wirtschaft“ durch die Zusage neuer Gelder in Höhe von £ 750.000 über drei Jahre unterstützt. Der Gemeinderatsvorsitzende Paul Middlebrough war mit dem Strategieprozess insgesamt zufrieden, sah allerdings noch Potenzial für die Weiterentwicklung beim nächsten Mal: „Sollten wir die Öffentlichkeit mehr beteiligen? Ist eine stärker inklusive Strategie besser? Wir denken ja. Bestimmt unternehmen wir eine Menge, um intern inklusiv zu sein. Aber ist es besser, extern – mit der allgemeinen Öffentlichkeit – stärker inklusiv zu sein? Es ist nicht einfach. Es geht darum, die richtigen zu beteiligenden Gruppen zu finden.“

Quelle: Interviews mit Jack Hegarty, Cherrie Mansfeld, Paul Middlebrough und Fiona Narburgh.

Kontrollfragen

1. Was war effektiv am Strategieprozess von Wychavon von 2012 bis 2016 und was war weniger effektiv?
2. Was würden Sie bei der Gestaltung des nächsten Strategieprozesses von Wychavon anders machen?

Kommentar zu Teil III Strategie in Aktion

Teil III dieses Buchs befasste sich mit Strategie in Aktion. In *Kapitel 1.2* wurde der Gesamtentwurf des Buchs vorgestellt. Dort wird darauf hingewiesen, dass strategisches Management nicht immer als linearer Prozess angesehen werden sollte. Tatsächlich besteht eine Abhängigkeit und Interaktion zwischen den in verschiedenen Teilen des Buchs beschriebenen Aktivitäten und Herausforderungen. Deshalb überschneiden sich auch die Kreise in *Abbildung 1.3*. Doch natürlich müssen die einzelnen Themen dieses Buchs in linearer Form präsentiert werden und auch bei strategischem Management geht es oft um strategische Formulierungen gefolgt von der Implementierung der Strategie.

In diesem Kommentar werden die strategischen Perspektiven dazu herangezogen, dieses wichtige Thema näher zu beleuchten. Ist es sinnvoll, strategisches Management als einen Prozess zu betrachten, der zunächst die Formulierung der Strategie und danach die Implementierung der Strategie vorsieht?

Auf folgende Punkte sei hingewiesen:

- Es soll hier nicht nahe gelegt werden, dass eine dieser Perspektiven den anderen überlegen ist. Sie gewähren jedoch unterschiedliche Einblicke in die Probleme, denen sich Manager stellen müssen, und in die Art und Weise, wie mit diesen Herausforderungen umgegangen wird.
- Leser, die bisher den nach *Kapitel 1* folgenden Kommentar mit der Erklärung der vier Perspektiven *noch nicht* gelesen haben, sollten dies jetzt tun.

Gestaltungsperspektive

Bezieht man sich auf die Aussage, dass das Denken dem organisationalen Handeln vorausgeht, so betrachtet man das Management der Strategie als linearen Prozess. Strategie wird also erst von Topmanagern formuliert und anschließend folgendermaßen umgesetzt:

- Führungskräfte überzeugen die Mitarbeiter von der Logik der Strategie.
- Projektpläne werden aufgestellt, um angemessene Ressourcenausstattung, Zeitplanung und Abfolge zu gewährleisten.
- Manager der mittleren und unteren Führungsebenen werden umfassend und klar informiert.
- Eine geeignete organisationale Struktur sowie Kontrollsysteme werden eingeführt, damit die Implementierung der Strategie überwacht werden kann. Die „Struktur folgt also der Strategie“.
- Führungskräfte sind Change Agents, die den passenden Managementstil für den Wandel sowie die dafür nötigen Instrumente identifizieren.

Erfahrungsperspektive

Strategien entwickeln sich meist auf der Grundlage von Erfahrung und Unternehmenskultur; die gegenwärtige Strategie beeinflusst und formt auch die Strategie der Zukunft. Außerdem sind Kontrollsysteme und Routineabläufe zur Ressourcenallokation meist fest in der Unternehmenskultur verwurzelt und beeinflussen so ebenfalls die Strategie der Zukunft. Das bedeutet, dass die „Strategie der Struktur folgt". Die Vorstellung, dass die Implementierung nach der Formulierung erfolgt, ist also irreführend.

Da sich aber Strategien höchstwahrscheinlich inkrementell entwickeln, kommt es in vielen Fällen im Laufe der Zeit zu einer strategischen Drift, was zeitweise zu einem strategischen Wandlungsprozess führen kann, der von oben nach unten erfolgt. Zu diesen Zeiten müssen meist kulturelle Unbeweglichkeiten und Widerstände gegen den Wandel überwunden werden (Aufbrechen verkrusteter Strukturen). Dazu müssen gegenwärtig vorherrschende Überzeugungen und Annahmen der Unternehmenskultur infrage gestellt werden.

Eine Organisation ist ebenso ein politischer Schauplatz, weshalb auch das Management eines Wandels als politischer Prozess angesehen werden muss, und die betroffenen Manager müssen mit diesem Aspekt gut umgehen können.

Vielfaltsperspektive

Strategien entwickeln sich als Muster aus den Ideen, die innerhalb und außerhalb der Organisation entstehen. Auch hier gibt es also keine zeitliche Trennung der Formulierung und der Implementierung der Strategie.

Es ist die Aufgabe der obersten Führungsebene, das Potenzial neuer Ideen zu erkennen und eine entsprechende organisationale Atmosphäre zu schaffen, damit diese auch geäußert werden. Dazu müssen sie Folgendes bedenken:

- Je mehr Interaktionen innerhalb der Grenzen der Organisation und über diese hinaus stattfinden, desto mehr neue Ideen und Innovationen wird es geben. Formale Strukturen und Kontrollsysteme sind unvermeidbare Notwendigkeiten, können aber auch Barrieren und Grenzen errichten.
- Es kann hilfreich sein, organisationale Strukturen zu verändern, um so zu verhindern, dass Beziehungen und Routinen sich allzu sehr in Organisationen „einbürgern", und gleichzeitig noch schwache Verbindungen zu stärken, die neue Ideen erzeugen können.
- Man braucht keine umständlichen Kontrollen, sondern lediglich einige wichtige Richtlinien oder Grundregeln.
- In einem dynamischen Umfeld muss man vielleicht keine *verkrusteten Strukturen aufbrechen*, da sich die Organisation ohnehin in einem Zustand ständigen Wandels befindet.

Manager können geeignete Strukturen schaffen und organisationales Lernen fördern, um all diese Punkte zu erreichen und anzuregen. Diese Aufgabe ist viel wichtiger, als zu versuchen, Strategien von oben nach unten durchzusetzen.

Diskursperspektive

Bei der Strategie und ihrem Management geht es im Grunde um – schriftliche oder mündliche – Diskurse. Eine daraus folgende Implikation ist, dass Strategien gezwungenermaßen immer interpretiert werden, weshalb die Unterschiede zwischen einer intendierten Strategie und ihrer Interpretation wahrscheinlich größer sind, als es die betroffenen Manager annehmen.

Eine wichtige Lektion lautet, dass jede Interessengruppe über eine eigene Identität verfügt und dieser auch auf ihre ganz eigene Weise, in ihrer „Sprache", Ausdruck verleiht. Die Botschaften, die die Interessengruppen bezüglich einer Strategie erreichen, werden von ihnen vielleicht nicht so aufgefasst, wie dies ursprünglich beabsichtigt war, denn sie werden in deren Sprache quasi „umgeschrieben". Es ist wichtig, bei der Kommunikation einer Strategie an verschiedene Interessengruppen deren Identität und Sprache immer zu berücksichtigen. Also gilt:

- Inwieweit Kontrollen den gewünschten Effekt haben, hängt davon ab, wie kongruent sie mit der Sprache derjenigen sind, die sie betreffen. So können ehrgeizige Ziele vielleicht deshalb funktionieren, weil man sich nicht erlauben kann, diese nicht zu erfüllen, und nicht, weil man Herausforderungen liebt.
- Manager müssen genau überlegen, welche Sprache sie verwenden, besonders wenn es darum geht, Betroffene von der Notwendigkeit eines Wandels zu überzeugen und sicherzustellen, dass einmal eingeleitete Initiativen für den Wandel nicht abgelehnt werden.
- Entspricht die verwendete Sprache den Anforderungen und Vorstellungen der jeweiligen Interessengruppen, so kann sie großen Einfluss ausüben bezüglich der Akzeptanz und Umsetzung einer Strategie.

Register

F

G

H

I

Q

R

S

T

U

Z